毒物劇物取扱者試験問題集

序

毒物及び劇物取締法は、日常流通している有用な化学物質のうち、毒性の著しいものについて、化学物質そのものの毒性に応じて毒物又は劇物に指定し、製造業、輸入業、販売業について登録にかからしめ、毒物劇物取扱責任者を置いて管理させるとともに、保健衛生上の見地から所要の規制を行っています。

毒物劇物取扱責任者は、毒物劇物の製造業、輸入業、販売業及び届け出の必要な業務上取扱者において設置が義務づけられており、現場の実務責任者として十分な知識を有し保健衛生上の危害の防止のために必要な管理業務に当たることが期待されています。

毒物劇物取扱者試験は、毒物劇物取扱責任者の資格要件の一つとして、各都道府県の知事が概ね一年に一度実施するものであり、本書は、直近一年間に実施された全国の試験問題を道府県別、試験の種別に編集し、解答・解説を付けたものであります。

なお、解説については、この書籍の編者により編集作成いたしました。この様なことから、各道府県へのお問い合わせはご容赦いただきますことをお願い申し上げます。

毒物劇物取扱者試験の受験者は、本書をもとに勉学に励み、毒物劇物に関する知識を一層深めて試験に臨み、合格されるとともに、毒物劇物に関する危害の防止についてその知識をいかんなく発揮され、ひいては、化学物質の安全の確保と産業の発展に貢献されることを願っています。

最後にこの場をかりて試験問題の情報提供等にご協力いただいた各道府県の担当の方々に深く謝意を申し上げます。

２０２４年6月

目　次

試験問題編

北海道
令和５年度実施

〔毒物及び劇物に関する法規〕
（一般・農業用品目・特定品目共通）

問１～問10　次の文は、毒物及び劇物取締法の条文の一部である。
　□にあてはまる語句として正しいものはどれか。

ア　この法律で「毒物」とは、別表第一に掲げる物であつて、問１及び問２以外のものをいう。
イ　次に掲げる者は、前条の毒物劇物取扱責任者となることができない。
　一　問３未満の者
　二　心身の障害により毒物劇物取扱責任者の業務を問４行うことができない者として厚生労働省令で定めるもの
　三　麻薬、大麻、あへん又は問５の中毒者
　四　毒物若しくは劇物又は薬事に関する罪を犯し、罰金以上の刑に処せられ、その執行を終り、又は執行を受けることがなくなつた日から起算して三年を経過していない者
ウ　毒物劇物営業者及び特定毒物研究者は、毒物又は劇物の容器及び被包に、「問６」の文字及び毒物については問７をもつて「毒物」の文字、劇物については問８をもつて「劇物」の文字を表示しなければならない。
エ　毒物劇物営業者は、その容器及び被包に、左に掲げる事項を表示しなければ、毒物又は劇物を販売し、又は授与してはならない。
　一　毒物又は劇物の名称
　二　毒物又は劇物の成分及びその問９
　三　厚生労働省令で定める毒物又は劇物については、それぞれ厚生労働省令で定めるその問10の名称

	1	2	3	4
問１	医薬品	医療機器	危険物	石油類
問２	化粧品	医薬部外品	有機溶媒	高圧ガス
問３	十六歳	十七歳	十八歳	二十歳
問４	一般に	直接に	適正に	確実に
問５	向精神薬	アルコール	シンナー	覚せい剤
問６	医薬用外	危険物	指定物	医薬品
問７	白地に赤色	白地に黒色	黒地に白色	赤地に白色
問８	白地に赤色	白地に黒色	黒地に白色	赤地に白色
問９	製造元	化学式	質量数	含量
問10	解毒剤	化学式	別名	官能基

問11　次のうち、毒物及び劇物取締法第22条第１項の規定により、事業場の所在地の都道府県知事に、業務上取扱者の届出をしなければならない事業として、正しい組合せはどれか。

ア　シアン化ナトリウムを使用して、電気めっきを行う事業
イ　亜硝酸ナトリウムを使用して、金属処理を行う事業
ウ　最大積載量が5,000キログラムの自動車に、内容積が200リットルの容器を積載して行う四アルキル鉛を含有する製剤の輸送の事業
エ　フィプロニルを使用して、しろありの防除を行う事業

1（ア、イ）　2（ア、ウ）　3（イ、エ）　4（ウ、エ）

問 12　次のうち、毒物及び劇物取締法第３条の４の規定により、「引火性、発火性又は爆発性のある毒物又は劇物であって、業務その他正当な理由による場合を除いては、所持してはならないもの」として、政令で定めているもののうち、誤っているものはどれか。

1　ナトリウム
2　ピクリン酸
3　塩素酸ナトリウム 30 %を含有する製剤
4　亜塩素酸ナトリウム 30 %を含有する製剤

問 13　次のうち、毒物劇物営業者が、常時、取引関係にある者を除き、交付を受ける者の氏名及び住所を身分証明書や運転免許証等の提示を受けて確認した後でなければ交付してはならないものとして、正しいものはどれか。

1　トルエン　　2　シアン化カリウム
3　塩素酸塩類 35 %含有物　　4　アジ化ナトリウム

問 14　次のうち、特定毒物の用途として、誤っているものはどれか。

1　モノフルオール酢酸の塩類を含有する製剤を、かきの害虫の防除に使用する。
2　四アルキル鉛を含有する製剤を、ガソリンに混入する。
3　モノフルオール酢酸アミドを含有する製剤を、桃の害虫の防除に使用する。
4　ジメチルエチルメルカプトエチルチオホスフェイトを含有する製剤を、菜種のなたね害虫の防除に使用する。

問 15　次のうち、毒物及び劇物取締法第３条の３の規定により、「興奮、幻覚又は麻酔の作用を有する毒物又は劇物(これらを含有する物を含む。)であって、みだりに摂取し、若しくは吸入し、又はこれらの目的で所持してはならないもの」として、政令で定めているものはどれか。

1　キシレン　2　トルエン　3　クロロホルム　4　ベンゼン

問 16　毒物及び劇物取締法第 17 条に関する以下の記述について、内にあてはまる語句として、正しい組合せはどれか。

毒物劇物営業者及び特定毒物研究者は、その取扱いに係る毒物若しくは劇物又は第十一条第二項の政令で定める物が飛散し、漏れ、流れ出し、染み出し、又は地下に染み込んだ場合において、不特定又は多数の者について保健衛生上の危害が生ずるおそれがあるときは、［ア］、その旨を保健所、［イ］に届け出るとともに、保健衛生上の危害を防止するために必要な応急の措置を講じなければならない。

毒物劇物営業者及び特定毒物研究者は、その取扱いに係る毒物又は劇物が盗難にあい、又は紛失したときは、［ア］、その旨を［ウ］に届け出なければならない。

	ア	イ	ウ
1	直ちに	又は消防機関	保健所又は警察署
2	7 日以内に	又は消防機関	警察署
3	直ちに	警察署又は消防機関	警察署
4	7 日以内に	警察署又は消防機関	保健所又は警察署

問 17　四アルキル鉛を含有する製剤の着色及び表示の基準について、内にあてはまる語句として、正しい組合せはどれか。

［ア］色、［イ］色、［ウ］色又は緑色に着色されていること。

	ア	イ	ウ
1	赤	黒	紫
2	深紅	青	黄
3	赤	青	黄
4	深紅	黒	紫

北海道

問 18　次のうち、毒物又は劇物の輸入業者が、その輸入した塩化水素又は硫酸を含有する製剤たる劇物（住宅用の洗浄剤で液体状のものに限る。）を販売するとき、その容器及び被包に表示しなければならない事項として、省令で定めているもののうち、正しい組合せはどれか。

ア　小児の手の届かないところに保管しなければならない旨
イ　居間等人が常時居住する室内では使用してはならない旨
ウ　使用の際、手足や皮膚、特に眼にかからないように注意しなければならない旨
エ　皮膚に触れた場合は、石けんを使ってよく洗うべき旨

1（ア、ウ）　2（ア、エ）　3（イ、ウ）　4（イ、エ）

問 19　毒物及び劇物取締法第４条の規定に関する以下の記述の正誤について、正しい組合せはどれか。

ア　毒物又は劇物の販売業の登録は、６年ごとに更新を受けなければ、その効力を失う。
イ　毒物又は劇物の輸入業の登録は、６年ごとに更新を受けなければ、その効力を失う。
ウ　毒物又は劇物の製造業の登録は、５年ごとに更新を受けなければ、その効力を失う。

	ア	イ	ウ
1	誤	誤	誤
2	誤	誤	正
3	正	誤	正
4	正	正	誤

問 20　次のうち、毒物及び劇物の組合せについて、正しいものはどれか。

	毒物	劇物
1	カリウム	ニコチン
2	モノクロル酢酸	ベタナフトール
3	水銀	シアン化ナトリウム
4	四アルキル鉛	硫酸

〔基礎化学〕

（一般・農業用品目・特定品目共通）

問 21　イオン化傾向の大きい順に並べたものとして、正しいものはどれか。

1　K ＞ Fe ＞ Au　　2　Au ＞ K ＞ Cu　　3　K ＞ Au ＞ Fe
4　Au ＞ Cu ＞ K

問 22　次のうち、橙赤色の炎色反応を示す物質として、最も適当なものはどれか。

1　Ba　　2　K　　3　Ca　　4　Cu

北海道

問 23　次の組合せのうち、混じり合わないものはどれか。

1　水－メタノール　　2　塩酸－硫酸
3　水－ジエチルエーテル　　4　酢酸－メタノール

問 24　次のうち、芳香族化合物はどれか。

1　アセチレン　　2　エタノール　　3　酢酸エチル　　4　キシレン

問 25　次のうち、水溶液が中性を示すものはどれか。

1　リン酸カリウム(リン酸二水素カリウム)　　2　硝酸鉄(Ⅲ)
3　塩化バリウム　　4　シュウ酸ナトリウム

問 26　原子核のまわりの電子数のうち、L 殻に収容できる電子の最大数について、正しいものはどれか。

1　2 個　　2　8 個　　3　18 個　　4　32 個

問 27　0.4mol/L の塩酸 250mL を過不足なく中和するために必要な水酸化ナトリウムは、約何 g か。
　ただし、原子量は、H ＝ 1.0、O ＝ 16、Na ＝ 23、Cl ＝ 35.5 とする。

1　0.4 g　　2　1.0 g　　3　4.0 g　　4　10.0 g

問 28　0.5mol の水の質量として、正しいものはどれか。
ただし、原子量は、H ＝ 1.0、O ＝ 16 とする。

1　0.9 g　　2　1.8 g　　3　8.5 g　　4　9.0 g

問 29 ～問 30　次の文の内に当てはまる語句として、正しいものはどれか。

セッケンは、［問 29］の脂肪酸と［問 30］の水酸化ナトリウムからなる塩であり、水溶液の中で加水分解して塩基性を示す。

問 29　1　弱酸　　2　強酸　　3　中性　　4　弱塩基
問 30　1　強酸　　2　中性　　3　弱塩基　　4　強塩基

問 31　次のうち、シクロアルケンに分類されるものはどれか。

1　シクロペンタン　　2　シクロヘキセン
3　ジメチルアセチレン　　4　プロピレン

問 32　次のうち、硝酸銀水溶液を白金電極を用いて電気分解したときに、陽極に生成する物質はどれか。

1　酸素　　2　銀　　3　窒素　　4　水素

問 33　次の３つの熱化学方程式を用いて、プロパン(C_3H_8) 1.0mol の燃焼熱(kJ)を計算したとき、正しいものはどれか。

ア　C(固体) ＋ O_2(気体) ＝ CO_2(気体) ＋ 394kJ
イ　$2H_2$(気体) ＋ O_2(気体) ＝ $2H_2O$(液体) ＋ 572kJ
ウ　3C(固体) ＋ $4H_2$(気体) ＝ C_3H_8(気体) ＋ 105kJ

1　2221kJ　　2　2399kJ　　3　2431kJ　　4　2609kJ

問 34　次のうち、pH ＝ 2 の塩酸の水素イオン濃度は、pH ＝ 4 の塩酸の水素イオン濃度の何倍となるかを計算したとき、正しいものはどれか。

1　2倍　　2　4倍　　3　100 倍　　4　200 倍

北海道

問35～問37　次の記述について、の中に入れるべき字句として、正しいものはどれか。

問35　次のうち、一定の温度において、一定量の気体の体積は圧力に反比例することを示す法則は、［　　］である。

1　ボイルの法則　　2　質量保存の法則　　3　シャルルの法則
4　ヘンリーの法則

問36　次のうち、ヒドロキシ基とカルボキシル基の両方の官能基をもつ化合物は、［　　］である。

1　アセチルサリチル酸　　2　サリチル酸　　3　サリチル酸メチル
4　クメンヒドロペルオキシド

問37　次のうち、アルキンは、［　　］である。

1　アセチレン　　2　シクロペンタン　　3　δ－バレロラクタム
4　1－ブテン

問38　次のうち、シス－トランス異性体（幾何異性体）が存在するものとして、正しいものはどれか。

1　エチレン（$CH_2 = CH_2$）
2　プロペン（$CH_2 = CH - CH_3$）
3　1－ブテン（$CH_2 = CH - CH_2 - CH_3$）
4　2－ブテン（$CH_3 - CH = CH - CH_3$）

問39　次の記述について、誤っているものはどれか。

1　一般的に、不純物を含む溶液を温度による溶解度の変化や溶媒を蒸発させることにより、不純物を除いて、目的物質の結晶を得ることを再結晶という。
2　一般的に、溶液の蒸気圧は、純粋な溶媒よりも下がる。このような現象を蒸気圧降下という。
3　一般的に、溶液の沸点は、純粋な溶媒よりも高くなる。このような現象を沸点上昇という。
4　一般的に、溶液の凝固点は、純粋な溶媒の凝固点に比べて高い。このような現象を凝固点上昇という。

問40　次の記述について、酸化還元反応が起こっているものはどれか。

1　シリカゲルは、水をよく吸収するので、乾燥剤として利用されている。
2　鉄の粉末は、よく振ると発熱するので、使い捨てカイロなどに利用されている。
3　炭酸水素ナトリウムは、加熱すると二酸化炭素を発生するので、ベーキングパターとして製菓などに利用されている。
4　酸化カルシウムは、水と反応すると発熱するので、食品の加温などに利用されている。

北海道

〔毒物及び劇物の性質及び貯蔵その他取扱方法〕

（一般）

問１～問３　次の物質を含有する製剤について、劇物の扱いから除外される濃度の上限として、正しいものはどれか。

ア　アクリル酸［問１］以下　　イ　レソルシノール［問２］以下
ウ　シクロヘキシミド［問３］以下

	1	2	3	4
問１	1％	3％	5％	10％
問２	1％	5％	10％	20％
問３	0.1％	0.2％	0.3％	1％

問４～問５　次の物質の毒性や中毒の症状として、最も適当なものはどれか。

ア　クレゾール［問４］　　イ　トルイジン［問５］

1　皮膚に触れた場合、皮膚からも吸収され、吸入した場合と同様に中毒症状を起こす。皮膚を刺激し、火傷を起こすことがある。皮膚に付着した直後に異常がなくても、数分後から痛み、火傷を起こす。
2　摂取すると、メトヘモグロビンを形成し、チアノーゼ症状を起こす。また、腎臓や膀胱（ぼうこう）の機能障害による血尿を起こす。
3　濃厚な蒸気を吸入すると、酩酊（めいてい）、頭痛等の症状を呈し、さらに高濃度のときは昏睡（こんすい）を起こす。視神経が侵され失明することがある。
4　血液中のアセチルコリンエステラーゼを阻害する。頭痛、めまい、縮瞳、吐き気、けいれん、麻痺などを起こす。

問６～問８　次の物質の貯蔵方法として、最も適当なものはどれか。

問６　シアン化カリウム（別名：青酸カリ）
問７　アクリルアミド
問８　ベタナフトール

1　二酸化炭素と水を吸収する性質が強いことから、密栓して保管する。
2　少量ならばガラス瓶、多量ならばブリキ缶または鉄ドラムを用い、酸類とは離して、風通しのよい乾燥した冷所に密封して保管する。
3　光線に触れると赤変するため、遮光して保管する。
4　直射日光や高温にさらされると、アンモニア等が発生するので、直射日光や高温を避けて、保管する。

問９～問10　次の物質の性状として、最も適当なものはどれか。

ア　ホスゲン［問９］　　イ　黄リン［問10］

1　ニンニク臭を有し、水にはほとんど溶けず、水酸化カリウムと熱すればホスフィンを発生する。ベンゼン、二硫化炭素に可溶である。
2　気体であり、可燃性で点火すれば緑色の辺縁を有する炎をあげて燃焼する。水にはわずかに溶けるが、アルコール、エーテルには容易に溶解する。
3　常温において無色可燃性、ハッカ臭をもつ液体である。
4　無色の窒息性ガスである。水により徐々に分解され、二酸化炭素と塩化水素を生成する。

北海道

問11　トリクロルヒドロキシエチルジメチルホスホネイト(別名：トリクロルホン、DEP)に関する記述として、最も適当なものはどれか。

1　純品は、淡黄褐色の液体である。
2　アルカリで加水分解する。
3　クロロホルム、ベンゼンに不溶である。
4　特有の刺激臭のある無色の気体である。

問12　3－ジメチルジチオホスホリル－S－メチル－5－メトキシ－1，3，4－チアジアゾリン－2－オン(別名：メチダチオン、DMTP)に関する以下の記述について、に当てはまる語句として、最も適当な組合せはどれか。

・アである。
・毒物及び劇物取締法の規定に基づき、毒物及び劇物指定令により、イに指定されている。
・ウとして用いられている。

	ア	イ	ウ
1	灰白色の結晶	毒物	カーバメイト系殺虫剤
2	灰白色の結晶	劇物	有機リン系殺虫剤
3	暗褐色の粘性液体	劇物	カーバメイト系殺虫剤
4	暗褐色の粘性液体	毒物	有機リン系殺虫剤

問13　次のうち、アバメクチンに関する記述として、最も適当な組合せはどれか。

ア　淡褐色の結晶粉末である。
イ　殺虫、殺ダニ剤として用いられている。
ウ　アバメクチンを1.8％含有する製剤は毒物から除外されている。
エ　アバメクチンを1.0％含有する製剤は劇物から除外されている。

1(ア、ウ)　2(ア、エ)　3(イ、ウ)　4(イ、エ)

問14　次のうち、ジメチルジチオホスホリルフェニル酢酸エチル(別名：フェントエート、PAP)に関する記述として、最も適当なものはどれか。

1　工業品は、赤褐色、油状の液体で、芳香性刺激臭を有し、水、プロピレングリコールに不溶、アルコール、アセトン、エーテル、ベンゼンに溶ける。
2　弱いニンニク臭を有する。
3　白色の粉末で、吸湿性があり、酢酸の臭いを有する。冷水には、たやすく溶けるが、有機溶媒にはきわめて溶けにくい。
4　殺菌剤として用いられる。

問15　次の記述のうち、当てはまる最も適当なものはどれか。

・常温常圧下において、淡黄色ないし黄褐色の粘稠(ねんちゅう)性液体で、水に難溶である。
・熱、酸性には安定であるが、太陽光、アルカリには不安定である。
・劇物に指定されているが、5％以下を含有する製剤は、劇物の指定から除外されている。

北海道

1　ジメチル－(N－メチルカルバミルメチル)－ジチオホスフェイト
(別名：ジメトエート)
2　N－(4－t－ブチルベンジル)－4－クロロ－3－エチル－1－メチルピラゾール－5－カルボキサミド(別名：テブフェンピラド)
3　2，4，6，8－テトラメチル－1，3，5，7－テトラオキソカン
(別名：メタアルデヒド)
4　(RS)－α－シアノ－3－フェノキシベンジル＝N－(2－クロロ－α，α，α－トリフルオロ－パラトリル)－D－バリナート(別名：フルバリネート)

問 16　酸化第二水銀に関する以下の記述の正誤について、最も適当な組合せはどれか。

ア　水にはよく溶け、酸に難溶である。
イ　化学式は、Hg_2O である。
ウ　適切な廃棄方法は、焙焼法又は沈殿隔離法である。

	ア	イ	ウ
1	正	正	誤
2	正	誤	正
3	誤	誤	正
4	誤	正	誤

問 17　四塩化炭素の性状に関する記述について、にあてはまる語句として、最も適当な組合せはどれか。

四塩化炭素は、揮発性、麻酔性を有する無色、［ア］の液体で、水に溶けにくく、エーテル、クロロホルムに可溶である。蒸気は、［イ］で、空気よりも［ウ］。

	ア	イ	ウ
1	芳香性	可燃性	軽い
2	無臭	可燃性	重い
3	芳香性	不燃性	重い
4	無臭	不燃性	軽い

問 18　一酸化鉛に関する記述として、誤っているものはどれか。

1　化学式は、PbO である。
2　重い粉末で、黄色から赤色までのものがある。
3　希硝酸に溶かし、これらに硫化水素を通じると白色の沈殿を生じる。
4　酸素がない環境で光化学反応を起こすと、金属鉛を遊離する。

問 19　塩素に関する記述について、最も適当な組合せはどれか。

ア　激しい刺激臭があり、粘膜接触により刺激症状を呈し、眼、鼻、咽喉および口腔粘膜に障害を与える。
イ　冷却すると、黄色溶液を経て、黄白色固体となる。
ウ　適切な廃棄方法は、酸化法である。

	ア	イ	ウ
1	正	正	誤
2	正	誤	正
3	誤	誤	正
4	誤	正	誤

問 20　常温常圧でのメタノールの性状として、最も適当なものはどれか。

1　黄色透明な液体であり、徐々に分解する。
2　無色透明の揮発性の液体であり、特異な香気を有する。
3　不燃性の特有の臭いを有する無色の液体であり、水に難溶である。
4　シックハウスの原因物質となるアルデヒドである。

（農業用品目）

問１～問４　次の物質を含有する製剤について、劇物の扱いから除外される濃度の上限として、正しいものはどれか。

ア　５－メチル－１，２，４－トリアゾロ[３，４－ｂ]ベンゾチアゾール（別名：トリシクラゾール）**問１**以下

イ　Ｏ―エチル―Ｏ―(二―イソプロポキシカルボニルフェニル)―Ｎ―イソプロピルチオホスホルアミド(別名：イソフェンホス)**問２**以下

ウ　ジエチル－(５－フェニル－３－イソキサゾリル)－チオホスフェイト（別名：イソキサチオン）**問３**以下

エ　Ｏ－エチル＝Ｓ－プロピル＝［(２Ｅ)－２－(シアノイミノ)－３－エチルイミダゾリジン－１－イル］ホスホノチオアート(別名：イミシアホス)**問４**以下

	1	2	3	4
問１	1　0.8％	2　3％	3　5％	4　8％
問２	1　1％	2　3％	3　5％	4　10％
問３	1　1％	2　1.5％	3　1.8％	4　2％
問４	1　1％	2　1.5％	3　1.8％	4　2％

問５～問７　次の物質の分類として、最も適当なものはどれか。

ア　２，３－ジヒドロ－２，２－ジメチル－７－ベンゾ〔ｂ〕フラニル－Ｎ－ジブチルアミノチオ－Ｎ－メチルカルバマート(別名：カルボスルファン)**問５**

イ　Ｏ－エチル＝Ｓ－１－メチルプロピル＝(２－オキソ－３－チアゾリジニル)ホスホノチオアート(別名：ホスチアゼート)　**問６**

ウ　(ＲＳ)－シアノ－(３－フェノキシフェニル)メチル＝２，２，３，３－テトラメチルシクロプロパンカルボキシラート(別名：フェンプロパトリン)　**問７**

1　ネオニコチノイド系殺虫剤　　2　ピレスロイド系殺虫剤
3　有機リン系殺虫剤　　4　カーバメイト系殺虫剤

問８　トリクロルヒドロキシエチルジメチルホスホネイト(別名：トリクロルホン、DEP)に関する記述として、最も適当なものはどれか。

1　純品は、淡黄褐色の液体である。
2　アルカリで加水分解する。
3　クロロホルム、ベンゼンに不溶である。
4　特有の刺激臭のある無色の気体である。

問９～問 10 次の物質の性状として、最も適当なものはどれか。

ア　２，２’－ジピリジリウム－１，１’－エチレンジブロミド（別名：ジクワット）　**問９**

イ　５－ジメチルアミノ－１，２，３－トリチアンシュウ酸塩（別名：チオシクラム）　**問10**

1　淡黄色の吸湿性結晶で、中性または酸性化下で安定である。腐食性がある。
2　無色の結晶、無臭である。太陽光線により分解される。
3　五水和物は、濃い油状液体で、空気中で速やかに褐変する。
4　特有の刺激臭のある無色の気体である。

北海道

問 11 ～問 13　次の物質の貯蔵方法について、最も適当なものはどれか。

ア　アンモニア水 問 11
イ　ブロムメチル(別名：臭化メチル、メチルブロマイド) 問 12
ウ　クロルピクリン 問 13

1　常温では気体なので、圧縮冷却して液化し、圧縮容器に入れ、直射日光その他、温度上昇の原因を避けて冷暗所に貯蔵する。
2　金属腐食性が大きいため、ガラス容器に入れ、密栓して冷暗所に貯蔵する。
3　揮発しやすいので、密栓して貯蔵する。
4　少量ならばガラス瓶、多量ならばブリキ缶又は鉄ドラムを用い、酸類とは離して、風通しの良い乾燥した冷所に密封して貯蔵する。

問 14 ～問 15　次の物質の毒性や中毒の症状として、最も適当なものはどれか。

ア　ジメチル－(N－メチルカルバミルメチル)－ジチオホスフェイト(別名：ジメトエート) 問 14
イ　クロルピクリン 問 15

1　摂取すると、分解されずに組織内に吸収され、各器官に障害を与える。血液中でメトヘモグロビンを生成し、また、中枢神経や心臓、結膜を侵し、肺にも強く障害を与える。
2　摂取すると、コリンエステラーゼ阻害作用により、神経系に影響を与え、振戦、けいれん様呼吸、軽度の麻痺(まひ)等を起こす。
3　摂取すると、始めに胃腸が痛み、嘔吐(おうと)、下痢を起こす。次いで、尿が極めて少なくなり、濁ってきて、しばしば、ほとんど出なくなる。よだれが出て、歯ぐきが腫れる。
4　中毒になると、口と食道が赤黄色に染まり、のち青緑色に変化する。腹部が痛くなり、緑色のものを吐き出し、血の混じった便をする。

問 16　3－ジメチルジチオホスホリル－S－メチル－5－メトキシ－1，3，4－チアジアゾリン－2－オン(別名：メチダチオン、DMTP)に関する以下の記述について、[　　]に当てはまる語句として、最も適当な組合せはどれか。

・[ア]である。
・毒物及び劇物取締法の規定に基づき、毒物及び劇物指定令により、[イ]に指定されている。
・[ウ]として用いられている。

	ア	イ	ウ
1	灰白色の結晶	毒物	カーバメイト系殺虫剤
2	灰白色の結晶	劇物	有機リン系殺虫剤
3	暗褐色の粘性液体	劇物	カーバメイト系殺虫剤
4	暗褐色の粘性液体	毒物	有機リン系殺虫剤

問 17　次のうち、アバメクチンに関する記述として、最も適当な組合せはどれか。

ア　淡褐色の結晶粉末である。
イ　殺虫、殺ダニ剤として用いられている。
ウ　アバメクチンを1.8％含有する製剤は毒物から除外されている。
エ　アバメクチンを1.0％含有する製剤は劇物から除外されている。

1 (ア、ウ)　2 (ア、エ)　3 (イ、ウ)　4 (イ、エ)

問18　次のうち、ジメチルジチオホスホリルフェニル酢酸エチル(別名：フェントエート、PAP)に関する記述として、最も適当なものはどれか。

1　工業品は、赤褐色、油状の液体で、芳香性刺激臭を有し、水、プロピレングリコールに不溶、アルコール、アセトン、エーテル、ベンゼンに溶ける。
2　弱いニンニク臭を有する。
3　白色の粉末で、吸湿性があり、酢酸の臭いを有する。冷水には、たやすく溶けるが、有機溶媒にはきわめて溶けにくい。
4　殺菌剤として用いられる。

問19　次の記述のうち、当てはまる最も適当なものはどれか。

・常温常圧下において、淡黄色ないし黄褐色の粘稠（ねんちゅう）性液体で、水に難溶である。
・熱、酸性には安定であるが、太陽光、アルカリには不安定である。
・劇物に指定されているが、５％以下を含有する製剤は、劇物の指定から除外されている。

1　ジメチル－(N－メチルカルバミルメチル)－ジチオホスフェイト(別名：ジメトエート)
2　N－(４－t－ブチルベンジル)－４－クロロ－３－エチル－１－メチルピラゾール－５－カルボキサミド(別名：テブフェンピラド)
3　２，４，６，８－テトラメチル－１，３，５，７－テトラオキソカン(別名：メタアルデヒド)
4　(ＲＳ)－α－シアノ－３－フェノキシベンジル＝N－(２－クロロ－α，α，α－トリフルオロ－パラトリル)－D－バリナート(別名：フルバリネート)

問20　次の物質のうち、農業用品目販売業の登録を受けた者が販売できる劇物の正誤について、最も適当な組合せはどれか。

ア　シアン酸ナトリウム
イ　エマメクチン
ウ　水酸化ナトリウム

	ア	イ	ウ
1	正	正	正
2	誤	誤	誤
3	誤	誤	正
4	正	正	誤

(特定品目)

問１～問４　次の物質を含有する製剤について、劇物の扱いから除外される濃度の上限として、正しいものはどれか。

ア　アンモニア［問１］以下　　イ　シュウ酸［問２］以下
ウ　硫酸［問３］以下　　エ　クロム酸鉛［問４］以下

問１	1　1％	2　5％	3　10％	4　70％
問２	1　1％	2　5％	3　10％	4　70％
問３	1　1％	2　5％	3　10％	4　70％
問４	1　1％	2　5％	3　10％	4　70％

問５　酸化第二水銀に関する以下の記述の正誤について、最も適当な組合せはどれか。

ア　水にはよく溶け、酸に難溶である。
イ　化学式は、Hg_2O である。
ウ　適切な廃棄方法は、焙焼法又は沈殿隔離法である。

	ア	イ	ウ
1	正	正	誤
2	正	誤	正
3	誤	誤	正
4	誤	正	誤

北海道

問6　四塩化炭素の性状に関する記述について、にあてはまる語句として、最も適当な組合せはどれか。

四塩化炭素は、揮発性、麻酔性を有する無色、［ア］の液体で、水に溶けにくく、エーテル、クロロホルムに可溶である。蒸気は、［イ］で、空気よりも［ウ］。

	ア	イ	ウ
1	芳香性	可燃性	軽い
2	無臭	可燃性	重い
3	芳香性	不燃性	重い
4	無臭	不燃性	軽い

問7　一酸化鉛に関する記述として、誤っているものはどれか。

1　化学式は、PbO である。
2　重い粉末で、黄色から赤色までのものがある。
3　希硝酸に溶かし、これらに硫化水素を通じると白色の沈殿を生じる。
4　酸素がない環境で光化学反応を起こすと、金属鉛を遊離する。

問8　塩素に関する記述について、最も適当な組合せはどれか。

ア　激しい刺激臭があり、粘膜接触により刺激症状を呈し、眼、鼻、咽喉および口腔粘膜に障害を与える。
イ　冷却すると、黄色溶液を経て、黄白色固体となる。
ウ　適切な廃棄方法は、酸化法である。

	ア	イ	ウ
1	正	正	誤
2	正	誤	正
3	誤	誤	正
4	誤	正	誤

問9　ホルムアルデヒドに関する記述として、最も適当な組合せはどれか。

ア　無臭のため、気付かないうちに大量に吸入し、中毒症状を起こすことが多い。
イ　高濃度の液が眼に入った場合、眼の粘膜を刺激し催涙するが、失明のおそれはない。
ウ　濃ホルマリンは、皮膚に付着した場合、壊疽（えそ）を起こすことがある。
エ　低温では、パラホルムアルデヒドが析出するため、常温で保管する。

1（ア、イ）　　2（ア、エ）　　3（イ、ウ）　　4（ウ、エ）

問10　常温常圧でのメタノールの性状として、最も適当なものはどれか。

1　黄色透明な液体であり、徐々に分解する。
2　無色透明の揮発性の液体であり、特異な香気を有する。
3　不燃性の特有の臭いを有する無色の液体であり、水に難溶である。
4　シックハウスの原因物質となるアルデヒドである。

問11～問13　次のうち、代表的な用途として、最も適当なものはどれか。

ア　一酸化鉛［問11］　　イ　過酸化水素［問12］　　ウ　トルエン［問13］

1　ゴムの加硫（かりゅう）促進剤、顔料、試薬
2　溶剤、爆薬の原料、合成高分子材料などの原料
3　漂白剤
4　洗浄剤、ベンゼンの製造

問 14 ～問 17　次の物質の毒性や中毒の症状として、最も適当なものはどれか。

ア　酢酸エチル 問 14　　イ　硝酸 問 15　　ウ　シュウ酸 問 16

エ　一酸化鉛 問 17

1　蒸気を吸入すると、はじめに短時間の興奮期を経て、麻酔状態に陥ることがある。持続的に吸入すると、肺、腎臓及び心臓の障害をきたす。
2　慢性中毒では、皮膚が蒼白くなり、体力が減退し衰弱してくる。口の中が臭く、歯ぐきが灰白色となり、重くなると歯が抜けることがある。
3　蒸気は眼、呼吸器等の粘膜及び皮膚に強い刺激性を持つ。高濃度のものが皮膚に触れると、ガスを発生して組織ははじめ白く、しだいに深黄色となる。
4　摂取すると、血液中の石灰分を奪い、神経系を侵す。急性中毒症状は、胃痛、嘔吐（おうと）、口腔・咽喉（いんこう）に炎症を起こし、腎臓が侵される。

問 18 ～問 20　次の物質の貯蔵方法として、最も適当なものはどれか。

ア　クロロホルム 問 18　　イ　トルエン 問 19

ウ　水酸化カリウム 問 20

1　二酸化炭素と水を強く吸着するため、密栓して保管する。
2　鼻をさすような臭気があり、揮発しやすいため、密栓して貯蔵する。
3　冷暗所に貯蔵する。純品は空気と日光によって変質するので、少量のアルコールを加えて分解を防止する。
4　引火しやすく、また、その蒸気は空気と混合して爆発性の混合ガスとなるので、火気を近づけないようにして貯蔵する。

〔実　　地〕

(一般)

問21　アジ化ナトリウムに関する以下の記述の正誤について、最も適当な組合せはどれか。

ア　無色無臭の結晶で、アルコールに溶けにくい。
イ　胃酸により、アジ化水素が発生するおそれがある。
ウ　用途として、試薬、防腐剤がある。

	ア	イ	ウ
1	正	正	正
2	正	正	誤
3	正	誤	正
4	誤	正	正

問22　フッ化水素に関する以下の記述の正誤について、最も適当な組合せはどれか。

ア　不燃性の無色液化した気体で、強い腐食性を示す。
イ　水分を加えなくても、大部分の金属、ガラス、コンクリートを腐食させる。
ウ　廃棄方法として、酸化法がある。

	ア	イ	ウ
1	正	正	正
2	正	誤	正
3	正	誤	誤
4	誤	正	誤

問 23 ～問 24　次の物質の取扱い上の注意事項として、最も適当なものはどれか。

ア　キシレン 問 23
イ　リン化水素（別名：ホスフィン） 問 24

北海道

1　重金属塩により分解が促進されることがある。
2　水分が発生すると、加水分解して、フッ化水素を発生し、ほとんどの金属と反応し、水素を発生するので、火災の原因となる。
3　引火しやすく、また、その蒸気は、空気と混合して爆発性混合ガスとなるので、火気には近づけない。静電気に対する対策を十分考慮する。
4　有毒かつ自然発火性の気体である。酸素と接触し、または混合すると爆発的反応が起こる。塩素と接触すると、激しい反応が起こる。

問25～問28　次の物質の識別方法として、最も適当なものはどれか。

ア　クロルピクリン［問25］　　イ　アニリン［問26］

1　水溶液をアンモニア水で弱アルカリ性にして塩化カルシウムを加えると、白色の沈殿を生じる。
2　水溶液にさらし粉を加えると、紫色を呈する。
3　水溶液に金属カルシウムを加え、これにベタナフチルアミン及び硫酸を加えると、赤色の沈殿を生ずる。
4　アンモニア水を加え、さらに硝酸銀溶液を加えると、徐々に金属銀を析出する。

問27～問28　トリクロル酢酸の性状及び廃棄方法について、最も適当なものはどれか。

〔性状〕［問27］　　〔廃棄方法〕［問28］

問27
1　無色の斜方六面形結晶で、潮解性をもち、微弱の刺激性臭気を有する。
2　淡黄色の光沢ある小葉状あるいは針状結晶で、急熱あるいは刺激により爆発する。
3　金属光沢をもつ銀白色の金属で、水に入れると水素を生じ、常温では発火する。
4　橙黄色の結晶で、水によく溶けるが、アルコールには溶けない。

問28
1　水酸化ナトリウム水溶液を加えてアルカリ性とし、酸化剤(次亜塩素酸ナトリウム、さらし粉等)の水溶液を加えて酸化分解する。
2　可燃性溶剤とともにアフターバーナー及びスクラバーを備えた焼却炉の火室に噴霧して焼却する。
3　そのまま再生利用するため蒸留する。
4　セメントを用いて固化し、溶出試験を行い、溶出量が判定基準以下であることを確認して埋立処分する。

問29～問30　ヨウ化水素酸の性状及び識別方法について、最も適当なものはどれか。

〔性状〕［問29］　　〔識別方法〕［問30］

問29
1　赤褐色の液体で、強い腐食作用をもち、濃塩酸に接すると高熱を発する。
2　無色の液体で、空気と日光の作用を受けて黄褐色を帯びてくる。
3　紫色の液体で、熱すると臭気をもつ腐食性のある蒸気を発生する。
4　黒色の溶液で、酸化力があり、加熱、衝撃、摩擦により分解をおこす。

問30
1　硝酸銀溶液を加えると淡黄色の沈殿が生じ、この沈殿は、アンモニア水にわずかに溶け、硝酸には溶けない。
2　でん粉に接すると藍色を呈し、チオ硫酸ナトリウムの溶液に接すると脱色する。
3　酢酸で弱酸性にして、酢酸カルシウムを加えると、結晶性の沈殿を生じる。
4　でん粉液を橙黄色に染め、フルオレッセン溶液を赤変する。

北海道

問 31 ～問 33　次の物質の廃棄方法として、最も適当なものはどれか。

ア　ジメチルジチオホスホリルフェニル酢酸エチル(別名：フェントエート、PAP)　問 31

イ　クロルピクリン　問 32

ウ　塩素酸ナトリウム　問 33

1　チオ硫酸ナトリウム等の還元剤の水溶液に希硫酸を加えて酸性にし、この中に少量ずつ投入する。反応終了後、反応液を中和し、多量の水で希釈して処理する。

2　おが屑(くず)等に吸収させてアフターバーナーおよびスクラバーを備えた焼却炉で、焼却する。

3　少量の界面活性剤を加えた亜硫酸ナトリウムと炭酸ナトリウムの混合溶液中で、撹拌(かくはん)し分解させた後、多量の水で希釈して処理する。

4　多量の水で処理し、活性汚泥で処理する。　(別名：フェンチオン、MMP)

問 34 ～問 35　次の文は、ジメチル－４－メチルメルカプト－３－メチルフェニルチオホスフェイト(別名：ＭＰＰ、フェンチオン)の用途と性状について記述したものである。に当てはまる語句として、最も適当なものはどれか。

用途：問 34

性状：弱い 問 35 を有する液体

問 34

1　殺菌剤　　2　殺鼠(さっそ)剤　　3　植物成長調整剤　　4　殺虫剤

問 35

1　エーテル臭　　2　アンモニア臭　　3　ハッカ臭　　4　ニンニク臭

問 36　キシレンに関する以下の記述の正誤について、最も適当な組合せはどれか。

ア　無色透明の液体、芳香族炭化水素特有の臭いがある。

イ　パラキシレンの凝固点は 13.3 ℃なので、冬季には固結することがある。

ウ　廃棄法として、燃焼法、活性汚泥法がある。

	ア	イ	ウ
1	誤	正	誤
2	正	正	正
3	正	誤	誤
4	誤	正	正

問 37　硝酸に関する以下の記述の正誤について、最も適当な組合せはどれか。

ア　極めて純粋な、水分を含まない硝酸は、無色無臭の液体である。

イ　NO_2 を含有し、可燃物、有機物と接触するとＮＯ$_2$を生成するため、接触させない。

ウ　羽毛のような有機質を硝酸の中に浸し、特にアンモニア水でこれを潤すと、黄色を呈する。

	ア	イ	ウ
1	誤	正	誤
2	正	正	誤
3	正	誤	誤
4	誤	正	正

北海道

問 38 ～問 40　次の物質の漏えい時の措置について、最も適当なものはどれか。

ア　アンモニア水 問 38　　イ　硫酸 問 39　　ウ　トルエン 問 40

1　少量漏えいした液は、濡れむしろ等で覆い遠くから多量の水をかけて洗い流す。多量漏えいした液は、土砂等でその流れを止め、安全な場所に導いて遠くから多量の水をかけて洗い流す。
2　付近の着火源となるものを速やかに取り除き、漏えいした液は土砂等でその流れを止め、安全な場所に導き、液の表面を泡で覆い、できるだけ空容器に回収する。
3　多量漏えいした液は、土砂等でその流れを止め、これに吸着させるか又は安全な場所に導いて、遠くから徐々に注水してある程度希釈した後、消石灰、ソーダ灰等で中和し、多量の水を用いて洗い流す。
4　漏えいした液は、土砂等でその流れを止め、安全な場所に導き、空容器にできるだけ回収し、その後を大量の水を用いて洗い流す。洗い流す場合には、中性洗剤等の分散剤を使用して洗い流す。

（農業用品目）

問21～問23　次の物質の廃棄方法として、最も適当なものはどれか。

ア　ジメチルジチオホスホリルフェニル酢酸エチル
（別名：フェントエート、PAP） 問 21

イ　クロルピクリン 問 22　　ウ　塩素酸ナトリウム 問 23

1　チオ硫酸ナトリウム等の還元剤の水溶液に希硫酸を加えて酸性にし、この中に少量ずつ投入する。反応終了後、反応液を中和し、多量の水で希釈して処理する。
2　おが屑（くず）等に吸収させてアフターバーナーおよびスクラバーを備えた焼却炉で、焼却する。
3　少量の界面活性剤を加えた亜硫酸ナトリウムと炭酸ナトリウムの混合溶液中で、撹拌（かくはん）し分解させた後、多量の水で希釈して処理する。
4　多量の水で処理し、活性汚泥で処理する。

問24～問27　次の物質の代表的な用途について、最も適当なものはどれか。

ア　トランス－N－（6－クロロ－3－ピリジルメチル）－N′－シアノ－N－メチルアセトアミジン（別名：アセタミプリド） 問 24

イ　2－ジフェニルアセチル－1，3－インダンジオン
（別名：ダイファシノン） 問 25

ウ　2－クロルエチルトリメチルアンモニウムクロリド
（別名：クロルメコート） 問 26

エ　2－チオ－3，5－ジメチルテトラヒドロ－1，3，5－チアジアジン
（別名：ダゾメット） 問 27

1　植物成長調整剤　　2　芝地雑草の除草　　3　殺鼠（さっそ）剤　　4　殺虫剤

問 28 ～問 30　次の物質の漏えい時の措置について、最も適当なものはどれか。

ア　S－メチル－N－［（メチルカルバモイル）－オキシ］－チオアセトイミデート
（別名：メトミル、メソミル） 問 28

イ　ブロムメチル（別名：臭化メチル、メチルブロマイド） 問 29

ウ　シアン化水素 問 30

1　飛散したものは、空容器にできるだけ回収し、そのあとを消石灰等の水溶液を用いて処理し、多量の水を用いて洗い流す。この場合、濃厚な廃液が、河川等に排出されないよう注意する。
2　漏えいしたボンベ等を多量の水酸化ナトリウム水溶液(20w／v％以上)に容器ごと投入してガスを吸収させ、更に、酸化剤(次亜塩素酸ナトリウム、さらし粉等)の水溶液で酸化処理を行い、多量の水を用いて洗い流す。
3　多量に漏えいした場合、漏えいした液は土砂等でその流れを止め、これに吸着させるか、又は安全な場所に導いて、遠くから徐々に注水して、ある程度希釈した後、消石灰、ソーダ灰等で中和し、多量の水を用いて洗い流す。
4　漏えいしたときは、土砂等でその流れを止め、液が拡がらないようにして蒸発させる。

問31　(ＲＳ)－〔Ｏ－１－(４－クロロフェニル)ピラゾール－４－イル＝Ｏ－エチル＝Ｓ－プロピル＝ホスホロチオアート〕(別名：ピラクロホス)の色について、最も適当なものはどれか。

1　橙色　　2　灰色　　3　藍色　　4　淡黄色

問32　硫酸タリウムの色について、最も適当なものはどれか。

1　無色　　2　灰色　　3　藍色　　4　淡黄色

問33～問34　次の化合物の中毒時に用いられる解毒剤として、最も適当なものはどれか。

ア　シアン酸ナトリウム　［問33］
イ　２－イソプロピル－４－メチルピリミジル－６－ジエチルチオホスフェイト
(別名：ダイアジノン)　［問34］

1　硫酸アトロピン　　2　ジメルカプロール(別名：BAL)
3　フェノバルビタール　　4　チオ硫酸ナトリウム

問35～問36　次の文は、ジメチル－４－メチルメルカプト－３－メチルフェニルチオホスフェイト(別名：MPP、フェンチオン)の用途と性状について記述したものである。に当てはまる語句として、最も適当なものはどれか。

用途：［問35］　　性状：弱い［問36］を有する液体

問35
1　殺菌剤　　2　殺鼠剤(さっそ)　　3　植物成長調整剤　　4　殺虫剤
問36
1　エーテル臭　　2　アンモニア臭　　3　ハッカ臭　　4　ニンニク臭

問37～問38　１，１’－ジメチル－４，４’－ジピリジニウムジクロリド(別名：パラコート)に関する記述として、最も適当なものはどれか。

ア　性状：［問37］
イ　廃棄方法：［問38］

問37
1　液体で催涙性があり、強い刺激臭がある。
2　液体で発煙性がある。
3　粉末で、水、アルコールに溶けない。
4　結晶で水に非常に溶けやすい。

問38
1　燃焼法　　2　分解沈殿法　　3　固化隔離法　　4　還元法

北海道

問39　2－イソプロピル－4－メチルピリミジル－6－ジエチルチオホスフェイト（別名：ダイアジノン）に関する以下の記述の正誤について、最も適当な組合せはどれか。

ア　工業用品は、純度90％で、淡褐色透明のやや粘稠（ねんちゅう）、エステル臭を有する。
イ　廃棄方法として、燃焼法がある。
ウ　漏えい時の措置方法は、付近の着火源となるものは速やかに取り除き、空容器にできるかぎり回収し、その後、消石灰等の水溶液を用いて処理し、多量の水を用いて洗い流す。

	ア	イ	ウ
1	正	正	正
2	誤	正	正
3	正	誤	誤
4	誤	誤	誤

問40　（ＲＳ）－α－シアノ－3－フェノキシベンジル＝（ＲＳ）－2－（4－クロロフェニル）－3－メチルブタノアート（別名：フェンバレレート）の特徴について、最も適当なものはどれか。

1　黄褐色の粘稠（ねんちゅう）性液体又は固体で、ピレスロイド系殺虫剤に分類される。魚毒性が強いので、廃液が河川等へ流入しないよう注意する。
2　弱いメルカプタン臭のある淡褐色の液体で、野菜などのネコブセンチュウ等の害虫の防除に用いられる。
3　淡黄色の油状液体で、除草剤として用いられる。
4　純品は無色の油状液体で、市販品は通常微黄色を呈しており、催涙性があり、土壌燻蒸剤として用いられる。

（特定品目）

問21～問24　次の物質の廃棄方法として、最も適当なものはどれか。

ア　アンモニア［問21］　　イ　酢酸エチル［問22］
ウ　一酸化鉛［問23］　　エ　シュウ酸［問24］

1　珪藻土（けいそうど）等に吸収させて、開放型の焼却炉で焼却する。
2　水で希薄な水溶液とし、酸で中和させた後、多量の水で希釈して処理する。
3　セメントを用いて固化し、溶出試験を行い、溶出量が判定基準以下であることを確認して埋立処分する。
4　ナトリウム塩とした後、活性汚泥で処理する。

問25～問28　次の物質の識別方法として、最も適当なものはどれか。

ア　メタノール［問25］　　イ　硫酸［問26］
ウ　水酸化ナトリウム［問27］　　エ　クロロホルム［問28］

1　希釈水溶液に塩化バリウムを加えると、白色の沈殿を生じるが、この沈殿は塩酸や硝酸に溶けない。
2　あらかじめ強熱した酸化銅を加えると、ホルムアルデヒドができ、酸化銅は還元されて金属銅色を呈する。
3　本物質の水溶液を白金線につけて無色の火炎中に入れると、火炎は著しく黄色に染まり、長時間続く。
4　レゾルシンと33％の水酸化カリウム溶液と熱すると黄赤色を呈し、緑色の蛍石彩を放つ。

北海道

問29　水酸化ナトリウムに関する以下の記述の正誤について、最も適当な組合せはどれか。

ア　白色透明の液体である。
イ　廃棄方法として、水を加えて希薄な水溶液とし、希塩酸で中和させた後、多量の水で希釈して処理する方法がある。
ウ　二酸化炭素と水を吸収する性質が強いため、密栓して保管する。

	ア	イ	ウ
1	誤	正	誤
2	正	正	正
3	正	誤	誤
4	誤	正	正

問30　キシレンに関する以下の記述の正誤について、最も適当な組合せはどれか。

ア　無色透明の液体、芳香族炭化水素特有の臭いがある。
イ　パラキシレンの凝固点は13.3℃なので、冬季には固結することがある。
ウ　廃棄法として、燃焼法、活性汚泥法がある。

	ア	イ	ウ
1	誤	正	誤
2	正	正	正
3	正	誤	誤
4	誤	正	正

問31　硝酸に関する以下の記述の正誤について、最も適当な組合せはどれか。

ア　極めて純粋な、水分を含まない硝酸は、無色無臭の液体である。
イ　NO_2を含有し、可燃物、有機物と接触するとNO_2を生成するため、接触させない。
ウ　羽毛のような有機質を硝酸の中に浸し、特にアンモニア水でこれを潤すと、黄色を呈する。

	ア	イ	ウ
1	誤	正	誤
2	正	正	誤
3	正	誤	誤
4	誤	正	正

問32～問34　次の物質の漏えい時の措置について、最も適当なものはどれか。

ア　アンモニア水 問32　　イ　硫酸 問33　　ウ　トルエン 問34

1　少量漏えいした液は､濡れむしろ等で覆い遠くから多量の水をかけて洗い流す。多量漏えいした液は、土砂等でその流れを止め、安全な場所に導いて遠くから多量の水をかけて洗い流す。
2　付近の着火源となるものを速やかに取り除き、漏えいした液は土砂等でその流れを止め、安全な場所に導き、液の表面を泡で覆い、できるだけ空容器に回収する。
3　多量漏えいした液は、土砂等でその流れを止め、これに吸着させるか又は安全な場所に導いて、遠くから徐々に注水してある程度希釈した後、消石灰、ソーダ灰等で中和し、多量の水を用いて洗い流す。
4　漏えいした液は、土砂等でその流れを止め、安全な場所に導き、空容器にできるだけ回収し、その後を大量の水を用いて洗い流す。洗い流す場合には、中性洗剤等の分散剤を使用して洗い流す。

問35～問38　次の物質の取扱い上の注意事項として、最も適当なものはどれか。

ア　重クロム酸アンモニウム 問35　　イ　四塩化炭素 問36
ウ　塩素 問37　　エ　過酸化水素水 問38

1　火災などで強熱されると、ホスゲンを発生するおそれがあるので、注意する。
2　分解が起こると、激しく酸素を生成し、周囲に易燃物があると、火災になるおそれがある。
3　反応性が強く、水素または炭化水素(特にアセチレン)と爆発的に反応する。
4　可燃物と混合すると、常温でも発火することがある。200℃付近に加熱すると発光しながら分解するので、注意する。

北海道

問39～問40　ケイフッ化ナトリウムについて、最も適当なものはどれか。

〔化学式〕 問39 　　〔廃棄方法〕 問40

問39 1　Na_2SiO_3　2　Na_2SiF_6　3　H_2SiF_6　4　K_2SiF_6

問40 1　燃焼法　2　酸化法　3　アルカリ法　4　分解沈殿法

東北六県統一〔青森県・岩手県・宮城県・秋田県・山形県・福島県〕

令和５年度実施

〔毒物及び劇物に関する法規〕

（一般・農業用品目・特定品目共通）

問１　以下の記述は、毒物及び劇物取締法の条文の一部である。（　　）の中に入る字句として、正しいものの組み合わせはどれか。

第１条
この法律は、毒物及び劇物について、（　a　）の見地から必要な（　b　）を行うことを目的とする。

番号	a	b
1	保健衛生上	規制
2	保健衛生上	取締
3	公衆衛生上	規制
4	公衆衛生上	取締

問２　次のうち、毒物及び劇物取締法第３条の２の規定に基づき、毒物及び劇物取締法施行令で定める四アルキル鉛を含有する製剤の取扱いとして、正しいものの組み合わせはどれか。

a この製剤は、石油精製業者(原油から石油を精製することを業とする者をいう。)でなければ使用することができない。
b この製剤の用途は、灯油への混入に限られている。
c この製剤は、黒色に着色しなければならない。
d この製剤の容器は、四アルキル鉛を含有する製剤が入っている旨及びその内容量を表示しなければならない。

1 (a、b)　2 (a、d)　3 (b、c)　4 (c、d)

問３　次のうち、毒物及び劇物取締法第３条の２第９項の規定に基づき、モノフルオール酢酸アミドを含有する製剤の着色の基準として、毒物及び劇物取締法施行令で定めるものはどれか。

1　赤色　　2　青色　　3　黄色　　4　緑色

問４　次のうち、毒物及び劇物取締法第３条の３の規定に基づく、興奮、幻覚又は麻酔の作用を有する毒物又は劇物(これらを含有する物を含む。)であって、毒物及び劇物取締法施行令で定めるものとして、正しいものの組み合わせはどれか。

a フェノールを含有する塗料　　b クロロホルム
c トルエン　　d メタノールを含有するシンナー

1 (a、b)　2 (a、c)　3 (b、d)　4 (c、d)

問５　次のうち、毒物及び劇物取締法第３条の４の規定に基づく、引火性、発火性又は爆発性のある毒物又は劇物であって、毒物及び劇物取締法施行令で定めるものとして、正しいものの組み合わせはどれか。

a 亜塩素酸ナトリウム　　b 水酸化ナトリウム
c クロルスルホン酸　　d ピクリン酸

1 (a、b)　2 (a、d)　3 (b、c)　4 (c、d)

問６　次のうち、毒物及び劇物取締法第７条及び第８条の規定に基づく毒物劇物取扱責任者に関する記述として、正しいものはどれか。

1　毒物劇物営業者が毒物又は劇物の輸入業及び販売業を併せて営む場合において、その営業所と店舗が互いに隣接しているときは、毒物劇物取扱責任者は２つの施設を通じて１人で足りる。
2　毒物劇物営業者は、毒物劇物取扱責任者を変更するときは、事前に届け出なければならない。
3　薬剤師は、毒物劇物一般販売業の店舗において毒物劇物取扱責任者になることができない。
4　特定品目毒物劇物取扱者試験に合格した者は、特定品目のみを取り扱う毒物劇物製造業の製造所において毒物劇物取扱責任者になることができる。

問７　次のうち、毒物及び劇物取締法第10条の規定に基づき、毒物劇物販売業者が30日以内に届け出なければならない場合として、正しいものの組み合わせはどれか。

a　毒物劇物販売業者が法人であって、その代表者を変更したとき
b　店舗の営業時間を変更したとき
c　店舗の名称を変更したとき
d　店舗における営業を廃止したとき

1 (a、b)　　2 (a、d)　　3 (b、c)　　4 (c、d)

問８　以下の記述は、毒物及び劇物取締法の条文の一部である。(　　)の中に入る字句として、正しいものはどれか。

第11条第4項
　毒物劇物営業者及び特定毒物研究者は、毒物又は厚生労働省令で定める劇物については、その容器として、(　　)の容器として通常使用される物を使用してはならない。

1　殺虫剤　　2　医薬品　　3　洗浄剤　　4　飲食物

問９　次のうち、毒物及び劇物取締法第12条の規定に基づく毒物又は劇物の表示に関する記述として、正しいものの組み合わせはどれか。

a　毒物の容器及び被包に、「医薬用外」の文字及び黒地に白色をもって「毒物」の文字を表示しなければならない。
b　劇物の容器及び被包に、「医薬用外」の文字及び白地に赤色をもって「劇物」の文字を表示しなければならない。
c　特定毒物の容器及び被包に、「医薬用外」の文字及び赤地に白色をもって「特定毒物」の文字を表示しなければならない。
d　劇物を貯蔵し、又は陳列する場所に、「医薬用外」の文字及び「劇物」の文字を表示しなければならない。

1 (a、b)　　2 (a、c)　　3 (b、d)　　4 (c、d)

問10　次のうち、毒物及び劇物取締法第12条第２項第３号の規定に基づき、毒物劇物営業者が、その容器及び被包に解毒剤の名称を表示したものでなければ、販売し、又は授与してはならない毒物又は劇物として、毒物及び劇物取締法施行規則で定めるものはどれか。

1　無機シアン化合物　　2　砒(ひ)素化合物　　3　カドミウム化合物
4　有機燐(りん)化合物

問11　次のものを含有する製剤たる劇物のうち、毒物及び劇物取締法第１３条の規定に基づき、着色したものでなければ、農業用として販売し、又は授与してはならないとして、毒物及び劇物取締法施行令で定めるものはどれか。

1　燐(りん)化亜鉛　　2　酢酸タリウム　　3　二硫化炭素　　4　クロルピクリン

問 12　次のうち、毒物及び劇物取締法第 14 条の規定に基づき、毒物劇物営業者が他の毒物劇物営業者に毒物又は劇物を販売したときに、書面に記載しなければならない事項(法定事項)及びその取扱いとして、正しいものの組み合わせはどれか。

a　書面には、販売した毒物又は劇物の製造番号を記載しなければならない。
b　書面には、譲受人の職業を記載しなければならない。
c　書面は、販売の日から３年間保存しなければならない。
d　書面には、法定事項を販売の都度、記載しなければならない。

1 (a、b)　　2 (a、c)　　3 (b、d)　　4 (c、d)

問 13　以下の記述は、毒物及び劇物取締法の条文の一部である。(　　)の中に入る字句として、正しいものの組み合わせはどれか。

第 15 条第 1 項
毒物劇物営業者は、毒物又は劇物を次に掲げる者に交付してはならない。
一　(a)歳未満の者
二　(　b　)の障害により毒物又は劇物による保健衛生上の危害の防止の措置を適正に行うことができない者として厚生労働省令で定めるもの
三　麻薬、(c)、あへん又は覚せい剤の中毒者

番号	a	b	c
1	十八	身体	シンナー
2	十八	心身	大麻
3	二十	身体	大麻
4	二十	心身	シンナー

問 14　次のうち、毒物及び劇物取締法第 15 条の２の規定に基づき、毒物及び劇物取締法施行令で定める毒物又は劇物の廃棄方法として、正しいものの組み合わせはどれか。

a 中和、加水分解、酸化、還元、稀釈その他の方法により、毒物及び劇物並びに法第 11 条第２項に規定する政令で定める物のいずれにも該当しない物とすること。
b 可燃性の毒物又は劇物は、保健衛生上危害を生ずるおそれがない場所で、少量ずつ燃焼させること。
c ガス体又は揮発性の毒物又は劇物は、保健衛生上危害を生ずるおそれがない場所で、一気に放出し、又は揮発させること。
d 地下 0.5 メートル以上で、かつ、地下水を汚染するおそれがない地中に確実に埋め、海面上に引き上げられ、若しくは浮き上がるおそれがない方法で海水中に沈め、又は保健衛生上危害を生ずるおそれがないその他の方法で処理すること。

1 (a、b)　2 (a、c)　3 (b、d)　4 (c、d)

問 15　以下の記述は、毒物及び劇物取締法施行規則の条文の一部である。(　　)の中に入る字句として、正しいものの組み合わせはどれか。

第 13 条の 5
令第四十条の五第二項第二号に規定する標識は、(a)メートル平方の板に(b)として「毒」と表示し、(c)の見やすい箇所に掲げなければならない。

参考：毒物及び劇物取締法施行令第 40 条の 5 第 2 項第 2 号
車両には、厚生労働省令で定めるところにより標識を掲げること。

番号	a	b	c
1	○・三	地を黒色、文字を白色	車両の前後
2	○・三	地を白色、文字を黒色	車両の後方
3	○・五	地を黒色、文字を白色	車両の前方
4	○・五	地を白色、文字を黒色	車両の前後

問 16　次のうち、1回につき 1,000 キログラムを超える毒物又は劇物を車両を使用して運搬する場合で、当該運搬を他に委託するとき、毒物及び劇物取締法施行令第 40 条の6の規定に基づき、その荷送人が、運送人に対し、あらかじめ交付しなければならない書面に記載する事項として、正しいものの組み合わせはどれか。

a　毒物又は劇物の名称
b　毒物又は劇物の製造業者の所在地
c　事故の際に講じなければならない応急の措置の内容
d　廃棄の方法

1 (a、b)　　2 (a、c)　　3 (b、d)　　4 (c、d)

問 17　次のうち、毒物及び劇物取締法施行令第 40 条の9並びに毒物及び劇物取締法施行規則第 13 条の 12 の規定に基づき、毒物劇物営業者が毒物又は劇物を販売する時までに、譲受人に対し提供しなければならない情報として、誤っているものはどれか。

1　毒物又は劇物の別　　2　漏出時の措置　　3　取扱い及び保管上の注意
4　使用期限

問 18　以下の記述は、毒物及び劇物取締法の条文の一部である。(　　)の中に入る字句として、正しいものの組み合わせはどれか。

第 17 条第1項
　毒物劇物営業者及び特定毒物研究者は、その取扱いに係る毒物若しくは劇物又は第十一条第二項の政令で定める物が飛散し、漏れ、流れ出し、染み出し、又は地下に染み込んだ場合において、不特定又は多数の者について保健衛生上の危害が生ずるおそれがあるときは、(　a　)、その旨を(　b　)に届け出るとともに、保健衛生上の危害を防止するために必要な応急の措置を講じなければならない。

番号	a	b
1	直ちに	警察署又は消防機関
2	直ちに	保健所、警察署又は消防機関
3	七日以内に	保健所、警察署又は消防機関
4	七日以内に	七日以内に 警察署又は消防機関

問 19　次のうち、毒物及び劇物取締法第 21 条第1項の規定に基づき、毒物劇物製造業者が、その営業の登録の効力を失ったときに、現に所有する特定毒物の品名及び数量を、その製造所の所在地の都道府県知事に届け出なければならない期限として、正しいものはどれか。

1　直ちに　　2　7日以内　　3　15 日以内　　4　30 日以内

問 20　次のうち、毒物及び劇物取締法第 22 条第1項の規定に基づく業務上取扱者の届出が必要な事業であって、毒物及び劇物取締法施行令で定めるものとして、正しいものの組み合わせはどれか。

a シアン化ナトリウムを使用して、金属熱処理を行う事業
b 亜砒(ひ)酸を使用して、しろありの防除を行う事業
c 塩酸を使用して、電気めっきを行う事業
d モノフルオール酢酸の塩類を含有する製剤を使用して、野ねずみの駆除を行う事業

1 (a、b)　　2 (a、c)　　3 (b、d)　　4 (c、d)

〔基礎化学〕
（一般・農業用品目・特定品目共通）

東北六県統一

問 21　以下の記述は、混合物の分離に関するものである。（　　）の中に入る字句の組み合わせとして、最も適当なものはどれか。

ろ紙などを用い、液体とその液体に溶けない固体を分離する操作のことを（　a　）という。
また、温度によって（　b　）が変化することを利用した分離方法を再結晶という。

番号	a	b
1	ろ過	溶解度
2	ろ過	粘度
3	蒸留	溶解度
4	蒸留	粘度

問 22　次のうち、青緑の炎色反応を示す元素として、最も適当なものはどれか。

1　カリウム　　2　銅　　3　ナトリウム　　4　リチウム

問 23　次のうち、常温、常圧で空気より軽い気体として、最も適当なものはどれか。

1　二酸化炭素　　2　硫化水素　　3　塩化水素　　4　メタン

問 24　0.05mol ／ L 酢酸水溶液の pH が３のとき、この水溶液中での酢酸の電離度として、最も適当なものはどれか。

1　0.01　　2　0.02　　3　0.05　　4　0.10

問 25　次のうち、水溶液が塩基性を示すものとして、最も適当なものはどれか。

1　塩化アンモニウム　　2　硝酸カリウム　　3　炭酸ナトリウム
4　塩化ナトリウム

問 26　次のうち、最も沸点が高いものはどれか。

1　塩化水素　　2　ヨウ化水素　　3　臭化水素　　4　フッ化水素

問 27　次のうち、ボイル・シャルルの法則に関する記述として、最も適当なものはどれか。

1　一定物質量の気体の質量は、圧力と絶対温度に比例する。
2　一定物質量の気体の質量は、圧力と絶対温度に反比例する。
3　一定物質量の気体の体積は、圧力に反比例し、絶対温度に比例する。
4　一定物質量の気体の体積は、圧力に比例し、絶対温度に反比例する。

問 28　次のうち、９％塩化ナトリウム水溶液 30 g に 21 ％塩化ナトリウム水溶液６ g を加え
た溶液の質量パーセント濃度(%)として、最も適当なものはどれか。

1　11 ％　　2　13 ％　　3　15 ％　　4　17 ％

問 29　次のうち、密度が 1.04g ／㎤である５％水酸化ナトリウム水溶液の質量モル濃度として、最も近い値はどれか。ただし、水酸化ナトリウムの分子量は 40 とする。

1　0.0132mol ／kg　　2　0.132mol ／kg
3　1.32mol ／kg　　4　13.2mol ／kg

問 30　以下の記述は、コロイド溶液の性質に関するものである。(　　)の中に入る字句として、最も適当なものはどれか。

コロイド溶液に横から強い光を当てると、光の進路が明るく輝いて見える。これを(　)という。

1　ブラウン運動　　2　電気泳動　　3　チンダル現象　　4　凝析

問 31　次の金属をイオン化傾向の大きい順に並べたとき、最も適当なものはどれか。

1　Na ＞ Cu ＞ Fe ＞ K　　2　Na ＞ K ＞ Cu ＞ Fe
3　K ＞ Fe ＞ Cu ＞ Na　　4　K ＞ Na ＞ Fe ＞ Cu

問 32　次のうち、酸化還元反応に関する記述として、最も適当なものはどれか。

1　還元剤は、反応相手の物質より還元されやすい物質である。
2　酸化剤は、反応相手の物質の酸化数を増加させる物質である。
3　物質が電子を失ったとき、その物質は還元されたという。
4　物質が水素を受け取ったとき、その物質の酸化数は増加する。

問 33　次のハロゲン化水素の水溶液を酸性の強い順に並べたとき、最も適当なものはどれか。

1　HBr ＞ HI ＞ HF ＞ HCl
2　HCl ＞ HF ＞ HI ＞ HBr
3　HI ＞ HBr ＞ HCl ＞ HF
4　HF ＞ HCl ＞ HBr ＞ HI

問 34　次のうち、常温の水と激しく反応し、水素を発生するものとして、最も適当なものはどれか。

1　鉛　　2　ニッケル　　3　ナトリウム　　4　モリブデン

問 35　次のうち、互いに構造異性体であるものの組み合わせとして、最も適当なものはどれか。

a 酢酸　　b メタノール　　c 酢酸エチル　　d ギ酸メチル

1 (a、b)　　2 (a、d)　　3 (b、c)　　4 (c、d)

問 36　次のうち、分子量が最も小さいものはどれか。

1　ブタン　　2　エチレン　　3　エタン　　4　プロパン

問 37　次のうち、アミノ基の識別に用いられる反応として、最も適当なものはどれか。

1　ニンヒドリン反応　　2　銀鏡反応　　3　キサントプロテイン反応
4　ビウレット反応

問 38　次のうち、トルエンの分子量として、最も適当なものはどれか。ただし、原子量は H＝1、C＝12、N＝14、O＝16 とする。

1　78　　2　92　　3　94　　4　106

問 39　次のうち、水銀の元素記号として、最も適当なものはどれか。

1　Ag　　2　Au　　3　Hg　　4　Pt

問 40　次のうち、100ppm を％に換算した場合の値として、最も適当なものはどれか。

1　0.000001％　　2　0.0001％　　3　0.01％　　4　1％

〔毒物及び劇物の性質及び貯蔵その他取扱方法〕
（一般）

問 41 次のうち、アジ化ナトリウムに関する記述として、誤っているものはどれか。

1 原体は毒物に指定されている。
2 エタノールに難溶である。
3 微黄色でわずかな特異臭のある結晶である。
4 医療検体の防腐剤として使用される。

問 42 ～問 43 次の物質の貯蔵方法として、最も適当なものはどれか。

問 42 黄燐（りん） **問 43** トリクロル酢酸

1 空気中にそのまま貯蔵することができないため、通常、石油中に貯蔵する。
2 潮解性があるため、密栓して冷所に貯蔵する。
3 空気や光線に触れると赤変するため、遮光して貯蔵する。
4 空気に触れると発火しやすいので、水中に沈めて瓶に入れ、さらに砂を入れた缶中に固定して、冷暗所に貯蔵する。

問 44 次のうち、毒物又は劇物とその性質等に関する記述の正しい組み合わせとして、最も適当なものはどれか。

a ジメチルアミンは、強アンモニア臭を有する気体であり、界面活性剤原料として用いられる。
b ピロリン酸第二銅は、無色の結晶性粉末であり、殺鼠（そ）剤として用いられる。
c メチルメルカプタンは、腐ったキャベツ様の悪臭を有する気体であり、付臭剤として用いられる。
d セレン化水素は、茶褐色の粉末であり、酸化剤として使用されるほか、電池の製造に用いられる。

1 (a、b)　2 (a、c)　3 (b、d)　4 (c、d)

問 45 次のうち、劇物に該当する製剤として、正しい組み合わせはどれか。

a ジメチルジチオホスホリルフエニル酢酸エチル（別名：フェントエート、PAP）を 50 ％含有する製剤
b S－メチル－N－［(メチルカルバモイル)－オキシ］－チオアセトイミデート（別名：メトミル）を 45 ％含有する製剤
c エマメクチンを１％含有する製剤
d ３－(６－クロロピリジン－３－イルメチル)－１・３－チアゾリジン－２－イリデンシアナミド（別名：チアクロプリド）を１％含有する製剤

1 (a、b)　2 (a、d)　3 (b、c)　4 (c、d)

問 46 次のうち、２・２′－ジピリジリウム－１・１′－エチレンジブロミド（別名：ジクワット）に関する記述として、正しい組み合わせはどれか。

a ジクワットを 30 ％含有する製剤は劇物に該当する。
b 淡青色の粉末で、水に不溶である。
c 除草剤として用いられる。
d 酸性条件下で不安定であり、アルカリ性条件下で安定である。

1 (a、b)　2 (a、c)　3 (b、d)　4 (c、d)

問 47　次のうち、ブロムメチルに関する記述として、誤っているものはどれか。

1　果樹、種子、貯蔵食糧等の病害虫の燻蒸に用いられる。
2　濃度に関わらず、強い刺激臭を放つ。
3　常温では気体なので、圧縮冷却して液化し、圧縮容器に入れ、直射日光、その他温度上昇の原因を避けて、冷暗所に貯蔵する。
4　蒸気が空気より重く、閉鎖空間での使用時には吸入による中毒に注意が必要である。

問 48　次のうち、劇物の指定から除外される製剤として、正しいものはどれか。

1　アンモニアを 15 %含有する製剤　　2　塩化水素を５%含有する製剤
3　酸化水銀を３%含有する製剤　　4　硝酸を 15 %含有する製剤

問 49　次のうち、物質の名称とその主な用途の組み合わせとして、誤っているものはどれか。

番号	名称	用途
1	クロム酸ナトリウム	工業用還元剤
2	蓚酸	捺染剤、木・コルク・綿・藁製品等の漂白剤
3	硅弗化ナトリウム	釉薬
4	一酸化鉛	顔料

問 50　次のうち、硝酸に関する記述として、誤っているものはどれか。

1　無色無臭の液体で、湿気を含んだ空気中では発煙する。
2　動物性の組織を褐色に染める。
3　強酸性の酸化剤であり、多くの金属を溶解する。
4　経口摂取により、口腔以下の消化管に強い腐食性火傷を生じる。

（農業用品目）

問 41 次のうち、シアン化水素に関する記述として、最も適当なものはどれか。

1　無色無臭の液体である。
2　植物成長調整剤として用いられる。
3　貯蔵する際は、少量ならば褐色ガラス瓶を用い、多量ならば銅製シリンダーを用いる。
4　希薄な蒸気であれば、吸入しても体調の変化が生じることはない。

問 42　次のうち、ニコチンの中毒症状に関する記述として、最も適当なものはどれか。

1　大量に接触すると結膜炎、咽頭炎、鼻炎、知覚異常を引き起こし、直接接触すると凍傷にかかることがある。
2　急性中毒では、よだれ、吐気、悪心、嘔吐があり、次いで脈拍緩徐不整となり、発汗、瞳孔縮小、意識喪失、呼吸困難、痙攣をきたす。
3　主な中毒症状は、振戦、呼吸困難であり、肝臓に核の膨大及び変性、腎臓には糸球体、細尿管のうっ血、脾臓には脾炎が認められる。
4　吸入すると血液中でメトヘモグロビンを生成、また中枢神経や心臓、眼結膜を侵し、肺も強く障害する。

問 43　次のうち、２－チオ－３・５－ジメチルテトラヒドロ－１・３・５－チアジアジン（別名：ダゾメット）の主な用途として、最も適当なものはどれか。

1　殺鼠剤　　2　芝地雑草の除草　　3　燻蒸剤　　4　植物成長調整剤

東北六県統一

問 44 次のうち、ロテノンの貯蔵方法に関する記述として、最も適当なものはどれか。

1　揮発しやすいため、よく密栓して貯蔵する。
2　酸と反応して有毒な青酸ガスを発生するため、酸類とは離して、風通しのよい乾燥した冷所に密封して貯蔵する。
3　有機物その他酸化されやすいものと混合すると加熱、摩擦、衝撃により爆発することがあるため、有機物等との接触を避けて貯蔵する。
4　酸素によって分解するため、空気と光線を遮断して貯蔵する。

問 45　次のうち、物質の名称とその主な用途の正しい組み合わせとして、最も適当なものはどれか。

	名称	主な用途
a	３－ジメチルジチオホスホリル－Ｓ－メチル－５－メトキシ－１・３・４－チアジアゾリン－２－オン（別名：DMTP）	燻蒸剤
b	メチル＝(E)－２－［２－［６－（２－シアノフエノキシ）ピリミジン－４－イルオキシ］フエニル］－３－メトキシアクリレート（別名：アゾキシストロビン）	殺菌剤
c	１・１′－イミノジ（オクタメチレン）ジグアニジン（別名：イミノクタジン）	殺鼠剤
d	アバメクチン	殺虫剤

1 (a、b)　　2 (a、c)　　3 (b、d)　　4 (c、d)

問 46　Ｏ－エチル－Ｏ－（２－イソプロポキシカルボニルフエニル）－Ｎ－イソプロピルチオホスホルアミド（別名：イソフエンホス）を含有する製剤について、毒物の指定から除外される上限の濃度として、正しいものはどれか。

1　1％　　2　2％　　3　5％　　4　10％

問 47　次のうち、劇物に該当する製剤として、正しい組み合わせはどれか。

a　ジメチルジチオホスホリルフエニル酢酸エチル（別名：フェントエート、PAP）を 50％含有する製剤
b　Ｓ－メチル－Ｎ－［（メチルカルバモイル）－オキシ］－チオアセトイミデート（別名：メトミル）を 45％含有する製剤
c　エマメクチンを１％含有する製剤
d　３－（６－クロロピリジン－３－イルメチル）－１・３－チアゾリジン－２－イリデンシアナミド（別名：チアクロプリド）を１％含有する製剤

1 (a、b)　　2 (a、d)　　3 (b、c)　　4 (c、d)

問 48　次のうち、クロルピクリンに関する記述として、誤っているものはどれか。

1　催涙性、強い粘膜刺激臭がある。
2　無色～淡黄色の油状液体である。
3　クロルピクリンを含有する製剤は、土壌燻蒸に用いられる。
4　クロルピクリンを 99.5％含有する製剤は毒物に該当する。

問 49　次のうち、2・2′ −ジピリジリウム−1・1′ −エチレンジブロミド(別名：ジクワット)に関する記述として、正しい組み合わせはどれか。

a　ジクワットを 30 %含有する製剤は劇物に該当する。
b　淡青色の粉末で、水に不溶である。
c　除草剤として用いられる。
d　酸性条件下で不安定であり、アルカリ性条件下で安定である。

1 (a、b)　　2 (a、c)　　3 (b、d)　　4 (c、d)

問 50　次のうち、ブロムメチルに関する記述として、誤っているものはどれか。

1　果樹、種子、貯蔵食糧等の病害虫の燻蒸に用いられる。
2　濃度に関わらず、強い刺激臭を放つ。
3　常温では気体なので、圧縮冷却して液化し、圧縮容器に入れ、直射日光、その他温度上昇の原因を避けて、冷暗所に貯蔵する。
4　蒸気が空気より重く、閉鎖空間での使用時には吸入による中毒に注意が必要である。

(特定品目)

問 41　次のうち、劇物の指定から除外される製剤として、正しいものはどれか。

1　アンモニアを 15 %含有する製剤
2　塩化水素を 5 %含有する製剤
3　酸化水銀を 3 %含有する製剤
4　硝酸を 15 %含有する製剤

問 42　次のうち、四塩化炭素に関する記述の正しい組み合わせとして、最も適当なものはどれか。

a　特有の臭気をもつ無色の液体である。
b　火災などで強熱されると、刺激臭をもつホスゲンを発生するおそれがある。
c　揮発性の蒸気の吸入により、黄疸だんのように角膜が黄色になることがある。
d　蒸気は空気より軽く、高所に滞留する。

1 (a、b)　　2 (a、c)　　3 (b、d)　　4 (c、d)

問 43　次のうち、水酸化カリウムに関する記述の正しい組み合わせとして、最も適当なものはどれか。

a　水やアルコールに吸熱しながら溶ける。
b　二酸化炭素や湿気を強く吸収するため、密栓をして貯蔵する。
c　水溶液は強い引火性を有する。
d　水溶液はアルミニウム、錫すず、亜鉛等の金属を腐食して水素ガスを生成し、これが空気と混合して引火爆発することがある。

1 (a、b)　　2 (a、c)　　3 (b、d)　　4 (c、d)

問 44　次のうち、物質の名称とその主な用途の組み合わせとして、誤っているものはどれか。

番号	名称	用途
1	クロム酸ナトリウム	工業用還元剤
2	蓚酸	捺染剤、木・コルク・綿・藁製品等の漂白剤
3	硅弗化ナトリウム	釉薬
4	一酸化鉛	顔料

問45　次のうち、過酸化水素に関する記述の正しい組み合わせとして、最も適当なものはどれか。

a 不安定な化合物であるため、製品には安定剤として少量のアルカリ性物質が添加されている。
b 酸化作用はあるが、還元作用はない。
c 少量ならば褐色ガラス瓶、大量ならばカーボイなどを使用し、３分の１の空間を保って貯蔵する。
d 分解が起こると激しく酸素を生成し、周囲に易燃物があると火災になるおそれがある。

1 (a、b)　2 (a、c)　3 (b、d)　4 (c、d)

問46　次のうち、硝酸に関する記述として、誤っているものはどれか。

1 無色無臭の液体で、湿気を含んだ空気中では発煙する。
2 動物性の組織を褐色に染める。
3 強酸性の酸化剤であり、多くの金属を溶解する。
4 経口摂取により、口腔（くう）以下の消化管に強い腐食性火傷を生じる。

問47　次のうち、トルエンに関する記述の正しい組み合わせとして、最も適当なものはどれか。

a 無色透明でベンゼン様の臭気をもつ固体である。
b 蒸気と空気が混合されると、爆発性のガスとなるおそれがある。
c 蒸気の大量吸入により、緩和な大赤血球性貧血をきたすことがある。
d 水に可溶であり、エタノールやエーテルに不溶である。

1 (a、b)　2 (a、d)　3 (b、c)　4 (c、d)

問48　次のうち、塩素に関する記述の正しい組み合わせとして、最も適当なものはどれか。

a 窒息性の臭気をもつ赤褐色の気体である。
b 液化塩素は極めて安定性が高く、水素と接しても反応しない。
c 粘膜接触により刺激症状を呈し、目、鼻、咽喉及び口腔（くう）粘膜に障害を与える。
d 酸化剤や紙・パルプの漂白剤として使用される。

1 (a、b)　2 (a、c)　3 (b、d)　4 (c、d)

問49　次のうち、メタノールに関する記述の正しい組み合わせとして、最も適当なものはどれか。

a 無色透明な液体で、青色の炎をあげて燃える。
b 爆発性があり危険であるため、燃料として使用されることはない。
c 粘膜を刺激することはあるが、皮膚から吸収されることはない。
d 高濃度の蒸気に長時間暴露された場合、失明することがある。

1 (a、b)　2 (a、d)　3 (b、c)　4 (c、d)

問50　次のうち、キシレンに関する記述として、誤っているものはどれか。

1 ３種の異性体が存在する。
2 水に不溶である。
3 獣毛、羽毛、綿糸等の漂白剤として使用される。
4 静電気により引火することがある。

東北六県統一

〔毒物及び劇物の識別及び取扱方法 〕

(一般)

問 51 ～問 52　以下の性状及び識別方法に関する記述に該当する物質として、最も適当なものはどれか。

問 51　純粋なものは、無色、無臭の油状液体である。この物質のエーテル溶液に、ヨードのエーテル溶液を加えると、褐色の液状沈殿を生じ、これを放置すると、赤色の針状結晶となる。

問 52　重い粉末で、黄色から赤色までの種々のものがある。水、アルコールに溶けず、酢酸、希硝酸、温アルカリ溶液に溶ける。希硝酸に溶かすと無色の液となり、これに硫化水素を通じると黒色の沈殿を生ずる。

1　硫酸　　2　一酸化鉛　　3　ピクリン酸　　4　ニコチン

問 53 ～問 54　以下の廃棄方法に関する記述に該当する物質として、最も適当なものはどれか。なお、廃棄方法は厚生労働省で定める「毒物及び劇物の廃棄の方法に関する基準」に基づくものとする。

問 53　水酸化ナトリウム水溶液等でアルカリ性とし、高温加圧下で加水分解する。

問 54　耐食性の細い導管よりガス発生がないように少量ずつ、多量の水中深く流す装置を用い希釈してからアルカリ水溶液で中和して処理する。

1　ホルムアルデヒド　　2　シアン化カリウム　　3　セレン
4　クロルスルホン酸

問 55 ～問 56　次の物質の漏えい時の措置として、最も適当なものはどれか。なお、措置は厚生労働省で定める「毒物及び劇物の運搬事故時における応急措置に関する基準」に基づくものとする。

問 55 硫酸　　問 56 燐(りん)化亜鉛

1　漏えいした液は土壌等でその流れを止め、安全な場所に導き、空容器にできるだけ回収し、そのあとを土壌で覆って十分接触させた後、土壌を取り除き、多量の水を用いて洗い流す。
2　風下の人を退避させ、必要があれば水で濡らした手ぬぐい等で口及び鼻を覆う。少量の場合は濡れむしろ等で覆い遠くから多量の水をかけて洗い流す。
3　多量の場合は、土砂等でその流れを止め、これに吸着させるか、または安全な場所に導いて、遠くから徐々に注水してある程度希釈した後、水酸化カルシウム(消石灰)、炭酸ナトリウム(ソーダ灰)等で中和し、多量の水で洗い流す。
4　飛散した物質の表面を速やかに土砂等で覆い、密閉可能な空容器にできるだけ回収して密閉する。

問 57　次のうち、解毒剤として、ヘキサシアノ鉄(Ⅱ)酸鉄(Ⅲ)水和物(別名：プルシアンブルー)を用いることが最も適当なものはどれか。

1　1・1′－ジメチル－4・4′－ジピリジニウムヒドロキシド
　(別名：パラコート)
2　ジメチル－2・2－ジクロルビニルホスフエイト(別名：DDVP)
3　硫酸銅(Ⅱ)
4　硫酸タリウム

問 58　次のうち、メタノールの識別方法に関する記述として、最も適当なものはどれか。

1　濃塩酸を潤したガラス棒を近づけると、白い霧を生じる。
2　あらかじめ熱灼(しゃく)した酸化銅を加えると、ホルムアルデヒドができ、酸化銅は還元されて金属銅色を呈する。
3　水溶液に酒石酸溶液を過剰に加えると、白色結晶性の沈殿を生じる。
4　アルコール性の水酸化カリウムと銅粉とともに煮沸すると、黄赤色の沈殿を生じる。

問 59　次のうち、蓚酸に関する記述の正しい組み合わせとして、最も適当なものはどれか。

a　水和物は、4モルの結晶水を有する無色、稜柱状の結晶である。
b　水溶液を酢酸で弱酸性にして酢酸カルシウムを加えると、結晶性の沈殿を生じる。
c　水溶液をアンモニア水で弱アルカリ性にして塩化カルシウムを加えると、黒色の沈殿を生成する。
d　水和物は、注意して加熱すると昇華し、急速に加熱すると分解する。

1 (a、c)　　2 (a、d)　　3 (b、c)　　4 (b、d)

問 60　次のうち、アンモニアに関する記述の正しい組み合わせとして、最も適当なものはどれか。

a　息が詰まるような刺激臭を有する無色の気体である。
b　酸素中では青色の炎をあげて燃焼する。
c　液化アンモニアは漏えいすると、空気よりも重いアンモニアガスとして拡散する。
d　高濃度のアンモニアガスを吸入すると、視覚障害をきたすことがある。

1 (a、c)　　2 (a、d)　　3 (b、c)　　4 (b、d)

(農業用品目)

問 51 ～問 52　次の物質の漏えい時の措置として、最も適当なものはどれか。なお、措置は厚生労働省で定める「毒物及び劇物の運搬事故時における応急措置に関する基準」に基づくものとする。

問 51　硫酸　　問 52　燐化亜鉛

1　漏えいした液は土壌等でその流れを止め、安全な場所に導き、空容器にできるだけ回収し、そのあとを土壌で覆って十分接触させた後、土壌を取り除き、多量の水を用いて洗い流す。
2　風下の人を退避させ、必要があれば水で濡らした手ぬぐい等で口及び鼻を覆う。少量の場合は濡れむしろ等で覆い遠くから多量の水をかけて洗い流す。
3　多量の場合は、土砂等でその流れを止め、これに吸着させるか、または安全な場所に導いて、遠くから徐々に注水してある程度希釈した後、水酸化カルシウム(消石灰)、炭酸ナトリウム(ソーダ灰)等で中和し、多量の水で洗い流す。
4　飛散した物質の表面を速やかに土砂等で覆い、密閉可能な空容器にできるだけ回収して密閉する。

問 53 ～問 54　次の方法で識別する物質として、最も適当なものはどれか。

問 53　熱すると、酸素を生成し、塩化物となる。炭の上に小さな孔をつくり、試料を入れ吹管炎で熱灼すると、パチパチ音を立てて分解する。

問 54　大気中の水分に触れると、徐々に分解して有毒な気体を発生し、その気体は、5～10％硝酸銀溶液を吸着させたろ紙を黒変させる。

1　燐化アルミニウムとその分解促進剤とを含有する製剤
2　クロルピクリン
3　硫酸銅(Ⅱ)
4　塩素酸バリウム

問 55　次のうち、塩化亜鉛の識別方法に関する記述として、最も適当なものはどれか。

1　水に溶かし、硝酸銀を加えると、白色の沈殿を生じる。
2　アルコール溶液にジメチルアニリン及びブルシンを加えて溶解し、これにブロムシアン溶液を加えると、緑色ないし赤紫色を呈する。
3　塩酸を加えて中和した後、塩化白金溶液を加えると、黄色、結晶性の沈殿を生じる。
4　熱すると酸素を生成し、残留物に塩酸を加えて熱すると、塩素を生成する。水溶液に酒石酸を多量に加えると、白色の結晶を生成する。

東北六県統一

問 56 〜問 57　次の物質の解毒剤として、最も適当なものはどれか。

問 56　N－メチル－１－ナフチルカルバメート(別名：カルバリル)

問 57　シアン化ナトリウム

1　硫酸アトロピン　　2　ジメルカプロール(別名：BAL)
3　ペニシラミン　　4　亜硝酸ナトリウム、チオ硫酸ナトリウム

問 58　次のうち、解毒剤として、ヘキサシアノ鉄(Ⅱ)酸鉄(Ⅲ)水和物(別名：プルシアンブルー)を用いることが最も適当なものはどれか。

1　１・１′－ジメチル－４・４′－ジピリジニウムヒドロキシド(別名：パラコート)
2　ジメチル－２・２－ジクロルビニルホスフエイト(別名：DDVP)
3　硫酸銅(Ⅱ)
4　硫酸タリウム

問 59　次のうち、廃棄方法を燃焼法としている物質の組み合わせとして、最も適当なものはどれか。なお、廃棄方法は厚生労働省で定める「毒物及び劇物の廃棄の方法に関する基準」に基づくものとする。

a エチレンクロルヒドリン
b ジメチルジチオホスホリルフエニル酢酸エチル(別名：フェントエート、PAP)
c 塩素酸ナトリウム
d アンモニア水

1 (a、b)　　2 (a、d)　　3 (b、c)　　4 (c、d)

問 60　次のうち、エチルパラニトロフエニルチオノベンゼンホスホネイト(別名：EPN)の廃棄方法に関する記述として、最も適当なものはどれか。なお、廃棄方法は厚生労働省で定める「毒物及び劇物の廃棄の方法に関する基準」に基づくものとする。

1　おが屑(くず)(木粉)等に吸収させてアフターバーナー及びスクラバーを備えた焼却炉で焼却する。
2　水に溶かし、水酸化カルシウム(消石灰)、炭酸ナトリウム(ソーダ灰)等の水溶液を加えて処理し、沈殿ろ過して埋立処分する。
3　水で希薄な水溶液とし、酸(希塩酸、希硫酸など)で中和させた後、多量の水で希釈して処理する。
4　少量の界面活性剤を加えた亜硫酸ナトリウムと炭酸ナトリウムの混合溶液中で、攪拌(かくはん)し分解させた後、多量の水で希釈して処理する。

(特定品目)

問 51　次のうち、メチルエチルケトンの廃棄方法に関する記述として、最も適当なものはどれか。なお、廃棄方法は厚生労働省で定める「毒物及び劇物の廃棄の方法に関する基準」に基づくものとする。

1　徐々に石灰乳等の攪拌(かくはん)溶液に加えて中和させた後、多量の水で希釈して処理する。
2　ナトリウム塩とした後、活性汚泥で処理する。
3　硅(けい)そう土等に吸収させて開放型の焼却炉で焼却する。
4　水に溶かし、消石灰等の水溶液を加えて処理した後、希硫酸を加えて中和し、沈殿ろ過して埋立処分する。

問 52　次のうち、クロム酸カルシウムの漏えい時の措置として、最も適当なものはどれか。なお、措置は厚生労働省で定める「毒物及び劇物の運搬事故時における応急措置に関する基準」に基づくものとする。

1　飛散したものは空容器にできるだけ回収し、そのあとを還元剤(硫酸第一鉄等)の水溶液を散布し、水酸化カルシウム(消石灰)、炭酸ナトリウム(ソーダ灰)等の水溶液を用いて処理したのち、多量の水で洗い流す。
2　漏えいした液は、土砂等でその流れを止め、安全な場所に導き、液の表面を泡で覆いできるだけ空容器に回収する。
3　飛散したものは空容器にできるだけ回収し、そのあとを希硫酸を用いて中和し、多量の水で洗い流す。
4　漏えい箇所は濡れむしろ等で覆い、遠くから多量の水をかけて洗い流す。

問 53　以下の記述は、ホルマリンについて述べたものである。(　　)の中に入る字句の組み合わせとして、最も適当なものはどれか。

ホルマリンは、刺激臭を有する(　a　)の液体である。アンモニア水を加え、さらに硝酸銀溶液を加えると、徐々に金属銀を析出する。また、フェーリング溶液とともに熱すると、(　b　)の沈殿を生じる。

番号	a	b
1	無色	黒色
2	無色	赤色
3	淡黄色	黒色
4	淡黄色	赤色

問 54　次のうち、硫酸に関する記述として、誤っているものはどれか。

1　無色無臭の油状液体であり、腐食性が大きい。
2　濃硫酸が皮膚に触れた場合、激しいやけどを起こす。
3　濃硫酸は水で薄めると、温度が急激に低下する。
4　硫酸の希釈水溶液に塩化バリウムを加えると、白色の硫酸バリウムを沈殿する。

問 55　次のうち、酢酸エチルの性状及び漏えい時の措置として、誤っているものはどれか。なお、措置は厚生労働省で定める「毒物及び劇物の運搬事故時における応急措置に関する基準」に基づくものとする。

1　果実様の芳香を有する無色の液体である。
2　蒸気は空気より軽い。
3　引火性があるため、漏えい時は付近の着火源となるものを速やかに取り除く。
4　漏えい時の作業の際には、必ず保護具を着用し、風下で作業しない。

問 56　次のうち、メタノールの識別方法に関する記述として、最も適当なものはどれか。

1　濃塩酸を潤したガラス棒を近づけると、白い霧を生じる。
2　あらかじめ熱灼(しゃく)した酸化銅を加えると、ホルムアルデヒドができ、酸化銅は還元されて金属銅色を呈する。
3　水溶液に酒石酸溶液を過剰に加えると、白色結晶性の沈殿を生じる。
4　アルコール性の水酸化カリウムと銅粉とともに煮沸すると、黄赤色の沈殿を生じる。

問 57　次のうち、一酸化鉛の廃棄方法として、最も適当なものはどれか。なお、廃棄方法は厚生労働省で定める「毒物及び劇物の廃棄の方法に関する基準」に基づくものとする。

1　アルカリ法　　2　還元沈殿法　　3　固化隔離法　　4　回収法

東北六県統一

問 58　次のうち、蓚（しゅう）酸に関する記述の正しい組み合わせとして、最も適当なものはどれか。

a　水和物は、4モルの結晶水を有する無色、稜柱（りようちゆう）状の結晶である。
b　水溶液を酢酸で弱酸性にして酢酸カルシウムを加えると、結晶性の沈殿を生じる。
c　水溶液をアンモニア水で弱アルカリ性にして塩化カルシウムを加えると、黒色の沈殿を生成する。
d　水和物は、注意して加熱すると昇華し、急速に加熱すると分解する。

1（a、c）　2（a、d）　3（b、c）　4（b、d）

問 59　次のうち、アンモニアに関する記述の正しい組み合わせとして、最も適当なものはどれか。

a　息が詰まるような刺激臭を有する無色の気体である。
b　酸素中では青色の炎をあげて燃焼する。
c　液化アンモニアは漏えいすると、空気よりも重いアンモニアガスとして拡散する。
d　高濃度のアンモニアガスを吸入すると、視覚障害をきたすことがある。

1（a、c）　2（a、d）　3（b、c）　4（b、d）

問 60　以下の3つの方法で識別する物質として、最も適当なものはどれか。

・アルコール溶液に、水酸化カリウム溶液と少量のアニリンを加えて熱すると、不快な刺激性の臭気を放つ。
・レゾルシンと 33 %の水酸化カリウム溶液と熱すると黄赤色を呈し、緑色の蛍石彩を放つ。
・ベタナフトールと濃厚水酸化カリウム溶液と熱すると藍色を呈し、空気に触れて緑より褐色に変じ、酸を加えると赤色の沈殿を生じる。

1　クロロホルム　2　四塩化炭素　3　塩酸　4　水酸化ナトリウム

茨城県
令和５年度実施

〔毒物及び劇物に関する法規〕
（一般・農業用品目・特定品目共通）

（問１）から（問 15）までの各問について、最も適切なものを選択肢１～５の中から１つ選べ。
この問題において、「法」とは毒物及び劇物取締法（昭和 25 年法律第 303 号）を、「政令」とは毒物及び劇物取締法施行令（昭和 30 年政令第 261 号）を、「省令」とは毒物及び劇物取締法施行規則（昭和 26 年厚生省令第４号）をいうものとする。
また、毒物劇物営業者とは、毒物又は劇物の製造業者、輸入業者又は販売業者をいう。

茨城県

（問１） 次の記述は、法第１条及び第２条の条文の一部である。（ ア ）～（ ウ ）にあてはまる語句の組合せとして正しいものはどれか。

第１条 この法律は、毒物及び劇物について、（ ア ）上の見地から必要な（ イ ）を行うことを目的とする。
第２条 １ （略）
２ （略）
３ この法律で「特定毒物」とは、（ ウ ）であつて、別表第３に掲げるものをいう。

	（ア）	（イ）	（ウ）
1	公衆衛生	許可	特定の用途に用いるもの
2	公衆衛生	取締	毒物
3	保健衛生	取締	毒物
4	保健衛生	許可	特定の用途に用いるもの
5	公衆衛生	許可	毒物

（問２） 毒物劇物営業者に関する次のア～エの記述のうち、正しいものはいくつあるか。

ア 毒物又は劇物の販売業の登録を受けようとする者は、店舗ごとに、その店舗の所在地の都道府県知事を経由して、厚生労働大臣に申請書を出さなければならない。
イ 毒物又は劇物の輸入業者でなければ、毒物又は劇物を販売又は授与の目的で輸入してはならない。
ウ 毒物又は劇物の製造業者は、販売業の登録を受けなくても、その製造した毒物又は劇物を、他の毒物又は劇物の製造業者に販売することができる。
エ 毒物又は劇物の製造業者は、毒物又は劇物の製造のために特定毒物を使用することができる。

１ なし　２ １つ　３ ２つ　４ ３つ　５ ４つ

(問３)　特定毒物の用途に関する次のア～ウの記述について、正誤の組合せとして正しいものはどれか。

ア　燐(りん)化アルミニウムとその分解促進剤とを含有する製剤の用途は、かんきつ類、りんご、なし、桃又はかきの害虫の防除である。
イ　四アルキル鉛を含有する製剤の用途は、ガソリンへの混入である。
ウ　モノフルオール酢酸の塩類を含有する製剤の用途は、野ねずみの駆除である。

	ア	イ	ウ
1	正	誤	正
2	誤	正	正
3	誤	誤	正
4	誤	正	誤
5	正	誤	誤

茨城県

(問４)　法第３条の３において、「興奮、幻覚又は麻酔の作用を有する毒物又は劇物(これらを含有する物を含む。)であつて政令で定めるものは、みだりに摂取し、若しくは吸入し、又はこれらの目的で所持してはならない。」と定められている。
　次のア～エのうち、この「政令で定めるもの」として正しいものの組合せはどれか。

ア　トルエンを含有するシンナー
イ　キシレンを含有するシーリング用の充てん料
ウ　メタノールを含有する塗料
エ　ホルムアルデヒドを含有する接着剤

1(ア、イ)　2(ア、ウ)　3(イ、ウ)　4(イ、エ)　5(ウ、エ)

(問５)　次の記述は、法第４条第３項の条文である。(　ア　)～(　ウ　)にあてはまる語句の組合せとして正しいものはどれか。

製造業又は輸入業の登録は、(　ア　)ごとに、販売業の登録は、(　イ　)ごとに、
(　ウ　)を受けなければ、その効力を失う。

	(ア)	(イ)	(ウ)
1	６年	６年	更新
2	６年	５年	検査
3	６年	５年	更新
4	５年	６年	検査
5	５年	６年	更新

(問６)　毒物劇物営業者における毒物又は劇物を取り扱う設備等に関する次のア～エの記述のうち、正しいものはいくつあるか。

ア　劇物の販売業者が、劇物を貯蔵する設備として、劇物とその他の物とを区分して貯蔵できるものを設置した。
イ　毒物の販売業者が、毒物を貯蔵する場所が性質上かぎをかけることができないものであったため、その周囲に、堅固なさくを設けた。
ウ　毒物の製造業者が、毒物が製造所の外に飛散し、漏れ、流れ出、若しくはしみ出、又は製造所の地下にしみ込むことを防ぐのに必要な措置を講じた。
エ　劇物の製造業者が、製造頻度が低いため、製造作業を行なう場所に、劇物を含有する粉じん、蒸気又は廃水の処理に要する設備を設けなかった。

1　なし　2　1つ　3　2つ　4　3つ　5　4つ

（問７） 毒物劇物取扱責任者に関する次のア～エの記述について、正誤の組合せとして正しいものはどれか。

ア 農業用品目毒物劇物取扱者試験の合格者は、毒物劇物一般販売業の店舗において毒物劇物取扱責任者になることはできない。
イ 毒物劇物営業者が、毒物又は劇物の輸入業及び販売業を併せ営む場合において、その営業所と店舗が互いに隣接しているときは、毒物劇物取扱責任者は、これらの施設を通じて１人で足りる。
ウ 薬剤師は、毒物劇物取扱者試験に合格しなくても毒物劇物取扱責任者になることができる。
エ 毒物劇物営業者は、毒物劇物取扱責任者を変更したときは、変更後 50 日以内に、その毒物劇物取扱責任者の氏名を届け出なければならない。

	ア	イ	ウ	エ
1	正	正	正	誤
2	誤	誤	正	誤
3	正	誤	誤	誤
4	誤	正	誤	正
5	正	正	正	正

茨城県

（問８） 次の記述は、毒物劇物取扱責任者に関する法第８条第２項の条文である。（ ア ）～（ ウ ）にあてはまる語句の組合せとして正しいものはどれか。

次に掲げる者は、前条の毒物劇物取扱責任者となることができない。
1 18 歳未満の者
2 （ ア ）の障害により毒物劇物取扱責任者の業務を適正に行うことができない者として厚生労働省令で定めるもの
3 麻薬、大麻、（ イ ）又は覚せい剤の中毒者
4 毒物若しくは劇物又は薬事に関する罪を犯し、罰金以上の刑に処せられ、その執行を終り、又は執行を受けることがなくなつた日から起算して（ ウ ）を経過していない者

	（ア）	（イ）	（ウ）
1	身体	アルコール	３年
2	身体	あへん	５年
3	身体	あへん	３年
4	心身	アルコール	５年
5	心身	あへん	３年

（問９） 毒物劇物営業者が行う届出に関する次のア～エの記述のうち、30 日以内に届け出なければならない事項として正しいものの組合せはどれか。

ア 毒物又は劇物の製造業者が、毒物又は劇物を製造する設備の重要な部分を変更したとき
イ 毒物又は劇物の販売業者が、店舗の名称を変更したとき
ウ 毒物又は劇物の輸入業者が、登録を受けた劇物以外の劇物の輸入を開始したとき
エ 毒物又は劇物の製造業者が、その製造した毒物を廃棄したとき

1（ア、イ）　2（ア、エ）　3（イ、ウ）　4（イ、エ）　5（ウ、エ）

茨城県

(問 10) 毒物又は劇物を販売するとき、その容器及び被包に表示しなければならない事項として法第 12 条で定められているものは、次のア～エのうちいくつあるか。

ア 毒物又は劇物の名称
イ 毒物又は劇物の使用期限
ウ 毒物又は劇物の成分の含量
エ 厚生労働省令で定める毒物又は劇物については、それぞれ厚生労働省令で定めるその解毒剤の名称

1 なし　2 1つ　3 2つ　4 3つ　5 4つ

(問 11) 農業用劇物の着色に関する次の記述について、(　　)にあてはまる語句として正しいものはどれか。

毒物劇物営業者は、法第 13 条の規定により、(　　)を含有する製剤たる劇物をあせにくい黒色で着色したものでなければ、これを農業用として販売してはならない。

1 クロルピクリン
2 シアン酸ナトリウム
3 硫酸タリウム
4 メチルイソチオシアネート
5 ジメチルエチルメルカプトエチルジチオホスフエイト(別名 チオメトン)

(問 12) 法第 14 条の規定に照らし、毒物劇物営業者が、毒物又は劇物を他の毒物劇物営業者に販売し、又は授与したときに、その都度、書面に記載しておかなければならない事項として、次のア～エのうち正しいものの組合せはどれか。

ア 譲受人の年齢
イ 販売又は授与の年月日
ウ 毒物又は劇物の数量
エ 毒物又は劇物の使用目的

1(ア、イ)　2(ア、エ)　3(イ、ウ)　4(イ、エ)　5(ウ、エ)

(問 13) 劇物であるアクリルニトリルを、車両 1 台を使用して、1 回につき 6,000 キログラム運搬する場合の運搬方法に関する次のア～エの記述について、正誤の組合せとして正しいものはどれか。

ア 車両に、保護手袋、保護長ぐつ、保護衣、有機ガス用防毒マスクを 1 人分備えた。
イ 車両に、運搬する劇物の名称、成分及びその含量並びに事故の際に講じなければならない応急の措置の内容を記載した書面を備えた。
ウ 運搬する車両の前後の見やすい箇所に、0.3 メートル平方の板に地を黒色、文字を黄色として「劇」と表示した標識を掲げた。
エ 1 人の運転者による運転時間が 1 日当たり 9 時間を超えるので、交替して運転する者を同乗させた。

	ア	イ	ウ	エ
1	誤	正	誤	正
2	誤	誤	正	正
3	正	誤	誤	正
4	誤	正	誤	誤
5	正	正	正	誤

(問 14)　毒物劇物営業者が事故の際に行わなければならない届出に関する次のア～ウの記述について、正誤の組合せとして正しいものはどれか。

ア 取り扱う毒物又は劇物を紛失したときは、直ちに、その旨を消防機関に届け出なければならない。
イ 取り扱う毒物又は劇物が盗難にあったときは、直ちに、その旨を警察署に届け出なければならない。
ウ 取り扱う毒物又は劇物が漏れ出し、多数の者に保健衛生上の危害が生ずるおそれがあるときは、直ちに、その旨を保健所、警察署又は消防機関に届け出なければならない。

	ア	イ	ウ
1	正	正	正
2	誤	正	正
3	正	誤	正
4	誤	正	誤
5	誤	誤	誤

茨城県

(問 15)　業務上毒物又は劇物を取り扱う者に関する次のア～エの記述のうち、法第22条の規定により届出が必要な事業として正しいものの組合せはどれか。

ア 内容積が 300 リットルの容器を大型自動車に積載して、ヒドロキシルアミンを運送する事業
イ 硫酸を使用して、金属熱処理を行う事業
ウ シアン化カリウムを使用して、電気めっきを行う事業
エ 亜砒(ひ)酸を使用して、しろありの防除を行う事業

1 (ア、イ)　　2 (ア、エ)　　3 (イ、ウ)　　4 (イ、エ)　　5 (ウ、エ)

〔基礎化学〕
(一般・農業用品目・特定品目共通)

(問 16)から(問 30)までの各問について，最も適切なものを選択肢１～５の中から１つ選べ。

(問 16)　次のうち、非共有電子対が最も多いものはどれか。

1 CH_4　　2 Cl_2　　3 NH_3　　4 H_2O　　5 H_2S

(問 17)　次のうち、極性分子であるものはどれか。

1 二酸化炭素　　2 エチレン　　3 アセチレン
4 アンモニア　　5 メタン

(問 18)　次のうち、「すべての物質は、それ以上分割することができない粒子が集まってできており、その粒子を原子とよぶ。」という仮説を提唱した化学者は誰か。

1 ラボアジエ　　2 アボガドロ　　3 ゲーリュサック
4 ファラデー　　5 ドルトン

(問 19)　電子配置がK殻に２個、L殻に８個、M殻に３個である原子の元素記号はどれか。

1 N　　2 Ne　　3 Na　　4 Al　　5 K

(問 20)　混合物の分離の操作に関する次のア～ウの記述について、正誤の組合せとして正しいものはどれか。

ア　沸点の差を利用して、液体の混合物を適当な温度範囲に区切って蒸留し、留出物(蒸留によって得られる物質)を分離する操作を分留という。
イ　ろ紙やシリカゲルのような吸着剤への物質の吸着されやすさの違いを利用して、混合物から成分を分離する操作をクロマトグラフィーという。
ウ　固体が直接気体になる変化及び固体が気体になり再び直接固体になる変化を利用して、固体の混合物から物質を分離する操作を昇華法という。

	ア	イ	ウ
1	正	正	正
2	正	正	誤
3	正	誤	正
4	誤	正	誤
5	誤	誤	正

(問 21)　下図の器具の名称は、次のうちどれか。

1　ビュレット　　2　ホールピペット　　3　メスシリンダー
4　駒込ピペット　　5　メスフラスコ

(問 22)　カルシウムと水の反応は、次の化学反応式で表される。

$$Ca + 2H_2O \rightarrow Ca(OH)_2 + H_2$$

10.0g のカルシウムが全て反応したときに発生する水素の標準状態での体積はどれか。
ただし、原子量は Ca = 40.0 とし、標準状態で 1 mol の気体の体積は 22.4L とする。

1　5.60 L　　2　11.2 L　　3　22.4 L　　4　44.8 L　　5　56.0 L

(問 23)　水溶液が酸性を示すものはどれか。

1　Na_2SO_4　　2　$NaHCO_3$　　3　$NaHSO_4$　　4　Na_2CO_3　　5　KNO_3

(問 24)　25 ℃のとき、0.010 mol/L の水酸化ナトリウム水溶液(電離度 1.0)の pH はどれか。

1　0.25　　2　1　　3　2　　4　12　　5　13

(問 25)　次のうち、下線部の原子の酸化数が最も大きいものはどれか。

1　$\underline{Na}OH$　　2　$\underline{Ca}CO_3$　　3　$K\underline{Mn}O_4$　　4　$\underline{N}H_3$　　5　$\underline{Fe}$

(問 26)　下方置換法で集めるのが最も適している気体はどれか。

1　水素　　2　メタン　　3　アンモニア　　4　酸素　　5　塩素

(問 27)　次のア～エのうち、濃硝酸に浸すと表面に緻密な酸化被膜を生じ、不動態となる金属の組合せとして正しいものはどれか。

ア　Ag　　イ　Cu　　ウ　Al　　エ　Fe

1 (ア、イ)　　2 (ア、ウ)　　3 (イ、ウ)　　4 (イ、エ)　　5 (ウ、エ)

（問 28） 硫酸酸性のもとで、0.10 mol/L のシュウ酸水溶液 10 mL を過マンガン酸カリウム水溶液で滴定したところ、8.0 mL を要した。過マンガン酸カリウム水溶液の濃度はどれか。
ただし、過マンガン酸イオンとシュウ酸の反応式は以下のとおりである。

$MnO_4^- + 8H^+ + 5e^- \rightarrow Mn^{2+} + 4H_2O$
$(COOH)_2 \rightarrow 2CO_2 + 2H^+ + 2e^-$

1 0.010 mol/L　2 0.025 mol/L　3 0.050 mol/L
4 0.075 mol/L　5 0.10 mol/L

（問 29） 次のうち、ダニエル電池の正しい組合せはどれか。

	電 極		電 解 液		電解液の仕切り
	正極	負極	正極	負極	
1	銅板	亜鉛板	$CuSO_4aq$	$ZnSO_4aq$	素焼き板
2	亜鉛板	銅板	H_2SO_4aq	H_2SO_4aq	素焼き板
3	銅板	亜鉛板	$ZnSO_4aq$	$CuSO_4aq$	素焼き板
4	亜鉛板	銅板	$ZnSO_4aq$	$CuSO_4aq$	ガラス板
5	銅板	亜鉛板	H_2SO_4aq	H_2SO_4aq	ガラス板

（問 30） 次のうち、ペットボトルの容器本体の原料として主に使用されている高分子化合物はどれか。

1 ポリエチレン　2 ポリエチレンテレフタレート　3 ポリスチレン
4 ポリ塩化ビニル　5 ポリプロピレン

〔毒物及び劇物の性質及び貯蔵その他取扱方法〕

（一般）

（問 31）から（問 40）までの各問について，最も適切なものを選択肢１～５の中から１つ選べ。

（問 31） 次のア～オのうち、気体であるものの組合せとして正しいものはどれか。

ア 二硫化炭素　イ 硅弗化ナトリウム（けいふっ）　ウ 塩素
エ セレン化水素　オ クロロホルム

1（ア、イ）　2（ア、オ）　3（イ、ウ）　4（ウ、エ）　5（エ、オ）

(問 32) 燐化水素に関する次のア～ウの記述について、正誤の組合せとして正しいものはどれか。

ア 黄緑色、無臭の気体である。
イ 酸素と激しく反応する。
ウ 半導体工業におけるドーピングガスとして用いられる。

	ア	イ	ウ
1	正	誤	正
2	誤	正	誤
3	正	正	誤
4	誤	誤	正
5	誤	正	正

(問 33) 酢酸エチルの性状として、最も適切なものを選べ。

1 潮解性　2 不燃性　3 引火性　4 風解性　5 粘稠性

茨城県

(問 34) 黄燐に関する記述として誤っているものはどれか。

1 白色または淡黄色のロウ様半透明の結晶性固体である。
2 空気中に放置すると 50 ℃で発火して赤燐となる。
3 空気中で酸化されやすい。
4 水酸化カリウムと熱するとホスフィンを発生する。
5 水を満たした容器に入れ冷暗所に保存する。

(問 35) 次の文章は、ある物質の貯蔵法について述べたものである。最も適切なものはどれか。

空気や光線に触れると赤変するから、遮光して保管しなくてはならない。

1 亜硝酸ナトリウム　2 無水酢酸　3 水酸化ナトリウム
4 シアン化カリウム　5 ベタナフトール

(問 36) 蓚酸に関する次のア～ウの記述について、正誤の組合せとして正しいものはどれか。

ア 無色の結晶で、乾燥空気中で風化し、加熱すると昇華する。
イ 体内で血液中のカルシウム分を奪取し、神経系を侵す。
ウ 酸化性物質で、綿、わら製品等の漂白剤のほか、合成染料の原料として用いられる。

	ア	イ	ウ
1	誤	誤	誤
2	誤	誤	正
3	誤	正	誤
4	正	誤	正
5	正	正	誤

(問 37) 物質の用途に関する記述について、誤っているものはどれか。

1 トルエンは溶剤として用いられる。
2 塩酸アニリンは染料の製造原料として用いられる。
3 クロルエチルは合成化学工業でのアルキル化剤として用いられる。
4 過酸化水素水は漂白剤として用いられる。
5 硫化カドミウムは除草剤として用いられる。

(問 38) 物質の用途に関する次のア～ウの記述について、正誤の組合せとして正しいものはどれか。

ア ニトロベンゼンは、アニリンやタール中間物の製造原料として用いられる。
イ エチルパラニトロフエニルチオノベンゼンホスホネイト(別名 EPN)は遅効性の殺虫剤として用いられる。
ウ エチレンオキシドは、木材の防腐剤に用いられる。

	ア	イ	ウ
1	正	正	誤
2	正	誤	誤
3	正	誤	正
4	誤	正	誤
5	誤	誤	正

(問 39) 次の文章は、ある物質の毒性について述べたものである。最も適切なものはどれか。

蒸気の吸入により、頭痛、食欲不振などを起こし、大量の場合、緩和な大赤血球性貧血を起こす。

1 水酸化ナトリウム　2 トルエン　3 ホルムアルデヒド
4 塩素　5 アンモニア

茨城県

(問 40) 次のア～エのうち、シアン化ナトリウムの解毒剤として正しいものの組合せはどれか。

〔下欄〕

ア グルコン酸カルシウム　イ チオ硫酸ナトリウム
ウ 亜硝酸アミル　エ ジメルカプロール

1 (ア、ウ)　2 (ア、エ)　3 (イ、ウ)　4 (イ、エ)　5 (ウ、エ)

(農業用品目)

(問題) 次の物質の性状として、最も適切なものを下欄から選べ。

(問 31) モノフルオール酢酸ナトリウム
(問 32) メチル－N′・N′－ジメチル－N－〔(メチルカルバモイル)オキシ〕－1－チオオキサムイミデート(別名 オキサミル)
(問 33) エチレンクロルヒドリン

【下欄】

1 黄褐色の粘稠性液体。特異臭を有する。水に不溶。メタノール、アセトニトリル、酢酸エチルに可溶。熱、酸に安定で、アルカリに不安定である。
2 白色針状結晶。かすかな硫黄臭を有する。アセトン、メタノール、水に可溶。n－ヘキサン、クロロホルムに不溶。
3 無色の吸湿性結晶。中性、酸性下で安定。アルカリ性で不安定。水溶液中紫外線で分解。工業品は暗褐色又は暗青色の特異臭のある水溶液。
4 白色の重い粉末。吸湿性を有する。冷水に易溶。製品は誤飲食防止のため、からい味の着味が義務づけられている。
5 無色の液体。芳香(エーテル臭)がある。蒸気は空気より重い。水に任意の割合で混和する。

茨城県

(問 題) 次のア～オの物質について、(問 34)～(問 36)に答えなさい。

ア 1－(6－クロロ－3－ピリジルメチル)－N－ニトロイミダゾリジン－2－イリデンアミン(別名 イミダクロプリド)
イ ジメチル－(N－メチルカルバミルメチル)－ジチオホスフエイト(別名 ジメトエート)
ウ 弗(ふっ)化スルフリル
エ 2・2－ジメチル－2・3－ジヒドロ－1－ベンゾフラン－7－イル＝N－〔N－(2－エトキシカルボニルエチル)－N－イソプロピルスルフエナモイル〕－N－メチルカルバマート(別名 ベンフラカルブ)
オ 2・4・6・8－テトラメチル－1・3・5・7－テトラオキソカン(別名 メタアルデヒド)

(問 34) 毒物に指定されているものはどれか。

1 ア　2 イ　3 ウ　4 エ　5 オ

(問 35) 解毒剤として硫酸アトロピンが有効であるものの組合せとして正しいものはどれか。

1 (ア、イ)　2 (ア、ウ)　3 (イ、エ)　4 (ウ、オ)　5 (エ、オ)

(問 36) これらの物質の共通の用途はどれか。

1 殺虫剤　2 殺菌剤　3 除草剤　4 植物成長調整剤　5 殺鼠(そ)剤

(問題) 次の物質の貯蔵方法として、最も適切なものを下欄から選べ。

(問 37) ロテノン　(問 38) シアン化カリウム

【下欄】

1 少量ならばガラス瓶、多量ならばブリキ缶又は鉄ドラムを用い、酸類とは離して、風通しのよい乾燥した冷所に密封して貯蔵する。
2 常温では気体なので、圧縮冷却して液化し、圧縮容器に入れ、直射日光その他、温度上昇の原因を避けて、冷暗所に貯蔵する。
3 水に溶けやすく、風解性があるため、乾燥した冷所に密封して貯蔵する。
4 塩基性で刺激性のある気体を発生しやすいので、密栓して貯蔵する。
5 酸素によって分解し、効力を失うため、空気と光線を遮断して貯蔵する。

(問 題) 次の文章は、ある物質を吸入した場合の毒性や中毒症状について述べたものである最も適切なものを下欄から選べ。

(問 39) 気管支を刺激してせきや鼻汁が出る。多量に吸入すると、胃腸炎、肺炎、尿に血が混じる。悪心、呼吸困難、肺水腫を起こす。

(問 40) 倦怠感、頭痛、めまい、多汗等の症状を呈し、重症の場合には、縮瞳、意識混濁、全身けいれん等を起こすことがある。

〔下欄〕

1 2－イソプロピル－4－メチルピリミジル－6－ジエチルチオホスフエイト(別名 ダイアジノン)
2 ブロムメチル
3 ジ(2－クロルイソプロピル)エーテル(別名 DCIP)
4 1・1′－ジメチル－4・4′－ジピリジニウムジクロリド(別名 パラコート)
5 クロルピクリン

（特定品目）

（問 題） 硝酸の性状に関する次のア～エの記述のうち、正しいものの組合せはどれか。

（問 31） 硝酸の性状に関する次のア～エの記述のうち、正しいものの組合せはどれか。

ア 極めて純粋な水分を含まない硝酸は、濃黄色の液体で、臭いはない。
イ 空気に接すると刺激性白霧を発する。
ウ 吸湿性がある。
エ 金、白金を溶解し、硝酸塩を生成する。

1（ア、イ） 2（ア、ウ） 3（イ、ウ） 4（イ、エ） 5（ウ、エ）

茨城県

（問 32） 水酸化ナトリウムの性状に関する次のア～エの記述について、正誤の組合せとして正しいものはどれか。

ア 空気中に放置すると、潮解して徐々に炭酸塩の皮層を生成する。
イ 強い酸化力を有する。
ウ 水溶液は極めて強い腐食性を有する。
エ 水に溶解させると発熱し、水溶液は塩基性を示す。

	ア	イ	ウ	エ
1	正	正	誤	誤
2	正	誤	正	誤
3	正	誤	正	正
4	誤	正	正	誤
5	誤	誤	誤	正

（問題） 次の物質の性状として、最も適切なものを下欄から選べ。

（問 33） 塩素 （問 34） メチルエチルケトン

【下欄】

1 アセトン様の芳香を有する無色の液体で、蒸気は空気より重く引火しやすい。
2 刺激臭のある無色の液体で、その蒸気は粘膜を刺激する。低温では混濁するので、常温で保存する。
3 比重が1より大きい無色の揮発性液体である。
4 特有の刺激臭のある無色の気体で、圧縮することにより常温でも簡単に液化する。
5 常温では窒息性臭気を有する黄緑色の気体で、冷却すると、黄色溶液を経て黄白色固体となる。

（問題） 次の物質の貯蔵方法として、最も適切なものを下欄から選べ。

（問 35） 重クロム酸カリウム （問 36） 酢酸エチル

【下欄】

1 二酸化炭素と水を強く吸収するため、密栓をして貯蔵する。
2 容器を密閉して換気の良い冷乾所に、可燃物や還元剤から離して貯蔵する。
3 亜鉛または錫すずメッキをした鋼鉄製容器で、高温を避けて貯蔵する。
4 換気の良い冷所で、強酸化剤から離して貯蔵する。
5 純品は空気と日光によって分解するため、少量のアルコールを加えて冷暗所に貯蔵する。

（問 題） 次の物質の用途として、最も適切なものを下欄から選べ。

（問 37） ホルマリン　　（問 38） 過酸化水素水

【下欄】

1 工業用として合成樹脂等の製造に用いられるほか、防腐剤として使用される。
2 爆薬、染料、香料、サッカリン、合成高分子材料等の原料のほか、溶剤として用いられる。
3 鉛丹（えんたん）の原料、鉛ガラスの原料、ゴムの加硫促進剤等に用いられる。
4 獣毛、羽毛、綿糸等の漂白、半導体等の洗浄に使用されるほか、消毒及び防腐の目的でも使用される。
5 せっけん製造、パルプ工業、染料工業、レーヨン工業等に使用されるほか、試薬として用いられる。

茨城県

（問 題） 次の物質の毒性として、最も適切なものを下欄から選べ。

（問 39） アンモニア　　（問 40） 蓚（しゅう）酸

【下欄】

1 吸入した場合、短時間の興奮期を経て、麻酔状態に陥ることがある。皮膚に触れた場合、わずかに刺激性があり、皮膚炎を起こすことがある。
2 口と食道が赤黄色に染まり、のち青緑色に変化する。腹部が痛くなり、緑色のものを吐き出し、血の混じった便をする。
3 血液中のカルシウム分を奪取し、神経系を侵す。急性中毒症状は、胃痛、嘔吐、口腔や咽喉の炎症、腎障害がある。
4 皮膚に触れると、気体を生成して、組織ははじめ白く、次第に深黄色となる。
5 ガスの吸入により、すべての露出粘膜に刺激性を有する。高濃度のガスを吸入すると喉頭痙攣（けいれん）を起こすので極めて危険。眼に入った場合、失明する危険性が高い。

〔毒物及び劇物の識別及び取扱方法〕

（一般）

（問 41）から（問 50）までの各問について，最も適切なものを選択肢１～５の中から１つ選べ。

（問 41） メタノールに関する記述として誤っているものはどれか。

1 水にもエーテルにも任意の割合で混合する。
2 蒸気は空気より重く引火しやすい。
3 揮発性の液体である。
4 あらかじめ熱灼した酸化銅を加えるとアセトアルデヒドができる。
5 誤って摂取した場合、視神経が侵され、失明することがある。

(問 42) 次の性状をすべて有する物質はどれか。

・純品は無色無臭で刺激性の味を有する油状液体である。
・空気中では速やかに褐変する。
・水、アルコール、エーテル、石油に易溶である。
・この物質にホルマリン1滴を加えたのち、濃硝酸1滴を加えるとばら色を呈する。

1 アニリン　2 ニコチン　3 フエノール　4 四塩化炭素
5 クレゾール

(問題) 次の物質の識別方法として、最も適切なものを下欄から選べ。

(問 43) スルホナール　(問 44) 硫酸亜鉛

【下欄】

1 試料の水溶液に硫化水素を通じると、白色の沈殿を生じる。
2 試料に水酸化ナトリウム水溶液を加えて熱すると、クロロホルム臭を発する。
3 試料を木炭とともに加熱すると、メルカプタンの臭気を放つ。
4 試料の水溶液にさらし粉水溶液を加えると、赤紫色を呈する。
5 試料の水溶液に水酸化カルシウムを加えると、赤色の沈殿を生じる。

茨城県

(問 45) ラベルのはがれた試薬びんに、ある物質が入っている。その物質について調べたところ、次のようであった。試薬びんに入っている物質として最も適切なものはどれか。

・黄色の固体で、空気中にしばらく置くと潮解した。
・炎色反応は黄色を示した。
・水に溶けて、弱いアルカリ性を示したが、エタノールにはほとんど溶けなかった。

1 水酸化カリウム　2 塩素酸ナトリウム　3 クロム酸ナトリウム
4 炭酸カドミウム　5 酢酸タリウム

(問 46) 次のア～エのうち、「毒物及び劇物の廃棄の方法に関する基準」の内容に照らし炭酸バリウムの廃棄方法として最も適切な組合せはどれか。

ア 酸化法　イ 沈殿法　ウ 固化隔離法　エ 燃焼法

1 (ア、イ)　2 (ア、ウ)　3 (ア、エ)　4 (イ、ウ)　5 (ウ、エ)

(問題) 「毒物及び劇物の廃棄の方法に関する基準」の内容に照らし、次の物質の廃棄方法として、最も適切なものを下欄から選べ。

(問 47) アクリルニトリル　(問 48) 化水素

【下欄】

1 水で希薄な水溶液とし、酸で中和後、多量の水で希釈する。
2 水酸化ナトリウム水溶液で pH を 13 以上に調整後、高温加圧下で加水分解する。
3 専門業者により回収し、蒸留する。
4 多量の水酸化カルシウム(消石灰)水溶液中に吹き込んで吸収させ、中和し、沈殿ろ過して埋立処分する。
5 セメントを用いて固化し、埋立処分する。

(問 49) 次の文章は、「毒物及び劇物の運搬事故時における応急措置に関する基準」に示される、ある物質の漏えい時の対応について述べたものである。この応急措置が最も適切な物質はどれか。

> 漏えいした場所の周辺にはロープを張るなどして人の立入りを禁止する。作業の際には必ず保護具を着用し、風下で作業をしない。漏えいした液は土砂等でその流れを止め、安全な場所に導き、できるだけ空容器に回収し、そのあとを還元剤(硫酸第一鉄等)の水溶液を散水し、水酸化カルシウム(消石灰)、炭酸ナトリウム(ソーダ灰)等の水溶液で処理したのち、多量の水を用いて洗い流す。この場合、濃厚な廃液が河川等に排出されないよう注意する。

1 重クロム酸ナトリウム水溶液　2 過酸化ナトリウム　3 ホルマリン
4 ニツケルカルボニル　5 ニトロベンゼン

茨城県

(問 50) キシレンが漏えいしたため、土砂等でその流れを止め、安全な場所に導いた。その後の措置として最も適切なものはどれか。

1 液の表面を泡で覆い、できるだけ空容器に回収する。
2 多量の水で十分に希釈して洗い流す。
3 水酸化ナトリウム、炭酸ナトリウム等で中和し多量の水を用いて洗い流す。
4 亜硫酸水素ナトリウム水溶液と反応させた後、多量の水を用いて洗い流す。
5 アルカリ水溶液で分解した後、多量の水を用いて洗い流す。

(農業用品目)

(問題) 次の物質に関する記述として、最も適切なものを下欄から選べ。

(問 41) S－メチル－N－［(メチルカルバモイル)－オキシ］－チオアセトイミデート(別名 メトミル)
(問 42) ジ(2－クロルイソプロピル)エーテル(別名 DCIP)
(問 43) 燐(りん)化亜鉛
(問 44) 沃(よう)化メチル

【下欄】

> 1 無色から淡黄色の液体でエーテル様臭を有する。光により一部分解して褐色となる。蒸気は空気より重い。燃えにくい。水に可溶。殺虫剤として用いられる。
> 2 白色の結晶固体。弱い硫黄臭を有する。水にやや溶けやすく、アセトン、メタノールに溶けやすい。殺虫剤として使用される。
> 3 無色の吸湿性結晶。約 300 ℃で分解する。中性、酸性下で安定。アルカリ性で不安定。水溶液中紫外線で分解。水に溶けやすい。工業品は、暗褐色又は暗青色の特異臭のある水溶液。除草剤として用いられる。
> 4 無色から淡黄色の特有の刺激臭のある液体。引火点 85 ℃。水に極めて溶けにくく、有機溶剤に溶けやすい。殺虫剤として使用された。
> 5 黄暗灰色又は暗赤色の光沢のある結晶又は粉末。空気中で分解する。水や酸と反応して有毒なガスを生成する。水、エタノールにはほとんど溶けない。殺鼠(そ)剤として使用される。

(問題) 次の文章は、ある物質の識別法について述べたものである。最も適切なものを下欄から選べ。

(問 45) 水に溶かし、硝酸銀を加えると、白色の沈殿を生成する。
(問 46) 熱すると酸素を生成し、熱したものに塩酸を加えて熱するとガスを生成する。

【下欄】

1 硫酸タリウム　2 塩化亜鉛　3 塩素酸カリウム　4 クロルピクリン
5 ニコチン

(問題) 「毒物及び劇物の廃棄の方法に関する基準」の内容に照らし、廃棄方法が最も適切な物質を下欄から選べ。

(問 47) 燃焼法とアルカリ法の両法の適用が示されている物質
(問 48) 燃焼法のみの適用が示されている物質

【下欄】

1 燐(りん)化アルミニウムとその分解促進剤とを含有する製剤
2 塩素酸ナトリウム
3 N－メチル－１－ナフチルカルバメート(別名 カルバリル、NAC)
4 エチルパラニトロフエニルチオノベンゼンホスホネイト(別名 EPN)
5 硫酸亜鉛

茨城県

(問題) 次の文章は、「毒物及び劇物の運搬事故時における応急措置に関する基準」に示される、ある物質の漏えい時の対応について述べたものである。最も適切な物質を下欄から選べ。

(問 49) 漏えいした液は、速やかに蒸発するので周辺に近づかないようにする。多量の場合は、土砂等でその流れを止め、液が広がらないようにして蒸発させる。
(問 50) 漏えいした液は土砂等でその流れを止め、安全な場所に導き、空容器にできるだけ回収し、そのあとを水酸化カルシウム(消石灰)等の水溶液を用いて処理した後、多量の水を用いて洗い流す。洗い流す場合には中性洗剤等の分散剤を使用して洗い流す。

【下欄】

1 ブロムメチル
2 エチルジフエニルジチオホスフエイト(別名 EDDP)
3 アンモニア水
4 エチレンクロルヒドリン
5 １・１′－ジメチル－４・４′－ジピリジニウムジクロリド(別名 パラコート)

（特定品目）

（問題）　次の物質について、該当する性状をＡ欄から、識別方法をＢ欄から、それぞれ最も適切なものを選べ。

物質	性状【Ａ欄】	識別方法【Ｂ欄】
塩酸	（問 41）	（問 42）
一酸化鉛	（問 43）	（問 44）

【Ａ欄】

1　橙赤色の柱状結晶。水に可溶でアルコールに不溶。強力な酸化剤。
2　無色透明の液体で、種々の金属を溶解し、水素を生成する。
3　白色の固体で水、アルコールに溶け熱を発する。アンモニア水に溶けず、空気中に放置すると水分と二酸化炭素を吸収する。
4　無色透明、芳香族炭化水素特有の臭いを有する液体。水に不溶。
5　重い粉末で黄色から赤色までのものがある。水に難溶で、酸、アルカリに易溶。

【Ｂ欄】

1　液面にアンモニア試液で潤したガラス棒を近づけると、濃い白煙を生じる。
2　小さな試験管に入れて熱すると、始めに黒色に変わり、後に分解する。さらに熱すると完全に揮散する。
3　希釈水溶液に塩化バリウムを加えると、白色沈殿を生じるが、この沈殿は塩酸や硝酸に不溶である。
4　希硝酸に溶かすと無色の液となり、これに硫化水素を通すと黒色の沈殿を生成する。
5　水溶液を白金線につけて無色の火炎中に入れると、火炎は著しく黄色に染まり、長時間続く。

（問 45）　硅弗化（けいふつ）ナトリウムに関する次のア～ウの記述について、正誤の組合せとして正しいものはどれか。

ア　白色の結晶である。
イ　火災等で強熱されると有毒なガスを生成する。
ウ　釉薬（ゆうやく）、試薬として用いられている。

	ア	イ	ウ
1	正	正	誤
2	正	正	正
3	正	誤	正
4	誤	正	誤
5	誤	誤	正

（問題）　メタノールの識別方法に関する次のア～エの記述のうち、正しいものの組合せはどれか。

ア　あらかじめ熱灼した酸化銅を加えると、ホルムアルデヒドができ、酸化銅は還元されて金属銅色を呈する。
イ　ベタナフトールと高濃度水酸化カリウム溶液と熱すると藍色を呈し、空気に触れて緑色より褐色に変化し、酸を加えると赤色の沈殿を生じる。
ウ　サリチル酸と濃硫酸とともに熱すると、芳香のあるサリチル酸メチルエステルを生成する。
エ　フェーリング溶液とともに熱すると、赤色の沈殿を生成する。

1（ア、ウ）　2（ア、エ）　3（イ、ウ）　4（イ、エ）　5（ウ、エ）

（問題）「毒物及び劇物の廃棄の方法に関する基準」の内容に照らし、次の物質の廃棄方法として、最も適切なものを下欄から選べ。

（問 47）重クロム酸ナトリウム　　（問 48）四塩化炭素

【下欄】

1 水に溶かし硫化ナトリウムの水溶液を加えて沈殿を生成したのち、セメントを加えて固化する。溶出試験を行い、溶出量が判定基準以下であることを確認して埋立処分する。
2 希硫酸に溶かした後、硫酸第一鉄の水溶液を過剰に加えて還元する。これを、水酸化カルシウム（消石灰）水溶液で処理し、沈殿ろ過する。溶出試験を行い、溶出量が判定基準以下であることを確認して埋立処分する。
3 過剰の可燃性溶剤または重油等の燃料とともに、アフターバーナーおよびスクラバーを備えた焼却炉の火室へ噴霧してできるだけ高温で焼却する。
4 多量の水を加え希薄な水溶液とした後、次亜塩素酸塩水溶液を加え分解させ廃棄する。
5 珪(そう)土等に吸収させ、開放型の焼却炉で焼却する。

茨城県

（問題）「毒物及び劇物の事故時における応急措置に関する基準」の内容に照らし、次の物質の漏えい時の措置として最も適切なものを下欄から選べ。

（問 49）クロロホルム　　（問 50）メチルエチルケトン

【下欄】

1 付近の着火源となるものを速やかに取り除く。少量漏えいした場合は、その液を土砂等に吸着させて空容器に回収する。多量の場合は、土砂等でその液の流れを止め、安全な場所に導き、液の表面を泡で覆い、できるだけ空容器に回収する
2 少量漏えいした場合は土砂等に吸着させて取り除くか、又はある程度水で徐々に希釈した後、水酸化カルシウム（消石灰）、炭酸ナトリウム（ソーダ灰）等で中和し、多量の水を用いて洗い流す。
3 飛散したものは空容器にできるだけ回収し、そのあとを還元剤の水溶液を散布し、水酸化カルシウム（消石灰）、炭酸ナトリウム（ソーダ灰）等の水溶液で処理した後、多量の水で洗い流す。
4 漏えいした液は土砂等でその流れを止め、安全な場所に導き、空容器にできるだけ回収し、そのあとを中性洗剤等の分散剤を使用して多量の水で洗い流す。
5 付近の着火源となるものを速やかに取り除く。少量漏えいした場合は、漏えい箇所を濡れむしろ等で覆い、遠くから多量の水をかけて洗い流す。

栃木県
令和５年度実施

〔法規・共通問題〕
（一般・農業用品目・特定品目共通）

問１　次の記述は、法の条文の一部である。（　　）の中に入れるべき字句として、正しいものの組み合わせはどれか。

法第１条
　この法律は、毒物及び劇物について、保健衛生上の見地から必要な（ A ）を行うことを目的とする。
法第２条第１項
　この法律で「毒物」とは、別表第一に掲げる物であつて、（ B ）及び（ C ）以外のものをいう。

	A	B	C
1	対策	医薬部外品	危険物
2	対策	医薬品	医薬部外品
3	取締	医薬部外品	危険物
4	取締	医薬品	危険物
5	取締	医薬品	医薬部外品

栃木県

問２　次の記述は、法の条文の一部である。（　　）の中に入れるべき字句として、正しいものの組み合わせはどれか。

法第３条第３項
　毒物又は劇物の販売業の（ A ）でなければ、毒物又は劇物を販売し、（ B ）し、又は販売若しくは（ B ）の目的で貯蔵し、運搬し、若しくは（ C ）してはならない。

	A	B	C
1	登録を受けた者	譲渡	陳列
2	登録を受けた者	授与	陳列
3	登録を受けた者	授与	保管
4	届出をした者	譲渡	陳列
5	届出をした者	授与	保管

問３　法第３条の４に規定する「引火性、発火性又は爆発性のある毒物又は劇物であつて政令で定めるもの」として、正しいものはどれか。

1：トルエン　　2：酢酸エチル　　3：ピクリン酸　　4：四アルキル鉛

問４　次の記述について、誤っているものはどれか。

1：毒物又は劇物の販売業の登録は、一般販売業、農業用品目販売業及び特定品目販売業に分けられる。
2：同一都道府県内の同一法人が営業する店舗の場合、主たる店舗（本店）が毒物又は劇物の販売業の登録を受けていれば、他の店舗（支店）は、販売業の登録を受けなくても、毒物又は劇物を販売することができる。
3：毒物又は劇物の製造業又は輸入業の登録は、５年ごとに、販売業の登録は、６年ごとに、更新を受けなければ、その効力を失う。
4：毒物又は劇物の輸入業の登録を受けていれば、毒物又は劇物の販売業の登録を受けなくても、その輸入した毒物又は劇物を、他の毒物劇物営業者に販売することができる。

問５　毒物劇物取扱責任者に関する次の記述について、正しいものはどれか。

１：一般毒物劇物取扱者試験に合格した者は、農業用品目販売業の毒物劇物取扱責任者になることはできない。
２：18 歳未満の者は、毒物劇物取扱者試験に合格しても、毒物劇物取扱責任者になることができない。
３：毒物劇物取扱者試験の合格者は、合格した都道府県のみで毒物劇物取扱責任者になることができる。
４：毒物劇物取扱者試験に合格しても、毒物劇物に関する２年以上の実務経験がなければ、毒物劇物取扱責任者になることができない。

問６　毒物劇物営業者が、毒物又は劇物の容器及び被包に表示しなければならないものとして、正しいものの組み合わせはどれか。

A：「医薬用外」の文字及び赤地に白色をもって「毒物」の文字
B：「医薬用外」の文字及び白地に赤色をもって「劇物」の文字
C：「医薬用外」の文字及び白地に赤色をもって「毒物」の文字
D：「医薬用外」の文字及び赤地に白色をもって「劇物」の文字

1	AとB
2	AとC
3	BとD
4	CとD

問７　毒物劇物営業者があせにくい黒色で着色したものでなければ、農業用として販売できないものとして、正しいものの組み合わせはどれか。

A：塩化水素を含有する製剤たる毒物
B：硫酸タリウムを含有する製剤たる劇物
C：有機シアン化合物を含有する製剤たる毒物
D：燐（りん）化亜鉛を含有する製剤たる劇物

1	AとB
2	AとC
3	BとD
4	CとD

問８　法第 22 条第１項の規定により、業務上取扱者の届出を必要とする事業として、正しいものの組み合わせはどれか。

A：砒（ひ）素化合物たる毒物及びこれを含有する製剤を用いてしろありの防除を行う事業
B：最大積載量が 1,000 キログラムの自動車に固定された容器を用いて行うクロルピクリンの運送の事業
C：シアン化ナトリウムを使用して電気めっきを行う事業
D：黄燐（りん）を含む廃液の処理を行う事業

1	AとB
2	AとC
3	BとD
4	CとD

問９　毒物又は劇物の販売業の店舗の設備の基準に関する次の記述の正誤について、正しいものの組み合わせはどれか。

A：毒物又は劇物を貯蔵するタンク、ドラムかん、その他の容器は、毒物又は劇物が飛散し、漏れ、又はしみ出るおそれのないものであること。
B：毒物又は劇物の貯蔵は、かぎをかける設備があれば、その他の物と区分しなくてもよい。
C：毒物又は劇物を貯蔵する場所が、性質上かぎをかけることができないものであるときは、その周囲に、堅固なさくを設けなければならない。
D：毒物又は劇物を陳列する場所にかぎをかける設備があること。ただし、常時監視できる場所に陳列する場合は、かぎをかける設備がなくてもよい。

	A	B	C	D
1	誤	正	誤	誤
2	誤	誤	正	正
3	正	誤	正	誤
4	正	正	正	誤

問 10　毒物又は劇物の販売業者が劇物を販売する際の行為について、正しいものはどれか。

1：販売先が毒物劇物営業者の登録を受けている法人であったため、劇物の名称及び数量、販売年月日、譲受人の名称及び主たる事務所の所在地を書面に記載しなかった。
2：交付を受ける者の年齢を身分証明書で確認したところ、16 歳であったので、劇物を交付した。
3：毒物劇物営業者以外の個人に劇物を販売した翌日に、法令で定められた事項を記載した書面の提出を受けた。
4：譲受人から提出を受けた、法令で定められた事項を記載した書面を、販売した日から５年間保存した後に廃棄した。

問 11　次の記述は、法の条文の一部である。（　　）の中に入る字句の正しいものの組み合わせはどれか。

第 17 条第１項
毒物劇物営業者及び特定毒物研究者は、その取扱いに係る毒物若しくは劇物又は第 11 条第２項の政令で定める物が飛散し、漏れ、流れ出し、染み出し、又は地下に染み込んだ場合において、不特定又は多数の者について保健衛生上の危害が生ずるおそれがあるときは、（ Ａ ）、その旨を（ Ｂ ）に届け出るとともに、保健衛生上の危害を防止するために必要な応急の措置を講じなければならない。

	A	B
1	直ちに	保健所、警察署又は消防機関
2	直ちに	警察署又は消防機関
3	７日以内に	保健所、警察署又は消防機関
4	７日以内に	警察署又は消防機関

問 12　省令第 13 条の 12 の規定により、毒物劇物営業者が毒物又は劇物を販売し、又は授与する時までに、譲受人に対し提供しなければならない情報の内容について、誤っているものはどれか。

1：情報を提供する毒物劇物営業者の氏名及び住所（法人にあつては、その名称及び主たる事務所の所在地）
2：応急措置
3：輸送上の注意
4：有効期限

問 13　次のうち、法第 11 条第４項の規定により「その容器として、飲食物の容器として通常使用される物を使用してはならない」とされている劇物として、正しいものはどれか。

1：すべての劇物　　2：液体状の劇物　　3：刺激臭のない劇物
4：ガス体又は揮発性の劇物

問 14　毒物劇物販売業の登録を受けている法人が、その店舗の所在地の都道府県知事に 30 日以内に届け出なければならない事項に関する次の記述について、誤っているものはどれか。

1：法人の代表者を変更した場合
2：店舗の名称を変更した場合
3：店舗における営業を廃止した場合
4：毒物又は劇物を貯蔵する設備の重要な部分を変更した場合

問 15　次の記述は、法の条文の一部である。（　　）の中に入れるべき字句の正しいものの組み合わせはどれか。

政令第 40 条
　法第 15 条の２の規定により、毒物若しくは劇物又は法第 11 条第２項に規定する政令で定める物の廃棄の方法に関する技術上の基準を次のように定める。
　一　中和、（ A ）、酸化、還元、（ B ）その他の方法により、毒物及び劇物並びに法第 11 条第２項に規定する政令で定める物のいずれにも該当しない物とすること。
　二　ガス体又は揮発性の毒物又は劇物は、保健衛生上危害を生ずるおそれがない場所で、少量ずつ放出し、又は揮発させること。
　三　可燃性の毒物又は劇物は、保健衛生上危害を生ずるおそれがない場所で、少量ずつ（ C ）させること。

	A	B	C
1	加水分解	沈殿	燃焼
2	加水分解	稀釈	燃焼
3	加水分解	沈殿	拡散
4	電気分解	沈殿	拡散
5	電気分解	稀釈	拡散

栃木県

〔基礎化学・共通問題〕
（一般・農業用品目・特定品目共通）

問 16　次のうち、イオン化傾向が最も大きい金属はどれか。

1：Fe　　2：Pt　　3：Na　　4：Ni

問 17　次のうち、正しい記述はどれか。

1：臭素は、ハロゲンである。
2：酸素は、希ガスである。
3：リチウムは、アルカリ土類金属である。
4：アルミニウムは、アルカリ金属である。

問 18　10 g の NaOH は何 mol になるか。ただし、原子量は H ＝ 1、O ＝ 16、Na ＝ 23 とする。

1：0.25　　2：2.5　　3：4.0　　4：400

問 19　次の物質のうち、単体であるものはどれか。

1：石油　　2：二酸化炭素　　3：水　　4：ダイヤモンド

問 20　次の記述に該当する化学の法則はどれか。

「すべての気体は、温度・圧力が一定ならば、同体積中には同数の分子を含む。」

1：アボガドロの法則　　2：ヘンリーの法則　　3：ボイルの法則
4：ヘスの法則

問 21　次のうち、炎色反応で青緑色を示すものとして、正しいものはどれか。

1：Cu　　2：Na　　3：Li　　4：K　　5：Sr

問 22　次のうち、正しい記述はどれか。

1：物質が水素を失ったとき、還元されたという。
2：物質が電子を失ったとき、還元されたという。
3：相手の物質を酸化する物質を酸化剤という。
4：酸化数は、原子が酸化された場合は減少する

問 23　次のうち、気体から液体への状態変化はどれか。

1：凝固　　2：凝縮　　3：昇華　　4：融解

問 24　次のうち、200 ppm を百分率で表すと何%となるか。

1：0.0002　　2：0.002　　3：0.02　　4：0.2　　5：2

問 25　白金電極を用いて硝酸銀水溶液を電気分解した場合、陽極で発生するものはどれか。

1：H_2　2：O_2　3：Ag　4：N_2

問 26　次の物質のうち、その構造に二重結合を有するものはどれか。

1：水素　2：窒素　3：メタン　4：アンモニア　5：二酸化炭素

問 27　常温の水と激しく反応し、水素を発生するものはどれか。

1：Zn　2：Na　3：Au　4：Al　5：Cu

問 28　2.4 mol/L の水酸化ナトリウム水溶液 20 mL を中和するのに必要な 3.0 mol/L の硫酸の量は何 mL か。

1：4　2：8　3：12　4：16

問 29　pH=9 のアルカリ性溶液で赤色を呈する指示薬はどれか。

1：メチルレッド　2：メチルオレンジ　3：フェノールフタレイン
4：ブロモチモールブルー

問 30　プロパン(C_3H_8) 22 g を完全燃焼したとき、発生する水の質量は何 g か。次のうち最も近い値を選べ。ただし、原子量は、H ＝ 1、C ＝ 12、O ＝ 16 とする。

1：18　2：36　3：72　4：144

〔実地試験・選択問題〕

(一般)

問 31　次の製剤のうち、劇物に該当するものとして、正しいものの組み合わせはどれか。

A：アジ化ナトリウム 10%を含む製剤　B：亜塩素酸ナトリウム 10%を含む製剤
C：水酸化ナトリウム 10%を含む製剤　D：過酸化ナトリウム 10%を含む製剤

1 (A、B)　2 (A、C)　3 (A、D)　4 (B、D)　5 (C、D)

問 32　硫酸に関する次の記述のうち、誤っているものはどれか。

1：無色透明の液体である。
2：刺激臭を有する。
3：希硫酸は、亜鉛と反応して水素を発生させる。
4：濃硫酸を水で薄めると、熱を発生する。

問 33 硫酸タリウムに関する次の記述のうち、誤っているものはどれか。

1：水にやや溶け、熱湯には溶けやすい。
2：殺鼠(そ)剤として使用されている。
3：毒性としては、疝痛、嘔吐、振戦、痙攣、麻痺等の症状に伴い、次第に呼吸困難となり、虚脱症状となる。
4：0.3 %以下を含有する製剤で、赤色に着色され、かつ、トウガラシエキスを用いて著しく辛く着味されているものは普通物である。

問 34 〜問 37　ジメチル-4-メチルメルカプト-3-メチルフエニルチオホスフエイト(別名 MPP)の性状、毒性及び用途に関する次の記述について、(　　)にあてはまる最も適当な字句はどれか。

【性状】わずかにニンニク臭のある(問 34)の液体。
【毒性】血液中の(問 35)阻害作用がある。解毒剤には PAM(2-ピリジルアルドキシムメチオダイド)製剤又は(問 36)製剤を使用する。
【用途】(問 37)剤

問 34　1：青色　　2：白色　　3：赤色　　4：褐色

問 35　1：コリンエステラーゼ　　2：アミラーゼ
3：クレアチニン　　4：LDH

問 36　1：ブドウ糖　　2：カルシウム　　3：重炭酸ナトリウム
4：硫酸アトロピン

問 37　1：殺虫　　2：土壌燻(くん)蒸　　3：防腐　　4：除草

問 38 〜問 39　次の物質の主な用途として、最も適当なものを下の選択肢から選びなさい。

問 38 2, 2’-ジピリジリウム-1, 1’-エチレンジブロミド(別名ジクワット)

問 39 ジメチル-2, 2-ジクロルビニルホスフエイト(別名 DDVP)

【選択肢】

1：殺虫剤　　2：除草剤　　3：試薬・医療検体の防腐剤
4：石けん製造、パルプ工業

問 40 〜 43 次の物質の廃棄方法として、最も適当なものを下の選択肢から選びなさい。

問 40　塩化バリウム　　問 41 過酸化尿素　　問 42　重クロム酸カリウム
問 43　クロルスルホン酸

【選択肢】

1：多量の水で希釈して処理する。
2：耐食性の細い導管よりガス発生がないように少量ずつ、多量の水中深く流す装置を用い希釈してからアルカリ水溶液で中和して処理する。
3：水に溶かし、硫酸ナトリウムの水溶液を加えて処理し、沈殿ろ過して埋立処分する。
4：希硫酸に溶かし、還元剤の水溶液を過剰に用いて還元したのち、消石灰、ソーダ灰等の水溶液で処理し、沈殿ろ過する。

問 44 ～ 45 次の物質を多量に漏えいした時の措置として、最も適切なものを下の選択肢から選びなさい。

問 44 クロルピクリン　問 45 メチルエチルケトン

【選択肢】

1：漏えいした液は、土砂等でその流れを止め、安全な場所に導き、液の表面を泡で覆い、できるだけ空容器に回収する。
2：漏えいした液は、土砂等でその流れを止め、安全な場所に導いて遠くから多量の水をかけて洗い流す。
3：漏えいした液は、土砂等でその流れを止め、多量の活性炭又は消石灰を散布して覆い至急関係先に連絡し専門家の指示により処理する。

問 46 ～ 47 次の物質の識別方法として、最も適当なものを下の選択肢から選びなさい。

問 46 ホルマリン（別名ホルムアルデヒド水溶液）　問 47 硝酸

【選択肢】

1：フェーリング溶液とともに熱すると、赤色の沈殿を生ずる。
2：銅屑を加えて熱すると、藍色を呈して溶け、その際赤褐色の蒸気を発生する。
3：過クロール鉄液を加えると紫色を呈する。

栃木県

問 48 ～ 50 次の物質の貯蔵方法として、最も適当なものを下の選択肢から選びなさい。

問 48 クロロホルム　問 49 アクロレイン　問 50 カリウム

【選択肢】

1：炭酸ガスと水を吸収する性質が強いから、密栓して貯える。
2：非常に反応性に富む物質なので、安定剤を加え、空気を遮断して貯蔵する。
3：冷暗所に貯える。純品は空気と日光によって変質するので、少量のアルコールを加えて分解を防止する。
4：空気中にそのまま貯えることはできないので、普通石油中に貯える。水分の混入、火気を避け貯蔵する。

（農業用品目）

問 31 次の劇物のうち、農業用品目販売業の登録を受けた者が、販売又は授与できるものとして正しい組み合わせはどれか。

A：水酸化ナトリウム　B：シアン化ナトリウム　C：沃（よう）化メチル
D：蓚（しゅう）酸

1：（A、B）　2：（A、D）　3：（B、C）　4：（C、D）

問 32 S-メチル-N-[（メチルカルバモイル）-オキシ]-チオアセトイミデート（別名メトミル）の主な用途として、最も適切なものはどれか。

1：除草剤　2：殺鼠（そ）剤　3：殺虫剤　4：殺菌剤

問 33 硫酸タリウムの主な用途として、最も適切なものはどれか。

1：除草剤　2：殺鼠（そ）剤　3：殺虫剤　4：殺菌剤

問 34　次のうち、エチルパラニトロフエニルチオノベンゼンホスホネイト(別名 EPN)に関する記述として、正しいものはどれか。

1：赤褐色の液体である。
2：水に易溶で、一般的な有機溶媒に不溶である。
3：植物成長調整剤として用いられる。
4：解毒剤として、硫酸アトロピンが用いられる。

問 35　次のうち、2－イソプロピル－4－メチルピリミジル－6－ジエチルチオホスフエイト(別名ダイアジノン)に関する記述として、誤っているものはどれか。

1：ピレスロイド系の農薬である。
2：無色の液体で、水に難溶である。
3：接触性殺虫剤でニカメイチュウやクロカメムシなどの駆除に用いられる。
4：人が摂取すると血液中のコリンエステラーゼ活性を阻害する。

問 36　塩素酸カリウムに関する次の記述のうち、正しいものの組み合わせはどれか。

A：黒色の結晶である。
B：吸入した場合、チアノーゼなどを起こす。
C：有機物その他酸化されやすいものと混合すると、加熱、摩擦、衝撃により爆発することがある。
D：水にほとんど溶けない。

1：(A、B)　　2：(A、D)　　3：(B、C)　　4：(C、D)

栃木県

問 37 ～ 38 次の物質の貯蔵方法として、最も適当なものを下の選択肢から選びなさい。

問 37 ロテノン　　問 38 ブロムメチル

【選択肢】

1：空気中の湿気に触れると、徐々に分解して有害なホスフィンを発生するので、密封容器に保存する
2：常温では気体なので、圧縮冷却して液化し、圧縮容器に入れ、直射日光、その他温度上昇の原因を避けて、冷暗所に貯蔵する。
3：酸素によって分解し、殺虫効力を失うため、製剤は空気と光線を遮断して貯蔵する。

問 39 ～ 42　次の物質の毒性として、最も適当なものを下の選択肢から選びなさい。

問 39 ニコチン　　問 40 硫酸銅　　問 41 シアン化ナトリウム
問 42 モノフルオール酢酸ナトリウム

【選択肢】

1：大量に摂取するとメトヘモグロビン血症および腎臓障害を起こすことがある。
2：人にはなはだしい毒作用を呈するが、皮膚を刺激したり、皮膚から吸収されることはなく、主な中毒症状は、激しい嘔吐(おう)が繰り返され、胃の疼痛を訴え、しだいに意識が混濁し、てんかん性痙攣(けいれん)、脈拍の遅緩が起こり、チアノーゼ、血圧低下をきたす。
3：主にミトコンドリアの呼吸酵素の阻害作用が誘発されるため、エネルギー消費の多い中枢神経に影響が現れる。吸入すると、頭痛、めまい、悪心、意識不明、呼吸麻痺を起こす。
4：猛烈な神経毒である。急性中毒では、よだれ、吐気、悪心、嘔吐(おう)があり、ついで脈拍緩徐不整となり、発汗、瞳孔縮小、人事不省、呼吸困難、痙攣(けいれん)をきたす。

問 43 ～ 44　次の物質の識別方法として、最も適当なものを下記の選択肢から選びなさい。

問 43 ニコチン　　問 44 クロルピクリン

【選択肢】

1：ホルマリン(別名ホルムアルデヒド水溶液)1滴を加えたのち、濃硝酸1滴を加えると、ばら色を呈する。
2：水溶液にさらし粉を加えると、紫色(赤紫色)を呈する。
3：アルコール溶液にジメチルアニリン及びブルシンを加えて溶解し、これにブロムシアン溶液を加えると、緑色ないし赤紫色を呈する。

問 45 ～ 47　次の物質の廃棄方法として、最も適当なものを下記の選択肢から選びなさい。

問 45 クロルピクリン
問 46　2－イソプロピル－4－メチルピリミジル－6－ジエチルチオホスフエイト(別名ダイアジノン)
問 47 硫酸第二銅

【選択肢】

1：少量の界面活性剤を加えた亜硫酸ナトリウムと炭酸ナトリウムの混合溶液中で、攪拌(かくはん)し分解させた後、多量の水で希釈して処理する。
2：可燃性溶剤とともにアフターバーナー及びスクラバーを具備した焼却炉の火室へ噴霧し、焼却する。
3：水に溶かし、消石灰、ソーダ灰等の水溶液を加えて処理し、沈殿濾過して埋立処分する。

問 48 ～ 50　次の物質が漏えいした時の措置として、最も適当なものを下の選択肢から選びなさい。

問 48 塩素酸カリウム　　問 49 シアン化カリウム　　問 50 硫酸

【選択肢】

1：少量の漏えいした液は、土砂等に吸着させて取り除くか、またはある程度水で徐々に希釈したあと、消石灰、ソーダ灰等で中和し、多量の水を用いて洗い流す。多量の場合は、土砂等でその流れを止め、これに吸着させるか、または安全な場所に導いて、遠くから徐々に注水してある程度希釈したあと、消石灰、ソーダ灰等で中和し、多量の水を用いて洗い流す。
2：飛散したものは速やかに掃き集めて空容器にできるだけ回収し、そのあとは多量の水で洗い流す。
3：飛散したものは空容器にできるだけ回収する。砂利等に付着している場合は、砂利等を回収し、そのあとに水酸化ナトリウム、ソーダ灰等の水溶液を散布してアルカリ性(pH11 以上)とし、さらに酸化剤の水溶液で酸化処理を行い、多量の水を用いて洗い流す。

（特定品目）

問 31 ～ 34　次の物質の用途として、当てはまるものを下の選択肢から選びなさい。

問 31 トルエン　問 32 重クロム酸カリウム　問 33 ホルムアルデヒド
問 34 メタノール

【選択肢】

1：染料、燃料、塗料等の溶剤	2：爆薬、染料、香料の原料
3：フィルムの硬化、燻（くん）蒸剤、色素合成	4：酸化剤、電気鍍金用、顔料原料

問 35 ～ 37 次の物質の識別方法として、最も適当なものを下の選択肢から選びなさい。

問 35 四塩化炭素　問 36 水酸化ナトリウム　問 37 メタノール

【選択肢】

1：サリチル酸と濃硫酸とともに熱すると、芳香あるサリチル酸メチルエステルを生ずる。
2：水溶液を白金線につけて無色の火炎中に入れると、火炎は著しく黄色に染まり、長時間続く。
3：アルコール性の水酸化カリウムと銅粉と共に煮沸すると、黄赤色の沈殿を生ずる。

問 38 ～ 41　次の物質の毒性について、最も適当なものを下の選択肢から選びなさい。

問 38 キシレン　問 39 クロロホルム　問 40 水酸化カリウム
問 41 硝酸

【選択肢】

1：原形質毒であり、脳の節細胞を麻酔させ、赤血球を溶解する。吸入するとはじめは嘔（おう）吐、瞳孔の縮小、運動性不安が現れ、次いで脳およびその他の神経細胞を麻酔させる。
2：吸入すると、目、鼻、のどを刺激する。高濃度で興奮、麻酔作用がある。
3：濃厚水溶液は、皮膚に触れると激しく侵し、これを飲めば死に至る。また、ミストを吸入すると呼吸器官を侵し、目に入った場合には失明のおそれがある。
4：蒸気は眼、呼吸器等の粘膜及び皮膚に強い刺激性をもつ。濃厚溶液が皮膚に触れると、ガスを発生して、組織ははじめ白く、しだいに深黄色となる。

問 42 ～ 45　性状に関する次の記述について、それぞれ最も適当な物質を下の選択肢から選びなさい。

問 42　無色澄明、揮発性の引火性液体である。果実様の特徴ある香気を発する。
問 43 窒息性の臭気をもつ気体。冷却すると液化し、さらに固体となる。
問 44　無色の液体で湿気を含んだ空気中では発煙する。強い酸であり、酸化剤である。
問 45　一般には３種の異性体の混合物で、流動性のある引火性の無色液体である。

【選択肢】

1：硝酸　2：キシレン　3：酢酸エチル　4：塩素

栃木県

問 46 ～ 47　次の物質を多量に漏えいした時の措置について、最も適切なものを下の選択肢から選びなさい。

問 46 硫酸　　問 47 メチルエチルケトン

【選択肢】

1：漏えいした液は、土砂等でその流れを止め、これに吸着させるか、または安全な場所に導いて、遠くから徐々に注水してある程度希釈したあと、消石灰、ソーダ灰等で中和し、多量の水を用いて洗い流す。
2：漏えいした液は、土砂等でその流れを止め、安全な場所に導き、液の表面を泡で覆い、できるだけ空容器に回収する。
3：漏えいガスは、多量の水をかけて吸収させる。多量にガスが噴出する場合は遠くから霧状の水をかけ吸収させる。

問 48 ～ 49　次の物質の貯蔵方法として、最も適当なものを下の選択肢から選びなさい。

問 48 四塩化炭素　　問 49 過酸化水素

【選択肢】

1：亜鉛または錫（すず）メッキをした鋼鉄製容器で保管し、高温に接しない場所に貯蔵する。
2：冷暗所に貯蔵する。純品は空気と日光によって変質するので、少量のアルコールを加えて分解を防止する。
3：少量ならば褐色ガラス瓶、大量ならばカーボイなどを使用し、3分の1の空間を保って貯蔵する。

栃木県

問 50　アンモニア水に関する次の記述の正誤について、正しい組み合わせはどれか。

A：無色透明、揮発性の液体で鼻をさすような臭気があり、アルカリ性を呈する。
B：濃塩酸をうるおしたガラス棒を近づけると白い霧を生ずる。
C：揮発しやすいのでよく密栓して貯える。

	A	B	C
1	誤	誤	正
2	誤	正	誤
3	正	誤	正
4	正	正	誤
5	正	正	正

群馬県
令和５年度実施

〔法　規〕
（一般・農業用品目・特定品目共通）

問１　次の文は、毒物及び劇物取締法について記述したものである。記述の正誤について、正しい組合せはどれか。

ア　この法律の目的は、「毒物及び劇物の製造、販売、貯蔵、運搬、消費その他取扱を規制することにより、毒物及び劇物による災害を防止し、公共の安全を確保すること」とされている。
イ　この法律で「毒物」とは、別表第１に掲げる物であって、医薬品及び医薬部外品以外のものをいう。
ウ　この法律で「特定毒物」に指定されているものは、すべて毒物にも指定されている。

	ア	イ	ウ
1	正	正	誤
2	誤	誤	誤
3	誤	正	正
4	正	誤	正

群馬県

問２　次のうち、毒物及び劇物取締法第２条第３項の規定により、特定毒物として定められているものはどれか。正しいものの組合せを選びなさい。

ア　モノフルオール酢酸
イ　水銀
ウ　エチルパラニトロフェニルチオノベンゼンホスホネイト(別名：EPN)
エ　ジエチルパラニトロフェニルチオホスフェイト(別名：パラチオン)

１（ア，イ）　２（ア，エ）　３（イ，ウ）　４（ウ，エ）

問３　次の特定毒物と着色の基準の組合せの正誤について、正しい組合せはどれか。

	特定毒物	着色の基準
ア	四アルキル鉛を含有する製剤	― 紫色
イ	モノフルオール酢酸の塩類を含有する製剤	― 深紅色
ウ	ジメチルエチルメルカプトエチルチオホスフェイトを含有する製剤	― 紅色
エ	モノフルオール酢酸アミドを含有する製剤	― 黄色

	ア	イ	ウ	エ
1	正	正	正	正
2	正	誤	誤	誤
3	誤	正	正	誤
4	誤	正	誤	正

問４　次の文は、毒物及び劇物取締法第３条の３の規定について記述したものである。（　）にあてはまる語句の組合せのうち、正しいものはどれか。

興奮、幻覚又は（ ア ）の作用を有する毒物又は劇物（これらを含有する物を含む。）であって政令で定めるものは、みだりに摂取し、若しくは吸入し、又はこれらの目的で（ イ ）してはならない。具体的には、（ ウ ）を含むシンナー等が該当する。

	ア	イ	ウ
1	鎮静	所持	クロロホルム
2	麻酔	授与	クロロホルム
3	麻酔	所持	メタノール
4	鎮静	授与	メタノール

群馬県

問5　次の文は、毒物劇物取扱責任者について記述したものである。記述の正誤について、正しい組合せはどれか。

ア 農業用品目毒物劇物取扱者試験に合格した者は、農業用品目販売業者が販売することのできる毒物又は劇物のみを取り扱う輸入業の営業所において、毒物劇物取扱責任者となることができる。
イ 毒物及び劇物取締法第 22 条第1項の規定により届出が必要な業務上取扱者は、毒物又は劇物を直接に取り扱う事業場ごとに、毒物劇物取扱責任者を置かなければならない。
ウ 医師及び薬剤師は、毒物劇物取扱責任者となることができる。
エ 厚生労働省令で定める学校で、応用化学に関する学課を修了した者は毒物劇物取扱責任者となることができる。

	ア	イ	ウ	エ
1	誤	正	正	正
2	正	正	誤	正
3	誤	誤	誤	正
4	正	誤	正	誤

問6　次の文は、毒物及び劇物取締法第 10 条の規定により、毒物劇物営業者又は特定毒物研究者が行う届出について記述したものである。記述の正誤について、正しい組合せはどれか。

ア 毒物又は劇物の販売業者が店舗の名称を変更したときは、変更後 30 日以内に変更届を提出しなければならない。
イ 毒物又は劇物の製造業者が毒物又は劇物を製造する設備の重要な部分を変更するときは、変更する日の 30 日前までに変更届を提出しなければならない。
ウ 毒物又は劇物の輸入業者が新たに輸入する品目を追加したときは、追加後 30 日以内に変更届を提出しなければならない。
エ 特定毒物研究者が主たる研究所の所在地を変更したときは、変更後 30 日以内に変更届を提出しなければならない。

	ア	イ	ウ	エ
1	正	誤	正	誤
2	正	正	誤	誤
3	誤	正	正	正
4	正	誤	誤	正

問7　次のうち、毒物及び劇物取締法第 12 条第2項の規定により、毒物劇物営業者が、その容器及び被包に、厚生労働省令で定めるその解毒剤の名称を表示しなければ、販売し、又は授与してはならないものはどれか。

1 無機シアン化合物及びこれを含有する製剤たる毒物及び劇物
2 砒(ひ)素化合物及びこれを含有する製剤たる毒物及び劇物
3 有機燐(りん)化合物及びこれを含有する製剤たる毒物及び劇物
4 有機シアン化合物及びこれを含有する製剤たる毒物及び劇物

問8　次のうち、毒物及び劇物取締法第 14 条第1項の規定により、毒物劇物営業者が毒物又は劇物を他の毒物劇物営業者に販売し、又は授与したとき、その都度、書面に記載しておかなければならない事項として、正しいものの組合せはどれか。

ア 販売又は授与の年月日　　イ 毒物又は劇物の製造年月日
ウ 毒物又は劇物の名称及び数量　　エ 譲受人の氏名、年齢及び住所

1（ア，イ）　2（ア，ウ）　3（イ，エ）　4（ウ，エ）

問9　次の文は、毒物及び劇物取締法施行令第 40 条の廃棄の方法に関する記述である。(　)にあてはまる語句の組合せのうち、正しいものはどれか。

(ア)、加水分解、(イ)、還元、(ウ)その他の方法により、毒物及び劇物並びに法第 11 条第2項に規定する政令で定める物のいずれにも該当しない物とすること。

	ア	イ	ウ
1	中和	燃焼	揮発
2	電気分解	酸化	揮発
3	中和	酸化	稀釈
4	電気分解	燃焼	稀釈

問10　次の文は、塩化水素20％を含有する製剤で液体状のものを、車両を使用して1回につき、5,000キログラム以上運搬する場合の取扱いについて記述したものである。正しいものの組合せはどれか。

ア 運転者1名による運転時間が、1日当たり10時間であれば、交替して運転する者を同乗させる必要はない。
イ 車両には、保護手袋、保護長ぐつ、保護衣、酸性ガス用防毒マスクを1人分備えなければならない。
ウ 車両には、0.3メートル平方の板に地を黒色、文字を白色として「毒」と表示した標識を、車両の前後の見やすい箇所に掲げなければならない。
エ 車両には、運搬する劇物の名称、成分及びその含量並びに事故の際に講じなければならない応急の措置の内容を記載した書面を備えなければならない。

1（ア，イ）　2（ア，エ）　3（イ，ウ）　4（ウ，エ）

〔基礎化学〕
（一般・農業用品目・特定品目共通）

問1　次の文は、元素の周期表について記述したものである。（　）にあてはまる語句の組合せのうち、正しいものはどれか。

元素を（ ア ）の順に並べ、化学的性質のよく似た元素が縦の列に並んだ表を、元素の周期表という。周期表の縦の列を（ イ ）といい、横の行を（ ウ ）という。弗(ふっ)素(F)、塩素(Cl)、臭素(Br)、沃(よう)素(I)は周期表で同じ列にあるが、これらの元素は（ エ ）元素と呼ばれる。

	ア	イ	ウ	エ
1	中性子数	族	周期	希ガス
2	中性子数	周期	族	ハロゲン
3	原子番号	族	周期	ハロゲン
4	原子番号	周期	族	希ガス

問2　次のうち、アルカリ金属元素はどれか。

1 セシウム(Cs)　2 バリウム(Ba)　3 アルゴン(Ar)　4 カルシウム(Ca)

問3　重量パーセント濃度30％の食塩水が200 gある。この食塩水に水を加えて、20％の食塩水としたい。何gの水を加えればよいか。

1　50 g　2　100 g　3　150 g　4　200 g

問4　次のうち、同素体として、正しいものの組合せはどれか。

ア 硫化水素と硫酸　イ グラファイトとダイヤモンド
ウ 二酸化炭素と一酸化炭素　エ 黄燐(りん)と赤燐(りん)

1（ア，イ）　2（ア，ウ）　3（イ，エ）　4（ウ，エ）

問５　次の文は、物質の状態変化について記述したものである。正しいものはどれか。

1　気体から液体への変化を蒸発という。
2　液体から気体への変化を融解という。
3　固体から液体への変化を昇華という。
4　液体から固体への変化を凝固という。

問６　「一定温度で、一定量の溶媒に溶ける気体の質量は、圧力に比例する」という法則の名称として、正しいものはどれか。

1　ヘンリーの法則　　2　アボガドロの法則　　3　ルシャトリエの法則
4　ボイル・シャルルの法則

問７　0.05mol/L の酢酸水溶液（電離度 0.02）の pH の値はどれか。

1　pH 3　　2　pH 4　　3　pH 5　　4　pH 6

問８　次の元素のうち、イオン化傾向が最も大きいものはどれか。

1　ナトリウム（Na）　　2　アルミニウム（Al）　　3　鉛（Pb）
4　マグネシウム（Mg）

群馬県

問９　次のうち、物質とその炎色反応の組合せとして、正しいものの組合せはどれか。

	物質		炎色反応
ア	ストロンチウム（Sr）	—	黄緑色
イ	ナトリウム（Na）	—	黄色
ウ	銅（Cu）	—	深紅色
エ	バリウム（Ba）	—	緑黄色

1（ア，ウ）　2（ア，エ）　3（イ，ウ）　4（イ，エ）

問10　次の官能基とその名称として、正しいものの組合せはどれか。

	官能基		名称
1	$-NO_2$	—	カルボキシル基
2	$-NH_2$	—	アミノ基
3	$-COOH$	—	カルボニル基
4	$-CHO$	—	ヒドロキシ基

〔性質及び貯蔵その他取扱方法〕

※ 注意事項
問題文中の薬物の性状等に関する記述について、特に温度等の条件に関する記載がない場合は、常温常圧下における性状等について記述しているものとする。

（一般）

問１　次の薬物とその薬物が劇物から除外される濃度の組合せの正誤について、正しい組合せはどれか。

	薬物		除外される濃度
ア	トリフルオロメタンスルホン酸を含有する製剤	—	10％以下
イ	過酸化尿素を含有する製剤	—	20％以下
ウ	メチルアミンを含有する製剤	—	40％以下
エ	アセトニトリルを含有する製剤	—	50％以下

	ア	イ	ウ	エ
1	正	誤	誤	正
2	誤	正	誤	誤
3	誤	誤	正	正
4	正	誤	正	誤

問2　次の薬物とその適切な解毒剤又は治療薬の組合せのうち、正しいものはどれか。

	薬物		解毒剤又は治療薬
1	シアン化合物	—	硫酸アトロピン
2	有機燐（りん）化合物	—	亜硝酸アミル
3	鉛化合物	—	ジメルカプロール（別名：BAL）
4	有機塩素化合物	—	２－ピリジルアルドキシムメチオダイド（別名：PAM）

群馬県

問3　次の薬物とその適切な貯蔵方法の組合せの正誤について、正しい組合せはどれか。

	薬物		貯蔵方法
ア	アクリルニトリル	—	きわめて引火しやすいため、貯蔵室は防火性とし、適当な換気装置を備える。また、硫酸や硝酸などの強酸と安全な距離を保って貯蔵する。
イ	ブロムメチル	—	空気中にそのまま貯蔵することができないので、通常石油中に貯蔵する。また、水分の混入や火気を避けて貯蔵する。
ウ	ホルマリン	—	低温では混濁するので常温で貯蔵する。
エ	四塩化炭素	—	炭酸ガスと水を吸収する性質が強いので、密栓して貯蔵する。

	ア	イ	ウ	エ
1	正	正	正	誤
2	正	誤	正	誤
3	誤	誤	正	正
4	誤	正	誤	誤

問4　次の薬物とその主な用途の組合せのうち、正しいものの組合せはどれか。

	薬物		主な用途
ア	アジ化ナトリウム	—	医療検体の防腐剤
イ	クロルピクリン	—	工業用の脱水剤
ウ	クロム酸ナトリウム	—	工業用の酸化剤
エ	酸化バリウム	—	土壌燻蒸（くんじょう）

1（ア，イ）　2（ア，ウ）　3（イ，エ）　4（ウ，エ）

問5　次の文は、キノリンの性質について記述したものである。（　）にあてはまる語句の組合せのうち、正しいものはどれか。

キノリンは、無色又は淡黄色の（ ア ）の液体で、（ イ ）がある。
また、主な用途は（ ウ ）である。

	ア	イ	ウ
1	無臭	不燃性	繊維等の漂白
2	不快臭	吸湿性	界面活性剤
3	無臭	吸湿性	界面活性剤
4	不快臭	不燃性	繊維等の漂白

問6　次の文は、塩化亜鉛の性質等について記述したものである。正しいものはどれか。

1　淡赤色結晶である。　　2　アルコールに不溶である。　　3　潮解性がある。
4　本品の水溶液に硝酸銀を加えると、白色の硝酸亜鉛が沈殿する。

問7　次の薬物とその毒性の組合せのうち、正しいものの組合せはどれか。

	薬物		毒性
ア	クロルピクリン	—	皮膚に触れると褐色に染め、その揮散する蒸気を吸入すると、めまいや頭痛を伴う一種の酩酊（めいてい）を起こす。
イ	フェノール	—	皮膚や粘膜につくと火傷を起こし、その部分は白色となる。経口摂取した場合には、口腔、咽喉（いんこう）、胃に高度の灼熱感（しやくねつ）を訴え、悪心、嘔吐（おうと）、めまいを起こし、失神、虚脱、呼吸麻痺（まひ）で倒れる。尿は特有の暗赤色を呈する。
ウ	シアン化水素	—	猛烈な神経毒であり、急性中毒では、よだれ、吐き気、悪心、嘔吐（おうと）があり、次いで脈拍緩徐（かんじよ）不整となり、発汗、瞳孔縮小、呼吸困難、痙攣（けいれん）を起こす。慢性中毒では、咽頭（いんとう）、喉頭（こうとう）などのカタル、心臓障害、視力減弱、めまい、動脈硬化等を起こし、ときに精神異常を引き起こす。
エ	トルイジン	—	メトヘモグロビン形成能があり、チアノーゼ症状を起こす。

1（ア，イ）　2（ア，ウ）　3（イ，エ）　4（ウ，エ）

群馬県

問8　次の文は、薬物の取扱い上の注意事項について記述したものである。正しいものの組合せはどれか。

ア　カリウムは、水、二酸化炭素、ハロゲン化炭化水素と激しく反応するので、これらと接触させない。
イ　キシレンは、水と急激に接触すると多量の熱が発生し、酸が飛散することがある。
ウ　フェンバレレート(※1)は、魚毒性が強いので漏えいした場所を水で洗い流すことはできるだけ避け、水で洗い流す場合には、廃液が河川等へ流入しないように注意する。
エ　三酸化二ヒ素は、引火しやすく、また、その蒸気は空気と混合して爆発性混合ガスとなるので火気は絶対に近づけない。

1（ア，ウ）　2（ア，エ）　3（イ，ウ）　4（イ，エ）

(※1)　(RS)－α－シアノ－3－フェノキシベンジル＝(RS)－2－(4－クロロフェニル)－3－メチルブタノアートの別名

問9　次の薬物とその適切な廃棄方法の組合せの正誤について、正しい組合せはどれか。

	薬物		廃棄方法
ア	硅弗化（けいふつ）ナトリウム	—	水に溶かし、水酸化カルシウム等の水溶液を加えて処理した後、希硫酸を加えて中和し、沈殿ろ過して埋立処分する。
イ	酢酸鉛	—	水に溶かし、水酸化カルシウム、炭酸ナトリウム等の水溶液を加えて沈殿させ、さらにセメントを用いて固化し、溶出試験を行い、溶出量が判定基準値以下であることを確認して埋立処分する。
ウ	塩化水素	—	還元剤(チオ硫酸ナトリウム等)の水溶液に希硫酸を加えて酸性にし、この中に少量ずつ投入する。反応終了後、反応液を中和し多量の水で希釈して処理する。
エ	トルエン	—	硅（けい）そう土等に吸収させて開放型の焼却炉で少量ずつ焼却する。

	ア	イ	ウ	エ
1	正	正	正	誤
2	誤	誤	正	正
3	正	誤	誤	正
4	正	正	誤	正

問 10 次の文は、薬物の漏えい時の措置について記述したものである。記述の正誤について、正しい組合せはどれか。

	薬物		漏えい時の措置
ア	無水クロム酸	—	飛散したものは空容器にできるだけ回収し、そのあとを多量の水で洗い流す。なお、回収の際は飛散したものが乾燥しないよう、適量の水で散布して行い、また、回収物の保管、輸送に際しても十分に水分を含んだ状態を保つようにする。用具及び容器は金属製のものを使用してはならない。
イ	水素化砒(ひ)素	—	漏えいしたボンベ等を多量の水酸化ナトリウム水溶液と酸化剤(次亜塩素酸ナトリウム、さらし粉等)の水溶液の混合溶液に容器ごと投入して気体を吸収させ、酸化処理し、この処理液を処理設備に持ち込み、毒物及び劇物の廃棄の方法に関する基準に従って処理を行う。
ウ	塩化バリウム	—	飛散したものは空容器にできるだけ回収し、そのあとを硫酸ナトリウムの水溶液を用いて処理し、多量の水で洗い流す。
エ	ピクリン酸	—	飛散したものは空容器にできるだけ回収し、そのあとを還元剤(硫酸第一鉄等)の水溶液を散布し、水酸化カルシウム、炭酸ナトリウム等の水溶液で処理した後、多量の水で洗い流す。

	ア	イ	ウ	エ
1	正	正	誤	正
2	正	誤	正	誤
3	誤	正	正	正
4	誤	正	正	誤

(農業用品目)

問1 次のうち、2％を含有する製剤が劇物に該当するものはどれか。

1 フルバリネート　　2 ジメトエート　　3 チアクロプリド
4 アセタミプリド

問2 次の劇物のうち、農業用品目販売業者が販売できるものとして、正しいものの組合せはどれか。

ア 水酸化ナトリウム　　イ シアン酸ナトリウム　　ウ メタノール
エ ブラストサイジンS

1（ア，ウ）　2（ア，エ）　3（イ，ウ）　4（イ，エ）

問3 次のうち、シアン化カリウムの貯蔵方法に関する記述として、最も適当なものはどれか。

1 空気中にそのまま保存することはできないので、石油中に保管する。
2 光を遮り少量ならばガラス瓶、多量ならばブリキ缶又は鉄ドラムを用い、酸類とは離して、風通しのよい乾燥した冷所に密封して貯蔵する。
3 二酸化炭素と水を強く吸収することから、密栓して貯蔵する。
4 常温では気体なので、圧縮冷却して液化し、圧縮容器に入れ、直射日光その他、温度上昇の原因を避けて、冷暗所に貯蔵する。

問４　次の薬物とその主な用途の組合せの正誤について、正しい組合せはどれか。

	薬物		主な用途
ア	硫酸タリウム	—	殺鼠（そ）剤
イ	パラコート(※１)	—	しろあり防除
ウ	メチルイソチオシアネート	—	土壌消毒剤
エ	エチルジフェニルジチオホスフェイト	—	有機燐（りん）殺菌剤

(※１)１，１′－ジメチル－４，４′ — ジピリジニウムヒドロキシドの別名

	ア	イ	ウ	エ
1	誤	正	正	誤
2	正	正	誤	正
3	正	誤	正	正
4	誤	誤	正	正

問５　次の文は、薬物の廃棄方法について記述したものである。記述の正誤について、正しい組合せはどれか。

ア　メトミルは、そのままスクラバーを具備した焼却炉で焼却する。
イ　クロルピクリンは、少量の界面活性剤を加えた亜硫酸ナトリウムと炭酸ナトリウムの混合溶液中で、攪拌（かくはん）し分解させた後、多量の水で希釈して処理する。
ウ　シアン化カリウムは、水に溶かし、消石灰等の水溶液を加えて処理した後、沈殿ろ過して埋立処分する。

	ア	イ	ウ
1	正	正	誤
2	正	誤	誤
3	誤	正	誤
4	誤	誤	正

群馬県

問６　次のうち、シアン化水素の毒性に関する記述として、最も適当なものはどれか。

1　吸入した場合、吐き気、嘔吐（おうと）、頭痛、胸痛などの症状を起こすことがある。なお、これらの症状は通常数時間後に現れる。
2　大量のガスを吸入した場合は、２、３回の呼吸と痙攣（けいれん）のもとに倒れ、死に至る。やや少量の場合には、まず呼吸困難、呼吸痙攣（けいれん）などの刺激症状（痙攣（けいれん）期）があり、次いで呼吸麻痺（まひ）で倒れる。
3　吸入した場合、倦怠けんたい感、頭痛、めまい、吐き気、嘔吐（おうと）、腹痛、下痢、多汗などの症状を呈し、重症の場合には、縮瞳、意識混濁、全身痙攣（けいれん）などを起こす。
4　吸入した場合、麻酔性があり、吐き気、嘔吐（おうと）、めまいなどが起こり、重症な場合は意識不明となり、肺水腫を起こす。

問７　次の文は、薬物とその分類について記述したものである。記述の正誤について、正しい組合せはどれか。

ア　カルボスルファンは、有機燐（りん）系農薬である。
イ　フェンプロパトリンは、ピレスロイド系農薬である。
ウ　イソフェンホスは、カーバメート系農薬である。
エ　ベンダイオカルブは、有機塩素系農薬である。

	ア	イ	ウ	エ
1	正	正	正	誤
2	誤	誤	正	誤
3	正	誤	誤	正
4	誤	正	誤	誤

問８　次の文は、アバメクチンについて記述したものである。正しいものの組合せはどれか。

ア 殺虫・殺ダニ剤として用いられる。
イ 淡褐色の結晶粉末である。
ウ アバメクチンを1.8％含有する製剤は毒物から除外されている。
エ アバメクチンを1.0％含有する製剤は劇物から除外されている。

1（ア，エ）　2（イ，ウ）　3（ア，ウ）　4（イ，エ）

問９　次の薬物とその解毒剤又は治療薬の組合せの正誤について、正しい組合せはどれか。

	薬物		解毒剤又は治療薬
ア	塩基性塩化銅	—	ジメルカプロール(別名：BAL)
イ	DDVP	—	亜硝酸ナトリウム
ウ	シアン化水素	—	２－ピリジルアルドキシムメチオダイド(別名：PAM)

	ア	イ	ウ
1	正	誤	誤
2	正	正	正
3	誤	誤	正
4	誤	正	誤

群馬県

問10　次の(ａ)から(ｃ)の薬物と、その漏えい時の主な措置の組合せのうち、正しいものはどれか。

(ａ)　２，２′－ジピリジリウム－１，１′－エチレンジブロミド
　(別名：ジクワット)
(ｂ)　２－イソプロピルフェニル－Ｎ－メチルカルバメート
　(別名：イソプロカルブ、MIPC)
(ｃ)　ブロムメチル

ア 漏えいした液は、土砂等でその流れを止め、安全な場所に導き、空容器にできるだけ回収し、そのあとを土砂で覆って十分接触させた後、土砂を取り除き、多量の水を用いて洗い流す。
イ 飛散したものは空容器にできるだけ回収し、そのあとを消石灰等の水溶液で処理し、多量の水を用いて洗い流す。
ウ 漏えいした液は、土砂等でその流れを止め、液が広がらないようにして蒸発させる。

	(ａ)	(ｂ)	(ｃ)
1	ア	イ	ウ
2	ア	ウ	イ
3	イ	ウ	ア
4	ウ	ア	イ

(特定品目)

問１　次の毒物又は劇物のうち、毒物又は劇物の特定品目販売業者が販売できるものとして、正しいものの組合せはどれか。

ア 亜砒(ひ)酸　イ メタノール　ウ 硅(けい)化カリウム　エ ホルムアルデヒド

1（ア，ウ）　2（ア，エ）　3（イ，ウ）　4（イ，エ）

問２　次の文は、ある薬物の貯蔵方法について記述したものである。該当する薬物はどれか。

少量ならば褐色ガラス瓶(びん)、大量ならばカーボイなどを使用し、３分の１の空間を保って貯蔵する。日光の直射を避け、冷所に、有機物、金属塩、樹脂、油類、その他有機性蒸気を放出する物質と引き離して貯蔵する。

1 水酸化カリウム　2 四塩化炭素　3 過酸化水素水　4 酢酸エチル

問３　次の文は、薬物の用途について記述したものである。正しいものの組合せはどれか。

ア　水酸化ナトリウムは、温室の燻(くんじよう)蒸剤、フィルムの硬化、人造樹脂、人造角、色素合成などの製造に用いられるほか、試薬として使用される。
イ　塩素は、酸化剤、紙・パルプの漂白剤、殺菌剤、消毒剤、漂白剤原料、金属チタン、金属マグネシウムの製造など広い需要を有する。
ウ　ホルマリンは、化学工業用として、せっけん製造、パルプ工業、染料工業、レイヨン工業、諸種の合成化学などに用いられるほか、試薬、農薬として使用される。
エ　硫酸は、肥料、各種化学薬品の製造、石油の精製、冶金(やきん)、塗料、顔料などの製造に用いられるほか、乾燥剤あるいは試薬として使用される。

１（ア，ウ）　２（ア，エ）　３（イ，ウ）　４（イ，エ）

問４　次の文は、薬物の廃棄方法について記述したものである。正しいものの組合せはどれか。

ア　硝酸は、徐々に炭酸ナトリウム又は水酸化カルシウムの攪拌(かくはん)溶液に加えて中和させた後、多量の水で希釈して処理する。水酸化カルシウムの場合は、上澄液のみを流す。
イ　一酸化鉛は、セメントを用いて固化し、溶出試験を行い、溶出量が判定基準以下であることを確認して埋立処分する。
ウ　酸化水銀５％以下を含有する製剤は、酸化焙焼法により金属水銀として回収して処理する。
エ　アンモニアは、硅(けい)そう土等に吸収させて開放型の焼却炉で少量ずつ焼却する。

１（ア，イ）　２（ア，ウ）　３（イ，エ）　４（ウ，エ）

群馬県

問５　次の薬物とその毒性の組合せの正誤について、正しい組合せはどれか。

	薬物		毒性
ア	クロロホルム	—	原形質毒である。この作用は脳の節細胞を麻酔させ、赤血球を溶解する。吸収すると、はじめは嘔吐(おうと)、瞳孔の縮小、運動性不安が現れ、脳及びその他の神経細胞を麻酔させる。
イ	四塩化炭素	—	口と食道が赤黄色に染まり、のち青緑色に変化する。腹部が痛くなり、緑色のものを吐き出し、血の混じった便をする。
ウ	トルエン	—	蒸気の吸入により頭痛、食欲不振など、大量の場合、緩(かん)和な大赤血球性貧血をきたす。

	ア	イ	ウ
1	正	誤	誤
2	誤	正	誤
3	誤	誤	正
4	正	誤	正

問６　次の文は、キシレンの性質等について記述したものである。記述の正誤について、正しい組合せはどれか。

ア　引火しやすく、また、その蒸気は空気と混合して爆発性混合ガスとなる。
イ　化学式は、$C_6H_5CH_3$ である。
ウ　水によく溶け、多くの有機溶剤と混合する。
エ　吸入すると、眼、鼻、のどを刺激する。また、高濃度で興奮、麻酔作用がある。

	ア	イ	ウ	エ
1	正	誤	誤	正
2	誤	正	誤	誤
3	誤	誤	正	正
4	正	誤	正	誤

問7　次の文は、クロロホルムの性質について記述したものである。(　　)にあてはまる語句の組合せのうち、正しいものはどれか。

クロロホルムは、(ア)で揮発性の液体であり、水より(イ)。
空気と日光によって変質するので、少量の(ウ)を加えて分解を防止する。

	ア	イ	ウ
1	淡黄色	軽い	アルコール
2	無色	重い	アルコール
3	淡黄色	重い	酸
4	無色	軽い	酸

問8　次の文は、過酸化水素水の性質等について記述したものである。(　)にあてはまる語句の組合せのうち、正しいものはどれか。

過酸化水素水は、不安定な液体であり、温度の上昇等によって爆発することがあるので、注意が必要である。特に、(　ア)の存在下では不安定なため、安定剤として少量の(イ)の添加は許容されている。
過酸化水素水は、(ウ)と(エ)の両作用を有しており、さまざまな用途がある。

	ア	イ	ウ	エ
1	酸	アルカリ	酸化	還元
2	酸化剤	還元剤	酸	アルカリ
3	アルカリ	酸	酸化	還元
4	還元剤	酸化剤	酸	アルカリ

群馬県

問9　次の文は、アンモニアの性質等について記述したものである。(　)にあてはまる語句の組合せのうち、正しいものはどれか。

アンモニアは、特有の刺激臭のある無色の(　ア　)であり、エーテルに(　イ　)である。酸素中では(ウ)の炎をあげて燃焼する。

	ア	イ	ウ
1	液体	可溶	青色
2	気体	可溶	黄色
3	液体	不溶	黄色
4	気体	不溶	青色

問10　次のうち、四塩化炭素の漏えい時の措置に関する記述として、最も適当なものはどれか。

1　少量の場合、漏えい箇所は濡れむしろ等で覆い遠くから多量の水をかけて洗い流す。多量の場合、漏えいした液は土砂等でその流れを止め、安全な場所に導いて遠くから多量の水をかけて洗い流す。
2　飛散したものは空容器にできるだけ回収し、そのあとを還元剤の水溶液を散布し、水酸化カルシウム、炭酸ナトリウム等の水溶液で処理した後、多量の水で洗い流す。
3　漏えいした液は土砂等でその流れを止め、安全な場所に導き、空容器にできるだけ回収し、そのあとを中性洗剤等の分散剤を使用して多量の水を用いて洗い流す。
4　飛散したものは空容器にできるだけ回収する。砂利等に付着している場合は、砂利等を回収し、そのあとに水酸化ナトリウム、炭酸ナトリウム等の水溶液を散布してアルカリ性とし、さらに、酸化剤の水溶液で酸化処理を行い、多量の水で洗い流す。

〔識別及び取扱方法〕

群馬県

(一般)

次の薬物の常温常圧下における主な性状について、最も適当なものを下欄から一つ選びなさい。

問１ 黄燐（りん） 問２ 塩素 問３ 沃（よう）素 問４ アクロレイン 問５ 臭素
問６ アニリン 問７ 重クロム酸カリウム

下欄

番号	性　　状
1	橙赤色の柱状結晶である。
2	無色又は帯黄色の液体で、刺激臭及び催涙性を有する。
3	白色又は淡黄色のロウ様半透明の結晶性固体で、ニンニク臭を有する。
4	純品は無色透明な油状の液体で、特有の臭気を有する。空気にふれて赤褐色を呈する。
5	黒灰色、金属様の光沢のある稜板状結晶である。
6	赤褐色の重い液体で、揮発性があり、刺激臭を有する。
7	黄緑色の気体で、激しい刺激臭を有する。

次の薬物の主な鑑別方法について、最も適当なものを下欄から一つ選びなさい。

問８ ピクリン酸 問９ ホルマリン 問10 フェノール

下欄

番号	鑑別方法
1	水溶液に過クロール鉄液(塩化第二鉄液)を加えると、紫色を呈する。
2	アンモニア水を加え、さらに硝酸銀溶液を加えると、徐々に金属銀を析出する。またフェーリング溶液とともに熱すると、赤色の沈殿を生成する。
3	温飽和水溶液にシアン化カリウム溶液を加えると、暗赤色を呈する。

(農業用品目)

次の薬物の常温常圧下における主な性状について、最も適当なものを下欄から一つ選びなさい。

問１ アンモニア水
問２ ジメチル－４－メチルメルカプト－３－メチルフェニルチオホスフェイト
(別名：フェンチオン)
問３ ２－ジフェニルアセチル－１，３－インダンジオン(別名：ダイファシノン)
問４ 燐（りん）化亜鉛 問５ クロルピクリン 問６ ピラゾホス
問７ エトプロホス

下欄

番号	性　　　状
1	褐色又は暗緑色で、脂状又は結晶である。
2	暗灰色又は暗赤色の光沢を持つ粉末で、空気中で分解する。
3	褐色の液体で、弱いニンニク臭を有する。
4	淡黄色透明の液体で、メルカプタン臭を有する。
5	黄色の結晶性粉末である。
6	無色透明の液体で、揮発性があり、鼻をさすような刺激臭を有する。
7	純品は無色の油状液体で、催涙性を有する。

次の薬物の主な鑑別方法について、最も適当なものを下欄から一つ選びなさい。

問 8　塩素酸カリウム
問 9　燐(りん)化アルミニウムとその分解促進剤とを含有する製剤
問 10　硫酸

下欄

番号	鑑別方法
1	水で薄めると激しく発熱し、木片等を炭化し黒変させる。
2	熱すると酸素を発生し、これに塩酸を加えて熱すると塩素を発生する。
3	空気中で発生するガスは、5〜10％硝酸銀水溶液を浸したろ紙を黒変させる。

群馬県

(特定品目)

次の薬物の常温常圧下における主な性状について、最も適当なものを下欄から一つ選びなさい。

問 1　四塩化炭素　**問 2**　水酸化ナトリウム　**問 3**　酢酸エチル
問 4　塩素　**問 5**　メチルエチルケトン　**問 6**　硅弗(けいふっ)化ナトリウム
問 7　重クロム酸ナトリウム

下欄

番号	性　　　状
1	白色の結晶である。
2	黄緑色の気体で、激しい刺激臭を有する。
3	無色の重い液体で、揮発性があり、麻酔性の芳香を有する。
4	赤橙色の結晶で、潮解性を有する。
5	無色透明の液体で、強い果実様の香気を有する。
6	白色の固体で、潮解性を有する。
7	無色の液体で、アセトン様の臭気を有する。

次の薬物の主な鑑別方法について、最も適当なものを下欄から一つ選びなさい。

問8 水酸化カリウム　　**問9** 硝酸　　**問10** 蓚（しゅう）酸

下欄

番号	鑑別方法
1	水溶液に酒石酸溶液を過剰に加えると、白色結晶性の沈殿を生じる。また、塩酸を加えて中性にした後、塩化白金溶液を加えると黄色結晶性の沈殿を生じる。
2	水溶液をアンモニア水で弱アルカリ性にして塩化カルシウムを加えると、白色の沈殿を生じる。また、水溶液は過マンガン酸カリウムの溶液を退色する。
3	銅屑（くず）を加えて熱すると、藍色を呈して溶け、その際赤褐色の蒸気を生成する。

埼玉県
令和５年度実施

〔毒物及び劇物に関する法規〕
（一般・農業用品目・特定品目共通）

問１　次の記述は、毒物及び劇物取締法第１条の条文である。[　]内に入る**正しい語句の組合せ**を選びなさい。

> この法律は、毒物及び劇物について、[A]の見地から必要な[B]を行うことを目的とする。

	A	B
1	保健衛生上	取締
2	保健衛生上	規制
3	環境保全上	取締
4	環境保全上	規制

問２　次のうち、毒物及び劇物取締法第２条第２項に規定する劇物として、**正しいもの**を選びなさい。

1　モノフルオール酢酸アミド
2　シアン化ナトリウム
3　水銀
4　硫酸タリウム

埼玉県

問３　次のうち、毒物及び劇物取締法の規定に基づく毒物劇物営業者に関する記述として、**最も適切なもの**を選びなさい。

1　毒物若しくは劇物の製造業者は、特定毒物を製造してはならない。
2　毒物若しくは劇物の製造業者は、特定毒物を輸入してはならない。
3　毒物若しくは劇物の輸入業者は、特定毒物を譲り受けてはならない。
4　特定品目販売業の登録を受けた者は、特定毒物以外の毒物又は劇物を販売してはならない。

問４　次の記述は、毒物及び劇物取締法第８条第１項の条文である。[　]内に入る**正しい語句の組合せ**を選びなさい。

> 次の各号に掲げる者でなければ、前条の毒物劇物取扱責任者となることができない。
> 一 [A]
> 二 厚生労働省令で定める学校で、[B]に関する学課を修了した者
> 三 都道府県知事が行う毒物劇物取扱者試験に合格した者

	A	B
1	臨床検査技師	基礎化学
2	臨床検査技師	応用化学
3	薬剤師	基礎化学
4	薬剤師	応用化学

埼玉県

問5　次のうち、毒物及び劇物取締法第９条の規定に基づき、毒物又は劇物の製造業者が、あらかじめ登録の変更を受けなければならない事項として、**正しいもの**を選びなさい。

1　製造所の名称を変更しようとするとき
2　営業者の住所を変更しようとするとき
3　登録を受けた毒物又は劇物以外の毒物又は劇物を製造しようとするとき
4　製造所における営業を廃止しようとするとき

問6　次のうち、毒物及び劇物取締法第12条第３項の規定に基づき、劇物の貯蔵場所に表示しなければならない事項として、**正しいもの**を選びなさい。

1　「医薬用外」の文字及び「劇物」の文字
2　「医薬用外」の文字及び「劇」の文字
3　「医薬部外品」の文字及び「劇物」の文字
4　「医薬部外品」の文字及び「劇」の文字

問7　次のうち、毒物及び劇物取締法第14条の規定に基づき、毒物劇物営業者が劇物を毒物劇物営業者以外の者に販売したとき、譲受人から提出を受ける書面に記載されていなければならない事項として、**正しいもの**を選びなさい。

1　譲受人の性別　　2　譲受人の年齢　　3　譲受人の職業　4　譲受人の電話番号

問8　次のうち、毒物及び劇物取締法施行令第40条の５及び同法施行規則第13条の６の規定に基づき、30％水酸化ナトリウム水溶液を、車両を使用して１回につき7,500 kg運搬する場合に、車両に備えなければならない保護具の組合せとして、**正しいもの**を選びなさい。

1　保護手袋、保護長ぐつ、保護衣、酸性ガス用防毒マスク
2　保護手袋、保護長ぐつ、有機ガス用防毒マスク
3　保護手袋、保護長ぐつ、保護眼鏡
4　保護手袋、保護長ぐつ、保護衣、保護眼鏡

問9　次の記述は、毒物及び劇物取締法施行令第40条の６の条文である。[　　]内に入る**正しい語句の組合せ**を選びなさい。

> 毒物又は劇物を車両を使用して、又は鉄道によつて運搬する場合で、当該運搬を[A]するときは、その荷送人は、運送人に対し、あらかじめ、当該毒物又は劇物の[B]並びに数量並びに事故の際に講じなければならない応急の措置の内容を記載した書面を交付しなければならない。ただし、厚生労働省令で定める数量以下の毒物又は劇物を運搬する場合は、この限りでない。

	A	B
1	他に委託	名称、成分及びその性状
2	他に委託	名称、成分及びその含量
3	初めて実施	名称、成分及びその性状
4	初めて実施	名称、成分及びその含量

問10　次のうち、毒物及び劇物取締法第17条第１項の規定に基づき、毒物劇物営業者がその取扱いに係る劇物が流れ出る事故が発生し、多数の者について保健衛生上の危害が生ずるおそれがあるときに、直ちに、その旨を届け出なければならない機関として、**正しいもの**を選びなさい。

1　保健所、警察署又は消防機関　　2　保健所、地方厚生局又は消防機関
3　地方厚生局、警察署又は消防機関　　4　保健所、地方厚生局又は警察署

（農業用品目）

問 11　次のうち、毒物及び劇物取締法第 13 条の規定に基づき、農業用として販売し、又は授与する場合に着色しなければならない劇物として、**正しいもの**を選びなさい。

1　ロテノンを含有する製剤たる劇物
2　クロルピクリンを含有する製剤たる劇物
3　燐（りん）化亜鉛を含有する製剤たる劇物
4　エマメクチンを含有する製剤たる劇物

（特定品目）

問 11　次のうち、毒物及び劇物取締法第４条の規定に基づき、毒物又は劇物の製造業の登録を行う者として、**正しいもの**を選びなさい。

1　地方厚生局長　　2　厚生労働大臣　　3　都道府県知事　　4　市町村長

問 12　次のうち、毒物及び劇物取締法第４条の３の規定に基づき、特定品目販売業者が販売できる劇物の組合せとして、**正しいもの**を選びなさい。

A　キシレン　　B　メチルエチルケトン　　C　ロテノン　　D　アセトニトリル

1（A，B）　2（B，C）　3（B，D）　4（C，D）

問 13　次のうち、毒物及び劇物取締法第３条の３に規定する、興奮、幻覚又は麻酔の作用を有する毒物又は劇物であって、みだりに摂取し、若しくは吸入し、又はこれらの目的で所持してはならないものとして、**正しいもの**を選びなさい。

1　クロルスルホン酸　　2　キノリン　　3　ピクリン酸　　4　トルエン

埼玉県

〔基礎化学〕

(注)「基礎化学」の設問には、(一般・農業用品目・特定品目)において共通の設問があることから編集の都合上、(一般)の設問番号を通し番号(基本)として、(農業用品目・特定品目)における設問番号をそれぞれ繰り下げの上、読み替えいただきますようお願い申し上げます。

（一般・農業用品目・特定品目共通）

問 11　次のうち、[　　　]内に入る**正しい語句の組合せ**を選びなさい。

> 不純物を含んだ結晶を液体に溶かし、[A]による[B]の違いを利用して、純度の高い結晶を得る操作を再結晶という。

	A	B
1	極性	溶解度
2	極性	吸着力
3	温度	溶解度
4	温度	吸着力

問 12　次の物質同士の組合せのうち、互いに同素体であるものとして、**正しいもの**を選びなさい。

1　酸素とオゾン　　2　鉛と黒鉛　　3　水と氷　　4　銀と水銀

埼玉県

問 13　次のうち、原子に関する記述として、**最も適切なもの**を選びなさい。

1 原子は、中心に原子核があり、そのまわりを中性子が取りまいている。
2 原子の質量と陽子の質量は、ほぼ等しい。
3 原子核中の電子の数と陽子の数の和を質量数という。
4 原子核中の陽子の数を原子番号という。

問 14　次の化合物と結合の種類の組合せのうち、**正しいもの**を選びなさい。

	化合物	結合の種類
1	塩化ナトリウム	共有結合
2	二酸化炭素	共有結合
3	硫酸アルミニウム	金属結合
4	塩化水素	金属結合

問 15　次のうち、グルコース 0.5mol に水を加え、全体を 500mL としたときのモル濃度として、**正しいもの**を選びなさい。

1 0.001 mol/L　2 0.1 mol/L　3 0.5 mol/L　4 1 mol/L

問 16　次のうち、酸及び塩基に関する記述として、**最も適切なもの**を選びなさい。

1 水溶液中でほぼ完全に電離している酸を弱酸という。
2 水に溶かした酸や塩基のうち、電離するものの割合を電離度という。
3 酸性の水溶液中では、水素イオンよりも水酸化物イオンの方が多く存在する。
4 塩酸の電離度は、濃度によらずほぼ 0 である。

問 17　次のうち、過酸化水素(H_2O_2)の酸素(O)の酸化数として、**正しいもの**を選びなさい。

1 −2　　2 −1　　3 ＋1　　4 ＋2

問 18　次のうち、金属の酸化還元反応に関する記述として、**最も適切なもの**を選びなさい。

1 リチウムは常温の空気中で速やかに酸化される。
2 鉄は常温の水と反応して酸素を発生する。
3 銅は硝酸と反応しない。
4 アルミニウムはカリウムより酸化されやすい。

問 19　次のうち、プロパン(C_3H_8)を空気中で完全燃焼させ、炭酸ガスと水を生じる化学反応式として、**正しいもの**を選びなさい。

1 $C_3H_8 + 3\,O_2 \rightarrow 3\,CO + 3\,H_2O$
2 $C_3H_8 + 5\,O_2 \rightarrow 3\,CO + 4\,H_2O$
3 $C_3H_8 + 3\,O_2 \rightarrow 3\,CO_2 + 3\,H_2O$
4 $C_3H_8 + 5\,O_2 \rightarrow 3\,CO_2 + 4\,H_2O$

問 20　次のうち、フェーリング液に加え加熱すると、酸化銅(I)の赤色沈殿を生じるものとして、**正しいもの**を選びなさい。

1 アセトン　2 酢酸　3 アセトアルデヒド　4 エタノール

（農業用品目）

問 22　次のうち、1価の塩化物陰イオンがもつ電子の個数として、**正しいもの**を選びなさい。なお、原子番号は Cl : 17 とする。

1　16 個　2　17 個　3　18 個　4　19 個

（特定品目）

問 24　次のうち、三重結合をもつ分子として、**正しいもの**を選びなさい。

1　窒素（N_2）　2　水素（H_2）　3　二酸化炭素（CO_2）　4　メタン（CH_4）

問 25　次のうち、水溶液が酸性を示す塩として、**正しいもの**を選びなさい。

1　硫酸ナトリウム　2　塩化アンモニウム　3　酢酸カリウム
4　炭酸ナトリウム

〔毒物及び劇物の性質及び貯蔵その他の取扱方法〕

埼玉県

（一般）

問 21　次のうち、メタノールに関する記述として、**最も適切なもの**を選びなさい。

1　化学式は C_2H_5OH である。
2　不揮発性の褐色透明液体である。
3　沸点は水より低い。
4　蒸気は空気より軽く、引火しやすい。

問 22　次のうち、キシレンに関する記述として、**最も適切なもの**を選びなさい。

1　黄色の液体で、無臭である。
2　水に溶けない。
3　不燃性のため、消火剤に用いられる。
4　吸入した場合、中毒症状として皮膚や粘膜が青黒くなる。

問 23　次のうち、塩化水素に関する記述として、**最も適切なもの**を選びなさい。

1　無色又は帯黄色の刺激臭を有する液体で、極めて引火しやすい。
2　白色の固体で、空気中に放置すると潮解する。
3　無色透明の液体で、果実様の芳香を有する。
4　無色の刺激臭を有する気体で、湿った空気中で激しく発煙する。

問 24　次のうち、黄燐（りん）の貯法に関する記述として、**最も適切なもの**を選びなさい。

1　亜鉛又はスズめっきをした鉄製容器に入れ、高温を避け貯蔵する。
2　色ガラス瓶に入れ、密栓して冷暗所に貯蔵する。
3　水中に沈めて瓶に入れ、さらに砂を入れた缶中に固定して冷暗所に貯蔵する。
4　少量のアルコールを加え、遮光して冷暗所に貯蔵する。

問 25　次のうち、トルイジンに関する記述として、**最も適切なもの**を選びなさい。

1　オルト（o -）、メタ（m -）、パラ（p -）の3種類の異性体がある。
2　官能基としてヒドロキシ基を有する。
3　主に殺虫剤として用いられる。
4　廃棄は主に中和法を用いる。

問 26　次のうち、ヒドロキシルアミンに関する記述として、**最も適切なもの**を選びなさい。

1　常温で安定な物質で、反応性が低い。
2　強力な還元作用を呈する。
3　水溶液は弱い酸性である。
4　体内に入るとホスゲンを生成し、中毒を起こす。

問 27　次のうち、エチレンオキシドに関する記述として、**最も適切なもの**を選びなさい。

1　蒸気は空気より軽い。　2　水に溶けない。
3　不燃性の気体である。　4　燻蒸消毒に用いられる。

問 28　次のうち、三塩化硼素に関する記述として、**最も適切なもの**を選びなさい。
1　無色無臭の固体である。
2　可燃性を有する。
3　水と反応して、硼酸と塩化水素を生成する。
4　廃棄は主に燃焼法を用いる。

問 29　次のうち、ヘキサン酸(別名：カプロン酸)に関する記述として、**最も適切なもの**を選びなさい。

1　特徴的な臭気のある無色、油状の液体である。
2　化学式は C_4H_9COOH である。
3　エタノールに溶けない。
4　製剤は濃度によらず全て毒物に該当する。

問 30　次のうち、シアン化カリウムに関する記述の［　　］内に入る**最も適切な語句**の組合せを選びなさい。

> シアン化カリウムの水溶液は、［　A　］を呈する。酸や二酸化炭素と反応し、［　B　］を生成する。

	A	B
1	強アルカリ性	シアン化水素
2	強アルカリ性	ホスフィン
3	弱アルカリ性	シアン化水素
4	弱アルカリ性	ホスフィン

(農業用品目)

問 23　次のうち、ジエチル－(５－フェニル－３－イソキサゾリル)－チオホスフェイト(別名：イソキサチオン)に関する記述として、**最も適切なもの**を選びなさい。

1　淡黄褐色の液体である。　2　水に溶けやすい。
3　主に除草剤として用いられる。　4　無機シアン化合物に分類される。

問 24　次のうち、ジエチル－３，５，６－トリクロル－２－ピリジルチオホスフェイト(別名：クロルピリホス)に関する記述として、**最も適切なもの**を選びなさい。

1　橙黄色の結晶で、水に溶けやすい。
2　無色から淡黄色の発煙性液体で、水と激しく反応する。
3　白色の結晶で、水に溶けにくい。
4　無色透明の揮発性液体で、水に溶けやすい。

問 25　次のうち、*N* －メチル－１－ナフチルカルバメート(別名：カルバリル、NAC)の解毒剤として、**最も適切なもの**を選びなさい。

１　ヨウ化プラリドキシム(PAM)　　２　チオ硫酸ナトリウム
３　アセトアミド　　４　硫酸アトロピン

問 26　次のうち、２，２′－ジピリジリウム－１，１′－エチレンジブロミド(別名：ジクワット)に関する記述として、**最も適切なもの**を選びなさい。

１　水に溶けない。
２　白色の結晶性粉末である。
３　土壌等に強く吸着されて不活性化する。
４　アルカリ性で安定であるが、酸性では不安定である。

問 27　次のうち、２－イソプロピル－４－メチルピリミジル－６－ジエチルチオホスフェイト(別名：ダイアジノン)に関する記述として、**最も適切なもの**を選びなさい。

１　純品は無色の液体である。
２　水に溶けやすい。
３　主に除草剤として用いられる。
４　中毒時の解毒剤としてペニシラミンが用いられる。

問 28　次のうち、2，3，5，6－テトラフルオロ－４－メチルベンジル＝(*Z*)－(１*RS*，３*RS*)－３－(２－クロロ－３，３，３－トリフルオロ－１－プロペニル)－２，２－ジメチルシクロプロパンカルボキシラート(別名：テフルトリン)に関する記述として、**最も適切なもの**を選びなさい。

１　無色の気体である。
２　構造式の中にフッ素原子を７個持つ。
３　製剤は濃度によらず全て劇物に該当する。
４　主に除草剤として用いられる。

問 29　次のうち、沃(よう)化メチルに関する記述として、**最も適切なもの**を選びなさい。

１　黒灰色の金属様光沢のある板状結晶である。
２　エタノールやエーテルに溶けない。
３　常温で昇華する。
４　空気中で光により一部分解して、褐色を呈する。

問 30　次のうち、トランス－*N*－（６－クロロ－３－ピリジルメチル）－*N*′－シアノ－*N*－メチルアセトアミジン（別名：アセタミプリド）に関する記述として、**最も適切なもの**を選びなさい。

１　有機弗(ふっ)素化合物に分類される。
２　ネオニコチノイド系殺虫剤に該当する。
３　銀白色の金属光沢を有する重い液体である。
４　エタノールやアセトンにほとんど溶けない。

（特定品目）

問 26　次のうち、メタノールに関する記述として、**最も適切なもの**を選びなさい。

１　化学式は C_2H_5OH である。
２　不揮発性の褐色透明液体である。
３　沸点は水より低い。
４　蒸気は空気より軽く、引火しやすい。

問 27　次のうち、キシレンに関する記述として、**最も適切なもの**を選びなさい。

1　黄色の液体で、無臭である。
2　水に溶けない。
3　不燃性のため、消火剤に用いられる。
4　吸入した場合、中毒症状として皮膚や粘膜が青黒くなる。

問 28　次のうち、塩化水素に関する記述として、**最も適切なもの**を選びなさい。

1　無色又は帯黄色の刺激臭を有する液体で、極めて引火しやすい。
2　白色の固体で、空気中に放置すると潮解する。
3　無色透明の液体で、果実様の芳香を有する。
4　無色の刺激臭を有する気体で、湿った空気中で激しく発煙する。

問 29　次のうち、蓚（しゅう）酸に関する記述として、**最も適切なもの**を選びなさい。

1　シス型とトランス型が存在し、いずれも劇物である。
2　緑色の結晶である。
3　水和物の結晶は乾燥空気中で風解する。
4　廃棄は主に還元沈殿法を用いる。

埼玉県

問 30　次のうち、クロム酸鉛に関する記述として、**最も適切なもの**を選びなさい。

1　70 %以下を含有するものを除き、劇物に該当する。
2　白色の粉末である。
3　金属メッキに用いられる。
4　酸及びアルカリと反応せず、溶けない。

〔毒物及び劇物の識別及び取扱方法〕

（一般）

問 31　塩化亜鉛について、次の問題に答えなさい。

(1) 性状として、**正しいものを別紙から**選びなさい。
(2) 鑑別法に関する記述として、**適切なもの**を次のうちから選びなさい。

1　タンパク質の溶液を加えて加熱すると、黄色を呈する。
2　水に溶かし、硝酸銀を加えると、白色沈殿を生じる。

問 32　トリクロル酢酸について、次の問題に答えなさい。

(1) 性状として、**正しいものを別紙から**選びなさい。
(2) 鑑別法に関する記述として、**適切なもの**を次のうちから選びなさい。

1　水酸化ナトリウム水溶液を加えて加熱すると、クロロホルム臭を放つ。
2　硫酸を加えると、白色沈殿を生じる。

問 33　臭素について、次の問題に答えなさい。

(1) 性状として、**正しいものを別紙から**選びなさい。
(2) 鑑別法に関する記述として、**適切なもの**を次のうちから選びなさい。

1　ヨウ化カリウムでんぷん紙を藍変する。
2　アンモニア性硝酸銀水溶液を加えて加熱すると、器壁に銀が析出する。

問 34　弗化水素酸について、次の問題に答えなさい。

(1) 性状として、**正しいものを別紙から**選びなさい。
(2) 鑑別法に関する記述として、**適切なもの**を次のうちから選びなさい。

1　一部にロウを塗ったガラス板に本品を塗ると、ロウをかぶらない部分のみ反応する。
2　さらし粉を加えると、紫色を呈する。

問 35　ナトリウムについて、次の問題に答えなさい。

(1) 性状として、**正しいものを別紙から**選びなさい。
(2) 鑑別法に関する記述として、**適切なもの**を次のうちから選びなさい。

1　白金線に本品をつけて炎の中に入れると、炎が赤紫色になる。
2　白金線に本品をつけて炎の中に入れると、炎が黄色になる。

別　紙

1　銀白色の光沢を有する軟らかい固体である。
2　無色の斜方六面体結晶で、わずかな刺激臭を有する。
3　無色又はわずかに着色した透明の液体で、特有の刺激臭を有する。
4　白色の結晶で、潮解性を有し、水によく溶ける。
5　赤褐色の揮発性液体で、刺激臭を有する。

埼玉県

（農業用品目）

問 31　1，3－ジクロロプロペン(別名：D － D)について、次の問題に答えなさい。

(1) 性状として、**正しいものを別紙から**選びなさい。
(2) 用途として、**適切なもの**を次のうちから選びなさい。
1　殺虫剤　　2　植物成長調整剤

問 32　メチル－N ′，N ′ －ジメチル－N －〔(メチルカルバモイル)オキシ〕－1－チオオキサムイミデート(別名：オキサミル)について、次の問題に答えなさい。

(1) 性状として、**正しいものを別紙から**選びなさい。
(2) 用途として、**適切なもの**を次のうちから選びなさい。
1　除草剤　　2　殺虫剤

問 33　硫酸第二銅について、次の問題に答えなさい。

(1) 性状として、**正しいものを別紙から**選びなさい。
(2) 鑑別法に関する記述として、**適切なもの**を次のうちから選びなさい。
1　水に溶かして硝酸バリウムを加えると、白色沈殿を生じる。
2　水に溶かして硝酸バリウムを加えると、黒色沈殿を生じる。

問 34　弗化スルフリルについて、次の問題に答えなさい。

(1) 性状として、**正しいものを別紙から**選びなさい。
(2) 用途として、**適切なもの**を次のうちから選びなさい。
1　殺虫剤　　2　土壌消毒剤

問 35　ジメチルジチオホスホリルフェニル酢酸エチル(別名：フェントエート、PAP)について、次の問題に答えなさい。

(1) 性状として、**正しいものを別紙から**選びなさい。
(2) 用途として、**適切なもの**を次のうちから選びなさい。
1　除草剤　　2　殺虫剤

別　紙
1　無色の気体で、クロロホルムに溶ける。
2　水和物は濃い藍色の結晶で風解性があり、無水物は白色の粉末である。
3　無色から淡黄色透明の液体で、２種類の異性体が存在する。
4　白色の結晶から結晶性粉末で、かすかな硫黄臭を有する。
5　芳香性刺激臭を有する、赤褐色の油状液体である。

（特定品目）

問 31　アンモニアについて、次の問題に答えなさい。

(1) 性状として、**正しいものを別紙から**選びなさい。
(2) 鑑別法に関する記述として、**適切なもの**を次のうちから選びなさい。
　1　水溶液に濃塩酸を近づけると、白煙を生じる。
　2　水溶液を中和した後、塩化白金溶液を加えると、黒色沈殿を生じる。

問 32　クロロホルムについて、次の問題に答えなさい。

(1) 性状として、**正しいものを別紙から**選びなさい。
(2) 鑑別法に関する記述として、**適切なもの**を次のうちから選びなさい。
　1　アルコール溶液に水酸化カリウムと少量のアニリンを加えて熱すると、刺激臭を放つ。
　2　水溶液にさらし粉を加えると、紫色を呈する。

埼玉県

問 33　重クロム酸カリウムについて、次の問題に答えなさい。

(1) 性状として、**正しいものを別紙から**選びなさい。
(2) 廃棄方法として、**適切なもの**を次のうちから選びなさい。
　1　燃焼法
　2　還元沈殿法

問 34　酸化第二水銀について、次の問題に答えなさい。

(1) 性状として、**正しいものを別紙から**選びなさい。
(2) 鑑別法に関する記述として、**適切なもの**を次のうちから選びなさい。
　1　硫化ナトリウム水溶液を加えると、白色沈殿を生じる。
　2　熱すると始めに黒色に変わり、後に分解して金属が生じる。

問 35　硫酸について、次の問題に答えなさい。

(1) 性状として、**正しいものを別紙から**選びなさい。
(2) 鑑別法に関する記述として、**適切なもの**を次のうちから選びなさい。
　1　希釈水溶液に塩化バリウムを加えると、白色沈殿を生じる。
　2　希釈水溶液に塩化バリウムを加えると、黒色沈殿を生じる。

別　紙
1　無色透明の油状液体で、水で薄めると発熱する。
2　橙赤色の柱状結晶で、水に溶ける。
3　無色の揮発性液体で、特異臭を有する。
4　赤色又は黄色の粉末で、水にほとんど溶けない。
5　特有の刺激臭のある無色の気体である。

千葉県
令和５年度実施

〔筆記：毒物及び劇物に関する法規〕
（一般・農業用品目・特定品目共通）

問１　次の各設問に答えなさい。

(1) 次の文章は、毒物及び劇物取締法の条文である。文中の（　）に当てはまる語句の組合せとして、正しいものを下欄から一つ選びなさい。

（第二条第一項）
この法律で「毒物」とは、別表第一に掲げる物であつて、医薬品及び（ ア ）以外のものをいう。
（第十一条第四項）
毒物劇物（ イ ）及び特定毒物研究者は、毒物又は厚生労働省令で定める劇物については、その容器として、（ ウ ）の容器として通常使用される物を使用してはならない。

〔下欄〕

	ア	イ	ウ
1	化粧品	営業者	飲食物
2	化粧品	研究者	医薬品
3	化粧品	営業者	医薬品
4	医薬部外品	研究者	飲食物
5	医薬部外品	営業者	飲食物

(2) 次の文章は、毒物及び劇物取締法の条文である。文中の（　）に当てはまる語句の組合せとして、正しいものを下欄から一つ選びなさい。

（第三条第三項抜粋）
毒物又は劇物の販売業の登録を受けた者でなければ、毒物又は劇物を販売し、授与し、又は販売若しくは授与の目的で（ ア ）し、（ イ ）し、若しくは（ ウ ）してはならない。

〔下欄〕

	ア	イ	ウ
1	貯蔵	所持	陳列
2	貯蔵	運搬	陳列
3	貯蔵	運搬	広告
4	保管	所持	広告
5	保管	所持	陳列

(3) 次の文章は、毒物及び劇物取締法の条文である。文中の(　)に当てはまる語句の組合せとして、正しいものを下欄から一つ選びなさい。

(第三条の三)

興奮、幻覚又は(ア)の作用を有する毒物又は劇物(これらを含有する物を含む。)であつて政令で定めるものは、みだりに(イ)し、若しくは吸入し、又はこれらの目的で(ウ)してはならない。

〔下欄〕

	ア	イ	ウ
1	麻酔	摂取	所持
2	麻酔	摂取	販売
3	麻酔	消費	所持
4	鎮静	摂取	所持
5	鎮静	消費	販売

(4) 次の文章は、毒物及び劇物取締法の条文である。文中の(　)に当てはまる語句の組合せとして、正しいものを下欄から一つ選びなさい。

(第四条第三項)

(ア)又は輸入業の登録は、(イ)ごとに、(ウ)の登録は、(エ)ごとに、更新を受けなければ、その効力を失う。

〔下欄〕

	ア	イ	ウ	エ
1	製造業	三年	販売業	五年
2	製造業	六年	販売業	三年
3	製造業	五年	販売業	六年
4	販売業	五年	製造業	六年
5	販売業	三年	製造業	五年

千葉県

(5) 次の文章は、毒物及び劇物取締法の条文である。文中の(　)に当てはまる語句の組合せとして、正しいものを下欄から一つ選びなさい。

(第六条の二第三項抜粋)

都道府県知事は、次に掲げる者には、特定毒物研究者の許可を与えないことができる。

一 (ア)の障害により特定毒物研究者の業務を適正に行うことができない者として厚生労働省令で定めるもの

二 麻薬、大麻、あへん又は覚せい剤の(イ)者

三 毒物若しくは劇物又は薬事に関する罪を犯し、罰金以上の刑に処せられ、その執行を終わり、又は執行を受けることがなくなつた日から起算して(ウ)を経過していない者

〔下欄〕

	ア	イ	ウ
1	心身	使用	三年
2	心身	使用	二年
3	心身	中毒	三年
4	精神	中毒	二年
5	精神	使用	三年

(6)　次の文章は、毒物及び劇物取締法の条文である。文中の(　)に当てはまる語句の組合せとして、正しいものを下欄から一つ選びなさい。

(第八条第一項)

次の各号に掲げる者でなければ、前条の毒物劇物取扱責任者となることができない。

一 (ア)

二 厚生労働省令で定める学校で、(イ)に関する学課を修了した者

三 (ウ)が行う毒物劇物取扱者試験に合格した者

〔下欄〕

	ア	イ	ウ
1	薬剤師	応用化学	都道府県知事
2	薬剤師	応用化学	厚生労働大臣
3	薬剤師	基礎科学	厚生労働大臣
4	医師	基礎科学	都道府県知事
5	医師	応用化学	厚生労働大臣

(7)　次の文章は、毒物及び劇物取締法の条文である。文中の(　)に当てはまる語句の組合せとして、正しいものを下欄から一つ選びなさい。

(第十二条第一項)

毒物劇物営業者及び特定毒物研究者は、毒物又は劇物の容器及び被包に、「(ア)」の文字及び毒物については(イ)をもつて「毒物」の文字、劇物については(ウ)をもつて「劇物」の文字を表示しなければならない。

〔下欄〕

	ア	イ	ウ
1	医療用外	白地に赤色	赤地に白色
2	医療用外	赤地に白色	黒地に白色
3	医療用外	黒地に白色	白地に赤色
4	医薬用外	白地に赤色	赤地に白色
5	医薬用外	赤地に白色	白地に赤色

(8)　毒物及び劇物取締法第十二条第二項の規定により、毒物又は劇物の輸入業者が、その輸入した毒物又は劇物の容器及び被包に表示しなければ販売してはならないとされている事項の組合せとして、正しいものを下欄から一つ選びなさい。

ア 毒物又は劇物の成分及びその含量

イ 毒物又は劇物の使用期限

ウ 毒物又は劇物の製造業者の氏名及び住所

エ 毒物又は劇物の名称

〔下欄〕

1 (ア・ウ)　2 (ア・エ)　3 (イ・ウ)　4 (イ・エ)　5 (ウ・エ)

千葉県

(9)　次の文章は、毒物及び劇物取締法の条文である。文中の(　　)に当てはまる語句の組合せとして、正しいものを下欄から一つ選びなさい。

(第十四条第一項)

毒物劇物営業者は、毒物又は劇物を他の毒物劇物営業者に販売し、又は授与したときは、(ア)、次に掲げる事項を書面に記載しておかなければならない。

一 毒物又は劇物の名称及び(イ)

二 販売又は授与の年月日

三 譲受人の氏名、(ウ)及び住所(法人にあつては、その名称及び主たる事務所の所在地)

〔下欄〕

	ア	イ	ウ
1	その都度	性状	資格
2	その都度	数量	資格
3	その都度	数量	職業
4	遅滞なく	性状	職業
5	遅滞なく	性状	資格

(10)　次の文章は、毒物及び劇物取締法の条文である。文中の(　　)に当てはまる語句の組合せとして、正しいものを下欄から一つ選びなさい。

(第十七条第一項)

毒物劇物営業者及び特定毒物研究者は、その取扱いに係る毒物若しくは劇物又は第十一条第二項の政令で定める物が飛散し、漏れ、流れ出し、染み出し、又は地下に染み込んだ場合において、不特定又は多数の者について保健衛生上の危害が生ずるおそれがあるときは、(ア)、その旨を(イ)、(ウ)又は消防機関に届け出るとともに、保健衛生上の危害を防止するために必要な応急の措置を講じなければならない。

〔下欄〕

	ア	イ	ウ
1	三日以内に	保健所	医療機関
2	三日以内に	地方厚生局	警察署
3	三日以内に	保健所	警察署
4	直ちに	保健所	警察署
5	直ちに	地方厚生局	医療機関

(11)　毒物及び劇物取締法施行規則第十三条の十二の規定に照らし、毒物劇物営業者が、毒物又は劇物を販売又は授与する時までに、原則として、譲受人に対し提供しなければならない情報の正誤の組合せとして、正しいものを下欄から一つ選びなさい。

ア 毒物又は劇物の別　　イ 応急措置　　ウ 火災時の措置　　エ 輸送上の注意

〔下欄〕

	ア	イ	ウ	エ
1	正	正	正	正
2	誤	正	正	正
3	正	誤	正	正
4	正	正	誤	正
5	正	正	正	誤

(12)　次の文章は、毒物及び劇物取締法の条文である。文中の(　　)に当てはまる語句の組合せとして、正しいものを下欄から一つ選びなさい。なお、2か所の(　ア　)にはどちらも同じ語句が入る。

(第二十二条第一項)

政令で定める事業を行う者であつてその業務上(　ア　)又は政令で定めるその他の毒物若しくは劇物を取り扱うものは、事業場ごとに、その業務上これらの毒物又は劇物を取り扱うこととなつた日から(　イ　)日以内に、厚生労働省令で定めるところにより、次に掲げる事項を、その事業場の所在地の都道府県知事(その事業場の所在地が保健所を設置する市又は特別区の区域にある場合においては、市長又は区長。第三項において同じ。)に届け出なければならない。

一　氏名又は住所(法人にあつては、その名称及び主たる事務所の所在地)

二　(　ア　)又は政令で定めるその他の毒物若しくは劇物のうち取り扱う毒物又は劇物の品目

三　事業場の(　ウ　)

四　その他厚生労働省令で定める事項

〔下欄〕

	ア	イ	ウ
1	シアン化ナトリウム	五十	面積
2	シアン化ナトリウム	三十	面積
3	シアン化ナトリウム	三十	所在地
4	トルエン	三十	所在地
5	トルエン	五十	面積

(13)　次の文章は、毒物及び劇物取締法施行令の条文である。文中の(　　)に当てはまる語句の組合せとして、正しいものを下欄から一つ選びなさい。

(第四十条)

法第十五条の二の規定により、毒物若しくは劇物又は法第十一条第二項に規定する政令で定める物の廃棄の方法に関する技術上の基準を次のように定める。

一　中和、加水分解、(　ア　)、還元、稀釈その他の方法により、毒物及び劇物並びに法第十一条第二項に規定する政令で定める物のいずれにも該当しない物とすること。

二　(　イ　)又は揮発性の毒物又は劇物は、保健衛生上危害を生ずるおそれがない場所で、少量ずつ放出し、又は揮発させること。

三　可燃性の毒物又は劇物は、保健衛生上危害を生ずるおそれがない場所で、少量ずつ燃焼させること。

四　前各号により難い場合には、地下一メートル以上で、かつ、(　ウ　)を汚染するおそれがない地中に確実に埋め、海面上に引き上げられ、若しくは浮き上がるおそれがない方法で海水中に沈め、又は保健衛生上危害を生ずるおそれがないその他の方法で処理すること。

〔下欄〕

	ア	イ	ウ
1	融解	ガス体	地下水
2	融解	ガス体	大気
3	融解	流動体	地下水
4	酸化	ガス体	地下水
5	酸化	流動体	大気

(14)　次の文章は、毒物及び劇物取締法施行規則の条文である。文中の(　　)に当てはまる語句の組合せとして、正しいものを下欄から一つ選びなさい。

(第四条の四第一項抜粋)

毒物又は劇物の製造所の設備の基準は、次のとおりとする。

一　毒物又は劇物の製造作業を行なう場所は、次に定めるところに適合するものであること。

イ　コンクリート、(　ア　)又はこれに準ずる構造とする等その外に毒物又は劇物が飛散し、漏れ、しみ出若しくは流れ出、又は地下にしみ込むおそれのない構造であること。

ロ　毒物又は劇物を含有する(　イ　)、蒸気又は(　ウ　)の処理に要する設備又は器具を備えていること。

〔下欄〕

	ア	イ	ウ
1	板張り	粉じん	排気
2	板張り	粉じん	廃水
3	板張り	汚泥	排気
4	鉄板張り	粉じん	廃水
5	鉄板張り	汚泥	排気

千葉県

(15)　5,000 kgのクロルピクリンを、1台の車両を使用して運搬することを他に委託するとき、毒物及び劇物取締法施行令第四十条の六の規定により、荷送人が、運送人に対し、あらかじめ交付しなければならない書面に記載する内容の正誤の組合せとして、正しいものを下欄から一つ選びなさい。

ア　毒物又は劇物の名称
イ　毒物又は劇物の成分及びその含量
ウ　毒物又は劇物の用途
エ　事故の際に講じなければならない応急の措置の内容

〔下欄〕

	ア	イ	ウ	エ
1	正	正	正	誤
2	正	正	誤	正
3	正	誤	誤	誤
4	誤	誤	誤	正
5	誤	正	正	誤

(16)　次のうち、毒物及び劇物取締法第二条第三項に規定する「特定毒物」に該当しないものを下欄から一つ選びなさい。

〔下欄〕

1　オクタメチルピロホスホルアミド
2　モノフルオール酢酸アミド
3　モノフルオール酢酸
4　モノクロル酢酸
5　四アルキル鉛

(17)　毒物及び劇物取締法の規定に照らし、次の記述の正誤の組合せとして、正しいものを下欄から一つ選びなさい。

ア 特定毒物研究者は、特定毒物を学術研究以外の用途に供してはならない。
イ 毒物劇物営業者は、毒物又は劇物を十八歳未満の者に交付してはならない。
ウ 特定毒物研究者は、特定毒物を輸入することができる。

〔下欄〕

	ア	イ	ウ
1	正	正	正
2	正	正	誤
3	誤	正	正
4	誤	正	誤
5	正	誤	誤

(18)　毒物及び劇物取締法の規定に照らし、毒物劇物取扱責任者に関する次の記述の正誤の組合せとして、正しいものを下欄から一つ選びなさい。

ア 一般毒物劇物取扱者試験に合格した者は、特定品目販売業の店舗で毒物劇物取扱責任者になることができる。
イ 農業用品目毒物劇物取扱者試験に合格した者は、合格した都道府県以外では毒物劇物取扱責任者になることができない。
ウ 毒物劇物営業者は、自ら毒物劇物取扱責任者として毒物又は劇物による保健衛生上の危害の防止に当たることができない。

〔下欄〕

	ア	イ	ウ
1	正	正	正
2	正	正	誤
3	正	誤	誤
4	誤	正	誤
5	誤	誤	正

千葉県

(19)　毒物及び劇物取締法第二十二条第一項、同法施行令第四十一条及び第四十二条の規定により、業務上取扱者としての届出が必要な事業の組合せとして、正しいものを下欄から一つ選びなさい。

ア 無水クロム酸を使用して電気めっきを行う事業
イ 最大積載量が5,000 kg以上の自動車に固定された容器を用いて ジメチル硫酸を運搬する事業所
ウ 亜砒(ひ)酸ナトリウムを使用してねずみの駆除を行う事業
エ 硫酸を使用して理科の実験を行う中学校

〔下欄〕

	ア	イ	ウ	エ
1	正	正	正	正
2	正	誤	正	誤
3	正	正	誤	正
4	誤	正	誤	誤
5	誤	誤	正	誤

(20)　10 %過酸化水素水 6,000 kgを１台の車両を利用して運搬する場合、毒物及び劇物取締法及び同法施行規則の規定に照らし、車両に備え付けなければならない保護具として、誤っているものを下欄から一つ選びなさい。

〔下欄〕

1　保護衣	2　保護手袋	3　有機ガス用防毒マスク
4　保護長ぐつ	5　保護眼鏡	

〔筆記：基礎化学〕
（一般・農業用品目・特定品目共通）

問２　次の各設問に答えなさい。

(21) 次の元素のうち、電気陰性度の最も大きなものはどれか。正しいものを下欄から一つ選びなさい。

〔下欄〕

1　I	2　F	3　Na	4　P	5　H

(22)　アンモニア分子(NH_3)の非共有電子対は何組あるか。正しいものを下欄から一つ選びなさい。

〔下欄〕

1　0組	2　1組	3　2組	4　3組	5　4組

(23)　次の分子のうち、無極性分子であるものはどれか。正しいものを下欄から一つ選びなさい。

〔下欄〕

1　水	2　塩化水素	3　メタン	4　一酸化炭素	5　硫化水素

(24)　プロパン 2mol が完全燃焼したときに発生する二酸化炭素の量は何 g か。正しいものを下欄から一つ選びなさい。ただし、原子量を H=1、C=12、O=16 とする。

〔下欄〕

1　64g	2　88g	3　176g	4　264g	5　396g

(25)　マルトース(化学式：$C_{12}H_{22}O_{11}$)85.5g を水に溶かして１ L にした。この水溶液のモル濃度は何 mol/L か。正しいものを下欄から一つ選びなさい。ただし、原子量を H=1、C=12、O=16 とする。

〔下欄〕

1　0.250mol/L	2　0.475mol/L	3　0.855mol/L	4　1.000mol/L
5　4.000mol/L			

(26)　酸素に関する次の記述のうち、正しいものの組合せを下欄から一つ選びなさい。

ア 単体は、空気の約 78 %(体積)を占める気体である。
イ 周期表の 15 族に属し、同族にリンがある。
ウ 水、岩石の成分元素として地殻中に最も多量に含まれる。
エ 酸素中で無声放電を行うか、酸素に強い紫外線を当てることで、オゾンが生成する。

〔下欄〕

1 (ア・イ)　2 (ア・エ)　3 (イ・ウ)　4 (イ・エ)　5 (ウ・エ)

(27)　次の記述の正誤の組合せとして、正しいものを下欄から一つ選びなさい。

ア 塩酸 1mol を過不足なく中和するのに必要な水酸化カルシウムは 1mol である。
イ 硝酸 1mol と過不足なく中和するのに必要な水酸化カリウムは 1mol である。
ウ 中和点での pH は常に 7.0 である。

〔下欄〕

	ア	イ	ウ
1	正	正	正
2	正	誤	正
3	正	誤	誤
4	誤	正	誤
5	誤	正	正

(28)　アミノ酸の検出に用いられる反応はどれか。正しいものを下欄から一つ選びなさい。

〔下欄〕

1 炎色反応　2 ヨウ素デンプン反応　3 銀鏡反応　4 ルミノール反応
5 ニンヒドリン反応

千葉県

(29)　次の記述の正誤の組合せとして、正しいものを下欄から一つ選びなさい。

ア コロイド粒子を取り巻く溶媒分子が、粒子に衝突することで起こる不規則粒子運動をブラウン運動という。
イ 疎水コロイドに少量の電解質を加えると沈殿する現象を塩析という。
ウ コロイド溶液に、直流電圧をかけると、陽極又は陰極にコロイド粒子が移動する。この現象を電気泳動という。

〔下欄〕

	ア	イ	ウ
1	正	正	正
2	正	誤	正
3	誤	正	正
4	誤	正	誤
5	誤	誤	誤

(30)　次の熱化学方程式中の反応熱の名称として、正しいものを下欄から一つ選びなさい。

C_2H_5OH(液) + $3O_2$(気) = $2CO_2$(気) + $3H_2O$(液) + 1,368kJ

〔下欄〕

1 燃焼熱　2 生成熱　3 溶解熱　4 中和熱　5 蒸発熱

(31)　カルボン酸とアルコールが縮合し、化合物が生じる反応を何というか。正しいものを下欄から一つ選びなさい。

〔下欄〕

1　エステル化　　2　ラジカル反応　　3　アルキル化　　4　アルドール反応
5　けん化

(32)　次の物質のうち、ケトンであるものはどれか。正しいものを下欄から一つ選びなさい。

〔下欄〕

1　アセチレン　　2　ブタン　　3　アセトン　　4　プロパン　　5　グリセリン

(33)　次の物質のうち、水溶液にしたとき酸性を示す物質はどれか。正しいものを下欄から一つ選びなさい。

〔下欄〕

1　炭酸ナトリウム　　2　炭酸水素ナトリウム　　3　塩化ナトリウム
4　水酸化ナトリウム　5　硫酸水素ナトリウム

(34)　次の物質のうち、官能基（$-NO_2$）をもつ化合物はどれか。正しいものを下欄から一つ選びなさい。

〔下欄〕

1　シアン化カリウム　2　キシレン　3　ピクリン酸　　4　アセトニトリル
5　アニリン

千葉県

(35)　物質の化学変化のうち、固体から液体を経由せず気体となる変化を何というか。正しいものを下欄から一つ選びなさい。

〔下欄〕

1　融解　　2　昇華　　3　風解　　4　蒸発　　5　凝縮

(36)　pH1 の塩酸の水素イオン濃度は、pH2 の塩酸の水素イオン濃度の何倍か。正しいものを下欄から一つ選びなさい。

〔下欄〕

1　0.1倍　　2　0.5倍　　3　2倍　　4　10倍　　5　100倍

(37)　次の記述の正誤の組合せとして、正しいものを下欄から一つ選びなさい。

ア　物質が水素を失う反応を還元という。
イ　酸化と還元は常に同時に起こる。
ウ　物質が電子を得る反応を酸化という。

〔下欄〕

	ア	イ	ウ
1	正	正	正
2	正	誤	正
3	正	誤	誤
4	誤	正	誤
5	誤	誤	誤

(38)　純水に不揮発性の溶質を溶かした希薄溶液について、次の記述の正誤の組合せとして、正しいものを下欄から一つ選びなさい。

ア　希薄溶液の凝固点は、純水の凝固点より下降する。
イ　希薄溶液の蒸気圧は、純水の蒸気圧より上昇する。
ウ　希薄溶液の沸点は、純水の沸点より上昇する。

〔下欄〕

	ア	イ	ウ
1	正	正	誤
2	正	正	正
3	正	誤	正
4	誤	正	誤
5	誤	誤	正

(39)　次の物質のうち、炭素の同素体ではないものはどれか。正しいものを下欄から一つ選びなさい。

〔下欄〕

1　黒鉛　2　コールタール　3　カーボンナノチューブ　4　フラーレン
5　ダイヤモンド

(40)　5ppmを百分率で表したものはどれか。正しいものを下欄から一つ選びなさい。

〔下欄〕

1　0.0005%　2　0.005%　3　0.05%　4　0.5%　5　5%

千葉県

〔筆記：毒物及び劇物の性質及び貯蔵その他取扱方法〕

(一般)

問3　次の物質の貯蔵方法等について、最も適切なものを下欄からそれぞれ一つ選びなさい。

(41) ベタナフトール　(42) 弗(ふっ)化水素酸　(43) ブロムメチル
(44) 二硫化炭素　(45) 黄燐(りん)

〔下欄〕

1　銅、鉄、コンクリート又は木製のタンクにゴム、鉛、ポリ塩化ビニルあるいはポリエチレンのライニングを施したものを用いる。火気厳禁。
2　空気や光線に触れると赤変するため、遮光して貯蔵する。
3　常温では気体なので、圧縮冷却して液化し、圧縮容器に入れ、直射日光その他、温度上昇の原因を避けて、冷暗所に貯蔵する。
4　空気に触れると発火しやすいので、水中に沈めて瓶に入れ、さらに砂を入れた缶中に固定して、冷暗所に保管する。
5　少量ならば共栓ガラス瓶、多量ならば鋼製ドラムを用い、可燃性、発熱性、自然発火性のものからは、十分に引き離し、直射日光を受けない冷所に貯蔵する。

問４　次の物質の性状等について、最も適切なものを下欄からそれぞれ一つ選びなさい。

(46)重クロム酸カリウム　(47)弗化スルフリル　(48)クラーレ
(49)水酸化カリウム　(50)キノリン

〔下欄〕

1　もろい黒又は黒褐色の塊状あるいは粒状で、水に可溶。猛毒性アルカロイドを含有する。
2　白色の固体で水、アルコールに可溶。アンモニア水に不溶。空気中に放置すると、潮解する。
3　橙赤色の柱状結晶である。融点398℃、分解点500℃。水に可溶。アルコールに不溶。強力な酸化剤である。
4　無色又は淡黄色の不快臭の吸湿性の液体。熱水、アルコール、エーテル、二硫化炭素に可溶。
5　無色の気体。水に難溶で、アセトン及びクロロホルムに可溶。

問５　次の物質の代表的な用途について、最も適切なものを下欄からそれぞれ一つ選びなさい。

(51)ジクワット※　(52)ヒドラジン　(53)六弗化タングステン
(54)四エチル鉛　(55)アクリルアミド

〔下欄〕

1　除草剤に使用される。
2　ロケット燃料に使用される。
3　ガソリンのアンチノック剤として使用される。
4　半導体配線の原料として使用される。
5　土木工事用の土質安定剤のほか、重合体は水処理剤、紙力増強剤及び接着剤等に使用される。

※　２・２’－ジピリジリウム－１・１’－エチレンジブロミド

千葉県

問６　次の物質の毒性について、最も適切なものを下欄からそれぞれ一つ選びなさい。

(56)過酸化水素　(57)水素化アンチモン　(58)蓚酸
(59)ジクロルボス(DDVP)※　(60)沃素

〔下欄〕

1　皮膚に触れると褐色に染め、その揮散する蒸気を吸入すると、めまいや頭痛を伴う一種のを起こす。
2　血液中のカルシウム分を奪取し、神経系を侵す。急性中毒症状は、胃痛、嘔吐、口腔・咽喉の炎症、腎障害。
3　ヘモグロビンと結合し急激な赤血球の低下を導き、強い溶血作用が現れる。また、肺水腫や肝臓、腎臓にも影響し、頭痛、吐気、衰弱、呼吸低下等の兆候が現れる。
4　血液中のコリンエステラーゼと結合し、その働きを阻害する。
吸入した場合、倦怠、頭痛、嘔吐等の症状を呈し、はなはだしい場合には、縮瞳、意識混濁、全身痙攣等を起こすことがある。
5　溶液、蒸気いずれも刺激性が強い。35％以上の溶液は皮膚に水疱をつくりやすい。眼には腐食作用を及ぼす。

※　ジメチル－２・２－ジクロルビニルホスフエイト

（農業用品目）

問３　次の物質の性状について、最も適切なものを下欄からそれぞれ一つ選びなさい。

(41) PAP ※1　　(42) メチダチオン（DMTP）※2　　(43) 沃(よう)化メチル
(44) カルタップ※3

〔下欄〕

1　無色の結晶。水及びメタノールに可溶。エーテル及びベンゼンに不溶。
2　黒灰色、金属様の光沢ある板状結晶であり、常温でも多少不快な臭気を有する蒸気を放って揮散する。水には黄褐色を呈して難溶、アルコール、エーテルには赤褐色を呈して可溶。
3　赤褐色、油状の液体で、芳香性刺激臭を有し、水、プロピレングリコールに不溶、リグロイン、アルコール、アセトン、エーテル、ベンゼンに可溶。
4　無色又は淡黄色透明の液体で、エーテル様臭がある。水に可溶。
5　灰白色の結晶。水に難溶で、有機溶媒に可溶。

※1　ジメチルジチオホスホリルフエニル酢酸エチル
※2　3－ジメチルジチオホスホリル－S－メチル－5－メトキシ－1・3・4－チアジアゾリン－2－オン
※3　1・3－ジカルバモイルチオ－2－（N・N－ジメチルアミノ）－ プロパン塩酸塩

問４　次の物質の毒性等について、最も適切なものを下欄からそれぞれ一つ選びなさい。

(45) クロルピクリン　　(46) ジメトエート※1　　(47) 硫酸
(48) ダイファシノン※2　　(49) ジクワット※3

〔下欄〕

1　吸入すると、分解されずに組織内に吸収され、各器官が障害される。
血液中でメトヘモグロビンを生成、また中枢神経や心臓、眼結膜を侵し、肺も強く障害する。
2　強酸であり、濃度が高いものは、人体に触れると、激しい火傷を起こす。
3　コリンエステラーゼと結合し、その働きを阻害する。症状は、振戦、流涙、痙攣(けいれん)様呼吸、軽度の麻痺(まひ)状を呈し、時間とともに間代性痙攣(けいれん)、体温の低下を呈して死亡する。
4　吸入した場合、鼻やのどの粘膜に炎症を起こし、重傷の場合には、嘔気(おうき)、嘔吐(おうと)、下痢等を起こすことがある。誤って嚥下(えんげ)した場合、消化 器障害、ショックのほか、数日遅れて腎臓の機能障害、肺の軽度の障害を起こすことがある。
5　慢性的に暴露すると、ビタミンK拮(きっ)抗作用により血液凝固が阻害され、点状出血、結膜下出血、鼻出血の症状が現れる等、出血傾向となる。

※1　ジメチル－（N－メチルカルバミルメチル）－ジチオホスフエイト
※2　2－ジフエニルアセチル－1・3－インダンジオン
※3　2・2’－ジピリジリウム－1・1’－エチレンジブロミド

千葉県

問５　次の物質の代表的な用途について、最も適切なものを下欄からそれぞれ一つ選びなさい。

(50)クロロファシノン※1　(51)硫酸第二銅　(52)ジクワット※2
(53)カルボスルファン※3　(54)クロルメコート※4

〔下欄〕

1　植物成長調整剤	2　除草剤	3　殺虫剤	4　殺菌剤	5　殺鼠剤

※１　２－(フエニルパラクロルフエニルアセチル)－１・３－インダンジオン
※２　２・２’－ジピリジリウム－１・１’－エチレンジブロミド
※３　２・３－ジヒドロ―２・２－ジメチル－７－ベンゾ〔ｂ〕フラニル－Ｎ－ジブチルアミノチオ－Ｎ－メチルカルバマート
※４　２－クロルエチルトリメチルアンモニウムクロリド

問６　次の物質の解毒・治療方法等について、最も適切なものを下欄からそれぞれ一つ選びなさい。

(55)硫酸第二銅　(56)ダイアジノン※1　(57)シアン化ナトリウム
(58)硫酸タリウム　(59)チオジカルブ※2

〔下欄〕

1　解毒療法として、ヘキサシアノ鉄(Ⅱ)酸鉄(Ⅲ)水和物(別名プルシアンブルー)を投与する。
2　解毒療法として、亜硝酸アミル、亜硝酸ナトリウム水溶液及びチオ 硫酸ナトリウム水溶液を投与する。
3　解毒療法として、ジメルカプロール(別名ＢＡＬ)を投与する。
4　有機リン剤であり、解毒療法として、２－ピリジルアルドキシムメ チオダイド(別名 PAM)製剤又は硫酸アトロピン製剤を投与する。
5　解毒療法として、硫酸アトロピン製剤を投与する。カーバメート剤 であるため、２－ピリジルアルドキシムメチオダイド(別名 PAM)製剤の投与は推奨されていない。

※１　２－イソプロピル－４－メチルピリミジル－６－ジエチルチオホスフエイト
※２　３・７・９・１３－テトラメチル－５・１１－ジオキサ－２・８・１４－トリチア－４・７・９・１２－テトラアザペンタデカ－３・１２－ジエン－６・１０－ジオン

問７　次の物質の貯蔵方法等について、最も適切なものを下欄から一つ選びなさい。

(60)ブロムメチル

〔下欄〕

1　空気中にそのまま保存することはできないので、通常石油中に保管する。冷所で雨水などの漏れが絶対にない場所に保存する。
2　空気中の湿気に触れると徐々に分解し、有毒ガスを発生するので密閉容器に貯蔵する。
3　酸素によって分解するので、空気と光線を遮断して保管する。
4　引火しやすく、また、その蒸気は空気と混合して爆発性の混合ガス となるので火気を近づけないようにする。
5　常温では気体なので、圧縮冷却して液化し、圧縮容器に入れ、直射日光その他、温度上昇の原因を避けて、冷暗所に貯蔵する。

（特定品目）

問３　次の物質の性状について、最も適切なものを下欄からそれぞれ一つ選びなさい。

(41)重クロム酸カリウム　(42)塩化水素　(43)硅弗化ナトリウム
(44)トルエン　(45)過酸化水素水

〔下欄〕

1　常温、常圧においては無色の刺激臭をもつ気体で、湿った空気中で激しく発煙する。
2　無色透明の液体で、常温において徐々に酸素と水に分解する。強い酸化力と還元力を併有している。
3　白色の結晶である。水に難溶、アルコールには不溶。
4　橙赤色の柱状結晶である。水に可溶。アルコールには不溶。強力な酸化剤である。
5　無色、可燃性のベンゼン臭を有する液体。エタノール、ベンゼン、エーテルに可溶である。

問４　次の物質の貯蔵方法等について、最も適切なものを下欄からそれぞれ一つ選びなさい。

(46)四塩化炭素　(47)過酸化水素水　(48)キシレン
(49)水酸化ナトリウム　(50)クロロホルム

〔下欄〕

1　亜鉛又は錫メッキをした鋼鉄製容器で保管する。沸点は 76 ℃のため、高温に接しない場所に保管する。
2　引火しやすく、また、その蒸気は空気と混合して爆発性の混合ガスとなるので火気を避けて貯蔵する。
3　冷暗所に貯蔵する。純品は空気と日光によってホスゲン等に分解するので、一般に少量のアルコールを添加してある。
4　二酸化炭素と水を吸収する性質が強いため、密栓して保管する。
5　少量ならば褐色ガラス瓶、大量ならばカーボイ等を使用し、３分の１の空間を保って貯蔵する。日光の直射を避け、冷所に有機物、金属塩、樹脂、油類、その他有機性蒸気を放出する物質と引き離して貯蔵する。特に、温度の上昇、動揺等によって爆発することがあるため、注意を要する。

問５　次の物質の毒性等について、最も適切なものを下欄からそれぞれ一つ選びなさい。

(51)四塩化炭素　(52)塩素　(53)蓚酸　(54)メタノール
(55)水酸化ナトリウム

〔下欄〕

1　血液中のカルシウム分を奪取し、神経系を侵す。急性中毒症状は胃痛、嘔吐、口腔・咽喉の炎症、腎障害である。
2　蒸気を吸入すると、はじめ頭痛、悪心等をきたし、黄疸おうだんのように強膜が黄色となり、しだいに尿毒症様を呈し、重症なときは死亡する。
皮膚に触れた場合、皮膚を刺激し、湿疹を生成することがある。
3　腐食性がきわめて強いので、皮膚に触れると激しく侵し、また、高濃度溶液を経口摂取すると、口内、食道、胃などの粘膜を腐食して死亡する。
4　吸入により、窒息感、喉頭及び気管支筋の強直をきたし、呼吸困難に陥る。
5　頭痛、めまい、嘔吐、下痢、腹痛などを起こし、致死量に近ければ麻酔状態になり、視神経が侵され、眼がかすみ、失明することがある。

問6　次の物質の代表的な用途について、最も適切なものを下欄からそれぞれ一つ選びなさい。

(56)キシレン　(57)蓚酸　(58)硫酸　(59)水酸化ナトリウム
(60)ホルマリン

〔下欄〕

1 肥料、各種化学薬品の製造、石油の精製、冶金やきん、塗料、顔料等の製造に用いられる。また、乾燥剤、試薬として用いられる。
2 農薬として種子の消毒、温室の燻蒸剤に用いられる。また、工業用 としてフィルムの硬化、人造樹脂等の製造に用いられる。
3 溶剤、染料中間体等の有機合成原料、試薬として用いられる。
4 せっけん製造、パルプ工業、染料工業、レーヨン工業、諸種の合成化学等に使用されるほか、試薬として用いられる。
5 鉄錆による汚れを落とすことに使用され、また、真鍮や銅の研磨に用いられる。

〔実地：毒物及び劇物の識別及び取扱方法〕
(一般)

問7　次の物質の鑑別方法として、最も適切なものを下欄からそれぞれ一つ選びなさい。

(61)ピクリン酸　(62)アニリン　(63)メタノール
(64)ニコチン　(65)クロム酸カリウム

〔下欄〕

1 この物質の水溶液にさらし粉を加えると、紫色を呈する。
2 この物質のエーテル溶液に、ヨードのエーテル溶液を加えると、褐色の液状沈殿を生じ、これを放置すると、赤色の針状結晶となる。
3 この物質の水溶液に酢酸鉛水溶液を加えると、黄色の沈殿を生じる。
4 この物質の温飽和水溶液は、シアン化カリウム溶液によって暗赤色を呈する。
5 この物質にあらかじめ熱灼した酸化銅を加えると、ホルムアルデヒドができ、酸化銅は還元されて金属銅色を呈する。

問8　次の物質の廃棄方法について、「毒物及び劇物の廃棄の方法に関する基準」の内容に照らし、最も適切なものを下欄からそれぞれ一つ選びなさい。

(66)硅弗化ナトリウム　(67)塩化バリウム　(68)クロルピクリン
(69)クロロホルム　(70)アンモニア

〔下欄〕

1 水に溶かし、消石灰(水酸化カルシウム)等の水溶液を加えて処理した後、希硫酸を加えて中和し、沈殿濾過して埋立処分する。(分解沈殿法)
2 水で希薄な水溶液とし、酸(希塩酸、希硫酸等)で中和させた後、多量の水で希釈して処理する。(中和法)
3 少量の界面活性剤を加えた亜硫酸ナトリウムとソーダ灰(炭酸ナトリウム)の混合溶液中で、攪拌し分解させた後、多量の水で希釈して処理する。(分解法)
4 水に溶かし、硫酸ナトリウム水溶液を加えて処理し、沈殿濾過して埋立処分する。(沈殿法)
5 過剰の可燃性溶剤又は重油等の燃料とともにアフターバーナー及びスクラバーを備えた焼却炉の火室へ噴霧して、できるだけ高温で焼却する。(燃焼法)

問９　次の物質の漏えい時の措置について、「毒物及び劇物の運搬事故時における応急措置に関する基準」に照らし、最も適切なものを下欄からそれぞれ一つ選びなさい。

(71) 硫酸　(72) カリウム　(73) エチレンオキシド　(74) 砒(ひ)素
(75) 四アルキル鉛

〔下欄〕

1　付近の着火源となるものは速やかに取り除く。多量に漏えいした場合は、活性白土、砂、おが屑(くず)等でその流れを止め、過マンガン酸カリウム水溶液（５％）又はさらし粉で十分に処理すると共に、至急関係先に連絡し専門家に任せる。
2　流動パラフィン浸漬(しんせき)品の場合、露出したものは、速やかに拾い集めて灯油又は流動パラフィンの入った容器に回収する。砂利、石等に付着している場合には砂利等ごと回収する。
3　多量に漏えいした場合は、土砂等でその流れを止め、これに吸着させるか、又は安全な場所に導いて、遠くから徐々に注水して、ある程度希釈した後、消石灰（水酸化カルシウム）、ソーダ灰（炭酸ナトリウム）等で中和し、多量の水で洗い流す。
4　付近の着火源となるものは速やかに取り除く。漏えいしたボンベ等を多量の水に容器ごと投入して気体を吸収させ、処理し、その処理液を多量の水で希釈して流す。
5　空容器にできるだけ回収し、そのあとを硫酸鉄（Ⅲ）等の水溶液を散布し、消石灰（水酸化カルシウム）、ソーダ灰（炭酸ナトリウム）等の水溶液を用いて処理した後、多量の水で洗い流す。

問10　次の物質の注意事項について、最も適切なものを下欄からそれぞれ一つ選びなさい。

(76) 重クロム酸アンモニウム　(77) メタクリル酸　(78) 三酸化二素
(79) ナトリウム　(80) 塩素

〔下欄〕

1　可燃物と混合すると常温でも発火することがある。200 ℃付近に加熱すると発光しながら分解する。
2　水、二酸化炭素、ハロゲン化炭化水素等と激しく反応するので、これらと接触させない。
3　加熱、直射日光、過酸化物、鉄錆(さび)等により重合が始まり、爆発することがある。
4　極めて反応性が強く、水素又は炭化水素（特にアセチレン）と爆発的に反応する。
5　火災等で強熱されたときに生成する煙霧は、少量の吸入であっても強い溶血作用がある。

（農業用品目）

問８　次の物質の鑑別方法について、最も適切なものを下欄からそれぞれ一つ選びなさい。

(61) 塩素酸カリウム　(62) 無水硫酸銅
(63) 燐(りん)化アルミニウムとその分解促進剤とを含有する製剤

〔下欄〕

1 この物質の水溶液に酒石酸を多量に加えると、結晶性の白色物質を生成する。
2 この物質はデンプンと反応すると藍色を呈し、これを熱すると退色し、冷えると再び藍色を現し、さらにチオ硫酸ナトリウムの溶液と反応すると脱色する。
3 この物質に水を加えると青くなる。
4 この物質の水溶液を白金線につけて無色の火炎中に入れると、火炎は著しく黄色に染まり、長時間続く。
5 この物質から発生したガスは、5〜 10 %硝酸銀溶液を吸着させた濾紙を黒変させる。

問9 次の物質の廃棄方法について、「毒物及び劇物の廃棄の方法に関する基準」に照らし、最も適切なものを下欄からそれぞれ一つ選びなさい。

(64)塩素酸ナトリウム　(65)アンモニア　(66)メトミル※
(67)硫酸第二銅

〔下欄〕

1 還元剤(チオ硫酸ナトリウム等)の水溶液に希硫酸を加えて酸性にし、この中に少量ずつ投入する。反応終了後、反応液を中和し多量の水で希釈して処理する。(還元法)
2 水酸化ナトリウム水溶液と加温して加水分解する。(アルカリ法)
3 水に溶かし、消石灰(水酸化カルシウム)、ソーダ灰(炭酸ナトリウム)等の水溶液を加えて処理し、沈殿濾過して埋立処分する。(沈殿法)
4 水で希薄な水溶液とし、酸(希塩酸、希硫酸等)で中和させた後、多量の水で希釈して処理する。(中和法)
5 多量の次亜塩素酸塩水溶液を加えて分解させた後、消石灰(水酸化カルシウム)、ソーダ灰(炭酸ナトリウム)等を加えて処理し、沈殿濾過し、さらにセメントを加えて固化し、溶出試験を行い、溶出量が判定基準以下であることを確認して埋立処分する。(酸化隔離法)

※ S－メチル－N－［(メチルカルバモイル)－オキシ］－チオアセトイミデート

千葉県

問10 次の文章は、パラコート※について記述したものである。(　)の中に入る最も適切なものをそれぞれの下欄から一つ選びなさい。

性状：(68)の吸湿性結晶。水に可溶。
用途：(69)
毒性：生体内で(70)を生じることで組織に障害を与える。
解毒・治療方法：解毒剤・拮抗剤はなく、可能な限り早く胃洗浄と(71)投与を行うとともに、血液浄化を行う。
注意事項：(72)

〔(68)下欄〕

1 無色　2 鮮赤色　3 黄褐色　4 紫色　5 黄緑色

〔(69)下欄〕

1 殺菌剤　2 殺虫剤　3 殺鼠剤　4 植物成長調整剤　5 除草剤

〔(70)下欄〕

1 毛細血管の壊死　2 血液凝固　3 メトヘモグロビン
4 活性酸素イオン　5 色素沈着

〔(71)下欄〕

1 抗けいれん剤	2 活性炭	3 ブドウ糖	4 抗不安剤
5 カルシウム剤			

〔(72)下欄〕

1 アンモニウム塩と混ざると爆発するおそれがあるため接触させない。
2 衣服等に付着した場合、着火しやすくなる。
3 誤って飲み込んだ場合は、消化器障害、ショックのほか、数日遅れて肝臓、腎臓、肺などの機能障害を起こすことがあるので特に症状がない場合にも至急医師による手当てを受けること。
4 火炎等で強熱されて生成した煙霧は、少量の吸入であっても強い溶血作用がある。
5 高濃度の蒸気に長時間暴露された場合、失明することがある。

※ 1・1'－ジメチル－4・4'－ジピリジニウムジクロリド

問11 次の文章は、クロルピクリンについて記述したものである。(　　)の中に入る最も適切なものを下欄からそれぞれ一つ選びなさい。

性状：純品は(73)の油状体。催涙性、強い(74)がある。
用途：(75)
鑑別方法：水溶液に金属カルシウムを加え、これにベタナフチルアミン及び硫酸を加えると、(76)の沈殿を生成。
漏えい時の措置：多量の場合、漏えいした液は土砂等でその流れを止め、(77)、至急関係先に連絡し専門家の指示により処理する。
廃棄方法：少量の界面活性剤を加えた(78)とソーダ灰(炭酸ナトリウム)の混合溶液中で、攪拌(かくはん)し分解させた後、多量の水で希釈して処理する。(分解法)
解毒・治療方法：(79)

〔(73)下欄〕

1 黒灰色	2 無色	3 深緑色	4 赤色	5 藍色

〔(74)下欄〕

1 引火性	2 麻酔作用	3 粘膜刺激臭	4 果実様の芳香
5 熱安定性			

〔(75)下欄〕

1 果樹の腐らん病、晩腐病等の殺菌
2 稲のツマグロヨコバイ、ウンカ類の駆除
3 桑、まさきのうどんこ病の殺菌
4 土壌燻(くん)蒸(土壌病原菌、センチュウ等の駆除)
5 倉庫内、船倉内等における鼠(ねずみ)、昆虫等の駆除

〔(76)下欄〕

1 黒灰色	2 無色	3 深緑色	4 赤色	5 藍色

千葉県

〔(77)下欄〕

1 塩酸を散布し
2 硫酸鉄(Ⅲ)の水溶液を散布し
3 水酸化ナトリウム水溶液を散布し
4 灯油又は流動パラフィンの入った容器に回収し
5 多量の活性炭又は消石灰(水酸化カルシウム)を散布して覆い

〔(78)下欄〕

1 亜硫酸ナトリウム　2 臭化銀　3 希塩酸　4 塩化カルシウム
5 プロパノール

〔(79)下欄〕

1 解毒療法として、アセトアミドをブドウ糖液に溶解し静注する。
2 解毒剤・拮(きっ)抗剤はなく、呼吸管理、循環管理などの対症療法を行う。
3 治療法として、皮膚暴露の場合は、グルコン酸カルシウムゼリーを塗る。
4 解毒療法として、2－ピリジルアルドキシムメチオダイド(別名 PAM)製剤又は硫酸アトロピン製剤を投与する。
5 治療法として、メチルチオニニウム塩化物水和物を静脈に投与する。

千葉県

問 12 次の物質に関する記述中の(　)に当てはまる語句の組合せとして、正しいものを下欄から一つ選びなさい。

(80) 燐(りん)化亜鉛

暗赤色の(ア)であり、(イ)として用いる。火災等で燃焼すると、煙霧及び(ウ)ガスを発生する。煙霧及びガスは有毒なので注意する。

〔下欄〕

	ア	イ	ウ
1	粉末	殺鼠(そ)剤	ハロゲン
2	粉末	除草剤	ハロゲン
3	粉末	殺鼠(そ)剤	ホスフィン
4	液体	除草剤	ハロゲン
5	液体	殺鼠(そ)剤	ホスフィン

（特定品目）

問７ 次の物質の漏えい時の措置について、「毒物及び劇物の運搬事故時における応急措置に関する基準」に照らし、最も適切なものを下欄からそれぞれ一つ選びなさい。

(61) 硫酸　(62) 過酸化水素水　(63) 四塩化炭素
(64) メチルエチルケトン　(65) 液化アンモニア

〔下欄〕

1 多量の場合、漏えいした液は土砂等でその流れを止め、安全な場所に導き多量の水で十分に希釈して洗い流す。
2 多量の場合、漏えいした液は土砂等でその流れを止め、これに吸着させるか、又は安全な場所に導いて、遠くから徐々に注水してある程度希釈した後、消石灰（水酸化カルシウム）、ソーダ灰（炭酸ナトリウム）等で中和し、多量の水で洗い流す。
3 付近の着火源となるものを速やかに取り除く。多量の場合、漏えいした液は、土砂等でその流れを止め、安全な場所に導き、液の表面を泡で覆い、できるだけ空容器に回収する。
4 漏えいした液は土砂等でその流れを止め、安全な場所に導き、空容器にできるだけ回収し、そのあとを中性洗剤等の分散剤を使用して多量の水で洗い流す。
5 付近の着火源となるものを速やかに取り除く。多量の場合、漏えい箇所を濡れむしろ等で覆い、ガス状のものに対しては遠くから霧状の水をかけ吸収させる。

問８ 次の物質の廃棄方法について、「毒物及び劇物の廃棄の方法に関する基準」に照らし、最も適切なものを下欄からそれぞれ一つ選びなさい。

(66) ホルマリン　(67) クロム酸ナトリウム　(68) 酸化第二水銀
(69) 硝酸　(70) 一酸化鉛

〔下欄〕

1 多量の水を加え希薄な水溶液とした後、次亜塩素酸塩水溶液を加え、分解させ廃棄する。（酸化法）
2 セメントを用いて固化し、溶出試験を行い、溶出量が判定基準以下であることを確認して埋立処分する。（固化隔離法）
3 水に懸濁し硫化ナトリウムの水溶液を加え、沈殿を生成した後、セメントを加えて固化し、溶出試験を行い、溶出量が判定基準以下であることを確認して埋立処分する。（沈殿隔離法）
4 希硫酸に溶かし、還元剤（硫酸第一鉄等）の水溶液を過剰に用いて還元した後、消石灰（水酸化カルシウム）、ソーダ灰（炭酸ナトリウム）等の水溶液で処理し、沈殿濾（ろ）過する。溶出試験を行い、溶出量が判定基準以下であることを確認して埋立処分する。（還元沈殿法）
5 徐々にソーダ灰（炭酸ナトリウム）又は消石灰（水酸化カルシウム）の攪拌（かくはん）溶液に加えて中和させた後、多量の水で希釈して処理する。（中和法）

問9　次の物質の取扱い上の注意事項について、最も適切なものを下欄からそれぞれ一つ選びなさい。

(71) クロム酸鉛　(72) 硫酸　(73) 酸化第二水銀
(74) 塩素　(75) トルエン

〔下欄〕

1　反応性が強く、水素又は炭化水素（特にアセチレン）と爆発的に反応する。
2　強熱すると有毒な煙霧及びガスを生成する。
3　引火しやすく、また、その蒸気は空気と混合して爆発性混合気体となるので火気に近づけない。静電気に対する対策を考慮する。
4　乾性油と不完全混合し、放置すると乾性油が発火することがある。
5　水で薄めたものは、各種の金属を腐食して水素ガスを発生し、これが空気と混合して引火爆発をすることがある。

問10　次の物質の鑑別方法について、最も適切なものを下欄からそれぞれ一つ選びなさい。

(76) 硝酸　(77) 水酸化ナトリウム　(78) ホルムアルデヒド
(79) クロム酸カリウム　(80) 塩化水素

〔下欄〕

1　この物質の水溶液を白金線につけて無色の火炎中に入れると、火炎は著しく黄色に染まり、長時間続く。
2　この物質の水溶液に酢酸鉛水溶液を加えると、黄色の沈殿を生ずる。
3　この物質に銅屑（くず）を加えて熱すると、藍色を呈して溶け、その際赤褐色の蒸気を生成する。
4　この物質の水溶液の液面にアンモニア水で潤したガラス棒を近づけると、濃い白煙を生じる。
5　この物質の水溶液をフェーリング溶液とともに熱すると、赤色の沈殿を生成する。

千葉県

神奈川県
令和５年度実施

〔毒物及び劇物に関する法規〕
（一般・農業用品目・特定品目共通）

問１～問５　毒物及び劇物取締法に規定する次の記述について、正しいものは１を、誤っているものは２を選びなさい。

なお、毒物劇物営業者とは、毒物又は劇物の製造業者、輸入業者及び販売業者のことをいう。

問１　この法律は、毒物及び劇物について、保健衛生上の見地から必要な取締を行うことを目的とする。

問２　毒物又は劇物の販売業の登録は、六年ごとに、更新を受けなければ、その効力を失う。

問３　毒物又は劇物の輸入業者は、すでに登録を受けた品目以外の毒物又は劇物を販売又は授与の目的で輸入したときは、輸入後三十日以内に登録の変更を受けなければならない。

問４　毒物劇物営業者は、毒物又は劇物を、麻薬、大麻、あへん又は覚せい剤の中毒者に交付してはならない。

問５　特定毒物研究者は、氏名又は住所を変更したときは、三十日以内に、その主たる研究所の所在地の都道府県知事を経て厚生労働大臣に、その旨を届け出なければならない。

問６～問10　次の文章は、毒物及び劇物取締法第12条第１項の条文である。

（　　）の中に入る字句の番号を下欄から選びなさい。

なお、毒物劇物営業者とは、毒物又は劇物の製造業者、輸入業者及び販売業者のことをいう。

毒物劇物営業者及び特定毒物研究者は、毒物又は劇物の容器及び被包に、「（ 問６ ）」の文字及び毒物については（ 問７ ）に（ 問８ ）をもつて「毒物」の文字、劇物については（ 問９ ）に（ 問10 ）をもつて「劇物」の文字を表示しなければならない。

【下欄】

１　白地　　２　黒地　　３　赤地　　４　白色　　５　黒色
６　赤色　　７　医薬用外　　８　危険物　　９　医薬部外

問11～問15　毒物及び劇物取締法に規定する毒物劇物取扱責任者に関する次の記述について、正しいものは１を、誤っているものは２を選びなさい。

なお、毒物劇物営業者とは、毒物又は劇物の製造業者、輸入業者及び販売業者のことをいう。

問11　毒物又は劇物の輸入業及び販売業を併せて営む場合において、その営業所と店舗が互いに隣接しているときは、毒物劇物取扱責任者は２つの施設を通じて１人で足りる。

問12　毒物劇物営業者は、毒物劇物取扱責任者を変更するときは、事前に届け出なければならない。

問13　薬剤師は、毒物劇物取扱責任者になることができる。

問14　毒物若しくは劇物又は薬事に関する罪を犯し、罰金以上の刑に処せられた者は、生涯、毒物劇物取扱責任者となることができない。

問15　特定品目毒物劇物取扱者試験に合格した者は、特定品目のみを取り扱う毒物劇物製造業の製造所において、毒物劇物取扱責任者となることができる。

問 16 ～問 20 次の文章は、毒物及び劇物取締法の条文である。(　　)の中に入る字句の番号をそれぞれ下欄から選びなさい。
　なお、毒物劇物営業者とは、毒物又は劇物の製造業者、輸入業者及び販売業者のことをいう。

法第 14 条第 1 項
　毒物劇物営業者は、毒物又は劇物を他の毒物劇物営業者に販売し、又は授与したときは、その都度、次に掲げる事項を書面に記載しておかなければならない。
　第 1 号 毒物又は劇物の名称及び(問 16)
　第 2 号 販売又は授与の(問 17)
　第 3 号 譲受人の氏名、(問 18)及び住所(法人にあつては、その名称及び主たる事務所の所在地)

法第 14 条第 2 項
　毒物劇物営業者は、譲受人から前項各号に掲げる事項を記載し、厚生労働省令で定めるところにより作成した書面の提出を受けなければ、毒物又は劇物を毒物劇物営業者以外の者に販売し、又は授与してはならない。

法第 14 条第 4 項
　毒物劇物営業者は、販売又は授与の日から(問 19)、第 1 項及び第 2 項の書面(略)を保存しなければならない。

法第 17 条第 2 項
　毒物劇物営業者及び特定毒物研究者は、その取扱いに係る毒物又は劇物が盗難にあい、又は紛失したときは、直ちに、その旨を(問 20)に届け出なければならない。

【下欄：問 16 ～問 18】
1 濃度　2 数量　3 年齢　4 含量　5 本籍地　6 年月日
7 目的　8 純度　9 職業　0 生年月日

【下欄：問 19】
1 3 年間　2 5 年間　3 6 年間

【下欄：問 20】
1 警察署　2 都道府県知事　3 厚生労働大臣

神奈川県

問 21 ～問 25 次の物質について、劇物に該当するものは 1 を、毒物(特定毒物を除く。)に該当するものは 2 を、特定毒物に該当するものは 3 を、これらのいずれにも該当しないものは 4 を選びなさい。
　ただし、記載してある物質は全て原体である。

問 21 水銀
問 22 モノフルオール酢酸
問 23 クラーレ
問 24 塩化第一水銀
問 25 ベンゼン

〔基礎化学〕
（一般・農業用品目・特定品目共通）

問 26 ～問 30　次の設問の答えとして最も適当なものの番号をそれぞれ下欄から選びなさい。
　ただし、質量数は H＝1、C＝12、N＝14、O＝16、標準状態における 1 mol の気体の体積を 22.4 L とする。

問 26 次の気体のうち、標準状態で 224 L の質量が最も大きいものはどれか。

【下欄】
1 二酸化炭素　2 酸素　3 二酸化窒素　4 ブタン　5 プロパン

問 27 次の水溶液のうち、最も凝固点が低いものはどれか。ただし、電解質は全て電離するものとする。

【下欄】
1 0.20 mol/kg 塩化マグネシウム水溶液
2 0.20 mol/kg 硫酸マグネシウム水溶液
3 0.24 mol/kg 塩化ナトリウム水溶液
4 0.50 mol/kg グルコース水溶液

問 28 次の物質の中で芳香族炭化水素でないものはどれか。

【下欄】
1 エチレン　2 トルエン　3 キシレン　4 ナフタレン　5 スチレン

問 29 39 g のベンゼンを完全燃焼させた時、発生する水は何 g か。

【下欄】
1 9 g　2 18 g　3 27 g　4 36 g　5 45 g

問 30 0.1 mol/L の硫酸 50 mL を過不足なく中和するのに 0.5 mol/L の水酸化ナトリウム水溶液は何 mL 必要か。

【下欄】
1 2.5 mL　2 5 mL　3 10 mL　4 20 mL　5 30 mL

問 31 ～問 35　次の文章はコロイドに関して記述したものである。（　　）の中に入る最も適当なものの番号を下欄から選びなさい。
　なお、2 箇所の（問 32）（問 34）内にはそれぞれ同じ字句が入る。

　コロイド溶液に横から光束を当てると、光の通路が明るく輝いて見える。これは、コロイド粒子が光を散乱させるために起こる現象で、（問 31）という。
　コロイド粒子の中にはタンパク質やデンプンのように水分子と親和性が強いものがあり、（問 32）という。（問 32）は多量の電解質を加えていくとコロイド粒子同士が反発力を失って沈殿する。このような現象を（問 33）という。
　一方、水酸化鉄（Ⅲ）や粘土など水に対する親和性が弱いコロイド粒子を（問 34）という。（問 34）は少量の電解質を加えると沈殿する。この現象を（問 35）という。

【下欄】
1 チンダル現象　2 ブラウン運動　3 親水コロイド　4 分子コロイド
5 会合コロイド　6 疎水コロイド　7 ゲル　8 塩析
9 透析　0 凝析

神奈川県

問 36 ～問 40　次の記述の下線部が正しければ1を、誤りであれば2を選びなさい。

問 36 塩化銅(Ⅱ)水溶液を炭素電極を用いて電気分解すると、**陽極**に銅が析出する。

問 37 ストロンチウムは**アルカリ金属元素**である。

問 38 酢酸の**組成式**は CH_2O である。

問 39 炭酸ナトリウムは工業的には**ハーバー・ボッシュ法**で製造されている。

問 40 セッケンを**硬水**(カルシウムイオンやマグネシウムイオンを多く含む水)中で使用すると沈殿を生じ、泡立ちが悪くなる。

問 41 ～問 45　次の文章は酸化還元滴定に関して記述したものである。(　　)の中に入る最も適当なものの番号をそれぞれ下欄から選びなさい。

シュウ酸二水和物(式量 126)の結晶 0.756 g を、水に溶かして 100 mL にした。この水溶液を(問 41)を用いて正確に 10 mL とって希硫酸を加え温めてから、ある濃度の過マンガン酸カリウム水溶液を(問 42)で滴下したところ、16.0 mL 加えたところで過マンガン酸カリウム水溶液の(問 43)が消えなくなった。

化学反応式：
$2KMnO_4 +$(問 44)$H_2C_2O_4 + 3H_2SO_4 \rightarrow 2MnSO_4 + 10CO_2 + 8H_2O + K_2SO_4$

この時、過マンガン酸カリウム水溶液の濃度は(問 45)である。
ただし、シュウ酸と過マンガン酸カリウムが過不足なく反応したものとする。

【下欄：問 41 ～問 42】
1 ビュレット　2 メスフラスコ　3 駒込ピペット　4 ホールピペット
5 パスツールピペット

【下欄：問 43】
1 淡黄色　2 青白色　3 黄緑色　4 黒色　5 赤紫色

【下欄：問 44】
1 1　2 2　3 3　4 4　5 5

【下欄：問 45】
1 7.5×10^{-2} mol/L　2 2.5×10^{-2} mol/L　3 1.5×10^{-2} mol/L
4 2.5×10^{-3} mol/L　5 1.5×10^{-3} mol/L

神奈川県

問 46 ～問 50　次の文章の(　)に入る最も適当なものの番号を下欄から選びなさい。ただし、文中の R 及び R' は鎖式炭化水素基を示すものとする。

C_nH_{2n+2} であらわされる鎖式炭化水素を(問 46)、C_nH_{2n} であらわされる鎖式炭化水素を(問 47)、C_nH_{2n-2} であらわされる鎖式炭化水素を(問 48)という。
第一級アルコールが酸化されて生じる R-CHO であらわされる物質を(問 49)と、第二級アルコールが酸化されて生じる R-CO-R' であらわされる物質を(問 50)という。

【下欄】
1 エーテル　2 アルキン　3 エステル　4 アミン
5 アルカン　6 アミノ酸　7 カルボン酸　8 ケトン
9 アルケン　0 アルデヒド

〔毒物及び劇物の性質及び貯蔵その他の取扱方法〕（一般）

問 51 ～問 55　次の物質について、貯蔵方法等の説明として最も適当なものの番号を下欄から選びなさい。

問 51 過酸化水素水　問 52 二硫化炭素　問 53 アクリルニトリル
問 54 水酸化カリウム　問 55 ナトリウム

【下欄】
1　強酸と激しく反応するので、強酸と安全な距離を保つ必要がある。貯蔵場所は防火性で適当な換気装置を備え、特に換気には注意し、屋内で取り扱う場合には下層部空気の機械的換気が必要である。
2　少量ならば褐色ガラス瓶、大量ならばカーボイなどを使用し、3分の1の空間を保って貯蔵する。日光の直射を避け、冷所に有機物、金属塩、樹脂、油類、その他有機性蒸気を放出する物質と引き離して貯蔵する。
3　空気中にそのまま保存することはできないので、通常石油中に保管する。冷所で雨水などの漏れが絶対ない場所に貯蔵する。
4　少量ならば共栓ガラス瓶、多量ならば鋼鉄ドラム等を使用する。揮発性が強く、容器内で圧力を生じ、微孔を通って放出するので、密閉するのは困難である。可燃性、発熱性、自然発火性のものから十分に引き離し、直射日光を受けない冷所で貯蔵する。
5　二酸化炭素と水を強く吸収するから、密栓して貯蔵する。

問 56 ～問 60　次の物質について、その主な用途として最も適当なものの番号を下欄から選びなさい。

問 56 セレン化水素　問 57 アクリルアミド　問 58 トリブチルアミン
問 59 塩素酸カリウム　問 60 チメロサール

【下欄】
1　土木工事用の土質安定剤(反応開始剤および促進剤と混合して地盤に注入)
2　防錆(さび)剤、腐食防止剤、医薬品や農薬の原料
3　ドーピングガス
4　煙火、爆発物の原料、酸化剤、抜染剤、医療用外用消毒剤
5　殺菌消毒剤

問 61 ～問 65　次の物質について、性状の説明として最も適当なものの番号を下欄から選びなさい。

問 61 ヒドラジン　問 62 クロルエチル　問 63 燐(りん)化水素
問 64 ピクリン酸　問 65 三塩化チタン

【下欄】
1　常温(25 ℃)で気体。可燃性。点火すれば緑色の辺縁を有する炎をあげて燃焼する。
2　淡黄色の光沢のある小葉状あるいは針状結晶。徐々に熱すると昇華するが、急熱あるいは衝撃により爆発する。
3　無色、腐魚臭の気体。自然発火性。酸素及びハロゲンと激しく化合する。
4　暗紫色の六方晶系の潮解性結晶。大気中で酸化して白煙を発生する。
5　無色の油状の液体。空気中で発煙する。

神奈川県

問 66 ～問 70　次の物質について、毒性の説明として最も適当なものの番号を下欄から選びなさい。

問66 塩素　　問67 ニコチン　　問68 蓚酸アンモニウム
問69 沃素　　問70 クロロホルム

【下欄】
1 猛烈な神経毒がある。急性中毒ではよだれ、吐気、悪心、嘔吐があり、ついで脈拍緩徐不整となり、発汗、瞳孔縮小、呼吸困難、痙攣をきたす。
2 粘膜接触により刺激症状を呈し、眼、鼻、咽喉及び口腔くう粘膜を障害する。吸入により、窒息感、喉頭及び気管支筋の硬直をきたし、呼吸困難に陥る。
3 原形質毒であり、脳の節細胞を麻痺させ、赤血球を溶解する。吸収すると、はじめに嘔吐、瞳孔の縮小、運動性不安が現れる。
4 皮膚に触れると褐色に染め、その揮散する蒸気を吸入すると、めまいや頭痛を伴う一種の酩酊を起こす。
5 血液中のカルシウム分を奪取し、神経系を侵す。急性中毒症状は、胃痛、嘔吐、口腔・咽喉の炎症、腎障害である。

問 71 ～問 75　次の文章はクロルピクリンについて記述したものである。（　）の中に入る最も適当なものの番号をそれぞれ下欄から選びなさい。

化学式：（問71）
性 状：純品は（問72）の油状体。（問73）がある。
毒 性：血液中で（問74）を生成、また、中枢神経や心臓、眼結膜を侵し、肺も強く障害する。
用 途：（問75）

【問 71 下欄】
1 $CHCl_3$　　2 $ClHO_3S$　　3 CCl_3NO_2

【問 72 下欄】
1 赤色　　2 青色　　3 無色

【問 73 下欄】
1 催涙性　　2 引火性　　3 芳香性

【問 74 下欄】
1 尿酸　　2 メトヘモグロビン　　3 ケトン体

【問 75 下欄】
1 土壌燻蒸剤　　2 顔料　　3 ロケット燃料

（農業用品目）

問 51 ～問 55　次の物質について、性状の説明として最も適当なものの番号を下欄から選びなさい。

問51 (RS)－α－シアノ－3－フエノキシベンジル＝N－(2－クロロ－α・α・α－トリフルオロ－パラトリル)－D－バリナート【別名：フルバリネート】
問52 (RS)－シアノ－(3－フエノキシフエニル)メチル＝2・2・3・3－テトラメチルシクロプロパンカルボキシラート【別名：フエンプロパトリン】
問53 (S)－α－シアノ－3－フエノキシベンジル＝(1R・3S)－2・2－ジメチル－3－(1・2・2・2－テトラブロモエチル)シクロプロパンカルボキシラート【別名：トラロメトリン】
問54 硫酸第二銅
問55 1・3－ジクロロプロペン

【下欄】
1 水和物は濃い藍色の結晶で、風解性がある。水に溶けやすい。
2 橙(とう)黄色の樹脂状固体で、トルエン、キシレン等有機溶媒に可溶。
3 淡黄色または黄褐色の粘稠(ちゅう)性液体で、水に難溶。
4 淡黄褐色透明の液体で、アルミニウム等との接触で金属腐食がある。
5 白色の結晶性粉末で、水に不溶。

問 56 ～問 60 次の物質について、原体の性状及び製剤の用途の説明として最も適当なものの番号を下欄から選びなさい。

問56 2・4・6・8－テトラメチル－1・3・5・7－テトラオキソカン【別名：メタアルデヒド】

問 57 4－ブロモ－2－(4－クロロフエニル)－1－エトキシメチル－5－トリフルオロメチルピロール－3－カルボニトリル【別名：クロルフエナピル】

問58 ジエチル－(5－フエニル－3－イソキサゾリル)－チオホスフエイト【別名：イソキサチオン】

問 59 O－エチル＝S－1－メチルプロピル＝(2－オキソ－3－チアゾリジニル)ホスホノチオアート【別名：ホスチアゼート】

問60 2－チオ－3・5－ジメチルテトラヒドロ－1・3・5－チアジアジン【別名：ダゾメット】

【下欄】
1 淡黄褐色の液体。水に難溶。アルカリに不安定。野菜、茶等の殺虫剤として用いられる。
2 白色の粉末結晶。畑作物や花き類等のナメクジ類、カタツムリ類や、稲のスクミリンゴガイを防除する殺虫剤として用いられる。
3 類白色の粉末固体。水に不溶。殺虫剤、シロアリ防除剤として用いられる。
4 弱いメルカプタン臭のある液体。野菜等のセンチュウ等の殺虫剤として用いられる。
5 白色の結晶性粉末。野菜や花き等の土壌病害を防除する土壌殺菌剤や除草剤等として用いられる。

神奈川県

問 61 ～問 65 次の製剤について、劇物に該当するものは1を、毒物(特定毒物を除く。)に該当するものは2を、特定毒物に該当するものは3を、これらのいずれにも該当しないものは4を選びなさい。

問61 アバメクチンを1.8パーセント含有する製剤

問62 4－クロロ－3－エチル－1－メチル－N－［4－(パラトリルオキシ) ベンジル］ピラゾール－5－カルボキサミド【別名：トルフェンピラド】を15パーセント含有する製剤

問 63 1・1’－ジメチル－4・4’－ジピリジニウムジクロリド【別名：パラコート】を5パーセント含有する製剤

問64 マンゼブを80パーセント含有する製剤

問65 2・2－ジメチル－2・3－ジヒドロ－1－ベンゾフラン－7－イル＝N－〔N－(2－エトキシカルボニルエチル)－N－イソプロピルスルフエナモイル〕－N－メチルカルバマート【別名：ベンフラカルブ】を8パーセント含有する製剤

問 66 ～問 70　次の物質について、化学組成を踏まえた分類として適当なものの番号を下欄から選びなさい。

問 66　(RS)－α－シアノ－3－フェノキシベンジル＝(1 RS・3 RS)－(1 RS・3 SR)－3－(2・2－ジクロロビニル)－2・2－ジメチルシクロプロパンカルボキシラート【別名：シペルメトリン】

問 67　メチル－N'・N'－ジメチル－N－[(メチルカルバモイル)オキシ]－1－チオオキサムイミデート【別名：オキサミル】

問 68　2－イソプロピル－4－メチルピリミジル－6－ジエチルチオホスフエイト【別名：ダイアジノン】

問 69　1－(6－クロロ－3－ピリジルメチル)－N－ニトロイミダゾリジン－2－イリデンアミン【別名：イミダクロプリド】

問 70　5－ジメチルアミノ－1・2・3－トリチアン【別名：チオシクラム】

【下欄】
1　ネオニコチノイド系殺虫剤　　2　有機リン系殺虫剤
3　ピレスロイド系殺虫剤　　4　カーバメート系殺虫剤
5　ネライストキシン系殺虫剤

問 71 ～問 75　次の文章は、2・3・5・6－テトラフルオロ－4－メチルベンジル＝(Z)－(1 RS・3 RS)－3－(2－クロロ－3・3・3－トリフルオロ－1－プロペニル)－2・2－ジメチルシクロプロパンカルボキシラート【別名：テフルトリン】について記述したものである。
(　　)の中に入る最も適当なものの番号をそれぞれ下欄から選びなさい。

本品は、(問 71)の(問 72)で、水に(問 73)。
毒物及び劇物取締法では(　問 74　)(ただし、1.5 パーセント以下を含有するものを除く。)に指定されている。
(問 75)として用いられる。

【問 71 下欄】
1　淡褐色　　2　黒色　　3　緑色

【問 72 下欄】
1　油状物質　　2　液体　　3　固体

【問 73 下欄】
1　溶けやすい　　2　溶けにくい

【問 74 下欄】
1　劇物　　2　毒物(特定毒物を除く。)　　3　特定毒物

【問 75 下欄】
1　除草剤　　2　殺虫剤　　3　殺菌剤

(特定品目)

問 51 ～問 55　次の物質について、毒性の説明として最も適当なものの番号を下欄から選びなさい。

問 51　二酸化鉛　　問 52　アンモニア水　　問 53　クロム酸ストロンチウム
問 54　トルエン　　問 55　メチルエチルケトン

神奈川県

【下欄】

1 経口摂取によって口腔・胸腹部疼痛、嘔吐、咳嗽、虚脱を発する。また、腐食作用によって直接細胞を損傷し、気道刺激症状、肺浮腫、肺炎を招く。

2 吸入すると、眼、鼻、喉等の粘膜を刺激する。高濃度で麻酔状態となる。

3 口、喉がカラカラに乾き、熱を有し、痛むことがある。よだれを流し、また吐気を起こしたりする。胸が痛んだり、便が出なかったり、ときには黒褐色の血便をしたり脈拍が不規則になり、頭がぼんやりしてくることがある。

4 蒸気の吸入により頭痛、食欲不振など、大量の場合、緩和な大赤血球性貧血をきたす。

5 経口摂取よって口と食道が赤黄色に染まり、のちに青緑色に変化する。腹痛が生じ、緑色のものを吐き出し、血の混じった便をする。

問 56 ～問 60 次の物質について、貯蔵方法の説明として最も適当なものの番号を下欄から選びなさい。

問56 クロロホルム　問57 四塩化炭素　問58 過酸化水素水

問59 水酸化ナトリウム　問60 トルエン

【下欄】

1 少量ならば褐色のガラス瓶、大量ならばカーボイなどを使用し、３分の１の空間を保って貯蔵する。日光の直射を避け、冷所に有機物、金属塩、樹脂、油類、その他有機性蒸気を放出する物質と引き離して貯蔵する。

2 二酸化炭素と水を吸収する性質が強いため、密栓して貯蔵する。

3 引火しやすく、また、その蒸気は空気と混合して爆発性の混合ガスとなるので、火気を絶対に近づけないようにして貯蔵する。

4 亜鉛又は錫すずめっきをした鋼鉄製容器で、高温に接しない場所に貯蔵する。

5 冷暗所に貯蔵する。空気と日光によって変質するので、少量のアルコールを加えて分解を防止する。

問 61 ～問 65 次の物質について、その用途として最も適当なものの番号を下欄から選びなさい。

問61 過酸化水素水　問62 キシレン　問63 クロム酸鉛

問64 蓚酸　問65 硫酸

【下欄】

1 洗浄剤、消毒剤、獣毛・羽毛・絹糸等の漂白剤

2 捺染剤、木・コルク・綿・藁製品等の漂白剤

3 溶剤、染料中間体等の有機合成原料　4 顔料

5 肥料、化学薬品の製造、石油の精製、冶金、塗料、顔料などの製造、乾燥剤、試薬

神奈川県

問 66 ～問 70 次の物質について、性状として最も適当なものの番号を下欄から選びなさい。

問66 一酸化鉛　問67 酢酸エチル　問68 蓚酸ナトリウム

問69 重クロム酸アンモニウム　問70 ホルマリン

【下欄】

1 重い粉末で、黄色から赤色までのものがある。光化学反応を起こす。

2 橙赤色の結晶で、185 ℃で気体の窒素を生成し、ルミネッセンスを発して分解。自己燃焼性がある。

3 白色の結晶性粉末で、水に可溶である。

4 無色透明の液体。果実様の芳香がある。

5 無色の催涙性透明液体。刺激臭を有する。低温で混濁する。

問 71 ～問 75　次の物質について、常温常圧(25 ℃、１気圧)で、気体の物質は１を、液体の物質は２を、固体の物質は３を選びなさい。ただし、記載してある物質はすべて原体である。

問 71 四塩化炭素　　問 72 硅弗化(けいふつ)ナトリウム

問 73 塩化水素　　問 74 水酸化ナトリウム　　問 75 アンモニア

〔実　地〕

(一般)

問 76 ～問 80　次の物質について、鑑識法として最も適当なものの番号を下欄から選びなさい。

問 76 ベタナフトール　　問 77 カリウム　　問 78 硫酸亜鉛
問 79 硝酸　　問 80 四塩化炭素

【下欄】

1　水に溶かして硫化水素を通じると白色の沈殿を生成する。また水に溶かして塩化バリウムを加えると白色の沈殿を生成する。
2　水溶液にアンモニア水を加えると紫色の蛍石彩をはなつ。
3　銅屑くずを加えて熱すると藍色を呈して溶け、その際に赤褐色の蒸気を生成する。
4　白金線につけて溶融炎で熱し、炎の色を見ると青紫色となる。この炎はコバルトの色ガラスを通してみると紅紫色となる。
5　アルコール性の水酸化カリウムと銅粉とともに煮沸すると、黄赤色の沈殿を生成する。

神奈川県

問 81 ～問 85　次の物質について、廃棄方法として最も適当なものの番号を下欄から選びなさい。
　なお、廃棄方法は「毒物及び劇物の廃棄の方法に関する基準」によるものとする。

問 81 弗(ふっ)化水素　　問 82 重クロム酸ナトリウム
問 83 黄燐(りん)　　問 84 一酸化鉛　　問 85 硫酸

【下欄】

1　セメントを用いて固化し、溶出試験を行い、溶出量が判定基準以下であることを確認して埋立処分する。
2　徐々に石灰乳などの攪拌(かくはん)溶液に加え中和させた後、多量の水で希釈して処理する。
3　希硫酸に溶かし、還元剤(硫酸第一鉄等)の水溶液を過剰に用いて還元した後、水酸化カルシウム、炭酸ナトリウム等の水溶液で処理し、沈殿濾ろ過する。
　溶出試験を行い、溶出量が判定基準以下であることを確認して埋立処分する。
4　多量の水酸化カルシウム水溶液中に吹き込んで吸収させ、中和し、沈殿濾(ろ)過して埋立処分する。
5　廃ガス水洗設備及び必要があればアフターバーナーを備えた焼却設備で焼却する。廃ガス水洗設備から発生する廃水は水酸化カルシウム等を加えて中和する。

問 86 ～問 90　次の物質について、漏えい時の措置として最も適当なものの番号を下欄から選びなさい。
なお、作業にあたっては、風下の人を退避させ周囲の立入禁止、保護具の着用、風下での作業を行わないことや廃液が河川等に排出されないよう注意する等の基本的な対応のうえ実施することとする。

問86 臭素　問87 蓚（しゅう）酸　問88 重クロム酸アンモニウム
問89 キシレン　問90 酸化バリウム

【下欄】
1 飛散したものは速やかに掃き集めて空容器に回収し、そのあとを多量の水で洗い流す。
2 飛散したものは空容器にできるだけ回収し、そのあとに希硫酸を用いて中和し、多量の水で洗い流す。
3 飛散したものは空容器にできるだけ回収し、そのあとを還元剤(硫酸第一鉄等)の水溶液を散布し、水酸化カルシウム、炭酸ナトリウム等の水溶液で処理した後、多量の水で洗い流す。
4 多量に漏えいした液は、土砂等でその流れを止め、液の表面を泡で覆いできるだけ空容器に回収する。
5 少量の場合は漏えい箇所や漏えいした液に水酸化カルシウムを十分に散布して吸収させる。多量に気体が噴出した場所には遠くから霧状の水をかけ吸収させる。

問 91 ～問 95　次の文章は、フエノールについて記述したものである。(　　)の中に入る最も適当なものの番号をそれぞれ下欄から選びなさい。
なお、廃棄方法は「毒物及び劇物の廃棄の方法に関する基準」によるものとする。

分　類：(問91)(ただし、5パーセント以下を含有するものを除く。)
化 学 式：(問92)
性　状：原体は、常温(25 ℃)で(問93)、特異な臭気がする。
廃棄方法：(問94)、燃焼法
鑑 識 法：水溶液に過クロール鉄液を加えると(問95)を呈する。

【問 91 下欄】
1 劇物　2 毒物(特定毒物を除く。)　3 特定毒物

【問 92 下欄】
1 C_8H_{10}　2 C_6H_6O　3 C_7H_8

【問 93 下欄】
1 気体　2 液体　3 固体

【問 94 下欄】
1 希釈法　2 中和法　3 活性汚泥法

【問 95 下欄】
1 白色　2 紫色　3 褐色

問 96 ～問 100　次の文章は、アニリンについて記述したものである。(　　)の中に入る最も適当なものの番号をそれぞれ下欄から選びなさい。
　なお、廃棄方法は「毒物及び劇物の廃棄の方法に関する基準」によるものとする。

分　類：(問 96)
化 学 式：(問 97)
性　状：純品は無色透明な油状の液体で、特有の臭気がある。
空気に触れて(問 98)を呈する。
鑑 識 法：水溶液にさらし粉を加えると(問 99)を呈する。
廃棄方法：(問 100)、活性汚泥法

【問 96 下欄】
1　劇物　　2　毒物(特定毒物を除く。)　　3　特定毒物

【問 97 下欄】
1　C_6H_7N　　2　C_7H_9N　　3　$C_6H_5NO_2$

【問 98 下欄】
1　赤褐色　　2　藍色　　3　緑色

【問 99 下欄】
1　灰色　　2　黄色　　3　紫色

【問 100 下欄】
1　固化隔離法　　2　分解沈殿法　　3　燃焼法

(農業用品目)

問 76 ～問 80　次の物質について、漏えい時の措置として最も適当なものの番号を下欄から選びなさい。
　なお、作業にあたっては、風下の人を退避させ周囲の立入禁止、保護具の着用、風下での作業を行わないことや廃液が河川等に排出されないよう注意する等の基本的な対応のうえ実施することとする。

問 76　2－イソプロピル－4－メチルピリミジル－6－ジエチルチオホスフエイト【別名：ダイアジノン】

問 77　ブロムメチル【別名：臭化メチル】

問 78　1・3－ジカルバモイルチオ－2－(N・N－ジメチルアミノ)－プロパン塩酸塩【別名：カルタップ】

問 79　(RS)－α－シアノ－3－フェノキシベンジル＝(RS)－2－(4－クロロフェニル)－3－メチルブタノアート【別名：フェンバレレート】

問 80　シアン化水素

【下欄】
1　少量の液が漏えいした場合は、速やかに蒸発するので周辺に近づかないようにする。多量の液が漏えいした場合は、土砂等でその流れを止め、液が広がらないようにして蒸発させる。
2　漏えいした液は土砂等でその流れを止め、安全な場所に導き、空容器にできるだけ回収し、そのあと土砂等に吸着して掃き集め、空容器に回収する。
3　漏えいしたボンベ等を多量の水酸化ナトリウム水溶液(20 パーセント以上)に容器ごと投入してこの気体を吸収させ、さらに酸化剤(次亜塩素酸ナトリウム、さらし粉等)の水溶液で酸化処理を行い、多量の水で洗い流す。
4　飛散したものは空容器にできるだけ回収し、多量の水で洗い流す。
5　漏えいした液は土砂等でその流れを止め、安全な場所に導き、空容器にできるだけ回収し、そのあとを水酸化カルシウム等の水溶液を用いて処理し、中性洗剤等の界面活性剤を使用し多量の水で洗い流す。

神奈川県

問 81 ～問 85　次の物質について、廃棄方法の説明として、正しいものは１を、誤っているものは２を選びなさい。
　なお、廃棄方法は「毒物及び劇物の廃棄の方法に関する基準」によるものとする。

問 81　Ｓ－メチル－Ｎ－［(メチルカルバモイル)－オキシ］－チオアセトイミデート【別名：メトミル、メソミル】
多量の水で希釈して処理する。

問 82　２・２’－ジピリジリウム－１・１’－エチレンジブロミド【別名：ジクワット】
　水に溶かし、消石灰、ソーダ灰等の水溶液を加えて処理し、沈殿濾過して埋立処分する。

問 83　硫酸
徐々に石灰乳等の撹拌溶液に加え中和させた後、多量の水で希釈して処理する。

問 84　沃化メチル
過剰の可燃性溶剤又は重油等の燃料とともにアフターバーナー及びスクラバーを備えた焼却炉の火室に噴霧して、できるだけ高温で焼却する。

問 85　Ｎ－メチル－１－ナフチルカルバメート【別名：カルバリル、NAC】
多量の水酸化ナトリウム水溶液(20 パーセント)に吹き込んだのち、多量の水で希釈して活性汚泥槽で処理する。

問 86 ～問 90　次の文章は、ジメチルジチオホスホリルフエニル酢酸エチル【別名：フェントエート、PAP】ついて記述したものである。(　　)の中に入る最も適当なものの番号をそれぞれ下欄から選びなさい。
　なお、廃棄方法は「毒物及び劇物の廃棄の方法に関する基準」によるものとする。

分　　　　類：(問 86)(ただし、３パーセント以下を含有するものを除く。)
性　　　　状：水に(問 87)。(問 88)臭の油状液体である。
廃 棄 方 法：(問 89)
漏えい時の措置：(問 90)なお、作業にあたっては、風下の人を退避させ周囲の立入禁止、保護具の着用、風下での作業を行わないことや廃液が河川等に排出されないよう注意する等の基本的な対応のうえ実施することとする。

【問 86 下欄】
１　劇物　　２　毒物(特定毒物を除く。)　　３　特定毒物

【問 87 下欄】
１　溶ける　　２　溶けない

【問 88 下欄】
１　芳香性刺激　　２　無　　３　アンモニア

【問 89 下欄】
１　酸化法　　２　燃焼法　　３　アルカリ法

【問 90 下欄】
１　飛散したものは空容器にできるだけ回収し、そのあとに希硫酸を用いて中和し、多量の水で洗い流す。
２　土砂等でその流れを止め、安全な場所に導き、空容器にできるだけ回収し、そのあとを水酸化カルシウム等の水溶液を用いて処理し、中性洗剤等の分散剤を使用して多量の水で洗い流す。
３　空容器に回収し、そのあとに水酸化ナトリウム等の水溶液を加え、アルカリ性とし、さらに次亜塩素酸ナトリウム等の水溶液で酸化処理を行い、多量の水で洗い流す。

問 91 ～問 95　次の文章は、燐（りん）化亜鉛について記述したものである。（　　）の中に入る最も適当なものの番号をそれぞれ下欄から選びなさい。

分　　　　　類：（ 問 91 ）（ただし、１パーセント以下を含有し、黒色に着色され、かつ、トウガラシエキスを用いて著しくからく着味されているものを除く。）
性　　　　　状：暗赤色の光沢のある粉末。水に（ 問 92 ）。空気中で（ 問 93 ）する。
用　　　　　途：（ 問 94 ）
漏えい時の措置：（ 問 95 ）なお、作業にあたっては、風下の人を退避させ周囲の立入禁止、保護具の着用、風下での作業を行わないことや廃液が河川等に排出されないよう注意する等の基本的な対応のうえ実施することとする。

【問 91 下欄】
1　劇物　　2　毒物（特定毒物を除く。）　3　特定毒物

【問 92 下欄】
1　溶ける　　2　溶けない

【問 93 下欄】
1　燃焼　　2　液化　　3　分解

【問 94 下欄】
1　除草剤　　2　殺菌剤　　3　殺鼠そ剤

【問 95 下欄】
1　速やかに土砂等で覆い、密封可能な空容器にできるだけ回収して密閉する。
2　空容器にできるだけ回収し、そのあとを水酸化カルシウム等の水溶液を用いて処理し、多量の水で洗い流す。
3　空容器に回収し、そのあと食塩水を用いて処理し、多量の水で洗い流す。

神奈川県

問 96 ～問 100　次の文章は、クロルピクリンについて記述したものである。（　　）の中に入る最も適当なものの番号をそれぞれ下欄から選びなさい。
なお、廃棄方法は「毒物及び劇物の廃棄の方法に関する基準」によるものとする。

分　　類：（ 問 96 ）
性　　状：純品は無色の油状体で、（ 問 97 ）がある。
毒　　性：（ 問 98 ）
廃棄方法：（ 問 99 ）
鑑 識 法：水溶液に金属カルシウムを加え、これにベタナフチルアミン及び硫酸を加えると、（ 問 100 ）の沈殿を生成する。

【問 96 下欄】
1　劇物　　2　毒物（特定毒物を除く。）　3　特定毒物

【問 97 下欄】
1　催涙性　　2　芳香性　　3　引火性

【問 98 下欄】
1　吸入すると、コリンエステラーゼ活性を阻害し、下痢・嘔（おう）吐等の症状の他、筋力の低下を引き起こす。
2　吸入すると、分解されずに組織内に吸収され、各器官が障害される。血液中でメトヘモグロビンを生成、また中枢神経や心臓、眼結膜を侵し、肺も強く障害する。
3　吸入すると、はじめは嘔（おう）吐、瞳孔の縮小、運動性不安が現れ、神経細胞を麻酔させる。その後、反射機能は消失し瞳孔は拡大する。

【問 99 下欄】
1　燃焼法　　2　分解法　　3　中和法

【問 100 下欄】
1　白色　　2　黄色　　3　赤色

（特定品目）

問 76 ～問 80　次の物質について、廃棄方法として最も適当なものの番号を下欄から選びなさい。
なお、廃棄方法は「毒物及び劇物の廃棄の方法に関する基準」によるものとする。

問 76 アンモニア水　　問 77 キシレン　　問 78 一酸化鉛
問 79 クロム酸ナトリウム　　問 80 過酸化水素水

【下欄】
1　希硫酸に溶かし、還元剤（硫酸第一鉄等）の水溶液を過剰に用いて還元したのち、水酸化カルシウム、炭酸ナトリウム等の水溶液で処理し、沈殿濾（ろ）過する。溶出試験を行い、溶出量が判定基準以下であることを確認して埋立処分する。
2　焼却炉の火室へ噴霧し焼却する。
3　多量の水で希釈して処理する。
4　セメントを用いて固化し、溶出試験を行い、溶出量が判定基準以下であることを確認して埋立処分する。
5　水で希薄な水溶液とし、酸（希塩酸、希硫酸など）で中和させた後、多量の水で希釈して処理する。

問 81 ～問 85　次の物質について、鑑識法として最も適当なものの番号を下欄から選びなさい。

問 81 水酸化カリウム　　問 82 アンモニア水　　問 83 メタノール
問 84 ホルマリン　　問 85 蓚（しゅう）酸

【下欄】
1　フェーリング溶液とともに熱すると、赤色の沈殿を生成する。
2　水溶液に酒石酸溶液を過剰に加えると、白色結晶性の沈殿を生成する。
3　濃塩酸を潤したガラス棒を近づけると白い霧を生ずる。
4　水溶液を酢酸で弱酸性にして酢酸カルシウムを加えると結晶性の沈殿を生じる。
5　サリチル酸と濃硫酸とともに熱すると、芳香のある物質を生じる。

問 86 ～問 90　次の文章は、クロロホルムについて記述したものである。（　　）の中に入る最も適当なものの番号をそれぞれ下欄から選びなさい。
なお、廃棄方法は「毒物及び劇物の廃棄の方法に関する基準」によるものとする。

化学式：（ 問 86 ）
性状：（ 問 87 ）の揮発性液体で、特異臭と甘味を有する。
鑑識法：（ 問 88 ）と 33 パーセントの水酸化カリウム溶液と熱すると黄赤色を呈し、緑色の蛍石彩を放つ。
廃棄方法：（ 問 89 ）
漏えい時の処置：漏えいした液は土砂等でその流れを止め、安全な場所に導き、（ 問 90 ）なお、作業にあたっては、風下の人を退避させ周囲の立入禁止、保護具の着用、風下での作業を行わないことや廃液が河川等に排出されないよう注意する等の基本的な対応のうえ実施することとする。

【問 86 下欄】
1　$CHCl_3$　　2　HCl　　3　C_2H_3Cl

【問 87 下欄】
1　赤色　　2　黄色　　3　無色

【問 88 下欄】
1　ベタナフトール　　2　レゾルシン　　3　アニリン

神奈川県

【問 89 下欄】
1 中和法　　2 燃焼法　　3 アルカリ法

【問 90 下欄】
1 空容器にできるだけ回収し、中性洗剤等の分散剤を使用して多量の水で洗い流す。
2 多量の水で十分に希釈して洗い流す。
3 空容器にできるだけ回収し、徐々に注水してある程度希釈した後、水酸化カルシウム等の水溶液で処理し、多量の水で洗い流す。

問 91 ～問 95 次の品目について、毒物及び劇物取締法で規定する特定品目販売業の登録を受けた者が、登録を受けた店舗において、販売することができる品目は1を、販売できない品目は2を選びなさい。
ただし、含有量の記載がない品目は原体とする。

問91 過酸化水素を 35 パーセント含有する製剤　　問92 硝酸タリウム
問93 塩化水素を 35 パーセント含有する製剤　　問94 塩素
問95 シアン化ナトリウム

問 96 ～問 100 次の文章は、メチルエチルケトンについて記述したものである。
（　）の中に入る最も適当なものの番号をそれぞれ下欄から選びなさい。
なお、廃棄方法は「毒物及び劇物の廃棄の方法に関する基準」によるものとする。

化学式：（問96）
分　類：（問97）
性　状：無色の液体で、（問98）がある。
用　途：（問99）
廃棄方法：（問100）

【問 96 下欄】
1 CH_4O　　2 C_7H_8　　3 C_4H_8O

【問 97 下欄】
1 劇物　　2 毒物（特定毒物を除く。）　3 特定毒物

【問 98 下欄】
1 ニンニク臭　　2 刺激臭　　3 アセトン臭

【問 99 下欄】
1 漂白剤　　2 溶剤、有機合成原料　　3 燻（くん）くん煙えん剤

【問 100 下欄】
1 アルカリ水溶液（水酸化カルシウムの懸濁液または水酸化ナトリウム水溶液）中に少量ずつ滴下し、多量の水で希釈して処理する。
2 セメントを用いて固化し、埋立処分する。
3 珪藻土（けいそうど）等に吸収させて開放型の焼却炉で焼却する。

神奈川県

新潟県
令和５年度実施

〔毒物及び劇物に関する法規〕
（一般・農業用品目・特定品目共通）

問１　次の記述のうち、毒物及び劇物取締法上、正しいものはどれか。

1　毒物及び劇物取締法第１条において、「この法律は、毒物及び劇物について、危険防止上の見地から必要な取締を行うことを目的とする。」と規定されている。
2　毒物又は劇物の販売業の登録を受けた者でなければ、毒物劇物営業者以外の者に毒物又は劇物を販売してはならない。
3　毒物又は劇物の輸入業の登録は、営業所ごとに厚生労働大臣が行う。
4　毒物又は劇物の製造業者は、登録を受けた毒物又は劇物以外の毒物又は劇物を新たに製造するときは、製造を始めた日から 30 日以内に、その製造所の所在地の都道府県知事にその旨を届け出なければならない。

問２　次の記述のうち、毒物及び劇物取締法上、正しいものはどれか。

1　毒物又は劇物の製造業者が、毒物又は劇物の販売業を併せて営む場合において、その製造所及び店舗が互いに隣接しているとき、毒物劇物取扱責任者は、これらの施設を通じて１人で足りる。
2　毒物又は劇物の販売業者は、毒物劇物取扱責任者を変更する場合、その店舗の所在地の都道府県知事（店舗の所在地が保健所を設置する市又は特別区の区域にある場合は、市長又は区長）に、あらかじめ、その毒物劇物取扱責任者の氏名を届け出なければならない。
3　毒物劇物取扱者試験に合格した 16 歳の者は、毒物劇物取扱責任者になることができる。
4　農業用品目毒物劇物取扱者試験に合格した者でなければ、農業用品目販売業の店舗において毒物劇物取扱責任者になることができない。

問３　次のうち、毒物及び劇物取締法第 10 条の規定により、毒物又は劇物の販売業者が 30 日以内に届出をしなければならない場合の組合せとして正しいものはどれか。

ア 店舗における営業を休止したとき
イ 営業日を変更したとき
ウ 毒物又は劇物を貯蔵する設備の重要な部分を変更したとき
エ 毒物又は劇物の販売業者が法人の場合にあっては、その主たる事務所の所在地を変更したとき

1　ア、イ　　2　ア、エ　　3　イ、ウ　　4　ウ、エ

問４　次の記述のうち、毒物及び劇物取締法上、正しいものの組合せはどれか。

ア 毒物劇物営業者は、登録票の再交付を受けた後、失った登録票を発見したときは、発見した登録票を廃棄しなければならない。
イ 毒物又は劇物の製造業の登録を受ければ、毒物又は劇物を販売又は授与の目的で輸入することができる。
ウ 毒物又は劇物の輸入業の登録は、５年ごとに更新を受けなければ、その効力を失う。
エ 毒物若しくは劇物又は毒物及び劇物取締法第 11 条第２項に規定する政令で定める物は、廃棄の方法について政令で定める技術上の基準に従わなければ、廃棄してはならない。

1　ア、イ　　2　ア、エ　　3　イ、ウ　　4　ウ、エ

問５　次の事業とその業務上取り扱う毒物又は劇物の組合せのうち、毒物及び劇物取締法第22条第１項の規定により、届け出なければならないものはどれか。

	(事業)		(業務上取り扱う毒物又は劇物)
1	金属熱処理を行う事業	—	シアン化カリウム
2	しろありの防除を行う事業	—	クロルフェナピル
3	電気めっきを行う事業	—	無水クロム酸
4	ねずみの駆除を行う事業	—	三塩化砒(ひ)素

問６　次の記述は、毒物及び劇物取締法第17条の条文である。[A]、[B]及び[C]に当てはまる語句の組合せとして正しいものはどれか。

> 第十七条　毒物劇物営業者及び特定毒物研究者は、その取扱いに係る毒物若しくは劇物又は第十一条第二項の政令で定める物が飛散し、漏れ、流れ出し、染み出し、又は地下に染み込んだ場合において、不特定又は多数の者について保健衛生上の危害が生ずるおそれがあるときは、直ちに、その旨を[A]、[B]又は[C]に届け出るとともに、保健衛生上の危害を防止するために必要な応急の措置を講じなければならない。
> 2　毒物劇物営業者及び特定毒物研究者は、その取扱いに係る毒物又は劇物が盗難にあい、又は紛失したときは、直ちに、その旨を[B]に届け出なければならない。

	A		B		C
1	警察署	−	保健所	−	市町村(特別区を含む。)
2	保健所	−	警察署	−	市町村(特別区を含む。)
3	警察署	−	保健所	−	消防機関
4	保健所	−	警察署	−	消防機関

問７　次の記述のうち、毒物及び劇物取締法上、誤っているものはどれか。

1　毒物又は劇物の製造業者が自ら製造した毒物又は劇物を販売するとき、毒物及び劇物取締法第12条第２項の規定によりその容器及び被包に表示しなければならない事項として、毒物又は劇物の成分及びその含量がある。
2　毒物劇物営業者は、劇物の容器として、飲食物の容器として通常使用される物を使用してはならない。
3　毒物劇物営業者は、毒物又は劇物を他の毒物劇物営業者に販売したとき、毒物及び劇物取締法第14条第１項の規定により記載した書面を、販売した日から３年間保存しなければならない。
4　毒物劇物営業者は、毒物を貯蔵する場所に、「医薬用外」の文字及び「毒物」の文字を表示しなければならない。

新潟県

問８　次の記述のうち、毒物及び劇物取締法上、正しいものはどれか。

1　特定毒物使用者は、特定毒物を学術研究の用途で使用することができる。
2　毒物又は劇物の輸入業者は、特定毒物を輸入することができない。
3　毒物又は劇物の販売業者は、特定毒物使用者に対し、すべての特定毒物を譲り渡すことができる。
4　毒物又は劇物の製造業者は、毒物又は劇物の製造のために特定毒物を使用することができる。

問９　次の記述は、毒物及び劇物取締法第 15 条の条文である。［A］、［B］及び［C］に当てはまる語句の組合せとして正しいものはどれか。

第十五条［A］は、毒物又は劇物を次に掲げる者に交付してはならない。
一［B］未満の者
二 心身の障害により毒物又は劇物による保健衛生上の危害の防止の措置を適正に行うことができない者として厚生労働省令で定めるもの
三 麻薬、大麻、あへん又は覚せい剤の中毒者
2［A］は、厚生労働省令の定めるところにより、その交付を受ける者の氏名及び［C］を確認した後でなければ、第三条の四に規定する政令で定める物を交付してはならない。
3（略）
4（略）

	A	B	C
1	毒物又は劇物の販売業の登録を受けた者	十六歳	住所
2	毒物劇物営業者	十八歳	住所
3	毒物又は劇物の販売業の登録を受けた者	十八歳	職業
4	毒物劇物営業者	十六歳	職業

問 10　次のうち、毒物及び劇物取締法施行令第 40 条の５の規定により、車両を使用して一回につき 5,000 キログラム以上運搬する場合に、その車両に保護具として保護手袋、保護長ぐつ、保護衣及び酸性ガス用防毒マスクを２人分以上備えなければならないものはどれか。

1　硫酸及びこれを含有する製剤（硫酸 10 ％以下を含有するものを除く。）で液体状のもの
2　過酸化水素及びこれを含有する製剤（過酸化水素６％以下を含有するものを除く。）
3　塩化水素及びこれを含有する製剤（塩化水素 10 ％以下を含有するものを除く。）で液体状のもの
4　ホルムアルデヒド及びこれを含有する製剤（ホルムアルデヒド１％以下を含有するものを除く。）で液体状のもの

新潟県

〔基礎化学〕
（一般・農業用品目・特定品目共通）

問11　次の［A］及び［B］に当てはまる語句の組合せとして正しいものはどれか。

周期表の同じ族に属している元素を同族元素といい、H を除く Na や［A］などの１族元素を［B］という。

	A	B
1	Ｃａ	アルカリ金属
2	Ｃａ	アルカリ土類金属
3	Ｋ	アルカリ金属
4	Ｋ	アルカリ土類金属

問 12　次のうち、ナトリウムが炎色反応によって示す色はどれか。

1　黄　　2　青緑　　3　赤　　4　赤紫

問13　次のうち、混合物はどれか。

1　窒素　　2　水　　3　塩化ナトリウム　　4　石油

問14　次の［ A ］及び［ B ］に当てはまる語句の組合せとして正しいものはどれか。

> 原子が電子１個を受け取って１価の陰イオンになる時に放出されるエネルギーを［ A ］という。一般に、［ A ］が［ B ］原子ほど陰イオンになりやすい。

	A		B
1	電子親和力	－	小さい
2	電子親和力	－	大きい
3	イオン化エネルギー	－	小さい
4	イオン化エネルギー	－	大きい

問15　次のうち、６ｇの酢酸を水に溶かして500mLとした水溶液のモル濃度として正しいものはどれか。ただし、酢酸の分子量を60とする。

1　0.05mol/L　　2　0.1mol/L　　3　0.2mol/L　　4　0.3mol/L

問16　次のうち、pH２の塩酸を純水で薄めて10分の１の濃度にしたときの溶液のpHとして正しいものはどれか。

1　pH１　　2　pH２　　3　pH３　　4　pH４

問17　次のうち、非共有電子対の数が最も多い分子はどれか。

1　水素　　2　アンモニア　　3　メタン　　4　二酸化炭素

問18　次のうち、正しい記述はどれか。

1　一つの酸化還元反応において、酸化された原子の酸化数の増加量の総和と還元された原子の酸化数の減少量の総和は等しい。
2　酸化還元反応では、酸化剤が還元剤に電子を与える。
3　物質が反応して水素原子を失ったとき、その物質は還元されたという。
4　酸化剤と還元剤が反応するときには、酸化剤は酸化され、還元剤は還元される。

問19　次のうち、正しい記述はどれか。

1　イオン結晶は電気を導かないが、融解させて液体にしたり、水溶液にしたりすると、電気を導くようになる。
2　金属結晶は多数の原子がすべて配位結合で連なっており、かたくて融点が高い。
3　共有結合の結晶は、融点が低く、昇華しやすいものもある。
4　分子結晶は、自由電子が存在するため、電気をよく導く。

問20　次のうち、極性分子はどれか。

1　フッ素　　2　クロロホルム　　3　塩素　　4　四塩化炭素

〔毒物及び劇物の性質及び貯蔵その他取扱方法〕

（一般）

問 21　次のうち、劇物に該当するものはどれか。

1　ニコチン　　2　メチルジメトン　　3　アクリルアミド
4　アジ化ナトリウム

問 22　次の［ A ］及び［ B ］に当てはまる語句の組合せとして正しいものはどれか。

> 弗（ふっ）化水素は［ A ］の無色液化した気体で、強い刺激性を持つ。気体は空気よりも重く、空気中の水や湿気と作用して［ B ］を生じ、強い腐食性を示す。

	A		B
1	可燃性	－	黒煙
2	可燃性	－	白煙
3	不燃性	－	黒煙
4	不燃性	－	白煙

問 23　次の記述のうち、正しいものはどれか。

1　ナトリウムは、空気中にそのまま保存することはできないので、水中に沈めて瓶に入れて保管する。
2　四塩化炭素は、空気中では発火しやすいので、ベンゼン中に保存する。
3　ベタナフトールは、空気や光線に触れると青変するため、遮光して保管する。
4　クロロホルムの純品は、空気と日光によって変質するので、少量のアルコールを加えて、冷暗所に保管する。

問 24　次の記述のうち、正しいものはどれか。

1　シアン化水素は、点火すると黄色の炎を発し燃焼する。
2　硫酸亜鉛は、水に溶かして硫化水素を通じると、白色の硫化亜鉛の沈殿を生じる。
3　塩酸は、硝酸銀水溶液を加えると白色沈殿を生じ、その沈殿は希硝酸に溶ける。
4　メタノールは、サリチル酸と水酸化ナトリウムとともに熱すると、芳香のあるサリチル酸メチルエステルを生成する。

問 25　次のうち、常温常圧下で固体のものはどれか。

1　三塩化燐（りん）　　2　塩化第二錫（すず）　　3　フェノール　　4　無水酢酸

問 26　次のうち、塩素酸カリウムの廃棄方法として最も適切なものはどれか。

1　還元法　　2　活性汚泥法　　3　固化隔離法　　4　酸化沈殿法

問 27　次のうち、不燃性を有するものはどれか。

1　塩化ホスホリル　　2　四エチル鉛　　3　エチレンオキシド
4　クロトンアルデヒド

問 28　次の［A］及び［B］に当てはまる語句の組合せとして正しいものはどれか。

> ホルムアルデヒドの水溶液に［A］を加え、さらに硝酸銀溶液を加えると、徐々に金属銀が析出する。また、フェーリング溶液とともに熱すると、［B］の沈殿を生成する。

	A		B
1	水酸化ナトリウム水溶液	－	黒色
2	水酸化ナトリウム水溶液	－	赤色
3	アンモニア水	－	黒色
4	アンモニア水	－	赤色

問 29　次の記述のうち、正しいものはどれか。

1　ニッケルカルボニルは、常温常圧下において、褐色の固体で水に溶けにくい。
2　アセトニトリルは、加水分解するとアセトアミドを経て、アンモニアと酢酸を生成する。
3　酢酸鉛を水に溶かし、その水溶液にヨウ化カリウム溶液を加えると、紫色のヨウ化鉛が沈殿する。
4　ダイアジノンは、常温常圧下において、黄色の液体で水に溶けやすい。

問 30　次の記述のうち、正しいものはどれか。

1　硫酸第二銅を水に溶かし、その水溶液にアンモニア水を加えると褐色の水酸化銅が沈殿する。
2　硫化バリウムは、水により加水分解し、水酸化バリウムと硫化水素バリウムを生成する。
3　クレゾールの構造異性体は２種類ある。
4　無水クロム酸は風解性がある。

（農業用品目）

新潟県

問 21　次の記述に当てはまる物質はどれか。

> 常温常圧下において、無色又は淡黄色透明の液体で、エーテル様臭があり、空気中で光によって一部分解して褐色になる。また、吸入した場合、中枢神経系の抑制及び肺の刺激症状が現れる。

1　テフルトリン　　2　トリシクラゾール　　3　ヨウ化メチル
4　メタアルデヒド

問 22　次のうち、トリクロルヒドロキシエチルジメチルホスホネイト（別名：トリクロルホン）の廃棄方法として最も適切なものはどれか。

1　還元沈殿法　　2　燃焼法　　3　中和法　　4　固化隔離法

問 23　次のうち、メトミルの中毒治療薬として主に用いられるものはどれか。

1　硫酸アトロピン　　2　ジメルカプロール（別名：BAL）　　3　亜硝酸アミル
4　２－ピリジルアルドキシムメチオダイド（別名：PAM）

問 24　次のうち、塩素酸ナトリウムに関する記述として正しいものはどれか。

1　常温常圧下で赤褐色の結晶である。　　2　潮解性がある。
3　水に溶けない。　　4　塩素に似た刺激臭を有する。

問 25　次のうち、1・3－ジクロロプロペンに関する記述として正しいものの組合せはどれか。

ア　鉄又は鉄を含む合金と接触するとそれらを腐食させるので、アルミニウム製の容器で保管する。
イ　引火性を有するため、火気をさけ換気のよい場所で保管する。
ウ　常温常圧下において、黄緑色の固体である。
エ　眼に対して強い刺激性があるので、取り扱う時は眼に入らないよう注意する。

1　ア、イ　　2　ア、ウ　　3　イ、エ　　4　ウ、エ

問 26　次のうち、1％を含有する製剤が劇物に該当するものはどれか。

1　ジメチルジチオホスホリルフェニル酢酸エチル(別名：フェントエート)
2　4－クロロ－3－エチル－1－メチル－N－［4－(パラトリルオキシ)ベンジル］ピラゾール－5－カルボキサミド(別名：トルフェンピラド)
3　1・3－ジカルバモイルチオ－2－(N・N－ジメチルアミノ)－プロパン塩酸塩(別名：カルタップ)
4　エマメクチン

問 27　次の A 、 B 及び C に当てはまる語句の組合せとして正しいものはどれか。

燐(りん)化アルミニウムとその分解促進剤とを含有する製剤は A に指定されており、大気中の B に触れると、徐々に分解して有毒な C を発生する。

	A		B		C
1	劇物	－	二酸化炭素	－	ホスフィン
2	劇物	－	水	－	ホスゲン
3	毒物	－	二酸化炭素	－	ホスゲン
4	毒物	－	水	－	ホスフィン

問 28　次のうち、有機燐(りん)化合物に分類されるものはどれか。

1　イソキサチオン　　2　ベンフラカルブ　　3　フィプロニル
4　チアクロプリド

問 29　次のうち、物質とその性質の正しい組合せはどれか。

1　2・2'－ジピリジリウム－1・1'－エチレンジブロミド(別名：ジクワット)　－　腐食性
2　5－ジメチルアミノ－1・2・3－トリチアン蓚(しゅう)酸塩(別名：チオシクラム)　－　風解性
3　2－クロルエチルトリメチルアンモニウムクロリド(別名：クロルメコート)　－　可燃性
4　N－メチル－1－ナフチルカルバメート(別名：カルバリル)　－　発煙性

問 30　次のうち、常温常圧下で液体であるものはどれか。

1　2－チオ－3・5－ジメチルテトラヒドロ－1・3・5－チアジアジン(別名：ダゾメット)
2　イミノクタジン三酢酸塩
3　メチル－N'・N'－ジメチル－N－[(メチルカルバモイル)オキシ]－1－チオオキサムイミデート(別名：オキサミル)
4　ダイアジノン

新潟県

（特定品目）

問21　次のうち、５％製剤が劇物に該当するものはどれか。

1　水酸化ナトリウム　　2　アンモニア　　3　蓚酸（しゅう）　　4　硝酸

問22　次のうち、メタノールの毒性として最も適当なものはどれか。

1　鼻、のど、気管支、肺などの粘膜が障害され、肺水腫を生じ、呼吸困難、呼吸停止を起こす。また、皮膚に触れると激しい痛みを感じ、皮膚の内部にまで浸透腐食する。
2　はじめ頭痛、悪心などを起こし、黄疸のように角膜が黄色となり、しだいに尿毒症様の症状を起こす。また、高熱下で酸素と水分が共存するときは、無色無臭の毒ガスであるホスゲンを生成する。
3　頭痛、めまい、嘔吐、下痢、腹痛などの症状を起こす。致死量に近ければ麻酔状態になり、視神経が侵され、失明することがある。また、皮膚に触れると粘膜を刺激し、繰り返し触れていると皮膚炎を起こす。
4　胃痛、嘔吐、口腔の炎症、腎障害などの症状を起こす。また、血液中のカルシウム分を奪取し、神経系を侵す。

問23　次のうち、塩酸の鑑別法として正しいものはどれか。

1　アルコール溶液に、水酸化カリウム溶液と少量のアニリンを加えて熱すると、不快な刺激臭を放つ。
2　アルコール性の水酸化カリウムと銅粉とともに煮沸すると、黄赤色の沈殿を生成する。
3　サリチル酸と濃硫酸とともに熱すると、芳香のあるサリチル酸メチルエステルを生成する。
4　硫酸及び過マンガン酸カリウムを加えて加熱した際に発生したガスは、潤したヨウ化カリウムデンプン紙を青変する。

問24　次のうち、毒物劇物特定品目販売業の登録を受けた者が販売できるものはどれか。

1　三塩基性硫酸鉛　　2　シアン化ナトリウム　　3　硫酸タリウム
4　酢酸エチル

新潟県

問25　次の方法で貯蔵することが最も適当な物質はどれか。

亜鉛又はスズメッキをした鋼鉄製容器で保管し、高温に接しない場所に保管する。ドラム缶で保管する場合は、雨水が漏入しないようにし、直射日光を避け冷所に置く。また、蒸気は空気より重く、低所に滞留するので、地下室などの換気の悪い場所に保管しない。

1　過酸化水素水　　2　四塩化炭素　　3　アンモニア　　4　クロム酸バリウム

問26　次のうち、クロロホルムの廃棄方法として最も適切なものはどれか。

1　燃焼法　　2　中和法　　3　加水分解法　　4　沈殿法

問 27　多量に漏えい又は飛散した場合に、次の措置を行うことが最も適当な物質はどれか。

> 漏えい又は飛散した場所の周辺にはロープを張るなどして人の出入りを禁止する。作業の際には必ず保護具を着用し、風下で作業をしない。漏えい又は飛散したものは空容器にできるだけ回収し、そのあとを還元剤(硫酸第一鉄等)の水溶液を散布し、水酸化カルシウム、炭酸ナトリウム等の水溶液で処理した後、多量の水で洗い流す。この場合、高濃度の廃液が河川等に排出されないよう注意する。

1　クロム酸カルシウム　　2　硫酸　　3　キシレン　　4　一酸化鉛

問 28　次のうち、潮解性がないものはどれか。

1　水酸化カリウム　　2　水酸化ナトリウム　　3　重クロム酸ナトリウム
4　硅弗(けいふつ)化ナトリウム

問 29　次の［A］及び［B］に当てはまる語句の組合せとして正しいものはどれか。

> ホルマリンは、無色の催涙性透明液体であり、空気中の酸素によって一部酸化され、［A］を生じる。また、［B］を加え、さらに硝酸銀溶液を加えると、徐々に金属銀を析出する。

	A		B
1	ぎ酸	－	過酸化水素水
2	ぎ酸	－	アンモニア水
3	酢酸	－	過酸化水素水
4	酢酸	－	アンモニア水

問 30　次のうち、酸化水銀に関する記述として正しいものの組合せはどれか。

ア 常温常圧下において、無色の粉末である。
イ 酸に易溶である。
ウ 廃棄する際は、焙焼法により金属水銀を回収する。
エ 小さな試験管に入れて熱すると、始め青色に変わり、後に分解して水銀を残す。

1　ア、イ　　2　ア、エ　　3　イ、ウ　　4　ウ、エ

〔毒物及び劇物の識別及び取扱方法〕

(一般)

問 31　次の記述のうち、臭素の常温常圧下での性状として正しいものはどれか。

1　無色の液体で、アルコールに溶ける。
2　無色の液体で、アルコールに溶けない。
3　赤褐色の液体で、アルコールに溶ける。
4　赤褐色の液体で、アルコールに溶けない。

問 32　次のうち、臭素の用途として最も適するものはどれか。

1　酸化剤　　2　脱水剤　　3　清缶剤　　4　捺(なっ)染剤

問 33　次の記述のうち、メチル－N'・N'－ジメチル－N－［(メチルカルバモイル)オキシ］－1－チオオキサムイミデート(別名：オキサミル)の常温常圧下での性状として正しいものはどれか。

1　白色の固体で、水に溶ける。　2　白色の固体で、水に溶けない。
3　黒色の固体で、水に溶ける。　4　黒色の固体で、水に溶けない。

問 34　次のうち、メチル－N'・N'－ジメチル－N－［(メチルカルバモイル)オキシ］－1－チオオキサムイミデート(別名：オキサミル)の用途として最も適するものはどれか。

1　除草剤　2　殺鼠(そ)剤　3　土壌燻(くん)蒸剤　4　殺虫剤

問 35　次の記述のうち、亜硝酸ナトリウムの常温常圧下での性状として正しいものはどれか。

1　白色または微黄色の固体で、風解性がある。
2　白色または微黄色の固体で、潮解性がある。
3　暗褐色の固体で、風解性がある。
4　暗褐色の固体で、潮解性がある。

問 36　次のうち、亜硝酸ナトリウムの用途として最も適するものはどれか。

1　接着剤　2　発色剤　3　感光剤　4　界面活性剤

問 37　次の記述のうち、硝酸銀の常温常圧下での性状として正しいものはどれか。

1　黄褐色の固体で、腐食性がある。
2　黄褐色の固体で、腐食性がない。
3　無色透明または白色の固体で、腐食性がある。
4　無色透明または白色の固体で、腐食性がない。

問 38　次のうち、硝酸銀の用途として最も適するものはどれか。

1　めっき　2　洗浄剤　3　増粘剤　4　乾燥剤

新潟県

問 39　次の記述のうち、ホスゲンの常温常圧下での性状として正しいものはどれか。

1　無色の液体で、ベンゼンに溶ける。
2　無色の液体で、ベンゼンに溶けない。
3　無色の気体で、ベンゼンに溶ける。
4　無色の気体で、ベンゼンに溶けない。

問 40　次のうち、ホスゲンの用途として最も適するものはどれか。

1　冶金　2　ロケット燃料　3　殺菌剤　4　樹脂の原料

(農業用品目)

問 31　次の記述のうち、トラロメトリンの常温常圧下での性状として正しいものはどれか。

1　無色の固体で、水によく溶ける。
2　無色の固体で、水にほとんど溶けない。
3　橙黄色の固体で、水によく溶ける。
4　橙黄色の固体で、水にほとんど溶けない。

問32　次のうち、トラロメトリンの用途として最も適するものはどれか。

1　土壌燻蒸剤　　2　殺鼠剤　　3　殺虫剤　　4　除草剤

問33　次の記述のうち、1・1’－ジメチル－4・4’－ジピリジニウムジクロリド(別名：パラコート)の常温常圧下での性状として正しいものはどれか。

1　吸湿性のある固体で、酸性下で安定である。
2　吸湿性のある固体で、酸性下で不安定である。
3　粘稠性のある液体で、酸性下で安定である。
4　粘稠性のある液体で、酸性下で不安定である。

問34　次のうち、1・1’－ジメチル－4・4’－ジピリジニウムジクロリド(別名：パラコート)の用途として最も適するものはどれか。

1　殺虫剤　　2　土壌燻蒸剤　　3　植物成長調整剤　　4　除草剤

問35　次の記述のうち、アセタミプリドの常温常圧下での性状として正しいものはどれか。

1　白色の固体で、エタノールに溶ける。
2　白色の固体で、エタノールに溶けない。
3　白色の液体で、エタノールに溶ける。
4　白色の液体で、エタノールに溶けない。

問36　次のうち、アセタミプリドの用途として最も適するものはどれか。

1　殺菌剤　　2　除草剤　　3　殺鼠剤　　4　殺虫剤

問37　次の記述のうち、ピラクロストロビンの常温常圧下での性状として正しいものはどれか。

1　白色の固体で、メタノールに溶ける。
2　白色の固体で、メタノールに溶けない。
3　暗褐色の固体で、メタノールに溶ける。
4　暗褐色の固体で、メタノールに溶けない。

問38　次のうち、ピラクロストロビンの用途として最も適するものはどれか。

1　殺虫剤　　2　殺菌剤　　3　殺鼠剤　　4　除草剤

問39　次の記述のうち、2－ジフェニルアセチル－1・3－インダンジオン(別名：ダイファシノン)の常温常圧下での性状として正しいものはどれか。

1　暗褐色の結晶性粉末であり、水にほとんど溶けない。
2　暗褐色の結晶性粉末であり、水によく溶ける。
3　黄色の結晶性粉末であり、水にほとんど溶けない。
4　黄色の結晶性粉末であり、水によく溶ける。

問40　次のうち、2－ジフェニルアセチル－1・3－インダンジオン(別名：ダイファシノン)の用途として最も適するものはどれか。

1　除草剤　　2　殺鼠剤　　3　殺虫剤　　4　土壌燻蒸剤

（特定品目）

問 31　次の記述のうち、過酸化水素水の常温常圧下での性状として正しいものはどれか。

1　無色透明の液体で、アルカリ存在下では、不安定である。
2　無色透明の液体で、酸存在下では、不安定である。
3　黄緑色の液体で、アルカリ存在下では、不安定である。
4　黄緑色の液体で、酸存在下では、不安定である。

問 32　次のうち、過酸化水素水の用途として最も適するものはどれか。

1　感光剤　　2　界面活性剤　　3　中和剤　　4　漂白剤

問 33　次の記述のうち、蓚（しゅう）酸の常温常圧下での性状として正しいものはどれか。

1　無色の結晶で、不燃性を有する。　　2　無色の結晶で、可燃性を有する。
3　無色の液体で、不燃性を有する。　　4　無色の液体で、可燃性を有する。

問 34　次のうち、蓚（しゅう）酸の用途として最も適するものはどれか。

1　香料　　2　アンチノック剤　　3　捺（なつ）染剤　　4　殺鼠（そ）剤

問 35　次の記述のうち、水酸化カリウムの常温常圧下での性状として正しいものはどれか。

1　白色の固体で、アンモニア水に可溶である。
2　白色の固体で、アルコールに可溶である。
3　無色透明の固体で、アンモニア水に可溶である。
4　無色透明の固体で、アルコールに可溶である。

問 36　次のうち、水酸化カリウムの用途として最も適するものはどれか。

1　医薬部外品の原料　　2　発色剤　　3　乾燥剤　　4　酸化剤

問 37　次の記述のうち、トルエンの常温常圧下での性状として正しいものはどれか。

1　橙黄色の透明な液体で、水に不溶である。
2　橙黄色の透明な液体で、水に可溶である。
3　無色の透明な液体で、水に不溶である。
4　無色の透明な液体で、水に可溶である。

問 38　次のうち、トルエンの用途として最も適するものはどれか。

1　還元剤　　2　冶金　　3　媒染剤　　4　爆薬の原料

問 39　次の記述のうち、メチルエチルケトンの常温常圧下での性状として正しいものはどれか。

1　無色無臭の液体で、引火性を有する。
2　無色無臭の液体で、不燃性を有する。
3　アセトン様の芳香を有する無色の液体で、引火性を有する。
4　アセトン様の芳香を有する無色の液体で、不燃性を有する。

問 40　次のうち、メチルエチルケトンの用途として最も適するものはどれか。

1　漂白剤　　2　溶剤　　3　酸化剤　　4　釉（ゆう）薬

富山県

令和５年度実施

（今年度特定品目なし）

〔法　規〕

（一般・農業用品目共通）

問１～問５　次の文章は、法の条文の抜粋である。（　）内にあてはまる語句を≪選択肢≫から選びなさい。

第２条第２項　この法律で「劇物」とは、別表第二に掲げる物であつて、（ **問１** ）及び（ **問２** ）以外のものをいう。

第３条第３項　毒物又は劇物の販売業の登録を受けた者でなければ、毒物又は劇物を販売し、授与し、又は販売若しくは授与の目的で貯蔵し、運搬し、若しくは（ **問３** ）してはならない。（以下略）

第３条の３　興奮、（ **問４** ）又は麻酔の作用を有する毒物又は劇物（これらを含有する物を含む。）であつて政令で定めるものは、みだりに摂取し、若しくは吸入し、又はこれらの目的で（ **問５** ）してはならない。

≪選択肢≫

問１　１　医薬品　２　指定薬物　３　危険物　４　毒薬　５　農薬

問２　１　化粧品　２　医療機器　３　劇薬　４　医薬部外品　５　食品

問３　１　広告　２　陳列　３　研究　４　交付　５　所持

問４　１　幻聴　２　覚醒　３　鎮静　４　幻覚　５　睡眠

問５　１　所持　２　使用　３　輸入　４　販売　５　製造

問６　次のうち、法第３条の４の規定により、引火性、発火性又は爆発性のある毒物又は劇物として、政令で定められているものの正しい組み合わせを≪選択肢≫から選びなさい。

a　ニトログリセリン　b　ピクリン酸　c　次亜塩素酸　d　ナトリウム

≪選択肢≫

１（a、b）　２（a、c）　３（a、d）　４（b、d）　５（c、d）

問７　次の毒物又は劇物の営業の登録に関する記述の正誤について、正しい組み合わせを≪選択肢≫から選びなさい。

a　毒物又は劇物の製造業の登録を受けようとする者は、その製造所の所在地の都道府県知事を経由して厚生労働大臣に申請書を提出しなければならない。

b　毒物又は劇物の輸入業の登録は、５年ごとに更新を受けなければ、その効力を失う。

c　毒物又は劇物の製造業者は、販売業の登録を受けなくても、その製造した毒物又は劇物を、他の毒物又は劇物の製造業者に販売することができる。

d　毒物又は劇物の製造業者は、毒物又は劇物の輸入業の登録を受けなくても販売又は授与の目的で毒物又は劇物を輸入することができる。

≪選択肢≫

	a	b	c	d
1	正	正	誤	誤
2	誤	正	正	誤
3	誤	誤	正	正
4	誤	誤	誤	正
5	正	誤	誤	誤

問８　次の毒物又は劇物の販売に関する記述について、正しいものの組み合わせを≪選択肢≫から選びなさい。

a　毒物劇物一般販売業の登録を受けた者は、すべての毒物又は劇物を販売することができる。
b　毒物劇物農業用品目販売業の登録を受けた者は、農業上必要な毒物又は劇物であって省令で定めるもののみ販売することができる。
c　毒物劇物特定品目販売業の登録を受けた者は、法第２条第３項で規定される特定毒物のみ販売することができる。
d　薬局の開設許可を受けた者は、毒物又は劇物の販売業の登録を受けた者とみなされる。

≪選択肢≫
1（a、b）　2（a、c）　3（a、d）　4（b、d）　5（c、d）

問９　次の毒物劇物営業者が行う手続きに関する記述の正誤について、正しい組み合わせを≪選択肢≫から選びなさい。

a　毒物劇物営業者が、営業者の名義を個人から法人に変更したときは、30 日以内にその旨を届け出なければならない。
b　毒物劇物営業者は、毒物又は劇物を貯蔵する設備の重要な部分を変更しようとするときは、あらかじめ、登録の変更を受けなければならない。
c　毒物又は劇物の製造業者は、登録を受けた毒物又は劇物以外の毒物又は劇物を製造したときは、30 日以内に登録の変更を受けなければならない。
d　法人である毒物劇物営業者が、法人の名称を変更したときは、30 日以内にその旨を届け出なければならない。

≪選択肢≫

	a	b	c	d
1	誤	正	誤	正
2	誤	正	正	正
3	正	誤	正	誤
4	誤	誤	誤	正
5	正	正	正	誤

問 10　次の毒物又は劇物の販売業の店舗の設備の基準について、正しいものの組み合わせを≪選択肢≫から選びなさい。

a　毒物又は劇物とその他の物とを区分して貯蔵できる設備であること。
b　店舗の構造は、コンクリート、板張り又はこれに準ずるものとし、毒物又は劇物が飛散し、地下にしみ込み、又は流れ出るおそれがないものであること。
c　毒物又は劇物の運搬用具は、毒物又は劇物が飛散し、漏れ、又はしみ出るおそれがないものであること。
d　毒物又は劇物を陳列する場所にかぎをかける設備があること。ただし、盗難等に対する措置を講じているときは、この限りでない。

≪選択肢≫
1（a、b）　2（a、c）　3（a、d）　4（b、d）　5（c、d）

問 11　次のうち、毒物劇物取扱責任者になることができる者の正誤について、正しい組み合わせを≪選択肢≫から選びなさい。

a　毒物又は劇物を取り扱う製造所、営業所又は店舗において、毒物又は劇物を直接に取り扱う業務に２年以上従事した経験があれば、毒物劇物取扱責任者になることができる。
b　省令で定める学校で、応用化学に関する学課を修了した者は、毒物劇物取扱責任者になることができる。
c　医師は、毒物劇物取扱者試験に合格することなく、毒物劇物取扱責任者になることができる。
d　薬剤師は、毒物劇物取扱者試験に合格することなく、毒物劇物取扱責任者になることができる。

≪選択肢≫

	a	b	c	d
1	誤	誤	正	正
2	正	誤	誤	正
3	正	正	誤	誤
4	誤	正	誤	正
5	誤	正	正	正

問 12　次の毒物劇物取扱責任者に関する記述について、正しいものの組み合わせを≪選択肢≫から選びなさい。

a　一般毒物劇物取扱者試験の合格者は、特定品目販売業の店舗の毒物劇物取扱責任者となることができる。
b　農業用品目毒物劇物取扱者試験の合格者は、農業用品目のみを製造する毒物劇物製造所において毒物劇物取扱責任者となることができる。
c　毒物又は劇物の販売業者は、毒物又は劇物を直接に取り扱わない場合であっても、店舗ごとに専任の毒物劇物取扱責任者を置かなければならない。
d　毒物劇物営業者が、毒物又は劇物の製造業、輸入業又は販売業のうち、２以上を併せて営む場合において、その製造所、営業所又は店舗が互いに隣接しているとき、毒物劇物取扱責任者は、これらの施設を通じて１人で足りる。

≪選択肢≫
1（a、b）　2（a、c）　3（a、d）　4（b、d）　5（c、d）

問 13　次の法第 15 条の規定に基づく毒物劇物営業者の毒物又は劇物の交付の制限等に関する記述について、正しいものの組み合わせを≪選択肢≫から選びなさい。

a　父親の委任状を持参し受け取りに来た 16 歳の高校生に対し、学生証等でその住所及び氏名を確認すれば、毒物又は劇物を交付することができる。
b　薬事に関する罪を犯し、罰金以上の刑に処せられ、その執行を終わり、又は執行を受けることがなくなった日から起算して３年を経過していない者に対し、毒物又は劇物を交付することができない。
c　法第３条の４に規定されている引火性、発火性又は爆発性のある劇物を交付する場合は、運転免許証により、その交付を受ける者の氏名及び住所を確認した後であれば、交付することができる。
d　法第３条の４に規定する引火性、発火性又は爆発性のある劇物を交付した場合、交付時に確認した事項を帳簿に記載し、その帳簿を最終の記載をした日から５年間、保存しなければならない。

≪選択肢≫
1（a、b）　2（a、c）　3（a、d）　4（b、d）　5（c、d）

問 14　次の毒物又は劇物の譲渡手続に関する記述について、正しいものの組み合わせを≪選択肢≫から選びなさい。

a　毒物又は劇物の譲渡手続に係る書面に記載しなければならない事項は、毒物又は劇物の名称及び数量、販売又は授与の年月日、譲受人の氏名及び住所(法人にあっては、その名称及び主たる事務所の所在地)である。
b　毒物劇物営業者は、譲受人の承諾を得たときは、譲受に関する書面の提出に代えて、当該書面に記載すべき事項について電子情報処理組織を使用する方法で提供を受けることができる。
c　毒物劇物営業者が、毒物又は劇物を毒物劇物営業者以外の者に販売し、又は授与する場合の譲渡手続に係る書面には、譲受人の押印は不要である。
d　毒物劇物営業者は、毒物を販売するときは、販売する時までに、譲受人に対し、当該毒物の性状及び取扱いに関する情報を提供しなければならない。ただし、当該毒物劇物営業者により、当該譲受人に対し、既に当該毒物の性状及び取扱いに関する情報の提供が行われている場合その他省令で定める場合は、この限りでない。

≪選択肢≫
1（a、b）　2（a、c）　3（a、d）　4（b、d）　5（c、d）

問 15　次の製剤のうち、毒物劇物営業者が有機燐化合物を販売するときに、その容器及び被包に表示しなければならない解毒剤として、正しいものの組み合わせを≪選択肢≫から選びなさい。

a　硫酸アトロピンの製剤
b　チオ硫酸ナトリウムの製剤
c　２－ピリジルアルドキシムメチオダイド(別名 PAM)の製剤
d　ジメルカプロールの製剤

≪選択肢≫
1（a、b）　2（a、c）　3（a、d）　4（b、d）　5（c、d）

問 16　次の記述は、法等の条文の抜粋である。（　）内にあてはまる語句の正しい組み合わせを≪選択肢≫から選びなさい。

法第 11 条第４項
毒物劇物営業者及び特定毒物研究者は、毒物又は厚生労働省令で定める劇物については、その容器として、（ a ）を使用してはならない。

省令第 11 条の４
法第 11 条第４項に規定する劇物は、（ b ）とする。

≪選択肢≫

	a	b
1	密閉できない構造の物	すべての劇物
2	衝撃に弱い構造の物	飛散しやすい劇物
3	飲食物の容器として通常使用される物	すべての劇物
4	密閉できない構造の物	刺激臭のある劇物
5	飲食物の容器として通常使用される物	刺激臭のある劇物

問 17　次の法第 17 条の規定に基づく毒物又は劇物の事故の際の措置に関する記述について、正しいものの組み合わせを≪選択肢≫から選びなさい。

a　毒物劇物営業者は、取り扱っている劇物が流出し、多数の者に保健衛生上の危害が生ずるおそれがある場合、直ちに、その旨を保健所、警察署又は消防機関に届け出るとともに、保健衛生上の危害を防止するために必要な応急の措置を講じなければならない。
b　毒物劇物営業者が貯蔵していた毒物を紛失した場合、少量であっても、直ちに、その旨を警察署に届け出なければならない。
c　毒物劇物営業者が貯蔵していた毒物が盗難にあった場合、特定毒物が含まれていなければ、警察署への届出は不要である。
d　毒物劇物営業者が貯蔵していた劇物を紛失した場合、保健衛生上の危害が生ずるおそれがない量であれば、警察署への届出は不要である。

≪選択肢≫
1（a、b）　2（a、c）　3（a、d）　4（b、d）　5（c、d）

富山県

問 18　次の特定毒物に関する記述の正誤について、正しい組み合わせを≪選択肢≫から選びなさい。

a　特定毒物研究者は、特定毒物使用者に対し、その者が使用することができる特定毒物を譲り渡すことができる。
b　毒物若しくは劇物の輸入業者又は特定毒物研究者でなければ、特定毒物を輸入してはならない。
c　毒物又は劇物の製造業者でなければ、特定毒物を製造してはならない。
d　特定毒物使用者は、特定毒物を品目ごとに政令で定める用途以外の用途に供してはならない。

≪選択肢≫

	a	b	c	d
1	正	正	正	誤
2	正	正	誤	正
3	正	誤	正	正
4	誤	正	正	正
5	正	正	正	正

問 19　次のうち、法第 12 条第1項の規定に基づく容器及び被包の表示として、正しいものを≪選択肢≫から選びなさい。

≪選択肢≫

1　劇物は「医薬用外」の文字及び赤地に白色で「劇物」の文字を表示
2　劇物は「医薬用外」の文字及び赤地に黒色で「劇物」の文字を表示
3　毒物は「医薬用外」の文字及び赤地に白色で「毒物」の文字を表示
4　毒物は「医薬用外」の文字及び赤地に黒色で「毒物」の文字を表示
5　特定毒物は「医薬用外」の文字及び赤地に白色で「特定毒物」の文字を表示

問 20　次の毒物又は劇物の表示に関する記述の正誤について、正しい組み合わせを≪選択肢≫から選びなさい。

a　法人である毒物又は劇物の輸入業者は、自ら輸入した劇物を販売するときは、その容器及び被包に法人の名称及び主たる事務所の所在地を表示しなければならない。
b　法人である毒物又は劇物の販売業者が、劇物の直接の容器又は直接の被包を開いて、劇物を販売するときは、その容器及び被包に法人の名称及び主たる事務所の所在地並びに毒物劇物取扱責任者の氏名を表示しなければならない。
c　毒物又は劇物の製造業者は、自ら製造した硫酸を含有する製剤たる劇物(住宅用の洗浄剤で液体状のもの)を販売するときは、その容器及び被包に、使用の直前に開封し、容器や包装紙等は直ちに処分すべき旨を表示しなければならない。
d　毒物又は劇物の製造業者は、自ら製造したジメチル－2，2－ジクロルビニルホスフェイト(別名 DDVP)を含有する製剤たる劇物(衣料用の防虫剤)を販売するときは、その容器及び被包に、小児の手の届かないところに保管しなければならない旨を表示しなければならない。

≪選択肢≫

	a	b	c	d
1	正	正	誤	正
2	誤	正	正	誤
3	誤	誤	正	正
4	誤	正	誤	正
5	正	正	正	誤

問 21　次の記述のうち、法第 13 条の規定により、着色したものでなければ農業用として販売、授与してはならない劇物とその着色方法として、正しいものを≪選択肢≫から選びなさい。

≪選択肢≫

1　硫酸カリウムを含有する製剤たる劇物は、あせにくい青色で着色する。
2　燐(りん)化亜鉛を含有する製剤たる劇物は、あせにくい黒色で着色する。
3　硝酸タリウムを含有する製剤たる劇物は、あせにくい黒色で着色する。
4　過酸化ナトリウムを含有する製剤たる劇物は、あせにくい青色で着色する。
5　酢酸亜鉛を含有する製剤たる劇物は、あせにくい黒色で着色する。

富山県

問 22　次の文章は、政令の抜粋である。(　)内にあてはまる語句の正しいものの組み合わせを≪選択肢≫から選びなさい。

第 40 条　法第 15 条の2の規定により、毒物若しくは劇物又は法第 11 条第2項に規定する政令で定める物の廃棄の方法に関する技術上の基準を次のように定める。
一　中和、加水分解、酸化、還元、(a)その他の方法により、毒物及び劇物並びに法第 11 条第2項に規定する政令で定める物のいずれにも該当しない物とすること。
二　ガス体又は揮発性の毒物又は劇物は、保健衛生上危害を生ずるおそれがない場所で、少量ずつ放出し、又は(b)させること。
三　可燃性の毒物又は劇物は、保健衛生上危害を生ずるおそれがない場所で、少量ずつ(c)させること。

≪選択肢≫

	a	b	c
1	稀釈	揮発	燃焼
2	稀釈	沈殿	拡散
3	稀釈	揮発	拡散
4	電気分解	沈殿	燃焼
5	電気分解	揮発	燃焼

問 23 次の法に基づいて都道府県知事(その店舗の所在地が、保健所を設置する市又は特別区の区域にある場合においては、市長又は区長。)が行う監視指導及び処分に関する記述について、正しいものの組み合わせを≪選択肢≫から選びなさい。

a 犯罪捜査上必要があると認めるときは、毒物劇物監視員に毒物又は劇物の販売業者の店舗、その他業務上毒物又は劇物を取り扱う場所に立ち入り、試験のため必要な最小限度の分量に限り、毒物若しくは劇物を収去させることができる。
b 毒物又は劇物の販売業者の有する設備が法第5条の規定に基づく登録基準に適合しなくなったと認めるときは、直ちにその者の登録を取り消さなければならない。
c 毒物又は劇物の販売業の毒物劇物取扱責任者に、法に違反する行為があったときは、その販売業者に対して、毒物劇物取扱責任者の変更を命ずることができる。
d 毒物又は劇物の販売業者に、法に違反する行為があったときは、期間を定めて、業務の全部若しくは一部の停止を命ずることができる。

≪選択肢≫
1(a、b)　2(a、c)　3(a、d)　4(b、d)　5(c、d)

問 24 次の記述は、政令第 40 条の6の規定に基づく、荷送人の通知義務に関するものである。(　)内にあてはまる語句を≪選択肢≫から選びなさい。

毒物又は劇物を車両を使用して、又は鉄道によって運搬する場合で、当該運搬を他に委託するときは、その荷送人は、運送人に対し、あらかじめ、当該毒物又は劇物の名称、成分及びその含量並びに数量並びに事故の際に講じなければならない応急の措置の内容を記載した書面を交付しなければならない。ただし、1回の運搬につき(**問 24**)以下の毒物又は劇物を運搬する場合は、この限りでない。

≪選択肢≫
1 500 キログラム　2 千キログラム　3 2千キログラム
4 3千キログラム　5 5千キログラム

富山県

問 25 次のうち、法第 22 条の規定に基づき、業務上取扱者の届出が必要な事業者の正誤について、正しい組み合わせを≪選択肢≫から選びなさい。

a 内容積が 200 Lの容器を大型自動車に積載して、硫酸の運送を行う事業者
b 砒(ひ)素化合物たる毒物を用いて、しろあり防除を行う事業者
c 無機シアン化合物たる毒物を用いて、金属熱処理を行う事業者
d シアン化ナトリウムを用いて、電気めっきを行う事業者

≪選択肢≫

	a	b	c	d
1	正	正	誤	誤
2	正	誤	正	正
3	正	誤	誤	正
4	誤	正	正	誤
5	誤	正	正	正

〔基礎化学〕

（一般・農業用品目・特定品目共通）

問 26　純物質として最も適当なものはどれか。≪選択肢≫から選びなさい。

≪選択肢≫
1 空気　　2 石油　　3 ドライアイス　　4 塩酸　　5 牛乳

問 27　次の物質のうち、黒鉛と同素体の関係にある物質はどれか。≪選択肢≫から選びなさい。

≪選択肢≫
1 赤リン　　2 二酸化炭素　　3 鉛　　4 オゾン　　5 ダイヤモンド

問 28　ある純物質の固体をビーカーに入れ、次の実験Ⅰ、Ⅱを行った。この純物質として最も適当なものはどれか。≪選択肢≫から選びなさい。

実験Ⅰ　純物質の固体に水を入れてかき混ぜると、全て溶けた。
実験Ⅱ　実験Ⅰで得られた水溶液の炎色反応を観察したところ、黄色を示した。
また、この水溶液に硝酸銀水溶液を加えると、白色沈殿が生じた。

≪選択肢≫
1 KCl　　2 $NaNO_3$　　3 $CaCO_3$　　4 $BaSO_4$　　5 $NaCl$

問 29　温度 T_0 の固体の水（氷）を 1.013×10^5 Pa のもとで完全に気体になるまで加熱した。次の図はこのときの加熱時間と温度の関係を示している。図に関する記述として誤りを含んでいるものはどれか。≪選択肢≫から選びなさい。

≪選択肢≫
1 点Aでは、固体しか存在しない。
2 温度 T_1 は融点、温度 T_2 は沸点である。
3 点Bでは、液体と固体が共存している。
4 点Cでは、蒸発はおこらない。
5 点Dでは、液体の体積は徐々に減少する。

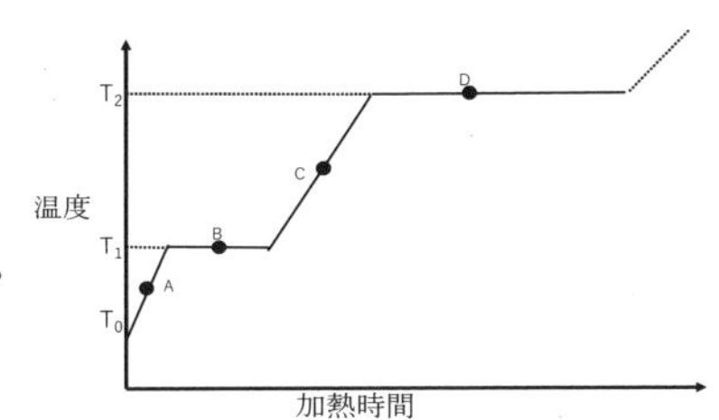

問 30　日常生活に関する物質の記述として正しいものはどれか。≪選択肢≫から選びなさい。

≪選択肢≫
1 鉄は鉱石を高温で融解し、電気分解することで生産されている。
2 油で揚げたスナック菓子の袋に窒素が充填されているのは、油が酸化されるのを防ぐためである。
3 水道水に塩素が加えられているのは、pH を調整するためである。
4 ビタミンC（L-アスコルビン酸）は、食品の乾燥剤として使用されている。
5 雨水には空気中の二酸化炭素が溶けているため、大気汚染の影響がなくても pH は7より大きい。

富山県

問 31　二つの原子が互いに同位体であることを示す記述として正しいものはどれか。≪選択肢≫から選びなさい。

≪選択肢≫
1 陽子の数は等しいが、中性子の数が異なる。
2 陽子の数は異なるが、中性子の数が等しい。
3 陽子の数は異なるが、質量数が等しい。
4 中性子の数は異なるが、質量数が等しい。
5 中性子の数は等しいが、質量数が異なる。

問 32　次の模式図の電子配置にならない原子もしくはイオンはどれか。≪選択肢≫から選びなさい。

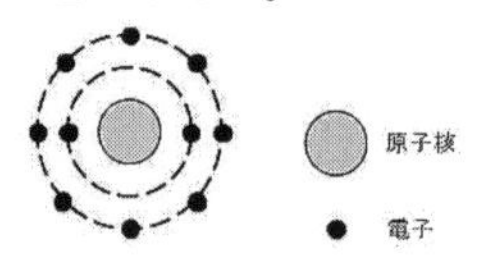

≪選択肢≫
1　Mg^{2+}　　2　Ne　　3　F^{-}　　4　Cl^{-}　　5　Al^{3+}

問 33　無極性分子はどれか。≪選択肢≫から選びなさい。

≪選択肢≫
1　CO_2　　2　NH_3　　3　CH_3Cl　　4　H_2S　　5　HCl

問 34　次の周期表では第２、第３周期の元素をＡ～Ｆの記号で表してある。これらの元素の組合せでできる物質の分子式もしくは組成式として適当でないものはどれか。
≪選択肢≫から選びなさい。

周期＼族	1	2	3 ～ 12	13	14	15	16	17	18
2					A		B		
3	C	D		E				F	

≪選択肢≫
1　CF　　2　DB　　3　EF_3　　4　AB_4　　5　E_2B_3

問 35　２つの原子ＸとＹからなる分子ＸＹの電子式を次に示した。ＸＹとして最も適当なものはどれか。≪選択肢≫から選びなさい。ただし、ＸとＹは同じ原子であっても良い。

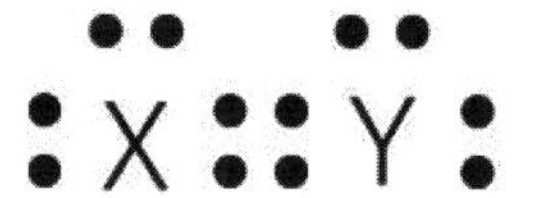

≪選択肢≫
1　H_2　　2　O_2　　3　N_2　　4　Cl_2　　5　HF

問 36　銅と亜鉛に関する記述として誤りを含むものはどれか。≪選択肢≫から選びなさい。

≪選択肢≫
1　銅は電気伝導性が大きく、電線や電気器具の部品に用いられる。
2　銅と亜鉛の合金を青銅という。
3　亜鉛は両性元素であり、酸にも塩基にも溶ける。
4　硫酸銅水溶液に亜鉛をつけると表面に銅が析出する。
5　銅を湿った空気中に放置すると徐々に酸化され、緑青（ろくしょう）が生じる。

問 37 結晶および化学結合に関する次の記述について、正誤の組合せとして最も適当なものはどれか。≪選択肢≫から選びなさい。

a 塩化ナトリウムの結晶では、ナトリウムイオン Na^+と塩化物イオン Cl^-が1：1の個数比で交互に配列している。

b 黒鉛(グラファイト)の結晶では、それぞれの炭素原子は4つの等価な共有結合を形成している。

c ヨウ素の結晶では、ヨウ素分子が共有結合で規則正しく配列している。

d アンモニウムイオン NH_4^+の4つの N － H 結合のうち、1つは配位結合であり、他の3つの結合とは異なる性質を持つ。

≪選択肢≫

	a	b	c	d
1	正	正	正	正
2	正	正	誤	誤
3	正	誤	誤	誤
4	誤	誤	正	誤
5	誤	正	誤	正

問 38 カリウムは原子量が 39.1 である。カリウムの同位体が ^{39}K(相対質量 39.0)と ^{41}K(相対質量 41.0)のみであるとすると、^{39}K の存在比は何%になるか。最も適当なものを≪選択肢≫から選びなさい。

≪選択肢≫
1 5.0　2 7.0　3 51　4 95　5 99

問 39 ～問 41 問 39 から問 41 の設問において、必要ならば下記の原子量を用いなさい。また、標準状態(0℃、1気圧)の気体の体積は 22.4 L/mol とする。

原子量
H : 1.0　C : 12　N : 14　O : 16　Na : 23　Mg : 24
Cl : 35.5　Ar : 40　K : 39

問 39 5%グルコース($C_6H_{12}O_6$: 分子量 180)水溶液は水分補充のための点滴液に用いられている。この水溶液のモル濃度は何 mol/L か。最も適当な値を≪選択肢≫から選びなさい。ただし、この水溶液の密度は 1.0 g/cm³とする。

≪選択肢≫
1 0.028 mol/L　2 0.056 mol/L　3 0.28 mol/L　4 0.56 mol/L
5 2.8 mol/L

問 40 0.1 mol/L の水溶液 500 mL をつくるために必要な溶質の質量が最も大きい物質はどれか。≪選択肢≫から選びなさい。

≪選択肢≫
1 $MgCl_2$　2 NaOH　3 KCl　4 CH_3COOH　5 NaCl

問 41 標準状態の体積が最も大きいものはどれか。≪選択肢≫から選びなさい。

≪選択肢≫
1 8.0 g の酸素　2 3.0×10^{23} 個のアルゴン原子
3 0.30 mol の二酸化炭素　4 2.24 L の窒素　5 3.2 g のメタン

問 42 60 ℃における硝酸ナトリウムの飽和水溶液 100 g を 20 ℃に冷却すると、何 g の結晶が析出するか。最も適する値を≪選択肢≫から選びなさい。ただし、60 ℃と 20 ℃における硝酸ナトリウムの溶解度(水 100 g に溶ける溶質の質量(g))はそれぞれ 124、88 である。

≪選択肢≫
1 2 g　2 8 g　3 16 g　4 24 g　5 36 g

問 43　0.10 mol/L の水酸化ナトリウム水溶液で、濃度不明の酢酸水溶液 20 mL を滴定した。この滴定に関する記述として誤りを含むものはどれか。≪選択肢≫から選びなさい。

≪選択肢≫
1　この滴定で指示薬としてフェノールフタレイン溶液を用いた場合、滴下時の赤色が消えなくなった点が終点となる。
2　酢酸は弱酸で水酸化ナトリウムは強塩基である。
3　滴定に用いた水酸化ナトリウム水溶液のｐＨは 13 である。
4　滴定に用いた水酸化ナトリウム水溶液は、5.0 mol/L の水酸化ナトリウム水溶液を正確に 10 mL とり、これを 500 mL に希釈して調製した。
5　中和に要する水酸化ナトリウム水溶液の体積が 10 mL であったとき、もとの酢酸水溶液の濃度は 0.20 mol/L である。

問 44　下線を引いた原子の酸化数が最も大きいものはどれか。≪選択肢≫から選びなさい。

≪選択肢≫
1　$\underline{O}_2$　　2　$H_2\underline{S}$　　3　$\underline{Cr}_2O_7^{2-}$　　4　$H\underline{N}O_3$　　5　$H_3\underline{P}O_4$

問 45　次の反応Ⅰ、Ⅱにおいて、下線の分子やイオン（ａ～ｄ）が酸としてはたらいているものの組み合わせとして正しいものはどれか。≪選択肢≫から選びなさい。

Ⅰ　$CH_3COOH + \underset{a}{\underline{H_2O}} \rightleftarrows CH_3COO^- + \underset{b}{\underline{H_3O^+}}$

Ⅱ　$NH_3 + \underset{c}{\underline{H_2O}} \rightleftarrows NH_4^+ + \underset{d}{\underline{OH^-}}$

≪選択肢≫
1　ａとｂ　　2　ａとｃ　　3　ｂとｃ　　4　ｂとｄ　　5　ａとｄ

問 46　0.10　mol/L の水酸化ナトリウム水溶液 10　mL を純水で希釈して 100　mL とした。この水溶液のｐＨはいくつか。最も適当な数値を≪選択肢≫から選びなさい。

≪選択肢≫
1　1　　2　2　　3　7　　4　10　　5　12

問 47　金属及びイオンの反応性に関する記述として誤りを含むものはどれか。≪選択肢≫から選びなさい。

≪選択肢≫
1　白金は王水に溶ける。
2　塩酸に亜鉛板を浸すと水素が発生し、亜鉛が溶ける。
3　塩化マグネシウム水溶液に鉄を浸すとマグネシウムが析出する。
4　アルミニウムは濃硝酸には溶けない。
5　銅は塩酸には溶けないが、硝酸には気体を発生しながら溶ける。

問 48　ある塩の水溶液を青色リトマス紙に１滴たらすと、リトマス紙は赤色に変色した。この塩はどれか。最も適するものを≪選択肢≫から選びなさい。

≪選択肢≫
1　$NaCl$　　2　Na_2SO_4　　3　$NaHCO_3$　　4　NH_4NO_3　　5　KNO_3

問 49　電池に関する記述として誤りを含むものはどれか。≪選択肢≫から選びなさい。

≪選択肢≫

1　ダニエル電池は、塩酸に亜鉛板と銅板を浸して導線でつないだ電池の原型であり、電流を通すと起電力がすぐ下がってしまう。
2　酸化銀電池は、正極に Ag_2O を用いており、一定の電圧が長く持続するので、腕時計などに用いられている。
3　充電ができる電池を二次電池、放電すると充電ができない電池を一次電池という。
4　アルカリマンガン乾電池は、正極に MnO_2、負極に Zn を用いた電池であり、日常的に広く用いられている。
5　鉛蓄電池は、電解液に希硫酸を用いた電池であり、自動車のバッテリーに使用されている。

問 50　実験の安全に関する記述として適当でないものはどれか。≪選択肢≫から選びなさい。

≪選択肢≫

1　薬品のにおいをかぐときは、手で気体をあおぎよせる。
2　濃硫酸を希釈するときは、ビーカーにいれた濃硫酸に純水を注ぐ。
3　濃塩酸は換気の良い場所で扱う。
4　液体の入った試験管を加熱するときは、試験管の口を人のいない方に向ける。
5　酸が手に付着した場合は、直ちに大量の水で洗う。

〔性質及び貯蔵その他取扱方法〕

（一般）

問１～問５　次の物質の毒性として、最も適当なものを≪選択肢≫から選びなさい。

問１　硫酸タリウム　　**問２**　沃素　　**問３**　臭素
問４　モノフルオール酢酸ナトリウム　　**問５**　クロロホルム

≪選択肢≫

1　疝痛、嘔吐、振戦、痙攣、麻痺等の症状に伴い、次第に呼吸困難となり、虚脱症状となる。
2　蒸気の暴露により咳、鼻出血、めまい、頭痛等を起こし、眼球結膜の着色、発声異常、気管支炎、気管支喘息様発作等が現れる。
3　皮膚に触れると褐色に染め、その揮散する蒸気を吸入すると、めまいや頭痛を伴う一種の酩酊を起こす。
4　原形質毒である。この作用は脳の節細胞を麻酔させ、赤血球を溶解する。吸収すると、はじめは嘔吐、瞳孔の縮小、運動性不安が現れ、脳及びその他の神経細胞を麻酔させる。
5　激しい嘔吐、胃の疼痛、意識混濁、てんかん性痙攣、脈拍の緩徐がおこり、チアノーゼ、血圧下降をきたす。

問６～問 10　次の物質の主な用途として、最も適当なものを≪選択肢≫から選びなさい。

問６　シアン酸ナトリウム　　**問７**　酢酸エチル　　**問８**　ナラシン
問９　１，３－ジカルバモイルチオ－２－（N，N－ジメチルアミノ）－プロパン塩酸塩(別名 カルタップ)
問 10　ジチアノン

≪選択肢≫

1　飼料添加物　　2　殺虫剤　　3　香料、溶剤　　4　農業用殺菌剤　　5　除草剤

問 11 ～問 15　次の物質の貯蔵方法として、最も適当なものを≪選択肢≫から選びなさい。

問 11 アクリルニトリル　　問 12 ベタナフトール(別名　2－ナフトール)
問 13 四エチル鉛　　問 14 塩化亜鉛
問 15 ホルムアルデヒド水溶液(ホルマリン)

≪選択肢≫
1　空気や光線に触れると赤変するので、遮光して保管する。
2　金属に対して腐食性があるので、容器は特別製のドラム缶を用いる。出入を遮断できる独立倉庫で、火気のないところに保管する。
3　硫酸や硝酸等の強酸と激しく反応するため、強酸と安全な距離を保って貯蔵する。
4　低温では混濁することがあるため、常温で貯蔵する。
5　潮解性があるため、容器を密閉して保管する。

問 16 ～問 20　次の物質の漏えい時又は飛散時の措置として、最も適当なものを≪選択肢≫から選びなさい。

問 16 塩化バリウム　　問 17 四アルキル鉛　　問 18 黄燐(りん)
問 19 カリウム　　問 20 砒(ひ)素

≪選択肢≫
1　流動パラフィン浸漬品の場合、露出したものは、速やかに拾い集めて灯油又は流動パラフィンの入った容器に回収する。砂利、石等に付着している場合は砂利等ごと回収する。
2　付近の着火源となるものは速やかに取り除く。多量に漏えいした場合、漏えいした液は、活性白土、砂、おが屑くず等でその流れを止め、過マンガン酸カリウム水溶液(5%)又はさらし粉で十分に処理する。
3　飛散したものは空容器にできるだけ回収し、そのあとを硫酸ナトリウムの水溶液を用いて処理し、多量の水で洗い流す。
4　飛散したものは空容器にできるだけ回収し、そのあとを硫酸鉄(Ⅲ)等の水溶液を散布し、水酸化カルシウム、炭酸ナトリウム等の水溶液を用いて処理した後、多量の水で洗い流す。
5　漏えいしたものの表面を速やかに土砂又は多量の水で覆い、水を満たした容器に回収する。

問 21 ～問 22　次の物質を含有する製剤で、毒物及び劇物取締法や関連する法令により劇物の指定から除外される含有濃度の上限として最も適当なものを≪選択肢≫から選びなさい。

問 21 蓚(しゅう)酸　　問 22 水酸化ナトリウム

≪選択肢≫
1　5%　　2　10%　　3　20%　　4　30%　　5　50%

問 23 ～問 25　次の文章は、クロルピクリンについて記述したものである。それぞれの(　　)内にあてはまる最も適当なものを≪選択肢≫から選びなさい。

純品は(**問 23**)であり、(**問 24**)がある。水溶液に金属カルシウムを加え、これにベタナフチルアミン及び硫酸を加えると、(**問 25**)の沈殿を生成する。

≪選択肢≫
問 23　1　無色の油状体　　2　赤褐色の油状体　　3　黒色の油状体
　　　4　白色の粉末　　5　黒色の粉末

問 24　1　芳香性　　2　潮解性　　3　引火性　　4　風解性　　5　催涙性

問 25　1　白色　　2　青色　　3　緑色　　4　赤色　　5　黒色

（農業用品目）

問１～問５　次の物質の主な用途として、最も適当なものを≪選択肢≫から選びなさい。

問１　２，２´－ジピリジリウム－１，１´－エチレンジブロミド(別名 ジクワット)

問２　ナラシン

問３　２－ｔ－ブチル－５－(４－ｔ－ブチルベンジルチオ)－４－クロロピリダジン－３(２H)－オン

問４　１，３－ジカルバモイルチオ－２－(N，N－ジメチルアミノ)－プロパン塩酸塩(別名 カルタップ)

問５　ジチアノン

≪選択肢≫

１　除草剤　　２　殺虫剤　　３　飼料添加物　　４　殺菌剤

５　果樹、茶及び野菜のハダニ類の防除

問６～問10　次の物質の貯蔵方法として、最も適当なものを≪選択肢≫から選びなさい。

問６　硫酸銅(Ⅱ)五水和物　　問７　クロルピクリン　　問８　塩化第一銅

問９　燐(りん)化アルミニウムとその分解促進剤とを含有する製剤

問10　シアン化ナトリウム

≪選択肢≫

１　空気で酸化されやすく緑色となり、光により褐色となるため、密栓して遮光下に貯蔵する。

２　分解すると有毒なガスを発生するため「保管は、密閉した容器で行わなければならない。」と法令に規定されている。

３　少量ならばガラス瓶、多量ならばブリキ缶又は鉄ドラムを用い、酸類とは離して、風通しのよい乾燥した冷所に密封して保管する。

４　風解性があるため、容器を密閉して貯蔵する。

５　金属腐食性及び揮発性があるため、耐腐食性容器に入れ、密栓して冷暗所に保管する。

問11～問15　次の物質の注意事項等として、最も適当なものを≪選択肢≫から選びなさい。

問11　ロテノン　　問12　ブロムメチル　　問13　硫酸タリウム

問14　ジメチル－２，２－ジクロルビニルホスフェイト(別名 DDVP)

問15　塩素酸ナトリウム

≪選択肢≫

１　アルカリで急激に分解すると発熱するので、分解させるときは希薄な水酸化カルシウム等の水溶液を用いる。

２　0.3％粒剤で黒色に着色され、かつ、トウガラシエキスを用いて著しく辛く着味されているものは劇物ではない。

３　強酸と反応し、発火又は爆発することがある。また、アンモニウム塩と混ざると爆発するおそれがあるため接触させない。

４　わずかに甘いクロロホルム様の臭いを有するが、臭いは極めて弱く、蒸気は空気より重い。吸入により中毒を起こす恐れがある。

５　酸素によって分解し、効力を失うため、空気と光線を遮断して保管する必要がある。

問 16 ～問 20　次の物質の漏えい時又は飛散時の措置として、最も適当なものを≪選択肢≫から選びなさい。

問 16 硫酸

問 17　S－メチル－N－［(メチルカルバモイル)－オキシ］－チオアセトイミデート(別名　メトミル(メソミル))

問 18 1，1´－ジメチル－4，4´－ジピリジニウムジクロリド
(別名　パラコート)

問 19 シアン化水素

問 20 ブロムメチル

≪選択肢≫

1　飛散したものは空容器にできるだけ回収し、そのあとを水酸化カルシウム(消石灰)等の水溶液を用いて処理し、多量の水で洗い流す。
2　少量漏えいした場合、漏えいした液は土砂等に吸着させて取り除くか、又は、水で徐々に希釈した後、水酸化カルシウム、炭酸ナトリウム等で中和し、多量の水で洗い流す。
3　漏えいした液は土壌等でその流れを止め、安全な場所に導き、空容器にできるだけ回収し、そのあとを土壌で覆って十分接触させた後、土壌を取り除き、多量の水で洗い流す。
4　少量漏えいした場合、漏えいした液は、速やかに蒸発するので周辺に近づかないようにする。多量に漏えいした場合、漏えいした液は、土砂等でその流れを止め、液が広がらないようにして蒸発させる。
5　漏えいした容器ごと多量の水酸化ナトリウム水溶液(20 w/v %以上)に投入してガスを吸収させ、さらに次亜塩素酸ナトリウム等の水溶液で酸化処理を行い、多量の水で洗い流す。

問 21 ～問 22　次の物質の漏えい時又は飛散時の措置として、最も適当なものを≪選択肢≫から選びなさい。

問 16 硫酸

問 17　S－メチル－N－［(メチルカルバモイル)－オキシ］－チオアセトイミデート(別名　メトミル(メソミル))

問 18 1，1´－ジメチル－4，4´－ジピリジニウムジクロリド(別名　パラコート)

問 19 シアン化水素

問 20 ブロムメチル

≪選択肢≫

1　飛散したものは空容器にできるだけ回収し、そのあとを水酸化カルシウム(消石灰)等の水溶液を用いて処理し、多量の水で洗い流す。
2　少量漏えいした場合、漏えいした液は土砂等に吸着させて取り除くか、又は、水で徐々に希釈した後、水酸化カルシウム、炭酸ナトリウム等で中和し、多量の水で洗い流す。
3　漏えいした液は土壌等でその流れを止め、安全な場所に導き、空容器にできるだけ回収し、そのあとを土壌で覆って十分接触させた後、土壌を取り除き、多量の水で洗い流す。
4　少量漏えいした場合、漏えいした液は、速やかに蒸発するので周辺に近づかないようにする。多量に漏えいした場合、漏えいした液は、土砂等でその流れを止め、液が広がらないようにして蒸発させる。
5　漏えいした容器ごと多量の水酸化ナトリウム水溶液(20 w/v %以上)に投入してガスを吸収させ、さらに次亜塩素酸ナトリウム等の水溶液で酸化処理を行い、多量の水で洗い流す。

問 23 ～問 25　次の文章の（　）内にあてはまる最も適当な語句を≪選択肢≫から選びなさい。

Ｎ－メチル－１－ナフチルカルバメートは、別名（ **問 23** ）と呼ばれ、白色の結晶、又はさまざまな形状の固体で、水に難溶、有機溶剤に可溶である。主に、稲のツマグロヨコバイ、ウンカ等の農業用殺虫剤やりんごの摘果剤として用いられ、（ **問 24** ）以下を含有する製剤は、劇物から除かれる。
本品の中毒症状は、摂取後５～20 分後より運動が不活発になり、振戦、呼吸の促迫、嘔（おう）吐、流涎（ぜん）を呈する。これの作用は中枢に対する作用が著明である。また、一時的に反射運動亢進、強直性痙攣（けいれん）を示す。死因は（ **問 25** ）が多い。

≪選択肢≫

問 23　1　CVP　　2　MTMC　　3　BPMC　　4　DPC　　5　NAC

問 24　1　１％　　2　２％　　3　３％　　4　４％　　5　５％

問 25　1　呼吸麻痺（ひ）　　2　急性肝不全　　3　心臓障害　　4　急性腎不全　　5　消化管出血

〔識別及び取扱方法〕

（一般）

問 26 ～問 30　次の物質の性状について、最も適当なものを≪選択肢≫から選びなさい。

問 26 ジエチル－３，５，６－トリクロル－２－ピリジルチオホスフェイト（別名　クロルピリホス）

問 27 硫酸

問 28 エチレンクロルヒドリン

問 29 ジメチル－２，２－ジクロルビニルホスフェイト（別名　ＤＤＶＰ）

問 30 アクロレイン

≪選択肢≫

1　刺激性で、微臭のある比較的揮発性の無色油状の液体である。水に難溶、一般の有機溶媒に可溶、石油系溶剤に可溶である。
2　白色の結晶である。アセトン、ベンゼンに溶けるが、水に溶けにくい。
3　臭気のある無色液体である。蒸気は空気より重い。水に任意の割合で混和する。
4　無色透明、油様の液体である。粗製のものは、かすかに褐色を帯びていることがある。高濃度のものは猛烈に水を吸収する。
5　刺激臭のある無色又は帯黄色の液体である。引火性がある。熱又は炎にさらすと、分解して毒性の高い煙を発生する。

富山県

問 31 ～問 35　次の物質の性状について、最も適当なものを≪選択肢≫から選びなさい。

問 31 酢酸エチル

問 32 硫酸タリウム

問 33　ジエチル－Ｓ－（２－オキソ－６－クロルベンゾオキサゾロメチル）－ジチオホスフェイト（別名　ホサロン）

問 34 過酸化水素水

問 35 ヒドラジン

≪選択肢≫

1 ネギ様の臭気のある白色結晶である。シクロヘキサン及び石油エーテルに溶けにくい。水に溶けない。
2 無色透明の液体である。微量の不純物が混入したり、少し加熱されると、爆鳴を発して急激に分解する。
3 無色の油状の液体である。空気中で発煙する。
4 無色透明の液体で、果実様の芳香があり、引火性がある。
5 無色の結晶で、常温の水に溶けにくいが、熱湯には溶ける。

問 36 ～問 40　次の物質の識別方法として、最も適当なものを≪選択肢≫から選びなさい。

問 36 アニリン　　問 37 ニコチン　　問 38 メタノール
問 39 トリクロル酢酸　　問 40 無水硫酸銅

≪選択肢≫
1 白色の粉末であるこの物質に水を加えると、青くなる。
2 この物質の水溶液にさらし粉を加えると、紫色を呈する。
3 この物質のエーテル溶液に、ヨードのエーテル溶液を加えると、褐色の液状沈殿を生じ、これを放置すると赤色針状結晶となる。
4 この物質に水酸化ナトリウム溶液を加えて熱すると、クロロホルム臭がする。
5 この物質にあらかじめ強熱した酸化銅を加えると、ホルムアルデヒドができ、酸化銅は還元されて金属銅色を呈する。

問 41 ～問 45　次の物質の廃棄方法として、最も適当なものを≪選択肢≫から選びなさい。

問 41 塩化水素　　問 42 シアン化カリウム　　問 43 クレゾール
問 44 重クロム酸カリウム　　問 45 塩化第一銅

≪選択肢≫
1 水酸化ナトリウム水溶液を加えてアルカリ性（pH 11 以上）とし、次亜塩素酸ナトリウム水溶液を加えて酸化分解した後、硫酸を加えて中和し、多量の水で希釈して処理する。
2 希硫酸に溶かし、還元剤（硫酸第一鉄等）の水溶液を過剰に用いて還元した後、水酸化カルシウム、炭酸ナトリウム等の水溶液で処理し、水酸化物として沈殿濾ろ過する。溶出試験を行い、溶出量が判定基準以下であることを確認して埋立処分する。
3 徐々に水酸化カルシウム（消石灰）の懸濁液等の攪拌（かくはん）溶液に加え中和させた後、多量の水で希釈して処理する。
4 おが屑（くず）等に吸収させて焼却炉で焼却する。
5 セメントを用いて固化し、埋立処分する。

(農業用品目)

問26～問30　次の物質の性状について、最も適当なものを≪選択肢≫から選びなさい。

問26 モノフルオール酢酸ナトリウム

問27 燐(りん)化亜鉛

問28 ジエチル－Ｓ－(２－オキソ－６－クロルベンゾオキサゾロメチル)－ジチオホスフェイト(別名 ホサロン)

問29 １，３－ジクロロプロペン

問30　３－ジメチルジチオホスホリル－Ｓ－メチル－５－メトキシ－１，３，４－チアジアゾリン－２－オン(別名 メチダチオン)

≪選択肢≫

1　暗赤色の光沢ある粉末である。希酸にホスフィンを出して溶解する。
2　灰白色の結晶で、水に難溶だが、有機溶媒に可溶である。
3　白色の粉末で、吸湿性がある。冷水には溶けやすいが、有機溶媒に溶けない。
4　淡黄褐色透明の液体である。アセトン、メタノールなどの有機溶媒に可溶である。アルミニウム、マグネシウム、亜鉛、カドミウム及びそれらの合金性容器との接触で金属の腐食がある。
5　白色結晶で水に不溶である。ネギ様の臭気がある。

問31～問35　次の物質の性状について、最も適当なものを≪選択肢≫から選びなさい。

問31 ジエチル－(５－フェニル－３－イソキサゾリル)－チオホスフェイト(別名 イソキサチオン)

問32　２，３－ジヒドロ－２，２－ジメチル－７－ベンゾ［ｂ］フラニル－Ｎ－ジブチルアミノチオ－Ｎ－メチルカルバマート(別名 カルボスルファン)

問33 ナラシン

問34 ジメチル－２，２－ジクロルビニルホスフェイト(別名 ＤＤＶＰ)

問35 ２－イソプロピルオキシフェニル－Ｎ－メチルカルバメート(別名 ＰＨＣ)

≪選択肢≫

1　白色から淡黄色の粉末で、特異な臭いがある。水に難溶だが、酢酸エチル、クロロホルム、アセトン、ベンゼンに可溶である。
2　褐色の粘稠(ちゅう)液体である。
3　無臭の白色結晶性粉末である。有機溶媒に可溶で、アルカリ溶液中での分解が速い。
4　淡黄褐色の液体で、水に難溶だが、有機溶媒に可溶である。
5　刺激性で、微臭のある比較的揮発性の無色油状の液体である。水に難溶、一般の有機溶媒に可溶、石油系溶剤に可溶である。

問 36 〜問 40　次の物質の識別方法として、最も適当なものを≪選択肢≫から選びなさい。

問 36 アンモニア水

問 37 塩化亜鉛

問 38 無機銅塩類

問 39 ニコチン

問 40 塩素酸ナトリウム

≪選択肢≫

1 炭の上に小さな孔をつくり、この物質を入れ吹管炎で強熱すると、パチパチ音をたてて分解する。
2 この物質の水溶液に硫化水素を通すと、白色の沈殿を生じる。また、水に溶かし、硝酸銀を加えると、白色の沈殿を生じる。
3 この物質のエーテル溶液に、ヨードのエーテル溶液を加えると、褐色の液状沈殿を生じ、これを放置すると赤色針状結晶となる。
4 硫化水素で黒色の沈殿を生成し、この沈殿は熱希硝酸に溶ける。
5 この物質に濃塩酸を潤したガラス棒を近づけると、白い霧を生じる。また、この物質に塩酸を加えて中和した後、塩化白金溶液を加えると、黄色、結晶性の沈殿を生成する。

問 41 〜問 45　次の物質の廃棄方法として、最も適当なものを≪選択肢≫から選びなさい。

問 41 アンモニア

問 42 ジ(２－クロルイソプロピル)エーテル(別名 DCIP)

問 43 クロルピクリン

問 44 硫酸

問 45 エチレンクロルヒドリン

≪選択肢≫

1 水で希薄な水溶液とし、酸(希塩酸等)で中和させた後、多量の水で希釈して処理する。
2 少量の界面活性剤を加えた亜硫酸ナトリウムと炭酸ナトリウムの混合溶液中で、攪拌(かくはん)し分解させた後、多量の水で希釈して処理する。
3 可燃性溶剤とともにスクラバーを備えた焼却炉で焼却する。焼却炉は有機ハロゲン化合物を焼却するのに適したものとする。
4 徐々に石灰乳などの攪拌(かくはん)溶液に加え中和させた後、多量の水で希釈して処理する。
5 おが屑(くず)等に吸収させてアフターバーナー及びスクラバーを備えた焼却炉で焼却する。

石川県
令和５年度実施
(今年度特定品目なし)

〔法　規〕
(一般・農業用品目・特定品目共通)

問１　次の記述の正誤について、正しい組み合わせはどれか。

a　法第一条では、「この法律は、毒物及び劇物について、保健衛生上の見地から必要な許可を行うことを目的とする。」とされている。
b　法第二条第一項では、「この法律で「毒物」とは、別表第一に掲げる物であって、医薬品及び医薬部外品以外のものをいう。」とされている。
c　法第二条第二項では、「この法律で「劇物」とは、別表第二に掲げる物であって、食品添加物以外のものをいう。」とされている。
d　四アルキル鉛は、特定毒物に該当する。

	a	b	c	d
1	誤	正	正	誤
2	正	誤	正	正
3	誤	正	誤	正
4	正	誤	正	誤
5	正	正	誤	正

問２～問３　次の記述は、法第三条第三項の条文の一部である。(　　)の中に入れるべき字句を下欄からそれぞれ選びなさい。

毒物又は劇物の販売業の(**問２**)を受けた者でなければ、毒物又は劇物を販売し、(**問３**)し、又は販売若しくは(**問３**)の目的で貯蔵し、運搬し、若しくは陳列してはならない。

【下欄】

問２	1　指定	2　登録	3　許可	4　承認
問３	1　譲渡	2　製造	3　輸入	4　授与

問４～問５　次の記述は、法第三条の三の条文である。(　　)の中に入れるべき字句を下欄から選びなさい。また、同条文の政令で定めるものを下欄から選びなさい。

興奮、幻覚又は(**問４**)の作用を有する毒物又は劇物(これらを含有する物を含む。)であって政令で定めるものは、みだりに摂取し、若しくは吸入し、又はこれらの目的で所持してはならない。

政令で定めるもの(**問５**)

【下欄】

問２	1　麻酔	2　鎮痛	3　睡眠	4　覚醒
問３	1　ベンゼン	2　トルエン	3　キシレン	4　スチレン

問６　特定毒物研究者に関する記述の正誤について、正しい組み合わせはどれか。

a　特定毒物研究者は、一定期間ごとに許可の更新を受ける必要がある。
b　特定毒物研究者は、特定毒物を学術研究以外の用途に供してはならない。
c　特定毒物研究者は、当該研究を廃止したとき、30 日以内にその主たる研究所の所在地の都道府県知事にその旨を届け出なければならない。
d　特定毒物研究者は、特定毒物を輸入してはならない。

	a	b	c	d
1	誤	正	正	誤
2	正	正	誤	誤
3	正	誤	正	誤
4	誤	正	誤	正
5	正	誤	正	正

問7～問9 次の記述は、法第八条の条文の一部である。（　　）の中に入れるべき字句を下欄からそれぞれ選びなさい。

法第八条第一項

次の各号に掲げる者でなければ、前条の毒物劇物取扱責任者となることができない。

一 薬剤師

二 厚生労働省令で定める学校で、（**問7**）に関する学課を修了した者

三 都道府県知事が行う毒物劇物取扱者試験に合格した者

法第八条第二項

次に掲げる者は、前条の毒物劇物取扱責任者となることができない。

一 十八歳未満の者

二 心身の障害により毒物劇物取扱責任者の業務を適正に行うことができない者として厚生労働省令で定めるもの

三（**問8**）、大麻、あへん又は覚せい剤の中毒者

四 毒物若しくは劇物又は薬事に関する罪を犯し、（**問9**）以上の刑に処せられ、その執行を終り、又は執行を受けることがなくなった日から起算して三年を経過していない者

【下欄】

問7	1	毒性学	2	環境工学	3	応用化学	4	公衆衛生学
問8	1	向精神薬	2	シンナー	3	指定薬物	4	麻薬
問9	1	禁固	2	拘留	3	罰金	4	科料

問10 法第十条の規定により、毒物又は劇物の販売業者が30日以内に届け出なければならない場合として正しいものの組み合わせはどれか。

a 店舗の名称を変更したとき
b 店舗を移転し、所在地が変わったとき
c 毒物又は劇物を貯蔵する設備の重要な部分を変更したとき
d 毒物又は劇物の販売品目を変更したとき

1（a、b）　2（a、c）　3（b、d）　4（c、d）

問11～問14 次の記述は、法第十二条の条文の一部及び省令第十一条の五の条文である。（　）の中に入れるべき字句を下欄から選びなさい。

法第十二条第一項

毒物劇物営業者及び特定毒物研究者は、毒物又は劇物の容器及び被包に、「医薬用外」の文字及び毒物については（**問11**）をもって「毒物」の文字、劇物については（**問12**）をもって「劇物」の文字を表示しなければならない。

法第十二条第二項

毒物劇物営業者は、その容器及び被包に、左に掲げる事項を表示しなければ、毒物又は劇物を販売し、又は授与してはならない。

一～二 略

三 厚生労働省令で定める毒物又は劇物については、それぞれ厚生労働省令で定めるその解毒剤の名称

省令第十一条の五

法第十二条第二項第三号に規定する毒物及び劇物は、（**問13**）及びこれを含有する製剤たる毒物及び劇物とし、同号に規定するその解毒剤は、二―ピリジルアルドキシムメチオダイド（別名PAM）の製剤及び（**問14**）の製剤とする。

石川県

【下欄】

問 11	1 黒地に白色	2 白地に黒色	3 赤地に白色	4 白地に赤色
問 12	1 黒地に白色	2 白地に黒色	3 赤地に白色	4 白地に赤色
問 13	1 有機硼(ほうそ)素化合物	2 有機燐(りん)化合物	3 有機弗(ふっそ)素化合物	4 有機珪(けいそ)素化合物
問 14	1 硫酸アトロピン	2 アセトアミド	3 メチレンブルー	4 エタノール

問 15 ～問 16　次の記述は、法第十七条第二項の条文である。(　　)の中に入れるべき字句を下欄から選びなさい。

毒物劇物営業者及び特定毒物研究者は、その取扱いに係る毒物又は劇物が盗難にあい、又は(**問 15**)したときは、直ちに、その旨を(**問 16**)に届け出なければならない。

【下欄】

問 15	1 流出	2 飛散	3 漏出	4 紛失
問 16	1 保健所	2 消防機関	3 警察署	4 医療機関

問 17　次の毒物又は劇物の販売業の登録基準に関する記述の正誤について、正しい組み合わせはどれか。

a 毒物又は劇物の貯蔵設備は、毒物又は劇物とその他の物とを区分して貯蔵できるものであること。
b 毒物又は劇物を貯蔵するタンク、ドラムかん、その他の容器は、毒物又は劇物が飛散し、漏れ、又はしみ出るおそれのないものであること。
c 毒物又は劇物を貯蔵する場所が性質上かぎをかけることができないものであるときは、その周囲に、堅固なさくが設けてあること。
d 毒物又は劇物を陳列する場所にかぎをかける設備があること。

	a	b	c	d
1	正	正	正	誤
2	正	正	誤	正
3	正	誤	正	正
4	誤	正	正	正
5	正	正	正	正

問 18　次の記述は、政令第四十条の条文の一部である。(　　)の中に入れるべき字句の正しい組み合わせはどれか。

法第十五条の二の規定により、毒物若しくは劇物又は法第十一条第二項に規定する政令で定める物の廃棄の方法に関する技術上の基準を次のように定める。
一 略
二 ガス体又は揮発性の毒物又は劇物は、保健衛生上危害を生ずるおそれがない場所で、少量ずつ(a)し、又は(b)させること。
三 (c)性の毒物又は劇物は、保健衛生上危害を生ずるおそれがない場所で、少量ずつ燃焼させること。

	a	b	c
1	放出	燃焼	可燃
2	中和	揮発	引火
3	中和	燃焼	可燃
4	放出	揮発	引火
5	放出	揮発	可燃

問 19　法第十五条に規定されている、毒物又は劇物の交付の制限等に関する記述の正誤について、正しい組み合わせはどれか。

a　18 歳未満の者に対して、毒物又は劇物を交付することはできない。

b　毒物劇物営業者は、引火性、発火性又は爆発性のある劇物を交付する場合、交付を受ける者の氏名及び職業を確認した後でなければ、交付してはならない。

c　精神の機能の障害により毒物又は劇物による保健衛生上の危害の防止の措置を適正に行うに当たって必要な認知、判断及び意思疎通を適切に行うことができない者に対して、毒物又は劇物を交付してはならない。

	a	b	c
1	誤	正	正
2	正	誤	正
3	正	正	誤
4	正	正	正

問 20　次のうち、法第二十二条第一項の規定に基づく業務上取扱者の届出が必要な事業として、正しいものはどれか。

1　最大積載量が 5,000 キログラム以上の自動車に、内容積 500 リットルの容器を積載して、四アルキル鉛を含有する製剤を運送する事業
2　砒(ひ)素(そ)化合物たる毒物及びこれを含有する製剤を用いて、電気めっきを行う事業
3　砒(ひ)素(そ)化合物たる毒物及びこれを含有する製剤を用いて、ねずみの駆除を行う事業
4　無機シアン化合物たる毒物及びこれを含有する製剤を用いて、しろありの防除を行う事業

〔基礎化学〕

(一般・農業用品目共通)

問 21　次のうち、純物質として、正しいものの組み合わせはどれか。

a　空気　　b　水　　c　石油　　d　食塩

1（a、b）　2（a、c）　3（b、d）　4（c、d）

問 22　次のうち、互いに同素体であるものとして、正しい組み合わせはどれか。

a　水と氷　　b　一酸化炭素と二酸化炭素
c　黄リンと赤リン　　d　ダイヤモンドと黒鉛

1（a、b）　2（a、c）　3（b、d）　4（c、d）

問 23　次のうち、Zn(亜鉛)、Cu(銅)、Mg(マグネシウム)、Ag(銀)をイオン化傾向の大きいものから順に並べたものはどれか。

1　Zn ＞ Mg ＞ Ag ＞ Cu
2　Cu ＞ Zn ＞ Ag ＞ Mg
3　Mg ＞ Cu ＞ Zn ＞ Ag
4　Mg ＞ Zn ＞ Cu ＞ Ag

石川県

問 24　次のうち、無極性分子はどれか。

1　H_2O　　2　SO_2　　3　CO_2　　4　NH_3

問 25 右下の図は、ある物質に熱を外部から加えたときの温度変化を示したものである。この図に関する次の記述について、（　　）の中に入れるべき字句の組み合わせとして、正しいものはどれか。

温度T_1を（ a ）、温度T_2を（ b ）という。固体と液体が共存している区間は（ c ）である。

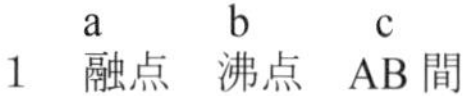

	a	b	c
1	融点	沸点	AB 間
2	融点	沸点	BC 間
3	融点	沸点	CD 間
4	沸点	融点	DE 間
5	沸点	融点	EF 間

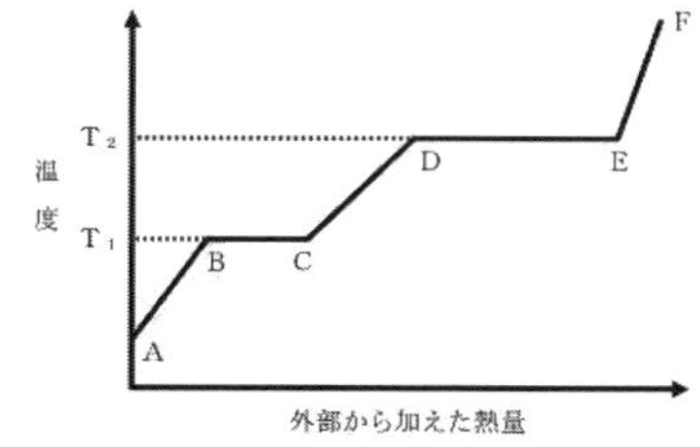

問 26 次のうち、過酸化水素（H_2O_2）中の酸素原子の酸化数として、正しいものはどれか。

1 －2　　2 －1　　3 0（ゼロ）　　4 ＋1　　5 ＋2

問 27 濃度不明の水酸化カルシウム水溶液 20mL を過不足なく中和するのに、0.2mol/Lの塩酸 20mL を要した。この水酸化カルシウム水溶液のモル濃度（mol/L）として、最も適当なものはどれか。

1 0.1mol/L　　2 0.2mol/L　　3 1.0mol/L　　4 2.0mol/L

問 28 水酸化ナトリウム（NaOH）4 g を水に溶かして、500mL とした水酸化ナトリウム水溶液のモル濃度（mol/L）として、最も適当なものはどれか。ただし、原子量は H ＝ 1 、O ＝ 16、Na ＝ 23 とする。

1 0.1mol/L　　2 0.2mol/L　　3 1.0mol/L　　4 2.0mol/L

問 29 0.1mol/Lの酢酸水溶液の pH として最も適当なものはどれか。ただし、この濃度の酢酸の電離度は 0.01 とする。また、水のイオン積は$[H^+][OH^-] = 1.0 \times 10^{-14}$とし、酢酸水溶液中では次の電離平衡反応の式が成立しているものとする。

$CH_3COOH \rightleftarrows CH_3COO^- + H^+$

1 pH ＝ 3　　2 pH ＝ 5　　3 pH ＝ 9　　4 pH ＝ 1

問 30 次の原子に関する記述について、（　　）の中に入れるべき字句の組み合わせとして、正しいものはどれか。

原子は、中心にある原子核とその周りを運動している電子で構成されており、原子核は陽子と中性子からできている。原子番号は陽子の数と同じで、質量数は（ a ）となる。原子番号が同じで質量数が異なる原子を、互いに（ b ）という。

	a	b
1	陽子の数と電子の数の和	同位体
2	陽子の数と電子の数の和	同素体
3	陽子の数と中性子の数の和	同位体
4	陽子の数と中性子の数の和	同素体

石川県

問 31 炎色反応で黄色の色調を示す物質として、最も適当なものはどれか。

1 バリウム　　2 カリウム　　3 カルシウム　　4 ナトリウム

問 32　次のボイル・シャルルの法則に関する記述について、(　　)の中に入れるべき字句の組み合わせとして、正しいものはどれか。

一定量の気体の体積Ｖは、圧力ｐに(ａ)し、絶対温度Ｔに(ｂ)する。

	a	b
1	比例	比例
2	比例	反比例
3	反比例	比例
4	反比例	反比例

問 33　フッ化水素分子(HF)、水分子(H_2O)、アンモニア分子(NH_3)は、分子量が小さいにもかかわらず、沸点が高い。この理由となる分子間に形成される結合として、最も適当なものはどれか。

1 共有結合　　2 イオン結合　　3 水素結合　　4 配位結合

問 34　次のうち、コロイドに関する記述として、誤っているものはどれか。

1 コロイド溶液に横から強い光を当てると、光の通路がはっきりと観察できる現象を、チンダル現象という。
2 熱運動している溶媒(分散媒)分子がコロイド粒子に不規則に衝突するために起こる現象を、ブラウン運動という。
3 コロイド粒子はセロハンなどの半透膜を通過するが、ろ紙を通過しないという性質を利用して、コロイド溶液を精製する操作を透析という。

問 35　質量パーセント濃度 14 %の水酸化ナトリウム水溶液 100 gに水を加えて、質量パーセント濃度８%の水酸化ナトリウム水溶液としたい。このとき加える水の質量(g)として、最も適当なものはどれか。

1 25 g　　2 75 g　　3 125 g　　4 175 g

問 36　次のうち、「反応におけるエンタルピー変化(反応熱)は、反応の経路によらず、反応の最初の状態と最後の状態で決まる」ことを示す法則はどれか。

1 ドルトンの法則　　2 アボガドロの法則　　3 ヘンリーの法則
4 ヘスの法則

問 37　ある容器の中に、酸素 1.0mol と水素 0.5mol と窒素 0.5mol を封入したところ、混合気体の全圧が 2.0×10^5Pa になった。この混合気体の酸素の分圧は何 Pa か。

1 5.0×10^4Pa　　2 1.0×10^5Pa　　3 2.0×10^5Pa　　4 4.0×10^6Pa

問 38　塩基の性質に関する次の記述のうち、誤っているものはどれか。

1 青色リトマス紙を赤色に変える
2 BTB(ブロモチモールブルー)溶液を青色に変える
3 フェノールフタレイン溶液を赤色に変える

石川県

問 39　次のうち、幾何(きか)異性体(シス－トランス異性体)が存在するものはどれか。

1 エチレン($CH_2 = CH_2$)　　2 プロピレン($CH_2 = CH - CH_3$)
3 1－ブテン($CH_2 = CH - CH_2 - CH_3$)
4 2－ブテン($CH_3 - CH = CH - CH_3$)

問 40　次のうち、化合物とその官能基の組み合わせとして、誤っているものはどれか。

1 フェノール － ヒドロキシ基(-OH)　　2 アニリン － アミノ基($-NH_2$)
3 酢酸 － カルボキシ基(-COOH)　　4 アセトン － ニトロ基($-NO_2$)

〔各　論・実　地〕

（一般）

問１～問４　次の物質を含有する製剤は、毒物及び劇物取締法令上、一定濃度以下で劇物から除外される。
その上限の濃度として、正しいものを下欄からそれぞれ選びなさい。なお、同じものを繰り返し選んでもよい。

問１　硫酸（ただし、塩化水素は含有しないものとする。）　**問２**　水酸化ナトリウム
問３　トリフルオロメタンスルホン酸　**問４**　フェノール

【下欄】

1　0.5％	2　1％	3　5％	4　10％

問５～問８　次の物質の常温・常圧における性状等として、最も適当なものを下欄から選びなさい。

問５　硫酸第二銅　**問６**　ヨウ素　**問７**　重クロム酸カリウム　**問８**　黄リン

【下欄】

1　黒灰色、金属様の光沢ある稜板状結晶。熱すると紫菫色の蒸気を生成する。
2　濃い藍色の結晶。150 ℃に熱すると結晶水を失って白色粉末を生成する。
3　唯一の常温で液体の金属。銀白色、金属光沢を有する重い液体で、硝酸に可溶である。
4　橙赤色の柱状結晶。水に可溶で、アルコールに不溶である。
5　白色または淡黄色のロウ様半透明の結晶性固体。ニンニク臭を有し、ベンゼン、二硫化炭素に可溶である。

問９～問12　次の物質の用途として、最も適当なものを下欄から選びなさい。

問９　クロルエチル（別名：クロロエタン、塩化エチル）
問10　トルエン　**問11**　メタクリル酸　**問12**　クロルピクリン

【下欄】

1　合成化学工業でのアルキル化剤	2　爆薬の原料	3　土壌燻蒸（くんじょう）
4　熱硬化性塗料、接着剤、皮革処理剤	5　顔料	

問13～問16　次の物質の運搬事故時における漏えいに対する応急措置として、最も適当なものを下欄から選びなさい。

問13　重クロム酸アンモニウム　**問14**　酢酸エチル　**問15**　硝酸銀
問16　ジメチル－２，２－ジクロルビニルホスフェイト
（別名：ジクロルボス、DDVP）

【下欄】

1　付近の着火源となるものを速やかに取り除く。漏えいした液は、土砂等でその流れを止め、安全な場所へ導いた後、液の表面を泡等で覆い、できるだけ空容器に回収する。そのあとは多量の水で洗い流す。
2　漏えいした液は、土砂等でその流れを止め、安全な場所に導き、空容器にできるだけ回収し、そのあとを水酸化カルシウム等の水溶液を用いて処理した後、中性洗剤等の分散剤を使用して多量の水で洗い流す。
3　飛散したものは空容器にできるだけ回収し、そのあとを還元剤（硫酸第一鉄等）の水溶液を散布し、水酸化カルシウム、炭酸ナトリウム等の水溶液で処理したのち、多量の水で洗い流す。
4　飛散したものは空容器にできるだけ回収し、そのあと食塩水を用いて塩化物とし、多量の水で洗い流す。

問 17 ～問 20　次の物質の鑑別方法として、最も適当なものを下欄から選びなさい。

問 17　硫酸亜鉛　　問 18　四塩化炭素　　問 19　フッ化水素酸
問 20　ニコチン

【下欄】

1 濃塩酸を潤したガラス棒を近づけると、白い霧を生じる。
2 エーテルに溶かし、ヨードのエーテル溶液を加えると、褐色の液状沈殿を生じ、これを放置すると赤色の針状結晶となる。
3 アルコール性の水酸化カリウムと銅粉とともに煮沸すると、黄赤色の沈殿を生成する。
4 水に溶かして硫化水素を通じると、白色の沈殿を生成する。また、水に溶かして塩化バリウムを加えると、白色の沈殿を生成する。
5 ロウを塗ったガラス板に針で任意の模様を描いたものに、本物質を塗ると、針で削り取られた模様の部分は腐食される。

問 21 ～問 24　次の物質の具体的な廃棄方法として、最も適当なものを下欄から選びなさい。

問 21　水銀　　問 22　過酸化水素水　　問 23　四アルキル鉛
問 24　アンモニア水

【下欄】

1 アフターバーナー及びスクラバー(洗浄液にアルカリ液)を具備した焼却炉の火室へ噴霧し焼却する。洗浄液に消石灰ソーダ灰等の水溶液を加えて処理し、沈殿濾過し、更に焼却灰とともにセメントを用いて固化する。溶出試験を行い、溶出量が判定基準以下であることを確認して埋立処分する。(燃焼隔離法)
2 多量の水で希釈して処理する。(希釈法)
3 そのまま再利用するため蒸留する。(回収法)
4 アルカリ水溶液(石灰乳又は水酸化ナトリウム水溶液)中に少量ずつ滴下し多量の水で希釈して処理する。(アルカリ法)
5 水で希薄な水溶液とし、酸(希塩酸、希硫酸など)で中和させた後、多量の水で希釈して処理する。(中和法)

問 25 ～問 28　次の物質の貯蔵方法として、最も適当なものを下欄から選びなさい。

問 25 ブロムメチル　　問 26 クロロホルム　　問 27 ナトリウム
問 28 シアン化カリウム

【下欄】

1 火気に対し安全で隔離された場所に、硫黄、ヨード、ガソリン、アルコール等と離して貯蔵する。鉄、銅、鉛等の金属容器を使用しない。
2 少量ならばガラス瓶、多量ならばブリキ缶又は鉄ドラムを用い、酸類とは離して、風通しのよい乾燥した冷所に密封して保存する。
3 空気中にそのまま保存することはできないので、通常石油中に貯蔵する。
4 冷暗所に貯蔵する。純品は空気と日光によって変質するので、少量のアルコールを加えて分解を防止する。
5 常温では気体なので、圧縮冷却して液化し、圧縮容器に入れ、直射日光その他、温度上昇の原因を避けて、冷暗所に保管する。

問 29 ～問 32　次の毒物又は劇物の注意事項等として、最も適当なものを下欄から選びなさい。

問 29 硝酸
問 30 キシレン
問 31　2－イソプロピル－4－メチルピリミジル－6－ジエチルチオホスフェイト（別名：ダイアジノン）
問 32 ヒ素

【下欄】

1　毒物及び劇物取締法令上、その容器及び被包に解毒剤に関する表示が義務付けられている。
2　高濃度の場合、水と急激に接触すると多量の熱を生成し、酸が飛散することがある。
3　燃焼により生じた煙霧は少量の吸入であっても強い溶血作用がある。
4　引火しやすく、また、その蒸気は空気と混合して爆発性混合ガスとなるので、火気には近づけない。

問 33 ～問 36　次の物質による毒性や中毒の症状として、最も適当なものを下欄から選びなさい。

問 33 トルイジン
問 34 モノフルオール酢酸ナトリウム
問 35 1，1’－ジメチル－4，4’－ジピリジニウムジクロリド（別名：パラコート）
問 36 ホルマリン

【下欄】

1　メトヘモグロビン形成能があり、チアノーゼ症状を起こす。また、腎臓や膀胱の機能障害による血尿を起こす。
2　生体細胞内の TCA サイクルを阻害し、激しい嘔吐、胃の疼痛、意識混濁、てんかん性痙攣（けいれん）、脈拍の緩徐、チアノーゼ、血圧降下を起こす。
3　蒸気は粘膜を刺激し、鼻カタル、結膜炎、気管支炎を起こす。高濃度の場合は、皮膚に対し壊疽を起こし、しばしば湿疹を生じさせる。
4　コリンエステラーゼと結合し、その働きを阻害することにより、ムスカリン様症状、ニコチン様症状、中枢神経症状が出現する。
5　生体内でラジカルとなり、酸素に触れて活性酸素イオンを生じることで、肺線維症などを引き起こすことがある。

問 37 ～問 38　次の劇物の政令第 40 条の５第２項第３号に規定する省令で定める保護具として、（　）の中にあてはまる最も適当なものを下欄から選びなさい。

問 37 アクロレイン　　問 38 塩素

保護具：保護手袋、保護長ぐつ、保護衣、（　）

【下欄】

1　普通ガス用防毒マスク　2　有機ガス用防毒マスク　3　酸性ガス用防毒マスク

問 39　メタノールに関する次の記述のうち、誤っているものはどれか。

1　メタノールを含有する製剤は劇物に該当しない。
2　水と任意の割合で混和する。
3　シックハウスの原因物質となるアルデヒドである。
4　摂取すると神経細胞内でギ酸を生成し、視神経を侵すことがある。

問 40　ピクリン酸に関する次の記述のうち、誤っているものはどれか。

1　アルコールやエーテルに可溶である。
2　オルト(o-)、メタ(m-)、パラ(p-)の異性体がある。
3　常温・常圧下において淡黄色の光沢ある小葉状あるいは針状結晶である。
4　毒物及び劇物取締法令上、業務その他正当な理由による場合を除いては、所持してはならないと定められている。

（農業用品目）

問１　１，１’－ジメチル－４，４’－ジピリジニウムジクロリド(別名：パラコート)の毒性の分類として、正しいものはどれか。

1　劇物
2　毒物(特定毒物を除く)
3　特定毒物
4　上記１から３に該当しないもの

問２　次のうち、特定毒物に該当するものの正しい組み合わせはどれか。

a　ニコチン
b　N－メチル－１－ナフチルカルバメート(別名：カルバリル)を含有する製剤
c　リン化アルミニウムとその分解促進剤とを含有する製剤
d　モノフルオール酢酸ナトリウムを含有する製剤

1（a、b）　2（b、c）　3（c、d）　4（a、d）

問３　１－(６－クロロ－３－ピリジルメチル)－N－ニトロイミダゾリジン－２－イリデンアミン(別名：イミダクロプリド)を含有する次の製剤について、劇物に該当するものはどれか。

1　２％含有する粒剤　2　10％含有する水和剤
3　10％含有するマイクロカプセル製剤

問４　次の物質のうち、農業用品目販売業の登録を受けた者が、販売又は授与できるものの正しい組み合わせはどれか。

a　クロロホルム　b　ヨウ化メチル　c　メチルイソチオシアネート
d　メチルエチルケトン

1（a、b）　2（b、c）　3（b、d）　4（a、d）

石川県

問５～問８　次の物質の常温・常圧下における性状等として、最も適当なものを下欄から選びなさい。

問５　フッ化スルフリル
問６　ニコチン
問７　O－エチル＝S，S－ジプロピル＝ホスホロジチオアート(別名：エトプロホス)
問８　メチル－N’，N’－ジメチル－N－［(メチルカルバモイル)オキシ］－１－チオオキサムイミデート(別名：オキサミル)

【下欄】

1 白色の針状結晶で、かすかな硫黄臭がある。水、メタノール、アセトンに可溶である。
2 濃い藍色の結晶で風解性があり、水に可溶である。
3 純粋なものは無色無臭の油状液体であるが、空気中では速やかに褐変する。水、アルコールと混和する。
4 メルカプタン臭のある淡黄色の透明液体である。水に難溶で、有機溶媒に可溶である。
5 空気より重い無色の気体で、水に難溶であるが、アセトンやクロロホルムに可溶である。

問9 次の記述の( )の中に入れるべき字句の正しい組み合わせはどれか。

エチルパラニトロフェニルチオノベンゼンホスホネイトは、別名 EPN と呼ばれ、(a)の結晶で、殺虫剤として用いられる。(b)を超えて含有する製剤は毒物に該当し、(b)以下を含有する製剤は劇物に該当する。

	a	b
1	白色	15 %
2	暗褐色	15 %
3	暗褐色	1.5 %
4	白色	1.5 %

問 10 〜問 12 次の物質の貯蔵方法として、最も適当なものを下欄から選びなさい。

問 10 ブロムメチル　**問 11** ロテノン　**問 12** シアン化水素

【下欄】

1 常温では気体なので、圧縮冷却して液化し、圧縮容器に入れ、直射日光や温度上昇の原因を避け、冷暗所で貯蔵する。
2 酸素によって分解し、殺虫効力を失うため、空気と光線を遮断して保管する。
3 少量ならば褐色ガラスびんを用い、多量ならば銅製シリンダーを用いる。日光及び加熱を避け、冷所に貯蔵する。
4 少量ならばガラス瓶、多量ならばブリキ缶または鉄ドラムを用い、酸類とは離して風通しのよい乾燥した冷所に密封して保存する。

問 13 〜問 16 次の物質の取扱い上の注意事項等として、最も適当なものを下欄から選びなさい。

問 13 リン化亜鉛　**問 14** 硫酸　**問 15** ブロムメチル
問 16 塩素酸ナトリウム

【下欄】

1 わずかに甘いクロロホルム様の臭いを有するが、臭いは極めて弱く、蒸気は空気より重いため、吸入による中毒を起こしやすい。
2 強酸と反応し、発火又は爆発することがある。アンモニウム塩と混ざると爆発するおそれがあるため接触させない。衣服等に付着した場合、着火しやすくなる。
3 水で希釈したものは、各種の金属を腐食して水素ガスを生成し、これが空気と混合して引火爆発をすることがある。
4 火災等で燃焼すると、有毒な煙霧及びホスフィンガスを発生する。

問 17　次の記述の（　）の中に入れるべき字句の正しい組み合わせはどれか。

（ a ）たる劇物については、あせにくい（ b ）色で着色したものでなければ、これを農業用として販売してはならない。

	a	b
1	リン化鉛を含有する製剤	黒
2	リン化亜鉛を含有する製剤	赤
3	硫酸カリウムを含有する製剤	赤
4	硫酸タリウムを含有する製剤	黒

問 18 ～問 21　次の物質の用途として、最も適当なものを下欄から選びなさい。

問 18 2，2’－ジピリジリウム－1，1’－エチレンジブロミド
（別名：ジクワット）

問 19 2，3－ジシアノ－1，4－ジチアアントラキノン（別名：ジチアノン）

問 20　1－（6－クロロ－3－ピリジルメチル）－N－ニトロイミダゾリジン－2－イリデンアミン（別名：イミダクロプリド）

問 21　2－ジフェニルアセチル－1，3－インダンジオン（別名：ダイファシノン）

【下欄】

1 殺虫剤	2 除草剤	3 殺鼠そ剤	4 殺菌剤

問 22 ～問 25　次の物質による毒性や中毒の症状として、最も適当なものを下欄から選びなさい。

問 22 無機銅塩類

問 23 シアン化ナトリウム

問 24 ジメチル－2，2－ジクロルビニルホスフェイト
（別名：ジクロルボス、DDVP）

問 25 モノフルオール酢酸ナトリウム

【下欄】

1 血中のコリンエステラーゼと結合してその働きを阻害することにより、神経性の中毒を起こす。
2 緑色または青色のものを吐く。のどが焼けるように熱くなり、よだれが流れ、しばしば痛むことがある。急性の胃腸カタルを起こすとともに血便を出す。
3 酸と反応すると青酸ガスを発生し、吸入した場合、頭痛、めまい、意識不明、呼吸麻痺（ひ）等を起こす。
4 生体細胞内の TCA サイクルを阻害し、激しい嘔吐、胃の疼痛、意識混濁、てんかん性痙攣（けいれん）、脈拍の緩徐、チアノーゼ、血圧降下を起こす。

石川県

問 26　次のうち、2，3－ジヒドロ－2，2－ジメチル－7－ベンゾ［b］フラニル－N－ジブチルアミノチオ－N－メチルカルバマート（別名：カルボスルファン）の中毒の治療に使用されるものとして、最も適当なものを選びなさい。

1 プラリドキシムヨウ化物（別名：PAM）
2 ジメルカプロール（別名：BAL）
3 亜硝酸ナトリウム、チオ硫酸ナトリウム
4 硫酸アトロピン

問 27 ～問 31　次の物質の具体的な廃棄方法として、最も適当なものを下欄から選びなさい。

問 27 ジメチル－２，２－ジクロルビニルホスフェイト
（別名：ジクロルボス、DDVP）

問 28 塩化第一銅　　問 29 塩素酸ナトリウム　　問 30 アンモニア

問 31 硫酸第二銅

【下欄】

1 セメントを用いて固化し、埋め立て処分する。（固化隔離法）
2 水で希薄な水溶液とし、酸で中和させた後、多量の水で希釈して処理する。（中和法）
3 10 倍量以上の水と攪拌（かくはん）しながら加熱還流して加水分解し、冷却後、水酸化ナトリウム等の水溶液で中和する。（アルカリ法）
4 水に溶かし、水酸化カルシウム、炭酸ナトリウム等の水溶液を加えて処理し、沈殿ろ過して埋め立て処分する。（沈殿法）
5 還元剤の水溶液に希硫酸を加えて酸性にし、この中に少量ずつ投入する。反応終了後、反応液を中和し多量の水で希釈して処理する。（還元法）

問 32 ～問 34　次の物質の鑑別方法について、最も適当なものを下欄から選びなさい。

問 32 塩化亜鉛　　問 33 リン化アルミニウムとその分解促進剤とを含有する製剤

問 34 アンモニア水

【下欄】

1 本物質から発生した気体は５～ 10 ％硝酸銀溶液を浸したろ紙を黒変させる。
2 熱すると酸素を生成する。また、水溶液に酒石酸を多量に加えると、白色の結晶を生じる。
3 濃塩酸をつけたガラス棒を近づけると、白い霧を生じる。また、塩酸を加えて中和した後、塩化白金溶液を加えると、黄色、結晶性の沈殿を生じる。
4 水に溶かし、硝酸銀を加えると、白色の沈殿を生じる。

問 35　２－イソプロピル－４－メチルピリミジル－６－ジエチルチオホスフェイト（別名：ダイアジノン）に関する次の記述のうち、正しいものの組み合わせはどれか。

a 25 ％含有する水和剤は劇物に該当する。
b 主な用途は除草剤である。
c 常温・常圧下において無色透明の揮発性の液体であり、鼻をさすような臭気がある。また、水と混和する。
d 漏えいした場合、応急措置として、漏えいした液は土砂等でその流れを止め、空容器にできるだけ回収し、そのあとを水酸化カルシウム等の水溶液を用いて処理し、多量の水を用いて洗い流す。洗い流す場合には中性洗剤等の分散剤を使用して洗い流す。

1（a、b）　　2（b、c）　　3（c、d）　　4（a、d）

問 36　S－メチル－N－［(メチルカルバモイル)－オキシ］－チオアセトイミデート（別名：メトミル）に関する次の記述のうち、正しいものの組み合わせはどれか。

a 常温・常圧下において、白色の結晶固体である。
b 強い芳香臭がある。
c カーバメート剤に分類される。
d 稲のイモチ病等の殺菌剤として用いられる。

1（a、c）　　2（b、c）　　3（b、d）　　4（a、d）

石川県

問 37 ～問 40　クロルピクリンについて、次の問いに答えなさい。

問 37　主な用途として、最も適当なものはどれか。

1　土壌燻蒸剤（くんじょう）　2　木材防腐剤　3　野ねずみの駆除　4　植物成長調整剤

問 38　性状及び性質として、誤っているものはどれか。

1　常温・常圧下において、純品は無色の油状体である。
2　アルコール、エーテルに不溶である。
3　金属腐食性が大きい。
4　催涙性及び粘膜刺激臭を有する。

問 39　この物質の運搬事故時における漏えいに対する応急措置として、最も適当なものはどれか。

1　多量の場合は、土砂等でその流れを止め、安全な場所に導き、遠くからホース等で多量の水をかけ十分に希釈して洗い流す。
2　多量の場合は、土砂等でその流れを止め、安全な場所に導き、液の表面を泡で覆い、できるだけ空容器に回収する。
3　土砂等でその流れを止め、空容器にできるだけ回収し、そのあとを消石灰等の水溶液を用いて処理し、多量の水を用いて洗い流す。洗い流す場合には中性洗剤等の分散剤を使用して洗い流す。

問 40　鑑別方法に関する記述について、（　　）の中に入れるべき字句の正しい組み合わせはどれか。

① 水溶液に金属カルシウムを加え、これにベタナフチルアミン及び硫酸を加えると、（ a ）の沈殿を生じる。
② アルコール溶液にジメチルアニリン及びブルシンを加えて溶解し、これにブロムシアン溶液を加えると、（ b ）ないし赤紫色を呈する。

	a	b
1	白色	青色
2	緑色	白色
3	赤色	緑色
4	青色	赤色

石川県

福井県

令和５年度実施

（今年度特定品目なし）

〔法　規〕

（一般・農業用品目共通）

問１～問12　次の記述は、毒物及び劇物取締法の条文の一部である。（　）の中に入れるべき字句として、正しいものを下欄から選びなさい。

a　この法律で「毒物」とは、別表第１に掲げる物であって、（ **問１** ）及び（ **問２** ）以外のものをいう。

b　毒物又は劇物の販売業の（ **問３** ）を受けた者でなければ、毒物又は劇物を販売し、授与し、又は販売若しくは授与の目的で貯蔵し、（ **問４** ）し、若しくは（ **問５** ）してはならない。

c　興奮、幻覚又は麻酔の作用を有する毒物又は劇物（これらを含有する物を含む。）であって、政令で定めるものは、みだりに摂取し、若しくは（ **問６** ）し、又はこれらの目的で（ **問７** ）してはならない。

d　引火性、（ **問８** ）又は（ **問９** ）のある毒物又は劇物であって政令で定めるものは、業務その他正当な理由による場合を除いては、所持してはならない。

e　毒物劇物営業者及び特定毒物研究者は、毒物又は厚生労働省令で定める劇物については、その容器として、（ **問10** ）を使用してはならない。

f　毒物劇物営業者及び特定毒物研究者は、その取扱いに係る毒物又は劇物が盗難にあい、又は紛失したときは、（ **問11** ）、その旨を（ **問12** ）に届け出なければならない。

＜下欄＞

問１　１　劇物　　２　医薬品　　３　毒薬　　４　化粧品
問２　１　医薬部外品　　２　医療機器　　３　劇薬　　４　食品
問３　１　許可　　２　認証　　３　承認　　４　登録
問４　１　小分け　　２　輸入　　３　運搬　　４　製造
問５　１　購入　　２　所持　　３　広告　　４　陳列
問６　１　吸入　　２　服用　　３　譲渡　　４　乱用
問７　１　授与　　２　所持　　３　保管　　４　吸引
問８　１　揮発性　　２　吸湿性　　３　発火性　　４　昇華性
問９　１　放射性　　２　興奮性　　３　残留性　　４　爆発性
問10　１　内容表示のない物　　２　腐食しやすい材質の物
　　３　飲食物の容器として通常使用される物　　４　密閉できない構造の物
問11　１　直ちに　　２　１日以内に　　３　３日以内に　　４　７日以内に
問12　１　保健所　　２　消防機関　　３　警察署　　４　厚生労働省

問 13　毒物劇物取扱責任者に関する記述のうち、正しいものの組み合わせはどれか。

a　毒物劇物営業者が毒物の製造業と販売業を営む場合、その製造所と店舗が互いに隣接しているときは、毒物劇物取扱責任者は、施設を通じて一人で足りる。

b　毒物劇物販売業者は、毒物または劇物を直接取り扱わない店舗においても、毒物劇物取扱責任者を置かなければならない。

c　毒物劇物販売業者は、自らが毒物劇物取扱責任者として毒物または劇物による保健衛生上の危害の防止に当たる店舗には、毒物劇物取扱責任者を置く必要はない。

d　毒物劇物販売業者は、毒物劇物取扱責任者を変更するときは、あらかじめ、その毒物劇物取扱責任者の氏名を都道府県知事に届け出なければならない。

１（a、b）　　２（a、c）　　３（b、c）　　４（b、d）　　５（c、d）

問 14 次の記述は、毒物及び劇物取締法第 14 条第 1 項の条文である。(　　)の中に入れるべき字句として正しい組み合わせはどれか。

毒物劇物営業者は、毒物又は劇物を他の毒物劇物営業者に販売し、又は授与したときは、(a)、次に掲げる事項を書面に記載しておかなければならない。
一 毒物又は劇物の名称及び(b)
二 販売又は授与の(c)
三 譲受人の氏名、(d)及び住所(法人にあつては、その名称及び主たる事務所の所在地)

	a	b	c	d
1	その都度	数量	目的	年齢
2	初回に限り	数量	年月日	年齢
3	その都度	数量	年月日	職業
4	初回に限り	含量	目的	年齢
5	その都度	含量	年月日	職業

問 15 次の記述は、毒物及び劇物取締法施行令および同法施行規則の条文である。(　　)の中に入れるべき字句として正しい組み合わせはどれか。

【毒物劇物営業者等による情報の提供】
施行令第 40 条の 9 第 1 項
毒物劇物営業者は、毒物又は劇物を販売し、又は授与するときは、その販売し、又は授与する時までに、譲受人に対し、当該毒物又は劇物の(　a　)及び取扱いに関する情報を提供しなければならない。ただし、当該毒物劇物営業者により、当該譲受人に対し、既に当該毒物又は劇物の(　a　)及び取扱いに関する情報の提供が行われている場合その他厚生労働省令で定める場合は、この限りでない。

施行規則第 13 条の 10
令第 40 条の 9 第 1 項ただし書に規定する厚生労働省令で定める場合は、次のとおりとする。
一 1 回につき(b)以下の劇物を販売し、又は授与する場合
二 令別表第 1 の上欄に掲げる物を主として生活の用に供する一般消費者に対して販売し、又は授与する場合

【劇物たる家庭用品(施行令第 39 条の 2 関係)】
施行令別表第 1　上欄抜粋
1 塩化水素又は(　c　)を含有する製剤たる劇物(住宅用の洗浄剤で液体状のものに限る。)

	a	b	c
1	性状	50 ミリグラム	硫酸
2	保管	100 ミリグラム	硫酸
3	性状	100 ミリグラム	過酸化水素
4	保管	200 ミリグラム	過酸化水素
5	性状	200 ミリグラム	硫酸

問16　次の記述は、毒物及び劇物取締法第12条第1項の条文である。（　　）の中に入れるべき字句として正しい組み合わせはどれか。

毒物劇物営業者及び（　a　）は、毒物又は劇物の容器及び被包に、（　b　）の文字及び毒物については（　c　）をもつて「毒物」の文字、劇物については（　d　）をもつて「劇物」の文字を表示しなければならない。

	a	b	c	d
1	特定毒物研究者	「医薬用外」	赤地に白色	白地に赤色
2	特定毒物研究者	「医療用外」	赤地に白色	白地に赤色
3	特定毒物使用者	「医療用外」	白地に赤色	赤地に白色
4	特定毒物使用者	「医薬用外」	赤地に白色	白地に赤色
5	特定毒物研究者	「医薬用外」	白地に赤色	赤地に白色

問17　毒物劇物営業者が、毒物及び劇物取締法第10条の規定に基づき、30日以内に届け出る必要のある事項に関する記述の正誤について、正しいものを選びなさい。

a　法人である毒物または劇物の製造業者が、その法人の名称を変更したとき
b　毒物または劇物の製造業者が、劇物を製造する設備の重要な部分を変更したとき
c　毒物または劇物の販売業者が、営業所の名称を変更したとき
d　毒物または劇物の輸入業者が、登録品目である毒物の輸入を廃止したとき

	a	b	c	d
1	正	正	正	誤
2	正	正	誤	正
3	正	誤	正	正
4	誤	正	正	正
5	正	正	正	正

問18　劇物である塩素を、車両を使用して1回につき5,000キログラム以上運搬する場合の運搬方法に関する記述の正誤について、正しいものを選びなさい。

a　1人の運転者による運転時間が、1日あたり9時間を超える場合には、交替して運転する者を同乗させなければならない。
b　0.3メートル平方の板に地を白色、文字を黒色として「毒」と表示し、車両の前後の見やすい箇所に掲げる。
c　車両には、保護具として、保護手袋、保護長靴、保護衣、防毒マスクを1人分以上備える。
d　車両には、運搬する劇物の名称、成分およびその含量ならびに事故の際に講じなければならない応急の措置の内容を記載した書面を備える。

	a	b	c	d
1	正	正	誤	誤
2	正	誤	正	誤
3	誤	正	正	正
4	正	誤	誤	正
5	誤	正	誤	正

問19　次の記述は、毒物及び劇物取締法第13条に規定する特定の用途に供される毒物または劇物の販売等に関するものである。（　　）の中に入れるべき字句として正しい組み合わせはどれか。

毒物劇物営業者は、燐（りん）化亜鉛を含有する製剤たる劇物については、あせにくい（　a　）で着色したものでなければ、これを（　b　）として販売し、または授与してはならない。

	a	b
1	黒色	工業用
2	黒色	農業用
3	赤色	工業用
4	赤色	農業用

問20　次のうち、毒物及び劇物取締法第22条第1項の規定により、その事業場の所在地の都道府県知事(その事業場の所在地が保健所を設置する市又は特別区の区域にある場合においては、市長又は区長)に業務上取扱者の届出をしなければならないものとして、正しいものの組合せはどれか。

a　亜砒(ひ)酸を使用して、しろありの防除を行う事業者
b　シアン化カリウムを使用して、金属熱処理を行う事業者
c　10%硫酸を使用して、電気めっきを行う事業者
d　モノフルオール酢酸ナトリウムを含有する製剤を使用して、野ねずみの駆除を行う事業者

1(a、b)　2(a、c)　3(b、c)　4(b、d)　5(c、d)

問21　次の記述は、毒物及び劇物取締法施行令第8条の条文である。(　)の中に入れるべき字句として正しいものはどれか。

加鉛ガソリンの製造業者又は輸入業者は、(　　)色(第7条の厚生労働省令で定める加鉛ガソリンにあつては、厚生労働省令で定める色)に着色されたものでなければ、加鉛ガソリンを販売し、又は授与してはならない。

1 黒　2 赤　3 緑　4 青　5 オレンジ

問22　次のうち、毒物劇物営業者が、常時、取引関係にある者を除き、交付を受ける者の氏名および住所を身分証明書や運転免許証等の提示を受けて確認した後でなければ交付してはならないものとして、正しいものはどれか。

1 アジ化ナトリウム　2 酢酸エチル　3 トルエン
4 シアン化ナトリウム　5 亜塩素酸ナトリウム30%含有物

問23　次のうち、特定毒物に該当しないものはどれか。

1 燐(りん)化アルミニウムとその分解促進剤とを含有する製剤
2 モノフルオール酢酸アミドを含有する製剤
3 四アルキル鉛を含有する製剤
4 硫化燐(りん)を含有する製剤
5 テトラエチルピロホスフエイトを含有する製剤

問24　次の記述は、毒物及び劇物取締法第8条の条文の一部である。(　)の中に入れるべき字句の組み合わせとして正しいものを選びなさい。

第8条 次の各号に掲げる者でなければ、前条の毒物劇物取扱責任者となることができない。
一 (a)
二 厚生労働省令で定める学校で、(b)に関する学課を修了した者
三 都道府県知事が行う毒物劇物取扱者試験に合格した者

2 次に掲げる者は、前条の毒物劇物取扱責任者となることができない。
一 (c)の者
二 心身の障害により毒物劇物取扱責任者の業務を適正に行うことができない者として厚生労働省令で定めるもの
三 麻薬、大麻、あへん又は(d)の中毒者
四 毒物若しくは劇物又は薬事に関する罪を犯し、罰金以上の刑に処せられ、その執行を終り、又は執行を受けることがなくなつた日から起算して3年を経過していない者

	a	b	c
1	医師、歯科医師又は薬剤師	応用化学	１８歳以下 覚せい剤
2	医師、歯科医師又は薬剤師	基礎化学	１８歳未満 指定薬物
3	薬剤師 基礎化学	基礎化学	１８歳以下 覚せい剤
4	薬剤師 応用化学	応用化学	１８歳未満 覚せい剤
5	薬剤師 応用化学	応用化学	１８歳以下 指定薬物

問 25 ～問 27 次の記述は、毒物及び劇物取締法施行令第 40 条の条文の一部である。( )の中に入れるべき字句として正しいものを選びなさい。

法第 15 条の２の規定により、毒物若しくは劇物又は法第 11 条第２項に規定する政令で定める物の廃棄の方法に関する技術上の基準を次のように定める。

一 中和、加水分解、酸化、還元、(**問 25**)その他の方法により、毒物及び劇物並びに法第１１条第２項に規定する政令で定める物のいずれにも該当しない物とすること。

二 ガス体又は(**問 26**)性の毒物又は劇物は、保健衛生上危害を生ずるおそれがない場所で、少量ずつ放出し、又は(**問 26**)させること。

三 可燃性の毒物又は劇物は、保健衛生上危害を生ずるおそれがない場所で、少量ずつ(**問 27**)させること。

問 25 1 稀釈 2 電気分解 3 燃焼 4 けん化 5 沈殿
問 26 1 還元 2 昇華 3 揮発 4 酸化 5 凝縮
問 27 1 蒸発 2 燃焼 3 酸化 4 融解 5 昇華

問 28 ～問 30 次の記述について、法令の規定に照らし、正しいものには１を、誤っているものには２を記入しなさい。

問 28 都道府県知事は、犯罪捜査上必要があると認めるときは、毒物劇物監視員に、毒物または劇物の販売業者の店舗に立ち入り、試験のため必要な最小限度の分量に限り、劇物の疑いのある物を収去させることができる。

問 29 毒物および劇物の輸入業者は、その輸入したジメチル－２，２－ジクロルビニルホスフエイト(別名：DDVP)を含有する製剤(衣料用の防虫剤に限る。)を販売し、または授与するときは、その容器および被包に、皮膚に触れた場合には、石けんを使ってよく洗うべき旨を表示しなければならない。

問 30 毒物劇物営業者は、毒物または劇物を毒物劇物営業者以外の者に販売または授与したとき、販売または授与の日から３年間、法の規定により譲受人から提出を受けた書面等を保存しなければならない。

〔基礎化学〕

（一般・農業用品目共通）

問 51 から問 80 までの各問における原子量については次のとおりとする。
H ＝ 1 、C ＝ 12、N=14、O ＝ 16、Na ＝ 23、S ＝ 32、Cl ＝ 35.5、Ca ＝ 40

問 51、52 次の各原子について、次の問いに答えよ。

（ア） ${}^{12}_{6}C$　（イ） ${}^{14}_{6}C$　（ウ） ${}^{16}_{8}O$　（エ） ${}^{32}_{16}S$　（オ） ${}^{40}_{20}Ca$

問 51 原子核中の中性子の数が等しい原子の組合せはどれか。

1 （ア）と（イ）　2 （ア）と（ウ）　3 （イ）と（ウ）　4 （ウ）と（エ）
5 （エ）と（オ）

問 52 最外殻電子がN殻に入っている原子はどれか。

1 （ア）　2 （イ）　3 （ウ）　4 （エ）　5 （オ）

問 53 銅の炎色反応の色として適切なものはどれか。

1 赤色　2 青緑色　3 橙赤色　4 赤紫色　5 黄色

問 54 次のうち、極性分子はどれか。

1 二酸化炭素　2 四塩化炭素　3 メタン　4 塩化水素　5 塩素

問 55、56 ある気体の密度を 27 ℃、1.5×10^5Pa の下で測定すると 2.2g ／Lであった。次の問いに答えよ。なお、気体定数は 8.3×10^3Pa・L／（K・mol）とする。

問 55 この気体は、次の物質のうちどれか。

1 メタン　2 酸素　3 二酸化炭素　4 塩化水素　5 塩素

問 56 27 ℃、1.5×10^5Pa、体積 2.0 Lのこの気体の物質量として最も適切なものはどれか。

1 0.06mol　2 0.12mol　3 0.3mol　4 0.6mol　5 1.2mol

問 57 以下の記述について（　　）の中に入れるべき字句として、最も適当な組み合わせはどれか。

酸化還元反応を利用して電気エネルギーを取り出す装置を電池という。互いにイオン化傾向が異なる２つの金属を電解質水溶液に浸し、導線で結ぶと電流が流れる。イオン化傾向が大きな金属は（ a ）され、生じた電子が導線を通って他方の金属へ流れて（ b ）反応が起こる。（ a ）反応が起こって電子が流れ出す電極を（ c ）という。

リチウムイオン電池のように、放電時とは逆向きに外部から電源を流すと起電力を回復させることができる電池を、（ d ）電池という。

	a	b	c	d
1	酸化	還元	正極	一次
2	酸化	還元	負極	一次
3	酸化	還元	負極	二次
4	還元	酸化	正極	一次
5	還元	酸化	負極	二次

福井県

問58　物質の三態の変化に関する次の３つの記述について、(　)に入る字句の正しい組み合わせはどれか。

● 固体状態の物質が、液体状態の物質になる変化を(a)という。
● 固体状態の物質が、気体状態の物質になる変化を(b)という。
● 液体状態の物質が、固体状態の物質になる変化を(c)という。

	a	b	c
1	融解	蒸発	凝縮
2	昇華	蒸発	凝固
3	溶解	昇華	凝縮
4	融解	昇華	凝固
5	溶解	昇華	凝固

問59　次の元素のうち、アルカリ金属はどれか。

1 Na　2 Be　3 Mg　4 Ca　5 Sr

問60　次の元素のうち、電気陰性度が最も大きい元素はどれか。

1 C　2 N　3 O　4 F　5 Ne

問61　3.0mol/L の塩化ナトリウム水溶液 100mL に含まれる塩化ナトリウムの質量として最も適切なものはどれか。

1 1.8 g　2 3.6 g　3 7.2 g　4 10.8 g　5 17.6 g

問62　次のうち、ニトロ基はどれか。

1 $-OH$　2 $-NH_2$　3 $-CHO$　4 $-SO_3H$　5 $-NO_2$

問63　次の化合物のうち、芳香族化合物でないものはどれか。

1 アニリン　2 フェノール　3 トルエン　4 アセトン
5 キシレン

問64　次の反応式の(　)にあてはまる係数はどれか。

$H_2O_2 \rightarrow O_2 + 2H^+ + (\quad)e^-$

1 1　2 2　3 3　4 4　5 5

問65　次の文の(　)の中に入れるべき字句として正しい組み合わせはどれか。

酢酸ナトリウムは(a)酸と(b)塩基からなる塩であり、その水溶液は(c)性を示す。

	a	b	c
1	強	強	中
2	強	弱	酸
3	強	弱	塩基
4	弱	強	塩基
5	弱	弱	中

問 66　次の各分子について、１分子中に含まれる非共有電子対の数が最も多いものはどれか。

1 H_2　2 N_2　3 CO_2　4 H_2O　5 CH_4

問 67　次のうち、アルカンはどれか。

1　アセチレン　　2　ベンゼン　　3　ノナン　　4　1－ブテン　　5　エチレン

問 68　メタンを完全燃焼させるとき、次の熱化学方程式で表される。

$CH_4 + 2O_2 = CO_2 + 2H_2O$(液) + 891kJ

標準状態(0℃、1気圧)で 56L のメタンを完全燃焼するとき、発生する熱量として最も適切なものはどれか。

1　2.7×10^2kJ　　2　5.5×10^2kJ　　3　1.1×10^3kJ　　4　2.2×10^3kJ
5　4.5×10^3kJ

問 69　次の各反応において、下線部の物質は、ブレンステッドとローリーが提唱した酸または塩基のどちらに相当するか、適切な組み合わせはどれか。

$NH_3 + \underline{H_2O} \rightleftarrows NH_4^+ + OH^-$　・・・・反応①
$HCl + \underline{H_2O} \rightarrow H_3O^+ + Cl^-$・・・・・・反応②

	反応①	反応②
1	酸	酸
2	酸	塩基
3	塩基	酸
4	塩基	塩基

問 70　硫酸銅(Ⅱ)水溶液を白金電極で電気分解したとき、陽極および陰極に発生または析出する物質として、適切な組み合わせはどれか。

	陽極	陰極
1	酸素	水素
2	酸素	銅
3	水素	酸素
4	銅	酸素
5	水素	銅

問 71　次の物質のうち、純物質でないものはどれか。

1　水　　2　酸素　　3　鉄　　4　塩酸　　5　エタノール

問 72　次の記述のうち、アボガドロの法則に関する記述として最も適当なものはどれか。

1　同温・同圧のもとでは、すべての気体は同体積中に同数の分子を含む。
2　反応熱は、反応の経路によらず、反応の初めの状態と終わりの状態で決まる。
3　化学反応の前後で、物質の質量の総和は不変である。
4　一定温度で、一定量の溶媒に溶ける気体の質量は、その気体の圧力に比例する。
5　温度一定のとき、一定量の気体の体積は、圧力に反比例して変化する。

問 73　硝酸ナトリウムの水への溶解度は、80℃のとき、148 である。80℃の硝酸ナトリウム飽和水溶液 150 g に溶解している硝酸ナトリウムの量として適切なものはどれか。

1　20 g　　2　30 g　　3　60 g　　4　90 g　　5　120 g

問 74、問 75　次の図は Ag^{+}、Cu^{2+}、Fe^{3+}、Na^{+}、Ba^{2+}を含む混合水溶液から各イオンを分離する操作を示したものである。次の問いに答えよ。

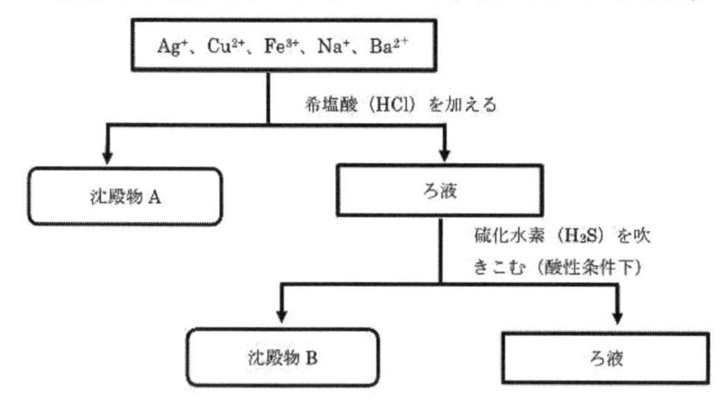

問 74 沈殿物Aの色は何色か。

1　黒色　　2　赤褐色　　3　白色　　4　深青色　　5　黄色

問 75 沈殿物Bとして分離できるイオンはどれか。

1　Ag^{+}　　2　Cu^{2+}　　3　Fe^{3+}　　4　Na^{+}　　5　Ba^{2+}

問 76 以下の記述について、（　）の中に入れるべき字句として適切な組み合わせはどれか。

それ以上加水分解されない糖を単糖という。単糖には、炭素原子（　a　）個からなるヘキソースや（ b ）個からなるペントースがあり、いずれもフェーリング液を（ c ）する。

	a	b	c
1	4	5	還元
2	5	6	還元
3	5	6	酸化
4	6	5	酸化
5	6	5	還元

問 77 0.3mol/L の水酸化ナトリウム水溶液 80mL を中和するために必要な硫酸 20mL のモル濃度はどれか。

1　0.06mol/L　　2　0.12mol/L　　3　0.3mol/L　　4　0.6mol/L
5　1.2mol/L

問 78　α-アミノ酸 R-CH(NH_2)-COOH に関する次の記述のうち、下線部に誤りを含むものはどれか。

1　２つのα-アミノ酸が縮合して生成したジペプチドは、分子内にペプチド結合を２つもつ。
2　結晶中では双性イオンとして存在する。
3　体内で合成できず、食物からの摂取が必要なα-アミノ酸を必須アミノ酸という。
4　Rがカルボキシル基を含むものを酸性アミノ酸という。

福井県

問 79、80 $C_3H_6O_2$ で表されるエステルA、エステルBについて、次の問いに答えよ。

問 79 エステルAを加水分解したところ、酸性物質Cと中性物質Dを生じ、酸性物質Cは銀鏡反応を示した。酸性物質Cと中性物質Dの組み合わせとして適切な組み合わせはどれか。

	酸性物質C	中性物質D
1	ギ酸	メタノール
2	ギ酸	エタノール
3	酢酸	メタノール
4	酢酸	エタノール
5	プロピオン酸	メタノール

問 80 エステルBを加水分解したところ、酸性物質Eと中性物質Fを生じ、酸性物質Eは銀鏡反応を示さなかった。エステルAとエステルBの関係を示す適切な用語はどれか。

1 安定同位体　2 幾何異性体　3 同素体　4 構造異性体　5 鏡像異性体

〔毒物および劇物の性質および貯蔵その他取扱方法〕

（一般）

問 31 ～問 35 次の物質を含有する製剤について、劇物に該当しなくなる濃度を【下欄】からそれぞれ１つ選びなさい。ただし、同じ番号を繰り返し選んでもよい。

問 31 ジメチルアミン
問 32 亜硝酸イソブチル
問 33 ジエチル－（５－フエニル－３－イソキサゾリル）－チオホスフエイト
（別名：イソキサチオン）
問 34 硝酸
問 35 アクリル酸

【下欄】

1 ２％以下　2 ５％以下　3 10％以下　4 25％以下
5 50％以下　6 規定なし

問 36 ～問 40 次の物質の貯蔵方法として最も適当なものを【下欄】からそれぞれ１つ選びなさい。

問 36 弗（ふっ）化水素酸　問 37 ベタナフトール　問 38 三酸化二ヒ素
問 39 水酸化ナトリウム　問 40 アクリルアミド

【下欄】

1 炭酸ガスと水を吸収する性質が強いので、密栓して貯える。
2 高温または紫外線下では容易に重合するので、冷暗所に貯蔵する。
3 空気や光線に触れると赤変するので、遮光して貯蔵する。
4 銅、鉄、コンクリートまたは木製のタンクにゴム、鉛、ポリ塩化ビニルあるいはポリエチレンのライニングを施したものを用いる。火気厳禁。
5 少量ならばガラス瓶に密栓し、大量ならば木樽に貯蔵する。

問 41　酒石酸カリウムアンチモンによる中毒の治療に使用する解毒剤として最も適切なものはどれか。

1　硫酸マグネシウム　　2　グルコン酸カルシウム　　3　メチレンブルー
4　ジメルカプロール(BAL)
5　2－ピリジルアルドキシムメチオダイド(PAM)

問 42 ～問 44　次の物質の廃棄方法として最も適切なものを【下欄】からそれぞれ1つ選びなさい。なお、廃棄方法は厚生労働省で定める「毒物及び劇物の廃棄の方法に関する基準」によるものとする。

問 42 メタクリル酸　　問 43 塩化チオニル　　問 44 炭酸バリウム

【下欄】

1　水に懸濁し、希硫酸を加えて加熱分解した後、消石灰、ソーダ灰等の水溶液を加えて中和し、沈殿ろ過して埋立処分する。
2　多量のアルカリ水溶液(水酸化カルシウム、水酸化ナトリウム、炭酸ナトリウム等の水溶液)に攪拌しながら少量ずつ加えて、徐々に加水分解させた後、希硫酸を加えて中和する。
3　可燃性溶剤とともに焼却炉の火室へ噴霧し、焼却する。

問 45 ～問 47　次の物質の代表的な用途について、最も適当なものを【下欄】からそれぞれ1つ選びなさい。

問 45 シアン酸ナトリウム　　問 46 六弗(ふつ)化タングステン
問 47 2-アミノエタノール

【下欄】

1　除草剤、有機合成、鋼の熱処理
2　染料
3　半導体製品の原料
4　界面活性剤、洗剤、乳化剤、医薬品その他の合成原料

問 48 ～問 50　次の物質の代表的な毒性について、最も適当なものを【下欄】からそれぞれ1つ選びなさい。

問 48 メタノール　　問 49 フェノール　　問 50 硫酸タリウム

【下欄】

1　皮膚や粘膜につくとやけどを起こし、その部分は白色となる。内服した場合には口腔、咽喉、胃に高度の灼熱感を訴え、悪心、嘔吐(おうと)、めまいを起こし、失神、虚脱、呼吸麻痺で倒れる。尿は特有の暗赤色を呈する。
2　頭痛、めまい、嘔吐(おうと)などの他、視神経が侵されて失明することがある。
3　疝痛、嘔吐(おうと)、振戦、痙攣、麻痺等の症状に伴い、しだいに呼吸困難となり、虚脱症状となる。

福井県

(農業用品目)

問31～問35　次の物質を含有する製剤について、劇物に該当しなくなる濃度を【下欄】からそれぞれ１つ選びなさい。ただし、同じ番号を繰り返し選んでもよい。

問31 エチレンクロルヒドリン
問32 メチルイソチオシアネート
問33 ジメチルジチオホスホリルフエニル酢酸エチル
問34　２，２－ジメチル－２，３－ジヒドロ－１－ベンゾフラン－７－イル＝Ｎ－〔Ｎ－(２－エトキシカルボニルエチル)－Ｎ－イソプロピルスルフエナモイル〕－Ｎ－メチルカルバマート(別名：ベンフラカルブ)
問35 ジエチル－(５－フエニル－３－イソキサゾリル)－チオホスフエイト(別名：イソキサチオン)

【下欄】

1　0.5％以下	2　２％以下	3　３％以下	4　５％以下
5　６％以下	6　規定なし		

問36～問38　次の物質の廃棄方法として最も適切なものを【下欄】からそれぞれ１つ選びなさい。なお、廃棄方法は厚生労働省で定める「毒物及び劇物の廃棄の方法に関する基準」によるものとする。

問36 塩素酸ナトリウム
問37 エチルパラニトロフエニルチオノベンゼンホスホネイト（別名：ＥＰＮ）
問38 クロルピクリン

【下欄】

1　還元剤(例えばチオ硫酸ナトリウム等)の水溶液に希硫酸を加えて酸性にし、この中に少量ずつ投入して反応させた後、反応液を中和し多量の水で希釈して処理する。
2　少量の界面活性剤を加えた亜硫酸ナトリウムと炭酸ナトリウムの混合溶液中で、撹拌し分解させたあと、多量の水で希釈して処理する。
3　木粉(おが屑)等に吸収させて、アフターバーナーおよびスクラバーを備えた焼却炉で焼却する。スクラバーの洗浄液には水酸化ナトリウム水溶液を用いる。

問39～問43 次の物質の用途として最も適当なものを【下欄】からそれぞれ１つ選びなさい。

問39 ５－メチル－１，２，４－トリアゾロ〔３，４－ｂ〕ベンゾチアゾール(別名：トリシクラゾール)
問40 硫酸タリウム
問41 (Ｓ)－２，３，５，６－テトラヒドロ－６－フエニルイミダゾ〔２，１－ｂ〕チアゾール塩酸塩(別名：塩酸レバミゾール)
問42　１，１’－ジメチル－４，４’－ジピリジニウムジクロリド(別名：パラコート)
問43　２－クロルエチルトリメチルアンモニウムクロリド(別名：クロルメコート)

【下欄】

1　殺菌剤	2　松枯れを防止する殺虫剤	3　殺鼠剤	4　除草剤
5　植物成長調整剤			

問 44 シアン化ナトリウムによる中毒の治療に使用する解毒剤として最も適切なものはどれか。

1 ジメルカプロール(BAL)
2 ペニシラミン
3 亜硝酸アミルとチオ硫酸ナトリウムの併用
4 2－ピリジルアルドキシムメチオダイド(pam)
5 エデト酸カルシウム二ナトリウム

問 45 ～問 47 次の物質の貯蔵方法として最も適当なものを【下欄】からそれぞれ1つ選びなさい。

問 45 ブロムメチル　　問 46 アンモニア水　　問 47 シアン化水素

【下欄】

1 揮発しやすいので、よく密栓して貯蔵する。
2 高温または紫外線下では容易に重合するので、冷暗所に貯蔵する。
3 少量ならば褐色ガラス瓶を用い、多量ならば銅製シリンダーを用いる。日光および加熱を避け、通風のよい冷所に貯蔵する。
4 常温では気体なので、圧縮冷却して液化し、圧縮容器に入れ、直射日光、その他温度上昇の原因を避けて、冷暗所に貯蔵する。

問 48 ～問 50 次の物質の代表的な毒性について、最も適当なものを【下欄】からそれぞれ1つ選びなさい。

問 48 沃(よう)化メチル
問 49 ジメチル－(N－メチルカルバミルメチル)－ジチオホスフエイト
(別名：ジメトエート)
問 50 燐(りん)化亜鉛

【下欄】

1 嚥下吸入したときに、胃および肺で胃酸や水と反応してホスフィンを生成することにより、頭痛、吐き気、嘔吐(おうと)、悪寒、めまい等の症状を起こし、はなはだしい場合には、肺水腫、呼吸困難、昏睡を起こす。
2 コリンエステラーゼ阻害作用により、副交感神経および中枢神経刺激症状を呈する。
3 中枢神経系の抑制作用および肺の刺激症状が現れる。皮膚に付着した場合には発赤、水疱形成をみる。

福井県

〔実地試験（毒物及び劇物の識別及び取扱方法）〕

（一般）

問 81 〜問 85　次の物質の特徴について、正しいものの組み合わせをそれぞれ１つ選びなさい。

問 81 メチルアミン

	形状	臭い	水溶液の液性
1	気体	フェノール臭	強い酸性
2	液体	アンモニア臭	強いアルカリ性
3	液体	アンモニア臭	強い酸性
4	気体	アンモニア臭	強いアルカリ性
5	液体	フェノール臭	強いアルカリ性

問 82　ジメチルエチルスルフイニルイソプロピルチオホスフエイト（別名：ESP）

	色	形状	その他特徴
1	黄色	油状液体	水に可溶
2	黄色	粉末	水に不溶
3	無色	油状液体	水に不溶
4	白色	粉末	水に可溶
5	白色	油状液体	水に不溶

問 83　塩化第一水銀

	色・形状	水への溶解性	その他特徴
1	白色粉末	よく溶ける	苦味
2	白色粉末	ほとんど溶けない	無味無臭
3	銀色液体	ほとんど溶けない	苦味
4	銀色液体	よく溶ける	無味無臭
5	白色粉末	よく溶ける	無味無臭

問 84　キノリン

	形状	臭い	その他特徴
1	結晶	無臭	潮解性あり
2	液体	特有の不快臭	吸湿性なし
3	結晶	特有の不快臭	潮解性あり
4	液体	無臭	吸湿性なし
5	液体	特有の不快臭	吸湿性なし

問 85　アジ化ナトリウム

	色	形状	用途
1	無色	結晶	防腐剤
2	無色	液体	防腐剤
3	淡黄色	結晶	防腐剤
4	淡黄色	液体	毛髪の脱色剤
5	赤色	結晶	毛髪の脱色剤

問86～問90　次の物質の識別方法について、最も適当なものを【下欄】からそれぞれ1つ選びなさい。

問86 一酸化鉛　　問87 沃素　　問88 弗化水素酸　　問89 クロロホルム
問90 ニコチン

【下欄】

1 デンプンと反応して藍色を呈し、これを熱すると退色し、冷えると再び藍色を呈し、さらにチオ硫酸ナトリウムの溶液を加えると脱色する。
2 この物質にホルマリン1滴を加えたのち、濃硝酸1滴を加えると、ばら色を呈する。
3 希硝酸に溶かすと無色の液となり、これに硫化水素を通じると黒色の沈殿を生じる。
4 蝋を塗ったガラス板に針で任意の模様を描いたものに、この物質を塗ると、蝋をかぶらない模様の部分は腐食される。
5 ベタナフトールと濃厚水酸化カリウム溶液と熱すると藍色を呈し、空気に触れて緑より褐色に変じ、酸を加えると赤色の沈殿を生じる。

(農業用品目)

問 81 ～問 85　次の物質の特徴について、正しいものの組み合わせをそれぞれ1つ選びなさい。

問 81　S―メチル―N―［(メチルカルバモイル)―オキシ］―チオアセトイミデート（別名：メトミル）

	色	形状	その他特徴
1	白色	結晶	有機リン系殺虫剤
2	白色	液体	有機リン系殺虫剤
3	白色	結晶	カルバメート系殺虫剤
4	黒色	結晶	カルバメート系殺虫剤
5	黒色	液体	ピレスロイド系殺虫剤

問82　シアン酸ナトリウム

	色	形状	その他特徴
1	淡黄色	液体	熱に対し安定
2	白色	液体	熱に対し不安定
3	白色	結晶性粉末	熱に対し安定
4	淡黄色	結晶性粉末	熱に対し不安定
5	無色	液体	熱に対し安定

問83　ジメチルエチルスルフイニルイソプロピルチオホスフエイト（別名：ESP）

	色	形状	その他特徴
1	黄色	油状液体	水に可溶
2	黄色	粉末	水に不溶
3	無色	油状液体	水に不溶
4	白色	粉末	水に可溶
5	白色	油状液体	水に不溶

問 84　アセトニトリル

	形状	色	臭い
1	固体	白色	フェノール様臭
2	固体	淡黄色	無臭
3	液体	無色	フェノール様臭
4	液体	白色	エーテル様臭
5	液体	無色	エーテル様臭

問 85　ジメチルメチルカルバミルエチルチオエチルチオホスフエイト
（別名：バミドチオン）

	色・形状	用途	その他特徴
1	白色ワックス状の固体	アブラムシの防除	酸に安定
2	白色ワックス状の固体	アブラムシの防除	アルカリに安定
3	無色液体	アブラムシの防除	酸に安定
4	白色ワックス状の固体	除草剤	アルカリに安定
5	無色液体	除草剤	アルカリに安定

問 86 ～問 90　次の物質の識別方法について、最も適当なものを【下欄】からそれぞれ１つ選びなさい。

問 86 クロルピクリン　問 87 ニコチン　問 88 硫酸
問 89 無水硫酸銅　問 90 アンモニア水

【下欄】

1　この物質の希釈水溶液に塩化バリウムを加えると、白色の沈殿を生ずる。この沈殿は塩酸や硝酸に溶けない。
2　この物質のアルコール溶液にジメチルアニリンおよびブルシンを加えて溶解し、これにブロムシアン溶液を加えると、緑色ないし赤紫色を呈する。
3　この物質にホルマリン１滴を加えたのち、濃硝酸１滴を加えると、ばら色を呈する。
4　この物質に濃塩酸をうるおしたガラス棒を近づけると白い霧を生ずる。
5　この物質を水に加えると、青くなり、この水溶液に硝酸バリウムを加えると白色の沈殿を生じる。

山梨県
令和５年度実施
※特定品目は実施されておりません

〔法　規〕

（一般・農業用品目共通）

問題１　次の文章は、毒物及び劇物取締法第２条第２項の条文である。（　　）の中に当てはまる正しい語句はどれか。下欄の中から選びなさい。

（法第２条第２項）
この法律で「劇物」とは、別表第二に掲げる物であつて、（　　）以外のものをいう。

1　毒物	2　毒物及び劇薬	3　医薬品
4　医薬品及び医薬部外品	5　医薬品、医薬部外品及び化粧品	

問題２　次の特定毒物に関する記述について、正しい組合せはどれか。下欄の中から選びなさい。

ア　特定毒物使用者は、特定毒物を製造することができる。
イ　特定毒物研究者は、特定毒物を学術研究以外の用途に供することはできない。
ウ　特定毒物研究者は、学術研究のためであっても、特定毒物を輸入することはできない。
エ　毒物劇物営業者は、特定毒物使用者に対し、その者が使用することができる特定毒物を譲り渡すことができる。

1（ア、イ）	2（ア、ウ）	3（イ、ウ）	4（イ、エ）	5（ウ、エ）

問題３　毒物及び劇物取締法第３条の３において、「みだりに摂取し、若しくは吸引し、又はこれらの目的で所持してはならない。」と規定されているもので、興奮、幻覚又は麻酔の作用を有する毒物又は劇物（これらを含有するものを含む。）のうち正しい正誤の組合せはどれか。下欄の中から選びなさい。

ア　トルエンを含む接着剤
イ　メタノールを含む塗料
ウ　亜塩素酸ナトリウムを含む製剤
エ　酢酸エチルを含むシンナー

	ア	イ	ウ	エ
1	正	正	誤	正
2	誤	誤	誤	正
3	誤	正	誤	誤
4	正	誤	正	誤
5	正	正	正	正

問題４　次の毒物劇物営業者の登録に関する記述ついて、（　　）の中に入る語句の組合せとして正しいものはどれか。下欄から選びなさい。

毒物又は劇物の製造業の登録を受けた者でなければ、毒物又は劇物を販売又は（ア）の目的で製造してはならない。
毒物又は劇物の製造業の登録は、（イ）ごとに、販売業の登録は、（ウ）ごとに、更新を受けなければ、その効力を失う。

	ア	イ	ウ
1	授与	5年	6年
2	授与	6年	5年
3	使用	5年	6年
4	使用	6年	5年
5	使用	6年	6年

問題5　次の毒物劇物営業者の登録に関する記述について、正しい正誤の組合せはどれか。下欄の中から選びなさい。

ア　毒物又は劇物の販売業の登録の種類は、一般販売業、農業用品目販売業、特定品目販売業の３種類がある。

イ　毒物又は劇物の製造業者は、毒物劇物販売業の登録を受けていなくても、その製造した毒物又は劇物を特定毒物研究者に販売又は授与することができる。

ウ　都道府県知事は、毒物又は劇物の販売業の登録を受けようとする者の設備が、毒物及び劇物取締法施行規則で定める基準に適合しないと認めるときは、その者を登録してはならない。

エ　毒物劇物営業者の登録事項には、製造所、営業所又は店舗の所在地がある。

	ア	イ	ウ	エ
1	正	正	誤	正
2	誤	誤	誤	正
3	誤	正	誤	誤
4	正	誤	正	誤
5	正	誤	正	正

問題6　次の毒物劇物取扱責任者に関する記述について、毒物及び劇物取締法の規定に照らし、正しい正誤の組合せはどれか。下欄の中から選びなさい。

ア　毒物劇物営業者は、毒物又は劇物を直接に取り扱う製造所、営業所又は店舗ごとに、専任の毒物劇物取扱責任者を置き、毒物又は劇物による保健衛生上の危害の防止に当たらせなければならず、自らが毒物劇物取扱責任者になることができない。

イ　十八歳未満の者は、毒物劇物取扱責任者となることはできない。

ウ　毒物劇物営業者は、毒物劇物取扱責任者を置いたときは、50 日以内にその毒物劇物取扱責任者の氏名を届け出なければならない。

エ　毒物劇物取扱責任者になることができる資格は、「薬剤師」「厚生労働省令で定める学校で、応用化学に関する学課を修了した者」及び「都道府県知事が行う毒物劇物取扱者試験に合格した者」である。

	ア	イ	ウ	エ
1	正	誤	誤	正
2	誤	誤	誤	誤
3	誤	正	誤	正
4	正	誤	正	誤
5	誤	正	正	正

問題7　次の文章は、毒物及び劇物取締法第 11 条第４項の条文である。(　)の中に当てはまる正しい語句はどれか。下欄の中から選びなさい。

(法第 11 条第４項)

毒物劇物営業者及び特定毒物研究者は、毒物又は厚生労働省令で定める劇物については、その容器として、(　)を使用してはならない。

1　紙製の物　　2　飲食物の容器として通常使用される物
3　密封できない物　　4　壊れやすい又は腐食しやすい物　　5　再利用された物

山梨県

問題8　劇物である塩素を、車両を使用して1回につき、5,000 キログラム以上運搬する場合、その車両の前後の見やすい箇所に掲げなければならない標識として、正しいものはどれか。下欄の中から選びなさい。

1　0.3メートル平方の板に地を白色、文字を黒色として「劇」と表示する。
2　0.3メートル平方の板に地を黒色、文字を白色として「劇」と表示する。
3　0.3メートル平方の板に地を黒色、文字を白色として「毒」と表示する。
4　0.5メートル平方の板に地を黒色、文字を白色として「毒」と表示する。
5　0.5メートル平方の板に地を白色、文字を黒色として「毒」と表示する。

問題9　毒物劇物営業者が、毒物及び劇物取締法の規定に基づき、毒物又は劇物を他の毒物劇物営業者に販売し、又は授与したとき、その譲渡手続きに係る書面を保存しなければならない期間として正しいものはどれか。下欄の中から選びなさい。

1　販売又は授与の日から1年間
2　販売又は授与の日から2年間
3　販売又は授与の日から3年間
4　販売又は授与の日から4年間
5　販売又は授与の日から5年間

問題10　次の文章は、毒物及び劇物取締法施行令第40条の条文である。
（　　）の中に入る語句として、正しい組合せはどれか。下欄の中から選びなさい。

（施行令第40条）
法第15条の2の規定により、毒物若しくは劇物又は法第11条第2項に規定する政令で定める物の廃棄の方法に関する技術上の基準を次のように定める。
一　中和、加水分解、酸化、還元、（　ア　）その他の方法により、毒物及び劇物並びに法第11条第2項に規定する政令で定める物のいずれにも該当しない物とすること。
二　ガス体又は（　イ　）性の毒物又は劇物は、保健衛生上危害を生ずるおそれがない場所で、少量ずつ放出し、又は（　イ　）させること。
三　可燃性の毒物又は劇物は、保健衛生上危害を生ずるおそれがない場所で、少量ずつ（　ウ　）させること。
四　前各号により難い場合には、地下（　エ　）で、かつ、地下水を汚染するおそれがない地中に確実に埋め、海面上に引き上げられ、若しくは浮き上がるおそれがない方法で海水中に沈め、又は保健衛生上危害を生ずるおそれがないその他の方法で処理すること。

	ア	イ	ウ	エ
1	稀釈	揮発	分解	1メートル以上
2	稀釈	蒸発	溶解	1メートル以上
3	稀釈	揮発	熱焼	1メートル以上
4	濃縮	揮発	熱焼	2メートル以上
5	濃縮	凝縮	溶解	2メートル以上

山梨県

問題 11　毒物劇物販売業の登録を受けている者が、その店舗の所在地の都道府県知事に 30 日以内に届け出なければならない場合として、正しい正誤の組合せはどれか。下欄の中から選びなさい。

ア　法人の名称を変更した場合
イ　法人の代表者名を変更した場合
ウ　法人たる事務所の所在地を変更した場合
エ　店舗の名称を変更した場合

	ア	イ	ウ	エ
1	正	正	誤	正
2	誤	誤	正	正
3	誤	正	誤	誤
4	正	正	正	誤
5	正	誤	正	正

問題 12　次の毒物のうち、毒物及び劇物取締法第２条第３項の別表第三に掲げる特定毒物として正しいものはどれか。下欄の中から選びなさい。

1　シアン化ナトリウム　　2　四アルキル鉛　　3　セレン　　4　硫化燐（りん）
5　水銀

問題 13　次のうち、毒物及び劇物取締法第 22 条第１項の規定に基づき、毒物又は劇物の業務上取扱者が届け出なければならない事業の記述として誤っているものはどれか。下欄の中から選びなさい。

1　シアン化ナトリウムを使用して、電気めっきを行う事業
2　三酸化砒（ひ）素を使用して、しろありの防除を行う事業
3　内容量が 200L の容器を大型自動車に積載し、四アルキル鉛の運送を行う事業
4　ホルムアルデヒドを含有する製剤を使用して、塗装を行う事業
5　内容量が 1,000L の容器を大型自動車に積載し、ホルムアルデヒドの運送を行う事業

問題 14　次の毒物又は劇物の販売業の店舗の設備の基準に関する記述について、毒物及び劇物取締法の規定に照らし、正しい正誤の組合せはどれか。下欄の中から選びなさい。

ア　毒物又は劇物の貯蔵設備は、毒物又は劇物とその他の物とを区分して貯蔵できるものであること。
イ　毒物又は劇物を貯蔵する場所が性質上かぎをかけることができないものであるときは、その周囲に、堅固なさくが設けてあること。
ウ　毒物又は劇物を陳列する場所には、かぎをかける設備があること。
　ただし、陳列する場所に盗難防止装置として警報器を設置するときは、この限りではない。
エ　毒物又は劇物を貯蔵するタンク、ドラムかん、その他の容器は、毒物又は劇物が飛散し、漏れ、又はしみ出るおそれのないものであること。

	ア	イ	ウ	エ
1	正	正	誤	正
2	誤	誤	正	正
3	誤	正	誤	誤
4	正	正	正	誤
5	正	誤	正	正

問題 15　次の物質のうち、毒物及び劇物取締法第３条の２第９項の規定により着色の基準が定められている特定毒物にあてはまらないものはどれか。下欄の中から選びなさい。

1　モノフルオール酢酸の塩類を含有する製剤
2　燐(りん)化アルミニウムとその分解促進剤とを含有する製剤
3　ジメチルエチルメルカプトエチルチオホスフェイトを含有する製剤
4　モノフルオール酢酸アミドを含有する製剤
5　四アルキル鉛を含有する製剤

〔基礎化学〕

（一般・農業用品目共通）

問題 16　水 500g に食塩 125g を溶かした食塩水を作った。食塩水の質量パーセント濃度に最も近い値はどれか。下欄の中から選びなさい。

1　10％　　2　20％　　3　30％　　4　40％　　5　50％

問題 17　次の物質のうち、化合物であるものはどれか。下欄の中から選びなさい。

1　メタン　　2　空気　　3　石灰水　　4　石油　　5　亜鉛

問題 18 ～問題 20　次の物質の元素記号について、正しいものはどれか。下欄の中から選びなさい。

問題 18 銀　　問題 19 クロム　　問題 20 金

1　Cl　　2　Cr　　3　Au　　4　Ar　　5　Ag

問題 21　次の化学式と名称の組合せのうち、正しいものはどれか。下欄の中から選びなさい。

1	CH_3OH	－	エタノール
2	$C_2H_5OC_2H_5$	－	アセトン
3	CH_3CHO	－	ホルムアルデヒド
4	CH_3COOH	－	ぎ酸
5	C_6H_5COOH	－	安息香酸

問題 22　次の塩のうち、水に溶かしたとき中性を示す組合せはどれか。下欄の中から選びなさい。

ア　CH_3COONa　　イ　K_2CO_3　　ウ　NH_4Cl　　エ　NaCl　　オ　Na_2SO_4

1（ア、イ）　2（イ、エ）　3（イ、オ）　4（ウ、オ）　5（エ、オ）

山梨県

問題 23　次の化学反応式の(　　)の中に当てはまる正しい数字の組合せはどれか。下欄の中から選びなさい。

$2\ C_3H_7OH$ ＋ （ア）O_2 → $6\ CO_2$ ＋ （イ）H_2O

	ア	イ
1	7	5
2	7	6
3	8	7
4	9	8
5	10	8

問題 24　次のうち、二重結合をもつものはどれか。正しいものを下欄の中から選びなさい。

1 エタノール　2 アセチレン　3 エチレン　4 ブタン　5 メタン

問題 25　次の可逆反応が平衡状態になっているとき、ルシャトリエの法則による平衡移動において右に移動させる操作として、正しいものの組合せはどれか。下欄の中から選びなさい。

$N_2 + 3\ H_2 \rightleftarrows 2\ NH_3 + 92.2$[kJ]

ア 圧力を下げる　イ H_2 を加える　ウ 温度を上げる　エ NH_3 を加える
オ N_2 を加える

1（ア、ウ）　2（ア、エ）　3（イ、エ）　4（イ、オ）　5（ウ、オ）

問題 26　次のうち、三価の酸はどれか。正しいものを下欄の中から選びなさい。

1 蓚（しゅう）酸　2 酢酸　3 リン酸　4 硝酸　5 硫酸

問題 27　濃度不明の希硫酸 10 mL を完全に中和するのに 0.10 mol/L の水酸化ナトリウム水溶液 2.0 mL を要した。希硫酸のモル濃度(mol/L)はいくつか。最も近いものを下欄の中から選びなさい。
ただし、希硫酸および水酸化ナトリウム水溶液の電離度は1とする。

1 1.0×10^{-2} mol/L　2 1.0×10^{-3} mol/L　3 2.0×10^{-2} mol/L
4 2.0×10^{-3} mol/L　5 8.0×10^{-2} mol/L

問題 28　次の文章は、物質の状態変化について述べたものである。
(　　)の中に当てはまる語句の正しい組合せはどれか。下欄の中から選びなさい。

固体から液体になる現象を(ア)といい、(ア)が起こる温度を(イ)という。
液体から固体になる現象を(ウ)といい、(ウ)が起こる温度を(エ)という。
液体から気体になる現象を(オ)という。

	ア	イ	ウ	エ	オ
1	凝固	凝固点	蒸発	沸点	凝縮
2	融解	融点	凝固	凝固点	蒸発
3	融解	融点	蒸発	沸点	凝縮
4	凝固	凝固点	融解	融点	蒸発
5	融解	融点	凝固	凝固点	凝縮

問題 29 分子式 C_4H_{10} 及び C_5H_{12} で表される炭化水素について、構造異性体の種類として、正しいものの組合せはどれか。下欄の中から選びなさい。
ただし、立体異性体は考えないものとする。

	C_4H_{10}	C_5H_{12}
1	2種類	3種類
2	2種類	5種類
3	4種類	5種類
4	3種類	4種類
5	2種類	4種類

問題 30 次のうち、その構造にベンゼン環($C_6H_5^{\ -}$)を有するものはどれか。下欄の中から選びなさい。

1 酒石酸　2 酢酸　3 クロロホルム　4 フェノール
5 メチルエチルケトン

〔毒物及び劇物の性質及び貯蔵その他取扱方法〕
(一般)

問題 31 ～問題 32 次の物質を含有する製剤で、劇物から除外される上限の濃度について正しいものはどれか。下欄の中から選びなさい。

問題 31 過酸化水素　**問題 32** ぎ酸

1 1％　2 5％　3 6％　4 10％　5 90％

問題 33 ～問題 35 次の物質の中毒時の処置に使うものとして、最も適当なものはどれか。下欄の中から選びなさい。ただし、塩化カドミウムについては、早期治療に限るものとする。

問題 33 三酸化二砒(ひ)素　**問題 34** 塩化カドミウム
問題 35 ジメチル－２・２－ジクロルビニルホスフェイト
(別名 DDVP、ジクロルボス)

1 エデト酸カルシウムナトリウム　2 ジメルカプロール(BAL)
3 ２－ピリジルアルドキシムメチオダイド(PAM)　4 牛乳
5 亜硝酸ナトリウム、チオ硫酸ナトリウム

問題 36 ～問題 38 次の物質の貯蔵方法として、最も適当なものはどれか。下欄の中から選びなさい。

問題 36 ナトリウム　　**問題 37** シアン化カリウム　　**問題 38** 弗化水素酸

1 銅、鉄、コンクリート又は木製のタンクにゴム、鉛、ポリ塩化ビニルあるいはポリエチレンのライニングをほどこしたものを用いて貯蔵する。火気厳禁。
2 純品は空気と日光によって変質するので、少量のアルコールを加えて分解を防止し、冷暗所に貯蔵する。
3 光を遮り少量ならガラスビン、多量ならブリキ缶あるいは鉄ドラムを用い、酸類とは離して、空気の流通のよい乾燥した冷所に密封して貯蔵する。
4 空気中にそのまま貯蔵することができないので、通常、石油中に貯蔵する。
5 常温では気体なので、圧縮冷却して液化し、圧縮容器に入れ、直射日光その他、温度上昇の原因を避けて、冷暗所に貯蔵する。

問題 39 ～問題 40 次の記述に該当する最も適当な物質はどれか。下欄の中から選びなさい。

問題 39 無色、揮発性の液体で、特異の香気と、かすかな甘みを有する。
溶媒として、ひろく用いられる。別名トリクロロメタンと呼ばれる。

問題 40 無色の針状結晶あるいは白色の放射状結晶塊で、空気中で容易に赤変する。
特異な臭気をもつ。

1 キシレン　　2 アクロレイン　　3 ブロムメチル　　4 フェノール
5 クロロホルム

問題 41 ～問題 44 次の物質の毒性として、最も適当なものはどれか。下欄の中から選びなさい。

問題 41 S－メチル－N－［(メチルカルバモイル)－オキシ］－チオアセトイミデート(別名 メトミル)

問題 42 ジメチル硫酸　　問題 43 メタノール　　問題 44 水銀

1 経口摂取した場合、腹痛、嘔吐、瞳孔縮小、チアノーゼ、顔面蒼白、発作性の痙攣などの症状を呈し、ついで全身の麻痺、昏睡状態におちいる。
2 吸入した場合、倦怠感、頭痛、めまい、吐き気、嘔吐、腹痛、下痢、多汗等の症状を呈し、重症の場合には、縮瞳、意識混濁、全身痙攣等を起こすことがある。
3 多量に蒸気を吸入した場合の急性中毒の特徴は、呼吸器、粘膜を刺激し、重症の場合には、肺炎を起こすことがある。
4 頭痛、めまい、嘔吐、下痢、腹痛などの症状を呈し、致死量に近ければ麻酔状態になり、視神経がおかされ、目がかすみ、失明することがある。
5 皮膚に触れた場合、発赤、水ぶくれ、痛覚喪失、やけどを起こす。また、皮膚から吸収され全身中毒を起こす。

問題 45 次の物質のうち、常温、常圧で気体のものの正しい組合せはどれか。
下欄の中から選びなさい。

ア メチルメルカプタン　　イ 塩化水素　　ウ アニリン　　エ 四塩化炭素

1（ア、イ）　　2（ア、エ）　　3（イ、ウ）　　4（イ、エ）　　5（ウ、エ）

（農業用品目）

問題31～問題35　次の物質の性状として、最も適当なものはどれか。下欄の中から選びなさい。

問題31 弗(ふっ)化スルフリル

問題32 ジメチルメチルカルバミルエチルチオエチルチオホスフェイト（別名 バミドチオン）

問題33 2・2´－ジピリジウム－1・1´－エチレンジブロミド(別名 ジクワット)

問題34 ジメチル－2・2－ジクロルビニルホスフェイト（別名 DDVP、ジクロルボス）

問題35 沃(よう)化メチル

1 淡黄色結晶で水に溶ける。中性又は酸性で安定、アルカリ溶液で薄める場合には、2～3時間以上貯蔵できない。腐食性である。
2 刺激性で、微臭のある無色の油状液体。アルコールその他の有機溶媒に可溶である。
3 無色の気体で、水に難溶、アセトン、クロロホルムに可溶である。
4 無色又は淡黄色透明の液体である。光により褐色となる。エタノール、エーテルに任意の割合で混合する。
5 白色ワックス状又は脂肪状の固体で水によく溶け、シクロヘキサン、石油、エーテル以外の有機溶媒に溶けやすい。

問題36～問題38　次の物質の用途として、最も適当なものはどれか。下欄の中から選びなさい。

問題36 2－クロルエチルトリメチルアンモニウムクロリド(別名 クロルメコート)
問題37 1・3－ジカルバモイルチオ－2－(N・N－ジメチルアミノ)－プロパン塩酸塩(別名 カルタップ)
問題38 ナラシン

1 殺虫剤　　2 除草剤　　3 殺鼠(そ)剤　　4 飼料添加物
5 植物成長調整剤

問題39～問題40　次の物質を含有する製剤で、毒物の指定から除外される上限の濃度について、正しいものはどれか。下欄の中から選びなさい。

問題39 S・S－ビス(1－メチルプロピル)＝O－エチル＝ホスホロジチオアート（別名 カズサホス）

問題40 O－エチル－O－(2－イソプロポキシカルボニルフェニル)－N－イソプロピルチオホスホルアミド(別名 イソフェンホス)

1 1％　　2 5％　　3 10％　　4 15％　　5 20％

問題 41　ロテノンの貯蔵方法について、最も適当なものはどれか。下欄の中から選びなさい。

1　小量ならばガラスビン、多量ならばブリキ缶あるいは鉄ドラムを用い、酸類とは離して、空気の流通の良い乾燥した冷所に密封して貯蔵する。
2　可燃性物質とは離して、金属容器を避け、乾燥した冷暗所に密栓貯蔵する。
3　風解性があるので、密栓して貯蔵する。
4　酸素によって分解するため、空気と光線を遮断して貯蔵する。
5　空気中の湿気と触れると猛毒のガスを発生するため、密閉した容器を用い、通風のよい冷暗所に貯蔵する。

問題 42 ～問題 45　次の物質の毒性・中毒症状として、最も適当なものはどれか。下欄の中から選びなさい。

問題 42 燐（りん）化亜鉛　　問題 43 エチレンクロルヒドリン
問題 44 無機銅塩類　　問題 45 ブラストサイジンＳ

1　嚥下（えんげ）吸入すると、胃及び肺で胃酸や体内の水と反応して有毒ガスを生成することにより、頭痛、吐き気、嘔吐、悪寒、めまい等の中毒症状を起こす。
2　皮膚から容易に吸収され、全身中毒症状を引き起こし、また、中枢神経系、肝臓、腎臓、肺に著明な障害を引き起こす。
3　緑色又は青色のものを吐き、のどが焼けるように熱くなり、よだれが流れ、また、しばしば痛むことがある。急性の胃腸カタルを起こし血便を出す。
4　吸入すると、分解しないで組織内に吸収され、各器官に障害をあたえる。血液内に入ってメトヘモグロビンを作り、また、中枢神経や心臓、眼結膜をおかし、肺にも強い障害を与える。
5　主な中毒症状は、振戦、呼吸困難である。本毒は肝臓に核の肥大及び変性、腎臓には糸球体、細尿管のうっ血、脾臓には脾炎が認められる。

〔実　地〕

(一般)

問題 46 ～問題 55　次の表の毒物又は劇物について、該当する性状をＡ欄から、用途をＢ欄から、それぞれ最も適当なものを一つ選びなさい。

毒物又は劇物	性状	用途
黄燐（りん）	問題 46	問題 51
ニトロベンゼン	問題 47	問題 52
クレゾール	問題 48	問題 53
セレン	問題 49	問題 54
弗（ふっ）化水素	問題 50	問題 55

A欄

1　灰色の金属光沢を有するペレット又は黒色の粉末
2　白色又は淡黄色の蠟（ろう）様半透明の結晶性固体、ニンニク臭を有し、空気中では非常に酸化されやすく、放置すると50℃で発火
3　オルト、メタ、パラの三異性体があり、オルト及びパラ異性体は無色の結晶、メタ異性体は無色又は淡褐色の液体
4　無色又は微黄色の吸湿性の液体、アーモンド様の香気、光線を屈折
5　水溶液は無色又はわずかに着色した透明、特有の刺激臭

B欄

1　フロンガスの製造原料、金属の酸洗浄、半導体のエッチング剤など
2　消毒、殺菌、木材の防腐剤など
3　ガラスの脱色、釉薬（ゆうやく）など
4　酸素の吸収剤、殺剤の原料、発煙剤の原料など
5　アニリンの製造原料、合成化学の酸化剤、特殊溶媒など

問題 56 ～問題 58　次の物質の識別方法として、最も適当なものはどれか。下欄の中から選びなさい。

問題 56 ピクリン酸　　**問題 57** 四塩化炭素　　**問題 58** 一酸化鉛

1　アルコール溶液は、白色の羊毛又は絹糸を鮮黄色に染める。
2　アルコール性の水酸化カリウムと銅粉とともに煮沸すると、黄赤色の沈殿を生じる。
3　白金線に試料をつけて、溶融炎で熱し、炎の色を見ると青紫色となる。
4　ベタナフトールと濃厚水酸化カリウム溶液を加えて熱すると藍色を呈し、空気に触れて緑より褐色に変じ、酸を加えると赤色の沈殿を生じる。
5　希硝酸に溶かすと無色の液となり、これに硫化水素を通じると、黒色の沈殿を生じる。

問題 59　次のトリクロル酢酸の性状に関する記述について、（　）の中にあてはまる語句の正しい組合せはどれか。下欄の中から選びなさい。

【性状】無色の（　ア　）の結晶で、微弱の刺激臭を有する。水、アルコール、エーテルに可溶、水溶液は（　イ　）を呈する。皮膚、粘膜に対する刺激性を有する。

	ア	イ
1	潮解（ちょうかい）性	アルカリ性
2	潮解（ちょうかい）性	酸性
3	潮解（ちょうかい）性	中性
4	風解性	アルカリ性
5	風解性	酸性

問題 60 蓚（しゅう）酸の廃棄方法について、最も適当なものはどれか。下欄の中から選びなさい。

1 多量の水を加えて希薄な水溶液とした後、次亜塩素酸塩水溶液を加え分解させ廃棄する。 2 水酸化ナトリウム水溶液等でアルカリ性とし、高温加圧下で加水分解する。 3 セメントを用いて固化し、埋め立て処分する。 4 ナトリウム塩とした後、活性汚泥で処理する。 5 水を加えて希薄な水溶液とし、酸(希塩酸、希硫酸等)で中和させた後、多量の水で希釈して処理する。

（農業用品目）

問題 46 次の毒物又は劇物のうち、農業用品目販売業の登録を受けた者が販売できるものとして、正しいものの組合せはどれか。下欄の中から選びなさい。

ア 80％シアン酸ナトリウム製剤
イ 0.5％アジ化ナトリウム製剤
ウ 10％ホルムアルデヒド製剤
エ 13％シアナミド含有製剤

1(ア、イ)	2(ア、ウ)	3(ア、エ)	4(イ、ウ)	5(イ、エ)

問題 47～問題 49 次の物質の廃棄方法として、最も適当なものはどれか。下欄の中から選びなさい。

問題 47 硫酸　**問題 48** 硝酸亜鉛　**問題 49** ブロムメチル

1 可燃性溶剤とともに、スクラバーを備えた焼却炉の火室へ噴霧し焼却する。 2 水に溶かし、水酸化カルシウム、炭酸ナトリウム等の水溶液を加えて処理し、沈殿ろ過して埋立処分する。 3 過剰の酸性亜硫酸ナトリウム水溶液に混合した後、次亜塩素酸塩多量の水で希釈して流す。 4 セメントで固化して埋立処分する。 5 徐々に石灰乳などの攪拌（かくはん）溶液に加え中和させた後、多量の水で希釈して処理する。

問題 50～問題 57 次の物質について、該当する性状をA欄から、識別法をB欄から、それぞれ最も適当なものを一つ選びなさい。

物質	性状	識別法
塩化亜鉛	**問題 50**	**問題 54**
ニコチン	**問題 51**	**問題 55**
25％アンモニア水	**問題 52**	**問題 56**
塩素酸カリウム	**問題 53**	**問題 57**

A欄（性状）

1 無色透明、揮発性の液体で、鼻をさすような臭気がある。アルカリ性を呈する。
2 無色の光沢のある結晶で、アルコールにほとんど溶けない。硫酸と接触すると爆発する。
3 空気にふれると、水分を吸収して潮解（ちょうかい）する。水及びアルコールによく溶ける。
4 純粋なものは、無色、無臭の油状液体であるが、空気中では速やかに褐変する。水、アルコール、石油等によく溶ける。
5 白色の粉末、粒状又はタブレット状の固体で、十分に乾燥させたものは無臭だが、空気中では臭いを放つ。水溶液は強アルカリ性である。

B欄（識別法）

1 酸と反応すると独特な臭気を有する有毒でかつ引火性のガスを発生するため、鑑定には特別な注意が必要である。
2 水に溶かし、硝酸銀を加えると、白色の沈殿を生じる。
3 熱すると酸素を発生する。水溶液に酒石酸を多量に加えると、白色の結晶を生じる。
4 濃塩酸をうるおしたガラス棒を近づけると、白い霧を生じる。
5 エーテルに溶解させ、ヨードのエーテル溶液を加えると、褐色の液状沈殿を生じ、これを放置すると、赤色の針状結晶となる。

問題 58 ～問題 60 次のジメチル－4－メチルメルカプト－3－メチルフェニルチオホスフェイト（別名 フェンチオン、MPP）の記述について最も適当な語句はどれか。下欄の中から選びなさい。

本品は弱い（**問題 58**）臭を有する（**問題 59**）色の液体で、（**問題 60**）に不溶である。

問題 58

1 果実　2 アーモンド　3 カビ　4 ニンニク　5 腐ったキャベツ

問題 59

1 褐　2 桃　3 青　4 緑　5 赤

問題 60

1 アセトン　2 メタノール　3 アセトニトリル　4 酢酸エチル　5 水

長野県
令和５年度実施

〔法　規〕

設問中の法令とは、毒物及び劇物取締法、毒物及び劇物取締法施行令（政令）、毒物及び劇物指定令（政令）、毒物及び劇物取締法施行規則（省令）を指す。

（一般・農業用品目・特定品目共通）

第１問　次の文は、毒物及び劇物取締法の条文の一部である。（　　）の中に入る字句として、正しいものの組合せはどれか。

ア　この法律は、毒物及び劇物について、（　a　）の見地から必要な（　b　）を行うことを目的とする。
イ　この法律で「毒物」とは、別表第一に掲げる物であって、医薬品及び（　c　）以外のものをいう。

解答番号	a	b	c
1	保健衛生上	指導	化粧品
2	保健衛生上	指導	医薬部外品
3	保健衛生上	取締	医薬部外品
4	労働衛生上	取締	化粧品
5	労働衛生上	取締	医薬部外品

第２問　次のうち、特定毒物に該当するものはどれか。

1　水銀　　2　フェノール　　3　ロテノン
4　モノフルオール酢酸アミド　　5　セレン

第３問　次の文は、毒物及び劇物取締法の条文の一部である。（　　）の中に入る字句として、正しいものの組合せはどれか。

毒物又は劇物の販売業の（　a　）を受けた者でなければ、毒物又は劇物を販売し、授与し、又は販売若しくは授与の目的で（　b　）し、運搬し、若しくは（　c　）してはならない。

解答番号	a	b	c
1	許可	貯蔵	陳列
2	許可	保管	所持
3	登録	貯蔵	陳列
4	登録	保管	所持
5	登録	貯蔵	所持

第４問　次のうち、特定毒物研究者に関する記述として、正しいものはどれか。

1　特定毒物研究者のみが、特定毒物を輸入することができる。
2　特定毒物研究者は、学術研究のためであっても、特定毒物を製造することができない。
3　特定毒物研究者は、特定毒物を学術研究以外の用途に供してはならない。
4　特定毒物研究者は、５年ごとに許可の更新を受けなければならない。
5　医師、獣医師又は薬剤師でなければ、特定毒物研究者になることができない。

第５問　次のうち、特定毒物である四アルキル鉛を含有する製剤の着色の基準として、政令で定められていないものはどれか。

1　赤色　　2　青色　　3　黄色　　4　黒色　　5　緑色

第６問　次のうち、興奮、幻覚又は麻酔の作用を有する毒物又は劇物(これらを含有するものを含む。)であって、みだりに摂取し、若しくは吸入し、又はこれらの目的で所持してはならないものとして、政令で定められているものはどれか。

1　キシレンを含有する塗料　　2　エタノール
3　酢酸エチルを含有する接着剤　　4　フェノール　　5　クロロホルム

長野県

第７問　次の文は、毒物及び劇物取締法の条文の一部である。(　　)の中に入る字句として、正しいものの組合せはどれか。

(　　)、(　　)又は爆発性のある毒物又は劇物であって政令で定めるものは、業務その他正当な理由による場合を除いては、所持してはならない。

a　揮発性　　b　引火性　　c　発火性　　d　刺激性　　e　可燃性

1(a、b)　2(a、d)　3(b、c)　4(c、e)　5(d、e)

第８問　次のうち、毒物劇物農業用品目販売業者が販売できないものはどれか。

1　ブロムメチル　　2　ニコチン　　3　クロロ酢酸ナトリウム
4　シアン酸ナトリウム　　5　モノフルオール酢酸

第９問　次のうち、毒物劇物特定品目販売業者が販売できないものはどれか。

1　塩化水素　　2　硅弗(ふっ)化ナトリウム　　3　四塩化炭素
4　アニリン　　5　塩基性酢酸鉛

第10問　次のうち、毒物劇物営業者が劇物の容器及び被包に表示しなければならない文字として、正しいものはどれか。

1　「医薬用外」の文字及び白地に赤色をもって「劇物」の文字
2　「医薬用外」の文字及び白地に黒色をもって「劇物」の文字
3　「医薬用外」の文字及び黒地に白色をもって「劇物」の文字
4　「医薬用外」の文字及び赤地に黒色をもって「劇物」の文字
5　「医薬用外」の文字及び赤地に白色をもって「劇物」の文字

第11問　毒物劇物営業者に関する次の記述の正誤について、正しいものの組合せはどれか。

a　営業所における営業を廃止したときは、30 日以内にその旨を届け出なければならない。
b　毒物又は劇物の輸入業の登録は、５年ごとに、更新を受けなければ、その効力を失う。
c　毒物又は劇物の販売業の登録は、「一般販売業」「農業用品目販売業」「特定毒物販売業」「特定品目販売業」の４種類がある。

解答番号	a	b	c
1	正	正	正
2	正	正	誤
3	誤	正	誤
4	誤	誤	正
5	誤	誤	誤

長野県

第 12 問　法令に定められている毒物又は劇物の販売業の店舗の設備基準に関する次の記述の正誤について、正しいものの組合せはどれか。

a　毒物又は劇物を含有する粉じん、蒸気又は廃水の処理を要する設備又は器具を備えてあること。
b　毒物又は劇物の貯蔵設備は、毒物又は劇物とその他の物とを区分して貯蔵できるものであること。
c　毒物又は劇物の運搬用具は、毒物又は劇物が飛散し、漏れ、又はしみ出るおそれがないものであること。

解答番号	a	b	c
1	正	正	正
2	正	誤	誤
3	誤	正	正
4	誤	誤	正
5	誤	誤	誤

第 13 問　次のうち、毒物劇物取扱責任者に関する記述として、正しいものはどれか。

1　すべての毒物劇物業務上取扱者は、毒物劇物取扱責任者を設置しなければならない。
2　毒物劇物営業者は、毒物劇物取扱責任者を置いたときは、15 日以内にその毒物劇物取扱責任者の氏名及び住所を届け出なければならない。
3　毒物劇物営業者は、自ら毒物劇物取扱責任者になることができる。
4　農業用品目毒物劇物取扱者試験に合格した者は、農業用品目の毒物又は劇物のみを製造する製造所の毒物劇物取扱責任者になることができる。
5　薬剤師及び都道府県知事が行う毒物劇物取扱者試験に合格した者以外は、毒物劇物取扱責任者になることができない。

第 14 問　次の文は、毒物及び劇物取締法の条文の一部である。(　　)の中に入る字句として、正しいものの組合せはどれか。

次に掲げる者は、前条の毒物劇物取扱責任者となることができない。
一 (a)歳未満の者
二 心身の障害により毒物劇物取扱責任者の業務を適正に行うことができない者として厚生労働省令で定めるもの
三 麻薬、大麻、(b)又は覚せい剤の中毒者
四 毒物若しくは劇物又は薬事に関する罪を犯し、罰金以上の刑に処せられ、その執行を終り、又は執行を受けることがなくなった日から起算して(　c)年を経過していない者

解答番号	a	b	c
1	18	向精神薬	5
2	18	あへん	3
3	18	向精神薬	3
4	20	あへん	5
5	20	向精神薬	5

長野県

第 15 問　次のうち、毒物劇物営業者に関する記述として、誤っているものはどれか。

1　毒物又は劇物の製造業者は、登録を受けた毒物又は劇物以外の毒物又は劇物を製造しようとするときは、あらかじめ、登録の変更を受けなければならない。
2　毒物劇物営業者は、その製造所、営業所又は店舗の名称を変更したときは、30 日以内に、その旨を届け出なければならない。
3　毒物劇物営業者は、その製造所、営業所又は店舗の営業時間を変更したときは、30 日以内に、その旨を届け出なければならない。
4　毒物又は劇物の製造業者は、その製造所における営業を廃止したときは、30 日以内に、その旨を届け出なければならない。
5　毒物又は劇物の輸入業者は、毒物又は劇物を貯蔵する設備の重要な部分を変更したときは、30 日以内に、その旨を届け出なければならない。

第 16 問　次のうち、毒物又は劇物の製造業者が、その製造した硫酸を含有する製剤たる劇物(住宅用の洗浄剤で液体状のものに限る。)を販売するとき、取扱及び使用上特に必要な表示事項として、その容器及び被包に表示しなければならない事項のうち、法令で定められているものはどれか。

1　作業は日中の暑いときを避け、朝夕の涼しい時間を選んで行う旨。
2　高濃度の廃液が河川等に排出されないように注意する旨。
3　居間等人が常時居住する室内では使用してはならない旨。
4　眼に入った場合は、直ちに流水でよく洗い、医師の診断を受けるべき旨。
5　使用直前に開封し、包装紙等は直ちに処分すべき旨。

第 17 問　次のうち、毒物劇物営業者があせにくい黒色で着色しなければ、農業用として販売してはならないものとして、政令で定められているものはどれか。

1　塩素酸塩を含有する製剤たる劇物
2　有機リン化合物を含有する製剤たる劇物
3　ヒ素化合物を含有する製剤たる毒物
4　無機シアン化合物を含有する製剤たる毒物
5　燐(りん)化亜鉛を含有する製剤たる劇物

第 18 問　次のうち、毒物劇物営業者が、厚生労働省令の定めるところにより、その交付を受ける者の氏名及び住所を確認した後でなければ交付してはならないものとして、誤っているものはどれか。

1　ピクリン酸　　2　塩素酸カリウムを 35 %含有する製剤
3　ナトリウム　　4　亜硝酸ナトリウム　　5　亜塩素酸ナトリウム

第 19 問　次の文は、毒物及び劇物取締法の条文の一部である。(　　)の中に入る字句として、正しいものの組合せはどれか。

毒物劇物営業者は、毒物又は劇物を他の毒物劇物営業者に販売し、又は授与したときは、その都度、次に掲げる事項を書面に記載しておかなければならない。

一　毒物又は劇物の名称及び(a)
二　販売又は授与の(b)
三　譲受人の氏名、(　c　)及び住所(法人にあっては、その名称及び主たる事務所の所在地)

解答番号	a	b	c
1	数量	年月日	年齢
2	数量	年月日	職業
3	成分名	目的	年齢
4	数量	目的	年齢
5	成分名	年月日	職業

第 20 問　次のうち、毒物劇物営業者が、毒物又は劇物を他の毒物劇物営業者に販売し、又は授与したとき、法令で定められた事項を記載した書面の保存期間として、正しいものはどれか。

1　販売又は授与した日から１年間　2　販売又は授与した日から２年間
3　販売又は授与した日から３年間　4　販売又は授与した日から５年間
5　販売又は授与した日から６年間

第 21 問　法令で定められている毒物又は劇物の廃棄の方法に関する次の記述の正誤について、正しいものの組合せはどれか。

a　ガス体又は揮発性の毒物又は劇物は、保健衛生上危害を生ずるおそれがない場所で、少量ずつ放出し、又は揮発させること。
b　可燃性の毒物又は劇物は、保健衛生上危害を生ずるおそれがない場所で、少量ずつ燃焼させること。
c　中和、加水分解、酸化、還元、稀釈その他の方法により、毒物及び劇物並びに法第十一条第二項に規定する政令で定める物のいずれにも該当しない物とすること。

解答番号	a	b	c
1	正	正	正
2	正	誤	誤
3	誤	正	正
4	誤	誤	正
5	誤	誤	誤

第 22 問　水酸化ナトリウム 50 ％を含有する液体状の製剤を、車両を使用して１回につき 5,000 キログラム以上運搬する場合の運搬方法等に関する次の記述の正誤について、正しいものの組合せはどれか。

a　車両には、運搬する毒物又は劇物の名称、成分及びその含量並びに事故の際に講じなければならない応急の措置の内容を記載した書面を備えなければならない。
b　0.3 メートル平方の板に地を黒色、文字を白色として「劇」と表示した標識を、車両の前後の見やすい箇所に掲げなければならない。
c　車両には、防毒マスク、ゴム手袋その他事故の際に応急の措置を講ずるために必要な保護具で、厚生労働省令で定めるものを２人分以上備えなければならない。

解答番号	a	b	c
1	正	正	正
2	正	誤	誤
3	正	誤	正
4	誤	正	正
5	誤	誤	誤

第 23 問　次のうち、1回の運搬につき 2,000 キログラムを超える毒物又は劇物を、車両を使用して運搬する場合で、その運搬を他に委託するとき、荷送人が運送人に対して、あらかじめ交付しなければならない書面への記載事項として、法令で定められていないものはどれか。

1　事故の際に講じなければならない応急の措置の内容
2　運搬する毒物又は劇物の名称
3　運搬する毒物又は劇物の成分及びその含量
4　運搬する毒物又は劇物の製造所の名称及び所在地
5　運搬する毒物又は劇物の数量

長野県

第 24 問　次の文は、毒物及び劇物取締法の条文の一部である。(　　)の中に入る字句として、正しいものはどれか。

毒物劇物営業者及び特定毒物研究者は、その取扱いに係る毒物又は劇物が盗難にあい、又は紛失したときは、直ちに、その旨を(　　)に届け出なければならない。

1　保健所　　2　厚生労働省　　3　消防機関　　4　市町村役場　　5　警察署

第 25 問　次のうち、業務上取扱者として届け出なければならない者として、法令で定められているものはどれか。

1　無機シアン化合物たる毒物を取り扱う金属熱処理業者
2　酢酸エチルを含有する製剤を使用する塗装事業者
3　弗(ふっ)化スルフリルを含有する製剤を使用するしろあり防除業者
4　硫酸を使用する電気めっき業者
5　内容積が 200 リットルの容器を大型自動車に積載してニトロベンゼンを運送する事業者

〔学　科〕

設問中の物質の性状は、特に規定しない限り常温常圧におけるものとする。
なお、mL は「ミリリットル」、mol/L は「モル濃度」、W/V %は「質量対容量百分率」を表すこととする。

(一般・農業用品目・特定品目共通)

第 26 問　物質の三態に関する次の記述について、正しいものの組合せはどれか。

a　固体が液体になる変化　　b　固体が気体になる変化
c　液体が固体になる変化

解答番号	a	b	c
1	蒸発	昇華	風解
2	蒸発	凝縮	風解
3	融解	凝縮	凝固
4	蒸発	昇華	凝固
5	融解	昇華	凝固

第 27 問　次のうち、互いが同素体である組合せとして、誤っているものはどれか。

1　ダイヤモンドと黒鉛　　2　赤燐(りん)と黄燐(りん)　　3　酸素とオゾン
4　一酸化炭素と二酸化炭素　　5　斜方硫黄と単斜硫黄

第 28 問　次の文は、ある法則に関する記述である。法則名として正しいものはどれか。

同温、同圧のもとでは、気体の種類によらず、同体積の気体には同数の分子が含まれる。

1　アボガドロの法則　　2　ファラデーの法則　　3　質量保存の法則
4　ヘンリーの法則　　5　ボイル・シャルルの法則

長野県

第29問　原子の構造に関する次の記述のうち、正しいものはどれか。

1　原子の中心にある原子核は負の電荷をもつ。
2　原子核に含まれる陽子の数がその元素の原子番号となる。
3　中性子の数と電子の数の和を質量数という。
4　質量数は等しく、原子番号の異なる原子を互いに同位体という。
5　電子の質量は、陽子の質量とほぼ同じである。

第30問　元素と周期表に関する次の記述のうち、誤っているものはどれか。

1　元素を原子番号の順に並べた表を周期表という。
2　典型元素では、周期表の左下にいくほど元素の陽性が強い。
3　アルカリ土類金属は、２価の陰イオンになりやすい。
4　３族から11族までの各族元素は、遷移元素と呼ばれる。
5　周期表の縦の列を族、横の行を周期といい、同族元素は性質が類似している。

第31問　次のうち、炎色反応で赤色を示すものとして、正しいものはどれか。

1　Na　　2　Li　　3　Ba　　4　Cu　　5　B

第32問　酸化・還元に関する次の記述のうち、正しいものはどれか。

1　原子が電子を受け取ることを酸化という。
2　相手の物質を酸化させ、自身は還元される物質を還元剤という。
3　イオン化傾向の大きな金属は還元作用が強い。
4　水素を失うことを還元という。
5　過酸化水素が還元剤として働くことはない。

第33問　pHに関する次の記述のうち、誤っているものはどれか。

1　酸性溶液は指示薬のフェノールフタレインを赤色に変色させる。
2　pHが小さいほど酸性が強い。
3　pH ２の塩酸を純水で100倍希釈すると、その塩酸はpH ４となる。
4　25℃の中性水溶液はpH ７である。
5　pH は水素イオン濃度の逆数の常用対数を用いて酸性、塩基性の強さを表すものである。

第34問　次のうち、官能基とその名称の組合せとして、正しいものはどれか。

解答番号	官能基	名称
1	$-NH_2$	アミノ基
2	$-COOH$	カルボニル基
3	$-NO_2$	ヒドロキシ基
4	$-OH$	アルデヒド基
5	$-SO_3H$	ニトロ基

第35問　次のうち、20 %の食塩水を調製するために、10 %の食塩水 150 gに加えるべき 35 %の食塩水の量として、正しいものはどれか。なお、濃度は質量パーセント濃度とする。

1　5 g　　2　10 g　　3　50 g　　4　100 g　　5　200 g

長野県

第36問　毒性に関する次の記述について、(　　)の中に入る字句として、正しいものの組合せはどれか。

LD_{50} は、同一母集団に属する動物に投与したり接触させたりして 50 %を死に至らしめる薬物の量であり、この値が(a)ほど、その物質の致死毒性は強いといえる。また、劇物の経口毒性の原則的な判定基準は、「LD_{50} が(b)mg/kg を越え(c)mg/kg 以下のもの」とされている。

解答番号	a	b	c
1	小さい	10	300
2	小さい	10	1000
3	小さい	50	300
4	大きい	50	1000
5	大きい	10	300

第37問　水酸化ナトリウムに関する次の記述のうち、正しいものの組合せはどれか。

a　水溶液はアルカリ性を示す。
b　黄色の液体である。
c　３%を含有する製剤は劇物である。
d　せっけん製造に用いられる。
e　風解性を有する。

1(a、b)　2(a、d)　3(b、c)　4(c、e)　5(d、e)

第38問　塩素酸ナトリウムに関する次の記述のうち、正しいものの組合せはどれか。

a　赤褐色の固体である。
b　強酸と反応して二酸化塩素を生成する。
c　血液に作用する血液毒性を有する。
d　殺そ剤に用いられる。
e　強い還元作用を有する。

1(a、c)　2(a、e)　3(b、c)　4(b、d)　5(d、e)

第39問　ホルムアルデヒド水溶液に関する次の記述のうち、誤っているものはどれか。

1　無色の液体である。
2　空気中の酸素によって一部酸化されて、ぎ酸を生じる。
3　中性または弱酸性を示す。
4　0.5 %を含有する製剤は劇物である。
5　刺激臭を有する。

第40問　トリクロル酢酸に関する次の記述のうち、正しいものの組合せはどれか。

a　潮解性を有する。
b　微弱の刺激性臭気を有する。
c　水溶液は中性を示す。
d　人体に対する腐食性がない。
e　淡黄色の液体である。

1(a、b)　2(a、d)　3(b、e)　4(c、d)　5(c、e)

第41問　クロルピクリンに関する次の記述のうち、誤っているものはどれか。

1　純品は、無色の油状液体である。
2　酸やアルカリで直ちに分解される。
3　金属に対する腐食性がある。
4　催涙性を有する。
5　土壌燻(くん)蒸剤に用いられる。

長野県

第 42 問 次の文は、ある物質の毒性に関する記述である。該当するものはどれか。

人体に対し腐食性を有し、皮膚に接触するとタンパクとキサントプロテイン反応によって皮膚が黄色に変色する。

1 アニリン　　2 シアン化水素　　3 メチルエチルケトン
4 硝酸　　5 スルホナール

第 43 問 次のうち、「毒物及び劇物の廃棄の方法に関する基準」で定めるホスゲンの廃棄の方法として、正しいものはどれか。

1 多量の水酸化ナトリウム水溶液(10 %程度)に攪拌しながら少量ずつガスを吹き込み分解した後、希硫酸を加えて中和する。
2 過剰の可燃性溶剤又は重油等の燃料と共にアフターバーナー及びスクラバーを具備した焼却炉の火室へ噴霧しできるだけ高温で焼却する。
3 ナトリウム塩とした後、希釈して活性汚泥で処理する。
4 水酸化ナトリウム水溶液を加えてアルカリ性(pH11 以上)とし、酸化剤(次亜塩素酸ナトリウム、さらし粉等)の水溶液を加えて酸化分解する。分解後は硫酸を加えて中和し、多量の水で希釈して処理する。
5 還元剤(例えばチオ硫酸ナトリウム等)の水溶液に希硫酸を加えて酸性にし、この中に少量ずつ投入する。反応終了後、反応液を中和し、多量の水で希釈して処理する。

第 44 問 次のうち、「毒物及び劇物の運搬事故時における応急措置に関する基準」で定めるクロロホルムの漏えい時の措置として、正しいものはどれか。

1 漏えいした液は土砂等でその流れを止め、安全な場所に導き、空容器にできるだけ回収し、その後を多量の水で洗い流す。洗い流す場合には中性洗剤等の分散剤を使用して洗い流す。
2 漏えいした液は土砂等でその流れを止め、土砂に吸着させるか又は安全な場所に導いて多量の水をかけて洗い流す。必要があれば更に中和し、多量の水を用いて洗い流す。
3 飛散したものは空容器にできるだけ回収し、そのあとを還元剤(硫酸第一鉄等)の水溶液を散布し、消石灰、ソーダ灰等の水溶液で処理したのち、多量の水を用いて洗い流す。
4 漏出したものの表面を速やかに土砂または多量の水で覆い、水を満たした空容器に回収する。汚染された土砂、物体は同様の措置をとる。
5 多量の場合は、漏えい箇所や漏えいした液には消石灰を十分に散布し、むしろ、シート等をかぶせ、その上に更に消石灰を散布して吸収させる。多量にガスが噴出した場所には遠くから霧状の水をかけて吸収させる。

第 45 問 次のうち、四エチル鉛の貯蔵方法として、正しいものはどれか。

1 冷暗所に貯蔵する。純品は空気と日光によって変質するので、少量のアルコールを加えて分解を防止する。
2 水中に沈めてビンに入れ、さらに砂を入れた缶中に固定して、冷暗所に保管する。
3 空気中にそのまま保管できないため、通常石油中に保管する。冷所で雨水などの漏れが絶対にない場所に保存する。
4 火気に対し安全で隔離された場所に、硫黄、ヨード、ガソリン、アルコール等と離して保管する。鉄、銅、鉛等の金属容器を使用しない。
5 容器は特別製のドラム缶を用い、出入りを遮断できる独立倉庫で火気のないところを選定し、床面はコンクリートまたは分厚な枕木の上に保管する。

(農業用品目)

第 37 問 メトミル(S-メチル-N-［(メチルカルバモイル)-オキシ］-チオアセトイミデート)に関する次の記述のうち、正しいものの組合せはどれか。

a 無色の液体である。　　b 水及びアセトンに可溶である。
c 解毒剤として硫酸アトロピンが用いられる。
d 45 %を含有する製剤は毒物である。　　e 除草剤に用いられる。

1(a、b)　　2(a、e)　　3(b、c)　　4(c、d)　　5(d、e)

第38問 弗化スルフリルに関する次の記述のうち、正しいものの組合せはどれか。

a 無色の固体である。　b クロロホルムに可溶である。
c 風解性を有する。　d 殺虫剤に用いられる。
e 10％を含有する製剤は劇物である。

1（a、c）　2（a、e）　3（b、c）　4（b、d）　5（d、e）

第39問 沃化メチルに関する次の記述のうち、誤っているものはどれか。

1 青色の液体である。
2 空気中で光により一部分解して、褐色になる。
3 蒸気は空気より重い。
4 エタノールに可溶である。
5 メチル化剤に用いられる。

長野県

第40問 ダイアジノン（2-イソプロピル-4-メチルピリミジル-6-ジエチルチオホスフェイト）に関する次の記述のうち、誤っているものはどれか。

1 純品は無色の液体である。　2 特徴的な臭気を有する。
3 ベンゼンに可溶である。　4 殺虫剤に用いられる。
5 解毒剤としてジメルカプロール（バル）が用いられる。

第41問 硫酸亜鉛に関する次の記述のうち、正しいものの組合せはどれか。

a 7水和物は青色結晶である。
b 水溶液はアルカリ性を示す。
c 水に溶かして、硫化水素を通じると、黒色の沈殿を生ずる。
d 強熱すると、有毒な酸化亜鉛の気体を発生する。
e 木材防腐剤に用いられる。

1（a、b）　2（a、c）　3（b、e）　4（c、d）　5（d、e）

第42問 次のうち、パラコート（1，1'-ジメチル-4，4'-ジピリジニウムヒドロキシド）の毒性として、最も適切なものはどれか。

1 嚥下吸入したときに、胃及び肺で胃酸や水と反応してホスフィンを生成し中毒症状を起こす。
2 血液中の石灰分を奪取し、神経系をおかす。急性中毒症状は、胃痛、嘔吐、口腔、咽頭に炎症をおこし、腎臓がおかされる。
3 蒸気の吸入により頭痛、食欲不振等が見られる。大量では緩和な大赤血球性貧血をきたす。
4 血液にはたらいて毒作用をするため、血管内でメトヘモグロビンが形成させチアノーゼを引き起こす。腎臓をおかされるため尿に血が混じり、尿の量が少なくなる。
5 誤って嚥下した場合には、消化器障害、ショックのほか、数日遅れて肝臓、腎臓、肺などの機能障害を起こす。

第43問 次のうち、「毒物及び劇物の廃棄の方法に関する基準」で定めるアンモニアの廃棄の方法として、正しいものはどれか。

1 水で希薄な水溶液とし、酸で中和させた後、多量の水で希釈する。
2 おが屑等に吸収させてアフターバーナー及びスクラバーを備えた焼却炉で焼却する。
3 多量の水酸化ナトリウム水溶液（20 %（w/v）以上）に吹き込んだ後、多量の水で希釈して活性汚泥槽で処理する。
4 水に溶かし、消石灰、ソーダ灰等の水溶液を加えて処理し、沈殿ろ過して埋立処分する。
5 水酸化ナトリウム水溶液を加えてアルカリ性（pH11 以上）とし、酸化剤（次亜塩素酸ナトリウム、さらし粉等）の水溶液を加えて酸化分解する。分解後、硫酸を加え中和し、多量の水で希釈して処理する。

第 44 問　次のうち、「毒物及び劇物の運搬事故時における応急措置に関する基準」で定めるジクワット（2，2'-ジピリジリウム-1，1'-エチレンジブロミド）の漏えい時の措置として、正しいものはどれか。

1　漏えいしたボンベ等を多量の水酸化ナトリウム水溶液（20w/v　％以上）に容器ごと投入してガスを吸収させ、更に酸化剤（次亜塩素酸ナトリウム、さらし粉等）の水溶液で酸化処理を行い、多量の水で洗い流す。
2　少量の場合、漏えいした液は、土砂等に吸着させて取り除くか、又はある程度水で徐々に希釈したのち、消石灰、ソーダ灰等で中和し、多量の水を用いて洗い流す。
3　漏えいした液は土砂等でその流れを止め、安全な場所に導き、空容器にできるだけ回収し、そのあとを消石灰等の水溶液を用いて処理し、多量の水を用いて洗い流す。洗い流す場合には中性洗剤等の分散剤を使用して洗い流す。
4　多量の場合は、土砂等でその流れを止め、多量の活性炭又は消石灰を散布して覆い、至急関係先に連絡し専門家の指示により処理する。
5　漏えいした液は土砂等でその流れを止め、安全な場所に導き、空容器にできるだけ回収し、そのあとを土壌で覆って十分接触させた後、土壌を取り除き、多量の水で洗い流す。

長野県

第 45 問　次のうち、シアン化ナトリウムの貯蔵方法として、正しいものはどれか。

1　空気中にそのまま保管できないため、通常石油中に保管する。水分の混入、火気を避ける。
2　火気に対し安全で隔離された場所に、硫黄、ヨード、ガソリン、アルコール等と離して保管する。鉄、銅、鉛等の金属容器を使用しない。
3　水中に沈めてビンに入れ、さらに砂を入れた缶中に固定して冷暗所に貯える。
4　耐腐食性の容器で貯蔵する。中性または酸性で安定、アルカリ溶液で薄める場合には、２～３時間以上貯蔵できない。
5　少量ならば褐色ガラス瓶、多量ならばブリキ缶または鉄ドラムを用い、酸類とは離して、風通しのよい乾燥した冷所に密封して保存する。

（特定品目）

第 37 問　アンモニアに関する次の記述のうち、正しいものの組合せはどれか。

a　青色リトマス紙を赤色に変色させる。
b　揮発性を有する。
c　粘膜刺激性を有する。
d　刺激臭を有する黄色の気体である。
e　５％を含有する製剤は、劇物に該当する。

1（a、b）　2（a、d）　3（b、c）　4（c、e）　5（d、e）

第 38 問　重クロム酸カリウムに関する次の記述のうち、正しいものの組合せはどれか。

a　粘膜刺激性を有する。
b　無色又は白色の結晶である。
c　水に可溶である。
d　空気に触れると発火しやすいため、石油中で保管する。
e　強力な還元剤である。

1（a、c）　2（a、e）　3（b、c）　4（b、d）　5（d、e）

第 39 問　硫酸に関する次の記述のうち、誤っているものはどれか。

1　濃青色の液体である。
2　20％を含有する製剤は、劇物に該当する。
3　濃硫酸を水に溶かすと熱が発生する。
4　濃硫酸は脱水作用を有する。
5　肥料や化学薬品の製造に用いられる。

長野県

第 40 問 メチルエチルケトンに関する次の記述のうち、正しいものの組合せはどれか。

a 無色の液体である。
b 難燃性を有する。
c エーテルに不溶である。
d アセトン様の芳香を有する。
e 蒸気は空気より軽い。

1（a、b）　2（a、d）　3（b、e）　4（c、d）　5（c、e）

第 41 問 過酸化水素水に関する次の記述のうち、誤っているものはどれか。

1 無色透明の液体である。
2 強い殺菌力を有する。
3 漂白剤に用いられる。
4 酸化作用を持つが、還元作用はない。
5 常温で徐々に水と酸素に分解する。

第 42 問 次の文は、ある物質の毒性に関する記述である。該当するものはどれか。

人体に対し腐食性を有し、皮膚に接触するとタンパクとキサントプロテイン反応によって皮膚が黄色に変色する。

1 濃硫酸　2 メタノール　3 メチルエチルケトン　4 硝酸
5 水酸化ナトリウム

第 43 問 次のうち、「毒物及び劇物の廃棄の方法に関する基準」で定める一酸化鉛の廃棄の方法として、正しいものはどれか。

1 多量の水を加えて希薄な水溶液とした後、次亜塩素酸塩水溶液を加え分解させ廃棄する。
2 セメントを用いて固化し、溶出試験を行い、溶出量が判定基準以下であることを確認して埋立処分する。
3 多量の水酸化ナトリウム水溶液(20 %(w/v)以上)に吹き込んだ後、多量の水で希釈して活性汚泥槽で処理する。
4 徐々にソーダ灰又は消石灰の攪拌溶液に加えて中和させた後、多量の水で希釈して処理する。消石灰の場合は上澄液のみを流す。
5 ケイソウ土等に吸収させて開放型の焼却炉で少量ずつ焼却する。

第 44 問 次のうち、「毒物及び劇物の運搬事故時における応急措置に関する基準」で定める酢酸エチルの漏えい時の措置として、正しいものはどれか。

1 飛散したものは空容器にできるだけ回収し、その後を還元剤(硫酸第一鉄等)の水溶液を散布し、消石灰、ソーダ灰等の水溶液で処理したのち、多量の水で洗い流す。
2 多量の場合、漏えいした液は土砂等でその流れを止め、安全な場所に導いた後、液の表面を泡等で覆い、できるだけ空容器に回収する。その後を多量の水で洗い流す。
3 多量の場合、土砂等でその流れを止め、多量の活性炭又は消石灰を散布して覆い、至急関係先に連絡し専門家の指示により処理する。
4 表面を速やかに土砂または多量の水で覆い、水を満たした空容器に回収する。汚染された土砂、物体は同様の措置をとる。
5 漏えいした液は土砂等でその流れを止め、安全な場所に導き、空容器にできるだけ回収し、その後を多量の水で洗い流す。洗い流す場合には中性洗剤等の分散剤を使用して洗い流す。

長野県

第 45 問　次のうち、過酸化水素水の貯蔵方法として、正しいものはどれか。

1 光の影響による分解・加温による分解をきたす性質があるため直射日光を避け、金属塩、樹脂、油類等と引き離して冷暗所に保管する。
2 常温では気体なので、圧縮冷却して液化し、圧縮容器に入れ、直射日光その他、温度上昇の原因を避けて、冷暗所に保管する。
3 水中に沈めたビンに入れ、さらに砂を入れた缶中に固定して冷暗所に保管する。
4 二酸化炭素と水を吸収する性質が強いため、密栓して保管する。
5 空気中にそのまま保管できないため、通常石油中に保管する。水分の混入、火気を避ける。

〔実　地〕

設問中の物質の性状は、特に規定しない限り常温常圧におけるものとする。

(一般)

第 46 問～第 50 問　次の表の各問に示した性状等にあてはまる物質を、それぞれ下記の物質欄から選びなさい。

問題番号	色	状態	用途	その他
第 46 問	赤褐色から暗赤褐色	液体	化学合成繊維の難燃剤	強い腐食性を有する
第 47 問	橙赤色	結晶	酸化剤	粘膜刺激性を有する
第 48 問	無色	気体	半導体工業におけるドーピングガス	腐った魚の臭いを有する
第 49 問	無色	液体	溶剤	果実様の香気を有する
第 50 問	濃青色	結晶	殺菌剤	水溶液は酸性を示す

物 質 欄	1 PH_3　2 Br_2　3 $CuSO_4 \cdot 5H_2O$　4 $CH_3COOCH_2CH_3$　5 $K_2CR_2O_7$

第 51 問～第 52 問　ヒドラジンの性状及び用途に関する次の記述について、(　　)にあてはまる字句を下欄からそれぞれ選び、番号で答えなさい。

【性 状】(**第 51 問**)の油状液体。
【用 途】(**第 52 問**)。

≪下欄≫
第 51 問　1 黄色　2 青色　3 黒紫色　4 褐色　5 無色
第 52 問　1 酸化剤　2 界面活性剤　3 収れん剤　4 食品添加物　5 ロケット燃料

第 53 問～第 54 問　ベタナフトールの性状及び鑑別法に関する次の記述について、(　　)にあてはまる字句を下欄からそれぞれ選び、番号で答えなさい。

【性 状】(**第 53 問**)の結晶性粉末。かすかなフェノール様臭気を有する。
【鑑別法】水溶液にアンモニア水を加えると(**第 54 問**)の蛍石彩を放つ。

≪下欄≫
第 53 問　1 黄色　2 無色又は白色　3 暗赤色　4 濃青色　5 緑色
第 54 問　1 緑色　2 紫色　3 黄色　4 白色　5 橙色

(一般・農業用品目・特定品目共通)

第55問〜第57問 塩酸の性状、用途及び鑑別法に関する次の記述について、(　)にあてはまる字句を下欄からそれぞれ選び、番号で答えなさい。

【性 状】 無色透明の液体。25 %以上のものは湿った空気中で著しく発煙し、刺激臭がある。種々の金属を溶解し、(**第55問**)を生成する。
【用 途】 (**第56問**)。
【鑑別法】 水溶液は青色リトマス紙を赤色に変色させる。
硝酸銀溶液を加えると(**第57問**)の沈殿を生ずる。沈殿を分取し、この一部に希硝酸を加えても溶けない。また、他の一部に過量のアンモニア試液を加えるとき、溶ける。

≪下欄≫

第55問 1 アンモニア　2 水素　3 塩素　4 酸素　5 硫化水素

第56問 1 都市ガスの原料、ブテンの製造
2 農業用殺虫剤、りんごの摘果剤
3 試薬、染色・色素工業、エッチング剤
4 温度計、気圧計、歯科用アマルガム
5 冶金、めっき、写真用、果樹殺虫剤(農業用)

第57問 1 白色　2 褐色　3 黒色　4 緑色　5 青色

(一般)

第58問 次の文は、ある物質の鑑別法に関する記述である。該当するものはどれか。

この物質を、ロウを塗ったガラス板に針で任意の模様を描いたものに塗ると、ロウをかぶらない模様の部分は腐食される。

1 アンモニア水　2 ピクリン酸　3 ナトリウム　4 過酸化水素水
5 弗(ふっ)化水素酸

第59問 次の文は、ある物質の性状に関する記述である。該当するものはどれか。

黒灰色、金属様の光沢のある稜(りょう)板状結晶。熱すると紫色の蒸気を発生するが、常温でも多少不快な臭気をもつ蒸気をはなって揮散する。

1 アニリン　2 ニトロベンゼン　3 無水クロム酸　4 酢酸タリウム
5 沃(よう)素

第60問 黄燐(りん)及び水素化砒(ひ)素(アルシン)の性状に関する次の記述の正誤について、正しいものの組合せはどれか。

a ともに、不燃性である。
b ともに、無色透明の液体である。
c ともに、ニンニク臭を有する。

解答番号	a	b	c
1	正	正	正
2	正	誤	誤
3	誤	正	正
4	誤	誤	正
5	誤	誤	誤

（農業用品目）

第 46 問～第 50 問 次の表の各問に示した性状等にあてはまる物質を、それぞれ下の物質欄から選び、番号で答えなさい。

問題番号	色	状態	用途	その他
第 46 問	濃青色	固体	殺菌剤	水溶液は酸性を示す
第 47 問	赤褐色	液体	殺虫剤	コリンエステラーゼを阻害する
第 48 問	無色	液体	肥料原料	脱水作用を有する
第 49 問	無色	固体	除草剤	強い酸化剤である
第 50 問	無色	固体	殺菌剤	水稲のイモチ病の防除に用いられる

物 質 欄
1　塩素酸ナトリウム
2　フェントエート（ジメチルジチオホスホリルフェニル酢酸エチル）
3　硫酸
4　トリシクラゾール（5-メチル-1，2，4-トリアゾロ［3，4-b］ベンゾチアゾール）
5　硫酸第二銅・5水和物

第 51 問～第 52 問 ダイファシノン（2-ジフェニルアセチル-1，3-インダンジオン）の性状及び用途に関する次の記述について、（　　）にあてはまる字句を下欄からそれぞれ選びなさい。

【性 状】（ **第 51 問** ）の結晶性粉末。
【用 途】（ **第 52 問** ）。

≪下欄≫

第 51 問　1　青色　2　黒色　3　黄色　4　緑色　5　赤色

第 52 問　1　殺そ剤　2　防腐剤　3　除草剤　4　殺虫剤　5　顔料

第 53 問～第 54 問 ニコチンの性状及び鑑別法に関する次の記述について、（　　）にあてはまる字句を下欄からそれぞれ選び、番号で答えなさい。

【性 状】 純品は無色、無臭の油状液体であるが、空気に触れると（ **第 53 問** ）を呈する。
【鑑別法】 ニコチンのエーテル溶液に、ヨードのエーテル溶液を加えると、液状沈殿を生じ、これを放置すると、（ **第 54 問** ）の針状結晶となる。

≪下欄≫

第 53 問　1　白色　2　黒灰色　3　褐色　4　藍色　5　緑色

第 54 問　1　白色　2　黄色　3　黒色　4　青色　5　赤色

第 55 問～第 56 問 塩化亜鉛の性状及び鑑別法に関する次の記述について、（　　）にあてはまる字句を下欄からそれぞれ選び、番号で答えなさい。

【性 状】 白色の固体。（ **第 55 問** ）を有する。
【鑑別法】 水に溶かし、硝酸銀を加えると、（ **第 56 問** ）の沈殿を生ずる。

≪下欄≫

第 55 問　1　爆発性　2　揮発性　3　潮解性　4　塩基性　5　引火性

第 56 問　1　白色　2　黄色　3　黒色　4　青色　5　赤色

第 57 問 シアン化水素に関する次の記述について、(　　)の中に入る字句として、正しいものの組合せはどれか。

無色で特異臭のある液体。水を含まない純粋なものは無色透明の液体で(a)を帯び、点火すれば(b)の炎を発し燃焼する。(c)として用いられる。

解答番号	a	b	c
1	青酸臭	青紫色	果実の殺虫剤
2	青酸臭	赤色	食品の漂白剤
3	青酸臭	黄緑色	食品の漂白剤
4	ニンニク臭	青紫色	果実の殺虫剤
5	ニンニク臭	黄緑色	果実の殺虫剤

第 58 問 次のうち、アバメクチンの用途として、正しいものはどれか。

1 殺そ剤　2 殺虫・殺ダニ剤　3 除草剤　4 植物成長調整剤
5 消毒剤

第 59 問 次の文は、ある物質の性状等に関する記述である。該当するものはどれか。

白色の結晶。アセトン及びベンゼンに可溶であり、水に難溶である。果樹の害虫駆除、白アリ防除に用いられる有機燐(りん)系の殺虫剤である。

1 カルタップ(1, 3-ジカルバモイルチオ-2-(N, N-ジメチルアミノ)-プロパン塩酸塩)
2 クロルピリホス(ジエチル-3, 5, 6-トリクロル-2-ピリジルチオホスフェイト)
3 ベンフラカルブ(2, 2-ジメチル-2, 3-ジヒドロ-1-ベンゾフラン-7-イル=N-[N-(2-エトキシカルボニルエチル)-N-イソプロピルスルフェナモイル]-N-メチルカルバマート)
4 ダゾメット(2-チオ-3, 5-ジメチルテトラヒドロ-1, 3, 5-チアジアジン)
5 イミノクタジン(1, 1'-イミノジ(オクタメチレン)ジグアニジン)

第 60 問 次の文は、燐(りん)化アルミニウム燻(くん)蒸剤に関する記述である。(　　)の中に入る字句として、正しいものはどれか。

本薬物より生成されたリン化水素の気体の検知法としては、5～10 %硝酸銀溶液を吸着させた濾(ろ)紙が(　)することにより、存在を確認できる。

1 緑変　2 青変　3 黄変　4 赤変　5 黒変

長野県

長野県

（特定品目）

第 46 問～第 50 問　次の表の各問に示した性状等にあてはまる物質を、それぞれ下の物質欄から選び、番号で答えなさい。

問題番号	色	状態	用途	その他
第 46 問	黄色	固体	酸化剤	潮解性を有する
第 47 問	白色	固体	せっけん製造	水溶液は塩基性を示す
第 48 問	無色	固体	漂白剤	無水物は吸湿性を有する
第 49 問	無色	液体	防腐剤	刺激臭を有する
第 50 問	無色	液体	溶剤 有機合成原料	特徴的な臭気を有する

物 質 欄		
1　蓚（しゅう）酸	2　クロム酸ナトリウム・10 水和物	3　ホルマリン
4　キシレン	5　水酸化ナトリウム	

第 51 問～第 52 問　トルエンの性状及び用途に関する次の記述について、（　）にあてはまる字句を下欄からそれぞれ選び、番号で答えなさい。

【性 状】 無色透明、可燃性の（ **第 51 問** ）を有する液体。
【用 途】 （ **第 52 問** ）。

≪下欄≫

第 51 問　1　ベンゼン臭　　2　ニンニク臭　　3　腐卵臭　　4　アーモンド臭　　5　アミン臭

第 52 問
1　爆薬、染料、香料、サッカリン、合成高分子材料などの原料
2　消毒、殺菌、木材の防腐剤、合成樹脂可塑剤、
3　化学薬品の製造、乾燥剤
4　除草剤、有機合成、鋼の熱処理
5　スルホン化剤、煙幕

第 53 問～第 54 問　一酸化鉛の性状及び鑑別法に関する次の記述について、（　）にあてはまる字句を下欄からそれぞれ選び、番号で答えなさい。

【性 状】 （ **第 53 問** ）～黄色の粉末
【鑑別法】 不適切問題のため、鑑別法に関する第 54 問は削除。

≪下欄≫

第 53 問　1　青色　　2　黒色　　3　白色　　4　緑色　　5　赤色

第 54 問　削除

第55問～第57問　塩酸の性状、用途及び鑑別法に関する次の記述について、(　　)にあてはまる字句を下欄からそれぞれ選び、番号で答えなさい。

【性 状】 無色透明の液体。25 %以上のものは湿った空気中で著しく発煙し、刺激臭がある。種々の金属を溶解し、(**第55問**)を生成する。
【用 途】 (**第56問**)。
【鑑別法】 水溶液は青色リトマス紙を赤色に変色させる。
硝酸銀溶液を加えると(**第57問**)の沈殿を生ずる。沈殿を分取し、この一部に希硝酸を加えても溶けない。また、他の一部に過量のアンモニア試液を加えるとき、溶ける。

≪下欄≫

第55問　1 アンモニア　2 水素　3 塩素　4 酸素　5 硫化水素

第56問
1 都市ガスの原料、ブテンの製造
2 農業用殺虫剤、りんごの摘果剤
3 試薬、染色・色素工業、エッチング剤
4 温度計、気圧計、歯科用アマルガム
5 冶金、めっき、写真用、果樹殺虫剤(農業用)

第57問　1 白色　2 褐色　3 黒色　4 緑色　5 青色

第58問 次の文は、ある物質の鑑別法に関する記述である。該当するものはどれか。

あらかじめ熱灼(しゃく)した酸化銅を加えると、ホルムアルデヒドができ、酸化銅は還元されて金属銅色を呈する。

1 四塩化炭素　2 過酸化水素水　3 クロロホルム
4 メタノール　5 アンモニア水

第59問 次の文は、ある物質の性状に関する記述である。該当するものはどれか。

常温において刺激臭のある黄緑色気体。空気より重く、催涙性を有する。

1 酢酸エチル　2 トルエン　3 キシレン　4 アンモニア
5 塩素

第60問　次のうち、水酸化カリウムの鑑別法として、正しいものはどれか。

1 ロウを塗ったガラス版に針で任意の模様を描いたものに塗ると、ロウをかぶらない部分は腐食される。
2 水溶液に過クロール鉄液を加えると紫色を呈する。
3 レゾルシンと 33 %水酸化カリウム溶液と熱すると黄赤色を呈し、緑色の蛍石彩をはなつ。
4 フェーリング溶液とともに加熱すると赤色の沈殿を生ずる。
5 水溶液に酒石酸溶液を過剰に加えると、白色結晶性の沈殿を生ずる。

岐阜県

令和５年度実施

〔毒物及び劇物に関する法規〕

※問題文中の用語は次によるものとする。
法：毒物及び劇物取締法　　政令：毒物及び劇物取締法施行令　　規則：毒物及び劇物取締法施行規則
毒物劇物営業者：毒物又は劇物の製造業者、輸入業者又は販売業者

（一般・農業用品目共通）

岐阜県

問１　法第２条に関する記述の正誤について、正しいものの組み合わせを①～⑤の中から一つ選びなさい。

a　この法律で「毒物」とは、別表第一に掲げる物であって、医薬品及び医薬部外品以外のものをいう。
b　この法律で「特定毒物」とは、毒物であって、別表第三に掲げるものをいう。
c　この法律で「劇物」とは、別表第二に掲げる物であって、医薬部外品及び化粧品以外のものをいう。

	a	b	c
①	正	正	正
②	正	正	誤
③	正	誤	正
④	誤	正	正
⑤	誤	誤	正

問２　毒物又は劇物の製造業の登録を受けた者（毒物劇物製造業者）に関する記述の正誤について、正しいものの組み合わせを①～⑤の中から一つ選びなさい。

a　毒物劇物製造業者は、授与の目的であれば劇物を輸入することができる。
b　毒物劇物製造業者でなければ、毒物又は劇物を販売の目的で製造してはならない。
c　毒物劇物製造業者が、自ら製造した毒物を毒物劇物営業者に販売するためには、毒物劇物販売業の登録を受ける必要がある。

	a	b	c
①	正	正	誤
②	正	誤	誤
③	正	誤	正
④	誤	誤	正
⑤	誤	正	誤

問３　毒物劇物営業者に関する記述の正誤について、正しいものの組み合わせを①～⑤の中から一つ選びなさい。

a　毒物又は劇物を自家消費する目的で製造する場合でも、毒物又は劇物の製造業の登録を受ける必要がある。
b　薬局の開設者は、毒物又は劇物の販売業の登録を受けなくても、毒物又は劇物を販売することができる。
c　毒物又は劇物の一般販売業の登録を受けた者は、規則別表第一で農業用品目として定められている劇物を販売することはできない。

	a	b	c
①	正	正	誤
②	誤	誤	誤
③	正	誤	正
④	誤	誤	正
⑤	誤	正	誤

問４　特定毒物使用者及び特定毒物研究者に関する記述の正誤について、正しいものの組み合わせを①～⑤の中から一つ選びなさい。

a　特定毒物使用者は、特定毒物を品目ごとに政令で定める用途以外の用途に供してはならない。
b　特定毒物研究者は、学術研究のため特定毒物を製造することができる。
c　特定毒物使用者は、その使用することができる特定毒物以外の特定毒物を譲り受け、又は所持してはならない。

	a	b	c
①	正	正	正
②	正	正	誤
③	正	誤	正
④	誤	正	正
⑤	誤	誤	正

問５　法第３条の３に関する記述について、（　　）内に当てはまる語句として、正しいものの組み合わせを①～⑤の中から一つ選びなさい。

第三条の三（ a ）、幻覚又は麻酔の作用を有する毒物又は劇物（これらを含有する物を含む。）であつて政令で定めるものは、みだりに摂取し、若しくは（ b ）し、又はこれらの目的で（ c ）してはならない。

	a	b	c
①	鎮静	吸入	販売
②	興奮	濫用	使用
③	覚醒	塗布	所持
④	覚醒	濫用	販売
⑤	興奮	吸入	所持

岐阜県

問６　毒物又は劇物の営業の登録等に関する記述の正誤について、正しいものの組み合わせを①～⑤の中から一つ選びなさい。

a　毒物又は劇物の製造業の登録を受けようとする者は、その製造所の所在地の都道府県知事に申請書を出さなければならない。

b　複数店舗において毒物又は劇物の販売業の登録を受けようとする者は、その住所（法人にあっては主たる事務所の所在地）の都道府県知事（その住所が、保健所を設置する市又は特別区の区域にある場合においては、市長又は区長）の登録を受ければ、店舗ごとに登録を受ける必要はない。

c　毒物劇物営業者は、登録票の記載事項に変更を生じたときは、登録票の書換え交付を申請することができる。

	a	b	c
①	正	正	誤
②	正	誤	誤
③	正	誤	正
④	誤	誤	正
⑤	誤	正	誤

問７　毒物又は劇物の製造所及び販売業の店舗の設備の基準（規則第４条の４）に関する記述の正誤について、正しいものの組み合わせを①～⑤の中から一つ選びなさい。

a　毒物又は劇物の製造作業を行う場所には、毒物又は劇物を含有する粉じん、蒸気又は廃水の処理に要する設備又は器具を備える必要がある。

b　毒物又は劇物の製造作業を行う場所は、コンクリート、板張り又はこれに準ずる構造とする等その外に毒物又は劇物が飛散し、漏れ、しみ出若しくは流れ出、又は地下にしみ込むおそれのない構造でなければならない。

c　毒物又は劇物の販売業の店舗において、毒物又は劇物の貯蔵設備は、毒物又は劇物とその他の物とを区分して貯蔵できるものでなければならない。

	a	b	c
①	正	正	正
②	正	正	誤
③	正	誤	正
④	誤	正	正
⑤	誤	誤	正

問８　毒物劇物取扱責任者に関する記述の正誤について、正しいものの組み合わせを①～⑤の中から一つ選びなさい。

a　農業用品目毒物劇物取扱者試験に合格した者は、規則別表第一で規定する農業用品目販売業者が販売することができる毒物又は劇物のみを製造する製造所において、毒物劇物取扱責任者となることができる。

b　厚生労働省令で定める学校で、応用化学に関する学課を修了した者は、毒物劇物取扱責任者となることができる。

c　都道府県知事が行う毒物劇物取扱者試験に合格した 18 歳の者は、毒物劇物取扱責任者となることができる。

	a	b	c
①	正	正	正
②	正	正	誤
③	正	誤	正
④	誤	正	正
⑤	誤	誤	正

岐阜県

問９　毒物劇物取扱責任者に関する記述の正誤について、正しいものの組み合わせを①～⑤の中から一つ選びなさい。

a　毒物劇物営業者は、自ら毒物劇物取扱責任者として毒物又は劇物による保健衛生上の危害の防止に当たることができない。
b　複数の特定毒物研究者が在籍する研究所の設置者は、毒物劇物取扱責任者を置かなければならない。
c　毒物劇物営業者が毒物又は劇物の製造業と販売業を併せて営む場合であって、その製造所と店舗が互いに隣接している場合には、毒物劇物取扱責任者はこれらの施設を通じて一人で足りる。

	a	b	c
①	正	正	正
②	正	正	誤
③	正	誤	正
④	誤	正	正
⑤	誤	誤	正

問10　法第10条の規定により、毒物劇物営業者が30日以内に届け出なければならない事項(場合)として、正しいものの組み合わせを①～⑤の中から一つ選びなさい。

a　毒物劇物営業者である法人が、その名称を変更したとき。
b　毒物劇物販売業者が、販売している毒物又は劇物の品目を変更したとき。
c　登録に係る毒物又は劇物の品目の輸入を廃止したとき。
d　毒物劇物販売業者が、店舗における営業を休止したとき。

①（a、b）　②（a、c）　③（a、d）　④（b、c）　⑤（c、d）

問11　毒物又は劇物の表示に関する記述の正誤について、正しいものの組み合わせを①～⑤の中から一つ選びなさい。

a　毒物の容器及び被包に、黒地に白色をもって「毒物」の文字を表示しなければならない。
b　劇物の容器及び被包に、赤地に白色をもって「医薬用外」の文字を表示しなければならない。
c　毒物劇物営業者は、劇物を貯蔵し、又は陳列する場所に、「医薬用外」の文字及び「劇物」の文字を表示しなければならない。

	a	b	c
①	正	正	誤
②	誤	誤	誤
③	正	誤	正
④	誤	誤	正
⑤	誤	正	誤

問12　法第12条及び規則第11条の5の規定により、毒物劇物営業者が、その容器及び被包に解毒剤の名称を表示しなければ、販売又は授与してはならない毒物又は劇物として、正しいものを①～⑤の中から一つ選びなさい。

①　無機シアン化合物及びこれを含有する製剤たる毒物
②　セレン化合物及びこれを含有する製剤たる毒物
③　砒(ひ)素化合物及びこれを含有する製剤たる毒物
④　有機シアン化合物及びこれを含有する製剤たる劇物
⑤　有機燐(りん)化合物及びこれを含有する製剤たる劇物

問13　毒物劇物製造業者が、その製造した塩化水素を含有する製剤たる劇物(住宅用の洗浄剤で液体状のものに限る。)を販売するとき、その容器及び被包に表示しなければならない事項として、法令で定められているものを①～⑤の中から一つ選びなさい。

①　誤って服用した場合の解毒剤の名称
②　毒物劇物取扱責任者の氏名
③　使用直前に開封し、包装紙等は直ちに処分すべき旨
④　居間等人が常時居住する室内では使用してはならない旨
⑤　小児の手の届かないところに保管しなければならない旨

問 14　法第 14 条第 1 項の規定に基づき、毒物劇物営業者が、毒物又は劇物を他の毒物劇物営業者に販売したときに、書面に記載しておかなければならない事項について、正しいものの組み合わせを①～⑤の中から一つ選びなさい。

a　販売の年月日
b　販売の方法
c　譲受人の住所(法人にあっては、その主たる事務所の所在地)
d　譲受人の年齢

①（a、b）　②（a、c）　③（a、d）　④（b、c）　⑤（c、d）

岐阜県

問 15　法第 15 条に規定されている、毒物又は劇物の交付の制限等に関する記述の正誤について、正しいものの組み合わせを①～⑤の中から一つ選びなさい。

a　毒物劇物営業者は、ナトリウムの交付を受ける者の氏名及び住所を確認した後でなければ、交付してはならない。
b　毒物劇物営業者は、ナトリウムの交付を受ける者の確認に関する事項を記載した帳簿を、最終の記載をした日から 6 年間、保存しなければならない。
c　毒物劇物営業者は、トルエンを麻薬、大麻、あへん又は覚せい剤の中毒者に交付してはならない。

	a	b	c
①	正	正	誤
②	誤	誤	誤
③	正	誤	正
④	誤	誤	正
⑤	誤	正	誤

問 16　政令第 40 条の 5 に規定されている、水酸化ナトリウム 20 %を含有する製剤で液体状のものを、車両 1 台を使用して、1 回につき 7,000 kg運搬する場合の運搬方法に関する記述について、正しいものの組み合わせを①～⑤の中から一つ選びなさい。

a　2 人で運転し、3 時間ごとに交代し、12 時間後に目的地に着いた。
b　交代して運転する者を同乗させず、1 人で連続して 5 時間運転後に 1 時間休憩をとり、その後 3 時間運転して目的地に着いた。
c　車両に、保護手袋、保護長ぐつ、保護衣及び保護眼鏡を 1 人分備えた。
d　車両には、運搬する劇物の名称、成分及びその含量並びに事故の際に講じなければならない応急の措置の内容を記載した書面を備えた。

①（a、b）　②（a、c）　③（a、d）　④（b、c）　⑤（c、d）

問 17　法第 15 条の 2 の規定に基づく廃棄の方法に関する記述の正誤について、正しいものの組み合わせを①～⑤の中から一つ選びなさい。

a　揮発性の劇物は、公衆衛生上の危害を生ずるおそれのない場所であれば、少量ずつ揮発させなくともよい。
b　可燃性の毒物を保健衛生上の危害を生ずるおそれがない場所で、少量ずつ燃焼させた。
c　地下 50cm で、かつ、地下水を汚染するおそれがない地中に確実に埋めた。

	a	b	c
①	正	正	誤
②	誤	誤	誤
③	正	誤	正
④	誤	誤	正
⑤	誤	正	誤

問 18　法第 17 条に関する次の記述について、(　　)内に当てはまる語句として、正しいものの組み合わせを①～⑤の中から一つ選びなさい。

＜事故の際の措置＞
第十七条　毒物劇物営業者及び(　a　)は、その取扱いに係る毒物若しくは劇物又は第十一条第二項の政令で定める物が飛散し、漏れ、流れ出し、染み出し、又は地下に染み込んだ場合において、不特定又は多数の者について(　b　)の危害が生ずるおそれがあるときは、直ちに、その旨を(　c　)に届け出るとともに、(　b　)の危害を防止するために必要な応急の措置を講じなければならない。
2　略

	a	b	c
①	特定毒物研究者	保健衛生上	警察署又は消防機関
②	特定毒物研究者	保健衛生上	保健所、警察署又は消防機関
③	特定毒物研究者	公衆衛生上	警察署又は消防機関
④	毒物劇物業務上取扱者	保健衛生上	警察署又は消防機関
⑤	毒物劇物業務上取扱者	公衆衛生上	保健所、警察署又は消防機関

問 19　法第 21 条に関する次の記述について、(　)内に当てはまる語句として、正しいものの組み合わせを①～⑤の中から一つ選びなさい。

岐阜県

<登録が失効した場合等の措置>

第二十一条　毒物劇物営業者、特定毒物研究者又は特定毒物使用者は、その営業の登録若しくは特定毒物研究者の許可が効力を失い、又は特定毒物使用者でなくなつたときは、(　a　)以内に、毒物劇物営業者にあつてはその製造所、営業所又は店舗の所在地の都道府県知事(販売業にあつてはその店舗の所在地が、保健所を設置する市又は特別区の区域にある場合においては、市長又は区長)に、特定毒物研究者にあつてはその主たる研究所の所在地の都道府県知事(その主たる研究所の所在地が指定都市の区域にある場合においては、指定都市の長)に、特定毒物使用者にあつては都道府県知事に、それぞれ現に所有する(　b　)の品名及び(　c　)を届け出なければならない。

２～４　略

	a	b	c
①	三十日	特定毒物	数量
②	三十日	毒物及び劇物	使用期限
③	十五日	特定毒物	数量
④	十五日	毒物及び劇物	使用期限
⑤	十五日	毒物及び劇物	数量

問 20　法第 22 条の規定により届出が義務づけられている事業者として、正しい正誤の組み合わせを①～⑤の中から一つ選びなさい。

a　無機シアン化合物たる毒物を使用して電気めっきを行う事業者
b　無機シアン化合物たる毒物を含有する製剤を使用して金属熱処理を行う事業者
c　最大積載量が 5,000 kg以上の大型自動車に固定された容器を用い 20 %の硫酸の運送を行う事業者

	a	b	c
①	正	正	正
②	正	正	誤
③	正	誤	正
④	誤	正	正
⑤	誤	誤	正

〔基礎化学〕

(一般・農業用品目共通)

問 21　次のうち、無極性分子の組み合わせとして正しいものを①～⑤の中から一つ選びなさい。

a　四塩化炭素　　b　塩化水素　　c　水　　d　二酸化炭素

①（a、c）　②（a、d）　③（b、c）　④（b、d）　⑤（c、d）

問 22　アルミニウム(Al)、カルシウム(Ca)及びニッケル(Ni)をイオン化傾向の大きい順に並べたとき、正しいものを①～⑤の中から一つ選びなさい。

① Al ＞ Ca ＞ Ni　② Al ＞ Ni ＞ Ca　③ Ca ＞ Al ＞ Ni　④ Ca ＞ Ni ＞ Al
⑤ Ni ＞ Al ＞ Ca

問 23　塩素原子 $^{37}_{17}Cl$ に含まれる陽子、中性子、電子の数として正しいものを①～⑤の中から一つ選びなさい。

	陽子	中性子	電子
①	37	17	37
②	20	17	37
③	20	17	20
④	17	20	17
⑤	17	20	20

岐阜県

問 24　次の金属に関する記述について、誤っているものを①～⑤の中から一つ選びなさい。

① 電気伝導性がある。
② 一般には、展性・延性に優れている。
③ 単体はすべて、常温常圧で固体である。
④ 光沢がある。
⑤ 熱伝導性がある。

問 25　次の元素の性質に関する記述の正誤について、正しい組み合わせを①～⑤の中から一つ選びなさい。

a カリウムはアルカリ金属と呼ばれ、1価の陰イオンになりやすい。
b 臭素はハロゲンと呼ばれ、2価の陰イオンになりやすい。
c アルゴンは希ガスと呼ばれ、化合物を作りにくく安定である。
d バリウムはアルカリ土類金属と呼ばれ、2価の陽イオンになりやすい。

	a	b	c	d
①	正	正	誤	正
②	誤	誤	正	正
③	誤	誤	正	誤
④	正	誤	正	誤
⑤	誤	正	正	誤

問 26　次の化学反応に関する記述について、(　)の中に当てはまる語句として、正しいものを①～⑤の中から一つ選びなさい。

たんぱく質に、濃硝酸を加えて加熱すると黄色になる反応を(　)という。

① エステル反応　② キサントプロテイン反応　③ ロビンソン反応
④ ビウレット反応　⑤ 銀鏡反応

問 27　10 gの水酸化ナトリウムは何molになるか。①～⑤の中から一つ選びなさい。ただし、原子量はH＝1.0、O＝16.0、Na＝23.0とする。

① 40　② 25　③ 4.0　④ 2.5　⑤ 0.25

問 28　10 %の塩化ナトリウム水溶液50 gに、さらに10 gの塩化ナトリウムを加えた。この水溶液の濃度を15 %にするには水をどれだけ加えればよいか。①～⑤の中から一つ選びなさい。

① 35 g　② 40 g　③ 45 g　④ 50 g　⑤ 55 g

問 29　濃度不明の希硫酸25 mLを中和するのに、0.50 mol/Lの水酸化カリウム水溶液30 mLを要した。この希硫酸の濃度(mol/L)として、正しいものを①～⑤の中から一つ選びなさい。

① 0.15 mol/L　② 0.20 mol/L　③ 0.25 mol/L　④ 0.30 mol/L
⑤ 0.35 mol/L

問 30　1.0×10^{-2} mol/L の塩酸 10 mL に、1.0×10^{-3} mol/L の水酸化ナトリウム水溶液 10 mL を加えた。
このときの pH を次の①～⑤の中から一つ選びなさい。ただし、log4.5 ＝ 0.65 とする。

① 3.65　② 3.35　③ 3.00　④ 2.65　⑤ 2.35

岐阜県

〔毒物及び劇物の性質及びその他の取扱方法〕（一般）

問 31 ～問 35　次の物質の貯蔵方法として、最も適当なものを下欄からそれぞれ一つ選びなさい。

問 31 クロロホルム　問 32 シアン化ナトリウム　問 33 ピクリン酸
問 34 カリウム　問 35 四塩化炭素

［下欄］
① 火気に対し安全で隔離された場所に、硫黄、ヨード、ガソリン、アルコール等と離して保管する。鉄、銅、鉛等の金属容器を使用しない。
② 亜鉛または錫すずメッキをした鋼鉄製容器で保管し、高温に接しない場所に保管する。ドラム缶で保管する場合は、雨水が漏入しないようにし、直射日光を避け冷所に置く。本品の蒸気は空気より重く、低所に滞留するので、地下室など換気の悪い場所には保管しない。
③ 少量ならばガラス瓶、多量ならばブリキ缶又は鉄ドラムを用い、酸類とは離して、風通しのよい乾燥した冷所に密封して保存する。
④ 冷暗所に貯蔵する。純品は空気と日光によって変質するので、少量のアルコールを加えて分解を防止する。
⑤ 空気中にそのまま貯蔵することはできないので、通常石油中に貯蔵する。水分の混入、火気を避け貯蔵する。

問 36 ～問 40　次の物質の漏えい時又は飛散時の措置として、最も適当なものを下欄からそれぞれ一つ選びなさい。

問 36 メチルエチルケトン　問 37 水酸化バリウム　問 38 塩化第二金
問 39 黄燐（りん）　問 40 クロルピクリン

［下欄］
① 飛散したものは空容器にできるだけ回収し、そのあとを希硫酸にて中和し、多量の水で洗い流す。
② 飛散したものは空容器にできるだけ回収し、炭酸ナトリウム、水酸化カルシウム等の水溶液を用いて処理し、そのあと食塩水を用いて処理し、多量の水で洗い流す。
③ 付近の着火源となるものを速やかに取り除く。多量に漏えいした場合、漏えいした液は、土砂等でその流れを止め、安全な場所に導き、液の表面を泡で覆い、できるだけ空容器に回収する。
④ 少量漏えいした場合、漏えいした液は布で拭き取るか、又はそのまま風にさらして蒸発させる。多量に漏えいした場合、漏えいした液は土砂等でその流れを止め、多量の活性炭又は水酸化カルシウムを散布して覆い、至急関係先に連絡し専門家の指示により処理する。
⑤ 漏出したものの表面を速やかに土砂又は多量の水で覆い、水を満たした空容器に回収する。

問 41 ～問 45　次の物質の廃棄方法として、最も適当なものを下欄からそれぞれ一つ選びなさい。

問 41 砒(ひ)素　　問 42 水酸化カリウム　　問 43 塩素酸カリウム
問 44　ジメチル－４－メチルメルカプト－３－メチルフェニルチオホスフエイト【別名：MPP、フェンチオン】
問 45 ホスゲン

［下欄］
① セメントを用いて固化し、溶出試験を行い、溶出量が判定基準以下であることを確認して埋立処分する。
② 多量の水酸化ナトリウム水溶液(10 %程度)に撹拌(かくはん)しながら少量ずつガスを吹き込み分解した後、希硫酸を加えて中和する。
③ 還元剤(例えばチオ硫酸ナトリウム等)の水溶液に希硫酸を加えて酸性にし、この中に少量ずつ投入する。反応終了後、反応液を中和し多量の水で希釈して処理する。
④ 可燃性溶剤と共にアフターバーナー及びスクラバーを具備した焼却炉の火室へ噴霧し、焼却する。スクラバーの洗浄液には水酸化ナトリウム水溶液を用いる。
⑤ 水を加えて希薄な水溶液とし、酸(希塩酸、希硫酸など)で中和させた後、多量の水で希釈して処理する。

問 46 ～問 49 次の物質の主な用途として、最も適当なものを下欄からそれぞれ一つ選びなさい。

問 46 モノフルオール酢酸ナトリウム　　問 47 硅弗(けいふっ)化亜鉛
問 48 メタクリル酸　　問 49 トルエン

［下欄］
① 熱硬化性塗料、接着剤、皮革処理剤　　② 爆薬の原料
③ せっけんの製造、試薬　　④ 木材防腐剤　　⑤ 殺鼠(そ)剤

問 50　次のホルマリンに関する記述について、誤っているものを①～⑤の中から一つ選びなさい。

① ホルムアルデヒドの水溶液である。
② 空気中で一部還元され、ギ酸を生じる。
③ 一般にメタノール等を 13 %以下添加してある。
④ 無色透明の液体である。
⑤ 刺激臭を有する。

(農業用品目)

問 31 ～問 35 次の物質の性状として、最も適当なものを下欄からそれぞれ一つ選びなさい。

問 31 ナラシン
問 32　Ｓ・Ｓ―ビス(１－メチルプロピル)＝Ｏ－エチル＝ホスホロジチオアート【別名：カズサホス】
問 33 燐(りん)化亜鉛　　問 34 塩素酸カリウム　　問 35 クロルピクリン

［下欄］

① 暗赤色の光沢のある粉末。水、アルコールに溶けず、希酸にホスフィンを発生して溶解する。
② 硫黄臭のある淡黄色の液体。水に溶けにくく、有機溶媒に可溶である。
③ 白色から淡黄色の粉末であり、特異な臭いがある。水に溶けにくく、酢酸エチルやアセトン、ベンゼンに可溶である。
④ 無色の結晶。水に溶け、アルコールには溶けにくい。燃えやすい物質と混合して、摩擦すると爆発する。
⑤ 純品は無色の油状体であり、市販品は通常微黄色を呈している。催涙性、強い粘膜刺激臭を有する。熱には比較的に不安定で、180 ℃以上に熱すると分解するが引火性はない。

問 36　ジ(2－クロルイソプロピル)エーテル【別名：DCIP】に関する記述の正誤について、正しい組み合わせを①～⑤の中から選びなさい。

a 常温・常圧では、透明な液体である。
b なす、セロリ、トマト等の線虫の駆除に用いられる。
c 燃焼法により廃棄する。

	a	b	c
①	正	正	正
②	誤	正	誤
③	誤	誤	正
④	正	正	誤
⑤	正	誤	誤

問 37　シアン化ナトリウムに関する記述の正誤について、正しい組み合わせを①～⑤の中から一つ選びなさい。

a 淡黄色の結晶であり、野ねずみの駆除に使用される。
b 少量であればガラス瓶、多量であればブリキ缶または鉄ドラムを用い、酸類とは離して、風通しのよい乾燥した冷所に密封して保存する。
c 水酸化ナトリウム水溶液等でアルカリ性とし、高温加圧下で加水分解して廃棄する。

	a	b	c
①	正	正	正
②	正	正	誤
③	正	誤	正
④	誤	正	正
⑤	誤	誤	誤

問 38 ～問 39　次の文章の(　)内にあてはまる語句として、最も適当なものを下欄からそれぞれ１つ選びなさい。

１―(６―クロロ―３―ピリジルメチル)―N―ニトロイミダゾリジン―２―イリデンアミンは、別名(**問 38**)と呼ばれ、弱い特異臭のある無色の結晶で、水に難溶である。主に、野菜等のアブラムシ類などの害虫を駆除するために用いられる。この物質を含有する製剤のうち、マイクロカプセル製剤については 12 ％を上限の含有濃度として、その他の製剤については(**問 39**)を上限の含有濃度として劇物の指定から除外される。

［下欄］

問 38

① イミダクロプリド　② アセタミプリド　③ チオメトン
④ エトプロホス　⑤ ベンフラカルブ

問 39

① １％　② ２％　③ 10 ％　④ 15 ％　⑤ 20 ％

問40～問44 次の物質の主な用途として、最も適当なものを下欄からそれぞれ一つ選びなさい。

問40 ２・２’―ジピリジリウム―１・１’―エチレンジブロミド【別名：ジクワット】
問41 ２・３―ジシアノ―１・４―ジチアアントラキノン【別名：ジチアノン】
問42 メチルイソチオシアネート　　問43 燐(りん)化亜鉛
問44 ジメチル―２・２―ジクロルビニルホスフェイト【別名：DDVP】

［下欄］
① 殺鼠(そ)剤　② 殺虫剤　③ 殺菌剤　④ 除草剤　⑤ 土壌燻蒸剤

岐阜県

問45～問47 次の物質の廃棄方法として、最も適当なものを下欄からそれぞれ一つ選びなさい。

問45 ジメチル―４―メチルメルカプト―３―メチルフェニルチオホスフェイト【別名：ＭＰＰ、フェンチオン】
問46 塩素酸ナトリウム　　問47 アンモニア

［下欄］
① 水で希薄な水溶液とし、酸（希塩酸、希硫酸など）で中和させた後、多量の水で希釈して処理する。
② 還元剤（例えばチオ硫酸ナトリウム等）の水溶液に希硫酸を加えて酸性にし、この中に少量ずつ投入する。反応終了後、反応液を中和し多量の水で希釈して処理する。
③ 可燃性溶剤と共にアフターバーナー及びスクラバーを具備した焼却炉の火室へ噴霧し、焼却する。スクラバーの洗浄液には水酸化ナトリウム水溶液を用いる。
④ 多量の次亜塩素酸ナトリウムと水酸化ナトリウムの混合水溶液を攪拌(かくはん)しながら少量ずつ加えて酸化分解する。過剰の次亜塩素酸ナトリウムをチオ硫酸ナトリウム水溶液等で分解した後、希硫酸を加えて中和し、沈殿をろ過する。
⑤ セメントを用いて固化し、溶出試験を行い、溶出量が判定基準以下であることを確認して埋立処分する。

問48～問50 次の物質の漏えい時又は飛散時の措置として、最も適当なものを下欄からそれぞれ一つ選びなさい。

問48 ブロムメチル
問49 Ｓ―メチル―Ｎ―［（メチルカルバモイル）―オキシ］―チオアセトイミデート【別名：メトミル】
問50 燐(りん)化アルミニウムとその分解促進剤とを含有する製剤

［下欄］
① 飛散したものの表面を速やかに土砂等で覆い、密閉可能な空容器に回収して密閉する。汚染された土砂等も同様な措置をし、そのあとを多量の水で洗い流す。
② 飛散したものは空容器にできるだけ回収し、そのあとを水酸化カルシウム等の水溶液を用いて処理し、多量の水で洗い流す。
③ 飛散したものは空容器にできるだけ回収し、そのあとを硫酸銅（Ⅲ）等の水溶液を散布し、水酸化カルシウム、炭酸ナトリウム等の水溶液を用いて処理した後、多量の水で洗い流す。
④ 漏えいした液が多量の場合は、土砂等でその流れを止め、液が広がらないようにして蒸発させる。
⑤ 付近の着火源となるものを速やかに取り除く。漏えいした液は土砂等でその流れを止め、安全な場所に導き、空容器にできるだけ回収する。そのあとを水酸化カルシウム等の水溶液を用いて処理し、中性洗剤等の界面活性剤を使用し、多量の水で洗い流す。

（特定品目）

問 31 ～問 34　次の物質の性状として、最も適当なものを下欄からそれぞれ一つ選びなさい。

問 31 過酸化水素水　　問 32 硅弗化ナトリウム（けいふつ）　　問 33 蓚酸（しゅう）
問 34 メチルエチルケトン

［下欄］
① 白色の結晶で、水に溶けにくく、アルコールには溶けない。
② 無色の液体で、引火性を有し、アセトン様の芳香がある。
③ 無色透明の液体で、強い酸化力と還元力を併有しており、アルカリ存在下では分解作用が著しい。
④ 橙色又は赤色の粉末で、水、酢酸、アンモニア水には溶けず、酸やアルカリには溶ける。
⑤ 無色の稜柱状結晶で、風解性があり、エーテルには溶けにくい。

岐阜県

問 35 ～問 38　次の物質の主な用途として、最も適当なものを下欄からそれぞれ一つ選びなさい。

問 35 クロム酸ナトリウム　　問 36 一酸化鉛　　問 37 酢酸エチル
問 38 塩素

［下欄］
① 香料、溶剤、有機合成原料
② 漂白剤の原料、紙・パルプの漂白剤、殺菌剤、消毒剤
③ 洗浄剤・種々の清浄剤の製造、引火性の少ないベンジンの製造
④ ゴムの加硫促進剤、顔料、試薬
⑤ 製革用、工業用の酸化剤

問 39 ～問 41　次の物質の毒性として、最も適当なものを下欄からそれぞれ一つ選びなさい。

問 39 クロム酸塩類　　問 40 トルエン　　問 41 塩素

［下欄］
① 吐気、胸の痛み、血便、慢性中毒では消化不良、食欲減退のほか、歯ぐきが灰白色となる。
② 蒸気の吸入により頭痛、食欲不振等がみられる。大量では緩和な大赤血球性貧血をきたす。麻酔性が強い。
③ 口と食道が赤黄色に染まり、のち青緑色に変化する。腹部が痛くなり、緑色のものを吐き出し、血液の混じった便をする。
④ 血液中のカルシウム分を奪取し、神経系を侵す。急性中毒症状は、胃痛、嘔吐、口腔、咽喉の炎症、腎障害。
⑤ 吸入により、窒息感、喉頭及び気管支筋の強直をきたし、呼吸困難に陥る。大量では 20 ～ 30 秒の吸入でも反射的に声門痙攣を起こし、声門浮腫から呼吸停止により死亡する。

問 42 ～問 44　次の物質の貯蔵方法として、最も適当なものを下欄からそれぞれ一つ選びなさい。

問 42 クロロホルム　問 43 キシレン　問 44 過酸化水素水

［下欄］

① 低温では混濁することがあるので、常温で貯蔵する。一般に重合を防ぐため 10 %程度のメタノールを加える。
② 引火しやすく、その蒸気は空気と混合して爆発性混合ガスとなるため、火気には近づけないように貯蔵する。
③ 純品は空気と日光によって変質するため、分解防止用に少量のアルコールを加えて冷暗所に貯蔵する。
④ 二酸化炭素と水を強く吸収するため、密栓して貯蔵する。
⑤ 少量ならば褐色ガラス瓶、大量ならばカーボイなどを使用し、３分の１の空間を保って貯蔵する。

岐阜県

問 45 ～問 47　次の物質の取扱い上の注意事項として、最も適当なものを下欄からそれぞれ一つ選びなさい。

問 45 硫酸　問 46 重クロム酸アンモニウム　問 47 酸化第二水銀

［下欄］

① 引火しやすく、また、その蒸気は空気と混合して爆発性混合気体となるので、火気に近づけず、静電気に対する対策を考慮する。常温で容器上部空間の蒸気濃度が爆発範囲に入っているので注意する。
② 強熱すると有毒な煙霧及びガスを生成し、付着、接触されたまま放置すると吸入することがある。
③ 可燃物と混合すると常温でも発火することがある。200 ℃付近に加熱すると気体の窒素を生成し、ルミネッセンスを発しながら分解する。
④ 水と急激に接触すると多量の熱を発生し、酸が飛散することがある。水で薄めたものは、金属を腐食して水素ガスを生成し、空気と混合して引火爆発をすることがある。
⑤ 極めて反応性が強く、水素または炭化水素（特にアセチレン）と爆発的に反応する。水分の存在下では、各種金属を腐食する。

問 48 ～問 50　次の物質の廃棄方法として、最も適当なものを下欄からそれぞれ一つ選びなさい。

問 48 一酸化鉛　問 49 アンモニア　問 50 クロム酸ナトリウム

［下欄］

① 過剰の可燃性溶剤又は重油等の燃料とともに、アフターバーナー及びスクラバーを備えた焼却炉の火室へ噴霧してできるだけ高温で焼却する。
② 水を加えて希薄な水溶液とし、酸で中和させた後、多量の水で希釈して処理する。
③ 希硫酸に溶かし、還元剤（硫酸第一鉄等）の水溶液を過剰に用いて還元した後、消石灰、ソーダ灰等の水溶液で処理し、沈殿ろ過する。溶出試験を行い、溶出量が判定基準以下であることを確認して埋立処分する。
④ セメントを用いて固化し、溶出試験を行い、溶出量が判定基準以下であることを確認して埋立処分する。
⑤ 珪そう土等に吸収させて開放型の焼却炉で焼却する。

〔毒物及び劇物の識別及び取扱方法〕

（一般）

問 51 ～問 52　次の重クロム酸カリウムに関する記述について、（　　）に当てはまる語句として、最も適当なものを下欄からそれぞれ一つ選びなさい。

（**問 51**）の結晶で水に溶けやすく、強力な（**問 52**）である。

［下欄］
問 51　①　橙赤色　②　青緑色　③　黒色　④　淡黄色　⑤　無色
問 52　①　中和剤　②　乳化剤　③　溶解剤　④　酸化剤　⑤　還元剤

岐阜県

問 53 ～問 54　次の２・２’－ジピリジリウム－１・１’－エチレンジブロミド【別名：ジクワット】に関する記述について、（　　）に当てはまる語句として、最も適当なものを下欄からそれぞれ一つ選びなさい。

（**問 53**）の吸湿性結晶である。アルカリ溶液で薄める場合には、２～３時間以上貯蔵できない。（**問 54**）として用いる。

［下欄］
問 53　①　無色　②　淡黄色　③　赤色　④　白色　⑤　赤褐色
問 54　①　殺虫剤　②　除草剤　③　殺菌剤　④　植物成長調整剤
⑤　土壌消毒剤

問 55 ～問 59 次の物質の鑑別法として、最も適当なものを下欄からそれぞれ一つ選びなさい。

問 55 硫酸亜鉛　**問 56** セレン　**問 57** 硫酸第一錫（すず）　**問 58** ナトリウム
問 59 二塩化鉛

［下欄］
① 白金線に試料を付けて溶融炎で熱し、次に希塩酸で白金線を湿して、再び溶融炎で炎の色を見ると淡青色となる。これをコバルトの色ガラスを通して見ると、淡紫色になる。
② 水に溶かして硫化水素を通じると、白色の沈殿を生成する。また、水に溶かして塩化バリウムを加えると、白色の沈殿を生成する。
③ 炭の上に小さな孔をつくり、無水炭酸ナトリウムの粉末とともに試料を吹管炎で熱灼すると、白色の粒状となる。これに硝酸を加えても溶けない。
④ 炭の上に小さな孔をつくり、無水炭酸ナトリウムの粉末とともに試料を吹管炎で熱灼すると、特有のニラ臭を出し、冷えると赤色の塊となる。これに濃硫酸を加えると緑色に溶ける。
⑤ 白金線に試料を付けて、溶融炎で熱し、炎の色を見ると黄色になる。これをコバルトの色ガラスを通して見ると、吸収されて、この炎は見えなくなる。

問 60　次の記述は「毒物及び劇物の運搬事故時における応急措置に関する基準」に示される漏えい時の措置について述べたものである。この応急措置を講ずべき物質として、最も適当なものを下欄から一つ選びなさい。

漏えいした場所の周辺にはロープを張るなどして人の立入りを禁止する。作業の際には必ず保護具を着用し、風下で作業をしない。漏えいした液は土砂等でその流れを止め、安全な場所に導き、できるだけ空容器に回収し、そのあとを徐々に注水してある程度希釈した後、水酸化カルシウム等の水溶液で処理し、多量の水で洗い流す。発生する気体は霧状の水をかけて吸収させる。
この場合、濃厚な廃液が河川等に排出されないよう注意する。

［下欄］

① クロロホルム　② シアン化カリウム　③ 酢酸エチル
④ アニリン　⑤ 弗(ふっ)化水素酸

（農業用品目）

問 51 ～問 53　次の物質を含有する製剤について、劇物として取り扱いを受けなくなる濃度を下欄からそれぞれ一つ選びなさい。なお、同じものを繰り返し選んでも良い。

問 51 フルバリネート　問 52 ベンフラカルブ　問 53 トリシクラゾール

［下欄］

① １．５％以下　② ３％以下　③ ５％以下　④ ６％以下
⑤ ８％以下

問 54　次の物質のうち、毒物又は劇物の農業用品目販売業の登録を受けた者が販売又は授与できるものを①～⑤の中から一つ選びなさい。

① 塩化水素　② 塩素　③ ロテノン　④ ホルムアルデヒド
⑤ ヒドラジン

問 55 ～問 57　次の物質の鑑別法として、最も適当なものを下欄からそれぞれ一つ選びなさい。

問 55 アンモニア水　問 56 硫酸亜鉛　問 57 塩素酸カリウム

［下欄］

① 白金線に試料を付けて溶融炎で熱し、次に希塩酸で白金線を湿して、再び溶融炎で炎の色を見ると淡青色となる。これをコバルトの色ガラスを通して見ると、淡紫色になる。
② 濃塩酸を潤したガラス棒に近づけると、白い霧を生ずる。また、塩酸を加えて中和した後、塩化白金溶液を加えると、黄色、結晶性の沈殿を生じる。
③ 熱すると酸素を生成し、これに塩酸を加えて熱すると塩素を生成する。水溶液に酒石酸を多量に加えると白色の結晶性物質を生成する。
④ 炭の上に小さな孔をつくり、無水炭酸ナトリウムの粉末とともに試料を吹管炎で熱灼すると、特有のニラ臭を出し、冷えると赤色の塊となる。これに濃硫酸を加えると緑色に溶ける。
⑤ 水に溶かして硫化水素を通じると、白色の沈殿を生成する。また、水に溶かして塩化バリウムを加えると、白色の沈殿を生成する。

問 58 ～問 60　次の物質の性状として、最も適当なものを下欄からそれぞれ一つ選びなさい。

問 58 ニコチン　問 59 モノフルオール酢酸ナトリウム
問 60 硫酸銅

［下欄］

① 濃い藍色の結晶で、風解性を有する。
② 無色、無臭の油状液体で空気中ではすみやかに褐変する。
③ 黄色の吸湿性結晶である。
④ 白色の粉末で、吸湿性があり酢酸のにおいを有する。
⑤ 無色の気体で、わずかに甘いクロロホルム様のにおいを有する。

岐阜県

（特定品目）

問51～問54　次の物質の鑑別方法として、最も適当なものを下欄からそれぞれ一つ選びなさい。

問51 濃硫酸　問52 過酸化水素　問53 四塩化炭素　問54 水酸化ナトリウム

［下欄］

① 小さな試験管に入れて熱すると、始めに黒色に変わり、後に分解して水銀を残す。なお熱すると、完全に揮散する。
② アルコール性の水酸化カリウムと銅粉とともに煮沸すると、黄赤色の沈殿を生じる。
③ 水で薄めると発熱し、ショ糖、木片などに触れると、それらを炭化・黒変させる。希釈水溶液に塩化バリウムを加えると、白色の沈殿を生じるが、この沈殿は塩酸や硝酸に不溶である。
④ 水溶液を白金線につけて無色の火炎中に入れると、火炎は著しく黄色に染まり、長時間続く。
⑤ 過マンガン酸カリウムを還元し、クロム酸塩を過クロム酸塩に変える。また、ヨード亜鉛からヨードを析出する。

問55～問59　次の物質を含有する製剤について、劇物として取り扱いを受けなくなる濃度を下欄からそれぞれ一つ選びなさい。なお、同じものを繰り返し選んでもよい。

問55 アンモニア　問56 クロム酸鉛　問57 塩化水素
問58 ホルムアルデヒド　問59 水酸化カリウム

［下欄］

① 1％以下　② 5％以下　③ 6％以下　④ 10％以下
⑤ 70％以下

問60　次の物質について、毒物又は劇物の特定品目販売業の登録を受けた者が販売又は授与できるものの組み合わせを①～⑤の中から一つ選びなさい。

a　シアン化ナトリウム　b　臭素　c　硝酸　d　塩基性酢酸鉛

①（a、b）　②（a、c）　③（b、c）　④（b、d）
⑤（c、d）

静岡県

令和５年度実施

（注）解答・解説については、この書籍の編者により編集作成しております。これに係わることについては、県への直接のお問い合わせはご容赦下さいます様お願い申し上げます。

〔学科：法　規〕

（一般・農業用品目・特定品目共通）

問１　毒物及び劇物取締法第２条に関する記述のうち、（　）内に入る語句の組み合わせとして、正しいものはどれか。

この法律で「毒物」とは、別表第一に掲げる物であって、（ a ）及び（ b ）以外のものをいう。

	a	b
1	劇物	高圧ガス
2	劇物	特定毒物
3	医薬品	高圧ガス
4	医薬品	医薬部外品

問２　削除

問３　毒物劇物営業者に関する記述のうち、誤っているものはどれか。

1 毒物又は劇物の製造業の登録は、３年ごとに更新を受けなければ、その効力を失う。
2 毒物又は劇物の販売業の登録は、店舗ごとに受けなければならない。
3 毒物又は劇物の輸入業の登録を受けた者でなければ、毒物又は劇物を販売又は授与の目的で輸入してはならない。
4 毒物劇物一般販売業の登録を受けた者は、特定毒物を販売することができる。

問４　毒物及び劇物取締法第５条に規定する登録基準に関する記述のうち、製造所の設備の基準として、誤っているものはどれか。

1 毒物又は劇物の製造作業を行う場所は、その外に毒物又は劇物が飛散し、漏れ、しみ出若しくは流れ出、又は地下にしみ込むおそれのない構造であること。
2 毒物又は劇物の製造作業を行う場所は、毒物又は劇物を含有する粉じん、蒸気又は廃水の処理に要する設備又は器具を備えていること。
3 毒物又は劇物を陳列する場所にかぎをかける設備があること。ただし、その場所が性質上かぎをかけることができないものであるときは、この限りではない。
4 毒物又は劇物を貯蔵する設備は、毒物又は劇物とその他の物とを区分して貯蔵できるものであること。

問５　毒物劇物取扱責任者に関する記述のうち、誤っているものの組み合わせはどれか。

a　薬剤師は、毒物劇物取扱責任者となることができる。
b　16歳の者であっても、都道府県知事が行う毒物劇物取扱者試験に合格した者は、毒物劇物取扱責任者となることができる。
c　毒物劇物販売業者は、毒物劇物取扱責任者を変更したときは、50日以内に、その店舗の所在地の都道府県知事（その店舗の所在地が、保健所を設置する市又は特別区の区域にある場合においては、市長又は区長。）に、その毒物劇物取扱責任者の氏名を届け出なければならない。
d　毒物劇物営業者は、毒物又は劇物を直接に取り扱う店舗ごとに、専任の毒物劇物取扱責任者を置き、毒物又は劇物による保健衛生上の危害の防止に当たらせなければならない。

1（a、b）　2（b、c）　3（c、d）　4（a、d）

静岡県

問６　毒物劇物営業者がその容器及び被包に表示しなければ、毒物又は劇物を販売し、又は授与してはならないとされる事項として、正しいものはいくつあるか。

a　「医薬用外」の文字
b　毒物又は劇物の名称
c　毒物又は劇物の成分及びその含量
d　毒物又は劇物の製造業者又は輸入業者のその氏名及び住所（法人にあっては、その名称及び主たる事務所の所在地）

1　1つ　2　2つ　3　3つ　4　4つ

問７　毒物及び劇物取締法第14条に関する記述のうち、（　）内に入る語句の組み合わせとして、正しいものはどれか。

毒物劇物営業者は、毒物又は劇物を他の毒物劇物営業者に販売し、又は授与したときは、その都度、次に掲げる事項を書面に記載しておかなければならない。

一　毒物又は劇物の（ a ）
二　販売又は授与の（ b ）
三　譲受人の氏名、（ c ）及び住所（法人にあっては、その名称及び主たる事務所の所在地）

	a	b	c
1	名称及び数量	年月日	職業
2	名称及び数量	目的	年齢
3	成分及び含量	年月日	年齢
4	成分及び含量	目的	職業

問８　車両を使用して水酸化カリウム25％を含有する製剤で液体状のものを5,000キログラム運搬する場合の運搬方法の基準に関する記述のうち、誤っているものはどれか。

1　1人の運転者による運転時間が、1日当たり9時間を超える場合、車両1台について運転者のほか、交替して運転する者を同乗させなければならない。
2　車両には、応急の措置を講ずるために必要な保護具で厚生労働省令で定めるものを2人分以上備えなければならない。
3　車両には、運搬する劇物の名称、成分及びその含量並びに事故の際に講じなければならない応急の措置の内容を記載した書面を備えなければならない。
4　車両には、0.5メートル平方の板に地を白色、文字を黒色として「毒」と表示し、車両の前後の見やすい箇所に掲げなければならない。

問９　毒物及び劇物取締法第 17 条に規定する毒物又は劇物の事故の際の措置に関する記述のうち、（　）内に入る語句の組み合わせとして、正しいものはどれか。

毒物劇物営業者及び特定毒物研究者は、その取扱いに係る毒物又は劇物が飛散し、漏れ、流れ出し、染み出し、又は地下に染み込んだ場合において、不特定又は多数の者について（ a ）上の危害が生ずるおそれがあるときは、直ちに、その旨を（ b ）に届け出るとともに、（ a ）上の危害を防止するために必要な応急の措置を講じなければならない。

毒物劇物営業者及び特定毒物研究者は、その取扱いに係る毒物又は劇物が盗難にあい、又は紛失したときは、直ちに、その旨を（ c ）に届け出なければならない。

	a	b	c
1	保健衛生	警察署又は消防機関	警察署又は消防署
2	公衆衛生	警察署又は消防機関	警察署
3	保健衛生	保健所、警察署又は消防機関	警察署
4	公衆衛生	保健所、警察署又は消防機関	警察署又は消防署

静岡県

問 10　毒物及び劇物取締法第 22 条第１項の規定により、その事業場の所在地の都道府県知事（その事業場の所在地が保健所を設置する市又は特別区の区域にある場合においては、市長又は区長。）に業務上取扱者の届出をしなければならない者として、誤っているものの組み合わせはどれか。

a　シアン化ナトリウムを使用して、電気めっきを行う事業者

b　亜砒（ひ）酸を使用して、ねずみの防除を行う事業者

c　弗（ふっ）化水素を使用して、金属熱処理を行う事業者

d　過酸化水素 30 ％を含有する製剤を大型自動車に積載された内容積が 1,000 リットルの容器を使用して、運送を行う事業者

１（a、b）　２（b、c）　３（c、d）　４（a、d）

〔学科：基礎化学〕
（一般・農業用品目・特定品目共通）

問 11 ニトロベンゼンの分子量として、正しいものはどれか。
ただし、原子量を、H＝１、C＝12、N＝14、O＝16 とする。

１　93　　２　106　　３　108　　４　123

問 12　金属元素と炎色反応の組み合わせとして、誤っているものはいくつあるか。

	金属元素	炎色反応
a	Ba	深赤色
b	K	赤紫色
c	Sr	青緑色
d	Na	黄色

１　１つ　　２　２つ　　３　３つ　　４　４つ

問 13　化学用語に関する記述のうち、誤っているものはどれか。

1　「質量数」とは、原子の陽子の数と電子の数の和をいう。
2　「不動態」とは、金属表面に緻密（ちみつ）な酸化皮膜が生じて、酸化が内部にまで進行しない状態をいう。
3　「ファラデーの法則」とは、電気分解における電極で変化する物質の物質量と流れた電気量が比例することをいう。
4　「共有結合」とは、２つの原子が互いの不対電子を共有してできる結合をいう。

問 14　2.0mol/L の希硫酸 40mL と 0.5mol/L の希硫酸 60mL を混合した。混合後の硫酸のモル濃度として、正しいものはどれか。
　ただし、小数点第２位以下は四捨五入するものとし、溶液の混合による体積変化は無視できるものとする。

1　0.1mol/L　　2　1.1mol/L　　3　2.2mol/L　　4　2.5mol/L

問 15　20 %の食塩水 100 g に 45 %の食塩水 400 g を加えてできる食塩水の濃度として、正しいものはどれか。

1　20 %　　2　35 %　　3　40 %　　4　65 %

静岡県

〔学科：性質・貯蔵・取扱〕

（一般）

問 16　毒物に該当するものとして、正しいものはいくつあるか。

a　水銀　　b　ニコチン　　c　アクロレイン　　d　クラーレ

1　1つ　　2　2つ　　3　3つ　　4　4つ

問 17　四塩化炭素に関する記述のうち、誤っているものはどれか。

1　麻酔性の芳香を有する黒色の固体である。
2　水に難溶、アルコール、エーテル、クロロホルムに可溶である。
3　溶液は揮発すると重い蒸気となり、火炎を包んで空気を遮断する。
4　油脂類をよく溶解する。

問 18　毒物又は劇物の貯蔵方法に関する記述のうち、誤っているものはどれか。

1　ベタナフトールは、空気や光線に触れると赤変するため、遮光して保管する。
2　黄燐（りん）は、空気に触れると発火しやすいため、水中に沈めて瓶に入れ、さらに砂を入れた缶中に固定して、冷暗所に保管する。
3　ナトリウムは、空気中にそのまま保存することはできないため、通常石油中に保管する。
4　アクリルニトリルは、空気と日光により変質するため、少量のアルコールを加えて分解を防止し、冷暗所に保管する。

問 19　毒物又は劇物とその主な用途の組み合わせとして、正しいものはどれか。

	名称	主な用途
a	硝酸タリウム	反応促進剤
b	アジ化ナトリウム	試薬・医療検体の防腐剤
c	重クロム酸カリウム	工業用の酸化剤
d	メチルメルカプタン	金属の表面処理

1（a、b）　　2（b、c）　　3（c、d）　　4（a、d）

問 20　毒物又は劇物の毒性に関する記述について、物質名として、正しいものはどれか。

皮膚に触れると、激しい痛みを感じて、著しく腐食される。
組織浸透性が高く、組織に深く浸透し生体内に拡散する。生成したイオンがカルシウムイオンやマグネシウムイオンと強い親和性を有するため、低カルシウム血症、低マグネシウム血症を招き、心室細動、心停止をきたす。

1　硫酸　　2　クロルエチル　　3　弗（ふっ）化水素酸　　4　水酸化カリウム

（農業用品目）

問 16　農業用品目の劇物に該当するものとして、正しいものの組み合わせはどれか。

a　ニコチンを含有する製剤
b　エマメクチン５％を含有する製剤
c　（S）－２，３，５，６－テトラヒドロ－６－フェニルイミダゾ［２，１－b］チアゾール 10 ％を含有する製剤
d　蓚（しゅう）酸５％を含有する製剤

1（a、b）　　2（b、c）　　3（c、d）　　4（a、d）

静岡県

問 17　農業用品目販売業の登録を受けた者が販売できるものとして、誤っているものはいくつあるか。

a　硫酸 20 ％を含有する製剤
b　トランス－N－（６－クロロ－３－ピリジルメチル）－N′－シアノ－ N－メチルアセトアミジン(別名アセタミプリド)
c　シアン酸ナトリウム
d　過酸化水素 10 ％を含有する製剤

1　1つ　　2　2つ　　3　3つ　　4　4つ

問 18　特定の用途に供される毒物又は劇物を販売又は授与することに関する記述のうち、正しいものはどれか。

1　硫酸タリウム１％を含有する製剤は、あせにくい赤色に着色する。
2　硫酸タリウム 0.3 ％以下を含有する製剤は、着色する必要はない。
3　燐（りん）化亜鉛１％以下を含有する製剤は、着色する必要はない。
4　燐（りん）化亜鉛３％を含有する製剤は、あせにくい黒色に着色する。

問 19　１，３－ジカルバモイルチオ－２－（N，N－ジメチルアミノ）－プロパン塩酸塩に関する記述のうち、誤っているものはどれか。

1　殺虫剤として用いられる。
2　赤褐色の液体である。
3　エーテルに不溶である。
4　２％以下を含有する製剤は劇物でない。

問 20　２－メチリデンブタン二酸(別名メチレンコハク酸)の用途として、正しいものはどれか。

1　殺鼠（そ）剤　　2　殺虫剤　　3　摘果剤　　4　除草剤

（特定品目）

問 16　塩化水素 20 %を含有する液体状の製剤を、車両を利用して１回につき 5,000 キログラム以上運搬する場合、車両に備えなければならない厚生労働省令で定める保護具として、正しいものはいくつあるか。

a　保護手袋　　b　保護長ぐつ　　c　保護衣　　d　普通ガス用防毒マスク

1　1つ　　2　2つ　　3　3つ　　4　4つ

問 17　クロロホルムに関する記述のうち、誤っているものの組み合わせはどれか。

a　黄緑色の揮発性液体である。
b　水に易溶である。
c　特異臭と甘味を有する。
d　純粋のクロロホルムは、空気に触れ、同時に日光の作用を受けると分解する。

1（a、b）　　2（b、c）　　3（c、d）　　4（a、d）

静岡県

問 18　硫酸の用途として、誤っているものはどれか。

1　肥料　　2　乾燥剤　　3　石油の精製　　4　紙・パルプの漂白剤

問 19　過酸化水素水の貯蔵方法に関する記述のうち、正しいものはどれか。

1　亜鉛又はスズメッキをした鋼鉄製容器で貯蔵する。
2　低温では混濁するため、常温で貯蔵する。
3　少量ならば褐色ガラス瓶を使用し、３分の１の空間を保って貯蔵する。
4　安定剤として少量のエタノールを添加して貯蔵する。

問 20　化合物の名称とその分子式の組み合わせとして、正しいものはいくつあるか。

	名称	分子式
a	クロム酸鉛	$PbCr_2O_4$
b	硅弗化（けいふっ）ナトリウム	F_6Na_2SI
c	酢酸エチル	$C_6H_{10}O_2$
d	重クロム酸ナトリウム	$CrH_2O_7 \cdot 2Na$

1　1つ　　2　2つ　　3　3つ　　4　4つ

〔実　地：識別・取扱〕

（一般・農業用品目・特定品目共通）

問 1　アンモニアの性状に関する記述のうち、正しいものの組み合わせはどれか。

a　酸素中では、青色の炎をあげて燃焼する。
b　エタノールに不溶である。
c　圧縮することで、常温でも簡単に液化する。
d　水溶液は、無色透明である。

1（a、b）　　2（b、c）　　3（c、d）　　4（a、d）

問 2　硫酸の廃棄方法のうち、正しいものはどれか。

1　中和法　　2　回収法　　3　活性汚泥法　　4　酸化隔離法

問３　2.0mol/L の水酸化バリウム水溶液 500mL を 25 %の硝酸で中和するために必要な量として、正しいものはどれか。
ただし、硝酸の分子量を 63 とする。

1　63g　　2　126g　　3　252g　　4　504g

（一般）

問４　毒物又は劇物の性状に関する記述のうち、誤っているものはどれか。

1　エチレンオキシドは、刺激性の臭気を放って揮発する赤褐色の重い液体である。
2　セレンは、水に不溶で、硫酸、二硫化炭素に可溶である。
3　ホスゲンは、窒息性のある無色の気体である。
4　アクリルアミドは、エタノール、エーテル、クロロホルムに可溶である。

問５　蓚（しゅう）酸に関する記述のうち、正しいものの組み合わせはどれか。

a　結晶水を有する無色、稜（りょう）柱状の結晶である。
b　乾燥空気中で潮解する。
c　水、アルコールに難溶で、エーテルに可溶である。
d　無水物は無色無臭の吸湿性物質で、空気中で水和物となる。

1（a、b）　　2（b、c）　　3（c、d）　　4（a、d）

問６　トルイジンに関する記述のうち、誤っているものはいくつあるか。

a　オルトトルイジン、メタトルイジン、パラトルイジンの３種の異性体がある。
b　特異臭を有する。
c　水に可溶で、アルコール、エーテルに不溶である。
d　液体である。

1　1つ　　2　2つ　　3　3つ　　4　4つ

問７　削除

問８　ホルマリンの識別方法に関する記述について、（　）内に入る語句の組み合わせとして、正しいものはどれか。

（ a ）を加え、さらに（ b ）を加えると、徐々に金属が析出する。
また、フェーリング溶液とともに熱すると、（ c ）の沈殿を生成する。

	a	b	c
1	フェノール溶液	硫酸銅溶液	赤色
2	フェノール溶液	硝酸銀溶液	白色
3	アンモニア水	硝酸銀溶液	赤色
4	アンモニア水	硫酸銅溶液	白色

問９　毒物又は劇物の廃棄方法に関する記述のうち、誤っているものはどれか。

1　酸化カドミウムは、多量の水で希釈した後、活性汚泥法を用いて処理する。
2　シアン化ナトリウムは、水酸化ナトリウム水溶液でアルカリ性とし、次亜塩素酸ナトリウム水溶液を加えて、酸化分解する。分解した後、硫酸を加えて中和し、多量の水で希釈する。
3　メタクリル酸は、おが屑に吸収させて焼却炉で焼却する。
4　塩素酸カリウムは、チオ硫酸ナトリウム水溶液に希硫酸を加えて酸性とした液に、少量ずつ投入する。反応終了後、反応液を中和し、多量の水で希釈する。

問 10　砒素化合物による中毒の解毒又は治療に用いられるものとして、正しいものはどれか。

1　硫酸アトロピン　　2　ジメルカプロール(別名 BAL)　　3　ペニシラミン
4　チオ硫酸ナトリウム

（農業用品目）

問４　弗化スルフリルに関する記述のうち、誤っているものはどれか。

1　無色の気体である。　　2　除草剤として用いられる。
3　水に難溶である。　　4　気体密度は空気より大きい。

問５　塩素酸ナトリウムに関する記述のうち、正しいものはいくつあるか。

a　無色無臭の白色の正方単斜状の結晶である。
b　水に難溶である。
c　有機物、硫黄、金属粉が混在すると、加熱、摩擦又は衝撃により爆発する。
d　加熱により分解して酸素を生成する。

1　1つ　　2　2つ　　3　3つ　　4　4つ

静岡県

問６　メチル＝N－［2－［1－(4－クロロフェニル)－1H－ピラゾール－3－イルオキシメチル］フェニル］(N－メトキシ)カルバマート(別名ピラクロストロビン)に関する記述のうち、誤っているものはどれか。

1　水に易溶である。
2　約 200 度で分解点を示す強い発熱反応がある。
3　暗褐色の粘稠固体である。
4　殺菌剤として用いられる。

問７　硫酸タリウムに関する記述のうち、正しいものはどれか。

1　除草剤として用いられる。
2　毒性は、嘔吐、麻痺等の症状に伴い、次第に呼吸困難となる。
3　水に易溶である。
4　淡黄色の液体である。

問８　燐化アルミニウムとその分解促進剤を含有する製剤の識別方法に関する記述のうち、正しいものはどれか。

1　アルコール溶液にジメチルアニリン及びブルシンを加えて溶解し、これにブロムシアン溶液を加えると、緑色ないし赤紫色を呈する。
2　ホルマリン１滴を加えたのち、濃硝酸１滴を加えるとばら色を呈する。
3　木炭とともに加熱すると、メルカプタンの臭気を放つ。
4　5％から 10％の硝酸銀溶液を吸着させた濾紙は、黒色に変色する。

問９　クロルピクリンの廃棄方法に関する記述について、（　　）内に入る語句の組み合わせとして、正しいものはどれか。

少量の（ａ）を加えた（ｂ）と（ｃ）の混合溶液中で、撹拌（かくはん）し分解させた後、多量の水で希釈して処理する。

	a	b	c
1	界面活性剤	亜硫酸ナトリウム	炭酸ナトリウム
2	界面活性剤	塩化ナトリウム	臭化ナトリウム
3	アルコール	亜硫酸ナトリウム	臭化ナトリウム
4	アルコール	塩化ナトリウム	炭酸ナトリウム

問 10　毒物又は劇物とその中毒の解毒又は治療に用いられる製剤の組み合わせとして、誤っているものはどれか。

	毒物又は劇物の種類	中毒の解毒又は治療に用いられる製剤
1	有機燐（りん）系殺虫剤	硫酸アトロピン
2	硫酸タリウム	ヘキサシアノ鉄（Ⅱ）酸鉄（Ⅲ）水和物 （別名プルシアンブルー）
3	カーバメイト系殺虫剤	２－ピリジルアルドキシムメチオダイド （別名ＰＡＭ）
4	シアン化合物	ヒドロキソコバラミン

静岡県

（特定品目）

問４　四塩化炭素に関する記述のうち、正しいものはいくつあるか。

ａ 揮発性、麻酔性の芳香を有する。　ｂ 無色の重い液体である。
ｃ 水に難溶である。　ｄ 強い消火力を示す。

１　１つ　　２　２つ　　３　３つ　　４　４つ

問５　一酸化鉛に関する記述のうち、誤っているものはどれか。

１ 黒色の粉末である。　２ 水にほとんど溶けない。
３ 酸に易溶である。　４ アルカリに易溶である。

問６　硝酸に関する記述のうち、正しいものの組み合わせはどれか。

ａ 極めて純粋な、水分を含まないものは無色の液体で、無臭である。
ｂ 腐食性が激しい。
ｃ 空気に接すると刺激性白霧を発する。
ｄ 金、白金を溶解し、硝酸塩を生成する。

１（ａ、ｂ）　２（ｂ、ｃ）　３（ｃ、ｄ）　４（ａ、ｄ）

問７　クロム酸塩類に関する記述のうち、誤っているものはどれか。

１ クロム酸ストロンチウムは、淡黄色の粉末である。
２ クロム酸カリウムは、アルコールに易溶である。
３ クロム酸バリウムは、水に難溶である。
４ クロム酸ナトリウム十水和物は、潮解性を有する。

問８　劇物の識別方法に関する記述について、物質名として正しいものはどれか。

水溶液を酢酸で弱酸性にして酢酸カルシウムを加えると、結晶性の沈殿を生成する。

１ 水酸化カリウム　　２ 塩化水素　　３ 蓚（しゅう）酸　　４ アンモニア

問９　化合物の名称とその廃棄方法の組み合わせとして、誤っているものはどれか。

	名称	廃棄方法
1	酢酸鉛	沈殿隔離法
2	水酸化ナトリウム	中和法
3	メタノール	燃焼法
4	メチルエチルケトン	希釈法

問 10　ある物質の漏えい時の措置に関する記述について、物質名として正しいものはどれか。

付近の着火源となるものを、速やかに取り除く。
漏えいした液は、土砂等でその流れを止め、安全な場所に導き、液の表面を泡で覆い、できるだけ空容器に回収する。

1 硫酸　　2 トルエン　　3 メタノール　　4 アンモニア水

静岡県

愛知県
令和５年度実施

設問中、特に規定しない限り、「法」は「毒物及び劇物取締法」、「政令」は「毒物及び劇物取締法施行令」、「省令」は「毒物及び劇物取締法施行規則」とする。

なお、法令の促音等の記述は、現代仮名遣いとする。（例：「あつて」→「あって」）

また、設問中の物質の性状は、特に規定しない限り常温常圧におけるものとする。

〔毒物及び劇物に関する法規〕
（一般・農業用品目・特定品目共通）

問１　次の記述は、法第１条の条文であるが、［　　］にあてはまる語句の組合せとして、正しいものはどれか。

この法律は、毒物及び劇物について、［　ア　］上の見地から必要な［　イ　］を行うことを目的とする。

	ア		イ
1	保健衛生	——	規制
2	保健衛生	——	取締
3	公衆衛生	——	規制
4	公衆衛生	——	取締

問２　次の記述は、法第３条第３項の条文の一部であるが、［　　］にあてはまる語句の組合せとして、正しいものはどれか。

毒物又は劇物の販売業の登録を受けた者でなければ、毒物又は劇物を販売し、［　ア　］し、又は販売若しくは［　ア　］の目的で［　イ　］し、運搬し、若しくは陳列してはならない。

	ア		イ
1	授与	——	所持
2	提供	——	所持
3	授与	——	貯蔵
4	提供	——	貯蔵

問３　次のうち、特定毒物に関する記述として、誤っているものはどれか。

1　毒物又は劇物の製造業者は、毒物又は劇物の製造のために特定毒物を使用することができる。
2　特定毒物研究者は、特定毒物を輸入することができる。
3　特定毒物研究者の許可を受けようとする者は、その主たる研究所の所在地の都道府県知事を経て、厚生労働大臣に申請書を出さなければならない。
4　特定毒物使用者は、その使用することができる特定毒物以外の特定毒物を譲り受け、又は所持してはならない。

問４　次のうち、法第３条の３で「みだりに摂取し、若しくは吸入し、又はこれらの目的で所持してはならない。」と規定されている「興奮、幻覚又は麻酔の作用を有する毒物又は劇物」として、政令で定められているものはどれか。

1　トルエン　　2　ベンゼン　　3　キシレン　　4　クロロホルム

問５　次の記述は、法第３条の４の条文であるが、［　　］にあてはまる語句の組合せとして、正しいものはどれか。

引火性、発火性又は［　ア　］のある毒物又は劇物であって政令で定めるものは、業務その他正当な理由による場合を除いては、［　イ　］してはならない。

	ア		イ
1	揮発性	——	使用
2	揮発性	——	所持
3	爆発性	——	使用
4	爆発性	——	所持

問６　次の記述は、法第４条第３項及び省令第４条第２項の条文であるが、［　　］にあてはまる語句の組合せとして、正しいものはどれか。

＜法第４条第３項＞

製造業又は輸入業の登録は、５年ごとに、販売業の登録は、［　ア　］ごとに、更新を受けなければ、その効力を失う。

＜省令第４条第２項＞

法第４条第３項の毒物又は劇物の販売業の登録の更新は、登録の日から起算して［　ア　］を経過した日の［　イ　］に、別記第５号様式による登録更新申請書に登録票を添えて提出することによって行うものとする。

	ア		イ
1	３年	——	１月前まで
2	３年	——	15 日以内
3	６年	——	１月前まで
4	６年	——	15 日以内

愛知県

問７　次のうち、毒物劇物取扱責任者に関するものとして、誤っているものはどれか。

1　毒物劇物営業者は、自ら毒物劇物取扱責任者となることができない。
2　毒物劇物営業者が毒物若しくは劇物の製造業、輸入業若しくは販売業のうち２以上を併せて営む場合において、その製造所、営業所若しくは店舗が互に隣接しているとき、毒物劇物取扱責任者は、これらの施設を通じて１人で足りる。
3　毒物劇物営業者は、毒物劇物取扱責任者を変更したときは、30 日以内に、その毒物劇物取扱責任者の氏名を届け出なければならない。
4　毒物若しくは劇物又は薬事に関する罪を犯し、罰金以上の刑に処せられ、その執行を終り、又は執行を受けることがなくなった日から起算して３年を経過していない者は、毒物劇物取扱責任者となることができない。

問８　次のうち、法第９条に基づき、毒物劇物製造業者があらかじめ登録の変更を受けなければならない場合として、定められているものはどれか。

1　毒物又は劇物を製造し、貯蔵し、又は運搬する設備の重要な部分を変更しようとするとき。
2　登録を受けた毒物又は劇物以外の毒物又は劇物を製造しようとするとき。
3　氏名又は住所(法人にあっては、その名称又は主たる事務所の所在地)を変更しようとするとき。
4　製造所の名称を変更しようとするとき。

問９　次の記述は、法第11条第２項に基づき、毒物劇物営業者及び特定毒物研究者がその製造所、営業所若しくは店舗又は研究所の外に飛散し、漏れ、流れ出、若しくはしみ出、又はこれらの施設の地下にしみ込むことを防ぐのに必要な措置を講じなければならない毒物若しくは劇物を含有する物を定めた政令第38条第１項の条文であるが、□にあてはまる語句の組合せとして、正しいものはどれか。

法第11条第２項に規定する政令で定める物は、次のとおりとする。
一　無機［ア］化合物たる毒物を含有する液体状の物（［ア］含有量が１リットルにつき１ミリグラム以下のものを除く。）
二　塩化水素、硝酸若しくは硫酸又は水酸化カリウム若しくは水酸化ナトリウムを含有する液体状の物（水で10倍に希釈した場合の水素イオン濃度が水素指数［イ］までのものを除く。）

	ア		イ
1	シアン	——	2.0から12.0
2	シアン	——	5.8から8.6
3	セレン	——	2.0から12.0
4	セレン	——	5.8から8.6

愛知県

問10　次の記述は、法第11条第４項の条文であるが、□にあてはまる語句として、正しいものはどれか。

毒物劇物営業者及び特定毒物研究者は、毒物又は厚生労働省令で定める劇物については、その容器として、□の容器として通常使用される物を使用してはならない。

1　医薬品　　2　洗剤　　3　農薬　　4　飲食物

問11　次のうち、法第12条第１項の規定に基づく毒物の容器及び被包の表示として、正しいものはどれか。

1　「医薬用外」の文字及び黒地に白色をもって「毒物」の文字
2　「医薬用外」の文字及び白地に黒色をもって「毒物」の文字
3　「医薬用外」の文字及び赤地に白色をもって「毒物」の文字
4　「医薬用外」の文字及び白地に赤色をもって「毒物」の文字

問12　次のうち、法第12条第２項第３号の規定により、毒物劇物営業者がその容器及び被包に解毒剤の名称を表示しなければ、販売し、又は授与してはならない毒物又は劇物として、省令第11条の５で定められているものはどれか。

1　無機シアン化合物及びこれを含有する製剤たる毒物及び劇物
2　タリウム化合物及びこれを含有する製剤たる毒物及び劇物
3　有機燐（りん）化合物及びこれを含有する製剤たる毒物及び劇物
4　アンチモン化合物及びこれを含有する製剤たる毒物及び劇物

問13　次の記述は、法第13条に基づく特定の用途に供される毒物又は劇物の販売等に関するものであるが、正誤の組合せとして、正しいものはどれか。

ア　すべての劇物については、省令で定める方法により着色したものでなければ、農業用として販売し、又は授与してはならない。
イ　硫酸タリウムを含有する製剤たる劇物については、あせにくい黒色で着色したものでなければ、農業用として販売し、又は授与してはならない。
ウ　燐（りん）化亜鉛を含有する製剤たる劇物については、鮮明な青色または赤色で全質均等で着色したものでなければ、農業用として販売し、又は授与してはならない。

　　ア　　イ　　ウ
1　正 ― 誤 ― 誤
2　誤 ― 正 ― 誤
3　誤 ― 正 ― 正
4　正 ― 誤 ― 正

問 14　次の記述は、法第 14 条第 1 項の条文であるが、［　　　］にあてはまる語句の組合せとして、正しいものはどれか。

毒物劇物営業者は、毒物又は劇物を他の毒物劇物営業者に販売し、又は授与したときは、その都度、次に掲げる事項を書面に記載しておかなければならない。
一　毒物又は劇物の［　ア　］及び数量
二　販売又は授与の年月日
三　譲受人の氏名、［　イ　］及び住所(法人にあっては、その名称及び主たる事務所の所在地)

　　ア　　　　　イ
1　名称 ―――― 電話番号
2　名称 ―――― 職業
3　製造番号 ―― 電話番号
4　製造番号 ―― 職業

愛知県

問 15　次の記述は、劇物たるピクリン酸の販売及び交付について述べたものであるが、正誤の組合せとして、正しいものはどれか。

ア　毒物劇物営業者は、その交付を受ける者の氏名及び住所を確認せずに、交付した。
イ　毒物劇物営業者は、18 歳未満の者に交付した。
ウ　毒物劇物営業者は、劇物たるピクリン酸を交付するときの確認に関する事項を記載した帳簿を、最終の記載をした日から 5 年間保存した。

　　ア　　イ　　ウ
1　正 ― 誤 ― 誤
2　誤 ― 正 ― 誤
3　誤 ― 誤 ― 正
4　正 ― 誤 ― 正

問 16　次のうち、劇物たる 20 %硝酸を、車両 1 台を使用して 1 回につき 6,000kg を運搬する場合の運搬方法として、誤っているものはどれか。

1　運送業者に委託する場合、運送業者に対して、あらかじめ、運搬する劇物の名称、成分及びその含量、数量、事故の際に講じなければならない応急の措置の内容を記載した書面を交付した。
2　運転者 1 名による運転時間が 1 日当たり 9 時間を超えるため、交替して運転する者を同乗させた。
3　車両の前後の見やすい箇所に、地を黒色、文字を白色として「毒」と表示した 0.3 メートル平方の板を掲げた。
4　車両に防毒マスク、ゴム手袋、その他事故の際に応急の措置を講ずるために必要な保護具を 1 人分備えた。

問 17 次の記述は、政令第 40 条の 9 第 1 項の条文の一部であるが、[　　　]にあてはまる語句の組合せとして、正しいものはどれか。

毒物劇物営業者は、毒物又は劇物を販売し、又は授与するときは、その販売し、又は授与[　ア　]に、譲受人に対し、当該毒物又は劇物の[　イ　]及び取扱いに関する情報を提供しなければならない。

	ア		イ
1	する時まで	―――	性状
2	する時まで	―――	毒性
3	した後、速やか	――	性状
4	した後、速やか	――	毒性

問 18 次の記述は、法第 17 条第 2 項の条文であるが、[　　　]にあてはまる語句の組合せとして、正しいものはどれか。

毒物劇物営業者及び特定毒物研究者は、その取扱いに係る毒物又は劇物が盗難にあい、又は紛失したときは、[　ア　]、その旨を[　イ　]に届け出なければならない。

	ア		イ
1	直ちに	―――――	警察署
2	直ちに	―――――	保健所
3	30 日以内	―――	警察署
4	30 日以内に	―――	保健所

愛知県

問 19 次の記述は、法第 22 条第 1 項の規定に基づき、届出が必要な業務上取扱者の事業等を定めた政令第 41 条及び省令第 13 条の 13 の条文であるが、[　　　]にあてはまる語句の組合せとして、正しいものはどれか。

＜政令第 41 条＞

法第 22 条第 1 項に規定する政令で定める事業は、次のとおりとする。

一 電気めっきを行う事業

二 金属熱処理を行う事業

三 最大積載量が[　ア　]以上の自動車若しくは被牽けん引自動車(以下「大型自動車」という。)に固定された容器を用い、又は内容積が厚生労働省令で定める量以上の容器を大型自動車に積載して行う毒物又は劇物の運送の事業

四 しろありの防除を行う事業

＜省令第 13 条の 13 ＞

令第 41 条第 3 号に規定する厚生労働省令で定める量は、四アルキル鉛を含有する製剤を運搬する場合の容器にあっては 200 リットルとし、それ以外の毒物又は劇物を運搬する場合の容器にあっては[　イ　]とする。

	ア		イ
1	1,000 キログラム	――	1,000 リットル
2	1,000 キログラム	――	5,000 リットル
3	5,000 キログラム	――	1,000 リットル
4	5,000 キログラム	――	5,000 リットル

問 20 次の記述は、毒物又は劇物の業務上取扱者の対応を述べたものであるが、正誤の組み合わせとして、正しいものはどれか。

ア 劇物の貯蔵設備に「医薬用外劇物」の文字を表示した。

イ 毒物又は劇物が盗難にあい、又は紛失することを防ぐのに必要な措置として、鍵をかけることができる専用の保管庫に毒物又は劇物を保管した。

ウ 貯蔵設備から劇物が漏えいし、多数の者に保健衛生上の危害が発生するおそれがあったため、直ちにその旨を保健所、警察署及び消防機関に届け出るとともに、保健衛生上の危害を防止するために必要な応急の措置を講じた。

	ア		イ		ウ
1	正	—	正	—	誤
2	正	—	誤	—	正
3	誤	—	正	—	正
4	正	—	正	—	正

〔基礎化学〕
（一般・農業用品目・特定品目共通）

問 21 次の記述は、混合物の分離操作に関するものであるが、［　　］にあてはまる語句として、正しいものはどれか。

目的の物質をよく溶かす溶媒を使い、溶媒に対する溶けやすさの違いを利用して、混合物から目的の物質を溶かし出して分離する操作を［　　］という。

1 抽出　　2 分留　　3 再結晶　　4 クロマトグラフィー

愛知県

問 22 次の記述のうち、正しいものはどれか。

1 ヘリウムは単体であるが、水素は化合物である。
2 銀と水銀は、互いに同素体の関係である。
3 物質を構成している基本的な成分を元素という。
4 ナトリウムは、炎色反応において青緑色を示す。

問 23 次のうち、原子番号を表すものはどれか。

1 陽子の数　　2 中性子の数　　3 陽子と中性子の数の和
4 陽子と中性子と電子の数の和

問 24 次の記述は、同位体(アイソトープ)に関するものであるが、正誤の組合せとして正しいものはどれか。

ア 同位体は、質量が異なるため、その化学的性質は全く異なる。
イ $^{1}_{1}H$ と $^{2}_{1}H$ は互いに同位体である。
ウ 天然に存在する各同位体の存在比は、地球上ではほぼ一定である。

	ア		イ		ウ
1	正	—	正	—	誤
2	誤	—	正	—	正
3	正	—	誤	—	誤
4	誤	—	誤	—	正

問 25 次の記述は、イオンの生成に関するものであるが、［　　］にあてはまる語句の組合せとして、正しいものはどれか。

原子から最外殻の電子を 1 個取り去って、1 価の陽イオンにするのに必要なエネルギーを［ ア ］といい、一般に［ ア ］が［ イ ］原子ほど陽イオンになりやすい。
また、原子が 1 個の電子を受け取って、1 価の陰イオンになるときに放出するエネルギーを［ ウ ］といい、一般に［ ウ ］が［ エ ］原子ほど陰イオンになりやすい。

	ア		イ		ウ		エ
1	イオン化エネルギー	—	小さい	—	電子親和力	—	大きい
2	イオン化エネルギー	—	大きい	—	電子親和力	—	小さい
3	電子親和力	—	小さい	—	イオン化エネルギー	—	大きい
4	電子親和力	—	大きい	—	イオン化エネルギー	—	小さい

問 26　次のうち、三重結合をもつ分子はどれか。

1　水(H_2O)　　2　アンモニア(NH_3)　　3　二酸化炭素(CO_2)　　4　窒素(N_2)

問 27　次のうち、共有結合の結晶を形成する物質はどれか。

1　二酸化ケイ素(SiO_2)　　2　ヨウ素(I_2)　　3　鉄(Fe)
4　塩化ナトリウム(NaCl)

問 28　次のうち、アンモニア分子(NH_3) 1 個の質量として、正しいものはどれか。
ただし、各原子の原子量は、水素(H)＝1、窒素(N)＝14 とする。
また、アボガドロ定数は 6.0 × 1023 /mol とする。

1　3.5×10^{-24} g　　2　2.8×10^{-23} g　　3　1.7×10^{-22} g
4　1.0×10^{-21} g

問 29　次の化学反応式は、エタン(C_2H_6)と酸素(O_2)が反応し、二酸化炭素(CO_2)と水(H_2O)が生じる変化を示したものであるが、［　　］に当てはまる係数の組合せとして、正しいものはどれか。

$2C_2H_6$ + ［ア］ O_2 ⟶ ［イ］ CO_2 + ［ウ］ H_2O

	ア	イ	ウ
1	5	2	3
2	5	2	6
3	7	4	3
4	7	4	6

問 30　次のうち、1 価の酸に分類されるものはどれか。

1　シュウ酸($(COOH)_2$)　　2　二酸化炭素(CO_2)　　3　酢酸(CH_3COOH)
4　水酸化ナトリウム(NaOH)

問 31　次のうち、酸性と塩基性の水溶液に関する記述として、正しいものはどれか。

1　塩基性の水溶液は、フェノールフタレイン溶液を赤色に変える。
2　塩基性の水溶液は、メチルオレンジ溶液を赤色に変える。
3　酸性の水溶液は、赤色リトマス紙を青色に変える。
4　酸性の水溶液は、ブロモチモールブルー(BTB)溶液を青色に変える。

問 32　次のうち、硫酸酸性の水溶液中で過マンガン酸イオン(MnO_4^-)がマンガンイオン(Mn^{2+})になる反応に関する記述として、誤っているものはどれか。
　なお、過マンガン酸イオン(MnO_4^-)がマンガンイオン(Mn^{2+})になる反応は、次のイオン反応式で表される。

$$MnO_4^- + 8H^+ + 5e^- \longrightarrow Mn^{2+} + 4H_2O$$

1　溶液は、赤紫色から淡桃色(ほぼ無色)に変化する。
2　過マンガン酸イオンは、還元剤としてはたらいている。
3　マンガン原子の酸化数は、+7 から+2 に減少している。
4　過マンガン酸イオンは、相手の物質から電子を受け取っている。

問 33　次のうち、化学電池に関する記述として、誤っているものはどれか。

1　イオン化傾向の異なる 2 種類の金属を電池の電極としたとき、イオン化傾向の小さい金属は負極、イオン化傾向の大きい金属は正極となる。
2　電子は負極から正極に流れ、電流は正極から負極に流れる。
3　鉛蓄電池、ニッケル・水素電池、リチウムイオン電池はいずれも二次電池(蓄電池)に分類される。
4　燃料電池では負極活物質に水素、正極活物質に酸素が用いられる。

問 34　次の記述は、希薄溶液の性質に関するものであるが、[　　]にあてはまる語句の組合せとして、正しいものはどれか。

不揮発性物質が溶けている溶液は、純粋な溶媒と比べて、沸点が[ア]なる。
また、不揮発性物質が溶けている溶液は、純粋な溶媒と比べて、凝固点が[イ]なる。

	ア		イ
1	低く	——	低く
2	低く	——	高く
3	高く	——	低く
4	高く	——	高く

愛知県

問 35　次のうち、コロイドに関する記述として、正しいものはどれか。

1　コロイド粒子が分散している溶液をゲルという。
2　コロイド溶液を限外顕微鏡(げんがい)で観察すると、コロイド粒子が不規則な運動をしている様子が見られる。これをチンダル現象という。
3　親水コロイドに少量の電解質を加えると、沈殿が生じる。この現象を凝析という。
4　コロイド溶液に直流の電圧をかけると、コロイド粒子自身が帯電している電荷とは反対の電極のほうへ移動する。この現象を電気泳動という。

問 36　次のうち、化学反応の速さを大きくする要因として、誤っているものはどれか。

1　反応物の濃度を大きくする。
2　反応物が固体のときは、固体の表面積を小さくする。
3　温度を高くする。　　　4　触媒を使用する。

問 37　次のうち、ハロゲンに関する記述として、正しいものはどれか。

1　ハロゲンの原子はいずれも安定な電子配置をとり、その価電子の数は 0 とみなされる。
2　周期表 1 族の元素をハロゲンという。
3　ハロゲンの単体は、いずれも 2 原子からなる分子で、有色、有毒である。
4　ハロゲンの単体の酸化力は、原子番号が大きいものほど強い。

問 38　次のうち、カルシウム化合物とその別名の組合せとして、誤っているものはどれか。

1　酸化カルシウム(CaO) ———— 生石灰(せいせっかい)
2　水酸化カルシウム($Ca(OH)_2$) ———— 消石灰(しょうせっかい)
3　硫酸カルシウム二水和物($CaSO_4 \cdot 2H_2O$) ——— セッコウ
4　塩化カルシウム($CaCl_2$) ———— ミョウバン

問 39　次のうち、芳香族炭化水素に分類されるものはどれか。

1　アセチレン(C_2H_2)　　2　ベンゼン(C_6H_6)　　3　シクロヘキセン(C_6H_{10})
4　プロパン(C_3H_8)

問 40　次のうち、アセトアルデヒド（CH_3CHO）に関する記述として、誤っているものはどれか。

1　加熱した銅または白金を触媒に用いて、メタノールを酸化することにより得られる。
2　アセトアルデヒドを酸化すると酢酸になる。
3　アンモニア性硝酸銀水溶液とともに加温すると、容器の内壁に銀が析出し鏡のようになる。
4　塩基性条件下でヨウ素と反応させると、黄色のヨードホルムが生じる。

〔取　扱〕

（一般・農業用品目・特定品目共通）

問 41　水 500g に、80%の硫酸 300g を加えた。この硫酸の濃度は、次のうちどれか。

なお、本問中、濃度（%）は質量パーセント濃度である。

1　30%　　2　45%　　3　48%　　4　60%

問 42　2.5mol/L のアンモニア水 400mL に、1.0mol/L のアンモニア水を加えて、1.5mol/L のアンモニア水を作った。このとき加えた 1.0mol/L のアンモニア水の量は、次のうちどれか。

1　80mL　　2　400mL　　3　800mL　　4　1600mL

問 43　5.0mol/L の硫酸 60mL を中和するのに必要な 3.0mol/L のアンモニア水の量は、次のうちどれか。

1　50mL　　2　100mL　　3　200mL　　4　2000mL

愛知県

（一般・農業用品目共通）

問 44　次のうち、アンモニアについての記述として、誤っているものはどれか。

1　窒息性臭気を有する黄緑色の気体である。
2　圧縮すると常温においても液化する。
3　空気中では燃焼しないが、酸素中では黄色の炎をあげて燃焼する。
4　水溶液に濃塩酸を潤うるおしたガラス棒を近づけると、白い霧を生じる。

（一般）

問 45　次のうち、硝酸についての記述として、誤っているものはどれか。

1　極めて純粋な、水分を含まないものは無色の液体で、特有の臭気を有する。
2　腐食性が激しく、空気に接すると刺激性白霧を発し、水を吸収する性質が強い。
3　銅屑（くず）を加えて熱すると藍色を呈して溶け、その際、赤褐色の蒸気を生成する。
4　金、白金を溶解し、硝酸塩を生成する。

（一般・農業用品目共通）

問 46 次のうち、シアン化ナトリウムの解毒剤として、適当なものはどれか。

1　硫酸アトロピン
2　チオ硫酸ナトリウム
3　ジメルカプロール〔別名：BAL〕
4　2－ピリジルアルドキシムメチオダイド〔別名：PAM〕

(一般)

問 47　次のうち、劇物とその用途の組合せとして、適当でないものはどれか。

1　過酸化水素 ―――――― 漂白剤
2　硝酸 ―――――――――― 冶金(やきん)、爆薬の製造
3　硅弗化(けいふつ)ナトリウム ――― 殺鼠(そ)剤
4　硫酸 ―――――――――― 石油の精製

問 48　次のうち、毒物又は劇物とその貯蔵方法についての記述の組合せとして、適当でないものはどれか。

1　ブロムメチル ――― 少量ならばガラス瓶、多量ならばブリキ缶又は鉄ドラム缶を用い、酸類とは離して風通しの良い乾燥した冷所に密栓して保管する。
2　ナトリウム ――― 通常石油中に保管する。また、冷所で雨水等の漏れがない場所に保管する。
3　黄燐(りん) ――――― 空気に触れると発火しやすいので、水中に沈めて瓶びんに入れ、さらに砂を入れた缶中に固定して冷暗所に保管する。
4　臭素 ――――― 量ならば共栓ガラス瓶びんを用いて、濃塩酸、アンモニア水などと離して、冷所に保管する。

問 49　次のうち、毒物又は劇物とその廃棄方法の組合せとして、適当でないものはどれか。

1　水酸化カリウム ――― 中和法
2　塩素 ―――――――― 焙(ばい)焼法
3　アクリル酸 ――――― 燃焼法
4　炭酸バリウム ――― 沈殿法

問 50　次のうち、トルエンが多量に漏えいした時の措置として、適当でないものはどれか。

1　漏えいした液は、土砂等でその流れを止め、安全な場所に導いて遠くから徐々に注水して希釈した後、消石灰等で中和し、多量の水を用いて洗い流す。
2　引火しやすく、その蒸気は空気と混合して爆発性混合ガスとなるので、火気に近づけない。
3　作業の際には必ず保護具を着用し、風下で作業をしない。
4　漏えいした場所の周辺にはロープを張るなどして人の立入りを禁止する。

(農業用品目)

問 45 次のうち、硫酸タリウムについての記述として、誤っているものはどれか。

1　無色の結晶で、熱湯に溶けやすい。
2　ヒトが摂取すると、嘔吐、痙攣、麻痺等の症状を伴い、次第に呼吸困難となる。
3　硫酸タリウム 0.3 %以下を含有し、黒色に着色され、かつ、トウガラシエキスを用いて著しくからく着味されているものは劇物に該当しない。
4　除草剤として用いられる。

問 47　次のうち、農業用品目販売業の登録を受けた者が販売できる毒物又は劇物の正誤の組合せとして、正しいものはどれか。

ア 水酸化ナトリウム　　イ アジ化ナトリウム　　ウ シアン酸ナトリウム

　ア　　イ　　ウ
1 正 ― 誤 ― 誤
2 誤 ― 正 ― 誤
3 誤 ― 誤 ― 正
4 誤 ― 誤 ― 誤

問 48　次のうち、毒物又は劇物とその用途の組合せとして、適当でないものはどれか。

1 1,1´－イミノジ(オクタメチレン)ジグアニジン〔別名：イミノクタジン〕 ― 殺鼠剤
2 S－メチル－N－［(メチルカルバモイル)－オキシ］－チオアセトイミデート〔別名：メトミル ― 殺虫剤
3 アバメクチン ― 殺虫剤、殺ダニ剤
4 ナラシン〔別名：4－メチルサリノマイシン ― 飼料添加物

問 49　次のうち、劇物であるクロルピクリンの廃棄方法として、最も適当なものはどれか。

1 燃焼法　　2 分解法　　3 沈殿法　　4 固化隔離法

愛知県

問 50 次のうち、2－イソプロピル－4－メチルピリミジル－6－ジエチルチオホスフェイト〔別名：ダイアジノン〕の漏えい時又は出火時の措置として、適当でないものはどれか。

1 漏えいした液は土砂等でその流れを止め、安全な場所に導いて、水酸化カルシウム等の水溶液を直接散布し、付近の河川に排出する。
2 漏えい時、作業の際には、必ず保護具を着用し、風下で作業をしない。
3 周辺火災の場合は、速やかに容器を安全な場所に移す。移動不可能の場合は容器及び周囲に散水して冷却する。
4 消火剤として、水、粉末、泡、二酸化炭素が使用できる。

(特定品目)

問 44　次のうち、劇物に該当するものの組合せとして、正しいものはどれか。

ア ホルムアルデヒド5%を含有する製剤
イ 塩化水素5%を含有する製剤
ウ クロム酸ナトリウム5%を含有する製剤
エ メタノール5%を含有する製剤

1（ア、ウ）　2（ア、エ）　3（イ、ウ）　4（イ、エ）

問 45　次のうち、四塩化炭素についての記述として、正しいものはどれか。

1 水に溶けやすく、アルコールには溶けない。
2 可燃物と混合すると常温でも発火することがある。
3 アルコール性の水酸化カリウムと銅粉とともに煮沸すると、白色の沈殿を生じる。
4 揮発性、麻酔性の芳香を有する無色の重い液体である。

問 46　次のうち、水酸化ナトリウムについての記述として、誤っているものはどれか。

1 白色、結晶性の硬い固体で、繊維状結晶様の破砕面を現す。
2 水は吸収するが、炭酸は吸収しない性質である。
3 腐食性が極めて強いため、皮膚に触れると激しく侵す。
4 水溶液に爆発性や引火性はないが、アルミニウム等の金属を腐食して水素ガスを発生し、これが空気と混合して引火爆発することがある。

問 47　次のうち、劇物とその用途の組合せとして、適当でないものはどれか。

1　過酸化水素 ―――――― 漂白剤

2　硝酸 ―――――――――― 冶金、爆薬の製造

3　硅弗化ナトリウム ――― 殺鼠剤

4　硫酸 ―――――――――― 石油の精製

問 48　次のうち、特定品目販売業の登録を受けた者が、販売できる劇物はどれか。

1　塩素　2　クレゾール　3　臭素　4　メチルアミン

問 49　次のうち、劇物である水酸化カリウムの廃棄方法として、最も適当なものはどれか。

1　酸化法　2　中和法　3　燃焼法　4　沈殿法

問 50　次のうち、トルエンが多量に漏えいした時の措置として、適当でないものはどれか。

1　漏えいした液は、土砂等でその流れを止め、安全な場所に導いて遠くから徐々に注水して希釈した後、消石灰等で中和し、多量の水を用いて洗い流す。
2　引火しやすく、その蒸気は空気と混合して爆発性混合ガスとなるので、火気に近づけない。
3　作業の際には必ず保護具を着用し、風下で作業をしない。
4　漏えいした場所の周辺にはロープを張るなどして人の立入りを禁止する。

愛知県

〔実　地〕

設問中の物質の性状は、特に規定しない限り常温常圧におけるものとする。

(一般)

問１～４　次の各問の毒物又は劇物の性状等として、最も適当なものは下の選択肢のうちどれか。

問１　2,2´－ジピリジリウム－1,1´－エチレンジブロミド〔別名：ジクワット〕

問２　ホスゲン　問３　燐化亜鉛　問４　クレゾール

1　オルト、メタ及びパラの３つの異性体がある。一般にはメタ、パラの異性体の混合物が流通している。フェノール様の臭いがある。
2　淡黄色の吸湿性結晶で、アルカリ溶液で薄める場合には、２～３時間以上貯蔵できない。除草剤として用いられる。
3　暗赤色の光沢のある粉末で、水、アルコールに溶けないが、希酸に気体を出して溶解する。殺鼠剤として用いられる。
4　無色、窒息性の気体で、水により徐々に分解されて二酸化炭素と塩化水素になる。

問５～８　次の各問の劇物の貯蔵方法等として、最も適当なものは下の選択肢のうちどれか。

問５　クロロホルム　問６　クロルピクリン　問７　アクリルアミド
問８　キシレン

1　冷暗所に保管する。純品は空気と日光によって変質するので、少量のアルコールを加えて分解を防止する。
2　高温又は紫外線下では容易に重合するので、冷暗所に保管する。
3　引火しやすく、その蒸気は空気と混合して爆発性混合ガスとなるので、火気には近づけないように保管する。
4　金属腐食性と揮発性があるため、耐腐食性容器に入れ、密栓して冷暗所に保管する。

問９～12　次の各問の毒物又は劇物の毒性等として、最も適当なものは下の選択肢のうちどれか。

問 9　水酸化ナトリウム　問10　ニトロベンゼン　問11　ニコチン
問12　メタノール

1 蒸気の吸入により、チアノーゼ、頭痛、めまい、眠気が起こる。皮膚に触れると速やかに吸収され、吸入した場合と同様の中毒症状を起こす。
2 腐食性が極めて強いので、皮膚に触れると激しく侵し、また高濃度溶液を経口摂取すると、口内、食道、胃などの粘膜を腐食して死亡する。
3 猛烈な神経毒であり、慢性中毒では、咽頭、喉頭等のカタル、心臓障害、視力減弱、めまい、動脈硬化等をきたし、ときに精神異常を引き起こす。
4 濃厚な蒸気を吸入すると、酩酊めいてい、頭痛、眼のかすみ等の症状を呈し、さらに高濃度のときは昏睡を起こし、失明することがある。

問13～16　次の各問の毒物又は劇物の廃棄方法として、最も適当なものは下の選択肢のうちどれか。

問13　シアン化ナトリウム　問14　硫酸　問15　ホルムアルデヒド
問16　亜硝酸ナトリウム

1　徐々に水酸化カルシウムの懸濁液の攪拌（かくはん）溶液に加えて中和させた後、多量の水で希釈して処理する。
2 多量の水を加え希薄な水溶液とした後、次亜塩素酸ナトリウム水溶液を加え分解させて処理する。
3 水溶液とし、攪拌（かくはん）下のスルファミン酸溶液に徐々に加えて分解させた後中和し、多量の水で希釈して処理する。
4 水酸化ナトリウム水溶液を加えてアルカリ性(pH11 以上)とし、次亜塩素酸ナトリウム水溶液を加えて酸化分解した後、硫酸を加えて中和し、多量の水で希釈して処理する。

問17～20　次の各問の劇物の鑑識法として、最も適当なものは下の選択肢のうちどれか。

問17 フェノール　問18 蓚（しゅう）酸　問19 ピクリン酸　問20 一酸化鉛

1 水溶液を酢酸で弱酸性にして酢酸カルシウムを加えると、結晶性の沈殿を生じる。
2 水溶液に塩化鉄(Ⅲ)〔別名：塩化第二鉄〕を加えると、紫色を呈する。
3 希硝酸に溶かすと、無色の液体となり、これに硫化水素を通すと、黒色の沈殿を生じる。
4 アルコール溶液は、白色の羊毛又は絹糸を鮮黄色に染める。

（農業用品目）

問１～４　次の各問の劇物の性状等として、最も適当なものは下の選択肢のうちどれか。

問１　2,2´－ジピリジリウム－1,1´－エチレンジブロミド〔別名：ジクワット〕
問２　硫酸銅（Ⅱ）〔別名：硫酸第二銅〕
問３　燐（りん）化亜鉛
問４　ジエチル－（5－フェニル－3－イソキサゾリル）－チオホスフェイト〔別名：イソキサチオン〕

1　淡黄褐色の液体で水に難溶、有機溶媒によく溶ける。アルカリに不安定である。有機燐（りん）系殺虫剤として用いられ、製剤として乳剤がある。
2　淡黄色の吸湿性結晶で、アルカリ溶液で薄める場合には、２～３時間以上貯蔵できない。除草剤として用いられる。
3　暗赤色の光沢のある粉末で、水、アルコールに溶けないが、希酸に気体を出して溶解する。殺鼠（そ）剤として用いられる。
4　五水和物は濃い藍色の結晶で、風解性がある。水に溶けやすく、水溶液は酸性を示す。

問５～８　次の各問の劇物の用途等として、最も適当なものは下の選択肢のうちどれか。

問５　1,3－ジカルバモイルチオ－2－（N,N－ジメチルアミノ）－プロパン〔別名：カルタップ〕
問６　クロルピクリン
問７　ジエチル－3,5,6－トリクロル－2－ピリジルチオホスフェイト〔別名：クロルピリホス〕
問８　5－メチル－1,2,4－トリアゾロ［3,4－b］ベンゾチアゾール〔別名：トリシクラゾール〕

1　殺虫剤として、稲のニカメイチュウ、野菜のコナガ、アオムシ等の駆除に用いられる。
2　果樹の害虫防除、白アリ防除に用いられる。
3　農業用殺菌剤として、イモチ病に用いられる。
4　土壌燻（くんじよう）蒸剤として土壌の病原菌、センチュウ等の駆除に用いられる。

問９～12　次の各問の毒物又は劇物の毒性等として、最も適当なものは下の選択肢のうちどれか。

問　９　2－イソプロピル－4－メチルピリミジル－6－ジエチルチオホスフェイト〔別名：ダイアジノン〕
問10　ブロムメチル〔別名：臭化メチル〕
問11　ニコチン
問12　シアン化水素

1　蒸気の吸入により、頭痛、眼や鼻孔の刺激、呼吸困難をきたす。燻（くんじよう）蒸剤として用いられるが、通常の燻（くんじよう）蒸濃度では臭気を感じないため、気づくのが遅れ、中毒を起こすおそれがある。
2　有機燐（りん）化合物であり、体内に吸収されるとコリンエステラーゼの作用を阻害し、縮瞳、頭痛、めまい、意識の混濁等の症状を引き起こす。
3　猛烈な神経毒であり、慢性中毒では、咽頭、喉頭等のカタル、心臓障害、視力減弱、めまい、動脈硬化等をきたし、ときに精神異常を引き起こす。
4　ミトコンドリアのシトクローム酸化酵素の鉄イオンと結合して細胞の酸素代謝を直接阻害するため、即時に作用し致死性を示す。

問13～16　次の各問の毒物又は劇物の廃棄方法として、最も適当なものは下の選択肢のうちどれか。

問13　塩化銅(Ⅱ)〔別名：塩化第二銅〕
問14　硫酸
問15　燐（りん）化アルミニウムとその分解促進剤とを含有する製剤
問16　アンモニア

1　徐々に水酸化カルシウムの懸濁液の溶液に加えて中和させた後、多量の水で希釈して処理する。
2　多量の次亜塩素酸ナトリウムと水酸化ナトリウムの混合水溶液を攪かく拌はんしながら少量ずつ加えて酸化分解する。過剰の次亜塩素酸ナトリウムをチオ硫酸ナトリウム水溶液等で分解した後、希硫酸を加えて中和し沈殿ろ過する。
3　水で希薄な水溶液とし、希塩酸又は希硫酸などで中和させた後、多量の水で希釈して処理する。
4　水に溶かし、水酸化カルシウム、炭酸ナトリウム等の水溶液を加えて処理し、沈殿ろ過して埋立処分する。

問17～20　次の各問の毒物又は劇物の鑑識法として、最も適当なものは下の選択肢のうちどれか。

問17 塩化亜鉛　　問18 塩素酸カリウム　　問19 クロルピクリン
問20 硫酸

1　熱すると酸素を発生する。水溶液に酒石酸を多量に加えると、白色の結晶を生じる。
2　水に溶かし、硝酸銀を加えると、白色の沈殿を生じる。
3　水で薄めると発熱し、ショ糖や木片を黒変させる。希釈した水溶液に塩化バリウムを加えると、白色の沈殿を生じる。
4　水溶液に金（きん）属カルシウムを加え、これにベタナフチルアミン及び硫酸を加えると、赤色の沈殿を生じる。

(特定品目)

問1～4　次の各問の劇物の性状等として、最も適当なものは下の選択肢のうちどれか。

問1　塩酸　　問2　メチルエチルケトン　　問3　硅弗（けいふつ）化ナトリウム
問4　重クロム酸カリウム

1　橙赤色の柱状結晶で、水に溶けやすいがアルコールには溶けない。強力な酸化剤である。
2　無色透明の液体で、25%以上のものは湿った空気中で発煙し、刺激臭がある。
3　白色の結晶で、水に溶けにくく、アルコールには溶けない。
4　無色の液体で、アセトン様の芳香を有する。蒸気は空気より重く引火しやすい。

問５～８　次の各問の劇物の貯蔵方法等として、最も適当なものは下の選択肢のうちどれか。

問５　ホルマリン　　問６　アンモニア水　　問７　過酸化水素水
問８　キシレン

1　低温では混濁することがあるので、常温で保管する。一般に重合を防ぐため少量のアルコールが添加してある。
2　アルカリ存在下では分解するため、一般に安定剤として少量の酸が添加される。日光の直射を避け、冷所に保管する。
3　引火しやすく、その蒸気は空気と混合して爆発性混合ガスとなるので、火気には近づけないように保管する。
4　鼻をさすような臭気があり、揮発しやすいため、よく密栓して保管する。

問９～12　次の各問の劇物の毒性等として、最も適当なものは下の選択肢のうちどれか。

問 9 塩化水素　　問 10 四塩化炭素　　問 11 一酸化鉛　　問 12 メタノール

1　蒸気を吸入すると、頭痛、悪心をきたし、黄疸（おうだん）のように角膜が黄色となり、重症な場合は、嘔吐（おうと）、意識不明などを起こす。
2　吸入した場合、喉、気管支、肺などを刺激し粘膜が侵される。多量に吸入すると、喉頭痙攣（こうとうけいれん）、肺水腫を起こし、呼吸困難又は呼吸停止に至る。
3　皮膚が蒼白くなり、体力が減退しだんだんと衰弱してくる。口の中が臭くなり、歯茎が灰白色となり、重症化すると歯が抜けることがある。
4　濃厚な蒸気を吸入すると、酩酊（めいてい）、頭痛、眼のかすみ等の症状を呈し、さらに高濃度のときは昏睡を起こし、失明することがある。

問 13～16　次の各問の劇物の廃棄方法として、最も適当なものは下の選択肢のうちどれか。

問 13 塩基性酢酸鉛　　問 14 硫酸　　問 15 ホルムアルデヒド
問 16 硅弗化（けいふっ）ナトリウム

1　徐々に水酸化カルシウムの懸濁液の攪拌（かくはん）溶液に加えて中和させた後、多量の水で希釈して処理する。
2　多量の水を加え希薄な水溶液とした後、次亜塩素酸ナトリウム水溶液を加え分解させて処理する。
3　水に溶かし、水酸化カルシウム等の水溶液を加えて処理した後、希硫酸を加えて中和し、沈殿ろ過して埋立処分する。
4　水に溶かし、水酸化カルシウム、炭酸ナトリウム等の水溶液を加えて沈殿させ、さらにセメントを用いて固化し、溶出試験を行い、溶出量が判定基準値以下であることを確認して埋立処分する。

問17～20　次の各問の劇物の鑑識法として、最も適当なものは下の選択肢のうちどれか。

問 17 ホルマリン　　問 18 蓚（しゅう）酸　　問 19 クロム酸ナトリウム　　問 20 硫酸

1　水溶液を酢酸で弱酸性にして酢酸カルシウムを加えると、結晶性の沈殿を生じる。
2　フェーリング溶液とともに熱すると、赤色の沈殿を生じる。
3　水で薄めると発熱し、ショ糖や木片を黒変させる。希釈した水溶液に塩化バリウムを加えると、白色の沈殿を生じる。
4　水溶液に硝酸バリウム又は塩化バリウムを加えると黄色の沈殿を生じる。

三重県
令和５年度実施

〔法　規〕
(一般・農業用品目・特定品目共通)

問１　次の文は、毒物及び劇物取締法の条文の一部である。条文中の(　　)の中に入る語句として正しいものを下欄から選びなさい。

第２条
　この法律で「毒物」とは、別表第１に掲げる物であって、(（1）)以外のものをいう。

第３条の４
　(（2）)のある毒物又は劇物であって政令で定めるものは、業務その他正当な理由による場合を除いては、所持してはならない。

第 17 条
　毒物劇物営業者及び特定毒物研究者は、その取扱いに係る毒物若しくは劇物又は第 11 条第２項の政令で定める物が飛散し、漏れ、流れ出し、染み出し、又は地下に染み込んだ場合において、不特定又は多数の者について保健衛生上の危害が生ずるおそれがあるときは、(（3）)、その旨を(（4）)に届け出るとともに、保健衛生上の危害を防止するために必要な応急の措置を講じなければならない。

下欄

（1）	1　医薬品	2　化粧品	3　医薬品及び医薬部外品	4　化粧品及び医薬部外品
（2）	1　興奮、幻覚又は幻聴の作用	2　引火性、発火性又は爆発性	3　可燃性、発火性又は揮発性	4　興奮、幻覚又は麻酔の作用
（3）	1　直ちに	2　10 日以内に	3　15 日以内に	4　30 日以内に
（4）	1　保健所、警察署又は消防機関	2　保健所又は消防機関	3　警察署	4　消防機関

問２　次の文は、毒物及び劇物取締法の条文の一部である。条文中の(　　)の中に入る語句として正しいものを下欄から選びなさい。

第 12 条
３　毒物劇物営業者及び特定毒物研究者は、毒物又は劇物(（5）)に、「医薬用外」の文字及び毒物については「毒物」、劇物については「劇物」の文字を表示しなければならない。

第 14 条
　毒物劇物営業者は、毒物又は劇物を他の毒物劇物営業者に販売し、又は授与したときは、その都度、次に掲げる事項を書面に記載しておかなければならない。
　一　毒物又は劇物の名称及び(（6）)
　二　販売又は授与の年月日
　三　譲受人の氏名、(（7）)及び住所(法人にあっては、その名称及び主たる事務所の所在地)
２　(略)
３　(略)
４　毒物劇物営業者は、販売又は授与の日から(（8）)、第１項及び第２項の書面並びに前項前段に規定する方法が行われる場合に当該方法において作られる電磁的記録(電子的方式、磁気的方式その他人の知覚によっては認識することができない方式で作られる記録であって電子計算機による情報処理の用に供されるものとして厚生労働省令で定めるものをいう。)を保存しなければならない。

下欄

(5)	1　の容器	2　の容器及び被包	3　を貯蔵する場所	4　を貯蔵し、又は陳列する場所
(6)	1　成分	2　数量	3　含量	4　厚生労働省令で定めるその解毒剤
(7)	1　年齢	2　目的	3　職業	4　生年月日
(8)	1　1年間	2　2年間	3　3年間	4　5年間

問3　次の(9)～(12)の設問について答えなさい。

(9)毒物及び劇物取締法第13条において、毒物劇物営業者は、政令で定める毒物又は劇物については、厚生労働省令で定める方法により着色したものでなければ、これを農業用として販売し、又は授与してはならないとされているが、その着色方法として正しいものを下欄から選びなさい。

下欄

1　あせにくい赤色で着色　　2　あせにくい青色で着色
3　あせにくい黄色で着色　　4　あせにくい黒色で着色

(10)　毒物及び劇物取締法第12条第2項の規定に基づき、毒物劇物営業者がその容器及び被包に、厚生労働省令で定める解毒剤の名称を表示しなければ販売又は授与してはならない毒物及び劇物として、正しいものを下欄から選びなさい。

下欄

1　無機シアン化合物及びこれを含有する製剤たる毒物及び劇物
2　有機燐(りん)化合物及びこれを含有する製剤たる毒物及び劇物
3　砒(ひ)素化合物及びこれを含有する製剤たる毒物及び劇物
4　有機シアン化合物及びこれを含有する製剤たる毒物及び劇物

(11)　(12)次の文は、毒物又は劇物の業務上取扱者の届出に関する記述である。
(　　)の中に入る語句として正しいものを下欄から選びなさい。

毒物及び劇物取締法第22条において、((11))を行う事業者は、当該毒物を業務上取り扱うこととなった日から((12))以内に、その事業場の所在地の都道府県知事(その事業場の所在地が保健所を設置する市又は特別区の区域にある場合においては、市長又は区長)に業務上取扱者の届出をしなければならないと規定されている。

下欄

(11)	1　セレン化合物たる毒物を使用して、電気めっき 2　無機シアン化合物たる毒物を使用して、金属熱処理 3　砒(ひ)素化合物たる毒物を使用して、野ねずみの駆除 4　水銀化合物たる毒物を使用して、しろありの防除
(12)	1　10日　　2　15日　　3　30日　　4　50日

三重県

問4　次の(13)～(16)の設問について答えなさい。

(13)次の記述のうち、毒物及び劇物取締法第７条及び第 10 条の規定に基づく毒物劇物営業者の届出として、正しいものの組合せを下欄から選びなさい。

a　毒物劇物取扱責任者を変更したときは、30 日以内に届け出なければならない。
b　製造所、営業所又は店舗の名称を変更したときは、30 日以内に届け出なければならない。
c　毒物又は劇物を製造し、貯蔵し、又は運搬する設備の重要な部分を変更するときは、あらかじめ届け出なければならない。

下欄

1（a、b）　2（a、c）　3（b、c）　4（a、b、c）

(14)　次の文は、毒物劇物取扱責任者及び毒物又は劇物の交付の制限に関する記述である。(　　)の中に入る語句の正しい組合せを下欄から選びなさい。

・毒物及び劇物取締法第８条において、(（a）)未満の者は、毒物劇物取扱責任者となることができないと規定されている。
・毒物及び劇物取締法第 15 条において、毒物劇物営業者は、毒物又は劇物を(（b）)未満の者に交付してはならないと規定されている。

下欄

	(a)	(b)
1	18 歳	18 歳
2	18 歳	20 歳
3	20 歳	18 歳
4	20 歳	20 歳

(15)　次のうち、毒物及び劇物取締法第 12 条第２項の規定に基づき、毒物又は劇物を販売する際に毒物劇物営業者が、毒物又は劇物の容器及び被包に表示しなければならない事項はどれか。正しいものの組合せを下欄から選びなさい。

a　毒物又は劇物の廃棄方法　　b　毒物又は劇物の使用期限
c　毒物又は劇物の名称　　d　毒物又は劇物の成分及びその含量

下欄

1（a、b）　2（a、c）　3（b、d）　4（c、d）

(16)　次の文は、毒物及び劇物取締法施行令第 40 条の５第２項の規定に基づき、車両(道路交通法(昭和 35 年法律第 105 号)第２条第８号に規定する車両をいう。)を使用して、クロルピクリンを、１回につき 6,000kg 運搬する場合の運搬方法に関する記述である。記述の正誤について、正しい組合せを下欄から選びなさい。

a　0.3 メートル平方の板に地を白色、文字を赤色として「劇」と表示した標識を、車両の前後の見やすい箇所に掲げなければならない。
b　車両には、運搬する劇物の名称、成分及びその含量並びに事故の際に講じなければならない応急の措置の内容を記載した書面を備えなければならない。

下欄

	a	b
1	正	正
2	誤	正
3	正	誤
4	誤	誤

問５　次の文は、毒物及び劇物取締法の条文の一部である。条文中の(　　　)の中に入る語句として正しいものを下欄から選びなさい。

第３条

３　毒物又は劇物の販売業の登録を受けた者でなければ、毒物又は劇物を販売し、授与し、又は販売若しくは授与の目的で(（17）)し、運搬し、若しくは陳列してはならない。(以下、略)

第11条

４　毒物劇物営業者及び特定毒物研究者は、毒物又は厚生労働省令で定める劇物については、その容器として、(（18）)の容器として通常使用される物を使用してはならない。

第21条

毒物劇物営業者、特定毒物研究者又は特定毒物使用者は、その営業の登録若しくは特定毒物研究者の許可が効力を失い、又は特定毒物使用者でなくなったときは、(（19）)、毒物劇物営業者にあってはその製造所、営業所又は店舗の所在地の都道府県知事(販売業にあってはその店舗の所在地が、保健所を設置する市又は特別区の区域にある場合においては、市長又は区長)に、特定毒物研究者にあってはその主たる研究所の所在地の都道府県知事(その主たる研究所の所在地が指定都市の区域にある場合においては、指定都市の長)に、特定毒物使用者にあっては都道府県知事に、それぞれ現に所有する特定毒物の品名及び(（20）)を届け出なければならない。

下欄

(17)	1　小分け	2　所持	3　貯蔵	4　加工
(18)	1　危険物	2　医薬品	3　飲食物	4　化粧品
(19)	1　直ちに	2　15日以内に	3　30日以内に	4　50日以内に
(20)	1　使用期限	2　譲受年月日	3　廃棄方法	4　数量

三重県

〔基礎化学〕

(一般・農業用品目・特定品目共通)

問６　次の各問(21)～(24)について、最も適当なものを下欄から選びなさい。

(21) 貴ガス(希ガス)元素はどれか。

下欄

1　Cl	2　Ar	3　N	4　Br

(22) 極性分子はどれか。

下欄

1　硫化水素	2　二酸化炭素	3　四塩化炭素	4　塩素

(23)　イオン化傾向が最も大きい金属はどれか。

下欄

1　Cu	2　Fe	3　Na	4　Al

(24)「反応熱は、反応の経路によらず、反応の最初の状態と最後の状態で決まる。」という法則を(　)という。　(　)内にあてはまる最も適当なものはどれか。

下欄

1　ヘスの法則	2　アボガドロの法則	3　ボイル・シャルルの法則
4　気体反応の法則		

問7　次の各問(25)～(28)について、最も適当なものを下欄から選びなさい。

(25) 標準状態で44.8Lのエチレン(C_2H_4)を完全燃焼させたときに生成する二酸化炭素は何gか。ただし、原子量は、H＝1、C＝12、O＝16とし、標準状態での1molの気体の体積は22.4Lとする。

下欄

1　28 g	2　44 g	3　88 g	4　176 g

(26) コロイド溶液に関する記述について、(　)に入る語句の正しい組み合わせはどれか。

○ コロイド溶液に横から強い光を当てると、光の通路をはっきりと観察できる。これを((a))という。
○ 親水コロイドに多量の電解質を加えると沈殿を生じる。このような現象を((b))という。
○ 疎水コロイドに少量の電解質を加えると沈殿を生じる。このような現象を((c))という。

	(a)	(b)	(c)
1	ブラウン運動	凝縮	凝析
2	チンダル現象	塩析	凝析
3	チンダル現象	凝縮	透析
4	ブラウン運動	塩析	透析

(27)　0.1mol/Lの水酸化ナトリウム水溶液を水で100倍に薄めたときのpHとして最も近い値はどれか。ただし、水酸化ナトリウムの電離度を1とする。

下欄

1　pH 3	2　pH 7	3　pH 11	4　pH 14

(28) 互いに同素体であるものの組み合わせとして正しいものはどれか。

下欄

1　銀と水銀	2　オゾンと赤リン
3　黒鉛とダイヤモンド	4　一酸化炭素と二酸化炭素

三重県

問8　次の各問(29)～(32)について、最も適当なものを下欄から選びなさい。

(29)　カルボン酸とアルコールが脱水縮合して、化合物が生成する反応を何というか。

下欄

1　ニトロ化	2　アルキル化	3　ジアゾ化	4　エステル化

(30)　60 ℃の硝酸カリウムの飽和水溶液120gを20 ℃まで冷却すると何gの結晶が析出するか。ただし、水100gに対する硝酸カリウムの溶解度を、60 ℃で109、20 ℃で31.6とする。

下欄

1　31.6 g	2　44.4 g	3　77.4 g	4　85.2 g

(31)　理想気体の特徴に関する次の記述のうち、正しいものの組合せはどれか。

a　理想気体では、常に気体の状態方程式が成り立つ。
b　理想気体は、分子間力を考慮している。
c　理想気体は、分子自身の体積を0とみなしている。
d　低温・高圧ほど、実在気体は理想気体に近づく。

下欄

1（a、c）	2（a、d）	3（b、c）	4（b、d）

(32) 下線で示す原子の酸化数が最も大きいものはどれか。

下欄

1　$H\underline{N}O_3$	2　$K\underline{Mn}O_4$	3　$\underline{Fe}_2O_3$	4　$K_2\underline{Cr}_2O_7$

問9　次の各問(33)～(36)について、最も適当なものを下欄から選びなさい。

(33) 0.4mol/L の塩酸 20mL をちょうど中和するには、0.1mol/L の水酸化カルシウム水溶液は何 mL 必要か。

下欄

1　10 mL	2　20 mL	3　40 mL	4　80 mL

(34)　(33)の中和滴定において使用する指示薬に関する記述のうち、正しいものはどれか。

下欄

1　フェノールフタレインとメチルオレンジのどちらでも使える。
2　フェノールフタレインは使えるが、メチルオレンジは使えない。
3　フェノールフタレインは使えないが、メチルオレンジは使える。
4　フェノールフタレインとメチルオレンジともに使えない。

三重県

(35) ダニエル電池に関する記述のうち、正しいものはどれか。
なお、ダニエル電池は以下のように表される。

(−)Zn ｜ $ZnSO_4$aq ｜ $CuSO_4$aq ｜ Cu(＋)

下欄

1　電子は亜鉛板から銅板に向かって流れる。
2　正極から水素が発生する。
3　硫酸イオンは負極のほうから正極のほうへ移動する。
4　負極の亜鉛は還元され、正極の銅は酸化される。

(36)　プロパン(C_3H_8)の燃焼熱は何 kJ/mol か。ただし、二酸化炭素、水、プロパンの生成熱は、それぞれ、394kJ/mol、286kJ/mol、105kJ/mol とする。

下欄

1　575kJ/mol	2　785kJ/mol	3　2221kJ/mol	4　2431kJ/mol

問 10　次の各問(37)～(40)について、最も適当なものを下欄から選びなさい。

(37)(38)次の図は、フェノール、ニトロベンゼン、アニリン及び安息香酸を含むジエチルエーテル(以下、エーテルという。)溶液から、分液操作によって各物質を分離する手順を示したものである。図中の物質A ～ Dは、それぞれ上記4種類の物質のうちのいずれかである。

(37)物質B、(38)物質Dにあてはまるものはそれぞれどれか。

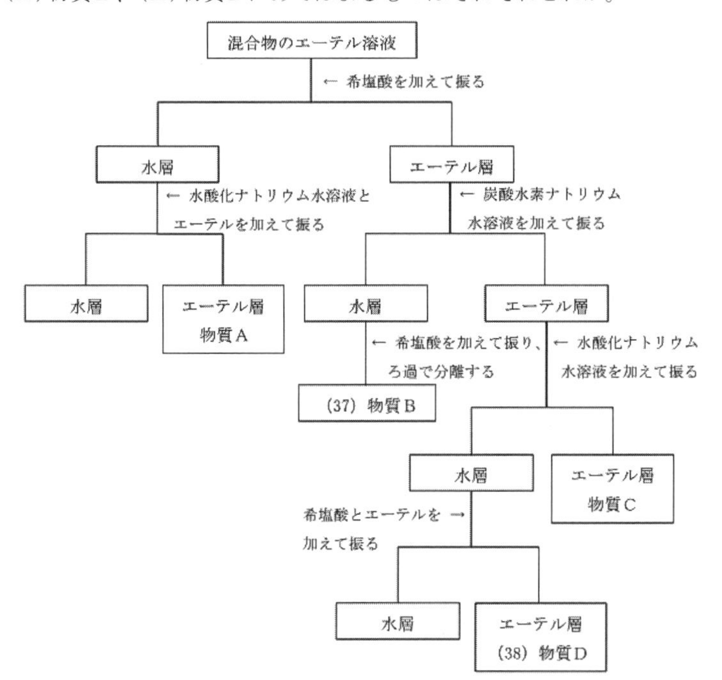

下欄

(37) 物質B	1 フェノール　2 ニトロベンゼン　3 アニリン　4 安息香酸
(38) 物質D	1 フェノール　2 ニトロベンゼン　3 アニリン　4 安息香酸

(39) 次の化合物のうち、構造に官能基「－COOH」を有するものはどれか。

下欄

1 アセトン　2 ホルムアルデヒド　3 トルエン　4 フタル酸

(40)　タンパク質水溶液に水酸化ナトリウム水溶液を加えて塩基性にした後、硫酸銅(II)水溶液を加えると青紫～赤紫色を呈する。この反応の名称として正しいものはどれか。

下欄

1 ルミノール反応	2 キサントプロテイン反応
3 ビウレット反応	4 ニンヒドリン反応

三重県

〔性状・貯蔵・取扱方法〕

(一般)

問 11 次の物質の常温・常圧下における性状として、最も適当なものを下欄から選びなさい。

(41) 酸化コバルト(Ⅱ)　(42) 燐(りん)化水素　(43) 硫化水素ナトリウム
(44) 1，1－ジメチルヒドラジン

下欄

1 黒色から緑色の結晶あるいは粉末であり、水に不溶。酸化剤に可溶。
2 特徴的な臭気のある白色で吸湿性の結晶。エタノール、エステルに可溶。
3 無色ないし黄褐色透明の吸湿性の液体。特徴ある魚臭を発する。
4 腐魚臭様の臭気のある気体。酸素およびハロゲンとは激しく化合する。

問 12 次の物質の貯蔵方法として、最も適当なものを下欄から選びなさい。

(45) カリウム　(46) クロロホルム　(47) ベタナフトール
(48) 水酸化カリウム

下欄

1 純品は空気と日光によって分解するため、少量のアルコールを加えて冷暗所に貯蔵する。
2 空気や光線に触れると赤変するため、遮光して貯蔵する。
3 空気中にそのまま貯蔵することはできないので、通常石油中に貯蔵する。水分の混入、火気を避け貯蔵する。
4 二酸化炭素と水を強く吸収するため、密栓をして貯蔵する。

三重県

問 13 次の物質を含有する製剤は、毒物及び劇物取締法令上ある一定濃度以下で劇物から除外される。その除外される上限の濃度として、最も適当なものを下欄からそれぞれ選びなさい。

(49) 過酸化水素

下欄

1 1％	2 6％	3 10％	4 40％

(50) トリフルオロメタンスルホン酸

下欄

1 1％	2 6％	3 10％	4 40％

(51) メチルアミン

下欄

1 1％	2 6％	3 10％	4 40％

(52) ノニルフェノール

下欄

1 1％	2 6％	3 10％	4 40％

問 14　次の物質の化学式として、最も適当なものを下欄から選びなさい。

(53) 無水酢酸　(54) ベンゾイル＝クロリド
(55) (ジクロロメチル)ベンゼン　(56) ホスゲン

下欄

1 $(CH_3CO)_2O$	2 C_6H_5COCl	3 $C_6H_5CHCl_2$	4 $COCl_2$

問 15　次の物質の毒性として、最も適当なものを下欄から選びなさい。

(57) 蓚(しゅう)酸
(58) ジメチルジチオホスホリルフェニル酢酸エチル(別名 PAP)
(59) メタノール
(60) シアン化水素

下欄

1 極めて猛毒で、希薄な蒸気でもこれを吸入すると、呼吸中枢を刺激し、ついで麻痺(まひ)を起こす。
2 血液中の石灰分を奪取し、神経系を侵す。急性中毒症状は、胃痛、嘔吐(おうと)、口腔(くう)、咽喉(いんこう)に炎症を起こし、腎臓が侵される。
3 アセチルコリン等を分解するコリンエステラーゼを阻害し、副交感神経節後線維終末(ムスカリン様受容体)あるいは神経筋接合部(ニコチン様受容体)におけるアセチルコリンの蓄積により、神経系が過度の刺激状態になり、さまざまな症状を引き起こす。
4 頭痛、めまい、嘔吐(おうと)、下痢、腹痛等を起こし、致死量に近ければ麻酔状態になり、視神経が侵され、目がかすみ、ついには失明することがある。

三重県

(農業用品目)

問 11　次の物質の常温・常圧下における性状として、最も適当なものを下欄から選びなさい。

(41) テブフェンピラド　(42) 沃(よう)化メチル　(43) 燐(りん)化亜鉛
(44) 弗(ふつ)化スルフリル

下欄

1 無色の液体。空気中で光により一部分解して、褐色になる。
2 暗灰色の結晶または粉末。酸により分解し、有毒なホスフィンを発生する。
3 無色の気体で、アセトン、クロロホルムに溶ける。
4 淡黄色の結晶で、水に極めて溶けにくい。

問 12　次の物質の貯蔵方法に関する記述として、最も適当なものを下欄から選びなさい。

(45) シアン化カリウム
(46) ブロムメチル
(47) アンモニア水
(48) 硫酸第二銅

下欄

1 常温では気体のため、圧縮冷却して液化し、圧縮容器に入れ、直射日光、その他温度上昇の原因をさけて、冷暗所に貯蔵する。 2 酸と反応すると有毒で引火性のガスを発生するため、光を遮り、酸類とは離して、空気の流通のよい乾燥した冷所に密封して貯蔵する。 3 五水和物は、風解性があるため、密栓して貯蔵する。 4 揮発しやすいため、よく密栓して貯蔵する。

問 13 次の物質を含有する製剤は、毒物及び劇物取締法令上ある一定濃度以下で劇物から除外される。その除外される上限の濃度として、最も適当なものを下欄からそれぞれ選びなさい。

(49) シアナミド

下欄

1 0.6％	2 3％	3 8％	4 10％

(50) チアクロプリド

下欄

1 0.6％	2 3％	3 8％	4 10％

(51) トリシクラゾール

下欄

1 0.6％	2 3％	3 8％	4 10％

(52) クロルフェナピル

下欄

1 0.6％	2 3％	3 8％	4 10％

問 14 次の物質の分類について、最も適当なものを下欄から選びなさい。

(53) フェンプロパトリン　(54) ベンフラカルブ
(55) イミダクロプリド　(56) イソキサチオン

下欄

1 ピレスロイド系農薬	2 ネオニコチノイド系農薬
3 カーバメート系農薬	4 有機リン系農薬

問 15 次の物質の化学式として、最も適当なものを下欄からそれぞれ選びなさい。

(57) メチルイソチオシアネート

下欄

1 CH_3SH	2 $HSCH_2CH_2OH$	3 CH_3NH_2	4 CH_3NCS

(58) クロルピクリン

下欄

1 $SO_2(OH)Cl$	2 CCl_3NO_2	3 $ClCH_2COCl$	4 $CHCl_3$

三重県

(59) 弗化スルフリル

下欄

1 SO_2F_2	2 SbF_3	3 HF	4 AsF_3

(60) シアン化水素

下欄

1 HCN	2 H_2S	3 HCHO	4 ASH_3

(特定品目)

問 11 次の物質の常温・常圧下における性状として、最も適当なものを下欄から選びなさい。

(41) 重クロム酸カリウム　(42) クロム酸バリウム
(43) 酢酸エチル　(44) クロロホルム

下欄

1 無色透明、揮発性の引火性液体で、果実様の芳香がある。
2 橙赤色の結晶で、水に溶けやすい。強力な酸化剤である。
3 黄色の粉末で、水にほとんど溶けない。
4 エーテル様の臭気を持つ無色の液体で、不燃性である。

問 12 次の物質の貯蔵方法として、最も適当なものを下欄から選びなさい。

(45) 過酸化水素水　(46) メチルエチルケトン　(47) クロロホルム
(48) 水酸化ナトリウム

下欄

1 引火しやすく、また、その蒸気は空気と混合して爆発性の混合ガスとなるため、火気を遠ざけて貯蔵する。
2 純品は空気と日光によって分解するため、少量のアルコールを加えて冷暗所に貯蔵する。
3 炭酸ガスと水を吸収する性質が強いので、密栓して貯蔵する。
4 直射日光を避け、少量ならば褐色ガラス瓶、大量ならばカーボイなどを使用し、３分の１の空間を保って冷所に貯蔵する。

問 13 次の物質を含有する製剤は、毒物及び劇物取締法令上ある一定濃度以下で劇物から除外される。その除外される上限の濃度として、最も適当なものを下欄からそれぞれ選びなさい。

(49) 蓚酸

下欄

1 1％	2 5％	3 10％	4 70％

(50) ホルムアルデヒド

下欄

1 1％	2 5％	3 10％	4 70％

(51) アンモニア

下欄

1　1％	2　5％	3　10％	4　70％

(52) クロム酸鉛

下欄

1　1％	2　5％	3　10％	4　70％

問 14　次の物質の化学式として、最も適当なものを下欄から選びなさい。

(53) 酢酸エチル　　(54) メチルエチルケトン
(55) クロロホルム　　(56) キシレン

下欄

1　$CH_3COOC_2H_5$	2　$CH_3COC_2H_5$	3　$C_6H_4(CH_3)_2$	4　$CHCl_3$

問 15　次の物質の毒性として、最も適当なものを下欄から選びなさい。

(57) トルエン　　(58) 硝酸　　(59) 四塩化炭素　　(60) メタノール

下欄

1　蒸気の吸入により、はじめ頭痛、悪心などをきたし、また黄疸（おうだん）のように角膜が黄色となり、しだいに尿毒症様を呈し、はなはだしいときは死ぬことがある。
2　高濃度の本物質の水溶液が皮膚に触れると、ガスを発生して、組織ははじめ白く、しだいに深黄色となる。
3　頭痛、めまい、嘔吐（おうと）、下痢、腹痛等を起こし、致死量に近ければ麻酔状態になり、視神経が侵され、目がかすみ、ついには失明することがある。
4　蒸気の吸入により頭痛、食欲不振等がみられる。大量では緩和な大赤血球性貧血をきたす。麻酔性が強い。

〔実　地〕

（一般）

問 16　次の物質の用途として、最も適当なものを下欄から選びなさい。

(61) 燐（りん）化亜鉛
(62) 2－クロルエチルトリメチルアンモニウムクロリド（別名クロルメコート）
(63) トリクロロ（フェニル）シラン
(64) ヘプタン酸

下欄

1　植物成長調整剤
2　撥（はつ）水剤、絶縁樹脂、耐熱性塗料のシリコン化に使用
3　食品添加物、香料として香料製剤の製造に使用
4　殺鼠（そ）剤

三重県

問17　次の物質の鑑別方法として、最も適当なものを下欄から選びなさい。

(65) スルホナール　(66) カリウム　(67) 四塩化炭素　(68) 臭化水素酸

下欄

1　木炭とともに加熱すると、メルカプタンの臭気を放つ。
2　硝酸銀溶液を加えると、淡黄色の沈殿を生じ、この沈殿は硝酸に溶けず、アンモニア水には塩化銀に比べて溶けにくい。
3　アルコール性の水酸化カリウムと銅粉とともに煮沸すると、黄赤色の沈殿を生じる。
4　白金線に試料を付けて、溶融炎で熱すると、炎の色は青紫色になる。

問18　毒物及び劇物の品目ごとの具体的な廃棄方法として厚生労働省が定めた「毒物及び劇物の廃棄の方法に関する基準」に基づき、次の毒物又は劇物の廃棄方法として、最も適当なものを下欄から選びなさい。

(69) クロルスルホン酸　(70) 臭素　(71) 過酸化尿素　(72) 水銀

下欄

1　中和法　2　アルカリ法　3　希釈法　4　回収法

三重県

問19　毒物及び劇物の運搬事故時における応急措置の具体的な方法として厚生労働省が定めた「毒物及び劇物の運搬事故時における応急措置に関する基準」に基づき、次の毒物又は劇物が漏えい又は飛散した際の措置として、最も適当なものを下欄から選びなさい。

(73) ジボラン　(74) ピクリン酸　(75) メチルアミン
(76) 亜塩素酸ナトリウム

下欄

1　漏えいしたボンベ等を多量の水酸化カルシウム水溶液と酸化剤(次亜塩素酸ナトリウム、さらし粉等)の水溶液の混合溶液中に容器ごと投入してガスを吸収させ、酸化処理し、その処理液を多量の水で希釈して流す。
2　漏えいしたボンベ等の漏出箇所に木栓等を打ち込み、できるだけ漏出を止め、更に濡れた布等で覆(おお)った後、できるだけ速やかに専門業者に処理を委託する。
3　飛散したものは空容器にできるだけ回収し、そのあとを多量の水を用いて洗い流す。なお、回収の際は飛散したものが乾燥しないよう、適量の水を散布して行い、また、回収物の保管、輸送に際しても十分に水分を含んだ状態を保つようにする。用具及び容器は金属製のものを使用してはならない。
4　飛散したものは空容器にできるだけ回収し、そのあとを還元剤(硫酸第一鉄等)の水溶液を散布し、水酸化カルシウム、無水炭酸ナトリウム等の水溶液で処理し、多量の水を用いて洗い流す。この場合、濃厚な廃液が河川等に排出されないよう注意する。

問 20　次の物質の毒物及び劇物取締法施行令第 40 条の５第２項第３号に規定する厚生労働省令で定める保護具として、(　　)内にあてはまる最も適当なものを下欄からそれぞれ選びなさい。

(77)硝酸及びこれを含有する製剤(硝酸 10 %以下を含有するものを除く。)で液体状のもの

保護具：保護手袋、保護長ぐつ、保護衣、((77))

下欄

1　保護眼鏡	2　有機ガス用防毒マスク
3　酸性ガス用防毒マスク	4　普通ガス用防毒マスク

(78)　クロルピクリン

保護具：保護手袋、保護長ぐつ、保護衣、((78))

下欄

1　保護眼鏡	2　有機ガス用防毒マスク
3　酸性ガス用防毒マスク	4　普通ガス用防毒マスク

(79)　水酸化ナトリウム及びこれを含有する製剤(水酸化ナトリウム５%以下を含有するものを除く。)で液体状のもの

保護具：保護手袋、保護長ぐつ、保護衣、((79))

下欄

1　保護眼鏡	2　有機ガス用防毒マスク
3　酸性ガス用防毒マスク	4　普通ガス用防毒マスク

(80)塩素

保護具：保護手袋、保護長ぐつ、保護衣、((80))

下欄

1　保護眼鏡	2　有機ガス用防毒マスク
3　酸性ガス用防毒マスク	4　普通ガス用防毒マスク

(農業用品目)

問 16　次の物質の主な農薬用の用途として、最も適当なものを下欄から選びなさい。

(61)燐(りん)化亜鉛　(62)イミシアホス　(63)塩素酸ナトリウム
(64)硫酸第二銅

下欄

1　殺線虫剤	2　殺鼠(そ)剤	3　殺菌剤	4　除草剤

問 17　毒物及び劇物の品目ごとの具体的な廃棄方法として厚生労働省が定めた「毒物及び劇物の廃棄の方法に関する基準」に基づき、次の毒物又は劇物の廃棄方法として、最も適当なものを下欄から選びなさい。

(65)塩素酸ナトリウム　(66)硫酸第二銅　(67)メトミル　(68)燐(りん)化亜鉛

三重県

下欄

1 酸化法	2 還元法	3 沈殿法	4 アルカリ法

問 18 次の物質の鑑別方法に関する記述について、(　　)内にあてはまる最も適当なものを下欄からそれぞれ選びなさい。

《ニコチン》

ニコチンのエーテル溶液に、ヨードのエーテル溶液を加えると液状沈殿を生じ、これを放置すると、((69))の針状結晶となる。

ニコチンの硫酸酸性水溶液に、ピクリン酸溶液を加えると、((70))の結晶性沈殿を生じる。

《アンモニア水》

塩酸を加えて中和したのち、塩化白金溶液を加えると、((71))の結晶性沈殿を生じる。

《塩素酸カリウム》

塩素酸カリウムの水溶液に酒石酸を多量に加えると、((72))の結晶性の物質を生じる。

下欄

(69)	1 白色	2 黄色	3 赤色	4 黒色
(70)	1 白色	2 黄色	3 赤色	4 黒色
(71)	1 白色	2 黄色	3 赤色	4 黒色
(72)	1 白色	2 黄色	3 赤色	4 黒色

三重県

問 19 毒物及び劇物の運搬事故時における応急措置の具体的な方法として厚生労働省が定めた「毒物及び劇物の運搬事故時における応急措置に関する基準」に基づき、次の毒物又は劇物が漏えい又は飛散した際の措置として、最も適当なものを下欄から選びなさい。

(73) ジメチルジチオホスホリルフェニル酢酸エチル(別名 PAP)
(74) 塩素酸ナトリウム　(75) パラコート　(76) クロルピクリン

下欄

1 飛散したものは、速やかに掃き集めて空容器にできるだけ回収し、そのあとは多量の水を用いて洗い流す。この場合、濃厚な廃液が河川等に排出されないよう注意する。
2 漏えいした液は、土壌等でその流れを止め、安全な場所に導き、空容器にできるだけ回収し、そのあとを土壌で覆(おお)って十分接触させた後、土壌を取り除き、多量の水を用いて洗い流す。
3 少量の場合、漏えいした液は布でふきとるか又はそのまま風にさらして蒸発させる。多量の場合、漏えいした液は土砂等でその流れを止め、多量の活性炭又は消石灰を散布して覆(おお)い、至急関係先に連絡し、専門家の指示により処理する。この場合、漏えいした液が河川等に排出されないよう注意する。
4 漏えいした液は、土砂等でその流れを止め、安全な場所に導き、空容器にできるだけ回収し、そのあとを消石灰等の水溶液を用いて処理し、多量の水を用いて洗い流す。洗い流す場合には、中性洗剤等の分散剤を使用して洗い流す。
この場合、濃厚な廃液が河川等に排出されないよう注意する。

問 20　次の各問(77)～(80)について、(　)内にあてはまる最も適当なものを下欄からそれぞれ選びなさい。

(77)抗血液凝固作用があり、慢性症状として出血傾向がある物質は（　　）である。

下欄

1　イミシアホス
2　ジメチルジチオホスホリルフェニル酢酸エチル(別名 PAP)
3　ジメトエート
4　2－ジフェニルアセチル-1，3-インダンジオン(別名ダイファシノン)

(78)　クロルピクリンの毒物及び劇物取締法施行令第 40 条の 5 第 2 項第 3 号に規定する厚生労働省令で定める保護具は、保護手袋、保護長ぐつ、保護衣、(　)である。

下欄

1　保護眼鏡　　2　普通ガス用防毒マスク
3　酸性ガス用防毒マスク　　4　有機ガス用防毒マスク

(79)　(80)ジエチル―3，5，6―トリクロル―2―ピリジルチオホスフェイト(別名クロルピリホス)を含有する製剤は劇物に指定されているが、((79))(マイクロカプセル製剤にあっては((80)))を上限として、その濃度以下を含有する製剤については劇物から除外される。

下欄

(79)	1　1％	2　5％	3　10％	4　25％
(80)	1　1％	2　5％	3　10％	4　25％

三重県

(特定品目)

問 16　次の物質の用途として、最も適当なものを下欄から選びなさい。

(61)硅弗化(けいふっ)ナトリウム
(62)過酸化水素水
(63)四塩基性クロム酸亜鉛
(64)硝酸

下欄

1　漂白剤
2　釉(ゆう)薬、ガラス乳濁剤、フォームラバーのゲル化安定剤
3　さび止め下塗り塗料用
4　ニトロ化合物の原料、冶や金

問 17　次の物質の鑑別方法として、最も適当なものを下欄から選びなさい。

(65)一酸化鉛　　(66)硫酸　　(67)メタノール　　(68)アンモニア水

下欄

1　希釈水溶液に塩化バリウムを加えると、白色の沈殿を生じるが、この沈殿は塩酸や硝酸に溶けない。
2　あらかじめ強熱した酸化銅を加えると、ホルムアルデヒドができ、酸化銅は還元されて金属銅色を呈する。
3　希硝酸に溶かすと無色の液となり、これに硫化水素を通じると黒色の沈殿を生じる。
4　濃塩酸をうるおしたガラス棒を近づけると、白い霧を生じる。また、塩酸を加えて中和したのち、塩化白金溶液を加えると、黄色、結晶性沈殿を生じる。

問 18　毒物及び劇物の品目ごとの具体的な廃棄方法として厚生労働省が定めた「毒物及び劇物の廃棄の方法に関する基準」に基づき、次の毒物又は劇物の廃棄方法として、最も適当なものを下欄から選びなさい。

(69)塩化水素　　(70)過酸化水素水　　(71)重クロム酸カリウム
(72)ホルマリン

下欄

1　酸化法　　2　希釈法　　3　中和法　　4　還元沈殿法

問 19　毒物及び劇物の運搬事故時における応急措置の具体的な方法として厚生労働省が定めた「毒物及び劇物の運搬事故時における応急措置に関する基準」に基づき、次の毒物又は劇物が多量に漏えいした際の措置として、最も適当なものを下欄から選びなさい。

(73)硫酸　　(74)メチルエチルケトン　　(75)液化塩素　　(76)アンモニア水

下欄

1　漏えいした液は、土砂等でその流れを止め、安全な場所に導き、液の表面を泡で覆(おお)い、できるだけ空容器に回収する。
2　漏えいした液は、土砂等でその流れを止め、安全な場所に導いて遠くから多量の水をかけて洗い流す。この場合、濃厚な廃液が河川等に排出されないよう注意する。
3　漏えいした液は、土砂等でその流れを止め、これに吸着させるか、又は安全な場所に導いて、遠くから徐々に注水してある程度希釈したあと、消石灰、ソーダ灰等で中和し、多量の水を用いて洗い流す。この場合、濃厚な廃液が河川等に排出されないよう注意する。
4　漏えい箇所や漏えいした液には、消石灰を十分に散布し、ムシロ、シート等をかぶせ、その上に更に消石灰を散布して吸収させる。漏えい容器には散布しない。多量にガスが噴出した場所には、遠くから霧状の水をかけて吸収させる。

問 20　次の物質の毒物及び劇物取締法施行令第 40 条の５第２項第３号に規定する厚生労働省令で定める保護具として、(　　)内にあてはまる最も適当なものを下欄からそれぞれ選びなさい。

(77) 塩素

保護具：保護手袋、保護長ぐつ、保護衣、((77))

下欄

1　保護眼鏡	2　普通ガス用防毒マスク
3　酸性ガス用防毒マスク	4　有機ガス用防毒マスク

(78)　過酸化水素及びこれを含有する製剤(過酸化水素６％以下を含有するものを除く。)

保護具：保護手袋、保護長ぐつ、保護衣、((78))

下欄

1　保護眼鏡	2　普通ガス用防毒マスク
3　酸性ガス用防毒マスク	4　有機ガス用防毒マスク

(79)　水酸化ナトリウム及びこれを含有する製剤(水酸化ナトリウム５％以下を含有するものを除く。)で液体状のもの

保護具：保護手袋、保護長ぐつ、保護衣、((79))

下欄

1　保護眼鏡	2　普通ガス用防毒マスク
3　酸性ガス用防毒マスク	4　有機ガス用防毒マスク

(80)　硝酸及びこれを含有する製剤(硝酸 10 ％以下を含有するものを除く。)で液体状のもの

保護具：保護手袋、保護長ぐつ、保護衣、((80))

下欄

1　保護眼鏡	2　普通ガス用防毒マスク
3　酸性ガス用防毒マスク	4　有機ガス用防毒マスク

関西広域連合統一共通〔滋賀県、京都府、大阪府、和歌山県、兵庫県、徳島県〕

令和５年度実施

〔毒物及び劇物に関する法規〕

（一般・農業用品目・特定品目共通）

問１　次の記述は、法の条文の一部である。（　）の中に入れるべき字句の正しい組合せを一つ選べ。

第１条

この法律は、毒物及び劇物について、（ a ）の見地から必要な（ b ）を行うことを目的とする。

第２条第１項

この法律で「毒物」とは、別表第一に掲げる物であつて、（ c ）以外のものをいう。

	a	b	c
1	保健衛生上	取締	医薬品及び医薬部外品
2	保健衛生上	取締	医薬部外品及び化粧品
3	保健衛生上	規制	医薬部外品及び化粧品
4	危害防止	規制	医薬部外品及び化粧品
5	危害防止	取締	医薬品及び医薬部外品

問２　次のうち、特定毒物に該当するものの組合せを一つ選べ。

a　シアン化水素　　b　四塩化炭素　　c　四アルキル鉛
d　モノフルオール酢酸

1（a、b）　2（a、c）　3（a、d）　4（b、d）　5（c、d）

問３　次の記述は、法第３条第３項の条文の一部である。（　）の中に入れるべき字句の正しい組合せを一つ選べ。

毒物又は劇物の販売業の登録を受けた者でなければ、毒物又は劇物を販売し、授与し、又は販売若しくは授与の目的で（ a ）し、（ b ）し、若しくは（ c ）してはならない。

	a	b	c
1	所持	輸送	展示
2	所持	運搬	陳列
3	所持	運搬	展示
4	貯蔵	運搬	陳列
5	貯蔵	輸送	陳列

問４　特定毒物研究者に関する記述の正誤について、正しい組合せを一つ選べ。

a 特定毒物研究者の許可を受けようとする者は、厚生労働大臣に申請書を出さなければならない。
b 特定毒物研究者は、特定毒物を製造及び輸入することができる。
c 特定毒物研究者は、特定毒物研究者以外の者に特定毒物を譲り渡すことができない。
d 特定毒物研究者は、特定毒物を学術研究以外の用途に供してはならない。

	a	b	c	d
1	正	正	正	正
2	誤	誤	正	正
3	正	誤	正	正
4	誤	正	誤	正
5	誤	誤	誤	正

問５　次のうち、法第３条の３で「みだりに摂取し、若しくは吸入し、又はこれらの目的で所持してはならない。」と規定されている、「興奮、幻覚又は麻酔の作用を有する毒物又は劇物（これらを含有する物を含む。）であつて政令で定めるもの」に該当するものはいくつあるか。正しいものを一つ選べ。

a トルエン　　b メタノールを含有する接着剤
c クロロホルム　　d 酢酸エチルを含有するシンナー

1 1つ　　2 2つ　　3 3つ　　4 4つ　　5 すべて該当しない

問６　毒物又は劇物の営業の登録に関する記述の正誤について、正しい組合せを一つ選べ。

a 毒物又は劇物の輸入業の登録を受けようとする者は、その営業所の所在地の都道府県知事に申請しなければならない。
b 毒物又は劇物の輸入業の登録は、６年ごとに更新を受けなければ、その効力を失う。
c 毒物又は劇物の製造業の登録は、製造所ごとに受けなければならない。

	a	b	c
1	正	正	正
2	正	誤	誤
3	正	誤	正
4	誤	正	誤
5	誤	誤	正

問７　省令第４条の４で規定されている、毒物又は劇物の販売業の店舗における設備基準に関する記述の正誤について、正しい組合せを一つ選べ。

a 毒物又は劇物を貯蔵する場所が性質上かぎをかけることができないものであるときは、その周囲に、堅固なさくが設けてあること。
b 毒物又は劇物の貯蔵設備は、毒物又は劇物とその他の物とを区分して貯蔵できるものであること。
c 毒物又は劇物の運搬用具は、毒物又は劇物が飛散し、漏れ、又はしみ出るおそれがないものであること。
d 毒物又は劇物を陳列する場所にかぎをかける設備があること。ただし、陳列する場所に遠隔で監視できる録画装置等を設けている場合は、この限りではない。

	a	b	c	d
1	正	正	正	誤
2	誤	正	誤	正
3	正	誤	正	誤
4	正	正	誤	正
5	誤	誤	誤	誤

問８　毒物劇物取扱責任者に関する記述の正誤について、正しい組合せを一つ選べ。

a 毒物劇物営業者は、毒物劇物取扱責任者を変更するときは、事前に届け出なければならない。
b 薬剤師は、毒物劇物取扱責任者になることができる。
c 18 歳の者は、毒物劇物取扱責任者になることができない。
d 毒物劇物営業者が毒物又は劇物の輸入業及び販売業を併せて営む場合において、その営業所と店舗が互いに隣接しているときは、毒物劇物取扱責任者は２つの施設を通じて１人で足りる。

	a	b	c	d
1	誤	誤	正	正
2	誤	正	誤	正
3	誤	正	正	正
4	正	正	正	誤
5	正	誤	誤	誤

問９　次の記述は、法第９条第１項の条文の一部である。（　）の中に入れるべき字句として正しいものを一つ選べ。

毒物又は劇物の製造業者又は輸入業者は、登録を受けた毒物又は劇物以外の毒物又は劇物を製造し、又は輸入しようとするときは、（　）、第６条第２号に掲げる事項につき登録の変更を受けなければならない。

1　あらかじめ　　2　ただちに　　3　すみやかに　　4　15 日以内に
5　30 日以内に

問 10　法第 10 条の規定に基づき、毒物又は劇物の販売業の登録を受けている者が変更を届け出なければならない事項の正誤について、正しい組合せを一つ選べ。

a　法人の代表者名
b　法人の主たる事務所の所在地
c　店舗の名称
d　店舗の電話番号

	a	b	c	d
1	正	正	正	正
2	誤	正	正	誤
3	正	誤	正	誤
4	正	誤	誤	正
5	誤	誤	誤	誤

問 11　毒物又は劇物の表示に関する記述の正誤について、正しい組合せを一つ選べ。

a　毒物劇物営業者は、毒物の容器及び被包に、「医薬用外」の文字及び黒地に白色をもって「毒物」の文字を表示しなければならない。
b　毒物劇物営業者は、劇物の容器及び被包に、「医薬用外」の文字及び白地に赤色をもって「劇物」の文字を表示しなければならない。
c　毒物劇物営業者は、毒物たる有機燐（りん）化合物の容器及び被包に、省令で定めるその解毒剤の名称を表示しなければ、その毒物を販売してはならない。

	a	b	c
1	正	正	正
2	正	誤	正
3	正	正	誤
4	誤	正	正
5	誤	誤	誤

問 12　劇物を学術研究のために使用しているが、法に基づく登録又は許可をいずれも受けていない研究所における劇物の取扱いに関する記述の正誤について、正しい組合せを一つ選べ。

a　研究所において保管している劇物が盗難にあい、又は紛失することを防ぐために、必要な措置を講じなければならない。
b　研究所において、劇物を貯蔵する場所に、「医薬用外」の文字及び「劇物」の文字の表示は不要である。
c　飲食物の容器として通常使用される物を、劇物の保管容器として使用した。

	a	b	c
1	正	誤	正
2	正	誤	誤
3	誤	正	正
4	誤	正	誤
5	誤	誤	正

問 13　毒物劇物営業者が、「あせにくい黒色」で着色したものでなければ、農業用として販売し、又は授与してはならないものとして、正しいものの組合せを一つ選べ。

a　ロテノンを含有する製剤たる劇物
b　チオセミカルバジドを含有する製剤たる劇物
c　硫酸タリウムを含有する製剤たる劇物
d　燐（りん）化亜鉛を含有する製剤たる劇物

1（a、b）　2（a、c）　3（a、d）　4（b、c）　5（c、d）

問 14　毒物劇物営業者が、毒物又は劇物を毒物劇物営業者以外の者へ販売する際の記述の正誤について、正しい組合せを一つ選べ。

a　法令で定められた事項を記載した毒物又は劇物の譲渡手続に係る書面(譲受書)に、譲受人の職業の記載は必須である。
b　交付を受ける者の年齢を運転免許証(普通二輪免許)で確認したところ、17 歳であったので、劇物を交付した。
c　劇物を販売した翌日に、法令で定められた事項を記載した毒物又は劇物の譲渡手続に係る書面(譲受書)の提出を受けた。
d　譲受人から提出を受けた、法令で定められた事項を記載した毒物又は劇物の譲渡手続に係る書面(譲受書)を、販売の日から５年間保存した後に廃棄した。

	a	b	c	d
1	誤	正	誤	正
2	誤	正	正	誤
3	正	正	正	誤
4	正	誤	正	正
5	正	誤	誤	正

問 15　次の記述は、毒物又は劇物の廃棄の方法を規定した政令第 40 条の条文の一部である。(　)の中に入れるべき字句の正しい組合せを一つ選べ。

法第 15 条の２の規定により、毒物若しくは劇物又は法第 11 条第２項に規定する政令で定める物の廃棄の方法に関する技術上の基準を次のように定める。

一　中和、(a)、酸化、(b)、(c)その他の方法により、毒物及び劇物並びに法第 11 条第２項に規定する政令で定める物のいずれにも該当しない物とすること。

	a	b	c
1	電気分解	加熱	蒸留
2	電気分解	還元	稀釈
3	加水分解	還元	稀釈
4	加水分解	還元	蒸留
5	加水分解	加熱	蒸留

関西広域連合統一

問 16　政令第 40 条の５に規定されている、車両１台を使用して、発煙硫酸を１回につき 7,000 kg運搬する場合の運搬方法に関する記述の正誤について、正しい組合せを一つ選べ。

a　車両には、運搬する劇物の名称、成分及びその含量並びに事故の際に講じなければならない応急の措置の内容を記載した書面を備えた。
b　車両に、防毒マスク、ゴム手袋その他事故の際に応急の措置を講ずるために必要な保護具を１人分備えた。
c　交替で運転する者を同乗させて運転し、３時間ごとに交替し、12 時間後に目的地に着いた。
d　交替して運転する者を同乗させず、１人で連続して５時間運転後に１時間休憩をとり、その後３時間運転して目的地に着いた。

	a	b	c	d
1	誤	誤	正	正
2	誤	正	誤	誤
3	正	誤	誤	正
4	正	誤	正	誤
5	正	正	正	誤

問 17　省令第 13 条の 12 に規定されている、毒物劇物営業者が毒物又は劇物の譲受人に提供すべき情報の正誤について、正しい組合せを一つ選べ。

a　紛失時の連絡先
b　安定性及び反応性
c　取扱い及び保管上の注意

	a	b	c
1	正	正	正
2	誤	誤	正
3	誤	正	正
4	正	正	誤
5	正	誤	誤

問 18　次の記述は、毒物又は劇物の事故の際の措置を規定した法第 17 条の条文の一部である。(　　)の中に入れるべき字句の正しい組合せを一つ選べ。

(　a　)及び特定毒物研究者は、その取扱いに係る毒物若しくは劇物又は第 11 条第２項の政令で定める物が飛散し、漏れ、流れ出し、染み出し、又は地下に染み込んだ場合において、不特定又は多数の者について保健衛生上の危害が生ずるおそれがあるときは、(b)、その旨を(c)、警察署又は消防機関に届け出るとともに、保健衛生上の危害を防止するために必要な応急の措置を講じなければならない。

	a	b	c
1	毒物劇物営業者	直ちに	保健所
2	毒物劇物営業者	7 日以内に	保健所
3	毒物劇物営業者	7 日以内に	厚生労働省
4	毒物劇物取扱責任者	7 日以内に	厚生労働省
5	毒物劇物取扱責任者	直ちに	保健所

問 19　法第 21 条の規定に基づく、毒物劇物製造業者の登録が失効した場合の措置に関する記述について、(　)の中に入れるべき字句の正しい組合せを一つ選べ。
なお、複数箇所の(b)内には、同じ字句が入る。

毒物劇物製造業者は、その製造業の登録が効力を失ったときは、(　a　)以内に、その製造所の所在地の都道府県知事に、現に所有する(　b　)の品名及び数量を届け出なければならない。さらにその届出をしなければならないこととなった日から起算して(c)以内に上記の(b)を他の毒物劇物営業者等に譲り渡すことができる。

	a	b	c
1	7 日	毒物及び劇物	50 日
2	7 日	特定毒物	90 日
3	15 日	毒物及び劇物	90 日
4	15 日	特定毒物	50 日
5	15 日	特定毒物	90 日

関西広域連合統一

問 20　法第 22 条第１項に規定されている、業務上取扱者の届出が必要な事業について、正しいものの組合せを一つ選べ。

a　砒(ひ)素化合物たる毒物及びこれを含有する製剤を取り扱う、しろありの防除を行う事業

b　砒(ひ)素化合物たる毒物及びこれを含有する製剤を取り扱う、ごきぶりの駆除を行う事業

c　無機シアン化合物たる毒物及びこれを含有する製剤を取り扱う、電気めっきを行う事業

d　無機水銀化合物たる毒物及びこれを含有する製剤を取り扱う、金属熱処理を行う事業

1（a、b）　2（a、c）　3（a、d）　4（b、d）　5（c、d）

〔基礎化学〕
(一般・農業用品目・特定品目共通)

関西広域連合統一

問 21　次のうち、純物質であるものの組合せを一つ選べ。

a　空気　　b　アンモニア　　c　石油　　d　ダイヤモンド

1 (a、b)　　2 (a、c)　　3 (a、d)　　4 (b、d)　　5 (c、d)

問 22　次の酸と塩基に関する記述について、正しいものの組合せを一つ選べ。

a　ブレンステッド・ローリーの定義では、塩基とは、水素イオンH^+を受け取る分子、イオンである。
b　一般に酢酸は、強酸に分類される。
c　酸と塩基が互いの性質を打ち消し合う反応を、中和反応という。
d　塩酸は、フェノールフタレイン溶液を赤く変色させる。

1 (a、b)　　2 (a、c)　　3 (b、c)　　4 (b、d)　　5 (c、d)

問 23　次のドライアイスに関する記述について、(　　)の中に入れるべき字句の正しい組合せを一つ選べ。

ドライアイスは、1つの炭素原子と2つの酸素原子が(　a　)で結びついた二酸化炭素分子が、(　b　)により集合した結晶である。ドライアイスは、液体を経ずに固体から気体に状態変化する(　c　)性を有する。

	a	b	c
1	水素結合	クーロン力	融解
2	水素結合	分子間力	昇華
3	水素結合	分子間力	融解
4	共有結合	クーロン力	昇華
5	共有結合	分子間力	昇華

問 24　4.0 %の塩化ナトリウム水溶液 100g と 13 %の塩化ナトリウム水溶液を混合して、7.0 %の塩化ナトリウム水溶液をつくりたい。加えるべき 13 %の塩化ナトリウム水溶液の質量は何 g か。最も近い値を一つ選べ。ただし、%は質量パーセント濃度とする。

1　20　　2　30　　3　40　　4　50　　5　60

問 25　0.22mol/L の硫酸 7.0mL を完全に中和するために必要な 0.40mol/L の水酸化ナトリウム水溶液は何mLか。最も近い値を一つ選べ。

1　2.5　　2　4.8　　3　7.7　　4　10.2　　5　15.4

問 26　次の物質の三態に関する記述について、誤っているものを一つ選べ。

1　一般に物質は、温度と圧力に応じて、気体・液体・固体のいずれかの状態をとる。
2　液体の蒸気圧が外圧(大気圧)と等しくなったとき、液体の表面だけでなく、内部からも盛んに気体が発生する現象を沸騰という。
3　物質の構成粒子は絶えず熱運動をしているが、高温になるほど活発ではなくなる。
4　水の沸点は、酸素と同族の他の元素の水素化合物に比べて著しく高い。
5　液体を冷却すると、ある温度で固体になる現象を凝固という。

問 27　次のコロイドに関する記述について、正しいものの組合せを一つ選べ。

a　典型的なイオンや分子よりも大きい、直径１ｎｍ～１μｍ程度の大きさの粒子をコロイド粒子という。
b　コロイド溶液に側面から強い光を当てると、光が散乱され、光の通路が輝いて見える。これをブラウン運動という。
c　コロイド溶液では、熱運動によって分散媒分子がコロイド粒子に衝突するため、コロイド粒子が不規則な運動をする。これをチンダル現象という。
d　透析は、コロイド粒子がその大きさのために半透膜を通過できない性質を利用している。

1（a、b）　2（a、d）　3（b、c）　4（b、d）　5（c、d）

問 28　次のイオン結晶に関する記述について、誤っているものを一つ選べ。

1　イオンからなる物質を表すには、構成イオンの種類とその数の割合を最も簡単な整数比で示した組成式を用いる。
2　一般にイオン結晶は、融点が高く、硬い。
3　結晶中では、陽イオンと陰イオンが規則正しく並んでいる。
4　陽イオンと陰イオンの中心間距離が大きくなるほど、結晶は不安定になる。
5　イオン結晶の固体は電気伝導性を示すが、水に溶けると電気伝導性を示さなくなる。

問 29　次の電池に関する記述について、（　　）の中に入れるべき字句の正しい組合せを一つ選べ。

一般に（ａ）の異なる２種類の金属を電解質水溶液に浸し、導線で結ぶと電流が流れる。導線に電子が流れ出す電極を（ｂ）、導線から電子が流れ込む電極を（ｃ）という。このように（ｄ）反応を利用して電気エネルギーを取り出す装置が電池である。

	a	b	c	d
1	イオン化傾向	負極	正極	酸化還元
2	イオン化傾向	正極	負極	中和
3	イオン化傾向	正極	負極	酸化還元
4	分子間力	負極	負極	酸化還元
5	分子間力	正極	正極	中和

問 30　次に示した化学反応に関する記述の正誤について、正しい組合せを一つ選べ。

$H_2 + I_2 \rightleftarrows 2HI$

a　HI が生成する速さは、H_2 の濃度のみに比例する。
b　HI は分解しない。
c　適切な触媒の存在下では、反応速度が変化する。

	a	b	c
1	正	誤	正
2	誤	正	正
3	正	正	誤
4	誤	正	誤
5	誤	誤	正

問 31　次の酸素とその化合物に関する記述について、誤っているものを一つ選べ。

1　無色、無臭の気体であり、空気中に体積比で約 21 %存在する。
2　実験室では、過酸化水素水に触媒として少量の酸化マンガン(Ⅳ)(MnO_2)を加えることで生成する。
3　強い赤外線を当てると、オゾン(O_3)を生じる。
4　岩石や鉱物の成分元素として、地殻中に最も多く含まれる元素である。
5　炭素又は炭素化合物の不完全燃焼で、一酸化炭素を生じる。

関西広域連合統一

問 32　次の物質を水に溶かした場合に、酸性を示すものを一つ選べ。

1　NH_4Cl　　2　CH_3COONa　　3　$NaHCO_3$　　4　K_2SO_4　　5　Na_2CO_3

問 33　次のカルボン酸に関する記述について、誤っているものを一つ選べ。

1　炭素原子の数の多いアルキル基をもつカルボン酸のナトリウム塩は、界面活性剤としての性質を示す。
2　カルボン酸とアルコールの縮合反応により、エーテル結合をもつ化合物が生成する。
3　水に溶けにくいカルボン酸でも、塩基性の水溶液には溶ける。
4　アミノ酸のうち、同じ炭素原子にアミノ基とカルボキシ基が結合したものをα－アミノ酸と呼ぶ。
5　一般にアルデヒドの酸化反応によって、カルボン酸を生成する。

問 34　次のタンパク質の呈色反応に関する記述の正誤について、正しい組合せを一つ選べ。

a　タンパク質水溶液に濃硝酸を加えて加熱すると黄色になり、さらにアンモニア水等を加えて塩基性にすると、橙黄色になる。この反応をビウレット反応という。
b　タンパク質水溶液に水酸化ナトリウム水溶液を加えて塩基性にした後、少量の硫酸銅(Ⅱ)水溶液を加えると赤紫色になる。この反応をキサントプロテイン反応という。
c　タンパク質水溶液にニンヒドリン水溶液を加えて温めると、赤紫～青紫色になる。

	a	b	c
1	誤	誤	正
2	誤	正	誤
3	誤	正	正
4	正	正	誤
5	正	誤	誤

問 35　次のうち、「一定物質量の気体の体積は、圧力に反比例し、絶対温度に比例する。」という法則の名称として、正しいものを一つ選べ。

1　ファラデーの法則　　2　アボガドロの法則　　3　ヘンリーの法則
4　ボイル・シャルルの法則　　5　質量保存の法則

関西広域連合統一

〔毒物及び劇物の性質、貯蔵、識別及びその他取扱方法〕

○「毒物及び劇物の廃棄の方法に関する基準」及び「毒物及び劇物の運搬事故時における応急措置に関する基準」は、それぞれ厚生省(現厚生労働省)から通知されたものをいう。

(一般)

問 36　次のうち、物質がともに劇物に指定されている、正しいものの組合せを一つ選べ。ただし、物質はすべて原体とする。

a　ジボラン、重クロム酸ナトリウム　　b　弗(ふつ)化水素、沃(よう)素
c　アニリン、トルイジン　　d　硝酸バリウム、硫酸亜鉛

1(a、b) 2(a、c) 3(a、d) 4(b、d) 5(c、d)

問 37　次のうち、物質がともに毒物に指定されている、正しいものの組合せを一つ選べ。ただし、物質はすべて原体とする。

a　二硫化炭素、四弗(ふつ)化硫黄　　b　シアン化カリウム、シアン酸ナトリウム
c　ニコチン、ヒドラジン　　d　黄燐(りん)、セレン

1(a、b)　2(a、c)　3(b、c)　4(b、d)　5(c、d)

問 38　「毒物及び劇物の廃棄の方法に関する基準」に基づく、次の物質の廃棄方法に関する記述について、適切なものの組合せを一つ選べ。

a　塩化第二銅(別名 塩化銅(Ⅱ))は、水に溶かし、水酸化カルシウム(消石灰)、炭酸ナトリウム(ソーダ灰)等の水溶液を加えて処理し、沈殿ろ過して埋立処分する。

b　シアン化水素は、徐々に石灰乳等の攪拌(かくはん)溶液に加え中和させた後、多量の水で希釈して処理する。

c　硫化カドミウムは、セメントで固化し溶出試験を行い、溶出量が判定基準以下であることを確認して埋立処分する。

d　沃(よう)化水素酸は、木粉(おが屑)等に吸収させて焼却炉で焼却する。

1（a、b）　2（a、c）　3（a、d）　4（b、d）　5（c、d）

問 39　「毒物及び劇物の廃棄の方法に関する基準」に基づく、次の物質の廃棄方法に関する記述について、該当する物質名との最も適切な組合せを一つ選べ。

<物質名> 酢酸エチル、シアン化カリウム、水酸化カリウム

a　水を加えて希薄な水溶液とし、酸(希塩酸、希硫酸等)で中和させた後、多量の水で希釈して処理する。

b　水酸化ナトリウム水溶液を加えてアルカリ性(pH11 以上)とし、酸化剤(次亜塩素酸ナトリウム、さらし粉等)の水溶液を加えて酸化分解する。分解後は硫酸を加えて中和し、多量の水で希釈して処理する。

c　ケイソウ土等に吸収させて開放型の焼却炉で焼却する。

	a	b	c
1	水酸化カリウム	シアン化カリウム	酢酸エチル
2	水酸化カリウム	酢酸エチル	シアン化カリウム
3	シアン化カリウム	水酸化カリウム	酢酸エチル
4	シアン化カリウム	酢酸エチル	水酸化カリウム
5	酢酸エチル	シアン化カリウム	水酸化カリウム

問 40　「毒物及び劇物の運搬事故時における応急措置に関する基準」に基づく、臭素の飛散又は漏えい時の措置に関する記述として、最も適切なものを一つ選べ。

なお、作業にあたっては、風下の人を避難させる、飛散又は漏えいした場所の周辺にはロープを張るなどして人の立入りを禁止する、作業の際には必ず保護具を着用する、風下で作業をしない、廃液が河川等に排出されないように注意する、付近の着火源となるものは速やかに取り除く、などの基本的な対応を行っているものとする。

1　多量の場合、漏えいした液は土砂等でその流れを止め、霧状の水を徐々にかけ、十分に分解希釈した後、炭酸ナトリウム(ソーダ灰)、水酸化カルシウム(消石灰)等で中和し、多量の水を用いて洗い流す。

2　漏えいした液は土砂等でその流れを止め、安全な場所に導き、空容器にできるだけ回収し、そのあとを中性洗剤等の分散剤を使用して、多量の水を用いて洗い流す。

3　多量の場合、漏えい箇所や漏えいした液には水酸化カルシウム(消石灰)を十分に散布し、むしろ、シート等をかぶせ、その上にさらに水酸化カルシウム(消石灰)を散布して吸収させる。漏えい容器には散水しない。

4　漏えいした液は水で覆った後、土砂等に吸着させ空容器に回収し、水封後密栓する。そのあとを多量の水を用いて洗い流す。

5　飛散したものは空容器にできるだけ回収し、そのあとを還元剤(硫酸第一鉄等)の水溶液を散布し、水酸化カルシウム(消石灰)、炭酸ナトリウム(ソーダ灰)等の水溶液で処理した後、多量の水を用いて洗い流す。

問 41　次の物質とその用途の正誤について、正しい組合せを一つ選べ。

	物質	用途
a	クロロホルム	合成繊維の原料
b	過酸化水素水	漂白剤
c	クロロプレン	合成ゴムの原料

	a	b	c
1	誤	正	正
2	誤	誤	誤
3	正	正	誤
4	正	誤	正
5	誤	誤	正

問 42　硫酸第二銅(別名　硫酸銅(Ⅱ))の用途及び水溶液の性質について、最も適切な組合せを一つ選べ。

	用途	水溶液の性質
1	農薬、電解液用、媒染剤	酸性
2	農薬、電解液用、媒染剤	中性
3	農薬、電解液用、媒染剤	塩基性
4	火薬の原料	酸性
5	火薬の原料	塩基性

問 43　次の物質とその毒性に関する記述の正誤について、正しい組合せを一つ選べ。

	物質	毒性
a	アクリルニトリル	粘膜から吸収しやすく、めまい、頭痛、悪心、嘔(おう)吐、腹痛、下痢を訴え、意識喪失し、呼吸麻痺を起こす。
b	キシレン	吸入した場合、倦怠感や嘔(おう)吐等の症状を起こす。尿は特有の暗赤色を呈する。
c	ニトロベンゼン	吸入した場合、皮膚や粘膜が青黒くなる(チアノーゼ)、頭痛、めまい、眠気が起こる。重症の場合は、こん睡、意識不明となる。

	a	b	c
1	誤	正	正
2	誤	正	誤
3	誤	誤	正
4	正	正	誤
5	正	誤	正

問 44　次の物質とその中毒の対処に適切な解毒剤の正誤について、正しい組合せを一つ選べ。

	物質	解毒剤
a	有機燐(りん)化合物	アセトアミド
b	蓚(しゅう)酸塩類	硫酸アトロピン
c	沃(よう)素	澱(でん)粉溶液

	a	b	c
1	誤	正	正
2	誤	正	誤
3	誤	誤	正
4	正	正	誤
5	正	誤	正

問 45　次の物質の貯蔵方法等に関する記述について、該当する物質名との最も適切な組合せを一つ選べ。

＜物質名＞ 黄燐、ナトリウム、弗化水素酸

a　通常石油中に保管する。長時間経過すると表面に酸化物の白い皮を生成する。冷所で雨水等の漏れが絶対にない場所に保存する。
b　空気に触れると発火しやすいので、水中に沈めて瓶に入れ、さらに砂を入れた缶中に固定して、冷暗所に保管する。
c　銅、鉄、コンクリート又は木製のタンクにゴム、鉛、ポリ塩化ビニルあるいはポリエチレンのライニングを施したものに保管する。

	a	b	c
1	黄燐	ナトリウム	弗化水素酸
2	黄燐	弗化水素酸	ナトリウム
3	ナトリウム	黄燐	黄燐
4	ナトリウム	黄燐	弗化水素酸
5	弗化水素酸	ナトリウム	ナトリウム

問 46　次のうち、引火性を示す物質の組合せを一つ選べ。

a　クロロホルム　　b　メチルエチルケトン　　c　クロルピクリン
d　アクロレイン

1（a、b）　2（a、c）　3（b、c）　4（b、d）　5（c、d）

問 47　次のうち、還元性を示す物質を一つ選べ。

1　無水クロム酸　　2　ぎ酸　　3　硝酸銀　　4　重クロム酸カリウム
5　塩素酸カリウム

問 48　トルエンに関する記述として、最も適切なものを一つ選べ。

1　黄色の液体である。　　2　腐ったキャベツ様の悪臭を持つ。
3　不燃性である。　　4　水に不溶である。
5　エタノールに不溶である。

問 49　次のうち、揮発性を示す物質の組合せを一つ選べ。

a　臭素　　b　一酸化鉛　　c　メタノール　　d　塩化バリウム

1（a、b）　2（a、c）　3（b、c）　4（b、d）　5（c、d）

問 50　アニリンの識別方法に関する記述について、最も適切なものを一つ選べ。

1　水溶液にアンモニア水を加えると、紫色の蛍石彩を放つ。
2　水溶液に硝酸銀溶液を加えると、白色沈殿を生じる。
3　水溶液に硝酸バリウムを加えると、白色沈殿を生じる。
4　水溶液にさらし粉を加えると、紫色を呈する。
5　希釈水溶液に塩化バリウムを加えると、白色の沈殿を生じるが、この沈殿は塩酸や硝酸に溶けない。

（農業用品目）

問 36　次のうち、「毒物劇物農業用品目販売業者」が販売できるものとして、正しいものの組合せを一つ選べ。

a　ホルムアルデヒド　　b　セレン　　c　シアン化水素　　d　ブロムメチル

1（a、b）　2（a、c）　3（b、c）　4（b、d）　5（c、d）

問 37　次の物質を含有する製剤に関する記述について、（　　）の中に入れるべき字句の正しい組合せを一つ選べ。なお、市販品の有無は問わない。

a　イソキサチオンを含有する製剤が、（　a　）の指定から除外される上限の濃度は2％である。
b　テフルトリンを含有する製剤が、（　b　）の指定から除外される上限の濃度は1.5％である。
c　トリシクラゾールを含有する製剤が、劇物の指定から除外される上限の濃度は（　c　）％である。
d　エマメクチン、その塩類及びこれらのいずれかを含有する製剤が、劇物の指定から除外される上限の濃度は（　c　）％である。

	a	b	c	d
1	毒物	毒物	8	5
2	毒物	毒物	1	2
3	毒物	劇物	8	2
4	劇物	劇物	1	5
5	劇物	毒物	8	2

イソキサチオン：ジエチル-(5-フエニル-3-イソキサゾリル)-チオホスフエイト
テフルトリン：2・3・5・6-テトラフルオロ-4-メチルベンジル=(Z)-(1RS・3RS)-3-(2-クロロ-3・3・3-トリフルオロ-1-プロペニル)-2・2-ジメチルシクロプロパンカルボキシラート
トリシクラゾール：5-メチル-1・2・4-トリアゾロ[3・4-b]ベンゾチアゾール

問 38　「毒物及び劇物の廃棄の方法に関する基準」に基づく、次の物質とその廃棄方法の正誤について、正しい組合せを一つ選べ。

	物質	廃棄方法
a	メトミル	燃焼法
b	硫酸第二銅	酸化法
c	塩素酸ナトリウム	還元法

メトミル：S-メチル-N-[(メチルカルバモイル)-オキシ]-チオアセトイミデート

	a	b	c
1	正	正	誤
2	正	誤	正
3	誤	正	誤
4	誤	誤	正
5	誤	誤	誤

問 39　「毒物及び劇物の廃棄の方法に関する基準」に基づく、次の物質の廃棄方法の記述について、適切なものの組合せを一つ選べ。

a　トリクロルホン(DEP)は、水酸化ナトリウム水溶液等と加温して加水分解する。
b　フェンバレレートは、木粉(おが屑)等に吸収させてアフターバーナー及びスクラバーを具備した焼却炉等で焼却する。
c　ジクワットは、徐々に石灰乳等の撹拌（かくはん）溶液に加え中和させた後、多量の水で希釈して処理する。
d　シアン化ナトリウムは、水酸化カルシウム(消石灰)、炭酸ナトリウム(ソーダ灰)等の水溶液を加えて処理し、沈殿ろ過して埋立処分する。

1（a、b）　2（a、c）　3（b、c）　4（b、d）　5（c、d）

トリクロルホン(DEP)：トリクロルヒドロキシエチルジメチルホスホネイト
フェンバレレート：(RS)-α-シアノ-3-フエノキシベンジル=(RS)-2-(4-クロロフエニル)-3-メチルブタノアート
ジクワット：2・2'-ジピリジリウム-1・1'-エチレンジブロミド

問 40　「毒物及び劇物の運搬事故時における応急措置に関する基準」に基づく、次の物質の飛散又は漏えい時の措置として、該当する物質名との最も適切な組合せを一つ選べ。

なお、作業にあたっては、風下の人を避難させる、飛散又は漏えいした場所の周辺にはロープを張るなどして人の立入りを禁止する、作業の際には必ず保護具を着用する、風下で作業をしない、廃液が河川等に排出されないように注意する、付近の着火源となるものは速やかに取り除く、などの基本的な対応を行っているものとする。

＜物質名＞　クロルピクリン、ダイアジノン、パラコート

a　漏えいした液は土壌等でその流れを止め、安全な場所に導き、空容器にできるだけ回収し、そのあとを土壌で覆って十分に接触させた後、土壌を取り除き、多量の水で洗い流す。
b　少量の場合は、漏えいした液を布でふき取るか、又はそのまま風にさらして蒸発させる。
c　漏えいした液は土砂等でその流れを止め、安全な場所に導き、空容器にできるだけ回収し、そのあとを水酸化カルシウム(消石灰)等の水溶液を用いて処理し、中性洗剤等の界面活性剤を使用し多量の水で洗い流す。

	a	b	c
1	ダイアジノン	パラコート	クロルピクリン
2	ダイアジノン	クロルピクリン	パラコート
3	パラコート	クロルピクリン	ダイアジノン
4	パラコート	ダイアジノン	クロルピクリン
5	クロルピクリン	ダイアジノン	パラコート

ダイアジノン：2-イソプロピル-4-メチルピリミジル-6-ジエチルチオホスフエイト
パラコート：1・1'-ジメチル-4・4'-ジピリジニウムジクロリド

問 41　次の物質の用途について、最も適切な組合せを一つ選べ。

a　イミダクロプリド　　b　ジチアノン　　c　ダイファシノン

	a	b	c
1	殺虫剤	殺菌剤	殺鼠(そ)剤
2	殺虫剤	殺鼠(そ)剤	殺菌剤
3	殺菌剤	殺虫剤	殺鼠(そ)剤
4	殺菌剤	殺鼠(そ)剤	殺虫剤
5	殺鼠(そ)剤	殺虫剤	殺菌剤

イミダクロプリド：1-(6-クロロ-3-ピリジルメチル)-N-ニトロイミダゾリジン-2-イリデンアミン
ジチアノン：2・3-ジシアノ-1・4-ジチアアントラキノン
ダイファシノン：2-ジフエニルアセチル-1・3-インダンジオン

問 42　次の物質の用途に関する記述について、適切なものの組合せを一つ選べ。

a　ジクワットは、除草剤として用いられる。
b　アバメクチンは、殺虫剤として用いられる。
c　イミノクタジンは、殺虫剤として用いられる。
d　トルフェンピラドは、除草剤として用いられる。

1（a、b）　2（a、c）　3（b、c）　4（b、d）　5（c、d）

ジクワット：2・2'-ジピリジリウム-1・1'-エチレンジブロミド
イミノクタジン：1・1'-イミノジ(オクタメチレン)ジグアニジン
トルフェンピラド：4-クロロ-3-エチル-1-メチル-N-[4-(パラトリルオキシ)ベンジル]ピラゾール-5-カルボキサミド

問 43　次の物質とその中毒の対処に適切な解毒剤の正誤について、正しい組合せを一つ選べ。

	物質	解毒剤
a	クロルピクリン	プラリドキシムヨウ化物(PAM)
b	ダイアジノン	ジメルカプロール(BAL)
c	カルバリル(NAC)	硫酸アトロピン

	a	b	c
1	正	正	誤
2	正	誤	正
3	正	誤	誤
4	誤	正	正
5	誤	誤	正

ダイアジノン：2-イソプロピル-4-メチルピリミジル-6-ジエチルチオホスフエイト
カルバリル(NAC)：N-メチル-1-ナフチルカルバメート

問 44　硫酸第二銅五水和物に関する記述について、(　　)の中に入れるべき字句の最も適切な組合せを一つ選べ。

濃い青色の結晶である。識別方法は、水に溶かして硝酸バリウムを加えると、(a)の沈殿を生成する。生石灰と混ぜ合わせて作った(b)は、果樹等の(c)として用いられる。

	a	b	c
1	赤褐色	ボルドー液	燻蒸剤
2	赤褐色	塩化銅液	殺菌剤
3	白色	ボルドー液	殺菌剤
4	白色	塩化銅液	殺鼠剤
5	黒色	ボルドー液	殺鼠剤

問 45　有機燐化合物の毒性に関する記述について、(　)に入れるべき字句の最も適切な組合せを一つ選べ。

有機燐化合物は、体内に吸収されると、(a)であるアセチルコリンを分解する酵素(b)と結合して、その働きを阻害するため、アセチルコリンが過剰に蓄積し、(c)、頭痛、めまい、唾液分泌過多、痙攣等が起こる。

	a	b	c
1	食欲増進物質	アミラーゼ	縮瞳
2	食欲増進物質	アミラーゼ	散瞳
3	神経伝達物質	アミラーゼ	縮瞳
4	神経伝達物質	コリンエステラーゼ	縮瞳
5	神経伝達物質	コリンエステラーゼ	散瞳

問46～問50　次の物質の性状等ついて、最も適切な組合せを一つ選べ。

問46　アセタミプリド

	形状	溶解性	分類
1	液体	水に可溶	ネオニコチノイド系
2	液体	水に可溶	ピレスロイド系
3	液体	水に難溶	ピレスロイド系
4	固体	水に難溶	ネオニコチノイド系
5	固体	水に可溶	ネオニコチノイド系

アセタミプリド：トランス-N-(6-クロロ-3-ピリジルメチル)-N'-シアノ-N-メチルアセトアミジン

問47　フェントエート(PAP)

	形状	溶解性	その他特徴
1	液体	水に可溶	弱い硫黄臭
2	液体	水に難溶	芳香性刺激臭
3	固体	水に難溶	弱い硫黄臭
4	固体	水に可溶	芳香性刺激臭
5	固体	水に可溶	弱い硫黄臭

フェントエート(PAP)：ジメチルジチオホスホリルフエニル酢酸エチル

問48　クロルピリホス

	形状	色	溶解性
1	液体	無色	水に可溶
2	液体	無色	水に難溶
3	液体	白色	水に可溶
4	固体	白色	水に難溶
5	固体	白色	水に可溶

クロルピリホス：ジエチル-3・5・6-トリクロル-2-ピリジルチオホスフエイト

問49　カルバリル(NAC)

	形状	溶解性	その他特徴
1	固体	水に可溶	アルカリに安定
2	固体	水に難溶	アルカリに不安定
3	固体	水に可溶	アルカリに不安定
4	液体	水に難溶	アルカリに安定
5	液体	水に可溶	アルカリに安定

カルバリル(NAC)：N-メチル-1-ナフチルカルバメート

問50　パラコート

	形状	溶解性	その他特徴
1	液体	水に難溶	土壌に吸着されて不活性化する
2	液体	水に難溶	土壌に吸着されて活性化する
3	液体	水に可溶	土壌に吸着されて活性化する
4	固体	水に可溶	土壌に吸着されて不活性化する
5	固体	水に難溶	土壌に吸着されて活性化する

パラコート：1・1'-ジメチル-4・4'-ジピリジニウムジクロリド

（特定品目）

問 36　次のうち、「毒物劇物特定品目販売業者」が販売できるものを一つ選べ。

1　アニリン　　2　塩素酸ナトリウム　　3　フエノール　　4　臭素
5　塩基性酢酸鉛

問 37　次のうち、劇物に該当するものの組合せを一つ選べ。

a　酸化水銀（酸化第二水銀）20％を含有する製剤
b　過酸化水素２％を含有する製剤
c　硝酸 20％を含有する製剤
d　硫酸 20％を含有する製剤

1（a、b）　2（a、c）　3（b、c）　4（b、d）5（c、d）

問 38　「毒物及び劇物の廃棄の方法に関する基準」に基づく、次の物質とその廃棄方法の正誤について、正しい組合せを一つ選べ。

	物質	廃棄方法
a	アンモニア	燃焼法
b	ホルムアルデヒド	還元法
c	メタノール	希釈法

	a	b	c
1	正	誤	正
2	誤	誤	誤
3	誤	正	誤
4	正	正	誤
5	誤	正	正

問 39　「毒物及び劇物の廃棄の方法に関する基準」に基づく、次の物質の廃棄方法の記述の正誤について、正しい組合せを一つ選べ。

a　塩素は、多量のアルカリ水溶液（石灰乳又は水酸化ナトリウム水溶液等）中に吹き込んだ後、多量の水で希釈して処理する。
b　硅弗化（けいふっ）ナトリウムは、水に溶かし、水酸化カルシウム（消石灰）等の水溶液を加えて処理した後、希硫酸を加えて中和し、沈殿ろ過して埋立処分する。
c　トルエンは、ケイソウ土等に吸収させて開放型の焼却炉で少量ずつ焼却する。

	a	b	c
1	正	正	正
2	正	正	誤
3	正	誤	誤
4	誤	正	誤
5	誤	誤	正

問 40　「毒物及び劇物の運搬事故時における応急措置に関する基準」に基づく、次の物質の飛散又は漏えい時の措置として、該当する物質名との最も適切な組合せを一つ選べ。

なお、作業にあたっては、風下の人を避難させる、飛散又は漏えいした場所の周辺にはロープを張るなどして人の立入りを禁止する、作業の際には必ず保護具を着用する、風下で作業しない、廃液が河川等に排出されないように注意する、付近の着火源となるものは速やかに取り除く、などの基本的な対応を行っているものとする。

＜物質名＞　クロロホルム、酢酸エチル、硫酸

a　土砂等でその流れを止め、安全な場所に導き、空容器にできるだけ回収し、そのあとを多量の水を用いて洗い流す。洗い流す場合には中性洗剤等の分散剤を使用して洗い流す。
b　少量の場合、土砂等に吸着させて取り除くか、又はある程度水で徐々に希釈した後、水酸化カルシウム（消石灰）、炭酸ナトリウム（ソーダ灰）等で中和し、多量の水を用いて洗い流す。
c　多量の場合、土砂等でその流れを止め、安全な場所に導いた後、液の表面を泡等で覆い、できるだけ空容器に回収する。そのあとは多量の水で洗い流す。

	a	b	c
1	酢酸エチル	硫酸	クロロホルム
2	クロロホルム	酢酸エチル	硫酸
3	クロロホルム	硫酸	酢酸エチル
4	硫酸	酢酸エチル	クロロホルム
5	硫酸	クロロホルム	酢酸エチル

問 41　次の物質の用途について、該当する物質名との最も適切な組合せを一つ選べ。

＜物質名＞ 水酸化ナトリウム、トルエン、二酸化鉛

a 工業用酸化剤、電池の製造
b セッケンの製造、パルプ工業
c 染料、香料、火薬の原料

	a	b	c
1	二酸化鉛	水酸化ナトリウム	トルエン
2	二酸化鉛	トルエン	水酸化ナトリウム
3	トルエン	水酸化ナトリウム	二酸化鉛
4	トルエン	二酸化鉛	水酸化ナトリウム
5	水酸化ナトリウム	二酸化鉛	トルエン

問 42　次の物質とその用途の正誤について、正しい組合せを一つ選べ。

	物質	用途
a	硅弗化(けいふつ)ナトリウム	釉(ゆう)薬、試薬
b	クロム酸ナトリウム	紙・パルプの漂白剤、殺菌剤
c	硝酸	冶(や)金、爆薬の製造、セルロイド工業

	a	b	c
1	正	誤	正
2	誤	正	誤
3	正	誤	誤
4	誤	正	正
5	誤	誤	正

問 43　次の物質とその毒性に関する記述の正誤について、正しい組合せを一つ選べ。

	物質	毒性
a	メタノール	高濃度の蒸気を吸入すると、酩酊(めいてい)、頭痛、眼のかすみ等の症状を呈する。
b	酢酸エチル	吸入すると、はじめ頭痛、悪心等をきたし、黄疸のように角膜が黄色となり、しだいに尿毒症を呈する。
c	クロロホルム	吸入した場合、強い麻酔作用があり、めまい、頭痛、吐き気を催す。

	a	b	c
1	誤	正	正
2	誤	正	誤
3	誤	誤	正
4	正	正	誤
5	誤	誤	正

問 44　次の物質の毒性に関する記述について、誤っているものを一つ選べ。

1 アンモニアを吸入すると、激しく鼻やのどを刺激する。
2 塩素が眼に入ると、粘膜等が激しく刺激され炎症を起こす。
3 塩化水素を吸入すると、麻酔作用が現われる。
4 硝酸に触れると、重症のやけどを起こす。
5 水酸化ナトリウムに触れると、皮膚が激しく腐食される。

問 45 次の物質とその貯蔵方法等に関する記述の正誤について、正しい組合せを一つ選べ。

	物質	貯蔵方法等
a	水酸化カリウム	二酸化炭素と水を強く吸収するので、密栓して保管する。
b	蓚酸（しゅう）	乾燥した空気中では風解するので、密栓して冷暗所に保存する。
c	キシレン	強い腐食性と吸湿性を有するため、色ガラス瓶に入れて冷暗所に保管する。

	a	b	c
1	誤	正	正
2	誤	正	誤
3	誤	誤	正
4	正	正	誤
5	正	誤	正

問 46 次の物質の性状に関する記述の正誤について、正しい組合せを一つ選べ。

a 一酸化鉛は、重い黒色の粉末である。
b 重クロム酸カリウムは、橙赤色の柱状結晶である。
c 塩素は、黄緑色の気体である。

	a	b	c
1	正	正	正
2	正	正	誤
3	正	誤	誤
4	誤	正	正
5	誤	誤	正

問 47 次のうち、潮解性を示す物質の組合せを一つ選べ。

a 重クロム酸ナトリウム　b 蓚酸（しゅう）　c 水酸化カリウム
d 硅弗化ナトリウム（けいふっ）

1（a、b）　2（a、c）　3（a、d）　4（b、d）　5（c、d）

問 48 次の物質とその性状に関する記述の正誤について、正しい組合せを一つ選べ。

	物質	性状
a	硫酸	無色透明、油状の液体で、濃度の高いものは猛烈に水を吸収する。
b	メタノール	無色透明、揮発性の液体で、特異な香気を有する。水、エチルアルコール、エーテル、クロロホルム等と任意の割合で混和する。
c	メチルエチルケトン	無色の液体で、アセトン様の芳香を有する。 蒸気は空気より軽く、引火しやすい。

	a	b	c
1	正	正	正
2	誤	正	正
3	正	誤	誤
4	正	正	誤
5	誤	誤	正

問 49　次の物質の識別方法に関する記述について、該当する物質名と最も適切な組合せを一つ選べ。

＜物質名＞ 一酸化鉛、クロム酸ナトリウム、蓚酸

a　水溶液をアンモニア水で弱アルカリ性にして、塩化カルシウムを加えると、白色の沈殿が生成する。

b　水溶液に硝酸バリウムを加えると、黄色の沈殿が生成する。

c　希硝酸に溶かすと無色の液となり、これに硫化水素を通すと、黒色の沈殿が生成する。

	a	b	c
1	蓚酸	一酸化鉛	クロム酸ナトリウム
2	蓚酸	クロム酸ナトリウム	一酸化鉛
3	クロム酸ナトリウム	蓚酸	一酸化鉛
4	クロム酸ナトリウム	一酸化鉛	蓚酸
5	一酸化鉛	蓚酸	クロム酸ナトリウム

問 50　次のうち、注意事項として、「火災等で強熱されると窒息性の無色の気体であるホスゲン($COCl_2$)を生成するおそれがある。」とされている物質の組合せを一つ選べ。

a　水酸化カリウム　　b　四塩化炭素　　c　過酸化水素　　d　クロロホルム

1（a、b）　2（a、c）　3（b、c）　4（b、d）　5（c、d）

奈良県

令和５年度実施
※特定品目はありません。

〔法　規〕

（一般・農業用品目共通）

問１　次の記述は、毒物及び劇物取締法第１条の条文である。（　　）にあてはまる字句として、**正しいもの**を１つ選びなさい。

この法律は、毒物及び劇物について、（　　　）の見地から必要な取締を行うことを目的とする。

1　保健衛生上　　2　環境保全上　　3　公衆衛生上　　4　危害防止上

問２～３　次の記述は、毒物及び劇物取締法第４条第３項の条文である。（　　）にあてはまる字句として、**正しいもの**を１つ選びなさい。

製造業又は輸入業の登録は、（　**問２**　）ごとに、販売業の登録は、（　**問３**　）ごとに、更新を受けなければ、その効力を失う。

問２　1　三年　　2　四年　　3　五年　　4　六年　　5　七年
問３　1　三年　　2　四年　　3　五年　　4　六年　　5　七年

問４～５　次の記述は、毒物及び劇物取締法第８条第１項の条文である。（　　）にあてはまる字句として、**正しいもの**を１つ選びなさい。

次の各号に掲げる者でなければ、前条の毒物劇物取扱責任者となることができない。

一　（　**問４**　）
二　厚生労働省令で定める学校で、（　**問５**　）に関する学課を修了した者
三　都道府県知事が行う毒物劇物取扱者試験に合格した者

問４　1　医師　　2　薬剤師　　3　放射線技師　　4　危険物取扱者

問５　1　毒性学　2　公衆衛生学　3　応用化学　　4　生化学

問６～７　次の記述は、毒物及び劇物取締法第８条第２項の条文である。（　　）にあてはまる字句として、**正しいもの**を１つ選びなさい。

次に掲げる者は、前条の毒物劇物取扱責任者となることができない。
一　（　**問６**　）未満の者
二　心身の障害により毒物劇物取扱責任者の業務を（　**問７**　）行うことができない者として厚生労働省令で定めるもの
三　略
四　略

問６　1　十四歳　　2　十六歳　　3　十八歳　　4　二十歳

問７　1　適正に　　2　確実に　　3　一般に　　4　直接に

問８～９　次の記述は、毒物及び劇物取締法施行令第40条の９の条文の一部である。（　）にあてはまる字句として、**正しいもの**を１つ選びなさい。

毒物劇物営業者は、毒物又は劇物を販売し、又は授与するときは、その販売し、又は授与する時までに、譲受人に対し、当該毒物又は劇物の（　**問８**　）及び（　**問９**　）に関する情報を提供しなければならない。

問８　1　保存方法　　2　原材料　　3　価格　　4　性状
問９　1　製造方法　　2　取扱い　　3　製造年月日　　4　製造所所在地

問 10　毒物又は劇物製造所の設備基準に関する記述について、**正しいものの組み合わせ**を１つ選びなさい。

a　毒物又は劇物を陳列する場所にかぎをかける設備があること。ただし、常時従事者による監視が行われる場合は、不要であること。
b　毒物又は劇物の貯蔵設備は、毒物又は劇物とその他の物とを区分して貯蔵できるものであること。
c　毒物又は劇物を貯蔵する場所が性質上かぎをかけることができないものであるときは、その周囲に、関係者以外の立入を禁止する表示があること。
d　毒物又は劇物の製造作業を行なう場所は、コンクリート、板張り又はこれに準ずる構造とする等その外に毒物又は劇物が飛散し、漏れ、しみ出若しくは流れ出、又は地下にしみ込むおそれのない構造であること。

1（a、b）　2（a、c）　3（b、d）　4（c、d）

問 11　次のうち、毒物及び劇物取締法施行令第 32 条の２に規定されている興奮、幻覚又は麻酔の作用を有する物として、**正しいものの組み合わせ**を１つ選びなさい。

a　酢酸エチルを含有する接着剤
b　トルエン
c　酢酸ナトリウムを含有するシンナー
d　メタノール

1（a、b）　2（a、c）　3（b、d）　4（c、d）

問 12　次のうち、毒物劇物営業者が、毒物又は劇物である有機燐化合物を販売するときに、その容器及び被包に表示しなければならない解毒剤として、**正しいものの組み合わせ**を１つ選びなさい。

a　硫酸アトロピンの製剤
b　２－ピリジルアルドキシムメチオダイド（別名：PAM）の製剤
c　チオ硫酸ナトリウムの製剤
d　アセチルコリンの製剤

1（a、b）　2（a、c）　3（b、d）　4（c、d）

問 13　次の記述は、毒物及び劇物取締法第 14 条第１項の条文である。（　）にあてはまる字句として、**正しいものの組み合わせ**を１つ選びなさい

毒物劇物営業者は、毒物又は劇物を（　a　）に販売し、又は授与したときは、その都度、次に掲げる事項を書面に記載しておかなければならない。

一　毒物又は劇物の（　b　）及び数量
二　販売又は授与の年月日
三　譲受人の氏名、（　c　）及び住所（法人にあつては、その名称及び主たる事務所の所在地）

	a	b	c
1	毒物劇物営業者以外の者	成分	年齢
2	他の毒物劇物営業者	名称	職業
3	毒物劇物営業者以外の者	名称	職業
4	他の毒物劇物営業者	成分	年齢
5	毒物劇物営業者以外の者	成分	職業

問 14 ～ 17　次の記述は、毒物及び劇物取締法施行令第 40 条の条文である。(　　)にあてはまる字句として、**正しいもの**を１つ選びなさい。

法第十五条の二の規定により、毒物若しくは劇物又は法第十一条第二項に規定する政令で定める物の廃棄の方法に関する技術上の基準を次のように定める。

一　中和、(　**問 14**　)、酸化、還元、(　**問 15**　)その他の方法により、毒物及び劇物並びに法第十一条第二項に規定する政令で定める物のいずれにも該当しない物とすること。
二　ガス体又は揮発性の毒物又は劇物は、保健衛生上危害を生ずるおそれがない場所で、少量ずつ(　**問 16**　)し、又は揮発させること。
三　略
四　前各号により難い場合には、地下(　**問 17**　)メートル以上で、かつ、地下水を汚染するおそれがない地中に確実に埋め、海面上に引き上げられ、若しくは浮き上がるおそれがない方法で海水中に沈め、又は保健衛生上危害を生ずるおそれがないその他の方法で処理すること。

	1	2	3	4	5
問 14	加熱	燃焼	加水分解	飽和	
問 15	濃縮	冷凍	蒸散	稀釈	
問 16	蒸発	燃焼	拡散	放出	
問 17	一	二	三	四	五

問 18　特定毒物に関する記述について、**正しいものの組み合わせ**を１つ選びなさい。

a　特定毒物使用者は、特定毒物を品目ごとに政令で定める用途以外の用途に供してはならない。
b　特定毒物使用者は、特定毒物を輸入することができる。
c　特定毒物研究者は、特定毒物を製造することができる。
d　特定毒物研究者又は、特定毒物使用者のみが特定毒物を所持することができる。

1（a、b）　2（a、c）　3（b、d）　4（c、d）

問 19　毒物又は劇物の事故が起きた場合の措置に関する記述の正誤について、**正しい組み合わせ**を１つ選びなさい。

奈良県

a　毒物劇物営業者は、その取扱いに係る毒物又は劇物を紛失したときは、直ちに、その旨を警察署に届け出なければならない。
b　毒物又は劇物の業務上取扱者は、その取扱いに係る毒物又は劇物が飛散し、不特定の者について保健衛生上の危害が生ずるおそれがあるときは、直ちに、その旨を保健所、警察署又は消防機関に届け出なければならない。
c　毒物劇物営業者は、その取扱いに係る毒物又は劇物が飛散した場合、保健衛生上の危害を防止するために必要な応急の措置を講じなければならない。

	a	b	c
1	正	正	正
2	正	正	誤
3	正	誤	正
4	誤	正	誤
5	誤	誤	正

問 20　毒物劇物営業者の登録票の書換え交付及び再交付に関する記述の正誤について、**正しい組み合わせ**を１つ選びなさい。

a　登録票を破り、汚し、又は失ったときは、登録票の再交付を申請することができる。
b　登録票の再交付を受けた後、失った登録票を発見したときは、これを速やかに破棄しなければならない。
c　登録票の記載事項に変更を生じたときは、登録票の書換え交付を申請することができる。

	a	b	c
1	正	正	正
2	正	正	誤
3	正	誤	正
4	誤	正	誤
5	誤	誤	正

〔基礎化学〕

(一般・農業用品目共通)

問 21 ～ 31　次の記述について、(　　)の中に入れるべき字句として、**正しいもの**を1つ選びなさい。

問21　次のうち、アルカリ土類金属である元素は(　　)である。

1　Ca　　2　Cl　　3　He　　4　Na　　5　Cu

問22　次のうち、無極性分子は(　　)である。

1　Cl_2　　2　HI　　3　H_2O　　4　NH_3　　5　HCl

問23　次のうち、ナトリウムが炎色反応によって示す色は(　　)色である。

1　橙赤　　2　赤　　3　青緑　　4　黄　　5　赤紫

問24 次のうち、カルボキシ基をもつものは(　　)である。

1　アセトアルデヒド　　2　アセトン　　3　アニリン　　4　フェノール
5　酢酸

問25　次のうち、シス－トランス異性体(幾何異性体)が存在するものは(　　)である。

1　$CH_2=CH_2$(エチレン)
2　$CH_2=CHCH_3$(プロピレン)
3　$CH_2 = CH - CH_2 - CH_3$(1－ブテン)
4　$CH_3 - CH = CH - CH_3$(2－ブテン)
5　$CH_2=C(CH_3)_2$(2－メチルプロペン)

問26　次のうち、第一イオン化エネルギーが最も小さい原子は(　　)である。

1　Ar　　2　Cl　　3　Mg　　4　Na　　5　P

問27　次のうち、分子式 C_4H_{10} で表される物質の構造異性体の数は(　　)である。

1　2つ　　2　3つ　　3　4つ　　4　5つ　　5　6つ

問28　次のうち、酸性塩は(　　)である。

1　塩化マグネシウム　　2　炭酸ナトリウム　　3　硫酸ナトリウム
4　炭酸水素ナトリウム　　5　酢酸ナトリウム

問29　次のうち、芳香族化合物は(　　)である。

1　シクロヘキサン　　2　エタノール　　3　アセチレン
4　アセトアルデヒド　　5　ナフタレン

問30　次のうち、同素体がない元素は(　　)である。

1　O　　2　C　　3　He　　4　S　　5　P

問31　次のうち、ハーバー・ボッシュ法で工業的に生産される物質は(　　)である。

1　硫酸　　2　アンモニア　　3　ベンゼン　　4　トルエン　　5　リン酸

問32　次の酸化還元反応に関する記述のうち、**誤っているもの**を1つ選びなさい。

1　一般に酸化と還元は同時におこり、それぞれの反応が単独に起こることはない。
2　オゾンは、還元剤としてはたらく。
3　過酸化水素は、反応する相手の物質により酸化剤としても還元剤としてもはたらく。
4　二酸化硫黄は、反応する相手の物質により酸化剤としても還元剤としてもはたらく。

奈良県

問 33　次の原子とその構造に関する記述のうち、**誤っているもの**を1つ選びなさい。

1　原子核は、正電荷をもつ陽子と電荷をもたない中性子からなる。
2　原子では、陽子の数と電子の数は等しい。
3　陽子と電子の質量は、ほとんど等しい。
4　原子核中の陽子の数と中性子の数の和をその原子の質量数という。

問 34　次の物質の三態の変化に関する記述のうち、**正しいもの**を1つ選びなさい。

1　物質の三態の変化は、圧力の変化ではおこらない。
2　物質が液体から気体になる変化を凝縮という。
3　物質が固体から液体になる変化を融解という。
4　物質が気体から液体になる変化を凝華という。

問 35　次の pH 指示薬に関する記述のうち、**正しいもの**を1つ選びなさい。

1　pH6 の水溶液にメチルレッドを加えると、赤色になる。
2　pH9 の水溶液にフェノールフタレインを加えると、淡赤色になる。
3　pH7 の水溶液にブロモチモールブルーを加えると、青色になる。
4　赤色リトマス紙に pH2 の水溶液を滴下すると、青色になる。

問 36　次の硫化水素に関する記述のうち、**誤っているもの**を1つ選びなさい。

1　強い還元作用を示す。
2　水に溶け、空気より重いため、実験室では下方置換で捕集する。
3　ナトリウムイオン、カルシウムイオンと反応して特有の色の沈殿をつくる。
4　無色で、腐卵臭の有毒な気体である。

問 37　次のイオン結晶の性質に関する記述のうち、**誤っているもの**を1つ選びなさい。

1　固体は電気をよく通す。
2　水に溶けると、イオンが動けるようになる。
3　硬いが、強い力を加えると割れやすい。
4　融点の高いものが多い。

奈良県

問 38　1　mol/L 塩化ナトリウム水溶液の調製において、塩化ナトリウムに水を加えて 200 mL とするとき、必要な塩化ナトリウムの質量として**正しいもの**を1つ選びなさい。
（原子量:Na =23、Cl =35. 5 とする。）

1　5.9 g　　2　9.8 g　　3　11.7 g　　4　14.6 g　　5　58.5 g

問 39　メタン（CH_4）16.0 g を完全燃焼させたときに生成する水の質量として**正しいもの**を1つ選びなさい。
（原子量:H ＝ 1 、C=12、O ＝ 16 とする。）

1　16g　　2　18g　　3　32g　　4　36g　　5　44g

問 40　27 ℃、2.5×10^5 Pa で 10.0L の気体を、127 ℃、4.0×10^5 Pa にすると、その体積は何 L となるか。**最も近いもの**を1つ選びなさい。

1　2.9 L　　2　8．3 L　　3　11.6 L　　4　29.0L　　5　83.0 L

〔取扱・実地〕

（一般）

問 41　次の物質のうち、**毒物に該当しないもの**を１つ選びなさい。

１　ニコチン　　２　弗化水素　　３　セレン　　４　発煙硫酸

問 42　アクロレインに関する記述について、**正しいものの組み合わせ**を１つ選びなさい。

a　鮮やかな赤色の液体である。
b　熱又は炎にさらすと、分解して毒性の高い煙を発生する。
c　引火性は極めて低いため、取扱いが容易である。
d　眼と呼吸器系を刺激するため、その催涙性を利用して催涙ガスとして使用されたことがある。

１（a、b）　　２（a、c）　　３（b、d）　　４（c、d）

問 43　メチルエチルケトンに関する記述について、**正しいものの組み合わせ**を１つ選びなさい。

a　無色の液体である。
b　有機溶媒や水に可溶である。
c　メルカプタン様の特異な臭気を有する。
d　神経毒であるため、吸入すると筋肉萎縮や知覚麻痺が起こる。

１（a、b）　　２（a、c）　　３（b、d）　　４（c、d）

問 44 ～ 47　次の物質の性状について、**最も適当なもの**を１つずつ選びなさい。

問 44　硝酸ストリキニーネ　　問 45　臭素　　問 46　沃化メチル
問 47　重クロム酸カリウム

１　刺激性の臭気を放って揮発する赤褐色の重い液体であり、強い腐食作用を有する。
２　橙赤色の柱状結晶で、水に可溶であるが、アルコールには不溶である。強力な酸化剤である。
３　無色の針状結晶で、水、エタノール、グリセリン、クロロホルムに可溶であるが、エーテルに不溶である。
４　無色又は淡黄色透明の液体で、空気中で光により一部分解して褐色になる。

問 48 ～ 51　次の物質の毒性について、**最も適当なもの**を１つずつ選びなさい。

問 48　クロルピクリン　　問 49　水銀　　問 50　塩素
問 51　モノフルオール酢酸ナトリウム

１　吸入すると分解されずに組織内に吸収され、中枢神経や心臓、眼結膜を侵し、肺にも強い障害を与える。
２　粘膜接触により刺激症状を呈し、眼、鼻、咽喉及び口腔粘膜を障害する。吸入により窒息感、喉頭及び気管支筋の強直をきたし、呼吸困難に陥る。
３　摂取すると激しい嘔吐、胃の疼痛、意識混濁、脈拍の緩徐、血圧下降などをきたし、心機能の低下により死亡する場合もある。
４　多量に蒸気を吸入すると呼吸器、粘膜を刺激し、重症の場合は肺炎を起こす。眼に入った場合は、異物感を与え粘膜を刺激する。

問 52 ～ 55　次の物質の用途として、**最も適当なもの**を１つずつ選びなさい。

問 52　ニトロベンゼン　　問 53　塩化第二錫
問 54　エチレンオキシド　　問 55　アクリルニトリル

1　有機合成原料、界面活性剤、燻蒸消毒
2　タール中間物の製造原料、合成化学の酸化剤
3　合成ゴム、合成樹脂、農薬、染料などの製造原料
4　工業用の媒染剤、縮合剤

問 56　次の物質とその中毒の対処に適切な解毒剤又は拮抗剤の組み合わせについて、**正しいものの組み合わせ**を１つ選びなさい。

	物質		解毒剤又は拮抗剤
a	シアン化合物	－	ペニシラミン
b	アンチモン化合物	－	ジメルカプロール
c	タリウム	－	亜硝酸アミル
d	メタノール	－	エタノール

1（a、b）　2（a、c）　3（b、d）　4（c、d）

問 57 ～ 60　次の物質の廃棄方法として、**最も適当なもの**を１つずつ選びなさい。

問 57　重クロム酸ナトリウム　　問 58　黄燐（りん）　　問 59　砒素
問 60　アニリン

1　可燃性溶剤とともに焼却炉の火室へ噴霧し焼却する。
2　希硫酸に溶かし、還元剤（硫酸第一鉄等）の水溶液を過剰に用いて還元した後、水酸化カルシウム、炭酸ナトリウム等の水溶液で処理し、沈殿濾過する。溶出試験を行い、溶出量が判定基準以下であることを確認して埋立処分する。
3　セメントを用いて固化し、溶出試験を行い、溶出量が判定基準以下であることを確認して埋立処分する。
4　廃ガス水洗設備及び必要があればアフターバーナーを備えた焼却設備で焼却する。廃ガス水洗設備から発生する廃水は水酸化カルシウム等を加えて中和する。

奈良県

（農業用品目）

問 41　次の毒物及び劇物のうち、農業用品目販売業者が販売できるものとして、**正しいものの組み合わせ**を１つ選びなさい。

a　ブラストサイジンＳ
b　1・1’－ジメチル－4・4’－ジピリジニウムジクロリド５％を含有する製剤
c　ヘキサクロルエポキシオクタヒドロエンドエンドジメタノナフタリン（別名：エンドリン）
d　硝酸水銀

1（a、b）　2（a、c）　3（b、d）　4（c、d）

問 42 ～ 44　次の物質を含有する製剤で、劇物としての指定から除外される上限濃度について、**正しいもの**を１つずつ選びなさい。

問 42　1－（6－クロロ－3－ピリジルメチル）－N－ニトロイミダゾリジン－2－イリデンアミン（別名：イミダクロプリド）
問 43　硫酸
問 44　ジニトロメチルヘプチルフエニルクロトナート（別名：ジノカツプ）

1　0.2％　　2　3％　　3　2％（マイクロカプセル製剤にあっては、12%）
4　10％　　5　20％

問 45 ～ 47　次の物質の性状について、**最も適当なもの**を１つずつ選びなさい。

問 45　ジメチルジチオホスホリルフエニル酢酸エチル
問 46　２－イソプロピルオキシフエニル－N－メチルカルバメート
問 47　ジエチル－S－(２－オキソ－６－クロルベンソオキサゾロメチル)－ジチオホスフエイト

1　白色結晶で水に不溶。ネギ様の臭気。
2　無臭の白色結晶性粉末。有機溶媒に可溶で、アルカリ溶液中での分解が速い。
3　純品は白色、針状の結晶。融点 250 ℃以上、徐々に分解する。
4　芳香生刺激臭を有する赤褐色、油状の液体。アルカリに不安定である。

問 48 ～ 50　次の物質の貯蔵方法として、**最も適当なもの**を１つずつ選びなさい。

問 48　アンモニア水　　問 49　塩化亜鉛　　問 50　硫酸第二銅

1　五水和物は、風解性があるので、密栓して貯蔵する。
2　潮解性があるので、密栓して貯蔵する。
3　光や酸素によって分解するため、空気と光線を遮断して貯蔵する。
4　揮発しやすいため、密栓して貯蔵する。

問 51 ～ 52　次の物質の用途について、**最も適当なもの**を１つずつ選びなさい。

問 51　２－（１－メチルプロピル)－フエニル－N－メチルカルバメート
問 52　２－ジフエニルアセチル－１・３－インダンジオン

1　植物成長調整剤　　2　殺鼠剤　　3　殺虫剤

問 53 ～ 55　次の物質の漏えい又は飛散した場合の措置として、**最も適当なもの**を１つずつ選びなさい。

問 53　(RS)－α－シアノ－３－フエノキシベンジル＝(RS)－２－(４－クロロフエニル)－３－メチルブタノアート
問 54　1・3 －ジカルバモイルチオ－２－(N・N－ジメチルアミノ)－プロパン塩酸塩
問 55　シアン化水素

1　漏えいした液は土砂等でその流れを止め、安全な場所に導き、空容器にできるだけ回収し、そのあとを土砂等に吸着して掃き集め、空容器に回収する。
2　少量の液が漏えいした場合は、速やかに蒸発するので周辺に近づかないようにする。多量の液が漏えいした場合は、土砂等でその流れを止め、液が広がらないようにして蒸発させる。
3　飛散したものは空容器にできるだけ回収し、多量の水で洗い流す。
4　漏えいしたボンベ等を多量の水酸化ナトリウム水溶液(20 %以上)に容器ごと投入してこの気体を吸収させ、さらに酸化剤(次亜塩素酸ナトリウム、さらし粉等)の水溶液で酸化処理を行い、多量の水で洗い流す。

問 56 ～ 57 次の物質及び製剤の廃棄方法について、**最も適当なもの**を１つずつ選びなさい。

問 56　塩素酸ナトリウム
問 57　２－イソプロピル－４－メチルピリミジル－６－ジエチルチオホスフエイト(別名：ダイアジノン)

1　可燃性溶剤とともにアフターバーナー及びスクラバーを備えた焼却炉の火室に噴霧し、焼却する。
2　還元剤の水溶液に希硫酸を加えて酸性にし、この中に少量ずつ投入する。反応終了後、反応液を中和し多量の水で希釈して処理する。
3　徐々に石灰乳等の攪拌溶液に加え中和させた後、多量の水で希釈して処理する。

問58～60　次の物質の毒性について、**最も適当なもの**を１つずつ選びなさい。

問58　ニコチン
問59　エチルパラニトロフエニルチオノベンゼンホスホネイト（別名：EPN）
問60　シアン化ナトリウム

1　酸と反応すると有毒ガスを生成する。吸入した場合、頭痛、めまい、意識不明、呼吸麻痺等を起こす。
2　猛烈な神経毒で、急性中毒では、よだれ、吐気、悪心、嘔吐があり、次いで脈拍緩徐不整となり、発汗、瞳孔縮小、意識喪失、呼吸困難、痙攣をきたす。慢性中毒では、咽頭、喉頭等のカタル、心臓障害、視力減弱、めまい、動脈硬化等をきたし、ときに精神異常を引き起こす。
3　中毒は、生体細胞内の TCA サイクルの阻害によって主として起こる。主な中毒症状は激しい嘔吐が繰り返され、胃の疼痛を訴え、しだいに意識が混濁し、てんかん性痙攣、脈拍の遅緩が起こり、チアノーゼ、血圧下降をきたす。
4　吸入するとコリンエステラーゼ阻害作用により、頭痛、めまい、嘔吐等の症状を呈し、重症の場合には、縮瞳、意識混濁、全身痙攣等を起こす。

奈良県

中国五県統一共通
〔島根県、鳥取県、岡山県、広島県、山口県〕
令和５年度実施

〔毒物及び劇物に関する法規〕
（一般・農業用品目・特定品目共通）

問１　以下の法の条文について、（　　）の中に入れるべき字句の正しい組み合わせを一つ選びなさい。

第１条 この法律は、毒物及び劇物について、（　ア　）の見地から必要な（　イ　）を行うことを目的とする。

	ア	イ
1	公衆衛生上	取締
2	公衆衛生上	措置
3	保健衛生上	取締
4	保健衛生上	措置

問２　政令第 22 条に規定されているモノフルオール酢酸アミドを含有する製剤の用途として、正しいものを一つ選びなさい。

1　ガソリンへの混入
2　かんきつ類、りんご、なし、桃又はかきの害虫の防除
3　食用に供されることがない観賞用植物若しくはその球根の害虫の防除
4　野ねずみの駆除

問３　法第３条の４に規定されている引火性、発火性又は爆発性のある毒物又は劇物であって政令で定めるものとして、正しいものを一つ選びなさい。

1　アジ化ナトリウム
2　ピクリン酸
3　酢酸エチル
4　メタノール

問４　法第４条第３項の規定による営業の登録に関する以下の記述のうち、正しいものを一つ選びなさい。

1　毒物又は劇物の輸入業の登録は、５年ごとに更新を受けなければ、その効力を失う。
2　毒物又は劇物の製造業の登録は、６年ごとに更新を受けなければ、その効力を失う。
3　毒物又は劇物の販売業の登録は、７年ごとに更新を受けなければ、その効力を失う。

問５　法第６条の規定による毒物又は劇物の販売業の登録事項として、誤っているものを一つ選びなさい。

1　申請者の氏名及び住所（法人にあっては、その名称及び主たる事務所の所在地）
2　店舗の所在地
3　販売または授与しようとする毒物又は劇物の品目

問6　以下の法の条文について、（　）の中に入れるべき字句として正しいものを一つ選びなさい。

第11条第4項 毒物劇物営業者及び特定毒物研究者は、毒物又は厚生労働省令で定める劇物については、その容器として、（　）を使用してはならない。

1 飲食物の容器として通常使用される物
2 密封できない構造の物
3 壊れやすい又は腐食しやすい物

問7　以下の法の条文について、（　）の中に入れるべき字句の正しい組み合わせを一つ選びなさい。

第12条第1項　毒物劇物営業者及び特定毒物研究者は、毒物又は劇物の容器及び被包に、「医薬用外」の文字及び毒物については（ア）をもつて「毒物」の文字、劇物については（イ）をもつて「劇物」の文字を表示しなければならない。

	ア	イ
1	黒地に白色	白地に赤色
2	赤地に白色	黒地に白色
3	白地に赤色	赤地に白色
4	赤地に白色	白地に赤色

問8　法第12条第2項の規定により、毒物劇物営業者が、毒物又は劇物を販売するときに、その容器及び被包に表示しなければならない事項として、誤っているものを一つ選びなさい。

1 毒物又は劇物の成分及びその含量
2 毒物又は劇物の使用期限
3 毒物又は劇物の名称

問9　以下のうち、法第14条第1項の規定により、毒物劇物営業者が毒物又は劇物を、他の毒物劇物営業者に販売又は授与したときに、書面に記載しておかなければならない事項として、正しい組み合わせを一つ選びなさい。

ア 譲受人の氏名、職業及び住所（法人にあっては、その名称及び主たる事務所の所在地）
イ 販売又は授与の年月日
ウ 毒物又は劇物の名称及び数量
エ 使用目的

	ア	イ	ウ	エ
1	正	正	正	誤
2	正	誤	誤	正
3	誤	誤	正	正
4	誤	正	誤	誤

問10　以下の法の条文について、（　）の中に入れるべき字句の正しい組み合わせを一つ選びなさい。

第21条第1項　毒物劇物営業者、特定毒物研究者又は特定毒物使用者は、その営業の登録若しくは特定毒物研究者の許可が効力を失い、又は特定毒物使用者でなくなつたときは、（ア）日以内に、毒物劇物営業者にあつてはその製造所、営業所又は店舗の所在地の都道府県知事（販売業にあつてはその店舗の所在地が、保健所を設置する市又は特別区の区域にある場合においては、市長又は区長）に、特定毒物研究者にあつてはその主たる研究所の所在地の都道府県知事（その主たる研究所の所在地が指定都市の区域にある場合においては、指定都市の長）に、特定毒物使用者にあつては都道府県知事に、それぞれ現に所有する（イ）の（ウ）を届け出なければならない。

	ア	イ	ウ
1	15	毒物及び劇物	品名及び廃棄方法
2	30	毒物及び劇物	品名及び数量
3	30	特定毒物	品名及び廃棄方法
4	15	特定毒物	品名及び数量

問11　以下のうち、法第22条第1項の規定により届出が必要な事業として、正しい組み合わせを一つ選びなさい。

ア　最大積載量が5,000kgの自動車に固定された容器を用い、水酸化カリウム 10%を含有する製剤で液体状のものを運送する事業
イ　水酸化ナトリウムを用いて、廃水処理を行う事業
ウ　シアン化ナトリウムを用いて、電気めっきを行う事業
エ　砒(ひ)素化合物たる毒物を用いて、しろありの防除を行う事業

	ア	イ	ウ	エ
1	正	正	誤	誤
2	誤	誤	正	誤
3	誤	正	誤	正
4	正	誤	正	正

問12　以下の記述のうち、省令第4条の4で規定されている、毒物又は劇物の製造所の設備の基準に関する正誤について、正しい組み合わせを一つ選びなさい。

ア　毒物又は劇物を貯蔵する場所が性質上かぎをかけることができないものであるときは、その周囲に、堅固なさくを設けなければならない。
イ　毒物又は劇物の貯蔵設備は、毒物又は劇物とその他の物とを区分できなくてもよい。
ウ　毒物又は劇物の運搬用具は、毒物又は劇物が飛散し、漏れ、又はしみ出るおそれがないものでなければならない。
エ　毒物又は劇物を陳列する場所にかぎをかける設備がなければならない。

	ア	イ	ウ	エ
1	正	誤	正	正
2	正	誤	誤	正
3	誤	誤	正	誤
4	誤	正	誤	正

問13　特定毒物研究者に関する以下の記述のうち、正しいものを一つ選びなさい。

1　特定毒物研究者は、主たる研究所の所在地を変更した場合は、30日以内に、その主たる研究所の所在地の都道府県知事にその旨を届け出なければならない。
2　特定毒物研究者は、特定毒物を製造又は輸入してはならない。
3　特定毒物研究者の許可は5年ごとの更新を受けなければその効力を失う。
4　特定毒物研究者は、何人も特定毒物を譲り渡してはならない。

問14　以下のうち、毒物に該当するものを一つ選びなさい。

1　塩化水素
2　シアン化ナトリウム
3　フェノール
4　水酸化ナトリウム

問15　以下の記述のうち、法の規定により毒物劇物営業者が行う手続きとして、誤っているものを一つ選びなさい。

1　毒物又は劇物の販売業の登録を受けた者のうち、毒物又は劇物を直接に取り扱わない店舗は、毒物劇物取扱責任者を置く必要はない。
2　毒物又は劇物の販売業の登録を受けた者は、登録票の記載事項に変更を生じたときは、登録票の書換え交付を申請することができる。
3　毒物又は劇物の販売業の登録を受けた者が、毒物又は劇物を廃棄する場合、あらかじめ保健所に届け出なければならない。

問 16 ～問 25　以下の記述について、正しいものには１を、誤っているものには２をそれぞれ選びなさい。

問 16　毒物劇物営業者及び特定毒物研究者は、その取扱いに係る毒物又は劇物が盗難にあい、又は紛失したときは、直ちに、その旨を警察署に届け出なければならない。

問 17　毒物又は劇物の販売を同一県内の複数の店舗で行う場合、そのうちの一店舗が代表して毒物又は劇物の販売業の登録を受ければよい。

問 18　毒物又は劇物の製造業者は、毒物又は劇物の販売業の登録を受けなくても、自ら製造した毒物又は劇物を、他の毒物劇物営業者に販売・授与することができる。

問 19　20 歳未満の者は毒物劇物取扱責任者となることができない。

問 20　毒物又は劇物の製造業者は、毒物劇物取扱責任者を置いたときは、15 日以内に、その製造所の所在地の都道府県知事にその毒物劇物取扱責任者の氏名を届け出なければならない。

問 21　薬剤師は、一般販売業の登録を受けた店舗において、毒物劇物取扱責任者になることができる。

問 22　毒物劇物営業者は、硫酸タリウムを含有する製剤たる劇物については、あせにくい黒色で着色する方法により着色したものでなければ、これを農業用として販売し、又は授与してはならない。

問 23　特定毒物研究者は、特定毒物を学術研究以外の用途に供してはならない。

問 24　一般毒物劇物取扱者試験に合格した者は、農業用品目販売業の登録を受けた店舗において、毒物劇物取扱責任者になることができない。

問 25　「特定毒物」は、すべて毒物である。

〔基礎化学〕
（一般・農業用品目・特定品目共通）

問 26 ～問 33　以下の記述について、正しいものには１を、誤っているものには２をそれぞれ選びなさい。

問 26　気体から液体を経ることなく直接固体へ変化する物質は存在しない。

問 27　窒素原子Ｎの最外殻電子の数は、リン原子Ｐの最外殻電子の数と異なる。

問 28　イオン化エネルギーが大きい原子ほど、陽イオンになりやすい。

問 29　アンモニウムイオンの４つのＮ―Ｈ結合は、すべて同等で、どれが配位結合であるかは区別できない。

問 30　気体の種類に関係なく、同温・同圧で、同数の分子は同体積を占める。

問 31　強酸を純水で希釈しても、pH が７より大きくなることはない。

問 32　塩酸をアンモニア水で中和滴定する場合、pH 指示薬としてフェノールフタレインを用いることが適当である。

問 33　銅は希塩酸には溶けないが、希硫酸には溶ける。

問 34 ～問 38　化学結合に関する以下の記述について、（　　）に入る最も適当な字句を下欄の１～３の中からそれぞれ一つ選びなさい。

塩化ナトリウムは、原子番号 11 のナトリウム原子が１個の電子を放出して（ 問 34 ）と同じ電子配置の陽イオンになり、原子番号 17 の塩素原子が１個の電子を受け取って（ 問 35 ）と同じ電子配置の陰イオンとなり、これらの静電気的な引力によりイオン結合している。

一方、二酸化炭素の結合は、原子番号６の炭素原子と原子番号８の酸素原子が電子を（ 問 36 ）ずつ出し合う（ 問 37 ）である。

どちらの結合の場合も、結合により（ 問 38 ）と同じ電子配置になるものが多い。

中国五県統一

【下欄】

問 34	1 ヘリウム	2 ネオン	3 アルゴン
問 35	1 ネオン	2 アルゴン	3 クリプトン
問 36	1 1個	2 2個	3 3個
問 37	1 配位結合	2 共有結合	3 金属結合
問 38	1 アルカリ土類金属	2 希ガス	3 ハロゲン

問 39 60 ℃の塩化カリウム飽和水溶液 400g を 20 ℃まで冷却すると、何 g の塩化カリウムの結晶が析出するか、最も適当なものを一つ選びなさい。
ただし、水 100g に対する塩化カリウムの溶解度(g)を 60 ℃で 45.5、20 ℃で 34.0 とする。

1 31.6　　2 34.3　　3 46.0　　4 83.6

問 40 エタノールを完全燃焼させたところ、44 g の二酸化炭素が生成した。このとき燃焼したエタノールの質量は何 g か、最も適当なものを一つ選びなさい。
ただし、原子量はH＝1、C＝12、O＝16 とする。

1 23　　2 32　　3 46　　4 64

問 41 正確に 10 倍に薄めた希塩酸 10mL を、0.10mol/L の水酸化ナトリウム水溶液で滴定したところ、中和までに 8.0mL を要した。薄める前の希塩酸の濃度は何 mol/L か、最も適当なものを一つ選びなさい。

1 0.080　　2 0.16　　3 0.40　　4 0.80

問 42 次のアからウの塩の水溶液を pH の大きい順に並べたものはどれか、最も適当なものを一つ選びなさい。
ただし、濃度はいずれも 0.1mol/L とする。

ア $NaCl$　　イ $NaHCO_3$　　ウ $NaHSO_4$

1 ア＞イ＞ウ　　2 イ＞ア＞ウ　　3 ウ＞ア＞イ　　4 ウ＞イ＞ア

問 43 次の記述のうち、反応が起こらないものとして、最も適当なものを一つ選びなさい。

1 酢酸鉛(Ⅱ)水溶液に亜鉛粒を入れた。　2 硝酸銀水溶液に鉛粒を入れた。
3 硫酸銅(Ⅱ)水溶液に鉄くぎを入れた。　4 塩化亜鉛水溶液に錫(すず)粒を入れた。

問 44 次の化学反応式のうち、下線部の物質が酸化剤としてはたらいているものはどれか、最も適当なものを一つ選びなさい。

1 $2\underline{K} + 2H_2O \rightarrow 2KOH + H_2$　　2 $2\underline{HCl} + Zn \rightarrow ZnCl_2 + H_2$
3 $2\underline{H_2S} + SO_2 \rightarrow 3S + 2H_2O$　　4 $\underline{H_2SO_4} + NaCl \rightarrow NaHSO_4 + HCl$

問 45 ～問 46 以下の実験操作に適した方法について、最も適当なものを下欄の1～4の中からそれぞれ一つ選びなさい。

問 45 大豆粉から大豆油をとり出す。
問 46 原油から灯油や軽油をとり出す。

【下欄】

1 分留	2 濾(ろ)過	3 再結晶	4 抽出

中国五県統一

問 47　以下の化学式の（　　）の中に入る数字の組み合わせとして、正しいものを一つ選びなさい。

$3Cu + (ア) HNO_3 \rightarrow 3Cu(NO_3)_2 + (イ) NO + (ウ) H_2O$

	ア	イ	ウ
1	4	8	2
2	4	2	8
3	8	4	2
4	8	2	4

問 48　酸と塩基に関する以下の記述のうち、誤っているものを一つ選びなさい。

1　アレニウスの定義では、「塩基とは水に溶けて水酸化物イオンを生じる物質である。」とされている。
2　塩基には青色リトマス紙を赤色に変える性質がある。
3　ブレンステッドの定義では、水は酸としても塩基としてもはたらく。
4　弱酸である酢酸は、強酸である硝酸よりも電離しにくいため、電離度が小さい。

問 49　電池に関する以下の記述のうち、誤っているものを一つ選びなさい。

1　電池の放電では、化学エネルギーが電気エネルギーに変換される。
2　電解質水溶液中に２種類の金属板を浸した電池の場合、イオン化傾向の大きい方の金属 が負極となる。
3　電池の放電時には、負極では酸化反応が起こり、正極では還元反応が起こる。
4　電流は電子の流れであり、電子と電流の流れる向きは同じである。

問 50　実験の安全に関する以下の記述のうち、適当でないものを一つ選びなさい。

1　硝酸が手に付着したときは、直ちに大量の水で洗い流す。
2　濃塩酸は、換気のよい場所で扱う。
3　濃硫酸を希釈するときは、ビーカーに入れた濃硫酸に純水を注ぐ。
4　薬品のにおいをかぐときは、手で気体をあおぎよせる。

〔毒物及び劇物の性質及び貯蔵、識別及び取扱方法〕

中国五県統一

(一般)

問 51　以下のうち、硫酸に関する記述として、誤っているものを一つ選びなさい。

1　無色の液体で、水との親和性がほとんどない。
2　工業上の用途は極めて広く、肥料、各種化学薬品の製造、石油の精製、塗料、顔料等の製造に用いられ、また乾燥剤あるいは試薬として用いられる。
3　廃棄する場合は、徐々に石灰乳等の撹拌かくはん溶液に加えて中和させたあと、多量の水で希釈して処理する。

問 52　以下の物質とその性状及び用途に関する組み合わせとして、誤っているものを一つ選びなさい。

1　酢酸エチル　－　揮発性の引火性液体で、果実様の芳香がある。香料、溶剤、有機合成原料として用いられる。
2　アニリン　－　新たに蒸留したものは無色であるが、光及び空気により着色してくる。タール中間物の製造原料として重要なものである。
3　ベンゼンチオール　－　青色の風解性の結晶で、水に易溶である。植物用薬品等に用いられる。

問 53 ～問 56　以下の物質の性状について、最も適当なものを下欄の１～５の中からそれぞれ一つ選びなさい。

問 53 ジメチルアミン　問 54 水酸化カリウム　問 55 三塩化チタン
問 56 沃(よう)素

【下欄】

1 白色ペレット状または固体で、空気の二酸化炭素、湿気を吸収して潮解する。
2 暗赤紫色、不安定な潮解性の結晶で、500 ℃以上に加熱すると分解する。
3 銀白色の重い流動性のある液体の金属で、常温でもわずかに揮発する。鉄以外のほとんどの金属と合金をつくる。
4 魚臭様の臭気のある気体で、水に溶け、その水溶液は強いアルカリ性を示す。
5 黒灰色、金属様の光沢がある稜りょう板状結晶で、熱すると紫菫(きん)色の蒸気を発生するが、常温でも多少不快な臭気をもつ蒸気を放って揮散する。

問 57 ～問 60　以下の物質の注意事項について、最も適当なものを下欄の１～５の中からそれぞれ一つ選びなさい。

問 57 弗(ふっ)化水素　問 58 アクリルアミド　問 59 メタノール　問 60 黄燐(りん)

【下欄】

1 水が加わると大部分の金属、ガラス、コンクリート等を激しく腐食する。
2 自然発火性のため容器に水を満たして貯蔵し、水で覆い密封して運搬する。
3 引火しやすく、またその蒸気は空気と混合して爆発性混合ガスを形成するので、火気は絶対に近づけない。
4 直射日光や高温にさらされると重合・分解等を起こし、アンモニア等を発生する。
5 火災時等、加熱されると 141 ℃付近で熔(よう)融し、流れ出し、有機物の蒸気を発生する。

問 61　以下の物質を含有する製剤が劇物の指定から除外される上限の濃度に関する組み合わせとして、正しいものを一つ選びなさい。

1 モネンシン － 10 %　　2 硝酸 － 15 %　　3 メタクリル酸 － 25 %

問 62 ～問 65　以下の物質の鑑定法について、最も適当なものを下欄の１～５の中からそれぞれ一つ選びなさい。

問 62 ベタナフトール　問 63 水酸化ナトリウム　問 64 四塩化炭素
問 65 臭素

【下欄】

1 澱でん粉糊液を橙黄色に染め、ヨードカリ澱でん粉紙を藍変し、フルオレッセン溶液を赤変する。
2 水溶液を白金線につけて無色の火炎中に入れると、火炎は著しく黄色に染まり、長時間続く。
3 アルコール性の水酸化カリウムと銅粉とともに煮沸すると、黄赤色の沈殿を生じる。
4 希硝酸に溶かすと無色の液となり、これに硫化水素を通じると、黒色の沈殿を生じる。
5 水溶液にアンモニア水を加えると、紫色の蛍石彩を放つ。

問 66 ～問 69　以下の物質の貯蔵方法について、最も適当なものを下欄の１～５の中からそれぞれ一つ選びなさい。

問 66 アクロレイン　　問 67 過酸化水素　　問 68 クロロホルム
問 69 二硫化炭素

【下欄】

1 少量ならば褐色ガラス瓶、大量ならばカーボイ等を使用し、３分の１の空間を保って貯蔵する。
2 空気と日光によって変質するので、少量のアルコールを加えて分解を防止する。
3 低温でも極めて引火性であるため、いったん開封したものは、蒸留水を混ぜておくと安全である。
4 非常に反応性に富む物質なので、安定剤を加え、空気を遮断して貯蔵する。
5 二酸化炭素と水を強く吸収するので、密栓をして保管する。

問 70　以下のうち、エチルパラニトロフエニルチオノベンゼンホスホネイト（別名EPN）を誤飲した場合の治療として最も適当なものを一つ選びなさい。

1 チオ硫酸ナトリウムの投与　　2 硫酸アトロピンの投与
3 ペニシラミンの投与

問 71 ～問 74　以下の物質が漏えいした場合の応急措置について、最も適当なものを下欄の１～５の中からそれぞれ一つ選びなさい。

問 71 キシレン　　問 72 シクロヘキシルアミン　　問 73 シアン化水素
問 74 カリウムナトリウム合金

【下欄】

1 漏えいした液は、密閉可能な空容器にできるだけ回収し、そのあとに炭酸水素ナトリウムを散布し、希塩酸等の水溶液を用いて処理し、多量の水を用いて洗い流す。
2 漏えいした液は、重炭酸ナトリウムまたは炭酸ナトリウムと水酸化カルシウムからなる混合物の水溶液で注意深く中和する。
3 漏えいしたボンベ等を多量の水酸化ナトリウム水溶液に容器ごと投入してガスを吸収させ、さらに酸化剤の水溶液で酸化処理を行い、多量の水を用いて洗い流す。
4 多量に漏えいした液は、液の表面を泡で覆い、できるだけ空容器に回収する。
5 漏えいした液は、速やかに乾燥した砂等に吸着させて、灯油または流動パラフィンの入った容器に回収する。

中国五県統一

問 75　以下の物質と吸入した際の毒性及び保護マスクに関する組み合わせとして、誤っているものを一つ選びなさい。

1 チメロサール － 鼻、のど、気管支の粘膜に炎症を起こし、水銀中毒を起こすことがある。防塵じんマスクを着用する。
2 キノリン － 咳、めまい、感覚麻痺、息切れ、チアノーゼを起こすことがある。有機ガス用防毒マスクを着用する。
3 エピクロルヒドリン － 衰弱感、頭痛、悪心、くしゃみ、腹痛、嘔（おう）吐等を起こすことがある。有機ガス用または青酸用防毒マスクを着用する。

問 76 以下のうち、毒性に関する記述として、誤っているものを一つ選びなさい。

1 塩素は、粘膜接触により刺激症状を呈し、目、鼻、咽喉及び口腔粘膜に障害を与える。
2 トルイジンは、メトヘモグロビン形成能があり、チアノーゼ症状を起こす。
3 三塩化アンチモンは、運動失調等からなるハンター・ラッセル症候群と呼ばれる特異的な症状を呈する。

問 77 ～問 80 以下の物質の廃棄方法について、最も適当なものを下欄の１～５の中からそれぞれ一つ選びなさい。

問 77 塩化錫(すず)(Ⅱ)　問 78 ナトリウム　問 79 砒(ひ)素　問 80 クロルピクリン

【下欄】

1 回収法	2 分解法	3 焙(ばい)焼法	4 溶解中和法	5 酸化沈殿法

(農業用品目)

問 51 ～問 54 以下の物質を含有する製剤が毒物の指定から除外される上限の濃度として、正しいものを下欄の１～５の中からそれぞれ一つ選びなさい。

問 51 Ｏ－エチル＝Ｓ・Ｓ－ジプロピル＝ホスホロジチオアート
(別名 エトプロホス)
問 52 Ｓ－メチル－Ｎ－［(メチルカルバモイル)－オキシ］－チオアセトイミデート
(別名 メトミル)
問 53 ２・３－ジシアノ－１・４－ジチアアントラキノン(別名 ジチアノン)
問 54 エチルパラニトロフエニルチオノベンゼンホスホネイト(別名 EPN)

【下欄】

1 50％	2 45％	3 5％	4 1.5％	5 0.5％

問 55 以下の物質とその用途に関する組み合わせとして、正しいものを一つ選びなさい。

1 Ｎ－(４－ｔ－ブチルベンジル)－４－クロロ－３－エチル－１－メチルピラゾール－５－カルボキサミド(別名 テブフエンピラド) － 植物成長調整剤
2 ２－クロルエチルトリメチルアンモニウムクロリド － 殺鼠(そ)剤
3 塩素酸ナトリウム － 除草剤

問 56 以下の記述に該当する物質として、正しいものを一つ選びなさい。

黄色油状の液体で、水及びすべての有機溶媒に可溶であるが、石油、石油エーテルに不溶であり、アルカリで分解する物質。有機リン製剤の一種であり、果樹等のハダニ、アブラムシ等の吸汁性昆虫の駆除が用途となる。

1 燐(りん)化亜鉛
2 ジメチルエチルスルフイニルイソプロピルチオホスフエイト
3 ジメチル－(ジエチルアミド－１－クロルクロトニル)－ホスフエイト

問 57 ～問 60　以下の物質の性状について、最も適当なものを下欄の１～５の中からそれぞれ一つ選びなさい。

問 57 塩素酸カリウム
問 58 沃(よう)化メチル
問 59 ブロムメチル
問 60　(Ｓ)－α－シアノ－３－フエノキシベンジル＝(１Ｒ・３Ｓ)－２・２－ジメチル－３－(１・２・２・２－テトラブロモエチル)シクロプロパンカルボキシラート(別名　トラロメトリン)

【下欄】

1　無色透明の液体で、光により褐色となる。
2　無色無臭の有毒な気体であるが、濃度大のときは甘いクロロホルム様の臭気がある。
3　特有の芳香臭を有する淡黄褐色の液体で、水に難溶である。
4　橙黄色の樹脂状固体で、熱、酸に安定で、アルカリ、光に不安定である。
5　無色の光沢のある結晶または白色の顆粒か粉末。酸化されやすいものと混合すると加熱、摩擦、衝撃により爆発することがある。

問 61 ～問 64　以下の物質の鑑定法について、最も適当なものを下欄の１～５の中からそれぞれ一つ選びなさい。

問 61 無水硫酸銅
問 62 硫酸亜鉛
問 63 シアン化ナトリウム
問 64 ニコチン

【下欄】

1　水蒸気蒸留して得られた留液に、水酸化ナトリウム溶液を加えてアルカリ性とし、硫酸第一鉄溶液及び塩化第二鉄溶液を加えて熱し、塩酸で酸性とすると藍色を呈する。
2　水を加えると青くなる。
3　水に溶かして硫化水素を通じると、白色の沈殿を生じる。
4　水溶液に金属カルシウムを加え、これにベタナフチルアミン及び硫酸を加えると、赤色の沈殿を生じる。
5　ホルマリン１滴を加えた後、濃硝酸１滴を加えると、ばら色を呈する。

中国五県統一

問 65　以下の化合物と中毒の措置に関する組み合わせとして、正しいものを一つ選びなさい。

1　有機リン化合物　－　胃洗浄を実施し、活性炭と下剤の投与を行う。アトロピンまたはフェノバルビタールを用いた対症療法を実施することがある。
2　塩素酸塩類　－　尿中排泄により体外に排出されるので、利尿を保ち、重炭酸ナトリウムの投与により尿のｐＨを 7.5 以上に保つようにする。
3　有機塩素化合物　－　催吐させ、胃洗浄を行い、ペニシラミン、ジメルカプロールあるいはエデト酸カルシウム二ナトリウムを用いたキレート化療法を行う。

問 66 ～問 69　以下の物質の毒性について、最も適当なものを下欄の１～５の中からそれぞれ一つ選びなさい。

問 66 ジメチル－２・２－ジクロルビニルホスフエイト(別名　DDVP)

問 67 燐化亜鉛　　問 68 硫酸タリウム　　問 69 弗化スルフリル

【下欄】

1　嚥下吸入したときに、胃及び肺で胃酸や水と反応してホスフィンを発生することで運動不活発になる。
2　大量に接触すると結膜炎、咽頭炎、鼻炎、知覚異常を引き起こし、直接接触すると凍傷にかかることがある。
3　コリンエステラーゼが阻害されることで、縮瞳、消化器症状、皮膚、粘膜からの分泌亢進、筋線維性痙攣等が急性期の症状として現れる。
4　青緑色のものを嘔吐することがあり、大量に経口摂取すると、腎臓障害等を起こす。
5　疝痛、嘔吐、振戦、痙攣、麻痺等の症状に伴い、しだいに呼吸困難となり、虚脱症状となる。

問 70 ～問 72　次の物質が漏えいまたは飛散した場合の応急措置について、最も適当なものを下欄の１～３の中からそれぞれ一つ選びなさい。

問 70 アンモニア水　　問 71 エチルジフエニルジチオホスフエイト

問 72 シアン化ナトリウム

【下欄】

1　漏えいした液は、土砂等でその流れを止め、安全な場所に導いて遠くから多量の水をかけて洗い流す。
2　漏えいした液は、土砂等でその流れを止め、安全な場所に導き、空容器にできるだけ回収し、そのあとを消石灰等の水溶液を用いて処理し、多量の水を使用して洗い流す。
3　飛散したものは空容器にできるだけ回収する。砂利等に付着している場合は、砂利等を回収し、そのあと水酸化ナトリウム等の水溶液を散布してアルカリ性とし、さらに酸化剤の水溶液で酸化処理し、多量の水を用いて洗い流す。

問 73 ～問 76　以下の物質の貯蔵方法について、最も適当なものを下欄の１～５の中からそれぞれ一つ選びなさい。

問 73 硫酸第二銅　　問 74 アンモニア水　　問 75 ロテノン

問 76 ブロムメチル

【下欄】

1　鼻を刺すような臭気があり、成分の一部が揮発しやすいので、密栓して貯蔵する。
2　酸素によって分解し、殺虫効力を失うため、デリス製剤は空気と光線を遮断して貯蔵する。
3　五水和物は、風解性があるので、密閉して乾燥した場所に貯蔵する。
4　常温では気体であるため、圧縮冷却して液化し、圧縮容器に入れ、冷暗所に貯蔵する。
5　催涙性及び強い粘膜刺激臭を有し、金属腐食性が大きいため、耐腐食性容器に密閉して貯蔵する。

問 77 ～問 80　以下の物質の廃棄方法について、最も適当なものを下欄の１～５の中からそれぞれ一つ選びなさい。

問 77 塩素酸ナトリウム
問 78 ホストキシン
問 79 トリクロルヒドロキシエチルジメチルホスホネイト(別名 DEP)
問 80 クロルピクリン

【下欄】

1　少量の界面活性剤を加えた亜硫酸ナトリウムと炭酸ナトリウムの混合溶液中で、撹拌（かくはん）し分解させたあと、多量の水で希釈して処理する。
2　多量の次亜塩素酸ナトリウムと水酸化ナトリウムの混合水溶液を撹拌（かくはん）しながら少量ずつ加えて酸化分解する。過剰の次亜塩素酸ナトリウムをチオ硫酸ナトリウム水溶液等で分解したあと、希硫酸を加えて中和し、沈殿を濾（ろ）過する。
3　水に溶かし、消石灰、ソーダ灰等の水溶液を加えて処理し、沈殿濾（ろ）過して埋立処分する。
4　還元剤の水溶液に希硫酸を加えて酸性にし、この中に少量ずつ投入する。反応終了後、反応液を中和し多量の水で希釈して処理する。
5　水酸化ナトリウム水溶液等と加温して加水分解する。

(特定品目)

問 51　以下のうち、重クロム酸カリウムが漏えいまたは飛散した場合の応急措置に関する記述として、最も適当なものを一つ選びなさい。

1　多量の場合、漏えい箇所や漏えいした液には消石灰を十分に散布し、シート等をかぶせ、その上にさらに消石灰を散布して吸収させる。漏えい容器には散布しない。
2　土砂等で流れを止め、安全な場所に導き、空容器にできるだけ回収し、そのあと中性洗剤等の分散剤を使用し、多量の水を用いて洗い流す。
3　空容器にできるだけ回収し、そのあとを硫酸第一鉄等の還元剤の水溶液を散布し、水酸化カルシウム、炭酸ナトリウム等の水溶液で処理した後、多量の水で洗い流す。

問 52　以下のうち、クロロホルムの毒性に関する記述として、最も適当なものを一つ選びなさい。

1　皮膚に触れると、ガスを発生して、組織ははじめ白く、しだいに深黄色となる。
2　蒸気の吸入により頭痛、食欲不振等がみられる。大量では緩和な大赤血球性貧血を来す。
3　吸収すると、はじめは嘔（おう）吐、瞳孔の縮小等が現れ、次いで脳及びその他神経細胞を麻酔させる。筋肉の張力は失われ、反射機能は消失し、瞳孔は散大する。

問 53 ～問 56 以下の物質の人体に対する毒性・中毒症状として、最も適当なものを下欄の１～５の中からそれぞれ一つ選びなさい。

問 53 メタノール　問 54 アンモニア　問 55 酢酸エチル
問 56 四塩化炭素

【下欄】

1 皮膚に触れた場合、皮膚を刺激して乾性の炎症(鱗状症)を起こす。
2 黄疸のように角膜が黄色となり、しだいに尿毒症様を呈する。
3 吸入した場合、はじめに短時間の興奮期を経て、麻酔状態に陥ることがある。持続的に吸入すると、肺、腎臓及び心臓の障害を来す。
4 吸入した場合、激しく鼻やのどを刺激し、長時間吸入すると、肺や気管支に炎症を起こす。高濃度のガスを吸入すると、喉頭痙攣(けいれん)を起こす。
5 頭痛、めまい、嘔(おう)吐、下痢等を起こし、視神経がおかされて、目がかすみ、失明することがある。

問 57 ～問 60 以下の物質の性状について、最も適当なものを下欄の１～５の中からそれぞれ一つ選びなさい。

問 57 クロム酸ストロンチウム　問 58 クロロホルム
問 59 水酸化カリウム　問 60 蓚(しゅう)酸

【下欄】

1 2 mol の結晶水を有する無色、稜(りょう)柱状の結晶であり、乾燥空気中で風化する。加熱すると昇華、急に加熱すると分解する。
2 無色、揮発性の液体で、特異臭と甘味を有する。空気に触れ、同時に日光の作用を受けると分解する。
3 白色の固体。水、アルコールに可溶、熱を発する。アンモニア水に不溶。空気中に放置すると、水分と二酸化炭素を吸収して潮解する。水溶液は、強いアルカリ性を示す。
4 窒息性の臭気をもつ緑黄色の気体である。多くの元素と化合物を作る。
5 淡黄色の粉末で、水に難溶。酸、アルカリに可溶。

問 61 以下のうち、メチルエチルケトン(別名 エチルメチルケトン)に関する記述として、最も適当なものを一つ選びなさい。

1 赤褐色の液体で無臭である。
2 水に不溶である。
3 有機合成原料として用いられる。

問 62 ～問 65　以下の物質の用途について、最も適当なものを下欄の１～５の中からそれぞれ一つ選びなさい。

問 62 水酸化ナトリウム　　問 63 過酸化水素水　　問 64 ホルマリン
問 65 トルエン

【下欄】

1　織物、油絵等の洗浄に使用され、また、消毒及び防腐の目的で用いられる。
2　工業用に酸化剤、製革用、電池調整用等に用いられる。
3　爆薬、染料、香料、サッカリン、合成高分子材料等の原料、溶剤、分析用試薬として用いられる。
4　化学工業用として、せっけん製造、パルプ工業、染料工業、レーヨン工業、諸種の合成化学等に使用されるほか、試薬、農薬として用いられる。
5　工業用として、フィルムの硬化、人造樹脂、色素合成等の製造に用いられるほか、試薬として使用される。

問 66 ～問 69　以下の物質の鑑定法について、最も適当なものを下欄の１～５の中からそれぞれ一つ選びなさい。

問 66 アンモニア水　　問 67 酸化第二水銀　　問 68 硫酸
問 69 過酸化水素水

【下欄】

1　過マンガン酸カリウムを還元し、クロム酸塩を過クロム酸塩に変える。また、ヨード亜鉛からヨードを析出する。
2　水で薄めると発熱し、ショ糖、木片などに触れると、それらを炭化・黒変させる。希釈水溶液に塩化バリウムを加えると、白色の沈殿を生じるが、この沈殿は塩酸や硝酸に不溶である。
3　小さな試験管に入れて熱すると、黒色に変わり、後に分解し、残ったものをなお熱すると、完全に揮散する。
4　濃塩酸をうるおしたガラス棒を近づけると、白い霧を生じる。
5　希硝酸に溶かすと無色の液となり、これに硫化水素を通じると黒色の沈殿を生じる。

中国五県統一

問 70　以下のうち、過酸化水素の貯蔵方法に関する記述として、最も適当なものを一つ選びなさい。

1　空気中にそのまま貯蔵できないため、石油中に貯蔵する。
2　冷暗所に貯蔵する。純品は空気と日光によって変質するので、少量のアルコールを加えて分解を防止する。
3　少量ならば褐色ガラス瓶、大量ならばカーボイ等を使用し、３分の１の空間を保って貯蔵する。

問 71 ～問 74　以下の物質の廃棄方法について、最も適当なものを下欄の１～５の中からそれぞれ一つ選びなさい。

問 71 一酸化鉛　　問 72 ホルマリン　　問 73 アンモニア
問 74 重クロム酸カリウム

【下欄】

1 水酸化ナトリウム水溶液等でアルカリ性とし、過酸化水素水を加えて分解させ、多量の水で希釈して処理する。
2 セメントを用いて固化し、溶出試験を行い、溶出量が判定基準以下であることを確認して埋立処分する。
3 希硫酸に溶解、還元剤で還元したのち、消石灰等の水溶液で処理、沈殿濾過し、溶出量が判定基準以下であることを確認した上で埋立処分する。
4 石灰乳等の撹かく拌はん溶液に加え中和させたのち、多量の水で希釈して処理する。
5 水で希薄な水溶液とし、酸で中和させたのち、多量の水で希釈して処理する。

問 75　以下のうち、トルエンの廃棄方法として、最も適当なものを一つ選びなさい。

1 燃焼法　　2 分解沈殿法　　3 還元法

問 76 ～問 79　以下の物質を含有する製剤が劇物の指定から除外される上限の濃度として正しいものを下欄の１～５の中からそれぞれ一つ選びなさい。

問 76 ホルムアルデヒド　　問 77 アンモニア　　問 78 クロム酸鉛
問 79 水酸化カリウム

【下欄】

1 70%　　2 10%　　3 6%　　4 5%　　5 1%

問 80　以下のうち、取り扱い上の注意事項について、「火災等で強熱されると有毒ガスが発生する恐れがある」とされている物質として、誤っているものを一つ選びなさい。

1 過酸化水素　　2 四塩化炭素　　3 硅弗化ナトリウム

中国五県統一

香川県
令和５年度実施

〔法　規〕
（一般・農業用品目・特定品目共通）

問１　毒物及び劇物取締法第１条及び第２条の規定に関する次の記述について、正誤の正しい組み合わせを下欄から一つ選びなさい。

a　この法律は、毒物及び劇物について、保健衛生上の見地から必要な取締を行うことを目的とする。
b　この法律で「毒物」とは、別表第２に掲げる物であつて、医薬品及び危険物以外のものをいう。
c　この法律で「特定毒物」とは、毒物であつて、別表第３に掲げるものをいう。

下欄

	a	b	c
1	正	正	誤
2	誤	誤	正
3	正	誤	正
4	誤	誤	誤
5	正	正	正

問２　次の物質のうち、「毒物」に該当するものはどれか。正しいものを一つ選びなさい。

1　クロロホルム　　2　四塩化炭素　　3　硝酸　　4　黄燐（りん）
5　硫酸タリウム

問３　特定毒物に関する次の記述について、誤っているものを一つ選びなさい。

1　特定毒物使用者は、特定毒物を品目ごとに毒物及び劇物取締法施行令で定める用途以外の用途に供してはならない。
2　特定毒物使用者は、その使用することができる特定毒物以外の特定毒物を譲り受け、又は所持してはならない。
3　特定毒物研究者は、学術研究のため特定毒物を製造することができる。
4　特定毒物研究者は、学術研究であっても特定毒物を輸入することができない。

問４　毒物及び劇物取締法第３条の４に規定する引火性、発火性又は爆発性のある毒物及び劇物であって毒物及び劇物取締法施行令で定めるものとして、正しいものを下欄から一つ選びなさい。

下欄

1　ピクリン酸　　2　酢酸エチル　　3　過塩素酸　　4　トルエン

問５　毒物及び劇物の営業の登録に関する次の記述について、正誤の正しい組み合わせを下欄から一つ選びなさい。

a　毒物又は劇物の販売業は、店舗ごとに登録を受ける必要がある。
b　毒物又は劇物の製造業の登録は、６年ごとに更新を受けなければその効力を失う。
c　特定品目販売業の登録を受けた者は、特定毒物を販売することができる。
d　毒物又は劇物の製造業の登録を受けようとする者は、その製造所の所在地の都道府県知事に申請書を提出しなくてはならない。

下欄

	a	b	c	d
1	誤	誤	正	正
2	正	誤	誤	正
3	正	正	誤	誤
4	正	正	正	誤
5	誤	正	正	正

問6　毒物及び劇物取締法施行規則第４条の４第２項に規定する、毒物劇物販売業の店舗の設備の基準として、正しい組み合わせを下欄から一つ選びなさい。

a　毒物又は劇物を陳列する場所は、換気が十分であり、かつ、清潔であること。
b　毒物又は劇物の運搬用具は、毒物又は劇物が飛散し、漏れ、又はしみ出るおそれがないものであること。
c　毒物又は劇物を含有する粉じん、蒸気又は廃水の処理に要する設備又は器具を備えていること。
d　毒物又は劇物を貯蔵する場所が性質上かぎをかけることができないものであるときは、その周囲に、堅固なさくが設けてあること。

下欄

1 (a, b)	2 (a, c)	3 (b, d)	4 (c, d)

問7　次の文は、毒物及び劇物取締法の条文の抜粋である。次の(　　)に当てはまる字句として、正しい組み合わせを下欄から選びなさい。

(毒物劇物取扱責任者の資格)
第８条
２　次に掲げる者は、前条の毒物劇物取扱責任者となることができない。
一　(a)未満の者
二　心身の障害により毒物劇物取扱責任者の業務を適正に行うことができない者として厚生労働省令で定めるもの
三　麻薬、大麻、あへん又は(b)の中毒者
四　毒物若しくは劇物又は薬事に関する罪を犯し、罰金以上の刑に処せられ、その執行を終り、又は執行を受けることがなくなつた日から起算して(　c　)を経過していない者

	a	b	c
1	20 歳	覚せい剤	5年
2	18 歳	覚せい剤	3年
3	20 歳	アルコール	3年
4	18 歳	アルコール	5年
5	20 歳	危険ドラッグ	5年

問8　次のうち、毒物及び劇物取締法第 10 条及び毒物及び劇物取締法施行規則第 10 条の２の規定により、毒物劇物営業者がその事由が生じてから 30 日以内に届け出なければならない事項として、定められていないものを一つ選びなさい。

1　毒物劇物営業者が法人であって、その主たる事務所の所在地を変更したとき。
2　毒物又は劇物を貯蔵する設備の重要な部分を変更したとき。
3　当該製造所、営業所又は店舗における営業を廃止したとき。
4　毒物又は劇物の製造業者が、登録を受けた毒物又は劇物以外の毒物又は劇物を製造するとき。

問9　毒物及び劇物取締法第 12 条の規定により、毒物劇物営業者が毒物又は劇物の容器及び被包へ表示しなければならない事項に関して、正しいものを一つ選びなさい。

1　毒物については「医薬用外」の文字及び黒地に白色をもって「毒物」の文字
2　毒物については「医薬用外」の文字及び赤地に白色をもって「毒物」の文字
3　劇物については「医薬用外」の文字及び赤地に白色をもって「劇物」の文字
4　劇物については「医薬用外」の文字及び黒地に白色をもって「劇物」の文字

問 10　次のうち、毒物劇物取締法第 12 条及び同法施行規則第 11 条の５の規定に基づき、毒物劇物営業者が、その容器又は被包に解毒剤の名称を表示しなければ、販売又は授与してはならない毒物又は劇物として、正しいものを一つ選びなさい。

1　有機燐（りん）化合物及びこれを含有する製剤たる毒物及び劇物
2　無機シアン化合物及びこれを含有する製剤たる毒物
3　セレン化合物及びこれを含有する製剤たる毒物
4　砒（ひ）素化合物及びこれを含有する製剤たる毒物
5　有機シアン化合物及びこれを含有する製剤たる劇物

問 11　次のうち、毒物及び劇物の製造業者が製造したジメチル－２・２－ジクロルビニルホスフエイト（別名 DDVP）を含有する製剤（衣料用の防虫剤に限る。）を販売するとき、その容器及び被包に表示しなければならない事項として、毒物及び劇物取締法施行規則で定められていないものを一つ選びなさい。

1　小児の手の届かないところに保管しなければならない旨
2　使用直前に開封し、包装紙等は直ちに処分すべき旨
3　使用の際、特に皮膚に触れないよう注意しなければならない旨
4　居間等人が常時居住する室内では使用してはならない旨
5　皮膚に触れた場合には、石けんを使つてよく洗うべき旨

問 12　毒物劇物営業者が、燐（りん）化亜鉛を含有する製剤たる劇物を農業用として販売する場合、着色する方法として正しいものを一つ選びなさい。

1　あせにくい赤色で着色する方法　　2　鮮明な黄色で着色する方法
3　あせにくい青色で着色する方法　　4　鮮明な赤色で着色する方法
5　あせにくい黒色で着色する方法

問 13　次の文は、毒物及び劇物取締法の条文の抜粋である。次の（　　　）に当てはまる字句として、正しい組み合わせを下欄から一つ選びなさい。

（毒物又は劇物の譲渡手続）
第 14 条　毒物劇物営業者は、毒物又は劇物を他の毒物劇物営業者に販売し、又は授与したときは、（ a ）、次に掲げる事項を書面に記載しておかなければならない。
一　毒物又は劇物の名称及び（ b ）
二　販売又は授与の（ c ）
三　譲受人の氏名、（ d ）及び住所（法人にあつては、その名称及び主たる事務所の所在地）

下欄

	a	b	c	d
1	その都度	性状	目的	年齢
2	その都度	数量	年月日	職業
3	あらかじめ	数量	年月日	年齢
4	その都度	数量	目的	職業
5	あらかじめ	性状	目的	年齢

問 14　次のうち、毒物劇物営業者が、毒物又は劇物を販売し、又は授与するとき、原則として、譲受人に対し提供しなければならない情報の内容として、毒物及び劇物取締法施行規則第 13 条の 12 で定められていないものを一つ選びなさい。

1　盗難・紛失時の措置
2　応急措置
3　暴露の防止及び保護のための措置
4　安定性及び反応性
5　輸送上の注意

問 15　毒物及び劇物取締法第 22 条の規定により、業務上取扱者の届出が必要な事業者について、正しい組み合わせを下欄から一つ選びなさい。

a　シアン化ナトリウムを使用して、電気めっきを行う事業者
b　無機水銀たる毒物を取り扱う金属熱処理を行う事業者
c　硫酸を使用して理科の実験を行う中学校
d　砒（ひ）素化合物たる毒物を取り扱うしろありの防除を行う事業者

下欄

1 (a,　b)	2 (a,　c)	3 (a,　d)	4 (b,　d)	5 (c,　d)

問 16　次のうち、毒物及び劇物取締法施行令第 40 条の規定により、毒物及び劇物の廃棄方法として、正しいものを一つ選びなさい。

1　中和、加水分解、酸化、還元、稀釈その他の方法により、毒物及び劇物並びに法第 11 条第２項に規定する政令で定める物のいずれにも該当しない物とする。
2　可燃性の毒物又は劇物は、保健衛生上危害を生ずるおそれがない場所で、一気に燃焼させる。
3　ガス体又は揮発性の毒物又は劇物は、保健衛生上危害を生ずるおそれがない場所で、少量ずつ燃焼させる。
4　地下水を汚染するおそれがない場所であれば地中に埋めてもよい。

問 17　次のうち、毒物劇物営業者が、その取扱いに係る毒物又は劇物を紛失したときに、直ちにその旨を届け出なければならない機関として毒物及び劇物取締法第 17 条第２項で定められているものはどこか。正しいものを一つ選びなさい。

1　市役所(役場)
2　都道府県の薬務主管課
3　消防機関
4　警察署
5　労働基準監督署

問 18　次の文は、毒物及び劇物取締法施行規則の条文の抜粋である。次の(　　)に当てはまる数字として、正しい組み合わせを下欄から一つ選びなさい。

(交替して運転する者の同乗)
第 13 条の４　令第 40 条の５第２項第１号の規定により交替して運転する者を同乗させなければならない場合は、運転の経路、交通事情、自然条件その他の条件から判断して、次の各号のいずれかに該当すると認められる場合とする。
一　一の運転者による連続運転時間(１回が連続 10 分以上で、かつ、合計が(　a　)分以上の運転の中断をすることなく連続して運転する時間をいう。)が、(　b　)時間を超える場合
二　一の運転者による運転時間が、一日当たり(　c　)時間を超える場合

下欄

	a	b	c
1	30	4	8
2	30	4	9
3	30	6	8
4	60	6	9
5	60	6	8

香川県

問 19　次のうち、「塩素」を、車両を用いて一回につき5千キログラム以上運搬する場合に、備えなければならない保護具として毒物及び劇物取締法施行規則に定められているものはどれか。正しいものを一つ選びなさい。

1　普通ガス用防毒マスク
2　普通ガス用防毒マスク、保護手袋
3　普通ガス用防毒マスク、保護手袋、保護長ぐつ
4　普通ガス用防毒マスク、保護手袋、保護長ぐつ、保護衣
5　普通ガス用防毒マスク、保護手袋、保護長ぐつ、保護衣、保護眼鏡

問 20　次の文は、毒物及び劇物取締法の条文の抜粋である。次の(　　)に当てはまる字句として、正しい組み合わせを下欄から一つ選びなさい。

(立入検査等)
第18条（ a ）は、(b)上必要があると認めるときは、毒物劇物営業者若しくは特定毒物研究者から必要な報告を徴し、又は薬事監視員のうちからあらかじめ指定する者に、これらの者の製造所、営業所、店舗、研究所その他業務上毒物若しくは劇物を取り扱う場所に立ち入り、帳簿その他の物件を(c)させ、関係者に質問させ、若しくは試験のため必要な最小限度の分量に限り、毒物、劇物、第11条第2項の政令で定める物若しくはその疑いのある物を(d)させることができる。

下欄

	a	b	c	d
1	厚生労働大臣	保健衛生	捜査	収去
2	司法警察員	犯罪捜査	捜査	調査
3	都道府県知事	保健衛生	捜査	収去
4	都道府県知事	犯罪捜査	検査	調査
5	都道府県知事	保健衛生	検査	収去

〔基礎化学〕
(一般・農業用品目・特定品目共通)

問 21 ～問 25　下の表は原子番号、元素名、元素記号、原子量の表である。
次の設問に答えなさい。

原子番号	元素名	元素記号	原子量	原子番号	元素名	元素記号	原子量
1	水素	H	1	11	ナトリウム	Na	23
2	ヘリウム	He	4	12	マグネシウム	Mg	24
3	リチウム	Li	7	13	アルミニウム	Al	27
4	ベリリウム	Be	9	14	ケイ素	Si	28
5	ホウ素	B	11	15	リン	P	31
6	炭素	C	12	16	イオウ	S	32
7	窒素	N	14	17	塩素	Cl	35.5
8	酸素	O	16	18	アルゴン	Ar	40
9	フッ素	F	19	19	カリウム	K	39
10	ネオン	Ne	20	20	カルシウム	Ca	40

問 21　表にある第３周期の元素のうち、二価の陽イオンになりやすい元素は何か。下欄のうち、あてはまる元素を選びなさい。

下欄

1 Li	2 Be	3 Mg	4 Al	5 S

問 22　表にある第３周期の元素のうち、一価の陰イオンになりやすい元素は何か。下欄のうち、あてはまる元素を選びなさい。

下欄

1 Cl	2 O	3 F	4 P	5 Na

問 23　表にある第３周期の元素のうち、イオン化エネルギーの最も小さい元素は何か。下欄のうち、あてはまる元素を選びなさい。

下欄

1 Li	2 Be	3 B	4 Na	5 Mg

問 24　表にある第３周期の元素のうち、電子親和力の最も大きい元素は何か。下欄のうち、あてはまる元素を選びなさい。

下欄

1 O	2 F	3 Na	4 Cl	5 Ne

問 25　表にある第３周期の元素のうち、最も化学的に安定な元素は何か。下欄のうち、あてはまる元素を選びなさい。

下欄

1 Ar	2 Na	3 S	4 Cl	5 Ne

問 26 ～問 30　次の化合物にあてはまる分子として、最も適するものを下欄から選びなさい。

問 26　直線形の無極性分子

下欄

1 CO_2	2 CCl_4	3 HCl	4 H_2S	5 NH_3

問 27　直線形の極性分子。

下欄

1 CO_2	2 CCl_4	3 HCl	4 H_2S	5 NH_3

問 28　折れ線形の極性分子。

下欄

1 CO_2	2 CCl_4	3 HCl	4 H_2S	5 NH_3

問 29　三角錐形の極性分子。

下欄

1 CO_2	2 CCl_4	3 HCl	4 H_2S	5 NH_3

問 30　正四面体形の無極性分子。

下欄

1 CO_2	2 CCl_4	3 HCl	4 H_2S	5 NH_3

問 31 ～問 35　メタンCH４に関する次の設問の答えを下欄から選びなさい。ただし、H＝１、C＝12、O＝16、アボガドロ定数を 6.0×10^{23}/ mol として計算しなさい。

問 31　メタン分子 1mol の質量は何 g か。

下欄

1　14 g　　2　16 g　　3　18 g　　4　20 g　　5　24 g

問 32　メタン分子 1mol のなかに、水素原子が何個含まれているか。

下欄

1　2.4×10^{23} 個	2　3.6×10^{23} 個	3　6.0×10^{23} 個
4　2.4×10^{24} 個	5　3.6×10^{24} 個	

問 33　メタン分子 1mol を完全燃焼させたときに生じる水は何 g か。

下欄

1　9 g　　2　18 g　　3　36 g　　4　45 g　　5　54 g

問 34　メタン８ g を完全燃焼させたときに生じる二酸化炭素の体積は、標準状態で何 L か。

下欄

1　1.1 L　　2　5.6 L　　3　11.2 L　　4　22.4 L　　5　56 L

問 35　標準状態で 89.6 L のメタンは標準状態で何 mol か。

下欄

1　4 mol　　2　8 mol　　3　10 mol　　4　12 mol　　5　14 mol

問 36 ～問 40　次の反応で発生した気体の捕集方法として適当なものを下欄から選びなさい。

問 36　過酸化水素水と酸化マンガン(Ⅳ)の反応により発生した酸素。

下欄

1　水上置換　　2　下方置換　　3　上方置換

問 37　塩化アンモニウムと水酸化カルシウムの反応により発生したアンモニア。

下欄

1　水上置換　　2　下方置換　　3　上方置換

問 38　塩化ナトリウムと濃硫酸の反応により発生した塩化水素。

下欄

1　水上置換　　2　下方置換　　3　上方置換

問 39　硫化鉄(Ⅱ)と希硫酸の反応により発生した硫化水素。

下欄

1　水上置換　　2　下方置換　　3　上方置換

問 40　銅と希硝酸の反応により発生した一酸化窒素。

下欄

1　水上置換	2　下方置換	3　上方置換

問 41 ～問 45　次のそれぞれの性質について、エタノールにあてはまるものをA、ジエチルエーテルにあてはまるものをB、いずれにもあてはまるものをC、いずれにもあてはならないものをDとして、それぞれ下欄から選びなさい。

問 41　水によく溶ける。

下欄

1　A	2　B	3　C	4　D

問 42　常温で無色の液体である。

下欄

1　A	2　B	3　C	4　D

問 43　引火しやすい揮発性の液体で麻酔作用がある。

下欄

1　A	2　B	3　C	4　D

問 44　還元性が強い。

下欄

1　A	2　B	3　C	4　D

問 45　単体のナトリウムと反応しない。

下欄

1　A	2　B	3　C	4　D

〔取り扱い〕

(一般)

問 46 ～問 49　次の物質を含有する製剤について、劇物として取り扱いを受けなくなる濃度を下欄から選びなさい。なお、同じ番号を何度選んでもよい。

問 46 水酸化カリウム　　問 47 ふっ化ナトリウム
問 48 亜塩素酸ナトリウム　　問 49 フエノール

下欄

1　2％以下　　2　5％以下　　3　6％以下　　4　10％以下
5　25％以下

問 50 ～問 53　次の物質の貯蔵方法として、最も適するものを下欄から選びなさい。

問 50 ベタナフトール　　問 51 黄燐（りん）　　問 52 アクリルニトリル
問 53 クロロホルム

下欄

1　できるだけ直接空気に触れることを避け、窒素のような不活性ガスの雰囲気の中に貯蔵する。
2　空気に触れると発火しやすいので、水中に沈めて瓶に入れ、さらに砂を入れた缶中に固定して、冷暗所に貯蔵する。
3　空気中にそのまま保存することはできないため、通常石油中に保管する。冷所で雨水等の漏れが絶対にない場所に保存する。
4　冷暗所に貯蔵する。純品は空気と日光によって変質するので、少量のアルコールを加えて分解を防止する。
5　空気や光線に触れると赤変するため、遮光して保管する。

問 54 ～問 57　次の物質の漏えい又は飛散した場合の応急措置として、最も適するものを下欄から選びなさい。

問 54 エチレンオキシド　　問 55 ブロムメチル　　問 56 硝酸銀
問 57 臭素

下欄

1　付近の着火源となるものは速やかに取り除く。漏えいしたボンベ等を多量の水に容器ごと投入して気体を吸収させ、処理し、その処理液を多量の水で希釈して流す。
2　多量に漏えいした場合、漏えい箇所や漏えいした液には水酸化カルシウムを十分に散布し、むしろ、シート等を被せ、その上にさらに　水酸化カルシウムを散布して吸収させる。漏えい容器には散水しない。
3　多量に漏えいした場合、漏えいした液は、土砂等でその流れを止め、液が広がらないようにして蒸発させる。
4　付近の着火源となるものは速やかに取り除く。多量に漏えいした場合、漏えいした液は、活性白土、砂、おが屑等でその流れを止め、過マンガン酸カリウム水溶液（5％）又はさらし粉で十分に処理する。
5　飛散したものは空容器にできるだけ回収し、そのあと食塩水を用いて塩化物とし、多量の水で洗い流す。

問 58 ～問 61　次の物質の人体に対する代表的な毒性・中毒症状として、最も適するものを下欄から選びなさい。

問 58 スルホナール　　問 59 水銀　　問 60 四塩化炭素
問 61 ニコチン

下欄

1 吸入した場合、めまい、頭痛、吐き気をおぼえ、重症な場合は、嘔吐（おうと）、意識不明などを起こす。
2 多量に蒸気を吸入すると呼吸器、粘膜を刺激し、重症の場合は肺炎を起こす。
3 皮膚や粘膜につくと火傷を起こし、その部分は白色となる。経口摂取した場合には口腔・咽喉、胃に高度の灼熱感を訴え、悪心、嘔吐（おうと）、めまいを起こし、失神、虚脱、呼吸麻痺ひで倒れる。尿は暗赤色を呈する。
4 猛烈な神経毒である。急性中毒では、よだれ、吐き気、悪心、嘔吐（おうと）があり、次いで脈拍緩徐不整となり、発汗、瞳孔縮小、意識喪失、呼吸困難、痙攣（けいれん）をきたす。
5 嘔吐（おうと）、めまい、胃腸障害、腹痛、下痢または便秘等を起こし、運動失調、麻痺（ひ）、腎臓炎、尿量減退、ポルフィリン尿(尿が赤色を呈する)として現れる。

問 62 ～問 65　次の物質の廃棄方法として、最も適するものを下欄から選びなさい。

問 62 アンモニア　　問 63 ニトロベンゼン
問 64 塩化亜鉛　　問 65 過酸化水素水

下欄

1 水で希薄な水溶液とし、酸(希塩酸、希硫酸等)で中和させた後、多量の水で希釈して処理する。
2 おが屑と混ぜて焼却するか、又は可燃性溶剤(アセトン、ベンゼン等)に溶かし焼却炉の火室へ噴霧し焼却する。
3 水に溶かし、水酸化カルシウム、炭酸カルシウム等の水溶液を加えて処理し、沈澱濾過して埋立処分する。
4 多量の水で希釈して処理する。
5 セメントを用いて固化し、溶出試験を行い、溶出量が判定基準以下であることを確認して埋立処分する。

(農業用品目)

問 46 ～問 49　次の物質を含有する製剤について、毒物として取り扱いを受けなくなる濃度を下欄から選びなさい。なお、同じ番号を何度選んでもよい。

問 46 ナラシン

問 47　2－ジフエニルアセチル－1・3－インダンジオン　(別名 ダイファシノン)

問 48　S－メチル－N－［(メチルカルバモイル)－オキシ］－チオアセトイミデート(別名 メトミル)

問 49　O－エチル－O－(2－イソプロポキシカルボニルフエニル)－N－イソプロピルチオホスホルアミド(別名 イソフエンホス)

下欄

1 0.005％以下　　2 1.5％以下　　3 5％以下　　4 10％以下
5 45％以下

問 50 ～問 53　次の物質の漏えい又は飛散した場合の応急処置として、最も適するものを下欄から選びなさい。

問 50 塩素酸カリウム
問 51 ２・２’ －ジピリジリウム－１・１’ －エチレンジブロミド
（別名 ジクワット）
問 52 ジエチル－Ｓ－(エチルチオエチル)－ジチオホスフエイト
（別名 エチルチオメトン）
問 53 硫酸

下欄

1 漏えいした液は土壌等でその流れを止め、安全な場所に導き、空容器にできるだけ回収し、そのあとを土壌で覆って十分に接触させた後、土壌を取り除き、多量の水で洗い流す。
2 多量の場合、漏えいした液は土砂等でその流れを止め、これに吸着させるか、又は安全な場所に導いて、遠くから徐々に注水してある程度希釈した後、水酸化カルシウム、炭酸ナトリウム等で中和し、多量の水で洗い流す。
3 飛散したものは速やかに掃き集めて空容器にできるだけ回収し、そのあとは多量の水で洗い流す。
4 多量に漏えいした液は土砂等でその流れを止め、多量の活性炭又は水酸化カルシウムを散布して覆い、至急関係先に連絡し専門家の指示により処理する。
5 漏えいした液は土砂等でその流れを止め、安全な場所に導き、空容器にできるだけ回収し、そのあとを水酸化カルシウム等の水溶液にて処理し、中性洗剤等の分散剤を使用して多量の水で洗い流す。

問 54 ～問 57　次の物質の代表的な用途について、最も適するものを下欄から選びなさい。

問 54 １・１’－ジメチル－４・４’－ジピリジニウムジクロリド
（別名 パラコート）
問 55 クロルピクリン
問 56　１・１’－イミノジ(オクタメチレン)ジグアニジン（別名 イミノクタジン ）
問 57 硫酸タリウム

下欄

1 殺菌剤　　2 殺鼠（そ）剤　　3 土壌燻（くん）蒸剤　　4 殺虫剤　　5 除草剤

問 58 ～問 61　次の物質を人が吸入又は飲み下したときあるいは皮膚に触れた場合の代表的な毒性・中毒症状として、最も適するものを下欄から選びなさい。

問 58 ブラストサイジンＳ
問 59 Ｎ－メチル－１－ナフチルカルバメート（別名 カルバリル、NAC）
問 60　２－イソプロピル－４－メチルピリミジル－６－ジエチルチオホスフエイト
（別名 ダイアジノン）
問 61 沃（よう）化メチル

香川県

下欄

1 吸入した場合、麻酔性があり、悪心、嘔吐(おうと)、めまい等が起こり、重症な場合は意識不明となり、肺水腫を起こす。
2 主な中毒症状は、振戦、呼吸困難である。肝臓に核の膨大及び変性、腎臓には糸球体、細尿管のうっ血、脾(ひ)臓には脾(ひ)炎が認められる。
3 中毒症状は、摂取後5～20分後より運動が不活発になり、振戦、呼吸の促拍、嘔吐(おうと)、流涎を呈する。また、一時的に反射運動亢進、強直性痙攣(けいれん)を示す。
4 吸入した場合、倦怠感、頭痛、めまい、吐き気、嘔吐(おうと)、腹痛、下痢、多汗等のを呈し、重症の場合には、縮瞳、意識混濁、全身痙攣(けいれん)等を起こす。
5 猛烈な神経毒がある。急性中毒では、よだれ、吐き気、悪心、嘔吐(おうと)があり、ついで脈拍緩徐不整となり、発汗、瞳孔縮小、意識喪失、呼吸困難、痙攣(けいれん)をきたす。

問 62 ～問 65 次の物質の廃棄方法として、最も適するものを下欄から選びなさい。

問 62 ブロムメチル
問 63 アンモニア
問 64 1・3－ジカルバモイルチオ－2－(N・N－ジメチルアミノ)－プロパン塩酸塩(別名 カルタップ)
問 65 クロルピクリン

下欄

1 水酸化ナトリウム水溶液等でアルカリ性とし、高温加圧下で加水分解する。
2 可燃性溶剤とともに、スクラバーを備えた焼却炉の火室へ噴霧し焼却する。
3 還元剤(例えば、チオ硫酸ナトリウム等)の水溶液に希硫酸を加えて酸性にし、この中に少量ずつ投入する。反応終了後、反応液を中和し多量の水で希釈して処理する。
4 少量の界面活性剤を加えた亜硫酸ナトリウムと炭酸ナトリウムの混合溶液中で、撹拌(かくはん)し分解させた後、多量の水で希釈して処理する。
5 水で希薄な水溶液とし、酸(希塩酸、希硫酸など)で中和させた後、多量の水で希釈して処理する。

(特定品目)

問 46 ～問 49 次の物質を含有する製剤について、劇物として取り扱いを受けなくなる濃度を下欄から選びなさい。なお、同じ番号を何度選んでもよい。

問 46 ホルムアルデヒド　**問 47** 硝酸　**問 48** 蓚(しゅう)酸
問 49 水酸化カリウム

下欄

1 1％以下	2 5％以下	3 6％以下	4 10％以下	5 70％以下

問 50 ～問 53 次の物質の貯蔵方法として、最も適するものを下欄から選びなさい。

問 50 クロロホルム　**問 51** 過酸化水素水
問 52 メタノール　**問 53** 水酸化ナトリウム

下欄

1 引火しやすく、また、その蒸気は空気と混合して爆発性混合ガスを形成するので、火気を遠ざけて貯蔵する。
2 二酸化炭素と水を吸収する性質が強いため、密栓して保管する。
3 冷暗所に貯蔵する。純品は空気と日光によって変質するので、少量のアルコールを加えて分解を防止する。
4 低温では混濁するので、常温で保存する。
5 少量ならば褐色ガラス瓶、大量ならばカーボイなどを使用し、3分の1の空間を保って貯蔵する。日光の直射を避け、冷所に有機物、金属塩、樹脂、油類、その他有機性蒸気を放出する物質と引き離して貯蔵する。

問 54 ～問 57 次の物質の漏えい又は飛散した場合の応急措置として、最も適するものを下欄から選びなさい。

問 54 硫酸　**問 55** クロム酸ナトリウム
問 56 四塩化炭素　**問 57** メチルエチルケトン

下欄

1 漏えいした場合、漏えい箇所や漏えいした液に水酸化カルシウムを十分に散布し、シート等を被せ、その上にさらに水酸化カルシウムを散布して吸収させる。
2 飛散したものは空容器にできるだけ回収し、そのあとを還元剤(硫酸第一鉄等)の水溶液を散布し、水酸化カルシウム、炭酸ナトリウム等の水溶液で処理した後、多量の水で洗い流す。
3 多量の場合、漏えいした液は土砂等でその流れを止め、これに吸着させるか、又は安全な場所に導いて、遠くから徐々に注水してある程度希釈した後、水酸化カルシウム、炭酸ナトリウム等で中和し、多量の水で洗い流す。
4 漏えいした液は土砂等でその流れを止め、安全な場所に導き、空容器にできるだけ回収し、そのあとを中性洗剤等の分散剤を使用して多量の水で洗い流す。
5 多量の場合、漏えいした液は、土砂等でその流れを止め、安全な場所に導き、液の表面を泡で覆い、できるだけ空容器に回収する。

問 58 ～問 61 次の物質を人が吸入又は飲み下したときの代表的な毒性・中毒症状として、最も適するものを下欄から選びなさい。

問 58 アンモニア　**問 59** クロム酸カリウム　**問 60** クロロホルム
問 61 蓚(しゅう)酸

下欄

1 原形質毒である。脳の節細胞を麻酔させ、赤血球を溶解する。吸収すると、はじめは嘔吐(おうと)、瞳孔の縮小、運動性不安が現れ、脳及びその他の神経細胞を麻酔させる。筋肉の張力は失われ、反射機能は消失し、瞳孔は散大する。
2 皮膚が蒼白くなり、体力が減退し、だんだんと衰弱してくる。口の中が臭く、歯茎が灰白色となり、重症化すると歯が抜けることがある。
3 口と食道が赤黄色に染まり、のち青緑色に変化する。腹部が痛くなり、緑色のものを吐き出し、血の混じった便をする。
4 摂取すると血液中のカルシウム分を奪取し、神経系を侵す。急性中毒症状は、胃痛、嘔吐(おうと)、口腔・咽喉の炎症、腎障害である。
5 吸入した場合、激しく鼻やのどを刺激し、長時間吸入すると肺や気管支に炎症を起こす。眼に入った場合、結膜や角膜に炎症を起こし、失明する危険性が高い。

香川県

問 62 ～問 65　次の物質の廃棄方法として最も適するものを、下欄から選びなさい。

問 62 四塩化炭素　　問 63 酸化第二水銀　　問 64 塩素　　問 65 過酸化水素水

下欄

1 多量のアルカリ水溶液(石灰乳又は水酸化ナトリウム水溶液等)中に吹き込んだ後、多量の水で希釈して処理する。
2 多量の水で希釈して処理する。
3 ナトリウム塩とした後、活性汚泥で処理する。
4 過剰の可燃性溶剤又は重油等の燃料とともに、アフターバーナー及びスクラバーを備えた焼却炉の火室へ噴霧してできるだけ高温で焼却する。
5 水に溶かし硫化ナトリウム(Na_2S)の水溶液を加えて沈澱させ、さらにセメントを加えて固化し、溶出試験を行い、溶出量が判定基準以下であることを確認して埋立処分する。

〔実　地〕

(一般)

問 66 ～問 69　次の物質に関する記述について、最も適するものを下欄から選びなさい。

問 66 硫酸タリウム　　問 67 ロテノン　　問 68 蓚(しゅう)酸　　問 69 二硫化炭素

下欄

1 無色の結晶。水には溶けにくいが、熱湯には溶ける。0.3 %以下を含有し、黒色に着色され、かつ、トウガラシエキスを用いて著しくからく着味されているものは普通物である。
2 白色の固体。水、アルコールに可溶、熱を発する。空気中に放置すると、水分と二酸化炭素を吸収して潮解する。水溶液に酒石酸溶液を過剰に加えると、白色結晶性の沈殿を生成する。
3 本来は無色透明の麻酔性芳香をもつ液体であるが、ふつう市場にあるものは、不快な臭気をもっている。有毒で、長く吸入すると麻酔作用が現れる。
4 2モルの結晶水を有する無色、稜柱状の結晶。乾燥空気中で風化する。加熱すると昇華、急に加熱すると分解する。水溶液は、過マンガン酸カリウムの溶液の赤紫色を消す。
5 デリス根に含有される成分であり、斜方六面体結晶である。水に溶けにくく、ベンゼン、アセトンに可溶である。酸素によって分解し効力を失うので空気と光線を遮断して貯蔵する必要がある。

問 70 ～問 73　次の物質に関する記述について、最も適するものを下欄から選びなさい。

問 70　２・２’－ジピリジリウム－１・１’－エチレンジブロミド
（別名：ジクワット）

問 71　ジメチル－２・２－ジクロルビニルホスフエイト
（別名：DDVP、ジクロルボス）

問 72　重クロム酸カリウム

問 73　沃(よう)化メチル

下欄

1　無色又は淡黄色透明の液体。エーテル様の臭気がある。空気中で光により一部分解して、褐色になる。
2　刺激性で、微臭のある比較的揮発性の無色油状の液体である。水には難溶であるが、一般の有機溶媒や石油系溶剤には可溶である。
3　淡黄色の吸湿性結晶。中性、酸性下で安定であるが、アルカリ性では不安定である。腐食性を有する。除草剤として使用される。
4　純品は無色の油状体。催涙性、強い粘膜刺激臭を有する。熱には比較的に不安定で、180 ℃以上に熱すると分解するが、引火性はない。また、金属腐食性が大きい。
5　橙赤色の柱状結晶。水に溶けるが、アルコールには溶けない。強力な酸化剤である。

問 74 ～問 77　次に記述する性状に該当する物質として、最も適するものを下欄から選びなさい。

問 74　白色又は淡黄色のロウ様半透明の結晶性固体。ニンニク臭を有する。水には不溶であるが、ベンゼン、二硫化炭素に可溶である。空気中では非常に酸化されやすく、放置すると 50 ℃で発火する。

問 75　金属光沢を持つ銀白色の軟らかい固体。水と激しく反応する。また、白金線に試料をつけて溶融炎で熱し、炎の色を見ると青紫色となる。

問 76　無色透明の結晶。光によって分解して黒変する。強力な酸化剤であり、また腐食性がある。この物質を水に溶かして塩酸を加えると、白色の沈殿を生成する。

問 77　銀白色の光沢を有する金属。常温では軟らかい固体。空気中では容易に酸化される。また、白金線に試料をつけて溶融炎で熱し、炎の色を見ると黄色になる。

下欄

1　アジ化ナトリウム　　2　黄燐(りん)　　3　カリウム　　4　硝酸銀
5　ナトリウム

問 78 ～問 81　次に記述する性状に該当する物質として、最も適するものを下欄から選びなさい。

問 78　常温、常圧においては無色の刺激臭を有する気体。水、メタノール、エタノール、エーテルに易溶である。湿った空気中で激しく発煙する。冷却すると無色の液体及び固体となる。

問 79　無色透明の液体。芳香族炭化水素特有の臭いを有する。水に不溶。引火しやすい。

問 80　無色、窒息性の気体。水により徐々に分解される。ベンゼン、酢酸等に溶けやすい。樹脂、染料等の原料に用いられる。

香川県

問 81　無色透明の液体。果実様の芳香を有する。水に可溶。蒸気は空気より重く、引火性がある。

下欄

1 塩化水素	2 塩素	3 キシレン	4 酢酸エチル
5 ホスゲン			

問 82 ～問 85　次の文章は、物質に関して記述したものである。(　　)内に最も適する語句を下欄から選びなさい。

● クロム酸ナトリウムは、(問 82)の結晶で、(問 83)を有する。また、水には可溶であり、その液に硝酸バリウムを加えると、黄色の沈殿を生じる。

問 82　下欄

1 白色	2 黄色	3 橙赤色	4 赤色	5 緑色

問 83　下欄

1 揮発性	2 爆発性	3 粘稠性	4 潮解性	5 昇華性

● S・S－ビス(1－メチルプロピル)＝O－エチル＝ホスホロジチオアート(別名：カズサホス)は(問 84)(問 85)の液体で、水に溶けにくいが、有機溶媒に溶けやすい性質をもつ。

問 84　下欄

1 無臭の	2 アーモンド臭のある	3 アンモニア臭のある
4 硫黄臭のある	5 エステル臭のある	

問 85　下欄

1 無色	2 赤色	3 淡黄色	4 紫色	5 白色

(農業用品目)

問 66 ～問 69　次の物質に関する記述について、最も適するものを下欄から選びなさい。

問 66 塩素酸ナトリウム　　問 67 シアン化ナトリウム
問 68 モノフルオール酢酸ナトリウム　　問 69 硫酸タリウム

下欄

1 白色の粉末、粒状又はタブレット状の固体。水溶液は強アルカリ性。酸と反応すると有毒かつ引火性の物質を生成する。
2 無色の結晶。水には溶けにくいが、熱湯には溶ける。0.3 %以下を含有し、黒色に着色され、かつ、トウガラシエキスを用いて著しくからく着味されているものは普通物である。
3 白色の結晶。水、アルコールに可溶である。潮解性を有する。この物質を水に溶かし、硝酸銀を加えると、白色の沈殿を生成する。
4 白色の重い粉末で、吸湿性がある。冷水には溶けやすいが、有機溶媒に溶けない。殺鼠(そ)剤として使用される。
5 無色無臭の白色の正方単斜状の結晶。水に溶けやすい。強い酸化剤で、有機物、硫黄等の可燃物が混在すると、加熱、摩擦又は衝撃により爆発する。潮解性を有する。

問 70 ～問 73　次の物質に関する記述について、最も適するものを下欄から選びなさい。

問 70 アンモニア水
問 71 ジメチル－２・２－ジクロルビニルホスフエイト
(別名：DDVP、ジクロルボス)
問 72 ニコチン
問 73　Ｏ－エチル＝Ｓ－１－メチルプロピル＝(２－オキソ－３－チアゾリジニル)ホスホノチオアート(別名：ホスチアゼート)

下欄

1　淡褐色、弱いメルカプタン臭のある液体で、水に溶けにくい。野菜等のネコブセンチュウ等の害虫の防除に用いる。
2　刺激性で、微臭のある比較的揮発性の無色油状の液体である。水には難溶であるが、一般の有機溶媒や石油系溶剤には可溶である。
3　無色透明、揮発性の液体。鼻をさすような臭気がある。アルカリ性。水と混和する。濃塩酸を潤したガラス棒を近づけると、白い霧を生じる。
4　純品は無色の油状体。催涙性、強い粘膜刺激臭を有する。熱には比較的に不安定で、180 ℃以上に熱すると分解するが、引火性はない。また、金属腐食性が大きい。
5　純品は無色・無臭の油状液体で、刺激性の味を有する。空気中では速やかに褐変する。水、アルコール、エーテル、石油等に溶ける。この物質に、ホルマリン１滴を加えた後、濃硝酸１滴を加えるとばら色を呈する。

問 74 ～問 77　次に記述する性状に該当する物質として、最も適するものを下欄から選びなさい。

問 74 無色の吸湿性結晶。アルカリ性で不安定である。水溶液中紫外線で分解する。除草剤として使用される。

問 75　白色の固体。キシレン、メタノール、クロロホルム等に可溶である。水溶液は室温で徐々に加水分解する。太陽光線には安定で、熱に対する安定性は低い。

問 76　濃い藍色の結晶。150 ℃で結晶水を失って、白色の粉末を生成する。また、この物質を水に溶かして硝酸バリウムを加えると、白色の沈殿を生成する。

問 77　淡黄色の吸湿性結晶。中性、酸性下で安定であるが、アルカリ性では不安定である。腐食性を有する。除草剤として使用される。

下欄

1　１・１’－ジメチル－４・４’－ジピリジニウムジクロリド
(別名：パラコート)
2　１・３－ジカルバモイルチオ－２－(Ｎ・Ｎ－ジメチルアミノ)－プロパン塩酸塩(別名：カルタップ)
3　２・２’－ジピリジリウム－１・１’－エチレンジブロミド
(別名：ジクワット)
4　ジメチル－(Ｎ－メチルカルバミルメチル)－ジチオホスフエイト
(別名：ジメトエート)
5　硫酸第二銅

香川県

問 78 〜問 81　次に記述する性状に該当する物質として、最も適するものを下欄から選びなさい。

問 78　純品は無色の液体。水に難溶であるが、エーテル、アルコール、ベンゼン等に可溶である。接触性殺虫剤（サンカメイチュウ、クロカメムシ等）として使用される。

問 79　無色から淡黄色の液体。硫黄化合物特有の臭気がある。稲、野菜、果樹のアブラムシ、ハダニ等吸汁性害虫の駆除に使用される。

問 80　褐色の粘稠液体。水稲のイネミズゾウムシ等の駆除に使用される。

問 81　芳香性刺激臭を有する赤褐色、油状の液体。水には不溶であるが、アルコール、エーテル等に可溶である。稲のニカメイチュウ、果樹のヤノネカイガラムシ等の駆除に使用される。

下欄

1　2・3－ジヒドロ－2・2－ジメチル－7－ベンゾ〔b〕フラニル－N－ジブチルアミノチオ－N－メチルカルバマート（別名：カルボスルフアン）
2　2－イソプロピル－4－メチルピリミジル－6－ジエチルチオホスフエイト（別名：ダイアジノン）
3　ジエチル－S－（エチルチオエチル）－ジチオホスフエイト（別名：エチルチオメトン、ジスルホトン）
4　ジメチルジチオホスホリルフエニル酢酸エチル（別名：フェントエート、PAP）
5　硫酸ニコチン

問 82 〜問 85　次の文章は、物質に関して記述したものである。（　　）内に最も適する語句を下欄から選びなさい。

● エチルパラニトロフエニルチオノベンゼンホスホネイト（別名：EPN）は融点 36 ℃の（問 82）結晶で、水には溶けにくいが、一般の有機溶媒には溶けやすい。工業的製品は（問 83）の液体である。有機燐（りん）化合物であり、遅効性の殺虫剤として使用される。

問 82　下欄

1　赤色	2　黒色	3　白色	4　紫色	5　黄色

問 83　下欄

1　暗褐色	2　灰白色	3　無色	4　橙黄色	5　黄緑色

● 燐（りん）化アルミニウムとカルバミン酸アンモニウムとの錠剤は、大気中の水分に触れると、徐々に分解して有毒な（問 84）を発生する。本剤より発生したガスは、5 〜 10 ％硝酸銀溶液を吸着させたろ紙を（問 85）に変色させる。

問 84　下欄

1　炭酸ガス	2　アンモニアガス	3　燐（りん）化水素ガス
4　硫化水素ガス	5　塩化水素ガス	

問 85　下欄

1　赤色	2　黒色	3　黄緑色	4　白色	5　紫色

香川県

(特定品目)

問 66 ～問 69　次の物質に関する記述について、最も適するものを下欄から選びなさい。

問 66 水酸化カリウム
問 67 水酸化ナトリウム
問 68 蓚（しゅう）酸
問 69 硝酸

下欄

1　白色の結晶。水に難溶、アルコールに不溶である。
2　白色、結晶性の硬い固体。水と炭酸を吸収する性質が強く、空気中に放置すると潮解する。水溶液を白金線につけて無色の火炎中に入れると、火炎は著しく黄色に染まる。
3　無色の液体で、特有の臭気を有する。腐食性が激しく、空気に接すると刺激性白霧を発し、水を吸収する性質が強い。銅屑を加えて熱すると、藍色を呈して溶け、その際赤褐色の蒸気を生成する。
4　２モルの結晶水を有する無色、稜柱状の結晶。乾燥空気中で風化する。加熱すると昇華、急に加熱すると分解する。水溶液は、過マンガン酸カリウムの溶液の赤紫色を消す。
5　白色の固体。水、アルコールに可溶、熱を発する。空気中に放置すると、水分と二酸化炭素を吸収して潮解する。水溶液に酒石酸溶液を過剰に加えると、白色結晶性の沈殿を生成する。

問 70 ～問 73　次の物質に関する記述について、最も適するものを下欄から選びなさい。

問 70 アンモニア
問 71 塩化水素
問 72 塩素
問 73 キシレン

下欄

1　常温、常圧においては無色の刺激臭を有する気体。水、メタノール、エタノール、エーテルに易溶である。湿った空気中で激しく発煙する。冷却すると無色の液体及び固体となる。
2　無色透明の液体。果実様の芳香を有する。水に可溶。蒸気は空気より重く、引火性がある。
3　特有の刺激臭のある無色の気体。圧縮することによって、常温でも簡単に液化する。水、エタノール、エーテルに可溶である。空気中では燃焼しないが、酸素中では黄色の炎をあげて燃焼する。
4　無色透明の液体。芳香族炭化水素特有の臭いを有する。水に不溶。引火しやすい。
5　常温においては窒息性臭気を有する黄緑色の気体。冷却すると、黄色溶液を経て黄白色固体となる。

問 74 ～問 77　次に記述する性状に該当する物質として、最も適するものを下欄から選びなさい。

問 74　無色透明、揮発性の液体。特異な香気を有する。蒸気は空気より重く引火しやすい。あらかじめ熱灼した酸化銅を加えると、酸化銅は還元されて金属銅色を呈する。

問 75　無色透明、可燃性のベンゼン臭を有する液体。蒸気は空気より重く引火しやすい。水に溶けないが、エタノール、ベンゼン、エーテルには溶ける。

問 76　揮発性、麻酔性の芳香を有する無色の重い液体。水に難溶、アルコール、エーテル、クロロホルムなどに可溶。アルコール性の水酸化カリウムと銅粉とともに煮沸すると、黄赤色の沈殿を生成する。

問 77　無色透明の高濃度な液体。強く冷却すると稜柱状の結晶に変化する。常温において徐々に分解するが、微量の不純物が混入したり、少し加熱されると、爆鳴を発して急激に分解する。

下欄

1　過酸化水素水	2　酢酸エチル	3　四塩化炭素
4　トルエン	5　メタノール	

問 78 ～問 81　次に記述する性状に該当する物質として、最も適するものを下欄から選びなさい。

問 78　無色の液体。アセトン様の芳香がある。蒸気は空気より重く引火しやすい。有機溶媒、水に可溶である。

問 79　橙赤色の柱状結晶。水に溶けるが、アルコールには溶けない。強力な酸化剤である。

問 80　本品の水溶液は、無色あるいはほとんど無色透明の液体。刺激性の臭気を持ち、寒冷下では混濁することがある。

問 81　重い粉末で黄色から赤色までの間の種々のものがある。水にはほとんど溶けず、酸、アルカリにはよく溶ける。

下欄

1　硅弗化（けいふっ）ナトリウム	2　重クロム酸カリウム	3　メチルエチルケトン
4　一酸化鉛	5　ホルムアルデヒド	

問 82 ～問 85　次の文章は、物質に関して記述したものである。(　　)内に最も適する語句を下欄から選びなさい。

● クロム酸ナトリウムは、(問 82)の結晶で、潮解性を有する。また、水には可溶であり、その液に硝酸バリウムを加えると、(問 83)の沈殿を生じる。

問 82　下欄

1　白色	2　黄色	3　橙赤色	4　赤色	5　緑色

問 83　下欄

1　白色	2　黄色	3　赤褐色	4　淡緑色	5　黒色

● 硫酸は、無色の(問 84)である。ショ糖、木片などに触れると、それらを炭化・黒変させる。また、硫酸の希釈水溶液に塩化バリウムを加えると、(問 85)の沈殿が生成するが、この沈殿は塩酸や硝酸に不溶である。

問 84 下欄

1　重い気体	2　軽い気体	3　油様の液体
4　硬い固体	5　軟らかい固体	

問 85 下欄

1　白色	2　褐色	3　黒色	4　黄色	5　藍色

香川県

愛媛県
令和５年度実施

〔法規(選択式問題)〕
(一般・農業用品目・特定品目共通)

1　次の文章は、毒物及び劇物取締法の条文の一部である。(　　)に当てはまる正しい字句を下欄から選びなさい。

第三条の三 (**問題 1**)、幻覚又は麻酔の作用を有する毒物又は劇物(これらを含有する物を含む。)であつて政令で定めるものは、(**問題 2**)に摂取し、若しくは(**問題 3**)し、又はこれらの目的で(**問題 4**)してはならない。

第三条の四 引火性、発火性又は(**問題 5**)のある毒物又は劇物であつて政令で定めるものは、業務その他正当な理由による場合を除いては、(**問題 4**)してはならない。

【下欄】

(**問題 1**)	1　錯乱	2　興奮	3　鎮静	4　陶酔
(**問題 2**)	1　積極的	2　むやみ	3　強制的	4　みだり
(**問題 3**)	1　吸入	2　塗布	3　使用	4　散布
(**問題 4**)	1　販売	2　譲渡	3　所持	4　贈与
(**問題 5**)	1　爆発性	2　腐食性	3　揮発性	4　刺激性

2　次の文章は、毒物及び劇物取締法施行令の条文の一部である。(　　)に当てはまる正しい字句を下欄から選びなさい。

第四十条 法第十五条の二の規定により、毒物若しくは劇物又は法第十一条第二項に規定する政令で定める物の廃棄の方法に関する技術上の基準を次のように定める。

一 (**問題 6**)、加水分解、酸化、還元、(**問題 7**)その他の方法により、毒物及び劇物並びに法第十一条第二項に規定する政令で定める物のいずれにも該当しない物とすること。

二 ガス体又は(**問題 8**)性の毒物又は劇物は、保健衛生上危害を生ずるおそれがない場所で、少量ずつ放出し、又は(**問題 8**)させること。

三 可燃性の毒物又は劇物は、保健衛生上危害を生ずるおそれがない場所で、少量ずつ(**問題 9**)させること。

四 前各号により難い場合には、地下(**問題 10**)メートル以上で、かつ、地下水を汚染するおそれがない地中に確実に埋め、海面上に引き上げられ、若しくは浮き上がるおそれがない方法で海水中に沈め、又は保健衛生上危害を生ずるおそれがないその他の方法で処理すること。

【下欄】

(**問題 6**)	1　飽和	2　中和	3　溶解	4　凝固
(**問題 7**)	1　濃縮	2　稀釈	3　冷凍	4　蒸散
(**問題 8**)	1　拡散	2　発火	3　揮発	4　蒸発
(**問題 9**)	1　燃焼	2　拡散	3　稀釈	4　蒸発
(**問題 10**)	1　五	2　三	3　二	4　一

3　次の文章は、毒物及び劇物取締法の条文の一部である。(　　)に当てはまる正しい字句を下欄から選びなさい。

第十五条　毒物劇物営業者は、毒物又は劇物を次に掲げる者に交付してはならない。
一　(問題 11)歳未満の者
二　略
三　麻薬、(問題 12)、あへん又は覚せい剤の中毒者
2　毒物劇物営業者は、厚生労働省令の定めるところにより、その交付を受ける者の氏名及び(問題 13)を確認した後でなければ、第三条の四に規定する政令で定める物を交付してはならない。
3　毒物劇物営業者は、(問題 14)を備え、前項の確認をしたときは、厚生労働省令の定めるところにより、その確認に関する事項を記載しなければならない。
4　毒物劇物営業者は、前項の(問題 14)を、最終の記載をした日から(問題 15)、保存しなければならない。

【下欄】

(問題 11)	1	十五	2	十六	3	十八	4	二十
(問題 12)	1	大麻	2	指定薬物	3	向精神薬	4	シンナー
(問題 13)	1	職業	2	用途	3	年齢	4	住所
(問題 14)	1	伝票	2	台帳	3	個票	4	帳簿
(問題 15)	1	一年間	2	三年間	3	五年間	4	七年間

4　次の文章で正しいものには[1]を、誤っているものには[2]を選択しなさい。

(問題 16)　毒物又は劇物の製造業者又は輸入業者は、登録を受けた毒物又は劇物以外の毒物又は劇物を製造し又は輸入したときは、30 日以内にその旨を届け出なければならない。
(問題 17)　一般毒物劇物取扱者試験に合格しても、特定品目を販売する店舗の毒物劇物取扱責任者になることはできない。
(問題 18)　愛媛県で実施された毒物劇物取扱者試験で合格した場合は、愛媛県以外では毒物劇物取扱責任者となることができない。
(問題 19)　18 歳未満の者は、毒物劇物取扱責任者となることができない。
(問題 20)　毒物又は劇物の販売業の登録を受けようとする者は、店舗ごとに、その店舗の所在地の都道府県知事、保健所を設置する市の市長又は特別区の区長を経て、厚生労働大臣に申請書を提出しなければならない。
(問題 21)　最大積載量が、5,000 キログラム以上の自動車に固定された容器を用いて、液体状の無機シアン化合物たる毒物を含有する製剤を 1,000 リットル以上運送する場合、その運送を請負う者は、事業場ごとに業務上取扱者として届け出なければならない。
(問題 22)　製造業又は輸入業の登録は、5 年ごとに、販売業の登録は、6 年ごとに、更新を受けなければ、その効力を失う。
(問題 23)　特定毒物研究者の許可を受けていれば、毒物又は劇物の製造業の登録を受けていなくても、学術研究のために特定毒物を製造することができる。
(問題 24)　毒物劇物営業者は、その取扱いに係る毒物又は劇物が盗難にあい、又は紛失したときは、3 日以内に、その旨を警察署に届け出なければならない。
(問題 25)　毒物劇物製造業者が、その製造した毒物又は劇物を、他の毒物劇物販売業者に販売する場合、毒物劇物販売業の登録を受けなければならない。

〔法規（記述式問題）〕
（一般・農業用品目共通）

1 次の文章は、毒物及び劇物取締法の条文の一部である。正しい語句を記入しなさい。

第十四条 毒物劇物営業者は、毒物又は劇物を他の毒物劇物営業者に販売し、又は（**問題1**）したときは、その都度、次に掲げる事項を書面に記載しておかなければならない。

一 毒物又は劇物の（**問題2**）及び数量
二 販売又は（**問題1**）の（**問題3**）
三 譲受人の氏名、（**問題4**）及び（**問題5**）（法人にあつては、その名称及び主たる事務所の（**問題6**））

第十六条 （**問題7**）の危害を防止するため必要があるときは、（**問題8**）で、毒物又は劇物の運搬、貯蔵その他の取扱について、（**問題9**）の基準を定めることができる。

2 （**問題7**）の危害を防止するため特に必要があるときは、（**問題8**）で、次に掲げる事項を定めることができる。

一 特定毒物が附着している物又は特定毒物を含有する物の取扱に関する（**問題 9**）の基準
二 特定毒物を含有する物の製造業者又は輸入業者が一定の品質又は（**問題 10**）の基準に適合するものでなければ、特定毒物を含有する物を販売し、又は（**問題1**）してはならない旨
三 特定毒物を含有する物の製造業者、輸入業者又は販売業者が特定毒物を含有する物を販売し、又は（**問題1**）する場合には、一定の表示をしなければならない旨

〔基礎化学（選択式問題）〕
（一般・農業用品目・共通）

1 次の２つの物質の反応により発生する気体を下欄から選びなさい。

（**問題26**）硫化鉄と希硫酸
（**問題27**）濃塩酸と二酸化マンガン
（**問題28**）炭酸水素ナトリウムと塩酸
（**問題29**）塩化ナトリウムと濃硫酸
（**問題30**）マグネシウムと熱水

【下欄】

1 酸素	2 二酸化硫黄	3 塩化水素	4 硫化水素	5 窒素
6 二酸化炭素	7 水素	8 アンモニア	9 塩素	0 アセチレン

2 次の物質について、水溶液が酸性を示すものには［１］を、中性を示すものには［２］を、塩基性を示すものには［３］を選択しなさい。

（**問題31**）水酸化カリウム
（**問題32**）硝酸アンモニウム
（**問題33**）炭酸水素ナトリウム
（**問題34**）りん酸水素二ナトリウム
（**問題35**）硫酸銅（Ⅱ）
（**問題36**）塩化銅（Ⅱ）
（**問題37**）塩化カルシウム
（**問題38**）硝酸
（**問題39**）アンモニア
（**問題40**）硫酸バリウム

3 次の（　）内に当てはまる最も適当な語句を下欄から選びなさい。

周期表の縦の列を「族」と呼び、同じ族の元素は、互いに性質がよく似ているので（**問題41**）と呼ばれている。１族元素のうち、H を除く、Li、Na などを（**問題42**）という。（**問題42**）は、いずれも価電子数は（**問題43**）個であり、単体や化合物は特有の炎色反応を示すことが知られている。炎色反応により、Li は（**問題44**）を、K は（**問題45**）を呈する。

【下欄】

(問題41)	1	金属元素	2	遷移元素	3	同族元素
(問題42)	1	アルカリ金属	2	アルカリ土類金属	3	ハロゲン
(問題43)	1	1	2	2	3	3
(問題44)	1	赤色	2	黄色	3	紫色
(問題45)	1	赤色	2	黄色	3	紫色

4　次の記述について、正しいものは[１]を、誤っているものは[２]を選択しなさい。

(問題46) 物質を構成する最も基本的な粒子が原子である。原子は、中心に原子核があり、原子核は負の電気を帯びた陽子と電気を帯びていない中核子からできている。

(問題47) 物質のうち、メタンのように、２種類以上の元素が結合してできている純物質を化合物という。

(問題48) 物質のうち、空気のように２種類以上の物質が混じり合ったものを混合物という。

(問題49) 酸素とオゾンのように、同じ元素からなる単体で、性質の異なる物質を同素体という。

(問題50) 固体が大気中にさらされているとき、大気中の水蒸気を捕まえてその水に溶ける現象を昇華という。

〔基礎化学(記述式問題)〕

(一般・農業用品目共通)

1　次の問題について、(　)内にあてはまる数値を記入しなさい。

(１) 20w/v％硫酸水溶液(**問題 11**)mL と 60w/v％硫酸水溶液(**問題 12**)mL を混合すると、44w/v％硫酸水溶液 1,000 mL になる。

(２) 3mol/L の硫酸１ L を中和するには、1.5mol/L の水酸化ナトリウム水溶液(**問題 13**)L が必要である。

(３) 水(**問題 14**)g に塩化ナトリウムを 20g 溶かすと、濃度が 12.5％の塩化ナトリウム水溶液となる。

(４) ある物質は、水 250g に対して摂氏 25 度で 150g まで溶ける。この物質の摂氏 25 度における飽和水溶液の濃度は、(**問題 15**)％である。(小数第 2 位を四捨五入せよ。)

〔薬物(選択式問題)〕

(一般)

1　次の物質について、毒物(特定毒物を除く。)であるものは[１]を、劇物であるものには[２]を、特定毒物であるものは[３]を、いずれにも該当しないものは[４]を、選択しなさい。ただし、記載してある物質は全て原体である。

(問題 1) エチレングリコールモノエチルエーテル

(問題 2) 酢酸　　**(問題 3)** モノフルオール酢酸アミド

(問題 4) ニコチン　　**(問題 5)** モノフルオール酢酸ナトリウム

(問題 6) フェノール　　**(問題 7)** 四塩化炭素

(問題 8) ヒドロキシルアミン　　**(問題 9)** 蓚(しゅう)酸

(問題 10) エチルパラニトロフェニルチオノベンゼンホスホネイト(別名 EPN)

2　次の表に挙げる物質の、「性状」についてはA欄から、「用途」についてはB欄から最も適当なものを選びなさい。

物質名	性　状	用　途
メチルエチルケトン	（問題 11）	（問題 16）
重クロム酸カリウム	（問題 12）	（問題 17）
五塩化アンチモン	（問題 13）	（問題 18）
水素化アンチモン	（問題 14）	（問題 19）
酢酸タリウム	（問題 15）	（問題 20）

【A 欄】（性状）

1 橙赤色の結晶。水に可溶で、アルコールには不溶。
2 無色の液体。アセトン様の芳香がある。引火性が高く、水、有機溶媒に可溶。
3 無色の結晶。湿った空気中で潮解し、水及び有機溶媒に易溶。
4 淡黄色の液体。水により加水分解し、白煙を生じる。塩酸、クロロホルムに可溶。
5 無色、ニンニク臭の気体。空気中では常温でも徐々に分解する。

【B 欄】（用途）

1 工業用の酸化剤、媒染剤、電気鍍金（めつき）として用いる。
2 殺鼠（そ）剤として用いる。
3 溶剤、有機合成原料として用いる。
4 半導体材料の製造に用いる。
5 化学反応触媒として用いる。

3　次の物質の貯蔵方法として、最も適当なものを下欄から選びなさい。

（問題 21）ナトリウム　（問題 22）ブロムメチル　（問題 23）クロロホルム
（問題 24）沃（よう）素　（問題 25）五硫化二燐（りん）

【下欄】

1 常温では気体なので、圧縮冷却して液化し、圧縮容器に入れ、冷暗所に貯蔵する。
2 容器は気密容器を用い、通風の良い冷所に貯蔵する。腐食されやすい金属、濃塩酸、アンモニア水、アンモニアガス、テレビン油などは、なるべく引き離しておく。
3 空気中にそのまま保存することはできないので、通常石油中に貯蔵する。石油も酸素を吸収するため、長時間経過すると、表面に酸化物の白い皮を生じる。
4 火災、爆発の危険性があり、わずかの加熱で発火し、発生した気体で爆発することがあるので、換気良好な冷暗所に貯蔵する。
5 冷暗所に貯蔵する。純品は空気と日光によって変質するので、少量のアルコールを加えて分解を防止する。

4　次の物質による中毒症状及びその対処方法について、最も適当なものを下欄から選び、その番号を薬物・実地答案用紙の問題番号26から30の解答欄にマークしなさい。

(問題26) メタノール　(問題27) クロルピクリン
(問題28) シアン化水素　(問題29) ニコチン　(問題30) ジメチル硫酸

【下欄】

1 神経毒であり、急性中毒では、よだれ、吐気、悪心、嘔(おう)吐があり、次いで脈拍緩徐不整となり、発汗、瞳孔縮小、人事不省、呼吸困難、痙攣(けいれん)をきたす。
2 吸入すると、分解しないで組織内に吸収され、各器官に障害を与える。血液に入ってメトヘモグロビンをつくり、また中枢神経や心臓、眼結膜をおかし、肺に強い障害を与える。
3 極めて猛毒で、希薄な蒸気でも吸入すると呼吸中枢を刺激し、次いで麻痺させる。
4 頭痛、めまい、嘔(おう)吐、下痢、腹痛などの症状を呈し、致死量に近ければ麻酔状態になり、視神経がおかされ、目がかすみ、失明することがある。中毒症状が発現した場合の解毒法として、アルカリ剤による中和療法がある。
5 皮膚に触れた場合、発赤、水ぶくれ、痛覚喪失、やけどを起こす。また、皮膚から吸収され全身中毒を起こす。

5 次の物質について、劇物から除外される濃度を下から選びなさい。

(問題31) 亜塩素酸ナトリウムを含有する製剤
1　5％以下　2　10％以下　3　15％以下　4　20％以下　5　25％以下

(問題32)　2－アミノエタノールを含有する製剤
1　1％以下　2　5％以下　3　20％以下　4　50％以下　5　90％以下

(問題33)　3－アミノメチル－3，5，5－トリメチルシクロヘキシルアミン(別名 イソホロンジアミン)を含有する製剤
1　1％以下　2　2％以下　3　4％以下　4　6％以下　5　8％以下

(問題34) アンモニアを含有する製剤
1　1％以下　2　2.5％以下　3　5％以下　4　10％以下　5　20％以下

(問題35)　無水酢酸を含有する製剤
1　0.2％以下　2　0.5％以下　3　5％以下　4　10％以下　5　18％以下

(問題36)　クロム酸鉛を含有する製剤
1　4％以下　2　17％以下　3　25％以下　4　40％以下　5　70％以下

(問題37)　シクロヘキシミドを含有する製剤
1　0.1％以下　2　0.2％以下　3　0.3％以下　4　0.5％以下　5　1％以下

(問題38)　クレゾールを含有する製剤
1　5％以下　2　7％以下　3　10％以下　4　15％以下　5　20％以下

(問題39)　過酸化水素を含有する製剤
1　1％以下　2　5％以下　3　6％以下　4　10％以下　5　70％以下

(問題40)　ジニトロメチルヘプチルフェニルクロトナート(別名 ジノカップ)を含有する製剤
1　0.1％以下　2　0.2％以下　3　0.3％以下　4　0.5％以下　5　1％以下

（農業用品目）

1　次の用途に用いるものとして、最も適当なものを下欄から選びなさい。

（問題 1）　殺鼠（そ）剤　　（問題 2）　殺虫剤　　（問題 3）　除草剤
（問題 4）　殺菌剤　　（問題 5）　植物成長調整剤

【下欄】

1　2－クロルエチルトリメチルアンモニウムクロリド(別名　クロルメコート)
2　2－(フェニルパラクロルフェニルアセチル)－1，3－インダンジオン(別名　クロロファシノン)
3　1，1’－イミノジ(オクタメチレン)ジグアニジン(別名　イミノクタジン)
4　2，2’－ジピリジリウム－1，1’－エチレンジブロミド(別名　ジクワット)
5　2，3，5，6－テトラフルオロ－4－メチルベンジル＝(Z)－(1RS，3RS)－3－(2－クロロ－3，3，3－トリフルオロ－1－プロペニル)－2，2－ジメチルシクロプロパンカルボキシラート(別名　テフルトリン)

2　次の文章の(　　)に入る最も適当なものをそれぞれ下欄から選びなさい。

トランス－N－(6－クロロ－3－ピリジルメチル)－N’－シアノ－N－メチルアセトアミジン(別名　アセタミプリド)は、(問題 6)の(問題 7)で、(問題 8)に溶けやすく、(問題 9)(問題 10)である。

【下欄】

（問題 6）　1　赤色　　2　青色　　3　茶色　　4　黄色　　5　白色
（問題 7）　1　気体　　2　液体　　3　固体
（問題 8）　1　水　　2　有機溶媒
（問題 9）　1　有機リン系　　2　カーバメート系　　3　有機塩素系　　4　ピレスロイド系　　5　ネオニコチノイド系
（問題 10）　1　殺鼠（そ）剤　　2　殺虫剤　　3　除草剤　　4　殺菌剤　　5　植物成長調整剤

3　次の物質の性状、特徴、用途について、最も適当なものを下欄から選びなさい。

（問題 11）　O－エチル＝S－1－メチルプロピル＝(2－オキソ－3－チアゾリジニル)ホスホノチオアート(別名　ホスチアゼート)
（問題 12）　(RS)－α－シアノ－3－フエノキシベンジル＝N－(2－クロロ－α，α，α－トリフルオロ－パラトリル)－D－バリナート(別名　フルバリネート)
（問題 13）　S－メチル－N－［(メチルカルバモイル)－オキシ］－チオアセトイミデート(別名　メトミル)
（問題 14）　N－(4－t－ブチルベンジル)－4－クロロ－3－エチル－1－メチルピラゾール－5－カルボキサミド(別名　テブフェンピラド)
（問題 15）　2，3－ジシアノ－1，4－ジチアアントラキノン(別名　ジチアノン)

【下欄】

1　淡黄色または黄褐色の粘稠（ちゅう）性液体で、水に難溶である。熱、酸性には安定であるが、太陽光、アルカリには不安定である。沸点は摂氏 450 度以上である。殺虫剤として用いられる。
2　弱いメルカプタン臭のある淡褐色の液体で、水に溶けにくい。野菜等のネコブセンチュウ等の害虫の防除に用いる。
3　暗褐色の結晶性粉末で、融点は摂氏 216 度である。殺菌剤として用いられる。
4　白色の結晶で、融点は摂氏 78 ～ 79 度である。水、メタノール、アセトンに可溶である。殺虫剤として用いられる。
5　淡黄色の結晶で、融点は摂氏 61 ～ 62 度である。水に難溶であり、有機溶媒に可溶である。野菜、果樹等のハダニ類の害虫の防除に用いる。

4 次の物質について、農業用品目販売業者が販売できる毒物は〔1〕を、農業用品目販売業者が販売できる劇物は〔2〕を、農業用品目販売業者が販売できないものは〔3〕を選択しなさい。ただし、毒物には特定毒物を含むこととし、「製剤」と記載のないものは原体とする。

(問題 16) Ｎ－メチル－１－ナフチルカルバメート(別名 ＮＡＣ、カルバリル)20％を含有する製剤
(問題 17) ２，２－ジメチル－２，３－ジヒドロ－１－ベンゾフラン－７－イル＝Ｎ－〔Ｎ－(２－エトキシカルボニルエチル)－Ｎ－イソプロピルスルフェナモイル〕－Ｎ－メチルカルバマート(別名 ベンフラカルブ)10％を含有する製剤
(問題 18) ブチル＝２，３－ジヒドロ－２，２－ジメチルベンゾフラン－７－イル＝Ｎ，Ｎ'－ジメチル－Ｎ，Ｎ'－チオジカルバマート(別名 フラチオカルブ)10％を含有する製剤
(問題 19) テトラエチルメチレンビスジチオホスフェイト(別名 エチオン)
(問題 20) アバメクチン２％を含有する製剤
(問題 21) １，３－ジカルバモイルチオ－２－(Ｎ，Ｎ－ジメチルアミノ)－プロパン塩酸塩 (別名 カルタップ) ４％を含有する製剤
(問題 22) ホルムアルデヒド35％を含有する製剤
(問題 23) ２，３－ジヒドロ－２，２－ジメチル－７－ベンゾ〔ｂ〕フラニル－Ｎ－ジブチルアミノチオ－Ｎ－メチルカルバマート(別名 カルボスルファン)
(問題 24) 硝酸65％を含有する製剤
(問題 25) 酢酸エチル

5 次の物質の性状、貯蔵方法について、最も適当なものを下欄から選びなさい。

(問題 26) 塩素酸ナトリウム　(問題 27) 硫酸
(問題 28) アンモニア水　(問題 29) 沃(よう)化メチル
(問題 30) シアン化ナトリウム

【下欄】

1 水を吸収して発熱するので、よく密栓して貯蔵する。
2 可燃性物質と混合すると爆発する危険性があるので離して保管する。潮解性があるので、乾燥した冷暗所に密栓保管する。
3 少量ならばガラス瓶、多量ならばブリキ缶又は鉄ドラム缶を用い、酸類とは離して、風通しの良い乾燥した冷所に密栓して貯蔵する。
4 空気中で光により分解するので、容器は遮光し、直射日光を避け、密栓して換気の良い冷暗所に貯蔵する。
5 揮発性があるため、密栓し直射日光を避け、冷所で換気の良い場所に貯蔵する。

(特定品目)

1 次の物質のうち、毒物劇物特定品目販売業者が取り扱うことができる毒物又は劇物は〔1〕を、取り扱うことができない毒物又は劇物は〔2〕を選択しなさい。
ただし、「製剤」と記載のないものは原体とする。

(問題 1) 酸化水銀を10％含有する製剤
(問題 2) 塩酸と硫酸とを合わせて20％含有する製剤
(問題 3) キシレン
(問題 4) フェノールを10％含有する製剤
(問題 5) 塩基性酢酸鉛

2　次の製剤について、劇物から除外される濃度を下欄から選びなさい。 ただし、同じ番号を繰り返し選んでもよい。

（問題 6）クロム酸鉛
（問題 7）水酸化ナトリウムを含有する製剤
（問題 8）ホルムアルデヒドを含有する製剤
（問題 9）硫酸を含有する製剤
（問題 10）塩化水素を含有する製剤

【下欄】

1　1％以下	2　5％以下	3　6％以下	4　10％以下	5　70％以下

3　次の物質について、化学式とその用途の組み合わせが正しいものは〔1〕を、誤っているものは〔2〕をを選択しなさい。

	物質	化学式	用途
（問題 11）	硝酸	HNO_3	冶（や）金、爆薬の原料
（問題 12）	一酸化鉛	PbO	顔料
（問題 13）	硅弗（けいふっ）化ナトリウム	Na_2SiF_6	釉（うわ）薬
（問題 14）	メチルエチルケトン	$CH_3COOC_2H_5$	有機合成原料
（問題 15）	塩酸	HCl	紙・パルプの漂白剤

4　次の物質の代表的な毒性として、最も適当なものを下欄から選びなさい。

（問題 16）塩素　（問題 17）四塩化炭素　（問題 18）水酸化カリウム
（問題 19）クロロホルム　（問題 20）蓚（しゅう）酸

【下欄】

1　脳の節細胞を麻酔させ、赤血球を溶解する。吸入すると、はじめは嘔（おう）吐、瞳孔の縮小、運動性不安が現れ、脳及びその他の神経細胞を麻酔させる。
2　吸入した場合、はじめ、頭痛、悪心などをきたし、黄疸のように角膜が黄色となり、次第に尿毒症様を呈し、はなはだしいときは死亡することがある。
3　血液中のカルシウム分を奪取し、神経系をおかす。急性中毒症状は、胃痛、嘔（おう）吐、口腔・咽喉の炎症、腎障害である。
4　吸入すると鼻や気管支などの粘膜が激しく刺激され、多量に吸入したときは、かっ血、胸の痛み、呼吸困難、皮膚や粘膜が青黒くなる(チアノーゼ)などを起こす。
5　この薬物の高濃度の水溶液は、腐食性が強く、皮膚に触れると皮膚が激しく腐食される。

5　次の文章の(　　)に入る正しい字句をそれぞれ下欄から選びなさい。

アンモニアは、常温常圧では、(問題 21)のある(問題 22)の気体である。水に溶けやすく、水溶液は(問題 23)を呈する。また、劇物から除外される濃度は、(問題 24)以下である。

酢酸エチルは、(問題 25)の液体で、(問題 26)がある。蒸気は空気より(問題 27)、引火性である。

重クロム酸カリウムは、常温では(問題 28)の結晶で、水によく溶ける。強力な(問題 29)で、主な用途は、(問題 30)である。

【下欄】

(問題 21) 1 果実様の芳香　2 特有の刺激臭　3 芳香族炭化水素特有の臭い
(問題 22) 1 黄緑色　2 赤褐色　3 無色
(問題 23) 1 酸性　2 中性　3 アルカリ性
(問題 24) 1 1％　2 5％　3 6％　4 10％
(問題 25) 1 褐色　2 白色　3 無色
(問題 26) 1 果実様の芳香　2 特有の刺激臭
3 芳香族炭化水素特有の臭い
(問題 27) 1 軽く　2 重く
(問題 28) 1 白色　2 淡黄色　3 橙赤色　4 無色
(問題 29) 1 酸化剤　2 還元剤
(問題 30) 1 漂白剤　2 冶(や)金、ニトロ化合物の原料　3 香料
4 顔料や染料

〔実地(選択式問題)〕

(一般)

1　次の物質の鑑別について、最も適当なものを下欄から選びなさい。

(問題 41) 燐(りん)化アルミニウムとその分解促進剤と含有する製剤
(問題 42) 硝酸銀　(問題 43) アンモニア水
(問題 44) クロロホルム　(問題 45) 塩素酸カリウム

【下欄】

1 物質より発生したガスは、5～ 10 %硝酸銀水溶液を吸着させたろ紙を黒変する。
2 水に溶かして塩酸を加えると白色の沈殿を生じ、その液に硫酸と銅屑(くず)を加えて熱すると赤褐色の蒸気を発生する。
3 濃塩酸をうるおしたガラス棒を近づけると、白い霧を生じる。
4 ベタナフトールと高濃度水酸化カリウム溶液と熱すると藍色を呈し、空気に触れて緑より褐色に変化し、酸を加えると赤色の沈殿を生じる。
5 熱すると酸素を発生する。水溶液に酒石酸を多量に加えると、白色結晶を生じる。

2　次の物質の常温常圧における性状について、最も適当なものを下から選びなさい。

(問題 46)　硫酸

1 無色透明な油状の液体　2 橙黄色の結晶　3 銀白色の油状の液体
4 銀白色の固体　5 無色透明の結晶

(問題 47)　キシレン

1 無色透明で特有の臭いのある液体　2 黄色で特有の臭いのある液体
3 無色透明で無臭の液体　4 黄色で無臭の液体
5 白色で無臭の液体

(問題 48)　三塩化チタン

1 暗紫色の結晶　2 青色の液体　3 黄色の結晶
4 暗赤色の液体　5 緑色の結晶

（問題 49） ブロム水素

1 赤褐色の気体	2 赤褐色の液体	3 白色の固体
4 無色の液体	5 無色の気体	

（問題 50） クロロアセトアルデヒド

1 無色の液体	2 淡黄色の液体	3 無色の固体
4 淡黄色の固体	5 淡黄色の気体	

3 次の物質の廃棄方法として、最も適当なものを下欄から選びなさい。

（問題 51） 塩化水素　（問題 52） シアン化ナトリウム

（問題 53） 砒(ひ)素　（問題 54） 塩化亜鉛

（問題 55） 1，1’－ジメチル－4，4’－ジピリジニウムジクロリド
（別名 パラコート）

【下欄】

1 木粉（おが屑(くず)）等に混ぜて焼却炉で焼却する。
2 水に溶かし、消石灰、ソーダ灰等の水溶液を加えて処理し、沈殿ろ過して、埋立処分する。
3 セメントを用いて固化し、溶出試験を行い、溶出量が判定基準以下であることを確認して埋立処分する。
4 水酸化ナトリウム水溶液を加えアルカリ性（ｐＨ 11 以上）とし、酸化剤（次亜塩素酸ナトリウム等）の水溶液を加えて酸化分解する。分解したのち硫酸を加え中和し、多量の水で希釈して処理する。
5 石灰乳などの攪拌(かくはん)溶液に加えて中和させた後、多量の水で希釈して処理する。

4 次の物質の漏えい時の措置として、最も適当なものを下欄から選びなさい。

（問題 56） 二硫化炭素　（問題 57） アクリルニトリル

（問題 58） 臭素　（問題 59） 燐(りん)化水素

（問題 60） 重クロム酸ナトリウム

【下欄】

1 多量に漏えいした場合、漏えい箇所や漏えいした液には消石灰を十分散布し、むしろ、シート等をかぶせ、その上に更に消石灰を散布して吸収させる。漏えい容器には散水しない。多量にガスが噴出した場所には遠くから霧状の水をかけ吸収させる。
2 多量に漏えいした液は土砂等でその流れを止め、安全な場所に導き、遠くからホース等で多量の水をかけて、濃厚な蒸気が発生しなくなるまで十分に希釈して洗い流す。
3 漏えいしたボンベ等を多量の水酸化ナトリウム溶液と酸化剤（次亜塩素酸ナトリウム、さらし粉等）の水溶液の混合溶液に容器ごと投入してガスを吸収させ、酸化処理し、そのあとを多量の水を用いて洗い流す。
4 多量に漏えいした液は、土砂等でその流れを止め、安全な場所に導き、水で覆った後、土砂等に吸着させて空容器に回収し、水封後密栓する。そのあとを多量の水を用いて洗い流す。
5 飛散したものは空容器にできるだけ回収し、そのあとを還元剤（硫酸第一鉄等）の水溶液を散布し、消石灰、ソーダ灰等の水溶液で処理したのち、多量の水を用いて洗い流す。

5　次の物質を取り扱う際の注意事項について、最も適切なものを下欄から選びなさい。

(問題 61) 塩素酸ナトリウム　　(問題 62) 酸化カドミウム
(問題 63) 臭化水素酸　　(問題 64) エチレンオキシド
(問題 65) 塩化ベンジル

【下欄】

1 強酸と反応し、発火または爆発することがある。
2 金属の存在下で重合し、水の存在下で金属を腐食する。
3 強熱すると有害な煙霧を発生する。
4 加熱、摩擦、衝撃、火花等により発火または爆発することがある。
5 各種の金属と反応してガスを発生し、空気と混合して引火爆発する恐れがある。

(農業用品目)

1　次の物質の性状について、最も適当なものを下欄から選びなさい。

(問題 31)　5－メチル－1，2，4－トリアゾロ［3，4－b］ベンゾチアゾール（別名 トリシクラゾール）
(問題 32) ロテノン
(問題 33)　3－ジメチルジチオホスホリル－S－メチル－5－メトキシ－1，3，4－チアジアゾリン－2－オン（別名 メチダチオン、DMTP）
(問題 34)　ジエチル－（5－フェニル－3－イソキサゾリル）－チオホスフェイト（別名 イソキサチオン）
(問題 35) 弗（ふっ）化スルフリル

【下欄】

1 無色の結晶で臭いはなく、融点は摂氏 183 ～ 189 度である。水、有機溶媒にあまり溶けない。
2 淡黄褐色の液体で、水に難溶、有機溶媒に可溶、アルカリに不安定である。
3 斜方６面体結晶で、融点は摂氏 163 度である。水に難溶、ベンゼン、アセトンに可溶、クロロホルムに易溶である。
4 無色の気体で、水に難溶であり、アセトン、クロロホルムに可溶である。
5 灰白色の結晶で、融点は摂氏 39 ～ 40 度である。水に難溶で、有機溶媒に可溶である。

2　次の文章の(　)に入る最も適当なものをそれぞれ下欄から選びなさい。

ジメチルジチオホスホリルフェニル酢酸エチル(別名 フェントエート、PAP)は、(問題 36)の(問題 37)であり、(問題 38)臭がある。水に(問題 39)であり、アセトンに(問題 40)である。

【下欄】

(問題 36) 1 無色　2 白色　3 淡黄色　4 淡青色　5 赤褐色
(問題 37) 1 気体　2 油状液体　3 結晶
(問題 38) 1 芳香性刺激　2 ニンニク　3 アーモンド　4 硫黄　5 メルカプタン
(問題 39) 1 可溶　2 不溶
(問題 40) 1 可溶　2 不溶

メチル－N’，N’－ジメチル－N－［(メチルカルバモイル)オキシ］－1－チオオキサムイミデート(別名 オキサミル)は、(問題 41)針状の(問題 42)で、かすかな(問題 43)臭がある。水に(問題 44)であり、クロロホルムに(問題 45)である。

【下欄】

(問題 41)	1 無色	2 白色	3 淡黄色	4 淡青色	5 赤褐色
(問題 42)	1 気体	2 油状液体	3 結晶		
(問題 43)	1 芳香性刺激	2 ニンニク	3 アーモンド	4 硫黄	5 メルカプタン
(問題 44)	1 可溶	2 不溶			
(問題 45)	1 可溶	2 不溶			

3 次の表に挙げる物質の「廃棄方法」については【A 欄】から、「漏えい時の措置」については【B 欄】から最も適当なものを選びなさい。

物質名	廃棄方法	漏えい時の措置
硫酸第二銅	(問題 46)	(問題 49)
ジメチル－2，2－ジクロルビニルホスフェイト(別名 DDVP)	(問題 47)	
クロルピクリン	(問題 48)	
シアン化カリウム		(問題 50)

【A 欄】

1 多量の次亜塩素酸ナトリウムと水酸化ナトリウムの混合水溶液を撹拌(かくはん)しながら少量ずつ加えて酸化分解し、過剰の次亜塩素酸ナトリウムをチオ硫酸ナトリウム水溶液で分解した後、希硫酸を加えて中和し、沈殿ろ過して埋立処分する。
2 水に溶かし、水酸化カルシウム水溶液を加えて生じる沈殿をろ過し埋立処分する。
3 セメントを用いて固化し、溶出試験を行い、溶出量が判定以下であることを確認して埋立処分する。
4 おが屑(くず)等に吸収させ、アフターバーナー及びスクラバーを備えた焼却炉で焼却する。または、可燃性溶剤とともにアフターバーナー及びスクラバーを備えた焼却炉の火室に噴霧し、焼却する。
5 少量の界面活性剤を加えた亜硫酸ナトリウムと炭酸ナトリウムの混合溶液中で、撹拌(かくはん)し分解させた後、多量の水で希釈して処理する。

【B 欄】

1 飛散したものは、空容器にできるだけ回収し、そのあとを炭酸ナトリウム等の水溶液を用いて処理し、多量の水で洗い流す。
2 少量の場合、漏えいした液は布でふき取るか又はそのまま風にさらして蒸発させる。
　多量の場合、漏えいした液は土砂等でその流れを止め、多量の活性炭又は消石灰を散布して覆い、至急関係先に連絡し、専門家の指示により処理する。
3 水酸化ナトリウム水溶液等を散布して pH11 以上とし、さらに酸化剤(次亜塩素酸ナトリウム等)の水溶液で酸化処理を行い、多量の水で洗い流す。
4 着火源を速やかに取り除き、漏えいした液は水で覆った後、土砂等に吸着させ、空容器に回収し、水封後密栓する。

4　次の物質の鑑別について、最も適当なものを下欄から選びなさい。

（問題 51）硫酸
（問題 52）硫酸亜鉛
（問題 53）燐(りん)化アルミニウムとその分解促進剤とを含有する製剤
（問題 54）ニコチン
（問題 55）アンモニア水

【下欄】

1　エーテルに溶かし、沃(よう)素のエーテル溶液を加えると、褐色の液状沈殿を生じ、これを放置すると、赤色の針状結晶となる。また、ホルムアルデヒド水溶液1滴を加えた後、濃硝酸1滴を加えるとばら色を呈する。
2　濃塩酸をうるおしたガラス棒を近づけると、白い霧を生じる。
3　水に溶かして硫化水素を通じると、白色の沈殿を生じる。また、水に溶かして塩化バリウムを加えると、白色の沈殿を生じる。
4　空気中で分解し発生するガスは、5～10％硝酸銀溶液を吸着させたろ紙を黒変させる。
5　ショ糖や木片に触れると、それらを黒変させる。

5　次の物質による中毒症状について、最も適当なものを下欄から選びなさい。

（問題 56）ブロムメチル　　（問題 57）ニコチン
（問題 58）クロルピクリン　　（問題 59）エチレンクロルヒドリン
（問題 60）燐(りん)化亜鉛

【下欄】

1　猛烈な神経毒である。急性中毒では、よだれ、吐気、悪心、嘔(おう)吐があり、ついで脈拍緩徐不整となり、発汗、瞳孔縮小、呼吸困難、痙攣(けいれん)を起こす。
2　吸入した場合、吐気、嘔(おう)吐、頭痛、胸痛の症状を起こすことがあり、これらの症状は、通常数時間後に現れる。皮膚に触れた場合、皮膚を刺激し、皮膚から容易に吸収され、全身中毒症状を引き起こす。
3　吸入した場合、吐気、嘔(おう)吐、頭痛、歩行困難、痙攣(けいれん)、視力障害、瞳孔拡大等の症状を起こすことがある。低濃度のガスを長時間吸入すると、数日を経て、痙攣(けいれん)、麻痺、視力障害等の症状を起こす。重症の場合には、数日後に神経障害を起こす。
4　吸入した場合、チトクロムオキシダーゼ阻害作用により、頭痛、吐気、嘔(おう)吐、悪寒、めまい等の症状を起こす。重症の場合には、肺水腫、呼吸困難、昏(こん)睡を起こす。
5　吸入した場合、気管支を刺激して咳や鼻汁が出る。多量に吸入すると、胃腸炎、肺炎、血尿、悪心、呼吸困難、肺水腫を起こす。

（特定品目）

1　次の物質の性状として、最も適当なものを下欄から選びなさい。

（問題 31）塩素　（問題 32）水酸化カリウム　（問題 33）蓚酸
（問題 34）一酸化鉛　（問題 35）トルエン

【下欄】

1　重い粉末で黄色から赤色までのものがある。水にほとんど溶けない。酸、アルカリに可溶。空気中に放置しておくと徐々に炭酸を吸収する。
2　常温においては窒息性臭気を有する黄緑色の気体で、冷却すると、黄色溶液を経て黄白色固体となる。
3　無水物は無色無臭の吸湿性物質で、空気中で二水和物となる。二水和物は無色の稜柱状結晶で、乾燥空気中で風化する。
4　白色の固体で、水、アルコールに発熱して溶ける。空気中に放置すると、二酸化炭素と水を吸収して潮解する。
5　無色透明で、可燃性のベンゼン臭を有する液体である。蒸気は空気より重く、引火しやすい。ベンゼン、エーテルに溶ける。

2　次の方法により鑑定したときに得られる、最も適当な物質を下欄から選びなさい。

（問題 36）高濃度のものは比重が極めて大きく、水で薄めると発熱し、ショ糖、木片などに触れると、それらを炭化して黒変させる。また、希釈水溶液に塩化バリウムを加えると、白色の沈殿が生じる。
（問題 37）硝酸銀溶液を加えると、白い沈殿を生じる。
（問題 38）小さな試験管に入れて熱すると、はじめ黒色に変わり、後に分解して金属を残す。さらに熱すると、完全に揮散する。
（問題 39）アンモニア水を加え、さらに硝酸銀溶液を加えると、徐々に金属銀を析出する。また、フェーリング溶液とともに熱すると、赤色の沈殿を生じる。
（問題 40）過マンガン酸カリウムを還元し、クロム酸塩を過クロム酸塩に変える。またヨード亜鉛からヨードを析出する。

【下欄】

1　塩酸　2　酸化水銀　3　過酸化水素水　4　ホルムアルデヒド　5　硫酸

3　次の物質の廃棄方法として最も適当なものを下欄から選びなさい。

（問題 41）硅弗化ナトリウム　（問題 42）重クロム酸ナトリウム
（問題 43）硝酸　（問題 44）水酸化カリウム　（問題 45）四塩化炭素

【下欄】

1　過剰の可燃性溶剤又は重油等の燃料とともに、アフターバーナー及びスクラバーを具備した焼却炉の火室へ噴霧してできるだけ高温で焼却する。
2　希硫酸に溶かし、還元剤の水溶液を過剰に用いて還元した後、消石灰、ソーダ灰等の水溶液で処理し、沈殿ろ過する。溶出試験を行い、溶出量が判定基準以下であることを確認して埋立処分する。
3　水に溶かし、消石灰等の水溶液を加えて処理した後、希硫酸を加えて中和し、沈殿ろ過して埋立処分する。
4　水を加えて希薄な水溶液とし、酸（希塩酸、希硫酸など）で中和させた後、多量の水で希釈して処理する。
5　徐々にソーダ灰又は消石灰の撹拌溶液に加えて中和させた後、多量の水で希釈して処理する。

4　次の物質の貯蔵方法として最も適当なものを下欄から選びなさい。

（問題 46）アンモニア　（問題 47）キシレン　（問題 48）クロロホルム
（問題 49）過酸化水素水　（問題 50）水酸化ナトリウム

【下欄】

1　二酸化炭素と水を吸収する性質が強いため、密栓して貯蔵する。
2　引火しやすく、また、その蒸気は空気と混合して爆発性混合ガスになるので火気には近づけないで密栓して貯蔵する。
3　少量なら褐色ガラス瓶、多量ならばカーボイ又はポリエチレン容器を使用して、3分の1の空間を保ち、日光を避け、有機物、金属粉等と離して冷所に貯蔵する。
4　純品は空気と日光によって変質するため、分解防止用の少量のアルコールを加えて冷暗所に貯蔵する。
5　揮発しやすいので、よく密栓して貯蔵する。

5　次の物質が漏えい又は飛散した場合の応急の措置として、最も適当なものを下欄から選びなさい。

（問題 51）クロム酸鉛　（問題 52）メタノール　（問題 53）水酸化ナトリウム
（問題 54）四塩化炭素　（問題 55）硝酸

【下欄】

1　極めて腐食性が強いので、作業の際には必ず保護具を着用する。多量の場合、漏えいした液は、土砂等でその流れを止め、土砂等に吸着させるか、又は安全な場所に導いて多量の水で洗い流す。必要があればさらに中和し、多量の水で洗い流す。
2　付近の着火源となるものを速やかに取り除く。少量の場合、漏えいした液は多量の水で十分に希釈して洗い流す。
3　飛散したものは空容器にできるだけ回収し、そのあとを多量の水を用いて洗い流す。
4　漏えいした液が少量の場合は、土砂等で吸着させて取り除くか、又はある程度水で徐々に希釈した後、消石灰、ソーダ灰等で中和し、多量の水を用いて洗い流す。
5　漏えいした液は土砂等でその流れを止め、安全な場所に導き、空容器にできるだけ回収し、そのあとを中性洗剤等の分散剤を使用して、多量の水を用いて洗い流す。

高知県
令和５年度実施

法規に関する設問中、特に規定しない限り、「法」は「毒物及び劇物取締法」、「政令」は「毒物及び劇物取締法施行令」、「省令」は「毒物及び劇物取締法施行規則」とする。

〔法　規〕
(一般・農業用品目・特定品目共通)

問１　次の(１)から(３)の記述の正誤について、法令の規定に照らし、正しい組み合わせを下表から１つ選びなさい。

(１)この法律で「毒物」とは、別表第一に掲げる物であって、医薬品及び劇物以外のものをいう。
(２)この法律で「劇物」とは、別表第二に掲げる物であって、医薬品及び毒物以外のものをいう。
(３)この法律で「特定毒物」とは、毒物であって、別表第三に掲げるものをいう。

下表

	(1)	(2)	(3)
ア	正	誤	誤
イ	誤	正	誤
ウ	誤	誤	正
エ	誤	正	正
オ	正	正	正

問２　次の記述は、法の条文の一部である。文中の(　　)内に当てはまる語句の組み合わせのうち、正しいものを下表から１つ選びなさい。

第三条の二
毒物劇物営業者又は特定毒物研究者は、(１)ため政令で特定毒物について(２)、着色又は(３)の基準が定められたときは、当該特定毒物については、その基準に適合するものでなければ、これを特定毒物使用者に譲り渡してはならない。

下表

	(1)	(2)	(3)
ア	保健衛生上の危害を防止する	運搬	廃棄
イ	保健衛生上の危害を防止する	品質	表示
ウ	公衆衛生の向上および増進に寄与する	品質	廃棄
エ	公衆衛生の向上および増進に寄与する	運搬	表示
オ	公衆衛生の向上および増進に寄与する	運搬	廃棄

問３　次の記述は、法の条文の一部である。文中の(　　)内に当てはまる語句の組み合わせのうち、正しいものを下表から１つ選びなさい。

第三条の三
興奮、(１)又は麻酔の作用を有する毒物又は劇物(これらを含有する物を含む。)であって政令で定めるものは、みだりに(２)し、若しくは吸入し、又はこれらの目的で(３)してはならない。

下表

	(1)	(2)	(3)
ア	錯乱	摂取	譲渡
イ	錯乱	濫用	譲渡
ウ	覚醒	摂取	所持
エ	幻覚	摂取	所持
オ	幻覚	濫用	製造

高知県

問４　次の毒物劇物取扱責任者に関する（１）から（５）の記述の正誤について、法令の規定に照らし、正しい組み合わせを下表から１つ選びなさい。

（１）厚生労働省令で定める学校で応用化学に関する学科を修了した者は、毒物劇物取扱責任者となることができない。
（２）本店の毒物劇物取扱責任者は、隣町の支店の毒物劇物取扱責任者を兼ねることができる。
（３）毒物劇物取扱者試験合格者は、合格した都道府県においてのみ、毒物劇物取扱責任者となることができる。
（４）大麻の中毒者は毒物劇物取扱責任者となることができない。
（５）毒物若しくは劇物又は薬事に関する罪を犯し、罰金以上の刑に処せられ、その執行を終り、又は執行を受けることがなくなった日から起算して５年を経過していない者は毒物劇物取扱責任者となることができない。

下表

	(1)	(2)	(3)	(4)	(5)
ア	正	誤	正	誤	誤
イ	正	正	誤	誤	正
ウ	誤	誤	正	正	誤
エ	正	正	正	正	正
オ	誤	誤	誤	正	誤

問５　次の毒物劇物製造業者に関する（１）から（５）の記述の正誤について、法令の規定に照らし、正しい組み合わせを下表から１つ選びなさい。

（１）製造業者は、授与の目的であれば劇物を輸入することができる。
（２）製造業者は、製造に必要な特定毒物を輸入することができる。
（３）製造業者でなければ、劇物を販売の目的で製造してはならない。
（４）製造業者は、６年ごとに登録の更新を受けなければ、継続して毒物又は劇物の製造を行うことはできない。
（５）製造業者は、自ら製造した毒物を毒物劇物営業者以外の者に販売するときは、毒物劇物販売業の登録を受ける必要がある。

下表

	(1)	(2)	(3)	(4)	(5)
ア	正	誤	誤	誤	誤
イ	正	誤	正	正	正
ウ	誤	正	正	正	誤
エ	正	正	正	正	正
オ	誤	誤	正	誤	正

問６　次の毒物劇物営業者が行う手続きに関する（１）から（４）の記述の正誤について、法令の規定に照らし、正しい組み合わせを下表から１つ選びなさい。

（１）毒物劇物販売業者は、その氏名又は住所(法人にあっては、その名称又は主たる事務所の所在地)を変更したときは、30 日以内に、その製造所、営業所又は店舗の所在地の都道府県知事(その店舗の所在地が保健所を設置する市又は特別区の区域にある場合においては、市長又は区長。)にその旨を届け出なければならない。
（２）毒物劇物製造業者は、登録を受けた毒物以外の毒物を製造するときは、製造後 30 日以内に、毒物の品目について登録の変更を受けなければならない。
（３）毒物劇物販売業者は、毒物又は劇物を直接に取り扱わない場合は、店舗ごとに専任の毒物劇物取扱責任者を置く必要はない。
（４）毒物劇物製造業者は、毒物劇物取扱責任者を変更したときは、30 日以内に、店舗の所在地の都道府県知事にその毒物劇物取扱責任者の氏名を届け出なければならない。

下表

	(1)	(2)	(3)	(4)
ア	正	誤	誤	誤
イ	誤	正	誤	誤
ウ	誤	正	正	誤
エ	正	正	正	正
オ	正	誤	正	正

問7　次のうち、政令第40条の9第1項及び省令第13条の12の規定により、毒物劇物営業者が毒物又は劇物を販売し、又は授与する時までに、譲受人に対し提供しなければならない当該毒物又は劇物の性状及び取扱いに関する情報として誤っているものを下欄から1つ選びなさい。

下欄

ア．応急措置	イ．火災時の措置	ウ．製造方法	エ．漏出時の措置
オ．安定性及び反応性	カ．毒性に関する情報		キ．廃棄上の注意

問8　次のうち、法第14条第2項の規定により、毒物劇物営業者が、毒物又は劇物を一般人に販売し、又は授与する際、譲受人から提出を受けなければならない書面の記載事項として正しい組み合わせを下欄から1つ選びなさい。

a．譲受人の氏名　　b．譲受人の年齢　　c．譲受人の住所
d．譲受人の性別　　e．譲受人の職業　　f．毒物又は劇物の名称
g．毒物又は劇物の使用目的　　h．販売又は授与の年月日
i．毒物又は劇物の数量　　j．毒物又は劇物の使用期限

下欄

ア．（a・b・c・d・h・i）	イ．（a・b・f・g・h・i）
ウ．（a・c・e・f・h・i）	エ．（a・d・e・f・g・i）
オ．（b・c・d・e・g・j）	カ．（c・d・f・g・h・j）

問9　次の(1)から(6)の記述の正誤について、法令の規定に照らし、正しいものは○、誤っているものは×を選びなさい。

(1)毒物又は劇物の販売業者が公道を隔てた向かいの土地に店舗を移転し、新たな所在地で引き続き毒物又は劇物の販売を行う場合、変更届が必要である。
(2)毒物又は劇物の販売業者が店舗の名称を変更した場合、変更届は必要ない。
(3)毒物劇物営業者がその法人住所を変更した場合、変更届が必要である。
(4)毒物劇物営業者が合併により新たな法人になった場合、変更届が必要である。
(5)毒物又は劇物の販売業者が所有する毒物又は劇物の貯蔵設備等の重要な部分を変更した場合、変更届は必要ない。
(6)毒物又は劇物の販売業の登録を受けようとする者で、毒物又は劇物を販売する店舗が複数ある場合、店舗ごとに登録申請しなければならない。

問10　次のうち、法第13条及び政令第39条の規定により、着色したものでなければ、毒物劇物営業者が農業用として販売または授与してはならないとされている劇物として正しい組み合わせを下欄から1つ選びなさい。

(1)塩素酸塩類を含有する製剤たる劇物
(2)燐(りん)化亜鉛を含有する製剤たる劇物
(3)シアン酸ナトリウムを含有する製剤たる劇物
(4)硫酸タリウムを含有する製剤たる劇物
(5)沃化メチルを含有する製剤たる劇物

下欄

ア．（1、2）	イ．（1、3）	ウ．（1、4）	エ．（2、4）	オ．（3、4）
カ．（4、5）				

高知県

問 11　次のうち、法第 13 条の２及び政令第 39 条の２の規定により、一般消費者の生活の用に供されると認められるものであって、政令で定める基準に適合するものとして正しいものを下欄から１つ選びなさい。

下欄

ア．塩化水素と硫酸とを合わせた含量が 30 %の住宅用の液体状洗浄剤
イ．燐(りん)化アルミニウムとその分解促進剤とを含有する倉庫用の燻蒸剤
ウ．塩化水素を 10 %含有する住宅用の液体状洗剤
エ．次亜塩素酸ナトリウムを含有する漂白剤
オ．水酸化ナトリウムを含有する家庭用の液体状洗浄剤

問 12　次のうち、法第 12 条第２項の規定により、毒物劇物営業者が毒物又は劇物の容器及び被包に表示しなければ、販売してはならないとされている事項として正しい組み合わせを下欄から１つ選びなさい。

（１）毒物又は劇物の名称
（２）毒物又は劇物の成分及びその含量
（３）毒物又は劇物の毒性
（４）毒物又は劇物の使用期限
（５）毒物又は劇物の製造業者の住所（法人にあたっては、その主たる事務所の所在地）

下欄

ア．（１、２）　イ．（１、３）　ウ．（２、３）　エ．（２、４）　オ．（３、４）
カ．（４、５）

問 13　次の（１）から（３）の記述は、硫酸 75%を含有する製剤を、車両を使用して１回につき、7,000 キログラムを運搬する場合の運搬方法に関するものである。法令の規定に照らし、記述の正誤について正しい組み合わせを下表から１つ選びなさい。

（１）１人の運転者の連続運転時間（１回が連続 10 分以上で、かつ、合計が 30 分以上の運転の中断をすることなく連続して運転する時間）が６時間となるため、交替して運転する者を同乗させた。
（２）0.3 メートル平方の板に地を白色、文字を黒色として「毒」と表示した標識を、運搬車両の前後の見やすい箇所に掲げた。
（３）車両には、運搬する製剤の名称、成分及びその含量並びに事故の際に講じなければならない応急の措置の内容を記載した書面を備えた。

下表

	(1)	(2)	(3)
ア	正	誤	正
イ	正	正	正
ウ	正	正	誤
エ	誤	誤	誤
オ	誤	正	正

問 14　次の(1)から(8)の記述について、法令の規定に照らし、正しいものは○、誤っているものは×を選びなさい。

(1)薬局開設者が薬局において、毒物又は劇物を販売する場合は、毒物劇物販売業の登録は不要である。
(2)毒物劇物営業者は、登録票を破り、汚し又は失ったときは、登録票の再交付を申請することができる。
(3)毒物劇物営業者は、引火性、発火性又は爆発性のある毒物又は劇物であって政令で定めるものを交付する際は、厚生労働省令の定めるところにより、その交付を受けるものの氏名及び職業を確認しなければならない。
(4)業務上取扱者の届出をした者は、取り扱う毒物又は劇物の品目に変更が生じた場合、変更後 30 日以内にその旨を事業場の所在地の都道府県知事(その事業場の所在地が保健所を設置する市又は特別区の区域にある場合においては、市長又は区長。)に届け出なければならない。
(5)特定毒物研究者は、学術研究のために特定毒物を製造することはできない。
(6)毒物劇物営業者及び特定毒物研究者は、毒物を貯蔵し、又は陳列する場所に、「医薬用外」及び「毒物」の文字を表示しなければならない。
(7)都道府県知事は、販売業の登録を受けている者が、法又はこれに基づく処分に違反する行為があったときは、期間を定めて業務の全部若しくは一部の停止を命ずることができる。
(8)毒物劇物営業者は、毒物又は劇物の容器として、飲食物の容器として通常使用される物を使用してはならない。ただし、相手方の求めに応じて毒物又は劇物を開封し、小分けして販売する場合はこの限りではない。

〔基礎化学〕
(一般・農業用品目・特定品目共通)

問 1　次のアからソに該当する最も適当なものを下欄からそれぞれ 1 つ選びなさい。

ア　原子を構成する基本粒子のうち電荷をもたないもの

下欄

1 中性子	2 電子	3 陽子	4 アニオン	5 原子核

イ　炭素($_{6}C$)がL殻に収容している電子数

下欄

1　1	2　3	3　4	4　6	5　9

ウ　非共有電子対の数が最も多い分子

下欄

1　H_2O	2　I_2	3　N_2	4　CO_2	5　NH_3

エ　アルカリ金属元素であるもの

下欄

1　H	2　Fe	3　Ca	4　Mg	5　K

オ　アニリンの分子量
　　ただし、原子量を H ＝ 1 、C ＝ 12、N ＝ 14、O ＝ 16 とする。

下欄

1　72	2　80	3　90	4　93	5　112

カ　気体から液体への状態変化

下欄

1　凝固　　2　凝縮　　3　昇華　　4　蒸発　　5　融解

キ　酸と塩基の中和反応によって水が生成するときの反応熱

下欄

1　中和熱　　2　燃焼熱　　3　生成熱　　4　溶解熱　　5　分解熱

ク　1.5%の塩化ナトリウム水溶液300gを作るときに必要な塩化ナトリウムの量

下欄

1　2g　　2　3g　　3　4.5g　　4　20g　　5　45g

ケ　不飽和ジカルボン酸であるもの

下欄

1　コハク酸　　2　リノレン酸　　3　リノール酸　　4　シュウ酸 5　フマル酸

コ　白金電極を用いて硫酸銅(Ⅱ)水溶液を電気分解した場合、陰極で生じる物質

下欄

1　O_2　　2　H_2O_2　　3　Cu　　4　S　　5　SO_2

サ　5種の金属イオン(Al^{3+}、Ca^{2+}、Cu^{2+}、Zn^{2+}、Ag^{+})を含む混合水溶液に希塩酸を加えた場合に沈殿を生じるイオン

下欄

1　Al^{3+}　　2　Ca^{2+}　　3　Cu^{2+}　　4　Zn^{2+}　　5　Ag^{+}

シ　次の熱化学方程式であらわされる可逆反応が平衡状態にある時、反応の平衡を右へ進める条件として最も適当であるもの

N_2(気)＋$3H_2$(気)＝2 NH_3(気)＋92kJ

下欄

1　温度を下げる　　2　温度を上げる　　3　NH_3を加える 4　圧力を小さくする　　5　触媒を加える

ス　3価アルコールであるもの

下欄

1　メタノール　　2　フェノール　　3　グリセリン 4　エチレングリコール　　5　*tert*-ブチルアルコール

セ　フェノール溶液に塩化鉄(Ⅲ)溶液を加えた場合に呈する色

下欄

1　黒色　　2　赤褐色　　3　黄色　　4　濃緑色　　5　紫色　　6　無色

ソ　シュウ酸(無水和物)40㎎を含有する水溶液2㎏の濃度

下欄

1　20ppb　　2　20ppm　　3　200ppm　　4　80ppb　　5　80ppm 6　800ppm

問2　1.0mol のエタノール(C_2H_5OH)が完全燃焼した時、発生した二酸化炭素の質量として正しいものはどれか。最も適当なものを下欄から１つ選びなさい。
ただし、原子量は H＝1、C＝12、O＝16 とする。

下欄

1　44g　2　72g　3　80g　4　88g　5　108g　6　132g

問3　次の記述のうち、正しいものを１つ選びなさい。

下欄

1　ブレンステッド・ローリーの定義では、酸とは、水素イオンを受け取る物質であり、塩基とは、水素イオンを放出する物質である。
2　酢酸水溶液を水酸化ナトリウム水溶液で中和滴定する場合、指示薬としてメチルレッドを用いることが適当である。
3　酸性の水溶液では、$[H^+] < 1.0 \times 10^{-7}$ mol/L $< [OH^-]$となっている。
4　pH 4の硝酸の水素イオン濃度は、pH 8のアンモニア水の水素イオン濃度の10,000 倍である。
5　0.05mol/L の酢酸水溶液の pH が3であった場合、この水溶液中での酢酸の電離度は 0.2 である。

問4　塩素(Cl_2) 142g が 17 ℃、1.2×10^5Pa のもとで占める体積について、最も近い値を下欄から１つ選び、その番号を解答欄に記入しなさい。
ただし、原子量はCl＝35.5 とし、気体定数Rは 8.3×10^3(Pa・L/(K・mol)) とする。

下欄

1　2.0L　2　4.0L　3　20L　4　40L　5　200L　6　400L

問5　ある質量の水酸化ナトリウムを水に溶かして 100mL にした水溶液を過不足なく中和するために、0.5mol/L の希硫酸が 30mL 必要であった。この時使用した水酸化ナトリウムの質量について、最も適当なものを下欄から１つ選びなさい。
ただし、原子量は H＝1、O＝16、Na＝23、S＝32 とする。

下欄

1　0.2g　2　1.2g　3　2.0g　4　2.4g　5　4.0g

〔毒物及び劇物の性質及び貯蔵その他取扱方法〕

問題文中の性状等の記述については、条件等の記載が無い場合は、常温常圧下における性状について記述しているものとする。

高知県

（一般）

問１　次の(１)から(５)の性状をもつ物質について、最も適当なものを下欄からそれぞれ１つ選びなさい。

(１)催涙性、強い粘膜刺激臭を有する。アルコール、エーテル等には可溶。熱には比較的に不安定で、180 ℃以上に熱すると分解するが、引火性はない。
(２)淡黄色の光沢ある小葉状あるいは針状結晶。純品は無臭。通常品はかすかにニトロベンゼンの臭気を有し、苦味がある。
(３)白色結晶でネギ様の臭気を有する。メタノール、エタノール、アセトン、クロロホルム及びアセトニトリルに可溶。シクロヘキサンおよび石油エーテルに難溶。
(４)褐色の液体で弱いニンニク臭を有する。各種有機溶媒に易溶。水に不溶。
(５)淡黄色の吸湿性結晶で腐食性を有する。水溶液中で紫外線により分解。

下欄

ア．ジエチル－Ｓ－(２－オキソ－６－クロルベンゾオキサゾロメチル)－ジチオホスフエイト
イ．クロルピクリン
ウ．２・２’－ジピリジリウム－１・１’－エチレンジブロミド
エ．ジメチル－４－メチルメルカプト－３－メチルフエニルチオホスフエイト
オ．ピクリン酸

問２　次の(１)から(５)の方法で貯蔵する物質として、最も適当なものを下欄からそれぞれ１つ選びなさい。

(１)少量ならば共栓ガラス瓶、多量ならば鋼製ドラム缶等を使用する。可燃性のあるものから十分に離して、直射日光を避け、冷所に貯蔵する。
(２)タンクまたはドラムの貯蔵所は炎や火花を生じるような器具から離しておく。また、硫酸や硝酸等の強酸と激しく反応するため、強酸と隔離して貯蔵する。
(３)引火性はないが、揮発性があり、よく密栓して貯蔵する。
(４)空気や光線に触れると赤変するため、遮光して貯蔵する。
(５)空気中に貯蔵することができないため、通常石油中に貯蔵する。

下欄

ア．カリウム　　イ．二硫化炭素　　ウ．アンモニア水　　エ．アクリルニトリル
オ．ベタナフトール

問３　次の(１)から(５)の毒性を持つ物質として、最も適当なものを下欄からそれぞれ１つ選びなさい。

(１)吸入すると、頭痛、食欲不振等がみられる。大量に吸収すると緩和な大赤血球性貧血をきたす。
(２)経口摂取すると、服用後しばらくして胃部の疼痛、灼熱感、ニンニク臭のげっぷ、悪心、嘔吐(おうと)をきたす。多量に皮膚に付着すると、やけどを負い、一部は皮膚、筋肉、骨などを侵して身体に吸収される。
(３)多量に吸入するとめまい、吐気、嘔吐(おうと)が起こり、重症の場合は意識不明となり呼吸が停止する。直接皮膚に触れると、しもやけ(凍傷)を起こす。
眼に入ると、眼の粘膜が侵される。
(４)経口摂取すると、始めに胃腸が痛み、嘔吐(おうと)、下痢を起こす。次いで尿が少なくなり、濁ってきて、しばしばほとんど出なくなる。よだれが出て、口や歯茎が腫れる。疲労を感じ、脈は弱くなり、最終的に心機能が低下し死亡する。
(５)吸入すると、気管支の炎症を起こし、肺水腫および全身の麻痺の可能性がある。眼に入ると、粘膜等を刺激し炎症を起こす。催涙性である。

下欄

ア．黄燐(りん)　イ．塩化水銀(Ⅱ)　ウ．トルエン　エ．クロルエチル
オ．アクロレイン

問４　次の(１)から(５)の用途をもつ物質として、最も適当なものを下欄からそれぞれ１つ選びなさい。

(１)ロケット燃料
(２)医薬品、樹脂原料、香料、難燃化剤原料
(３)松枯れ防止剤
(４)鱗翅目(りんしもく)およびアザミウマ目害虫に対する殺虫剤
(５)防腐剤、エアバッグのガス発生剤

下欄

ア．アリルアルコール
イ．アジ化ナトリウム
ウ．(S)－２・３・５・６－テトラヒドロ－６―フエニルイミダゾ〔２・１－b〕チアゾール塩酸塩
エ．エマメクチン安息香酸塩
オ．ヒドラジン

問５　次の(１)から(５)の物質を含有する製剤について、毒物及び劇物取締法や関連する法令により劇物の指定から除外される含有濃度の上限として最も適当なものを下欄からそれぞれ１つ選びなさい。

(１)ジメチルアミン
(２)過酸化ナトリウム
(３)ジニトロメチルヘプチルフエニルクロトナート(別名：ジノカツプ)
(４)２－アミノエタノール
(５)ホルムアルデヒド

下欄

ア．0.2％　イ．１％　ウ．５％　エ．20％　オ．50％

（農業用品目）

問１　次の（1）から（5）の性状をもつ物質について、最も適当なものを下欄からそれぞれ１つ選びなさい。

（1）淡黄色結晶。水に難溶。有機溶媒に可溶。pH 3から pH11 で安定。
（2）弱いニンニク臭を有する褐色の液体。各種有機溶媒に易溶、水に不溶。
（3）無色の吸湿性結晶で、約 300 ℃で分解する。中性、酸性で安定。アルカリ性で不安定。水溶液中、紫外線で分解。工業品は暗褐色または暗青色の特異臭を有する水溶液。
（4）芳香性刺激臭を有する赤褐色、油状の液体。水、プロピレングリコールに不溶、リグロイン、アルコール、アセトン、エーテル、ベンゼンに可溶。アルカリに不安定。
（5）無色無臭の正方単斜状の結晶で潮解性を有する。加熱により分解して酸素を生成する。

下欄

ア．ジメチル－４－メチルメルカプト－３－メチルフエニルチオホスフエイト
イ．塩素酸ナトリウム
ウ．ジメチルジチオホスホリルフエニル酢酸エチル
エ．１・１’－ジメチル－４・４’－ジピリジニウムジクロリド
オ．N－(４－t－ブチルベンジル)－４－クロロ－３－エチル－１－メチルピラゾール－５－カルボキサミド(別名：テブフエンピラド)

問２　次の物質の貯蔵方法に関する記述について、次の（1）から（5）に当てはまる最も適当なものを下欄からそれぞれ１つ選びなさい。

シアン化カリウム
　少量ならば（　1　）、多量ならばブリキ缶あるいは鉄ドラムを用い、酸類とは離して、風通しのよい乾燥した冷所に密封して貯蔵する。

クロルピクリン
　（　2　）性及び金属腐食性があるため、耐腐食性容器に入れ密閉して貯蔵する。

硫酸第二銅五水和物
　（　3　）性があるため、密閉して貯蔵する。

塩素酸ナトリウム
　（　4　）性があるため、密閉して貯蔵する。
　また、強い（　5　）剤であり有機物、硫黄、金属粉等の可燃物が混在すると、加熱、摩擦または衝撃により爆発するため、これらとは避けて貯蔵する。

下欄

ア．風解	イ．潮解	ウ．揮発	エ．発火	オ．酸化
カ．還元	キ．ガラス瓶	ク．石油中	ケ．アルミ缶	

問3　次の(1)から(5)の毒性を持つ物質として、最も適当なものを下欄からそれぞれ1つ選びなさい。

(1)胃および肺で胃酸や水と反応して有毒ガスを生成することにより、頭痛、吐き気、めまい等の症状を起こす。

(2)吸入すると、悪心、嘔吐、めまい等が起こり、重篤な場合は意識不明となり、肺水腫を起こす。皮膚に長時間触れた場合、発赤、水疱等を生じる。

(3)主な中毒症状は、振戦、呼吸困難である。肝臓に核の膨大および変性、腎臓には糸球体、細尿管のうっ血、脾臓には脾炎が認められる。また、眼に入ると、強い刺激性がある。

(4)緑色または青色のものを吐き、のどが焼けるように熱くなる。急性の胃腸カタルを起こし、血便を出す。運動および知覚神経が麻痺を起こし、うわごとをいう。

(5)吸入すると、鼻、のどの粘膜を刺激し、悪心、嘔吐、下痢、チアノーゼ、呼吸困難等を起こす。

下欄

ア．ブラストサイジンＳベンジルアミノベンゼンスルホン酸塩			
イ．塩素酸カリウム	ウ．燐化亜鉛	エ．沃化メチル	オ．無機銅塩類

問4　次の(1)から(5)の方法で廃棄する物質として、最も適当なものを下欄からそれぞれ1つ選びなさい。

(1)還元剤の水溶液に希硫酸を加えて酸性にし、この中に少量ずつ投入する。反応終了後、反応液を中和し多量の水で希釈して処理する。

(2)徐々に石灰乳等の攪拌溶液に加え中和した後、多量の水で希釈して処理する。

(3)水に溶かし、水酸化カルシウム、炭酸ナトリウム等の水溶液を加えて処理し、沈殿ろ過して埋立処分する。

(4)少量の界面活性剤を加えた亜硫酸ナトリウムと炭酸ナトリウムの混合溶液中で、攪拌し分解した後、多量の水で希釈して処理する。

(5)多量の次亜塩素酸ナトリウムと水酸化ナトリウムの混合水溶液を攪拌しながら少量ずつ加えて酸化分解する。過剰の次亜塩素酸ナトリウムをチオ硫酸ナトリウム水溶液等で分解した後、希硫酸を加えて中和し、沈殿ろ過して埋立処分する。

下欄

ア．クロルピクリン	イ．燐化亜鉛	ウ．塩化第二銅
エ．塩素酸ナトリウム	オ．硫酸	

問5　次の(1)から(5)の物質を含有する製剤について、毒物及び劇物取締法や関連する法令により劇物の指定から除外される含有濃度の上限として最も適当なものを下欄からそれぞれ1つ選びなさい。

(1)1・1’－イミノジ(オクタメチレン)ジグアニジン
　(別名：イミノクタジン)
(2)ジエチル－(5－フエニル－3－イソキサゾリル)－チオホスフエイト
　(別名：イソキサチオン)
(3)ジメチルジチオホスホリルフエニル酢酸エチル
(4)N－メチル－1－ナフチルカルバメート
(5)硫酸

下欄

ア．2％	イ．3％	ウ．3.5％	エ．5％	オ．10％

高知県

（特定品目）

問１　次の（１）から（５）の性状をもつ物質について、最も適当なものを下欄からそれぞれ１つ選びなさい。

（１）無色の気体で刺激臭を有する。湿った空気中で激しく発煙する。冷却すると無色の液体及び固体となる。
（２）無色透明の液体で芳香族炭化水素特有の臭いを有する。引火しやすく、その蒸気は空気と混合して爆発性混合ガスとなる。水に不溶。
（３）無色の催涙性透明液体で刺激臭を有する。酸素によって一部酸化され、ギ酸を生じる。中性又は弱酸性の反応を呈し、水、アルコールによく混和するが、エーテルには混和しない。
（４）無色の液体でアセトン様の芳香を有する。蒸気は空気より重く、引火しやすい。水、有機溶媒に可溶。
（５）無水物のほか、二水和物が知られている。一般に流通しているのは、二水和物で、橙色の結晶。潮解性がある。

下欄

ア．キシレン	イ．重クロム酸ナトリウム	ウ．塩化水素
エ．メチルエチルケトン	オ．ホルムアルデヒド水溶液	

問２　次の（１）から（５）の方法で貯蔵する物質として、最も適当なものを下欄からそれぞれ１つ選びなさい。

（１）引火しやすく、蒸気は空気と混合して爆発性の混合ガスとなるので火気は近づけずに貯蔵する。
（２）少量ならば褐色ガラス瓶、大量ならばカーボイ等を使用し、３分の１の空間を保って貯蔵する。
（３）亜鉛または錫メッキをした鋼鉄製容器を使用し、高温に接しない場所にすず貯蔵する。
（４）引火性はないが、揮発しやすいため、よく密栓して貯蔵する。
（５）冷暗所に貯蔵する。空気と日光によって分解するのを防ぐため、純品の場合は少量のアルコールを加える。

下欄

ア．過酸化水素水	イ．アンモニア水	ウ．四塩化炭素	エ．クロロホルム
オ．メチルエチルケトン			

問３　次の（１）から（５）の毒性を持つ物質として、最も適当なものを下欄からそれぞれ１つ選びなさい。

（１）口と食道が赤黄色に染まり、のち青緑色に変化する。腹部が痛くなり、緑色のものを吐き出し、血の混じった便をする。重症になると、尿に血が混じり、痙攣を起こしたり、気を失う。
（２）血液中のカルシウム分を奪取し、神経系を侵す。急性中毒症状は、胃痛、嘔吐（おうと）、口腔や咽喉に炎症を起こし、腎臓が侵される。
（３）吸入すると、頭痛、悪心等をきたし、黄疸のように強膜が黄色となり、しだいに尿毒症様を呈し、重症な場合は死亡する。
（４）皮膚に触れると、ガスを発生して、組織は初め白く、次第に深黄色となる。
（５）吸入すると、頭痛、食欲不振等がみられる。大量に吸収すると緩和な大赤血球性貧血をきたす。

下欄

ア．クロム酸塩類	イ．四塩化炭素	ウ．蓚（しゅう）酸	エ．硝酸	オ．トルエン

問４　(１)から(５)の物質の廃棄方法について、最も適当なものを下欄からそれぞれ１つ選びなさい。

(１)重クロム酸ナトリウム　(２)硫酸　(３)硅弗化ナトリウム
(４)アンモニア　(５)四塩化炭素

下欄

ア．水で希薄な水溶液とし、酸(希塩酸、希硫酸等)で中和した後、多量の水で希釈して処理する。
イ．希硫酸に溶かし、還元剤の水溶液を過剰に用いて還元した後、水酸化カルシウム、炭酸ナトリウム等の水溶液で処理し、沈殿ろ過する。
ウ．水に溶かし、水酸化カルシウム等の水溶液を加えて処理した後、希硫酸を加えて中和し、沈殿ろ過して埋立処分する。
エ．徐々に石灰乳等の攪拌溶液に加え中和した後、多量の水で希釈して処理する。
オ．過剰の可燃性溶剤または重油等の燃料と共にアフターバーナーおよびスクラバーを備えた焼却炉の火室へ噴霧してできるだけ高温で焼却する。

問５　次の(１)から(５)の物質を含有する製剤について、毒物及び劇物取締法や関連する法令により劇物の指定から除外される含有濃度の上限として最も適当なものを下欄からそれぞれ１つ選び、その記号を選びなさい。ただし、必要があれば同じものを繰り返し選んでもよい。

(１)クロム酸鉛　(２)塩化水素　(３)過酸化水素　(４)硫酸
(５)アンモニア

下欄

ア．１％　イ．５％　ウ．６％　エ．10％　オ．60％　カ．70％

〔実　地〕

問題文中の性状等の記述については、条件等の記載が無い場合は、常温常圧下における性状について記述しているものとする。

(一般)

問１　次の物質について、該当する性状をＡ欄から、主な用途をＢ欄からそれぞれ最も適当なものを１つ選びなさい。

物質名	性状	主な用途
重クロム酸カリウム	(　1　)	(　6　)
過酸化水素水	(　2　)	(　7　)
モノフルオール酢酸ナトリウム	(　3　)	(　8　)
蓚酸	(　4　)	(　9　)
一水素二弗化アンモニウム	(　5　)	(　10　)

高知県

A 欄

ア．無色透明の液体で、常温で徐々に酸素と水に分解する。強い酸化力と還元力を有している。
イ．橙赤色の柱状結晶。水に可溶で、アルコールに不溶。強力な酸化剤である。
ウ．白色の重い粉末で吸湿性がある。冷水には易溶だが、有機溶媒には不溶。
エ．無色斜方または正方晶結晶。潮解性があり、水に可溶。水溶液は酸性。
オ．無色、稜柱状の結晶で、乾燥空気中で風化する。エーテルに難溶。

B 欄

カ．獣毛、羽毛、綿糸、絹糸、骨質、象牙等の漂白
キ．殺鼠(そ)剤
ク．ガラスの加工、発酵工業における消毒
ケ．捺染剤、木、コルク、綿、藁製品等の漂白剤
コ．工業用の酸化剤、媒染剤、製革用、電気メッキ用、電池調整用

問２　次の記述は、各物質の鑑別法である。（１）から（４）に当てはまる、最も適当なものを下欄からそれぞれ１つ選び、その記号を選びなさい。<u>ただし、必要があれば同じものを繰り返し選んでもよい。</u>

硫酸第二銅
　白金線に試料をつけて溶融炎で熱し、次に希塩酸で白金線を示して、再び溶融炎で炎の色を見ると、（１）となる。

アンモニア水
　濃塩酸を潤したガラス棒を近づけると、（２）の霧を生じる。また、塩酸を加えて中和した後、塩化白金溶液を加えると、（３）の結晶性の沈殿を生じる。

塩化第二水銀
　塩化第二水銀溶液に水酸化カルシウムを加えると、（４）の沈殿を生じる。

下欄

ア．白色	イ．無色	ウ．赤色	エ．青緑色	オ．黄色
カ．黒色	キ．褐色	ク．紫色		

問３　次の（１）から（５）の物質による中毒の解毒・治療に用いる解毒剤・拮抗剤として、最も適当なものを下欄からそれぞれ１つ選びなさい。

（１）メタノール　（２）弗(ふっ)化水素　（３）硝酸タリウム
（４）ジメチル－（N－メチルカルバミルメチル）－ジチオホスフエイト
（別名：ジメトエート）
（５）シアン化ナトリウム

下欄

ア．ホメピゾール
イ．ヘキサシアノ鉄（Ⅱ）酸鉄（Ⅲ）水和物（別名：プルシアンブルー）
ウ．グルコン酸カルシウムゼリー
エ．硫酸アトロピン
オ．ヒドロキソコバラミン

問４　次の(１)から(４)の物質について、それらが飛散した場合又は漏えいした場合の措置として、最も適当なものを下欄からそれぞれ１つ選びなさい。

(１)クロロホルム　(２)シアン化ナトリウム　(３)重クロム酸カリウム
(４)塩化第二金

下欄

ア．飛散したものは、空容器にできるだけ回収し、水酸化カルシウム、炭酸ナトリウム等の水溶液で処理した後、食塩水で処理し、多量の水で洗い流す。
イ．飛散したものは、空容器にできるだけ回収し、そのあとを還元剤(硫酸第一鉄等)の水溶液を散布し、水酸化カルシウム、炭酸ナトリウム等の水溶液で処理した後、多量の水で洗い流す。
ウ．飛散したものは、空容器にできるだけ回収し、そのあとを水酸化ナトリウム、炭酸ナトリウム等の水溶液を散布してアルカリ性(pH11 以上)とし、さらに酸化剤(次亜塩素酸ナトリウム、さらし粉等)の水溶液で酸化処理を行い、多量の水で洗い流す。
エ．漏えいした液は土砂等でその流れを止め、安全な場所に導き、空容器にできるだけ回収し、そのあとを中性洗剤等の分散剤を使用して多量の水で洗い流す。

（農業用品目）

問１　次の物質について、該当する主な性状をＡ欄から、主な用途をＢ欄からそれぞれ最も適当なものを１つ選びなさい。

物質名	性状	主な用途
硝酸第二銅	（ 1 ）	（ 6 ）
硫酸タリウム	（ 2 ）	（ 7 ）
クロルピクリン	（ 3 ）	（ 8 ）
シアン化カリウム	（ 4 ）	（ 9 ）
２－(１－メチルプロピル)－フエニル－Ｎ－メチルカルバメート	（ 5 ）	（ 10 ）

A 欄

ア．無色の結晶で、水に難溶、熱湯に可溶。
イ．青色の結晶で、水に易溶。空気中の湿気を吸って潮解する。
ウ．純品は無色の油状体、市販品は通常微黄色を呈する。催涙性、強い粘膜刺激臭を有する。
エ．無色透明の液体またはプリズム状結晶。水に不溶であり、n-ヘキサン、エーテル、アセトン、クロロホルム等に可溶。
オ．白色等軸晶の塊片、あるいは粉末。十分に乾燥したものは無臭であるが、空気中では湿気を吸収し、かつ空気中の二酸化炭素に反応して有毒な臭いを放つ。

B 欄

カ．殺鼠(そ)剤
キ．土壌燻蒸(土壌病原菌、センチュウ等の駆除)
ク．稲のツマグロヨコバイ、ウンカ類等の駆除
ケ．冶金、電気鍍金、写真、金属の着色及び殺虫剤
コ．酸化剤、試薬

問２　次の記述は、各物質の鑑別法である。（１）から（４）に当てはまる、最も適当なものを下欄からそれぞれ１つ選びなさい。<u>ただし、必要があれば同じものを繰り返し選んでもよい。</u>

クロルピクリン
　水溶液に金属カルシウムを加え、これにベタナフチルアミンおよび硫酸を加えると、（１）の沈殿を生成。

アンモニア水
　濃塩酸を潤したガラス棒を近づけると、（２）の霧を生じる。また、塩酸を加えて中和した後、塩化白金溶液を加えると、（３）、結晶性の沈殿を生じる。

塩素酸カリウム
　水溶液に酒石酸を多量に加えると、（４）の結晶性の重酒石酸カリウムを生成する。

下欄

ア．赤色	イ．黄色	ウ．藍色	エ．黒色	オ．緑色	カ．無色
キ．白色	ク．紫色				

問３　次の（１）から（５）の物質の分類として、最も適当なものを下欄からそれぞれ１つ選びなさい。

（１）Ｎ－メチル－１－ナフチルカルバメート
（２）２－イソプロピル－４－メチルピリミジル－６－ジエチルチオホスフエイト（別名：ダイアジノン）
（３）トランス－Ｎ－（６－クロロ－３－ピリジルメチル）－Ｎ’－シアノ－Ｎ－メチルアセトアミジン（別名：アセタミプリド）
（４）２－ジフエニルアセチル－１・３－インダンジオン
（５）２・３・５・６－テトラフルオロ－４－メチルベンジル＝（Ｚ）－（１ＲＳ・３ＲＳ）－３－（２－クロロ－３・３・３－トリフルオロ－１－プロペニル）－２・２－ジメチルシクロプロパンカルボキシラート（別名：テフルトリン）

下欄

ア．有機リン剤	イ．カーバメート剤	ウ．ピレスロイド剤
エ．ネオニコチノイド剤	オ．抗血液凝固剤	

問４　次の（１）から（４）の物質について、それらが飛散した場合又は漏えいした場合の措置として、最も適当なものを下欄からそれぞれ１つ選びなさい。

（１）クロルピクリン　　（２）Ｎ－メチル－１－ナフチルカルバメート
（３）アンモニア　　（４）燐（りん）化亜鉛

下欄

ア．多量に漏えいした場合、漏えいした液は土砂等でその流れを止め、多量の活性炭または水酸化カルシウムを散布して覆う。
イ．多量に漏えいした場合、漏えい箇所を濡れむしろ等で覆い、ガス状のそのものには遠くから霧状の水をかけ吸収させる。
ウ．飛散したものは表面を速やかに土砂等で覆い、密閉可能な空容器にできるだけ回収して密閉する。汚染された土砂等も同様の措置をし、そのあとを多量の水で洗い流す。
エ．飛散したものは空容器にできるだけ回収し、そのあとを水酸化カルシウム等の水溶液を用いて処理し、多量の水で洗い流す。

（特定品目）

問１　次の物質について、該当する性状をＡ欄から、主な用途をＢ欄からそれぞれ最も適当なものを１つ選びなさい。

高知県

物質名	性状	主な用途
四塩化炭素	（　1　）	（　6　）
クロム酸ナトリウム	（　2　）	（　7　）
蓚（しゅう）酸	（　3　）	（　8　）
硫酸	（　4　）	（　9　）
塩酸	（　5　）	（　10　）

Ａ欄

ア．十水和物は黄色結晶で潮解性を有する。水に可溶で、エタノールに難溶。
イ．揮発性、麻酔性の芳香を有する無色の重い液体。水に難溶で、アルコール、エーテル、クロロホルム等に可溶。
ウ．無色透明の液体で、刺激臭を有する。金属腐食性が強く強酸性を示す。
エ．無色透明で油様の液体。粗製のものは、しばしば有機質が混入して、かすかに褐色を帯びていることがある。
オ．無色、稜柱状の結晶で、乾燥空気中で風化する。エーテルに難溶。

Ｂ欄

カ．肥料、各種化学薬品の製造、石油の精製
キ．洗浄剤、引火性の少ないベンジンの製造
ク．工業用の酸化剤、製革用、試薬
ケ．膠（にかわ）の製造、獣炭の精製
コ．捺染剤、木、コルク、綿、藁製品等の漂白剤

問２　次の（１）から（５）の方法で鑑別する物質として最も適当なものを下欄からそれぞれ１つ選びなさい。

（１）水溶液を白金線につけて無色の火炎中に入れると、火炎は著しく黄色に染まり、長時間続く。
（２）アルコール溶液に、水酸化カリウム溶液と少量のアニリンを加えて熱すると、不快な刺激臭を放つ。
（３）アンモニア水を加え強アルカリ性とし、水浴上で蒸発すると、水に溶解しやすい白色、結晶性の物質を残す。
（４）水溶液に酢酸鉛を加えると、黄色の沈殿を生成する。
（５）アルコール性の水酸化カリウムと銅粉とともに煮沸すると、黄赤色の沈殿を生成する。

下欄

ア．水酸化ナトリウム　　イ．クロム酸カリウム　　ウ．四塩化炭素
エ．ホルムアルデヒド水溶液　　オ．クロロホルム

高知県

問3　次の記述は、各物質の識別法である。(1)から(5)に当てはまる、最も適当なものを下欄からそれぞれ1つ選びなさい。ただし、必要があれば同じものを繰り返し選んでもよい。

一酸化鉛

希硝酸に溶かすと、(1)の液となり、これに硫化水素を通すと、(2)の沈殿の硫化鉛を生成する。

蓚（しゅう）酸

水溶液をアンモニア水で弱アルカリ性にして塩化カルシウムを加えると、(3)の沈殿を生成する。

アンモニア水

濃塩酸を潤したガラス棒を近づけると、(4)の霧を生じる。

また、塩酸を加えて中和した後、塩化白金溶液を加えると、(5)、結晶性の沈殿を生じる。

下欄

ア．無色	イ．暗赤色	ウ．白色	エ．黒色	オ．黄色	カ．青色
キ．緑色					

問4　次の(1)から(5)の物質について、それらが飛散した場合又は漏えいした場合の措置として、最も適当なものを下欄からそれぞれ1つ選びなさい。

(1)クロム酸ストロンチウム　(2)メチルエチルケトン
(3)塩化水素　(4)硫酸　(5)クロロホルム

下欄

ア．風下の人を退避させ、土砂等で漏えいした液の流れを止め、安全な場所に導き、空容器にできるだけ回収し、そのあとを中性洗剤等の分散剤を使用して多量の水で洗い流す。
イ．飛散した場所の周辺にはロープを張る等して人の立入りを禁止する。作業の際は必ず保護具を着用し、風下で作業しない。多量にガスが噴出する場合は遠くから霧状の水をかけ吸収させる。
ウ．多量に漏えいした場合、土砂等で漏えいした液の流れを止め、安全な場所に導いて、液の表面を泡で覆い、できるだけ空容器に回収する。
エ．多量に漏えいした場合、土砂等で漏えいした液の流れを止め、これに吸着させるか、または安全な場所に導いて、遠くから徐々に注水して、ある程度希釈した後、水酸化カルシウム、炭酸ナトリウム等で中和し、多量の水で洗い流す。
オ．飛散したものは空容器にできるだけ回収し、そのあとを還元剤(硫酸第一鉄等)の水溶液を散布し、水酸化カルシウム、炭酸ナトリウム等の水溶液で処理した後、多量の水で洗い流す。

九州全県〔福岡県・佐賀県・長崎県・熊本県・大分県・宮崎県・鹿児島県〕・沖縄県統一共通

令和５年度実施

〔法　規〕

（一般・農業用品目・特定品目共通）

※ 法規に関する以下の設問中、毒物及び劇物取締法を「法律」、毒物及び劇物取締法施行令を 「政令」、毒物及び劇物取締法施行規則を「省令」とそれぞれ略称する。

問　1　法律第１条及び第２条の条文に関する以下の記述の正誤について、正しい組み合わせを下から一つ選びなさい。

ア この法律は、毒物及び劇物について、保健衛生上の見地から必要な取締を行うことを目的とする。
イ この法律で「毒物」とは、別表第一に掲げる物であって、毒薬以外のものをいう。
ウ この法律で「劇物」とは、別表第二に掲げる物であって、毒物以外のものをいう。
エ この法律で「特定毒物」とは、毒物であって、別表第三に掲げるものをいう。

	ア	イ	ウ	エ
1	正	正	誤	正
2	正	誤	誤	正
3	正	誤	誤	誤
4	誤	誤	正	正

問　2　以下の製剤のうち、劇物に該当するものとして正しいものの組み合わせを下から一つ選びなさい。

ア クロルピクリンを含有する製剤　　イ ニコチンを含有する製剤
ウ アニリン塩類　　エ 亜硝酸ブチル及びこれを含有する製剤

1（ア、イ）　2（ア、ウ）　3（イ、エ）　4（ウ、エ）

問　3　以下の製剤のうち、特定毒物に該当しないものを一つ選びなさい。

1 四アルキル鉛を含有する製剤
2 モノフルオール酢酸塩類及びこれを含有する製剤
3 エチレンクロルヒドリンを含有する製剤
4 ジエチルパラニトロフェニルチオホスフェイトを含有する製剤

問　4　以下の記述は、法律第３条第３項の条文の一部である。（　）の中に入れるべき字句の正しい組み合わせを下から一つ選びなさい。
なお、同じ記号の（　）内には同じ字句が入ります。

法律第３条第３項
毒物又は劇物の販売業の登録を受けた者でなければ、毒物又は劇物を販売し、（ ア ）し、又は販売若しくは（ ア ）の目的で（ イ ）し、運搬し、若しくは（ ウ ）してはならない。

	ア	イ	ウ
1	授与	所持	提供
2	授与	貯蔵	陳列
3	使用	貯蔵	提供
4	使用	所持	陳列

問 5 以下のうち、毒物又は劇物の製造業者が製造した塩化水素又は硫酸を含有する製剤たる劇物(住宅用の洗浄剤で液体状のものに限る。)を販売し、又は授与するとき、その容器及び被包に必要な表示事項として、法律及び省令で定められていないものを一つ選びなさい。

1 使用の際、手足や皮膚、特に眼にかからないように注意しなければならない旨
2 皮膚に触れた場合は、直ちに石けんを使用しよく洗う旨
3 眼に入った場合は、直ちに流水でよく洗い、医師の診断を受けるべき旨
4 小児の手の届かないところに保管しなければならない旨

問 6 毒物劇物営業者の毒物又は劇物の取扱いに関する以下の記述のうち、誤っているものを一つ選びなさい。

1 毒物又は劇物が盗難にあい、又は紛失することを防ぐのに必要な措置を講じなければならない。
2 劇物の容器として、飲食物の容器として通常使用される物を使用する際は、その営業所又は店舗の所在地の都道府県知事に申請書を出さなければならない。
3 毒物又は劇物が、製造所、営業所又は店舗の外に飛散し、漏れ、流れ出、若しくはしみ出、又はこれらの施設の地下にしみ込むことを防ぐのに必要な措置を講じなければならない。
4 製造所、営業所又は店舗の外において毒物又は劇物を運搬する場合には、これらの物が飛散し、漏れ、流れ出、又はしみ出ることを防ぐのに必要な措置を講じなければならない。

問 7 登録又は許可に関する以下の記述の正誤について、正しい組み合わせを下から一つ選びなさい。

ア 毒物又は劇物の製造業の登録を受けた者が、その製造した毒物又は劇物を、他の毒物又は劇物の販売業者に販売する場合は、毒物又は劇物の販売業の登録は必要ない。
イ 毒物又は劇物の製造業の登録を受けた者でなければ、毒物又は劇物を販売又は授与の目的で製造してはならない。
ウ 毒物又は劇物の輸入業の登録を受けた者でなければ、毒物又は劇物を販売又は授与の目的で輸入してはならない。
エ 特定毒物研究者の許可を受けようとする者は、その主たる研究所の所在地の都道府県知事に申請書を出さなければならない。

	ア	イ	ウ	エ
1	正	正	正	正
2	正	正	誤	誤
3	誤	正	正	正
4	誤	誤	正	誤

問 8 毒物劇物取扱責任者に関する以下の記述のうち、正しいものの組み合わせを下から一つ選びなさい。

ア 18歳の者は、毒物劇物取扱責任者になることはできない。
イ 毒物劇物営業者は、自らが毒物劇物取扱責任者となることはできない。
ウ 毒物劇物営業者が、毒物劇物取扱責任者を変更したときは、30 日以内にその毒物劇物取扱責任者の氏名を届け出なければならない。
エ 毒物劇物製造業と毒物劇物販売業を互いに隣接する施設で営む場合、毒物劇物取扱責任者はこれらの施設を通じて1人で足りる。

1(ア、イ)　2(ア、ウ)　3(イ、エ)　4(ウ、エ)

問 9 毒物又は劇物の製造業者が変更の届出をしなければならない事項に関する以下の記述の正誤について、正しい組み合わせを下から一つ選びなさい。

ア 登録を受けた毒物以外の毒物を新たに製造しようとするとき。
イ 登録を受けた劇物のうち、一部の品目の製造を廃止したとき。
ウ 毒物又は劇物を製造する設備の重要な部分を変更したとき。
エ 製造所を、登録を受けた住所とは異なる場所に移転したとき。

	ア	イ	ウ	エ
1	正	正	正	正
2	正	正	誤	誤
3	誤	正	正	誤
4	誤	誤	正	誤

九州全県・沖縄県統一

問 10 以下の記述は、法律第 12 条第 1 項の条文である。(　)の中に入れるべき字句の正しい組み合わせを下から一つ選びなさい。

法律第 12 条第 1 項
毒物劇物営業者及び特定毒物研究者は、毒物又は劇物の容器及び被包に、「医薬用外」の文字及び毒物については(　ア　)をもつて「(　イ　)」の文字、劇物については(　ウ　)をもつて「(　エ　)」の文字を表示しなければならない。

	ア	イ	ウ	エ
1	白地に赤色	毒物	赤地に白色	劇物
2	白地に赤色	毒	赤地に白色	劇
3	赤地に白色	毒物	白地に赤色	劇物
4	赤地に白色	毒	白地に赤色	劇

問 11 以下のうち、法律第 14 条の規定により、毒物又は劇物の販売業者が、毒物劇物営業者以外の者に毒物又は劇物を販売するときに、譲受人から提出を受けなければならない書面の記載事項として、正しいものの組み合わせを下から一つ選びなさい。

ア 販売する毒物又は劇物が製造された製造所の名称及び所在地
イ 譲受人の年齢
ウ 譲受人の職業
エ 毒物又は劇物の名称及び数量

1 (ア、イ)　　2 (ア、ウ)　　3 (イ、エ)　　4 (ウ、エ)

問 12 以下の事業者のうち、法律の規定により、登録を受けなければならない事業者として、誤っているものを一つ選び、その番号を解答欄に記入しなさい。

1 工場で劇物を使用するために、その劇物を輸入する事業者
2 劇物を小分けして販売する事業者
3 劇物であるサンプル品のみを販売する事業者
4 劇物である農薬を直接取り扱わないが、注文を受けて販売する事業者

問 13 以下のうち、法律第 12 条第 2 項の規定により、毒物劇物営業者が毒物又は劇物を販売する場合に、その容器及び被包に表示しなければならない事項として、法律で定められていないものを一つ選び、その番号を解答欄に記入しなさい。

1 毒物又は劇物の名称　　2 毒物又は劇物の製造番号
3 毒物又は劇物の成分　　4 毒物又は劇物の成分の含量

問 14　毒物劇物営業者の交付の制限等に関する以下の記述の正誤について、正しい組み合わせを下から一つ選びなさい。

ア 毒物劇物営業者は、18歳の者に、毒物又は劇物を交付してもよい。
イ 毒物劇物営業者は、大麻中毒者に、毒物又は劇物を交付してはならない。
ウ 毒物劇物営業者は、あへん中毒者に、毒物又は劇物を交付してもよい。
エ 毒物劇物営業者が、法律第3条の4に規定する引火性、発火性又は爆発性のある劇物を交付する場合は、その交付を受ける者の氏名及び住所を確認した後でなければ、交付してはならない。

	ア	イ	ウ	エ
1	正	正	正	正
2	正	正	誤	正
3	正	誤	誤	正
4	誤	正	誤	誤

問 15　以下のうち、省令第12条の3の規定により、毒物劇物営業者が、法律第3条の4に規定する政令で定める劇物を常時取引関係にない者に交付する場合、交付を受ける者の確認に関する帳簿に記載しなければならない事項について、誤っているものを一つ選びなさい。

1 交付した劇物の名称　　2 交付した劇物の数量　　3 交付の年月日
4 交付を受けた者の氏名

問 16　以下の記述は、政令第40条の条文の一部である。(　　)の中に入れるべき字句の正しい組み合わせを下から一つ選びなさい。

政令第40条
法第十五条の二の規定により、毒物若しくは劇物又は法第十一条第二項に規定する政令で定める物の廃棄の方法に関する技術上の基準を次のように定める。
一 中和、(　ア　)、酸化、還元、(　イ　)その他の方法により、毒物及び劇物並びに法第十一条第二項に規定する政令で定める物のいずれにも該当しない物とすること。
二 ガス体又は揮発性の毒物又は劇物は、保健衛生上危害を生ずるおそれがない場所で、少量ずつ放出し、又は揮発させること。
三 (　ウ　)性の毒物又は劇物は、保健衛生上危害を生ずるおそれがない場所で、少量ずつ燃焼させること。

	ア	イ	ウ
1	加水分解	稀釈	可燃
2	電気分解	稀釈	引火
3	電気分解	煮沸	可燃
4	加水分解	煮沸	引火

問 17　毒物劇物監視員に関する以下の記述の正誤について、正しい組み合わせを下から一つ選びなさい。

ア 毒物劇物監視員は、薬事監視員のうちから指定される。
イ 毒物劇物監視員でなくても保健所職員であれば、毒物劇物営業者の営業所への立入検査を行うことができる。
ウ 毒物劇物監視員は、法律違反を発見し、都道府県知事が保健衛生上必要があると認めるときは、犯罪捜査を行うことができる。
エ 毒物劇物監視員は、都道府県知事が保健衛生上必要があると認めるときは、特定毒物研究者の研究所への立入検査を行うことができる。

	ア	イ	ウ	エ
1	正	正	誤	正
2	正	誤	正	誤
3	正	誤	誤	正
4	誤	正	誤	誤

問 18　以下のうち、法律第３条の４及び政令第32条の３の規定により、引火性、発火性又は爆発性のある劇物であると定められているものとして、正しいものの組み合わせを下から一つ選びなさい。

ア カリウム　　イ ナトリウム　　ウ トルエン
エ 亜塩素酸ナトリウム30％以上を含有する製剤

1（ア、イ）　2（ア、ウ）　3（イ、エ）　4（ウ、エ）

問 19　１回の運搬につき1,000kgを超える毒物又は劇物を車両を使用して運搬する場合で、荷送人が当該運搬を他に委託するときに、運送人に対し、交付しなければならない書面に記載が義務付けられているものに関する以下の記述の正誤について、正しい組み合わせを下から一つ選びなさい。

ア 毒物又は劇物の名称
イ 毒物又は劇物の数量
ウ 毒物又は劇物の成分及びその含量
エ 事故の際に講じなければならない応急の措置の内容

	ア	イ	ウ	エ
1	正	正	正	正
2	正	正	誤	正
3	正	誤	正	誤
4	誤	誤	誤	正

問 20　以下の事業者のうち、法律第22条の規定により、業務上取扱者の届出を要するものとして、正しいものの組み合わせを下から一つ選びなさい。

ア 電気めっきを行う事業者であって、その業務上、アジ化ナトリウムを取り扱うもの
イ 金属熱処理を行う事業者であって、その業務上、ジメチル硫酸を取り扱うもの
ウ しろあり防除を行う事業者であって、その業務上、三酸化二砒ひ素を取り扱うもの
エ 最大積載量が5,000kgの自動車に固定された容器を用いて運送を行う事業者であって、その業務上、ホルムアルデヒドを取り扱うもの

1（ア、イ）　2（ア、エ）　3（イ、ウ）　4（ウ、エ）

問 21　以下のうち、法律第３条の２第９項及び関連する基準を定めた政令の規定により、特定毒物の着色の基準が「紅色」と定められているものとして、正しいものを一つ選びなさい。

1 ジメチルエチルメルカプトエチルチオホスフェイトを含有する製剤
2 モノフルオール酢酸アミドを含有する製剤
3 モノフルオール酢酸の塩類を含有する製剤
4 四アルキル鉛を含有する製剤

問 22　以下の毒物劇物営業者の登録について、何年ごとに更新を受けなければ、その効力を失うか、正しい組み合わせを下から一つ選びなさい。

ア 毒物又は劇物の製造業者　　イ 毒物又は劇物の販売業者
ウ 毒物又は劇物の輸入業者

	ア	イ	ウ
1	5年	6年	5年
2	5年	5年	6年
3	6年	5年	5年
4	6年	6年	6年

問 23 法律第３条第２項に規定されている特定毒物を輸入できる者に関する以下の記述の正誤について、正しい組み合わせを下から一つ選びなさい。

ア 毒物又は劇物の輸入業者
イ 毒物又は劇物の製造業者
ウ 毒物又は劇物の販売業者
エ 特定毒物研究者

	ア	イ	ウ	エ
1	正	正	誤	正
2	正	誤	誤	正
3	正	誤	誤	誤
4	誤	誤	正	正

問 24 以下の記述は、法律第 17 条第１項の条文である。(　　)の中に入れるべき字句の正しい組み合わせを下から一つ選びなさい。

法律第 17 条第１項
毒物劇物営業者及び特定毒物研究者は、その取扱いに係る毒物若しくは劇物又は第十一条第二項の政令で定める物が飛散し、漏れ、流れ出し、染み出し、又は地下に染み込んだ場合において、不特定又は多数の者について保健衛生上の危害が生ずるおそれがあるときは、直ちに、その旨を保健所、(　ア　)又は(　イ　)に届け出るとともに、保健衛生上の危害を防止するために必要な応急の措置を講じなければならない。

	ア	イ
1	役場	消防機関
2	役場	医療機関
3	警察署	消防機関
4	警察署	医療機関

問 25 以下の製剤のうち、法律第３条の３及び政令第 32 条の２の規定により、興奮、幻覚又は麻酔の作用を有する毒物又は劇物(これらを含有する物を含む。)として、みだりに摂取し、若しくは吸入し、又はこれらの目的で所持してはならないと定められているものとして、正しいものの組み合わせを下から一つ選びなさい。

ア ベンゼンを含有する接着剤　　イ フェノールを含有する塗料
ウ メタノールを含有する接着剤　　エ 酢酸エチルを含有する塗料

1 (ア、イ)　　2 (ア、ウ)　　3 (イ、エ)　　4 (ウ、エ)

〔基礎化学〕

(一般・農業用品目・特定品目共通)

問 26 物質の種類に関する以下の記述の正誤について、正しい組み合わせを下から一つ選びなさい。

ア リンは、単体である。
イ アスファルトは、混合物である。
ウ ダイヤモンドは、単体である。
エ ガソリンは、化合物である。

	ア	イ	ウ	エ
1	正	正	正	誤
2	正	正	誤	正
3	正	誤	正	誤
4	誤	誤	正	正

問 27 以下の物質の状態変化を表す用語のうち、固体が液体になる変化を表す名称として正しいものを一つ選びなさい。

1 昇華　　2 凝固　　3 融解　　4 蒸発

問 28 酸・塩基の強弱に関する以下の組み合わせについて、正しいものを一つ選びなさい。

	ア		イ
1	ヨウ化水素	―	弱塩基
2	シュウ酸	―	強酸
3	水酸化ナトリウム	―	弱酸
4	アンモニア	―	弱塩基

問 29 以下の物質のうち、一般的に酸化剤として働くものを一つ選びなさい。

1 硫化水素　2 過マンガン酸カリウム　3 シュウ酸
4 亜硫酸ナトリウム

問 30 金属の結晶格子に関する以下の組み合わせについて、正しいものを一つ選びなさい。

	ア		イ
1	アルミニウム	―	体心立方格子
2	銅	―	面心立方格子
3	ナトリウム	―	六方最密充填
4	カリウム	―	面心立方格子

問 31 以下のうち、0.01mol/L 塩酸の pH(水素イオン指数)として最も適当なものを一つ選びなさい。ただし、この濃度の塩酸の電離度は1とする。

1 pH 1　2 pH 2　3 pH 4　4 pH 6

問 32 以下の単体の金属の原子のうち、イオン化傾向の大きい順に並べたものとして、正しいものを一つ選びなさい。

1 K ＞ Fe ＞ Au ＞ Pt　2 K ＞ Ca ＞ Cu ＞ Au
3 Cu ＞ Au ＞ Fe ＞ Zn　4 Na ＞ Li ＞ Pt ＞ Au

問 33 以下のうち、0.10mol/L 塩酸 100mL を中和するのに必要な 0.25mol/L 水酸化ナトリウム水溶液の量として、正しいものを一つ選びなさい。

1 10mL　2 20mL　3 30mL　4 40mL

問 34 以下のうち、塩酸 20mL を 0.20mol/L の水酸化バリウム水溶液で中和滴定すると6 mL を必要とした。塩酸の濃度として適当なものを一つ選びなさい。

1 0.06mol/L　2 0.12mol/L　3 0.24mol/L　4 0.38mol/L

問 35 以下の化学反応式について、(　)の中に入れるべき係数の正しい組み合わせを下から一つ選びなさい。

(ア)$Mg(OH)_2$＋(イ)H^+
→(ウ)Mg^{2+}＋(エ)H_2O

	ア	イ	ウ	エ
1	2	1	2	2
2	1	2	1	2
3	2	3	2	4
4	1	3	2	2

問　36　物質量と気体の体積に関する以下の記述について、（　）の中に入れるべき字句を下から一つ選びなさい。

すべての気体は、同じ温度、同じ圧力のもとでは、同じ体積に同じ数の分子を含んでいる。これを（　）の法則という。

1　シャルル　　2　アボガドロ　　3　ヘンリー　　4　ヘス

問　37　以下のうち、0.03％を百万分率に換算した場合の値として、正しいものを一つ選びなさい。

1　0.3ppm　　2　3 ppm　　3　30ppm　　4　300ppm

問　38　官能基とその名称に関する以下の組み合わせについて、誤っているものを一つ選びなさい。

	官能基	名称
1	$-OH$	ヒドロキシ基
2	$-CH=CH_2$	フェニル基
3	$-C_2H_5$	エチル基
4	$-CO-$	ケトン基

問　39　以下の有機化合物のうち、芳香族カルボン酸ではないものの組み合わせを下から一つ選びなさい。

ア　サリチル酸　　イ　安息香酸　　ウ　ベンゼンスルホン酸
エ　クレゾール

1（ア、イ）　　2（ア、ウ）　　3（イ、エ）　　4（ウ、エ）

問　40　以下の分子のうち、二重結合を有するものを一つ選びなさい。

1　水素　　2　窒素　　3　二酸化炭素　　4　エタン

〔性質・貯蔵・取扱〕

（一般）

問題　以下の物質の用途として、最も適当なものを下から一つ選びなさい。

物　質　名	用　途
硫酸タリウム	問　41
2・2－ジメチルプロパノイルクロライド （別名　トリメチルアセチルクロライド）	問　42
亜塩素酸ナトリウム	問　43
メタクリル酸	問　44

1　熱硬化性塗料、接着剤、プラスチック改質剤、イオン交換樹脂
2　繊維、木材、食品等の漂白
3　農薬や医薬品製造における反応用中間体、反応用試薬
4　殺鼠（そ）剤

問題　以下の物質の貯蔵方法として、最も適当なものを下から一つ選びなさい。

物　質　名	貯蔵方法
カリウム	問　45
ピクリン酸	問　46
ベタナフトール	問　47
五硫化二燐（りん）	問　48

1　空気や光線に触れると赤変するため、密栓して遮光下に貯蔵する。
2　空気中では酸化されやすく、水と激しく反応するため、通常、石油中に貯蔵する。水分の混入、火気を避け貯蔵する。
3　火気に対し安全で隔離された場所に、硫黄、ヨード（沃よう素）、ガソリン、アルコール等と離して貯蔵する。鉄、銅、鉛等の金属容器を使用しない。
4　わずかな加熱で発火し、発生したガスで爆発することがあるため、換気の良い冷暗所に貯蔵する。

問題　以下の物質の廃棄方法として、最も適当なものを下から一つ選びなさい。

物　質　名	廃棄方法
砒（ひ）素	問　49
シアン化水素	問　50
クロルピクリン	問　51
トルエン	問　52

1　セメントを用いて固化し、溶出試験を行い、溶出量が判定基準以下であることを確認して埋立処分する。
2　多量の水酸化ナトリウム水溶液に吹き込んだ後、高温加圧下で加水分解する。
3　少量の界面活性剤を加えた亜硫酸ナトリウムと炭酸ナトリウム(ソーダ灰)の混合溶液中で撹拌（かくはん）し分解させた後、多量の水で希釈して処理する。
4　硅（けい）そう土等に吸収させて開放型の焼却炉で少量ずつ焼却、又は焼却炉の火室へ噴霧し、焼却する。

問題　以下の物質の漏えい時の措置として、最も適当なものを下から一つ選びなさい。

物　質　名	漏えい時の措置
ニトロベンゼン	問　53
臭素	問　54
キシレン	問　55
重クロム酸カリウム	問　56

九州全県・沖縄県統一

1 飛散したもの、又は漏えいした水溶液は、空容器にできるだけ回収する。そのあとを硫酸第一鉄等の還元剤の水溶液を散布し、水酸化カルシウム(消石灰)、炭酸ナトリウム(ソーダ灰)等の水溶液で処理した後、多量の水を用いて洗い流す。
2 多量の場合、土砂等でその流れを止め、土砂やおが屑等に吸収させて空容器に回収し、安全な場所に移す。そのあとは、多量の水で洗い流す。この場合、高濃度の廃液が河川等に排出されないように注意する。
3 多量の場合、土砂等でその流れを止め、安全な場所に導き、液の表面を泡で覆い、できるだけ空容器に回収する。
4 多量の場合、漏えい箇所や漏えいした液には、水酸化カルシウム(消石灰)を十分に散布し、シート等をかぶせ、その上にさらに水酸化カルシウム(消石灰)を散布して吸収させる。漏えい容器には散水しない。多量にガスが噴出した場所には遠くから霧状の水をかけ吸収させる。

問題 以下の物質の毒性として、最も適当なものを下から一つ選びなさい。

物 質 名	毒性
黄燐(りん)	問 57
硝酸	問 58
モノフルオール酢酸ナトリウム	問 59
クロルメチル	問 60

1 蒸気は目、呼吸器等の粘膜及び皮膚に強い刺激性を有する。高濃度溶液が皮膚に触れるとガスを発生して、組織ははじめ白く、次第に深黄色となる。
2 生体細胞内のTCAサイクルを阻害し、激しい嘔吐(おうと)が繰り返され、胃の疼痛を訴え、次第に意識が混濁し、てんかん性けいれん、脈拍の遅緩が起こり、チアノーゼ、血圧降下をきたす。
3 非常に毒性が強い。経口摂取では、一般的に、服用後しばらくして胃部の疼痛、灼熱感、にんにく臭のげっぷ、悪心、嘔吐(おうと)をきたす。
4 吸入すると麻酔作用が現れる。多量吸入すると頭痛、吐き気、嘔吐(おうと)等が起こり、はなはだしい場合は意識を失う。液が皮膚に触れるとしもやけ(凍傷)を起こし、目に入ると粘膜がおかされる。

(農業用品目)

問題 以下の物質の性状として、最も適当なものを下から一つ選びなさい。

物 質 名	性 状
2－ジフェニルアセチル－1・3－インダンジオン (別名 ダイファシノン)	問 41
メチル＝N－［2－［1－(4－クロロフェニル)－1－ピラゾール－3－イルオキシメチル］フェニル］(N－メトキシ)カルバマート (別名 ピラクロストロビン)	問 42
ジメチル－(N－メチルカルバミルメチル)－ジチオホスフェイト (別名 ジメトエート)	問 43
塩素酸カリウム	問 44

1 黄色の結晶性粉末である。水に溶けない。アセトン、酢酸に溶ける。
2 無色の単斜晶系板状の結晶又は白色の顆粒か粉末である。水に溶ける。アルコールに溶けにくい。
3 白色の固体である。水溶液は室温で徐々に加水分解し、アルカリ溶液中では速やかに加水分解する。
4 暗褐色の粘稠固体である。

問題　以下の物質の毒性として、最も適当なものを下から一つ選びなさい。

物　質　名	毒性
エチレンクロルヒドリン	問 45
燐化亜鉛	問 46
ニコチン	問 47
シアン化ナトリウム	問 48

1 皮膚から容易に吸収され、全身中毒症状を引き起こす。中枢神経系、肝臓、腎臓、肺に著明な障害を引き起こす。致死量の暴露を受けると呼吸不全を起こして死に至る。
2 鉄イオンと強い親和性を有する。吸入した場合、頭痛、めまい、悪心、意識不明、呼吸麻痺を起こす。目に入った場合、粘膜を刺激して結膜炎を起こす。
3 猛烈な神経毒。急性中毒ではよだれ、吐気、悪心、嘔吐があり、次いで脈拍緩徐不整となり、発汗、瞳孔縮小、意識喪失、呼吸困難、けいれんをきたす。慢性中毒では、心臓障害、動脈硬化等をきたし、ときに精神異常を引き起こすことがある。
4 吸入した場合、胃及び肺で胃酸や水と反応してホスフィンを発生することにより、頭痛、吐き気、めまい等の症状を起こす。

問題　以下の物質の用途として、最も適当なものを下から一つ選びなさい。

物　質　名	用途
塩化亜鉛	問 49
ジエチル－(５－フェニル－３－イソキサゾリル)－チオホスフェイト (別名 イソキサチオン)	問 50
モノフルオール酢酸ナトリウム	問 51
２－クロルエチルトリメチルアンモニウムクロリド (別名 クロルメコート)	問 52

1 植物成長調整剤　　2 殺虫剤　　3 殺鼠剤　　4 脱水剤

問題　以下の物質について、該当する貯蔵方法をＡ欄から、漏えい時の措置をＢ欄から、それぞれ最も適当なものを下から一つ選びなさい。

物　質　名	貯蔵方法	漏えい時の措置
硫酸	問 53	問 55
クロルピクリン	問 54	問 56
エチルパラニトロフェニルチオノベンゼンホスホネイト（別名 EPN）		問 57

【A欄】(貯蔵方法)

1 常温では気体であるため、圧縮冷却して液化し、圧縮容器に入れ、直射日光等、温度上昇の原因を避けて、冷暗所に貯蔵する。
2 水を吸収して発熱するので、内容物が漏れないように貯蔵する。
3 少量の場合は褐色ガラス瓶で貯蔵し、多量の場合は銅製シリンダーで貯蔵する。
4 酸化剤から離し、密栓して換気の良い場所に貯蔵する。

【B欄】(漏えい時の措置)

1 空容器にできるだけ回収し、そのあとを水酸化カルシウム(消石灰)等の水溶液にて処理し、中性洗剤等の分散剤を使用して多量の水で洗い流す。
2 多量の場合は、土砂等でその流れを止め、多量の活性炭又は水酸化カルシウム(消石灰)を散布して覆い、至急関係先に連絡し専門家の指示により処理する。
3 砂利等に付着している場合、砂利等を回収し、そのあとに水酸化ナトリウム、炭酸ナトリウム(ソーダ灰)等の水溶液を散布してアルカリ性とし、さらに酸化剤の水溶液で酸化処理を行い、多量の水で洗い流す。
4 多量の場合は、土砂等でその流れを止め、これに吸着させるか、又は安全な場所に導いて、遠くから徐々に注水してある程度希釈した後、水酸化カルシウム(消石灰)、炭酸ナトリウム(ソーダ灰)等で中和し、多量の水で洗い流す。

問題 以下の物質の解毒剤として、最も適当なものを下から一つ選びなさい。

物 質 名	解毒剤
ニコチン	問 58
無機シアン化合物	問 59
モノフルオール酢酸ナトリウム	問 60

1 アトロピン　2 亜硝酸アミル　3 アセトアミド
4 2－ピリジンアルドキシムメチオダイド(別名 PAM)

(特定品目)

問題 以下の物質の用途として、最も適当なものを下から一つ選びなさい。

物 質 名	用途
重クロム酸カリウム	問 41
硝酸	問 42
一酸化鉛	問 43
水酸化ナトリウム	問 44

1 せっけん製造、パルプ工業、染料工業、レーヨン工業、諸種の合成化学
2 ゴムの加硫促進剤、顔料
3 ニトログリセリン等の爆薬、セルロイド工業
4 工業用の酸化剤、媒染剤、顔料原料

問題　以下の物質の毒性として、最も適当なものを下から一つ選びなさい。

物　質　名	毒性
クロロホルム	問 45
硫酸	問 46
トルエン	問 47
蓚（しゅう）酸	問 48

1　皮膚に触れると、激しいやけどを起こす。目に入ると、粘膜を激しく刺激し、失明することがある。
2　脳の節細胞を麻酔させ、赤血球を溶解する。吸収すると、はじめは嘔吐（おうと）、瞳孔の縮小、運動性不安が現れ、脳及びその他の神経細胞を麻酔させる。
3　血液中のカルシウムを奪取し、神経系を侵す。急性中毒症状は胃痛、嘔吐（おうと）、口腔・咽頭の炎症を起こすことがある。
4　蒸気の吸入により頭痛、食欲不振等がみられる。大量に吸入した場合、緩和な大赤血球性貧血をきたすことがある。

問題　以下の物質の廃棄方法として、最も適当なものを下から一つ選びなさい。

物　質　名	廃棄方法
アンモニア	問 49
メタノール	問 50
塩酸	問 51
塩素	問 52

1　硅（けい）そう土等に吸収させて開放型の焼却炉で焼却する。
2　水を加えて希薄な水溶液とし、酸で中和させた後、多量の水で希釈して処理する。
3　徐々に石灰乳等の撹拌（かくはん）溶液に加えて中和させた後、多量の水で希釈して処理する。
4　多量のアルカリ水溶液中に吹き込んだ後、多量の水で希釈して処理する。

問題　以下の物質の性状として、最も適当なものを下から一つ選びなさい。

物　質　名	性状
酢酸エチル	問 53
四塩化炭素	問 54
硫酸モリブデン酸クロム酸鉛	問 55
塩素	問 56

1　橙色又は赤色の粉末で、水にほとんど溶けない。
2　麻酔性の芳香を有する無色の重い液体で、揮発性、不燃性である。
3　果実様の香気がある無色透明の液体である。
4　常温においては窒息性臭気を有する黄緑色の気体で、冷却すると黄色溶液を経て黄白色の固体となる。

問題 以下の物質の貯蔵方法として、最も適当なものを下から一つ選びなさい。

物 質 名	貯蔵方法
クロロホルム	問 57
メチルエチルケトン	問 58
水酸化カリウム	問 59
ホルマリン	問 60

1 二酸化炭素と水を強く吸収するため、密栓して貯蔵する。
2 引火しやすく、また、その蒸気は空気と混合して爆発性の混合ガスとなるため火気を避けて貯蔵する。
3 冷暗所に貯蔵する。純品は空気と日光によって変質するので、少量のアルコールを加えて分解を防止する。
4 低温では混濁することがあるため、常温で貯蔵する。一般に重合を防ぐため 10 %程度のメタノールが添加してある。

〔実　地〕

(一般)

問題　以下の物質について、該当する性状をＡ欄から、識別方法をＢ欄から、それぞれ最も適当なものを下から一つ選びなさい。

物 質 名	性状	識別方法
塩素酸カリウム	問 61	問 63
硫酸第二銅	問 62	問 64
アンモニア水		問 65

【Ａ欄】(性状)
1 無色透明、揮発性の液体で、鼻をさすような臭気があり、アルカリ性を呈する。
2 無水物は白色の粉末である。水和物は風解性を有し、水に溶けやすく、水溶液は酸性を示す。
3 無色又は淡黄色の液体で、刺激臭があり、強酸性である。大部分の金属、コンクリート等を腐食する。
4 無色の単斜晶系板状の結晶、又は白色顆粒か粉末で、水に溶けるがアルコールには溶けにくい。有機物と混合すると、摩擦により爆発することがある。

【Ｂ欄】(識別方法)
1 水溶液に硝酸バリウムを加えると、白色の沈殿を生じる。
2 濃塩酸を潤したガラス棒を近づけると、白い霧を生じる。
3 熱すると酸素を発生する。水溶液に酒石酸を多量に加えると、白色結晶性沈殿を生じる。
4 硝酸銀溶液を加えると、淡黄色の沈殿を生じる。

問題　以下の物質について、該当する性状をA欄から、識別方法をB欄から、それぞれ最も適当なものを下から一つ選びなさい。

物　質　名	性状	識別方法
弗(ふっ)化水素酸	問 66	問 68
四塩化炭素	問 67	問 69
燐(りん)化亜鉛		問 70

【A欄】（性状）

1 無色透明の液体。催涙性を有し、刺激臭がある。低温では混濁又は沈殿が生じる。
2 麻酔性の芳香を有する無色の重い液体で、揮発性及び不燃性を有する。
3 無色又はわずかに着色した透明の液体で、特有の刺激臭がある。不燃性で、高濃度のものは空気中で白煙を生じる。
4 暗灰色又は暗赤色の粉末。水と徐々に反応し、可燃性のガスを生じる。

【B欄】（識別方法）

1 ロウを塗ったガラス板に針で任意の模様を描き、本物質を塗ると、針で削り取られた模様の部分は腐食される。
2 希酸にガスを出して溶解する。
3 硝酸を加え、さらにフクシン亜硫酸溶液を加えると、藍紫色を呈する。
4 アルコール性の水酸化カリウムと銅粉とともに煮沸すると、黄赤色の沈殿を生じる。

（農業用品目）

問題　以下の物質について、該当する性状をA欄から、識別方法をB欄から、それぞれ最も適当なものを下から一つ選びなさい。

物　質　名	性状	識別方法
硝酸亜鉛	問 61	問 64
塩素酸コバルト	問 62	問 65
沃(よう)化メチル（別名　ヨードメタン、ヨードメチル）	問 63	

【A欄】（性状）

1 暗赤色の結晶である。
2 濃い藍色の結晶で、水に溶けやすく、風解性がある。
3 無色又は淡黄色透明の液体。エーテル様臭がある。
4 六水和物は白色結晶である。水に溶けやすく、潮解性がある。

【B欄】（識別方法）

1 水溶液は水酸化ナトリウム溶液と反応し、冷時青色の沈殿を生じる。
2 アンモニアと反応し、白色のゲル状の沈殿を生じるが、過剰のアンモニアでアンモニア錯塩を生成し、溶解する。
3 炭の上に小さな孔をつくり、試料を入れ吹管炎で熱灼すると、パチパチ音をたてて分解する。
4 硫酸酸性水溶液とし、ピクリン酸溶液を加えると、黄色結晶を沈殿する。

問題　以下の物質について、該当する性状をＡ欄から、用途をＢ欄から、それぞれ最も適当なものを下から一つ選びなさい。

物　質　名	性状	用途
アンモニア水		問　68
２・２’－ジピリジリウム－１・１’－エチレンジブロミド（別名　ジクワット）	問　66	問　69
２－クロル－１－(２・４－ジクロルフェニル)ビニルジメチルホスフェイト（別名　ジメチルビンホス）	問　67	問　70

【Ａ欄】（性状）
　1　刺激性で、微臭のある比較的揮発性の無色又は薄い黄色の油状液体である。
　2　純品は無色無臭の油状液体であるが、空気中で速やかに褐色となる。
　3　淡黄色の結晶である。中性、酸性下で安定であり、アルカリ性で不安定である。
　4　微粉末状結晶である。キシレン、アセトン等の有機溶媒に溶ける。

【Ｂ欄】（用途）
　1　化学工業用、医薬用、試薬　　2　除草剤　　3　土壌燻（くん）蒸剤　　4　殺虫剤

（特定品目）

問題　以下の物質について、該当する性状をＡ欄から、識別方法をＢ欄から、それぞれ最も適当なものを下から一つ選びなさい。

物　質　名	性状	識別方法
硫酸	問　61	問　64
一酸化鉛	問　62	問　65
硝酸	問　63	

【Ａ欄】（性状）
　1　比重が極めて大きく(約 1.84)、無色無臭の油状の液体。
　2　揮発性、麻酔性の芳香を有する無色の重い液体。火炎を包んで空気を遮断するため、強い消火力を示す。
　3　重い粉末で、黄色から赤色までのものがあり、赤色粉末を７２０℃以上に加熱すると黄色になる。
　4　腐食性が激しく、空気に接すると刺激性白霧を発し、水を吸収する性質が強い。

【Ｂ欄】（識別方法）
　1　銅屑を加えて熱すると、藍色を呈して溶け、その際、赤褐色の蒸気を発生する。
　2　硝酸を加え、さらにフクシン亜硫酸溶液を加えると、藍紫色を呈する。
　3　希硝酸に溶かすと、無色の液となり、これに硫化水素を通すと、黒色の沈殿を生じる。
　4　水で薄めると激しく発熱し、希釈水溶液に塩化バリウムを加えると、白色の沈殿を生じる。

問題　以下の物質について、該当する性状をA欄から、識別方法をB欄から、それぞれ最も適当なものを下から一つ選びなさい。

物　質　名	性状	識別方法
メタノール	問 66	問 69
蓚（しゅう）酸	問 67	問 70
硅弗（けいふっ）化ナトリウム	問 68	

【A欄】（性状）

1 無色透明、揮発性の液体で、鼻をさすような臭気があり、アルカリ性を呈する。
2 無色、稜柱状の結晶で、乾燥空気中で風化する。
3 無色透明、揮発性の液体で、特異な香気を有し、空気と混合して爆発性混合ガスを生成する。
4 白色の結晶で、水に溶けにくく、アルコールには溶けない。

【B欄】（識別方法）

1 水溶液を酢酸で弱酸性にして酢酸カルシウムを加えると、結晶性の沈殿を生成する。
2 濃塩酸を潤したガラス棒を近づけると、白い霧を生じる。
3 サリチル酸及び濃硫酸とともに熱すると芳香のあるエステル類を生じる。
4 希硝酸に溶かすと無色の液となり、これに硫化水素を通すと、黒色の沈殿を生成する。

解答・解説編

北海道
令和５年度実施

〔毒物及び劇物に関する法規〕
（一般・農業用品目・特定品目共通）

問１～問10　問１　1　問２　2　問３　3　問４　3　問５　4
問６　1　問７　4　問８　1　問９　4　問10　1

〔解説〕
アは、法第２条第１項〔定義・毒物〕。イは法第８条第２項〔毒物劇物取扱者の資格〕。ウは法第 12 条第１項〔毒物又は劇物の表示〕。エは法第 12 条第２項〔毒物又は劇物の表示〕

問11　2
〔解説〕
この設問は、アとウが正しい。法第 22 条で規定されている業務上取扱者の届出を要する者とは、①シアン化ナトリウム又は無機シアン化合物たる毒物及びこれを含有する製剤→電気めっきを行う事業、②シアン化ナトリウム又は無機シアン化合物たる毒物及びこれを含有する製剤→金属熱処理を行う事業、③最大積載量 5,000kg 以上の運送の事業、④砒素化合物たる毒物及びこれを含有する製剤→しろありの防除を行う事業について使用する者である。

問12　3
〔解説〕
この設問では誤っているものはどれかとあるので、３が誤り。次のとおり。法第３条の４による施行令第 32 条の３で定められている品目は、①亜塩素酸ナトリウムを含有する製剤 30 ％以上、②塩素酸塩類を含有する製剤 35 ％以上、③ナトリウム、④ピクリン酸である。

問13　3
〔解説〕
この設問は法第 15 条第 2 項において、法第３条の４→施行令第 32 条の３で定められている品目は、①亜塩素酸ナトリウムを含有する製剤 30 ％以上、②塩素酸塩類を含有する製剤 35 ％以上、③ナトリウム、④ピクリン酸については、その交付を受ける者の氏名及び住所を確認した後でなければ交付してはならないと示されている。なお、その確認について、施行規則第 12 条の２の６で、身分証明書、運転免許証、国民健康保険証の提示を受けるとなっている。

問14　1
〔解説〕
法第３条の２第５項で特定毒物を品目ごとに用途以外に供してはならないと政令で定められている。なお、この設問では誤っているものはどれかとあるので、１のモノフルオール酢酸の塩類を含有する製剤の用途は、野ねずみの駆除。このことは施行令第 11 条に示されている。２は施行令第１条。３は施行令第 22 条。４は２は施行令第 16 条。

問15　2
〔解説〕
この設問は法第３条の３→施行令第 32 条の２による品目→①トルエン、②酢酸エチル、トルエン又はメタノールを含有する接着剤、塗料及び閉そく用またはシーリングの充てん料は、みだりに摂取、若しくは吸入し、又はこれらの目的で所持してはならい。解答のとおり。

問16　3
〔解説〕
法第 17 条第１項〔事故の際の措置〕。

問17　3
〔解説〕
この設問の四アルキル鉛を含有する製剤の着色及び表示の基準については法第３条の２第９項→施行令第２条第１号〔着色及び表示〕で、赤色、青色、黄色又は緑色に着色と示されている。解答のとおり。

問 18　1
〔解説〕
法第 12 条第２項第四号→施行規則第 11 条の６第二号に示されている。このことから正しいのは、アとウである。
問 19　3
〔解説〕
この設問は法第４条第３項における登録の更新で、毒物又は輸入業の製造業及び輸入業の登録は、５年ごとに更新であり、毒物又は劇物の販売業の登録は、６年ごとに、更新を受けなければ、その効力を失う。このことからアとウが正しい。
問 20　4
〔解説〕
４が正しい。４の四アルキル鉛は毒物〔特定毒物〕で、硫酸は劇物。因みに１のカリウムは劇物で、ニコチンは毒物。２のモノクロル酢酸は劇物で、ベタナフトールも劇物。３の水銀は毒物で、シアン化ナトリウムも毒物。

〔基礎化学〕
（一般・農業用品目・特定品目共通）

問 21　1
〔解説〕
一般的にイオン化傾向の小さい金属がイオンの状態で、イオン化傾向の大きい金属が単体の状態で共存するときに反応する。イオン化傾向は次の順となる。
Li>**K**>Ca>Na>Mg>Al>Zn>**Fe**>Ni>Sn>Pb>H>Cu>Hg>Ag>Pt>**Au**
問 22　3
〔解説〕
Ca は橙赤色の炎色反応を呈する。ほかに Na は黄色、Li は赤、K は赤紫色、Cu は青緑色、Ba は黄緑色の炎色反応を示す。
問 23　3
〔解説〕
水は極性分子であり、ジエチルエーテルは無極性分子なので混じりあわない。
問 24　4
〔解説〕
キシレンはベンゼンの水素原子２個がメチル基変わったもので、芳香族化合物である。
問 25　3
〔解説〕
リン酸カリウム水溶液は酸性、硝酸鉄水溶液も酸性、シュウ酸ナトリウム水溶液は塩基性を示す。
問 26　2
〔解説〕
K 殻に 2 個、L 殻に 8 個、M 殻に 18 個の電子を収容できる。
問 27　3
〔解説〕
0.4　mol/L の HCl 水溶液 250　mL に含まれる HCl 分子の物質量は、0.4 × 250/1000 = 0.1 mol である。HCl 0.1 mol を中和するのに必要な NaOH（式量 40）の物質量は 0.1 mol であるから、0.1 × 40 = 4.0 g
問 28　4
〔解説〕
H_2O の分子量は 18 である。よって 0.5 mol の水の重さは、0.5 × 18 = 9.0 g
問 29 ～問 30　　問 29　1　　　問 30　4
〔解説〕
問 29　高級脂肪酸は弱酸性を示す。問 30　水酸化ナトリウムは強塩基である。
問 31　2
〔解説〕
シクロペンタンはシクロアルカン、シクロヘキセンはシクロアルケン、ジメチルアセチレンはアルキン、プロピレンはアルケンに分類される。

問32　1
〔解説〕
陽極では酸化反応が起こる。硝酸イオンは酸化されないので水が酸化され酸素が発生する。$2H_2O \rightarrow O_2 + 4H^+ + 4e^-$

問33　1
〔解説〕
式ア×3+式イ×2－式ウより、$C_3H_8 + 5O_2 = 3CO_2 + 4H_2O + 2221$ kJ/mol

問34　3
〔解説〕
pHの差が1違うと水素イオン濃度は10倍異なる。

問35～問37　問35　1　問36　2　問37　1
〔解説〕
問35　気体の圧力と体積の関係はボイルの法則である。
問36　アセチルサリチル酸はサリチル酸のヒドロキシ基をエステル化したもの、サリチル酸メチルはサリチル酸のカルボキシ基をエステル化したものである。
問37　アセチレンはアルキン、シクロペンタンはシクロアルカン、バレロラクタムは環状アミド、1-ブテンはアルケンである。

問38　4
〔解説〕
2-ブテンは二重結合が回転できないため、幾何異性体が存在する。

問39　4
〔解説〕
一般的に溶液の凝固点は溶媒の凝固点よりも低くなる。これを凝固点降下という。

問40　2
〔解説〕
鉄粉が酸化されることで熱を発生するのがカイロである。

〔毒物及び劇物の性質及び貯蔵その他取扱方法〕
（一般）

問１～問３　問１　4　問２　4　問３　2
〔解説〕
この設問の除外濃度については毒物及び劇物取締法第２条〔定義〕→毒物及び劇物指定令第１条〔毒物〕、同指定令第２条〔劇物〕、同指定令第３条〔特定毒物〕に示されている。解答のとおり。

問４～問５　問４　1　問５　2
〔解説〕
問４　クレゾール $C_6H_4(CH_3)OH$：オルト、メタ、パラの３つの異性体の混合物。無色～ピンクの液体、フェノール臭、光により暗色になる。倦怠感、嘔吐等の症状を起こす。皮膚からも吸収され、吸入した場合と同様の症状を起こす。
問５　トルイジンには、オルトー、メター、パラーの３種の異性体がある。水に難溶、有機溶媒に易溶。オルトトルイジンは、淡黄色の液体で、光、空気により赤色を帯びる。メタトルイジンは、無色の液体。パラトルイジンは、光沢のある無色結晶。メトヘモグロビン形成能があり、チアノーゼを起こす。頭痛、疲労感、呼吸困難や、腎臓、膀胱の刺激を起こし血尿をきたす。２

問６～問８　問６　2　問７　4　問８　3
〔解説〕
問６　シアン化カリウム KCN（別名　青酸カリ）は、白色、潮解性の粉末または粒状物、空気中では炭酸ガスと湿気を吸って分解する（HCN を発生）。また、酸と反応して猛毒の HCN（アーモンド様の臭い）を発生する。貯蔵法は、少量ならばガラス瓶、多量ならばブリキ缶又は鉄ドラム缶を用い、酸類とは離して風通しの良い乾燥した冷所に密栓して貯蔵する。　**問７**　アクリルアミドは劇物。無色の結晶。水、エタノール、エーテル、クロロホルムに可溶。高温又は紫外線下では容易に重合するので、冷暗所に貯蔵する。　**問８**　ベタナフトール $C_{10}H_7OH$ は、無色～白色の結晶、石炭酸臭、水に溶けにくく、熱湯に可溶。有機溶媒に易溶。遮光保存（フェノール性水酸基をもつ化合物は一般に空気酸化や光に弱い）。

北海道

問９～問10　問９　4　　問10　1

〔解説〕

問９　ホスゲンは独特の青草臭のある無色の圧縮液化ガス。蒸気は空気より重い。トルエン、エーテルに極めて溶けやすい。酢酸に対してはやや溶けにくい。水により加水分解し、二酸化炭素と塩化水素を生成する。不燃性。水分が存在すると加水分解して塩化水素を生じるために金属を腐食する。加熱されると塩素と一酸化炭素への分解が促進される。　　問10　黄リン P_4 は、白色又は淡黄色の固体であり、ニンニク臭。水酸化ナトリウムと熱すればホスフィンを発生する。酸素の吸収剤として、ガス分析に使用され、殺鼠剤の原料、または発煙剤の原料として用いられる。

問11　2

〔解説〕

トリククロルヒドロキシエチルジメチルホスホネイト(別名 DEP)は劇物。純品は白色の結晶。クロロホルム、ベンゼン、アルコールに溶け、水にもかなり溶ける。アルカリで分解する。10 %以下は劇物から除外。

問12　2

〔解説〕

DMTP(別名メチダチオン)は劇物。灰白色の結晶。水に１%としか溶けない。有機溶媒によく溶ける。用途は果樹、野菜、カイガラムシ等の防除〔有機燐系殺虫剤〕。

問13　3

〔解説〕

アバメクチンについては、イとウが正しい。 アバメクチンは、毒物。類白色結晶粉末。融点で分解するため測定不能。用途は農薬・マクロライド系殺虫剤(殺虫・殺ダニ剤)1.8 %以下は毒物から除外で、1.8 %以下は劇物。

問14　1

〔解説〕

ジメチルジチオホスホリルフェニル酢酸エチル(フェントエート、PAP)は、劇物。３%以下は劇物から除外。赤褐色、油状の液体で、芳香性刺激臭を有し、水、プロピレングリコールに溶けない。リグロインにやや溶け、アルコール、エーテル、ベンゼンに溶ける。有機燐系の殺虫剤。。

問15　4

〔解説〕

フルバリネートは劇物。５%以下劇物から除外。淡黄色ないし黄褐色の粘稠性液体。水に難溶。熱、酸性には安定。太陽光、アルカリには不安定。用途は野菜、果樹、園芸植物のアブラムシ類、ハダニ、コナガなどの殺虫に用いられる。ほか、シロアリ防除にも有効。なお、ジメトエートは、劇物。有機リン製剤であり、白色固体で水で徐々に加水分解し、用途は殺虫剤。有機燐系農薬。テブフェンピラドは劇物。淡黄色結晶。比重 1.0214　水にきわめて溶けにくい。有機溶媒に溶けやすい。pH　3～ 11 で安定。用途は野菜、果樹等のハダニ類の害虫を防除する農薬。メタアルデヒドは、劇物。10 %以下は劇物から除外。白色粉末(結晶)。アルデヒド臭用途は殺虫剤。

問16　3

〔解説〕

酸化第二水銀 HgO は毒物。赤色または黄色の粉末。水にはほとんど溶けない。希塩酸、硝酸、シアン化アルカリ溶液には溶ける。酸には容易に溶ける。用途は塗料、試薬。廃棄法は焙焼法又は沈殿隔離法。

問17　3

〔解説〕

四塩化炭素(テトラクロロメタン)CCl_4 は、劇物。揮発性、麻酔性の芳香を有する無色の重い液体である。不燃性であるが、さらに揮発して重い蒸気となり火炎をつつんで空気を遮断するので強い消火力を示す。また、油脂類をよく溶解する性質がある。

北海道

問18　3
〔解説〕
一酸化鉛 PbO(別名リサージ)は劇物。赤色～赤黄色結晶。重い粉末で、黄色から赤色の間の様々なものがある。水にはほとんど溶けないが、酸、アルカリにはよく溶ける。酸化鉛は空気中に放置しておくと、徐々に炭酸を吸収して、塩基性炭酸鉛になることもある。光化学反応をおこし、酸素があると四酸化三鉛、酸素がないと金属鉛を遊離する。希硝酸に溶かすと、無色の液となり、これに硫化水素を通じると、黒色の沈殿を生じる。
問19　1
〔解説〕
塩素の廃棄方法は、塩素ガスは多量のアルカリに吹き込んだのち、希釈して廃棄するアルカリ法。
問20　2
〔解説〕
メタノール(メチルアルコール)CH_3OH は、劇物。(別名：木精)>無色透明の液体で。特異な香気がある。沸点は、64.1 ℃。蒸気は空気より重く引火しやすい。水と任意の割合で混和する。

（農業用品目）

問１～問４　問１　4　　問２　3　　問３　4　　問４　2
〔解説〕
この設問の除外濃度については毒物及び劇物取締法第２条〔定義〕→毒物及び劇物指定令第１条〔毒物〕、同指定令第２条〔劇物〕、同指定令第３条〔特定毒物〕に示されている。解答のとおり。
問５～問７　問５　4　　問６　3　　問７　2
〔解説〕
問５　カルボスルファンは、劇物。有機燐製剤の一種。褐色粘稠液体。用途はカーバメイト系殺虫剤。　問６　ホスチアゼートは、劇物。弱いメルカプタン臭いのある淡褐色の液体。有機燐剤。水にきわめて溶けにくい。pH6 及び pH8 で安定。用途は野菜等のネコブセンチュウ等の害虫を殺虫剤。　問７　フェンプロパトリンは劇物。ただし、１％以下は劇物から除外。白色の結晶性粉末。水にほとんど溶けない。キシレン、アセトンに溶ける。用途は殺虫剤、農薬(ピレスロイド系殺虫剤)。２
問８　2
一般の問 11 を参照。
問９～問 10　問９　1　　問 10　2
〔解説〕
問９　ジクワットは、劇物で、ジピリジル誘導体で淡黄色結晶、水に溶ける。土壌等に強く吸着されて不活性化する性質がある。アルカリ溶液で薄める場合は、２～３時間以上貯蔵できない。腐食性を有する。　問 10　5-ジメチルアミノ-1,2,3-トリチアン蓚酸塩(チオシクラム)は、劇物。無色の結晶。無臭。メタノール、水に可溶。太陽光線により分解される。
問 11 ～問 13　問 11　3　　問 12　1　　問 13　2
〔解説〕
問 11　アンモニア水は無色透明、刺激臭がある液体。アンモニア NH_3 は空気より軽い気体。濃塩酸を近づけると塩化アンモニウムの白い煙を生じる。NH_3 が揮発し易いので密栓。　問 12　ブロムメチル CH_3Br は可燃性・引火性が高いため、火気・熱源から遠ざけ、直射日光の当たらない換気性のよい冷暗所に貯蔵する。耐圧等の容器は錆防止のため床に直置きしない。　問 13　クロルピクリン CCl_3NO_2 は、揮発性液体で強い刺激臭と催涙性を有する。ガラス容器に密栓の上、冷暗所に貯蔵する。
問 14 ～問 15　問 14　2　　問 15　1
〔解説〕
問 14　ジメトエートは劇物。白色の固体。水溶液は室温で徐々に加水分解し、アルカリ溶液中ではすみやかに加水分解する。有機燐製剤の一種である。コリンエステラーゼ活性阻害作用があり、軽症では倦怠感、頭痛、めまい、嘔吐、下痢等。　問 15　クロルピクリン CCl_3NO_2 は、無色～淡黄色液体、催涙性、粘膜刺激臭。気管支を刺激してせきや鼻汁が出る。多量に吸入すると、胃腸炎、肺炎、尿に血が混じる。悪心、呼吸困難、肺水腫を起こす。

問 16　2
〔解説〕
一般の問 12 を参照。
問 17　3
〔解説〕
一般の問 13 を参照。
問 18　1
〔解説〕
一般の問 14 を参照。
問 19　4
〔解説〕
一般の問 15 を参照。
問 20　4
〔解説〕
農業用品目販売業者の登録が受けた者が販売できる品目については、法第４条の３第１項→施行規則第４条の２→施行規則別表第１に掲げられている品目である。解答のとおり。

（特定品目）

問１～問４　問１　3　問２　3　問３　3　問４　4
〔解説〕
この設問の特定品目については、第４条の３第２項→施行規則第４条の３→施行規則別表第２に掲げられている品目に示されている。解答のとおり。
問５　3
〔解説〕
一般の問 16 を参照。
問６　3
〔解説〕
一般の問 17 を参照。
問７　3
〔解説〕
一般の問 18 を参照。
問８　1
〔解説〕
一般の問 19 を参照。
問９　4
〔解説〕
ホルムアルデヒド HCHO は、無色透明な液体で刺激臭を有し、寒冷地では白濁する場合がある。中性または弱酸性の反応を呈し、水、アルコールに混和するが、エーテルには混和しない。低温では析出することがあるので常温で保存する。蒸気は粘膜を刺激し、結膜炎、気管支炎などをおこさせる。高濃度の液体は皮膚に壊疽をおこさせたり、しばしば湿疹を生じさせる。
問 10　2
〔解説〕
一般の問 20 を参照。

問 11 ～問 13　問 11　1　問 12　3　問 13　2
〔解説〕
問 11　一酸化鉛 PbO(別名密陀僧、リサージ)は劇物。赤色～赤黄色結晶。重い粉末で、黄色から赤色の間の様々なものがある。水にはほとんど溶けない。用途はゴムの加硫促進剤、顔料、試薬等。　問 12　過酸化水素 H_2O_2 は、無色無臭で粘性の少し高い液体。徐々に水と酸素に分解する。酸化力、還元力をもつ。用途は、漂白、医薬品、化粧品の製造。　問 13　トルエン $C_6H_5CH_3$ は、劇物。特有な臭い(ベンゼン様)の無色液体。水に不溶。比重 1 以下。可燃性。引火性。用途は爆薬原料、香料、サッカリンなどの原料、揮発性有機溶媒。
問 14 ～問 17　問 14　1　問 15　3　問 16　4　問 17　2
〔解説〕
解答のとおり。

問18～問20　問18　3　問19　4　問20　1

〔解説〕

問18　クロロホルム $CHCl_3$ は無色、揮発性の液体で特有の香気とわずかな甘みをもち。麻酔性がある。空気中で日光により分解し、塩素 Cl_2、塩化水素 HCl、ホスゲン $COCl_2$、四塩化炭素 CCl_4 を生じるので、少量のアルコールを安定剤として入れて冷暗所に保存。　問19　トルエン $C_6H_5CH_3$ 特有な臭いの無色液体。水に不溶。比重 1 以下。可燃性。揮発性有機溶媒。貯蔵方法は引火しやすく、その蒸気は空気と混合して爆発性混合ガスとなるので、火気を近づけず、静電気に対する対策を考慮して貯蔵する。　問20　水酸化カリウム（KOH）は劇物（5 %以下は劇物から除外）。（別名：苛性カリ）。空気中の二酸化炭素と水を吸収する潮解性の白色固体である。二酸化炭素と水を強く吸収するので、密栓して貯蔵する。

北海道

〔実　　地〕

（一般）

問21　1

〔解説〕

アジ化ナトリウム NaN_3（別名ナトリウムアザイド、アジドナトリウム）は、毒物（0.1 %以下は除外。）、無色板状結晶、水に溶けアルコールに溶け難い。徐々に加熱すると分解し、窒素とナトリウムを発生。経口摂取の場合、胃酸によりアジ化水素 HN_3 を発生。

問22　3

〔解説〕

弗化水素 HF は毒物。不燃性の無色液化ガス。激しい刺激性がある。ガスは空気より重い。空気中の水や湿気と作用して白煙を生じる。また、強い腐食性を示す。水にきわめて溶けやすい。廃棄方法は、沈殿法。

問23～問24　問23　3　問24　4

〔解説〕

解答のとおり。

問25～問26　問25　3　問26　2

〔解説〕

問25　クロルピクリン CCl_3NO_2 は、無色～淡黄色液体、催涙性、粘膜刺激臭。本品の水溶液に金属カルシウムを加え、これにベタナフチルアミン及び硫酸を加えると、赤色の沈殿を生じる。　問26　アニリン $C_6H_5NH_2$ は、劇物。新たに蒸留したものは無色透明油状液体、光、空気に触れて赤褐色を呈する。特有な臭気。水には難溶、有機溶媒には可溶。水溶液にさらし粉を加えると紫色を呈する。

問27～問28　問27　1　問28　2

〔解説〕

トリクロル酢酸は、劇物で無色斜方六面体の結晶。わずかな刺激臭がある。潮解性がある。廃棄方法は可燃性溶剤とともにアフターバーナー及びスクラバーを具備した焼却炉の火室へ噴霧し焼却する燃焼法。

問29～問30　問29　2　問30　1

〔解説〕

沃化水素酸は、劇物。無色の液体。ヨード水素の水溶液に硝酸銀溶液を加えると、淡黄色の沃化銀の沈殿を生じる。この沈殿はアンモニア水にはわずかに溶け、硝酸には溶けない。

問31～問33　問31　2　問32　3　問33　1

〔解説〕

問31　ジメチルジチオホスホリルフェニル酢酸エチル（フェントエート、PAP）は、赤褐色、油状の液体で、芳香性刺激臭を有し、水、プロピレングリコールに溶けない。有機燐系の殺虫剤。廃棄方法は、木粉等に吸収させてアフターバーナー及びスクラバーを具備した焼却炉で焼却する燃焼法。　問32　クロルピクリン CCl_3NO_2 は、無色～淡黄色液体、催涙性、粘膜刺激臭。廃棄方法は少量の界面活性剤を加えた亜硫酸ナトリウムと炭酸ナトリウムの混合溶液中で、撹拌し分解させた後、多量の水で希釈して処理する分解法。　問33　塩素酸ナトリウム $NaClO_3$ は、無色無臭結晶、酸化剤、水に易溶。廃棄方法は、過剰の還元剤の水溶液を希硫酸酸性にした後に、少量ずつ加え還元し、反応液を中和後、大量の水で希釈処理する還元法。

問 34 ～問 35　　問 34　4　　問 35　4

〔解説〕

解答のとおり。

問 36　2

〔解説〕

キシレン $C_6H_4(CH_3)_2$ は、無色透明な液体で o-、m-、p-の 3 種の異性体がある。水にはほとんど溶けず、有機溶媒に溶ける。静電気への対策を十分に考慮する。パラキシレンは冬期に固結することがある。廃棄方法は、珪そう土等に吸収させて開放型の焼却炉で少量ずつ焼却する燃焼法。

問 37　4

〔解説〕

硝酸 HNO_3 は純品なものは無色透明で、徐々に淡黄色に変化する。特有の臭気があり腐食性が高い。うすめた水溶液に銅屑を加えて熱すると、藍色を呈して溶け、その際赤褐色の蒸気を発生する。藍(青)色を呈して溶ける。羽毛のような有機質を硝酸の中に浸し、特にアンモニア水でこれをうるおすと橙黄色になる。

問 38 ～問 40　　問 38　1　　問 39　3　　問 40　2

〔解説〕

解答のとおり。

（農業用品目）

問21～問23　　問 21　2　　問 22　3　　問 23　1

〔解説〕

一般の問 31 ～問 33 を参照。

問24～問27　　問 24　4　　問 25　3　　問 26　1　　問 27　2

〔解説〕

問 24　アセタミプリドは、劇物。白色結晶固体。２％以下は劇物から除外。用途はネオニコチノイド系殺虫剤。　　問 25　ダイファシノン(2-ジフェニルアセチル-1, 3-インダジオン)は毒物。黄色結晶性粉末。用途は殺鼠剤。

問 26　クロルメコートは、劇物、白色結晶で魚臭、非常に吸湿性の結晶。用途は植物成長調整剤。　　問 27　ダゾメットは劇物。白色の結晶性粉末。用途は芝生等の除草剤。

問28～問30　　問 28　1　　問 29　4　　問 30　2

〔解説〕

問 28　メソミル(別名メトミル)は、劇物。白色の結晶。水、メタノール、アセトンに溶ける。カルバメート剤なので、解毒剤は硫酸アトロピン(PAM は無効)、SH 系解毒剤の BAL、グルタチオン等。漏えいした場合：飛散したものは空容器にできるだけ回収し、そのあとを消石灰等の水溶液を用いて処理し、多量の水を用いて洗い流す。　　問 29　ブロムメチル CH_3Br は可燃性・引火性が高いため、火気・熱源から遠ざけ、直射日光の当たらない換気性のよい冷暗所に貯蔵する。耐圧等の容器は錆防止のため床に直置きしない。漏えいした場合：漏えいした液は、土砂等でその流れを止め、液が拡がらないようにして蒸発させる。

問 30　シアン化水素 HCN は、無色の気体または液体、特異臭(アーモンド様の臭気)、弱酸、水、アルコールに溶ける。毒物。風下の人を退避させる。作業の際には必ず保護具を着用して、風下で作業をしない。漏えいしたボンベ等の規制多量の水酸化ナトリウム水溶液に容器ごと投入してガスを吸収させ、さらに酸化剤(次亜塩素酸ナトリウム、さらし粉等)の水溶液で酸化処理を行い、多量の水を用いて洗い流す。

問 31　4

〔解説〕

ピラクロホスは劇物。淡黄色油状の液体。水にほとんど溶けない。アセトン、エタノールに溶けやすい。

問 32　1

〔解説〕

硫酸タリウム Tl_2SO_4 は、劇物。無色の結晶で、水にやや溶け、熱湯には溶けやすい。殺そ剤として使用される。

問33～問34　問 33　4　問 34　1
〔解説〕
問 33　シアン酸ナトリウムは無機シアン化合物で、シアンの急性中毒症状は、ミトコンドリアの呼吸酵素を阻害する。チオ硫酸ナトリウム。　問 34　ダイアジノンは、有機リン製剤、接触性殺虫剤、かすかにエステル臭をもつ無色の液体、水に難溶、有機溶媒に可溶。有機リン製剤なのでコリンエステラーゼ活性阻害。有機燐化合物特有の症状が現れ、解毒には PAM 又は硫酸アトロピンの製剤を用いる。
問35～問36　問 35　4　問 36　4
〔解説〕
一般の問 34 ～問 35 を参照。
問37～問38　問 37　4　問 38　1
〔解説〕
パラコートは、毒物で、ジピリジル誘導体で無色結晶性粉末、水によく溶け低級アルコールに僅かに溶ける。アルカリ性では不安定。金属に腐食する。不揮発性。用途は除草剤。廃棄方法は①燃焼法では、おが屑等に吸収させてアフターバーナー及びスクラバーを具備した焼却炉で焼却する。②検定法。
問 39　1
〔解説〕
この設問は全て正しい。解答のとおり。
問 40　1
〔解説〕
フェンバレレートは劇物。黄褐色の粘調性液体。水にはほとんど溶けない。メタノール、アセトニトリル、酢酸エチルに溶けやすい。熱、酸に安定。アルカリに不安定。また、光で分解。熱、酸に安定。魚毒性が強いので、漏えいした場合は水で洗い流すことできるだけ避ける。廃液を河川等へ流入しないよう注意すること。用途はピレスロテド系殺虫剤(農薬殺虫剤)。

（特定品目）

問 21 ～問 24　問 21　2　問 22　1　問 23　3　問 24　4
〔解説〕
問 21　アンモニア NH_3(刺激臭無色気体)は水に極めてよく溶けアルカリ性を示すので、廃棄方法は、水に溶かしてから酸で中和後、多量の水で希釈処理する中和法。　問 22　酢酸エチルは劇物。強い果実様の香気ある可燃性無色の液体。可燃性であるので、珪藻土などに吸収させたのち、燃焼により焼却処理する燃焼法。　問 23　一酸化鉛 PbO は、水に難溶性の重金属なので、そのままセメント固化し、埋立処理する固化隔離法。　問 24　シュウ酸$(COOH)_2$は、有機物で C、H、O のみからなるので、水に難溶なのでアルカリで塩にして水溶性にした後、活性汚泥で処理。またはそのまま燃焼法。
問 25 ～問 28　問 25　2　問 26　1　問 27　3　問 28　4
〔解説〕
問 25　メタノール CH_3OH は特有な臭いの無色透明な揮発性の液体。水に可溶。可燃性。あらかじめ熱灼した酸化銅を加えると、ホルムアルデヒドができ、酸化銅は還元されて金属銅色を呈する。　問 26　硫酸 H_2SO_4 は無色の粘張性のある液体。希釈水溶液に塩化バリウムを加えると白色の沈殿を生じるが、この沈殿は塩酸や硝酸に溶けない。　問 27　水酸化ナトリウム NaOH は、白色、結晶性のかたいかたまりで、繊維状結晶様の破砕面を現す。水と炭酸を吸収する性質がある。水溶液を白金線につけて火炎中に入れると、火炎は黄色に染まる。
問 28　クロロホルム $CHCl_3$(別名トリクロロメタン)は、無色、揮発性の液体で特有の香気とわずかな甘みをもち、麻酔性がある。アルコール溶液に、水酸化カリウム溶液と少量のアニリンを加えて　熱すると、不快な刺激性の臭気を放つ。
4
問 29　4
〔解説〕
水酸化ナトリウム(別名：苛性ソーダ)NaOH は、白色結晶性の固体。潮解性があり、二酸化炭素と水を吸収する性質が強いので、密栓して貯蔵する。廃棄方法は、塩基性であるので酸で中和してから希釈して廃棄する中和法。

北海道

問30　2
〔解説〕
一般の問36を参照。
問31　4
〔解説〕
一般の問37を参照。
問32～問34　問32　1　問33　3　問34　2
〔解説〕
解答のとおり。
問35～問38　問35　4　問36　1　問37　3　問38　2
〔解説〕
解答のとおり。
問39～問40　問39　2　問40　4
〔解説〕
問39　ケイ素 Si と F を含むナトリウム Na であるので Na_2SiF_6 である。
問40　フッ化物を廃棄する際は分解沈殿法で除却する。

東北六県統一〔青森県・岩手県・宮城県・秋田県・山形県・福島県〕

令和５年度実施

〔法　規〕

（一般・農業用品目・特定品目共通）

問１　２

〔解説〕

法第１条〔目的〕。解答のとおり。

問２　２

〔解説〕

法第３条の２第９項において品質、着色又は表示について、その基準に適合するものでなければ、特定毒物使用者に譲り渡してならないと施行令で示されている。当該特定毒物〔①四アルキル鉛を含有する製剤、モノフルオール酢酸の塩類、③ジメチルエチルメルカプトエチルチオホスフエイトを含有する製剤④モノフルオール酢酸アミドを含有する製剤、⑤燐化アルミニウムとその分解促進剤とを含有する製剤〕についてのことである。この設問では、四アルキル鉛を含有する製剤のことで、施行令第２条〔着色及び表示〕に示されている。このことからａとｄが正しい。

問３　２

〔解説〕

法第３条の２第９項→施行令第 23 条〔着色又は表示〕第一号で、青色に着色されていてること示されている。

問４　４

〔解説〕

この設問では、ｃとｄが正しい。この法第３条の３→施行令第 32 条の２による品目→①トルエン、②酢酸エチル、トルエン又はメタノールを含有する接着剤、塗料及び閉そく用またはシーリングの充てん料は、みだりに摂取、若しくは吸入し、又はこれらの目的で所持してはならい。設問については解答のとおり。

問５　２

〔解説〕

法第３条の４による施行令第 32 条の３で定められている品目は、①亜塩素酸ナトリウムを含有する製剤 30 ％以上、②塩素酸塩類を含有する製剤 35 ％以上、③ナトリウム、④ピクリン酸である。このことからａとｄが正しい。

問６　１

〔解説〕

この設問における法第７条〔毒物劇物取扱責任者〕及び法第８条〔毒物劇物取扱責任者の資格〕のことで正しいものはどれかとあるので、１が正しい。１は法第７条第２項に示されている。なお、２は変更届出についてで、法第７条第３項に、30 日以内に毒物劇物取扱責任者を変更したときは、その所在地の都道府県知事に届け出なければならないである。３の薬剤師については法第８条第１項第一号に、毒物劇物取扱責任者になることができる。これによりこの設問は誤り。４は法第８条第４項のことで、設問にある…製造する製造所ではなく、毒物若しくは劇物の輸入業の営業所若しくは特定品目販売業の店舗においてのみである。

問７　４

〔解説〕

この設問は法第 10 条〔届出〕のことで、30 日以内に、①氏名又は住所〔法人にあっては、その名称及び主たる事務所〕、②毒物又は劇物を製造、貯蔵、又は設備の重要な部分を変更したとき、③厚生労働省令で定める事項〔製造所、営業所又は店舗の名称、登録に係る毒物又は劇物の品目（当該品目の製造又は輸入を廃止した場合に限る。）、④毒物又は劇物の営業所又は店舗における営業を廃止したとき〕は、所在地の都道府県知事に届け出なければならないである。このことからｃとｄが正しい。なお、ａとｂについては届け出を要しない。

問８　４

〔解説〕

この設問の法第 11 条第４項は、飲食物容器の使用禁止が示されている。

東北六県統一

問９　3
〔解説〕
法第 12 条〔表示〕についてで、b と d が正しい。b は法第 12 条第１項に示されている。d は法第 12 条第３項に示されている。なお、a については…黒地に白色ではなく、赤地に白色である。法第 12 条第１項のこと。c は特定毒物ではなく、毒物である。特定毒物も毒物に含まれる。

問 10　4
〔解説〕
法第 12 条第２項第三号→施行規則第 11 条の５で、有機燐化合物及びこれを含有する製剤には、解毒剤〔①２－ピリジルアルドキシムメチオダイド(別名 PAM)の製剤、②硫酸アトロピンの製剤〕の名称を表示しなければならないと示されている。解答のとおり。

問 11　1
〔解説〕
この設問は法第 13 条における着色する農業用品目のことで、法第 13 条→施行令第 39 条において、①硫酸タリウムを含有する製剤たる劇物、②燐化亜鉛を含有する製剤たる劇物→施行規則第 12 条で、あせにくい黒色に着色しなければならないと示されている。解答のとおり。

問 12　3
〔解説〕
法第 14 条第１項〔毒物又は劇物の譲渡手続〕についてで、販売し、又は授与したときその都度書面に記載する事項は、①毒物又は劇物の名称及び数量、②販売又は授与の年月日、③譲受人の氏名、職業及び住所(法人にあっては、その名称及び主たる事務所)である。このことから b と d が正しい。なお、a は該当しない。c は法第 14 条第４項で、その書面を５年間保存しなければならないと示されている。

問 13　2
〔解説〕
解答のとおり。

問 14　1
〔解説〕
この設問は毒物又は劇物の廃棄についてで、法第 15 条の２〔廃棄〕→施行令第 40 条〔廃棄の方法〕に示されている。このことから a と b が正しい。なお、c については、一気ではなく、少しずつ放出である(施行令第 40 条第二号)。d は、地下 0.5 メートルではなく、地下１メートルである(施行令第 40 条第四号)。

問 15　1
〔解説〕
解答のとおり。

問 16　2
〔解説〕
毒物又は劇物の運搬を他に委託する場合、荷送人は、運送人に対して、あらかじめ毒物又は劇物の①名称、②成分及び含量並びに数量、③事故の際に講じなければならない応急の措置の内容を記載した書面について交付しなければならないと示されている。このことから a と c が正しい。

問 17　4
〔解説〕
この設問は毒物の性状及び取扱について、毒物劇物営業者が毒物又は劇物を販売し、授与するときまでに、情報提供をしなければならないと施行令第 40 条の９に示され、その情報提供における内容は、施行規則第 12 条の 12 に示されている。なお、この設問は誤りはどれかとあるので、４の使用期限が誤り。

問 18　2
〔解説〕
法第 17 条第１項〔事故の際の措置〕のこと。解答のとおり。

問 19　3
〔解説〕
法第 21 条第１項〔登録が失効した場合等の措置〕。解答のとおり。

問 20　1
〔解説〕
この設問の法第 22 条で規定されている業務上取扱者の届出を要する者とは、①シアン化ナトリウム又は無機シアン化合物たる毒物及びこれを含有する製剤→電気めっきを行う事業、②シアン化ナトリウム又は無機シアン化合物たる毒物及びこれを含有する製剤→金属熱処理を行う事業、③最大積載量 5,000kg 以上の運送の事業、④砒素化合物たる毒物及びこれを含有する製剤→しろありの防除を行う事業について使用する者である。a と b が正しい。c は届け出を要しない。d は特定毒物使用者のことで、都道府県知事による指定。

〔基礎化学〕
（一般・農業用品目・特定品目共通）

問 21　1

〔解説〕

固体と液体の分離をろ過、溶媒に対する固体の溶解度の差を利用した精製法を再結晶という。

問 22　2

〔解説〕

Ca は橙赤色、Na は黄色、Li は赤、K は赤紫色、Cu は青緑色、Ba は黄緑色の炎色反応を示す。

問 23　4

〔解説〕

空気の平均分子量は約 29 であり、これよりも分子量が小さいものが空気より軽くなる。CO_2:分子量 44、H_2S:34、HCl:36.5、CH_4:16

問 24　2

〔解説〕

pH 3 なので、水素イオン濃度は 1.0×10^{-3} となる。酢酸の電離度を α と置くと、$0.05 \times \alpha = 1.0 \times 10^{-3}$　$\alpha = 0.02$

問 25　4

〔解説〕

塩化アンモニウムは酸性、硝酸カリウムと塩化ナトリウムは中性、炭酸ナトリウムは塩基性を示す。

問 26　4

〔解説〕

一般的に沸点は分子量に比例して高くなるが、フッ化水素は分子間で水素結合を形成するので沸点が異常に高くなる。

問 27　3

〔解説〕

解答のとおり

問 28　1

〔解説〕

9%塩化ナトリウム水溶液 30 g に含まれる溶質の重さは 30 × 0.09 = 2.7 g。同様に 21%塩化ナトリウム水溶液 6 g に含まれる溶質の重さは 6 × 0.21 = 1.26 g。よってこの混合溶液の濃度は、(2.7 + 1.26)/(30 + 6) × 100 = 11 %

問 29　3

〔解説〕

5%水酸化ナトリウム水溶液 1000 g には 50 g の水酸化ナトリウムが溶解している。よってこの溶液の質量モル濃度は、50/40 × 1000/(1000-50) = 1.315 mol/kg

問 30　3

〔解説〕

コロイド溶液に光を当てると光路が見える現象をチンダル現象と言う。

問 31　4

〔解説〕

イオン化傾向は次の順である。

Li>**K**>Ca>**Na**>Mg>Al>Zn>**Fe**>Ni>Sn>Pb>H>**Cu**>Hg>Ag>Pt>Au

問 32　2

〔解説〕

酸化剤は自身が還元され、相手を酸化する物質である。

問 33　3

〔解説〕

ハロゲン化水素の酸性度は、ハロゲンの原子番号が大きいほど強い。

東北六県統一

問 34　3
〔解説〕
ナトリウムは水と激しく反応し、水素ガスを放出しながら溶解する。そのため、石油中に保存する。
問 35　2
〔解説〕
構造異性体とは分子式が同じで構造式が異なるものである。酢酸 CH_3COOH ($C_2H_4O_2$)、メタノール CH_3OH (CH_4O)、酢酸エチル $CH_3COOCH_2CH_3$ ($C_4H_8O_2$)、ギ酸メチル $HCOOCH_3$ ($C_2H_4O_2$)
問 36　2
〔解説〕
ブタン C_4H_{10}:分子量 58、エチレン C_2H_4:28、エタン C_2H_6:30、プロパン: C_3H_8:44
問 37　1
〔解説〕
ニンヒドリン反応はアミノ基の確認反応である。銀鏡反応はアルデヒド基、キサントプロテイン反応は芳香族アミノ酸、ビウレット反応はペプチドの確認に用いる。
問 38　2
〔解説〕
トルエン $C_6H_5CH_3$ の分子量は $12 \times 7+8 = 92$
問 39　3
〔解説〕
Ag は銀、Au は金、Pt は白金
問 40　3
〔解説〕
1 %は 10,000ppm である。

〔毒物及び劇物の性質及び貯蔵その他取扱方法〕

（一般）

問 41　3
〔解説〕
この設問のアジ化ナトリウムについて誤っているものはどれかとあるので、3 が誤り。アジ化ナトリウム NaN_3(別名ナトリウムアザイド､アジドナトリウム)は､､無色板状結晶である。なお､アジ化ナトリウム NaN_3 は、毒物(0.1 %以下は除外。)、無色板状結晶、水に溶けアルコールに溶け難い。徐々に加熱すると分解し、窒素とナトリウムを発生。酸によりアジ化水素 HN_3 を発生。
問 42　4　　問 43　2
〔解説〕
問 42　黄燐 P_4 は、無色又は白色の蝋様の固体。毒物。空気中の酸素と反応して自然発火するため、水を張ったビンの中に沈め、さらに砂を入れた缶中に固定して冷暗所に貯蔵する。　**問 43**　トリクロル酢酸 CCl_3CO_2H は、劇物。無色の斜方六面体の結晶。わずかな刺激臭がある。潮解性あり。水、アルコール、エーテルに溶ける。潮解性があるため密栓して冷所に貯蔵。
問 44　2
〔解説〕
a と c が正しい。a のジメチルアミン$(CH_3)_2NH$ は、劇物。無色で魚臭様(強アンモニア臭)の臭気のある気体。水溶液は強いアルカリ性を呈する。用途は界面活性剤の原料等。c のメチルメルカプタン CH_3SH は、毒物。腐ったキャベツ様の悪臭を有する引火性無色気体。用途は殺虫剤、付臭剤、香料、反応促進剤など。なお、ピロリン酸第二銅は、劇物。淡青色粉末。水に不溶。用途は銅メッキ。セレン化水素(別名水素化セレニウム)は、毒物。無色、ニンニク臭の気体。用途はドーピングガス。
問 45　1
〔解説〕
この設問は除外濃度についてで、a と b が劇物に該当する。a のフェントエートは３%以下は劇物から除外。b のメトミルは 45 %以下は劇物から除外。なお、c のエマメクチンは２%以下劇物から除外。d のチアクロプリドは３%以下劇物から除外。

問 46　2
〔解説〕
a と c が正しい。因みに本品は除外される濃度はないので、a は正しい。ジクワットは、劇物で、ジピリジル誘導体で淡黄色結晶、水に溶ける。土壌等に強く吸着されて不活性化する性質がある。中性または酸性条件下では安定。腐食性。除外される濃度はないので、a は正しい。用途は除草剤。
問 47　2
〔解説〕
ブロムメチル(臭化メチル)CH_3Br は、常温では気体(有毒な気体)。冷却圧縮すると液化しやすい。クロロホルムに類する臭気がある。(普通の燻蒸濃度では臭気を感じない。)液化したものは無色透明で、揮発性がある。用途について沸点が低く、低温ではガス体であるが、引火性がなく、浸透性が強いので果樹、種子等の病害虫の燻蒸剤として用いられる。
問 48　2
〔解説〕
塩化水素 HCl は 10 ％以下は劇物から除外。因みに、アンモニア NH_3 は 10%以下で劇物から除外。酸化水銀５％以下を含有する製剤は劇物である。なお、５％以下は毒物から除外。硝酸 HNO_3 は 10%以下で劇物から除外。
問 49　1
〔解説〕
クロム酸ナトリウムは酸化性があるので工業用の酸化剤などに用いられる。
問 50　1
〔解説〕
硝酸 HNO_3 は無色の液体で、特有の臭気がある。腐食性が激しく、空気に接すると刺激性白霧を発し、水を吸収する性質が強い。光によって分解して黒変する強力な酸化剤であり、水に極めて溶けやすく、アセトン、グリセリンにも溶ける。用途は冶金、爆薬製造、セルロイド工業、試薬。蒸気は、眼、呼吸器などの粘膜及び皮膚に強い刺激性を持つ。濃い液が皮膚に触れると、ガスを発生して、組織ははじめ白く、しだいに深黄色となる。

（農業用品目）

問 41　3
〔解説〕
シアン化水素 HCN は、無色の気体または液体(b. p. 25. 6 ℃)、特異臭(アーモンド様の臭気)、弱酸、水、アルコールに溶ける。毒物。貯法は少量なら褐色ガラス瓶、多量なら銅製シリンダーを用いる。日光及び加熱を避け、通風の良い冷所に保存。きわめて猛毒であるから、爆発性、燃焼性のものと隔離すべきである。シアン化水素ガスを吸引したときの中毒は、頭痛、めまい、悪心、意識不明、呼吸麻痺を起こす。用途は殺虫剤、船底倉庫の殺鼠剤、化学分析用試薬。
問 42　2
〔解説〕
ニコチンは毒物。純ニコチンは無色、無臭の油状液体。猛烈な神経毒を持ち、急性中毒では、よだれ、吐気、悪心、嘔吐、ついで脈拍緩徐不整、発汗、瞳孔縮小、呼吸困難、痙攣が起きる。
問 43　2、3
〔解説〕
2-チオ-3, 5-ジメチルテトラヒドロ-1, 3, 5-チアジアジン(別名ダゾメット)は、劇物。白色の結晶性粉末。融点は 106 ～ 107 ℃である。用途は野菜や花卉等の土壌病害を防除する土壌殺菌剤又は除草剤。
問 44　4
〔解説〕
ロテノンはデリスの根に含まれる。殺虫剤。酸素、光で分解するので遮光保存。２％以下は劇物から除外。
問 45　3
〔解説〕
b のアゾキシストロビンは、劇物。80 ％以下は劇物から除外。白色粉末固体。用途は農薬の殺菌剤。d のアバメクチンは、毒物。類白色結晶粉末。用途は農薬・マクロライド系殺虫剤(殺虫・殺ダニ剤)。なお、DMTP(別名メチダチオン)は劇物。灰白色の結晶。用途は果樹、野菜、カイガラムシ等の防除。イミノクタジン

東北六県統一

は、劇物。白色の粉末(三酢酸塩の場合)。用途は、果樹の腐らん病、晩腐病等、麦の斑葉病、芝の葉枯病殺菌する殺菌剤。

問 46　3

〔解説〕

イソフェンホスは５％を超えて含有する製剤は毒物。ただし、５％以下は毒物から除外。イソフェンホスは５％以下は劇物。

問 47　1

〔解説〕

a と b が劇物に該当。次のとおり。フェントエートは、劇物。赤褐色、油状の液体。３％以下は劇物から除外。メトミル(メソミル)は、カルバメート剤で劇物、白色結晶。45 ％以上は毒物で、45 ％以下は劇物。なお、エマメクチンは２％以下は劇物から除外。チアクロプリドは３％以下劇物から除外。

問 48　4

〔解説〕

クロルピクリン CCl_3NO_2 は、無色～淡黄色液体。用途は線虫駆除、燻蒸剤。催涙性、粘膜刺激臭を持つことから、気管支を刺激してせきや鼻汁が出る。本品には除外濃度はなく、劇物。

問 49　2

〔解説〕

一般の問 46 を参照。

問 50　2

〔解説〕

一般の問 47 を参照。

(特定品目)

問 41　2

〔解説〕

一般の問 48 を参照。

問 42　2

〔解説〕

a と c が正しい。四塩化炭素(テトラクロロメタン)CCl_4 は、特有の臭気を有する無色の揮発性液体で、不燃性である。水には溶けにくいがエーテルやクロロホルムにはよく溶ける。油脂類をよく溶解する性質があり、溶剤として種々の工業に用いられてきた。蒸気の吸入により、はじめ頭痛、悪心などをきたし、また黄疸のように角膜が黄色となり、しだいに尿毒症様をきたす。

問 43　3

〔解説〕

b と d が正しい。水酸化カリウム(KOH)は劇物(5 ％以下は劇物から除外)。(別名：苛性カリ)。空気中の二酸化炭素と水を吸収する潮解性の白色固体である。二酸化炭素と水を強く吸収するので、密栓して貯蔵する。

問 44　1

〔解説〕

一般の問 49 を参照。

問 45　4

〔解説〕

c と d が正しい。過酸化水素は、無色透明の濃厚な液体で、弱い特有のにおいがある。強く冷却すると稜柱状の結晶となる。不安定な化合物であり、常温でも徐々に水と酸素に分解する。酸化力、還元力を併有している。少量なら褐色ガラス瓶(光を遮るため)、多量ならば現在はポリエチレン瓶を使用し、3 分の 1 の空間を保ち、日光を避けて冷暗所保存。

問 46　1

〔解説〕

一般の問 50 を参照。

問 47　3

〔解説〕

b と c が正しい。トルエン $C_6H_5CH_3$ は、劇物。特有な臭い(ベンゼン様)の無色液体。水に不溶。比重 1 以下。可燃性。引火性。劇物。用途は爆薬原料、香料、サッカリンなどの原料、揮発性有機溶媒。中毒症状は、蒸気吸入により頭痛、食欲不振、大量で大赤血球性貧血。皮膚に触れた場合、皮膚の炎症を起こすことがある。また、目に入った場合は、直ちに多量の水で十分に洗い流す。

問 48　4

〔解説〕

c と d が正しい。塩素 Cl_2 は、黄緑色の窒息性の臭気をもつ空気より重い気体。ハロゲンなので反応性大。水に溶ける。中毒症状は、粘膜刺激、目、鼻、咽喉および口腔粘膜に障害を与える。用途は酸化剤、紙パルプの漂白剤、殺菌剤、消毒薬。

問 49　2

〔解説〕

a と d が正しい。メタノール CH_3OH は特有な臭いの無色液体。水に可溶。可燃性。用途は主として溶剤や合成原料、または燃料など。メタノールの中毒症状：吸入した場合、めまい、頭痛、吐気など、はなはだしい時は嘔吐、意識不明。中枢神経抑制作用。飲用により視神経障害、失明。

問 50　3

〔解説〕

この設問では誤りはどれかとあるので、3 が誤り。キシレン $C_6H_4(CH_3)_2$ は、無色透明な液体で o-、m-、p-の 3 種の異性体がある。水にはほとんど溶けず、有機溶媒に溶ける。静電気への対策を十分に考慮する。パラキシレンは冬期に固結することがある。用途は溶剤、染料中間体などの有機合成原料、試薬等。

東北六県統一

〔毒物及び劇物の識別及び取扱方法 〕

（一般）

問 51 ～問 52　問 51　4　　問 52　2

〔解説〕

問 51　ニコチンは、毒物。アルカロイドであり、純品は無色、無臭の油状液体であるが、空気中では速やかに褐変する。水、アルコール、エーテル等に容易に溶ける。ニコチンの確認：1)ニコチン＋ヨウ素エーテル溶液→褐色液状→赤色針状結晶　2)ニコチン＋ホルマリン＋濃硝酸→バラ色。　**問 52**　一酸化鉛 PbO は、重い粉末で、黄色から赤色までの間の種々のものがある。希硝酸に溶かすと、無色の液となり、これに硫化水素を通じると、黒色の沈殿を生じる。

問 53 ～問 54　問 53　2　　問 54　4

〔解説〕

問 53　シアン化カリウム KCN(別名青酸カリ)は、毒物で無色の塊状又は粉末。①酸化法　水酸化ナトリウム水溶液を加えてアルカリ性(pH11 以上)とし、酸化剤(次亜塩素酸ナトリウム、さらし粉等)等の水溶液を加えて CN 成分を酸化分解する。CN 成分を分解したのち硫酸を加え中和し、多量の水で希釈して処理する。②アルカリ法　水酸化ナトリウム水溶液等でアリカリ性とし、高温加圧下で加水分解する。　**問 54**　クロルスルホン酸 HSO_3Cl は、劇物。無色または淡黄色、発煙性、刺激臭の液体。クロルスルホン酸を廃棄する場合、まず空気や水蒸気と加水分解を行い、硫酸と塩酸にしたのちその白煙をアルカリで中和する。その液を希釈して廃棄する。

問 55 ～問 56　　問 55　3　　問 56　4

〔解説〕

問 55　硫酸 H_2SO_4 は、水で希釈すると発熱するので遠くから注水して希釈し希硫酸とした後に、アルカリで中和し、水で希釈処理。

問 56　燐化亜鉛 Zn_3P_2 は、劇物。暗赤色の光沢のある粉末。水、アルコールにむ溶けない。漏えいした場合は、飛散した場合は風下の人を退避させる。飛散した燐化亜鉛の表面を速やかに土砂等で覆い、密閉可能な容器に出来るだけ回収して密閉する。燐化亜鉛で汚染された土砂等も同様の措置をし、そのあと多量の水を用いて洗い流す。

問 57　4

〔解説〕

硫酸タリウム Tl_2SO_4 は、白色結晶で、水にやや溶け、熱水に易溶、劇物、殺鼠剤。中毒症状は、疝痛、嘔吐、震せん、けいれん麻痺等の症状に伴い、しだいに呼吸困難、虚脱症状を呈する。解毒剤は、ヘキサシアノ鉄(Ⅱ)酸鉄(Ⅲ)水和物(別名プルシアンブルー)を投与。

東北六県統一

問 58　2
〔解説〕
メタノール CH_3OH は特有な臭いの無色透明な揮発性の液体。水に可溶。可燃性。あらかじめ熱灼した酸化銅を加えると、ホルムアルデヒドができ、酸化銅は還元されて金属銅色を呈する。
問 59　4
〔解説〕
b と d が正しい。
蓚酸 $(COOH)_2 \cdot 2H_2O$ は、劇物(10 %以下は除外)。無色の結晶で、水溶液を酢酸で弱酸性にして酢酸カルシウムを加えると、結晶性の沈殿を生ずる。水溶液は過マンガン酸カリウム溶液を退色する。水溶液をアンモニア水で弱アルカリ性にして塩化カルシウムを加えると、蓚酸カルシウムの白色の沈殿を生ずる。一般に流通しているものは二水和物で無色の結晶である。注意して加熱すると昇華するが、急に加熱すると分解する。
問 60　2
〔解説〕
a と d が正しい。アンモニア NH_3 は、常温では無色刺激臭の気体、冷却圧縮すると容易に液化する。ガスの吸入により、すべての露出粘膜の刺激症状を発し、せき、結膜炎、口腔、鼻、咽頭粘膜の発赤、高濃度では口唇、結膜の腫脹、一時的失明をきたす。

（農業用品目）
問 51 ～問 52　　問 51　3　　問 52　4
〔解説〕
一般の問 55 ～問 56 を参照。
問 53 ～問 54　　問 53　4　　問 54　1
〔解説〕
問 53　塩素酸バリウムは劇物。無色の結晶、水に溶けやすい。アルコールには溶けにくい。炭の上に小さな孔をつくり、試料を入れ吹管炎で熱灼すると、パチパチ音をたてて分解する。用途は試薬、爆薬原料、媒染剤等。　**問 54**　燐化アルミニウムは大気中の湿気にふれると、徐々に分解して有毒なガスを発生し、共存する分解促進剤からは炭酸ガスとアンモニアガスが生ずるとともに、カーバイト様の臭気にかわる。
問 55　1
〔解説〕
塩化亜鉛 $ZnCl_2$ は、白色の結晶で、空気に触れると水分を吸収して潮解する。水およびアルコールによく溶ける。水に溶かし、硝酸銀を加えると、白色の沈殿が生じる。
問 56 ～問 57　　問 56　1　　問 57　4
〔解説〕
問 56　カルバリール(NAC)の中毒症状では解毒剤として、硫酸アトロピン製剤が用いられる。　**問 57**　シアン化ナトリウム NaCN は無機シアン化合物。無機シアン化化合物の中毒：猛毒の血液毒、チトクローム酸化酵素系に作用し、呼吸中枢麻痺を起こす。治療薬は亜硝酸ナトリウムとチオ硫酸ナトリウム。
問 58　4
〔解説〕
一般の問 57 を参照。
問 59　1
〔解説〕
この設問は廃棄方法を燃焼法としている物質は、a のエチレンクロルヒドリンと b のフェントエート。エチレンクロルヒドリンは、エーテル臭がある無色液体。廃棄方法は燃焼法で可燃性溶剤とともにスクラバーを具備した焼却炉で焼却する。ジメチルジチオホスホリルフェニル酢酸エチル(フェントエート、PAP)は赤褐色、油状の液体。廃棄法は木粉等に吸収させてアフターバーナー及びスクラバーを具備した焼却炉で焼却する燃焼法。因みに、塩素酸ナトリウム $NaClO_3$ は、無色無臭結晶。廃棄方法は、還元法。アンモニア水は、アンモニアの水溶液。無色透明で、揮発性の液体。廃棄法は、中和法。
問 60　1
〔解説〕

EPN は毒物。芳香臭のある淡黄色油状または白色結晶で、水には溶けにくい。一般の有機溶媒には溶けやすい。TEPP 及びパラチオンと同じ有機燐化合物である。可燃性溶剤とともにアフターバーナー及びスクラバーを具備した焼却炉の火室へ噴霧し、焼却する燃焼法。

（特定品目）

問 51　3

〔解説〕

メチルエチルケトン $CH_3COC_2H_5$ は、アセトン様の臭いのある無色液体。引火性。有機溶媒。廃棄方法は、C, H, O のみからなる有機物なので燃焼法。

問 52　1

〔解説〕

クロム酸カルシウム $CaCrO_4 \cdot 2H_2O$ は劇物。淡赤黄色の粉末。水に溶けやすい。アルカリに可溶。飛散したものは空容器にできるだけ回収し、その後を還元剤(硫酸第一鉄等)の水溶液を散布し、消石灰、ソーダ灰等の水溶液で処理した後、多量の水を用いて洗い流す。

問 53　2

〔解説〕

解答のとおり。

問 54　3

〔解説〕

硫酸 H_2SO_4 は、劇物。無色の粘張性のある液体。強力な酸化力をもち、また水を吸収しやすい。水を吸収するとき発熱する。木片に触れるとそれを炭化して黒変させる。また、銅片を加えて熱すると、無水亜硫酸を発生する。硫酸の希釈液に塩化バリウムを加えると白色の硫酸バリウムが生じるが、これは塩酸や硝酸に溶解しない。

問 55　2

〔解説〕

酢酸エチルは、蒸気は空気より重い。２が誤り。次のとおり。酢酸エチル(別名酢酸エチルエステル、酢酸エステル)は、劇物。強い果実様の香気ある可燃性無色の液体。揮発性がある。蒸気は空気より重い。引火しやすい。多量の場合は、漏えいした液は、土砂等でその流れを止め、安全な場所に導いた後、液の表面を泡等で覆い、できるだけ空容器に回収する。その後は多量の水を用いて洗い流す。少量の場合は、漏えいした液は、土砂等に吸着させて空容器に回収し、その後は多量の水を用いて洗い流す。作業の際には必ず保護具を着用する。風下で作業をしない。

問 56　2

〔解説〕

メタノール CH_3OH は特有な臭いの無色透明な揮発性の液体。水に可溶。可燃性。あらかじめ熱灼した酸化銅を加えると、ホルムアルデヒドができ、酸化銅は還元されて金属銅色を呈する。

問 57　3

〔解説〕

一酸化鉛は、劇物。重い粉末で黄色～赤色までの種々のものがある。黄色酸化鉛、赤色酸化鉛と呼ばれる。水にはほとんど溶けない。酸、アルカリには溶ける。廃棄法：セメントを用いて固化し、溶出試験を行い、溶出量が判定基準以下であることを確認してから埋立処分する固化隔離法。

問 58　4

〔解説〕

一般の問 59 を参照。

問 59　2

〔解説〕

一般の問 60 を参照。

問 60　1

〔解説〕

クロロホルムの確認反応：1)　$CHCl_3$＋レゾルシン（ベタナフトール）＋ KOH →黄赤色、緑色の蛍光彩。2) $CHCl_3$＋アニリン＋アルカリ→フェニルイソニトリル C_6H_5NC 不快臭。

茨城県
令和５年度実施

〔法　規〕
（一般・農業用品目・特定品目共通）

茨城県

問１　3
〔解説〕
解答のとおり。

問２　4
〔解説〕
この設問で正しいのは、イ・ウ・エである。イは法第３条第２項に示されている。ウは法第３条第３項ただし書に示されている。エは法第３条の２第３項ただし書に示されている。なお、アは法第４条第２項のことで、設問にある厚生労働大臣に申請書を出さなければならないではなく、その店舗の所在地の都道府県知事に申請書を出さなければならないである。

問３　2
〔解説〕
この設問の特定毒物については、燐化アルミニウムとその分解促進剤とを含有する製剤の用途は、燻蒸による倉庫内、コンテナ、船倉内におけるねずみ、昆虫の駆除(施行令第 28 条)。四アルキル鉛を含有する製剤の用途は、ガソリンへの混入(施行令第１条)。モノフルオール酢酸の塩類を含有する製剤の用途は、野ねずみの駆除(施行令第 11 条)。このことからアが誤り。

問４　2
〔解説〕
法第３条の３→施行令第 32 条の２による品目→①トルエン、②酢酸エチル、トルエン又はメタノールを含有する接着剤、塗料及び閉そく用またはシーリングの充てん料は、みだりに摂取、若しくは吸入し、又はこれらの目的で所持してはならい。このことからアとウが正しい。

問５　5
〔解説〕
この設問の法第４条第３項は登録の更新のこと。解答のとおり。

問６　4
〔解説〕
この設問は施行規則第４条の４〔製造所等の設備〕についてで、エのみが誤り。エについては、施行規則第４条の４第１項第一号ロに、‥設備又は器具を備えていることと示されている。なお、アは施行規則第４条の４第１項第二号イに示されている。イは施行規則第４条の４第１項第二号ホに示されている。ウは法第 11 条第２項に示されている。

問７　1
〔解説〕
この設問は法第７条〔毒物劇物取扱責任者〕及び法第８条〔毒物劇物取扱責任者の資格〕についてで、エが誤り。エは法第７条第３項に、30 日以内にその店舗の所在地の都道府県知事に届け出なければならないである。なお、アは法第８条第４項に示されている。イは法第７条第２項に示されている。ウは法第８条第１項第一号に示されている。

問８　5
〔解説〕
解答のとおり。

問９　1
〔解説〕
この設問は法第 10 条〔届出〕について、アとイが正しい。アは法第 10 条第１項第二号に示されている。イは法第 10 条第１項第一号に示されている。なお、ウについては、毒物又は劇物を輸入するときは、あらかじめ登録の変更を受けなければならないである〔法第９条〔登録の変更〕。エの毒物又は劇物を廃棄したときについては、法第 15 条の２〔廃棄〕→施行令第 40 条〔廃棄方法〕を遵守すればよい。特段の届出を要しない。このことについては毒物及び劇物取締法上のことで他の法律について注意を要する。

問10　4
〔解説〕
この設問はすべて正しい。解答のとおり。
問11　3
〔解説〕
この設問は着色する農業品目について法第13条〔特定の用途に供される毒物又は劇物の販売等〕→施行令第39条〔着色すべき農業品目〕において、①硫酸タリウムを含有する製剤たる劇物、②燐化亜鉛を含有する製剤たる劇物については、施行規則第12条〔農業品目の着色方法〕で、あせにくい黒色に着色すると示されている。このことから3が正しい。
問12　3
〔解説〕
この設問は法第14条第1項〔毒物又は劇物の譲渡手続〕のことで、書面に記載する事項は、①毒物又は劇物の名称及び数量、②販売又は授与の年月日、③譲受人の氏名、職業及び住所〔法人にあっては、その名称及び主たる事務所の所在地〕である。このことからイとウが正しい。
問13　1
〔解説〕
この設問は施行令第40条の5〔運搬方法〕のことで、施行令別表第二に掲げる毒物又は劇物を車両を使用して1回につき 5,000kg 以上運搬することについて示されている。正しいのは、イとエが正しい。イは施行令第40条の5第2項第四号に示されている。エは施行令第 40 条の5第2項第一号→施行規則第 13 条の4第二号〔交替して運転する者の同乗〕に示されている。このエの施行規則第13条の4については、令和5年 12 月 26 日厚生労働省令第163号により、一部改正がなされ、施行規則第 13 条の4第二号は‥2日（始業時刻から起算して 48 時間をいう。）を平均して1日当たり9時間を超える場合へと改正がなされた。なお、アは施行令第40条の5第2項第三号により二人分以上備えることと示されている。ウは施行令第 40 条の5第2項第四号に示されている。エは施行令第 40 条の5第2項第二号→施行規則第13条の5〔毒物又は劇物を運搬する車両に掲げる標識〕に、0.3 メートル平方の板に地を黒色、文字を白色として「毒」と表示すると示されている。
問14　2
〔解説〕
この設問は法第17条〔事故の際の措置〕についてで、イとウが正しい。イは法第 17 条第2項に示されている。ウは法第 17 条第1項に示されている。なお、アはイと同様で、毒物又は劇物を盗難、紛失した際には、直ちに、その旨を警察署に届け出なければならないである。
問15　5
〔解説〕
この設問は法第22条〔業務上取扱者の届出等〕についてで、届出を要する事業はどれかとあるので、ウとエが正しい。届出を要する事業者については、次のとおりである。①シアン化ナトリウム又は無機シアン化合物たる毒物及びこれを含有する製剤→電気めっきを行う事業、②シアン化ナトリウム又は無機シアン化合物たる毒物及びこれを含有する製剤→金属熱処理を行う事業、③最大積載量 5,000kg 以上の運送の事業、④砒素化合物たる毒物及びこれを含有する製剤→しろありの防除を行う事業について使用する者である。なお、アは、ヒドロキシルアミンを運送する事業者で内容積 200 リットルとあるので該当しない。イについては、硫酸を使用して金属熱処理を行う事業とあるので、業務上取扱者の届出を要しない。

〔基礎化学〕
（一般・農業用品目・特定品目共通）

問 16　2
〔解説〕
非共有電子対の数は、CH_4 : 0 組、Cl_2 : 6 組、NH_3 : 1 組、H_2O : 2 組、H_2S : 2 組である。

問 17　4
〔解説〕
二酸化炭素、エチレン、アセチレン、メタンは無極性分子、アンモニアは極性分子である。

問 18　5
〔解説〕
ドルトンは物質の最小粒子は原子であるという原子論を提唱した。

問 19　4
〔解説〕
原子番号が 13 である(2+8+3=13)元素は Al である。

問 20　1
〔解説〕
すべて正しい記述である。

問 21　2
〔解説〕
ホールピペットは与えられた溶液の体積を正確に量り取ることができる器具である。

問 22　1
〔解説〕
反応式より、Ca 1.0 モルが水と反応すると、水素 H_2 は 1.0 モル生成する。10.0 g のカルシウムの物質量は 0.25 mol であるから生じる H_2 も 0.25 mol となる。よって生じる水素の体積は $0.25 \times 22.4 = 5.60$ L となる。

問 23　3
〔解説〕
Na_2SO_4 と KNO_3 の水溶液は中性、$NaHCO_3$ と Na_2CO_3 の水溶液は塩基性、$NaHSO_4$ の水溶液は酸性となる。

問 24　4
〔解説〕
0.01 mol/L の水酸化ナトリウム水溶液の p[OH]は、$p[1.0 \times 10^{-2}] = 2.0$、pH + p[OH] = 14 より、pH は 12。

問 25　3
〔解説〕
1 の Na の酸化数は+1、2 の Ca の酸化数は+2、3 の Mn の酸化数は+7、4 の N の酸化数は-3、5 の Fe の酸化数は 0 である。

問 26　5
〔解説〕
下方置換で捕集する気体の特徴は、空気の平均分子量(約 29)よりも分子量が大きく、水に溶けやすい気体である。水素・メタン・酸素は水上置換、アンモニアは上方置換で捕集する。

問 27　5
〔解説〕
不働態とはイオン化傾向が水素よりも大きい金属ではあるが、酸化被膜を形成することでそれ以上反応が進まない物質のことである。Ag や Cu は水素よりもイオン化傾向が小さい。

問 28　3
〔解説〕
シュウ酸が放出する電子の量と、過マンガン酸カリウムが受け取る電子の量が等しくなれば良い。過マンガン酸カリウム水溶液の濃度を x mol/L とすると式は、
$0.10 \times 10 \times 2 = x \times 8 \times 5$,　$x = 0.05$ mol/L

問 29　1
〔解説〕
正極に銅板（電解液は硫酸銅 II）、負極には亜鉛板（電解液には硫酸亜鉛 II）をもちいて、電子が流れる隔壁（素焼き板など）で仕切ったものがダニエル電池である。
問 30　2
〔解説〕
ペットボトルの PET とは、原材料であるポリエチレンテレフタラート(PolyEthylene Terephtharate)が由来である。

〔毒物及び劇物の性質及び貯蔵その他取扱方法〕

（一般）

茨城県

問 31　4
〔解説〕
気体は、ウの塩素 Cl_2 は劇物。黄緑色の気体で激しい刺激臭がある。 エのセレン化水素は、毒物。無色、ニンニク臭の気体。なお、二硫化炭素 CS_2 は、劇物。無色透明の麻酔性芳香をもつ液体。硅弗化ナトリウムは劇物。無色の結晶。クロロホルム $CHCl_3$ は、無色、揮発性の液体で特有の香気とわずかな甘みがある。
問 32　5
〔解説〕
燐化水素(別名ホスフィン)は腐魚臭がある有毒なガスである。水にわずかに溶け、酸素およびハロゲンと激しく結合する。用途は半導体工業におけるドーピングガスなどに用いられる。
問 33　3
〔解説〕
酢酸エチルは無色で果実臭のある可燃性の液体。
問 34　2
〔解説〕
黄燐 P_4 は、無色又は白色の蝋様の固体。毒物。別名を白リン。暗所で空気に触れるとリン光を放つ。水、有機溶媒に溶けないが、二硫化炭素には易溶。湿った空気中で発火する。空気に触れると発火しやすいので、水中に沈めてビンに入れ、さらに砂を入れた缶の中に固定し冷暗所で貯蔵する。
問 35　5
〔解説〕
ベタナフトール $C_{10}H_7OH$ は、劇物。無色～白色の結晶。空気や光線に触れると赤変するため、遮光して貯蔵する。
問 36　5
〔解説〕
この設問の蓚酸では、ウのみが誤り。 蓚酸の用途は、木・コルク・綿などの漂白剤。その他鉄錆びの汚れ落としに用いる。
問 37　5
〔解説〕
この設問の用途で誤っているものは５の硫化カドミウム。次のとおり。硫化カドミウム(カドミウムイエロー)CdS は黄橙色粉末または結晶。水に難溶。用途は顔料、電池製造。
問 38　1
〔解説〕
この設問の用途で誤っているのは、ウのエチレンオキシド。エチレンオキシドは、劇物。快臭のある無色のガス、水、アルコール、エーテルに可溶。用途は有機合成原料、界面活性剤、殺菌剤。
問 39　2
〔解説〕
トルエン $C_6H_5CH_3$ は、劇物。特有な臭い(ベンゼン様)の無色液体。水に不溶。比重 1 以下。可燃性。引火性。劇物。中毒症状は、蒸気吸入により頭痛、食欲不振、大量で大赤血球性貧血。皮膚に触れた場合、皮膚の炎症を起こすことがある。また、目に入った場合は、直ちに多量の水で十分に洗い流す。

問40　3

〔解説〕

シアン化ナトリウム NaCN は無機シアン化合物で、無機シアン化化合物の中毒は猛毒の血液毒、チトクローム酸化酵素系に作用し、呼吸中枢麻痺を起こす。解毒剤は亜硝酸ナトリウムとチオ硫酸ナトリウムが用いられる。

（農業用品目）

問31　4　　問32　2　　問33　5

〔解説〕

問31　モノフルオール酢酸ナトリウムは特毒。重い白色粉末、吸湿性、冷水に易溶、有機溶媒には溶けない。水、メタノールやエタノールに可溶。からい味と酢酸のにおいを有する。野ネズミの駆除に使用。特毒。摂取により毒性発現。皮膚刺激なし、皮膚吸収なし。　　問32　オキサミルは毒物。白色粉末または結晶、かすかに硫黄臭を有する。加熱分解して有毒な酸化窒素及び酸化硫黄ガスを発生するので、熱源から離れた風通しの良い冷所に保管する。殺虫剤、製剤はバイデート粒剤。カーバメイト系農薬。　　問33　エチレンクロルヒドリンは劇物。無色液体で芳香がある。水、アルコールに溶ける。蒸気は空気より重い。

問34　3　　問35　3　　問36　1

〔解説〕

問34　毒物に指定されているのは、弗化スルフリル。毒物については法第２条第１項〔定義・毒物〕→法別表第三に示されている。　　問35　ジメトエートは、有機燐製剤であり、白色固体で水で徐々に加水分解し、用途は殺虫剤。有機燐剤なのでアセチルコリンエステラーゼの活性阻害をするので、神経系に影響が現れる。解毒剤は、硫酸アトロピンまたは PAM。ベンフラカルブは、劇物。淡黄色粘稠液体。有機溶媒には可溶であるが水にはほとんど溶けない。用途は農業殺虫剤（カーバーメート系化合物）。有機燐製剤同様であることから解毒剤は、硫酸アトロピン。問36　問35に示してある。

問37　5　　問38　1

〔解説〕

問37　ロテノンはデリスの根に含まれる。殺虫剤。酸素、光で分解するので遮光保存。２％以下は劇物から除外。　　問38　シアン化カリウム KCN（別名　青酸カリ）は、白色、潮解性の粉末または粒状物、空気中では炭酸ガスと湿気を吸って分解する（HCN を発生）。貯蔵法は、少量ならばガラス瓶、多量ならばブリキ缶又は鉄ドラム缶を用い、酸類とは離して風通しの良い乾燥した冷所に密栓して貯蔵する。

問39　5　　問40　1

〔解説〕

問39　クロルピクリン CCl_3NO_2 は、無色～淡黄色液体で催涙性、粘膜刺激臭を持つことから、気管支を刺激してせきや鼻汁が出る。多量に吸入すると、胃腸炎、肺炎、尿に血が混じる。悪心、呼吸困難、肺水腫を起こす。手当は酸素吸入をし、強心剤、興奮剤を与える。　　問40　ダイアジノンは有機燐系化合物であり、有機燐製剤の中毒はコリンエステラーゼを阻害し、頭痛、めまい、嘔吐、言語障害、意識混濁、縮瞳、痙攣など。

（特定品目）

問31　3

〔解説〕

硝酸 HNO_3 は、劇物。無色の液体。特有な臭気がある。腐食性が激しい。空気に接すると刺激性白霧を発し、水を吸収する性質が強い。硝酸は白金その他白金属の金属を除く。処金属を溶解し、硝酸塩を生じる。10%以下で劇物から除外。

問32　3

〔解説〕

水酸化ナトリウム（別名：苛性ソーダ）NaOH は、白色結晶性の固体。水と炭酸を吸収する性質が強い。水に溶けやすく、水溶液はアルカリ性反応を呈する。炎色反応は青色を呈する。空気中に放置すると、潮解して徐々に炭酸ソーダの皮層を生ずる。動植物に対して強い腐食性を示す。

問 33　5　　問 34　1
〔解説〕
問 33　塩素 Cl_2 は劇物。黄緑色の気体で激しい刺激臭がある。冷却すると、黄色溶液を経て黄白色固体。水にわずかに溶ける。沸点-34.05℃。強い酸化力を有する。極めて反応性が強く、水素又はアセチレンと爆発的に反応する。不燃性を有し、鉄、アルミニウムなどの燃焼を助ける。水分の存在下では、各種金属を腐食する。水溶液は酸性を呈する。粘膜接触により、刺激症状を呈する。
問 34　メチルエチルケトン(別名 2-ブタノン)は、劇物。アセトン様の臭いのある無色液体。引火性。有機溶媒、水に溶ける。沸点 79.6℃。
問 35　2　　問 36　4
〔解説〕
問 35　重クロム酸カリウム $K_2Cr_2O_7$ は、橙赤色結晶、酸化剤。水に溶けやすく、有機溶媒には溶けにくい。衝撃、摩擦を避け、ガラス容器等に密栓して冷暗所に貯蔵する。可燃物と接触しないようにする。　問 36　酢酸エチルは、果実様香気を発する揮発性のある引火性液体のため、密栓して火気を遠ざけ、冷所に保存する。
問 37　1　　問 38　4
〔解説〕
問 37　ホルマリンは無色透明な刺激臭の液体。水、アルコールによく混和する。用途はフィルムの硬化、樹脂製造原料、試薬・農薬等。　問 38　過酸化水素水は過酸化水素 H_2O_2 の水溶液で、無色無臭で粘性の少し高い液体。用途は工業上貴重な漂白剤として、また、医療上では消毒及び防腐剤として用いられる。
問 39　5　　問 40　3
〔解説〕
問 39　アンモニア(NH_3)水の中毒症状は、吸入すると激しく鼻や喉を刺激し、長時間だと肺や気管支に炎症を起こす。皮膚に触れた場合にはやけど(薬傷)を起こす。5　問 40　蓚酸の中毒症状は、血液中のカルシウムを奪取し、神経系を侵す。胃痛、嘔吐、口腔咽喉の炎症、腎臓障害。

〔毒物及び劇物の識別及び貯蔵その他取扱方法〕
（一般）

問 41　4
〔解説〕
メタノール CH_3OH は特有な臭いの無色透明な揮発性の液体。水に可溶。可燃性。あらかじめ熱灼した酸化銅を加えると、ホルムアルデヒドができ、酸化銅は還元されて金属銅色を呈する。
問 42　2
〔解説〕
ニコチンは、毒物。アルカロイドであり、純品は無色、無臭の油状液体であるが、空気中では速やかに褐変する。水、アルコール、エーテル等に容易に溶ける。ニコチンの確認：1)ニコチン＋ヨウ素エーテル溶液→褐色液状→赤色針状結晶　2)ニコチン＋ホルマリン＋濃硝酸→バラ色。
問 43　3　　問 44　1
〔解説〕
問 43　スルホナールは劇物。無色、稜柱状の結晶性粉末。無色の斜方六面形結晶で、潮解性をもち、微弱の刺激性臭気を有する。水、アルコール、エーテルには溶けやすく、水溶液は強酸性を呈する。木炭とともに加熱すると、メルカプタンの臭気を放つ。　問 44　硫酸亜鉛は、水に溶かして硫化水素を通じると、硫化物の沈殿を生成する。硫酸亜鉛の水溶液に塩化バリウムを加えると硫酸バリウムの白色沈殿を生じる。
問 45　3
〔解説〕
クロム酸ナトリウム(別名クロム酸ソーダ)は劇物。黄色結晶、酸化剤、潮解性。水によく溶ける。エタノールには難溶。水溶液は硝酸バリウムまたは塩化バリウムで、黄色のクロム酸のバリウム化合物を沈殿する。

問 46　4
〔解説〕
炭酸バリウムは、劇物。白色の粉末。水に溶けにくい。アルコールには溶けない。酸に可溶。廃棄法はセメントを用いて固化し、埋立処分する固化隔離法。水に懸濁し、希硫酸を加えて加熱分解した後、消石灰、ソーダ灰等の水溶液を加えて中和し、沈殿ろ過して埋立処分する沈殿法。

問 47　2　　問 48　4
〔解説〕
問 47　アクリルニトリル $CH_2=CHCN$ は、僅かに刺激臭のある無色透明な液体。引火性。廃棄法は①焼却炉の火室へ噴霧し焼却する燃焼法。②水酸化ナトリウム水溶液で pH を 13 以上に調整後、高温加圧下で加水分解するアルカリ法。
問 48　フッ化水素の廃棄方法は、沈殿法：多量の消石灰水溶液中に吹き込んで吸収させ、中和し、沈殿濾過して埋立処分する。

問 49　1
〔解説〕
解答のとおり。

問 50　1
〔解説〕
キシレン $C_6H_4(CH_3)_2$ は、無色透明な液体で o-、m-、p-の 3 種の異性体がある。水にはほとんど溶けず、有機溶媒に溶ける。溶剤。揮発性、引火性。　揮発を防ぐため表面を泡で覆う。

茨城県

（農業用品目）

問 41　2　　問 42　4　　問 43　5　　問 44　1
〔解説〕
問 41　メソミル(別名メトミル)は、毒物(劇物は 45 ％以下は劇物)。白色の結晶。弱い硫黄臭がある。水、メタノール、アセトンに溶ける。融点 78 ～ 79 ℃。カルバメート剤。用途は殺虫剤。　**問 42**　DCIP(ジ(2-クロルイソプロピル)エーテル)は劇物。淡黄褐色な液体。水には難溶。引火点は 85 ℃。刺激臭を有する。用途はなす、セロリ、トマト、サツマイモ等の根腐線虫などの駆除。
問 43　燐化亜鉛 Zn_3P_2 は、灰褐色の結晶又は粉末。かすかにリンの臭気がある。水アルコールに溶けない。ベンゼン、二硫化炭素に溶ける。酸と反応して有毒なホスフィン PH3 を発生。用途は、殺鼠剤、倉庫内燻蒸剤。　**問 44**　沃化メチル CH_3I は、劇物。無色または淡黄色透明液体、低沸点、光により I_2 が遊離して褐色になる(一般にヨウ素化合物は光により分解し易い)。エタノール、エーテルに任意の割合に混合する。水に不溶。Iiye ガス殺菌剤としてたばこの根瘤線虫、立枯病に使用する。

問 45　2　　問 46　3
〔解説〕
問 45　塩化亜鉛 $ZnCl_2$ は、白色の結晶で、空気に触れると水分を吸収して潮解する。水およびアルコールによく溶ける。水に溶かし、硝酸銀を加えると、白色の沈殿が生じる。　**問 46**　塩素酸カリウム(KCl)は、無色の結晶。水に可溶。アルコールに溶けにくい。熱すると分解して酸素を放出し、自らは塩化物に変化する。これに塩酸を加え加熱すると塩素ガスを発生する。

問 47　3　　問 48　4
〔解説〕
問 47　カルバリルは有機物であるからそのまま焼却炉で焼却するか、可燃性溶剤とともに焼却炉の火室へ噴霧し焼却する焼却法。又は、水酸化カリウム水溶液等と加温して加水分解するアルカリ法。　**問 48**　硫酸亜鉛 $ZnSO_4$ の廃棄方法は、金属 Zn なので 1)沈澱法；水に溶かし、消石灰、ソーダ灰等の水溶液を加えて生じる沈殿物をろ過してから埋立。2)焙焼法；還元焙焼法により Zn を回収。

問 49　1　　問 50　2

〔解説〕

問 49　ブロムメチル(臭化メチル)CH_3Br は、常温では気体(有毒な気体)。冷却圧縮すると液化しやすい。クロロホルムに類する臭気がある。液化したものは無色透明で、揮発性がある。漏えいしたときは、土砂等でその流れを止め、液が拡がらないようにして蒸発させる。　問 50　エチルジフェニルジチオホスフェイトは、劇物。黄色～淡褐色澄明な液体。水にほとんど不溶。漏えいした場合：飛散したものは空容器にできるだけ回収し、そのあとを消石灰等の水溶液を用いて処理し、多量の水を用いて洗い流す。

（特定品目）

問 41　2　　問 42　1

問 43　5　　問 44　4

〔解説〕

解答のとおり。

問 45　2

〔解説〕

この設問はすべて正しい。硅弗化ナトリウム Na_2SiF_6 は劇物。無色の結晶。水に溶けにくい。アルコールにも溶けない。吸入した場合、激しく鼻やのどを刺激し、長時間吸入すると肺や気管支に炎症を起こす。高濃度のガスを吸うと喉頭けいれんを起こすので極めて危険である。用途はうわぐすり、試薬。

問 46　1

〔解説〕

アとウが正しい。メタノール CH_3OH は特有な臭いの無色透明な揮発性の液体。水に可溶。可燃性。染料、有機合成原料、溶剤。確認反応：触媒量の濃硫酸存在下にサリチル酸と加熱するとエステル化が起こり、芳香をもつサリチル酸メチルを生じる($CH_3OH + C_6H_4(OH)COOH \rightarrow C_6H_4(OH)COOCH_3 + H_2O$)。　加熱した CuO(黒色)と反応し酸化還元反応を起こして、綺麗な金属 Cu とホルムアルデヒド $HCHO$ が生じる($CH_3OH + CuO \rightarrow HCHO + H_2O + Cu$)。

問 47　2　　問 48　3

〔解説〕

問 47　重クロム酸ナトリウムは、やや潮解性の赤橙色結晶、酸化剤。水に易溶。有機溶媒には不溶。希硫酸に溶かし、硫酸第一鉄水溶液を過剰に加える。次に、消石灰の水溶液を加えてできる沈殿物を濾過する。沈殿物に対して溶出試験を行い、溶出量が゛判定基準以下であることを確認して埋立処分する還元沈殿法。

問 48　四塩化炭素 CCl_4 は有機ハロゲン化物で難燃性のため、可燃性溶剤や重油とともにアフターバーナーを具備した焼却炉で燃焼させる燃焼法。さらに、燃焼時に塩化水素 HCl、ホスゲン、塩素などが発生するのでそれらを除去するためにスクラバーも具備する必要がある。

問 49　4　　問 50　1

〔解説〕

解答のとおり。

茨城県

栃木県
令和５年度実施

〔法規・共通問題〕
（一般・農業用品目・特定品目共通）

問１　５
〔解説〕
解答のとおり。
問２　２
〔解説〕
解答のとおり。
問３　３
〔解説〕
法第３条の４による施行令第 32 条の３で定められている品目は、①亜塩素酸ナトリウムを含有する製剤 30 ％以上、②塩素酸塩類を含有する製剤 35 ％以上、③ナトリウム、④ピクリン酸である。このことから３が正しい。

栃木県

問４　２
〔解説〕
この設問では誤っているものはどれかとあるので、２が誤り。２については、店舗ごとに販売業の登録を受けなければならないである(法第４条第１項)。なお、１は法第４条の２〔販売業の登録の更新〕に示されている。３は法第４条第３項〔登録の更新〕。４は法第３条第３項ただし書に示されている。
問５　２
〔解説〕
この設問では正しいものはどれかとあるので、２が正しい。２は法第８条第２項第一号に示されている。なお、１の一般毒物劇物取扱責任者試験に合格した者は、販売品目の制限がないので毒物劇物取扱責任者になることができる。３の毒物劇物取扱者試験に合格した者は、他の都道府県においても毒物劇物取扱責任者になることができる。４における毒物劇物取扱責任者については実務経験はない。法第８条第第１項に示されている①薬剤師、厚生労働省令で定める学校で、応用化学に関する学課を修了した者、③都道府県知事が行う毒物劇物取扱者試験に合格した者が、毒物劇物取扱責任者になることができる。
問６　１
〔解説〕
この設問は法第 12 条第１項〔毒物又は劇物の表示〕についてで、A と B が正しい。
問７　４
〔解説〕
この設問は着色する農業品目について法第 13 条〔特定の用途に供される毒物又は劇物の販売等〕→施行令第 39 条〔着色すべき農業品目〕において、①硫酸タリウムを含有する製剤たる劇物、②燐化亜鉛を含有する製剤たる劇物については、施行規則第 12 条〔農業品目の着色方法〕で、あせにくい黒色に着色すると示されている。このことから C と D が正しい。
問８　２
〔解説〕
この設問は法第 22 条第１項〔業務上取扱者の届出等〕の届出を要する業務上届出者については、次のとおりである。①シアン化ナトリウム又は無機シアン化合物たる毒物及びこれを含有する製剤→電気めっきを行う事業、②シアン化ナトリウム又は無機シアン化合物たる毒物及びこれを含有する製剤→金属熱処理を行う事業、③最大積載量 5,000kg 以上の運送の事業、④砒素化合物たる毒物及びこれを含有する製剤→しろありの防除を行う事業について使用する者である。このことから A と C が正しい。

問９　３

〔解説〕

この設問は施行規則第４条の４第２項〔販売業の設備〕についてで、A と C が正しい。A は、施行規則第４条の４第１項第一号ロに示されている。C は施行規則第４条の４第１項第二号イホに示されている。なお、B については、毒物又は劇物とその他の物とを区分して貯蔵できるものであることと示されている(施行規則第４条の４第１項第二号)。D は施行規則第４条の４第１項第三号に毒物又は劇物を陳列する場所にかぎをかける設備があることと示されている。

問 10　４

〔解説〕

この設問では正しいものはどれかとあるので、４が正しい。法第 14 条第４項に示されている。なお、１については書面に記載する事項として、①毒物又は劇物の名称及び数量、②販売又は授与の年月日、③譲受人の氏名、職業及び住所〔法人にあっては、その名称及び主たる事務所の所在地〕を記載しなければならない。法第 14 条第１項のこと。２はす法第 15 条第１項第一号〔毒物又は劇物の交付の制限等〕で、18 歳未満の者には交付してはならないと示されている。３の設問には、劇物を販売した翌日とあるが、その都度、法令で定められた書面を提出しなければならないである(法第 14 条第１項)。

問 11　１

〔解説〕

法第 17 条第１項〔事故の際の措置〕。解答のとおり。

問 12　４

〔解説〕

毒物劇物営業者は、毒物又は劇物を販売し、授与した際には譲受人に対して、毒物及び劇物の性状及び取扱いについて情報提供をしなければならないと施行令第 40 条の９に示されている。その情報提供の内容について、施行規則第 13 条の 12 に示されている。なお、この設問では誤っているものは４である。

問 13　１

〔解説〕

法第 11 条第４における飲食物容器の使用禁止のことで、すべての毒物又は劇物について飲食物容器の使用禁止と示されている。法第 11 条の４→施行規則第 11 条の４〔飲食物の容器を使用してはならい劇物〕。

問 14　１

〔解説〕

この設問は法第 10 条〔届出〕についてで、誤っているものは１である。なお、１の法人の代表者を変更した場合について、何ら届け出を要しない。

問 15　２

〔解説〕

この設問は施行令第 40 条〔廃棄の方法〕のこと。解答のとおり。

栃木県

〔基礎化学・共通問題〕
(一般・農業用品目・特定品目共通)

問 16　３

〔解説〕

イオン化傾向は次の順である。

Li>K>Ca>**Na**>Mg>Al>Zn>Fe>Ni>Sn>Pb>H>Cu>Hg>Ag>Pt>Au

問 17　１

〔解説〕

ハロゲンは他にフッ素、塩素、ヨウ素がある。

問 18　１

〔解説〕

NaOH の式量は 40 である。10/40 = 0. 25 mol

問 19　４

〔解説〕

単体とは純物質であり、かつ単一の元素から成る物質である。

問 20　1
〔解説〕
　解答のとおり
問 21　1
〔解説〕
　Ca は橙赤色、Na は黄色、Li は赤、K は赤紫色、Cu は青緑色、Ba は黄緑色の炎色反応を示す。
問 22　3
〔解説〕
　酸化剤は自らは還元され、相手を酸化する物質である。
問 23　2
〔解説〕
　凝固は液体から固体、昇華は固体から気体（またはその逆）、融解は固体から液体への状態変化である。
問 24　3
〔解説〕
　1 %は 10, 000ppm である。
問 25　2
〔解説〕
　陽極では酸化反応が起こる。硝酸イオンは酸化されないので水が酸化され酸素が発生する。$2H_2O \rightarrow O_2 + 4H^+ + 4e^-$

栃木県

問 26　5
〔解説〕
　1 ～ 4 はいずれも単結合から成る。二酸化炭素 O=C=O
問 27　2
〔解説〕
　ナトリウムは水と激しく反応し、水素ガスを放出しながら溶解する。そのため、石油中に保存する。
問 28　2
〔解説〕
　酸のモル濃度×酸の価数×酸の体積が、塩基のモル濃度×塩基の価数×塩基の体積と等しいときが中和である。よって $3.0 \times 2 \times x = 2.4 \times 1 \times 20$ となり、$x = 8.0$ mL となる。
問 29　3
〔解説〕
　メチルレッドやメチルオレンジはアルカリ性側で黄色、ブロモチモールブルーは青色となる。
問 30　2
〔解説〕
　$C_3H_8 + 5O_2 \rightarrow 3CO_2 + 4H_2O$　プロパンの分子量は 44 であり、水の分子量は 18 である。よって 22 g のプロパンは 0. 5 mol であり、これが燃焼して生じる水は 2. 0 mol であるから、36. 0 g の水が生じる。

〔実地試験・選択問題〕

（一般）

問 31　5
〔解説〕
　水酸化ナトリウムと過酸化ナトリウムについては、５%以下を含有する製剤は劇物から除外なので、C の水酸化ナトリウム 10 %を含有する製剤と D の過酸化ナトリウム 10 %を含有する製剤が劇物に該当する。なお、アジ化ナトリウムは毒物。亜塩素酸ナトリウム２５%以下劇物から除外。
問 32　2
〔解説〕
　この設問では、２が誤り。硫酸 H_2SO_4 は、劇物。無色無臭澄明な油状液体、腐食性が強い、比重 1. 84 と大きい、水、アルコールと混和するが発熱する。空気中および有機化合物から水を吸収する力が強い。

問33　4
〔解説〕
この設問では、4が誤り。硫酸タリウム Tl_2SO_4 は、劇物。無色の結晶で、水にやや溶け、熱湯には溶けやすい。殺鼠剤として用いられる。含有率が 0.3%以下で、黒色に着色され、かつ、トウガラシエキスを用いて著しくからく着味されているものは、劇物から除かれる。

問34～37　問34　4　問35　1　問36　4　問37　1
〔解説〕
ジメチル－4－メチルメルカプト－3－メチルフェニルチオホスフェイト(別名フェンチオン・MPP)は、劇物。褐色の液体。弱いニンニク臭を有する。各種有機溶媒によく溶ける。水にはほとんど溶けない。用途は稲のニカメイチュウ、ツマグロヨコバイ等、豆類のフキノメイガ、マメアブラムシ等の駆除。有機燐製剤。有機燐製剤の一種で、パラチオン等と同じにコリンエステラーゼの阻害に基づく中毒症状。解毒剤は、硫酸アトロピン。

問38～39　問38　2　問39　1
〔解説〕
問 38　ジクワットは、劇物で、ジピリジル誘導体で淡黄色結晶、水に溶ける。用途は、除草剤。　**問 39**　DDVP は有機リン製剤で接触性殺虫剤。無色油状液体、水に溶けにくく、有機溶媒に易溶。

問40～43　問40　3　問41　1　問42　4　問43　2
〔解説〕
問 40　塩化バリウムは、劇物。無水物もあるが一般的には二水和物で無色の結晶。廃棄法は水に溶かし、硫酸ナトリウムの水溶液を加えて処理し、沈殿ろ過して埋立処分する沈殿法。　**問 41**　過酸化尿素は、劇物。白色の結晶又は結晶性粉末。廃棄法は多量の水で希釈して処理する希釈法。　**問 42**　重クロム酸カリウムは、橙赤色結晶、酸化剤。水に溶けやすく、有機溶媒には溶けにくい。希硫酸に溶かし、還元剤の水溶液を過剰に用いて還元した後、消石灰、ソーダ灰等の水溶液で処理して沈殿濾過させる。溶出試験を行い、溶出量が判定基準以下であることを確認して埋立処分する還元沈殿法。　**問 43**　クロルスルホン酸を廃棄する場合、まず空気や水蒸気と加水分解を行い、硫酸と塩酸にしたのちその白煙をアルカリで中和する。その液を希釈して廃棄する。

問44～45　問44　3　問45　1
〔解説〕
問 44　クロルピリンは有機化合物で揮発性があることから、有機ガス用防毒マスクを用いる。　**問 45**　メチルエチルケトンが少量漏えいした場合は、漏えいした液は、土砂等に吸着させて空容器に回収する。多量に漏えいした液は、土砂等でその流れを止め、安全な場所に導き、液の表面を泡で覆い、できるだけ空容器に回収する。

問46～47　問46　1　問47　2
〔解説〕
問 46　ホルムアルデヒド HCHO は、無色刺激臭の気体で水に良く溶け、これをホルマリンという。ホルマリンは無色透明な刺激臭の液体、低温ではパラホルムアルデヒドの生成により白濁または沈澱が生成することがある。水、アルコール、エーテルと混和する。アンモニ水を加えて強アルカリ性とし、水浴上で蒸発すると、水に溶解しにくい白色、無晶形の物質を残す。フェーリング溶液とともに熱すると、赤色の沈殿を生ずる。　**問 47**　硝酸 HNO_3 は、劇物。無色の液体。特有な臭気がある。腐食性が激しい。空気に接すると刺激性白霧を発し、水を吸収する性質が強い。硝酸は白金その他白金属の金属を除く。処金属を溶解し、硝酸塩を生じる。 2

栃木県

問 48 ～ 50　　問 48　3　　問 49　2　　問 50　4
〔解説〕
問 48　クロロホルム $CHCl_3$ は、無色、揮発性の液体で特有の香気とわずかな甘みをもち、麻酔性がある。空気中で日光により分解し、塩素、塩化水素、ホスゲンを生じるので、少量のアルコールを安定剤として入れて冷暗所に保存。
問 49　アクロレイン CH_2=CHCHO　刺激臭のある無色液体、引火性。光、酸、アルカリで重合しやすい。貯法は、非常に反応性に富む物質であるため、安定剤を加え、空気を遮断して貯蔵する。極めて引火し易く、またその蒸気は空気と混合して爆発性混合ガスとなるので、火気には絶対に近づけない。
問 50　カリウム K は、劇物。銀白色の光輝があり、ろう様の高度を持つ金属。カリウムは空気中では酸化され、ときに発火することがある。カリウムやナトリウムなどのアルカリ金属は空気中の酸素、湿気、二酸化炭素と反応する為、石油中に保存する。カリウムの炎色反応は赤紫色である。

（農業用品目）

栃木県

問 31　3
〔解説〕
農業用品目販売業の登録を受けた者が販売又は授与できる品目は、法第４条の３第１項→施行規則第４条の２→施行規則別表第一に示されている。かいとうの
問 32　3
〔解説〕
メソミル(別名メトミル)は 45 %以下を含有する製剤は劇物。白色結晶。有機燐系化合物。用途は殺虫剤
問 33　2
〔解説〕
硫酸タリウム Tl_2SO_4 は、劇物。白色結晶で、水にやや溶ける。用途は殺鼠剤。
問 34　4
〔解説〕
EPN は、毒物(1.5 %以下は除外で劇物)で、有機燐製剤、遅効性殺虫剤、芳香臭のある淡黄色油状物または融点 36 ℃の結晶。水にほとんど溶けず、有機溶媒に溶ける。解毒剤は、有機燐製剤なので硫酸アトロピンを投与。
問 35　1
〔解説〕
この設問で誤っているものは、１である。ダイアジノンは劇物。有機燐製剤。接触性殺虫剤、かすかにエステル臭をもつ無色の液体、水に難溶、エーテル、アルコールに溶解する。有機溶媒に可溶。体内に吸収されるとコリンエステラーゼの作用を阻害し、縮瞳、頭痛、めまい、意識の混濁等の症状を引き起こす。
問 36　3
〔解説〕
塩素酸カリウム $KClO_3$(別名塩素酸カリ)は、無色の結晶。水に可溶。アルコールに溶けにくい。熱すると酸素を発生する。そして、塩化カリとなり、これに塩酸を加えて熱すると塩素を発生す。皮膚を刺激する。吸入した場合は鼻、のどの粘膜を刺激し、悪心、嘔吐、下痢、チアノーゼ、呼吸困難等を起こす。
問 37 ～ 38　　問 37　3　　問 38　2
〔解説〕
問 37　ロテノンを含有する製剤は空気中の酸素により有効成分が分解して殺虫効力を失い、日光によって酸化が著しく進行することから、密栓及び遮光して貯蔵する。　　問 38　ブロムメチル CH_3Br は常温では気体なので、圧縮冷却して液化し、圧縮容器に入れ、直射日光その他、温度上昇の原因を避けて、冷暗所に貯蔵する。
問 39 ～ 42　　問 39　4　　問 40　1　　問 41　3　　問 42　2
〔解説〕
解答のとおり。

問 43 ～ 44　　問 43　1　　問 44　3

〔解説〕

問 43　ニコチンは、毒物、無色無臭の油状液体だが空気中で褐色になる。殺虫剤。ニコチンの確認：1)ニコチン＋ヨウ素エーテル溶液→褐色液状→赤色針状結晶　2)ニコチン＋ホルマリン＋濃硝酸→バラ色。

問 44　クロルピクリン CCl_3NO_2 は、無色～淡黄色液体、催涙性、粘膜刺激臭。本品の水溶液に金属カルシウムを加え、これにベタナフチルアミン及び硫酸を加えると、赤色の沈殿を生じる。

問 45 ～ 47　　問 45　1　　問 46　2　　問 47　3

〔解説〕

問 45　クロルピクリン CCl_3NO_2 は、無色～淡黄色液体、催涙性、粘膜刺激臭。廃棄方法は少量の界面活性剤を加えた亜硫酸ナトリウムと炭酸ナトリウムの混合溶液中で、撹拌し分解させた後、多量の水で希釈して処理する分解法。

問 46　ダイアジノンは、劇物で純品は無色の液体。有機燐系。水に溶けにくい。有機溶媒に可溶。廃棄方法：燃焼法　廃棄方法はおが屑等に吸収させてアフターバーナー及びスクラバーを具備した焼却炉で焼却する。(燃焼法)

問 47　硫酸第二銅（硫酸銅）は濃い青色の結晶。風解性。水に易溶、水溶液は酸性。劇物。廃棄法は、水に溶かし、消石灰、ソーダ灰等の水溶液を加えて処理し、沈殿ろ過して埋立処分する沈殿法。

問 48 ～ 50　　問 48　2　　問 49　3　　問 50　1

〔解説〕

解答のとおり。

栃木県

（特定品目）

問 31 ～ 34　　問 31　2　　問 32　4　　問 33　3　　問 34　1

〔解説〕

問 31　トルエン $C_6H_5CH_3$ は、劇物。特有な臭い(ベンゼン様)の無色液体。劇物。用途は爆薬原料、香料、サッカリンなどの原料、揮発性有機溶媒。

問 32　重クロム酸カリウム $K_2Cr_2O_4$ は、劇物。橙赤色の柱状結晶。用途は試薬、製革用、顔料原料などに使用される。　問 33　ホルムアルデヒド HCHO は、無色刺激臭の気体で水に良く溶け、これをホルマリンという。ホルマリンは無色透明な刺激臭の液体。用途はフィルムの硬化、樹脂製造原料、試薬・農薬等。1%以下は劇物から除外。3　　問 34　1

問 35 ～ 37　　問 35　3　　問 36　2　　問 37　1

〔解説〕

問 35　四塩化炭素(テトラクロロメタン) CCl_4 は、特有な臭気をもつ不燃性、揮発性無色液体、水に溶けにくく有機溶媒には溶けやすい。確認方法はアルコール性 KOH と銅粉末とともに煮沸により黄赤色沈殿を生成する。

問 36　水酸化ナトリウム NaOH は、白色、結晶性のかたいかたまりで、繊維状結晶様の破砕面を現す。水と炭酸を吸収する性質がある。水溶液を白金線につけて火炎中に入れると、火炎は黄色に染まる。　問 37　メタノール CH_3OH は特有な臭いの無色透明な揮発性の液体。可燃性。サリチル酸と濃硫酸とともに熱すると、芳香あるエステル類を生じる。

問 38 ～ 41　　問 38　2　　問 39　1　　問 40　3　　問 41　4

〔解説〕

問 38　キシレン $C_6H_4(CH_3)_2$ は、無色透明な液体。水に不溶。毒性は、はじめに短時間の興奮期を経て、深い麻酔状態に陥ることがある。　問 39　クロロホルムの中毒：原形質毒、脳の節細胞を麻酔、赤血球を溶解する。吸収するとはじめ嘔吐、瞳孔縮小、運動性不安、次に脳、神経細胞の麻酔が起きる。中毒死は呼吸麻痺、心臓停止による。　問 40　水酸化カリウム KOH は強アルカリ性なので、高濃度のものは腐食性が強く、皮膚に触れると激しく侵す。ダストとミストを吸入すると、呼吸器官を侵す。強アルカリ性なので眼に入った場合には、失明する恐れがある。　問 41　硝酸 HNO_3 は無色の発煙性液体。蒸気は眼、呼吸器などの粘膜および皮膚に強い刺激性をもつ。高濃度のものが皮膚に触れるとガスを生じ、初めは白く変色し、次第に深黄色になる(キサントプロテイン反応)。

問 42 ～ 45　問 42　3　問 43　4　問 44　1　問 45　2

〔解説〕

問 42　酢酸エチル $CH_3COOC_2H_5$(別名酢酸エチルエステル、酢酸エステル)は、劇物。強い果実様の香気ある可燃性無色の液体。揮発性がある。蒸気は空気より重い。引火しやすい。水にやや溶けやすい。沸点は水より低い。

問 43　塩素 Cl_2 は劇物。黄緑色の気体で激しい刺激臭がある。冷却すると、黄色溶液を経て黄白色固体。水にわずかに溶ける。沸点-34 . 05 ℃。強い酸化力を有する。極めて反応性が強く、水素又はアセチレンと爆発的に反応する。不燃性を有し、鉄、アルミニウムなどの燃焼を助ける。水分の存在下では、各種金属を腐食する。水溶液は酸性を呈する。粘膜接触により、刺激症状を呈する。

問 44　硝酸 HNO_3 は、劇物。無色の液体。特有な臭気がある。腐食性が激しい。空気に接すると刺激性白霧を発し、水を吸収する性質が強い。硝酸は白金その他白金属の金属を除く。処金属を溶解し、硝酸塩を生じる。10%以下で劇物から除外。　問 45　キシレン $C_6H_4(CH_3)_2$ は劇物。無色透明な液体で o-、m-、p-の 3 種の異性体がある。水にはほとんど溶けず、有機溶媒に溶ける。蒸気は空気より重い。揮発性、引火性。

栃木県

問 46 ～ 47　問 46　1　問 47　2

〔解説〕

問 46　硫酸 H_2SO_4：土砂で流れを止め、土砂に吸着させるか、安全な場所に導いてから、注水による発熱に注意しながら遠くから注水して希釈して希硫酸とし、この強酸をアルカリで中和後、水で大量に希釈する。　問 47　メチルエチルケトンが少量漏えいした場合は、漏えいした液は、土砂等に吸着させて空容器に回収する。多量に漏えいした液は、土砂等でその流れを止め、安全な場所に導き、液の表面を泡で覆い、できるだけ空容器に回収する。

問 48 ～ 49　問 48　1　問 49　3

〔解説〕

問 48　四塩化炭素(テトラクロロメタン)CCl_4 は、特有な臭気をもつ不燃性、揮発性無色液体、水に溶けにくく有機溶媒には溶けやすい。強熱によりホスゲンを発生。亜鉛またはスズメッキした鋼鉄製容器で保管、高温に接しないような場所で保管。　問 49　過酸化水素 H_2O_2 は、無色無臭で粘性の少し高い液体。少量なら褐色ガラス瓶(光を遮るため)、多量ならば現在はポリエチレン瓶を使用し、3 分の 1 の空間を保ち、日光を避けて冷暗所保存。

問 50　5

〔解説〕

この設問はすべて正しい。アンモニア水 NH_3 は、無色透明、刺激臭がある液体。貯蔵法は、揮発しやすいので、よく密栓して貯蔵する。

群馬県
令和５年度実施

〔法　規〕
（一般・農業用品目・特定品目共通）

問１　3
〔解説〕
　この設問では、イとウが正しい。イは法第２条第１項〔定義・毒物〕のこと。ウについて、設問のとおり。特定毒物とは、毒物の中でも特に毒性の強いものについて、法第２条第３項〔定義・特定毒物〕として示されている。アは法第１条〔目的〕は、毒物及び劇物について、製造、輸入、販売、表示、貯蔵、廃棄、運搬などについて保健衛生上の見地から必要な取締を行うこととされている。このことからアは誤り。

問２　2
〔解説〕
　この設問では特定毒物はどれかとあるので、アとエが特定毒物に該当する。特定毒物については法第２条第３項〔定義・特定毒物〕→指定令第３条に示されている。因みに、イの水銀とウの EPN は毒物。ただし、EPN については、５％以下は劇物。

問３　3
〔解説〕
　この設問における特定毒物の着色基準についてで、イとウが正しい。イは施行令第 12 条に示されている。ウは施行令第 17 条に示されている。なお、アの四アルキル鉛の着色は施行令第２条により、赤色、青色、黄色又は緑色と示されている。エのモノフルオール酢酸アミドを含有する製剤は施行令第23 条で、青色に着色と示されている。

問４　3
〔解説〕
　解答のとおり。

問５　2
〔解説〕
　この設問について、ア、イ、エが正しい。アは法第８条第４項〔毒物劇物取扱責任者〕に示されている。イの届出を要する業務上取扱者は法第 22 条第１項→施行規則第 18 条第４項に示されている。エは法第８条第１項第三号に示されている。なお、ウの設問には、医師は毒物劇物取扱責任者になることはできない。このことは法第８条第１項に示されている>

問６　4
〔解説〕
　この設問は法第 10 条〔届出〕についてで、アとエが正しい。アは法第 10 条第１項第一号に示されている。エは法第 10 条第２項第一号に示されている。なお、イは変更する日の 30 日前ではなく、変更した時から 30 日以内である。ウは毒物または劇物の品目を新たに輸入する場合は、あらかじめ、登録の受けなければならないである（法第９条〔登録の変更〕）。

問７　3
〔解説〕
　法第 12 条第２項第三号における容器及び被包に解毒剤の名称を表示→施行規則第 11 条の５で、有機燐化合物及びこれを含有する製剤について解毒剤として、①２－ピリジルアルドキシムメチオダイドの製剤（別名 PAM）、②硫酸アトロピンの製剤である。このことから３が正しい。

問８　2
〔解説〕
　この設問は法第 14 条第１項〔毒物又は劇物の譲渡手続〕のことで、書面に記載する事項は、①毒物又は劇物の名称及び数量、②販売又は授与の年月日、③譲受人の氏名、職業及び住所〔法人にあっては、その名称及び主たる事務所の所在地〕である。このことからアとウが正しい。

問９　3
〔解説〕
解答のとおり。
問10　4
〔解説〕
この設問は施行令第40条の５〔運搬方法〕のことで、施行令別表第二に掲げる毒物又は劇物を車両を使用して１回につき 5,000kg 以上運搬することについて示されている。正しいのは、ウとエが正しい。ウは施行令第40条の５第２項第二号→施行規則第13条の５第〔毒物又は劇物を運搬する車両に掲げる標識〕に示されている。エは施行令第40条の５第２項第四号に示されている。なお、アは施行令第40条の５第２項第一号→施行規則第13条の４第二号〔交替して運転する者の同乗〕に示されている。このアの施行規則第13条の４については、令和５年12月26日厚生労働省令第163号により、一部改正がなされ、施行規則第13条の４第二号は‥２日（始業時刻から起算して48時間をいう。）を平均して１日当たり９時間を超える場合へと改正がなされた。イは施行令第40条の５第２項第三号により二人分以上備えることと示されている。

〔基礎化学〕
（一般・農業用品目・特定品目共通）

群馬県

問１　3
〔解説〕
解答のとおり
問２　1
〔解説〕
アルカリ金属は水素を除いた１族の元素であり、Li, Na, K, Rb, Cs がこれに当たる。
問３　2
〔解説〕
加える水の重さを x g とする。濃度30%の食塩水200 g に含まれる食塩の重さは $200 \times 0.30 = 60$ g である。この溶液に水 x g をくわえて20%の水溶液にするのであるから式は、$60/(200+x) \times 100 = 20$, $x = 100$ g。
問４　3
〔解説〕
同素体とは同じ元素から成る単体であり、性質がそれぞれ異なるものである。
問５　4
〔解説〕
気体から液体への変化を凝縮、液体から気体への変化を蒸発、固体から液体への変化を融解という。
問６　1
〔解説〕
（水などに溶けにくい）気体が水などの溶媒に溶けるときの法則をヘンリーの法則という。
問７　1
〔解説〕
0.05 mol/L の酢酸(電離度 0.02)に含まれる水素イオン濃度は、
$0.05 \times 0.02 = 1.0 \times 10^{-3}$ mol/L である。よって pH は 3 となる。
問８　1
〔解説〕
イオン化傾向の序列は、Li, K, Ca, Na, Mg, Al, Ze, Fe, Ni, Sn, Pb, H, Cu, Pt, Au である。
問９　4
〔解説〕
Sr は深紅色、Cu は青緑色の炎色反応を呈する。
問10　2
〔解説〕
$-NO_2$ はニトロ基、-COOH はカルボキシ基、-CHO はアルデヒド基である。

〔性質及び貯蔵その他取扱方法〕

（一般）

問１　4

〔解説〕

劇物から除外される濃度については、法第２条第２項→指定令第２条に示されている。このことからアのトリフルオロメタンスルホン酸を含有する製剤は 10 ％以下は劇物から除外。ウのメチルアミンを含有する製剤は 40 ％以下は劇物から除外。なお、イの過酸化尿素 20 ％以下を含有する製剤については、17 ％以下を含有する製剤は劇物から除外。イの過酸化尿素 20 ％以下を含有する製剤は、劇物。エのアセトニトリル 50 ％以下を含有する製剤は劇物については、40 ％以下は劇物。

問２　3

〔解説〕

この設問の解毒剤又は治療薬についてで、正しいのは、３の鉛化合物。なお、シアン化合物は、解毒剤にはチオ硫酸ナトリウムや亜硝酸ナトリウムを用いる。有機燐化合物の解毒剤には、硫酸アトロピンが用いられる。有機塩素化合物は中枢神経毒である。解毒剤は中枢神経を鎮静せしめるバルビタール製剤。

問３　2

〔解説〕

アとウが正しい。アクリルニトリルは引火点が低く、火災、爆発の危険性が高いので、火花を生ずるような器具や、強酸とも安全な距離を保つ必要がある。直接空気にふれないよう窒素等の不活性ガスの中に貯蔵する。ホルマリンは、低温で混濁することがあるので、常温で貯蔵する。一般に重合を防ぐため 10 ％程度のメタノールが添加してある。なお、ブロムメチル CH_3Br は可燃性・引火性が高いため、火気・熱源から遠ざけ、直射日光の当たらない換気性のよい冷暗所に貯蔵する。耐圧等の容器は錆防止のため床に直置きしない。四塩化炭素(テトラクロロメタン)CCl_4 は、特有な臭気をもつ不燃性、揮発性無色液体、水に溶けにくく有機溶媒には溶けやすい。強熱によりホスゲンを発生。亜鉛またはスズメッキした鋼鉄製容器で保管、高温に接しないような場所で保管。

問４　2

〔解説〕

この設問の用途についてはアとウが正しい。アジ化ナトリウムは毒物。無色板状結晶で無臭。用途は試薬、医療検体の防腐剤、エアバッグのガス発生剤、除草剤としても用いられる。クロム酸ナトリウムは黄色結晶。用途は工業用の酸化剤、製革用や試薬。なお、クロルピクリンは、無色～淡黄色液体。用途は線虫駆除、土壌燻蒸剤(土壌病原菌、センチュウ等の駆除)。酸化バリウムは劇物。無色透明の結晶。用途は工業用の脱水剤、水酸化物の製造用、釉薬原料に使われる。また試薬、乾燥剤にも用いられる。

問５　2

〔解説〕

キノリンは劇物。無色または淡黄色の特有の不快臭をもつ液体で吸湿性である。水、アルコール、エーテル二硫化炭素に可溶。用途は界面活性剤。

問６　3

〔解説〕

塩化亜鉛 $ZnCl_2$ は、白色の結晶で、空気に触れると水分を吸収して潮解する。水およびアルコールによく溶ける。

問７　3

〔解説〕

イとエが正しい。フェノール(C_6H_5OH は、劇物。無色の針状結晶または白色の放射状結晶性の塊。空気中で容易に赤変する。特異の臭気と灼くような味がする。アルコール、エーテル、クロロホルムにはよく溶ける。水にはやや溶けやすい。皮膚や粘膜につくと火傷を起こし、その部分は白色となる。内服した場合には、尿は特有な暗赤色を呈する。トルイジンには、オルトー、メター、パラーの３種の異性体がある。水に難溶、有機溶媒に易溶。メトヘモグロビン形成能があり、チアノーゼを起こす。頭痛、疲労感、呼吸困難や、腎臓、膀胱の刺激を起こし血尿をきたす。なお、クロルピクリン CCl_3NO_2 は、無色～淡黄色液体、催涙性、粘膜刺激臭。毒性・治療法は、血液に入りメトヘモグロビンを作り、また、中枢神経、心臓、眼結膜を侵し、肺にも強い傷害を与える。治療法は酸素吸入、強心剤、興奮剤。シアン化水素 HCN は、毒物。無色の気体または液体。猛毒で、吸入した場合、頭痛、めまい、意識不明、呼吸麻痺を起こす。

問８　1

〔解説〕

カリウム K は劇物。金属光沢をもつ銀白色の金属。性質はナトリウムに似ている。水に入れると、水素を生じ、常温では発火する。フェンバレレートは劇物。黄褐色の粘稠性液体。水にほとんど溶けない。メタノール、アセトニトリル、酢酸エチルに溶けやすい。熱、酸に安定。魚毒性が強いので、漏えいした場合は水で洗い流すことできるだけ避ける。廃液を河川等へ流入しないよう注意すること。

問９　4

〔解説〕

この設問の廃棄方法については、ウの塩化水素が誤り。塩化水素 HCl は酸性なので、石灰乳などのアルカリで中和した後、水で希釈する中和法。

問 10　4

〔解説〕

イとウが正しい。なお、アの無水クロム酸(三酸化クロム、酸化クロムは、劇物。暗赤色の結晶またはフレーク状で、水に易溶、潮解性。飛散したものは空容器にできるだけ回収し、そのあとを還元剤(硫酸第一鉄等)の水溶液を散布し、消石灰、ソーダ灰等の水溶液で処理したのち、多量の水を洗い流す。エのピクリン酸が漏えいした場合、飛散したものは空容器にできるだけ回収し、そのあとを多量の水を用いて洗い流す。 なお、回収の際は飛散したものが乾燥しないよう、適量の水を散布して行い、また、回収物の保管、輸送に際しても十分に水分を含んだ状態を保つようにする。用具及び容器は金属製のものを使用してはならない。

群馬県

（農業用品目）

問１　2

〔解説〕

この設問は、２％を含有する製剤が劇物が該当するのは、２のジメチル―（N－メチルカルバミルメチル）－ジチオホスフェイト（別名　ジメトエート）については除外される濃度が示されていないので、劇物。

問２　4

〔解説〕

農業用品目販売業者が販売又は授与できるものは法第４条の３第１項→施行規則第４条の２→施行規則別表第一に示されている。このことからイのシアン酸ナトリウムとエのブラストサイジン S が該当する。

問３　2

〔解説〕

シアン化カリウム KCN(別名　青酸カリ)は、白色、潮解性の粉末または粒状物、空気中では炭酸ガスと湿気を吸って分解する(HCN を発生)。また、酸と反応して猛毒の HCN(アーモンド様の臭い)を発生する。したがって、酸から離し、通風の良い乾燥した冷所で密栓保存。安定剤は使用しない。

問４　3

〔解説〕

この設問における用途の組合せでは、イのパラコートが誤り。パラコートは、毒物で、ジピリジル誘導体で無色結晶性粉末。用途は除草剤。

問５　1

〔解説〕

この設問の廃棄方法では、ウのシアン化カリウムが誤り。シアン化カリウム KCN(別名青酸カリ)は、毒物で無色の塊状又は粉末。①酸化法　水酸化ナトリウム水溶液を加えてアルカリ性(pH11 以上)とし、酸化剤(次亜塩素酸ナトリウム、さらし粉等)等の水溶液を加えて CN 成分を酸化分解する。CN 成分を分解したのち硫酸を加え中和し、多量の水で希釈して処理する。②アルカリ法　水酸化ナトリウム水溶液等でアリカリ性とし、高温加圧下で加水分解する。

問６　2

〔解説〕

シアン化水素ガスを吸引したときの中毒は、頭痛、めまい、悪心、意識不明、呼吸麻痺を起こす。

問7　4
〔解説〕
イのみが正しい。カルボスルファンは、カーバメイト系殺虫剤。フェンプロパトリンは、ピレスロイド系殺虫剤。ベンダイオカルブは、カーバメイト系殺虫剤。
問8　3
〔解説〕
アバメクチンは、毒物。類白色結晶粉末。融点で分解するため測定不能。用途は農薬・マクロライド系殺虫剤(殺虫・殺ダニ剤)1.8％以下は劇物。
問9　1
〔解説〕
アのみが正しい。塩基性塩化銅は、劇物。青緑色の粉末。冷水に不溶。用途は農薬の原料。治療薬はジメルカプロール(別名 BAL)の投与。なお、DDVP は、有機燐製剤で接触性殺虫剤。有機燐製剤なのでコリンエステラーゼ阻害。解毒剤は PAM および硫酸アトロピンの投与。シアン化水素ガスを吸引したときの中毒は、頭痛、めまい、悪心、意識不明、呼吸麻痺を起こす。治療薬は亜硝酸ナトリウムとチオ硫酸ナトリウムの投与。
問10　1
〔解説〕
解答のとおり。

群馬県

(特定品目)

問1　4
〔解説〕
特定品目販売業者が販売又は授与できるものは法第４条の３第２項→施行規則第４条の３→施行規則別表第二に示されている。このことからイのメタノールとエのホルムアルデヒドが該当する。
問2　3
〔解説〕
過酸化水素水は過酸化水素の水溶液で、無色無臭で粘性の少し高い液体。少量なら褐色ガラス瓶(光を遮るため)、多量ならば現在はポリエチレン瓶を使用し、3分の１の空間を保ち、有機物等から引き離し日光を避けて冷暗所保存。
問3　4
〔解説〕
この設問の用途の組合せでは、イの塩素とエの硫酸が正しい。塩素 Cl_2 は、黄緑色の刺激臭の空気より重い気体。用途は漂白剤、殺菌剤、消毒剤として使用される(紙パルプの漂白、飲用水の殺菌消毒などに用いられる)。硫酸 H_2SO_4 は、無色無臭澄明な油状液体。用途は用途は多岐に渡るが、肥料や化学薬品の製造、石油の精製、塗料や顔料の製造、水分を吸収するため乾燥剤として用いられる。なお、水酸化ナトリウム(別名：苛性ソーダ)NaOH は、白色結晶性の固体。用途は、染料その他有機合成原料、塗料などの溶剤、燃料、試薬、標本の保存用。ホルマリンは無色透明な刺激臭の液体。用途はフィルムの硬化、樹脂製造原料、試薬・農薬等。
問4　1
〔解説〕
この設問の廃棄方法の組合せでは、アの硝酸とイの一酸化鉛が正しい。硝酸 HNO_3 は強酸なので、中和法、徐々にアルカリ(ソーダ灰、消石灰等)の攪拌溶液に加えて中和し、多量の水で希釈処理する中和法。一酸化鉛 PbO は、水に難溶性の重金属なので、そのままセメント固化し、埋立処理する固化隔離法。なお、酸化水銀(Ⅱ)HgO の廃棄方法は、1)焙焼法：還元焙焼法により金属水銀として回収。2)沈殿廃棄法：Na_2S により水に難溶性の Hg_2S あるいは HgS として沈殿させ、これをセメントで固化し、溶出検査後埋立て処分。アンモニア NH_3 は無色刺激臭をもつ空気より軽い気体。廃棄法はアルカリなので、水で希釈後に酸で中和し、さらに水で希釈処理する中和法。
問5　4
〔解説〕
この設問の毒性では、イの四塩化炭素が誤り。四塩化炭素 CCl_4 は特有の臭気をもつ揮発性無色の液体、水に不溶、有機溶媒に易溶。揮発性のため蒸気吸入により頭痛、悪心、黄疸ようの角膜黄変、尿毒症等。

問６　１
〔解説〕
キシレンについては、イとウが誤り。キシレン $C_6H_4(CH_3)_2$ は劇物。無色透明の液体で芳香族炭化水素特有の臭いがある。水にはほとんど溶けず、有機溶媒に溶ける。蒸気は空気より重い。引火性がある。吸入すると、目、鼻、のどを刺激し、高濃度で興奮、麻酔作用がある。溶剤、染料中間体などの有機合成原料や試薬として用いられる。
問７　２
〔解説〕
解答のとおり。
問８　３
〔解説〕
解答のとおり。
問９　２
〔解説〕
アンモニア NH_3 は、劇物。10%以下で劇物から除外。特有の刺激臭がある無色の気体で、圧縮することにより、常温でも簡単に液化する。水、エタノール、エーテルに可溶。強いアルカリ性を示し、腐食性は大。水溶液は弱アルカリ性を呈する。空気中では燃焼しないが、酸素中では黄色の炎を上げて燃焼する。
問10　３
〔解説〕
四塩化炭素 CCl_4 は、揮発性なので風下の人を退避させ、土砂等で流れを止め、容器に回収。そのあとを水に不溶なので中性洗剤等で分散させて水で洗い流す。

群馬県

〔識別及び取扱方法〕

（一般）

問１　３　　問２　７　　問３　５　　問４　２　　問５　６
問６　４　　問７　１
〔解説〕
問１　黄燐 P_4 は、毒物。白色又は淡黄色のロウ様半透明の結晶性固体。ニンニク臭を有し、水には不溶である。湿った空気に触れ、徐々に酸化され、また、暗所では光を発する。　**問２**　塩素 Cl_2 は劇物。黄緑色の気体で激しい刺激臭がある。冷却すると、黄色溶液を経て黄白色固体。水にわずかに溶ける。
問３　沃素 I_2 は、黒褐色金属光沢ある稜板状結晶、昇華性。水に溶けにくい。
問４　アクロレイン CH_2CHCHO は、劇物。無色又は帯黄色の液体。刺激臭がある。又催涙性を有する。引火性である。水に可溶。
問５　臭素 Br2 は、劇物。刺激性の臭気をはなって揮発する赤褐色の液体。濃塩酸と反応して高熱を発する。　**問６**　アニリン $C_6H_5NH_2$ は、劇物。純品は、無色透明な油状の液体で、特有の臭気があり空気に触れて赤褐色になる。
問７　重クロム酸カリウム $K_2Cr_2O_7$ は、橙赤色結晶。水に溶けやすく、有機溶媒には溶けにくい。
問８　３　　問９　２　　問10　１
〔解説〕
問８　ピクリン酸は、淡黄色の針状結晶で、温飽和水溶液にシアン化カリウム水溶液を加えると、暗赤色を呈する。　**問９**　ホルマリンはホルムアルデヒド HCHO の水溶液。フクシン亜硫酸はアルデヒドと反応して赤紫色になる。アンモニア水を加えて、硝酸銀溶液を加えると、徐々に金属銀を析出する。またフェーリング溶液とともに熱すると、赤色の沈殿を生ずる。　**問10**　フェノール C_6H_5OH はフェノール性水酸基をもつので過クロール鉄（あるいは塩化鉄（Ⅲ）$FeCl_3$）により紫色を呈する。

（農業用品目）

問1　6　　問2　3　　問3　5　　問4　2　　問5　7
問6　1　　問7　4

〔解説〕

問1　アンモニア水はアンモニア NH_3 を水に溶かした水溶液、無色透明、刺激臭がある液体。アルカリ性。水溶液にフェノールフタレイン液を加えると赤色になる。　**問2**　フェンチオン MPP は、劇物(2％以下除外)、有機燐剤。淡褐色のニンニク臭をもつ液体。有機溶媒には溶けるが、水には溶けない。

問3　フェンチオン(別名 MPP)は、劇物。褐色の液体。弱いニンニク臭を有する。各種有機溶媒によく溶ける。水にはほとんど溶けない。

問4　燐化亜鉛 Zn_3P_2 は、灰褐色の結晶又は粉末。かすかにリンの臭気がある。水、アルコールには溶けないが、ベンゼン、二硫化炭素に溶ける。酸と反応して有毒なホスフィン PH3 を発生。劇物、1％以下で、黒色に着色され、トウガラシエキスを用いて著しくからく着味されているものは除かれる。

問5　クロルピクリン CCl_3NO_2(別名トリクロロニトロメタン)は、無色～淡黄色液体で揮発性のある強い刺激臭と催涙性を有する。

問6　ピラゾホスは劇物。褐色～暗緑色の脂状～結晶。　**問7**　エトプロホスは、毒物。５％以下は毒物から除外され、５％以下劇物。メルカプタン臭のある淡黄色透明な液体。

群馬県

問8　2　　問9　3　　問10　1

〔解説〕

問8　塩素酸カリウム $KClO_3$ は劇物。無色の単斜晶系板状の結晶。水に溶ける。熱すると酸素を発生して、塩化カリこれに塩酸を加えて熱すると、塩素を発生する。　**問9**　燐化アルミニウムより発生したガスの検知法としては、5～10％硝酸銀溶液を濾紙に吸着させたものをもって検定し。濾紙が黒変することにより、その存在を知ることができる。　**問10**　硫酸 H_2SO_4 は無色の粘張性のある液体。強力な酸化力をもち、また水を吸収しやすい。水を吸収するとき発熱する。木片に触れるとそれを炭化して黒変させる。硫酸の希釈液に塩化バリウムを加えると白色の硫酸バリウムが生じるが、これは塩酸や硝酸に溶解しない。

（特定品目）

問1　3　　問2　6　　問3　5　　問4　2　　問5　7
問6　1　　問7　4

〔解説〕

問1　四塩化炭素(テトラクロロメタン)CCl_4 は、劇物。揮発性、麻酔性の芳香を有する無色の重い液体で、アルコール性の水酸化カリウムと銅粉とともに煮沸すると、黄赤色の沈殿を生じる。　**問2**　水酸化ナトリウム(別名：苛性ソーダ)NaOH は、劇物。白色結晶性の固体。水と炭酸を吸収する性質が強い。空気中に放置すると、潮解して徐々に炭酸ソーダの皮層を生ずる。

問3　酢酸エチル(別名酢酸エチルエステル、酢酸エステル)は、劇物。強い果実様の香気ある可燃性無色の液体。揮発性がある。蒸気は空気より重い。引火しやすい。水にやや溶けやすい。　**問4**　塩素 Cl_2 は劇物。黄緑色の気体で激しい刺激臭がある。冷却すると、黄色溶液を経て黄白色固体。水にわずかに溶ける。

問5　メチルエチルケトン $CH_3COC_2H_5$(別名 2-ブタノン)は、劇物。アセトン様の臭いのある無色液体。引火性。有機溶媒、水に溶ける。

問6　硅弗化ナトリウムは無色の結晶。水に溶けにくく、アルコールには解けない。　**問7**　重クロム酸ナトリウム $Na_2Cr_2O_7$ は、やや潮解性の赤橙色結晶、酸化剤。水に易溶。有機溶媒には不溶。

問8　1　　問9　3　　問10　2

〔解説〕

解答のとおり。

埼玉県
令和５年度実施

〔毒物及び劇物に関する法規〕
（一般・農業用品目・特定品目共通）

問１　１
〔解説〕
解答のとおり。

問２　４
〔解説〕
この設問では法第２条第２項〔定義・劇物〕について、劇物を選びなさいとある。４の硫酸タリウムが劇物。なお、モノフルオール酢酸〔毒物・特定毒物〕、シアン化ナトリウム及び水銀は毒物。

問３　２
〔解説〕
この設問は法第３条の２についてで、２が正しい。２における特定毒物を輸入できる者は、毒物又は劇物の輸入業者と特定毒物研究者のみである。なお、１は法第３条の２第１項により、特定毒物を製造出来のは、毒物又は劇物の製造業者と特定毒物研究者のみである。３の毒物又は劇物の製造業者は、法第３条の２第６項により、譲り渡し、譲り受けができる。よってこの設問は誤り。４の設問にある特定品目を販売することは出来ない。特定品目販売の登録を受けた者が販売出来る品目は、施行規則別表第二に示されている。この設問も誤り。

埼玉県

問４　４
〔解説〕
法第８条第１項〔毒物劇物取扱責任者の資格〕のこと。解答のとおり。

問５　３
〔解説〕
法第９条〔登録の変更〕のこと。解答のとおり。

問６　１
〔解説〕
法第 12 条第３項は貯蔵、陳列する場所には、「医薬用外」の文字及び毒物には「毒物」、劇物には「劇物」の文字を表示する。解答のとおり。

問７　３
〔解説〕
この設問は法第 14 条第２項についてで、書面に記載する事項として、①毒物又は劇物の名称及び数量、②販売又は授与の年月日、③譲受人の氏名、職業及び住所〔法人にあっては、その名称及び主たる事務所の所在地〕を記載しなければならない。このことから３が正しい。

問８　４
〔解説〕
この設問は施行令第 40 条の５第２項第三号〔運搬方法・保護具〕及び(施行令別表第二)→施行規則第 13 条の６〔毒物又は劇物を運搬する車両に備える保護具〕について、この設問では、30 ％水酸化ナトリウムにおける保護具については、施行規則別表第五に示されている。解答のとおり。

問９　２
〔解説〕
施行令第 40 条の６〔荷送人の通知義務〕のこと。解答のとおり。

問 10　１
〔解説〕
法第 17 条第１項〔事故の際の措置〕のこと。解答のとおり。

（農業用品目）

問11　3

〔解説〕

この設問は着色する農業品目について法第13条〔特定の用途に供される毒物又は劇物の販売等〕→施行令第39条〔着色すべき農業品目〕において、①硫酸タリウムを含有する製剤たる劇物、②燐化亜鉛を含有する製剤たる劇物については、施行規則第12条〔農業品目の着色方法〕で、あせにくい黒色に着色すると示されている。このことから3が正しい。

（特定品目）

問11　3

〔解説〕

法第4条第1項〔営業の登録〕で、都道府県知事と示されている。なお、毒物又は劇物の製造業、輸入業の登録については、平成30年6月27日法律第66号により、厚生労働大臣から都道府県知事へ移譲された。この法律の施行は、令和2年4月1日。

問12　1

〔解説〕

特定品目販売業者が販売できる品目については、法第4条の3第2項→施行規則第4条の3→施行規則別表第二に示されている。このことからAのキシレン、Bのメチルエチルケトンである。

問13　4

〔解説〕

法第3条の3→施行令第32条の2による品目→①トルエン、②酢酸エチル、トルエン又はメタノールを含有する接着剤、塗料及び閉そく用またはシーリングの充てん料は、みだりに摂取、若しくは吸入し、又はこれらの目的で所持してはならい。このことから4が正しい。

埼玉県

〔基礎化学〕

（一般・農業用品目・特定品目共通）

(注)基礎化学の設問には、一般・農業用品目・特定品目に共通の設問があることから編集の都合上、一般の設問番号を通し番号(基本)として、農業用品目・特定品目における設問番号をそれぞれ繰り下げの上、読み替えいただきますようお願い申し上げます。

問11　3

〔解説〕

再結晶は溶媒に対する溶質の溶解度の差を利用して行う精製操作である。一般的には熱による溶解度の違いを利用することが多いが、有機化合物などの再結晶では極性の差（あるいは溶媒との親和性）を利用した再結晶法もあるため、一概に極性が違うとは言い切れない。

問12　1

〔解説〕

同素体は同じ元素の単体で、性質が異なるものである。

問13　4

〔解説〕

原子は原子核とそれを取り巻く電子から構成されており、原子核は陽子と中性子から成り立っている。原子の重さは殆ど原子核の重さと等しい。

問14　2

〔解説〕

塩化ナトリウムはイオン結合、硫酸アルミニウムはイオン結合と共有結合、塩化水素は共有結合で結ばれている。

問15　4

〔解説〕

$0.5\ mol/0.5\ L = 1.0\ mol/L$

問16　2

〔解説〕

ほぼ完全に電離している酸を強酸という。強酸や強塩基は水に溶解したときの電離度は限りなく1に近い値をもつ。

問 17　2

〔解説〕

水素の酸化数を+1 とし、化合物全体の酸化数を 0 とすると、酸素の酸化数は-1 となる。

問 18　1

〔解説〕

鉄は水とは反応しない。銅は希硝酸および濃硝酸のどちらとも反応する。カリウムの方がアルミニウムよりもイオン化傾向が大きく酸化されやすい。

問 19　4

〔解説〕

有機物を完全燃焼させると、炭素源はすべて二酸化炭素になると考える。

問 20　3

〔解説〕

フェーリング試液による反応はアルデヒド基の還元性を利用している。

（農業用品目）

問 22　3

〔解説〕

塩素は 17 番目の元素なので、塩素原子は 17 個の電子を有している。塩素が電子一つ受け取ると塩化物イオンとなり、結果として 18 個の電子をもつことになる。

（特定品目）

問 24　1

〔解説〕

窒素分子は窒素原子間で三重結合を形成する。

問 25　2

〔解説〕

強酸と弱塩基から生じる塩の水溶液は酸性を示す。

埼玉県

〔毒物及び劇物の性質及び貯蔵その他取扱方法〕

（一般）

問 21　3

〔解説〕

メタノール（メチルアルコール）CH_3OH は、劇物。（別名：木精）>無色透明の液体で、特異な香気がある。動揺しやすい揮発性の液体で、水、エタノール、エーテル、クロロホルム、脂肪、揮発油とよく混ぜる。64.1 ℃。蒸気は空気より重く引火しやすい。水と任意の割合で混和する。

問 22　2

〔解説〕

キシレン $C_6H_4(CH_3)_2$ は劇物。無色透明の液体で芳香族炭化水素特有の臭いがある。水にはほとんど溶けず、有機溶媒に溶ける。蒸気は空気より重い。引火性がある。吸入すると、目、鼻、のどを刺激し、高濃度で興奮、麻酔作用がある。

問 23　4

〔解説〕

塩化水素（HCl）は劇物。常温で無色の刺激臭のある気体である。水、メタノール、エーテルに溶ける。湿った空気中で発煙し塩酸になる。吸湿すると、大部分の金属、コンクリート等を腐食する。爆発性でも引火性でもないが、吸湿すると各種の金属を腐食して水素ガスを発生し、これが空気と混合して引火爆発することがある。

問 24　3

〔解説〕

黄燐 P_4 は、無色又は白色の蝋様の固体。毒物。別名を白リン。暗所で空気に触れるとリン光を放つ。水、有機溶媒に溶けないが、二硫化炭素には易溶。湿った空気中で発火する。空気に触れると発火しやすいので、水中に沈めてビンに入れ、さらに砂を入れた缶の中に固定し冷暗所で貯蔵する。

問25　1
〔解説〕
トルイジンは、劇物。オルトトルイジン、メタトルイジ゛ン、パラトルイジンの三つの異性体がある。オルトトルイジンは無色の液体で、アルコール、エーテルには溶けやすく、水にはわずかに溶ける。空気と光に触れると赤褐色になる。メタトルイジンは無色の液体で、アルコール、エーテルには溶けやすく、水にはわずかに溶ける。パラトルイジンは白色の光沢のある板状結晶。アルコール、エーテルには溶けやすく、水にわずかに溶ける。

問26　2
〔解説〕
ヒドロキシルアミン NH_2OH は、劇物。無色、針状の結晶。アルコール、酸、冷水に溶ける。水溶液は強いアルカリ性反応を呈する。強力な還元作用を呈する。常温では不安定で多少分解する。体内で分解して、亜硝酸塩とアンモニアになる。メトヘモグロビンをつくり、痙攣、麻痺を起こす。

問27　4
〔解説〕
エチレンオキシドは劇物。無色のある液体。水、アルコール、エーテルに可溶。可燃性ガス、反応性に富む。蒸気は空気より重い。用途は有機合成原料、燻蒸消毒、殺菌剤等。

問28　3
〔解説〕
三塩化硼素 BF_3 は毒物。無色の刺激臭のある気体。不燃性。水より加水分解し、弗化硼素酸と硼酸を生成する。廃棄方法は沈殿隔離法。

問29　1
〔解説〕
ヘキサン酸 $C_6H_{12}O_2$ は、劇物。特徴的な臭気のある油状の液体。エタノール、エーテルに可溶。弱酸。塩基性、酸化剤と激しく反応。用途は食品添加物、香料。潤滑油の製造に使用。11 %以下は劇物から除外。化粧品(歯磨き、入浴剤等)、室内芳香剤等に使用。

問30　1
〔解説〕
シアン化カリウム KCN は、毒物。白色、潮解性の粉末または粒状で、空気中では二酸化炭素と湿気を吸収して青酸ガス HCN を発生。

（農業用品目）

問23　1
〔解説〕
イソキサチオンは有機リン剤、劇物(2 %以下除外)、淡黄褐色液体、水に難溶、有機溶剤に易溶、アルカリには不安定。用途はミカン、稲、野菜、茶等の害虫駆除。(有機燐系殺虫剤)

問24　3
〔解説〕
クロルピリホスは、白色結晶、水に溶けにくく、有機溶媒に可溶。有機リン剤で、劇物(1 %以下は除外、マイクロカプセル製剤においては 25 %以下が除外)果樹の害虫防除、シロアリ防除。シックハウス症候群の原因物質の一つである。

問25　4
〔解説〕
カルバリール(NAC)は、劇物(5 %以下除外)、カルバメート剤、吸引したときの症状は、倦怠感、頭痛、嘔吐、腹痛がありはなはだしい場合は縮瞳、意識混濁、全身けいれんを引き起こす。カルバメート剤の解毒剤は硫酸アトロピン(PAM は無効)、SH 系解毒剤の BAL、グルタチオン等。

問26　3
〔解説〕
ジクワットは、劇物で、ジピリジル誘導体で淡黄色結晶、水に溶ける。土壌等に強く吸着されて不活性化する性質がある。中性又は酸性で安定、アルカリ溶液で薄める場合は、２～３時間以上貯蔵できない。

問27　1
〔解説〕
ダイアジノンは劇物。有機燐製剤、接触性殺虫剤、かすかにエステル臭をもつ無色の液体、水に難溶、エーテル、アルコールに溶解する。有機溶媒に可溶。体内に吸収されるとコリンエステラーゼの作用を阻害し、縮瞳、頭痛、めまい、意識の混濁等の症状を引き起こす。解毒剤は、硫酸アトロピン。
問28　2
〔解説〕
テフルトリンは毒物(0.5 %以下を含有する製剤は劇物。淡褐色固体。水にほとんど溶けない。有機溶媒に溶けやすい。用途は野菜等のピレスロイド系殺虫剤。
問29　4
〔解説〕
沃化メチル CH_3I は、無色又は淡黄色透明の液体であり、空気中で光により一部分解して褐色になる。エタノール、エーテルに任意の割合に混合する。水に可溶である。用途は、ガス殺菌・殺虫剤として使用される。
問30　2
〔解説〕
アセタミプリドは、劇物(２%以下は劇物から除外)。白色結晶固体。エタノールクロロホルム、ジクロロメタン等の有機溶媒に溶けやすい。比重 1.330。融点 98.9 ℃。ネオニコチノイド製剤。殺虫剤として用いられる。

（特定品目）

問26　3
〔解説〕
一般の問 21 を参照。
問27　2
〔解説〕
一般の問 22 を参照。
問28　4
〔解説〕
一般の問 23 を参照。
問29　3
〔解説〕
蓚酸$(COOH)_2$・$2H_2O$ は無色の柱状結晶、風解性、還元性、漂白剤、鉄さび落とし。無水物は白色粉末。水、アルコールに可溶。エーテルには溶けにくい。また、ベンゼン、クロロホルムにはほとんど溶けない。廃棄方法は、燃焼法と活性汚泥法がある。
問30　1
〔解説〕
クロム酸鉛 $PbCrO_4$ は劇物。70 %以下は劇物から除外。黄色または赤黄色粉末。沸点:844 ℃、水にほとんど溶けず、希硝酸、水酸化アルカリに溶ける。酢酸、アンモニア水には不溶。別名はクロムイエロー。用途は顔料、分析用試薬。吸入した場合、クロム中毒を起こすことがある。

埼玉県

〔毒物及び劇物の識別及び取扱方法〕

（一般）

問31　(1) 4　(2) 2
〔解説〕
(1)塩化亜鉛 $ZnCl_2$ は、常温では白色の顆粒または塊であり、水に溶けやすく、空気中ま水分に触れて溶解する。潮解性。　(2)水に溶かし、硝酸銀を加えると、白色の沈殿が生じる。
問32　(1) 2　(2) 1
〔解説〕
(1)トリクロル酢酸は、劇物。無色の斜方六面体の結晶。わずかな刺激臭がある。潮解性あり。水、アルコール、エーテルに溶ける。　(2)水酸化ナトリウム溶液を加えて熱すると、クロロホルムの臭気がした。

問 33　(1) 5　(2) 1
〔解説〕
(1) 臭素 Br_2 は、劇物。赤褐色・特異臭のある重い液体。強い腐食作用があり、揮発性が強い。引火性、燃焼性はない。水、アルコール、エーテルに溶ける。
(2) 澱粉糊液を橙黄色に染め、ヨードカリ澱粉紙を藍変し、フルオレッセン溶液を赤変する。

問 34　(1) 3　(2) 1
〔解説〕
(1) 弗化水素酸（HF・aq）は毒物。弗化水素の水溶液で無色またはわずかに着色した透明の液体。特有の刺激臭がある。不燃性。　(2) 鑞を塗ったガラス板に針で任意の模様を描いたものに、弗化水素酸をぬると鑞をかぶらない模様の部分を腐食される。

問 35　(1) 1　(2) 2
〔解説〕
(1) ナトリウム Na は、銀白色の柔らかい固体。水と激しく反応し、水酸化ナトリウムと水素を発生する。　(2) 水と激しく反応して水素を発生する（$2Na + 2H_2O \rightarrow 2NaOH + H_2$）。炎色反応で黄色を呈する。

（農業用品目）

問 31　(1) 3　(2) 1
〔解説〕
1, 3-ジクロロプロペン $C_3H_4Cl_2$。特異的刺激臭のある淡黄褐色透明の液体。劇物。有機塩素化合物。シス型とトランス型とがある。メタノールなどの有機溶媒によく溶け、水にはあまり溶けない。アルミニウムに対する腐食性がある。用途は、殺虫剤。

問 32　(1) 4　(2) 2
〔解説〕
オキサミルは毒物。白色粉末または結晶、かすかに硫黄臭を有する。加熱分解して有毒な酸化窒素及び酸化硫黄ガスを発生するので、熱源から離れた風通しの良い冷所に保管する。水に可溶。殺虫剤。カーバメイト系農薬。

問 33　(1) 2　(2) 1
〔解説〕
硫酸銅（Ⅱ）$CuSO_4 \cdot 5H_2O$ は、濃い青色の結晶。風解性。水に易溶、水溶液は酸性。劇物。水に溶かして硫化水素を加えると、黒色の沈殿を生ずる。

問 34　(1) 1　(2) 1
〔解説〕
弗化スルフリル（SO_2F_2）は毒物。無色無臭の気体。沸点-55.38 ℃。水 1 に 0.75G 溶ける。アルコール、アセトンにも溶ける。用途は殺虫剤、燻蒸剤。

問 35　(1) 5　(2) 2
〔解説〕
フェントエートは、劇物。赤褐色、油状の液体で、芳香性刺激臭を有し、水、プロピレングリコールに溶けない。リグロインにやや溶け、アルコール、エーテル、ベンゼンに溶ける。有機燐系の殺虫剤。

（特定品目）

問 31　(1) 5　(2) 1
〔解説〕
アンモニア NH_3 は、特有の刺激臭がある無色の気体で、圧縮することにより、常温でも簡単に液化する。空気中では燃焼しないが、酸素中では黄色の炎を上げて燃焼する。

問 32　(1) 3　(2) 1
〔解説〕
クロロホルム $CHCl_3$（別名トリクロロメタン）は、無色、揮発性の液体で特有の香気とわずかな甘みをもち、麻酔性がある。アルコール溶液に、水酸化カリウム溶液と少量のアニリンを加えて　熱すると、不快な刺激性の臭気を放つ。

問 33　(1) 2　(2) 2
〔解説〕
重クロム酸カリウム $K_2Cr_2O_7$ は、橙赤色結晶、酸化剤。水に溶けやすく、有機溶媒には溶けにくい。希硫酸に溶かし、還元剤の水溶液を過剰に用いて還元した後、消石灰、ソーダ灰等の水溶液で処理して沈殿濾過させる。溶出試験を行い、溶出量が判定基準以下であることを確認して埋立処分する還元沈殿法。

問 34　(1) 4　(2) 2
〔解説〕
酸化第二水銀 HgO は毒物。赤色または黄色の粉末。水にはほとんど溶けない。小さな試験管に入れる熱すると、はじめに黒色にかわり、後に分解して水銀を残し、なお熱すると、まったく揮散してしまう。

問 35　(1) 1　(2) 1
硫酸 H_2SO_4 は無色の粘張性のある液体。強力な酸化力をもち、また水を吸収しやすい。水を吸収するとき発熱する。木片に触れるとそれを炭化して黒変させる。硫酸の希釈液に塩化バリウムを加えると白色の硫酸バリウムが生じるが、これは塩酸や硝酸に溶解しない。

千葉県
令和５年度実施

〔筆記：毒物及び劇物に関する法規〕
（一般・農業用品目・特定品目共通）

問１
(1)	5	(2)	2	(3)	1	(4)	3	(5)	3
(6)	1	(7)	5	(8)	2	(9)	3	(10)	4
(11)	1	(12)	3	(13)	4	(14)	2	(15)	2
(16)	4	(17)	1	(18)	3	(19)	4	(20)	3

〔解説〕

(1)　法第２条第１項〔定義・毒物〕解答のとおり。

(2)　法第 11 条第 4 項〔毒物又は劇物の取扱・飲食物容器の使用禁止〕解答のとおり。　　(3)　法第３条の３　解答のとおり。

(4)　法第４条第３項〔登録の更新〕解答のとおり。

(5)　法第６条の２〔特定毒物研究者の許可・不適格者と罪〕解答のとおり。

(6)　法第８条第１項〔毒物劇物取扱責任者の資格・資格者〕解答のとおり。

(7)　法第 12 条第 1 項〔毒物又は劇物の表示・容器及び被包についての表示〕解答のとおり。

(8)　法第 12 条第２項〔毒物又は劇物の表示・容器及び被包に掲げる事項〕は、①毒物又は劇物の名称、②毒物又は劇物の成分及びその含量、③厚生労働省令で定める毒物又は劇物について厚生労働省令で定める解毒剤の名称。このことからアとエが正しい。

(9)　法第 14 条第１項〔毒物又は劇物の譲渡手続〕解答のとおり。

(10)　法第 17 条第１項〔事故の際の措置〕

(11)　施行規則第 13 条の 12 は、設問にあるように毒物劇物営業者が譲受人に対して毒物又は劇物の性状及び取扱いについての情報提供の内容が示されている。この設問はすべて正しい。

(12)　法第 22 条第１項〔業務上取扱者の届出等〕解答のとおり。

(13)　施行令第 40 条〔廃棄の方法〕解答のとおり。

(14)　施行規則第４条の４〔製造所等の設備〕解答のとおり。

(15)　毒物又は劇物の運搬を他に委託する場合、あらかじめ、書面に記載する内容は、①毒物又は劇物の名称、②毒物又は劇物の成分及びその含量並びに数量、③事故の際に講じなければならない応急の措置である。このことからウのみが誤り。

(16)　この設問は特定毒物でないものはどれかとあるので、４のモノクロル酢酸〔劇物〕なお、特定毒物は法第２条第３項〔定義・特定毒物〕に示されている。

(17)　この設問はすべて正しい。アは法第３条の２第４項のこと。イは法第 15 条第１項第一号〔毒物又は劇物の交付の制限等・不適格者〕

(18)　この設問は、アのみが正しい。アについては販売品目の制限はなく、すべての製造所、営業所、店舗において毒物劇物取扱責任者となることができる。なお、イについては、他の都道府県においても毒物劇物取扱責任者になることができる。ウは法第７条第１項ただし書規定により自ら毒物劇物取扱責任者として保健衛生上の危害の防止に当たることができる。

(19)　この設問は、イのみ正しい。業務上取扱者の届出等における届出を要する者とは、①シアン化ナトリウム又は無機シアン化合物たる毒物及びこれを含有する製剤→電気めっきを行う事業、②シアン化ナトリウム又は無機シアン化合物たる毒物及びこれを含有する製剤→金属熱処理を行う事業、③最大積載量 5,000kg 以上の運送の事業、④砒素化合物たる毒物及びこれを含有する製剤→しろありの防除を行う事業について使用する者である。

(20)　この設問は施行令第 40 条の５〔運搬方法〕のことで、施行令別表第二に掲げる毒物又は劇物を車両を使用して１回につき 5,000kg 以上運搬することについて示されている。なお、この設問では、車両に備える保護具については、施行令第 40 条の５第２項第三号→施行規則第 13 条の６→施行規則別表第五に掲げられている。過酸化水素水の保護具は、①保護手袋、②保護長ぐつ、③保護衣、④保護眼鏡と示されている。

〔筆記：基礎化学〕
（一般・農業用品目・特定品目共通）

問２

(21)	2	(22)	2	(23)	3	(24)	4	(25)	1
(26)	5	(27)	4	(28)	5	(29)	2	(30)	1
(31)	1	(32)	3	(33)	5	(34)	3	(35)	2
(36)	4	(37)	4	(38)	3	(39)	2	(40)	1

〔解説〕

(21)　フッ素は全元素中最大の電気陰性度を示す。

(22)　アンモニアの窒素原子に１組の非共有電子対を持つ。

(23)　メタンは正四面体構造をとり、分子全体で極性を打ち消している。

(24)　プロパンの分子式は C_3H_8 である。ここから、プロパンが 1 モル燃焼することで生じる二酸化炭素 CO_2 は 3 モルであることが分かる。CO_2 の分子量は 44 であるから生じる二酸化炭素の重さは 2 × 3 × 44 = 264 g となる。

(25)　マルトースの分子量は 342 である。85.5　g のマルトースは、85.5/342　= 0.250　mol である。よってこれを水に溶解して 1　L にした溶液のモル濃度は 0.250 mol/L となる。

(26)　酸素の単体は空気の約 21%を占め、元素の周期表では 16 族に属する。

(27)　塩酸 HCl は 1 価の酸、水酸化カルシウム $Ca(OH)_2$ は 2 価の塩基であるため、塩酸 1　mol を中和するのに必要な水酸化カルシウムは 0.5　mol である。弱酸－強塩基の中和のように、中和点が pH 7.0 になるとは限らない。

(28)　炎色反応は炎色を示す金属イオンの確認、ヨウ素でんぷん反応はでんぷんの確認、銀鏡反応はアルデヒド基(還元性)の確認、ルミノール反応はルミノールの過酸化水素による遷移金属元素の確認に用いられ、ニンヒドリン反応はアミノ酸などに含まれるアミノ基の確認反応として用いられる。

(29)　疎水コロイドに少量の電解質を加えて沈殿させる操作を凝析という。

(30)　物質 1 モルが完全燃焼するときの反応熱を燃焼熱という。

(31)　カルボン酸とアルコールの脱水縮合反応をエステル化という。一方、エステルをカルボン酸塩とアルコールに分解する反応をけん化という。

(32)　アセチレンはアルキン、ブタンとプロパンはアルカン、グリセリンは 3 価のアルコールである。ケトンは C=O 結合を有している。

(33)　炭酸ナトリウム、炭酸水素ナトリウム、水酸化ナトリウムの水溶液は塩基性を示し、塩化ナトリウムの水溶液は中性を示す。

(34)　シアン化カリウム KCN、キシレン $C_6H_4(CH_3)_2$、ピクリン酸 $HOC_6H_2(NO_2)_3$、アセトニトリル CH_3CN、アニリン $C_6H_5NH_2$

(35)　融解は固体から液体に、蒸発は液体から気体に、凝縮は気体から液体に変わる状態変化である。風解は結晶水を有する水和物の結晶が、空気中で結晶水を放出して、結晶が崩壊する現象。

(36)　pH が 1 異なると、水素イオン濃度は 10 倍異なる。

(37)　物質が水素を得るか電子を得る反応を還元されたと言う。

(38)　希薄溶液の性質として、凝固点降下、蒸気圧降下、沸点上昇が観察される。

(39)　コールタールは石炭を乾留して得られる沸点が高い炭化水素が主成分である。

(40)　100% = 1,000,000 ppm である。

〔筆記：毒物及び劇物の性質及び貯蔵その他取扱方法〕

（一般）

問３　(41)　2　(42)　1　(43)　3　(44)　5　(45)　4

〔解説〕

(41)　ベタナフトール $C_{10}H_7OH$ は、劇物。無色～白色の結晶、石炭酸臭、水に溶けにくく、熱湯に可溶。有機溶媒に易溶。遮光保存(フェノール性水酸基をもつ化合物は一般に空気酸化や光に弱い)。ただし1%以下は除外。

(42)　弗化水素酸 HF は強い腐食性を持ち、またガラスを侵す性質があるためポリエチレン容器に保存する。火気厳禁。

(43)　ブロムメチル CH_3Br は可燃性・引火性が高いため、火気・熱源から遠ざけ、直射日光の当たらない換気性のよい冷暗所に貯蔵する。耐圧等の容器は錆防止のため床に直置きしない。

(44)　二硫化炭素 CS_2 は、無色流動性液体、引火性が大なので水を混ぜておくと安全、蒸留したてはエーテル様の臭気だが通常は悪臭。水に僅かに溶け、有機溶媒には可溶。少量ならば共栓ガラス壜、多量ならば鋼製ドラム缶などを使用する。日光の直射を受けない冷所で保管し、可燃性、発熱性、自然発火性のものからは、十分に引き離しておく。

(45)　黄燐 P4 は、無色又は白色の蝋様の固体。毒物。別名を白リン。暗所で空気に触れるとリン光を放つ。水、有機溶媒に溶けないが、二硫化炭素には易溶。湿った空気中で発火する。空気に触れると発火しやすいので、水中に沈めてビンに入れ、さらに砂を入れた缶の中に固定し冷暗所で貯蔵する。

問４　(46)　3　(47)　5　(48)　1　(49)　2　(50)　4

〔解説〕

(46)　重クロム酸カリウム $K_2Cr_2O_7$ は、橙赤色の結晶。融点 398 ℃、分解点 500 ℃、水に溶けやすい。アルコールには溶けない。強力な酸化剤である。で吸湿性も潮解性みない。水に溶け酸性を示す。　(47)　弗化スルフリル(SO_2F_2)は毒物。無色無臭の気体である。クロロホルム、四塩化炭素に溶けやすい。水酸化ナトリウム溶液で分解される。　(48)　クラーレは、毒物。猛毒性のアルカロイドである。植物の樹皮から抽出される。黒または黒褐色の塊状あるいは粒状をなしている。水に可溶。　(49)　水酸化カリウム KOH(別名苛性カリ)は劇物(５％以下は劇物から除外。)で白色の固体で、空気中の水分や二酸化炭素を吸収する潮解性がある。水溶液は強いアルカリ性を示す。また、腐食性が強い。

(50)　キノリン(C_9H_7N)は劇物。無色または淡黄色の特有の不快臭をもつ液体で吸湿性である。水、アルコール、エーテル二硫化炭素に可溶。

問５　(51)　1　(52)　2　(53)　4　(54)　3　(55)　5

〔解説〕

(51)　ジクワットは、劇物で、ジピリジル誘導体で淡黄色結晶、水に溶ける。用途は、除草剤。　(52)　ヒドラジン(N_2H_4)は、毒物。無色の油状の液体。用途は強い還元剤でロケット燃料にも使用される。医薬、農薬等の原料。

(53)　六弗化タングステンは、無色低沸点液体。用途は半導体配線の原料として用いられる。　(54)　四エチル鉛は、特定毒物。常温においては無色可燃性の液体。用途はガソリンのアンチック剤。　(55)　アクリルアミドは劇物。無色又は白色の結晶。用途は土木工事用の土質安定剤、接着剤、凝集沈殿促進剤などに用いられる。

問６　(56)　5　(57)　3　(58)　2　(59)　4　(60)　1

〔解説〕

(56)　過酸化水素 H_2O_2 は、無色無臭で粘性の少し高い液体。徐々に水と酸素に分解(光、金属により加速)する。安定剤として酸を加える。35 %以上の溶液が皮膚に付くと水泡を生じる。目に対しては腐食作用、蒸気は低濃度でも刺激盛大。

(57)　水素化アンチモン SbH_3(別名スチビン、アンチモン化水素)は、劇物。無色、ニンニク臭の気体。空気中では常温でも徐々に水素と金属アンモンに分解。水に難溶。エタノールには可溶。毒性は、ヘモグロビンと結合し急激な赤血球の低下を導き、強い溶血作用が現れる。また、肺水腫や肝臓、腎臓にも影響し、頭痛、吐き気、衰弱、呼吸低下等の兆候が現れる。　(58)　蓚酸は血液中の石灰分を奪取し神経痙攣等をおかす。急性中毒症状は胃痛、嘔吐、口腔咽喉に炎症をおこし腎臓がおかされる。治療方法は、グルコン酸カルシウムの投与。

(59)　DDVP は、有機燐製剤で接触性殺虫剤。無色油状、水に溶けにくく、有機溶媒に易溶。水中では徐々に分解。有機リン製剤なのでコリンエステラーゼ阻害。　(60)　沃素 I_2：黒褐色金属光沢ある稜板状結晶、昇華性。水に溶けにくい(しかし、KI 水溶液には良く溶ける $KI + I_2 \rightarrow KI_3$)。有機溶媒に可溶(エタノールやベンゼンでは褐色、クロロホルムでは紫色)。皮膚にふれると褐色に染め、その揮散する蒸気を吸入するとめまいや頭痛をともなう一種の酩酊を起こす。

（農業用品目）

問３　(41)　3　(42)　5　(43)　4　(44)　1

〔解説〕

(41)　ジメチルジチオホスホリルフェニル酢酸エチル(フェントエート、PAP)は、赤褐色、油状の液体で、芳香性刺激臭を有し、水、プロピレングリコールに溶けない。リグロインにやや溶け、アルコール、エーテル、ベンゼンに溶ける。アルカリには不安定。有機燐系の殺虫剤。　(42)　DMTP(別名メチダチオン)は劇物。灰白色の結晶。水に１%としか溶けない。有機溶媒によく溶ける。

(43)　沃化メチル CH_3I は、無色又は淡黄色透明の液体であり、空気中で光により一部分解して褐色になる。　(44)　カルタップは、劇物。：２%以下は劇物から除外。無色の結晶。融点 179 ～ 181 ℃。水、メタノールに溶ける。ベンゼン、アセトン、エーテルにはほとんど溶けない。

千葉県

問４　(45)　1　(46)　3　(47)　2　(48)　5　(49)　4

〔解説〕

(45)　クロルピクリン CCl_3NO_2 は、無色～淡黄色液体、催涙性、粘膜刺激臭。水に不溶。線虫駆除、燻蒸剤。毒性・治療法は、血液に入りメトヘモグロビンを作り、また、中枢神経、心臓、眼結膜を侵し、肺にも強い傷害を与える。

(46)　ジメトエートは劇物。白色の固体。水溶液は室温で徐々に加水分解し、アルカリ溶液中ではすみやかに加水分解する。有機燐製剤の一種である。コリンエステラーゼ活性阻害作用があり、軽症では倦怠感、頭痛、めまい、嘔吐(おうと)、下痢等。　(47)　硫酸は、無色透明の液体。劇物から 10 %以下のものを除く。皮膚に触れた場合は、激しいやけどを起こす。眼に入った場合は、粘膜を激しく刺激し、失明することがある。　(48)　2-ジフェニルアセチル-2･3-インダンジオン(ダイファシノン)は、劇物。黄色結晶性粉末。アセトン、酢酸に溶ける。水にほとんど溶けない。ビタミンＫの働きを抑えることにる血液凝固を阻害して、出血を引き起こす。　(49)　ジクワットは、劇物で、ジピリジル誘導体で淡黄色結晶、水に溶ける。中性又は酸性で安定、アルカリ溶液でうすめる場合には、２～３時間以上貯蔵できない。腐食性を有する。吸入した場合は、鼻やのどの粘膜に炎症を起こし、はなはだしい場合には吐き気、嘔吐、下痢等を起こすことがある。また、皮膚に触れた場合は。紅斑、浮腫などをおこすことがある。放置すると皮膚より吸収され中毒を起こすことがある。

問５　(50)　5　(51)　4　(52)　2　(53)　3　(54)　1

〔解説〕

(50)　クロロファシノンは、劇物。白～淡黄色の結晶性粉末。用途はのねずみの駆除。　(51)　硫酸銅、硫酸銅(Ⅱ)$CuSO_4 \cdot 5H_2O$ は、濃い青色の結晶。劇物。用途は、試薬、工業用の電解液、媒染剤、農業用殺菌剤。

(52)　ジクワットは、劇物で、ジピリジル誘導体で淡黄色結晶。用途は、除草剤。　(53)　カルボスルファンは、劇物。カーバメイト剤。褐色粘稠液体。用途はカーバメイト系殺虫剤。　(54)　クロルメコートは、劇物、白色結晶で魚臭、非常に吸湿性の結晶。用途は植物成長調整剤。

問６　(55)　3　　(56)　4　　(57)　2　　(58)　1　　(59)　5

〔解説〕

(55)　硫酸銅、硫酸銅(Ⅱ)$CuSO_4$・$5H_2O$ は、濃い青色の結晶。風解性。水に易溶、水溶液は酸性。劇物。経口摂取により嘔吐が誘発される。大量に経口摂取した場合では、メトヘモグロビン血症及び腎臓障害を起こして死亡に至る。なお、急性症状は嘔吐、吐血、低血圧、下血、昏睡、黄疸である。治療薬はペニシラミンあるいはジメチルカプロール(BAL)。　(56)　ダイアジノンは、有機燐製剤、接触性殺虫剤、かすかにエステル臭をもつ無色の液体、水に難溶、有機溶媒に可溶。有機燐製剤なのでコリンエステラーゼ活性阻害。解毒剤は、硫酸アトロピン又は PAM（２－ピリジルアルドキシムメチオダイド）

(57)　シアン化ナトリウム NaCN(別名青酸ソーダ)は、白色、潮解性の粉末または粒状物、空気中では炭酸ガスと湿気を吸って分解する(HCN を発生)。また、酸と反応して猛毒の HCN(アーモンド様の臭い)を発生する。　無機シアン化化合物の中毒は、猛毒の血液毒、チトクローム酸化酵素系に作用し、呼吸中枢麻痺を起こす。解毒剤は、亜硝酸ナトリウムとチオ硫酸ナトリウム。

(58)　硫酸タリウム Tl_2SO_4 は、白色結晶で、水にやや溶け、熱水に易溶、劇物、殺鼠剤。中毒症状は、疝痛、嘔吐、震せん、けいれん麻痺等の症状に伴い、しだいに呼吸困難、虚脱症状を呈する。治療法は、カルシウム塩、システインの投与。抗けいれん剤(ジアゼパム等)の投与。　(59)　チオジカルブは、白色結晶性の粉末。カーバメート系殺虫剤として、かんきつ類、野菜等の害虫の駆除に用いられる。特徴として、カタツムリや、ナメクジ類の駆除にも使用される(農業用殺虫剤)。

問７　(60)　5

〔解説〕

ブロムメチル CH_3Br は常温では気体なので、圧縮冷却して液化し、圧縮容器に入れ、直射日光その他、温度上昇の原因を避けて、冷暗所に貯蔵する。

(特定品目)

問３　(41)　4　　(42)　1　　(43)　3　　(44)　5　　(45)　2

〔解説〕

(41)　重クロム酸カリウム $K_2Cr_2O_7$ は、橙赤色結晶、酸化剤。水に溶けやすく、有機溶媒には溶けにくい。　(42)　塩化水素(HCl)は劇物。常温、常圧においては無色の刺激臭を持つ気体で、湿った空気中で激しく発煙する。冷却すると無色の液体および固体となる。　(43)　硅弗化ナトリウムは劇物。無色の結晶。水に溶けにくい。アルコールに溶けない。酸と接触すると有毒なガスを発生する。

(44)　トルエン $C_6H_5CH_3$(別名トルオール、メチルベンゼン)は劇物。無色、可燃性のベンゼン臭を有する液体である。水には不溶、エタノール、ベンゼン、エーテルに可溶である。　(45)　過酸化水素は、無色透明の濃厚な液体で、弱い特有のにおいがある。強く冷却すると稜柱状の結晶となる。不安定な化合物であり、常温でも徐々に水と酸素に分解する。酸化力、還元力を併有している。

問４　(46)　1　　(47)　5　　(48)　2　　(49)　4　　(50)　3

〔解説〕

(46)　四塩化炭素(テトラクロロメタン)CCl_4 は、特有な臭気をもつ不燃性、揮発性無色液体、水に溶けにくく有機溶媒には溶けやすい。強熱によりホスゲンを発生。亜鉛またはスズメッキした鋼鉄製容器で保管、高温に接しないような場所で保管。　(47)　過酸化水素水 H_2O_2 は、少量なら褐色ガラス瓶(光を遮るため)、多量ならば現在はポリエチレン瓶を使用し、3 分の 1 の空間を保ち、有機物等から引き離し日光を避けて冷暗所保存。　(48)　キシレン $C_6H_4(CH_3)_2$ は、無色透明な液体で o-、m-、p-の 3 種の異性体がある。水にはほとんど溶けず、有機溶媒に溶ける。引火しやすく、また蒸気は空気と混合して爆発性混合ガスとなるので、火気を避けて冷所に貯蔵する。　(49)　水酸化ナトリウム(別名：苛性ソーダ)NaOH は、白色結晶性の固体。水と炭酸を吸収する性質が強い。空気中に放置すると、潮解して徐々に炭酸ソーダの皮層を生ずる。貯蔵法については潮解性があり、二酸化炭素と水を吸収する性質が強いので、密栓して貯蔵する。

(50)　クロロホルム $CHCl_3$ は、無色、揮発性の液体で特有の香気とわずかな甘みをもち、麻酔性がある。空気中で日光により分解し、塩素、塩化水素、ホスゲンを生じるので、少量のアルコールを安定剤として入れて冷暗所に保存。

問５　(51)　2　(52)　4　(53)　1　(54)　5　(55)　3

〔解説〕

(51)　四塩化炭素 CCl_4 は特有の臭気をもつ揮発性無色の液体、水に不溶、有機溶媒に易溶。揮発性のため蒸気吸入により頭痛、悪心、黄疸ようの角膜黄変、尿毒症等。　(52)　塩素 Cl_2 は、黄緑色の窒息性の臭気をもつ空気より重い気体。ハロゲンなので反応性大。水に溶ける。中毒症状は、粘膜刺激、目、鼻、咽喉および口腔粘膜に障害を与える。　(53)　蓚酸の中毒症状は、血液中のカルシウムを奪取し、神経系を侵す。胃痛、嘔吐、口腔咽喉の炎症、腎臓障害。

(54)　メタノール CH_3OH は特有な臭いの無色液体。水に可溶。可燃性。メタノールの中毒症状は、吸入した場合、めまい、頭痛、吐気など、はなはだしい時は嘔吐、意識不明。中枢神経抑制作用。飲用により視神経障害、失明。

(55)　水酸化ナトリウム NaOH は白色、結晶性のかたいかたまり。水に溶けやすい。毒性は、苛性カリと同様に腐食性が非常に強い。皮膚にふれると激しく腐食する。

問６　(56)　3　(57)　5　(58)　1　(59)　4　(60)　2

〔解説〕

解答のとおり。

〔実地：毒物及び劇物の識別及び取扱方法〕
（一般）

問７　(61)　4　(62)　1　(63)　5　(64)　2　(65)　3

〔解説〕

(61)　ピクリン酸は、淡黄色の針状結晶で、急熱や衝撃で爆発。ピクリン酸による羊毛の染色(白色→黄色)。　(62)　アニリン $C_6H_5NH_2$ は、劇物。新たに蒸留したものは無色透明油状液体、光、空気に触れて赤褐色を呈する。特有な臭気。水には難溶、有機溶媒には可溶。水溶液にさらし粉を加えると紫色を呈する。

(63)　メタノール CH3OH は特有な臭いの無色透明な揮発性の液体。水に可溶。可燃性。あらかじめ熱灼した酸化銅を加えると、ホルムアルデヒドができ、酸化銅は還元されて金属銅色を呈する。　(64)　ニコチンは毒物。純ニコチンは無色、無臭の油状液体。水、アルコール、エーテルに安易に溶ける。この物質にホルマリンを１滴を加えたのち、濃硝酸１滴を加えると、ばら色を呈する。

(65)　クロム酸カリウム K_2CrO_4 は、橙黄色結晶、酸化剤。水に溶けやすく、有機溶媒には溶けにくい。　水溶液に塩化バリウムを加えると、黄色の沈殿を生ずる。

問８　(66)　1　(67)　4　(68)　3　(69)　5　(70)　2

〔解説〕

(66)　硅弗化ナトリウムは劇物。無色の結晶。水に溶けにくい。廃棄法は水に溶かし、消石灰等の水溶液を加えて処理した後、希硫酸を加えて中和し､沈殿濾過して埋立処分する分解沈殿法。　(67)　塩化バリウムは、劇物。無水物もあるが一般的には二水和物で無色の結晶。廃棄法は水に溶かし、硫酸ナトリウムの水溶液を加えて処理し、沈殿ろ過して埋立処分する沈殿法。　(68)　クロルピクリン CCl_3NO_2 は、無色～淡黄色液体、催涙性、粘膜刺激臭。廃棄方法は少量の界面活性剤を加えた亜硫酸ナトリウムと炭酸ナトリウムの混合溶液中で、攪拌し分解させた後、多量の水で希釈して処理する分解法。　(69)　クロロホルム $CHCl_3$ は含ハロゲン有機化合物なので廃棄方法はアフターバーナーとスクラバーを具備した焼却炉で焼却する燃焼法。　(70)　アンモニア NH_3(刺激臭無色気体)は水に極めてよく溶けアルカリ性を示すので、廃棄方法は、水に溶かしてから酸で中和後、多量の水で希釈処理する中和法。

問９　(71)　3　　(72)　2　　(73)　4　　(74)　5　　(75)　1

〔解説〕

(71)　硫酸 H_2SO_4 は、水で希釈すると発熱するので遠くから注水して希釈し希硫酸とした後に、アルカリで中和し、水で希釈処理。　　(72)　カリウム K はアルカリ金属なので、空気中の水分などを防ぐため灯油または流動パラフィン中に回収。　　(73)　エチレンオキシドは、劇物。快臭のある無色のガス、水、アルコール、エーテルに可溶。可燃性ガス、反応性に富む。付近の着火源となるものを速やかに取り除き、漏えいしたボンベ等告別多量の水に容器ごと投入してガスを吸収させ、処理し、その処理液を多量の水で希釈して洗い流す。

(74)　砒素は、作業の際には必ず保護具を着用し、風下で作業をしない。飛散したものは空容器にできるだけ回収し、その後を硫酸第二鉄等の水溶液を散布し、消石灰、ソーダ灰等の水溶液を用いて処理した後、多量の水を用いて洗い流す。この場合、濃厚な廃液河川等に排出されないよう注意する。　　(75)　四アルキル鉛は特定毒物。無色透明な液体。芳香性のある甘味あるにおい。水より重い。水にはほとんど溶けない。用途は、自動車ガソリンのオクタン価向上剤。付近の着火源となるものは速やかに取り除く。多量の場合、漏えいしたは、活性白土、砂、おが屑などでその流れを止め、過マンガン酸カリウム水溶液(5 %)又はさらし粉で十分に処理する。

問10　(76)　1　　(77)　3　　(78)　5　　(79)　2　　(80)　4

〔解説〕

(76)　重クロム酸アンモニウムは、橙赤色結晶。無臭で、燃焼性がある。水に溶けやすい。用途は試薬、触媒、媒染剤などに用いられる。　　(77)　メタクリル酸は劇物。刺激臭のある無色柱状結晶。アルコール、エーテル、水に可溶。重合防止剤が添加されているが、加熱、直射日光、過酸化物、鉄錆などにより重合が始まり爆発することがある。　　(78)　三酸化二砒素(別名三酸化砒素)は毒物。無色結晶性の物質。200 ℃に熱すると、溶解せずに、昇華する。水わずかに溶けて亜砒酸を生ずるが、苛性アルカリには容易に溶けて、亜砒酸のアルカリ塩を生ずる。用途は医薬用、工業用、砒酸塩の原料。殺虫剤、殺鼠剤、除草剤などに用いられる。　　(79)　ナトリウム Na は、銀白色金属光沢の柔らかい金属、湿気、炭酸ガスから遮断するために石油中に保存。空気中で容易に酸化される。水と激しく反応して水素を発生する($2Na + 2H_2O \rightarrow 2NaOH + H_2$)。炎色反応で黄色を呈する。水、二酸化炭素、ハロゲン化炭化水素等と激しく反応するのでこれらと接触させない。　　(80)　塩素 Cl^2 は、黄緑色の刺激臭の空気より重い気体で、酸化力があるので酸化剤、漂白剤、殺菌剤消毒剤として使用される。不燃性を有して、鉄、アルミニウム等の燃焼を助ける。また、極めて、反応性が強い。水素又は炭化水素と爆発的に反応。

千葉県

(農業用品目)

問８　(61)　1　　(62)　3　　(63)　5

〔解説〕

(61)　塩素酸カリウム $KClO_3$ は劇物。無色の単斜晶系板状の結晶。水に溶ける。熱すると酸素を発生して、塩化カリこれに塩酸を加えて熱すると、塩素を発生する。　　(62)　無水硫酸銅 $CuSO_4$　無水硫酸銅は灰白色粉末、これに水を加えると五水和物 $CuSO_4 \cdot 5H_2O$ になる。これは青色ないし群青色の結晶、または顆粒や粉末。水に溶かして硝酸バリウムを加えると、白色の沈殿を生ずる。

(63)　燐化アルミニウムとその分解促進剤とを含有する製剤から発生したガスに、5～10 %硝酸銀溶液を浸した濾紙を近づけると黒変する。

問９　(64)　1　　(65)　4　　(66)　2　　(67)　3

〔解説〕

(64)　塩素酸ナトリウム $NaClO_3$ は、無色無臭結晶、酸化剤、水に易溶。廃棄方法は、過剰の還元剤の水溶液を希硫酸酸性にした後に、少量ずつ加え還元し、反応液を中和後、大量の水で希釈処理する還元法。　　(65)アンモニア NH_3(刺激臭無色気体)は水に極めてよく溶けアルカリ性を示すので、廃棄方法は、水に溶かしてから酸で中和後、多量の水で希釈処理する中和法。　　(66)　メソミルは、別名メトミル、カルバメート剤、廃棄方法は 1)燃焼法(スクラバー具備)　2)アルカリ法(NaOH 水溶液と加温し加水分解)。　　(67)　硫酸第二銅（硫酸銅）は、濃い青色の結晶。風解性。水に易溶、水溶液は酸性。劇物。廃棄法は、水に溶かし、消石灰、ソーダ灰等の水溶液を加えて処理し、沈殿ろ過して埋立処分する沈殿法。

問10　(68)　1　(69)　5　(70)　4　(71)　2　(72)　3
〔解説〕
解答のとおり。
問 11　(73)　2　(74)　3　(75)　4　(76)　4　(77)　5　(78)　1
(79)　2
〔解説〕
解答のとおり。
問12　(80)　3
〔解説〕
解答のとおり。

(特定品目)

問7　(61)　2　(62)　1　(63)　4　(64)　3　(65)　5
〔解説〕
(61)　硫酸が漏えいした液は土砂等に吸着させて取り除くかまたは、ある程度水で徐々に希釈した後、消石灰、ソーダ灰等で中和し、多量の水を用いて洗い流す。　(62)　過酸化水素の漏えいした液は土砂等でその流れを止め、安全な場所に導き多量の水を用いて十分に希釈して洗い流す。　(63)　四塩化炭素が漏えいした液は土砂等でその流れを止め、安全な場所に導き、空容器にできるだけ回収し、そのあとを多量の水を用いて洗い流す。洗い流す場合には中性洗剤等の分散剤を使用して洗い流す。この場合、濃厚な廃液が河川等に排出されないよう注意する。　(64)　メチルエチルケトンが少量漏えいした場合は、漏えいした液は、土砂等に吸着させて空容器に回収する。多量に漏えいした液は、土砂等でその流れを止め、安全な場所に導き、液の表面を泡で覆い、できるだけ空容器に回収する。　(65)　液化アンモニアについて、液化アンモニアは直ちに気体のアンモニアになるので、風下の人を退避させ、付近の着火源になるものを除き、水に良く溶けるので濡れむしろで覆い水に吸収させ、水溶液は弱アルカリ性なので水で大量に希釈する。
問8　(66)　1　(67)　4　(68)　3　(69)　5　(70)　2
〔解説〕
(66)　ホルマリンはホルムアルデヒド HCHO の水溶液で劇物。無色あるいはほとんど無色透明な液体。廃棄方法は多量の水を加え希薄な水溶液とした後、次亜塩素酸ナトリウムなどで酸化して廃棄する酸化法。　(67)　クロム酸ナトリウムは十水和物が一般に流通。十水和物は黄色結晶で潮解性がある。水に溶けやすい。また、酸化性があるので工業用の酸化剤などに用いられる。廃棄方法は還元沈殿法を用いる。　(68)　酸化水銀(Ⅱ)HgO の廃棄方法は、1)焙焼法：還元焙焼法により金属水銀として回収。2)沈殿廃棄法：Na_2S により水に難溶性の Hg_2S あるいは HgS として沈殿させ、これをセメントで固化し、溶出検査後埋立て処分。(69)　硝酸 HNO3 は強酸なので、中和法、徐々にアルカリ(ソーダ灰、消石灰等)の攪拌溶液に加えて中和し、多量の水で希釈処理する中和法。　(70)　一酸化鉛 PbO は、水に難溶性の重金属なので、そのままセメント固化し、埋立処理する固化隔離法。
問9　(71)　4　(72)　5　(73)　2　(74)　1　(75)　3
〔解説〕
解答のとおり。
問10　(76)　3　(77)　1　(78)　5　(79)　2　(80)　4
〔解説〕
解答のとおり。

神奈川県
令和５年度実施

〔毒物及び劇物に関する法規〕
（一般・農業用品目・特定品目共通）

問１～問５　**問１**　1　**問２**　1　**問３**　2　**問４**　1　**問５**　2

〔解説〕

問１　設問のとおり。法第１条〔目的〕　**問２**　設問のとおり。法第４条第３項〔営業の登録・登録の更新〕　**問３**　法第９条第１項〔登録の変更〕により、輸入後 30 日以内ではなく、あらかじめ、登録の変更を受けるである。

問４　設問のとおり。法第 15 条第１項第三号〔毒物又は劇物の交付の制限等〕のこと。　**問５**　法第 10 条第２項第一号のことで、‥都道府県知事を経て厚生労働大臣ではなく、都道府県知事にその旨を届け出るである。

問６～問 10　**問６**　7　**問７**　3　**問８**　4　**問９**　1　**問 10**　6

〔解説〕

法第 12 条第１項〔毒物又は劇物の表示〕。解答のとおり。

問 11 ～問 15　**問 11**　1　**問 12**　2　**問 13**　1　**問 14**　2　**問 15**　2

〔解説〕

問 11　設問のとおり。法第７条第２項〔毒物劇物取扱責任者〕に示されている。

問 12　毒物劇物取扱責任者を変更するときは、30 日以内に所在地の都道府県知事に届け出なければならないである。法第７条第３項に示されている。

問 13　設問のとおり。法第８条第１項第一号〔毒物劇物取扱責任者の資格〕に示されている。　**問 14**　この設問にあるような、生涯ではなく、法第８条第２項第四号により、その執行が終り、又執行を受けなくなった日から三年を経過していない者は毒物劇物取扱責任者になることはできないである。

問 15　法第８条第４項に基づいて、特定品目を取り扱う輸入業の営業所若しくは販売業の店舗においてのみである。この設問では、製造業の製造所とあるので誤り。

問 16 ～問 20　**問 16**　2　**問 17**　6　**問 18**　9　**問 19**　2　**問 20**　1

〔解説〕

解答のとおり。法第 14 条〔毒物又は劇物の譲渡手続〕、法第 17 条第２項〔事故の際の措置〕。

問 21 ～問 25　**問 21**　2　**問 22**　3　**問 23**　2　**問 24**　1　**問 25**　4

〔解説〕

この設問は法第２条〔定義〕についてで、同条第１項は、毒物。同条第２項は、劇物。同条第３項は、特定毒物。

〔基礎化学〕
（一般・農業用品目・特定品目共通）

問 26 ～問 30　**問 26**　4　**問 27**　1　**問 28**　1　**問 29**　3　**問 30**　4

〔解説〕

問 26　同体積ならば分子量が大きいものほど質量が大きくなる。二酸化炭素：分子量 44、酸素：32、二酸化窒素：46、ブタン：58、プロパン：44

問 27　凝固点は電離した成分の物質量に比例する $MgCl_2 \rightarrow Mg^{2+} + 2Cl^-$（3 成分）、$MgSO_4 \rightarrow Mg^{2+} + SO_4^{2-}$（2 成分）、$NaCl \rightarrow Na^+ + Cl^-$（2 成分）、グルコースは電離しない。$MgCl_2$ 0. 2 × 3 = 0. 6, $MgSO_4$ 0. 2 × 2 = 0. 4 NaCl 0. 24 × 2 = 0. 48、グルコース 0. 5 × 1 = 0. 5　よって $MgCl_2$ が最も凝固点が低い。

問 28　エチレンはアルケンであり芳香族性は無い。

問 29　$2C_6H_6 + 15O_2 \rightarrow 12CO_2 + 6H_2O$ より、ベンゼン 2 mol が燃焼すると 6 mol の水が生じる。ベンゼンの分子量は 78 であるので、39　g のベンゼンは 0. 5 mol。よって生じる水は 1. 5 mol である。水の分子量は 18 であるから、27 g の水が生じる。

問 30　酸のモル濃度×酸の価数×酸の体積が、塩基のモル濃度×塩基の価数×塩基の体積と等しいときが中和である。よって 0. 1 × 2 × 50 = 0. 5 × 1 × x となり、x = 20 mL となる。

問 31 ～問 35　問 31　1　問 32　3　問 33　8　問 34　6　問 35　0

〔解説〕

解答のとおり

問 36 ～問 40　問 36　2　問 37　2　問 38　1　問 39　2　問 40　1

〔解説〕

問 36　陽極では酸化反応が起こる。$2Cl^- \rightarrow Cl_2 + 2e^-$

問 37　ストロンチウムはアルカリ土類金属である。

問 38　酢酸は CH_3COOH で表され、分子式は $C_2H_4O_2$ であるから、組成式は CH_2O となる。

問 39　炭酸ナトリウムの工業的製法はソルベー法、ハーバー・ボッシュ法はアンモニアの製法である。

問 40　セッケンは硬水中でカルシウムイオンやマグネシウムイオンと結合し、沈殿する。

問 41 ～問 45　問 41　4　問 42　1　問 43　5　問 44　5　問 45　3

〔解説〕

問 41　10 mL を性格に量り取る器具はホールピペットである。

問 42　ある体積を滴加する器具をビュレットと言う。

問 43　過マンガン酸カリウムは赤紫色であり、シュウ酸により還元され無色となる。

問 44　右辺の二酸化炭素の係数から逆算する。

問 45　過マンガン酸カリウム水溶液の濃度を x mol/L とする。過マンガン酸カリウムとシュウ酸の係数の比は 2 : 5 で反応することから、$x \times 16/1000 \times 5 = 0.756/126 \times 10/100 \times 2$, $x = 1.5 \times 10^{-3}$ mol/L

問 46 ～問 50　問 46　5　問 47　9　問 48　2　問 49　0　問 50　8

〔解説〕

解答のとおり

〔毒物及び劇物の性質及び貯蔵その他の取扱方法〕

（一般）

問 51 ～問 55　問 51　2　問 52　4　問 53　1　問 54　5　問 55　3

〔解説〕

問 51　過酸化水素水は過酸化水素 H_2O_2 の水溶液で、無色無臭で粘性の少し高い液体。貯蔵方法は、少量なら褐色ガラス瓶(光を遮るため)、多量ならば現在はポリエチレン瓶を使用し、3 分の 1 の空間を保ち、有機物等から引き離し日光を避けて冷暗所保存。　**問 52**　二硫化炭素 CS_2 は、無色流動性液体、引火性が大なので水を混ぜておくと安全、蒸留したてはエーテル様の臭気だが通常は悪臭。水に僅かに溶け、有機溶媒には可溶。低温でもきわめて引火性が高いため、可燃性、発熱性、自然発火性のものから十分に引き離し、直射日光の直射が当たらない場所で保存。　**問 53**　アクリルニトリル CH_2=CHCN は、僅かに刺激臭のある無色透明な液体。引火性。有機シアン化合物である。硫酸や硝酸など強酸と激しく反応する。タンク又はドラムの貯蔵所は裸火、ガスバーナーそのほか炎や火花を生じるような器具から離しておく、貯蔵する室は、防火性で換気装置を備え、下層部空気の機械的換気が必要である。　**問 54**　水酸化カリウム(KOH)は劇物(5 %以下は劇物から除外)。(別名：苛性カリ)。空気中の二酸化炭素と水を吸収する潮解性の白色固体である。二酸化炭素と水を強く吸収するので、密栓して貯蔵する。　**問 55**　ナトリウム Na は、劇物。銀白色の金属光沢固体、空気、水を遮断するため石油に保存。

問 56 ～問 60　問 56　3　問 57　1　問 58　2　問 59　4　問 60　5

〔解説〕

問 56　セレン化水素(別名水素化セレニウム)は、毒物。無色、ニンニク臭の気体。用途はドーピングガス。　**問 57**　アクリルアミド CH_2=CH-CONH$_2$ は劇物。無色の結晶。水、エタノール、エーテル、クロロホルムに可溶。用途は土木工事用の土質安定剤、接着剤、凝集沈殿促進剤などに用いられる。

問 58　トリブチルアミンは劇物。無色～黄色の吸湿性液体。用途は防錆剤、腐食防止剤、医薬品・農薬の原料。　**問 59**　塩素酸カリウム $KClO_3$(別名塩素酸カリ)は、無色の結晶。用途はマッチ、花火、爆発物の製造、酸化剤、抜染剤、医療用外用消毒剤。　**問 60**　チメロサールは、白色～淡黄色結晶性粉末。用途は、殺菌消毒薬。

神奈川県

問 61 ～問 65　問 61　5　　問 62　1　　問 63　3　　問 64　2　　問 65　4
〔解説〕
問 61　ヒドラジンは、毒物。無色の油状の液体で空気中で発煙する。燃やすと紫色の焔を上げる。アンモニ様の強い臭気をもつ。　問 62　クロルエチル C_2H_5Cl は、劇物。常温で気体。可燃性である。点火すれば緑色の辺緑を有する炎をあげて燃焼する。水にわずかに溶ける。アルコール、エーテルには容易に溶解する。
問 63　燐化水素(別名ホスフィン)は無色、腐魚臭の気体。気体は自然発火する。水にわずかに溶け、酸素及びハロゲンとは激しく結合する。エタノール、エーテルに溶ける。　問 64　ピクリン酸は、劇物。淡黄色の針状結晶で、急熱や衝撃で爆発する。　問 65　三塩化チタンは、毒物。暗紫色六方晶系の潮解性結晶。水、エタノール、塩酸等極性の強い溶媒に可溶。エーテルに不溶。常温では徐々に分解する不安定な物質。大気中で激しく酸化して白煙を発生。加熱により分解し塩素ガスを発生する。
問 66 ～問 70　問 66　2　　問 67　1　　問 68　5　　問 69　5　　問 70　3
〔解説〕
問 66　塩素 Cl_2 は、黄緑色の窒息性の臭気をもつ空気より重い気体。中毒症状は、粘膜刺激、目、鼻、咽喉および口腔粘膜に障害を与える。　問 67　ニコチンは猛烈な神経毒、急性中毒では、よだれ、吐気、悪心、嘔吐、ついで脈拍緩徐不整、発汗、瞳孔縮小、呼吸困難、痙攣が起きる。　問 68　蓚酸アンモニウムは劇物。無色、斜方晶系柱状の結晶。用途は試薬、写真などに用いられる。血液中のカルシウム分を奪取し神経痙攣等をおかす。急性中毒症状は胃痛、嘔吐、口咽喉に炎症をおこし腎臓がおかされる。　問 69　沃素 I_2 は、黒褐色金属光沢ある稜板状結晶、昇華性。皮膚にふれると褐色に染め、その揮散する蒸気を吸入するとめまいや頭痛をともなう一種の酩酊を起こす。　問 70　クロロホルムの中毒は、形質毒、脳の節細胞を麻酔、赤血球を溶解する。吸収するとはじめ嘔吐、瞳孔縮小、運動性不安、次に脳、神経細胞の麻酔が起きる。中毒死は呼吸麻痺、心臓停止による。
問 71 ～問 75　問 71　3　　問 72　3　　問 73　1　　問 74　2　　問 75　1
〔解説〕
解答のとおり。

（農業用品目）

問 51 ～問 55　問 51　3　　問 52　5　　問 53　2　　問 54　1　　問 55　4
〔解説〕
問 51　フルバリネートは劇物。淡黄色ないし黄褐色の粘稠性液体。水に難溶。熱、酸性には安定である。ただし、太陽光、アルカリに不安定。用途は野菜、果樹、園芸植物のアブラムシ類、ハダニ類、アオムシ等の殺虫剤。
問 52　フェンプロパトリンは劇物。１％以下は劇物から除外。白色の結晶性粉末。水にほとんど溶けない。キシレン、アセトン、ジメチルスルホキシドに溶ける。用途は殺虫剤、ピレスロイド系農薬。　問 53　トラロメトリンは劇物。橙黄色の樹脂状固体。トルエン、キシレン等有機溶媒によく溶ける。熱、酸に安定。光には不安定。用途は野菜、果樹、園芸植物等のアブラムシ類、アオムシ、ヨトウムシ等の駆除(ピレスロイド系殺虫剤)。　問 54　硫酸銅第二銅は、無水物は灰色ないし緑色を帯びた白色の結晶又は粉末。五水和物は青色ないし群青色の大きい結晶、顆粒又は白色の結晶又は粉末である。空気中でゆるやかに風解する。水に易溶、メタノールに可溶。農薬として使用されるほか、試薬としても用いられる。　問 55　1,3-ジクロロプロペンは、特異的刺激臭のある淡黄褐色透明の液体。劇物。有機塩素化合物。シス型とトランス型とがある。メタノールなどの有機溶媒によく溶け、水にはあまり溶けない。アルミニウムに対する腐食性がある。用途は、殺虫剤。
問 56 ～問 60　問 56　2　　問 57　3　　問 58　1　　問 59　4　　問 60　5
〔解説〕
解答のとおり。
問 61 ～問 65　問 61　1　　問 62　1　　問 63　2　　問 64　4　　問 65　1
〔解説〕
問 61　アバメクチンは、毒物。ただし、1.8％以下は劇物。　問 62　トルフェンピラドは劇物。除外される濃度規定はない。　問 63　パラコートは、毒物。除外される濃度規定はない。　問 64　毒物及び劇物取締法上規定がない。

問 65　ベンフラカルブは、６％以下は劇物から除外であるので、この設問の場合は、劇物。
問 66 ～問 70　問 66　3　　問 67　4　　問 68　2　　問 69　1　　問 70　5
〔解説〕
問 66　シペルメトリンは劇物。白色の結晶性粉末。用途はピレスロテド系殺虫剤。　問 67　オキサミルは毒物。白色粉末または結晶。カーバメイト系殺虫剤。　問 68　ダイアジノンは劇物。かすかにエステル臭をもつ無色の液体。有機燐系殺虫剤。　問 69　イミダクロプリドは、劇物。弱い特異臭のある無色の結晶。ネオニコチノイド系殺虫剤。　問 70　チオジカルブは、劇物。白色結晶性の粉末。カーバメート系殺虫剤。
問 71 ～問 75　問 71　1　　問 72　3　　問 73　2　　問 74　2　　問 75　2
〔解説〕
解答のとおり。

（特定品目）

問 51 ～問 55　問 51　3　　問 52　1　　問 53　5　　問 54　4　　問 55　2
〔解説〕
問 51　二酸化鉛は、茶褐色の粉末で、水、アルコールには溶けない。鉛化合物であるので、循環器系をおかすことが多い。皮膚の傷口から入る。また、ガス体として、上気道より呼吸器に入る。　問 52　アンモニア水を吸入した場合、激しく鼻やのどを刺激し、長時間吸入すると肺や気管支に炎症を起こす。高濃度のガスを吸うと喉頭けいれんを起こすので極めて危険である。 皮膚に触れた場合やけど（薬傷）を起こし眼に入った場合は結膜や角膜に炎症を起こし、失明する危険性が高い。　問 53　クロム酸ストロンチウムは、クロム酸塩類であるので、誤飲すると口腔や食道が侵され赤黄色に変化する。このクロムが皮膚を酸化することでクロムは３価になり、緑色に変色する。　問 54　トルエン $C_6H_5CH_3$ は、劇物。特有な臭い(ベンゼン様)の無色液体。中毒症状は、蒸気吸入により頭痛、食欲不振、大量で大赤血球性貧血。皮膚に触れた場合、皮膚の炎症を起こすことがある。また、目に入った場合は、直ちに多量の水で十分に洗い流す。
問 55　メチルエチルケトンのガスを吸引すると鼻、のどの刺激、頭痛、めまい、おう吐が起こる。はなはだしい場合は、こん睡、意識不明となる。皮膚に触れた場合には、皮膚を刺激して乾性(鱗状症)を起こす。
問 56 ～問 60　問 56　5　　問 57　4　　問 58　1　　問 59　2　　問 60　3
〔解説〕
問 56　クロロホルム $CHCl_3$ は、無色、揮発性の液体で特有の香気とわずかな甘みをもち。麻酔性がある。空気中で日光により分解し、塩素 Cl_2、塩化水素 HCl、ホスゲン $COCl_2$、四塩化炭素 CCl_4 を生じるので、少量のアルコールを安定剤として入れて冷暗所に保存。　問 57　四塩化炭素(テトラクロロメタン)CCl_4 は、特有な臭気をもつ不燃性、揮発性無色液体、水に溶けにくく有機溶媒には溶けやすい。強熱によりホスゲンを発生。亜鉛またはスズメッキした鋼鉄製容器で保管、高温に接しないような場所で保管。　問 58　過酸化水素水 H_2O_2 は、少量なら褐色ガラス瓶(光を遮るため)、多量ならば現在はポリエチレン瓶を使用し、３分の１の空間を保ち、日光を避けて冷暗所保存。　問 59　水酸化ナトリウム(別名：苛性ソーダ)NaOH は、白色結晶性の固体。水と炭酸を吸収する性質が強い。空気中に放置すると、潮解して徐々に炭酸ソーダの皮層を生ずる。貯蔵法については潮解性があり、二酸化炭素と水を吸収する性質が強いので、密栓して貯蔵する。　問 60　トルエン $C_6H_5CH_3$ 特有な臭いの無色液体。水に不溶。比重１以下。可燃性。揮発性有機溶媒。貯蔵方法は引火しやすく、その蒸気は空気と混合して爆発性混合ガスとなるので、火気を近づけず、静電気に対する対策を考慮して貯蔵する。
問 61 ～問 65　問 61　1　　問 62　3　　問 63　4　　問 64　2　　問 65　5
〔解説〕
問 61　過酸化水素は、無色透明の濃厚な液体で、弱い特有のにおいがある。用途は漂白、医薬品、化粧品の製造。　問 62　キシレン $C_6H_4(CH_3)_2$ は、無色透明な液体。用途は、溶剤、染料中間体などの有機合成原料、試薬等　問 63　クロム酸鉛は、劇物。黄色又は赤黄色粉末。アルカリに可溶。アンモニア水に不溶。用途は顔料。　問 64　蓚酸は無色の柱状結晶。用途は、木・コルク・綿などの漂白剤。その他鉄錆びの汚れ落としに用いる。　問 65　硫酸 H_2SO_4 は、無色無臭澄明な油状液体。用途は肥料、石油精製、冶金、試薬など用いられる。

問 66 ～問 70　問 66　1　　問 67　4　　問 68　3　　問 69　2　　問 70　5

〔解説〕

問 66　一酸化鉛 PbO(別名密陀僧、リサージ)は劇物。赤色～赤黄色結晶。重い粉末で、黄色から赤色の間の様々なものがある。水にはほとんど溶けない。

問 67　酢酸エチル $CH_3COOC_2H_5$ は無色で果実臭のある可燃性の液体。

問 68　蓚酸ナトリウムは劇物。白色の結晶性粉末。水に溶ける。水溶液はほぼ中性を呈する。　問 69　重クロム酸アンモニウムは、橙赤色結晶。無臭で、燃焼性がある。水に溶けやすい。　問 70　ホルマリンは、ホルムアルデヒド HCHO を水に溶かしたもの。無色透明な液体で刺激臭を有し、寒冷地では白濁する場合がある。水、アルコールに混和するが、エーテルには混和しない。

問 71 ～問 75　問 71　2　　問 72　3　　問 73　1　　問 74　3　　問 75　1

〔解説〕

問 71　四塩化炭素(テトラクロロメタン) CCl_4 は、特有な臭気をもつ不燃性、揮発性無色液体。　問 72　硅弗化ナトリウムは劇物。無色の結晶。

問 73　塩化水素(HCl)は劇物。常温で無色の刺激臭のある気体である。

問 74　水酸化ナトリウム(別名：苛性ソーダ)NaOH は、白色結晶性の固体。

問 75　アンモニア NH_3 は、常温では無色刺激臭の気体。

〔実　地〕

（一般）

問 76 ～問 80　問 76　2　　問 77　4　　問 78　1　　問 79　3　　問 80　5

〔解説〕

問 76　ベタナフトール $C_{10}H_7OH$ は、無色～白色の結晶、石炭酸臭、水に溶けにくく、熱湯に可溶。有機溶媒に易溶。水溶液にアンモニア水を加えると、紫色の蛍石彩をはなつ。　問 77　カリウム K は、ニコチン＋希硫酸+ピクリン酸→黄色沈澱(ピクラートの生成)。　問 78　硫酸亜鉛 $ZnSO_4 \cdot 7H_2O$ は、水に溶かして硫化水素を通じると、硫化物の沈殿を生成する。硫酸亜鉛の水溶液に塩化バリウムを加えると硫酸バリウムの白色沈殿を生じる。　問 79　硝酸 HNO_3 は純品なものは無色透明で、徐々に淡黄色に変化する。特有の臭気があり腐食性が高い。うすめた水溶液に銅屑を加えて熱すると、藍色を呈して溶け、その際赤褐色の蒸気を発生する。藍(青)色を呈して溶ける。　問 80　四塩化炭素(テトラクロロメタン) CCl_4 は、特有な臭気をもつ不燃性、揮発性無色液体、水に溶けにくく有機溶媒には溶けやすい。確認方法はアルコール性 KOH と銅粉末とともに煮沸により黄赤色沈殿を生成する。

問 81 ～問 85　問 81　4　　問 82　3　　問 83　5　　問 84　1　　問 85　2

〔解説〕

問 81　弗化水素 HF は毒物。無色の気体。空気中で発煙する。非常に刺激性が強く、腐食性でかつ有毒である。水、アルコールに易溶。エーテルにわずかに溶ける。廃棄法は多量の消石灰水溶液中に吹き込んで吸収させ、中和し、沈殿ろ過して埋立処分する沈殿法。　問 82　重クロム酸ナトリウムは、やや潮解性の赤橙色結晶、酸化剤。水に易溶。有機溶媒には不溶。希硫酸に溶かし、硫酸第一鉄水溶液を過剰に加える。次に、消石灰の水溶液を加えてできる沈殿物を濾過する。沈殿物に対して溶出試験を行い、溶出量が判定基準以下であることを確認して埋立処分する還元沈殿法。　問 83　黄燐 P_4 は、無色又は白色の蝋様の固体。毒物。別名を白燐。暗所で空気に触れるとリン光を放つ。水、有機溶媒に溶けないが、二硫化炭素には易溶。湿った空気中で発火する。廃棄法は廃ガス水洗設備及び必要あればアフターバーナーを具備した焼却設備で焼却する燃焼法。

問 84　一酸化鉛 PbO は、水に難溶性の重金属なので、そのままセメント固化し、埋立処理する固化隔離法。　問 85　硫酸 H_2SO_4 は酸なので廃棄方法はアルカリで中和後、水で希釈する中和法。

問 86 ～問 90　問 86　5　問 87　1　問 88　3　問 89　4　問 90　2

〔解説〕

問 86　臭素 Br_2 は赤褐色の刺激臭がある揮発性液体。漏えい時の措置は、ハロゲンなので消石灰と反応させ次亜臭素酸塩にし、また揮発性なのでムシロ等で覆い、さらにその上から消石灰を散布して反応させる。多量の場合は霧状の水をかけ吸収させる。　問 87　蓚酸 $(COOH)_2 \cdot 2H_2O$ は、劇物（10 ％以下は除外）、無色稜柱状結晶、風解性。飛散したものは、速やかに掃き集めて空容器に回収し、そのあとを多量の水を用いて洗い流す。　問 88　重クロム酸アンモニウムは、橙赤色結晶。185 ℃で窒素を発生し、ルミネッセンスを発しながら分解する。水に溶けやすく、自己燃焼性がある。漏洩した場合：飛散したものは空容器にできるだけ回収し、そのあとを還元剤の水溶液を散布し、消石灰、ソーダ灰等の水溶液で処理したのち、多量の水を用いて洗い流す。　問 89　キシレン $C_6H_4(CH_3)_2$ は、無色透明な液体で o-、m-、p-の 3 種の異性体がある。水にはほとんど溶けず、有機溶媒に溶ける。溶剤。揮発性、引火性。付近の着火源となるものを速やかに取り除く。漏えいした液は、土砂等でその流れを止め、安全な場所に導き、液の表面を泡で覆い、できるだけ空容器に回収する。　問 90　酸化バリウム（BaO）は劇物。無色透明の結晶。水にわずかに溶ける。飛散したものは空容器にできるだけ回収し、その後に希硫酸を用いて中和し、多量の水で洗い流す。

問 91 ～問 95　問 91　1　問 92　2　問 93　3　問 94　3　問 95　2

〔解説〕

解答のとおり。

問 96 ～問 100　問 96　1　問 97　1　問 98　1　問 99　3　問 100　3

〔解説〕

解答のとおり。

（農業用品目）

問 76 ～問 80　問 76　5　問 77　1　問 78　4　問 79　2　問 80　3

〔解説〕

問 76　ダイアジノンは、有機燐製剤。接触性殺虫剤、かすかにエステル臭をもつ無色の液体、水に難溶、有機溶媒に可溶。付近の着火源となるものを速やかに取り除く。空容器にできるだけ回収し、その後消石灰等の水溶液を多量の水を用いて洗い流す。　問 77　ブロムメチル（臭化メチル）CH_3Br は、常温では気体（有毒な気体）。冷却圧縮すると液化しやすい。クロロホルムに類する臭気がある。液化したものは無色透明で、揮発性がある。漏えいしたときは、土砂等でその流れを止め、液が拡がらないようにして蒸発させる。　問 78　カルタップは、劇物。無色の結晶。水、メタノールに溶ける。飛散したものは空容器にできるだけ回収し、多量の水で洗い流す。　問 79　フェンバレレートは劇物。性状は黄色透明な粘調性のある液体。漏えい時の措置：漏えい液は、土砂等でその流れを止めて、安全な場所に導き、空容器にできるだけ回収する。その後は土砂等に吸着させて掃き集め、空容器に回収する。　問 80　シアン化水素 HCN は、無色の気体または液体、特異臭（アーモンド様の臭気）、弱酸、水、アルコールに溶ける。毒物。風下の人を退避させる。作業の際には必ず保護具を着用して、風下で作業をしない。漏えいしたボンベ等の規制多量の水酸化ナトリウム水溶液に容器ごと投入してガスを吸収させ、さらに酸化剤（次亜塩素酸ナトリウム、さらし粉等）の水溶液で酸化処理を行い、多量の水を用いて洗い流す。

問 81 ～問 85　問 81　2　問 82　2　問 83　1　問 84　1　問 85　2

〔解説〕

問 81　メソミルは、別名メトミル、カルバメート剤。廃棄方法はスクラバーを具備した焼却炉で焼却する、もしくは水酸化ナトリウム水溶液等と加温して加水分解する燃焼法。　問 82　ジクワットは、劇物で、ジピリジル誘導体で淡黄色結晶、水に溶ける。廃棄方法は、有機物なので燃焼法、但しアフターバーナーとスクラバーを具備した焼却炉で焼却。　問 83　設問のとおり。　問 84　設問のとおり。　問 85　カルバリルは有機物であるからそのまま焼却炉で焼却するか、可燃性溶剤とともに焼却炉の火室へ噴霧し焼却する焼却法。又は、水酸化カリウム水溶液等と加温して加水分解するアルカリ法。

問 86 ～問 90　問 86　1　問 87　2　問 88　1　問 89　2　問 90　2

〔解説〕

解答のとおり。

問 91 ～問 95　問 91　1　　問 92　2　　問 93　3　　問 94　3　　問 95　1
〔解説〕
解答のとおり。
問 96 ～問 100　問 96　1　　問 97　1　　問 98　2　　問 99　2　　問 100　3
〔解説〕
解答のとおり。

（特定品目）

問 76 ～問 80　問 76　5　　問 77　2　　問 78　4　　問 79　1　　問 80　3
〔解説〕
問 76　アンモニア水は無色透明、刺激臭がある液体。アルカリ性。廃棄法は水で希薄な水溶液とし、酸で中和させた後、多量の水で希釈して処理する中和法。　問 77　キシレン $C_6H_4(CH_3)_2$ は、C、H のみからなる炭化水素で揮発性なので珪藻土に吸着後、焼却炉で焼却する燃焼法。　問 78　一酸化鉛 PbO は、水に難溶性の重金属なので、そのままセメント固化し、埋立処理する固化隔離法。
問 79　クロム酸ナトリウムは十水和物が一般に流通。十水和物は黄色結晶で潮解性がある。水に溶けやすい。また、酸化性があるので工業用の酸化剤などに用いられる。廃棄方法は還元沈殿法を用いる。　問 80　過酸化水素水は H_2O_2 の水溶液で、劇物。無色透明な液体。廃棄方法は、多量の水で希釈して処理する希釈法。
問 81 ～問 85　問 81　2　　問 82　3　　問 83　5　　問 84　1　　問 85　4
〔解説〕
問 81　水酸化カリウム水溶液＋酒石酸水溶液→白色結晶性沈澱(酒石酸カリウムの生成)。不燃性であるが、アルミニウム、鉄、すず等の金属を腐食し、水素ガスを発生。これと混合して引火爆発する。水溶液を白金線につけガスバーナーに入れると、炎が紫色に変化する。　問 82　アンモニア水は無色透明、刺激臭がある液体。アルカリ性を呈する。アンモニア NH_3 は空気より軽い気体。濃塩酸を近づけると塩化アンモニウムの白い煙を生じる。　問 83　メタノール CH_3OH は特有な臭いの無色透明な揮発性の液体。水に可溶。可燃性。あらかじめ熱灼した酸化銅を加えると、ホルムアルデヒドができ、酸化銅は還元されて金属銅色を呈する。　問 84　ホルマリンはホルムアルデヒド HCHO の水溶液。フクシン亜硫酸はアルデヒドと反応して赤紫色になる。アンモニア水を加えて、硝酸銀溶液を加えると、徐々に金属銀を析出する。またフェーリング溶液とともに熱すると、赤色の沈殿を生ずる。　問 85　蓚酸は無色の結晶で、水溶液を酢酸で弱酸性にして酢酸カルシウムを加えると、結晶性の沈殿を生ずる。水溶液は過マンガン酸カリウム溶液を退色する。水溶液をアンモニア水で弱アルカリ性にして塩化カルシウムを加えると、蓚酸カルシウムの白色の沈殿を生ずる。
問 86 ～問 90　問 86　1　　問 87　3　　問 88　2　　問 89　2　　問 90　1
〔解説〕
解答のとおり。
問 91 ～問 95　問 91　1　　問 92　2　　問 93　1　　問 94　1　　問 95　2
〔解説〕
問 91　過酸化水素 H_2O_2 は６％以下で劇物から除外であり設問では、35 ％を含有する製剤とあるので劇物。　問 92　販売することはできない。
問 93　塩化水素 HCl は 10 ％以下は劇物から除外であり設問では、35 ％を含有する製剤とあるので劇物。　問 94　販売できる。　問 95　販売することはできない。なお、特定品目販売業の登録を受けた者が販売できるものについては､、法第四条の三第二項→施行規則第四条の三→施行規則別表第二に示されている。
問 96 ～問 100　問 96　3　　問 97　1　　問 98　3　　問 99　2　　問 100　3
〔解説〕
解答のとおり。

新潟県
令和５年度実施
〔毒物及び劇物に関する法規〕
（一般・農業用品目・特定品目共通）

問１　2

〔解説〕

この設問では、２が正しい。２は法第３条第３項〔禁止規定〕に示されている。なお、１は法第１条〔目的目〕のことで、危険防止の見地ではなく、保健衛生上の見地である。３は法第４条第１項〔営業区の登録〕で、厚生労働大臣ではなく、都道府県知事である。４は法第９条〔登録の変更〕のことで、30 日以内にではなく、あらかじめ、法第６条第二号〔登録事項〕について登録の変更を受けなければならないである。

問２　1

〔解説〕

この設問は法第７条〔毒物劇物取扱責任者〕及び法第８条〔毒物劇物取扱責任者の資格〕のこと。１が正しい。１は法第第７条第２項〔毒物劇物取扱責任者〕に示されている。なお、２は法第第７条第３項〔毒物劇物取扱責任者〕により、30 日以内に、その所在地の都道府県知事に届け出なければならないである。３は法第８条第２項第二号〔毒物劇物取扱責任者の資格〕に、18 歳未満の者は毒物劇物取扱責任者になることは出来ないである。４法第８条第４項〔毒物劇物取扱責任者の資格〕のことで、この設問の農業用品目販売業の店舗において毒物劇物取扱責任者になることが出来るである。

問３　4

〔解説〕

この設問の法第 10 条〔届出〕のことで、ウとエが正しい。ウは法第 10 条第１項第二号〔届出〕に示されている。エは法第 10 条第１項第一号〔届出〕に示されている。なお、アとイについては特段届け出を要しない。

問４　4

〔解説〕

この設問では、ウとエが正しい。ウは法第４条第３項〔営業の登録・登録の更新〕に示されている。エは法第 15 条の２〔廃棄〕のこと。なお、アは施行令第 36 条第３項〔登録票又は許可証の再交付〕により、登録票を返納しなければならないである。　イは法第３条第１項により、輸入することができるではなく、製造することができるである。

問５　1

〔解説〕

この設問の法第 22 条〔業務上取扱者の届出等〕についてで、業務上取扱者の届出を要する者とは、①シアン化ナトリウム又は無機シアン化合物たる毒物及びこれを含有する製剤→電気めっきを行う事業、②シアン化ナトリウム又は無機シアン化合物たる毒物及びこれを含有する製剤→金属熱処理を行う事業、③最大積載量 5,000kg 以上の運送の事業、④砒素化合物たる毒物及びこれを含有する製剤→しろありの防除を行う事業について使用する者。このことから１が正しい。

問６　4

〔解説〕

法第 17 条〔事故の際の措置〕。解答のとおり。

問７　3

〔解説〕

この設問では誤っているものはどれかとあるので、３が誤り。３は法第 14 条第４項で、５年間保存しなければならないと示されている。なお、１は法第 12 条第２項第二号に示されている。２は法第 11 条第４項〔毒物又は劇物の取扱・飲食物容器の使用禁止〕。４は法第 12 条第３項〔毒物又は劇物の表示・貯蔵と陳列の表示〕。

問８　４

〔解説〕

この設問は法第３条の２における特定毒物についてで、４が正しい。４は法第３条の２第３項に示されている。なお、１の特定毒物使用者については法第３条の２第３項及び第５項で特定毒物の使用の限定が示され、施行令で定められている以外使用はできない。又、学術研究用途として使用できる者は特定毒物研究者。２は法第３条の２第２項で、毒物又は劇物の輸入業者は特定毒物を輸入することができる。３は法第３条の２第８項に基づいて、その者が使用する特定毒物を譲り渡すことはできない。

問９　２

〔解説〕

法第 15 条〔毒物又は劇物の交付の制限等〕。解答のとおり。

問 10　３

〔解説〕

施行令第 40 条の５第２項第三号〔運搬方法〕→施行規則第 13 条の６〔毒物又は劇物を運搬する車両に備える保護具〕については、施行規則別表第五に示されている。このことから３が正しい。

〔基礎化学〕
（一般・農業用品目・特定品目共通）

問 11　３

〔解説〕

水素を除く 1 族の元素をアルカリ金属と言い、Li, Na, K, Rb, Cs がある。

問 12　１

〔解説〕

Na は黄色の炎色反応を示す。青緑は Cu、赤は Li、赤紫は K である。

問 13　４

〔解説〕

混合物は 2 種類以上の化合物が混じったものである。

問 14　２

〔解説〕

一般的に電子親和力の大きい元素は、同一周期では原子番号が大きいほど（貴ガスを除く）、同族では原子番号が小さいほど大きくなる傾向がある。

問 15　３

〔解説〕

6 g の酢酸の物質量は 6 /60 = 0. 1 mol。これを水に溶かして 500 mL にした溶液の濃度は、0. 1 mol/0. 5 L = 0. 2 mol/L

問 16　３

〔解説〕

水素イオン濃度が 10 分の 1 になると pH は 1 大きくなる。

問 17　４

〔解説〕

非共有電子対の数は水素 0 組、アンモニア 1 組、メタン 0 組、二酸化炭素 4 組である。

問 18　１

〔解説〕

酸化剤は自らは還元され、相手となる物質を酸化する試薬である。酸化剤は電子あるいは水素を奪うか、酸素を与えるかの作用を持つ。

問 19　１

〔解説〕

金属結晶は自由電子を持ち、電気を良く導く。共有結合の結晶は融点が高く、硬いものが多い。分子結晶は比較的弱い分子間結合により結ばれているため、融点が低く、昇華性があるものも多い。

問 20　２

〔解説〕

フッ素、塩素、四塩化炭素は無極性分子であり、クロロホルムは三角錐構造で極性を持つ（電荷の偏りがある）。

〔毒物及び劇物の性質及び貯蔵その他取扱方法〕

（一般）

問 21　3

〔解説〕

設問では劇物に該当するものはどれかとあるので、3のアクリルアミドが劇物。このことは法第2条第2項〔定義・劇物〕に示されている。

問 22　4

〔解説〕

弗化水素 HF は毒物。不燃性の無色液化ガス。激しい刺激性がある。ガスは空気より重い。空気中の水や湿気と作用して白煙を生じる。また、強い腐食性を示す。水にきわめて溶けやすい。

問 23　4

〔解説〕

クロロホルム $CHCl_3$ は、無色、揮発性の液体で特有の香気とわずかな甘みをもち、麻酔性がある。空気中で日光により分解し、塩素、塩化水素、ホスゲンを生じるので、少量のアルコールを安定剤として入れて冷暗所に保存。なお、1のナトリウム Na は、アルカリ金属なので空気中の水分、炭酸ガス、酸素を遮断するため石油中に保存。2の四塩化炭素は加熱により有毒なホスゲンを発生するので、高温にならない所に保管する。蒸気は空気よりも重いので地下室などの換気が悪い場所では保管しない。3のベタナフトールは、劇物。無色～白色の結晶、石炭酸臭、水に溶けにくく、熱湯に可溶。有機溶媒に易溶。空気や光線に触れると赤変するため、遮光して貯蔵する。

問 24　2

〔解説〕

2が正しい。硫酸亜鉛 $ZnSO_4 \cdot 7H_2O$ は、水に溶かして硫化水素を通じると、硫化物の沈殿を生成する。硫酸亜鉛の水溶液に塩化バリウムを加えると硫酸バリウムの白色沈殿を生じる。なお、シアン化水素 HCN は、無色の気体または液体。点火すると紫色の炎を発し燃焼する。塩酸は塩化水素 HCl の水溶液。無色透明の液体 25 ％以上のものは、湿った空気中で著しく発煙し、刺激臭がある。塩酸は種々の金属を溶解し、水素を発生する。硝酸銀溶液を加えると、塩化銀の白い沈殿を生じる。メタノール CH_3OH は特有な臭いの無色透明な揮発性の液体。水に可溶。可燃性。あらかじめ熱灼した酸化銅を加えると、ホルムアルデヒドができ、酸化銅は還元されて金属銅色を呈する。

問 25　3

〔解説〕

固体のものは3のフェノール C_6H_5OH（別名石炭酸、カルボール）は、劇物。無色の針状晶あるいは結晶性の塊りで特異な臭気がある。なお、三塩化燐は毒物。無色の刺激臭のある液体。 塩化第二錫は、劇物。無色の液体。　無水酢酸は劇物。刺激臭のある無色の液体。

問 26　1

〔解説〕

塩素酸カリウム $KClO_3$ は、無色の結晶。水に可溶、アルコールに溶けにくい。漏えいの際の措置は、飛散したもの還元剤（例えばチオ硫酸ナトリウム等）の水溶液に希硫酸を加えて酸性にし、この中に少量ずつ投入する。反応終了後、反応液を中和し多量の水で希釈して処理する還元法。

問 27　1

〔解説〕

塩化ホスホリル $POCl_3$ は、毒物。無色澄明な液体。刺激臭がある。不燃性で腐食性が強い。水と発熱して反応して、塩化水素とリン酸を生成する。なお、四エチル鉛は、特定毒物。純品は無色の揮発性液体。特殊な臭気があり、引火性がある。水にほとんど溶けない。　エチレンオキシドは劇物。無色のある液体。水、アルコール、エーテルに可溶。可燃性ガス、反応性に富む。蒸気は空気より重い。クロトンアルデヒドは、劇物。特有の刺激臭のある無色の液体。エタノール、エーテル、アセトンに可溶。高引火性液体

問 28　4

〔解説〕

解答のとおり。

問 29　2
〔解説〕
　2が正しい。次のとおり。アセトニトリル CH_3CN は劇物。エーテル様の臭気を有する無色の液体。水、メタノール、エタノールに可溶。加水分解すれば、酢酸とアンモニアになる。なお、ニッケルカルボニルは毒物。常温で流動性の無色の液体。水にほとんど溶けない。急に熱すると爆発する。酢酸鉛は劇物。無色結晶。75℃で無水物になる。水に溶けやすい。グリセリンに可溶。アンモニア水を加えると、白色の沈殿を生ずる。ダイアジノンは劇物。有機燐製剤。かすかにエステル臭をもつ無色の液体、水に難溶、エーテル、アルコールに溶解する。有機溶媒に可溶。

問 30　2
〔解説〕
　2が正しい。次のとおり。硫化バリウム BaS は、劇物。白色の結晶性粉末。水により加水分解し、水酸化バリウムと水硫化バリウムを生成し、アルカリ性を示す。アルコールには溶けない。なお、硫酸第二銅は、濃い藍色の結晶で、風解性がある。硫酸第二銅の水溶液は酸性を示し、硝酸バリウムを加えると、白色の沈殿を生じる。　クレゾールは、オルト、メタ、パラの３つの異性体の混合物。無色～ピンクの液体、フェノール臭、光により暗色になる。　無水クロム酸(三酸化クロム、酸化クロムは、劇物。暗赤色の結晶またはフレーク状で、水に易溶、潮解性。

（農業用品目）

問 21　3
〔解説〕
　沃化メチルは、無色又は淡黄色透明の液体。劇物。中枢神経系の抑制作用および肺の刺激症状が現れる。皮膚に付着して蒸発が阻害された場合には発赤、水疱形成をみる。

問 22　2
〔解説〕
　トリククロルヒドロキシエチルジメチルホスホネイト(別名 DEP)は劇物。純品は白色の結晶。廃棄法は、①燃焼法　そのままスクラバーを具備した焼却炉で焼却する。可燃性溶剤とともにスクラバーを具備した焼却炉の火室へ噴霧し、焼却する。②アルカリ法　水酸化ナトリウム水溶液等と加温して加水分解する。

問 23　1
〔解説〕
　メソミル(別名メトミル)は、劇物。白色の結晶。水、メタノール、アセトンに溶ける。カルバメート剤で、コリンエステラーゼ阻害作用がある。解毒剤は硫酸アトロピン(PAM は無効)。

問 24　2
〔解説〕
　塩素酸ナトリウム $NaClO_3$(別名：クロル酸ソーダ、塩素酸ソーダ)は、無色無臭結晶で潮解性をもつ。酸化剤、水に易溶。有機物や還元剤との混合物は加熱、摩擦、衝撃などにより爆発することがある。酸性では有害な二酸化塩素を発生する。除草剤。

問 25　3
〔解説〕
　1,3-ジクロロプロペンは、特異的刺激臭のある淡黄褐色透明の液体。劇物。有機塩素化合物。シス型とトランス型とがある。メタノールなどの有機溶媒によく溶け、水にはあまり溶けない。アルミニウムに対する腐食性がある。

問 26　2
〔解説〕
　２のトルフェンピラドが劇物。なお、１のフェントエートは３％以下は劇物から除外。３のカルタップは２％以下は劇物から除外。４のエマクチンは２％以下は劇物から除外。指定令第２条〔劇物〕に示されている。

問 27　4
〔解説〕
　解答のとおり。

問 28　1
〔解説〕
　有機燐化合物は、１のイソキサチオンは有機燐剤、劇物(２％以下除外)、淡黄褐色液体、水に難溶、有機溶剤に易溶、アルカリには不安定。有機燐系殺虫剤。なお、ベンフラカルブは、劇物。淡黄色粘稠液体。農業殺虫剤(カーバーメート系化合物)。　フイプロニルは劇物。白色～淡黄色の結晶性粉末。殺虫剤(ピレスロイド系農薬)。　チアクロプリドは、黄色粉末結晶, ネオニコチノイド系の殺虫剤。
問 29　1
〔解説〕
　１が正しい。ジクワットは、劇物で、ジピリジル誘導体で淡黄色結晶、水に溶ける。中性又は酸性で安定、アルカリ溶液でうすめる場合には、２～３時間以上貯蔵できない。腐食性を有する。土壌等に強く吸着されて不活性化する性質がある。用途は、除草剤。　チオシクラムは、劇物。無色の結晶で無臭。メタノール、アセトニトリル、水に可溶。クロロホルム、トルエンに不溶。用途は殺虫剤(ネライストキシン剤)。　クロルメコートは、劇物、白色結晶で魚臭、非常に吸湿性の結晶。エーテルに不溶。水、アルコールに可溶。用途は植物成長調整剤。　N-メチル-1-ナフチルカルバメート(NAC)は、:劇物。白色無臭の結晶。水に極めて溶にくい。(摂氏 30 ℃で水 100mL に 12mg 溶ける。)アルカリに不安定。常温では安定。有機溶媒に可溶。用途はカーバーメイト系農業殺虫剤。
問 30　4
〔解説〕
　ダイアジノンは劇物。有機燐製剤。かすかにエステル臭をもつ無色の液体、水に難溶、エーテル、アルコールに溶解する。有機溶媒に可溶。なお、ダゾメットは劇物で除外される濃度はない。白色の結晶性粉末。　イミノクタジンは、劇物。白色粉末(三酢酸塩の場合)。　オキサミルは毒物。白色粉末または結晶、

（特定品目）

問 21　1
〔解説〕
　１の水酸化ナトリウムは５％以下で劇物から除外。なお、アンモニア、蓚酸、硝酸は 10%以下で劇物から除外。
問 22　3
〔解説〕
　メタノール CH_3OH は特有な臭いの無色液体。水に可溶。可燃性。染料、有機合成原料、溶剤。　メタノールの中毒症状は、吸入した場合、めまい、頭痛、吐気など、はなはだしい時は嘔吐、意識不明。中枢神経抑制作用。飲用により視神経障害、失明。
問 23　4
〔解説〕
　塩酸は塩化水素 HCl の水溶液。無色透明の液体 25 ％以上のものは、湿った空気中で著しく発煙し、刺激臭がある。塩酸は種々の金属を溶解し、水素を発生する。硝酸銀溶液を加えると、塩化銀の白い沈殿を生じる。
問 24　4
〔解説〕
　特定品目販売業の登録を受けた者が販売できる品目については、法第四条の三第二項→施行規則第四条の三→施行規則別表第二に示されている。解答のとおり。
問 25　2
〔解説〕
　四塩化炭素(テトラクロロメタン) CCl_4 は、特有な臭気をもつ不燃性、揮発性無色液体、水に溶けにくく有機溶媒には溶けやすい。強熱によりホスゲンを発生。亜鉛またはスズメッキした鋼鉄製容器で保管、高温に接しないような場所で保管。
問 26　1
〔解説〕
　クロロホルム $CHCl_3$ は含ハロゲン有機化合物なので廃棄方法はアフターバーナーとスクラバーを具備した焼却炉で焼却する燃焼法。

問 27　1
〔解説〕
クロム酸カルシウムは劇物。淡赤黄色の粉末。水に溶けやすい。アルカリに可溶。飛散したものは空容器にできるだけ回収し、その後を還元剤(硫酸第一鉄等)の水溶液を散布し、消石灰、ソーダ灰等の水溶液で処理した後、多量の水を用いて洗い流す。
問 28　4
〔解説〕
硅弗化ナトリウムは劇物。無色の結晶。水に溶けにくい。アルコールに溶けない。酸と接触すると弗化水素ガス、四弗化硅素ガスを発生する。なお、水酸化カリウム KOH は、強アルカリ、潮解性、白色固体、腐食性。　水酸化ナトリウム(別名：苛性ソーダ)NaOH は、白色、結晶性の固体で空気中に放置すると潮解する。重クロム酸ナトリウムは、無水物のほか、二水和物が知られている。一般に流通しているのは、二水和物で性状は、橙色結晶で、潮解性がある。
問 29　2
〔解説〕
解答のとおり。
問 30　3
〔解説〕
イとウが正しい。酸化水銀(Ⅱ)HgO は、別名酸化第二水銀、鮮赤色ないし橙赤色の無臭の結晶性粉末のものと橙黄色ないし黄色の無臭の粉末とがある。水にほとんど溶けず、希塩酸、硝酸、シアン化アルカリ溶液に溶ける。毒物(５%以下は劇物)。酸には容易に溶ける。用途は塗料、試薬。廃棄法は焙焼法又は沈殿隔離法。

〔毒物及び劇物の識別及び取扱方法〕

(一般)

問 31　3
〔解説〕
臭素 Br_2 は、劇物。赤褐色・特異臭のある重い液体。比重 3.12(20 ℃)、沸点 58.8 ℃。強い腐食作用があり、揮発性が強い。引火性、燃焼性はない。水、アルコール、エーテルに溶ける。
問 32　1
〔解説〕
解答のとおり。
問 33　1
〔解説〕
オキサミルは毒物。白色針状結晶でかすかに硫黄臭がある。アセトン、メタノール、酢酸エチル、水に溶けやすい。用途として殺虫、殺線虫に用いられる。
問 34　4
〔解説〕
解答のとおり。
問 35　2
〔解説〕
亜硝酸ナトリウム $NaNO_2$ は、劇物。白色または微黄色の結晶性粉末。水に溶けやすい。アルコールにはわずかに溶ける。潮解性がある。空気中では徐々に酸化する。用途はジアゾ化合物の製造、染色、写真、試薬等に用いられる。
問 36　2
〔解説〕
解答のとおり。
問 37　3
〔解説〕
硝酸銀 $AgNO_3$ は、劇物。無色透明結晶。光によって分解して黒変する強力な酸化剤である。また、腐食性がある。水にきわめて溶けやすく、アセトン、クリセリンに溶ける。用途は銀塩原料、鍍金、写真感光剤、試薬、医薬用。
問 38　1
〔解説〕
解答のとおり。

問 39　3
〔解説〕
ホスゲンは $COCl_2$ 独特の青草臭のある無色の圧縮液化ガス。蒸気は空気より重い。トルエン、エーテルに極めて溶けやすい。用途は樹脂、染料等の原料。
問 40　4
〔解説〕
解答のとおり。

（農業用品目）

問 31　4
〔解説〕
トラロメトリンは劇物。橙黄色の樹脂状固体。トルエン、キシレン等有機溶媒によく溶ける。熱、酸に安定。光には不安定。水にほとんど溶けない。用途は野菜、果樹、園芸植物等のアブラムシ類、アオムシ、ヨトウムシ等の駆除(ピレスロイド系殺虫剤)。
問 32　3
〔解説〕
解答のとおり。
問 33　1
〔解説〕
パラコートは、毒物で、ジピリジル誘導体で無色結晶、水によく溶け低級アルコールに僅かに溶ける。融点 300 度。金属を腐食する。不揮発性である。除草剤。
問 34　4
〔解説〕
解答のとおり。
問 35　1
〔解説〕
アセタミプリドは、劇物(２％以下は劇物から除外)。白色結晶固体。エタノールクロロホルム、ジクロロメタン等の有機溶媒に溶けやすい。比重 1.330。融点 98.9 ℃。ネオニコチノイド製剤。殺虫剤として用いられる。
問 36　4
〔解説〕
解答のとおり。
問 37　3
〔解説〕
ピラクロストロビンは、暗褐色粘稠固体。用途は殺菌剤(農薬)。
問 38　2
〔解説〕
解答のとおり。
問 39　3
〔解説〕
ダイファシノン(2-ジフェニルアセチル-1,3-インダジオン)は毒物。黄色結晶性粉末。アセトン酢酸に溶ける。水にはほとんど溶けない。0.005 ％以下を含有するものは劇物。用途は殺鼠剤。
問 40　2
〔解説〕
解答のとおり。

新潟県

（特定品目）

問 31　1
〔解説〕
過酸化水素水は過酸化水素の水溶液で、無色透明の液体で、強い酸化力と還元力を併用しており、アルカリ存在下では分解作用が著しい。用途は漂白、医薬品、化粧品の製造。
問 32　4
〔解説〕
解答のとおり。

問 33　2
〔解説〕
蓚酸は無色の柱状結晶。不燃性を有する。用途は、木・コルク・綿などの漂白剤。その他鉄錆びの汚れ落としに用いる。
問 34　3
〔解説〕
解答のとおり。
問 35　2
〔解説〕
水酸化カリウム(KOH)は劇物(５％以下は劇物から除外)。(別名：苛性カリ)。空気中の二酸化炭素と水を吸収する潮解性の白色固体である。用途は石鹸の製造や、試薬など様々に用いられる。
問 36　1
〔解説〕
解答のとおり。
問 37　3
〔解説〕
トルエン $C_6H_5CH_3$ は、劇物。特有な臭い(ベンゼン様)の無色液体。水に不溶。比重 1 以下。可燃性。引火性。劇物。用途は爆薬原料、香料、サッカリンなどの原料、揮発性有機溶媒。
問 38　4
〔解説〕
解答のとおり。
問 39　3
〔解説〕
トルエン $C_6H_5CH_3$ は、劇物。特有な臭い(ベンゼン様)の無色液体。水に不溶。比重１以下。可燃性。引火性。劇物。用途は爆薬原料、香料、サッカリンなどの原料、揮発性有機溶媒。
問 40　2
〔解説〕
解答のとおり。

富山県
令和５年度実施
※特定品目はありません。

〔法　規〕
（一般・農業用品目・特定品目共通）

問１～問５　問１　1　問２　4　問３　2　問４　4　問５　1

〔解説〕

解答のとおり。

問６　4

〔解説〕

法第３条の４による施行令第 32 条の３で定められている品目は、①亜塩素酸ナトリウムを含有する製剤 30 ％以上、②塩素酸塩類を含有する製剤 35 ％以上、③ナトリウム、④ピクリン酸である。このことからｂとｄが正しい。

問７　2

〔解説〕

この設問では、ｂとｃが正しい。ｂ は法第４条第３項〔営業の登録・登録の更新〕。ｃ は法第３条第３項ただし書規定のこと。なお、ａ は法第４条第２項で、この設問にある都道府県知事を経由して厚生労働大臣ではなく、都道府県知事に申請書をださなければならないである。ｄついては毒物又は劇物の製造業者自ら製造した毒物又は劇物を販売することはできるが、それ以外の毒物又は劇物を輸入することはできない。このことについては法第３条第１項及び同条第２項を参照。

問８　1

〔解説〕

この設問は、ａとｂが正しい。ａの毒物又は劇物一般販売業の登録を受けた者は、法第４条の３〔販売品目の制限〕における販売品目の制限がない。設問のとおり。

ｂは設問のとおり。法第４条の３第１項〔販売品目の制限・農業用品目販売業〕→施行規則第４条の２〔農業用品目販売業者の取り扱う毒物及び劇物〕→施行規則別表第一に掲げられている品目のみ。なお、ｃ の毒物又は劇物特定品目販売業者が販売できる品目については、次の様に示されている。法第４条の３第の項〔販売品目の制限・特定品目販売業〕→施行規則第４条の３〔特定目販売業者の取り扱う毒物及び劇物〕→施行規則別表第二に掲げられている品目のみ。ｄ の薬局開設許可を受けた者について、販売業の登録ではない。販売業の登録については法第４条の２〔販売業の登録の種類〕で、①一般販売業の登録、②農業用品目販売業の登録、③特定品目販売業と示されている。

問９　4

〔解説〕

この設問は法第 10 条〔届出〕についてで、ｄのみが正しい。ｄは法第 10 条第１項第一号に示されている。なお、ａ については、‥個人から法人に変更については、業態そのものが変わるので、新たに登録申請となる。ｂ の設問にある、あらかじめではなく、30 日以内にその旨を届け出なければならないである。このことは法第 10 条第１項第二号に示されている。ｃについては既に登録を受けた毒物又は劇物以外の毒物又は劇物をする場合は、あらかじめ登録の変更を受けなければならない。このことは法第９条第１項〔登録の変更〕に示されている。

問 10　2

〔解説〕

この設問は施行規則第４条の４第２項〔販売業の店舗の設備基準〕についてで、ａと ｃ が正しい。ａ は施行規則第４条第１項第二号イに示されている。ｃは施行規則第４条第１項第四号に示されている。なお、ｂ の設問は製造所の設備基準でこの設問にはあてはまならない(施行規則第４条第１項第一号イ)。ｄの毒物又は劇物を陳列する場所にはかぎをかける設備があることで、この設問にあるただし書規定はない(施行規則第４条第１項第三号)。

問11　4
〔解説〕
この設問は法第８条第１項〔毒物劇物取扱責任者の資格・資格者〕についてで、b と d が正しい。なお、a にある業務経験はない。c の医師は毒物劇物取扱責任者の資格はない。毒物劇物取扱責任者の資格のある者は、①薬剤師、②厚生労働省令で定める学校で、応用化学に関する学課を修了した者、③都道府県知事が行う毒物劇物取扱責任者試験に合格した者のみである。

問12　3
〔解説〕
この設問で法第７条〔毒物劇物取扱責任者〕及び法第８条〔毒物劇物取扱責任者の資格〕についてである。正しいのは、a と d となる。a の一般毒物劇物取扱責任者については、販売品目の制限はないことから設問とおり。d は法第７条第２項〔毒物劇物取扱責任者〕に示されている。なお、b については法第８条第４項により、製造業(製造所)の毒物劇物取扱責任者になることはできない。c については法第７条第１項により、毒物又は劇物を直接取り扱わない場合においては、毒物劇物取扱責任者を置かなくてもよい。

問13　5
〔解説〕
この設問で正しいのは、c と d である。c は法第 15 条第２項〔毒物又は劇物の交付の制限等〕において法第３条の４〔引火性、発火性又は爆発性〕で施行令第 32 条の３で規定されている品目〔①亜塩素酸ナトリウム 30 ％↑、②塩素酸塩類 35 ％↑、③ナトリウム、④ピクリン酸〕については、施行令施行規則第 12 条の２の６〔交付を受ける者の確認〕に示されている確認をした後、交付することができる。設問のとおり。d は法第 15 条第４項〔毒物又は劇物の交付の制限等・書面の保存〕。設問のとおり。なお、a の設問にある例え、父親の委任状を持参していても、18 歳未満の者には交付することはできない。このことは法第 15 条第１項第一号に示されている。b について毒物又は劇物の交付をしてはならない者は、法第 15 条第１項第一号～第三号に掲げられている者には交付してはならない。

問14　4
〔解説〕
この設問は法第 14 条〔毒物又は劇物の譲渡手続〕のことで、b と d でが正しい。b は法第 14 条第３項〔毒物又は劇物の譲渡手続・情報通信技術を利用する方法〕、d は施行令第 40 条の９第１項に示されている。なお、a については法第 14 条第１項〔毒物又は劇物の譲渡手続〕のことで設問には、‥譲受人の氏名及び住所を確認した後とあるが、‥譲受人の氏名、職業及び住所を確認した後である。c は法第 14 条第２項についてで、いわゆる一般人に販売又は授与した場合には、施行規則第 12 条の２〔毒物又は劇物の譲渡手続に係る書面〕に示されているように譲受人の押印を要する。

問15　2
〔解説〕
法第 12 条第２項第三号における容器及び被包に解毒剤の名称を表示→施行規則第 11 条の５で、有機燐化合物及びこれを含有する製剤について解毒剤として、①２－ピリジルアルドキシムメチオダイドの製剤(別名 PAM)、②硫酸アトロピンの製剤である。このことから a と c が正しい。

問16　3
〔解説〕
法第 11 条第４における飲食物容器の使用禁止のことで、すべての毒物又は劇物について飲食物容器の使用禁止と示されている。法第 11 条の４→施行規則第 11 条の４〔飲食物の容器を使用してはならい劇物〕。

問17　1
〔解説〕
法第 17 条〔事故の際の措置〕についてで、ab が正しい。a は法第 17 条第１項〔事故の際の措置〕に示されている。b は法第 17 条第２項〔事故の際の措置・盗難紛失の措置〕に示されている。なお、c と d は法第 17 条第２項についてで、いずれも誤り。

問 18　2
〔解説〕
この設問は法第３条の２についてで、c のみが誤り。a は法第３条の２第８項に示されている。b は法第３条の２第２項に示されている。d は法第３条の２第５項に示されている。c の特定毒物を製造できる者は、毒物又は劇物製造業者と特定毒物研究者である〔法第３条の２第１項〕。
問 19　3
〔解説〕
解答のとおり。
問 20　1
〔解説〕
この設問は法第 12 条〔毒物又は劇物の表示〕についてで c のみが誤り。a は法第 12 条２項に示されている。b は法第 12 条第２項第四号→施行規則第 11 条の６第四号により、①氏名及び住所〔法人の場合はその名称及び主たる事務所の所在地〕のこと。設問のとおり。d は法第 12 条第２項第四号→施行規則第 11 条の６第三号イに示されている。なお、c は法第 12 条第２項第四号→施行規則第 11 条の６第二号に掲げられている事項のみで、この設問にあるような処分すべき旨の表示はない。
問 21　2
〔解説〕
この設問は着色する農業品目について法第 13 条〔特定の用途に供される毒物又は劇物の販売等〕→施行令第 39 条〔着色すべき農業品目〕において、①硫酸タリウムを含有する製剤たる劇物、②燐化亜鉛を含有する製剤たる劇物については、施行規則第 12 条〔農業品目の着色方法〕で、あせにくい黒色に着色すると示されている。このことから２が正しい。
問 22　1
〔解説〕
施行令第 40 条〔廃棄の方法〕のこと。解答のとおり。
問 23　5
〔解説〕
この設問では c と d が正しい。c は法第 19 条第３項〔登録の取消等〕に示されている。d は法第 19 条第４項〔登録の取消等〕に示されている。なお、a は法第 18 条第４項〔立入検査等〕に犯罪捜査のために認められたものと介してはならないとあるので、この設問は誤り。b については法第 19 条第１項〔登録の取消等〕において、相当の期間を定めて、その設備を当該基準に適合させるために必要な措置をとるべき旨を命ずることができるである。
問 24　2
〔解説〕
施行令第 40 条の６〔荷送人の通知義務〕は、毒物又は劇物を他に委託する場合についてが示されている。
問 25　5
〔解説〕
この設問は a のみが誤り。次のとおり。法第 22 条第１項〔業務上取扱者の届出等〕の届出を要する業務上届出者については、次のとおりである。①シアン化ナトリウム又は無機シアン化合物たる毒物及びこれを含有する製剤→電気めっきを行う事業、②シアン化ナトリウム又は無機シアン化合物たる毒物及びこれを含有する製剤→金属熱処理を行う事業、③最大積載量 5,000kg 以上の運送の事業、④砒素化合物たる毒物及びこれを含有する製剤→しろありの防除を行う事業について使用する者である。

〔基礎化学〕
（一般・農業用品目・特定品目共通）

問 26　3
〔解説〕
空気、石油、塩酸（塩化水素と水）、牛乳は混合物である。

問 27　5

〔解説〕

黒鉛は炭素からなる単体である。

問 28　5

〔解説〕

実験 I から $BaSO_4$ 以外であることが分かる。実験 II から炎色反応が黄色ということから Na が、硝酸銀水溶液を加えると白色沈殿を形成することから Cl が含まれていることが分かる。

問 29　4

〔解説〕

点 C の状態は液体であり、沸騰はしていないが蒸発はしている。

問 30　2

〔解説〕

鉄は鉄鉱石の還元で得ている。水道水への塩素添加は消毒のために加えてある。食品へのビタミン C は酸化防止の目的で加える。雨水は二酸化炭素が溶け込むため、pH は 7 よりも小さい。

問 31　1

〔解説〕

同位体は原子番号が同じで質量数が異なるものである。

問 32　4

〔解説〕

塩化物イオンの電子の総数は 18 である。

問 33　1

〔解説〕

アンモニア、クロロメタン、硫化水素、塩化水素は分子内に電荷の偏りがある極性分子である。

問 34　4

〔解説〕

CF の例 NaCl　DB の例 MgO　EF_3 の例 $AlCl_3$　AB_4 の例 CO_4(存在しない)、E_2B_3 の例 Al_2O_3

問 35　2

〔解説〕

X と Y の間に電子が 4 つあることから、二重結合をもつ分子であることが分かる。

問 36　2

〔解説〕

銅と亜鉛の合金を真鍮（しんちゅう）あるいは黄銅という。青銅は銅とスズの合金である。

問 37　3

〔解説〕

グラファイトの炭素原子は他の 3 つの炭素原子と共有結合している。ヨウ素の結晶は弱い分子間力でヨウ素分子どうしが結合している。アンモニウムイオンは、1 つが配位結合で、3 つが共有結合であるが、配位結合と共有結合は区別できない等価な結合である。

問 38　4

〔解説〕

39.0 の K の存在比を x%とおくと 41.0 の K の存在比は(100-x)%となる。K の原子量が 39.1 であることから式は、　$39.1 = 39.0 \times x/100 + 41.0 \times (100-x)/100$,
$x = 95.0$

問 39　3

〔解説〕

5%グルコース溶液とは 5　g のグルコースを溶かした溶液が 100g あるということである。またこの溶液の密度が 1.0　g/cm^3 であることから、5%グルコース水溶液 100　mL には 5　g のグルコースが溶けていることになる。従って、この水溶液 1000 mL に含まれるグルコースの重さは 50 g となるので、この溶液のモル濃度は $50/180 = 0.2778$ mol/L となる。

問 40　1

〔解説〕

分子量（または式量）が最も大きいものを選べばよい。$MgCl_2$:95、NaOH:40、KCl:74.5、CH_3COOH:60、NaCl:58.5

問 41　2
〔解説〕
物質量が最も多きものを選べばよい。8.0 g の O_2 : 0.25 mol、3.0 × 10^{23} 個の Ar : 0.50 mol、2.24 L の N_2 : 0.1 mol、3.2 g の CH_4 : 0.2 mol
問 42　3
〔解説〕
60 ℃硝酸ナトリウム水溶液 100　g に含まれる溶質 x　g と溶媒の量を求める。124/(124+100) = x/100, x = 55.35 g と求めることができ、溶媒の量は 100-55.35 =44.65 g となる。20 ℃で水 44.65 g に溶解する硝酸ナトリウムの重さ y g は、 88 : 100 = y : 44.65, y = 39.3 g となる。よって析出してくる硝酸ナトリウムの重さは、 55.35-39.3 = 16.05 g となる。
問 43　5
〔解説〕
中和に要した 0.1 mol/L の水酸化ナトリウム水溶液が 10 mL であったとしたら、濃度不明酢酸水溶液 20 mL のモル濃度は 0.05 mol/L となる。
問 44　3
〔解説〕
O_2 の O の酸化数は 0、H_2S の S の酸化数は-2、$Cr_2O_7^{2-}$ の Cr の酸化数は+6、HNO_3 の N の酸化数は+5、H_3PO_4 の P の酸化数は+5 である。
問 45　3
〔解説〕
酸とは H^+を出すことができる物質である。
問 46　5
〔解説〕
0.10　mol/L 水酸化ナトリウム水溶液を 10 倍希釈したときのモル濃度は、0.010 mol/L である。よってこの溶液の p[OH]は、p[1.0 × 10^{-2}] = 2 となる。pH + pOH = 14 より、この溶液の pH は 12 となる。
問 47　3
〔解説〕
マグネシウムと鉄のイオン化傾向を比較するとマグネシウムの方が大きい。
問 48　4
〔解説〕
NaCl、Na_2SO_4、KNO_3 の水溶液は中性、$NaHCO_3$ の水溶液は塩基性を示す。
問 49　1
〔解説〕
ダニエル電池は電解液に硫酸亜鉛水溶液と硫酸銅水溶液を用い、素焼き版などで仕切ったものである。ボルタ電池は硫酸を電解液として用い、亜鉛板と銅板を浸したものである。
問 50　2
〔解説〕
濃硫酸を希釈する場合は冷やしながら精製水に濃硫酸を少しずつ加えて希釈する。

〔性質及び貯蔵その他取扱方法〕

（一般）

問１～問５　問１　1　　問２　3　　問３　2　　問４　5　　問５　4
〔解説〕
問１　硫酸タリウム Tl_2SO_4 は、白色結晶で、水にやや溶け、熱水に易溶、劇物、殺鼠剤。中毒症状は、疝痛、嘔吐、震せん、けいれん麻痺等の症状に伴い、しだいに呼吸困難、虚脱症状を呈する。　**問２**　沃素 I_2 は、黒褐色金属光沢ある稜板状結晶、昇華性。水に溶けにくい(しかし、KI 水溶液には良く溶ける KI ＋ I_2 → KI_3)。有機溶媒に可溶(エタノールやベンゼンでは褐色、クロロホルムでは紫色)。皮膚にふれると褐色に染め、その揮散する蒸気を吸入するとめまいや頭痛をともなう一種の酩酊を起こす。　**問３**　臭素 Br_2 は劇物。刺激性の臭気をはなって揮発する赤褐色の重い液体。臭素は揮発性が強く、かつ腐食作用が激しく、目や上気道の粘膜を強く刺激する。蒸気の吸入により咳、鼻出血、めまい、頭痛等をおこし、眼球結膜の着色、発生異常、気管支炎、気管支喘息様発作等がみられる。

富山県

問４　モノフルオール酢酸ナトリウム FCH_2COONa は重い白色粉末、吸湿性、冷水に易溶、メタノールやエタノールに可溶。野ネズミの駆除に使用。特毒。摂取により毒性発現。皮膚刺激なし、皮膚吸収なし。　モノフルオール酢酸ナトリウムの中毒症状：生体細胞内のTCAサイクル阻害(アコニターゼ阻害)。激しい嘔吐の繰り返し、胃疼痛、意識混濁、てんかん性痙攣、チアノーゼ、血圧下降。

問５　クロロホルム $CHCl_3$ は、無色、揮発性の液体で特有の香気とわずかな甘みをもち、麻酔性がある。吸入した場合は、強い麻酔作用があり、めまい、頭痛、吐き気をおぼえ、はなはだしい場合は、嘔吐、意識不明などを起こすことがある。また、皮膚に触れた場合は皮膚を刺激し、皮膚からも吸収される。

問６～問10　問６　5　　問７　3　　問８　1　　問９　2　　問10　4

〔解説〕

問６　シアン酸ナトリウム NaOCN は、白色の結晶性粉末、水に易溶、有機溶媒に不溶。熱水で加水分解。劇物。除草剤、有機合成、鋼の熱処理に用いられる。

問７　酢酸エチル $CH_3COOC_2H_5$ は無色で果実臭のある可燃性の液体。その用途は主に溶剤や合成原料、香料に用いられる。　問８　ナラシンは毒物(１%以上～ 10%以下を含有する製剤は劇物。)アセトン－水から結晶化させたものは白色～淡黄色。特有な臭いがある。用途は飼料添加物。　問９　カルタップは、劇物。２%以下は劇物から除外。無色の結晶。水、メタノールに溶ける。アセトン、エーテル、ベンゼンにはほとんど溶けない。用途は農薬の殺虫剤(ネライストキシン系殺虫剤)。　問 10　ジチアノンは劇物。暗褐色結晶性粉末。用途は殺菌剤(農薬)。

問11～問15　問11　3　　問12　1　　問13　2　　問14　5　　問15　4

〔解説〕

問 11　アクリルニトリル CH^2=CHCN は、劇物。僅かに刺激臭のある無色透明な液体。火災、爆発の危険性が高いので、火花を生ずるような器具や、強酸とも安全な距離を保つ必要がある。直接空気にふれないよう窒素等の不活性ガスの中に貯蔵する。　問 12　ベタナフトール $C_{10}H_7OH$ は、無色～白色の結晶、石炭酸臭、水に溶けにくく、熱湯に可溶。有機溶媒に易溶。遮光保存(フェノール性水酸基をもつ化合物は一般に空気酸化や光に弱い)。　問 13　四エチル鉛は、特定毒物。常温においては無色可燃性の液体。火気のない出入りを遮断できる独立倉庫に、金属の腐食を防ぐため、耐腐食製のドラム缶を用いて一列ごとにならべて貯蔵する。　問 14　塩化亜鉛 $ZnCl_2$ は、白色結晶、潮解性、水に易溶。貯蔵法については、潮解性があるので、乾燥した冷所に密栓して貯蔵する。

問 15　ホルマリンは、無色透明な液体を有する液体で、空気と日光により変質するので、遮光したガラス瓶を用いて保存する。また、寒冷により混濁することがあるので、常温で保存する。

問16～問20　問16　3　　問17　2　　問18　5　　問19　1　　問20　4

〔解説〕

問 16　塩化バリウム $BaCl_2$ は水に易溶なので硫酸ナトリウム水溶液で水に難溶の硫酸バリウムにし($BaCl_2 + Na_2SO_4 \rightarrow BaSO_4 + 2NaCl$)、大量の水で洗い流す。

問 17　四アルキル鉛は特定毒物。付近の着火源となるものを速やかに取り除く、漏えいした液は、活性白土、砂、おが屑等でその流れを止め、過マンガン酸カリウム水溶液(5 %)又はさらし粉で十分に処理する。用途は、自動車ガソリンのオクタン価向上剤。　問 18　黄燐は空気により発火し、酸性の五酸化二リンを生成する。したがって表面を速やかに土砂又は多量の水で覆い、水を満たした空容器に回収する。また、酸性ガス用防毒マスクを用いる。　問19　カリウム K はアルカリ金属なので、空気中の水分などを防ぐため灯油または流動パラフィン中に回収。　問 20　砒素 As は、毒物。同素体のうち灰色ヒ素が安定、金属光沢があり、空気中で燃やすと青白色の炎を出して As^2O^3 を生じる。水に不溶。作業の際には必ず保護具を着用し、風下で作業をしない。飛散したものは空容器にできるだけ回収し、その後を硫酸第二鉄等の水溶液を散布し、消石灰、ソーダ灰等の水溶液を用いて処理した後、多量の水を用いて洗い流す。この場合、濃厚な廃液河川等に排出されないよう注意する。

問21～問22　問21　2　　問22　1

〔解説〕

問 21　蓚酸は、10%以下は劇物から除外。　問 22　水酸化ナトリウム(別名：苛性ソーダ)は、５%以下は劇物から除外。　このことは、指定令第２条に示されている。

問23～問25　問23　1　　問24　5　　問25　4

解答のとおり。

（農業用品目）

問１～問５　問１　1　問２　3　問３　5　問４　2　問５　4

〔解説〕

問１　ジクワットは、劇物で、ジピリジル誘導体で淡黄色結晶。用途は、除草剤。　問２　ナラシンは毒物（１％以上～ 10％以下を含有する製剤は劇物。）白色から淡黄色の粉末。用途は飼料添加物。　問３　2-t-ブチル-5-(4-t-ブチルベンジルチオ)-4-クロロピリダジン-3(2H)-オンは、劇物。白色結晶粉末。水にきわめて溶けにくい。用途は果樹、茶及び野菜のハダニ類を防除する農薬。

問４　カルタップは、劇物。２％以下は劇物から除外。無色の結晶。用途は農薬の殺虫剤（ネライストキシン系殺虫剤）。　問５　ジチアノンは劇物。暗褐色結晶性粉末。用途は殺菌剤（農薬）。

問６～問10　問６　4　問７　5　問８　1　問９　2　問10　3

〔解説〕

問６　硫酸銅（Ⅱ）$CuSO^4 \cdot 5H^2O$ は、濃い青色の結晶。風解性。風解性のため密封、冷暗所貯蔵。　問７　クロルピクリン CCl_3NO_2 は、無色～淡黄色液体、催涙性、粘膜刺激臭。貯蔵法については、金属腐食性と揮発性があるため、耐腐食性容器（ガラス容器等）に入れ、密栓して冷暗所に貯蔵する。

問８　塩化第一銅は劇物。白色又は帯灰色の結晶性粉末。空気により酸化されやすく緑色となり、光により褐色を呈する。湿気があると空気により緑色に、光により青色～褐色となるので、密栓、遮光し下に貯蔵。　問９　ホストキシン（燐化アルミニウム AlP とカルバミン酸アンモニウム $H_2NCOONH_4$ を主成分とする。）は、ネズミ、昆虫駆除に用いられる。リン化アルミニウムは空気中の湿気で分解して、猛毒の燐化水素 PH3（ホスフィン）を発生する。空気中の湿気に触れると徐々に分解して有毒なガスを発生するので密閉容器に貯蔵する。使用方法については施行令第 30 条で規定され、使用者についても施行令第 18 条で制限されている。

問 10　シアン化ナトリウム NaCN（別名青酸ソーダ、シアンソーダ、青化ソーダ）は毒物。白色の粉末またはタブレット状の固体。酸と反応して有毒な青酸ガスを発生するため、酸とは隔離して、空気の流通が良い場所冷所に密封して保存する。

問 11 ～問 15　問 11　5　問 12　4　問 13　2　問 14　1　問 15　3

〔解説〕

問 11　ロテノン $C_{23}H_{22}O_6$（植物デリスの根に含まれる。）：斜方六面体結晶で、水にはほとんど溶けない。殺虫剤。酸素、光で分解するので遮光保存。２％以下は劇物から除外。　問 12　ブロムメチル（臭化メチル）CH_3Br は、常温では気体（有毒な気体）。冷却圧縮すると液化しやすい。クロロホルムに類する臭気がある。ガスは空気より重く空気の 3.27 倍である。液化したものは無色透明で、揮発性がある。臭いは極めて弱く蒸気は空気より重いため吸入による中毒を起こしやすいので注意が必要である。　問 13　硫酸タリウム Tl_2SO_4 は、白色結晶で、水にやや溶け、熱水に易溶、劇物、殺鼠剤。ただし 0.3 ％以下を含有し、黒色に着色され、かつ、トウガラシエキスを用いて著しくからく着味されているものは劇物から除外。　問 14　DDVP（別名ジクロルボス）は有機リン製剤で接触性殺虫剤。刺激性で微臭のある比較的揮発性の無色油状、水に溶けにくく、有機溶媒に易溶。水中では徐々に分解。　問 15　塩素酸ナトリウム $NaClO_3$ は、劇物。無色無臭結晶、酸化剤、水に易溶。有機物や還元剤との混合物は加熱、摩擦、衝撃などにより爆発することがある。除草剤。

問 16 ～問 20　問 16　2　問 17　1　問 18　3　問 19　5　問 20　4

〔解説〕

問 16　硫酸が漏えいした液は土砂等に吸着させて取り除くかまたは、ある程度水で徐々に希釈した後、消石灰、ソーダ灰等で中和し、多量の水を用いて洗い流す。　問 17　メソミル（別名メトミル）は、劇物。白色の結晶。水、メタノール、アセトンに溶ける。カルバメート剤なので、解毒剤は硫酸アトロピン（PAM は無効）、SH 系解毒剤の BAL、グルタチオン等。漏えいした場合：飛散したものは空容器にできるだけ回収し、そのあとを消石灰等の水溶液を用いて処理し、多量の水を用いて洗い流す。　問 18　パラコートはジピリジル誘導体。漏えいした液は、空容器にできるだけ回収し、そのあとを土壌で覆って十分接触させたのち、土壌を取り除き、多量の水を用いて洗い流す。

問 19　シアン化水素 HCN は、無色の気体または液体、特異臭(アーモンド様の臭気)、弱酸、水、アルコールに溶ける。毒物。風下の人を退避させる。作業の際には必ず保護具を着用して、風下で作業をしない。漏えいしたボンベ等の規制多量の水酸化ナトリウム水溶液に容器ごと投入してガスを吸収させ、さらに酸化剤(次亜塩素酸ナトリウム、さらし粉等)の水溶液で酸化処理を行い、多量の水を用いて洗い流す。

問 20　ブロムメチル(臭化メチル)CH_3Br は、常温では気体(有毒な気体)。冷却圧縮すると液化しやすい。クロロホルムに類する臭気がある。液化したものは無色透明で、揮発性がある。漏えいしたときは、土砂等でその流れを止め、液が拡がらないようにして蒸発させる。

問 21 ～問 22　問 21　2　　問 22　2

〔解説〕

解答のとおり。

問 23 ～問 25　問 23　5　　問 24　5　　問 25　1

〔解説〕

解答のとおり。

〔識別及び取扱方法〕

(一般)

問 26 ～問 30　問 26　2　　問 27　4　　問 28　3　　問 29　1　　問 30　5

〔解説〕

問 26　クロルピリホスは、白色結晶、水に溶けにくく、有機溶媒に可溶。有機リン剤で、劇物(1 %以下は除外、マイクロカプセル製剤においては 25 %以下が除外)果樹の害虫防除、シロアリ防除。シックハウス症候群の原因物質の一つである。　問 27　硫酸 H_2SO_4 は無色の粘張性のある液体。強力な酸化力をもち、また水を吸収しやすい。水を吸収するとき発熱する。木片に触れるとそれを炭化して黒変させる。硫酸の希釈液に塩化バリウムを加えると白色の硫酸バリウムが生じるが、これは塩酸や硝酸に溶解しない。　問 28　エチレンクロルヒドリン CH_2ClCH_2OH(別名グリコールクロルヒドリン)は劇物。無色液体で芳香がある。水、アルコールに溶ける。蒸気は空気より重い。用途は有機合成中間体、溶剤等。

問 29　DDVP(別名ジクロルボス)は有機リン製剤で接触性殺虫剤。刺激性で微臭のある比較的揮発性の無色油状液体、水に溶けにくく、有機溶媒に易溶。水中では徐々に分解。　問 30　アクロレイン CH_2CHCHO は、劇物。無色又は帯黄色の液体。刺激臭がある。引火性である。水に可溶。アルカリ性物質及び酸化剤と接触させない。用途は探知剤、殺菌剤。

問 31 ～問 35　問 31　4　　問 32　5　　問 33　1　　問 34　2　　問 35　3

〔解説〕

問 31　酢酸エチル $CH_3COOC_2H_5$(別名酢酸エチルエステル、酢酸エステル)は、劇物。強い果実様の香気ある可燃性無色の液体。揮発性がある。蒸気は空気より重い。引火しやすい。水にやや溶けやすい。沸点は水より低い。毒性として、蒸気は粘膜を刺激し、持続的に吸入すると肺、腎臓および心臓の障害をきたすこともある。　問 32　硫酸タリウム Tl_2SO_4 は、劇物。無色の結晶で、水にやや溶け、熱湯には溶けやすい。殺そ剤として使用される。農業用に使用する場合は、着色が義務づけられている。　問 33　ホサロンは劇物。白色結晶。ネギ様の臭気がある。水に不溶。メタノール、アセトン、クロロホルム等に溶ける。用途はアブラムシ、ハダニ等の害虫駆除。　問 34　過酸化水素は、無色透明の濃厚な液体で、弱い特有のにおいがある。強く冷却すると稜柱状の結晶となる。不安定な化合物であり、常温でも徐々に水と酸素に分解する。酸化力、還元力を併有している。　問 35　ヒドラジンは、毒物。無色透明の液体であり、空気中で発煙する。蒸気は空気より重く、引火しやすい。52 ℃で発火。強い還元剤である。

富山県

問36～問40　問36　2　問37　3　問38　5　問39　4　問40　1

〔解説〕

問36　アニリン $C^6H^5NH^2$ は、劇物。新たに蒸留したものは無色透明油状液体、光、空気に触れて赤褐色を呈する。特有な臭気。水には難溶、有機溶媒には可溶。水溶液にさらし粉を加えると紫色を呈する。　問37　ニコチンは毒物。純ニコチンは無色、無臭の油状液体。水、アルコール、エーテルに安易に溶ける。用途は殺虫剤。このエーテル溶液に、ヨードのエーテル溶液を加えると、褐色の液状沈殿を生じ、これを放置すると赤色の針状結晶となる。　問38　メタノール CH_3OH は特有な臭いの無色透明な揮発性の液体。水に可溶。可燃性。あらかじめ熱灼した酸化銅を加えると、ホルムアルデヒドができ、酸化銅は還元されて金属銅色を呈する。　問39　トリクロル酢酸 CCl_3CO_2H は、劇物。無色の斜方六面体の結晶。わずかな刺激臭がある。潮解性あり。水、アルコール、エーテルに溶ける。水溶液は強酸性、皮膚、粘膜に腐食性が強い。水酸化ナトリウム溶液を加えて熱するとクロロホルム臭を放つ。　問40　無水硫酸銅 $CuSO_4$ は灰白色粉末、これに水を加えると五水和物 $CuSO_4・5H_2O$ になる。これは青色ないし群青色の結晶、または顆粒や粉末。水に溶かして硝酸バリウムを加えると、白色の沈殿を生ずる。

問41～問45　問41　3　問42　1　問43　4　問44　2　問45　5

〔解説〕

問41　塩化水素 HCl は酸性なので、石灰乳などのアルカリで中和した後、水で希釈する中和法。　問42　シアン化カリウム KCN（別名青酸カリ）は、毒物で無色の塊状又は粉末。①酸化法　水酸化ナトリウム水溶液を加えてアルカリ性（pH11以上）とし、酸化剤（次亜塩素酸ナトリウム、さらし粉等）等の水溶液を加えて CN 成分を酸化分解する。CN 成分を分解したのち硫酸を加え中和し、多量の水で希釈して処理する。②アルカリ法　水酸化ナトリウム水溶液等でアリカリ性とし、高温加圧下で加水分解する。　問43　クレゾール $C_6H_4(OH)CH_3$　o, m, p －の構造異性体がある。廃棄方法は①木粉（おが屑）等に吸収させて焼却炉の火室へ噴霧し、焼却する焼却法。②可燃性溶剤と共に焼却炉の火室へ噴霧し焼却する②活性汚泥で処理する活性汚泥法である。　問44　重クロム酸カリウム $K_2Cr_2O_7$ は、橙赤色結晶、酸化剤。水に溶けやすく、有機溶媒には溶けにくい。希硫酸に溶かし、還元剤の水溶液を過剰に用いて還元した後、消石灰、ソーダ灰等の水溶液で処理して沈殿濾過させる。溶出試験を行い、溶出量が判定基準以下であることを確認して埋立処分する還元沈殿法。　問45　塩化第一銅 CuCl（あるいは塩化銅（Ⅰ））は、劇物。白色結晶性粉末、湿気があると空気により緑色、光により青色～褐色になる。水に一部分解しながら僅かに溶け、アルコール、アセトンには溶けない。廃棄方法は、重金属の Cu なので固化隔離法（セメントで固化後、埋立処分）、あるいは焙焼法（還元焙焼法により金属銅として回収）。

（農業用品目）

問26～問30　問26　3　問27　1　問28　5　問29　4　問30　2

〔解説〕

問26　モノフルオール酢酸ナトリウム FCH_2COONa は特毒。重い白色粉末、吸湿性、冷水に易溶、有機溶媒には溶けない。水、メタノールやエタノールに可溶。からい味と酢酸のにおいを有する。野ネズミの駆除に使用。特毒。摂取により毒性発現。皮膚刺激なし、皮膚吸収なし。　問27　燐化亜鉛 Zn_3P_2 は、灰褐色の結晶又は粉末。かすかに燐の臭気がある。水、アルコールには溶けないが、ベンゼン、二硫化炭素に溶ける。酸と反応して有毒なホスフィン PH3 を発生。劇物、1％以下で、黒色に着色され、トウガラシエキスを用いて著しくからく着味されているものは除かれる。殺鼠剤。　問28　ホサロンは劇物。白色結晶。ネギ様の臭気がある。水に不溶。メタノール、アセトン、クロロホルム等に溶ける。用途はアブラムシ、ハダニ等の害虫駆除。　問29　1, 3-ジクロロプロペン C3H4Cl2。特異的刺激臭のある淡黄褐色透明の液体。劇物。有機塩素化合物。シス型とトランス型とがある。メタノールなどの有機溶媒によく溶け、水にはあまり溶けない。アルミニウムに対する腐食性がある。用途は、殺虫剤。　問30　メチダチオンは劇物。灰白色の結晶。水には１％以下しか溶けない。有機溶媒に溶ける。有機燐化合物。用途は果樹、野菜、カイガラムシの防虫〔殺虫剤〕。

富山県

問31～問35　問31　4　問32　2　問33　1　問34　5　問35　3

〔解説〕

問31　イソキサチオンは有機燐剤、劇物(2％以下除外)、淡黄褐色液体、水に難溶、有機溶剤に易溶、アルカリには不安定。用途はミカン、稲、野菜、茶等の害虫駆除。(有機燐系殺虫剤)　問32　カルボスルファンは、劇物。カーバメイト剤。褐色粘稠液体。用途はカーバメイト系殺虫剤。　問33　ナラシンは毒物(1％以上～10％以下を含有する製剤は劇物。)白色から淡黄色の粉末。特異な臭い。常温で固体。水に難溶。酢酸エチル、クロロホルム、アセトン、ベンゼンに可溶。融点は98～100℃。用途は飼料添加物。　問34　DDVPは有機燐製剤で接触性殺虫剤。無色油状液体、水に溶けにくく、有機溶媒に易溶。水中では徐々に分解。　問35　2－イソプロピルフェニル－N－メチルカルバメートは、劇物(1.5％は劇物から除外)。白色結晶性の粉末。アセトンによく溶け、メタノール、エタノール、酢酸エチルにも溶ける。水に不溶。用途は、カーバメイト系の殺虫剤。

問36～問40　問36　5　問37　2　問38　4　問39　3　問40　1

〔解説〕

問36　アンモニア水は無色透明、刺激臭がある液体。アルカリ性を呈する。アンモニア NH_3 は空気より軽い気体。濃塩酸を近づけると塩化アンモニウムの白い煙を生じる。　問37　塩化亜鉛 $ZnCl_2$ は、白色の結晶で、空気に触れると水分を吸収して潮解する。水およびアルコールによく溶ける。水に溶かし、硝酸銀を加えると、白色の沈殿が生じる。　問38　無機銅塩類水溶液に水酸化ナトリウム溶液で冷時青色の水酸化第二銅を沈殿する。　問39　ニコチンは、毒物、無色無臭の油状液体だが空気中で褐色になる。殺虫剤。硫酸酸性水溶液に、ピクリン酸溶液を加えると黄色結晶を沈殿する。　問40　塩素酸ナトリウム $NaClO_3$ は、劇物。潮解性があり、空気中の水分を吸収する。また強い酸化剤である。炭の中にいれ熱灼すると音をたてて分解する。1

問41～問45　問41　1　問42　5　問43　2　問44　4　問45　3

〔解説〕

問41　アンモニアは塩基性であるため希釈後、酸で中和し廃棄する中和法。

問42　DCIP(ジ(2-クロルイソプロピルエーテル)は、劇物。淡黄褐色の透明な液体。沸点187℃、引火点は85℃。用途はなす、セロリ、トマト、さつまいも等の根腐線虫、根瘤線虫、桑、茶等根瘤線虫の駆除。廃棄法は燃焼法。

問43　クロルピクリン CCl_3NO_2 は、無色～淡黄色液体、催涙性、粘膜刺激臭。廃棄方法は少量の界面活性剤を加えた亜硫酸ナトリウムと炭酸ナトリウムの混合溶液中で、攪拌し分解させた後、多量の水で希釈して処理する分解法。

問44　硫酸 H_2SO_4 は酸なので廃棄方法はアルカリで中和後、水で希釈する中和法。　問45　エピクロルヒドリンは、劇物。クロロホルムに似た無色流動性液体。水に不溶。アルコール、エーテルに可溶。廃棄法は、そのまま、又は可燃性溶剤とともにアフターバーナー及びスクラバーを具備した焼却炉で焼却する燃焼法。

石川県
令和５年度実施
(今年度特定品目なし)

〔法　規〕
（一般・農業用品目共通）

問１　３
〔解説〕
この設問では、ｂとｄが正しい。ｂは法第２条第１項〔定義・毒物〕。ｄは法第２条第３項〔定義・特定毒物〕。なお、ａは法第１条〔目的〕についてで、必要な許可ではなく、必要な取締を行うである。ｃは法第２条第２項〔定義・劇物〕のことで、食品添加物以外ではなく、医薬品及び医薬部外品以外のものをいうである。

問２～問３　　問２　２　　問３　４
〔解説〕
法第３条第３項〔禁止規定・販売業〕。解答のとおり。

問４～問５　　問４　１　　問５　２
〔解説〕
法第３条の３→施行令第32条の２〔幻覚又は麻酔の作用を有する物〕において、トルエン、酢酸エチル及びメタノールを含有するものについてである。

問６　１
〔解説〕
この設問は、ｂとｃである。ｂは法第３条の２第４項に示されている。ｃは法第10条第２項第三号〔届出〕に示されている。なお、ａは法第６条の２〔特定毒物研究者の許可〕に基づいて、その主たる所在地の都道府県知事に申請書をださなければならないである。このことから更新制度ではない。ｄは法第３条の２第２項により、毒物又は劇物製造業者と特定毒物研究者は、特定毒物を輸入することができる。

問７～問９　　問７　３　　問８　４　　問９　３
〔解説〕
法第８条〔毒物劇物取扱責任者の資格〕のこと。解答のとおり。

問10　２
この設問における法第10条〔届出〕で正しいのは、ａとｃである。なお、ｂの店舗を移転の場合は、新たに登録申請。ｄは何ら届け出を要しない。

問11～問14　　問11　３　　問12　４　　問13　２　　問14　１
〔解説〕
法第12条〔毒物又は劇物の表示〕のこと。解答のとおり。

問15～問16　　問15　４　　問16　３
〔解説〕
法第17条第２項〔事故の際の措置・盗難紛失の措置〕のこと。解答のとおり。

問17　５
〔解説〕
この設問は施行規則第４条の４第２項における販売業の店舗の設備基準のことで、この設問はすべて正しい。

問18　５
〔解説〕
この設問は法第15条の２〔廃棄〕→施行令第40条〔廃棄の方法〕のこと。解答のとおり。

問19　２
〔解説〕
この設問は法第15条〔毒物又は劇物の交付の制限等〕についてで、ｂが誤り。ｂは第15条第２項に基づいて、交付を受ける者の氏名及び住所を確認した後でなれば、交付してはならないである。

問20　１
〔解説〕
法第22条〔業務上取扱者の届出等〕による届け出を要する事業者とは、①シアン化ナトリウム又は無機シアン化合物たる毒物及びこれを含有する製剤→電気めっきを行う事業、②シアン化ナトリウム又は無機シアン化合物たる毒物及びこれを含有する製剤→金属熱処理を行う事業、③最大積載量 5,000kg 以上の運送の事業、④砒素化合物たる毒物及びこれを含有する製剤→しろありの防除を行う事業について使用する者である。このことから 1 が正しい。

〔基礎化学〕

（一般・農業用品目共通）

問 21　3
〔解説〕
空気と石油は混合物、水 H_2O と食塩 NaCl は純物質

問 22　4
〔解説〕
同素体とは、同じ元素からなる単体であり、性質が異なるものである。

問 23　4
〔解説〕
イオン化傾向（陽イオンへのなりやすさの順）は次の順となる。
Li>K>Ca>Na>Mg>Al>Zn>Fe>Ni>Sn>Pb>H>Cu>Hg>Ag>Pt>Au

問 24　3
〔解説〕
無極性分子は分子内の極性の偏りが互いに打ち消しあっているものである。

問 25　2
〔解説〕
T_1 は融点、T_2 は沸点であり、液体の水と固体の水（氷）が共存しているのは B-C 間である。C-D 間は液体の水のみ、D-E 間は液体の水と気体の水（水蒸気）が共存している。

問 26　2
〔解説〕
過酸化水素の場合、例外的に酸素の酸化数は-1 となる。

問 27　1
〔解説〕
H^+のモル濃度 ＝ OH^-のモル濃度が中和であるから、濃度未知の 2 価の塩基である $Ca(OH)_2$ のモル濃度を x とすると式は、$0.2 \times 1 \times 20 = x \times 2 \times 20$,　$x = 0.1$ mol/L

問 28　2
〔解説〕
水酸化ナトリウムの式量は 40 である。よってモル濃度 $M = 4.0/40 \times 1000/500$, $M = 0.2$ mol/L

問 29　1
〔解説〕
0.1　mol/L の酢酸水溶液の電離度が 0.01 であるから、この溶液の水素イオン濃度は $0.1 \times 0.01 = 0.001$ mol/L である。よってこの溶液の pH は 1.0×10^{-3} mol/L より、pH = 3

問 30　3
〔解説〕
原子は原子核と電子からなり、原子核は陽子と中性子から構成される。原子の重さのほとんどは原子核であり、陽子の数と原子番号は等しくなる。

問 31　4
〔解説〕
炎色反応は Ba 黄緑、K 赤紫、Ca 橙、Na 黄である。

問 32　3
〔解説〕
気体の体積は圧力に反比例し、温度に比例して大きくなる。

問 33　3
〔解説〕
フッ化水素、水、アンモニアのような分極の大きい水素化物は分子間で水素結合を形成するため沸点が高くなる。

問 34　3
〔解説〕
コロイド粒子はろ紙は通過できるが半透膜は通過できない。

問 35　2
〔解説〕
希釈する水の量を x g とする。 14/(100 + x) × 100 = 8, x = 75 g
問 36　4
〔解説〕
総熱量不変の法則をヘスの法則という。
石川県
問 37　2
〔解説〕
全圧は各成分気体の分圧の総和となる。また分圧は各成分気体のモル比で求めることができる。すなわち酸素のモル分率は、1/(1+0.5+0.5) × 100 = 50 %であるので、酸素の分圧は $2.0 \times 10^5 \times 0.5 = 1.0 \times 10^5$ Pa となる。
問 38　1
〔解説〕
青色リトマス紙を赤に変色させるのは酸である。
問 39　4
〔解説〕
2-ブテンには cis-と trans-の幾何異性体が存在する。
問 40　4
〔解説〕
アセトンはケトン基（カルボニル基）を有する化合物である。

〔各　論・実　地〕

（一般）

問 1 ～問 4　　問 1　4　　問 2　3　　問 3　4　　問 4　3
〔解説〕
問 1　硫酸 H_2SO_4 は 10%以下で劇物から除外。　　問 2　水酸化ナトリウム NaOH は 5 %は劇物から除外。　　問 3　トリフルオロメタンスルホン酸は 10 %以下は劇物から除外。　　問 4　フェノールは 5 %以下で劇物から除外。　指定令第 2 条に示されている。
問 5 ～問 8　　問 5　2　　問 6　1　　問 7　4　問 8　5
〔解説〕
問 5　硫酸第二銅 $CuSO_4 \cdot 5H_2O$ は一般的に七水和物で流通しており、藍色の結晶である。風解性がある。無水硫酸ナトリウムは白色の粉末である。
問 6　ヨウ素 I_2 は、黒褐色金属光沢ある稜板状結晶、昇華性。水に溶けにくい。ヨードあるいはヨード水素酸を含有する水には溶けやすい。有機溶媒に可溶(エタノールやベンゼンでは褐色、クロロホルムでは紫色)。　　問 7　重クロム酸カリウム $K_2Cr_2O_7$ は、橙赤色の結晶。融点 398 ℃、分解点 500 ℃、水に溶けやすい。アルコールには溶けない。強力な酸化剤である。で吸湿性も潮解性みない。水に溶け酸性を示す。　問 8　黄リン P_4 は、白色又は淡黄色のロウ様半透明の結晶性固体。ニンニク臭を有し、水には不溶である。湿った空気に触れ、徐々に酸化され、また、暗所では光を発する。
問 9 ～問 12　問 9　1　　問 10　2　　問 11　4　　問 12　3
〔解説〕
問 9　クロルエチル C_2H_5Cl は、劇物。常温で気体。可燃性である。水にわずかに溶ける。用途はアルキル化剤。と燐酸を生成する。用途は特殊材料ガス、各種塩化物の製造。　　問 10　トルエン $C_6H_5CH_3$ は、劇物。特有な臭い(ベンゼン様)の無色液体。水に不溶。比重 1 以下。可燃性。引火性。劇物。用途は爆薬原料、香料、サッカリンなどの原料、揮発性有機溶媒。　　問 11　メタクリル酸は、:融点 16 ℃の無色結晶、温水に溶け、アルコール、エーテルと混和する。重合性。用途は熱硬化性塗料、接着剤など。　　問 12　クロルピクリン CCl_3NO_2 は、無色～淡黄色液体、催涙性、粘膜刺激臭。用途は線虫駆除、土壌燻蒸剤(土壌病原菌、センチュウ等の駆除)。
問 13 ～問 16　問 13　3　　問 14　1　　問 15　4　問 16　2
〔解説〕
問 13　重クロム酸アンモニウムは、橙赤色結晶。185 ℃で窒素を発生し、ルミネッセンスを発しながら分解する。水に溶けやすく、自己燃焼性がある。漏洩した場合：飛散したものは空容器にできるだけ回収し、そのあとを還元剤の水溶液を散布し、消石灰、ソーダ灰等の水溶液で処理したのち、多量の水を用いて洗い流す。　　問 14　酢酸エチル $CH_3COOC_2H_5$(別名酢酸エチルエステル、酢酸エステル)は、劇物。強い果実様の香気ある可燃性無色の液体。揮発性がある。蒸気は空気より重い。引火しやすい。多量の場合は、漏えいした液は、土砂等でその流れを止め、安全な場所に導いた後、液の表面を泡等で覆い、できるだけ空容器に回収する。その後は多量の水を用いて洗い流す。少量の場合は、漏えいした液は、土砂等に吸着させて空容器に回収し、その後は多量の水を用いて洗い流す。作業の際には必ず保護具を着用する。風下で作業をしない。　問 15　硝酸銀 $AgNO_3$ は、劇物。無色無臭の透明な結晶。水に溶けやすい。アルコールにも可溶。強い酸化剤。飛散したものは空容器にできるだけ回収し、そのあとを食塩水を用いて塩化銀とし、多量の水を用いて洗い流す。この場合、濃厚な廃液が河川等に排出されないよう注意する。　問 16　DDVP(別名ジクロルボス)は有機燐製剤。刺激性で微臭のある比較的揮発性の無色油状、水に溶けにくく、有機溶媒に易溶。水中では徐々に分解。漏えいした液は土砂等でその流れを止め、安全な場所に導き、空容器にできるだけ回収し、その後を消石灰等の水溶液を用いて処理した後、多量の水を用いて洗い流す。洗い流す場合には中性洗剤等の分散剤を使用して洗い流す。

問 17 ～問 20　問 17　4　　問 18　3　　問 19　5　　問 20　2

〔解説〕

問 17　硫酸亜鉛 $ZnSO_4 \cdot 7H_2O$ は、水に溶かして硫化水素を通じると、硫化物の沈殿を生成する。硫酸亜鉛の水溶液に塩化バリウムを加えると硫酸バリウムの白色沈殿を生じる。　問 18　四塩化炭素(テトラクロロメタン) CCl_4 は、特有な臭気をもつ不燃性、揮発性無色液体、水に溶けにくく有機溶媒には溶けやすい。洗濯剤、清浄剤の製造などに用いられる。確認方法はアルコール性 KOH と銅粉末とともに煮沸により黄赤色沈殿を生成する。　問 19　弗化水素酸(HF・aq)は毒物。弗化水素の水溶液で無色またはわずかに着色した透明の液体。特有の刺激臭がある。不燃性。濃厚なものは空気中で白煙を生ずる。ガラスを腐食する作用がある。鑞を塗ったガラス板に針で任意の模様を描いたものに、弗化水素酸をぬると鑞をかぶらない模様の部分を腐食される。　問 20　ニコチンは、毒物、無色無臭の油状液体だが空気中で褐色になる。殺虫剤。硫酸酸性水溶液に、ピクリン酸溶液を加えると黄色結晶を沈殿する。

問 21 ～問 24　問 21　3　　問 22　2　　問 23　1　　問 24　5

〔解説〕

問 21　水銀 Hg は、毒物。常温で液状の金属。金属光沢を有する重い液体。廃棄法は、そのまま再利用するため蒸留する回収法。　問 22　過酸化水素水は過酸化水素の水溶液で、劇物。無色透明な液体。廃棄方法は、多量の水で希釈して処理する希釈法。　問 23　四アルキル鉛は特定毒物。純品は無色(市販品は着色してある)、可燃性の揮発性液体。特異臭がある。廃棄法は多量の次亜塩素酸ナトリウム水溶液を加えて分解させた後、消石灰、ソーダ灰等を加えて処理し、沈殿ろ過し、さらにセメントを加えて固化する酸化隔離法。他に燃焼隔離法がある。

問 24　アンモニア水は無色透明、刺激臭がある液体。アルカリ性。廃棄法は水で希薄な水溶液とし、酸で中和させた後、多量の水で希釈して処理する中和法。。

問 25 ～問 28　問 25　5　　問 26　4　　問 27　3　　問 28　2

〔解説〕

問 25　臭化メチル(ブロムメチル)　CH_3Br は本来無色無臭の気体だが、クロロホルム様の臭気をもつ。空気より重い。通常は気体、低沸点なので燻蒸剤に使用。貯蔵は液化させて冷暗所。　問 26　クロロホルム $CHCl_3$ は、無色、揮発性の液体で特有の香気とわずかな甘みをもち、麻酔性がある。空気中で日光により分解し、塩素、塩化水素、ホスゲンを生じるので、少量のアルコールを安定剤として入れて冷暗所に保存。　問 27　ナトリウム Na は、アルカリ金属なので空気中の水分、炭酸ガス、酸素を遮断するため石油中に保存。　問 28　シアン化カリウム KCN は、白色、潮解性の粉末または粒状物、空気中では炭酸ガスと湿気を吸って分解する(HCN を発生)。また、酸と反応して猛毒の HCN(アーモンド様の臭い)を発生する。貯蔵法は、少量ならばガラス瓶、多量ならばブリキ缶又は鉄ドラム缶を用い、酸類とは離して風通しの良い乾燥した冷所に密栓して貯蔵する。

問 29 ～問 32　問 29　2　　問 30　4　　問 31　1　　問 32　3

〔解説〕

問 29　濃硝酸と銅で $Cu + 4HNO_3 \rightarrow Cu(NO_3)_2 + 2H_2O + 2NO_2$　(褐色ガス)、有機物中のタンパク質と濃硝酸が反応して黄色になる(キサントプロテイン反応)。高濃度の場合、水と急激に接触すると多量の熱をを発生し酸が飛散することがある。

石川県

問 30　キシレンは、無色透明の液体で芳香族炭化水素特有の臭いがある。引火しやすく、また、その蒸気は空気と混合して爆発性混合ガスとなるので火気は絶対に近づけない。　　問 31　ダイアジノンは劇物。用途は接触性殺虫剤。かすかにエステル臭をもつ無色の液体。このダイアジノンは有機燐製剤であることから法第 12 条第 2 項第三号に基づいて、解毒剤〔① 2-ピリジムアルドキシムメチオダイド製剤、②硫酸アトロピン製剤〕に関する表示を義務付けられている。
問 32　ヒ素(As)は金属光沢のある灰色の単体である。同素体に黄色ヒ素、黒色ヒ素が知られている。煙霧は少量の吸入であっても強い溶血作用があり、危険なので注意する。

問 33 ～問 36　問 33　1　　問 34　2　　問 35　5　　問 36　3

〔解説〕

問 33　トルイジンには、オルトー、メター、パラーの 3 種の異性体がある。水に難溶、有機溶媒に易溶。用途はいずれも染料、有機合成の製造原料。　オルトトルイジンは、淡黄色の液体で、光、空気により赤色を帯びる。　メタトルイジンは、無色の液体。　パラトルイジンは、光沢のある無色結晶。メトヘモグロビン形成能があり、チアノーゼを起こす。頭痛、疲労感、呼吸困難や、腎臓、膀胱の刺激を起こし血尿をきたす。　　問 34　モノフルオール酢酸ナトリウム FCH_2COONa は有機フッ素化合物である。これの中毒は TCA サイクルを阻害し、呼吸中枢障害、激しい嘔吐、てんかん様痙攣、チアノーゼ、不整脈など。治療薬はアセトアミド。　　問 35　パラコートは、毒物で、ジピリジル誘導体で無色結晶性粉末、水によく溶け低級アルコールに僅かに溶ける。消化器障害、ショックのほか、数日遅れて肝臓、腎臓、肺等の機能障害を起こす。解毒剤はないので、徹底的な胃洗浄、小腸洗浄を行う。誤って嚥下した場合には、消化器障害、ショックのほか、数日遅れて肝臓、肺等の機能障害を起こすことがあるので、特に症状がない場合にも至急医師による手当てを受けること。

問 36　ホルマリンは、ﾎﾙﾑｱﾙﾃﾞﾋﾄﾞの水溶液。これをホルマリンという。ホルマリンは無色透明な刺激臭の液体。蒸気は粘膜を刺激し、結膜炎、気管支炎などをおこさせる。高濃度の液体は皮膚に壊疽をおこさせたり、しばしば湿疹を生じさせる。

問 37 ～問 38　問 37　2　　問 38　1

〔解説〕

保護具については、施行令第 40 条の 5 第 2 項第三号→施行規則第 13 条の 6〔毒物又は劇物を運搬する車両に備える保護具〕→施行規則別表第五に示されている。解答のとおり。

問 39　3

〔解説〕

この設問では 3 が誤り。メタノール CH_3OH は特有な臭いの無色液体。水に可溶。可燃性。蒸気は空気より重く引火しやすい。水と任意の割合で混和する。メタノールの中毒症状：吸入した場合、めまい、頭痛、吐気など、はなはだしい時は嘔吐、意識不明。中枢神経抑制作用。飲用により視神経障害、失明。メタノールは原体のみ劇物。

問 40　2

〔解説〕

この設問では 2 が誤り。ピクリン酸は、淡黄色の光沢ある小葉状あるいは針状結晶で、純品は無臭であるが、普通品はかすかにニトロベンゼンの臭気をもち、苦味がある。急熱や衝撃で爆発する。法第 3 条の 4 →施行令第 32 条の 3〔発火性又は爆発性のある劇物〕に、ピクリン酸は規定されている。

（農業用品目）

問 1　2

〔解説〕

パラコートは、毒物で、ジピリジル誘導体で無色結晶。指定令第 1 条に示されている。

問 2　3

〔解説〕

この設問は特定毒物に該当するものはどれかとあるので、c の燐化アルミニウムとその分解促進剤とを含有する製剤と d のモノフルオール酢酸ナトリウムを含有する製剤が特定毒物である。特定毒物は指定令第 3 条に示されている。

問３　２
〔解説〕
イミダクロプリドは、劇物。ただし、２％以下は劇物から除外。弱い特異臭のある無色の結晶。
問４　２
〔解説〕
農業用品目販売業者の登録が受けた者が販売又は授与できる品目については、法第四条の三第一項→施行規則第四条の二→施行規則別表第一に掲げられている品目である。解答のとおり。
問５～問８　問５　５　問６　３　問７　４　問８　１
〔解説〕
問５　フッ化スルフリルは毒物。無色無臭の気体である。クロロホルム、四塩化炭素に溶けやすい。水酸化ナトリウム溶液で分解される。　問６　ニコチンは、毒物。アルカロイドであり、純品は無色、無臭の油状液体であるが、空気中では速やかに褐変する。水、アルコール、エーテル等に容易に溶ける。
問７　エトプロホスは、毒物(５％以下は除外、５％以下で３％以上は劇物)、有機リン製剤、メルカプタン臭のある淡黄色透明液体、水に難溶、有機溶媒に易溶。
問８　オキサミルは毒物。白色粉末または結晶、かすかに硫黄臭を有する。加熱分解して有毒な酸化窒素及び酸化硫黄ガスを発生するので、熱源から離れた風通しの良い冷所に保管する。水に可溶。
問９　４
〔解説〕
解答のとおり。
問 10 ～問 12　問 10　１　問 11　２　問 12　３
〔解説〕
問 10　臭化メチル(ブロムメチル)　CH_3Br は本来無色無臭の気体だが、クロロホルム様の臭気をもつ。空気より重い。通常は気体、低沸点なので燻蒸剤に使用。貯蔵は液化させて冷暗所。　問 11　ロテノンはデリスの根に含まれる。殺虫剤。酸素、光で分解するので遮光保存。２％以下は劇物から除外。
問 12　シアン化水素 HCN は、無色の気体または液体(b. p. 25. 6 ℃)、特異臭(アーモンド様の臭気)、弱酸、水、アルコールに溶ける。毒物。貯法は少量なら褐色ガラス瓶、多量なら銅製シリンダーを用いる。日光及び加熱を避け、通風の良い冷所に保存。きわめて猛毒であるから、爆発性、燃焼性のものと隔離すべきである。
問 13 ～問 16　問 13　４　問 14　３　問 15　１　問 16　２
〔解説〕
問 13　燐化亜鉛 Zn_3P_2 は、灰褐色の結晶又は粉末。かすかにリンの臭気がある。ベンゼン、二硫化炭素に溶ける。酸と反応して有毒なホスフィン PH3 を発生。
問 14　硫酸 H_2SO_4 は、無色無臭澄明な油状液体、腐食性が強い、比重 1. 84、水、アルコールと混和するが発熱する。水と急激に接触したり、直接中和剤を散布すると発熱し、酸が飛散することがある。各種の金属を腐食して水素ガスを発生し、これが空気と混合して引火爆発をすることがある。
問 15　ブロムメチル(臭化メチル) CH_3Br は、常温では気体(有毒な気体)。冷却圧縮すると液化しやすい。クロロホルムに類する臭気がある。ガスは空気より重く空気の 3. 27 倍である。液化したものは無色透明で、揮発性がある。臭いは極めて弱く蒸気は空気より重いため吸入による中毒を起こしやすいので注意が必要である。　問 16　塩素酸ナトリウム $NaClO_3$ は、劇物。無色無臭結晶、酸化剤、水に易溶。有機物や還元剤との混合物は加熱、摩擦、衝撃などにより爆発することがある。
問 17　４
〔解説〕
この設問は着色する農業用品目として法第 13 条→施行令第 39 条〔着色すべき農業劇物〕において、①硫酸タリウムを含有する製剤たる劇物、②燐化亜鉛を含有する製剤については、施行規則第 12 条〔農業用劇物の着色方法〕で、あせにくく黒色に着色すると示されている。
問 18 ～問 21　問 18　２　問 19　４　問 20　１　問 21　３
〔解説〕
問 18　ジクワットは、劇物で、ジピリジル誘導体で淡黄色結晶。用途は、除草剤。　問 19　ジチアノンは劇物。暗褐色結晶性粉末。用途は殺菌剤(農薬)。
問 20　イミダクロプリドは劇物。弱い特異臭のある無色結晶。用途は野菜等のアブラムシ等の殺虫剤(クロロニコチニル系農薬)。　問 21　ダイファシノン(2-

石川県

ジフェニルアセチル-1, 3-インダジオン)は毒物。黄色結晶性粉末。用途は殺鼠剤。

問 22 ～問 24　問 22　2　問 23　3　問 24　1　問 25　4

〔解説〕

問 22　無機銅塩類の毒性は、緑色、または青色のものを吐く。のどが焼けるように熱くなり、よだれがながれ、しばしば痛むことがある。急性の胃腸カタルをおこすとともに血便を出す。　問 23　無機シアン化合物は胃内の胃酸と反応してシアン化水素を発生する。シアン化水素は猛烈な毒性を示し、ごく少量でも頭痛、めまい、意識不明、呼吸麻痺などを引き起こす。　問 24　DDVP は、有機燐製剤で接触性殺虫剤。無色油状、水に溶けにくく、有機溶媒に易溶。水中では徐々に分解。生体内のコリンエステテラーゼ活性を阻害し、アセチルコリン分解能が低下することにより、蓄積されたアセチルコリンがコリン作動性の神経系を刺激して中毒症状が現れる。　問 25　モノフルオール酢酸ナトリウムは有機フッ素系である。有機フッ素化合物の中毒：TCA サイクルを阻害し、呼吸中枢障害、激しい嘔吐、てんかん様痙攣、チアノーゼ、不整脈など。

問 26　4

〔解説〕

カルボスルファンは、劇物。有機燐製剤の一種。褐色粘稠液体。用途はカーバメイト系殺虫剤。頭痛、めまい、嘔気、発熱、麻痺、痙攣等の症状を起こす。有機燐化合物。解毒剤は硫酸アトロピン。

問 27 ～問 31　問 27　3　問 28　1　問 29　5　問 30　2　問 31　4

〔解説〕

問 27　DDVP は劇物。刺激性があり、比較的揮発性の無色の油状の液体。水に溶けにくい。廃棄方法は木粉(おが屑)等に吸収させてアフターバーナー及びスクラバーを具備した焼却炉で焼却する燃焼法と 10 倍量以上の水と攪拌しながら加熱乾留して加水分解し、冷却後、水酸化ナトリウム等の水溶液で中和するアルカリ法。　問 28　塩化第一銅 CuCl(あるいは塩化銅(Ⅰ))は、劇物。白色結晶性粉末、湿気があると空気により緑色、光により青色～褐色になる。水に一部分解しながら僅かに溶け、アルコール、アセトンには溶けない。廃棄方法は、重金属の Cu なので固化隔離法(セメントで固化後、埋立処分)、あるいは焙焼法(還元焙焼法により金属銅として回収)。　問 29　塩素酸ナトリウム $NaClO_3$ は、無色無臭結晶、酸化剤、水に易溶。廃棄方法は、過剰の還元剤の水溶液を希硫酸酸性にした後に、少量ずつ加え還元し、反応液を中和後、大量の水で希釈処理する還元法。

問 30　アンモニア NH_3(刺激臭無色気体)は水に極めてよく溶けアルカリ性を示すので、廃棄方法は、水に溶かしてから酸で中和後、多量の水で希釈処理する中和法。　問 31　硫酸銅 $CuSO_4$ は、水に溶解後、消石灰などのアルカリで水に難溶な水酸化銅 $Cu(OH)_2$ とし、沈殿ろ過して埋立処分する沈殿法。または、還元焙焼法で金属銅 Cu として回収する還元焙焼法。

問 32 ～問 34　問 32　4　問 33　1　問 34　3

〔解説〕

問 32　塩化亜鉛 $ZnCl_2$ は、白色の結晶で、空気に触れると水分を吸収して潮解する。水およびアルコールによく溶ける。水に溶かし、硝酸銀を加えると、白色の沈殿が生じる。　問 33　AlP の確認方法：湿気により発生するホスフィン PH3 により硝酸銀中の銀イオンが還元され銀になる($Ag^+ \rightarrow Ag$)ため黒変する。

問 34　アンモニア水は無色透明、刺激臭がある液体。アルカリ性を呈する。アンモニア NH_3 は空気より軽い気体。濃塩酸を近づけると塩化アンモニウムの白い煙を生じる。

問 35　4

〔解説〕

この設問では a と d が正しい。ダイアジノンは劇物。有機燐製剤、かすかにエステル臭をもつ無色の液体、水に難溶、エーテル、アルコールに溶解する。有機溶媒に可溶。用途は接触性殺虫剤。

問 36　1

〔解説〕

この設問では a と c が正しい。メソミル(別名メトミル)は 45 %以下を含有する製剤は劇物。白色結晶。水、メタノール、アルコールに溶ける。有機燐系化合物。カルバメート剤なので、解毒剤は硫酸アトロピン(PAM は無効)、SH 系解毒剤の BAL、グルタチオン等。用途は殺虫剤。

問 37 ～問 40　問 37　1　問 38　2　問 39　1　問 40　3

〔解説〕

解答のとおり。

福井県
令和５年度実施
※特定品目はありません

〔法　規〕
（一般・農業用品目共通）
問１～問12　問１　２　問２　１　問３　４　問４　３　問５　４
問６　１　問７　２　問８　３　問９　４　問10　３
問11　１　問12　３

〔解説〕
aは法第２条〔定義・毒物〕　bは法第３条第３項〔禁止規定〕
c は法第３条の３〔興奮、幻覚又は麻酔の作用の毒物又は劇物〕
dは法第３条の４〔引火性、発火性又爆発性のある毒物又は劇物〕
eは法第11条第４項〔毒物又は劇物の取扱い〕
fは法第17条第２項〔事故の際の措置〕　解答のとおり。

問13　２
〔解説〕
この設問は法第７条〔毒物劇物取扱責任者〕のことである。aとcが正しい。aは法第７条第２項に示されている。cは法第７条第１項にら示されている。なお、bについて法第７条第１項により、直接取り扱わない場合は、毒物劇物取扱責任者を置かなくてもよい。いわゆる伝票取引のみ場合が該当する。ただし、販売業の登録を要する。d は法第７条第３項に示されているように、30 日以内に営業所又は店舗の所在地の都道府県知事に変更届を届け出る。よってこの設問は誤り〉

問14　３
〔解説〕
法第14条は毒物又は劇物の譲渡手続のこと。解答のとおり。

問15　５
〔解説〕
施行令第40条の９は毒物又は劇物の性状及び取り扱いについての情報提供のこと。解答のとおり。

問16　１
〔解説〕
法第12条第１項〔毒物又は劇物の表示〕。解答のとおり。

問17　５
〔解説〕
この設問はすべて正しい。aとcは法第10条第１項第一号に示されている。bは法第10条第１項第二号に示されている。dは法第10条第１項第三号→施行規則第10条の２第二号に示されている。

問18　４
〔解説〕
この設問は施行令第40条の５〔運搬方法〕についてで、aとdが正しい。aは施行令第40条の５第２項第一号→施行規則第13条の２第二号に示されている。このことについて令和５年12月26日厚生労働省令第163号〔施行は令和６年４月１日〕で、２日(始業時間から起算して48時間をいう。)を平均して１日あたり９時間を超える場合と一部改正がなされた。dは施行令第40条の５第２項第四号に示されている。なお、bは施行規則第13条の５〔毒物又は劇物を運搬する車両に掲げる標識〕において、0.3メートル平方の板に地を黒色、文字を「白色」と表示である。cは施行令第40条の５第三号で、車両に備える保護具は、２人分以上備えることと示されている。

問19　２
〔解説〕
着色する農業品目について法第13条〔特定の用途に供される毒物又は劇物の販売等〕→施行令第39条〔着色すべき農業品目〕において、①硫酸タリウムを含有する製剤たる劇物、②燐化亜鉛を含有する製剤たる劇物については、施行規則第12条〔農業品目の着色方法〕で、あせにくい黒色に着色すると示されている。解答のとおり。

問 20　1
〔解説〕
この設問は法第 22 条第１項〔業務上取扱者の届出等〕の届出を要する業務上届出者については、次のとおりである。①シアン化ナトリウム又は無機シアン化合物たる毒物及びこれを含有する製剤→電気めっきを行う事業、②シアン化ナトリウム又は無機シアン化合物たる毒物及びこれを含有する製剤→金属熱処理を行う事業、③最大積載量 5,000kg 以上の運送の事業、④砒素化合物たる毒物及びこれを含有する製剤→しろありの防除を行う事業について使用する者である。このことから a と b が正しい。

問 21　5
〔解説〕
加鉛ガソリンとは、四アルキル鉛を含有する製剤が混入されているガソリンについて、毒物及び劇物取締法施行令第８条〔加鉛ガソリンの着色〕で、オレンジ色と示されている。

問 22　5
〔解説〕
法第 15 条第２項〔毒物又は劇物の交付の制限等〕において法第３条の４〔引火性、発火性又は爆発性〕で施行令第 32 条の３で規定されている品目〔①亜塩素酸ナトリウム 30 ％↑、②塩素酸塩類 35 ％↑、③ナトリウム、④ピクリン酸〕については、施行令施行規則第 12 条の２の６〔交付を受ける者の確認〕に示されている確認をした後、交付することができる。このことから５が正しい。

問 23　4
〔解説〕
この設問では特定毒物でないものはどれかとあるので、４の硫化燐を含有する製剤が該当する。なお、特定毒物は法第２条第３項〔定義・特定毒物〕→指定令第３条に示されている。

問 24　4
〔解説〕
法第８条〔毒物劇物取扱責任者の資格〕。解答のとおり。

問 25 ～問 27　問 25　1　　問 26　3　　問 27　2
〔解説〕
施行令第 40 条〔廃棄の方法〕。解答のとおり。

問 28 ～問 30　問 28　2　　問 29　1　　問 30　2
〔解説〕
問 28　法第 18 条第４項により、犯罪捜査のために認められたものと介してはならないとあることからこの設問は誤り。　**問 29**　法第 12 条第２項第四号→施行規則第 11 条の６第三号。解答のとおり。　**問 30**　法第 14 条第４項により、３年間ではなく、５年間保存しなければならないである。

〔基礎化学〕

（一般・農業用品目共通）

問 51 ～問 52　問 51　3　　問 52　5
〔解説〕
問 51　中性子の数は質量数を原子番号で引いた数となる。
問 52　第一周期の元素は K 殻、第二周期の元素は L 殻、第三周期の元素は M 殻、第四周期の元素は N 殻が最外殻となる。

問 53　2
〔解説〕
Li は赤、Ca は橙赤、K は赤紫、Na は黄の炎色反応を呈する。

問 54　4
〔解説〕
HCl は原子間に電気陰性度の偏りがあるため、極性分子となる。

問 55　4
〔解説〕
理想気体の状態方程式 PV ＝ w/MRT より、$1.5 \times 10^5 \times 1.0 = 2.2/M \times 8.3 \times 10^3 \times (273+27)$，$M = 36.5$　また、メタンの分子量は 16、酸素は 32、二酸化炭素は 44、塩化水素は 36.5、塩素は 71.0 であるから塩化水素が答えとなる。

問 56　2
〔解説〕
理想気体の状態方程式 $PV = nRT$ より、$1.5 \times 10^5 \times 2.0 = n \times 8.3 \times 10^3 \times (273+27)$, $n = 0.12$ mol

問 57 ～問 59　　問 57　3　　問 58　4　　問 59　1
〔解説〕
問 57　イオン化傾向が小さい金属が単体から陽イオンになる。すなわち酸化反応が起こり、この極を負極という。正極では還元反応が起こる。充電可能な電池のことを二次電池といい、充電ができない電池を一次電池という。
問 58　溶解は固体が液体に溶けること。蒸発は液体が気体になる状態変化。凝縮は気体が液体になる状態変化のこと。
問 59　アルカリ金属は 1 族の元素（水素を除く）の名称である。

問 60　4
〔解説〕
電気陰性度が最大の原子は F である。

問 61　5
〔解説〕
3.0 mol/L の塩化ナトリウム水溶液 100 mL に含まれる塩化ナトリウムの物質量は $3.0 \times 100/1000 = 0.3$ mol。塩化ナトリウムの式量は 58.5 であるから重さは、$58.5 \times 0.3 = 17.55$ g

問 62　5
〔解説〕
-OH はヒドロキシ基、$-NH_2$ はアミノ基、-CHO はアルデヒド基、$-SO_3H$ はスルホ基である。

問 63　4
〔解説〕
アセトンはベンゼン環を持たないため芳香族ではない。

問 64　2
〔解説〕
左辺と右辺の電荷の総数をあわせる。

問 65　4
〔解説〕
酢酸ナトリウムは弱酸である酢酸と、強塩基である水酸化ナトリウムから生じる塩であり、その水溶液は弱塩基性を示す。

問 66　3
〔解説〕
非共有電子対の数は H_2 では 0 組、N_2 では 2 組、CO_2 では 4 組、H_2O では 2 組、CH_4 では 0 組である。

問 67　3
〔解説〕
アセチレンはアルキン、ベンゼンは芳香族炭化水素、1-ブテンとエチレンはアルケンである。

問 68　4
〔解説〕
$56/22.4 \times 891 = 2227.5$ kJ ≒ 2.2×10^3 kJ

問 69　2
〔解説〕
反応①では H_2O はアンモニアにプロトン H^+ を渡しているので酸として働き、反応②では H_2O は HCl からプロトンを受け取っているので塩基として働いている。

問 70　2
〔解説〕
硫酸銅水溶液を電気分解したとき、陽極では水が酸化され酸素が発生し、陰極では銅イオンが還元され銅の単体が析出する。

問 71　4
〔解説〕
塩酸は塩化水素を水に溶解した混合物である。

問 72　1
〔解説〕
2 はヘスの総熱量不変の法則、3 は質量保存の法則、4 はヘンリーの法則、5 はボイルの法則である。

福井県

福井県

問 73　4
〔解説〕
80 ℃で水 100 g に 148 g が溶解するのであるから飽和溶液に溶解している次の比例が成り立つ。

問 74、問 75　　問 74　3　　問 75　2
〔解説〕
問 74　沈殿物 A は塩化銀 AgCl の白色沈殿である。
問 75　酸性条件下で H_2S を吹き込んで沈殿するのは CuS の黒色沈殿である。

問 76　5
〔解説〕
ヘキソースは化学で言う 6 を表すヘキサから来ており、ペントースは 5 を表すペンタから来ている。また単糖の水溶液は一部アルデヒド基になっており還元性を示す。

問 77　4
〔解説〕
中和は H^+の物質量と OH^-の物質量が等しいときである。よって硫酸のモル濃度を x と置くと、x × 2 × 20 = 0.3 × 1 × 80, x = 0.6 mol/L となる。

問 78　1
〔解説〕
二つのアミノ酸が結合したものをジペプチドといい、ペプチド結合を 1 つ持つ。

問 79、問 80　問 79　2　　問 80　4
〔解説〕
問 79　酸性物質 C が還元性を示したことから、このカルボン酸はギ酸 HCOOH であることが分かる。これにより中性物質 D であるアルコールは炭素数が 2 のエタノールとなる。
問 80　酸性物質 E は酢酸であり、中性物質 F はメタノールである。エステル A はギ酸エチル、エステル B は酢酸メチルであり、この二つの関係は構造異性体である。

〔毒物及び劇物の性質及び貯蔵その他取扱方法〕

（一般）

問 31 ～問 35　　問 31　5　　問 32　6　　問 33　1　　問 34　3　　問 35　3
〔解説〕
問 31　ジメチルアミンは 50 %以下は劇物から除外。　**問 32**　亜硝酸イソブチルは除外される濃度はない。　**問 33**　イソキサチオンは、2 %以下は劇物から除外。　**問 34**　硝酸は、10%以下で劇物から除外。　**問 35**　アクリル酸は、10%以下で劇物から除外。この設問については指定令第 2 条に示されている。

問 36 ～問 40　　問 36　4　　問 37　3　　問 38　5　　問 39　1　　問 40　2
〔解説〕
問 36　弗化水素酸 HF は、刺激臭のする無色透明液体。鋼、鉄、コンクリートまたは木製のタンクにゴム、ポリ塩化ビニルあるいはポリエチレンのライニングをほどこしたものに貯蔵する。火気厳禁。　**問 37**　ベタナフトール $C_{10}H_7OH$ は、劇物。無色～白色の結晶、石炭酸臭、水に溶けにくく、熱湯に可溶。空気や光線にふれると赤変するから、遮光してたくわえなくてはならない。
問 38　三酸化二砒素(亜砒酸)は、毒物。無色、結晶性の物質。200 ℃に熱すると、溶解せずに昇華する。水にわずかに溶けて亜砒酸を生ずる。貯蔵法は少量ならばガラス壜に密栓し、大量ならば木樽に入れる。　**問 39**　水酸化ナトリウム(別名：苛性ソーダ)NaOH は、白色結晶性の固体。水と炭酸を吸収する性質が強い。空気中に放置すると、潮解して徐々に炭酸ソーダの皮層を生ずる。貯蔵法については潮解性があり、二酸化炭素と水を吸収する性質が強いので、密栓して貯蔵する。　**問 40**　アクリルアミドは劇物。無色の結晶。水、エタノール、エーテル、クロロホルムに可溶。高温又は紫外線下では容易に重合するので、冷暗所に貯蔵する。

問 41　4
〔解説〕
酒石酸アンチモニルカリウムは劇物。無色又は白色の粉末。水に溶け、アルコールには溶けない。用途は媒染剤、試薬。吸入した場合は鼻、のど、気管支を刺激し、粘膜が侵される。又、皮膚に触れると炎症を起こすことがある。解毒剤は、ジメルカプロール(BAL)。
問 42 ～問 44　　問 42　3　　問 43　2　　問 44　1
〔解説〕
問 42　メタクリル酸は、融点 16 ℃の無色結晶。温水にとけ、アルコールやエーテルに可溶。廃棄方法は、1)燃焼法(ア)おが屑等に吸収させて焼却炉で焼却。(イ)可燃性溶剤とともに火室へ噴霧して焼却。2)活性汚泥法：水で希釈し、アルカリで中和してから活性汚泥処理。　　問 43　塩化チオニル)は劇物。刺激性のある無色の液体。廃棄法は多量のアルカリ水溶液に攪拌しながら少量ずつ加えて、徐々に加水分解させた後、希硫酸を加えて中和するアルカリ法。
問 44　炭酸バリウムは、劇物。白色の粉末。水に溶けにくい。アルコールには溶けない。廃棄法はセメントを用いて固化し、埋立処分する固化隔離法。
問 45 ～問 47　　問 45　1　　問 46　3　　問 47　4
〔解説〕
問 45　シアン酸ナトリウム NaOCN は、白色の結晶性粉末、水に易溶、有機溶媒に不溶。劇物。用途は、除草剤、有機合成、鋼の熱処理に用いられる。
問 46　六弗化タングステンは、無色低沸点液体。ベンゼンにに可溶。吸湿性で加水分解を受ける。用途は半導体配線の原料として用いられる。
問 47　2-アミノエタノールは劇物。アンモニア様の香気臭のある液体。用途は洗剤、乳化剤、医薬品その他の合成原料等。
問 48 ～問 50　　問 48　2　　問 49　1　　問 50　3
〔解説〕
問 48　メタノールの毒性は視神経が侵され、失明する場合もある。
問 49　フェノールは、劇物。無色の針状結晶または白色の放射状結晶性の塊。特異の臭気と灼くような味がする。皮膚や粘膜につくと火傷を起こし、その部分は白色となる。内服した場合には、尿は特有な暗赤色を呈する。
問 50　硫酸タリウムは、白色結晶で、水にやや溶け、熱水に易溶、劇物。殺鼠剤。中毒症状は、疝痛、嘔吐、震せん、けいれん麻痺等の症状に伴い、しだいに呼吸困難、虚脱症状を呈する。治療法は、カルシウム塩、システインの投与。抗けいれん剤(ジアゼパム等)の投与。

（農業用品目）
問 31 ～問 35　　問 31　6　　問 32　6　　問 33　3　　問 34　5　　問 35　2
〔解説〕
問 31　エチレンクロルヒドリンは、除外される濃度はない。
問 32　メチルイソチオシアネートは、除外される濃度はない。
問 33　ジメチルジチオホスホリルフェニル酢酸エチル(フェントエート、PAP)は、３%以下は劇物から除外。　　問 34　ベンフラカルブは、６%以下は劇物から除外。　　問 35　イソキサチオンは、２%以下は劇物から除外。
問 36 ～問 38　　問 36　1　　問 37　3　　問 38　2
〔解説〕
問 36　塩素酸ナトリウム $NaClO_3$ は酸化剤なので、希硫酸で $HClO_3$ とした後、これを還元剤中へ加えて酸化還元後、多量の水で希釈処理する還元法。
問 37　EPN は毒物。芳香臭のある淡黄色油状または白色結晶で、水には溶けにくい。一般の有機溶媒には溶けやすい。TEPP 及びパラチオンと同じ有機燐化合物である。可燃性溶剤とともにアフターバーナー及びスクラバーを具備した焼却炉の火室へ噴霧し、焼却する燃焼法。　　問 38　クロルピクリン CCl_3NO_2 は、無色～淡黄色液体、催涙性、粘膜刺激臭。廃棄方法は少量の界面活性剤を加えた亜硫酸ナトリウムと炭酸ナトリウムの混合溶液中で、攪拌し分解させた後、多量の水で希釈して処理する分解法。

問 39 ～問 43　問 39　1　問 40　3　問 41　2　問 42　4　問 43　5
〔解説〕
問 39　トリシクラゾールは、劇物、無色無臭の結晶、水、有機溶媒にはあまり溶けない。農業用殺菌剤(イモチ病に用いる。)(メラニン生合成阻害殺菌剤)。
問 40　硫酸タリウム Tl_2SO_4 は、劇物。白色結晶で、水にやや溶け、熱水に易溶、用途は殺鼠剤。　問 41　塩酸レバミゾールは劇物。白色の結晶性粉末。用途は松枯れ防止剤。　問 42　パラコートは、毒物で、ジピリジル誘導体で無色結晶性粉末、水によく溶け低級アルコールに僅かに溶ける。アルカリ性では不安定。用途は除草剤。　問 43　クロルメコートは、劇物、白色結晶で魚臭、非常に吸湿性の結晶。用途は植物成長調整剤。

問 44　3
〔解説〕
シアン化ナトリウム NaCN は毒物。白色粉末、粒状またはタブレット状。別名は青酸ソーダという。水に溶けやすく、水溶液は強アルカリ性である。空気中では湿気を吸収し、二酸化炭素と作用して、有毒なシアン化水素を発生する。無機シアン化化合物の中毒は、猛毒の血液毒、チトクローム酸化酵素系に作用し、呼吸中枢麻痺を起こす。治療薬は亜硝酸ナトリウムとチオ硫酸ナトリウム。

問 45 ～問 47　問 45　4　問 46　1　問 47　3
〔解説〕
問 45　ブロムメチル CH_3Br は常温では気体なので、圧縮冷却して液化し、圧縮容器に入れ、直射日光その他、温度上昇の原因を避けて、冷暗所に貯蔵する。
問 46　アンモニア水は無色刺激臭のある揮発性の液体。ガスが揮発しやすいため、よく密栓して貯蔵する。　問 47　シアン化水素 HCN は、無色の気体または液体、特異臭(アーモンド様の臭気)、弱酸、水、アルコールに溶ける。毒物。貯法は少量なら褐色ガラス瓶、多量なら銅製シリンダーを用いる。日光及び加熱を避け、通風の良い冷所に保存。きわめて猛毒であるから、爆発性、燃焼性のものと隔離すべきである。

問 48 ～問 50　問 48　3　問 49　2　問 50　1
〔解説〕
問 48　沃化メチル CH_3I は、無色又は淡黄色透明の液体。劇物。中枢神経系の抑制作用および肺の刺激症状が現れる。皮膚に付着して蒸発が阻害された場合には発赤、水疱形成をみる。　問 49　ジメトエートは、有機燐製剤であり、白色固体で水で徐々に加水分解。有機燐製剤なのでアセチルコリンエステラーゼの活性阻害をするので、神経系に影響が現れる。　問 50　燐化亜鉛は、灰褐色の結晶又は粉末。かすかにリンの臭気がある。酸と反応して有毒なホスフィン PH3 を発生。嚥下吸入したときに、胃及び肺で胃酸や水と反応してホイフィンを生成することにより中毒症状を発現する。

〔実地試験〕

(一般)

問 81 ～問 85　問 81　4　問 82　1　問 83　2　問 84　5　問 85　1
〔解説〕
問 81　メチルアミン(CH_3NH_2)は劇物。無色でアンモニア臭のある気体。メタノール、エタノールに溶けやすく、引火しやすい。また、腐食が強い。
問 82　ジメチルエチルスルフィニルイソプロピルチオホスフェイト(別名 ESP)は劇物。黄色油状の液体。水、有機溶媒に可溶。石油、石油エーテルに不溶。アルカリで分解する。　問 83　塩化第一水銀は、劇物。別名「甘汞」。白色の粉末。水に不溶、王水に可溶。アルコール、エーテルに不溶。水酸化ナトリウムを加えると黒色の亜酸化水銀が沈殿する。　問 84　キノリンは劇物。無色または淡黄色の特有の不快臭をもつ液体。水、アルコール、エーテル二硫化炭素に可溶。
問 85　アジ化ナトリウムは、毒物。0.1 %は毒物から除外。無色板状結晶、水に溶けアルコールに溶け難い。エーテルに不溶。徐々に加熱すると分解し、窒素とナトリウムを発生。用途は試薬、医療検体の防腐剤、エアバッグのガス発生剤、除草剤としても用いられる。

問 86 ～問 90　問 86　3　問 87　1　問 88　4　問 89　5　問 90　2

〔解説〕

問 86　一酸化鉛は劇物。黄色又は橙色。粉末又は粒状。水に極めて溶けにくい。硝酸、酢酸、アルカリに可溶。硫化水素で黒色の硫化鉛を沈殿する。これは希塩酸、希硝酸に溶ける。　問 87　沃素(別名ヨード、ヨジウム))は劇物。黒灰色、金属様の光沢ある稜板状結晶。常温でも多少不快な臭気をもつ蒸気をはなって揮散する。水には黄褐色を呈して、ごくわずかに溶ける。澱粉にあうと藍色(ヨード澱粉)を呈し、これを熱すると退色する。　問 88　弗化水素酸は毒物。弗化水素の水溶液で無色またはわずかに着色した透明の液体。特有の刺激臭がある。不燃性。濃厚なものは空気中で白煙を生ずる。ガラスを腐食する作用がある。ろうを塗ったガラス板に針で任意の模様を描いたものに、この薬物を塗るとろうをかぶらない模様の部分は腐食される。　問 89　クロロホルム $CHCl_3$(別名トリクロロメタン)は、無色、揮発性の液体で特有の香気とわずかな甘みをもち、麻酔性がある。ベタナフトールと濃厚水酸化カリウム溶液と熱すると藍色を呈し、空気にふれて緑より褐色に変じ、酸を加えると赤色の沈殿を生じる。

問 90　ニコチンは、毒物、無色無臭の油状液体だが空気中で褐色になる。殺虫剤。硫酸酸性水溶液に、ピクリン酸溶液を加えると黄色結晶を沈殿する。

（農業用品目）

問 81 ～問 85　問 81　3　問 82　3　問 83　1　問 84　5　問 85　1

〔解説〕

問 81　メソミル(別名メトミル)は 45 %以下を含有する製剤は劇物。白色結晶。水、メタノール、アルコールに溶ける。カルバメート剤なので、解毒剤は硫酸アトロピン(PAM は無効)、SH 系解毒剤の BAL、グルタチオン等。用途は殺虫剤。問 82　シアン酸ナトリウム NaOCN は、白色の結晶性粉末、水に易溶、有機溶媒に不溶。熱水で加水分解。劇物。　問 83　ジメチルエチルスルフィニルイソプロピルチオホスフェイト(別名 ESP)は劇物。黄色油状の液体。水、有機溶媒に可溶。石油、石油エーテルに不溶。アルカリで分解する。　問 84　アセトニトリル CH3CN は劇物。エーテル様の臭気を有する無色の液体。水、メタノール、エタノールに可溶。用途は有機合成原料、合成繊維の溶剤など。　問 85　ジメチルメチルカルバミルチオエチルチオホスフエイトは、劇物。白色ワックス状または脂肪状の固体。水に可溶。シクロヘキサン、石油、エーテル以外の有機溶媒にも可溶。熱、アルカリには不安定だが、酸には安定。用途は、果樹のハダニ、アブラムシマグロヨコバイのハダニ、アブラムシの防除。

問 86 ～問 90　問 86　2　問 87　3　問 88　1　問 89　5　問 90　4

〔解説〕

問 86　クロルピクリン CCl_3NO_2 は、無色～淡黄色液体、催涙性、粘膜刺激臭。本品の水溶液に金属カルシウムを加え、これにベタナフチルアミン及び硫酸を加えると、赤色の沈殿を生じる。　問 87　ニコチンは、毒物、無色無臭の油状液体だが空気中で褐色になる。殺虫剤。硫酸酸性水溶液に、ピクリン酸溶液を加えると黄色結晶を沈殿する。　問 88　硫酸 H_2SO_4 は無色の粘張性のある液体。強力な酸化力をもち、また水を吸収しやすい。水を吸収するとき発熱する。木片に触れるとそれを炭化して黒変させる。硫酸の希釈液に塩化バリウムを加えると白色の硫酸バリウムが生じるが、これは塩酸や硝酸に溶解しない。

問 89　無水硫酸銅 $CuSO_4$ は、無水硫酸銅は灰白色粉末、これに水を加えると五水和物 $CuSO_4・5H_2O$ になる。これは青色ないし群青色の結晶、または顆粒や粉末。水に溶かして硝酸バリウムを加えると、白色の沈殿を生ずる。

問 90　アンモニア水は、アンモニア NH_3 が気化し易いので、濃塩酸を近づけると塩化アンモニウムの白い煙を生じる。

山梨県
令和５年度実施
※特定品目はありません

山梨県

〔法　規〕
（一般・農業用品目共通）
問題１　4
〔解説〕
法第２条第２項〔定義・劇物〕。解答のとおり。
問題２　4
〔解説〕
この設問ではイとエが正しい。イは法第３条の２第４項に示されている。エは法第３条の２第８項に示されている。なお、アの特定毒物使用者は、特定毒物を製造できる者は、毒物又は劇物製造業者と特定毒物研究者である。ウは特定毒物研究者は学術研究のため特定毒物を輸入することができる。特定毒物を輸入することができる者は、毒物又は劇物輸入業者と特定毒物研究者である。
問題３　1
〔解説〕
法第３条の３→施行令第 32 条の２による品目→①トルエン、②酢酸エチル、トルエン又はメタノールを含有する接着剤、塗料及び閉そく用またはシーリングの充てん料は、みだりに摂取、若しくは吸入し、又はこれらの目的で所持してはならい。このことからウのみが該当しない。
問題４　1
〔解説〕
アは、法第３条第１項〔禁止規定〕。イとウは法第４条第３項〔営業の登録・更新〕。
問題５　5
〔解説〕
この設問では、イのみが誤り。イは毒物劇物販売業の登録を受けていないとあることから毒物劇物営業者に該当しないので、自ら製造した毒物又は劇物を販売又は授与できない。なお、アは法第４条の３〔販売業の登録の種類〕に示されている。ウは法第５条〔登録基準〕に示されている。ウは法第６条第三号〔登録事項〕に示されている。
問題６　3
〔解説〕
この設問は法第７条〔毒物劇物取扱責任者〕及び法第８条〔毒物劇物取扱責任者の資格〕についてで、イとエが正しい。イは法第８条第２項第一号に示されている。エは法第８条第１項に示されている。なお、アは法第７条第１項により、自ら毒物劇物取扱責任者になることができる。ウは法第７条第３項で毒物劇物営業者は毒物劇物取扱責任者を置いたときは、30 日以内にその所在地の都道府県知事に届けでなければならないである。
問題７　2
〔解説〕
法第 11 条第４項〔毒物又は劇物の取扱・飲食物容器使用禁止〕。解答のとおり。
問題８　3
〔解説〕
施行令第 40 条の５第二号→施行規則第 13 条の５〔毒物又は劇物を運搬する車両に掲げる標識〕。解答のとおり。
問題９　5
〔解説〕
法第 14 条第４項に示されている。
問題 10　3
〔解説〕
施行令第 40 条〔廃棄の方法〕。解答のとおり。

問題 11　5

〔解説〕

この設問は法第 10 条〔届出〕のことで、イのみが誤り。イの法人の代表者を変更した場合については届け出を要しない。なお、ア、ウ、エは法第 10 滋養第 1 項第一号に示されている。

問題 12　2

〔解説〕

特定毒物は、2の四アルキル鉛。法第 2 条第 3 項〔定義・特定毒物〕→法別表第三に掲げられている。なお、シアン化ナトリウム、セレン、硫化燐、水銀は毒物。

問題 13　4

〔解説〕

この設問は法第 22 条〔業務上取扱者の届出等〕についてで、届出を要する事業はどれかとあるので、ウとエが正しい。届出を要する事業者については、次のとおりである。①シアン化ナトリウム又は無機シアン化合物たる毒物及びこれを含有する製剤→電気めっきを行う事業、②シアン化ナトリウム又は無機シアン化合物たる毒物及びこれを含有する製剤→金属熱処理を行う事業、③最大積載量 5,000kg 以上の運送の事業〔内容積が厚生労働省令で定める量→四アルキル鉛を含有する製剤は 200L、それ以外の毒物又は劇物は 1,000L〕、④砒素化合物たる毒物及びこれを含有する製剤→しろありの防除を行う事業について使用する者である。

問題 14　1

〔解説〕

この設問は施行規則第 4 条の 4 第 2 項〔販売業の店舗の設備基準〕についてで、ウのみが誤り。ウは毒物又は劇物を陳列する場所には、かぎをかける設備があること〔施行規則第 4 条の 4 第 1 項第三号〕。設問にあるようなただし書はない。

問題 15　2

〔解説〕

この設問は特定毒物における着色規定の基準についで、着色規定が定められていないものは、2である。なお、モノフルオール酢酸塩類を含有する製剤は、深紅色に着色〔施行令第 12 条第二号〕。ジメチルエチルメルカプトエチルチオホスフェイトを含有する製剤は、紅色に着色〔施行令第 17 条第一号〕。モノフルオール酢酸アミドを含有する製剤は、青色に着色〔施行令第 23 条第一号〕。四アルキル鉛を含有する製剤は、赤色、青色、黄色又は緑色に着色〔施行令第 2 条第一号〕。

〔基礎化学〕

（一般・農業用品目・特定品目共通）

問題 16　2

〔解説〕

この食塩水の濃度は、125/(125+500) × 100 = 20%

問題 17　1

〔解説〕

メタンは化合物、空気、石灰水、石油は混合物であり、亜鉛は単体である。

問題 18 ～ 20　　問題 18　5　　問題 19　2　　問題 20　3

〔解説〕

解答のとおり

問題 21　5

〔解説〕

1 はメタノール、2 はジエチルエーテル、3 はアセトアルデヒド、4 は酢酸である。

問題 22　5

〔解説〕

CH_3COONa の水溶液は弱塩基性、K_2CO_3 の水溶液は塩基性、NH_4Cl の水溶液は弱酸性を示す。

問題 23　4

〔解説〕

解答のとおり

山梨県

問題 24　3
〔解説〕
エタノール、ブタン、メタンは単結合からのみなる物質であり、アセチレンは単結合と三重結合を有する。
問題 25　4
〔解説〕
水素や窒素を加えると、それらを減らす方向（アンモニアが生成する方）に平衡が移動する。
問題 26　3
〔解説〕
シュウ酸と硫酸は 2 価の酸、酢酸と硝酸は 1 価の酸である。
問題 27　1
〔解説〕
中和は H^+の物質量と OH^-の物質量が等しいときである。よって硫酸のモル濃度を x と置くと、x × 2 × 10 = 0.1 × 1 × 2.0, x = 0.010 mol/L となる。
問題 28　2
〔解説〕
解答のとおり
問題 29　1
〔解説〕
C_4H_{10} の異性体は、ブタンと 2-メチルプロパンの 2 種。C_5H_{12} の異性体は、ペンタンと 2-メチルブタンと 2,2-ジメチルプロパンの 3 種である。
問題 30　4
〔解説〕
フェノールはベンゼンの水素原子 1 つを OH に置換したものであり、弱い酸性を示す。

〔毒物及び劇物の性質及び貯蔵その他取扱方法〕
（一般）

問題 31 ～問題 32　問題 31　3　問題 32　5
〔解説〕
問題 31　過酸化水素は 6 %以下で劇物から除外。　問題 32　ギ酸は 90 %以下は劇物から除外。
問題 33 ～問題 35　問題 33　2　問題 34　1　問題 35　3
〔解説〕
問題 33　三酸化二砒素 AS_2O_3(別名亜砒酸)は、毒物。無色で、結晶性の物質。200 度に熱すると溶解せずに昇華する。水にわずかに溶けて、亜砒酸を生ずる。苛性アルカリには容易に溶け、亜砒酸のアルカリ塩を生ずる。吸入した場合は、鼻、のど、気管支等の粘膜を刺激し、頭痛、めまい、悪心、チアノーゼを起こす。はなはだしい場合には血色素尿を排泄し、肺水腫を起こし、呼吸困難を起こす。解毒剤は、BAL。　問題 34　塩化カドミウムは劇物。無水物のほか 2.5 水和物が一般に流通している。無水物は吸湿性の結晶。水溶性でアセトンにも溶ける。水和物は風解性の顆粒または結晶。水に易溶。吸入した場合は、カドミウム中毒を起こすことがある。眼に入ると粘膜を激しく刺激する。解毒剤はエデト酸カルシウムナトリウム。　問題 35　DDVP は、有機燐製剤で接触性殺虫剤。無色油状、水に溶けにくく、有機溶媒に易溶。水中では徐々に分解。有機燐製剤なのでコリンエステラーゼ阻害。解毒剤は 2 －ピリジルアルドキシムメチオダイド(PAM)。
問題 36 ～問題 38　問題 36　4　問題 37　3　問題 38　1
〔解説〕
問題 36　ナトリウム Na は、湿気、炭酸ガスから遮断するために石油中に保存。
問題 37　シアン化カリウム KCN は、白色、潮解性の粉末または粒状物、空気中では炭酸ガスと湿気を吸って分解する(HCN を発生)。また、酸と反応して猛毒の HCN(アーモンド様の臭い)を発生する。本品は猛毒性である。貯蔵法は、密封して、乾燥した場所に強力な酸化剤、酸、食品や飼料、二酸化炭素、水や水を含む生成物から離して貯蔵する。　問題 38　弗化水素酸(弗酸)は、毒物。弗化水素の水溶液で無色またわずかに着色した透明の液体。水にきわめて溶けやすい。貯蔵法は銅、鉄、コンクリートまたは木製のタンクにゴム、鉛、ポリ塩化ビニルあるいはポリエチレンのライニングをほどこしたものに貯蔵する。

問題 39 ～問題 40　問題 39　5　　問題 40　4

〔解説〕

問題 39　クロロホルム $CHCl_3$(別名トリクロロメタン)は劇物。無色の独特の甘味のある香気を持ち、水にはほとんど溶けず、有機溶媒によく溶ける。比重は 15 度で 1.498。火災の高温面や炎に触れると有毒なホスゲン、塩化水素、塩素を発生することがある。硫黄、燐を溶解する。　**問題 40**　フェノール C_6H_5OH(別名石炭酸、カルボール)は、劇物。色の針状結晶、または白色の放射状結晶塊。特異の臭気を有し、空気中で容易に赤変する。水溶液に過クロール鉄液を加えると紫色を呈する。なお、キシレン $C_6H_4(CH_3)_2$(別名キシロール、ジメチルベンゼン、メチルトルエン)は、無色透明な液体で o-、m-、p-の 3 種の異性体がある。水にはほとんど溶けず、有機溶媒に溶ける。蒸気は空気より重い。　アクロレイン CH_2CHCHO は、劇物。無色又は帯黄色の液体。刺激臭がある。引火性である。水に可溶。アルカリ性物質及び酸化剤と接触させない。臭化メチル(ブロムメチル) CH_3Br は、劇物。本来無色無臭の気体だが、クロロホルム様の臭気をもつ。通常は気体で蒸気は空気より重い。

問題 41 ～問題 44　問題 41　2　　問題 42　5　　問題 43　4　　問題 44　3

〔解説〕

問題 41　メソミル(別名メトミル)は、劇物。白色の結晶。水、メタノール、アセトンに溶ける。カルバメート剤で、コリンエステラーゼ阻害作用がある。解毒剤は硫酸アトロピン(PAM は無効)、SH 系解毒剤の BAL、グルタチオン等。

問題 42　ジメチル硫酸は劇物。わずかに臭いがある。水と反応して硫酸水素メチルとメタノールを生ずる。のど、気管支、肺などが激しく侵される。また、皮膚から吸収された全身中毒を起こし、致命的となる。疲労、痙攣、麻痺、昏睡を起こして死亡する。　**問題 43**　メタノール(メチルアルコール)CH_3OH は無色透明、揮発性の液体で水と随意の割合で混合する。火を付けると容易に燃える。: 毒性は頭痛、めまい、嘔吐、視神経障害、失明。致死量に近く摂取すると麻酔状態になり、視神経がおかされ、目がかすみ、ついには失明することがある。

問題 44　水銀の慢性中毒（水銀中毒）の主な症状は、内分泌系・神経系・腎臓などを侵し、その他口腔・歯茎・歯などにも影響を与える。また、脳障害等も引き起こす。

問題 45　1

〔解説〕

常温、常圧で気体のものは、アのメチルメルカプタンとイの塩化水素。次のとおり。メチルメルカプタン CH_4S は、毒物。腐ったキャベツ状の悪臭のある気体。水に可溶。塩化水素 HCl は、劇物。常温で無色の刺激臭のある気体。腐食性を有し、不燃性。なお、アニリン $C_6H_5NH_2$ は、新たに蒸留したものは無色透明油状液体、光、空気に触れて赤褐色を呈する。特有な臭気。水には難溶、有機溶媒には可溶。劇物。　四塩化炭素(テトラクロロメタン)CCl_4 は、特有な臭気をもつ不燃性、揮発性無色液体、水に溶けにくく有機溶媒には溶けやすい。

（農業用品目）

問題 31 ～問題 35　問題 31　3　　問題 32　5　　問題 33　1　　問題 34　2
問題 35　4

〔解説〕

問題 31　弗化スルフリル(SO_2F_2)は毒物。無色無臭の気体。水に溶ける。クロロホルム、四塩化炭素に溶けやすい。アルコール、アセトンにも溶ける。水では分解しないが、水酸化ナトリウム溶液で分解される。　**問題 32**　ジメチルメチルカルパミルチオエチルチオホスフエイトは、劇物。白色ワックス状または脂肪状の固体。水に可溶。シクロヘキサン、石油、エーテル以外の有機溶媒にも可溶。熱、アルカリには不安定だが、酸には安定。　**問題 33**　ジクワットは、劇物で、ジピリジル誘導体で淡黄色結晶、水に溶ける。土壌等に強く吸着されて不活性化する性質がある。アルカリ溶液で薄める場合は、２～３時間以上貯蔵できない。腐食性。　**問題 34**　DDVP(別名ジクロルボス)は無色の液体。アルコールその他の非極性溶媒に可溶である。水中では徐々に分解する。　**問題 35**　沃化メチル CH_3I(別名ヨードメタン、ヨードメチル)は、エーテル様臭のある無色又は淡黄色透明の液体で、水に溶け、空気中で光により一部分解して褐色になる。

問題 36 ～問題 38　問題 36　5　　問題 37　1　　問題 38　4
〔解説〕
問題 36　クロルメコートは、劇物、白色結晶で魚臭、非常に吸湿性の結晶。エーテルに不溶。水、アルコールに可溶。用途は植物成長調整剤。
問題 37　カルタップは、劇物。２％以下は劇物から除外。無色の結晶。水、メタノールに溶ける。アセトン、エーテル、ベンゼンにはほとんど溶けない。用途は農薬の殺虫剤(ネライストキシン系殺虫剤)。　問題 38　ナラシンは毒物(１％以上～ 10%以下を含有する製剤は劇物。)アセトン－水から結晶化させたものは白色～淡黄色。特有な臭いがある。用途は飼料添加物。
問題 39 ～問題 40　問題 39　3　　問題 40　2
〔解説〕
問題 39　カズサホス 10 %以下を含有する製剤は劇物で、それ以上含有する製剤は毒物。　問題 40　イソフェンホスは５%を超えて含有する製剤は毒物。ただし、５%以下は毒物から除外。イソフェンホスは５%以下は劇物。

山梨県

問題 41　4
〔解説〕
ロテノンを含有する製剤は空気中の酸素により有効成分が分解して殺虫効力を失い、日光によって酸化が著しく進行することから、密栓及び遮光して貯蔵する。
問題 42 ～問題 45　問題 42　1　問題 43　2　問題 44　3　問題 45　5
〔解説〕
問題 42　燐化亜鉛 Zn_3P_2 は、灰褐色の結晶又は粉末。かすかにリンの臭気がある。ベンゼン、二硫化炭素に溶ける。酸と反応して有毒なホスフィン PH3 を発生。ホスフィンにより嘔吐、めまい、呼吸困難などが起こる。
問題 43　エチレンクロルヒドリンを吸入した場合は吐気、嘔吐、頭痛及び胸痛等の症状を起こすことがある。皮膚にふれた場合は、皮膚を刺激し、皮膚からも吸収され吸入した場合と同様の中毒症状を起こすことがある。
問題 44　無機銅塩類(硫酸銅等。ただし、雷銅を除く)の毒性は、亜鉛塩類と非常によく似ており、同じような中毒症状をおこす。緑色、または青色のものを吐く。のどが焼けるように熱くなり、よだれがながれ、しばしば痛むことがある。急性の胃腸カタルをおこすとともに血便を出す。
問題 45　ブラストサイジン S は、:劇物。白色針状結晶。水、酢酸に溶けるが、メタノール、エタノール、アセトン、ベンゼンにはほとんど溶けない。中毒症状は、振せん、呼吸困難。目に対する刺激特に強い。

〔実　地〕

（一般）

問題 46 ～問題 55
問題 46　2　問題 47　4　問題 48　3　問題 49　1　問題 50　5
問題 51　4　問題 52　5　問題 53　2　問題 54　3　問題 55　1
〔解説〕
解答のとおり。
問題 56 ～問題 58　問題 56　1　　問題 57　2　　問題 58　5
〔解説〕
問題 56　ピクリン酸($C_6H_2(NO_2)_3OH$)は、淡黄色の針状結晶で、急熱や衝撃で爆発。ピクリン酸による羊毛の染色(白色→黄色)。　問題 57　四塩化炭素の確認方法はアルコール性 KOH と銅粉末とともに煮沸により黄赤色沈殿を生成する。
問題 58　一酸化鉛 PbO は、重い粉末で、黄色から赤色までの間の種々のものがある。希硝酸に溶かすと、無色の液となり、これに硫化水素を通じると、黒色の沈殿を生じる。
問題 59　2
〔解説〕
解答のとおり。

問題 60　4

〔解説〕

シュウ酸$(COOH)_2$・$2H_2O$ は無色の柱状結晶、風解性、還元性、漂白剤、鉄さび落とし。無水物は白色粉末。還元性があるので、過マンガン酸カリウム $KMnO_4$(酸化剤、濃い紫色）と酸化還元反応を起こし、紫色が退色する（MnO_4^- −紫色→ Mn^{2+} ＋無色～肌色)。カルシウムイオン Ca^{2+}により白色沈殿生成(Ca^{2+} ＋ $C_2O_4^{2-}$ → CaC_2O_4)。10 ％以下は劇物除外。廃棄方法は、1)燃焼法(C、H、O のみからなる有機物なので)　あるいは 2)活性汚泥法(2NaOH ＋$(COOH)_2$ → $Na_2(COO)_2$ ＋ $2H_2O$ にしてから活性汚泥)。。

（農業用品目）

問題 46　3

〔解説〕

農業用品目販売業者の登録が受けた者が販売できる品目については、法第四条の三第一項→施行規則第四条の二→施行規則別表第一に掲げられている品目である。なお、農業用品目販売業者の登録が受けた者はこのホルムアルデヒド及びシアナミドは販売できない。また、ホルムアルデヒド１％以下は劇物から除外。シアナミドは 10 ％以下は劇物から除外。

問題 47 ～問題 49　問題 47　5　問題 48　2　問題 49　1

〔解説〕

問題 47　硫酸 H_2SO_4 は酸なので廃棄方法はアルカリで中和後、水で希釈する中和法。　問題 48　硝酸亜鉛 $Zn(NO_3)_2$ は、白色固体、潮解性。廃棄法は水に溶かし、消石灰、ソーダ灰等の水溶液を加えて処理し、沈殿ろ過して埋立処分する沈殿法。　問題 49　ブロムメチル(臭化メチル)CH_3Br は、燃焼させると C は炭酸ガス、H は水、ところが Br は HBr(強酸性物質、気体)などになるのでスクラバーを具備した焼却炉が必要となる燃焼法。

問題 50 ～問題 57　問題 50　3　問題 51　4　問題 52　1　問題 53　2
問題 54　2　問題 55　5　問題 56　4　問題 57　3

〔解説〕

解答のとおり。

問題 58 ～問題 60　問題 58　4　問題 59　1　問題 60　5

〔解説〕

解答のとおり。

山梨県

長野県
令和５年度実施

〔法　規〕
（一般・農業用品目・特定品目共通）

第１問　３
〔解説〕
アは法律第１条〔目的〕。イは法第２条第１項〔定義・毒物〕。

第２問　４
〔解説〕
特定毒物は法第２条第３項。４のモノフルオール酢酸アミドが特定毒物。水銀、セレンは毒物。フェノール、ロテノンは劇物。

第３問　３
〔解説〕
法第３条第３項〔禁止規定・販売業の登録〕。解答のとおり。

第４問　３
〔解説〕
法第３条の２における特定毒物についてで、３が正しい。３は法第３条の２第４項に示されている。なお、１の特定毒物を製造できる者は、①毒物又は劇物製造業者、②特定毒物研究者〔法第３条の２第１項〕。２の特定毒物研究者は、学術研究、又その使用することができる者である〔法第３条の２第１項〕。４は特定毒物研究者については、更新ではなく許可制である。このことは法第６条の２〔特定毒物研究者の許可〕に示されている。５については特定毒物研究者になることができる許可の条件については法第６条の２第２項で、学術研究上特定毒物を製造し、又は使用することを必要とする者と示されている。このことからこの設問は誤り。

長野県

第５問　４
〔解説〕
特定毒物である四アルキル鉛の着色基準については施行令第２条第一号〔着色及び表示〕で、赤色、青色、黄色又は緑色に着色と示されている。この設問では施行令で着色が定められていないものとあるので、４の黒色が該当する。

第６問　３
〔解説〕
この設問では、３が正しい。この法第３条の３→施行令第 32 条の２による品目→①トルエン、②酢酸エチル、トルエン又はメタノールを含有する接着剤、塗料及び閉そく用またはシーリングの充てん料は、みだりに摂取、若しくは吸入し、又はこれらの目的で所持してはならい。

第７問　３
〔解説〕
この設問は法第３条の４おける引火性、発火性又は爆発性のある毒物又は劇物について。解答のとおり。

第８問　３
〔解説〕
農業用品目販売業者が販売できるものについては法第４条の３第１項〔販売品目の制限・農業用品目〕→施行規則第４条の２〔農業品目販売業者の取り扱う毒物又は劇物〕→施行規則別表第一に掲げられている品目。この設問では販売できないものとあるので、３のクロロ酢酸ナトリウム。

第９問　４
〔解説〕
特定品目販売業者が販売できるものについては法第４条の３第２項〔販売品目の制限・特定品目〕→施行規則第４条の３〔特定品目販売業者の取り扱う毒物又は劇物〕→施行規則別表第二に掲げられている品目。この設問では販売できないものとあるので、３の四塩化炭素。

第 10 問　１
〔解説〕
法第 12 条第１項〔毒物又は劇物の表示・容器及び被包の表示〕。解答のとおり。

第 11 問　2
〔解説〕
この設問では、c が誤り。c は法第４条の２〔販売業の登録の種類〕で、①一販売業の登録、②農業用品目販売業の登録、③特定品目販売業の登録と示されている。なお、a は法第 10 条第１項第三号〔届出〕に示されている。b は法第４条第３項〔営業の登録・更新〕に示されている。
第 12 問　3
〔解説〕
この設問は施行規則第４条の４第２項〔販売業の店舗の設備基準〕について、a のみが誤り。b は施行規則第４条の４第１項第二号イに示されている。c は施行規則第４条の４第１項第四号に示されている。
第 13 問　3
〔解説〕
この設問で正しいのは、３である。３は法第７条第１項に示されている。なお、１にある毒物劇物取扱責任者について、すべての毒物劇物業務上取扱者を設置を要しない。設置用件は法第７条第１項に示されている。２は法第７条第３項に、30 日以内にその毒物劇物取扱責任者の氏名を届け出なければならない。毒物劇物取扱責任者の資格者について法第８条第１項で、①薬剤師、②厚生労働省令で定める学校で、応用化学に関する学課を修了した者、③都道府県知事が行う毒物劇物取扱者試験に合格した者である。
第 14 問　2
〔解説〕
この設問は法第８条第２項〔毒物劇物取扱責任者の資格〕。解答のとおり。
第 15 問　3
〔解説〕
この設問で誤りは、３である。３の営業時間の変更については何ら届け出を要しない。なお、１は法第９条〔登録の変更〕。２は法第 10 条第１項第一号。３は４法第 10 条第１項第四号。５は法第 10 条第１項第二号。
第 16 問　4
〔解説〕
この設問は法第 12 条第２項第四号〔毒物又は劇物の表示〕→施行規則第 11 条の６第１項第二号ハに示されている。
第 17 問　5
〔解説〕
この設問は法第 13 条における着色する農業用品目のことで、法第 13 条→施行令第 39 条において、①硫酸タリウムを含有する製剤たる劇物、②燐化亜鉛を含有する製剤たる劇物→施行規則第 12 条で、あせにくい黒色に着色しなければならないと示されている。解答のとおり。
第 18 問　4
〔解説〕
法第 15 条第２項〔毒物又は劇物の交付の制限等〕において法第３条の４〔引火性、発火性又は爆発性〕で施行令第 32 条の３で規定されている品目〔①亜塩素酸ナトリウム 30 %↑、②塩素酸塩類 35 %↑、③ナトリウム、④ピクリン酸〕については、施行令施行規則第 12 条の２の６〔交付を受ける者の確認〕に示されている確認をした後、交付することができる。このことから４の亜硝酸ナトリウムが誤り。
第 19 問　2
〔解説〕
法第 14 条第１項〔毒物又は劇物の譲渡手続〕。解答のとおり。
第 20 問　4
〔解説〕
法第 14 条第４項〔毒物又は劇物の譲渡手続・書面の保管〕。
第 21 問　1
〔解説〕
毒物又は劇物の廃棄方法については、施行令第 40 条〔廃棄の方法〕。解答のとおり。

第22問　3
〔解説〕
　この設問は施行令第40条の5〔運搬方法〕についてで、bが誤り。bは施行規則第13条の5〔毒物又は劇物を運搬する車両に掲げる標識〕で、0.3メートル平方の板に地を黒色、文字を白色として「毒」と表示した標識である。なお、aは施行令第40条の5第2項第四号に示されている。cは施行令第40条の5第2項第三号に示されている。
第23問　4
〔解説〕
　この設問は毒物又は劇物の運搬を他に委託する場合、あらかじめ書面を交付する事項は、①毒物又は劇物の名称、②毒物又は劇物の成分及びその含量並びに数量、③事故の際に講じなければならない応急措置の内容。
第24問　5
〔解説〕
　法第17条第2項〔事故の際の措置〕。解答のとおり。
第25問　1
〔解説〕
　この設問の法第22条で規定されている業務上取扱者の届出を要する者とは、①シアン化ナトリウム又は無機シアン化合物たる毒物及びこれを含有する製剤→電気めっきを行う事業、②シアン化ナトリウム又は無機シアン化合物たる毒物及びこれを含有する製剤→金属熱処理を行う事業、③最大積載量5,000kg以上の運送の事業、④砒素化合物たる毒物及びこれを含有する製剤→しろありの防除を行う事業について使用する者である。このことから該当するのは、1である。

〔学　科〕
（一般・農業用品目・特定品目共通）

第26問　5
〔解説〕
　解答のとおり
第27問　4
〔解説〕
　同素体の関係は単体のみで成立し、化合物では成立しない。
第28問　1
〔解説〕
　解答のとおり
第29問　2
〔解説〕
　解答のとおり
第30問　3
〔解説〕
　アルカリ土類金属元素は2価の陽イオンになりやすい。
第31問　2
〔解説〕
　Caは橙赤色、Naは黄色、Liは赤、Kは赤紫色、Cuは青緑色、Baは黄緑色の炎色反応を示す。
第32問　3
〔解説〕
　イオン化傾向の大きい金属は電子を失って（酸化されて）、陽イオンへのなりやすさを順に並べたものである。すなわち、還元力の強さとも言い換えることができる。
第33問　1
〔解説〕
　フェノールフタレインは酸性側で無色、塩基性側で赤色を呈する。
第34問　1
〔解説〕
　-COOH カルボキシ基、$-NO_2$ ニトロ基、-OH ヒドロキシ基、$-SO_3H$ スルホ基

第 35 問　4
〔解説〕
35%食塩水の量を x g とする。(15+0.35x)/(150+x) × 100 = 20, x = 100
第 36 問　3
〔解説〕
LD_{50} の値が小さいほど毒性が大きい。また経口での摂取において、毒物は LD_{50} が 50 mg/kg 以下の物質、劇物は 50 mg/kg を超え 300 mg/kg 以下のものである。
第 37 問　2
〔解説〕
水酸化ナトリウムは白色潮解性の固体であり、その水溶液はアルカリ性を示す。5%以下の含有で劇物から除外される。
第 38 問　3
〔解説〕
塩素酸ナトリウム $NaClO_2$ は白色結晶であり水に溶解する。酸化剤として働き、除草剤や抜染剤として用いられる。濃硫酸と反応して過塩素酸と二酸化塩素を放出する。血液毒として知られている。
第 39 問　4
〔解説〕
無色透明の刺激臭のある液体。空気中の酸素によって一部酸化されギ酸となるため、液性は中性から弱酸性を呈する。1%以下の含有で劇物から除外される。
第 40 問　1
〔解説〕
トリクロル酢酸 CCl_3COOH は潮解性のある無色の結晶でわずかに刺激臭がある。水溶液は強酸性を示し、皮膚や粘膜を腐食する。
第 41 問　2
〔解説〕
クロルピクリン CCl_3NO_2 は純品だと無色の油状液体。市販品は微黄色液体で催涙性が強い。金属腐食性があり、熱により分解する。
第 42 問　4
〔解説〕
キサントプロテイン反応は芳香族アミノ酸のニトロ化に起因するものである。
第 43 問　1
〔解説〕
ホスゲンはアルカリ法により廃棄する。
第 44 問　1
〔解説〕
クロロホルムが漏洩した際は土砂等で堰き止めて、可能な限り回収する。
第 45 問　5
〔解説〕
四アルキル鉛は特定毒物であり、無色可燃性揮発性液体であるため、火気から離してコンクリート製の床面で貯蔵する。

長野県

（農業用品目）

第 37 問　3
〔解説〕
メトミルは白色粉末の劇物で、水・アセトン・メタノールに溶ける。カーバメート系殺虫剤であり、解毒には硫酸アトロピンを用いる。
第 38 問　4
〔解説〕
弗化スルフリルは無色の気体であり、毒物に指定されている。クロロホルムに溶解し、燻蒸剤に用いられる。除外規定はない。
第 39 問　1
〔解説〕
ヨウ化メチルは無色の液体である。
第 40 問　5
〔解説〕
ダイアジノンは有機リン系殺虫剤であるため、解毒には硫酸アトロピンまたは PAM を用いる。

第 41 問　5
〔解説〕
硫酸亜鉛（7 水和物）は無色の結晶で、風解性がある。水溶液は中性であり、水溶液に硫化水素ガスを通じると白色の硫化亜鉛を生じる。
第 42 問　5
〔解説〕
パラコートの摂取により少量ならば嘔吐、全身倦怠感、中等量では嘔吐・下痢、口腔内のただれや潰瘍が形成され、重篤な場合は腎障害、肝障害、肺障害を起こし死に至る場合がある。
第 43 問　1
〔解説〕
アンモニア水は塩基性物質なので酸で中和して廃棄する。
第 44 問　5
〔解説〕
ジクワットは土壌に強く吸着される性質がある。そのため、回収できる範囲はできるだけ回収し、その後土壌に吸着させる。
第 45 問　5
〔解説〕
シアン化カリウムは酸と反応して有毒なシアン化水素を発生するので、酸と離して貯蔵する。

長野県

（特定品目）
第 37 問　3
〔解説〕
アンモニアは塩基性であるため、赤色リトマス紙を青変させる。純品は無色刺激臭の気体であり、その水溶液がアンモニア水として一般的に使用される。10%以下で劇物から除外される。
第 38 問　1
〔解説〕
橙赤色の結晶で水に可溶である。酸化力が強く、酸化剤として用いられる。
第 39 問　1
〔解説〕
濃硫酸は無色の液体である。10%以下で劇物から除外される。
第 40 問　2
〔解説〕
無色の液体で可燃性である。蒸気はアセトン臭があり、空気よりも重い。
第 41 問　4
〔解説〕
過酸化水素は強い酸化剤ではあるが、還元作用も有している。
第 42 問　4
〔解説〕
タンパク質のキサントプロテイン反応は硝酸のニトロ化によるものである。
第 43 問　2
〔解説〕
重金属を含むものは焙焼法あるいは固化隔離法などで廃棄する。
第 44 問　2
〔解説〕
酢酸エチルは揮発性の可燃性液体であるため、漏洩した場合は安全な場所に導いたのち泡などで揮発を防ぎ、空の容器に回収する。
第 45 問　1
〔解説〕
過酸化水素水は分解しやすいため、光や金属、有機物などから隔離して保管する。

〔実　地〕

（一般）

第46問～第50問　第46問　2　　第47問　5　　第48問　1
第49問　4　　第50問　3

〔解説〕

第46問　臭素 Br_2 は劇物。赤褐色・特異臭のある重い液体。用途は化学薬品、アニリン染料の製造、酸化剤、殺虫剤、殺菌剤。　**第47問**　クロム酸カリウム K_2CrO_4 は、橙黄色の結晶。（別名：中性クロム酸カリウム、クロム酸カリ）。水に溶解する。またアルコールを酸化する作用をもつ。用途は試薬。

第48問　燐化水素(別名ホスフィン)PH_3 は無色、腐魚臭の気体。気体は自然発火する。水にわずかに溶け、酸素及びハロゲンとは激しく結合する。エタノール、エーテルに溶ける。**第49問**　酢酸エチル $CH_3COOC_2H_5$(別名酢酸エチルエステル、酢酸エステル)は、劇物。強い果実様の香気ある可燃性無色の液体。揮発性がある。蒸気は空気より重い。引火しやすい。水にやや溶けやすい。沸点は水より低い。用途は主に溶剤や合成原料、香料に用いられる。

第50問　硫酸銅(Ⅱ)$CuSO_4$・$5H_2O$ は、濃い青色の結晶。風解性。水に易溶、水溶液は酸性。劇物。工業用の電解液、媒染剤、農業用殺菌剤。

第51問～第52問　第51問　5　　第52問　5

〔解説〕

ヒドラジン(N_2H_4)は、毒物。無色の油状の液体。アルコールに難溶。エーテルに不溶。アンモニア様の強い臭気がある。用途は強い還元剤でロケット燃料にも使用される。医薬、農薬等の原料。

第53問～第54問　第53問　2　　第54問　2

〔解説〕

ベタナフトール $C_{10}H_7OH$ は、劇物。無色～白色の結晶、石炭酸臭、水に溶けにくく、熱湯に可溶。有機溶媒に易溶。遮光保存(フェノール性水酸基をもつ化合物は一般に空気酸化や光に弱い)。劇物、ただし 1%以下は除外。用途は、染料製造原料、防腐剤、試薬。

（一般・農業用品目・特定品目共通）

第55問～第57問　第55問　2　　第56問　3　　第57問　1

〔解説〕

塩酸は塩化水素 HCl の水溶液。無色透明の液体 25 %以上のものは、湿った空気中で著しく発煙し、刺激臭がある。用途は医薬品、農薬、色素の合成など、安価な酸として工業用に多岐にわたり使用される。塩酸は種々の金属を溶解し、水素を発生する。硝酸銀溶液を加えると、塩化銀の白い沈殿を生じる。

（一般）

第58問　5

〔解説〕

弗化水素酸(HF・aq)は毒物。弗化水素の水溶液で無色またはわずかに着色した透明の液体。特有の刺激臭がある。不燃性。濃厚なものは空気中で白煙を生ずる。ガラスを腐食する作用がある。用途はフロンガスの原料。半導体のエッチング剤等。ろうを塗ったガラス板に針で任意の模様を描いたものに、この薬物を塗るとろうをかぶらない模様の部分は腐食される。

第59問　5

〔解説〕

沃素は黒灰色の昇華性があり金属光沢を有する固体で、常温で昇華し、特有のにおいを放つ。用途は、ヨード化合物の製造、分析用、写真感光剤原料、医療用。なお、アニリンは、新たに蒸留したものは無色透明油状液体。ニトロベンゼンは劇物。特有な臭いの淡黄色液体。無水クロム酸は劇物。暗赤色針状結晶。酢酸タリウムは劇物。白色の固体(結晶)。

第60問　4

〔解説〕

黄燐 P_4 は、白色又は淡黄色の固体であり、ニンニク臭。湿った空気中で発火する。空気に触れると発火しやすいので、水中に沈めてビンに入れ、さらに砂を入れた缶の中に固定し冷暗所で貯蔵する。また、水素化砒素(AsH_3)別名アルシンは毒物。無色のニンニク臭を有するガス体。水に溶けやすい。点火すれば無水亜砒酸の白色煙をはなって燃える。硝酸銀にあえば銀を遊離して黒変させる。

長野県

（農業用品目）

第 46 問～第 50 問　第 46 問　5　第 47 問　2　第 48 問　3
第 49 問　1　第 50 問　4

〔解説〕

解答のとおり。

第 51 問～第 52 問　第 51 問　3　第 52 問　1

〔解説〕

解答のとおり。

第 53 問～第 54 問　第 53 問　3　第 54 問　5

〔解説〕

解答のとおり。

第 55 問～第 56 問　第 55 問　3　第 56 問　1

〔解説〕

解答のとおり。

第 57 問　1

〔解説〕

シアン化水素 HCN は、毒物。無色の気体または液体。特異臭(アーモンド様の臭気)、弱酸、水、アルコールに溶ける。用途は殺虫剤、船底倉庫の殺鼠剤、化学分析用試薬。

長野県

第 58 問　2

〔解説〕

アバメクチンは、毒物。類白色結晶粉末。用途は農薬・マクロライド系殺虫剤(殺虫・殺ダニ剤)1.8％以下は劇物。

第 59 問　2

〔解説〕

クロルピリホスは、劇物(1％以下は除外、マイクロカプセル製剤においては 25％以下が除外)。白色の結晶で、有機溶媒に溶けやすく水に溶けにくい。果樹のアオムシ・ハマキムシ等の駆除、シロアリ防除剤として用いられる。有機燐系殺虫剤。なお、カルタップは、劇物。：２％以下は劇物から除外。無色の結晶。水、メタノールに溶ける。ベンゼン、アセトン、エーテルにはほとんど溶けない。ネライストキシン系の殺虫剤。　ベンフラカルブは、劇物。淡黄色粘稠液体。用途は農業殺虫剤(カーバーメート系化合物)。　ダゾメットは劇物で除外される濃度はない。白色の結晶性粉末。用途は芝生等の除草剤。

第 60 問　5

〔解説〕

解答のとおり。

（特定品目）

第 46 問～第 50 問　第 46 問　2　第 47 問　5　第 48 問　1
第 49 問　3　第 50 問　4

〔解説〕

第 46 問　クロム酸ナトリウムは十水和物が一般に流通。十水和物は黄色結晶で潮解性がある。水に溶けやすい。その液は、アルカリ性を示す。また、酸化性があるので工業用の酸化剤などに用いられる。　**第 47 問**　水酸化ナトリウム(別名：苛性ソーダ)NaOH は、は劇物。白色結晶性の固体。水溶液は塩基性を示す。用途は試薬や農薬のほか、石鹸製造などに用いられる。　**第 48 問**　蓚酸は無色の柱状結晶。風解性、還元性、漂白剤、鉄さび落とし。無水物は白色粉末。水、アルコールに可溶。エーテルには溶けにくい。また、ベンゼン、クロロホルムにはほとんど溶けない。無水物は無色無臭の吸湿性を有する。用途は、木・コルク・綿などの漂白剤。その他鉄錆びの汚れ落としに用いる。**第 49 問**　ホルマリンは無色透明な刺激臭の液体。水、アルコールによく混和する。エーテルには混和しない。用途はフィルムの硬化、樹脂製造原料、試薬・農薬等。１％以下は劇物から除外。　**第 50 問**　キシレンは、無色透明な液体で o-、m-、p-の３種の異性体がある。水にはほとんど溶けず、有機溶媒に溶ける。溶剤、染料中間体などの有機合成原料、試薬等。

第 51 問～第 52 問　第 51 問　1　第 52 問　1

〔解説〕

解答のとおり。

第53問～第54問　第53問　5　　第54問　解無し

〔解説〕

解答のとおり。

第55問～第57問　第55問　2　　第56問　3　　第57問　1

〔解説〕

解答のとおり。

第58問　4

〔解説〕

メタノール CH_3OH は特有な臭いの無色透明な揮発性の液体。水に可溶。可燃性。あらかじめ熱灼した酸化銅を加えると、ホルムアルデヒドができ、酸化銅は還元されて金属銅色を呈する。なお、四塩化炭素(テトラクロロメタン)CCl_4 は、特有な臭気をもつ不燃性、揮発性無色液体、水に溶けにくく有機溶媒には溶けやすい。強熱によりホスゲンを発生。確認方法はアルコール性 KOH と銅粉末とともに煮沸により黄赤色沈殿を生成する。　過酸化水素水は劇物。無色透明の濃厚な液体で、弱い特有のにおいがある。強く冷却すると稜柱状の結晶となる。不安定な化合物であり、常温でも徐々に水と酸素に分解する。酸化力、還元力を併有している。過マンガン酸カリウム水溶液(硫酸酸性)と反応させると酸素が発生した。クロロホルム $CHCl_3$(別名トリクロロメタン)は、無色、揮発性の液体で特有の香気とわずかな甘みをもち、麻酔性がある。アルコール溶液に、水酸化カリウム溶液と少量のアニリンを加えて　熱すると、不快な刺激性の臭気を放つ。

アンモニア水は無色透明、刺激臭がある液体。アルカリ性を呈する。アンモニア NH_3 は空気より軽い気体。濃塩酸を近づけると塩化アンモニウムの白い煙を生じる。

第59問　5

〔解説〕

塩素 Cl_2 は劇物。黄緑色の気体で激しい刺激臭がある。冷却すると、黄色溶液を経て黄白色固体。水にわずかに溶ける。なお、酢酸エチルは、劇物。強い果実様の香気ある可燃性無色の液体。揮発性がある。蒸気は空気より重い。引火しやすい。水にやや溶けやすい。　トルエン $C_6H_5CH_3$(別名トルオール、メチルベンゼン)は劇物。特有な臭いの無色液体。水に不溶。比重1以下。可燃性。蒸気は空気より重い。揮発性有機溶媒。麻酔作用が強い。　キシレン $C^6H^4(CH^3)^2$ は劇物。無色透明の液体で芳香族炭化水素特有の臭いがある。水にはほとんど溶けず、有機溶媒に溶ける。蒸気は空気より重い。引火性がある。　アンモニア NH_3 は、劇物。10%以下で劇物から除外。特有の刺激臭がある無色の気体で、圧縮することにより、常温でも簡単に液化する。水、エタノール、エーテルに可溶。強いアルカリ性を示し、腐食性は大。水溶液は弱アルカリ性を呈する。空気中では燃焼しないが、酸素中では黄色の炎を上げて燃焼する。

第60問　5

〔解説〕

水酸化カリウム水溶液＋酒石酸水溶液→白色結晶性沈澱(酒石酸カリウムの生成)。不燃性であるが、アルミニウム、鉄、すず等の金属を腐食し、水素ガスを発生。これと混合して引火爆発する。水溶液を白金線につけガスバーナーに入れると、炎が紫色に変化する。

岐阜県
令和５年度実施

〔毒物及び劇物に関する法規〕
（一般・農業用品目・特定品目共通）

問１　2
〔解説〕
この設問は法第２条〔定義〕についてで、c が誤り。c は、医薬部外品及び化粧品以外ではなく、医薬品及び医薬部外品以外のものをいう〔法第２条第２項〕。なお、a は法第２条第１項〔定義・毒物〕。b は法第２条第３項〔定義・特定毒物〕。

問２　5
〔解説〕
この設問で正しいのは、b のみである。b は法第３条第１項〔禁止規定〕に示されている。なお、a は例え授与の目的であっても輸入することはできない。毒物又は劇物を輸入できるのは、毒物又は劇物輸入業者と特定毒物研究者である。c は法第３条第３項ただし書規定により、自ら製造した毒物を毒物劇物営業者に販売できる。

問３　2
〔解説〕
この設問はすべて誤り。a について、自家消費する目的とあることから法第３条第１項において、毒物又は劇物を販売又は授与の目的と示されているとあり、法第４条における登録を要しない。b の薬局開設者については、新たに毒物又は劇物販売業の登録を要する。c の毒物又は劇物一般販売業者は、販売品目の制限はない。

岐阜県

問４　1
〔解説〕
この設問はすべて正しい。a は法第３条の２第５項に示されている。b は法第３条の２第１項に示されている。c は法第３条の２第 11 項に示されている。

問５　5
〔解説〕
この設問は法第３条の３おける興奮、幻覚又は麻酔の作用のある毒物又は劇物について。解答のとおり。

問６　3
〔解説〕
この設問では b が誤り。b は法第４条第１項〔営業の登録〕により、店舗ごとに登録を受ける。なお、a は法第４条第２項に示されている。c は施行令第 35 条第１項〔登録票又は許可証の書換え交付〕に示されている。

問７　1
〔解説〕
この設問は施行規則第４条の４〔製造所等の設備〕についで、すべて正しい。
a は施行規則第４条の４第１項第一号ロに示されている。b は施行規則第４条の４第１項第一号イに示されている。c は施行規則第４条の４第１項第二号イに示されている。

問８　4
〔解説〕
この設問は法第８条〔毒物劇物取扱責任者の資格〕のことで、a は誤り。a は法第８条第４項により、輸入業の営業所若しくは農業用品目の販売業の店舗において毒物劇物取扱責任者になることができる。b は法第８条第１項第二号に示されている。c は法第８条第２項第一号に示されている。

問９　5
〔解説〕
この設問では c のみが正しい。c は法第７条第２項に示されている。なお、a は法第７条第１項により、毒物劇物取扱責任者は毒物又は劇物による保健衛生上に当たらせなければならないである。b は、毒物劇物取扱責任者を置かなくてもよい。

問10　2
〔解説〕
この設問は法第10条〔届出〕についてで、aとcが該当する。aは法第10条第1項に示されている。cは法第10条第1項第三号→施行規則第10条の2〔営業者の届出事項〕に示されている。なお、bとdは届け出を要しない

問11　4
〔解説〕
法第12条〔毒物又は劇物の表示〕についてで、cのみが正しい。cは法第12条第3項に示されている。なお、aは法第12条第1項で、赤地に白色をもって「毒物」の文字を表示しなければならないである。bも法第12条1項で、白地に赤色をもって「劇物」の文字を表示しなければならないである。

問12　5
〔解説〕
法第12条第2項第三号における容器及び被包に解毒剤の名称を表示→施行規則第11条の5で、有機燐化合物及びこれを含有する製剤について解毒剤として、①2－ピリジルアルドキシムメチオダイドの製剤(別名PAM)、②硫酸アトロピンの製剤である。このことから5が正しい。

問13　5
〔解説〕
法第12条第2項第四号→施行規則第11条の6第二号イ〔取扱及び使用上特に必要な表示事項〕に示されている。解答のとおり。

問14　2
〔解説〕
法第14条第1項〔毒物又は劇物の譲渡手続〕における販売又は授与したときに書面に記載する事項は、①毒物又は劇物の名称及び数量、②販売又は授与の年月日、③譲受人の氏名、職業及び住所(法人にあっては、その名称及び主たる事務所の所在地)。このことからaとcが正しい。

問15　3
〔解説〕
この設問は法第15条〔毒物又は劇物の交付の制限等〕についてで、aとcが正しい。aは法第15条第2項〔毒物又は劇物の交付の制限等〕において法第3条の4〔引火性、発火性又は爆発性〕で施行令第32条の3で規定されている品目〔①亜塩素酸ナトリウム30％↑、②塩素酸塩類35％↑、③ナトリウム、④ピクリン酸〕については、施行令施行規則第12条の2の6〔交付を受ける者の確認〕に示されている確認をした後、交付することができる。cは法第15条第1項第三号に示されている。なお、bの確認にする事項を記載の書面を保存期間は、法第15条第4項で、5年間保存しなければならないである。

問16　3
〔解説〕
この設問は施行令第40条の5〔運搬方法〕についてで、aとdが正しい。aは施行令第40条の5第2項第一号→施行規則第13条の4〔交替して運転する者の同乗〕に示されている。dは施行令第40条の5第2項第四号に示されている。なお、bは施行令第40条の5第2項第一号により交替して運転する者を同乗させなければならないである。cの設問では、水酸化ナトリウム20％を含有する製剤7,000kgを運搬とあることから施行令第40条の5第2項第三号により、2人分備えなければならない。

問17　5
〔解説〕
法第15条の2〔廃棄〕について施行令第40条〔廃棄の方法〕が示されている。このことからbのみが正しい。

問18　2
〔解説〕
解答のとおり。

問19　3
〔解説〕
解答のとおり。

問 20　1

〔解説〕

法第 22 条第 1 項〔業務上取扱者の届出等〕の届出を要する業務上届出者については、次のとおりである。①シアン化ナトリウム又は無機シアン化合物たる毒物及びこれを含有する製剤→電気めっきを行う事業、②シアン化ナトリウム又は無機シアン化合物たる毒物及びこれを含有する製剤→金属熱処理を行う事業、③最大積載量 5,000kg 以上の運送の事業、④砒素化合物たる毒物及びこれを含有する製剤→しろありの防除を行う事業について使用する者である。このことからこの設問はすべて正しい。

〔基礎化学〕

（一般・農業用品目共通）

問 21　2

〔解説〕

四塩化炭素は正四面体形、二酸化炭素は直線形で無極性である。

問 22　3

〔解説〕

イオン化傾向は次の順である。

Li>K>**Ca**>Na>Mg>**Al**>Zn>Fe>**Ni**>Sn>Pb>H>Cu>Hg>Ag>Pt>Au

問 23　4

〔解説〕

原子と中性子の和を質量数と言い、元素記号の左上に記載する。一方、陽子の数と電子の数は等しく、元素記号の左下に記載する。

岐阜県

問 24　3

〔解説〕

Hg 水銀のように、常温で液体の金属も存在する。

問 25　2

〔解説〕

カリウムは 1 価の陽イオンになりやすく、臭素は 1 価の陰イオンになりやすい。

問 26　2

〔解説〕

タンパク質に含まれる芳香族アミノ酸のニトロ化反応により黄色を呈するのがキサントプロテイン反応である。

問 27　5

〔解説〕

水酸化ナトリウムの式量は 40 である。10　g の水酸化ナトリウムの物質量(mol)は、10/40 = 0.25 mol

問 28　2

〔解説〕

10 %塩化ナトリウム水溶液 50　g に含まれる溶質の量は 50 × 10/100 ＝ 5.0　g。この溶液に 10　g の溶質と x　g の溶媒を加えた混合溶液の濃度が 15　%であるから式は、　(5+10)/(50+x) × 100 = 15,　x = 50 g

問 29　4

〔解説〕

酸のモル濃度×酸の価数×酸の体積が、塩基のモル濃度×塩基の価数×塩基の体積と等しいときが中和である。よって x × 2 × 25 ＝ 0.5 × 1 × 30 となり、x ＝ 0.3 mol/L となる。

問 30　5

〔解説〕

1.0×10^{-2} mol/L の塩酸 10 mL には $1.0 \times 10^{-2} \times 10/1000$ mol ＝ 1.0×10^{-4} mol の水素イオンが含まれる。同様に 1.0×10^{-3}　mol/L の水酸化ナトリウム水溶液には 1.0×10^{-5}　mol の水酸化物イオンが含まれる。よってこの混合溶液に含まれる水素イオン濃度は$(1.0 \times 10^{-4} - 1.0 \times 10^{-5}) \times 1000/(10 + 10)$ ＝ 0.0045 mol/L になる。従ってこの溶液の pH は-log[H+]より、 pH = -log 4.5×10^{-3}, = 3-0.65 = 2.35 となる。

〔毒物及び劇物の性質及びその他の取扱方法〕
（一般）

問 31 ～問 35　問 31　4　問 32　3　問 33　1　問 34　5　問 35　2

〔解説〕

問 31　クロロホルム $CHCl_3$ は、無色、揮発性の液体で特有の香気とわずかな甘みをもち、麻酔性がある。空気中で日光により分解し、塩素、塩化水素、ホスゲンを生じるので、少量のアルコールを安定剤として入れて冷暗所に保存。

問 32　シアン化ナトリウム NaCN（別名青酸ソーダ、シアンソーダ、青化ソーダ）は毒物。白色の粉末またはタブレット状の固体。酸と反応して有毒な青酸ガスを発生するため、酸とは隔離して、空気の流通が良い場所冷所に密封して保存する。

問 33　ピクリン酸は爆発性なので、火気に対して安全で隔離された場所に、イオウ、ヨード、ガソリン、アルコール等と離して保管する。鉄、銅、鉛等の金属容器を使用しない。　問 34　カリウム K は、劇物。銀白色の光輝があり、ろう様の高度を持つ金属。カリウムは空気中にそのまま貯蔵することはできないので、石油中に保存する。黄リンは水中で保存。　問 35　四塩化炭素（テトラクロロメタン）CCl4 は、特有な臭気をもつ不燃性、揮発性無色液体、水に溶けにくく有機溶媒には溶けやすい。強熱によりホスゲンを発生。亜鉛または錫メッキした鋼鉄製容器で保管、高温に接しないような場所で保管。

問 36 ～問 40　問 36　3　問 37　1　問 38　2　問 39　5　問 40　4

〔解説〕

問 36　メチルエチルケトンが少量漏えいした場合は、漏えいした液は、土砂等に吸着させて空容器に回収する。多量に漏えいした液は、土砂等でその流れを止め、安全な場所に導き、液の表面を泡で覆い、できるだけ空容器に回収する。

問 37　水酸化バリウムは水にある程度溶けるが、飛散した場合は大部分が粉末あるいは結晶状態であると考えられるので防塵マスクを用いる。

問 38　塩化第二金は劇物。紅色または暗赤色結晶で潮解性がある。腐食性がある。飛散したものは空容器にできるだけ回収し、炭酸ナトリウム、水酸化カルシウム等の水溶液を用いて処理し、そのあと食塩水を用いて処理し、多量の水で洗い流す。　問 39　黄燐は空気により発火し、酸性の五酸化二リンを生成する。したがって表面を速やかに土砂又は多量の水で覆い、水を満たした空容器に回収する。また、酸性ガス用防毒マスクを用いる。　問 40　クロルピリンは有機化合物で揮発性があることから、有機ガス用防毒マスクを用いる。土砂等でその流れを止め、多量の活性炭又は消石灰を散布して覆う。また、至急関係先に連絡して専門家の指示により処理する。

問 41 ～問 45　問 41　1　問 42　5　問 43　3　問 44　4　問 45　2

〔解説〕

問 41　砒素は金属光沢のある灰色の単体である。セメントを用いて固化し、溶出試験を行い溶出量が判定基準以下であることを確認して埋立処分する固化隔離法の他に、回収法がある。　問 42　水酸化カリウム KOH は、強塩基なので希薄な水溶液として酸で中和後、水で希釈処理する中和法。

問 43　塩素酸カリウム $KClO_3$ は、無色の結晶。水に可溶、アルコールに溶けにくい。漏えいの際の措置は、飛散したもの還元剤（例えばチオ硫酸ナトリウム等）の水溶液に希硫酸を加えて酸性にし、この中に少量ずつ投入する。反応終了後、反応液を中和し多量の水で希釈して処理する還元法。　問 44　フェンチオン（MPP）は、劇物。褐色の液体。弱いニンニク臭を有する。各種有機溶媒に溶ける。水には溶けない。廃棄法は、木粉（おが屑）等に吸収させてアフターバーナー及びスクラバーを具備した焼却炉で焼却する焼却法。（スクラバーの洗浄液には水酸化ナトリウム水溶液を用いる。）　問 45　ホスゲンは独特の青草臭のある無色の圧縮液化ガス。蒸気は空気より重い。廃棄法は、アルカリ水溶液（石灰乳又は水酸化ナトリウム水溶液等）中に少量ずつ滴下し、多量の水で希釈して処理するアルカリ法。

問 46 ～問 49　　問 46　5　　問 47　4　　問 48　1　　問 49　2
〔解説〕
　問 46　モノフルオール酢酸ナトリウムは、特毒。重い白色粉末。用途は、野ネズミの駆除に使用される。　　問 47　ケイフッ化亜鉛は、劇物。無水物もあるが、一般には六水和物が流通。六水和物は、白色結晶。用途は、木材防腐剤、コンクリート増強剤。　　問 48　メタクリル酸は、無色結晶。用途は、熱硬化性塗料、接着剤、イオン交換樹脂、共重合によるプラスチック改質等に用いられる。
　問 49　トルエンは、劇物。無色透明でベンゼン様の臭気がある液体。用途は、爆薬、染料、香料、合成高分子材料などの原料、溶剤、分析用試薬として用いられる。
問 50　2
〔解説〕
　2が誤り。次のとおり。ホルマリンはホルムアルデヒド HCHO を水に溶解したもの、無色透明な刺激臭の液体。低温ではパラホルムアルデヒドの生成により白濁または沈澱が生成することがある。還元性大。還元性なので、アルカリ性下で酸化剤で酸化した後、水で希釈処理する。空気中の酸素によって一部酸化されて蟻酸を生じる。

（農業用品目）

問 31 ～問 35　　問 31　3　　問 32　2　　問 33　1　　問 34　4　　問 35　5
〔解説〕
　問 31　ナラシンは毒物(10 %以下は劇物)。白色～淡黄色の粉末。特異な臭い。融点 98 ～ 100 ℃。水にはほとんど溶けない。酢酸エチル（エステル類）、クロロホルム、アセトン（ケトン）、ベンゼン、ジメチルスルフォキシドに極めて溶けやすい 。ヘキサン、石油エーテルにやや溶けにくい。　　問 32　カズサホスは、10 %を超えて含有する製剤は毒物、10 %以下を含有する製剤は劇物。有機燐製剤、硫黄臭のある淡黄色の液体。水に溶けにくい。有機溶媒に溶けやすい。比重 1.05(20 ℃)、沸点 149 ℃。　　問 33　燐化亜鉛は、灰褐色の結晶又は粉末。かすかにリンの臭気がある。水、アルコールには溶けないが、ベンゼン、二硫化炭素に溶ける。酸と反応して有毒なホスフィン PH3 を発生。劇物、1 %以下で、黒色に着色され、トウガラシエキスを用いて著しくからく着味されているものは除かれる。
　問 34　塩素酸カリウム(別名塩素酸カリ)は、無色の結晶。水に可溶。アルコールに溶けにくい。熱すると酸素を発生する。そして、塩化カリとなり、これに塩酸を加えて熱すると塩素を発生する。　　問 35　クロルピクリン(別名トリクロロニトロメタン)は、無色～淡黄色液体で揮発性のある強い刺激臭と催涙性を有する。熱には比較的不安定で、180 ℃以上に熱すると分解するが、引火性はない。酸、アルカリには安定である。金属腐食性が大きい。沸点 112 度、融点マイナス 69 度、比重 1.66。
問 36　1
〔解説〕
　この設問はすべて正しい。
問 37　4
〔解説〕
　a のみが誤り。シアン化ナトリウム NaCN は毒物。白色の粉末、粒状またはタブレット状の固体。水に溶けやすく、水溶液は強アルカリ性である。酸と反応すると、有毒でかつ引火性のガスを発生する。用途はメッキ、写真用、果樹の殺虫剤などに用いられる。廃棄法は水酸化ナトリウム水溶液を加えてアルカリ性(pH11 以上）とし、酸化剤（さらし粉など）の水溶液を加えて成分を酸化分解したのち、硫酸を加え中和し、多量の水で希釈して処理する。貯蔵法は、少量ならばガラス壜、多量ならばブリキ缶あるいは鉄ドラムを用い、酸類とは離して、空気の流通のよい乾燥した冷所に密封して貯蔵する。
問 38 ～問 39　問 38　1　　問 39　2
　イミダクロプリドは劇物。弱い特異臭のある無色結晶。水にきわめて溶けにくい。ただし、2 %以下は劇物から除外。又、マイクロカプセル製剤の場合、12 %以下を含有するものは劇物から除外。用途は野菜等のアブラムシ等の殺虫剤(クロロニコチニル系農薬)。

問 40 ～問 44　問 40　4　問 41　3　問 42　5　問 43　1　問 44　2
〔解説〕
問 40　ジクワットは、劇物で、ジピリジル誘導体で淡黄色結晶。用途は、除草剤。　問 41　ジチアノンは劇物。暗褐色結晶性粉末。用途は殺菌剤(農薬)。
問 42　メチルイソチオシアネートは、劇物。無色結晶。用途は土壌燻蒸剤。
問 43　燐化亜鉛は、灰褐色の結晶又は粉末。かすかにリンの臭気がある。用途は殺鼠剤。　問 44　DDVP は有機燐製剤で用途は、接触性殺虫剤。無色油状液体。水に溶けにくく、有機溶媒に易溶。水中では徐々に分解。
問 45 ～問 47　問 45　3　問 46　2　問 47　1
〔解説〕
問 45　フェンチオン(MPP)は、劇物。褐色の液体。弱いニンニク臭を有する。各種有機溶媒に溶ける。水には溶けない。廃棄法：木粉(おが屑)等に吸収させてアフターバーナー及びスクラバーを具備した焼却炉で焼却する焼却法。(スクラバーの洗浄液には水酸化ナトリウム水溶液を用いる。)　問 46　塩素酸ナトリウム $NaClO_3$ は酸化剤なので、希硫酸で $HClO_3$ とした後、これを還元剤中へ加えて酸化還元後、多量の水で希釈処理する還元法。　問 47　アンモニア NH_3(刺激臭無色気体)は水に極めてよく溶けアルカリ性を示すので、廃棄方法は、水に溶かしてから酸で中和後、多量の水で希釈処理する中和法。
問 48 ～問 50　問 48　4　問 49　2　問 50　1
〔解説〕
解答のとおり。

(特定品目)

問 31 ～問 34　問 31　3　問 32　1　問 33　5　問 34　2
〔解説〕
問 31　過酸化水素水は過酸化水素の水溶液で、無色無臭で粘性の少し高い液体。
問 32　硅弗化ナトリウムは白色の結晶。水に溶けにくく、アルコールには溶けない。　問 33　蓚酸は無色の柱状結晶、風解性、還元性、漂白剤、鉄さび落とし。無水物は白色粉末。水、アルコールに可溶。エーテルには溶けにくい。また、ベンゼン、クロロホルムにはほとんど溶けない。　問 34　メチルエチルケトン(2-ブタノン、MEK)は劇物。アセトン様の臭いのある無色液体。蒸気は空気より重い。引火性。有機溶媒。水に可溶。
問 35 ～問 38　問 35　5　問 36　4　問 37　1　問 38　2
〔解説〕
問 35　クロム酸ナトリウムは酸化性があるので工業用の酸化剤などに用いられる。　問 36　一酸化鉛 PbO(別名密陀僧、リサージ)は劇物。赤色～赤黄色結晶。用途はゴムの加硫促進剤、顔料、試薬等。　問 37　酢酸エチルは無色で果実臭のある可燃性の液体。その用途は主に溶剤や合成原料、香料に用いられる。
問 38　塩素 Cl_2 は、黄緑色の刺激臭の空気より重い気体で、酸化力があるので酸化剤、用途は漂白剤、殺菌剤、消毒剤として使用される(紙パルプの漂白、飲用水の殺菌消毒などに用いられる)。
問 39 ～問 41　問 39　3　問 40　2　問 41　5
〔解説〕
問 39　クロム酸塩の中毒は口と食道が帯赤黄色にそまり、のち青緑色に変化する。腹痛がおこり、緑色のものを吐き出し、血のまじった便をする。重くなると、尿に血がまじり、痙攣を起こしたり、さらに気を失うにいたる。
問 40　トルエンの中毒症状は、蒸気吸入により頭痛、食欲不振、大量で大赤血球性貧血。はじめ興奮期があり、その後深い麻酔状態に陥る。
問 41　塩素 Cl_2 は、黄緑色の窒息性の臭気をもつ空気より重い気体。ハロゲンなので反応性大。水に溶ける。中毒症状は、粘膜刺激、目、鼻、咽喉および口腔粘膜に障害を与える。

問 42 ～問 44　　問 42　3　　問 43　2　　問 44　5

〔解説〕

問 42　クロロホルム $CHCl_3$ は、無色、揮発性の液体で特有の香気とわずかな甘みをもち、麻酔性がある。空気中で日光により分解し、塩素、塩化水素、ホスゲンを生じるので、少量のアルコールを安定剤として入れて冷暗所に保存。

問 43　キシレン $C_6H_4(CH_3)_2$ は、無色透明な液体で o-、m-、p-の 3 種の異性体がある。水にはほとんど溶けず、有機溶媒に溶ける。溶剤。揮発性、引火性があるので火気を避けて冷所に保存する。　問 44　過酸化水素水は過酸化水素の水溶液で、無色無臭で粘性の少し高い液体。徐々に水と酸素に分解(光、金属により加速)する。安定剤として酸を加える。　少量なら褐色ガラス瓶(光を遮るため)、多量ならば現在はポリエチレン瓶を使用し、3 分の 1 の空間を保ち、日光を避けて冷暗所保存。

問 45 ～問 47　　問 45　4　　問 46　3　　問 47　2

〔解説〕

解答のとおり。

問 48 ～問 50　　問 48　4　　問 49　2　　問 50　3

〔解説〕

問 48　一酸化鉛 PbO は、水に難溶性の重金属なので、そのままセメント固化し、埋立処理する固化隔離法。　問 49　アンモニア NH_3 は無色刺激臭をもつ空気より軽い気体。水に溶け易く、その水溶液はアルカリ性でアンモニア水。廃棄法はアルカリなので、水で希釈後に酸で中和し、さらに水で希釈処理する中和法。

問 50　クロム酸ナトリウムは十水和物が一般に流通。十水和物は黄色結晶で潮解性がある。水に溶けやすい。また、酸化性があるので工業用の酸化剤などに用いられる。廃棄方法は還元沈殿法を用いる。

岐阜県

〔毒物及び劇物の識別及び取扱方法〕

（一般）

問 51 ～問 52　問 51　1　　問 52　4

〔解説〕

解答のとおり。

問 53 ～問 54　問 53　2　　問 54　2

〔解説〕

解答のとおり。

問 55 ～問 59　問 55　2　　問 56　4　　問 57　3　　問 58　5　　問 59　1

〔解説〕

問 55　硫酸亜鉛は、水に溶かして硫化水素を通じると、硫化物の沈殿を生成する。硫酸亜鉛の水溶液に塩化バリウムを加えると硫酸バリウムの白色沈殿を生じる。　問 56　セレン Se は毒物。灰色の金属光沢を有するペレットまたは黒色の粉末。水に不溶。鑑別法は炭の上に小さな孔をつくり、脱水炭酸ナトリウムの粉末とともに試料を吹管炎で熱灼すると、特有のニラ臭を出し、冷えると赤色のかたまりとなる。これは濃硫酸に緑色に溶ける。　問 57　硫酸第一錫は劇物。白色粉末。吸湿性がある。水に溶けやすい。空気中で徐々に吸湿して分解し、酸化錫(Ⅱ)になる。　問 58　ナトリウム Na は、銀白色金属光沢の柔らかい金属、湿気、炭酸ガスから遮断するために石油中に保存。空気中で容易に酸化される。水と激しく反応して水素を発生する($2Na + 2H_2O \rightarrow 2NaOH + H_2$)。炎色反応で黄色を呈する。　問 59　二塩化鉛は劇物。無色又は白色の針のような結晶。冷水には溶けにくいが、温水にはたやすく溶ける。

問 60　5

〔解説〕

弗化水素酸(HF・aq)は劇物。弗化水素の水溶液で無色またはわずかに着色した透明の液体。特有の刺激臭がある。不燃性。濃厚なものは空気中で白煙を生ずる。漏えいした場合：風下の人を退避させる。作業する際は必ず保護具を着用する。風上で作業をする。漏えいした液は土砂等でその流れを止め、安全な場所に導き、できるだけ空容器に回収し、徐々に注水してある程度希釈した後、消石灰等の水溶液で処理し、多量の水を用いて洗い流す。、用途はフロンガスの原料。半導体のエッチング剤等。

（農業用品目）

問51～問53　問51　3　問52　4　問53　5

〔解説〕

問51　フルバリネートは５％以下で劇物から除外。　問52　ベンフラカルブは６%以下で劇物から除外。　問53　トリシクラゾールは８％以下で劇物から除外。

問54　3

〔解説〕

農業用品目販売業者の登録が受けた者が販売できる品目については、法第四条の三第一項→施行規則第四条の二→施行規則別表第一に掲げられている品目である。解答のとおり。

問55～問57　問55　2　問56　5　問57　3

〔解説〕

問55　アンモニア水は無色透明、刺激臭がある液体。アルカリ性を呈する。アンモニア NH_3 は空気より軽い気体。濃塩酸を近づけると塩化アンモニウムの白い煙を生じる。　問56　硫酸亜鉛は、水に溶かして硫化水素を通じると、硫化物の沈殿を生成する。硫酸亜鉛の水溶液に塩化バリウムを加えると硫酸バリウムの白色沈殿を生じる。　問57　塩素酸カリウムは、単斜晶系板状の無色の結晶で、水に溶けるが、アルコールには溶けにくい。水溶液は中性の反応を示し、大量の酒石酸を加えると、白い結晶性の沈殿を生じる。

問58～問60　問58　2　問59　4　問60　1

〔解説〕

問58　ニコチンは、毒物。無色無臭の油状液体だが空気中で褐色になる。沸点246℃、比重 1.0097。純ニコチンは、刺激性の味を有している。ニコチンは、水、アルコール、エーテル等に容易に溶ける。　問59　モノフルオール酢酸ナトリウムは特毒。重い白色粉末、吸湿性、冷水に易溶、有機溶媒には溶けない。水、メタノールやエタノールに可溶。からい味と酢酸のにおいを有する。

問60　硫酸銅は、濃い青色の結晶。風解性。水に易溶、水溶液は酸性。劇物。

岐阜県

（特定品目）

問51～問54　問51　3　問52　5　問53　2　問54　4

〔解説〕

解答のとおり。

問55～問59　問55　4　問56　5　問57　4　問58　1　問59　2

〔解説〕

問55　アンモニアは10%以下で劇物から除外。　問56　クロム酸鉛は70％以下は劇物から除外。　問57　塩化水素は10％以下は劇物から除外。

問58　ホルムアルデヒドは1%以下で劇物から除外。　問59　水酸化カリウム(別名苛性カリ)は５%以下で劇物から除外。

問60　5

〔解説〕

特定品目販売業の登録を受けた者が販売できる品目については、法第四条の三第二項→施行規則第四条の三→施行規則別表第二に示されている。このことからｂの臭素とｄの塩基性酢酸鉛が該当する。

静岡県

令和５年度実施

（注）解答・解説については、この書籍の編者により編集作成しております。これに係わることについては、県への直接のお問い合わせはご容赦下さいます様お願い申し上げます。

〔学科：法　規〕
（一般・農業用品目・特定品目共通）

問１　4

〔解説〕
法第２条第１項〔定義・毒物〕。

問２　削除

問３　1

〔解説〕
この設問では誤っているものは、１である。１は法第４条第３項〔営業の登録・更新〕で、毒物又は劇物製造業、輸入業は、５年ごとに、販売業の登録は、６年ごとに登録の更新を受けなければ、その効力を失う。２は法第４条第１項に示されている。３は法第３条第２項〔禁止規定・輸入〕。４は設問のとおり。

問４　3

〔解説〕
法第５条〔登録基準〕→施行規則第４条の４〔製造所等の設備〕についてで、３が誤り。３は施行規則第４条の４第１項第三号に示されている。この設問では、ただし書がこれは誤り。

問５　2

〔解説〕
この設問は法第７条〔毒物劇物取扱責任者〕及び法第８条〔毒物劇物取扱責任者の資格〕についてで、誤っているものの組み合わせはどれかとあるので、b と c が誤り。b については法第８条第２項第一号により、18 歳未満の者は毒物劇物取扱責任者になることはできない。c は毒物劇物取扱責任者を変更したときは、法第７条第３項により、30 日以内にその店舗の所在地の都道府県知事に届け出なければならないである。なお、a は法第８条第１項第一号に示されている。d は法第７条第１項に示されている。

静岡県

問６　4

〔解説〕
法第 12 条第２項〔毒物又は劇物の表示・容器及び被包に掲げる事項〕は、①毒物又は劇物の名称、②毒物又は劇物の成分及びその含量、③厚生労働省令で定める毒物又は劇物について厚生労働省令で定める解毒剤の名称。法第 12 条第１項のにおける「医薬用外」の文字。

問７　1

〔解説〕
法第 14 条１項〔毒物又は劇物の譲渡手続〕。解答のとおり。

問８　4

〔解説〕
この設問は施行令第 40 条の５〔運搬方法〕についてで誤っているものは、４が誤り。４は施行規則第 13 条の５〔毒物又は劇物を運搬する車両に掲げる車両〕で、地を白色、文を黒色ではなく、地を黒色で、文字を白色として「毒」を車両の前後に表示しなければならないである。１は施行令第 40 条の５第２項第一号→施行規則第 13 条の２第二号に示されている。このことについて令和５年 12 月 26 日厚生労働省令第 163 号〔施行は令和６年４月１日〕で、２日（始業時間から起算して 48 時間をいう。）を平均して１日あたり９時間を超える場合と一部改正がなされた。２は施行令第 40 条の５第２項第三号に示されている。３は施行令第 40 条の５第２項第四号に示されている。

問９　3

〔解説〕
解答のとおり。

問 10　2
〔解説〕
法第 22 条第 1 項〔業務上取扱者の届出等〕の届出を要する業務上届出者については、次のとおりである。①シアン化ナトリウム又は無機シアン化合物たる毒物及びこれを含有する製剤→電気めっきを行う事業、②シアン化ナトリウム又は無機シアン化合物たる毒物及びこれを含有する製剤→金属熱処理を行う事業、③最大積載量 5,000kg 以上の運送の事業、④砒素化合物たる毒物及びこれを含有する製剤→しろありの防除を行う事業について使用する者である。設問では b と c が誤っている。

〔学科：基礎化学〕

(一般・農業用品目・特定品目共通)

問 11　4
〔解説〕
ニトロベンゼンの分子式は $C_6H_5NO_2$ である。
問 12　2
〔解説〕
Ba が黄緑色、Sr が紅色
問 13　1
〔解説〕
質量数は陽子の数と中性子の数の和である。
問 14　2
〔解説〕
2.0 mol/L 希硫酸 40 mL に含まれる硫酸の物質量は 2.0 × 40/1000 = 0.08 mol。同様に 0.5 mol/L 希硫酸 60 mL に含まれる硫酸の物質量は 0.5 × 60/1000 =0.03 mol。よってこの混合溶液に含まれる硫酸の物質量は 0.03+0.08= 0.11 mol。この混合溶液の体積は 100 mL であるので、1L では 1.1 mol 溶けていることになる。
問 15　3
〔解説〕
20%食塩水 100 g に溶解している食塩の重さは 20 g であり、45%食塩水 400 g に溶解している食塩の重さは 180 g である。よって、この混合溶液の濃度は(20 + 180)/(100 + 400) × 100 = 40%

静岡県

〔学科：性質・貯蔵・取扱〕

(一般)

問 16　3
〔解説〕
毒物に該当するものは、水銀、ニコチン、クラーレ。なお、アクロレインは劇物。法第 2 条第 1 項〔定義・毒物〕→法別表第一を参照。
問 17　1
〔解説〕
1 が誤り。次のとおり。四塩化炭素(テトラクロロメタン)CCl_4 は、劇物。揮発性、麻酔性の芳香を有する無色の重い液体。水に溶けにくく有機溶媒には溶けやすい。高熱下で酸素と水分が共存するとホスゲンを発生。蒸気は空気より重く、低所に滞留する。溶剤として用いられる。
問 18　4
〔解説〕
4 のアクリルにトリルが誤り。次のとおり。アクリルニトリル $CH_2=CHCN$ は、無色透明の蒸発しやすい液体で、無臭又は微刺激臭がある。極めて引火しやすく、火災、爆発の危険性が強い。タンク又はドラムの貯蔵所は裸火、ガスバーナーそのほか炎や火花を生じるような器具から離しておく、貯蔵する室は、防火性で換気装置を備え、下層部空気の機械的換気が必要である。

問 19　2
〔解説〕
b のアジ化ナトリウムと c の重クロム酸カリウムが正しい。なお、硝酸タリウム TNO_3 は、劇物。白色の結晶。用途は殺鼠剤。　メチルメルカプタン CH_3SH は、毒物。メタンチオールとも呼ばれる。腐ったキャベツ様の悪臭を有する引火性無色気体。用途は殺虫剤、付臭剤、香料、反応促進剤など。
問 20　3
〔解説〕
弗化水素酸（HF・aq）は毒物。弗化水素の水溶液で無色またはわずかに着色した透明の液体。特有の刺激臭がある。不燃性。濃厚なものは空気中で白煙を生ずる。皮膚に触れた場合、激しい痛みを感じ、皮膚の内部にまで浸透腐食する。薄い溶液でも指先に触れると爪の間に浸透し、激痛を感じる、数日後に爪がはく離することもある。用途はフロンガスの原料。半導体のエッチング剤等。

（農業用品目）
問 16　2
〔解説〕
b と c が劇物に該当する。なお、a のニコチンを含有する製剤は、毒物。c の蓚酸は 10 ％以下は劇物から除外。
問 17　1
〔解説〕
農業用品目販売業者の登録が受けた者が販売できる品目については、法第四条の三第一項→施行規則第四条の二→施行規則別表第一に掲げられている品目である。このことから b のアセタミプリドが販売できる。なお、a の硫酸 10 ％は劇物から除外。c のシアン酸ナトリウムは販売できない。d の過酸化水素 10 ％を含有する製剤は、販売できない。
問 18　4
〔解説〕
着色する農業用品目として法第 13 条→施行令第 39 条において、①硫酸タリウムを含有する製剤たる劇物、②燐化亜鉛を含有する製剤たる劇物については、施行規則第 12 条で、あせにくい黒色に着色すると示されている。
問 19　2
〔解説〕
カルタップ（1･3-ジカルバモイルチオ-2-（N･N-ジメチルアミノ）-プロパン塩酸塩は、劇物。２％以下は劇物から除外。無色の結晶。融点 179 ～ 181 ℃。水、メタノールに溶ける。ベンゼン、アセトン、エーテルにはほとんど溶けない。ネライストキシン系の殺虫剤。
問 20　3
〔解説〕
２－メチリンデンブタン（メチレンコハク酸）は劇物。白色結晶性粉末。用途は農薬（摘果剤）、合成樹脂、塗料。

静岡県

（特定品目）
問 16　3
〔解説〕
この設問では、塩化水素 20 ％を含有する液体状の製剤を 5,000kg 以上運搬する場合、車両に備える保護具については施行令第 40 条の 6 第 2 項第三号→施行規則第 13 条の 6 〔毒物又は劇物を運搬する車両に備える保護具〕→施行規則別表第五に示されている。このことから塩化水素及びこれを含有する製剤の保護具は、①保護手袋、②保護長ぐつ、③保護衣、④酸性ガス用防毒マスクである。
問 17　1
〔解説〕
クロロホルムについて誤っているものは、a と b が誤り。次のとおり。クロロホルム $CHCl_3$ は、無色、揮発性の液体で特有の香気とわずかな甘みをもち、麻酔性がある。蒸気は空気より重い。沸点 61 ～ 62 ℃、比重 1.484 、不燃性で水にはほとんど溶けない。空気に触れ、同時に日光の作用を受けると分解する。

問 18　4
〔解説〕
硫酸 H2SO4 は、無色無臭澄明な油状液体、腐食性が強い。用途は多岐に渡るが、肥料や化学薬品の製造、石油の精製、塗料や顔料の製造、水分を吸収するため乾燥剤として用いられる。このことから 4 が誤り。

問 19　3
〔解説〕
過酸化水素水は過酸化水素の水溶液、少量なら褐色ガラス瓶(光を遮るため)、多量ならば現在はポリエチレン瓶を使用し、3 分の 1 の空間を保ち、有機物等から引き離し日光を避けて冷暗所保存。

問 20　1
〔解説〕
b の硅弗化ナトリウム $Na_2[SiF_6]$が正しい。なお、クロム酸鉛 $PbCrO_4$。酢酸エチル $CH_3COOC_2H_5$。重クロム酸ナトリウム $Na_2Cr_2O_7 \cdot 2H_2O$。

〔実地：識別・取扱〕

(一般・農業用品目・特定品目共通)

問 1　3
〔解説〕
c と d が正しい。アンモニア NH_3 は、常温では無色刺激臭の気体、冷却圧縮すると容易に液化する。水、エタノール、エーテルに可溶。空気中では燃焼しないが、酸素中では黄色の炎をあげて燃焼する。10%以下で劇物から除外。

問 2　1
〔解説〕
硫酸 H_2SO_4 は酸なので廃棄方法はアルカリで中和後、水で希釈する中和法。

問 3　4
〔解説〕
硝酸の分子量は 63 であるので、2.0 mol の硝酸では 126 g 必要となる。よって必要な 25%硝酸の重さを x g とすると、 $126/x \times 100 = 25$, $x = 504$ g。

(一般)

問 4　1
〔解説〕
エチレンオキシド C_2H_4O は劇物。エーテル臭のある無色のある液体。水、アルコール、エーテルに可溶。可燃性ガス、反応性に富む。(加熱すると激しく分解し、火災と爆発の危険性がある。)

問 5　4
〔解説〕
a と d が正しい。蓚酸は無色の柱状結晶、風解性、還元性、漂白剤、鉄さび落とし。無水物は白色粉末。水、アルコールに可溶。エーテルには溶けにくい。また、ベンゼン、クロロホルムにはほとんど溶けない。無水物は無色無臭の吸湿性を有する。

問 6　2
〔解説〕
a と d が正しい。トルイジンは、劇物。オルトトルイジン、メタトルイジ゛ン、パラトルイジンの三つの異性体がある。オルトトルイジンは無色の液体で、アルコール、エーテルには溶けやすく、水にはわずかに溶ける。空気と光に触れると赤褐色になる。メタトルイジンは無色の液体で、アルコール、エーテルには溶けやすく、水にはわずかに溶ける。パラトルイジンは白色の光沢のある板状結晶。

問 7　削除
〔解説〕

問 8　3
〔解説〕
ホルマリンはホルムアルデヒド HCHO の水溶液。フクシン亜硫酸はアルデヒドと反応して赤紫色になる。アンモニア水を加えて、硝酸銀溶液を加えると、徐々に金属銀を析出する。またフェーリング溶液とともに熱すると、赤色の沈殿を生ずる。

問9　1
〔解説〕
この設問で誤っているものは1の酸化カドミウム。次のとおり。。酸化カドミウムは劇物。赤褐色の粉末。水に不溶。用途は電気メッキ。廃棄方法はセメントを用いて固化して、溶出試験を行い、溶出量が判定以下であることを確認して埋立処分する固化隔離法。多量の場合には還元焙焼法により金属カドミウムとして回収する。
問10　2
〔解説〕
砒素化合物の症状は、消化器系障害（嘔吐下痢）・酵素阻害。解毒剤は、ＢＡＬ（ジメルカプロール製剤）

（農業用品目）

問4　2
〔解説〕
この設問の誤りは、2である。次のとおり。弗化スルフリルは毒物。無色無臭の気体。水に溶ける。クロロホルム、四塩化炭素に溶けやすい。アルコール、アセトンにも溶ける。水では分解しないが、水酸化ナトリウム溶液で分解される。用途は殺虫剤、燻蒸剤。
問5　3
〔解説〕
b のみが誤り。次のとおり。塩素酸ナトリウム $NaClO_3$ は、劇物。白色の正方単斜状の結晶で、水に溶けやすく、空気中の水分を吸ってべとべとに潮解するもので、普通は溶液として使われる。酸化剤、水に易溶。有機物や還元剤との混合物は加熱、摩擦、衝撃などにより爆発することがある。加熱により分解して酸素を生じる。
問6　1
〔解説〕
1が誤り。次のとおり。ピラクロストロビンは劇物。暗褐色粘稠な物質。水にわずかに溶ける。用途は殺菌剤。
問7　2
〔解説〕
2が正しい。次のとおり。硫酸タリウム Tl_2SO_4 は、白色結晶で、水にやや溶け、熱水に易溶、劇物。用途は、殺鼠剤。中毒症状は、疝痛、嘔吐、震せん、けいれん麻痺等の症状に伴い、しだいに呼吸困難、虚脱症状を呈する。
問8　4
〔解説〕
4が正しい。次のとおり。燐化アルミニウムとその分解促進剤より発生したガスの検知法としては、5～10％硝酸銀溶液を濾紙に吸着させたものをもって検定し。濾紙が黒変することにより、その存在を知ることができる。
問9　1
〔解説〕
解答のとおり。
問10　3
〔解説〕
カルバメート剤の解毒剤は硫酸アトロピン（PAM は無効）、SH 系解毒剤の BAL、グルタチオン等。

（特定品目）

問4　4
〔解説〕
四塩化炭素（テトラクロロメタン）CCl_4 は、劇物。揮発性、麻酔性の芳香を有する無色の重い液体である。水に溶けにくく有機溶媒には溶けやすい。不燃性であるが、さらに揮発して重い蒸気となり火炎をつつんで空気を遮断するので強い消火力を示す。また、油脂類をよく溶解する性質がある。
問5　1
〔解説〕
1が誤り。次のとおり。一酸化鉛は劇物。黄色又は橙色。粉末又は粒状。水に極めて溶けにくい。硝酸、酢酸、アルカリに可溶。

問6　2
〔解説〕
　b と c が正しい。硝酸 HNO_3 は、劇物。無色の液体。特有な臭気がある。腐食性が激しい。空気に接すると刺激性白霧を発し、水を吸収する性質が強い。硝酸は白金その他白金属の金属を除く。処金属を溶解し、硝酸塩を生じる。
問7　2
〔解説〕
　2が誤り。クロム酸カリウム K_2CrO_4 は、橙黄色の結晶。（別名：中性クロム酸カリウム、クロム酸カリ）。水によく溶けるが、アルコールには溶けない。用途は試薬。
問8　3
〔解説〕
　解答のとおり。
問9　4
〔解説〕
　4が誤り。メチルエチルケトンの廃棄法は、硅そう土等に吸収させ開放型の焼却炉で焼却する燃焼法。
問10　2
〔解説〕
　トルエンが少量漏えいした液は、土砂等に吸着させて空容器に回収する。多量に漏えいした液は、土砂等でその流れを止め、安全な場所に導き、液の表面を泡で覆いできるだけ空容器に回収する。

愛知県
令和５年度実施
〔毒物及び劇物に関する法規〕
（一般・農業用品目・特定品目共通）

問１　２
〔解説〕
法第１条〔目的〕。解答のとおり。

問２　３
〔解説〕
法第３条第３項〔禁止規定・販売業〕。解答のとおり。

問３　３
〔解説〕
この設問では誤っているものは、３である。３は法第６条の２〔特定毒物研究者の許可〕で、その主たる研究所の所在地の都道府県知事へ申請所を出さなければならないである。なお、１は法第３条の第１項に示されている。２は法第３条の第２項に示されている。４は法第３条の第11項に示されている。

問４　１
〔解説〕
法第３条の３→施行令第32条の２による品目→①トルエン、②酢酸エチル、トルエン又はメタノールを含有する接着剤、塗料及び閉そく用またはシーリングの充てん料は、みだりに摂取、若しくは吸入し、又はこれらの目的で所持してはならい。このことから１が正しい。

問５　４
〔解説〕
この設問は法第３条の４おける引火性、発火性又は爆発性のある毒物又は劇物について。解答のとおり。

問６　３
〔解説〕
法第４条第３項〔営業の登録・更新〕→施行規則第４条第２項〔登録の更新の申請・販売業〕。解答のとおり。

問７　１
〔解説〕
この設問は法第７条〔毒物劇物取扱責任者〕及び法第８条〔毒物劇物取扱責任者の資格〕についてで、誤っているものはどれかとあるので、１が誤り。１は法第７条第１項により、自ら毒物劇物取扱責任者になることができる。なお、２は法第７条第２項に示されている。３は法第７条第３項に示されている。４は法第８条第２項第四号に示されている。

愛知県

問８　２
〔解説〕
法第９条〔登録の変更〕について、２が該当する。なお、２，３，４は法第10条〔届出〕のこと。

問９　１
〔解説〕
この設問は法第11条第２項〔毒物又は劇物の取扱〕→施行令第38条〔毒物又は劇物を含有する物〕。解答のとおり。

問10　４
〔解説〕
法第11条第４項は、飲食物容器禁止のこと。解答のとおり。

問11　３
〔解説〕
法第12条第１項〔毒物又は劇物の表示〕。解答のとおり。

問12　３
〔解説〕
法第12条第２項第三号における容器及び被包に解毒剤の名称を表示→施行規則第11条の５で、有機燐化合物及びこれを含有する製剤について解毒剤として、①２－ピリジルアルドキシムメチオダイドの製剤(別名 PAM)、②硫酸アトロピンの製剤である。このことから３が正しい。

問 13　2
〔解説〕
この設問は着色する農業品目について法第 13 条〔特定の用途に供される毒物又は劇物の販売等〕→施行令第 39 条〔着色すべき農業品目〕において、①硫酸タリウムを含有する製剤たる劇物、②燐化亜鉛を含有する製剤たる劇物については、施行規則第 12 条〔農業品目の着色方法〕で、あせにくい黒色に着色すると示されている。このことからイのみが正しい。
問 14　2
〔解説〕
法第 14 条第１項〔毒物又は劇物の譲渡手続〕。解答のとおり。
問 15　3
〔解説〕
この設問は、法第 15 条第２項〔毒物又は劇物の交付の制限等〕において法第３条の４〔引火性、発火性又は爆発性〕で施行令第 32 条の３で規定されている品目〔①亜塩素酸ナトリウム 30 %↑、②塩素酸塩類 35 %↑、③ナトリウム、④ピクリン酸〕については交付を受ける者の氏名及び住所を確認した後でなければ販売又は交付することはできない。このことから正しいものは、ウのみが正しい。ウは法第 15 条第４項に示されている。
問 16　4
〔解説〕
この設問は施行令第 40 条の５〔運搬方法〕及び施行令第 40 条の６〔荷送人〕についてで、誤っているものはどれかとあるので、４が誤り。４は施行令第 40 条の５第三号における車両に備える保護具について、２人分以上備えることと示されている。なお、１は施行令第 40 条の６第１項に示されている。２は施行令第 40 条の５第２項第一号→施行規則第 13 条の４〔交替して運転する者の同乗〕。このことについて令和５年 12 月 26 日厚生労働省令第 163 号〔施行は令和６年４月１日〕で、２日(始業時間から起算して 48 時間をいう。)を平均して１日あたり９時間を超える場合と一部改正がなされた。３は施行令第 40 条の５第２項第二号→施行規則第 13 条の５〔毒物又は劇物を運搬する車両に掲げる標識〕。
問 17　1
〔解説〕
この設問の施行令第 40 条の９は、毒物又は劇物の性状及び取扱いにおける情報提供の内容。解答のとおり。
問 18　1
〔解説〕
法第 17 条第２項〔事故の際の措置・盗難紛失〕。解答のとおり。
問 19　3
〔解説〕
法第 22 条〔業務上取扱者の届出等〕。解答のとおり。
問 20　4
〔解説〕
この設問はすべて正しい。アは法第 12 条第３項〔毒物又は劇物の表示・貯蔵と陳列における表示〕に示されている。イは法第 11 条第１項〔毒物又は劇物の取扱・盗難紛失の予防〕。イは法第 17 条第１項〔事故の際の措置〕。

〔基礎化学〕
（一般・農業用品目・特定品目共通）

問 21　1
〔解説〕
解答のとおり
問 22　3
〔解説〕
化合物は 2 種類以上の元素から成る純物質である。銀と水銀は異なる元素である。ナトリウムの炎色反応は黄色である。
問 23　1
〔解説〕
原子番号と陽子の数（あるいは電子の数）は等しい。

問 24　2

〔解説〕

同位体は質量数は異なるが元素が同じため化学的性質はほとんど同じとなる。

問 25　1

〔解説〕

イオン化エネルギーが大きいと、原子から電子 1 つを取りにくくなるので、陽イオンになりにくくなる。電子親和力が大きいと、放出されたエネルギー分だけ安定化できるので、大きいほど陰イオンになりやすい。

問 26　4

〔解説〕

:N ≡ N:三重結合をもつ。

問 27　1

〔解説〕

二酸化ケイ素はダイヤモンドと同様の結晶構造を有する共有結合結晶である。

問 28　2

〔解説〕

アンモニアの分子量は 17 である。よってアンモニア分子 1 個の重さは

$17/6.0 \times 10^{23} = 2.83 \times 10^{-23}$ g

問 29　4

〔解説〕

解答のとおり

問 30　3

〔解説〕

シュウ酸は 2 価の酸、二酸化炭素が水和した炭酸は 2 価の酸、水酸化ナトリウムは 1 価の塩基である。

問 31　1

〔解説〕

塩基性でメチルオレンジは黄色を呈する。酸性水溶液は青色リトマス紙を赤くする。BTB 溶液は酸性側で黄色、塩基性側で青色を呈する。

問 32　2

〔解説〕

過マンガン酸イオンは自らが還元され、相手を酸化しているので酸化剤として働いている。

問 33　1

〔解説〕

イオン化傾向の小さい金属が正極、イオン化傾向の大きい金属が負極となる。

愛知県

問 34　3

〔解説〕

それぞれ沸点上昇および凝固点降下と言う。

問 35　4

〔解説〕

コロイド溶液が流動性を失ったものをゲルという。限外顕微鏡で観察されるコロイド粒子の運動をブラウン運動という。疎水コロイドが少量の電解質で沈殿することを凝析と言う。

問 36　2

〔解説〕

固体の場合は表面積を大きくすることで反応速度が大きくなる。

問 37　3

〔解説〕

ハロゲンは 17 族の元素で 1 価の陰イオンになりやすい。ハロゲンは原子番号が小さいほど酸化力が強くなる。

問 38　4

〔解説〕

塩化カルシウムに別名は無い。ミョウバンは一般的にアルミニウムとカリウムの複塩

問 39　2

〔解説〕

ベンゼン環を含む化合物を芳香族という。

問 40　1
〔解説〕
　メタノールを酸化して得られるのはホルムアルデヒド

〔取　扱〕

（一般・農業用品目・特定品目共通）

問 41　1
〔解説〕
　80%硫酸 300 g に含まれる硫酸の重さは 300×80/100 = 240 g。　よって希釈後の溶液の濃度は 240/(500 + 300) ×100 = 30 %
問 42　3
〔解説〕
　2.5 mol/L アンモニア水に 400 mL に含まれるアンモニアの物質量は 2.5×400/1000 = 1.0 mol。くわえる 1.0 mol/L のアンモニア水の体積を x mL とすると、そこに含まれるアンモニアの物質量は 1.0×x/1000 である。よってこの二つの溶液を混合して得た溶液の濃度が 1.5 mol/L であることから式は　(1.0 + 0.001 x) ×1000/(400 +x) = 1.5,　x = 800 mL
問 43　3
〔解説〕
　中和は酸から生じる H+の物質量と、塩基から生じる OH-の物質量が等しいときにおこる。よって式は　5.0×2×60 = 3.0×1×x,　x = 200 mL

（一般・農業用品目共通）

問 44　1
〔解説〕
　この設問では 1 が誤り。アンモニア NH_3 は、劇物。10%以下で劇物から除外。特有の刺激臭がある無色の気体で、圧縮することにより、常温でも簡単に液化する。水、エタノール、エーテルに可溶。強いアルカリ性を示し、腐食性は大。水溶液は弱アルカリ性を呈する。空気中では燃焼しないが、酸素中では黄色の炎を上げて燃焼する。

（一般）

問 45　4
〔解説〕
　この設問では 4 が誤り。硝酸 HNO_3 は純品なものは無色透明で、徐々に淡黄色に変化する。10%以下で劇物から除外。特有の臭気があり腐食性が高い。空気に接すると刺激性白霧を発し、水を吸収する性質が強い。うすめた水溶液に銅屑を加えると藍(青)色を呈して溶ける。
問 46　2
〔解説〕
　シアン化ナトリウム NaCN は毒物。白色粉末、粒状またはタブレット状。別名は青酸ソーダという。水に溶けやすく、水溶液は強アルカリ性である。空気中では湿気を吸収し、二酸化炭素と作用して、有毒なシアン化水素を発生する。無機シアン化化合物の中毒は、猛毒の血液毒、チトクローム酸化酵素系に作用し、呼吸中枢麻痺を起こす。解毒剤は亜硝酸ナトリウムとチオ硫酸ナトリウム。
問 47　3
〔解説〕
　用途の組合せで適当でないものは 3 の硅弗化ナトリウム。次のとおり。硅弗化ナトリウムは劇物。無色の結晶。用途は、釉薬原料、漂白剤、殺菌剤、消毒剤。
問 48　1
〔解説〕
　貯蔵方法で適当でないものは 1 のブロムメチル。次のとおり。ブロムメチル CH_3Br(臭化メチル)は常温で気体なので、圧縮冷却して液化し、圧縮容器に入れ、直射日光、その他温度上昇の原因を避けて、冷暗所に貯蔵する。

問 49　2
〔解説〕
　廃棄方法で適当でないものは２の塩素。次のとおり。塩素 Cl_2 は劇物。黄緑色の気体で激しい刺激臭がある。冷却すると、黄色溶液を経て黄白色固体。廃棄方法は、多量のアルカリ水溶液（石灰乳又は水酸化ナトリウム水溶液等）中に吹き込んだ後、多量の水で希釈して処理するアルカリ法。
問 50　1
〔解説〕
　トルエン $C_6H_5CH_3$ は、蒸発し易い液体なので泡で覆い蒸発を防ぐ。多量に漏えいした際は風下の人を退避させる。漏えいした液は土砂等でその流れを止め、安全な場所に導き、液の表面を泡で覆いできるだけ空容器に回収する。

（農業用品目）
問 45　4
〔解説〕
　４が誤り。硫酸タリウム Tl_2SO_4 は、劇物。白色結晶で、水にやや溶け、熱水に易溶、用途は殺鼠剤。硫酸タリウム 0.3 ％以下を含有し、黒色に着色され、かつ、トウガラシエキスを用いて著しくからく着味されているものは劇物から除外。
問 47　3
〔解説〕
　農業用品目販売業者の登録が受けた者が販売できる品目については、法第四条の三第一項→施行規則第四条の二→施行規則別表第一に掲げられている品目である。このことからウのシアン酸ナトリウムのみ販売できる。
問 48　1
〔解説〕
　用途の組合せで適当でないものは１のイミノタクジン。次のとおり。イミノクタジンは、劇物。白色の粉末(三酢酸塩の場合)。用途は、果樹の腐らん病、晩腐病等、麦の斑葉病、芝の葉枯病殺菌する殺菌剤。
問 49　2
〔解説〕
　クロルピクリン CCl_3NO_2 は、無色～淡黄色液体、催涙性、粘膜刺激臭。廃棄方法は少量の界面活性剤を加えた亜硫酸ナトリウムと炭酸ナトリウムの混合溶液中で、攪拌(かくはん)し分解させた後、多量の水で希釈して処理する分解法。
問 50　1
〔解説〕
　１が誤り。次のとおり。ダイアジノンは、有機リン製剤。接触性殺虫剤、かすかにエステル臭をもつ無色の液体、水に難溶、有機溶媒に可溶。付近の着火源となるものを速やかに取り除く。作業の際には必ず保護具を着用し、風下で作業をしない。漏えいした液は土砂等でその流れを止め、安全な場所に導き、空容器にできるだけ回収し、その後消石灰等の水溶液を多量の水を用いて洗い流す。洗い流す場合には、中性洗剤等の分散剤を使用する。

（特定品目）
問 44　1
〔解説〕
　アのホルムアルデヒド５％を含有する製剤とウのクロム酸ナトリウム５％を含有する製剤が劇物に該当する。なお、塩化水素は 10 ％以下は劇物から除外。メタノールは原体のみ劇物の為、劇物から除外。
問 45　4
〔解説〕
　４が正しい。四塩化炭素(テトラクロロメタン)CCl_4 は、劇物。揮発性、麻酔性の芳香を有する無色の重い液体。水に溶けにくくアルコール、エーテル、クロロホルムにはよく溶けやすい。強熱によりホスゲンを発生。蒸気は空気より重く、低所に滞留する。アルコール性の水酸化カリウムと銅粉とともに煮沸すると、黄赤色の沈殿を生ずる。

問 46　2
〔解説〕
　2が誤り。次のとおり。水酸化ナトリウム(別名：苛性ソーダ)NaOH は、白色結晶性の固体。水と炭酸を吸収する性質が強い。空気中に放置すると、潮解して徐々に炭酸ソーダの皮層を生ずる。毒性は、苛性カリと同様に腐食性が非常に強い。皮膚にふれると激しく腐食する。
問 47　3
〔解説〕
　一般の問 47 を参照。
問 48　1
〔解説〕
　特定品目販売業の登録を受けた者が販売できる品目については、法第四条の三第二項→施行規則第四条の三→施行規則別表第二に示されている。このことから1の塩素が販売できる。
問 49　2
〔解説〕
　水酸化カリウム KOH は、強塩基なので希薄な水溶液として酸で中和後、水で希釈処理する中和法。
問 50　1
〔解説〕
　一般の問 50 を参照。

〔実　地〕

（一般）

問１～４　問１　2　　問２　4　　問３　3　　問４　1
〔解説〕
　問１　ジクワットは、劇物で、ジピリジル誘導体で淡黄色結晶、水に溶ける。土壌等に強く吸着されて不活性化する性質がある。アルカリ溶液で薄める場合は、２～３時間以上貯蔵できない。腐食性。用途は除草剤。　**問２**　ホスゲンは独特の青草臭のある無色の圧縮液化ガス。蒸気は空気より重い。トルエン、エーテルに極めて溶けやすい。酢酸に対してはやや溶けにくい。水により加水分解し、二酸化炭素と塩化水素を生成する。不燃性。水分が存在すると加水分解して塩化水素を生じるために金属を腐食する。加熱されると塩素と一酸化炭素への分解が促進される。　**問３**　燐化亜鉛は、灰褐色の結晶又は粉末。かすかにリンの臭気がある。水アルコールに溶けない。ベンゼン、二硫化炭素に溶ける。酸と反応して有毒なホスフィン PH3 を発生。用途は、殺鼠剤、倉庫内燻蒸剤。
　問４　クレゾール(別名メチルフェノール、オキシトルエン)は劇物：オルト、メタ、パラの 3 つの異性体の混合物。無色～ピンクの液体、フェノール臭、光により暗色になる。殺菌消毒薬。
問５～８　問５　1　　問６　4　　問７　2　　問８　3
〔解説〕
　問５　クロロホルム $CHCl_3$ は、無色、揮発性の液体で特有の香気とわずかな甘みをもち、麻酔性がある。空気中で日光により分解し、塩素、塩化水素、ホスゲンを生じるので、少量のアルコールを安定剤として入れて冷暗所に保存。
　問６　クロルピクリン CCl_3NO_2 は、無色～淡黄色液体、催涙性、粘膜刺激臭。水に不溶。貯蔵法については、金属腐食性と揮発性があるため、耐腐食性容器(ガラス容器等)に入れ、密栓して冷暗所に貯蔵する。　**問７**　アクリルアミドは劇物。無色の結晶。水、エタノール、エーテル、クロロホルムに可溶。高温又は紫外線下では容易に重合するので、冷暗所に貯蔵する。　**問８**　キシレン $C_6H_4(CH_3)_2$ は、無色透明な液体で o-、m-、p-の 3 種の異性体がある。水にはほとんど溶けず、有機溶媒に溶ける。溶剤。揮発性、引火性があるので火気を避けて冷所に保存する。
問９～12　問９　2　　問 10　1　　問 11　3　　問 12　4
〔解説〕
　問９　水酸化ナトリウム(別名：苛性ソーダ)NaOH は、白色結晶性の固体。水と炭酸を吸収する性質が強い。空気中に放置すると、潮解して徐々に炭酸ソーダの皮層を生ずる。毒性は、苛性カリと同様に腐食性が非常に強い。皮膚にふれると激しく腐食する。

愛知県

問 10　ニトロベンゼン $C_6H_5NO_2$ は無色又は微黄色の液体で、アーモンド様又は杏仁豆腐のにおいがする。毒性は、急性症状として蒸気を吸入したり、皮膚より吸収すると、メトヘモグロビン血症を引き起こし疲労感、めまい、頭痛、吐き気などを催す。　問 11　ニコチンは猛烈な神経毒を持ち、急性中毒では、よだれ、吐気、悪心、嘔吐、ついで脈拍緩徐不整、発汗、瞳孔縮小、呼吸困難、痙攣が起きる。　問 12　メタノール CH_3OH は特有な臭いの無色液体。水に可溶。可燃性。メタノールの中毒症状：吸入した場合、めまい、頭痛、吐気など、はなはだしい時は嘔吐、意識不明。中枢神経抑制作用。飲用により視神経障害、失明。

問13～16　問 13　4　　問 14　1　　問 15　2　　問 16　3

〔解説〕

問 13　シアン化ナトリウム NaCN は、酸性だと猛毒のシアン化水素 HCN が発生するのでアルカリ性にしてから酸化剤でシアン酸ナトリウム NaOCN にし、余分なアルカリを酸で中和し多量の水で希釈処理する酸化法。水酸化ナトリウム水溶液等でアルカリ性とし、高温加圧下で加水分解するアルカリ法。

問 14　硫酸は酸なので廃棄方法はアルカリで中和後、水で希釈する中和法。

問 15　ホルムアルデヒド HCHO は還元性なので、廃棄はアルカリ性下で酸化剤で酸化した後、水で希釈処理する酸化法。　問 16　亜硝酸ナトリウムは、劇物。白色または微黄色の結晶性粉末。廃棄法は亜硝酸ナトリウムを水溶液とし、撹拌下のスルファミン酸溶液に徐々に加えて分解させた後中和し、多量の水で希釈して処理する分解法。

問17～20　問 17　2　　問 18　1　　問 19　4　　問 20　3

〔解説〕

問 17　フェノール C_6H_5OH はフェノール性水酸基をもつので過クロール鉄(あるいは塩化鉄(Ⅲ) $FeCl_3$)により紫色を呈する。　問 18　蓚酸は無色の結晶で、水溶液を酢酸で弱酸性にして酢酸カルシウムを加えると、結晶性の沈殿を生ずる。水溶液は過マンガン酸カリウム溶液を退色する。水溶液をアンモニア水で弱アルカリ性にして塩化カルシウムを加えると、蓚酸カルシウムの白色の沈殿を生ずる。

問 19　ピクリン酸は、淡黄色の針状結晶で、急熱や衝撃で爆発。ピクリン酸による羊毛の染色(白色→黄色)。　問 20　一酸化鉛 PbO は、重い粉末で、黄色から赤色までの間の種々のものがある。希硝酸に溶かすと、無色の液となり、これに硫化水素を通じると、黒色の沈殿を生じる。

（農業用品目）

問１～４　問１　2　　問２　4　　問３　3　　問４　1

〔解説〕

問１　ジクワットは、劇物で、ジピリジル誘導体で淡黄色結晶、水に溶ける。土壌等に強く吸着されて不活性化する性質がある。アルカリ溶液で薄める場合は、２～３時間以上貯蔵できない。腐食性。用途は除草剤。　問２　硫酸銅、硫酸銅(Ⅱ)は、濃い青色の結晶。風解性。水に易溶、水溶液は酸性。劇物。

問３　燐化亜鉛は、灰褐色の結晶又は粉末。かすかに燐の臭気がある。水、アルコールには溶けないが、ベンゼン、二硫化炭素に溶ける。酸と反応して有毒なホスフィン PH3 を発生。劇物、１％以下で、黒色に着色され、トウガラシエキスを用いて著しくからく着味されているものは除かれる。殺鼠剤。

問４　イソキサチオンは有機リン剤、劇物(2 ％以下除外)、淡黄褐色液体、水に難溶、有機溶剤に易溶、アルカリには不安定。用途はミカン、稲、野菜、茶等の害虫駆除。(有機燐系殺虫剤)　。

問５～８　問５　1　　問６　4　　問７　2　　問８　3

〔解説〕

問５　カルタップは、劇物。２％以下は劇物から除外。無色の結晶。用途は農薬の殺虫剤(ネライストキシン系殺虫剤)。　問６　クロルピクリン CCl_3NO_2 は、無色～淡黄色液体、催涙性、粘膜刺激臭。用途は、線虫駆除、土壌燻蒸剤(土壌病原菌、センチュウ等の駆除)。　問７　クロルピリホスは、劇物(1 ％以下は除外、マイクロカプセル製剤においては 25 ％以下が除外)。白色結晶。有機燐系殺虫剤。　問８　トリシクラゾールは、劇物、無色無臭の結晶。用途は、農業用殺菌剤(イモチ病に用いる。)(メラニン生合成阻害殺菌剤)。８％以下は劇物除外。

問９～12　問９　2　　問10　1　　問11　3　　問12　4
〔解説〕
問９　ダイアジノンは有機燐系化合物であり、有機燐製剤の中毒はコリンエステラーゼを阻害し、頭痛、めまい、嘔吐、言語障害、意識混濁、縮瞳、痙攣など。解毒剤は硫酸アトロピン。　　問 10　ブロムメチル CH_3Br(臭化メチル)は、常温では気体であるが、冷却圧縮すると液化しやすく、クロロホルムに類する臭気がある。ガスは重く、空気の 3.27 倍である。液化したものは無色透明で、揮発性がある。吸入した場合は、吐き気、頭痛、歩行困難、痙攣、視力障害、瞳孔拡大等の症状を起こすことがある。低濃度のガスを長時間吸入すると、数日を経て、痙攣、麻痺、視力障害等の症状を起こす。重症の場合は、数日後に神経障害を起こす。　　問 11　ニコチンは猛烈な神経毒をもち、急性中毒ではよだれ、吐気、悪心、嘔吐、ついで脈拍緩徐不整、発汗、瞳孔縮小、呼吸困難、痙攣が起きる。
問 12　シアン化水素ガスを吸引したときの中毒は、頭痛、めまい、悪心、意識不明、呼吸麻痺を起こす。
問13～16　問13　4　　問14　1　　問15　2　　問16　3
〔解説〕
問 13　塩化銅(Ⅱ)は劇物。無水物と二水和物がある。一般に二水和物が流通。二水和物は緑色結晶。潮解性がある。水、エタノール、メタノールに可溶。廃棄方法は、水に溶かし、消石灰、ソーダ灰等の水溶液を加えて処理し、沈殿ろ過して埋立処分する沈殿法。　　問 14　硫酸 H_2SO_4 は酸なので廃棄方法はアルカリで中和後、水で希釈する中和法。　　問 15　燐化アルミニウムとその分解促進剤とを含有する製剤(ホストキシン)は、特定毒物。①燃焼法では、廃棄方法はおが屑等の可燃物に混ぜて、スクラバーを具備した焼却炉で焼却する。②酸化法　多量の次亜鉛酸ナトリウムと水酸化ナトリウムの混合水溶液を攪拌しながら少量ずつ加えて酸化分解する。過剰の次亜塩素酸ナトリウムをチオ硫酸ナトリウム水溶液等で分解した後、希硫酸を加えて中和し、沈殿ろ過する。　　問 16　アンモニア NH_3(刺激臭無色気体)は水に極めてよく溶けアルカリ性を示すので、廃棄方法は、水に溶かしてから酸で中和後、多量の水で希釈処理する中和法。
問17～20　問17　2　　問18　1　　問19　4　　問20　3
〔解説〕
問 17　塩化亜鉛 $ZnCl_2$ は、白色の結晶で、空気に触れると水分を吸収して潮解する。水およびアルコールによく溶ける。水に溶かし、硝酸銀を加えると、白色の沈殿が生じる。　　問 18　塩素酸カリウムは、単斜晶系板状の無色の結晶で、水に溶けるが、アルコールには溶けにくい。水溶液は中性の反応を示し、大量の酒石酸を加えると、白い結晶性の沈殿を生じる。　　問 19　クロルピクリン CCl_3NO_2 は、無色～淡黄色液体、催涙性、粘膜刺激臭。本品の水溶液に金属カルシウムを加え、これにベタナフチルアミン及び硫酸を加えると、赤色の沈殿を生じる。　　問 20　硫酸 H_2SO_4 は無色の粘張性のある液体。強力な酸化力をもち、また水を吸収しやすい。水を吸収するとき発熱する。木片に触れるとそれを炭化して黒変させる。硫酸の希釈液に塩化バリウムを加えると白色の硫酸バリウムが生じるが、これは塩酸や硝酸に溶解しない。

（特定品目）

問１～４　問１　2　　問２　4　　問３　3　　問４　1
〔解説〕
問１　塩酸 HCl は不燃性の無色透明又は淡黄色の液体で、25%以上のものは、湿った空気中で著しく発煙し、刺激臭がある。腐食性が強く、弱酸性である。種々の金属を溶解し、水素を発生する。　　問２　メチルエチルケトンは、アセトン様の臭いのある無色液体。引火性。有機溶媒。毒性：粘膜刺激、高濃度では麻酔状態。　　問３　硅弗化ナトリウムは白色の結晶。水に溶けにくく、アルコールには溶けない。　　問４　重クロム酸カリウム $K_2Cr_2O_7$ は、１橙赤色の結晶。融点 398 ℃、分解点 500 ℃、水に溶けやすい。アルコールには溶けない。強力な酸化剤である。

問５～８　問５　1　　問６　4　　問７　2　　問８　3

〔解説〕

問５　ホルマリンは、低温で混濁することがあるので、常温で貯蔵する。一般に重合を防ぐため 10 ％程度のメタノールが添加してある。　問６　アンモニア水は無色透明、刺激臭がある液体。アンモニア NH_3 は空気より軽い気体。濃塩酸を近づけると塩化アンモニウムの白い煙を生じる。NH_3 が揮発し易いので密栓。

問７　過酸化水素水は過酸化水素の水溶液、少量なら褐色ガラス瓶(光を遮るため)、多量ならば現在はポリエチレン瓶を使用し、３分の１の空間を保ち、有機物等から引き離し日光を避けて冷暗所保存。　問８　キシレン $C_6H_4(CH_3)_2$ は、無色透明な液体で o-、m-、p-の３種の異性体がある。水にはほとんど溶けず、有機溶媒に溶ける。溶剤。揮発性、引火性があるので火気を避けて冷所に保存する。

問９～12　問９　2　　問10　1　　問11　3　　問12　4

〔解説〕

問９　塩化水素 HCl は常温で無色の刺激臭のある気体。湿った空気中で発煙し塩酸になる。毒性は目、呼吸器系粘膜を強く刺激する。35ppm では短時間曝露で喉の痛み、咳、窒息感、胸部圧迫をおぼえる。50 ～ 1000ppm になると、1 時間以上の曝露には耐えられない。1000 ～ 2000ppm では、きわめて危険である。

問 10　四塩化炭素 CCl_4 は特有の臭気をもつ揮発性無色の液体、水に不溶、有機溶媒に易溶。揮発性のため蒸気吸入により頭痛、悪心、黄疸ようの角膜黄変、尿毒症等。　問 11　一酸化鉛 PbO(別名リサージ)は劇物。赤色～赤黄色結晶。重い粉末で、黄色から赤色の間の様々なものがある。水にはほとんど溶けないが、酸、アルカリにはよく溶ける。主として消化管より体内に吸収されて、生活細胞の原形質をおかし酸素活性を阻害(SH 基(スルフヒドリル基)と結合)し脱毛、手足の刺激を引き起こし酸素の供給をさまたげ代謝作用に障害をきたし諸器官に脂肪変性を起こさせる。　問 12　メタノール(メチルアルコール)CH_3OH は無色透明、揮発性の液体で水と随意の割合で混合する。火を付けると容易に燃える。毒性は頭痛、めまい、嘔吐、視神経障害、失明。致死量に近く摂取すると麻酔状態になり、視神経がおかされ、目がかすみ、ついには失明することがある。

問13～16　問 13　4　　問 14　1　　問 15　2　　問 16　3

〔解説〕

問 13　塩基性酢酸鉛の廃棄法は、水に溶かし、消石灰、ソーダ灰等の水溶液を加えて沈殿させ、更にセメントを用いて固化し、溶出試験を行い、溶出量が判定基準以下であることを確認して埋立処分する沈殿隔離法。

問 14　硫酸 H_2SO_4 は、強酸性物質なので石灰乳などのアルカリで中和後、水で希釈処理。　問 15　ホルムアルデヒド HCHO は還元性なので、廃棄はアルカリ性下で酸化剤で酸化した後、水で希釈処理する酸化法。　問 16　硅弗化ナトリウムは劇物。無色の結晶。水に溶けにくい。廃棄法は水に溶かし、消石灰等の水溶液を加えて処理した後、希硫酸を加えて中和し、沈殿濾過して埋立処分する分解沈殿法。

愛知県

問17～20　問 17　2　　問 18　1　　問 19　4　　問 20　3

〔解説〕

問 17　ホルマリンはホルムアルデヒド HCHO の水溶液。フクシン亜硫酸はアルデヒドと反応して赤紫色になる。アンモニア水を加えて、硝酸銀溶液を加えると、徐々に金属銀を析出する。またフェーリング溶液とともに熱すると、赤色の沈殿を生ずる。　問 18　蓚酸は無色の結晶で、水溶液を酢酸で弱酸性にして酢酸カルシウムを加えると、結晶性の沈殿を生ずる。水溶液は過マンガン酸カリウム溶液を退色する。水溶液をアンモニア水で弱アルカリ性にして塩化カルシウムを加えると、蓚酸カルシウムの白色の沈殿を生ずる。　問 19　クロム酸ナトリウム(別名クロム酸ソーダ)は劇物。水溶液は硝酸バリウムまたは塩化バリウムで、黄色のクロム酸のバリウム化合物を沈殿する。　問 20　硫酸 H_2SO_4 は無色の粘張性のある液体。強力な酸化力をもち、また水を吸収しやすい。水を吸収するとき発熱する。木片に触れるとそれを炭化して黒変させる。硫酸の希釈液に塩化バリウムを加えると白色の硫酸バリウムが生じるが、これは塩酸や硝酸に溶解しない。

三重県
令和５年度実施

〔法　規〕
（一般・農業用品目・特定品目共通）

問１　(1) 3　(2) 2　(3) 1　(4) 1

〔解説〕

(1) 法第２条第１項〔定義・毒物〕　(2)解答のとおり。
(3) (4)法第 17 条第１項〔事故の際の措置〕

問２　(5) 4　(6) 2　(7) 3　(8) 4

〔解説〕

解答のとおり。

問３　(9) 4　(10) 2　(11) 2　(12) 3

〔解説〕

(9)法第 13 条〔特定の用途に供される毒物又は劇物の販売等〕→施行令第 39 条〔着色すべき農業品目〕において、①硫酸タリウムを含有する製剤たる劇物、②燐化亜鉛を含有する製剤たる劇物については、施行規則第 12 条〔農業品目の着色方法〕で、あせにくい黒色に着色すると示されている。

(10)法第 12 条第２項第三号における容器及び被包に解毒剤の名称を表示→施行規則第 11 条の５で、有機燐化合物及びこれを含有する製剤について解毒剤として、①２－ピリジルアルドキシムメチオダイドの製剤(別名 PAM)、②硫酸アトロピンの製剤である。このことから２が正しい。

(11)法第 22 条第１項〔業務上取扱者の届出等〕に示されている。

問４　(13) 1　(14) 1　(15) 4　(16) 2

〔解説〕

(13)この設問は、a と b が正しい。a は法第７条第３項〔毒物劇物取扱責任者・変更届出〕に示されている。b は法第 10 条第１項第一号〔届出〕に示されている。c は法第 10 条第１項第二号についてで、あらかじめではなく、30 日以内に届け出なければならないである。

(14) a 法第８条第２項〔毒物劇物取扱責任者の資格〕。b 法第 15 条第１項第一号〔毒物又は劇物の交付の制限等〕。

(15)法第 12 条第２項〔毒物又は劇物の表示・容器及び被包に掲げる事項〕は、①毒物又は劇物の名称、②毒物又は劇物の成分及びその含量、③厚生労働省令で定める毒物又は劇物について厚生労働省令で定める解毒剤の名称。このことから c と d が正しい。

(16)この設問は施行令第 40 条の５は毒物又は劇物における運搬方法で、a は地を白色、文字を赤色として「劇」ではなく、地を黒色、文字を白色として「毒」と表示‥である(施行規則第１３条の５〔毒物又は劇物を運搬する車両に掲げる標識〕)。b 設問のとおり。施行令第 40 条の５第２項第四号に示されている。

問５　(17) 3　(18) 3　(19) 2　(20) 4

〔解説〕

(17)法第３条第３項〔禁止規定〕。(18)法第 11 条第４項〔毒物又は劇物の取扱・飲食物容器使用禁止〕。(19)、(20)法第 21 条第１項〔登録が失効した場合等の措置〕。

三重県

〔基礎化学〕
（一般・農業用品目・特定品目共通）

問６　(21) 2　(22) 1　(23) 3　(24) 1

〔解説〕

(21)　貴ガスは Ar のほかに、He, Ne, Kr などがある。
(22)　硫化水素は折れ曲がりの構造を持つため極性物質となる。
(23)　イオン化傾向を順に並べると、Li, K, Ca, Na, Mg, Al, Zn, Fe, Ni, Sn, Pb, H, Cu, Hg, Ag, Au, Pt となる。
(24)　総熱量不変の法則をヘスの法則という。

問7　(25) 4　(26) 2　(27) 3　(28) 3

〔解説〕

(25)　44.8 L のエチレン C_2H_4 は 2.0 mol である。エチレン 1 mol が燃焼すると 2 mol の二酸化炭素を生じるから、2.0 mol のエチレンだと 4.0 mol の二酸化炭素を生じる。二酸化炭素の分子量は 44 であるから、その時の重さは 176 g となる。

(26)　ブラウン運動はコロイド粒子に溶媒分子が衝突し、コロイド粒子が不規則な運動をしている現象のこと。

(27)　0.1 mol/L NaOH 水溶液を水で 100 倍に希釈したときのモル濃度は 0.001 mol/L となる。よってこの溶液の p[OH]は、p[0.001] = p[1.0×10^{-3}]、したがって pOH は 3 となる。pH + pOH = 14 より、pH = 11。

(28)　同素体とは同じ元素から成る単体で性質が異なるものである。

問8　(29) 4　(30) 2　(31) 1　(32) 2

〔解説〕

(29)　カルボン酸とアルコールの脱水縮合生成物をエステルという。

(30)　60 ℃の飽和溶液 120 g に溶解している溶質の重さ x g は、109/(100+109) = x/120, x = 62.58 g　よってこの溶液 120 g に占める溶媒の量は 120-62.58 = 57.42 g　20 ℃で溶媒 57.42 g に溶解する溶質の重さ y g は　100 : 31.6 = 57.42 : y, y = 18.14 g　よって析出する固体の量は、62.58-18.14 = 44.44 g

(31)　理想気体は分子間力や分子自体の体積を考慮していない気体であり、高温・低圧条件で実存気体は理想気体に近づく。

(32)　1 の N の酸化数は+5、2 の Mn の酸化数は+7、3 の Fe の酸化数は+3、4 の Cr の酸化数は+6 である。

問9　(33) 3　(34) 1　(35) 1　(36) 3

〔解説〕

(33)　中和は H^+の物質量と OH^-の物質量が等しいときである。よって水酸化カルシウム水溶液の体積を x と置くと、$0.4 \times 1 \times 20 = 0.1 \times 2 \times x$, x = 40 mL となる。

(34)　強酸強塩基の中和滴定であるため指示薬はどちらも使用できる。

(35)　電子は亜鉛板から銅板に流れるが、電流は逆となる。正極では還元反応が起こり Cu^{2+}が還元され Cu が析出する。

(36)　$C_3H_8 + 5O_2 = 3CO_2 + 4H_2O$ + x kJ/mol とする。それぞれの生成熱の熱化学方程式は、$C + O_2 = CO_2$ +394 kJ/mol …①式　$H_2 + 1/2O_2 = H_2O$ + 286 kJ/mol …②式、$3C + 4H_2 = C_3H_8$ + 105 kJ/mol …③式　とする。①× 3+②× 4 −③より、x = 2221 kJ/mol

問10　(37) 4　(38) 1　(39) 4　(40) 3

〔解説〕

(37)　弱塩基である炭酸水素ナトリウムと反応するのは安息香酸である。

(38)　弱酸であるフェノールは強塩基の水酸化ナトリウムと反応し、ナトリウムフェノキシドとなり水層に移行する。

(39)　フタル酸はベンゼンの水素原子 2 つが-COOH に置換した芳香族ジカルボン酸である。

(40)　ルミノール反応は遷移金属元素の確認反応、キサントプロテイン反応は硝酸を用いた芳香族アミノ酸の確認反応、ニンヒドリン反応はニンヒドリンを用いたアミノ基の確認反応である。

〔性状・貯蔵・取扱方法〕

(一般)

問11　(41) 1　(42) 4　(43) 2　(44) 3

〔解説〕

(41)酸化コバルト(Ⅱ)は毒物。黒～緑色の結晶あるいは粉末。水に不溶。酸化剤に可溶。用途は顔料(濃い群青)、コバルト塩原料、電子材料、ホーロー下びき。

(42)燐化水素(別名ホスフィン)は無色、腐魚臭の気体。気体は自然発火する。水にわずかに溶け、酸素及びハロゲンとは激しく結合する。エタノール、エーテルに溶ける。　(43)硫化水素ナトリウムは劇物。特徴的な臭気のある白～黄色の吸湿性結晶。エタノールにわずかに可溶。エーテルに不溶。酸と激しく反応し、腐食性を示す。酸化剤と激しく反応。用途は硫化染料の製造及び染色、皮革の脱毛剤等に使用される。

(44)1,1-ジメチルヒドラジンは毒物。無色の発煙性、吸湿性の液体。水に非常によく溶ける。エタノール、エーテル、メタノールの易溶。酸、酸化剤と反応。蒸気・空気の混合気体は爆発性。用途は合成繊維・合成樹脂の安定剤及び黄色変色防止剤、医薬品や農薬の原料、易面活性剤。

問 12　(45) 3　(46) 1　(47) 2　(48) 4

〔解説〕

(45)カリウム K は、劇物。銀白色の光輝があり、ろう様の高度を持つ金属。カリウムは空気中では酸化され、ときに発火することがある。カリウムやナトリウムなどのアルカリ金属は空気中の酸素、湿気、二酸化炭素と反応する為、石油中に保存する。カリウムの炎色反応は赤紫色である。　(46)クロロホルムは、無色、揮発性の液体で特有の香気とわずかな甘みをもち、麻酔性がある。空気中で日光により分解し、塩素、塩化水素、ホスゲンを生じるので、少量のアルコールを安定剤として入れて冷暗所に保存。　(47)ベタナフトールは、劇物。無色～白色の結晶、石炭酸臭、水に溶けにくく、熱湯に可溶。有機溶媒に易溶。遮光保存(フェノール性水酸基をもつ化合物は一般に空気酸化や光に弱い)。ただし 1%以下は除外。　(48)水酸化カリウム(KOH)は劇物(5 %以下は劇物から除外)。(別名：苛性カリ)。空気中の二酸化炭素と水を吸収する潮解性の白色固体である。二酸化炭素と水を強く吸収するので、密栓して貯蔵する。

問 13　(49) 2　(50) 3　(51) 4　(52) 1

〔解説〕

(49)過酸化水素は６%以下で劇物から除外。　(50)トリフルオロメタンスルホン酸は 10 %以下は劇物から除外。　(51)メチルアミンは 40 %以下で劇物から除外。　(52)ノニルフェノール１%以下は劇物から除外。

問 14　(53) 1　(54) 2　(55) 3　(56) 4

〔解説〕

(53)無水酢酸$(CH_3CO)_2O$ は劇物。刺激臭のある無色の液体。　(54)ベンゾイル＝クロリド C_6H_5COCl は劇物。刺激臭のある発煙性の無色の液体。

(55)(ジクロロメチル)ベンゼン $C_6H_5COCl_2$ は毒物。刺激臭のある無色の液体。

(56)ホスゲン $COCl_2$ は独特の青草臭のある無色の圧縮液化ガス。

問 15　(57) 2　(58) 3　(59) 4　(60) 1

〔解説〕

(57)蓚酸の中毒症状は、血液中のカルシウムを奪取し、神経系を侵す。胃痛、嘔吐、口腔咽喉の炎症、腎臓障害。　(58)PAP(フェントエート)は、劇物、有機燐製剤で殺虫剤(稲のニカメイチュウ、ツマグロヨコバイなどの駆除)、赤褐色油状、３%以下は劇物除外。有機燐製剤なので解毒剤は硫酸アトロピン M。有機燐製剤の中毒は、コリンエステラーゼを阻害し、頭痛、めまい、嘔吐、言語障害、意識混濁、縮瞳、痙攣など。　(59)メタノール CH_3OH は特有な臭いの無色液体。水に可溶。可燃性。染料、有機合成原料、溶剤。　メタノールの中毒症状：吸入した場合、めまい、頭痛、吐気など、はなはだしい時は嘔吐、意識不明。中枢神経抑制作用。飲用により視神経障害、失明。　(60)シアン化水素ガスを吸引したときの中毒は、頭痛、めまい、悪心、意識不明、呼吸麻痺を起こす。

(農業用品目)

問 11　(41) 4　(42) 1　(43) 2　(44) 3

〔解説〕

(41)テブフェンピラドは劇物。淡黄色結晶。比重 1.0214　水にきわめて溶けにくい。有機溶媒に溶けやすい。pH 3～ 11 で安定。用途は野菜、果樹等のハダニ類の害虫を防除する農薬。　(42)沃化メチル CH_3I(別名ヨードメタン、ヨードメチル)は、エーテル様臭のある無色又は淡黄色透明の液体で、水に溶け、空気中で光により一部分解して褐色になる。用途はガス殺菌・殺虫剤として使用される。

(43)燐化亜鉛 Zn_3P_2 は、灰褐色の結晶又は粉末。かすかにリンの臭気がある。水、アルコールには溶けないが、ベンゼン、二硫化炭素に溶ける。酸と反応して有毒なホスフィン PH3 を発生。劇物、１%以下で、黒色に着色され、トウガラシエキスを用いて著しくからく着味されているものは除かれる。殺鼠剤。

(44)弗化スルフリルは毒物。無色無臭の気体。沸点-55.38 ℃。水に難溶である。アルコール、アセトンにも溶ける。用途は殺虫剤、燻蒸剤。

問 12　(45) 2　(46) 1　(47) 4　(48) 3

〔解説〕

(45)シアン化カリウム KCN(別名　青酸カリ)は、白色、潮解性の粉末または粒状物、空気中では炭酸ガスと湿気を吸って分解する(HCN を発生)。また、酸と反応して猛毒の HCN(アーモンド様の臭い)を発生する。したがって、酸から離し、通風の良い乾燥した冷所で密栓保存。安定剤は使用しない。
(46)ブロムメチル CH_3Br は常温では気体なので、圧縮冷却して液化し、圧縮容器に入れ、直射日光その他、温度上昇の原因を避けて、冷暗所に貯蔵する。
(47)アンモニア水は無色透明、刺激臭がある液体。アンモニア NH_3 は空気より軽い気体。濃塩酸を近づけると塩化アンモニウムの白い煙を生じる。NH_3 が揮発し易いので密栓。　(48)硫酸銅(Ⅱ)は、濃い青色の結晶。風解性。風解性のため密封、冷暗所貯蔵。

問 13　(49) 4　(50) 2　(51) 3　(52) 1
〔解説〕
(49)シアナミドは 10 %以下は劇物から除外。　(50)チアクロプリド３%以下は劇物から除外。　(51)トリシクラゾールは８%以下で劇物から除外。
(52)クロルフェナピルは 0.6 %以下は劇物から除外。

問 14　(53) 1　(54) 3　(55) 2　(56) 4
〔解説〕
(53)フェンプロパトリンは劇物。１%以下は劇物から除外。白色の結晶性粉末。用途は殺虫剤、ピレスロイド系農薬。　(54)ベンフラカルブは、劇物。淡黄色粘稠液体。用途は農業殺虫剤(カーバーメート系化合物)。　(55)イミダクロプリドは、劇物。弱い特異臭のある無色の結晶。用途は、野菜等のアブラムシ類等の害虫を防除する農薬。(クロロニコチル系殺虫剤)ネオニコチノイド系。２%以下は劇物から除外。　(56)イソキサチオンは、劇物(２%以下除外)、淡黄褐色液体。用途はミカン、稲、野菜、茶等の害虫駆除。(有機燐系殺虫剤)

問 15　(57) 4　(58) 2　(59) 1　(60) 1
〔解説〕
(57)メチルイソチオシアネート(CH_3NCS)は劇物。無色結晶。　(58)クロルピクリン CCl_3NO_2 は、無色～淡黄色液体。　(59)フッ化スルフリル SO_2F_2 は毒物。無色無臭の気体。　(60)シアン化水素 HCN は毒物。無色で特異臭(アーモンド様の臭気)のある液体。

(特定品目)

問 11　(41) 2　(42) 3　(43) 1　(44) 4
〔解説〕
(41)重クロム酸カリウムは、橙赤色結晶、酸化剤。水に溶けやすく、有機溶媒には溶けにくい。　(42)クロム酸バリウムは劇物。黄色の粉末。水にほとんど溶けない。アルカリに可溶。　(43)酢酸エチル(別名酢酸エチルエステル、酢酸エステル)は、劇物。強い果実様の香気ある可燃性無色の液体。揮発性がある。蒸気は空気より重い。引火しやすい。水にやや溶けやすい。　(44)クロロホルム $CHCl_3$(別名トリクロロメタン)は劇物。無色揮発性の液体で、特有の臭気と、かすかな甘みを有する。水にはわずかに溶ける。アルコール、エーテルと良く混和する。

問 12　(45) 4　(46) 1　(47) 2　(48) 3
〔解説〕
(45)過酸化水素水は過酸化水素の水溶液、少量なら褐色ガラス瓶(光を遮るため)、多量ならば現在はポリエチレン瓶を使用し、３分の１の空間を保ち、有機物等から引き離し日光を避けて冷暗所保存。　(46)メチルエチルケトンは、アセトン様の臭いのある無色液体。引火性。有機溶媒。貯蔵方法は直射日光を避け、通風のよい冷暗所に保管し、また火気厳禁とする。なお、酸化性物質、有機過酸化物等と同一の場所で保管しないこと。　(47)クロロホルム $CHCl_3$ は、無色、揮発性の液体で特有の香気とわずかな甘みをもち、麻酔性がある。空気中で日光により分解し、塩素、塩化水素、ホスゲンを生じるので、少量のアルコールを安定剤として入れて冷暗所に保存。　(48)水酸化ナトリウム(別名：苛性ソーダ)NaOH は、白色結晶性の固体。水と炭酸を吸収する性質が強い。空気中に放置すると、潮解して徐々に炭酸ソーダの皮層を生ずる。貯蔵法については潮解性があり、二酸化炭素と水を吸収する性質が強いので、密栓して貯蔵する。

問 13　(49) 3　(50) 1　(51) 3　(52) 4
〔解説〕
(49)蓚酸は 10 %以下で劇物から除外。　(50)ホルムアルデヒドは 1%以下で劇物から除外。　(51)アンモニアは 10%以下で劇物から除外。

(52)クロム酸鉛は 70 %以下は劇物から除外。

問 14　(53) 1　(54) 2　(55) 4　(56) 3

〔解説〕

(53)酢酸エチル $CH_3COOC_2H_5$ は、劇物。無色果実臭の可燃性液体。

(54)メチルエチルケトン $CH_3COC_2H_5$(別名 2-ブタノン)は、劇物。アセトン様の臭いのある無色液体。　(55)クロロホルム $CHCl_3$ は、無色揮発性の液体。

(56)キシレン $C_6H_4(CH_3)_2$ は劇物。無色透明の液体で芳香族炭化水素特有の臭いがある。

問 15　(57) 4　(58) 2　(59) 1　(60) 3

〔解説〕

(57)トルエンは、劇物。特有な臭い(ベンゼン様)の無色液体。水に不溶。比重 1 以下。可燃性。引火性。劇物。中毒症状は、蒸気吸入により頭痛、食欲不振、大量で大赤血球性貧血。皮膚に触れた場合、皮膚の炎症を起こすことがある。また、目に入った場合は、直ちに多量の水で十分に洗い流す。　(58)硝酸は無色の発煙性液体。蒸気は眼、呼吸器などの粘膜および皮膚に強い刺激性をもつ。高濃度のものが皮膚に触れるとガスを生じ、初めは白く変色し、次第に深黄色になる(キサントプロテイン反応)。　(59)四塩化炭素 CCl_4 は特有の臭気をもつ揮発性無色の液体、水に不溶、有機溶媒に易溶。揮発性の蒸気を吸入等により、はじめ頭痛、悪心などをきたし、また黄疸のように角膜が黄色となり、しだいに尿毒症様を呈し、死に至ることもある。　(60)メタノール CH_3OH は特有な臭いの無色液体。水に可溶。可燃性。メタノールの中毒症状：吸入した場合、めまい、頭痛、吐気など、はなはだしい時は嘔吐、意識不明。中枢神経抑制作用。飲用により視神経障害、失明。

〔実　地〕

(一般)

問 16　(61) 4　(62) 1　(63) 2　(64) 3

〔解説〕

(61)燐化亜鉛 Zn_3P_2 は、灰褐色の結晶又は粉末。かすかにリンの臭気がある。用途は、殺鼠剤、倉庫内燻蒸剤。　(62)クロルメコートは、劇物、白色結晶で魚臭、非常に吸湿性の結晶。用途は植物成長調整剤。　(63)トリクロロシラン(フエニル)シランは劇物。無色の液体。用途は撥水剤、絶縁樹脂、耐熱性塗料のシリコン化に使用。実験試薬。　(64)ヘプタン酸は劇物。無色澄明な油状液体。用途は食品添加物、香料として香料製剤の製造に使用される。

問 17　(65) 1　(66) 4　(67) 3　(68) 2

〔解説〕

(65)スルホナールは劇物。無色、稜柱状の結晶性粉末。無色の斜方六面形結晶で、潮解性をもち、微弱の刺激性臭気を有する。水、アルコール、エーテルには溶けやすく、水溶液は強酸性を呈する。木炭とともに加熱すると、メルカプタンの臭気を放つ。　(66)カリウム K は、ニコチン＋希硫酸+ピクリン酸→黄色沈澱(ピクラートの生成)。　(67)四塩化炭素(テトラクロロメタン)CCl_4 は、劇物。揮発性、麻酔性の芳香を有する無色の重い液体。水に溶けにくくアルコール、エーテル、クロロホルムにはよく溶けやすい。強熱によりホスゲンを発生。蒸気は空気より重く、低所に滞留する。アルコール性の水酸化カリウムと銅粉とともに煮沸すると、黄赤色の沈殿を生ずる。　(68)臭化水素酸は、劇物。無色又は淡黄色。光や空気により暗色となるので遮光して保存。強い酸性。硝酸銀溶液を加えると、淡黄色のブロモ銀を沈殿する。この沈殿は硝酸には溶けない。

問 18　(69) 1　(70) 2　(71) 3　(72) 4

〔解説〕

(69)クロルスルホン酸を廃棄する場合、まず空気や水蒸気と加水分解を行い、硫酸と塩酸にしたのちその白煙をアルカリで中和する。その液を希釈して廃棄する。　(70)臭素 Br_2 の廃棄方法は、酸化法(還元法)、過剰の還元剤(亜硫酸ナトリウムの水溶液)に加えて還元し($Br_2 \rightarrow 2Br^-$)、余分の還元剤を酸化剤(次亜塩素酸ナトリウム等)で酸化し、水で希釈処理。アルカリ法は、アルカリ水溶液中に少量ずつ多量の水で希釈して処理する。　(71)過酸化尿素は、劇物。白色の結晶又は結晶性粉末。水に溶ける。空気中で尿素、水、酸に分解する。廃棄法は多量の水で希釈して処理する希釈法。　(72)水銀 Hg は、毒物。常温で液状の金属。金属光沢を有する重い液体。廃棄法は、そのまま再利用するため蒸留する回収法。

問 19　(73) 1　　(74) 3　　(75) 2　　(76) 4
〔解説〕
(73)ジボランは毒物。無色の特異臭のある可燃性気体。漏えいしたボンベ等を多量の水酸化カルシウム水溶液と酸化剤(次亜塩素酸ナトリウム、さらし粉等)の水溶液の混合溶液中に容器ごと投入してガスを吸収させ、酸化処理し、その処理液を多量の水で希釈して流す。　(74)ピクリン酸が漏えいした場合、飛散したものは空容器にできるだけ回収し、そのあとを多量の水を用いて洗い流す。なお、回収の際は飛散したものが乾燥しないよう、適量の水を散布して行い、また、回収物の保管、輸送に際しても十分に水分を含んだ状態を保つようにする。用具及び容器は金属製のものを使用してはならない。　(75)メチルアミンは劇物。無色でアンモニア臭のある気体。メタノール、エタノールに溶けやすく、引火しやすい。また、腐食が強い。付近の着火源となるものを速やかに取り除いた後、漏えいしたボンベ等の漏出箇所に木栓等を打ち込みできるだけ漏出止め、更に濡れた布等で覆った後、できるだけ速やかに専門業者に処理を委託する。
(76)亜塩素酸ナトリアム(別名亜塩素酸ソーダは劇物。白色の粉末。水に溶けやすい。酸化力がある。加熱、衝撃、摩擦により爆発的に分解を起こす。飛散したものは空容器にできるだけ回収し、そのあとを還元剤(硫酸第一鉄等)の水溶液を散布し、水酸化カルシウム、無水炭酸ナトリウム等の水溶液で処理し、多量の水を用いて洗い流す。この場合、濃厚な廃液が河川等に排出されないよう注意する。
問 20　(77) 3　　(78) 2　　(79) 1　　(80) 4
〔解説〕
この設問の保護具については施行令第 40 条の５第２項第三号→施行規則第 13 条の６〔毒物又は劇物を運搬する車両に備える保護具〕については、施行規則別表第五に示されている。解答のとおり。

(農業用品目)

問 16　(61) 2　　(62) 1　　(63) 4　　(64) 3
〔解説〕
(61)燐化亜鉛は、灰褐色の結晶又は粉末。劇物。用途は殺鼠剤。
(62)イミシアホスは、常温で微かな特異臭のある無色透明な液体。劇物(1.5 %以下は劇物から除外)。有機燐製剤である。用途は、野菜、花き類等のセンチュウ類、ネダニ類を防除する殺虫剤。　(63)塩素酸ナトリウムは、無色無臭結晶。用途は除草剤、酸化剤、抜染剤。　(64)硫酸銅(Ⅱ)は、濃い青色の結晶。用途は、試薬、工業用の電解液、媒染剤、農業用殺菌剤。
問 17　(65) 2　　(66) 3　　(67) 4　　(68) 1
〔解説〕
(65)塩素酸ナトリウムは、無色無臭結晶、酸化剤、水に易溶。廃棄方法は、過剰の還元剤の水溶液を希硫酸酸性にした後に、少量ずつ加え還元し、反応液を中和後、大量の水で希釈処理する還元法。　(66)硫酸第二銅は、濃い青色の結晶。風解性。水に易溶、水溶液は酸性。劇物。廃棄法は、水に溶かし、消石灰、ソーダ灰等の水溶液を加えて処理し、沈殿ろ過して埋立処分する沈殿法。
(67)メソミルは、別名メトミル、カルバメート剤、廃棄方法は 1)燃焼法(スクラバー具備)　2)アルカリ法(NaOH 水溶液と加温し加水分解)。
(68)燐化亜鉛の廃棄法は、燃焼法と酸化法がある。
問 18　(69) 3　　(70) 2　　(71) 2　　(72) 1
〔解説〕
解答のとおり。
問 19　(73) 4　　(74) 1　　(75) 2　　(76) 3
〔解説〕
(73)ジメチルエチルメルカプトエチルチオホスフェイト(メチルジメトン)は特定毒物。A 型は黄褐色の液体。ニラ様の不快臭がある。水に溶けにくい。漏えいした液は、土砂等でその流れを止め、安全な場所に導き、空容器にできるだけ回収し、むそのあとを消石灰等の水溶液を用いて処理し、多量の水を用いて洗い流す。洗い流す場合には、中性洗剤等の分散剤を使用して洗い流す。この場合、濃厚な廃液が河川等に排出されないよう注意する。　(74)塩素酸ナトリウムが漏えいした場合、飛散したものは速やかに掃き集めて空容器にできるだけ回収し、そのあとは多量の水を用いて洗い流す。　(75)パラコートはジピリジル誘導体。漏えいした液は、空容器にできるだけ回収し、そのあとを土壌で覆って十分接触させたのち、土壌を取り除き、多量の水を用いて洗い流す。

(76)クロルピクリンは、無色～淡黄色液体、催涙性、粘膜刺激臭。水に不溶。少量の場合､漏洩した液は布でふきとるか又はそのまま風にさらとて蒸発させる。

問 20　(77) 4　(78) 4　(79) 1　(80) 4

〔解説〕

(77)2-ジフェニルアセチル-2･3-インダンジオン(ダイファシノン)は、劇物。黄色結晶性粉末。アセトン、酢酸に溶ける。水にほとんど溶けない。ビタミンKの働きを抑えることにる血液凝固を阻害して、出血を引き起こす。

(78)この設問の保護具については施行令第 40 条の５第２項第三号→施行規則第 13 条の６〔毒物又は劇物を運搬する車両に備える保護具〕については、施行規則別表第五に示されている。解答のとおり。

(79)クロルピリホス１％以下を含有する劇物から除外。　(80)マイクロカプセル製剤においては 25 ％以下が除外)。クロルピリホスは、劇物(1 ％以下は除外、マイクロカプセル製剤においては 25 ％以下が除外)。白色結晶。有機リン系殺虫剤。

(特定品目)

問 16　(61) 2　(62) 1　(63) 3　(64) 4

〔解説〕

(61)硅弗化ナトリウムは劇物。無色の結晶。用途は、釉薬原料、漂白剤、殺菌剤、消毒剤。　(62)過酸化水素水は過酸化水素の水溶液。用途は漂白、医薬品、化粧品の製造。　(63)四塩基性クロム酸亜鉛は劇物。淡赤黄色粉末。用途はさび止めした塗料用。　(64)硝酸は無色透明結晶。用途は冶金、爆薬製造、セルロイド工業、試薬。

問 17　(65) 3　(66) 1　(67) 2　(68) 4

〔解説〕

(65)一酸化鉛 PbO は、重い粉末で、黄色から赤色までの間の種々のものがある。希硝酸に溶かすと、無色の液となり、これに硫化水素を通じると、黒色の沈殿を生じる。　(66)硫酸 H_2SO_4 は無色の粘張性のある液体。強力な酸化力をもち、また水を吸収しやすい。水を吸収するとき発熱する。木片に触れるとそれを炭化して黒変させる。硫酸の希釈液に塩化バリウムを加えると白色の硫酸バリウムが生じるが、これは塩酸や硝酸に溶解しない。　(67)メタノール CH_3OH は特有な臭いの無色透明な揮発性の液体。水に可溶。可燃性。あらかじめ熱灼した酸化銅を加えると、ホルムアルデヒドができ、酸化銅は還元されて金属銅色を呈する。

(68)アンモニア水は無色透明、刺激臭がある液体。アルカリ性を呈する。アンモニア NH_3 は空気より軽い気体。濃塩酸を近づけると塩化アンモニウムの白い煙を生じる。

問 18　(69) 3　(70) 2　(71) 4　(72) 1

〔解説〕

(69)塩化水素 HCl は酸性なので、石灰乳などのアルカリで中和した後、水で希釈する中和法。　(70)過酸化水素水は過酸化水素の水溶液で、劇物。無色透明な液体。廃棄方法は、多量の水で希釈して処理する希釈法。

(71)重クロム酸カリウムは、橙赤色結晶、酸化剤。水に溶けやすく、有機溶媒には溶けにくい。希硫酸に溶かし、還元剤の水溶液を過剰に用いて還元した後、消石灰、ソーダ灰等の水溶液で処理して沈殿濾過させる。溶出試験を行い、溶出量が判定基準以下であることを確認して埋立処分する還元沈殿法。

(72)ホルマリンはホルムアルデヒド HCHO の水溶液で劇物。無色あるいはほとんど無色透明な液体。廃棄方法は多量の水を加え希薄な水溶液とした後、次亜塩素酸ナトリウムなどで酸化して廃棄する酸化法。

問 19　(73) 3　(74) 1　(75) 4　(76) 2

〔解説〕

解答のとおり。

問 20　(77) 2　(78) 1　(79) 1　(80) 3

〔解説〕

この設問の保護具については施行令第 40 条の５第２項第三号→施行規則第 13 条の６〔毒物又は劇物を運搬する車両に備える保護具〕については、施行規則別表第五に示されている。解答のとおり。

関西広域連合統一〔滋賀県、京都府、大阪府、和歌山県、兵庫県、徳島県〕
令和５年度実施

〔毒物及び劇物に関する法規〕
（一般・農業用品目・特定品目共通）

【問１】 1

〔解説〕

法第１条〔目的〕、法第２条第１項〔定義・毒物〕。解答のとおり。

【問２】 5

〔解説〕

この設問では特定毒物はどれかとあるので、c の四アルキル鉛と d のモノフルオール酢酸。特定毒物は法第２条第３項〔定義・特定毒物〕→法別表第三に示されている。なお、a のシアン化水素は毒物。b の四塩化炭素は劇物。

【問３】 4

〔解説〕

法第３条第３項〔禁止規定・販売業〕。解答のとおり。

【問４】 4

〔解説〕

この設問は法第３条の３及び法第６条の２についてで、b と d が正しい。特定毒物研究者は特定毒物を製造〔法第３条の２第１項〕及び特定毒物を輸入〔法第３条の２第２項〕による。d は法第３条の２第４項に示されている。なお、a は厚生労働大臣に申請書ではなく、都道府県知事に申請書を出さなければならないである(法第６条の２第１項〔特定毒物研究者の許可〕)。c は毒物劇物営業者及び特定毒物使用者のみ特定毒物を譲り渡すことができる〔法第３条の２第６項〕。

【問５】 3

〔解説〕

この法第３条の３→施行令第 32 条の２による品目→①トルエン、②酢酸エチル、トルエン又はメタノールを含有する接着剤、塗料及び閉そく用またはシーリングの充てん料は、みだりに摂取、若しくは吸入し、又はこれらの目的で所持してはならない。このことから a、b、d が該当する。

【問６】 3

〔解説〕

この設問では ac が正しい。a は法第４条第２項〔営業の登録・申請所〕。c は法第４条第１項〔営業の登録・登録〕。なお、c は法第４条第３項〔営業の登録・更新〕により、毒物又は劇物の製造業又は輸入業の登録は、５年ごとに、販売業の登録は、６年ごとに更新を受けなければならない。

【問７】 1

〔解説〕

この設問は施行規則第４条の４第２項〔販売業の店舗における設備基準〕についてで、d のみが誤り。d は施行規則第４条の４第１項第三号により、毒物又は劇物を陳列する場所にはかぎをかける設備があることである。この設問にあるただし書はない。

【問８】 2

〔解説〕

この設問は法第７条〔毒物劇物取扱責任者〕及び法第８条〔毒物劇物取扱責任者の資格〕についで、b と d が正しい。b は法第８条第１項第一号に示されている。d は法第７条第２項に示されている。なお、a は法第７条第３項で、30 日以内に届け出なければならないである。c は法第 8 条第２項第一号で、18 歳未満の者には毒物劇物取扱責任者になることはできないとある。この設問では 18 歳の者とあるので毒物劇物取扱責任者になることはできる。

【問９】 1

〔解説〕

法第９条〔登録の変更〕。解答のとおり。

【問 10】 2

〔解説〕

法第 10 条〔届出〕における届出事項は、①氏名又は住所、②設備の重要な部分の変更(製造・貯蔵・運搬)、③厚生労働省令で定める製造所、営業所、店舗の名称(支店)、品目の廃止、④営業者の廃止について、30 日以内に都道府県知事へ届け出なければならない。この設問では b と c が正しい。なお、a の法人の代表者名、d の店舗の電話番号については届け出を要しない。

【問 11】 4

〔解説〕

法第 12 条〔毒物又は劇物の表示〕についてで、a のみが誤り。a は‥赤地に白色をもって「毒物」の文字を表示しなければならないである〔法第 12 条第 1 項〕。なお、b は a と同様法第 12 条第 1 項のこと。解答のとおり。c は法第 12 条第 2 項第三号に示されている。

【問 12】 2

〔解説〕

この設問は法第 22 条第 5 項で、法第 11 条、法第 12 条第 1 項～第 3 項が適用される。このことから a のみ正しい。a は法第 11 条第 1 項〔毒物又は劇物の取扱・盗難紛失の予防〕。なお、b は法第 12 条第 3 項〔毒物又は劇物の表示・貯蔵陳列の表示〕により、‥「医薬用外」の文字及び「劇物」の文字を表示しなければならない。d は法第 11 条第 4 項〔毒物又は劇物の取扱・飲食物容器使用禁止〕により、すべての毒物又は劇物について飲食物容器の使用禁止が示されている。

【問 13】 5

〔解説〕

この設問は法第 13 条における着色する農業用品目のことで、法第 13 条→施行令第 39 条において、①硫酸タリウムを含有する製剤たる劇物、②燐化亜鉛を含有する製剤たる劇物→施行規則第 12 条で、あせにくい黒色に着色しなければならないと示されている。このことから c と d が正しい。

【問 14】 5

〔解説〕

この設問は法第 14 条〔毒物又は劇物の譲渡手続〕及び法第 15 条〔毒物又は劇物の交付の制限等〕のことで、a と d が正しい。a は法第 14 条第 1 項第三号に示されている。d は法第 14 条第 4 項に示されている。なお、b については法第 18 条第 1 項第一号により、18 歳未満の者には交付してはならないと示されている。c については、劇物を販売した翌日とあるが、法 14 条第 1 項で、その都度、同条第 1 項第一号～第三号に記載した書面を提出しなければならないである。

【問 15】 3

〔解説〕

法第 15 条の 2〔廃棄〕について、施行令第 40 条〔廃棄の方法〕が示されている。解答のとおり。

【問 16】 4

〔解説〕

この設問は施行令第 40 条の 5〔運搬方法〕についで、ac が正しい。a は施行令第 40 条の 5 第 2 項第四号に示されている。c は施行令第 40 条の 5 第 2 項第一号→施行規則第 13 条の 4 第一号〔交替して運転する者の同乗〕。なお、b は車両に備える保護具については、施行令第 40 条の 5 第 2 項第三号で 2 人分以上備えること示されている。d は施行令第 40 条の 5 第 2 項第一号で、交替して運転する者を同乗させることあるので誤り。

【問 17】 3

〔解説〕

この設問は施行令第 40 条の 9 における毒物又は劇物の性状及び取扱いの情報提供ことで、その情報提供の内容について施行規則第 13 条の 2 に示されている。このことから b と c が該当する。

【問 18】 1

〔解説〕

法第 17 条第 1 項〔事故の際の措置〕。解答のとおり。

【問 19】 4

〔解説〕

法第 21 条第 1 項〔登録が失効した場合等の措置〕。解答のとおり。

【問 20】　2

〔解説〕

この設問の法第 22 条で規定されている業務上取扱者の届出を要する者とは、①シアン化ナトリウム又は無機シアン化合物たる毒物及びこれを含有する製剤→電気めっきを行う事業、②シアン化ナトリウム又は無機シアン化合物たる毒物及びこれを含有する製剤→金属熱処理を行う事業、③最大積載量 5,000kg 以上の運送の事業、④砒素化合物たる毒物及びこれを含有する製剤→しろありの防除を行う事業について使用する者である。このことから a と c が該当する。

〔基礎化学〕
（一般・農業用品目・特定品目共通）

【問 21】　4

〔解説〕

空気と石油は混合物である。

【問 22】　2

〔解説〕

酢酸は弱塩基に分類され、塩酸はフェノールフタレイン試薬を変色させない。

【問 23】　5

〔解説〕

二酸化炭素は炭素原子と酸素原子が共有結合によって結びついた分子であり、二酸化炭素分子どうしがファンデルワールス力と呼ばれる分子間力によって弱く結び付けられ、ドライアイスという昇華性の固体を形成する。

【問 24】　4

〔解説〕

加える 13%塩化ナトリウム水溶液の量を x g とする。

$(4.0 + 0.13x)/(100 + x) = 7/100$,　$x = 50$ g

【問 25】　3

〔解説〕

中和は H^+の物質量と OH^-の物質量が等しいときである。よって水酸化ナトリウム水溶液の体積を x と置くと、$0.22 \times 2 \times 7.0 = 0.40 \times 1 \times x$, $x = 7.7$ mL となる。

【問 26】　3

〔解説〕

一般的に分子が外部から熱が加わると、分子の運動が激しくなる。

【問 27】　2

〔解説〕

b の記述がチンダル現象で、c の記述がブラウン運動である。

【問 28】　5

〔解説〕

イオン結晶は固体の状態では電気を通さないが、融解することで電気を通すようになる。

【問 29】　1

〔解説〕

イオン化傾向の異なる二種の金属板を導線で結び、適当な電解液を加えることで酸化還元反応が起こり電気が流れる。これを電池という。

【問 30】　5

〔解説〕

HI が生成する速度は H_2 と I_2 の濃度にそれぞれ依存する。生成した HI は平衡状態なので H_2 と I_2 に分解する。

【問 31】　3

〔解説〕

赤外線でなく紫外線である。

【問 32】　1

〔解説〕

強酸弱塩基の中和反応から生じる塩の水溶液は弱酸性を示す。

【問 33】　2

〔解説〕

カルボン酸とアルコールの脱水縮合生成物をエステルという。

【問 34】　1
〔解説〕
aはキサントプロテイン反応、bはビウレット反応である。
【問 35】　4
〔解説〕
解答のとおり

〔毒物及び劇物の性質及び貯蔵その他取扱方法、識別〕

（一般）

【問 36】　5
〔解説〕
この設問では、劇物に指定されていものはどれかとあるので、cとdである。cのアニリン、トルイジンとdの硝酸バリウム、硫酸亜鉛。劇物については法第２条第２項→法別表第二に示されている。
【問 37】　5
〔解説〕
この設問では、毒物に指定されていものはどれかとあるので、cとdである。cのニコチン、ヒドラジンとdの黄燐、セレン。毒物については法第２条第１項→法別表第一に示されている。
【問 38】　2
〔解説〕
aとcが正しい。次のとおり。塩化第二銅は、劇物。無水物のほか二水和物が知られている。二水和物は緑色結晶で潮解性がある。水、エタノール、メタノール、アセトンに可溶。廃棄方法は水に溶かし、消石灰、ソーダ灰等の水溶液を加えて、処理し、沈殿ろ過して埋立処分する沈殿法と多量の場合には還元焙焼法により無金属銅として回収する焙焼法がある。硫化カドミウム（カドミウムイエロー）CdSは黄橙色粉末または結晶。水に難溶。熱硝酸、熱濃硫酸に溶ける。廃棄法は、固化隔離法又は焙焼法である。なお、シアン化水素はスクラバーなどを具備した焼却炉で焼却する。沃化水素酸は、劇物。無色の液体。ヨード水素の水溶液に硝酸銀溶液を加えると、淡黄色の沃化銀の沈殿を生じる。廃棄法は、水酸化ナトリウム水溶液で中和した後、多量の水で希釈して処理する中和法。
【問 39】　1
〔解説〕
１が正しい。水酸化カリウムKOHは、強塩基なので希薄な水溶液として酸で中和後、水で希釈処理する中和法。シアン化カリウムKCN（別名青酸カリ）は、毒物で無色の塊状又は粉末。酸化法　水酸化ナトリウム水溶液を加えてアルカリ性（pH11以上）とし、酸化剤（次亜塩素酸ナトリウム、さらし粉等）等の水溶液を加えてCN成分を酸化分解する。酢酸エチル$CH^3COOC^2H^5$は劇物。強い果実様の香気ある可燃性無色の液体。揮発性がある。蒸気は空気より重い。引火しやすい。水にやや溶けやすい。可燃性であるので、珪藻土などに吸収させたのち、燃焼により焼却処理する燃焼法。
【問 40】　3
〔解説〕
臭素Br_2は赤褐色の刺激臭がある揮発性液体。漏えい時の措置は、ハロゲンなので消石灰と反応させ次亜臭素酸塩にし、また揮発性なのでムシロ等で覆い、さらにその上から消石灰を散布して反応させる。多量の場合は霧状の水をかけ吸収させる。
【問 41】　1
〔解説〕
この設問は用途についてで、aのクロロホルムが誤り。クロロホルム$CHCl_3$は、無色、揮発性の重い液体で特有の香気とわずかな甘みをもち、麻酔性がある。不燃性。水にわずかに溶ける。用途はゴムやニトロセルロース等の溶剤、合成樹脂原料、医薬品原料。
【問 42】　1
〔解説〕
硫酸銅（Ⅱ）$CuSO_4・5H_2O$は、濃い青色の結晶。風解性。水に易溶、水溶液は酸性。劇物。用途は、試薬、工業用の電解液、媒染剤、農業用殺菌剤。

【問 43】　5
〔解説〕
b のキシレンが誤り。キシレン $C_6H_4(CH_3)_2$ は、無色透明な液体。水に不溶。毒性は、はじめに短時間の興奮期を経て、深い麻酔状態に陥ることがある。

【問 44】　3
〔解説〕
解毒剤については、a と b が誤り。a の有機燐化合物の解毒剤は硫酸アトロピンまたはPAM。b の蓚酸塩類は、多量の石灰水を与えるか、胃の洗浄を行う。また、カルシウム剤の静脈注射を行うとよい。

【問 45】　4
〔解説〕
ナトリウム Na は、アルカリ金属なので空気中の水分、炭酸ガス、酸素を遮断するため石油中に保存。黄燐 P_4 は、無色又は白色の蝋様の固体。毒物。別名を白リン。暗所で空気に触れるとリン光を放つ。水、有機溶媒に溶けないが、二硫化炭素には易溶。湿った空気中で発火する。空気に触れると発火しやすいので、水中に沈めてビンに入れ、さらに砂を入れた缶の中に固定し冷暗所で貯蔵する。
弗化水素酸(弗酸)は、毒物。弗化水素の水溶液で無色またわずかに着色した透明の液体。水にきわめて溶けやすい。貯蔵法は銅、鉄、コンクリートまたは木製のタンクにゴム、鉛、ポリ塩化ビニルあるいはポリエチレンのライニグをほどこしたものに貯蔵する。

【問 46】　4
〔解説〕
引火性を示す物質は、b のメチルエチルケトンと d のアクロレイン。メチルエチルケトン $CH_3COC_2H_5$(2-ブタノン、MEK)は劇物。アセトン様の臭いのある無色液体。蒸気は空気より重い。引火性。有機溶媒。水に可溶。アクロレイン CH_2CHCHO は、劇物。無色又は帯黄色の液体。刺激臭がある。引火性である。水に可溶。アルカリ性物質及び酸化剤と接触させない。なお、クロロホルム $CHCl_3$ は、無色、揮発性の液体で特有の香気とわずかな甘みをもち、麻酔性がある。蒸気は空気より重い。クロルピクリン CCl_3NO_2 は、無色～淡黄色液体、催涙性、粘膜刺激臭。水に不溶。

【問 47】　2
〔解説〕
ギ酸(HCOOH)　は劇物。無色の刺激性の強い液体で、還元性が強い。ホルマリンの酸化によって生じる。なお、無水クロム酸 CrO_3 は劇物。暗赤色針状結晶。潮解性がある。水によく溶ける。きわめて強い酸化剤である。硝酸銀 $AgNO_3$ は、劇物。無色透明結晶。光によって分解して黒変する強力な酸化剤である。また、腐食性がある。水にきわめて溶けやすく、アセトン、クリセリンに溶ける。重クロム酸カリウム $K_2Cr_2O_7$ は、は、劇物。橙赤色柱状結晶。水にはよく溶けるが、アルコールには溶けない。強力な酸化剤。塩素酸カリウム $KClO_3$(別名塩素酸カリ)は、無色の結晶。水に可溶。アルコールに溶けにくい。熱すると酸素を発生する。そして、塩化カリとなり、これに塩酸を加えて熱すると塩素を発生する。用途はマッチ、花火、爆発物の製造、酸化剤、抜染剤、医療用。

【問 48】　4
〔解説〕
トルエン $C_6H_5CH_3$(別名トルオール、メチルベンゼン)は劇物。無色透明な液体で、ベンゼン臭がある。蒸気は空気より重く、可燃性である。沸点は水より低い。水には不溶、エタノール、ベンゼン、エーテルに可溶である。

【問 49】　2
〔解説〕
揮発性を示すものは、a の臭素と c のメタノールである。臭素 Br_2 は、劇物。赤褐色・特異臭のある重い液体。比重 3.12(20 ℃)、沸点 58.8 ℃。強い腐食作用があり、揮発性が強い。引火性、燃焼性はない。水、アルコール、エーテルに溶ける。メタノール(メチルアルコール)CH_3OH は、劇物。(別名：木精)無色透明。揮発性の可燃性液体である。なお、一酸化鉛 PbO(別名リサージ)は劇物。赤色～赤黄色結晶。重い粉末で、黄色から赤色の間の様々なものがある。水にはほとんど溶けないが、酸、アルカリにはよく溶ける。酸化鉛は空気中に放置しておくと、徐々に炭酸を吸収して、塩基性炭酸鉛になることもある。光化学反応をおこし、酸素があると四酸化三鉛、酸素がないと金属鉛を遊離する。塩化バリウムは、劇物。無水物もあるが一般的には二水和物で無色の結晶。

【問 50】　4
〔解説〕
アニリン $C_6H_5NH_2$ は、劇物。新たに蒸留したものは無色透明油状液体、光、空気に触れて赤褐色を呈する。特有な臭気。水には難溶、有機溶媒には可溶。水溶液にさらし粉を加えると紫色を呈する。

（農業用品目）

【問 36】　5
〔解説〕
農業用品目販売業者が販売できるものについては法第４条の３第１項→施行規則第４条の２→施行規則別表第一に示されている。

【問 37】　5
〔解説〕
この設問における除外濃度については、毒物は指定令第１条、劇物については指定令第２条に示されている。解答のとおり。

【問 38】　2
〔解説〕
この設問における廃棄方法については、b の硫酸第二銅が誤り。次のとおり。硫酸銅第二銅は、水に溶解後、消石灰などのアルカリで水に難溶な水酸化銅 $Cu(OH)_2$ とし、沈殿ろ過して埋立処分する沈殿法。または、還元焙焼法で金属銅 Cu として回収する還元焙焼法。

【問 39】　1
〔解説〕
この設問における廃棄方法の組合せについては、a と b が正しい。トリクロルホン(別名 DEP)は劇物。純品は白色の結晶。廃棄方法は、①燃焼法　そのままスクラバーを具備した焼却炉で焼却する。可燃性溶剤とともにスクラバーを具備した焼却炉の火室へ噴霧し、焼却する。②アルカリ法　水酸化ナトリウム水溶液等と加温して加水分解する。フェンバレレートは劇物。黄褐色の粘稠性液体。廃棄方法は、木粉(おが屑)等に吸収させてアフターバーナー及びスクラバーを具備した焼却炉で焼却する燃焼法。なお、c のジクワットは、劇物で、ジピリジル誘導体で淡黄色結晶。廃棄方法は、有機物なので燃焼法、但しアフターバーナーとスクラバーを具備した焼却炉で焼却。d のシアン化ナトリウム NaCN は、酸性だと猛毒のシアン化水素 HCN が発生するのでアルカリ性にしてから酸化剤でシアン酸ナトリウム NaOCN にし、余分なアルカリを酸で中和し多量の水で希釈処理する酸化法。水酸化ナトリウム水溶液等でアルカリ性とし、高温加圧下で加水分解するアルカリ法。

【問 40】　3
〔解説〕
a のパラコートはジピリジル誘導体。漏えいした液は、空容器にできるだけ回収し、そのあとを土壌で覆って十分接触させたのち、土壌を取り除き、多量の水を用いて洗い流す。b のクロルピリンは有機化合物で揮発性があることから、有機ガス用防毒マスクを用いる。c のダイアジノンは、有機リン製剤。接触性殺虫剤、かすかにエステル臭をもつ無色の液体、水に難溶、有機溶媒に可溶。付近の着火源となるものを速やかに取り除く。空容器にできるだけ回収し、その後消石灰等の水溶液を多量の水を用いて洗い流す。

【問 41】　1
〔解説〕
イミダクロプリドは劇物。弱い特異臭のある無色結晶。用途は野菜等のアブラムシ等の殺虫剤(クロロニコチニル系農薬)。ジチアノンは劇物。暗褐色結晶性粉末。用途は殺菌剤(農薬)。ダイファシノン(2-ジフェニルアセチル-1,3-インダジオン)は毒物。黄色結晶性粉末。用途は殺鼠剤。

【問 42】　1
〔解説〕
この設問における用途の組合せでは、a のジクワットは、劇物で、ジピリジル誘導体で淡黄色結晶。用途は、除草剤。b のアバメクチンは、毒物。類白色結晶粉末。用途は農薬・マクロライド系殺虫剤(殺虫・殺ダニ剤)1.8 %以下は劇物が正しい。なお、イミノクタジンは、劇物。白色の粉末(三酢酸塩の場合)。用途は、果樹の腐らん病、晩腐病等、麦の斑葉病、芝の葉枯病殺菌する殺菌剤。トルフェンピラドは劇物。類白色の粉末。無臭。用途は殺虫剤(農薬)。

【問 43】　5
〔解説〕
この設問の中毒の対処に対する解毒剤について、c のカルバリル(NAC)が正しい。次のとおり。カルバリル(NAC)は、劇物。白色無臭の結晶。皮膚に触れた場合には放置すると皮膚より吸収されて中毒を起こすことがある。中毒症状が発現した場合には、解毒剤は、硫酸アトロピン製剤。なお、a のクロルピクリン CCl_3NO_2 は、劇物。無色～淡黄色液体、催涙性、粘膜刺激臭。毒性・治療法は、血液に入りメトヘモグロビンを作り、また、中枢神経、心臓、眼結膜を侵し、肺にも強い傷害を与える。治療法は酸素吸入、強心剤、興奮剤。b のダイアジノンは、有機燐製剤で、かすかにエステル臭をもつ無色の液体。有機燐製剤なのでコリンエステラーゼ活性阻害。有機燐化合物特有の症状が現れ、解毒剤にはは硫酸アトロピン製剤を用いる。
【問 44】　3
〔解説〕
解答のとおり。
【問 45】　4
〔解説〕
有機燐化合物については、神経伝達物質のアセチルコリンを分解する酵素であるコリンエステラーゼと結合し、その働きを阻害するため、神経終末にアセチルコリンが過剰に蓄積することで毒性を示す。
【問 46】　4
〔解説〕
アセタミプリドは、劇物。白色結晶固体。２％以下は劇物から除外。水に難溶。アセトン、メタノール、エタノール、クロロホルなどの有機溶媒に溶けやすい。用途はネオニコチノイド系殺虫剤。
【問 47】　2
〔解説〕
フェントエートは、劇物。赤褐色、油状の液体で、芳香性刺激臭を有し、水、プロピレングリコールに溶けない。リグロインにやや溶け、アルコール、エーテル、ベンゼンに溶ける。有機燐系の殺虫剤。
【問 48】　4
〔解説〕
クロルピリホスは、白色結晶、水に溶けにくく、有機溶媒に可溶。有機燐製剤剤で、劇物(1 %以下は除外、マイクロカプセル製剤においては 25 %以下が除外)用途は、果樹の害虫防除、シロアリ防除。シックハウス症候群の原因物質の一つである。
【問 49】　2
〔解説〕
カルバリル(NAC)は、劇物。白色無臭の結晶。水に極めて溶にくい。アルカリに不安定。常温では安定。有機溶媒に可溶。用途はカーバーメイト系農業殺虫剤。
【問 50】　4
〔解説〕
パラコートは、毒物で、ジピリジル誘導体で無色結晶性粉末、水によく溶け低級アルコールに僅かに溶ける。アルカリ性では不安定。金属に腐食する。不揮発性。用途は除草剤。

関西広域連合統一

(特定品目)
【問 36】　5
〔解説〕
特定品目販売業者が販売できるものについては法第４条の３第２項→施行規則第４条の３→施行規則別表第二に示されている。解答のとおり。
【問 37】　5
〔解説〕
c の硝酸 HNO_3 は 10%以下で劇物から除外され、d の硫酸 H_2SO_4 は 10%以下で劇物から除外されることから、この設問では劇物に該当する。なお、酸化水銀５%以下を含有する製剤は劇物。このことから設問にある酸化水銀 20 %を含有する製剤は、毒物。また、過酸化水素は６%以下で劇物から除外。
以上のことについては指定令第２条に示されている。

【問 38】　2

〔解説〕

この設問にある物質の廃棄方法はすべて誤り。次のとおり。アンモニア NH_3(刺激臭無色気体)は水に極めてよく溶けアルカリ性を示すので、廃棄方法は、水に溶かしてから酸で中和後、多量の水で希釈処理する中和法。ホルムアルデヒド HCHO は還元性なので、廃棄はアルカリ性下で酸化剤で酸化した後、水で希釈処理する酸化法。メタノール(メチルアルコール)CH_3OH は、無色透明の揮発性液体。廃棄方法は、硅藻土等に吸収させ開放型の焼却炉で焼却する。また、焼却炉の火室へ噴霧し焼却する焼却法。

【問 39】　1

〔解説〕

この設問はすべて正しい。

【問 40】　3

〔解説〕

a のクロロホルム(トリクロロメタン)$CHCl_3$ は、無色、揮発性の液体で特有の香気とわずかな甘みをもち、麻酔性がある。水に不溶、有機溶媒に可溶。比重は水より大きい。揮発性のため風下の人を退避。できるだけ回収したあと、水に不溶なため中性洗剤などを使用して洗浄。　b の硫酸が漏えいした液は土砂等に吸着させて取り除くかまたは、ある程度水で徐々に希釈した後、消石灰、ソーダ灰等で中和し、多量の水を用いて洗い流す。　c の酢酸エチル $CH_3COOC_2H_5$(別名酢酸エチルエステル、酢酸エステル)は、劇物。強い果実様の香気ある可燃性無色の液体。揮発性がある。蒸気は空気より重い。引火しやすい。多量の場合は、漏えいした液は、土砂等でその流れを止め、安全な場所に導いた後、液の表面を泡等で覆い、できるだけ空容器に回収する。その後は多量の水を用いて洗い流す。少量の場合は、漏えいした液は、土砂等に吸着させて空容器に回収し、その後は多量の水を用いて洗い流す。作業の際には必ず保護具を着用する。風下で作業をしない。

【問 41】　1

〔解説〕

この設問の用途については、a の二酸化鉛 PbO_2 は、茶褐色の粉末。用途は工業用に酸化剤、電池の製造。b の水酸化ナトリウム(別名：苛性ソーダ)NaOH は、は劇物。白色結晶性の固体。用途は試薬や農薬のほか、石鹸製造などに用いられる。c のトルエン $C_6H_5CH_3$ は、劇物。特有な臭い(ベンゼン様)の無色液体。用途は爆薬、染料、香料、合成高分子材料などの原料、溶剤、分析用試薬として用いられる。

【問 42】　1

〔解説〕

この設問における用途では、b のクロム酸ナトリウムが誤り。次のとおり。クロム酸ナトリウムは酸化性があるので工業用の酸化剤などに用いられ、また製革用や試薬にも用いられる。

【問 43】　5

〔解説〕

この設問における毒性については a のメタノールと b の酢酸エチルが誤り。なお、a のメタノール CH_3OH は特有な臭いの無色液体。中毒症状は吸入した場合、めまい、頭痛、吐気など、はなはだしい時は嘔吐、意識不明。中枢神経抑制作用。飲用により視神経障害、失明。b の酢酸エチル $CH^3COOC^2H^5$ は、無色果実臭の可燃性液体。蒸気は粘膜を刺激し、吸入した場合には、はじめ短時間の興奮期を経て、深い麻酔状態に陥ることがある。持続的に吸入するときは、肺、腎臓及び心臓の障害をきたす。

【問 44】　3

〔解説〕

この設問における物質についての毒性で誤りはどれかとあるので、3の塩化水素が誤り。塩化水素 HCl は常温で無色の刺激臭のある気体。湿った空気中で発煙し塩酸になる。毒性は目、呼吸器系粘膜を強く刺激する。35ppm では短時間曝露で喉の痛み、咳、窒息感、胸部圧迫をおぼえる。50 ～ 1000ppm になると、1時間以上の曝露には耐えられない。1000 ～ 2000ppm では、きわめて危険である。

【問 45】　4
〔解説〕
この設問の貯蔵方法では、c のキシレンが誤り。次のとおり。キシレン $C_6H_4(CH_3)_2$ は、無色透明な液体。引火しやすく、また蒸気は空気と混合して爆発性混合ガスとなるので、火気を避けて冷所に貯蔵する。

【問 46】　4
〔解説〕
この設問の物質における性状では、a の一酸化鉛 PbO が誤り。次のとおり。一酸化鉛 PbO(別名リサージ)は劇物。赤色～赤黄色結晶。重い粉末で、黄色から赤色の間の様々なものがある。水にはほとんど溶けないが、酸、アルカリにはよく溶ける。

【問 47】　2
〔解説〕
潮解性を示す物質は、a の重クロム酸ナトリウムと c の水酸化カリウムである。重クロム酸ナトリウムは、やや潮解性の赤橙色結晶、酸化剤。水に易溶。有機溶媒には不溶。潮解性があるので、密封して乾燥した場所に貯蔵する。また、可燃物と混合しないように注意する。水酸化カリウム KOH(別名苛性カリ)は劇物(5%以下は劇物から除外。)で白色の固体で、空気中の水分や二酸化炭素を吸収する潮解性がある。水溶液は強いアルカリ性を示す。また、腐食性が強い。
なお、蓚酸は無色の柱状結晶、風解性、還元性、漂白剤、鉄さび落とし。無水物は白色粉末。水、アルコールに可溶。エーテルには溶けにくい。また、ベンゼン、クロロホルムにはほとんど溶けない。硅弗化ナトリウムは無色の結晶。水に溶けにくく、アルコールには解けない。酸により有毒な HF と SiF_4 を発生。

【問 48】　4
〔解説〕
この設問における物質についての性状では、c のメチルエチルケトンが誤り。次のとおり。メチルエチルケトン $CH_3COC_2H_5$(2-ブタノン、MEK)は劇物。アセトン様の臭いのある無色液体。蒸気は空気より重い。引火性。有機溶媒。水に可溶。

【問 49】　2
〔解説〕
a の蓚酸は無色の結晶で、水溶液を酢酸で弱酸性にして酢酸カルシウムを加えると、結晶性の沈殿を生ずる。水溶液は過マンガン酸カリウム溶液を退色する。水溶液をアンモニア水で弱アルカリ性にして塩化カルシウムを加えると、蓚酸カルシウムの白色の沈殿を生ずる。b のクロム酸ナトリウム(別名クロム酸ソーダ)は劇物。水溶液は硝酸バリウムまたは塩化バリウムで、黄色のクロム酸のバリウム化合物を沈殿する。c の一酸化鉛 PbO は、重い粉末で、黄色から赤色までの間の種々のものがある。希硝酸に溶かすと、無色の液となり、これに硫化水素を通じると、黒色の沈殿を生じる。

【問 50】　4
〔解説〕
この設問における物質についての注意事項に該当するものは、b の四塩化炭素(テトラクロロメタン)CCl_4 は、特有な臭気をもつ不燃性、揮発性無色液体、水に溶けにくく有機溶媒には溶けやすい。強熱によりホスゲンを発生。d のクロロホルム $CHCl_3$ は、無色、揮発性の液体で特有の香気とわずかな甘みをもち、麻酔性がある。空気中で日光により分解し、塩素、塩化水素、ホスゲンを生じるので、少量のアルコールを安定剤として入れて冷暗所に保存。
なお、水酸化カリウムについては、水酸化カリウム水溶液＋酒石酸水溶液→白色結晶性沈澱(酒石酸カリウムの生成)。不燃性であるが、アルミニウム、鉄、すず等の金属を腐食し、水素ガスを発生。これと混合して引火爆発する。水溶液を白金線につけガスバーナーに入れると、炎が紫色に変化する。また、過酸化水素では、過酸化水素自体は不燃性。しかし、分解が起こると激しく酸素を発生する。周囲に易燃物があると火災になる恐れがある。

奈良県
令和５年度実施
※特定品目はありません。

〔法　規〕
（一般・農業用品目・特定品目共通）

問１　1
〔解説〕
法第１条〔目的〕。

問２～問３　問２　3　問３　4
〔解説〕
法第４条第３項〔営業の登録・更新〕。解答のとおり。

問４～問５　問４　2　問５　3
〔解説〕
法第８条第１項〔毒物劇物取扱責任者の資格・資格者〕。解答のとおり。

問６～問７　問６　3　問７　1
〔解説〕
法第８条第２項〔毒物劇物取扱責任者の資格・不適格者〕。解答のとおり。

問８～問９　問８　4　問９　2
〔解説〕
この設問の施行令第 40 条の９は毒物又は劇物の性状及び取扱いにおける情報提供。解答のとおり。

問 10　3
〔解説〕
法第５条〔登録基準〕における施行規則第４条の４〔製造所等の設備〕についてで、b と d が正しい。b は施行規則第４条の４第１項第二号イに示されている。d は施行規則第４条の４第１項第一号イに示されている。なお、a は施行規則第４条の４第１項第三号に、かぎをかける設備があることであり、この設問にあるただし書はない。c は施行規則第４条の４第１項第二号ホで、‥その周囲に、堅固なさくが設けてあることである。

問 11　1
〔解説〕
この法第３条の３→施行令第 32 条の２による品目→①トルエン、②酢酸エチル、トルエン又はメタノールを含有する接着剤、塗料及び閉そく用またはシーリングの充てん料は、みだりに摂取、若しくは吸入し、又はこれらの目的で所持してはならい。このことから a と b が正しい。

問 12　1
〔解説〕
法第 12 条第２項第三号→施行規則第 11 条の５で、有機燐化合物及びこれを含有する製剤には、解毒剤〔①２－ピリジルアルドキシムメチオダイド(別名 PAM)の製剤、②硫酸アトロピンの製剤〕の名称を表示しなければならないと示されている。このことから a と b が正しい。

問 13　2
〔解説〕
法第 14 条第１項〔毒物又は劇物の譲渡手続〕。解答のとおり。

問 14～問 17　問 14　3　問 15　4　問 16　4　問 17　1
〔解説〕
法第 15 条の２〔廃棄〕における施行令第 40 条〔廃棄の方法〕。解答のとおり。

問 18　2
〔解説〕
この設問は法第３条の２における特定毒物についてで、a と c が正しい。a は法第３条の２第５項に示されている。c は法第３条の２第１項に示されている。なお、b の特定毒物使用者は、特定毒物を輸入することはできない。特定毒物を輸入できる者は、①毒物又は劇物の製造業者、②特定毒物研究者である。特定毒物使用者は用途及び使用が施行令で限定されている。d の特定毒物を所持できる者は、①毒物劇物営業者、②特定毒物研究者、③特定毒物使用者(ただし、使用及び用途が限定)。法第３条の２第 10 項〔特定毒物・所持〕。

問 19　1

〔解説〕

法第 17 条〔事故の際の措置〕についてで、この設問はすべて正しい。

問 20　3

〔解説〕

登録票の書換え及び再交付について法第 17 条〔事故の際の措置〕についてで、この設問はすべて正しい。

〔基礎化学〕
（一般・農業用品目・特定品目共通）

問 21 ～ 31　問 21　1　問 22　1　問 23　4　問 24　5　問 25　4　問 26　4
問 27　1　問 28　4　問 29　5　問 30　3　問 31　2

〔解説〕

問 21　2 族の元素をアルカリ土類金属という。

問 22　塩素分子は分極していないので無極性分子である。

問 23　ナトリウムは黄色の炎色反応を示す。

問 24　酢酸はカルボキシ基をもつ。アセトアルデヒドはアルデヒド基、アセトンはカルボニル基、アニリンはアミノ基、フェノールはヒドロキシ基を持つ。

問 25　2-ブテンには cis-と trans-の幾何異性体が存在する。

問 26　第一イオン化エネルギーが小さい原子ほど、1 価の陽イオンになりやすい。

問 27　ブタンと 2-メチルプロパンの 2 種である。

問 28　酸性塩とは分子内に H^+となり得るものを持っているかである。酸性塩が水に溶けたとしても、その液性が酸性を示すとは限らない。

問 29　一般的にベンゼン環を有するものを芳香族という。

問 30　He の同素体は知られていない。

問 31　ハーバー・ボッシュ法はアンモニアの工業的製法である。

問 32　2

〔解説〕

オゾンは酸化剤として働く。

問 33　3

〔解説〕

陽子と中性子の質量はほぼ等しく、電子は陽子の 1/1840 程度の重さしかない。

問 34　3

〔解説〕

凝華とは気体が液体を経ずに固体になる状態変化のこと。最近まで昇華と呼んでいたが、今は固体から気体への状態変化のみを昇華と呼ぶ。

問 35　2

〔解説〕

pH6 の溶液にメチルレッドを加えると橙色になる。pH7 の水溶液にブロモチモールブルーを加えると緑色になる。

問 36　3

〔解説〕

硫化水素はナトリウムイオンやカルシウムイオンと反応せず、塩を形成しにくい。

問 37　1

〔解説〕

固体では電気を通さないが、融解することによって電気を通すようになる。

問 38　3

〔解説〕

塩化ナトリウムの式量は 58. 5 である。よって塩化ナトリウムの重さを x g とすると式は、$1.0 = x/58.5 \times 1000/200$, $x = 11.7$ g

問 39　4

〔解説〕

$CH_4 + 2O_2 \rightarrow CO_2 + 2H_2O$ より 1 モルのメタン(16 g)が燃焼すると、2 モルの水(18 × 2 = 36 g)の水が生じる。

問 40　2
〔解説〕
ボイル・シャルルの法則より、$2.5 \times 10^5 \times 10/(273+27) = 4.0 \times 10^5 \times x/(273+127)$, $x = 8.33$ L

奈良県

〔取扱・実地〕

（一般）

問 41　4
〔解説〕
この設問では毒物に該当しないものはどれかとあるので、4 の発煙硫酸〔劇物〕。
毒物は法第２条第１項〔定義・毒物〕。また、劇物は法第２条第２項〔定義・劇物〕。

問 42　3
〔解説〕
アクロレインについて、b と d が正しい。アクロレインは、劇物。無色または帯黄色の液体。刺激臭があり、引火性である。毒性については、目と呼吸系を激しく刺激する。皮膚を刺激して、気管支カタルや結膜炎をおこす。

問 43　1
〔解説〕
メチルエチルケトンについて、a と b が正しい。メチルエチルケトンは、アセトン様の臭いのある無色液体。引火性。有機溶媒。吸入すると目、鼻、喉などの粘膜を刺激。頭痛、めまい、嘔吐が起こる。

問 44 ～ 47　問 44　3　　問 45　1　　問 46　4　　問 47　2
〔解説〕
問 44　硝酸ストリキニーネは、毒物。無色針状結晶。水、エタノール、グリセリン、クロロホルムに可溶。エーテルには不溶。　問 45　臭素 Br_2 は、劇物。赤褐色・特異臭のある重い液体。比重 3.12(20 ℃)、沸点 58.8 ℃。強い腐食作用があり、揮発性が強い。引火性、燃焼性はない。水、アルコール、エーテルに溶ける。　問 46 沃化メチル(別名ヨードメタン、ヨードメチル)は、エーテル様臭のある無色又は淡黄色透明の液体で、水に溶け、空気中で光により一部分解して褐色になる。　問 47　重クロム酸カリウム K2Cr2O7 は、劇物。橙赤色の結晶。融点 398 ℃、分解点 500 ℃、水に溶けやすい。アルコールには溶けない。強力な酸化剤である。で吸湿性も潮解性みない。水に溶け酸性を示す。

問 48 ～ 51　問 48　1　　問 49　4　　問 50　2　　問 51　3
〔解説〕
問 48　クロルピクリン CCl_3NO_2 は、無色～淡黄色液体で催涙性、粘膜刺激臭を持つことから、気管支を刺激してせきや鼻汁が出る。多量に吸入すると、胃腸炎、肺炎、尿に血が混じる。悪心、呼吸困難、肺水腫を起こす。手当は酸素吸入をし、強心剤、興奮剤を与える。　問 49　水銀の慢性中毒（水銀中毒）の主な症状は、内分泌系・神経系・腎臓などを侵し、その他口腔・歯茎・歯などにも影響を与える。また、脳障害等も引き起こす。　問 50　塩素 Cl_2 は、黄緑色の窒息性の臭気をもつ空気より重い気体。ハロゲンなので反応性大。水に溶ける。中毒症状は、粘膜刺激、目、鼻、咽喉および口腔粘膜に障害を与える。　問 51　モノフルオール酢酸ナトリウムは重い白色粉末、吸湿性、冷水に易溶、メタノールやエタノールに可溶。野ネズミの駆除に使用。特毒。摂取により毒性発現。皮膚刺激なし、皮膚吸収なし。　モノフルオール酢酸ナトリウムの中毒症状：生体細胞内の TCA サイクル阻害(アコニターゼ阻害)。激しい嘔吐の繰り返し、胃疼痛、意識混濁、てんかん性痙攣、チアノーゼ、血圧下降。

問 52 ～ 55　問 52　2　　問 53　4　　問 54　1　　問 55　3
〔解説〕
問 52　ニトロベンゼンは無色又は微黄色の吸湿性の液体。用途はアニリンの製造原料、合成化学の酸化剤、石けん香料。　問 53　塩化第二錫 4 は、劇物。無色の液体。用途は工業用として媒染剤。　問 54　エチレンオキシドは劇物。無色のある液体。用途は有機合成原料、燻蒸消毒、殺菌剤等。　問 55　アクリルニトリルは、僅かに刺激臭のある無色透明な液体。用途はアクリル繊維、プラスチック、塗料、接着剤などの製造原料。

問56　3

〔解説〕

a と c が正しい。なお、アンチモン化合物は、砒素と類似しているが砒素より毒性は弱い。吐き気、嘔吐、口唇の膨張、、嚥下困難、腹痛、コレラ様下痢。重篤の場合は、皮膚蒼白、めまい、けいれん、失神などを呈し、心臓麻痺で死に至る場合がある。解毒剤として BAL。 メタノール CH_3OH は特有な臭いの無色液体。水に可溶。可燃性。頭痛、めまい、嘔吐(おうと)、下痢、腹痛などをおこし、致死量に近ければ麻酔状態になり、視神経がおかされ、目がかすみ、ついには失明することがある。中毒の原因は、排出が緩慢で蓄積作用によるとともに、神経細胞内で、ぎ酸が発生することによる。中毒の原因は、代謝によりギ酸が発生することにより起こり、対処療法として炭酸水素ナトリムを投与する方法がある。

問57～60　問57　2　問58　4　問59　3　問60　1

〔解説〕

問57　重重クロム酸ナトリウムは、希硫酸に溶かし、還元剤の水溶液を過剰に用いて還元した後、消石灰、ソーダ灰等の水溶液で処理して沈殿濾過させる。溶出試験を行い、溶出量が判定基準以下であることを確認して埋立処分する還元沈殿法。　問58　黄燐 P_4 は、無色又は白色の蝋様の固体。毒物。別名を白燐。暗所で空気に触れるとリン光を放つ。水、有機溶媒に溶けないが、二硫化炭素には易溶。湿った空気中で発火する。廃棄法は廃ガス水洗設備及び必要あればアフターバーナーを具備した焼却設備で焼却する燃焼法。　問59　砒素は金属光沢のある灰色の単体である。セメントを用いて固化し、溶出試験を行い溶出量が判定基準以下であることを確認して埋立処分する固化隔離法の他に、回収法がある。

問60　アニリンは劇物。純品は無色透明な油状の液体。特異な臭気がある。廃棄方法は①木粉(おが屑)等に吸収させて焼却炉の火室へ噴霧し、焼却する焼却法。②水で希釈して、アルカリ水で中和した後に、活性汚泥で処理する活性汚泥法である。

（農業用品目）

問41　1

〔解説〕

農業用品目販売業者の登録が受けた者が販売できる品目については、法第四条の三第一項→施行規則第四条の二→施行規則別表第一に掲げられている品目である。このことから a と b が販売できる。

問42～44　問42　3　問43　4　問44　1

〔解説〕

問42　イミダクロプリド２%以下(マイクロカプセル製剤にあっては、12 %)を含有する劇物から除外。　問43　硫酸は 10%以下で劇物から除外。

問44　ジノカップは 0.2%以下で劇物から除外。

問45～47　問45　4　問46　2　問47　1

〔解説〕

問45　ジメチルジチオホスホリルフェニル酢酸エチル(フェントエート、PAP)は、赤褐色、油状の液体で、芳香性刺激臭を有し、水、プロピレングリコールに溶けない。リグロインにやや溶け、アルコール、エーテル、ベンゼンに溶ける。アルカリには不安定。　問46　２－イソプロピルフェニル－ N －メチルカルバメートは、劇物。白色結晶性の粉末。アセトンによく溶け、メタノール、エタノール、酢酸エチルにも溶ける。水に不溶。　問47　ジエチル-S-(2-オキソ-6-クロルベンゾオキサゾロメチル-ジチオホスフェイト(別名ホサロン)は、劇物。白色結晶。ネギ様の臭気がある。融点は 45 ～ 48 度。メタノール、エタノール、アセトン、クロロホルム及びアセトンに溶ける。水に不溶。

問48～50　問48　4　問49　2　問50　1

〔解説〕

問48　アンモニア水は無色刺激臭のある揮発性の液体。ガスが揮発しやすいため、よく密栓して貯蔵する。　問49　塩化亜鉛 $ZnCl_2$ は、白色結晶、潮解性、水に易溶。貯蔵法については、潮解性があるので、乾燥した冷所に密栓して貯蔵する。　問50　硫酸銅(Ⅱ) $CuSO_4 \cdot 5H_2O$ は、濃い青色の結晶。風解性。風解性のため密封、冷暗所貯蔵。

問 51 ～ 52　問 51　3　　問 52　2

〔解説〕

問 51　2-(1-メチルプロピル)-フエニル-N-メチルカルバメート(別名フェンカルブ・BPMC)は劇物。無色透明の液体またはプリズム状結晶。水にほとんど溶けない。エーテル、アセトン、クロロホルムなどに可溶。２％以下は劇物から除外。用途は害虫の駆除。　　問 52　2 ーｼﾞﾌｪﾆﾙｱｾﾁﾙー 1･3 ーｲﾝﾀﾞﾝｼﾞｵﾝ(別名　ダイファシノン)は、黄色の結晶性粉末である。アセトン､酢酸に溶け､ベンゼンにわずかに溶ける。水にはほとんど溶けない。用途は、殺鼠剤として用いられる。

問 53 ～ 55　問 53　1　　問 54　3　　問 55　4

〔解説〕

問 53　フェンバレレートは劇物。性状は黄色透明な粘調性のある液体。漏えい時の措置：漏えい液は、土砂等でその流れを止めて、安全な場所に導き、空容器にできるだけ回収する。その後は土砂等に吸着させて掃き集め、空容器に回収する。　問 54　カルタップは、劇物。無色の結晶。水、メタノールに溶ける。飛散したものは空容器にできるだけ回収し、多量の水で洗い流す。　　問 55　シアン化水素 HCN は、無色の気体または液体、特異臭(アーモンド様の臭気)、弱酸、水、アルコールに溶ける。毒物。風下の人を退避させる。作業の際には必ず保護具を着用して、風下で作業をしない。漏えいしたボンベ等の規制多量の水酸化ナトリウム水溶液に容器ごと投入してガスを吸収させ、さらに酸化剤(次亜塩素酸ナトリウム、さらし粉等)の水溶液で酸化処理を行い、多量の水を用いて洗い流す。

問 56 ～ 57　問 56　2　　問 57　1

〔解説〕

問 56　塩素酸ナトリウム $NaClO_3$ は、無色無臭結晶、酸化剤、水に易溶。廃棄方法は、過剰の還元剤の水溶液を希硫酸酸性にした後に、少量ずつ加え還元し、反応液を中和後、大量の水で希釈処理する還元法。　　問 57　ダイアジノンは、劇物で純品は無色の液体。有機燐系。水に溶けにくい。有機溶媒に可溶。廃棄方法：燃焼法　廃棄方法はおが屑等に吸収させてアフターバーナー及びスクラバーを具備した焼却炉で焼却する。(燃焼法)

問 58 ～ 60　問 58　2　　問 59　4　　問 60　1

〔解説〕

問 58　ニコチンは猛烈な神経毒をもち、急性中毒ではよだれ、吐気、悪心、嘔吐、ついで脈拍緩徐不整、発汗、瞳孔縮小、呼吸困難、痙攣が起きる。

問 59　EPN は、有機燐製剤、毒物(1.5 ％以下は除外で劇物)、芳香臭のある淡黄色油状または融点 36 ℃の結晶。水に不溶、有機溶媒に可溶。遅効性殺虫剤(アカダニ、アブラムシ、ニカメイチュウ等)　有機リン製剤の中毒：コリンエステラーゼを阻害し、頭痛、めまい、嘔吐、言語障害、意識混濁、縮瞳、痙攣など。

問 60　シアン化ナトリウム NaCN(別名青酸ソーダ)は、白色、潮解性の粉末または粒状物、空気中では炭酸ガスと湿気を吸って分解する(HCN を発生)。また、酸と反応して猛毒の HCN(アーモンド様の臭い)を発生する。　無機シアン化化合物の中毒：猛毒の血液毒、チトクローム酸化酵素系に作用し、呼吸中枢麻痺を起こす。

中国五県統一
〔島根県、鳥取県、岡山県、広島県、山口県〕
令和５年度実施

〔毒物及び劇物に関する法規〕
（一般・農業用品目・特定品目共通）

問１　3
〔解説〕
法第１条〔目的〕。解答のとおり。

問２　2
〔解説〕
施行令第 22 条第二号〔使用者及び用途・用途〕が示されている。

問３　2
〔解説〕
法第３条の４による施行令第 32 条の３で定められている品目は、①亜塩素酸ナトリウムを含有する製剤 30 ％以上、②塩素酸塩類を含有する製剤 35 ％以上、③ナトリウム、④ピクリン酸である。解答のとおり。

問４　1
〔解説〕
法第４条第３項〔営業の登録・更新〕。毒物又は劇物の製造業又は輸入業の登録は、５年ごとに、販売業の登録は、６年ごとに更新を受けなければ、その効力を失う。

問５　3
〔解説〕
法第６条〔登録事項〕については、①申請者の氏名及び住所(法人にあっては、その名称及び主たる事務所の所在地、②製造業又は輸入業の登録は、製造し、又は輸入しょうとする毒物又は劇物の品目、③製造所、営業所又は店舗の所在地)。このことから３が誤り。

問６　1
〔解説〕
この設問の法第 11 条第４項は、飲食物容器の使用禁止が示されている。

問７　4
〔解説〕
法第 12 条第１項〔毒物又は劇物の表示〕。解答のとおり。

問８　2
〔解説〕
法第 12 条第２項〔毒物又は劇物の表示・容器及び被包に掲げる事項〕は、①毒物又は劇物の名称、②毒物又は劇物の成分及びその含量、③厚生労働省令で定める毒物又は劇物について厚生労働省令で定める解毒剤の名称。この設問で誤っているものは、２である。

問９　1
〔解説〕
法第 14 条第１項〔毒物又は劇物の譲渡手続〕についてで、販売し、又は授与したときその都度書面に記載する事項は、①毒物又は劇物の名称及び数量、②販売又は授与の年月日、③譲受人の氏名、職業及び住所(法人にあっては、その名称及び主たる事務所)である。このことからエのみが誤り。

問10　4
〔解説〕
法第 21 条第１項〔登録が失効した場合等の措置・失効〕。解答のとおり。

問 11　4
〔解説〕
法第 22 条第１項〔業務上取扱者の届出等〕の届出を要する業務上届出者については、次のとおりである。①シアン化ナトリウム又は無機シアン化合物たる毒物及びこれを含有する製剤→電気めっきを行う事業、②シアン化ナトリウム又は無機シアン化合物たる毒物及びこれを含有する製剤→金属熱処理を行う事業、③最大積載量 5,000kg 以上の運送の事業、④砒素化合物たる毒物及びこれを含有する製剤→しろありの防除を行う事業について使用する者である。設問ではイのみが誤っている。

問 12　1
〔解説〕
この設問は施行規則第４条の４〔製造所等の設備〕についで、イのみが誤り。イは施行規則第４条の４第１項第二号イで、毒物又は劇物とその他の物とを区分して貯蔵できるものである。なお、アは施行規則第４条の４第１項第二号ホに示されている。ウは施行規則第４条の４第１項第四号に示されている。ハは施行規則第４条の４第１項第三号に示されている。

問 13　1
〔解説〕
この設問では、１が正しい。１は法第 10 条第２項第一号に示されている。なお、２の毒物劇物研究者における製造、輸入については法第３条の２第１項〔特定毒物・製造〕又は法第３条の２第２項〔特定毒物・輸入〕できる。３は法第６条の２第１項〔特定毒物研究者の許可・許可〕において、更新ではなく、許可である。４について特定毒物研究者は、毒物劇物営業者及び特定毒物使用者(譲り渡しの限定がある。)に譲り渡すことができる〔法第３条の２第６項〕。

問 14　2
〔解説〕
この設問では毒物は、２のシアン化ナトリウム。毒物については法第２条第１項〔定義・毒物〕に示されている。なお、１の塩化水素、２のフェノール、４の水酸化ナトリウムは劇物。

問 15　3
〔解説〕
この設問では誤っているものは、３が誤り。この設問にある毒物又は劇物を廃棄については法第 15 条の２〔廃棄〕における施行令第 40 条〔廃棄〕を遵守すればよい。届け出を要しない。なお、１は法第７条第１項ただし書規定により、設問のとおり。２は施行令第 35 条第１項〔登録票又は許可証の書換え交付〕に示されている。
〔解説〕

問 16 ～問 25　問 16　1　問 17　2　問 18　1　問 19　2　問 20　2
問 21　1　問 22　1　問 23　1　問 24　2　問 25　1

〔解説〕
問 16　設問のとおり。法第 17 条第２項〔事故の際の措置・盗難紛失〕
問 17　その店舗ごとに登録をうけなければならない〔法第４条第１項〕。
問 18　設問のとおり。法第３条第３項ただし書規定に示されている。
問 19　法第８条第２項第一号〔毒物劇物取扱責任者の資格・不適格者〕において、18 歳未満の者は毒物劇物取扱責任者になることができない。
問 20　法第７条第３項〔毒物劇物取扱責任者〕により、15 日以内ではなく、30 日以内に届け出なければならないである。
問 21　設問のとおり。法第８条第１項第一号に示されている。
問 22　設問のとおり。法第 13 条における着色する農業用品目のことで、法第 13 条→施行令第 39 条において、①硫酸タリウムを含有する製剤たる劇物、②燐化亜鉛を含有する製剤たる劇物→施行規則第 12 条で、あせにくい黒色に着色しなければならないと示されている。
問 23　設問のとおり。法第３条の２第４項に示されている。
問 24　２一般毒物取扱者試験に合格した者は、販売品目の制限はない。
問 25　１設問のとおり。法第２条第１項〔定義・毒物〕→法別表第一を参照。特定毒物は特に毒性が強いものとして、法第２条第３項〔定義・特定毒物〕に設けられている

中国五県統一

〔基礎化学〕
（一般・農業用品目・特定品目共通）

問26～問33　問26　2　問27　2　問28　2　問29　1　問30　1　問31　1
問32　2　問33　2

〔解説〕
問26　ヨウ素や二酸化炭素のような昇華性のある物質が存在している。
問27　窒素とリンは同族元素であるので最外殻電子の数は同じである。
問28　イオン化エネルギーが小さい原子ほど陽イオンになりやすい。
問29　配位結合と共有結合は区別できない。
問30　正しい。アボガドロの法則である。
問31　限りなく7に近づくが7とはならない。
問32　強酸弱塩基の滴定は中和点が酸性側にあるのでフェノールフタレインは適さない。
問33　銅は希塩酸にも希硫酸にも溶解しないが、希硝酸には溶解する。

問34～問38　問34　2　問35　2　問36　2　問37　2　問38　2

〔解説〕
問34、問35　解答のとおり
問36　二酸化炭素の炭素－酸素間の結合は二重結合であるため､互いに電子を2個ずつ出し合う。問37、問38　解答のとおり

問39　1

〔解説〕
60℃の飽和溶液400　gに溶解している溶質の重さx　gは、45.5/(100+45.5) = x/400, x = 125.09 g　よってこの溶液400　gに占める溶媒の量は400-125.09 = 274.91　g　20℃で溶媒274.91　gに溶解する溶質の重さy　gは　100 : 34.0 = 274.91 : y, y = 93.47 g　よって析出する固体の量は、125.09-93.47 = 31.62 g

問40　1

〔解説〕
エタノールの燃焼に関する化学式は、$C_2H_5OH + 3O_2 \rightarrow 2CO_2 + 3H_2O$　よって1 molのエタノール（分子量46）が燃焼すると二酸化炭素（分子量44）は2 mol生成する。生じた二酸化炭素が44 gであるから燃焼したエタノールは0.5 mol（23 g)となる。

問41　4

〔解説〕
中和はH^+の物質量とOH^-の物質量が等しいときである。よって希釈後の塩酸のモル濃度をxと置くと、x × 1 × 10 = 0.10 × 1 × 8.0, x = 0.080 mol/Lとなる。よって10倍希釈前の塩酸の濃度は0.80 mol/L

問42　2

〔解説〕
$NaHSO_4$は弱酸性、NaClは中性、$NaHCO_3$は弱塩基性の塩である。

問43　4

〔解説〕
イオン化傾向の順は　Li, K, Ca, Na, Mg, Al, Zn, Fe, Ni, Sn, Pb, (H), Cu, Hg, Ag, Pt, Auである。イオン化傾向の大きい金属がイオンとなり、小さいほうが単体して析出する。

問44　2

〔解説〕
酸化剤とは自身が還元され、酸化数が減少する物質である。

問45～問46　問45　4　問46　1

〔解説〕
問45　大豆はゴマなどと違い絞っただけでは油は得られないので、通常は抽出により大豆油を得ている。
問46　沸点の違いを利用して精製している。

問47　4

〔解説〕
銅と希硝酸の反応である。

問48　2

〔解説〕
塩基は青色リトマス紙を赤色に変色させる。

問49　4
〔解説〕
電子の流れと電流の流れは逆である。
問50　3
〔解説〕
濃硫酸を希釈する際は発熱するので、大量の水に少しずつ濃硫酸を加えて希釈する。

〔毒物及び劇物の性質及び貯蔵、識別及び取扱方法〕

(一般)

問51　1
〔解説〕
硫酸について誤りは、1である。次のとおり。硫酸 H_2SO_4 は、劇物。無色無臭澄明な油状液体、腐食性が強い、比重1.84と大きい、水、アルコールと混和するが発熱する。空気中および有機化合物から水を吸収する力が強い。用途は、肥料、石油精製、冶金、試薬など用いられる。廃棄方法はアルカリで中和後、水で希釈する中和法。
問52　3
〔解説〕
この設問における性状及び用途について誤りは、3である。ベンゼンチオールは、毒物。常温で無色透明又は淡黄色の液体。弱酸でフェノールより酸性が強い。腐った卵のような臭気がある。用途は医薬品原料、農薬原料、酸化防止剤等に用いられる。
問53～問56　問53　4　　問54　1　　問55　2　　問56　5
〔解説〕
問53　ジメチルアミン$(CH_3)_2NH$ は、劇物。無色で魚臭様(強アンモニア臭)の臭気のある気体。水溶液は強いアルカリ性を呈する。用途は界面活性剤の原料等。　問54　水酸化カリウム(KOH)は劇物(5％以下は劇物から除外)。(別名：苛性カリ)。空気中の二酸化炭素と水を吸収する潮解性の白色固体である。用途は石鹸の製造や、試薬など様々に用いられる。　問55　三塩化チタンは、毒物。暗紫色六方晶系の潮解性結晶。水、エタノール、塩酸等極性の強い溶媒に可溶。エーテルに不溶。常温では徐々に分解する不安定な物質。大気中で激しく酸化して白煙を発生。加熱により分解し塩素ガスを発生する。用途はポリオレフィン重合用触媒。　問56　沃素 I_2 は、黒褐色金属光沢ある稜板状結晶、昇華性。水に溶けにくい。ヨードあるいはヨード水素酸を含有する水には溶けやすい。有機溶媒に可溶(エタノールやベンゼンでは褐色、クロロホルムでは紫色)。用途は、ヨード化合物の製造、分析用、写真感光剤原料、医療用。気密容器に入れ、風通しの良い冷所に保存。
問57～問60　問57　1　　問58　4　　問59　3　　問60　2
〔解説〕
問57　弗化水素 HF は毒物。不燃性の無色液化ガス。激しい刺激性がある。水にきわめて溶けやすい。ガスは空気より重い。空気中の水や湿気と作用して白煙を生じる。また、強い腐食性を示す。水と急激に接触すると多量の熱が発生する。　問58　アクリルアミドは劇物。無色又は白色の結晶。水、エタノール、エーテル、クロロホルムに可溶。直射日光や高温にさらされると重合・分解等を起こし、アンモニア等を発生する。　問59　メタノール CH_3OH(別名木精、メチルアルコール)は特有な臭いの無色液体。水に可溶。可燃性(引火しやすいので火気は絶対に近づけない)。　問60　黄燐 P4 は、無色又は白色の蝋様の固体。毒物。別名を白リン。暗所で空気に触れるとリン光を放つ。水、有機溶媒に溶けないが、二硫化炭素には易溶。湿った空気中で発火する。空気に触れると発火しやすいので、水中に沈めてビンに入れ、さらに砂を入れた缶の中に固定し冷暗所で貯蔵する。
問61　3
〔解説〕
この設問は劇物から除外される濃度についてで、3のメタクリル酸である。メタクリル酸は25%以下で劇物から除外。なお、モネンシン８％以下は劇物から除外。硝酸は10%以下で劇物から除外。

問 62 ～問 65　問 62　5　問 63　2　問 64　3　問 65　1
〔解説〕
問 62　ベタナフトールの鑑別法；1) 水溶液にアンモニア水を加えると、紫色の蛍石彩をはなつ。　2) 水溶液に塩素水を加えると白濁し、これに過剰のアンモニア水を加えると澄明となり、液は最初緑色を呈し、のち褐色に変化する。
問 63　水酸化ナトリウム NaOH は、白色、結晶性のかたいかたまりで、繊維状結晶様の破砕面を現す。水と炭酸を吸収する性質がある。水溶液を白金線につけて火炎中に入れると、火炎は黄色に染まる。　問 64　水酸化ナトリウム NaOH は、白色、結晶性のかたいかたまりで、繊維状結晶様の破砕面を現す。水と炭酸を吸収する性質がある。水溶液を白金線につけて火炎中に入れると、火炎は黄色に染まる。　問 65　臭素は、刺激性の臭気をはなって揮発する赤褐色の重い液体。確認反応はヨウ化カリウムでんぷん紙を藍色に染め、フルオレセインを赤変させる。
問 66 ～問 69　問 66　4　問 67　1　問 68　2　問 69　3
〔解説〕
問 66　アクロレイン CH_2=CHCHO は、刺激臭のある無色液体、引火性。光、酸、アルカリで重合しやすい。医薬品合成原料。貯法は、非常に反応性に富む物質であるため、安定剤を加え、空気を遮断して貯蔵する。極めて引火し易く、またその蒸気は空気と混合して爆発性混合ガスとなるので、火気には絶対に近づけない。
問 67　過酸化水素 H_2O_2 は、安定剤として酸を加える。少量なら褐色ガラス瓶(光を遮るため)、多量ならば現在はポリエチレン瓶を使用し、3 分の 1 の空間を保ち、日光を避けて冷暗所保存。　問 68　クロロホルム $CHCl_3$ は、無色、揮発性の液体で特有の香気とわずかな甘みをもち、麻酔性がある。空気中で日光により分解し、塩素、塩化水素、ホスゲンを生じるので、少量のアルコールを安定剤として入れて冷暗所に保存。　問 69　二硫化炭素 CS_2 は、無色流動性液体、引火性が大なので水を混ぜておくと安全、蒸留したてはエーテル様の臭気だが通常は悪臭。水に僅かに溶け、有機溶媒には可溶。日光の直射が当たらない場所で保存。
問 70　2
〔解説〕
EPN は、有機燐製剤、毒物(1.5 %以下は除外で劇物)、芳香臭のある淡黄色油状または融点 36 ℃の結晶。水に不溶、有機溶媒に可溶。遅効性殺虫剤(アカダニ、アブラムシ、ニカメイチュウ等)　有機燐製剤の中毒はコリンエステラーゼを阻害し、頭痛、めまい、嘔吐、言語障害、意識混濁、縮瞳、痙攣など。解毒剤は硫酸アトロピン。
問 71 ～問 74　問 71　4　問 72　1　問 73　3　問 74　5
〔解説〕
問 71　キシレン $C_6H_4(CH_3)_2$ は、無色透明な液体で o-、m-、p-の 3 種の異性体がある。水にはほとんど溶けず、有機溶媒に溶ける。揮発性、引火性。　揮発を防ぐため表面を泡で覆う。　問 72　シクロルヘキシルアミン $C_6H_{13}N$ は、劇物。強い魚臭様の臭気をもつ液体。漏えいした液は、密閉可能な空容器にできるだけ回収し、その後に炭酸水素ナトリウムを散布し、希塩酸等の水溶液を用いて処理し、多量の水を用いて洗い流す。　問 73　シアン化水素 HCN は、無色の気体または液体、特異臭(アーモンド様の臭気)、弱酸、水、アルコールに溶ける。毒物。風下の人を退避させる。作業の際には必ず保護具を着用して、風下で作業をしない。漏えいしたボンベ等の規制多量の水酸化ナトリウム水溶液に容器ごと投入してガスを吸収させ、さらに酸化剤(次亜塩素酸ナトリウム、さらし粉等)の水溶液で酸化処理を行い、多量の水を用いて洗い流す。　問 74　カリウムナトリウム合金は劇物。別名ナック。性状は融点はマイナス 11 ℃、沸点は 748 ℃。ナトリウム、カリウムと同様の性質をも持つ。漏えい時の措置：漏えいした液は、速やかに乾燥した砂等に吸着させて、灯油又は流動パラフィンの入った容器に回収する。汚染された土砂等も同様に回収。
問 75　3
〔解説〕
3 のエピクロルヒドリンである。次のとおり。エピクロルヒドリンは、劇物。クロロホルムに似た無色流動性液体。水に不溶。アルコール、エーテルに可溶。吸入した場合は、鼻、のど、気管支等の粘膜を刺激し、腐食する。又、皮膚に触れた場合は皮膚を激しく刺激し腐食する。保護具は保護眼鏡、保護手袋、保護長ぐつ、保護衣、有機ガス用防毒マスク。

問 76　3
〔解説〕
この設問の毒性については、3の三塩化アンチモンが誤り。三塩化アンチモンは劇物。無色の潮解性の結晶。空気中で発煙する。アルコール、ベンゼン、アセトン、四塩化炭素に溶ける。吸入した場合は、鼻、のど、気管支を刺激し、粘膜が侵され、皮膚に触れると炎症を起こすことがある。又、眼に入ると粘膜を激しく刺激する。

問 77 ～問 80　問 77　3　　問 78　4　　問 79　1　　問 80　2
〔解説〕
問 77　塩化第二錫 $SnCl^4$ は、劇物。無色の液体。空気中の水分により分解し、白煙(塩化水素)を発生する。廃棄方法は、多量の場合には還元焙焼法により金属錫として回収する焙焼法。　問 78　ナトリウムは銀白色の光輝をもつ金属である。常温ではロウのような硬度を持っており、空気中では容易に酸化される。冷水中に入れると浮かび上がり、すぐに爆発的に発火する。廃棄法はスクラバーを具備した焼却炉の中で乾燥した鉄製溶液を用い、油又は油を浸した布等を加えて点火し、完全に燃焼させる燃焼法の他に、溶解中和法がある。
問 79　砒素は金属光沢のある灰色の単体である。セメントを用いて固化し、溶出試験を行い溶出量が判定基準以下であることを確認して埋立処分する固化隔離法の他に、回収法がある。　問 80　クロルピクリン CCl_3NO_2 は、無色～淡黄色液体、催涙性、粘膜刺激臭。廃棄方法は少量の界面活性剤を加えた亜硫酸ナトリウムと炭酸ナトリウムの混合溶液中で、攪拌(かくはん)し分解させた後、多量の水で希釈して処理する分解法。

(農業用品目)

問 51 ～問 54　問 51　3　　問 52　2　　問 53　1　　問 54　4
〔解説〕
問 51　O －エチル＝ S, S －ジプロピル＝ホスホロジチオアート(別名エトプロホス)を含有する製剤は5％以下で毒物から除外。　問 52　メトミル 45 ％以下を含有する製剤は劇物で、それ以上含有する製剤は毒物。　問 53　ジチアノン 50 ％以下は毒物から除外。　問 54　EPN を含有する製剤は毒物。ただし、1.5 ％以下を含有する毒物から除外。1.5 ％以下を含有する製剤は劇物。

問 55　3
〔解説〕
この設問の用途については、3の塩素酸ナトリウムが正しい。なお、テブフェンピラドは、劇物。淡黄色結晶。水に極めて溶けにくい。有機溶媒に溶けやすい。用途は殺虫剤。　2-クロルエチルトリメチルアンモニウムクロリド(別名クロルメコート)は、劇物、白色結晶で魚臭、非常に吸湿性の結晶。エーテルに不溶。水、アルコールに可溶。用途は植物成長調整剤。

問 56　2
〔解説〕
ジメチルエチルスルフィニルイソプロピルチオホスフェイト(別名 ESP)は劇物。黄色油状の液体。水、有機溶媒に可溶。石油、石油エーテルに不溶。アルカリで分解する。用途は有機燐系殺虫剤。なお、燐化亜鉛 Zn_3P_2 は、灰褐色の結晶又は粉末。かすかにリンの臭気がある。水、アルコールには溶けないが、ベンゼン、二硫化炭素に溶ける。酸と反応して有毒なホスフィン PH3 を発生。劇物、1 ％以下で、黒色に着色され、トウガラシエキスを用いて著しくからく着味されているものは除かれる。殺鼠剤。　ジメチル－(ジエチルアミド－1－クロルクロトニル)－ホスフェイト(別名ホスファミド)は特定毒物。純品は無色、無臭の油状物、水及び有機溶媒に易溶。有機燐製剤の一種。パラチオンと同様の毒性を有し、その強さもパラチオンと同様である。

問 57 ～問 60　問 57　5　　問 58　1　　問 59　2　　問 60　4
〔解説〕
問 57　塩素酸カリウム $KClO_3$(別名塩素酸カリ)は、単斜晶系板状結晶。水に可溶。アルコールには難溶。水溶液は中性である。加熱すると分解して気体を発生する。有機物と接触して摩擦すると、爆発する。　問 58　沃化メチル CH_3I(別名ヨードメタン、ヨードメチル)は、エーテル様臭のある無色又は淡黄色透明の液体で、水に溶け、空気中で光により一部分解して褐色になる。
問 59　ブロムメチル(臭化メチル)CH_3Br は、常温では気体(有毒な気体)。冷却圧縮すると液化しやすい。クロロホルムに類する臭気がある。液化したものは無透明で、揮発性がある。　問 60　トラロメトリンは劇物。橙黄色の樹脂状固体。トルエン、キシレン等有機溶媒によく溶ける。熱、酸に安定、アルカリ、光に不安定。

中国五県統一

問 61 ～問 64　問 61　2　問 62　3　問 63　1　問 64　5

〔解説〕

問 61　無水硫酸銅は灰白色粉末、これに水を加えると五水和物 $CuSO_4 \cdot 5H_2O$ になる。これは青色ないし群青色の結晶、または顆粒や粉末。水に溶かして硝酸バリウムを加えると、白色の沈殿を生ずる。　問 62　硫酸亜鉛 $ZnSO_4 \cdot 7H_2O$ は、水に溶かして硫化水素を通じると、硫化物の沈殿を生成する。硫酸亜鉛の水溶液に塩化バリウムを加えると硫酸バリウムの白色沈殿を生じる。

問 63　シアン化ナトリウム NaCN は毒物。白色の粉末、粒状またはタブレット状の固体。水に溶けやすく、水溶液は強アルカリ性である。酸と反応すると、有毒でかつ引火性のガスを発生する。水に溶かして硝酸バリウムを加えると、白色の沈殿を生ずる。　問 64　ニコチンは、毒物、無色無臭の油状液体だが空気中で褐色になる。殺虫剤。ニコチンの確認：1)ニコチン＋ヨウ素エーテル溶液→褐色液状→赤色針状結晶　2)ニコチン＋ホルマリン＋濃硝酸→バラ色。

問 65　2

〔解説〕

２が正しい。なお、有機燐製剤の中毒は、コリンエステラーゼを阻害し、頭痛、めまい、嘔吐、言語障害、意識混濁、縮瞳、痙攣など。解毒剤は硫酸アトロピン。有機塩素化合物は中枢神経毒。てんかん様強直性及び間質性けいれん発作、意識障害である。解毒剤は、バルビダール製剤。

問 66 ～問 69　問 66　3　問 67　1　問 68　5　問 69　2

〔解説〕

問 66　DDVP は、有機燐製剤で接触性殺虫剤。無色油状、水に溶けにくく、有機溶媒に易溶。水中では徐々に分解。有機燐製剤なのでコリンエステラーゼ活性を阻害し、激しい中枢神経刺激と副交感神経刺激が認められる。

問 67　燐化亜鉛 Zn_3P_2 は、灰褐色の結晶又は粉末。かすかに燐の臭気がある。酸と反応して有毒なホスフィン PH3 を発生。用途は、殺鼠剤。ホスフィンにより嘔吐、めまい、呼吸困難などが起こる。　問 68　硫酸タリウム Tl_2SO_4 は、白色結晶で、水にやや溶け、熱水に易溶、劇物、殺鼠剤。中毒症状は、疝痛、嘔吐、震せん、けいれん麻痺等の症状に伴い、しだいに呼吸困難、虚脱症状を呈する。

問 69　弗化スルフリルは毒物。無色無臭の気体。水に溶ける。アルコール、アセトンにも溶ける。用途は殺虫剤、燻蒸剤。毒性は大量に摂食すると結膜炎、咽頭炎、鼻炎、知覚異常を引き起こす。

問 70 ～問 72　問 70　1　問 71　2　問 72　3

〔解説〕

問 70　アンモニア水は、弱アルカリ性なので多量の水で希釈処理。

問 71　エチルジフェニルジチオホスフェイトは、劇物。黄色～淡褐色澄明な液体。水にほとんど不溶。漏えいした場合：飛散したものは空容器にできるだけ回収し、そのあとを消石灰等の水溶液を用いて処理し、多量の水を用いて洗い流す。

問 72　シアン化ナトリウム NaCN(別名　青酸ソーダ)：作業の際には必ず保護具を着用し、風下で作業をしない。飛散したものは空容器にできるだけ回収し、砂利等に付着している場合は、砂利等を回収し、その後に水酸化ナトリウム、ソーダ灰等の水溶液を散布してアルカリ性(pH11 以上)とし、更に酸化剤(次亜塩素酸ナトリウム、さらし粉等)の水溶液で酸化処理を行い、多量の水を用いて洗い流す。

問 73 ～問 76　問 73　3　問 74　1　問 75　2　問 76　4

〔解説〕

問 73　硫酸銅(Ⅱ) $CuSO_4 \cdot 5H_2O$ は、濃い青色の結晶。風解性。風解性のため密封、冷暗所貯蔵。　問 74　アンモニア NH_3 は空気より軽い気体。貯蔵法は、揮発しやすいので、よく密栓して貯蔵する。　問 75　ロテノンを含有する製剤は空気中の酸素により有効成分が分解して殺虫効力を失い、日光によって酸化が著しく進行することから、密栓及び遮光して貯蔵する。　問 76　ブロムメチル CH_3Br は常温では気体なので、圧縮冷却して液化し、圧縮容器に入れ、直射日光その他、温度上昇の原因を避けて、冷暗所に貯蔵する。

問 77 ～問 80　問 77　4　問 78　2　問 79　5　問 80　1

〔解説〕

問 77　塩素酸ナトリウム $NaClO_3$ は酸化剤なので、希硫酸で $HClO_3$ とした後、これを還元剤中へ加えて酸化還元後、多量の水で希釈処理する還元法。

問 78　ホストキシンは、特毒。燐化アルミニウムとバルミン酸アンモンを主成分とする淡黄色の錠剤。用途はﾈｽﾞﾐ、昆虫等の駆除。廃棄法は、廃棄方法はおが屑等の可燃物に混ぜて、スクラバーを具備した焼却炉で焼却する燃焼法。②酸化法　多量の次亜鉛酸ナトリウムと水酸化ナトリウムの混合水溶液を攪拌しながら少量ずつ加えて酸化分解する。過剰の次亜塩素酸ナトリウムをチオ硫酸ナトリウム水溶液等で分解した後、希硫酸を加えて中和し、沈殿ろ過する酸化法。

問 79　DEP は、劇物。白色の結晶で廃棄方法は焼却。すなわち、そのままスクラバーを具備した焼却炉で焼却する燃焼法。また、水酸化ナトリウム水溶液等と加温して加水分解するアルカリ法がある。　問 80　クロルピクリン CCl_3NO_2 は、無色～淡黄色液体、催涙性、粘膜刺激臭。廃棄方法は少量の界面活性剤を加えた亜硫酸ナトリウムと炭酸ナトリウムの混合溶液中で、攪拌し分解させた後、多量の水で希釈して処理する分解法。

中国五県統一

（特定品目）

問 51　3

〔解説〕

重クロム酸カリウム $K_2Cr_2O_7$ は、橙赤色結晶、酸化剤。水に溶けやすく、有機溶媒には溶けにくい。飛散したものはできるだけ空容器に回収し、その後還元剤の水溶液を散布し、消石灰、ソーダ灰等の水溶液で処理した後、多量の水を用いて洗い流す。

問 52　3

〔解説〕

クロロホルムの中毒：原形質毒、脳の節細胞を麻酔、赤血球を溶解する。吸収するとはじめ嘔吐、瞳孔縮小、運動性不安、次に脳、神経細胞の麻酔が起きる。中毒死は呼吸麻痺、心臓停止による。

問 53 ～問 56　問 53　5　問 54　4　問 55　3　問 56　2

〔解説〕

問 53　メタノール CH_3OH は特有な臭いの無色液体。水に可溶。可燃性。染料、有機合成原料、溶剤。　メタノールの中毒症状：吸入した場合、めまい、頭痛、吐気など、はなはだしい時は嘔吐、意識不明。中枢神経抑制作用。飲用により視神経障害、失明。　問 54　アンモニア(NH_3)水の中毒症状は、吸入すると激しく鼻や喉を刺激し、長時間だと肺や気管支に炎症を起こす。皮膚に触れた場合にはやけど(薬傷)を起こす。　問 55　酢酸エチル $CH_3COOC_2H_5$ は、無色果実臭の可燃性液体。蒸気は粘膜を刺激し、吸入した場合には、はじめ短時間の興奮期を経て、深い麻酔状態に陥ることがある。持続的に吸入するときは、肺、腎臓及び心臓の障害をきたす。　問 56　四塩化炭素 CCl_4 は特有の臭気をもつ揮発性無色の液体、水に不溶、有機溶媒に易溶。揮発性のため蒸気吸入により頭痛、悪心、黄疸ようの角膜黄変、尿毒症等。

問 57 ～問 60　問 57　5　問 58　2　問 59　3　問 60　1

〔解説〕

問 57　クロム酸ストロンチウム $SrCO_4$ は、劇物。黄色粉末、比重 3.89、冷水には溶けにくい。ただし、熱水には溶ける。酸、アルカリに溶ける。　問 58　クロロホルム $CHCl_3$ は、無色、揮発性の重い液体で特有の香気とわずかな甘みをもち､麻酔性がある｡不燃性｡水にわずかに溶ける｡　問 59　水酸化カリウム(KOH)は劇物(5 %以下は劇物から除外)。(別名：苛性カリ)。空気中の二酸化炭素と水を吸収する潮解性の白色固体である。　問 60　蓚酸 $C_2H_2O_4 \cdot 2H_2O$ は無色の柱状結晶。風解性、還元性、漂白剤、鉄さび落とし。無水物は白色粉末。水、アルコールに可溶。エーテルには溶けにくい。また、ベンゼン、クロロホルムにはほとんど溶けない。

問 61　3

〔解説〕

メチルエチルケトン $CH_3COC_2H_5$ は、劇物。アセトン様の臭いのある無色液体。蒸気は空気より重い。水に可溶。引火性。有機溶媒。用途は溶剤、有機合成原料。

問 62 ～問 65　問 62　4　問 63　1　問 64　5　問 65　3
〔解説〕
問 62　水酸化ナトリウム(別名：苛性ソーダ)NaOH は、白色結晶性の固体。用途は、染料その他有機合成原料、塗料などの溶剤、燃料、試薬、標本の保存用。
問 63　過酸化水素水は過酸化水素 H_2O_2 の水溶液で、無色無臭で粘性の少し高い液体。用途は工業上貴重な漂白剤として、また、医療上では消毒及び防腐剤として用いられる。　問 64　ホルマリンは無色透明な刺激臭の液体。用途はフィルムの硬化、樹脂製造原料、試薬・農薬等。　問 65　トルエン $C_6H_5CH_3$ は、劇物。特有な臭い(ベンゼン様)の無色液体。用途は爆薬原料、香料、サッカリンなどの原料、揮発性有機溶媒。
問 66 ～問 69　問 66　4　問 67　3　問 68　2　問 69　1
〔解説〕
問 66　アンモニア水は無色透明、刺激臭がある液体。アルカリ性を呈する。アンモニア NH_3 は空気より軽い気体。濃塩酸を近づけると塩化アンモニウムの白い煙を生じる。　問 67　酸化第二水銀(HgO_2)は毒物。赤色又は黄色の粉末。製法によって色が異なる。小さな試験管に入れ熱すると、黒色にかわり、その後分解し水銀を残す。更に熱すると揮散する。　問 68　硫酸 H^2SO^4 は無色の粘張性のある液体。強力な酸化力をもち、また水を吸収しやすい。水を吸収するとき発熱する。木片に触れるとそれを炭化して黒変させる。また、銅片を加えて熱すると、無水亜硫酸を発生する。硫酸の希釈液に塩化バリウムを加えると白色の硫酸バリウムが生じるが、これは塩酸や硝酸に溶解しない。　問 69　過酸化水素水は過酸化水素 H_2O_2 の水溶液で、無色無臭で粘性の少し高い液体。徐々に水と酸素に分解(光、金属により加速)する。安定剤として酸を加える。　ヨード亜鉛からヨウ素を析出する。
問 70　3
〔解説〕
過酸化水素は、無色無臭で粘性の少し高い液体。貯蔵方法は、少量なら褐色ガラス瓶(光を遮るため)、多量ならば現在はポリエチレン瓶を使用し、3 分の 1 の空間を保ち、日光を避けて冷暗所保存。
問 71 ～問 74　問 71　2　問 72　1　問 73　5　問 74　3
〔解説〕
問 71　一酸化鉛 PbO は、水に難溶性の重金属なので、そのままセメント固化し、埋立処理する固化隔離法。　問 72　ホルマリンはホルムアルデヒド HCHO の水溶液で劇物。無色あるいはほとんど無色透明な液体。廃棄方法は多量の水を加え希薄な水溶液とした後、次亜塩素酸ナトリウムなどで酸化して廃棄する酸化法。
問 73　アンモニア NH_3(刺激臭無色気体)は水に極めてよく溶けアルカリ性を示すので、廃棄方法は、水に溶かしてから酸で中和後、多量の水で希釈処理する中和法。　問 74　重クロム酸カリウム $K_2Cr_2O_7$ は、橙赤色結晶、酸化剤。水に溶けやすく、有機溶媒には溶けにくい。希硫酸に溶かし、還元剤の水溶液を過剰に用いて還元した後、消石灰、ソーダ灰等の水溶液で処理して沈殿濾過させる。溶出試験を行い、溶出量が判定基準以下であることを確認して埋立処分する還元沈殿法。
問 75　1
〔解説〕
トルエンは可燃性の溶液であるから、これを珪藻土などに付着して、焼却する燃焼法。
問 76 ～問 79　問 76　5　問 77　2　問 78　1　問 79　4
〔解説〕
問 76　ホルムアルデヒドは 1%以下で劇物から除外。　問 77　アンモニアは 10%以下で劇物から除外。　問 78　クロム酸鉛は 70 %以下は劇物から除外。
問 79　水酸化カリウムは 5 %以下で劇物から除外。
問 80　1
〔解説〕
過酸化水素 H_2O_2 は劇物。無色透明な濃厚な液体。過マンガン酸カリウムを還元し、過クロム酸を酸化する。また、ヨード亜鉛からヨードを析出する。不燃性であるが、分解が起こると激しく酸素を発生し、周囲に易燃物があると火災になるおそれがある。液の付着した衣類等は速やかに水で十分に洗う。なお、四塩化炭素(テトラクロロメタン)CCl_4 は、特有な臭気をもつ不燃性、揮発性無色液体、水に溶けにくく有機溶媒には溶けやすい。硅弗化ナトリウム Na_2SiF_6 は劇物。無色の結晶。水に溶けにくい。酸と接触すると弗化水素ガス及び四弗化ケイ素ガスを発生する。ガスは有毒なので注意する。

香川県
令和５年度実施

〔法　規〕
（一般・農業用品目・特定品目共通）

問１　3
〔解説〕
この設問は、b が誤り。b の毒物については法第２条第１項〔定義・毒物〕→法別表第一のこと。この設問にある別表第２は、別表第１のこと。また、医薬品及び危険物以外ではなく、医薬品及び医薬部外品以外である。なお、a は法第１条〔目的〕。c は法第２条第３項〔定義・特定毒物〕。

問２　4
〔解説〕
毒物は、４の黄燐。なお、ここに掲げられている他の品目は、劇物。

問３　4
〔解説〕
この設問で誤っているものは、４である。４については法第３条の２第２項において、特定毒物を輸入できる者は、毒物又は劇物の輸入業者と特定毒物研究者である。なお、１は法第３条の２第５項に示されている。２は法第３条の２第 11 項に示されている。３は法第３条の２第１項に示されている。

問４　1
〔解説〕
法第３条の４による施行令第 32 条の３で定められている品目は、①亜塩素酸ナトリウムを含有する製剤 30 ％以上、②塩素酸塩類を含有する製剤 35 ％以上、③ナトリウム、④ピクリン酸である。このことから１が正しい。

問５　2
〔解説〕
a と d が正しい。a は法第４条第１項〔営業の登録〕。d は法第４条第２項〔営業の登録〕。なお、b は法第４条第３項〔営業の登録・更新〕により、毒物又は劇物の製造業又は輸入業の登録は、５年ごとに、販売業の登録は、６年ごとに更新を受けなければその効力を失うである。c の特定品目販売業の登録を受けた者は法第４条の３第２項→施行規則第４条の３〔特定品目販売業の取り扱う劇物〕→施行規則別表第二に掲げられている品目のみ。このことから特定毒物を販売できない。

問６　3
〔解説〕
この設問は施行規則第４条の４第２項〔販売業の店舗の設備基準〕についてで、b は施行規則第４条の４第１項第四号に示されている d は施行規則第４条の４第１項第二号ホに示されている。なお、a はは毒物又は劇物を陳列する場所には、かぎをかける設備があること〔施行規則第４条の４第１項第三号〕。c の設問は製造所等の設備基準についてで、この設問の販売業の店舗の設備基準には該当しない。

問７　2
〔解説〕
法第８条第２項〔毒物劇物取扱責任者の資格・不適格者〕。設問のとおり。

問８　4
〔解説〕
この設問では法第 10 条〔届出〕に定められていないものは、４である。４については登録を受けた毒物又は劇物以外の毒物又は劇物を製造するときは、法第９条第１項〔登録の変更〕により、あらかじめ、登録の変更を受けなければならないである。なお、１は法第 10 条第１項第一号に示されている。２は法第 10 条第１項第二号に示されている。３は法第 10 条第１項第四号に示されている。

問９　2
〔解説〕
法第 12 条第１項〔毒物又は劇物の表示〕についてで、２が正しい。

問10　1
〔解説〕
法第12条第2項第三号における容器及び被包に解毒剤の名称を表示→施行規則第11条の5で、有機燐化合物及びこれを含有する製剤について解毒剤として、①2－ピリジルアルドキシムメチオダイドの製剤(別名 PAM)、②硫酸アトロピンの製剤である。このことから1が正しい。
問11　3
〔解説〕
法第12条第2項第四号における施行規則第11条の6第1項第三号〔取扱及び使用上特に必要な表示事項・衣料用の防虫剤〕に販売又は授与したときの表示事項が示されている。この設問では定められていないものとあるので、3が該当する。
問12　5
〔解説〕
この設問は法第13条における着色する農業用品目のことで、法第13条→施行令第39条において、①硫酸タリウムを含有する製剤たる劇物、②燐化亜鉛を含有する製剤たる劇物→施行規則第12条で、あせにくい黒色に着色しなければならないと示されている。解答のとおり。
問13　2
〔解説〕
法第14条〔毒物又は劇物の譲渡手続〕。解答のとおり。
問14　1
〔解説〕
この設問は施行令第40条の9における毒物劇物営業者が譲受人対し、毒物又は劇物の性状及び取扱いに関する情報提供についてで、その情報の内容については施行規則第13条の12に示されている。この設問では定められていないものとあるので、1が該当する。
問15　3
〔解説〕
この設問の法第22条で規定されている業務上取扱者の届出を要する者とは、①シアン化ナトリウム又は無機シアン化合物たる毒物及びこれを含有する製剤→電気めっきを行う事業、②シアン化ナトリウム又は無機シアン化合物たる毒物及びこれを含有する製剤→金属熱処理を行う事業、③最大積載量 5,000kg 以上の運送の事業、④砒素化合物たる毒物及びこれを含有する製剤→しろありの防除を行う事業について使用する者である。このことからaとdが正しい。
問16　1
〔解説〕
法第15条の2〔廃棄〕における施行令第40条〔廃棄の方法〕。
問17　4
〔解説〕
法第17条第2項〔事故の際の措置・盗難紛失〕。解答のとおり。
問18　2
〔解説〕
この設問は施行令第40条の5第2項第一号〔運搬方法〕における施行規則第13条の4〔交替して運転する者の同乗〕。解答のとおり。このことについて令和5年12月26日厚生労働省令第163号〔施行は令和6年4月1日〕で、2日(始業時間から起算して48時間をいう。)を平均して1日あたり9時間を超える場合と一部改正がなされた。
問19　4
〔解説〕
施行令第40条の5第2項第三号〔運搬方法〕における施行規則第13条の6〔毒物又は劇物を運搬する車両に備える保護具〕で、この設問では、「塩素」を車両を用いて運搬とある。この塩素についての保護具は施行規則別表第五に、①保護手袋、②保護長ぐつ、③保護衣、④普通ガス用防毒マスクである。
問20　5
〔解説〕
法第18条〔立入検査等〕。解答のとおり。

〔基礎化学〕

（一般・農業用品目・特定品目共通）

問 21 ～問 25　**問 21**　3　**問 22**　1　**問 23**　4　**問 24**　4　**問 25**　1

〔解説〕

問 21、問 22　解答のとおり
問 23　イオン化エネルギーが小さいほど陽イオンになりやすい。
問 24　電子親和力が大きいほど陰イオンになりやすい。
問 25　貴ガスが最も安定である。

問 26 ～問 30　**問 26**　1　**問 27**　3　**問 28**　4　**問 29**　5　**問 30**　2

〔解説〕

問 26　直線型は二酸化炭素と塩化水素であるが、塩化水素は極性分子である。
問 27　解答のとおり
問 28　水や硫化水素は折れ線形の極性分子。
問 29　アンモニアは三角錐形の極性分子である。
問 30　四塩化炭素やメタンは四面体形の無極性分子。

問 31 ～問 35　**問 31**　2　**問 32**　4　**問 33**　3　**問 34**　3　**問 35**　1

〔解説〕

問 31　メタン CH_4 の分子量は 16 である。
問 32　$6.0 \times 10^{23} \times 4 = 2.4 \times 10^{24}$ 個
問 33　$CH_4 + 2O_2 \rightarrow CO_2 + 2H_2O$ であるから、メタン 1 mol 燃焼すると水が 2 mol 生成する。
問 34　反応式よりメタン 1 mol が燃焼すると二酸化炭素が 1 mol 生じる。メタン 8 g は 0.5 mol であるので生じる二酸化炭素は 0.5×22.4 L= 11.2 L
問 35　89.6/22.4 = 4.00 mol

問 36 ～問 40　**問 36**　1　**問 37**　3　**問 38**　2　**問 39**　2　**問 40**　1

〔解説〕

問 36　酸素が生じるので、水に溶けにくい酸素は水上置換法により捕集する。
問 37　アンモニアは水に溶けやすく空気（平均分子量：約 29）よりも軽い気体なので上方置換により捕集する。
問 38　塩化水素は水に溶けやすく空気よりも重い気体なので下方置換により捕集する。
問 39　硫化水素は水に溶けやすく、空気よりも重い気体なので下方置換により捕集する。
問 40　一酸化窒素は水に溶けにくい気体であるため水上置換法により捕集する。

問 41 ～問 45　**問 41**　1　**問 42**　3　**問 43**　2　**問 44**　4　**問 45**　2

〔解説〕

問 41　エタノールは水によく溶けるがジエチルエーテルは水にほとんど溶けない。
問 42　どちらも無色の液体である。
問 43　どちらも引火性のある液体であるが、麻酔作用を有するのはジエチルエーテルである(エタノールによる酔いは､脳への麻酔作用という説もある)。
問 44　どちらも還元作用はほとんどないが、エタノールは酸化剤が存在すると還元剤として働くことがある。
問 45　エタノールはナトリウムと反応して水素ガスを発生するがジエチルエーテルは発生しない。

〔取り扱い〕

（一般）

問 46 ～問 49　**問 46**　2　**問 47**　3　**問 48**　5　**問 49**　2

〔解説〕

問 46　水酸化カリウムは５％以下で劇物から除外。　**問 47**　弗化ナトリウム６％以下は劇物から除外。　**問 48**　亜塩素酸ナトリウムは 25 ％以下は劇物から除外。　**問 49**　フェノールは５％以下で劇物から除外。。

問 50 ～問 53　問 50　5　　問 51　2　　問 52　1　　問 53　4

〔解説〕

問 50　ベタナフトールは、劇物。無色～白色の結晶、石炭酸臭、水に溶けにくく、熱湯に可溶。有機溶媒に易溶。遮光保存(フェノール性水酸基をもつ化合物は一般に空気酸化や光に弱い)。　問 51　黄燐は、無色又は白色の蝋様の固体。毒物。別名を白燐。暗所で空気に触れるとリン光を放つ。水、有機溶媒に溶けないが、二硫化炭素には易溶。湿った空気中で発火する。空気に触れると発火しやすいので、水中に沈めてビンに入れ、さらに砂を入れた缶の中に固定し冷暗所で貯蔵する。　問 52　アクリルニトリルは、僅かに刺激臭のある無色透明な液体。引火性。有機シアン化合物である。硫酸や硝酸など強酸と激しく反応する。タンク又はドラムの貯蔵所は裸火、ガスバーナーそのほか炎や火花を生じるような器具から離しておく、貯蔵する室は、防火性で換気装置を備え、下層部空気の機械的換気が必要である。　問 53　クロロホルム $CHCl_3$ は、無色、揮発性の液体で特有の香気とわずかな甘みをもち、麻酔性がある。空気中で日光により分解し、塩素、塩化水素、ホスゲンを生じるので、少量のアルコールを安定剤として入れて冷暗所に保存。

香川県

問 54 ～問 57　問 54　1　　問 55　3　　問 56　5　　問 57　2

〔解説〕

問 54　エチレンオキシドは、劇物。快臭のある無色のガス、水、アルコール、エーテルに可溶。可燃性ガス、反応性に富む。付近の着火源となるものを速やかに取り除き、漏えいしたボンベ等告別多量の水に容器ごと投入してガスを吸収させ、処理し、その処理液を多量の水で希釈して洗い流す。

問 55　ブロムメチル CH_3Br は可燃性・引火性が高いため、火気・熱源から遠ざけ、直射日光の当たらない換気性のよい冷暗所に貯蔵する。耐圧等の容器は錆防止のため床に直置きしない。漏えいした場合：漏えいした液は、土砂等でその流れを止め、液が拡がらないようにして蒸発させる。　問 56　硝酸銀 $AgNO_3$ は、劇物。無色無臭の透明な結晶。水に溶けやすい。アルコールにも可溶。強い酸化剤。飛散したものは空容器にできるだけ回収し、そのあとを食塩水を用いて塩化銀とし、多量の水を用いて洗い流す。この場合、濃厚な廃液が河川等に排出されないよう注意する。　問 57　臭素 Br_2 は赤褐色の刺激臭がある揮発性液体。漏えい時の措置は、ハロゲンなので消石灰と反応させ次亜臭素酸塩にし、また揮発性なのでムシロ等で覆い、さらにその上から消石灰を散布して反応させる。多量の場合は霧状の水をかけ吸収させる。

問 58 ～問 61　問 58　5　　問 59　2　　問 60　1　　問 61　4

〔解説〕

問 58　スルホナールは劇物。無色、稜柱状の結晶性粉末。水、アルコール、エーテルに溶けにくい。臭気もない。味もほとんどない。約 300 ℃に熱すると、ほとんど分解しないで沸騰し、これを点火すれば亜硫酸ガスを発生して燃焼する。用途は殺鼠剤。嘔吐、めまい、胃腸障害、腹痛、下痢又は便秘などを起こし、運動失調、麻痺、腎臓炎、尿量減退、ポルフィリン尿(尿が赤色を呈する。)として現れる。　問 59　水銀の慢性中毒（水銀中毒）の主な症状は、内分泌系・神経系・腎臓などを侵し、その他口腔・歯茎・歯などにも影響を与える。また、脳障害等も引き起こす。　問 60　四塩化炭素 CCl_4 は特有の臭気をもつ揮発性無色の液体、水に不溶、有機溶媒に易溶。揮発性のため蒸気吸入により頭痛、悪心、黄疸ようの角膜黄変、尿毒症等。　問 61　四塩化炭素 CCl4 は特有の臭気をもつ揮発性無色の液体、水に不溶、有機溶媒に易溶。揮発性のため蒸気吸入により頭痛、悪心、黄疸ようの角膜黄変、尿毒症等。

問 62 ～問 65　問 62　1　　問 63　2　　問 64　3　　問 65　4

〔解説〕

問 62　アンモニア NH_3(刺激臭無色気体)は水に極めてよく溶けアルカリ性を示すので、廃棄方法は、水に溶かしてから酸で中和後、多量の水で希釈処理する中和法。　問 63　ニトロベンゼン($C_6H_5NO_2$)は劇物。無色又は微黄色の吸湿性の液体。廃棄法は、おが屑と混ぜて焼却するか、又は可燃性溶液剤(アセトン、ベンゼン等)に溶かし焼却炉の火室へ噴霧して焼却する燃焼法。　問 64　塩化亜鉛 $ZnCl_2$ は水に易溶なので、水に溶かして消石灰などのアルカリで水に溶けにくい水酸化物にして沈殿ろ過して埋立処分する沈殿法。　問 65　過酸化水素水は過酸化水素の水溶液で、劇物。無色透明な液体。廃棄方法は、多量の水で希釈して処理する希釈法。

（農業用品目）

問46～問49　問46　4　　問47　1　　問48　5　　問49　3

〔解説〕

問46　ナラシン10％以下を含有する製剤は劇物。ただし、1％以下を含有し、かつ飛散を防止するための加工を防止したものは劇物から除外。また、10％を超えて含有する製剤は毒物。　**問47**　ダイファシノンは毒物。0.005％以下は劇物から除外。　**問48**　メトミル45％以下を含有する製剤は劇物で、それ以上含有する製剤は毒物。　**問49**　イソフェンホスは5％を超えて含有する製剤は毒物。ただし、5％以下は毒物から除外。イソフェンホスは5％以下は劇物。

問50～問53　問50　3　　問51　1　　問52　5　　問53　2

〔解説〕

問50　塩素酸カリウム $KClO_3$ は、無色の結晶。水に可溶、アルコールに溶けにくい。漏えいした場合は、飛散したものは速やかに掃き集めて空容器にできるだけ回収し、その後は多量の水を用いて洗い流す。　**問51**　ジクワットは、劇物で、ジピリジル誘導体で淡黄色結晶、水に溶ける。漏えいした場合：土壌で覆って十分接触させた後、土壌を取り除き、多量の水で洗い流す。

問52　エチルチオメトンは、毒物。淡黄色の液体。硫黄特有の臭いがある。水に難溶。有機溶媒に可溶。漏えいした液土砂等でその流れを止め、安全な場所に導き、空容器にできるだけ回収し、そのあとを消石灰等の水溶液を用いて洗い流す。洗い流す場合には中性洗剤などの分散剤を使用して洗い流す。

問53　硫酸が漏えいした液は土砂等でその流れを止め、これに吸着させるか、又は安全な場所に導いて、遠くから徐々に注水してある程度希釈した後、消石灰、ソーダ灰等で中和し、多量の水を用いて洗い流す。

問54～問57　問54　5　　問55　3　　問56　1　　問57　2

〔解説〕

問54　パラコートは、毒物で、ジピリジル誘導体で無色結晶性粉末、水によく溶け低級アルコールに僅かに溶ける。用途は除草剤。　**問55**　クロルピクリン CCl_3NO_2 は、無色～淡黄色液体、催涙性、粘膜刺激臭。用途は、線虫駆除、土壌燻蒸剤(土壌病原菌、センチュウ等の駆除)。　**問56**　イミノクタジンは、劇物。白色の粉末(三酢酸塩の場合)。用途は、果樹の腐らん病、晩腐病等、麦の斑葉病、芝の葉枯病殺菌する殺菌剤。　**問57**　硫酸タリウム Tl_2SO_4 は、劇物。白色結晶。用途は殺鼠剤。

問58～問61　問58　2　　問59　3　　問60　4　　問61　1

〔解説〕

問58　ブラストサイジンSは、劇物。白色針状結晶。水、酢酸に溶けるが、メタノール、エタノール、アセトン、ベンゼンにはほとんど溶けない。中毒症状は、振せん、呼吸困難。目に対する刺激特に強い。　**問59**　N-メチル-1-ナフチルカルバメート(NAC)は、劇物。白色無臭の結晶。水に溶けない。アルカリに不安定。常温では安定。有機溶媒に可溶。皮膚に触れた場合には放置すると皮膚より吸収されて中毒を起こすことがある。　**問60**　ダイアジノンは、有機燐製剤。かすかにエステル臭をもつ無色の液体。水に難溶、有機溶媒に可溶。有機燐製剤なのでコリンエステラーゼ阻害作用により、縮瞳、頭痛、めまい等の症状を呈して呼吸困難に至る。　**問61**　沃化メチル CH_3I は、無色又は淡黄色透明の液体。劇物。中枢神経系の抑制作用および肺の刺激症状が現れる。皮膚に付着して蒸発が阻害された場合には発赤、水疱形成をみる。

問62～問65　問62　2　　問63　5　　問64　3　　問65　4

〔解説〕

問62　臭化メチル(ブロムメチル)　CH_3Br は本来無色無臭の気体だが圧縮冷却により容易に液体となる。ガスはクロロホルム様の臭気をもつ。ガスは重く空気の3.27倍である。通常は気体、低沸点なので燻蒸剤に使用。貯蔵は液化させて冷暗所。また、廃棄方法は、燃焼させるとCは炭酸ガス、Hは水、ところがBrはHBr(強酸性物質、気体)などになるのでスクラバーを具備した焼却炉が必要となる燃焼法。　**問63**　アンモニア NH_3(刺激臭無色気体)は水に極めてよく溶けアルカリ性を示すので、廃棄方法は、水に溶かしてから酸で中和後、多量の水で希釈処理する中和法。　**問64**　カルタップは、劇物。無色の結晶。水、メタノールに溶ける。廃棄法は：そのままあるいは水に溶解して、スクラバーを具備した焼却炉の火室へ噴霧し、焼却する焼却法。

問 65　クロルピクリン CCl_3NO_2 は、無色～淡黄色液体、催涙性、粘膜刺激臭。廃棄方法は少量の界面活性剤を加えた亜硫酸ナトリウムと炭酸ナトリウムの混合溶液中で、攪拌し分解させた後、多量の水で希釈して処理する分解法。

（特定品目）

問 46 ～問 49　問 46　1　　問 47　4　　問 48　4　　問 49　2

〔解説〕

問 46　ホルムアルデヒド１%以下で劇物から除外。　問 47　硝酸は 10%以下で劇物から除外。　問 48　蓚酸は 10 %以下で劇物から除外。

問 49　水酸化カリウムは５%以下で劇物から除外。

問 50 ～問 53　問 50　3　　問 51　5　　問 52　1　　問 53　2

〔解説〕

問 50　クロロホルム $CHCl_3$ は、無色、揮発性の液体で特有の香気とわずかな甘みをもち、麻酔性がある。空気中で日光により分解し、塩素、塩化水素、ホスゲンを生じるので、少量のアルコールを安定剤として入れて冷暗所に保存。

問 51　過酸化水素水は過酸化水素の水溶液で、無色無臭で粘性の少し高い液体。徐々に水と酸素に分解(光、金属により加速)する。安定剤として酸を加える。少量なら褐色ガラス瓶(光を遮るため)、多量ならば現在はポリエチレン瓶を使用し、３分の１の空間を保ち、日光を避けて冷暗所保存。　問 52　メタノール CH_3OH は特有な臭いの揮発性無色液体。水に可溶。可燃性。引火性。可燃性、揮発性があり、火気を避け、密栓し冷所に貯蔵する。　問 53　水酸化ナトリウム(別名：苛性ソーダ)NaOH は、白色結晶性の固体。水と炭酸を吸収する性質が強い。空気中に放置すると、潮解して徐々に炭酸ソーダの皮層を生ずる。貯蔵法については潮解性があり、二酸化炭素と水を吸収する性質が強いので、密栓して貯蔵する。

問 54 ～問 57　問 54　3　　問 55　2　　問 56　4　　問 57　5

〔解説〕

問 54　硫酸が漏えいした液は土砂等でその流れを止め、これに吸着させるか、又は安全な場所に導いて、遠くから徐々に注水してある程度希釈した後、消石灰、ソーダ灰等で中和し、多量の水を用いて洗い流す。　問 55　クロム酸ナトリウムが漏えいしたときは、飛散したものは空容器にできるだけ回収し、そのあとを還元剤（硫酸第一鉄等）の水溶液を散布し、消石灰、ソーダ灰等の水溶液で処理したのち、多量の水を用いて洗い流す。この場合、濃厚な廃液が河川等に排出されないよう注意する。　問 56　四塩化炭素が漏えいした液は土砂等でその流れを止め、安全な場所に導き、空容器にできるだけ回収し、そのあとを多量の水を用いて洗い流す。洗い流す場合には中性洗剤等の分散剤を使用して洗い流す。この場合、濃厚な廃液が河川等に排出されないよう注意する。　問 57　メチルエチルケトンが少量漏えいした場合は、漏えいした液は、土砂等に吸着させて空容器に回収する。多量に漏えいした液は、土砂等でその流れを止め、安全な場所に導き、液の表面を泡で覆い、できるだけ空容器に回収する。

問 58 ～問 61　問 58　5　　問 59　3　　問 60　1　　問 61　4

〔解説〕

問 58　アンモニアの中毒症状は、吸入すると激しく鼻や喉を刺激し、長時間だと肺や気管支に炎症を起こす。皮膚に触れた場合にはやけど(薬傷)を起こす。

問 59　クロム酸カリウムは、橙黄色の結晶。(別名：中性クロム酸カリウム、クロム酸カリ)。クロム酸カリウムの慢性中毒：接触性皮膚炎、穿孔性潰瘍、アレルギー疾患など。クロムは砒素と同様に発がん性を有する。特に肺がんを誘発する。　問 60　クロロホルムは、無色、揮発性の液体で特有の香気とわずかな甘みをもち、麻酔性がある。吸入した場合は、強い麻酔作用があり、めまい、頭痛、吐き気をおぼえ、はなはだしい場合は、嘔吐、意識不明などを起こすことがある。また、皮膚に触れた場合は皮膚を刺激し、皮膚からも吸収される。

問 61　蓚酸は、劇物(10 %以下は除外)、無色稜柱状結晶。血液中のカルシウムを奪取し、神経系を侵す。胃痛、嘔吐、口腔咽喉の炎症、腎臓障害。

問62～問65　問62　4　　問63　5　　問64　1　　問65　2

〔解説〕

問62　四塩化炭素 CCl_4 は有機ハロゲン化物で難燃性のため、可燃性溶剤や重油とともにアフターバーナーを具備した焼却炉で燃焼させる燃焼法。さらに、燃焼時に塩化水素 HCl、ホスゲン、塩素などが発生するのでそれらを除去するためにスクラバーも具備する必要がある。　問63　酸化第二水銀 HgO は毒物。赤色または黄色の粉末。水にはほとんど溶けない。希塩酸、硝酸、シアン化アルカリ溶液には溶ける。酸には容易に溶ける。廃棄法は焙焼法又は沈殿隔離法。

問64　塩素 Cl_2 は劇物。黄緑色の気体で激しい刺激臭がある。冷却すると、黄色溶液を経て黄白色固体。水にわずかに溶ける。廃棄方法は、塩素ガスは多量のアルカリに吹き込んだのち、希釈して廃棄するアルカリ法。

問65　過酸化水素水は過酸化水素の水溶液で、劇物。無色透明な液体。廃棄方法は、多量の水で希釈して処理する希釈法。

〔実　地〕

（一般）

問66～問69　問66　1　　問67　5　　問68　4　　問69　3

〔解説〕

問66　硫酸タリウム Tl_2SO_4 は、白色結晶で、水にやや溶け、熱水に易溶、劇物、用途は、殺鼠剤。ただし 0.3 %以下を含有し、黒色に着色され、かつ、トウガラシエキスを用いて著しくからく着味されているものは劇物から除外。

問67　ロテノン(植物デリスの根に含まれる。)は、斜方六面体結晶で、水にはほとんど溶けない。ベンゼン、アセトンには溶け、クロロホルムに易溶。用途は、接触毒としてサルハムシ類、ウリバエ類等に用いる。殺虫剤。酸素によって分解し効力を失うので空気と光を遮断して貯蔵する。

問68　蓚酸は無色の結晶で、水溶液を酢酸で弱酸性にして酢酸カルシウムを加えると、結晶性の沈殿を生ずる。水溶液は過マンガン酸カリウム溶液を退色する。水溶液をアンモニア水で弱アルカリ性にして塩化カルシウムを加えると、蓚酸カルシウムの白色の沈殿を生ずる。　問69　二硫化炭素 CS_2 は、劇物。無色透明の麻酔性芳香をもつ液体。ただし、市場にあるものは不快な臭気がある。有毒であり、ながく吸入すると麻酔をおこす。

問70～問73　問70　3　　問71　2　　問72　5　　問73　1

〔解説〕

問70　ジクワットは、劇物で、ジピリジル誘導体で淡黄色結晶、水に溶ける。中性又は酸性で安定、アルカリ溶液でうすめる場合には、２～３時間以上貯蔵できない。腐食性を有する。土壌等に強く吸着されて不活性化する性質がある。用途は、除草剤。　問71　DDVP(別名ジクロルボス)は有機燐製剤で接触性殺虫剤。刺激性で微臭のある比較的揮発性の無色油状液体、水に溶けにくく、有機溶媒に易溶。水中では徐々に分解。　問72　重クロム酸カリウム $K_2Cr_2O_7$ は、劇物。橙赤色の結晶。融点 398 ℃、分解点 500 ℃、水に溶けやすい。アルコールには溶けない。強力な酸化剤である。で吸湿性も潮解性みない。水に溶け酸性を示す。　問73　沃化メチル CH_3I(別名ヨードメタン、ヨードメチル)は、エーテル様臭のある無色又は淡黄色透明の液体で、水に溶け、空気中で光により一部分解して褐色になる。用途はガス殺菌・殺虫剤として使用される。

問74～問77　問74　2　　問75　3　　問76　4　　問77　5

〔解説〕

問74　黄燐 P_4 は、毒物。無色又は白色の蝋様の固体。毒物。別名を白リン。暗所で空気に触れるとリン光を放つ。水、有機溶媒に溶けないが、二硫化炭素には易溶。湿った空気中で発火する。空気に触れると発火しやすいので、水中に沈めてビンに入れ、さらに砂を入れた缶の中に固定し冷暗所で貯蔵する。

問75　カリウム K は、金属光沢を持つ銀白色軟らかい固体。水とて激しく反応する。また、 白金線に試料をつけて、溶融炎で熱し、炎の色をみると青紫色となる。コバルトの色ガラスをとおしてみると紅紫色となる。

問76　硝酸銀 $AgNO_3$ は、劇物。無色透明結晶。光により分解して黒変する。転移点 159.6 ℃、融点 212 ℃、分解点 444 ℃。強力な酸化剤があり、腐食性がある。水によく溶ける。アセトン、グリセリンに可溶。

香川県

問77　ナトリウム Na は、銀白色金属光沢の柔らかい金属、湿気、炭酸ガスから遮断するために石油中に保存。空気中で容易に酸化される。水と激しく反応して水素を発生する($2Na + 2H_2O \rightarrow 2NaOH + H_2$)。炎色反応で黄色を呈する。

問78～問81　問78　1　　問79　3　　問80　5　　問81　4

〔解説〕

問78　塩化水素(HCl)は劇物。常温で無色の刺激臭のある気体である。水、メタノール、エーテルに溶ける。湿った空気中で発煙し塩酸になる。吸湿すると、大部分の金属、コンクリート等を腐食する。爆発性でも引火性でもないが、吸湿すると各種の金属を腐食して水素ガスを発生し、これが空気と混合して引火爆発することがある。　問79　シレン $C_6H_4(CH_3)_2$(別名キシロール、ジメチルベンゼン、メチルトルエン)は、無色透明な液体で o-、m-、p-の3種の異性体がある。水にはほとんど溶けず、有機溶媒に溶ける。蒸気は空気より重い。

問80　ホスゲンは $COCl_2$ 独特の青草臭のある無色の圧縮液化ガス。蒸気は空気より重い。トルエン、エーテルに極めて溶けやすい。酢酸に対してはやや溶けにくい。水により加水分解し、二酸化炭素と塩化水素を生成する。不燃性。水分が存在すると加水分解して塩化水素を生じるために金属を腐食する。加熱されると塩素と一酸化炭素への分解が促進される。　問81　酢酸エチル $CH_3COOC_2H_5$(別名酢酸エチルエステル、酢酸エステル)は、劇物。強い果実様の香気ある可燃性無色の液体。揮発性がある。蒸気は空気より重い。引火しやすい。水にやや溶けやすい。沸点は水より低い。

問82～問85　問82　2　　問83　4　　問84　4　　問85　3

〔解説〕

解答のとおり。

(農業用品目)

問66～問69　問66　5　　問67　1　　問68　4　　問69　2

〔解説〕

問66　塩素酸ナトリウム $NaClO_3$ は、劇物。無色無臭結晶で潮解性をもつ。酸化剤、水に易溶。有機物や還元剤との混合物は加熱、摩擦、衝撃などにより爆発することがある。酸性では有害な二酸化塩素を発生する。また、強酸と作用して二酸化炭素を放出する。　問67　シアン化ナトリウム NaCN は毒物。白色粉末、粒状またはタブレット状。別名は青酸ソーダという。水に溶けやすく、水溶液は強アルカリ性である。空気中では湿気を吸収し、二酸化炭素と作用して、有毒なシアン化水素を発生する。　問68　モノフルオール酢酸ナトリウム FCH_2COONa は、特毒。重い白色粉末。からい味と酢酸の臭いとを有する。吸湿性、冷水に易溶、メタノールやエタノールに可溶。野ネズミの駆除に使用

問69　硫酸タリウム Tl_2SO_4 は、白色結晶で、水にやや溶け、熱水に易溶、劇物、用途は、殺鼠剤。ただし 0.3 %以下を含有し、黒色に着色され、かつ、トウガラシエキスを用いて著しくからく着味されているものは劇物から除外。

問70～問73　問70　3　　問71　2　　問72　5　　問73　1

〔解説〕

問70　アンモニア水は無色透明、刺激臭がある液体。アルカリ性を呈する。アンモニア NH_3 は空気より軽い気体。濃塩酸を近づけると塩化アンモニウムの白い煙を生じる。　問71　DDVP(ジクロルボス)は有機燐製剤で接触性殺虫剤。無色油状液体、水に溶けにくく、有機溶媒に易溶。水中では徐々に分解。アルカリで急激に分解すると発熱するので、分解させるときは希薄な消石灰等の水溶液を用いる。　問72　ニコチンの確認：1)ニコチン＋ヨウ素エーテル溶液→褐色液状→赤色針状結晶　2)ニコチン＋ホルマリン＋濃硝酸→バラ色。

問73　ホスチアゼートは、劇物。弱いメルカプタン臭いのある淡褐色の液体。有機燐剤。水にきわめて溶けにくい。pH6 及び pH8 で安定。用途は野菜等のネコブセンチュウ等の害虫を殺虫剤。

問 74 ～問 77　問 74　1　　問 75　4　　問 76　5　　問 77　3
〔解説〕
問 74　パラコートは、毒物で、ジピリジル誘導体で無色結晶性粉末、水によく溶け低級アルコールに僅かに溶ける。アルカリ性では不安定。金属に腐食する。不揮発性。用途は除草剤。　問 75　ジメトエートは、白色の固体。水溶液は室温で徐々に加水分解し、アルカリ溶液中ではすみやかに加水分解する。太陽光線に安定で、熱に対する安定性は低い。用途は、稲のツマグロヨコバイ、ウンカ類、果樹のヤノネカイガラムシ、ミカンハモグリガ、ハダニ類、アブラムシ類、ハダニ類の駆除。　問 76　硫酸第二銅、五水和物白色濃い藍色の結晶で、水に溶けやすく、水溶液は青色リトマス紙を赤変させる。水に溶かし硝酸バリウムを加えると、白色の沈殿を生じる。　問 77　ジクワットは、劇物で、ジピリジル誘導体で淡黄色結晶、水に溶ける。中性又は酸性で安定、アルカリ溶液でうすめる場合には、２～３時間以上貯蔵できない。腐食性を有する。土壌等に強く吸着されて不活性化する性質がある。用途は、除草剤。
問 78 ～問 81　問 78　2　　問 79　3　　問 80　1　　問 81　4
〔解説〕
解答のとおり。
問 82 ～問 85　問 82　3　　問 83　1　　問 84　3　　問 85　2
〔解説〕
解答のとおり。

（特定品目）

問 66 ～問 69　問 66　5　　問 67　2　　問 68　4　　問 69　3
〔解説〕
解答のとおり。
問 70 ～問 73　問 70　3　　問 71　1　　問 72　5　　問 73　4
〔解説〕
解答のとおり。
問 74 ～問 77　問 74　5　　問 75　4　　問 76　3　　問 77　1
〔解説〕
解答のとおり。
問 78 ～問 81　問 78　3　　問 79　2　　問 80　5　　問 81　4
〔解説〕
問 78　メチルエチルケトンは、アセトン様の臭いのある無色液体。引火性。有機溶媒。蒸気は空気より重く引火しやすい。　問 79　重クロム酸カリウム $K_2Cr_2O_7$ は、劇物。橙赤色の結晶。融点 398 ℃、分解点 500 ℃、水に溶けやすい。アルコールには溶けない。強力な酸化剤である。で吸湿性も潮解性みない。水に溶け酸性を示す。　問 80　ホルムアルデヒド HCHO は、無色透明な気体で刺激臭を有し、寒冷地では白濁する場合がある。中性または弱酸性の反応を呈し、水、アルコールに混和するが、エーテルには混和しない。１％以下は劇物から除外。水溶液は殺菌消毒剤として用いられる。　問 81　一酸化鉛 PbO(別名リサージ)は劇物。赤色～赤黄色結晶。重い粉末で、黄色から赤色の間の様々なものがある。水にはほとんど溶けないが、酸、アルカリにはよく溶ける。酸化鉛は空気中に放置しておくと、徐々に炭酸を吸収して、塩基性炭酸鉛になることもある。光化学反応をおこし、酸素があると四酸化三鉛、酸素がないと金属鉛を遊離する。
問 82 ～問 85　問 82　2　　問 83　2　　問 84　3　　問 85　1
〔解説〕
解答のとおり。

愛媛県

令和５年度実施

〔法規（選択式問題）〕

（一般・農業用品目・特定品目共通）

1　問題１　2　問題２　4　問題３　1　問題４　3　問題５　1

〔解説〕

解答のとおり。

2　問題６　2　問題７　2　問題８　3　問題９　1　問題 10　4

〔解説〕

施行令第 40 条〔廃棄の方法〕。解答のとおり。

3　問題 11　3　問題 12　1　問題 13　4　問題 14　4　問題 15　3

〔解説〕

法第 15 条〔毒物又は劇物の交付の制限等〕。解答のとおり。

4　問題 16　2　問題 17　2　問題 18　2　問題 19　1　問題 20　2
問題 21　1　問題 22　1　問題 23　1　問題 24　2　問題 25　2

〔解説〕

問題 16　この設問については、30 日以内にその旨を届け出なければならないではなく、あらかじめ、登録の変更を受けなければならない〔法第９条〔登録の変更〕。

問題 17　一般毒物劇物取扱者試験に合格した者は、販売品目の制限はないので、この設問は誤り。

問題 18　毒物劇物取扱者試験に合格した者は、他の都道府県においても毒物劇物取扱責任者になることができる。

問題 19　設問のとおり。法第８条第２項第一号に示されている。

問題 20　この設問は法第４条第２項〔営業の登録〕において、その店舗の所在地の都道府県知事へ申請所を出さなければならないである。

問題 21　設問のとおり。法第 22 条第１項〔業務上取扱者の届出等〕→施行令第 41 条第１項第三号〔業務上取扱者の届出〕に示されている。

問題 22　設問のとおり。法第４条第３項〔営業の登録・更新〕に示されている。

問題 23　設問のとおり。法第３条の２第１項〔特定毒物・製造〕に示されている。

問題 24　この設問は法第 17 条第２項〔事故の際の措置・盗難紛失の措置〕で、直ちに、その旨を警察署に届け出なければならないである。

問題 25　この設問については法第３条第３項ただし書規定により、毒物又は劇物製造業者が、自ら製造した毒物又は劇物を、他の毒物劇物販売業者することができる。

〔法規（記述式問題）〕

（一般・農業用品目・特定品目共通）

1　問題１　授与　問題２　名称　問題３　年月日
問題４　職業　問題５　住所　問題６　所在地
問題７　保健衛生上　問題８　政令　問題９　技術上
問題 10　着色

〔解説〕

法第 14 条〔毒物又は劇物の譲渡手続〕、法第 16 条〔運搬等についての技術上の基準等〕。解答のとおり。

〔基礎化学（選択式問題）〕

（一般・農業用品目・特定品目共通）

1　問題 26　4　問題 27　9　問題 28　6　問題 29　3　問題 30　7

〔解説〕

問題 26　$FeS + H_2SO_4 \rightarrow H_2S + FeSO_4$

問題 27　$MnO_2 + 4HCl \rightarrow Cl_2 + MnCl_2 + 2H_2O$

問題 28　$HCl + NaHCO_3 \rightarrow NaCl + H_2O + CO_2$

問題 29　$NaCl + H_2SO_4 \rightarrow NaHSO_4 + HCl$

問題 30　$Mg + H_2O \rightarrow MgO + H_2$

2　問題 31　3　問題 32　1　問題 33　3　問題 34　3　問題 35　1

問題 36　1　問題 37　2　問題 38　1　問題 39　3　問題 40　2

〔解説〕

問題 31　解答のとおり

問題 32　強酸弱塩基の塩である。

問題 33　弱酸強塩基の塩である。

問題 34　リン酸二水素ナトリウムは酸性であることに注意。

問題 35　強酸弱塩基の塩である。

問題 36　強酸弱塩基の塩である。

問題 37、問題 38、問題 39　解答のとおり

問題 40　水に溶けないので厳密には水溶液ではない。

3　問題 41　3　問題 42　1　問題 43　1　問題 44　1　問題 45　3

〔解説〕

問題 41、問題 42　解答のとおり

問題 43　族の元素の価電子は1である。

問題 44　Li は赤色の炎色反応を呈する。

問題 45　K は赤紫色（赤ではない）の炎色反応を呈する。

4　問題 46　2　問題 47　1　問題 48　1　問題 49　1　問題 50　2

〔解説〕

問題 46　原子核は正の電気を帯びた陽子と電荷をもたない中性子から成る。

問題 47、問題 48、問題 49　解答のとおり

問題 50　固体が大気中の水分や二酸化炭素を吸収して溶解する現象を潮解という。

〔基礎化学（記述式問題）〕

（一般・農業用品目・特定品目共通）

1　問題 11　400　問題 12　600　問題 13　4　問題 14　140

問題 15　37.5

〔解説〕

問題 11　解答のとおり

問題 12　44w/v%の硫酸 1000 mL に含まれる溶質の重さは 440 g である。20w/v%の硫酸の体積を x mL とすると、60w/v%の硫酸の体積は(1000-x) mL となる。よって式は、20/100 × x + 60/100 ×(1000-x) = 440, x = 400 mL となる。

問題 13　中和は H^+の物質量と OH^-の物質量が等しいときである。よって水酸化ナトリウムの体積を x と置くと、3 × 2 × 1 = 1.5 × 1 × x, x = 4 mL となる。

問題 14　水の量を x g とおく。式は、20/(20+x) × 100 = 12.5, x = 140 g

問題 15　この飽和溶液の濃度は、150(150+250) × 100 = 37.5%

〔薬物（選択式問題）〕

（一般）

1　問題１　4　問題２　4　問題３　3　問題４　1　問題５　3

問題６　2　問題７　2　問題８　2　問題９　2　問題 10　1

〔解説〕

この設問は法第２条〔定義〕。同条第１項→法別表第一が毒物。同条第２項→法別表第二が劇物。同条第３項が特定毒物→法別表第三に示されている。

2　問題 11　2　　問題 12　1　　問題 13　4　　問題 14　5　　問題 15　3
問題 16　3　　問題 17　1　　問題 18　5　　問題 19　4　　問題 20　2

〔解説〕

問題 11〔問題 16〕　メチルエチルケトン $CH_3COC_2H_5$ は、劇物。アセトン様の臭いのある無色液体。蒸気は空気より重い。水に可溶。引火性。有機溶媒。用途は溶剤、有機合成原料。

問題 12〔問題 17〕重クロム酸カリウム $K_2Cr_2O_4$ は、劇物。橙赤色の柱状結晶。水に溶けやすい。アルコールには溶けない。強力な酸化剤。用途は試薬、製革用、顔料原料などに使用される。

問題 13〔問題 18〕五塩化アンチモン $SbCl_5$ は劇物。無色または黄色の油状液体。空気中では発煙する。塩酸、四塩化炭素、クロロホルムに溶ける。用途は触媒。

問題 14〔問題 19〕水素化アンチモン SbH_3(別名スチビン、アンチモン化水素)は、劇物。無色、ニンニク臭の気体。空気中では常温でも徐々に水素と金属アンモンに分解。水に難溶。エタノールには可溶。用途はエピタキシャル成長用。

問題 15〔問題 20〕酢酸タリウム CH_3COOTl は劇物。無色の結晶。湿った空気中では潮解する。水及び有機溶媒易溶。用途は殺鼠剤。

3　問題 21　3　　問題 22　1　　問題 23　5　　問題 24　2　　問題 25　4

〔解説〕

問題 21　ナトリウム Na は、劇物。銀白色の金属光沢固体、空気、水を遮断するため石油に保存。　　問題 22　ブロムメチル CH_3Br(臭化メチル)は常温では気体であるため、これを圧縮液化し、圧容器に入れ冷暗所で保存する。

問題 23　クロロホルム $CHCl_3$ は、無色、揮発性の液体で特有の香気とわずかな甘みをもち、麻酔性がある。空気中で日光により分解し、塩素、塩化水素、ホスゲンを生じるので、少量のアルコールを安定剤として入れて冷暗所に保存。

問題 24　ヨウ素 I_2 は、黒褐色金属光沢ある稜板状結晶、昇華性。気密容器を用い、通風のよい冷所に貯蔵する。腐食されやすい金属、濃硫酸、アンモニア水、アンモニアガス、テレビン油等から引き離しておく。

問題 25　五硫化二燐(五硫化燐)P_2S_5 または P_4S_{10} は、毒物。淡黄色の結晶性粉末で硫化水素臭がある。吸湿性がある。エタノールに溶ける。水、酸で分解して硫化水素となる。貯蔵方法は火災、爆発の危険性がある。わずかな加熱で発火し、発生した硫化水素で爆発することがあるので、換気良好な冷暗所に保存する。

4　問題 26　4　　問題 27　2　　問題 28　3　　問題 29　1　　問題 30　5

〔解説〕

問題 26　メタノール CH_3OH は特有な臭いの無色液体。水に可溶。可燃性。メタノールの中毒症状：吸入した場合、めまい、頭痛、吐気など、はなはだしい時は嘔吐、意識不明。中枢神経抑制作用。飲用により視神経障害、失明。　　問題 27　クロルピクリン CCl_3NO_2 は、無色～淡黄色液体で催涙性、粘膜刺激臭を持つことから、気管支を刺激してせきや鼻汁が出る。多量に吸入すると、胃腸炎、肺炎、尿に血が混じる。悪心、呼吸困難、肺水腫を起こす。手当は酸素吸入をし、強心剤、興奮剤を与える。　　問題 28　シアン化水素ガスを吸引したときの中毒は、頭痛、めまい、悪心、意識不明、呼吸麻痺を起こす。　　問題 29　ニコチンは猛烈な神経毒を持ち、急性中毒では、よだれ、吐気、悪心、嘔吐、ついで脈拍緩徐不整、発汗、瞳孔縮小、呼吸困難、痙攣が起きる。　　問題 30　ジメチル硫酸は劇物。わずかに臭いがある。水と反応して硫酸水素メチルとメタノールを生ずる。のど、気管支、肺などが激しく侵される。また、皮膚から吸収された全身中毒を起こし、致命的となる。疲労、痙攣、麻痺、昏睡を起こして死亡する。

5　問題 31　5　　問題 32　3　　問題 33　4　　問題 34　4　　問題 35　1
問題 36　5　　問題 37　2　　問題 38　1　　問題 39　3　　問題 40　2

〔解説〕

問題 31　亜塩素酸ナトリウムを含有する製剤は 25 ％以下は劇物から除外。
問題 32　2-アミノエタノールを含有する製剤は 20 ％以下は劇物から除外。
問題 33　3 －アミノメチル-3, 5, 5-トリメチルシクロヘキシルアミン(イソホロンジアミン)を含有する製剤は６％以下は劇物から除外。
問題 34　アンモニアを含有する製剤は 10%以下で劇物から除外。
問題 35　無水酢酸を含有する製剤 0.2 ％以下は劇物から除外。
問題 36　クロム酸鉛を含有する製剤は 70 ％以下は劇物から除外。
問題 37　シクロヘキシミドを含有する製剤は 0.2%以下で劇物から除外。
問題 38　クレゾールを含有する製剤は 5%以下は劇物から除外。
問題 39　過酸化水素水を含有する製剤は６％以下で劇物から除外。

愛媛県

問題 40　ジノカップを含有する製剤は 0.2%以下で劇物から除外。
この設問については指定令第２条に示されている。

（農業用品目）

1　問題１　2　　問題２　5　　問題３　4　　問題４　3　　問題５　1
〔解説〕
問題１　クロロファシノンは、劇物。白～淡黄色の結晶性粉末。用途は野ネズミの駆除。　　問題２　テフルトリンは毒物(0.5％以下を含有する製剤は劇物。淡褐色固体。用途は野菜等のピレスロイド系殺虫剤。　問題３　ジクワットは、劇物で、ジピリジル誘導体で淡黄色結晶。用途は、除草剤。
問題４　イミノクタジンは、劇物。白色の粉末(三酢酸塩の場合)。用途は、果樹の腐らん病、晩腐病等、麦の斑葉病、芝の葉枯病殺菌する殺菌剤。
問題５　クロルメコートは、劇物、白色結晶で魚臭、非常に吸湿性の結晶。用途は植物成長調整剤。
2　問題６　5　　問題７　3　　問題８　2　　問題９　5　　問題 10　2
〔解説〕
解答のとおり。
3　問題 11　2　　問題 12　1　　問題 13　4　　問題 14　5　　問題 15　3
〔解説〕
問題 11　ホスチアゼートは、劇物。弱いメルカプタン臭いのある淡褐色の液体。有機燐剤。水にきわめて溶けにくい。pH6 及び pH8 で安定。用途は野菜等のネコブセンチュウ等の害虫を殺虫剤。　問題 12　フルバリネートは劇物。淡黄色ないし黄褐色の粘稠性液体。水に難溶。熱、酸性には安定であるが、太陽光、アルカリには不安定。用途は、野菜、果樹、園芸植物のアブラムシ類、ハダニ類、アオムシ、コナガ等に用いられるピレスロイド系殺虫剤で、シロアリ防除にも有効。5％以下は劇物から除外。　問題 13　メソミル(別名メトミル)は 45 ％以下を含有する製剤は劇物。白色結晶。水、メタノール、アルコールに溶ける。用途はカルバメート系殺虫剤　問題 14　テブフェンピラドは、劇物。淡黄色結晶。水に極めて溶けにくい。有機溶媒に溶けやすい。用途は殺虫剤。
問題 15　ジチアノンは劇物。暗褐色結晶性粉末。融点 216 ℃。用途は殺菌剤(農薬)。
4　問題 16　2　　問題 17　2　　問題 18　1　　問題 19　2　　問題 20　1
問題 21　2　　問題 22　3　　問題 23　2　　問題 24　3　　問題 25　3
〔解説〕
農業用品目販売業者の登録が受けた者が販売できる品目については、法第四条の三第一項→施行規則第四条の二→施行規則別表第一に示されている。解答のとおり。
5　問題 26　2　　問題 27　1　　問題 28　5　　問題 29　4　　問題 30　3
〔解説〕
問題 26　塩素酸ナトリウム $NaClO_3$ は、無色無臭結晶、酸化剤、水に易溶。有機物や還元剤との混合物は加熱、摩擦、衝撃などにより爆発することがある。貯蔵方法は爆発性を有するため、可燃物と離して冷暗所に密栓貯蔵する。
問題 27　硫酸 H_2SO_4 は濃い濃度のものは比重がきわめて大きく、水でうすめると激しく発熱するため、密栓して保存する。　問題 28　アンモニア NH_3 は空気より軽い気体。貯蔵法は、揮発しやすいので、よく密栓して貯蔵する。
問題 29　沃化メチル CH_3I は、無色または淡黄色透明液体、低沸点、光により I2 が遊離して褐色になる(一般にヨウ素化合物は光により分解し易い)。エタノール、エーテルに任意の割合に混合する。水に不溶。貯蔵法は空気中で光により分解するため、容器は遮光し、直射日光を避け、密閉して換気の良い冷暗所に貯蔵する。
問題 30　シアン化カリウム KCN は、白色、潮解性の粉末または粒状物、空気中では炭酸ガスと湿気を吸って分解する(HCN を発生)。また、酸と反応して猛毒の HCN(アーモンド様の臭い)を発生する。本品は猛毒性である。貯蔵法は、密封して、乾燥した場所に強力な酸化剤、酸、食品や飼料、二酸化炭素、水や水を含む生成物から離して貯蔵する。

（特定品目）

1　問題１　2　　問題２　1　　問題３　1　　問題４　2　　問題５　1
〔解説〕
特定品目販売業の登録を受けた者が販売できる品目については、法第四条の三第二項→施行規則第四条の三→施行規則別表第二に示されている。解答のとおり。

2　問題６　５　　問題７　２　　問題８　１　　問題９　４　　問題10　４
〔解説〕
　問題６　クロム酸鉛は70％以下は劇物から除外。　問題７　水酸化ナトリウムを含有する製剤は５％以下で劇物から除外。　問題８　ホルムアルデヒドを含有する製剤は1%以下で劇物から除外。　問題９　硫酸を含有する製剤は10%以下で劇物から除外。　問題 10　塩化水素を含有する製剤 10 ％以下は劇物から除外。このことは指定令第２条に示されている。

3　問題11　１　　問題12　１　　問題13　１　　問題14　２　　問題15　２
〔解説〕
　この設問で正しいのは問題11、問題12、問題13である。なお、問題14のメチルエチルケトンと問題 15 の塩酸が誤り。次のとおり。メチルエチルケトン $CH_3COC_2H_5$ は、劇物。アセトン様の臭いのある無色液体。用途は接着剤、印刷用インキ、合成樹脂原料、ラッカー用溶剤。塩酸 HCl は無色透明の刺激臭を持つ液体で、これの濃度が濃いものは空気中で発煙する。（湿った空気中では濃度が 25 ％以上の塩酸は発煙性がある。）種々の金属やコンクリートを腐食する。用途は化学工業用としての諸種の塩化物の製造に使用。

4　問題16　４　　問題17　２　　問題18　５　　問題19　１　　問題20　３
〔解説〕
　問題 16　塩素 Cl_2 は、黄緑色の窒息性の臭気をもつ空気より重い気体。ハロゲンなので反応性大。水に溶ける。中毒症状は、粘膜刺激、目、鼻、咽喉および口腔粘膜に障害を与える。　問題 17　四塩化炭素 CCl_4 は特有の臭気をもつ揮発性無色の液体、水に不溶、有機溶媒に易溶。揮発性のため蒸気吸入により頭痛、悪心、黄疸ようの角膜黄変、尿毒症等。　問題 18　水酸化カリウム KOH は強アルカリ性なので、高濃度のものは腐食性が強く、皮膚に触れると激しく侵す。ダストとミストを吸入すると、呼吸器官を侵す。強アルカリ性なので眼に入った場合には、失明する恐れがある。　問題19　クロロホルムの中毒は、原形質毒、脳の節細胞を麻酔、赤血球を溶解する。吸収するとはじめ嘔吐、瞳孔縮小、運動性不安、次に脳、神経細胞の麻酔が起きる。中毒死は呼吸麻痺、心臓停止による。
　問題 20　蓚酸の中毒症状は、血液中のカルシウムを奪取し、神経系を侵す。胃痛、嘔吐、口腔咽喉の炎症、腎臓障害。

5　問題21　２　　問題22　３　　問題23　３　　問題24　４　　問題25　３
　問題26　１　　問題27　２　　問題28　３　　問題29　１　　問題30　４
〔解説〕
　解答のとおり。

〔実地（選択式問題）〕

（一般）

1　問題41　１　　問題42　２　　問題43　３　　問題44　４　　問題45　５
〔解説〕
　問題 41　AlP の確認方法は、湿気により発生するホスフィン PH3 により硝酸銀中の銀イオンが還元され銀になる（$Ag^+ \rightarrow Ag$）ため黒変する。
　問題 42　硝酸銀 $AgNO_3$ は、劇物。無色結晶。水に溶して塩酸を加えると、白色の塩化銀を沈殿する。その硫酸と銅屑を加えて熱すると、赤褐色の蒸気を発生する。　問題 43　アンモニア水は無色透明、刺激臭がある液体。アルカリ性を呈する。アンモニア NH_3 は空気より軽い気体。濃塩酸を近づけると塩化アンモニウムの白い煙を生じる。　問題 44　クロロホルムの確認反応：1)　$CHCl_3$＋レゾルシン（ベタナフトール）＋ KOH →黄赤色、緑色の蛍光彩。2)$CHCl_3$＋アニリン＋アルカリ→フェニルイソニトリル C_6H_5NC 不快臭。　問題 45　塩素酸カリウム $KClO_3$ は白色固体。加熱により分解し酸素発生。熱すると酸素を発生して、塩化カリとなり、これに塩酸を加えて熱すると、塩素を発生する。水溶液に酒石酸を多量に加えると、白色の結晶性の物質を生ずる。

2　問題46　1　　問題47　1　　問題48　1　　問題49　5　　問題50　1
〔解説〕
問題46　硫酸 H_2SO_4 は、劇物。無色透明、油様の液体であるが、粗製のものは、しばしば有機質が混じて、かすかに褐色を帯びていることがある。濃いものは猛烈に水を吸収する。　問題47　キシレン $C_6H_4(CH_3)_2$(別名キシロール、ジメチルベンゼン、メチルトルエン)は、無色透明な液体で o-、m-、p-の３種の異性体がある。また、芳香族炭化水素特有の臭いがある。水にはほとんど溶けず、有機溶媒に溶ける。蒸気は空気より重い。引火しやすく、その蒸気は空気と混合して爆発性混合ガスとなるので火気には絶対に近づけない。　問題48　三塩化チタンは、毒物。暗紫色六方晶系の潮解性結晶。水、エタノール、塩酸等極性の強い溶媒に可溶。エーテルに不溶。常温では徐々に分解する不安定な物質。大気中で激しく酸化して白煙を発生。加熱により分解し塩素ガスを発生する。
問題49　ブロム水素は、無色透明あるいは淡黄色の刺激性の臭気がある気体で、金、白金、タンタル以外の金属を腐食するが、塩化ビニル、ポリエチレンなどの樹脂には作用しない。不燃性。　問題50　クロロアセトアルデヒドは、毒物。無色の液体。水に易溶。。

3　問題51　5　　問題52　4　　問題53　3　　問題54　2　　問題55　1
〔解説〕
問題51　塩化水素 HCl は酸性なので、石灰乳などのアルカリで中和した後、水で希釈する中和法。　問題52　シアン化ナトリウム NaCN は、酸性だと猛毒のシアン化水素 HCN が発生するのでアルカリ性にしてから酸化剤でシアン酸ナトリウム NaOCN にし、余分なアルカリを酸で中和し多量の水で希釈処理する酸化法。水酸化ナトリウム水溶液等でアルカリ性とし、高温加圧下で加水分解するアルカリ法。　問題53　砒素は金属光沢のある灰色の単体である。セメントを用いて固化し、溶出試験を行い溶出量が判定基準以下であることを確認して埋立処分する固化隔離法の他に、回収法がある。　問題54　塩化亜鉛 $ZnCl_2$ は水に易溶なので、水に溶かして消石灰などのアルカリで水に溶けにくい水酸化物にして沈殿ろ過して埋立処分する沈殿法。　問題55　パラコートは、毒物で、ジピリジル誘導体で無色結晶性粉末、水によく溶け低級アルコールに僅かに溶ける。アルカリ性では不安定。金属に腐食する。不揮発性。用途は除草剤。廃棄方法は①燃焼法では、おが屑等に吸収させてアフターバーナー及びスクラバーを具備した焼却炉で焼却する。②検定法。

4　問題56　4　　問題57　2　　問題58　1　　問題59　3　　問題60　5
〔解説〕
解答のとおり。

5　問題61　1　　問題62　3　　問題63　5　　問題64　4　　問題65　2
〔解説〕
問題61　塩素酸ナトリウム $NaClO_3$ は、劇物。無色無臭結晶、酸化剤、水に易溶。強酸と作用し発火又は爆発することがある。また、アンモニウム塩と混ざると爆発するおそれがあるので接触させない。衣服等に付着した場合、着火しやすくなる。　問題62　酸化カドミウム CdO は、劇物。赤褐色の粉末。水に溶けない。酸に易溶。アンモニア水、アンモニア塩類水溶液に可溶。強熱すると煙霧を発生する。煙霧は有害。　問題63　臭化水素酸(ブロム水素酸)は劇物。無色透明あるいは淡黄色の刺激性の臭気がある液体。空気にふれると一部酸化されてブロムを遊離する。金、白金、タンタル以外のあらゆる金属を腐食する。用途は試薬、各種ブロム塩の製造、臭化アルキルの製造。各種の金属と反応して水素ガスを発生しこれが空気と混合して引火爆発する、　問題64　エチレンオキシドは劇物。無色のある液体。水、アルコール、エーテルに可溶。可燃性ガス、反応性に富む。蒸気は空気より重い。加熱、摩擦、衝撃、火花等により発火又は爆発することがある。　問題65　塩化ベンジル((クロロメチル)ベンゼン及びこれを含有する製剤で指定)は毒物。無色の液体。刺激臭が強い。エタノールに極めて溶けやすい。水にはやや溶けやすい。金属の存在下で重合し、水の存在下で金属を腐食する。用途は合成樹脂、香料、ガソリン重合物生成防止剤等。

（農業用品目）

1　問題 31　1　　問題 32　3　　問題 33　5　　問題 34　2　　問題 35　4

〔解説〕

問題 31　トリシクラゾールは、劇物。８％以下は劇物から除外。無色の結晶で臭いはない。水、有機溶剤にあまり溶けない。　問題 32　ロテノン(植物デリスの根に含まれる。)は、斜方六面体結晶である。水にはほとんど溶けない。ベンゼン、アセトンには溶け、クロロホルムに容易に溶ける。

問題 33　DMTP(別名メチダチオン)は劇物。灰白色の結晶。水に１％としか溶けない。有機溶媒によく溶ける。　問題 34　イソキサチオンは有機リン剤、劇物(2 ％以下除外)、淡黄褐色液体、水に難溶、有機溶剤に易溶、アルカリには不安定。　問題 35　弗化スルフリルは毒物。無色無臭の気体。沸点-55.38 ℃。水１に 0.75G 溶ける。アルコール、アセトンにも溶ける。

2　問題 36　5　　問題 37　2　　問題 38　1　　問題 39　2　　問題 40　1
問題 41　2　　問題 42　3　　問題 43　4　　問題 44　1　　問題 45　2

〔解説〕

解答のとおり。

3　問題 46　2　　問題 47　4　　問題 48　5
問題 49　1　　問題 50　3

〔解説〕

問題 46〔問題 49〕　硫酸第二銅（硫酸銅）は、濃い青色の結晶。風解性。水に易溶、水溶液は酸性。劇物。廃棄法は、水に溶かし、消石灰、ソーダ灰等の水溶液を加えて処理し、沈殿ろ過して埋立処分する沈殿法。空容器にできるだけ回収し、その後消石灰、ソーダ灰等の水溶液を用いて処理し、多量の水を用いて洗い流す。　問題 47　DDVP は劇物。刺激性があり、比較的揮発性の無色の油状の液体。水に溶けにくい。廃棄方法は木粉(おが屑)等に吸収させてアフターバーナー及びスクラバーを具備した焼却炉で焼却する燃焼法と 10 倍量以上の水と攪拌しながら加熱乾留して加水分解し、冷却後、水酸化ナトリウム等の水溶液で中和するアルカリ法。　問題 48　クロルピクリン CCl_3NO_2 は、無色～淡黄色液体、催涙性、粘膜刺激臭。廃棄方法は少量の界面活性剤を加えた亜硫酸ナトリウムと炭酸ナトリウムの混合溶液中で、攪拌し分解させた後、多量の水で希釈して処理する分解法。　問題 50　シアン化カリウムが飛散したものは空容器にできるだけ回収する。砂利等に付着している場合は、砂利等を回収し、そのあとに水酸化ナトリウム、ソーダ灰等の水溶液を散布してアルカリ性（pH　11 以上）とし、更に酸化剤（次亜塩素酸ナトリウム、さらし粉等）の水溶液で酸化処理を行い、多量の水を用いて洗い流す。

4　問題 51　5　　問題 52　3　　問題 53　4　　問題 54　1　　問題 55　2

〔解説〕

問題 51　硫酸 H_2SO_4 は無色の粘張性のある液体。強力な酸化力をもち、また水を吸収しやすい。水を吸収するとき発熱する。木片に触れるとそれを炭化して黒変させる。また、銅片を加えて熱すると、無水亜硫酸を発生する。硫酸の希釈液に塩化バリウムを加えると白色の硫酸バリウムが生じるが、これは塩酸や硝酸に溶解しない。　問題 52　硫酸亜鉛は、水に溶かして硫化水素を通じると、硫化物の沈殿を生成する。硫酸亜鉛の水溶液に塩化バリウムを加えると硫酸バリウムの白色沈殿を生じる。　問題 53　AlP の確認方法は、湿気により発生するホスフィン PH3 により硝酸銀中の銀イオンが還元され銀になる($Ag^+ \rightarrow Ag$)ため黒変する。　問題 54　ニコチンは、毒物、無色無臭の油状液体だが空気中で褐色になる。殺虫剤。硫酸酸性水溶液に、ピクリン酸溶液を加えると黄色結晶を沈殿する。　問題 55　アンモニア水は無色透明、刺激臭がある液体。アルカリ性を呈する。アンモニア NH_3 は空気より軽い気体。濃塩酸を近づけると塩化アンモニウムの白い煙を生じる。

5　問題 56　3　　問題 57　1　　問題 58　5　　問題 59　2
問題 60　4

〔解説〕

解答のとおり。

（特定品目）

1　問題 31　2　　問題 32　4　　問題 33　3　　問題 34　1　　問題 35　5

〔解説〕

解答のとおり。

2　問題 36　5　　問題 37　1　　問題 38　2　　問題 39　4　　問題 40　3

〔解説〕

問題 36　硫酸 H_2SO_4 は無色の粘張性のある液体。強力な酸化力をもち、また水を吸収しやすい。水を吸収するとき発熱する。木片に触れるとそれを炭化して黒変させる。また、銅片を加えて熱すると、無水亜硫酸を発生する。硫酸の希釈液に塩化バリウムを加えると白色の硫酸バリウムが生じるが、これは塩酸や硝酸に溶解しない。　**問題 37**　塩酸は塩化水素 HCl の水溶液。無色透明の液体 25 ％以上のものは、湿った空気中で著しく発煙し、刺激臭がある。塩酸は種々の金属を溶解し、水素を発生する。硝酸銀溶液を加えると、塩化銀の白い沈殿を生じる。

問題 38　酸化水銀(HgO_2)は毒物。赤色又は黄色の粉末。製法によって色が異なる。小さな試験管に入れ熱すると、黒色にかわり、その後分解し水銀を残す。更に熱すると揮散する。　**問題 39**　ホルムアルデヒド HCHO は劇物。無色刺激臭の気体で水に良く溶け、これをホルマリンという。ホルマリンは無色透明な刺激臭の液体、低温ではパラホルムアルデヒドの生成により白濁または沈澱が生成することがある。　**問題 40**　過酸化水素水は過酸化水素の水溶液。劇物。無色透明の濃厚な液体で、弱い特有のにおいがある。強く冷却すると稜柱状の結晶となる。不安定な化合物であり、常温でも徐々に水と酸素に分解する。酸化力、還元力を併有している。

3　問題 41　3　　問題 42　2　　問題 43　5　　問題 44　4　　問題 45　1

〔解説〕

解答のとおり。

4　問題 46　5　　問題 47　2　　問題 48　4　　問題 49　3　　問題 50　1

〔解説〕

解答のとおり。

5　問題 51　3　　問題 52　2　　問題 53　1　　問題 54　5　　問題 55　4

〔解説〕

問題 51　クロム酸鉛 $PbCrO_4$ は黄色粉末、水にほとんど溶けず、希硝酸、水酸化アルカリに溶ける。別名はクロムイエロー。用途は顔料、分析用試薬。漏えいした際の措置は飛散したものは空容器にできるだけ回収し、そのあとを多量の水を用いて洗い流す。　**問題 52**　メタノール（メチルアルコール）CH_3OH は、引火性の液体であるので周囲から着火源を除き、これが少量の漏えいした液は多量の水で十分に希釈して洗い流す。多量に漏えいした液は土砂等でその流れを止め、安全な場所に導き、多量の水で十分に希釈して洗い流す。

問題 53　水酸化ナトリウムの漏えいした液は土砂等でその流れを止め、土砂等に吸着させるか、又は安全な場所に導いて多量の水をかけて洗い流す。必要があれば更に中和し、多量の水を用いて洗い流す。皮膚に触れた場合は皮膚が激しく腐食するので、直ちに付着又は接触部を多量の水で十分に洗い流す。なお、汚染された衣服や靴は速やかに脱がせること。　**問題 54**　四塩化炭素 CCl_4 は、揮発性なので風下の人を退避させ、土砂等で流れを止め、容器に回収。そのあとを水に不溶なので中性洗剤等で分散させて水で洗い流す。　**問題 55**　硝酸が少量漏えいしたとき、漏えいした液は土砂等に吸着させて取り除くか、又はある程度水で徐々に希釈した後、消石灰、ソーダ灰等で中和し、多量の水を用いて洗い流す。また多量に漏えいした液は土砂等でその流れを止め、これに吸着させるか、又は安全な場所に導いて、遠くから徐々に注水してある程度希釈した後、消石灰、ソーダ灰等で中和し多量の水を用いて洗い流す。

高知県
令和５年度実施

〔法　規〕
(一般・農業用品目・特定品目共通)

問１　ウ
〔解説〕
(3)のみ正しい。この設問は法第２条〔定義〕についてで、同条第１項〔定義・毒物〕、同条第２項〔定義・劇物〕、同条第３項〔定義・特定毒物〕。なお、(1)医薬品及び劇物以外ではなく、医薬品及び医薬部外品以外のものをいう。(2)医薬品及び毒物以外ではなく、医薬品及び医薬部外品以外のものをいう。

問２　イ
〔解説〕
解答のとおり。

問３　エ
〔解説〕
法第３条の３で、施行令第 32 条の２により、興奮、幻覚又は麻酔の作用を有する毒物又は劇物が示されている。

問４　オ
〔解説〕
この設問は法第７条〔毒物劇物取扱責任者〕及び法第８条〔毒物劇物取扱責任者の資格〕について、(4)のみが正しい。(4)は法第８条第２項第三号に示されている。なお、(1)は法第８条第１項第二号で毒物劇物取扱責任者になることができる。(2)法第７条第１項で、店舗ごとに毒物劇物取扱責任者を置かなければならない。(3)については、他の都道府県においても毒物劇物取扱責任者になることができる。(5)は法第８条第２項第四号で、‥５年を経過してではなく、３年を経過していないものである。

高知県

問５　オ
〔解説〕
(3)と(5)が正しい。(3)法第３条第１項に示されている。(5)設問のとおり。法第３条第３項ただし書規定により、毒物劇物営業者には自ら毒物又は劇物を販売できるが、毒物又は劇物を販売、授与の目的については販売業の登録を要する。なお、(1)授与の目的とあるので、毒物又は劇物を輸入することはできない。(2)毒物又は劇物を輸入できる者は、毒物又は劇物輸入業者と特定毒物研究者である。(4)毒物又は劇物製造業者及び輸入業者は、５年ごとに、販売業者は、６年ごとに登録の更新を受けなければ、その効力を失うである。

問６　オ
〔解説〕
(2)が誤り。(2)この設問には、登録を受けた毒物以外の毒物を製造するときは法第９条第１項〔登録の変更〕により、製造後 30 日以内ではなく、あらかじめ、登録の変更を受けなければならない。なお、(1)設問のとおり。法第 10 条第１項第一号〔届出〕に示されている。(3)法第７条第１項〔毒物劇物取扱責任者〕により、直接取り扱わない場合は、毒物劇物取扱責任者を置かなくてもよい。(4)法第７条第３項に示されている。

問７　ウ
〔解説〕
この設問は施行令第 40 条の９における毒物劇物営業者が譲受人対し、毒物又は劇物の性状及び取扱いに関する情報提供についてで、その情報の内容については施行規則第 13 条の 12 に示されている。解答のとおり。

問８　ウ
〔解説〕
法第 14 条第２項における法第 14 条第１項〔毒物又は劇物の譲渡手続〕で販売又は授与したときに書面に記載する事項は、①毒物又は劇物の名称及び数量、②販売又は授与の年月日、③譲受人の氏名、職業及び住所(法人にあっては、その名称及び主たる事務所の所在地)。解答のとおり。

問９　(1)　×　　(2)　×　　(3)　○　　(4)　×　　(5)　×　　(6)　○

〔解説〕

(1)　新たに登録申請を届け出て、廃止届を届け出る。

(2)　法第 10 条第１項第一号〔届出〕により、変更届を届け出る。

(3)　設問のとおり。

(4)　新たに登録申請を届け出て、廃止届を届け出る。

(5)　法第 10 条第１項第二号〔届出〕により、変更届を届け出る。

(6)　設問のとおり。法第４条第２項〔営業の登録〕。

問 10　エ

〔解説〕

この設問は着色する農業品目について法第 13 条〔特定の用途に供される毒物又は劇物の販売等〕→施行令第 39 条〔着色すべき農業品目〕において、①硫酸タリウムを含有する製剤たる劇物、②燐化亜鉛を含有する製剤たる劇物については、施行規則第 12 条〔農業品目の着色方法〕で、あせにくい黒色に着色すると示されている。このことからエが正しい。

問 11　ウ

〔解説〕

法第 13 条の２は一般消費者の生活の用に供されると認められるものについて施行令第 39 条〔劇物たる家庭用品〕で、その成分の含量又は容器若しくは被包について基準に適合するものでなければ毒物劇物営業者は、販売又は授与してはいけないと示されている。塩化水素又は硫酸を含有する製剤たる劇物(住宅用の液体状洗浄剤)は、15 %以下。

問 12　ア

〔解説〕

法第 12 条第２項〔毒物又は劇物の表示・容器及び被包に掲げる事項〕は、①毒物又は劇物の名称、②毒物又は劇物の成分及びその含量、③厚生労働省令で定める毒物又は劇物について厚生労働省令で定める解毒剤の名称。

問 13　ア

〔解説〕

この設問は施行令第 40 条の５〔運搬方法〕についてで誤っているものは、(2)が誤り。(2)は施行規則第 13 条の５〔毒物又は劇物を運搬する車両に掲げる車両〕で、地を白色、文を黒色ではなく、地を黒色で、文字を白色として「毒」を車両の前後に表示しなければならないである。(1)は施行令第 40 条の５第２項第一号→施行規則第 13 条の２第二号に示されている。このことについて令和５年 12 月 26 日厚生労働省令第 163 号〔施行は令和６年４月１日〕で、２日(始業時間から起算して 48 時間をいう。)を平均して１日あたり９時間を超える場合と一部改正がなされた。２は施行令第 40 条の５第２項第三号に示されている。(3)は施行令第 40 条の５第２項第四号に示されている。

問 14　(1)　×　　(2)　○　　(3)　×　　(4)　○　　(5)　×　　(6)　○
(7)　○　　(8)　×

〔解説〕

(1)　薬局開設者における薬局については、新たに毒物又は劇物販売業の登録を要する。

(2)　設問のとおり。施行令第 36 条〔登録票又は許可証の再交付〕に示されている。

(3)　法第 15 条第２項における施行規則第 12 条の２の６〔交付を受ける者の確認〕ただし書規定により、確認を要しない。

(4)　設問のとおり。法第 22 条第１項〔業務上取扱者の届出等〕。

(5)　法第３条の２第１項に基づいて特定毒物を製造できる。

(6)　設問のとおり。法第 12 条第３項に示されている。

(7)　設問のとおり。法第 19 条第４項〔登録の取消等〕に示されている。

(8)　法第 11 条第４項に基づいて飲食物容器使用禁止が示されている。このことから設問は誤り。

〔基礎化学〕
（一般・農業用品目・特定品目共通）

問１　ア　1　イ　3　ウ　2　エ　5　オ　4　カ　2　キ　1
ク　3　ケ　5　コ　3　サ　5　シ　1　ス　3　セ　5
ソ　2

〔解説〕

ア　中性子は電荷をもたない。アニオンは陰イオンのこと。

イ　炭素は原子番号が 6 番であるので電子を 6 個有しており、K 殻に 2 個、L 殻に 4 個の電子が収容される。

ウ　H_2O に 2 組、I_2 には 6 組、N_2 には 2 組、CO_2 には 4 組、NH_3 には 1 組の非共有電子対が存在する。

エ　H は 1 族元素であるが非金属であるためアルカリ金属からは除外される。

オ　アニリンは芳香族アミンであり、その分子式は C_6H_7N となる。

カ　凝固は液体から固体への状態変化。液体から気体への状態変化は蒸発あるいは気化

キ　中和熱が正解であるが、正確に言うと中和熱とは水 1 mol が生じるときの熱量である。

ク　$300 \times 1.5/100 = 4.5$ g

ケ　コハク酸・シュウ酸は飽和ジカルボン酸、リノレン酸・リノール酸は不飽和カルボン酸、フマル酸は不飽和ジカルボン酸であり幾何異性体にフマル酸が存在する。

コ　陰極では還元反応が起こり、Cu^{2+}が還元され Cu が析出する。

サ　Ag^+は塩化物イオンと反応し、AgCl の白色沈殿を生じる。

シ　温度を下げると温度を上げる方向（右）に平衡は移動する。

ス　3 価のアルコールとは、同一分子内に-OH を 3 つ持つ分子である。メタノール、フェノール、tert-ブタノールは 1 価、エチレングリコールは 2 価、グリセリンは 3 価のアルコールである。

セ　フェノール性ヒドロキシ基を有する化合物は塩化鉄(III)試薬と反応して赤紫～青紫色を呈する

ソ　1 ppm は 1 mg の溶質が 1 kg の溶液に溶けている濃度。

問２　4

〔解説〕

反応式は $C_2H_5OH + 3O_2 \rightarrow 2CO_2 + 3H_2O$ であるから、1.0 mol のエタノールを燃焼させると 2.0 mol の二酸化炭素が生じる。二酸化炭素の分子量は 44 であるから 2.0 mol の二酸化炭素は 88 g となる。

問３　4

〔解説〕

ブレンステッド・ローリーの酸と塩基の定義において、酸とは H^+を放出する物質である。酢酸水溶液を水酸化ナトリウム水溶液で滴定する場合はフェノールフタレイン試薬が適当である。酢酸水溶液では$[H^+] > 1.0 \times 10^{-7} > [OH^-]$となる。0.05 mol の酢酸水溶液の pH が 3 であったときの電離度は 0.02 となる。

問４　4

〔解説〕

塩素分子 142 g の物質量は 2.00 mol である。よって理想気体の状態方程式より、
$1.2 \times 10^5 \times V = 2.00 \times 8.3 \times 10^3 \times (273 + 17)$,　$V = 40.116$ L

問５　2

〔解説〕

水酸化ナトリウム水溶液のモル濃度を X と置くと中和の式は、$X \times 1 \times 100 = 0.5 \times 2 \times 30$,　$X = 0.3$ mol/L。この溶液 100 mL に含まれる水酸化ナトリウムの物質量は 0.03 mol であるから、これに水酸化ナトリウムの式量 40 を乗じると 1.2 g となる。

〔毒物及び劇物の性質及び貯蔵その他取扱方法〕

(一般)

問１　(1)　イ　(2)　オ　(3)　ア　(4)　エ　(5)　ウ

〔解説〕

(1)　クロルピクリン CCl_3NO_2 無色の油状体であるが、市販品は普通、微黄色を呈している。催涙性があり、強い粘膜刺激臭を有する。水にはほとんど溶けないが、アルコール、エーテルなどには溶ける。熱には比較的不安定で、180 ℃以上に熱すると分解するが、引火性はない。酸、アルカリには安定である。金属腐食性が大きい。　(2)　ピクリン酸は、淡黄色の光沢のある小葉状あるいは針状結晶で、純品は無臭であるが、普通品はかすかにニトロベンゾールの臭気をもち、苦味がある。冷水には溶けにくいが、アルコール、エーテル、ベンゼンには溶ける。　(3)　ジエチル-S-(2-オキソ-6-クロルベンゾオキサゾロメチル-ジチオホスフェイト(別名ホサロン)は、劇物。白色結晶。ネギ様の臭気がある。融点は 45 ～ 48 度。メタノール、エタノール、アセトン、クロロホルム及びアセトンに溶ける。水に不溶。用途はアブラムシ、ハダニ等の害虫駆除。

(4)　ジメチル－４－メチルメルカプト－３－メチルフェニルチオホスフェイト(別名フェンチオン)は、劇物。褐色の液体。弱いニンニク臭を有する。各種有機溶媒によく溶ける。水にはほとんど溶けない。用途は稲のニカメイチュウ、ツマグロヨコバイ等、豆類のフキノメイガ、マメアブラムシ等の駆除。有機燐製剤。

(5)　2･2'ージピリジリウムー 1･1'ーエチレンジブロミド(別名　ジクワット)は、劇物。ジピリジル誘導体で淡黄色結晶、水に溶ける。中性または酸性下で安定である。アルカリ溶液で薄める場合には、２～３時間以上貯蔵できない。腐食性がある。除草剤。

問２　(1)　イ　(2)　エ　(3)　ウ　(4)　オ　(5)　ア

〔解説〕

(1)　二硫化炭素 CS_2 は、無色流動性液体、引火性が大なので水を混ぜておくと安全、蒸留したてはエーテル様の臭気だが通常は悪臭。水に僅かに溶け、有機溶媒には可溶。日光の直射が当たらない場所で保存。　(2)　アクリルニトリル $CH_2=CHCN$ は、僅かに刺激臭のある無色透明な液体。引火性。有機シアン化合物である。硫酸や硝酸など強酸と激しく反応する。タンク又はドラムの貯蔵所は裸火、ガスバーナーそのほか炎や火花を生じるような器具から離しておく、貯蔵する室は、防火性で換気装置を備え、下層部空気の機械的換気が必要である。

(3)　アンモニア水は無色刺激臭のある揮発性の液体。ガスが揮発しやすいため、よく密栓して貯蔵する。　(4)　ベタナフトール $C_{10}H_7OH$ は、劇物。無色～白色の結晶、石炭酸臭、水に溶けにくく、熱湯に可溶。有機溶媒に易溶。遮光保存(フェノール性水酸基をもつ化合物は一般に空気酸化や光に弱い)。

(5)　カリウム K は、劇物。銀白色の光輝があり、ろう様の高度を持つ金属。カリウムは空気中にそのまま貯蔵することはできないので、石油中に保存する。黄リンは水中で保存。

問３　(1)　ウ　(2)　ア　(3)　エ　(4)　イ　(5)　オ

〔解説〕

(1)　トルエン C_6H_5CH3 は、劇物。特有な臭い(ベンゼン様)の無色液体。水に不溶。可燃性。引火性。劇物。中毒症状は、蒸気吸入により頭痛、食欲不振、大量で大赤血球性貧血。皮膚に触れた場合、皮膚の炎症を起こすことがある。また、目に入った場合は、直ちに多量の水で十分に洗い流す。

(2)　黄燐 P_4 は、毒物。無色又は白色の蝋様の固体。非常に毒性が強い。服用では、一般的に服用後胃部の疼痛、灼熱感、にんにく臭のおび、悪心、嘔吐に至る。吐瀉物はニンニク臭を有し、暗所では燐光を発する。一時的に回復するものの死に至る。皮膚に付着する火傷をする。　(3)　クロルエチル C_2H_5Cl は、劇物。常温で気体。可燃性である。皮膚に触れた場合、直接液に触れると、しもやけ(凍傷)を起こす。吸入した場合、麻酔作用が現れる。多量を吸入すると、めまい、嘔気、嘔吐が起こりはなばたしい場合は、意識不明となり、呼吸が停止する。

(4)　塩化第二水銀は毒物。無色又は針状結晶。水にやや溶けやすい。アルコールやエーテルにも溶ける。水溶液は酸性を示す。毒性はマウスにおける 50 %致死量は、体重 1kg 当たり経口投与 10mg/kg である。解毒法：・中毒の際には胃洗浄，卵，牛乳の飲用のほか BAL(1, 2-ジチオグリセリン。直射日光を避け、容器を密閉して冷暗所に施錠して保管すること。

(5)　アクロレインは、劇物。無色または帯黄色の液体。刺激臭があり、引火性である。毒性については、目と呼吸系を激しく刺激する。皮膚を刺激して、気管支カタルや結膜炎をおこす。

問４　(1)　オ　(2)　ア　(3)　ウ　(4)　エ　(5)　イ

〔解説〕

(1)　ヒドラジンは、毒物。無色の油状の液体。用途は強い還元剤でロケット燃料にも使用される。医薬、農薬等の原料。　(2)　アリルアルコールは、毒物。刺激臭のある無色の軽い液体。用途は医薬品、農薬、樹脂、香料など化合物の原料。　(3)　塩酸レバミゾールは、劇物。白色の結晶性粉末、用途は、松枯れ防止剤。　(4)　エマメクチン安息香酸塩(別名アファーム)は、劇物。類白色結晶粉末。用途は鱗翅目及びアザミウマ目害虫の殺虫剤。　(5)　アジ化ナトリウムは、毒物、無色板状結晶で無臭。用途は試薬、医療検体の防腐剤、エアバッグのガス発生剤、除草剤としても用いられる。

問５　(1)　オ　(2)　ウ　(3)　ア　(4)　エ　(5)　イ

〔解説〕

(1)　ジメチルアミン 50 %以下を含有する劇物から除外。　(2)　過酸化ナトリウムは５%以下は劇物から除外。　(3)　ジノカップは 0.2%以下で劇物から除外。　(4)　2-アミノエタノールは 20 %以下は劇物から除外。

(5)　ホルムアルデヒドは１%以下で劇物から除外。

(農業用品目)

問１　(1)　オ　(2)　ア　(3)　エ　(4)　ウ　(5)　イ

〔解説〕

(1)　テブフェンピラドは劇物。淡黄色結晶。比重 1.0214　水にきわめて溶けにくい。有機溶媒に溶けやすい。pH ３～11 で安定。

(2)　ジメチル－４－メチルメルカプト－３－メチルフェニルチオホスフェイト(別名フェンチオン)は、劇物。褐色の液体。弱いニンニク臭を有する。各種有機溶媒によく溶ける。水にはほとんど溶けない。有機燐製剤。

(3)　1,1´－ジメチル－4,4´－ジピリジニウムジクロリド(パラコート)は、毒物で、ジピリジル誘導体で無色結晶。分解温度は約 300 ℃である。水に非常に溶けやすく、強アルカリ性の状態で分解する。　(4)　ジメチルジチオホスホリルフェニル酢酸エチル(フェントエート、PAP)は、赤褐色、油状の液体で、芳香性刺激臭を有し、水、プロピレングリコールに溶けない。リグロインにやや溶け、アルコール、エーテル、ベンゼンに溶ける。アルカリには不安定。

(5)　塩素酸ナトリウムは、劇物。無色無臭結晶で潮解性をもつ。酸化剤、水に易溶。有機物や還元剤との混合物は加熱、摩擦、衝撃などにより爆発することがある。酸性では有害な二酸化塩素を発生する。また、強酸と作用して二酸化炭素を放出する。

問２　(1)　キ　(2)　ウ　(3)　ア　(4)　イ　(5)　オ

〔解説〕

解答のとおり。

問３　(1)　ウ　(2)　エ　(3)　ア　(4)　オ　(5)　イ

〔解説〕

(1)　燐化亜鉛は、灰褐色の結晶又は粉末。かすかにリンの臭気がある。ベンゼン、二硫化炭素に溶ける。酸と反応して有毒なホスフィン PH3 を発生。用途は、殺鼠剤。ホスフィンにより嘔吐、めまい、呼吸困難などが起こる。

(2)　沃化メチルは、無色又は淡黄色透明の液体。劇物。中枢神経系の抑制作用および肺の刺激症状が現れる。皮膚に付着して蒸発が阻害された場合には発赤、水疱形成をみる。　(3)　ブラストサイジン S ベンジルアミノベンゼンスルホン酸塩は、劇物。白色針状結晶。水、酢酸に溶けるが、メタノール、エタノール、アセトン、ベンゼンにはほとんど溶けない。中毒症状は、振せん、呼吸困難。目に対する刺激特に強い。　(4)　無機銅塩類(硫酸銅等。ただし、雷銅を除く)の毒性は、亜鉛塩類と非常によく似ており、同じような中毒症状〔緑色、または青色のものを吐く。のどが焼けるように熱くなり、よだれがながれ、しばしば痛むことがある。急性の胃腸カタルをおこすとともに血便を出す。〕をおこす。

(5)　塩素酸カリウム(別名塩素酸カリ)は、無色の結晶。水に可溶。アルコールに溶けにくい。熱すると酸素を発生する。皮膚を刺激する。吸入した場合は鼻、のどの粘膜を刺激し、悪心、嘔吐、下痢、チアノーゼ、呼吸困難等を起こす。

問４　(1)　エ　(2)　オ　(3)　ウ　(4)　ア　(5)　イ
〔解説〕
(1)　塩素酸ナトリウム $NaClO_3$ は、無色無臭結晶、酸化剤、水に易溶。廃棄方法は、過剰の還元剤の水溶液を希硫酸酸性にした後に、少量ずつ加え還元し、反応液を中和後、大量の水で希釈処理する還元法。　(2)　硫酸 H_2SO_4 は酸なので廃棄方法はアルカリで中和後、水で希釈する中和法。　(3)　塩化第二銅は、劇物。無水物のほか二水和物が知られている。二水和物は緑色結晶で潮解性がある。水、エタノール、メタノール、アセトンに可溶。廃棄方法は水に溶かし、消石灰、ソーダ灰等の水溶液を加えて、処理し、沈殿ろ過して埋立処分する沈殿法と多量の場合には還元焙焼法により無金属銅として回収する焙焼法。
(4)　クロルピクリン CCl_3NO_2 は、無色～淡黄色液体、催涙性、粘膜刺激臭。廃棄方法は少量の界面活性剤を加えた亜硫酸ナトリウムと炭酸ナトリウムの混合溶液中で、攪拌し分解させた後、多量の水で希釈して処理する分解法。
(5)　燐化亜鉛 Zn_3P_2 の廃棄法は、燃焼法と酸化法がある。
問５　(1)　ウ　(2)　ア　(3)　イ　(4)　エ　(5)　オ
〔解説〕
(1)　イミノクタジンは２％以下は劇物から除外。　(2)　イソキサチオンは２％以下は劇物から除外。　(3)　ジメチルジチオホスホリルフェニル酢酸エチル（フェントエート、PAP）は３％以下は劇物から除外。　(4)　N-メチル-1-ナフチルカルバメート５％以下は劇物から除外。　(5)　硫酸は 10%以下で劇物から除外。

高知県

（特定品目）
問１　(1)　ウ　(2)　ア　(3)　オ　(4)　エ　(5)　イ
〔解説〕
(1)　塩化水素（HCl）は劇物。常温、常圧においては無色の刺激臭を持つ気体で、湿った空気中で激しく発煙する。冷却すると無色の液体および固体となる。
(2)　キシレン $C_6H_4(CH_3)2$ は劇物。無色透明の液体で芳香族炭化水素特有の臭いがある。水にはほとんど溶けず、有機溶媒に溶ける。蒸気は空気より重い。引火性がある。　(3)　ホルムアルデヒド HCHO は、無色刺激臭の気体で水に良く溶け、これをホルマリンという。ホルマリンは無色透明な刺激臭の液体、低温ではパラホルムアルデヒドの生成により白濁または沈澱が生成することがある。
(4)　メチルエチルケトン $CH_3COC_2H_5$（2-ブタノン、MEK）は劇物。アセトン様の臭いのある無色液体。蒸気は空気より重い。引火性。有機溶媒。水に可溶。
(5)　重クロム酸ナトリウムは、やや潮解性の赤橙色結晶、酸化剤。水に易溶。有機溶媒には不溶。潮解性があるので、密封して乾燥した場所に貯蔵する。また、可燃物と混合しないように注意する。
問２　(1)　オ　(2)　ア　(3)　ウ　(4)　イ　(5)　エ
〔解説〕
(1)　メチルエチルケトン $CH_3COC_2H_5$ は、アセトン様の臭いのある無色液体。引火性。有機溶媒。貯蔵方法は直射日光を避け、通風のよい冷暗所に保管し、また火気厳禁とする。なお、酸化性物質、有機過酸化物等と同一の場所で保管しないこと。　(2)　過酸化水素水は過酸化水素の水溶液で、無色無臭で粘性の少し高い液体。徐々に水と酸素に分解（光、金属により加速）する。安定剤として酸を加える。　少量なら褐色ガラス瓶（光を遮るため）、多量ならば現在はポリエチレン瓶を使用し、3 分の 1 の空間を保ち、日光を避けて冷暗所保存。
(3)　四塩化炭素（テトラクロロメタン）CCl4 は、特有な臭気をもつ不燃性、揮発性無色液体、水に溶けにくく有機溶媒には溶けやすい。強熱によりホスゲンを発生。亜鉛またはスズメッキした鋼鉄製容器で保管、高温に接しないような場所で保管。　(4)　アンモニア水は無色刺激臭のある揮発性の液体。ガスが揮発しやすいため、よく密栓して貯蔵する。　(5)　クロロホルム $CHCl_3$ は、無色、揮発性の液体で特有の香気とわずかな甘みをもち。麻酔性がある。空気中で日光により分解し、塩素 Cl_2、塩化水素 HCl、ホスゲン $COCl_2$、四塩化炭素 CCl_4 を生じるので、少量のアルコールを安定剤として入れて冷暗所に保存。

問３　(1)　ア　(2)　ウ　(3)　イ　(4)　エ　(5)　オ

〔解説〕

(1)　クロム酸塩類の中毒は口と食道が帯赤黄色にそまり、のち青緑色に変化する。腹痛がおこり、緑色のものを吐き出し、血のまじった便をする。重くなると、尿に血がまじり、痙攣を起こしたり、さらに気を失うにいたる。

(2)　蓚酸は血液中の石灰分を奪取し神経痙攣等をおかす。急性中毒症状は胃痛、嘔吐、口腔咽喉に炎症をおこし腎臓がおかされる。　(3)　四塩化炭素 CCl_4 は特有の臭気をもつ揮発性無色の液体、水に不溶、有機溶媒に易溶。揮発性のため蒸気吸入により頭痛、悪心、黄疸ようの角膜黄変、尿毒症等。

(4)　硝酸 HNO_3 は無色の発煙性液体。蒸気は眼、呼吸器などの粘膜および皮膚に強い刺激性をもつ。高濃度のものが皮膚に触れるとガスを生じ、初めは白く変色し、次第に深黄色になる(キサントプロテイン反応)。　(5)　トルエン $C_6H_5CH_3$ は、劇物。特有な臭い(ベンゼン様)の無色液体。水に不溶。比重１以下。可燃性。引火性。劇物。用途は爆薬原料、香料、サッカリンなどの原料、揮発性有機溶媒。中毒症状は、蒸気吸入により頭痛、食欲不振、大量で大赤血球性貧血。皮膚に触れた場合、皮膚の炎症を起こすことがある。また、目に入った場合は、直ちに多量の水で十分に洗い流す。

問４　(1)　イ　(2)　エ　(3)　ウ　(4)　ア　(5)　オ

〔解説〕

(1)　重クロム酸ナトリウムは、やや潮解性の赤橙色結晶、酸化剤。水に易溶。有機溶媒には不溶。希硫酸に溶かし、硫酸第一鉄水溶液を過剰に加える。次に、消石灰の水溶液を加えてできる沈殿物を濾過する。沈殿物に対して溶出試験を行い、溶出量が゛判定基準以下であることを確認して埋立処分する還元沈殿法。

(2)　硫酸 H_2SO_4 は酸なので廃棄方法はアルカリで中和後、水で希釈する中和法。

(3)　硅弗化ナトリウムは劇物。無色の結晶。水に溶けにくい。廃棄法は水に溶かし、消石灰等の水溶液を加えて処理した後、希硫酸を加えて中和し、沈殿濾過して埋立処分する分解沈殿法。　(4)　アンモニア NH_3(刺激臭無色気体)は水に極めてよく溶けアルカリ性を示すので、廃棄方法は、水に溶かしてから酸で中和後、多量の水で希釈処理する中和法。　(5)　四塩化炭素 CCl_4 は有機ハロゲン化物で難燃性のため、可燃性溶剤や重油とともにアフターバーナーを具備した焼却炉で燃焼させる燃焼法。さらに、燃焼時に塩化水素 HCl、ホスゲン、塩素などが発生するのでそれらを除去するためにスクラバーも具備する必要がある。

問５　(1)　カ　(2)　エ　(3)　ウ　(4)　エ　(5)　エ

〔解説〕

(1)　クロム酸鉛は 70 ％以下は劇物から除外。　(2)　塩化水素は 10 ％以下は劇物から除外。　(3)　過酸化水素は６％以下で劇物から除外。

(4)　硫酸は 10%以下で劇物から除外。　(5)　アンモニアは 10%以下で劇物から除外。

〔実　地〕

(一般)

問１　(1)　イ　(2)　ア　(3)　ウ　(4)　オ　(5)　エ
　　　(6)　コ　(7)　カ　(8)　キ　(9)　ケ　(10)　ク

〔解説〕

解答のとおり。

問２　(1)　エ　(2)　ア　(3)　オ　(4)　ウ

〔解説〕

硫酸第二銅、五水和物白色濃い藍色の結晶で、水に溶けやすく、水溶液は青色リトマス紙を赤変させる。水に溶かし硝酸バリウムを加えると、白色の沈殿を生じる。

アンモニア水は無色透明、刺激臭がある液体。濃塩酸をうるおしたガラス棒を近づけると、白い霧を生ずる。また、塩酸を加えて中和したのち、塩化白金溶液を加えると、黄色、結晶性の沈殿を生ずる。

塩化第二水銀は毒物。白色の透明で重い針状結晶。水、エーテルに溶ける。昇汞の溶液に石灰水を加えると赤い酸化水銀の沈殿をつくる。また、アンモニア水を加えると白色の白降汞をつくる。

問３　(1)　ア　(2)　ウ　(3)　イ　(4)　エ　(5)　オ

〔解説〕

(1)　メタノール CH_3OH は特有な臭いの無色液体。水に可溶。可燃性。染料、有機合成原料、溶剤。　頭痛、めまい、嘔吐、下痢、腹痛などをおこし、致死量に近ければ麻酔状態になり、視神経がおかされ、目がかすみ、ついには失明することがある。中毒の原因は、排出が緩慢で蓄積作用によるとともに、神経細胞内で、ぎ酸が発生することによる。解毒剤は、ホメピゾール。

(2)　弗化水素 HF は毒物。不燃性の無色液化ガス。激しい刺激性がある。ガスは空気より重い。空気中の水や湿気と作用して白煙を生じる。また、強い腐食性を示す。眼に入った場合は粘膜等が激しく侵され、失明することがある。又皮膚に触れた場合は、直接液に触れると激しい痛みを感じ、皮膚の内部にまで浸透腐食する。解毒剤は、グルコン酸カルシウムゼリー。

(3)　硝酸タリウムは、劇物。白色の結晶。沸騰水にはよく溶ける。アルコールには不溶。融点は 260 ℃、分解点は 450 ℃。用途は、殺鼠剤。毒症状は、疝痛、嘔吐、震せん、けいれん麻痺等の症状に伴い、しだいに呼吸困難、虚脱症状を呈する。解毒剤は、ヘキサシアノ鉄（Ⅱ）酸鉄(Ⅲ)水和物(プルシアンブルー)。

(4)　ジメトエートは劇物。白色の固体。水溶液は室温で徐々に加水分解し、アルカリ溶液中ではすみやかに加水分解する。有機燐製剤の一種である。用途は、殺虫剤。コリンエステラーゼ活性阻害作用があり、軽症では倦怠感、頭痛、めまい、嘔吐、下痢等。解毒剤には、硫酸アトロピン。

(5)　シアン化ナトリウム NaCN(別名青酸ソーダ)は、白色、潮解性の粉末または粒状物、空気中では炭酸ガスと湿気を吸って分解する(HCN を発生)。また、酸と反応して猛毒の HCN(アーモンド様の臭い)を発生する。　無機シアン化化合物の中毒：猛毒の血液毒、チトクローム酸化酵素系に作用し、呼吸中枢麻痺を起こす。治療薬は亜硝酸ナトリウムとチオ硫酸ナトリウム。

問４　(1)　エ　(2)　ウ　(3)　イ　(4)　ア

〔解説〕

解答のとおり。

高知県

（農業用品目）

問１　(1)　イ　(2)　ア　(3)　ウ　(4)　オ　(5)　エ
(6)　コ　(7)　カ　(8)　キ　(9)　ケ　(10)　ク

〔解説〕

硝酸銅〔硝酸第二銅〕は劇物。青色の結晶。水に非常に溶けやすい。空気中の湿気を吸って潮解する。用途は、酸化剤又は試薬に用いられる。

硫酸タリウム Tl_2SO_4 は、劇物。白色結晶で、水にやや溶け、熱水に易溶、用途は殺鼠剤。

クロルピクリン CCl_3NO_2 は、劇物。無色～淡黄色液体、催涙性、粘膜刺激臭。水に不溶。用途は、線虫駆除、燻蒸剤。

シアン化カリウム KCN(別名青酸カリ)は毒物。無色の塊状又は粉末。空気中では湿気を吸収し、二酸化炭素と作用して青酸臭をはなつ、アルコールにわずかに溶け、水に可溶。用途は冶金、電気鍍金、写真及び殺虫剤等。

2-(1-メチルプロピル)-フエニル-N-メチルカルバメート(別名フェンカルブ・BPMC)は劇物。無色透明の液体またはプリズム状結晶。水にほとんど溶けない。エーテル、アセトン、クロロホルムなどに可溶。用途は害虫の駆除。

問２　(1)　ア　(2)　キ　(3)　ウ　(4)　キ

〔解説〕

解答のとおり。

問３　(1)　イ　(2)　ア　(3)　エ　(4)　オ　(5)　ウ

〔解説〕

(1)　N-メチル-1-ナフチルカルバメート(NAC)は、劇物。白色無臭の結晶。用途はカーバメート系農業殺虫剤。　(2)　ダイアジノンは劇物。有機リン製剤、接触性殺虫剤、かすかにエステル臭をもつ無色の液体。

(3)　アセタミプリドは、劇物。白色結晶固体。ネオニコチノイド製剤系殺虫剤として用いられる。　(4)　2 ージフェニルアセチルー 1･3 ーインダンジオン(別名　ダイファシノン)は、黄色結晶性粉末、アセトン、酢酸に溶け、水に難溶。殺鼠剤。

(5)　テフルトリンは、５％を超えて含有する製剤は毒物。0.5 ％以下を含有する製剤は劇物。淡褐色固体。用途は野菜等のコガネムシ類等の土壌害虫を防除する農薬(ピレスロイド系農薬)。

問４　(1)　ア　(2)　エ　(3)　イ　(4)　ウ

〔解説〕

解答のとおり。

(特定品目)

問１　(1)　イ　(2)　ア　(3)　オ　(4)　エ　(5)　ウ
(6)　キ　(7)　ク　(8)　コ　(9)　カ　(10)　ケ

〔解説〕

解答のとおり。

問２　(1)　ア　(2)　オ　(3)　エ　(4)　イ　(5)　ウ

〔解説〕

(1)　水酸化ナトリウム NaOH は、白色、結晶性のかたいかたまりで、繊維状結晶様の破砕面を現す。水と炭酸を吸収する性質がある。水溶液を白金線につけて火炎中に入れると、火炎は黄色に染まる。　(2)　クロロホルム $CHCl_3$(別名トリクロロメタン)は、無色、揮発性の液体で特有の香気とわずかな甘みをもち、麻酔性がある。アルコール溶液に、水酸化カリウム溶液と少量のアニリンを加えて　熱すると、不快な刺激性の臭気を放つ。　(3)　ホルムアルデヒド HCHO は、無色刺激臭の気体で水に良く溶け、これをホルマリンという。ホルマリンは無色透明な刺激臭の液体、低温ではパラホルムアルデヒドの生成により白濁または沈澱が生成することがある。水、アルコール、エーテルと混和する。アンモニ水を加えて強アルカリ性とし、水浴上で蒸発すると、水に溶解しにくい白色、無晶形の物質を残す。フェーリング溶液とともに熱すると、赤色の沈殿を生ずる。

(4)　クロム酸カリウム K_2CrO_4 は、橙黄色結晶、酸化剤。水に溶けやすく、有機溶媒には溶けにくい。　水溶液に塩化バリウムを加えると、黄色の沈殿を生ずる。　(5)　四塩化炭素(テトラクロロメタン)CCl_4 は、劇物。揮発性、麻酔性の芳香を有する無色の重い液体。水に溶けにくくアルコール、エーテル、クロロホルムにはよく溶けやすい。強熱によりホスゲンを発生。蒸気は空気より重く、低所に滞留する。アルコール性の水酸化カリウムと銅粉とともに煮沸すると、黄赤色の沈殿を生ずる。

問３　(1)　ア　(2)　エ　(3)　ウ　(4)　ウ　(5)　オ

〔解説〕

解答のとおり。

問４　(1)　オ　(2)　ウ　(3)　イ　(4)　エ　(5)　ア

〔解説〕

(1)　クロム酸ストロンチウムは、劇物。黄色粉末、比重 3.89、冷水には溶けにくい。ただし、熱水には溶ける。酸、アルカリに溶ける。飛散したものは空容器にできるだけ回収し、その後を還元剤(硫酸泰一鉄等)の水溶液を散布し、消石灰、ソーダ灰等の水溶液で処理したのち、多量の水を用いて洗い流す。　(2)　メチルエチルケトンが少量漏えいした場合は、漏えいした液は、土砂等に吸着させて空容器に回収する。多量に漏えいした液は、土砂等でその流れを止め、安全な場所に導き、液の表面を泡で覆い、できるだけ空容器に回収する。　(3)　塩化水素が漏洩した場合は、漏えいガスは多量の水を用いて洗い流す。発生するガスは霧状の水をかけ吸収させる。　(4)　硫酸の漏えいした液は土砂等に吸着させて取り除くかまたは、ある程度水で徐々に希釈した後、消石灰、ソーダ灰等で中和し、多量の水を用いて洗い流す。

(5)　クロロホルム(トリクロロメタン)$CHCl_3$ は、無色、揮発性の液体で特有の香気とわずかな甘みをもち、麻酔性がある。水に不溶、有機溶媒に可溶。比重は水より大きい。揮発性のため風下の人を退避。できるだけ回収したあと、水に不溶なため中性洗剤などを使用して洗浄。

九州全県〔福岡県・佐賀県・長崎県・熊本県・大分県・宮崎県・鹿児島県〕・沖縄県統一共通

令和５年度実施

〔法　規〕

（一般・農業用品目・特定品目共通）

問１　2

〔解説〕

この設問では、アとエが正しい。アは法第１条〔目的〕のこと。エは法第２条第３項〔表示・特定毒物〕なお、イは、毒薬以外ではなく、医薬品及び医薬部外品以外のものである。法第１条第１項に示されている。ウは、毒物以外ではなく、医薬品及び医薬部外品以外のものである。法第２条第２項に示されている。

問２　2

〔解説〕

この設問では、劇物に該当する製剤はどれかとあるので、アのクロルピクリンを含有する製剤とウのアニリン塩類が該当する。劇物に含有する製剤は、指定令第２条に示されている。なお、イのニコチンを含有する製剤とエの亜硝酸ブチル及びこれを含有する製剤は、毒物。

問３　3

〔解説〕

この設問では、特定毒物に該当しないものについてで、３のエチレンクロルヒドリンを含有する製剤は、劇物。因みに特定毒物に含有する製剤は、指定令第３条に示されている。

問４　2

〔解説〕

解答のとおり。

問５　2

〔解説〕

この設問は、塩化水素又は硫酸を含有する製剤たる劇物(住宅用の洗浄剤で液体状のものに限る。)については、法第 12 条第２項第四号→施行規則第 11 条の６第二号で、容器及び被包に表示しなければならない事項が示されている。この設問で施行規則第 11 条の６に示されてないものは、２が該当する。

問６　2

〔解説〕

この設問は、法第 11 条〔毒物又は劇物の取扱〕のことで、２が誤り。２については、法第 11 条第４項の飲食物容器の使用禁止であるので、この設問にあるような申請書の届け出はない。

問７　1

〔解説〕

この設問は全て正しい。アは法第３条第３項ただし書規定に示されている。イは法第３条第１項に示されている。ウは法第３条第２項に示されている。エは法第６条の２第１項に示されている。

問８　4

〔解説〕

この設問は、毒物劇物取扱責任者についてで、ウとエが正しい。ウは法第７条第１項〔毒物劇物取扱責任者〕に示されている。エは法第７条第２項〔毒物劇物取扱責任者〕に示されている。なお、アは、法第８条第２項第一号〔毒物劇物取扱責任者の資格〕において、十八歳未満の者と示されていることから、十八歳の者は、毒物劇物取扱責任者になることができる。イは法第７条第１項ただし書規定により、毒物劇物取扱責任者になることができる。

問９　３
〔解説〕
この設問は法第 10 条〔届出〕のことで、イとウが正しい。イは法第 10 条第１項第四号〔届出〕に示されている。ウは法第 10 条第１項第二号〔届出〕に示されている。なお、アについては、法第９条第１項〔登録の変更〕により、あらかじめ法第６条第二号〔登録事項〕において、登録の変更を受けなければならない。エについては、新たに登録の申請をして、廃止届をしなければならない。

問 10　３
〔解説〕
解答のとおり。

問 11　４
〔解説〕
法第 14 条第２項〔毒物又は劇物の譲渡手続〕→施行規則第 12 条の２〔毒物又は劇物の譲渡手続に係る書面〕についてで、販売し、又は授与したときその都度書面に記載する事項として、①毒物又は劇物の名称及び数量、②販売又は授与の年月日、③譲受人の氏名、職業及び住所(法人にあっては、その名称及び主たる事務所)→譲受人の押印〔施行規則第 12 条の２〕である。このことからウとエが正しい。

問 12　１
〔解説〕
この設問は登録を受けなければならない事業者として誤っているものはどれかとあるので、１が該当する。１については法第 22 条第５項により届出を要しない。

問 13　２
〔解説〕
この設問は法第 12 条第２項における容器及び被包についての表示として掲げる事項で、①毒物又は劇物の名称、毒物又は成分及びその含量、③厚生労働省令で定める〔有機燐化合物及びこれを含有する製剤たる毒物又は劇物〕その解毒剤〔２－ピリジルアルドキシム製剤、硫酸アトロピンの製剤〕のこと。このことから２の毒物又は劇物の製造番号が該当しない。

問 14　２
〔解説〕
この設問は法第 15〔毒物又は劇物の交付の制限等〕についてで、ウのみが誤り。ウについては、法第 15 条第３号により、毒物又は劇物を交付することはできない。なお、アは、18 歳の者とあるので、法第 15 条第１項第一号において 18 歳未満の者には交付してはならないので、毒物又は劇物を交付することができる。イは法第 15 条第１項第３号に示されている。エは法第 15 条第２項で、法第３条の４→施行令第 32 条の３における①亜硝酸ナトリウムを含有する製剤 30 ％以上、②塩素酸塩類 35 ％以上、③ナトリウム、④ピクリン酸についてで、設問のとおり。

問 15　２
〔解説〕
法第３条の４→施行令第 32 条の３における①亜硝酸ナトリウムを含有する製剤 30 ％以上、②塩素酸塩類 35 ％以上、③ナトリウム、④ピクリン酸について、常時取引がない場合、帳簿に記載する事項として施行規則第 12 条の３に①交付した劇物の名称、②交付の年月日、③交付を受けた者の氏名及び住所が示されている。このことから２が誤り。

問 16　１
〔解説〕
施行令第 40 条〔廃棄の方法〕のこと。解答のとおり。

問 17　３
〔解説〕
この設問は法第 18 条〔立入検査等〕のことで、アとエが正しい。アとエは法第 18 条第１項に示されている。なお、イの毒物劇物監視員は法第 18 条第３項→施行規則第 14 条〔身分を示証票〕であることからイは誤り。ウは法第 18 条第４項で、犯罪捜査のために認められたものと解してはならないとあることからこの設問は誤り。

問 18　３
〔解説〕
法第３条の４による施行令第 32 条の３で定められている品目は、①亜塩素酸ナトリウムを含有する製剤 30 ％以上、②塩素酸塩類を含有する製剤 35 ％以上、③ナトリウム、④ピクリン酸である。このことからイとエが正しい。

問 19　1
〔解説〕
毒物又は劇物の運搬を他に委託する場合、一回につき 1,000kg を超える際に荷送人が、運送人に対して交付しなければならない書面に記載する事項としとて、①毒物又は劇物の名称、②毒物又は劇物の成分及びその含量、③毒物又は劇物の数量、④事故の際に講じなければならない応急の措置の内容が施行令第 40 条の 6〔荷送人の通知義務〕が示されている。このことからこの設問は全て正しい。
問 20　4
〔解説〕
この設問で正しいのは、ウとエである。法第 22 条における業務上取扱者の届出を要する事業者とは、次のとおり。業務上取扱者の届出を要する事業者とは、①シアン化ナトリウム又は無機シアン化合物たる毒物及びこれを含有する製剤→電気めっきを行う事業、②シアン化ナトリウム又は無機シアン化合物たる毒物及びこれを含有する製剤→金属熱処理を行う事業、③最大積載量 5,000kg 以上の運送の事業、④砒素化合物たる毒物及びこれを含有する製剤→しろありの防除を行う事業である。以上のことからアは、アジ化ナトリウムを取り扱うとあり誤り。イは、ジメチル硫酸を取扱うとあるので誤り。
問 21　1
〔解説〕
この設問における法第 3 条の 2 第 9 項→施行令第 17 条に次の様に示されている。ジメチルメルカプトエチルチオホスフエイトを含有する製剤は、紅色に着色。
問 22　1
〔解説〕
この設問は登録の更新についで、法第 4 条第 3 項に、毒物又は劇物の製造業及び輸入業は、5 年ごとに、毒物又は劇物の販売業は、6 年ごとに更新を受けなければその効力を失うである。
問 23　2
〔解説〕
特定毒物を輸入できる者については、①毒物又は劇物の輸入業者、②特定毒物研究者である。
問 24　3
〔解説〕
この設問における法第 17 条〔事故の際の措置〕第 1 項のこと。解答のとおり。

問 25　4
〔解説〕
この法第 3 条の 3 →施行令第 32 条の 2 による品目→①トルエン、②酢酸エチル、トルエン又はメタノールを含有する接着剤、塗料及び閉そく用またはシーリングの充てん料は、みだりに摂取、若しくは吸入し、又はこれらの目的で所持してはならい。このことにより、ウとエが正しい。

〔基礎化学〕
（一般・農業用品目・特定品目共通）

問 26　1
〔解説〕
ガソリンは混合物である。
問 27　3
〔解説〕
解答のとおり
問 28　4
〔解説〕
ヨウ化水素（酸）は強酸、シュウ酸は弱酸、水酸化ナトリウムは強塩基である。
問 29　2
〔解説〕
一般的に過マンガン酸カリウムは酸化剤として働く。

問 30　2
〔解説〕
アルミニウムは面心立方格子、ナトリウムとカリウムは耐震立方格子をとる。
問 31　2
〔解説〕
0. 01 mol/L = 1. 0 × 10^{-2} mol/L
問 32　2
〔解説〕
イオン化傾向は次の順である。
Li>**K**>**Ca**>Na>Mg>Al>Zn>Fe>Ni>Sn>Pb>H>**Cu**>Hg>Ag>Pt>**Au**
問 33　4
〔解説〕
酸のモル濃度×酸の価数×酸の体積が、塩基のモル濃度×塩基の価数×塩基の体積と等しいときが中和である。よって 0. 1 × 1 × 100 = 0. 25 × 1 × x となり、x = 40 mL となる。
問 34　2
〔解説〕
問 33 と同様に考える。x × 1 × 20 = 0. 2 × 2 × 6, x = 0. 12 mol/L
問 35　2
〔解説〕
解答のとおり
問 36　2
〔解説〕
解答のとおり
問 37　4
〔解説〕
1 %は 10, 000 ppm である。
問 38　2
〔解説〕
-CH=CH_2 はビニル基である。
問 39　4
〔解説〕
ベンゼンスルホン酸は-SO_3H をクレゾールは-OH を有する芳香族化合物である。
問 40　3
〔解説〕
水素は単結合、窒素は三重結合、エタンは単結合から成る。

〔性質・貯蔵・取扱い〕

（一般）

問 41　4　　問 42　3　　問 43　2　　問 44　1
〔解説〕
問 41　硫酸タリウム Tl_2SO_4 は、劇物。白色結晶で、水にやや溶け、熱水に易溶、用途は殺鼠剤。　**問 42**　クロトンアルデヒドは、劇物。特有の刺激臭のある無色の液体。エタノール、エーテル、アセトンに可溶。用途は、ポリ塩化ビニルの溶媒。ゴム酸化防止剤。　**問 43**　亜塩素酸ナトリアム(別名亜塩素酸ソーダは劇物。白色の粉末。水に溶けやすい。酸化力がある。加熱、衝撃、摩擦により爆発的に分解を起こす。用途は木材、繊維、食品等の漂白にもちいられる。
問 44　メタクリル酸は、刺激臭のある無色柱状結晶。用途は接着剤、イオン交換樹脂、紙・織物加工剤、皮革処理剤等。
問 45　2　　問 46　3　　問 47　1　　問 48　4
〔解説〕
問 45　カリウム K は、劇物。銀白色の光輝があり、ろう様の高度を持つ金属。カリウムは空気中にそのまま貯蔵することはできないので、石油中に保存する。黄リンは水中で保存。　**問 46**　ピクリン酸は爆発性なので、火気に対して安全で隔離された場所に、イオウ、ヨード、ガソリン、アルコール等と離して保管する。鉄、銅、鉛等の金属容器を使用しない。　**問 47**　ベタナフトール $C_{10}H_7OH$ は、無色～白色の結晶、石炭酸臭、水に溶けにくく、熱湯に可溶。有機溶媒に易溶。遮光保存(フェノール性水酸基をもつ化合物は一般に空気酸化や光に弱い)。

問 48　五硫化二燐(五硫化燐) P_2S_5 または P_4S_{10} は、毒物。淡黄色の結晶性粉末で硫化水素臭がある。吸湿性がある。エタノールに溶ける。水、酸で分解して硫化水素となる。貯蔵方法は火災、爆発の危険性がある。わずかな加熱で発火し、発生した硫化水素で爆発することがあるので、換気良好な冷暗所に保存する。

問 49　1　　問 50　2　　問 51　3　　問 52　4

〔解説〕

問 49　ヒ素 As は無機毒物、回収法または固化隔離法。　問 50　シアン化水素はスクラバーなどを具備した焼却炉で焼却する。　問 51　クロルピクリン CCl_3NO_2 は、無色～淡黄色液体、催涙性、粘膜刺激臭。廃棄方法は少量の界面活性剤を加えた亜硫酸ナトリウムと炭酸ナトリウムの混合溶液中で、攪拌し分解させた後、多量の水で希釈して処理する分解法。　問 52　トルエンは可燃性の溶液であるから、これを珪藻土などに付着して、焼却する燃焼法。

問 53　2　　問 54　4　　問 55　3　　問 56　1

〔解説〕

問 53　ニトロベンゼン $C_6H_5NO_2$ は特有な臭いの淡黄色液体。水に難溶。比重 1 より少し大。可燃性。多量の水で洗い流すか、又は土砂、おが屑等に吸着させて空容器に回収し安全な場所で焼却する。　問 54　臭素 Br_2 は赤褐色の刺激臭がある揮発性液体。漏えい時の措置は、ハロゲンなので消石灰と反応させ次亜臭素酸塩にし、また揮発性なのでムシロ等で覆い、さらにその上から消石灰を散布して反応させる。多量の場合は霧状の水をかけ吸収させる。　問 55　キシレン $C_6H_4(CH_3)_2$ は、無色透明な液体で o-、m-、p-の 3 種の異性体がある。水にはほとんど溶けず、有機溶媒に溶ける。溶剤。揮発性、引火性。付近の着火源となるものを速やかに取り除く。漏えいした液は、土砂等でその流れを止め、安全な場所に導き、液の表面を泡で覆い、できるだけ空容器に回収する。

問 56　重クロム酸カリウム $K_2Cr_2O_7$ は、橙赤色結晶、酸化剤。水に溶けやすく、有機溶媒には溶けにくい。$K_2Cr_2O_7$ は酸化剤なので、回収後、そのあとを還元剤で処理し($Cr^{6+} \rightarrow Cr^{3+}$)、さらにアルカリで水に難溶性の水酸化クロム(Ⅲ) $Cr(OH)_3$ として、水で洗浄。

問 57　3　　問 58　1　　問 59　2　　問 60　4

〔解説〕

問 57　黄燐 P_4 は、毒物。無色又は白色の蝋様の固体。非常に毒性が強い。服用では、一般的に服用後胃部の疼痛、灼熱感、にんにく臭のおび、悪心、嘔吐に至る。吐瀉物はニンニク臭を有し、暗所では燐光を発する。一時的に回復するものの死に至る。皮膚に付着する火傷をする。治療薬は、過マンガン酸カリウム溶液。　問 58　硝酸 HNO_3 は無色の発煙性液体。蒸気は眼、呼吸器などの粘膜および皮膚に強い刺激性をもつ。高濃度のものが皮膚に触れるとガスを生じ、初めは白く変色し、次第に深黄色になる(キサントプロテイン反応)。

問 59　モノフルオール酢酸ナトリウムは有機フッ素系である。有機フッ素化合物の中毒：TCA サイクルを阻害し、呼吸中枢障害、激しい嘔吐、てんかん様痙攣、チアノーゼ、不整脈など。　問 60　クロルメチル(CH_3Cl)は、劇物。無色のエータル様の臭いと、甘味を有する気体。水にわずかに溶け、圧縮すれば液体となる。空気中で爆発する恐れがあり、濃厚液の取り扱いに注意。クロルメチル、ブロムエチル、ブロムメチル等と同様な作用を有する。したがって、中枢神経麻酔作用がある。処置として新鮮な空気中に引き出し、興奮剤、強心剤等を服用するとよい。

(農業用品目)

問 41　1　　問 42　4　　問 43　3　　問 44　2

〔解説〕

問 41　ダイファシノンは、黄色結晶性粉末、アセトン、酢酸に溶け、水に難溶。

問 42　ピラクロストロビンは、暗褐色粘稠固体。用途は殺菌剤(農薬)。

問 43　ジメトエートは、劇物。キシレン、ベンゼン、メタノール、アセトン、エーテル、クロロホルムに可溶。水溶液は室温で徐々に加水分解し、アルカリ溶液中ではすみやかに加水分解する。太陽光線には安定で熱に対する安定性は低い。

問 44　塩素酸カリウム $KClO_3$ (別名塩素酸カリ)は、無色の結晶。水に可溶。アルコールに溶けにくい。熱すると酸素を発生する。そして、塩化カリとなり、これに塩酸を加えて熱すると塩素を発生する。

問45　1　　問46　4　　問47　3　　問48　2

〔解説〕

問 45　エチレンクロルヒドリンは劇物。無色液体で芳香がある。吸入した場合は吐気、嘔吐、頭痛及び胸痛等の症状を起こすことがある。皮膚にふれた場合は、皮膚を刺激し、皮膚からも吸収され吸入した場合と同様の中毒症状を起こすことがある。　　問 46　燐化亜鉛 Zn_3P_2 は、灰褐色の結晶又は粉末。かすかにリンの臭気がある。ベンゼン、二硫化炭素に溶ける。酸と反応して有毒なホスフィン PH3 を発生。ホスフィンにより嘔吐、めまい、呼吸困難などが起こる。

問 47　ニコチンは猛烈な神経毒をもち、急性中毒ではよだれ、吐気、悪心、嘔吐、ついで脈拍緩徐不整、発汗、瞳孔縮小、呼吸困難、痙攣が起きる。

問 48　シアン化ナトリウム NaCN は毒物：白色粉末、粒状またはタブレット状。別名は青酸ソーダという。無機シアン化合物は胃内の胃酸と反応してシアン化水素を発生する。シアン化水素は猛烈な毒性を示し、ごく少量でも頭痛、めまい、意識不明、呼吸麻痺などを引き起こす。

問49　4　　問50　2　　問51　3　　問52　1

〔解説〕

問 49　塩化亜鉛（別名　クロル亜鉛）$ZnCl_2$ は劇物。白色の結晶。空気にふれると水分を吸収して潮解する。用途は脱水剤、木材防臭剤、脱臭剤、試薬。

問50　ジエチル―（五―フェニル―三―イソキサゾリル）―チオホスフェイト（別名：イソキサチオン）は有機リン剤、劇物(2 %以下除外)。淡黄褐色液体、水に難溶、有機溶剤に易溶、アルカリには不安定。用途はミカン、稲、野菜、茶等の害虫駆除。（有機燐系殺虫剤）　　問 51　モノフルオール酢酸ナトリウム $CH_2FCOONa$ は重い白色粉末、吸湿性、冷水に易溶、メタノールやエタノールに可溶。粉末で水、アルコールに溶けない。野ネズミの駆除に使用。特毒。

問 52　クロルメコートは、劇物、白色結晶で魚臭、非常に吸湿性の結晶。エーテルに不溶。水、アルコールに可溶。用途は植物成長調整剤。

問53　2　　問54　4

問55　4　　問56　2　　問57　1

〔解説〕

硫酸 H_2SO_4 は無色の粘張性のある液体。濃い濃度のものは比重がきわめて大きく、水でうすめると激しく発熱するため、密栓して保存する。漏えいした液は、遠くから徐々に注水してある程度希釈した後、消石灰、ソーダ灰等で中和し、多量の水を用いて洗い流す。

クロルピクリン CCl_3NO_2 は、無色～淡黄色液体、催涙性、粘膜刺激臭。水に不溶。線虫駆除、土壌燻蒸剤。貯蔵法については、金属腐食性と揮発性があるため、耐腐食性容器(ガラス容器等)に入れ、密栓して冷暗所に貯蔵する。土砂等でその流れを止め、多量の活性炭又は消石灰を散布して覆う。また、至急関係先に連絡して専門家の指示により処理する。

EPN は、有機リン製剤、毒物(1.5 %以下は除外で劇物)、芳香臭のある淡黄色油状(工業用製品)または融点 36 ℃の白色結晶。漏えいした液は、空容器にできるだけ回収し、そのあとを消石灰等の水溶液を用いて処理し、多量の水を用いて流す。洗い流す場合には、中性洗剤等の分散剤を使用して洗い流す。

問58　1　　問59　2　　問60　3

〔解説〕

問 58　ニコチンは猛烈な神経毒、急性中毒では、よだれ、吐気、悪心、嘔吐、ついで脈拍緩徐不整、発汗、瞳孔縮小、呼吸困難、痙攣が起きる。解毒剤は硫酸アトロピン。　　問 59　無機シアン化合物については、大量のガスを吸入した場合、2、3回の呼吸と痙攣のもとに倒れ、ほぼ即死する。少量のガスを吸入した場合は、呼吸困難、呼吸痙攣などの刺激症状の後、呼吸麻痺で倒れる。解毒剤は亜硝酸ナトリウムとチオ硫酸ナトリウムや亜硝酸アミル。　　問 60　モノフルオール酢酸ナトリウム FCH_2COONa は有機フッ素化合物である。これの中毒は TCA サイクルを阻害し、呼吸中枢障害、激しい嘔吐、てんかん様痙攣、チアノーゼ、不整脈など。治療薬はアセトアミド。

（特定品目）

問41　4　　問42　3　　問43　2　　問44　1

〔解説〕

問 41　重クロム酸カリウム $K_2Cr_2O_4$ は、劇物。橙赤色の柱状結晶。水に溶けやすい。アルコールには溶けない。強力な酸化剤。用途は試薬、製革用、顔料原料などに使用される。　　問 42　硝酸 HNO_3 は、劇物。無色の液体。特有な臭気がある。腐食性が激しい。空気に接すると刺激性白霧を発し、水を吸収する性質が強い。用途は冶金、爆薬製造、セルロイド工業、試薬。　　問 43　一酸化鉛 PbO(別名密陀僧、リサージ)は劇物。赤色～赤黄色結晶。重い粉末で、黄色から赤色の間の様々なものがある。水にはほとんど溶けない。用途はゴムの加硫促進剤、顔料、試薬等。　　問 44　水酸化ナトリウム(別名：苛性ソーダ)NaOH は、は劇物。白色結晶性の固体。水溶液は塩基性を示す。用途は試薬や農薬のほか、石鹸製造などに用いられる。

問45　2　　問46　1　　問47　4　　問48　3

〔解説〕

問 45　クロロホルム $CHCl_3$ は、無色、揮発性の液体で特有の香気とわずかな甘みをもち、麻酔性がある。蒸気は空気より重い。中毒：原形質毒、脳の節細胞を麻酔、赤血球を溶解する。吸収するとはじめ嘔吐、瞳孔縮小、運動性不安、次に脳、神経細胞の麻酔が起きる。中毒死は呼吸麻痺、心臓停止による。

問 46　硫酸は、無色透明の液体。劇物から 10 %以下のものを除く。皮膚に触れた場合は、激しいやけどを起こす。可燃物、有機物と接触させない。直接中和剤を散布すると発熱し、酸が飛散することがある。眼に入った場合は、粘膜を激しく刺激し、失明することがある。　　問 47　トルエンは、劇物。無色、可燃性のベンゼ臭を有する液体。麻酔性が強い。蒸気の吸入により頭痛、食欲不振などがみられる。大量では緩和な大血球性貧血をきたす。常温では容器上部空間の蒸気濃度が爆発範囲に入っているので取扱いに注意。　　問 48　蓚酸は、劇物(10 %以下は除外)、無色稜柱状結晶。血液中のカルシウムを奪取し、神経系を侵す。胃痛、嘔吐、口腔咽喉の炎症、腎臓障害。

問49　2　　問50　1　　問51　3　　問52　4

〔解説〕

問 49　アンモニア NH_3(刺激臭無色気体)は水に極めてよく溶けアルカリ性を示すので、廃棄方法は、水に溶かしてから酸で中和後、多量の水で希釈処理する中和法。　　問 50　メタノール(メチルアルコール)CH_3OH は、無色透明の揮発性液体。硅藻土等に吸収させ開放型の焼却炉で焼却する。また、焼却炉の火室へ噴霧し焼却する焼却法。　　問 51　塩酸 HCl は無色透明の刺激臭を持つ液体で、これの濃度が濃いものは空気中で発煙する。(湿った空気中では濃度が 25 %以上の塩酸は発煙性がある。）種々の金属やコンクリートを腐食する。廃棄法は、水に溶解し、消石灰 $Ca(OH)_2$ 塩基で中和できるのは酸である塩酸である中和法。

問 52　塩素 Cl_2 は劇物。黄緑色の気体で激しい刺激臭がある。冷却すると、黄色溶液を経て黄白色固体。水にわずかに溶ける。廃棄方法は、塩素ガスは多量のアルカリに吹き込んだのち、希釈して廃棄するアルカリ法。

問53　3　　問54　2　　問55　1　　問56　4

〔解説〕

問 53　酢酸エチル $CH_3COOC_2H_5$(別名酢酸エチルエステル、酢酸エステル)は、劇物。無色透明の液体で、エステル特有の果実様の芳香がある。蒸気は空気より重く引火しやすい。水にやや溶けやすい。沸点は水より低い。

問 54　四塩化炭素(テトラクロロメタン)CCl_4 は、劇物。揮発性、麻酔性の芳香を有する無色の重い液体。水に溶けにくく有機溶媒には溶けやすい。強熱によりホスゲンを発生。蒸気は空気より重く、低所に滞留する。溶剤として用いられる。

問 55　硫酸モリブデン酸クロム酸鉛〔クロム酸塩類及びこれを含有する製剤〕は、劇物。橙色又は赤色粉末。水にほとんど溶けない。酸、アルカリ に可溶。酢酸、アンモニア水に不溶。　　問 56　塩素 Cl_2 は劇物。黄緑色の気体で激しい刺激臭がある。冷却すると、黄色溶液を経て黄白色固体。水にわずかに溶ける。沸点-34 .05℃。強い酸化力を有する。極めて反応性が強く、水素又はアセチレンと爆発的に反応する。不燃性を有し、鉄、アルミニウムなどの燃焼を助ける。

問 57　3　　問 58　2　　問 59　1　　問 60　4
〔解説〕
問 57　クロロホルム $CHCl_3$ は、無色、揮発性の液体で特有の香気とわずかな甘みをもち。麻酔性がある。空気中で日光により分解し、塩素 Cl_2、塩化水素 HCl、ホスゲン $COCl_2$、四塩化炭素 CCl_4 を生じるので、少量のアルコールを安定剤として入れて冷暗所に保存。　問 58　メチルエチルケトン $CH_3COC_2H_5$ は、アセトン様の臭いのある無色液体。引火性。有機溶媒。貯蔵方法は直射日光を避け、通風のよい冷暗所に保管し、また火気厳禁とする。なお、酸化性物質、有機過酸化物等と同一の場所で保管しないこと。　問 59　水酸化カリウム(KOH)は劇物(5 %以下は劇物から除外)。(別名：苛性カリ)。空気中の二酸化炭素と水を吸収する潮解性の白色固体である。二酸化炭素と水を強く吸収するので、密栓して貯蔵する。
問 60　ホルマリンは、低温で混濁することがあるので、常温で貯蔵する。一般に重合を防ぐため 10 %程度のメタノールが添加してある。

〔実　地〕

(一般)

問 61　4　　問 62　2
問 63　3　　問 64　1　　問 65　2
〔解説〕
塩素酸カリウム $KClO_3$ は白色固体。加熱により分解し酸素発生 $2KClO_3 \rightarrow 2KCl + 3O_2$　マッチの製造、酸化剤。熱すると酸素を発生して、塩化カリとなり、これに塩酸を加えて熱すると、塩素を発生する。水溶液に酒石酸を多量に加えると、白色の結晶性の物質を生ずる。
硫酸第二銅、五水和物白色濃い藍色の結晶で、水に溶けやすく、水溶液は青色リトマス紙を赤変させる。水に溶かし硝酸バリウムを加えると、白色の沈殿を生じる。
アンモニア水は無色透明、刺激臭がある液体。濃塩酸をうるおしたガラス棒を近づけると、白い霧を生じる。
問 66　3　　問 67　2
問 68　1　　問 69　4　　問 70　2
〔解説〕
弗化水素酸(HF・aq)は毒物。弗化水素の水溶液で無色またはわずかに着色した透明の液体。特有の刺激臭がある。不燃性。濃厚なものは空気中で白煙を生ずる。ガラスを腐食する作用がある。用途はフロンガスの原料。半導体のエッチング剤等。ろうを塗ったガラス板に針で任意の模様を描いたものに、この薬物を塗るとろうをかぶらない模様の部分は腐食される。
四塩化炭素(テトラクロロメタン)CCl_4 は、特有な臭気をもつ不燃性、揮発性無色液体、水に溶けにくく有機溶媒には溶けやすい。洗濯剤、清浄剤の製造などに用いられる。確認方法はアルコール性 KOH と銅粉末とともに煮沸により黄赤色沈殿を生成する。
燐化亜鉛 Zn_3P_2 は、灰褐色の結晶又は粉末。かすかにリンの臭気がある。ベンゼン、二硫化炭素に溶ける。酸と反応して有毒なホスフィン PH3 を発生。

(農業用品目)

問 61　4　　問 62　1　　問 63　3
問 64　2　　問 65　3
〔解説〕
硝酸亜鉛 $Zn(NO_3)_2$ は、白色固体、潮解性。水にきわめて溶けやすい。水に溶かした水酸化ナトリウム水溶液を加えると、白色のゲル状の沈殿を生ずる。
塩素酸コバルト〔塩素酸塩類〕は、劇物。紫赤色結晶。用途は媒染剤、煙火用。炭の上に小さな孔をつくり、試料を入れ吹管炎で熱灼すると、パチパチ音をたてて分解する。
ヨウ化メチル CH_3I は、無色又は淡黄色透明の液体であり、空気中で光により一部分解して褐色になる。エタノール、エーテルに任意の割合に混合する。水に可溶である。

問66　3　　問67　4　　問68　1
問69　2　　問70　4

〔解説〕

アンモニア水は、アンモニアの水溶液。無色透明で、揮発性の液体。アンモニアガスと同様で鼻をさすような臭気がある。用途は化学工業原料、試薬として用いられる。

ジクワットは、劇物で、ジピリジル誘導体で淡黄色結晶、水に溶ける。中性又は酸性で安定、アルカリ溶液でうすめる場合には、2～3時間以上貯蔵できない。腐食性を有する。土壌等に強く吸着されて不活性化する性質がある。用途は、除草剤。

2-クロル-1-(2・4-ジクロルフェニル)ビニルジメチルホスフェイト(別名シメチルビンホス)は、劇物。微粉末状結晶。キシレン、アセトン等に溶ける。用途は、殺虫剤。

（特定品目）

問61　1　　問62　3　　問63　4
問64　4　　問65　1

〔解説〕

硫酸 H_2SO_4 は無色の粘張性のある液体。強力な酸化力をもち、また水を吸収しやすい。水を吸収するとき発熱する。木片に触れるとそれを炭化して黒変させる。硫酸の希釈液に塩化バリウムを加えると白色の硫酸バリウムが生じるが、これは塩酸や硝酸に溶解しない。

一酸化鉛 PbO は、重い粉末で、黄色から赤色までの間の種々のものがある。希硝酸に溶かすと、無色の液となり、これに硫化水素を通じると、黒色の沈殿を生じる。

硝酸 HNO_3 は、劇物。無色の液体。特有な臭気がある。腐食性が激しい。空気に接すると刺激性白霧を発し、水を吸収する性質が強い。硝酸は白金その他白金属の金属を除く。処金属を溶解し、硝酸塩を生じる。

問66　3　　問67　2　　問68　4
問69　3　　問70　1

〔解説〕

メタノール CH_3OH は特有な臭いの無色透明な揮発性の液体。水に可溶。可燃性。あらかじめ熱灼した酸化銅を加えると、ホルムアルデヒドができ、酸化銅は還元されて金属銅色を呈する。

蓚酸は色の結晶で、水溶液を酢酸で弱酸性にして酢酸カルシウムを加えると、結晶性の沈殿を生ずる。水溶液は過マンガン酸カリウム溶液を退色する。水溶液をアンモニア水で弱アルカリ性にして塩化カルシウムを加えると、蓚酸カルシウムの白色の沈殿を生ずる。

硅弗化ナトリウム Na_2SiF_6 は劇物。無色の結晶。水に溶けにくい。酸と接触すると弗化水素ガス及び四弗化ケイ素ガスを発生する。ガスは有毒なので注意する。

毒物劇物取扱者試験問題集　全国版　24
ISBN978-4-89647-309-4　C3043　¥3000E

令和6年6月18日発行　定価 3,300円(税込)

編　集　毒物劇物安全性研究会

発　行　薬務公報社

〒166-0003　東京都杉並区高円寺南2-7-1　拓都ビル
電話　03(3315)3821
FAX　03(5377)7275

薬務公報社の毒劇物図書

毒物及び劇物取締法令集　令和六年版

法律、政令、省令、告示、通知を収録。
監修　毒物劇物安全対策研究会　定価三、〇八〇円(税込)

毒物劇物取締法事項別例規集　第13版

法令を製造、輸入、販売、取扱責任者、取扱等の項目別に分類し、例規（疑義照会）と毒劇物略説（化学名、構造式、性状、用途等）を収録
編集　毒物劇物安全対策研究会　定価七、一五〇円(税込)

毒物及び劇物取締法解説　第四十七版

法律の逐条解説、法別表毒劇物全品目解説、基礎化学概説、法律・基礎化学の取扱者試験対策用の収録。例題と解説を解説を収録。
編集　毒劇物安全性研究会　定価　四、一八〇円(税込)

毒劇物基準関係通知集

毒物及び劇物の運搬事故時における応急措置に関する基準①②③④⑤⑥⑦⑧は、漏えい時、出火時、暴露・接触時（急性中毒と刺激性、医師の処置を受けるまでの救急法）の措置、毒物及び劇物の廃棄方法に関する基準①②③④⑤⑥⑦⑧⑨⑩は、廃棄方法、生成物、検定法を収録。
監修　毒物劇物関係法令研究会　定価五、五〇〇円(税込)

毒物及び劇物の運搬容器に関する基準の手引き

毒物及び劇物の運搬容器に関する基準について、液体状のものを車両を用いて運搬する固定容器の基準（その1）、積載式容器（タンクコンテナ）の基準（その2、3）、又は参考法令として毒物及び劇物取締法、消防法、高圧ガス取締法（抜粋）で収録。
監修　毒物劇物安全性研究会　定価四、八四〇円(税込)